Reine Metalle

Herstellung · Eigenschaften · Verwendung

Bearbeitet von

A. E. van Arkel · P. Aßmann · G. Borelius · G. Chaudron · E. J. Daniels
R. Gadeau · W. Geibel · W. Graßmann · C. R. Hayward · G. Jantsch
W. Kroll · K. Lins · D. J. Macnaughtan · R. Müller · P. Rosbaud
L. Schlecht · W. Schopper · J. Spanner · M. Waehlert · H. Winter

Herausgegeben von

A. E. van Arkel

Direktor des anorganisch-chemischen Laboratoriums
der Rijksuniversiteit Leiden

Mit 67 Abbildungen

Berlin
Verlag von Julius Springer
1939

ISBN-13: 978-3-642-98880-6 e-ISBN-13: 978-3-642-99695-5
DOI: 10.1007/978-3-642-99695-5

Softcover reprint of the hardcover 1st edition 1939

Vorwort.

Da sowohl die technischen Eigenschaften von Metallen, als auch diejenigen, die den wissenschaftlichen Physiker oder Chemiker interessieren, in hohem Maße von kleinen Mengen Verunreinigungen abhängig sind, und ein klares Bild des metallischen Zustandes wohl nur zustande kommen kann durch eingehende Untersuchungen an sehr reinen Metallen, ist das Interesse an dieser Stoffklasse in der letzten Zeit immer mehr gewachsen. Einen Eindruck, wie sehr unsere Kenntnisse auf diesem Gebiet sich in den letzten Jahrzehnten geklärt haben, erhält man am besten, wenn man die Veröffentlichungen aus den Jahren 1900 bis 1920 über die Herstellung von reinen Metallen mit den heutigen vergleicht. In jener Zeit wurden noch allgemein die mit Hilfe eines Thermitverfahrens gewonnenen Metalle als rein betrachtet, oder mindestens so bezeichnet. Diese Sachlage hat sich, wie gesagt, weitgehend geändert. Es war daher ein ausgezeichneter Gedanke des Verlages Julius Springer, in Zusammenarbeit mit einer Anzahl Fachspezialisten eine Monographie über „Reine Metalle" herauszugeben.

Die Absicht war dabei, alles das zu sammeln, was den Überblick über das bis jetzt Erreichte erleichtern könnte, und dabei, wenn möglich, kritisch vorzugehen, aufzufinden, wo noch Lücken bestehen, und wenn möglich auch neue Wege zur Ausfüllung dieser Lücken anzugeben. Selbstverständlich haben nicht alle Mitarbeiter die Aufgabe nach dem gleichen Schema gelöst: während der eine sich mehr den technischen Fragen zugewandt hat, hat der andere sich mehr mit der mehr wissenschaftlichen physikalischen, chemischen Seite des Problems beschäftigt. Es ist auch nicht versucht worden, die Arbeiten in die gleiche Form zu bringen, um nicht dem persönlichen Charakter der einzelnen Beiträge zu wehren. Um dies besonders zu betonen sind die Beiträge, wenn möglich, in der Muttersprache der Mitarbeiter aufgenommen worden. Vieles, was dieses Buch enthält, ist schon in Veröffentlichungen, zum Teil sogar in den Handbüchern zu finden; aber das Material ist dann noch so geordnet und zusammengefaßt worden, wie es vom Fachmann erwartet werden kann. Dabei ist wohl immer daran festgehalten, daß es sich nur um reine *Metalle* handelt, daß also z. B. Legierungen nur insoweit berücksichtigt sind, als ihre Eigenschaften, eben durch ihren Aufbau aus besonders reinen Komponenten, von den bis jetzt bekannten abweichen.

Den Mitarbeitern bin ich dadurch zum größten Dank verpflichtet, daß sie ihre Beiträge meistens termingerecht und pünktlich geliefert haben. Insbesondere möchte ich hier noch erwähnen Dr. W. KROLL, der mir mit vielem guten Rat zur Seite gestanden und sogar einige Manuskripte durchgelesen hat, sowie Dr. J. H. DE BOER und Dr. J. W. BURGERS für viele Mitteilungen, die sie mir über die von ihnen untersuchten Metalle zur Verfügung gestellt haben. Weiter gilt mein aufrichtiger Dank Dr.-Ing. P. ROSBAUD, der meine Arbeit sehr erleichtert hat, indem er die Korrespondenz mit den Mitarbeitern zum größten Teil übernahm, und Frl. J. H. B. POLDER für ihre ausgezeichnete aktive Mitarbeit und Hilfe beim Nachsuchen der Literatur und bei der Korrektur.

Leiden, April 1938.

A. E. VAN ARKEL.

Inhaltsverzeichnis[1].

Allgemeiner Teil.

Spezieller Teil.

[1] Die mit * versehenen Kapitel sind von Professor Dr. A. E. VAN ARKEL bearbeitet worden.

Allgemeiner Teil.

Einleitung.

Wenn von einem Metall gesprochen wird, so denkt man dabei zunächst immer an eine Substanz mit typischem Metallglanz und hohem Leitvermögen. Es gibt aber Substanzen, die beide Kennzeichen besitzen, die man aber doch nicht ohne weiteres als Metalle betrachten wird, z. B. die metallischen Nitride, Carbide, Boride usw., die man besser als ,,metallische Verbindungen" bezeichnen könnte. Diesen Körpern fehlt meistens eine Eigenschaft, die für die ,,echten Metalle" gleichfalls charakteristisch ist: die Verformbarkeit. Die Gruppe der ,,Metalle" können wir also noch etwas einschränken, indem wir verlangen, daß das Metall neben einem metallischen Leitvermögen auch eine gewisse Verformbarkeit zeigen soll.

Streng genommen würde dann wieder eine spröde Legierung, z. B. von Natrium und Zinn, kein Metall sein. Da wir uns im vorliegenden Buche nur mit reinen Metallen zu beschäftigen haben, fällt diese Schwierigkeit fort. Wir wollen also unter reinen Metallen die Elemente verstehen, die in festem Zustande wenigstens eine Leitfähigkeit von der Größenordnung 10^4 zeigen und außerdem verformbar sind.

Trotzdem bleiben dann aber noch einige Schwierigkeiten. Germanium z. B. ist praktisch nicht verformbar; wir könnten es also bei der Besprechung der reinen Metalle übergehen; was wir aber nicht tun werden, da das Germanium, sowohl in seinem Verhalten in Legierungen, als auch in bezug auf die Herstellungsmethoden sich anderen metallischen Elementen so eng anschließt, daß es für diesen Überblick viel besser ist, hier nicht allzu konsequent vorzugehen. Auch in anderen Fällen werden wir so handeln: sogar Bor, Silicium, Phosphor, Selen und Tellur werden wir hier berühren, obwohl diese Elemente zum Teil eher zu den nichtmetallischen gerechnet werden sollten.

So klar es auf den ersten Blick erscheint, zu sagen, was ein ,,reines Metall" ist, so schwierig wird diese Frage, wenn man darauf etwas tiefer eingeht.

Ein ,,ideal reines Metall" ist selbstverständlich ein Metall, das keine Fremdatome enthält; aber dieses Ideal gibt es nicht und kann es auch nicht geben. Auch ein weitgehend gereinigtes Metall wird immer noch Fremdatome enthalten; man könnte nun z. B. definieren, daß ein Metall rein genannt werden soll, wenn es, sagen wir, weniger als 0,1% an anderen Elementen enthält. Aber eine derartige Feststellung ist sinnlos. Denn der Techniker wird unter Umständen ein Metall mit 1% Fremdstoffen schon als rein betrachten, während für den Physiker andererseits für bestimmte Versuche ein Gehalt von 0,001% Verunreinigungen unzulässig ist.

Dazu kommt noch, daß verschiedene Verunreinigungen auf die Eigenschaften der Metalle einen ganz verschiedenen Einfluß haben. Von 5% Hafnium werden die meisten Eigenschaften des Zirkoniums viel weniger geändert werden, als von 1% Sauerstoff. Welches der Präparate wollen wir jetzt das reinste nennen?

Die Reinheit läßt sich nicht in Prozenten angeben. Wir wollen ein Metall um so reiner nennen, je mehr sich seine Eigenschaften dem Grenzzustande des ideal reinen Metalls nähern. In diesem etwas verschwommenen Sinn werden wir oft von „reinen Metallen" sprechen.

Daneben wird es nützlich sein, Reinheitsgrade einzuführen, die einfach angeben, wieviel Verunreinigungen vorhanden sind. Metalle, die mehr als 10% Verunreinigung enthalten, wird man jetzt, wo fast alle Metalle in besserer Qualität herstellbar sind, nicht rein nennen.

Wenn das Metall also mehr als 10% Fremdstoffe enthält, wollen wir es rein vom Grad 0 nennen. Enthält es weniger als 10%, aber mehr als 1%, so nennen wir den Reinheitsgrad 1; enthält es weniger als 1% und mehr als 0,1%, so wird der Reinheitsgrad 2, usw. Der Reinheitsgrad ist also gleich dem negativen Logarithmus der relativen Mengen der Fremdstoffe.

Metalle, die mehr als 1% Verunreinigung enthalten, werden im allgemeinen im folgenden nicht betrachtet, es sei denn, daß reinere Präparate nicht vorliegen.

Obwohl jetzt der zu behandelnde Stoff einigermaßen abgegrenzt ist, bleibt noch die Frage der Reihenfolge. Es scheint angebracht, die Besprechung der Metalle so anzuordnen, daß sie nach der Art der Herstellung oder nach ihren Eigenschaften zu Gruppen vereint behandelt werden. Dies läßt sich aber sehr bequem erreichen, wenn man der Einteilung die Anordnung des periodischen Systems der Elemente zugrunde legt. Daß man dann die Elemente zu Gruppen mit ähnlichen physikalischen Eigenschaften verbindet, ist bekannt; aber es zeigt sich, daß man auf diese Weise auch eine vernünftige Einteilung bezüglich der Herstellungsverfahren erreicht, wie wir im folgenden zeigen wollen. Wahrscheinlich wird also diese Anordnung sowohl den Techniker als auch den Physiker am meisten befriedigen.

I. Der metallische Zustand.

Von G. Borelius, Stockholm.

Mit 2 Abbildungen.

1. Die Stellung der Metalle im periodischen System.

In der Tabelle 1 (S. 4) sind die Grundstoffe von Nr. 1 Wasserstoff bis Nr. 92 Uran nach steigender Atomnummer in der bekannten Weise des sog. langperiodischen Systems geordnet. Diese Anordnung ist besonders vorteilhaft, wenn es gilt, eine Übersicht der physikalischen Eigenschaften zu gewinnen. Die Grundstoffe, die einander physikalisch am meisten verwandt sind, stehen in dieser Weise in den vertikalen Gruppen zusammen. Die Gruppen können entweder von 1 bis 18 numeriert werden oder man bezeichnet die zehn ersten Gruppen als Hauptgruppen und die folgenden als erste bis achte Nebengruppe. In dieser Darstellung erscheinen die Metalle, die etwa drei Viertel aller Grundstoffe ausmachen, auf der linken Seite. Die Halbleiter B, Si, P, Se, Te bilden eine Grenzlinie zwischen Metallen und Nichtmetallen.

2. Die Energie der Elektronen in Atomen und Metallen.

Die metallischen Elemente sind vor allem durch ihr gutes Leitvermögen für Elektrizität und Wärme, ihr gutes Reflexionsvermögen für Licht (Metallglanz) und eine hohe Duktilität gekennzeichnet. Nachdem die Physik am Ende des vorigen Jahrhunderts die Bekanntschaft mit den Elektronen gemacht hatte, ist allgemein anerkannt worden, daß jedenfalls die erstgenannten Eigenschaften auf dem Vorhandensein von leicht beweglichen Elektronen in den Metallen zurückzuführen sind. Es liegt dann auch nahe zu vermuten, daß diese Beweglichkeit der Elektronen in den metallischen Kristallen mit einer leichten Abtrennbarkeit der Valenzelektronen in den freien Atomen der metallischen Elemente zusammenhängt. Dieser Zusammenhang scheint aber kein ganz einfacher zu sein. So besteht z. B. keine sehr augenfällige Beziehung zwischen der Abtrennungsarbeit, d. h. der Ionisierungsspannung der Atome und der Leitfähigkeit der Metalle. Es ist erst in den allerletzten Jahren und auf Grund der neuesten Entwicklung der Atomphysik möglich geworden, die Eigenschaften der Metalle zu einem gewissen Grade auf die der Atome zurückzuführen. Es wird die Aufgabe der folgenden Ausführungen sein, diese Frage kurz zu beleuchten.

Nach dem Atommodell von Rutherford-Bohr besteht ein neutrales Atom aus einem kleinen positiven Kern mit so vielen positiven Elementarladungen, wie seine Atomnummer angibt, und um den Kern herum ebenso vielen Elektronen. Für die Elektronen sind nur gewisse, durch die Wellenmechanik geregelte Bewegungszustände möglich. Über die

Tabelle 1.

1	2	3	4	5	6	7	8	9	10	11	12	13	14	15	16	17	18
1. Hauptgruppe: Alkalimetalle	2. Hauptgruppe: Erdalkalimetalle	3. Hauptgruppe und seltene Erdmetalle	4. Hauptgruppe	5. Hauptgruppe	6. Hauptgruppe	7. Hauptgruppe	8. Hauptgruppe			1. Nebengruppe	2. Nebengruppe	3. Nebengruppe	4. Nebengruppe	5. Nebengruppe	6. Nebengruppe: Chalkogene	7. Nebengruppe: Halogene	8. Nebengruppe: Edelgase
																H 1	He 2
Li 3	Be 4	B 5											C 6	N 7	O 8	F 9	Ne 10
Na 11	Mg 12	Al 13											Si 14	P 15	S 16	Cl 17	Ar 18
K 19	Ca 20	Sc 21	Ti 22	V 23	Cr 24	Mn 25	Fe 26	Co 27	Ni 28	Cu 29	Zn 30	Ga 31	Ge 32	As 33	Se 34	Br 35	Kr 36
Rb 37	Sr 38	Y 39	Zr 40	Nb 41	Mo 42	— 43	Ru 44	Rh 45	Pd 46	Ag 47	Cd 48	In 49	Sn 50	Sb 51	Te 52	J 53	X 54
Cs 55	Ba 56	La 57*	Hf 72	Ta 73	W 74	Re 75	Os 76	Ir 77	Pt 78	Au 79	Hg 80	Tl 81	Pb 82	Bi 83	Po 84	— 85	Rn 86
— 87	Ra 88	Ac 89	Th 90	Pa 91	U 92												
* Seltene Erdmetalle			Ce 58	Pr 59	Nd 60	— 61	Sm 62	Eu 63	Gd 64	Tb 65	Dy 66	Ho 67	Er 68	Tm 69	Yb 70	Cp 71	

Energieverhältnisse verschiedener Elektronenanordnungen gibt vor allem die Spektroskopie der Röntgenstrahlen und der ultravioletten und sichtbaren Strahlung Aufschluß, indem die spektroskopisch beobachteten Frequenzen ν mit der PLANCKschen Konstante h multipliziert der Energiedifferenz im Atom vor und nach dem Strahlungsakt entsprechen. Energetisch können die möglichen Elektronenzustände in Gruppen eingeteilt werden, deren Bezeichnungen und maximale Besetzungszahlen aus der Tabelle 2 hervorgehen. Mit wachsender Atomnummer und Elektronenzahl werden verschiedene Gruppen allmählich besetzt, und es entsteht so eine Periodizität im Elektronenbau, die sich in der bekannten Periodizität der physikalischen und chemischen Eigenschaften der Atome mit steigender Atomnummer zu erkennen gibt.

Tabelle 2. Zahl der Elektronen der Energieniveaus.

1*s* : 2	2*s* : 2	3*s* : 2	4*s* : 2	5*s* : 2 ....
	2*p* : 6	3*p* : 6	4*p* : 6	5*p* : 6
		3*d* : 10	4*d* : 10	5*d* : 10
			4*f* : 14	5*f* : 14
				5*g* : 18

Tabelle 3. Grundzustände der Atome 19 K bis 36 Kr.

	1*s*	2*s*	2*p*	3*s*	3*p*	3*d*	4*s*	4*p*
19 K	2	2	6	2	6		1	
20 Ca	2	2	6	2	6		2	
21 Sc	2	2	6	2	6	1	2	
22 Ti	2	2	6	2	6	2	2	
23 V	2	2	6	2	6	3	2	
24 Cr	2	2	6	2	6	5	1	
25 Mn	2	2	6	2	6	5	2	
26 Fe	2	2	6	2	6	6	2	
27 Co	2	2	6	2	6	7	2	
28 Ni	2	2	6	2	6	8	2	
29 Cu	2	2	6	2	6	10	1	
30 Zn	2	2	6	2	6	10	2	
31 Ga	2	2	6	2	6	10	2	1
32 Ge	2	2	6	2	6	10	2	2
33 As	2	2	6	2	6	10	2	3
34 Se	2	2	6	2	6	10	2	4
35 Br	2	2	6	2	6	10	2	5
36 Kr	2	2	6	2	6	10	2	6

Die Tabelle 3 zeigt im Auszug die Elektronenverteilung der Atome der Elemente 19 K bis 36 Kr in ihren energieärmsten und deshalb stabilsten Zuständen, den Grundzuständen.

Um die Energieverhältnisse im Atom näher zu beschreiben, greifen wir als Beispiel das Element Nr. 29 Kupfer heraus. Die Energieverhältnisse im Cu-Atom sind im oberen Teil der Abb. 1 dargestellt worden. Als Maß für die Energiedifferenz wird das Elektronenvolt (eV) benützt, d. h. diejenige Energie, die ein Elektron beim Durchlaufen des

Potentialgefälles 1 V aufnimmt (1 eV entspricht 23000 cal pro Mol). Die Energieabstände von dem Nullpunkt nach links gerechnet entsprechen den diskreten Energiewerten, die nötig sind, um verschiedene Elektronen von dem Atom zu entfernen, ohne ihnen eine Bewegungsenergie zu geben. Die Abstände rechts von dem Nullpunkt entsprechen der zusätzlichen Bewegungsenergie der losgetrennten Elektronen, die alle möglichen Werte annehmen kann. Da weit vom Nullpunkt eine logarithmische, um den Nullpunkt herum eine lineare Skala geeignet

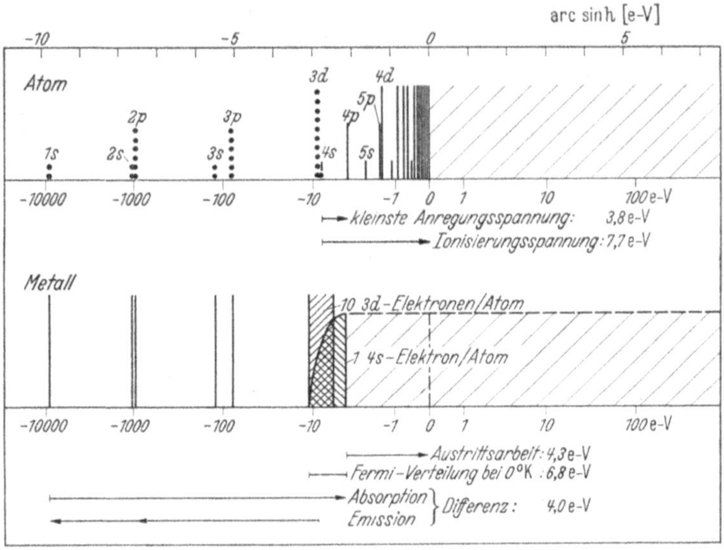

Abb. 1. Energieniveaus des Kupfers.

ist, ist als Abszisse der arc sinh* der Energie benutzt worden. Die Abbildung zeigt, daß in Cu zur Freimachung eines der 1 *s*-Elektronen etwa 10000, eines der 2*s*-Elektronen etwa 1000 und eines der 3*s*-Elektronen etwa 100 eV nötig sind. Diese hohen Energiedifferenzen sind durch die Röntgenspektroskopie gewonnen worden. Von den 29 Elektronen des Kupferatoms füllen 28 die Gruppen (Energieniveaus) 1*s*, 2*s*, 2*p*, 3*s*, 3*p* und 3*d* völlig aus. Jedes Elektron ist in der Abbildung durch einen Punkt angegeben. Das übrigbleibende Elektron, das Valenzelektron, befindet sich in dem 4*s*-Niveau, das somit nur zur Hälfte ausgefüllt ist. Die höheren Niveaus 4*p*, 4*d*, 4*f*, 5*s*, 5*p* usw. sind im Kupfer unbesetzt. Ihre Lagen auf der Energieskala sind aber aus dem optischen Spektrum bekannt. Die Striche der Abbildung geben die Energiezustände des Atoms an, wenn das Valenzelektron aus dem 4*s*-Niveau in einen dieser höheren Zustände gebracht worden ist. Mit wachsender

* $x = \operatorname{arc\,sinh} y$, wenn $y = \sinh x = \frac{e^x - e^{-x}}{2}$. Für großes positives bzw. negatives y geht $\operatorname{arc\,sinh} y$ gegen $\ln 2y$ bzw. $-\ln 2y$.

Laufzahl sammeln sich die Niveaus immer dichter in der Nähe des Nullstriches, was in der Abbildung nur angedeutet werden kann. Von besonderem Interesse ist der Abstand des $4s$-Niveaus vom Nullpunkt, d. h. die Ionisierungsspannung (7,7 eV) und der Abstand $4p - 4s$, oder die kleinste Anregungsspannung (3,8 eV) des Cu-Atoms.

Die Wellenmechanik, die nunmehr imstande ist, die Verhältnisse im Atom in ihren großen Zügen zu erklären, ist in den letzten Jahren durch Arbeiten von Brillouin, Bloch, Wigner, Seitz, Slater u. a. auch so weit vorgedrungen, daß sie diejenigen Veränderungen in den Energieniveaus voraussagen kann, die dann auftreten, wenn sich die Atome zu den Atomgittern der festen Metallkristalle zusammenschließen. Die tieferen Energieniveaus, die den Elektronen gehören, die sich mehr im Inneren der Atome bewegen, werden dabei nur wenig beeinflußt. Dagegen werden die höheren Niveaus durch die gegenseitigen Störungen der Nachbaratome geändert. Die äußersten Elektronen werden gewissermaßen allen Atomen gemeinsam. Es können sich dann nicht zwei Elektronen im selben Zustand befinden. Die Niveaus werden in ein Band von sehr nahe aneinander liegenden Niveaus zerlegt. Die Lage der höchsten besetzten $3d$- und $4s$-Bande des Kupfers, wie sie theoretisch annäherungsweise für die tiefen Temperaturen berechnet worden sind, sind im unteren Teil der Abb. 1 angegeben. Auch die höheren, nicht besetzten Niveaus breiten sich aus und greifen bei Kupfer so ineinander ein, daß alle Energiewerte oberhalb des höchsten beim absoluten Nullpunkt der Temperatur besetzten, den Elektronen zugänglich gemacht werden, wenn sie bei erhöhter Temperatur oder durch elektrische Felder beschleunigt werden. Auch die Verteilung der Elektronen innerhalb der Energiebänder kann theoretisch einigermaßen richtig vorausgesagt werden.

Die Lage und Form der höheren besetzten Energiebänder können jetzt auch zu einem gewissen Grade experimentell festgestellt werden. Der Abstand der oberen Grenze des besetzten Teiles des höchsten Energiebandes vom Nullpunkt ist die kleinste Energie, die nötig ist, um ein Elektron aus dem Metall zu entfernen, d. h. die sog. Austrittsarbeit, die durch photoelektrische oder glühelektrische Messungen bestimmt werden kann. Sie ist bei Kupfer etwa 4,2 eV. Bei der Röntgenabsorption muß die aufgenommene Strahlungsenergie $h\nu$ mindestens so groß sein, daß das Elektron aus seinem Platz in ein tieferes Niveau über die Grenze der besetzten Bänder gehoben wird. Die dazu nötigen unteren Grenzfrequenzen ν sind durch die Lagen der Absorptionskanten der Röntgenspektren gegeben. Die Emissionslinien der Röntgenspektren geben andererseits die Abstände der besetzten Niveaus. Aus Präzisionsmessungen der Röntgenemission und Absorption ist es so prinzipiell möglich, wenn auch mit großen Schwierigkeiten verbunden, die gegenseitige Lage der verbreiterten Energiebänder zu bestimmen. Es ergibt sich z. B. für Kupfer der Abstand des Schwerpunktes der $3d$-Verteilung von der oberen $4s$-Grenze zu etwa 4 eV. Bei leichteren Elementen, wie z. B. Li, Mg und Al ist es auch gelungen, aus der Struktur gewisser Emissionslinien auf die Form der Elektronenverteilung der höchsten Bänder zu schließen.

3. Metallische Leitung.

Der Umstand, daß die Leitfähigkeit die am meisten charakteristische Eigenschaft der Metalle ist, setzt die Theorie der Leitung auf einen zentralen Platz in der Diskussion des metallischen Zustandes. Die ältere, von DRUDE, LORENTZ u. a. entwickelte Theorie behandelte die Leitungselektronen als frei wie die Moleküle eines Gases. Sie hatte nur sehr beschränkte Erfolge. Für die moderne Theorie, deren Entwicklung durch die Arbeiten von PAULI und SOMMERFELD um 1927 eingeleitet wurde, ist die Wellennatur der Elektronen und die dadurch bedingte Energieverteilung, die im vorigen Abschnitt beschrieben wurde, von grundlegender Bedeutung.

Wirkt in einem Metalldraht eine elektrische Feldstärke, so können die Elektronen, die sich in vollbesetzten Energiebändern befinden, trotzdem sie nach der modernen Theorie immer zu gewissem Grade im Gitter beweglich sind, doch nicht vom Felde beschleunigt werden, und also nicht zum Strom beitragen. Die Zustände mit nächst höherer Energie und die dazu gehörenden Wellensysteme sind nämlich schon von anderen Elektronen besetzt. Es sind nur die Elektronen, die sich im Energiediagramm nahe der Oberfläche eines unvollständig besetzten Bandes befinden, die zum Strom beitragen können. Ähnlich wie in der klassischen Elektronengastheorie kann die elektrische Leitfähigkeit $\varkappa$ geschrieben werden

$$\varkappa = \frac{e^2}{2mv} n_{\text{eff}} l,$$

wo e, m und v Ladung, Masse und mittlere Geschwindigkeit der Elektronen und l die freie Weglänge bezeichnet, die unten weiter besprochen werden wird, n_{eff} ist aber hier nicht, wie in der älteren Theorie immer die Zahl n der Valenzelektronen pro Kubikzentimeter, sondern eine effektive Elektronenzahl, die von der Ausfüllung der Energiebänder abhängt. Sie ist in einem halbgefüllten Bande etwa gleich n, dagegen in einem wenig besetzten oder nahe ausgefülltem Bande klein gegen n.

Für die spezifische Wärmeleitfähigkeit der Metalle gibt die Theorie in erster Näherung

$$\lambda = \frac{\pi^2}{6} \frac{k^2 T}{mv} n_{\text{eff}} l,$$

wo k die BOLTZMANN-Konstante (Gaskonstante pro Molekül) und T die absolute Temperatur bezeichnet. Die Kombination der beiden Gleichungen gibt die nach dem empirischen Gesetze von WIEDEMANN-FRANZ-LORENZ konstante Größe

$$L = \frac{\lambda}{\varkappa T} = \frac{\pi^2}{3} \left(\frac{k}{e}\right)^2$$

in vorzüglicher Übereinstimmung mit dem, was experimentell als Grenzfall für hohe Temperaturen und gute Leiter gefunden worden ist.

In einem beinahe reinen Metall ist die mittlere freie Weglänge l die einzige Größe, die mit Temperatur, Reinheitsgrad und Bearbeitungsgrad stark variiert. Sie wird in der modernen Theorie auf wellenmechanischer Grundlage berechnet. Die Ursache ihrer Begrenzung ist die Streuung der mit den beweglichen Elektronen verknüpften Wellen. Die zu dem Leitvermögen $\varkappa$ inverse Größe, der spezifische Widerstand ϱ, kann geschrieben werden:

$$\varrho = \frac{2 m v}{e^2 n_{\text{eff}}} S,$$

wo S für die Streuung der Wellen maßgebend ist. Diese Streuung soll nach der Theorie in einem ideal reinen Metall am absoluten Nullpunkt der Temperatur, d. h. in einem Gitter von vollständiger Periodizität, verschwinden. In einem Realmetall sind drei verschiedene Ursachen zur Streuung vorhanden, die thermische Bewegung im Atomgitter, Fehlerstellen, die z. B. durch Bearbeitungseffekte hervorgerufen sein können, und die im Gitter aufgenommenen Atome fremder Substanzen. Die Streuungen dieser drei Ursachen scheinen sich in erster Näherung zu addieren, der Widerstand des Realmetalls wird deshalb selbst annähernd eine Summe von thermischen, Gitterfehler- und Verunreinigungsanteilen (Gesetz von MATTHIESSEN-FLEMING). Dank dieser einfachen Gesetzmäßigkeit kann die Temperaturabhängigkeit des Widerstandes der reinen Idealkristalle durch Extrapolation ermittelt werden.

Die theoretische Berechnung der Temperaturabhängigkeit des Widerstandes bedeutet die Berechnung des thermischen Anteils der Streuung. Ihre Ursache liegt bei höheren Temperaturen im wesentlichen in den thermischen Schwingungen der einzelnen Atome des Gitters, die zu Proportionalität der Streuung und des Widerstandes mit der absoluten Temperatur führen. Bei tiefen Temperaturen überwiegen die akustischen Schwingungen der Kristalle, mit Wellenlängen, die groß sind gegen die Atomabstände. Der Widerstand scheint hier etwa mit der fünften Potenz der absoluten Temperatur proportional zu sein. Für die guten Leiter kann der Widerstand im ganzen Temperaturgebiet einigermaßen durch eine den verschiedenen Metallen gemeinsame Funktion von T/Θ dargestellt werden, wo T die absolute und Θ die DEBYEsche charakteristische Temperatur bezeichnet, die z. B. für Cu etwa 315, für Ag 215 und für Au 170 ist.

4. Die einwertigen Metalle.

Es sind drei Gruppen von Substanzen, die als Gegenstände der Forschung ganz besonders zu unseren heutigen Kenntnissen des metallischen Zustandes beigetragen haben, und die immer noch im Zentrum der Diskussion stehen, nämlich die einwertigen Metalle und ihre Legierungen, die Übergangsmetalle und ihre Legierungen und die als Halbleiter bezeichneten Substanzen, die die Zwischenglieder zwischen Metallen und Isolatoren ausmachen. Wir wenden uns zunächst den einwertigen Metallen zu.

Trägt man die elektrische Leitfähigkeit der Elemente als Funktion der Atomnummer auf, so entsteht bekanntlich eine periodische Kurve mit ausgeprägten Spitzenmaxima für die einwertigen Metalle, d. h. für die Alkalimetalle und die Edelmetalle mit Cu, Ag und Au. Diese beiden Gruppen enthalten also die besten Leiter. Die Atome dieser Grundstoffe sind insofern einfach gebaut, als sie neben voll besetzten Elektronenniveaus nur noch ein Elektron in dem äußersten *s*-Niveau haben, das somit zur Hälfte ausgefüllt ist. Das nächst unterliegende Niveau ist bei den Alkaliatomen ein *p*-Niveau, bei den Edelmetallen ein *d*-Niveau (vgl. Tabelle 3). Die einwertigen Metalle kristallisieren in einfachen regulären Gittern, die Alkalimetalle kubisch innenzentriert, die Edelmetalle kubisch flächenzentriert. Die Berechnung der Gittereigenschaften aus den der freien Atome ist bei diesen Gruppen zuerst gelungen. Das höchste *s*-Band scheint hier das einzige unvollständig besetzte zu sein und die Potentialverteilung im Gitter ist eine derartige, daß die in der Elektronengastheorie von SOMMERFELD gemachten Annahmen von freien Elektronen annähernd erfüllt sind. Die Resultate dieser Theorie sind auch in erster Näherung verwendbar. Die Temperaturabhängigkeit des Widerstandes zeigt den theoretisch berechenbaren Verlauf ohne auffällige Komplikationen.

Auch die Kompressibilität, die Gitterenergie u. a. gehen aus der Theorie recht gut hervor.

Die im periodischen System auf Cu, Ag und Au folgenden sog. *b*-Metalle oder Metalle der Nebengruppen, d. h. 30 Zn bis 33 As, 48 Cd bis 51 Sb und 80 Hg bis 83 Bi sind der Theorie weniger einfach zugänglich. Die Verhältnisse sind hier unter anderem auch dadurch kompliziert, daß alle diese Metalle mit Ausnahme des Bleies nicht regulär kristallisieren.

Die an Cu, Ag oder Au reichen, binären Legierungen dieser Metalle mit den *b*-Metallen bilden aber eine Gruppe von Legierungen mit auffallend einfachen und allgemeingültigen Gesetzmäßigkeiten, die auch Gegenstand theoretischer Bemühungen geworden sind. So hat LINDE gefunden, daß die Widerstandserhöhung $\Delta\varrho$ der Edelmetalle durch Zusatz der *b*-Metalle einer Beziehung

$$\Delta\varrho = a\,c\,(Z-1)^2$$

gehorchen, wo a eine Konstante, c die Atomkonzentration und Z die Wertigkeit des Zusatzmetalls bezeichnen (Z ist also 2 für Zn, Cd und Hg, 3 für Ga, In und Tl usw.). Die Konstante a ist etwa dieselbe für Ag und Au-Legierungen und etwa 20% kleiner für die Cu-Legierungen. Die theoretische Erklärung ist nach MOTT die, daß die Abweichung des mittleren Potentials der Ionen der Fremdatome, nachdem sie ihre Z äußersten Elektronen an die Elektronenbänder des Gitters abgegeben haben, vom mittleren Potential des Gitters mit $Z-1$ proportional sind. Dies gibt eine mit $c\cdot(Z-1)^2$ proportionale Streuung der DE BROGLIE-Wellen und eine damit proportionale Widerstandsänderung.

Mit steigenden Konzentrationen der *b*-Metalle treten Mischungslücken und intermediäre Phasen auf, für die die interessanten, zuerst von HUME-ROTHERY ausgesprochenen Gesetzmäßigkeiten gelten. Es finden sich in den verschiedenen Legierungssystemen intermediäre Phasen bestimmter Struktur in der Nähe solcher, für verschiedene Systeme verschiedene Konzentrationen, wo die Zahl der Valenzelektronen pro Atom, d. h. $(1-c)+Z\cdot c$ etwa denselben Wert hat. Auch für diese Gesetzmäßigkeiten sind wahrscheinliche theoretische Erklärungen gefunden worden.

In magnetischer Hinsicht sind die einwertigen Metalle etwa wie die erwähnten *b*-Metalle, außer As, Sb und Bi, schwach und temperaturunabhängig para- oder diamagnetisch. Theoretisch wird dies so erklärt, daß sich zu dem temperaturunabhängigen Diamagnetismus der inneren vollständigen Elektronenschalen der Atome, ein zuerst von PAULI aufgewiesener, ebenfalls temperaturunabhängiger Paramagnetismus der unvollständigen Elektronenbänder addiert.

5. Die Übergangsmetalle.

Die Atome der Grundstoffe, die in der Reihe steigender Atomnummern den einwertigen Edelmetallen Cu, Ag und Au vorangehen, d. h., die der sog. Übergangsmetalle, zeichnen sich (vgl. Tabelle 3) durch unvollständige innere Elektronenschalen aus. Solche Lücken in der Besetzung der inneren Elektronenschalen können nun nach der modernen Theorie zu besonderen magnetischen Eigenschaften Anlaß geben. Der Magnetismus der freien Atome rührt nämlich nach dieser Theorie von zwei Ursachen her, den magnetischen Momenten der Bahnbewegungen der Elektronen und den Eigenmomenten oder Spinmomenten der Elektronen. Beide Momente haben als Einheit das BOHRsche Magneton. In den Atomen setzen sich diese Momente so zusammen, daß das resultierende Moment einer voll besetzten Schale immer gleich Null wird, so daß solche Schalen nur mit einem schwachen Diamagnetismus beitragen können. Eine unvollständige Schale kann dagegen ein resultierendes Moment besitzen und Grundstoffe mit solchen Momenten zeigen im freien, gasförmigen Zustand starken, bei steigender Temperatur proportional mit $1/T$ abnehmenden Paramagnetismus.

Im metallischen Zustand zeigen nun auch die meisten Übergangsmetalle ausgeprägte magnetische Eigenschaften. So gehören zu dieser Gruppe die ferromagnetischen Metalle Fe, Co und Ni, die in gewissen Legierungen ferromagnetischen Metalle Mn und Cr, die Metalle Pd und Pt und gewisse seltene Erdmetalle mit starkem, mit steigender Temperatur abnehmendem Paramagnetismus und schließlich V, Rh und andere mit starkem, wenig temperaturabhängigem Paramagnetismus. Auch andere Eigenschaften, wie die elektrische Leitfähigkeit, die spezifische Wärme und die thermische Ausdehnung zeigen bei den Übergangsmetallen ausgeprägte Komplikationen, die, wie empirisch gefunden worden ist, miteinander und mit den magnetischen Eigenschaften eng verbunden sind.

Ganz allgemein stellt man sich vor, daß diese Komplikationen durch eine, die lückenhafte Besetzung des Energieniveaus der freien Atome entsprechende unvollständige Ausfüllung der Energiebänder der metallischen Atomgitter zustande kommen. Wir wollen die modellmäßigen Ansätze zu einer theoretischen Behandlung dieser verwickelten Erscheinungen beleuchten, indem wir Nickel als Beispiel herausgreifen. Ni ist das Element Nr. 28 nächst voran 29 Cu. Die $3d$- und $4s$-Banden liegen wahrscheinlich ähnlich wie die in Abb. 1 gezeigten Bänder des Kupfers. Nun hat aber Ni ein Elektron weniger als Cu. Wenn die Elektronen die kleinsten möglichen Energiewerte annehmen und deshalb die beiden Bänder zu derselben Höhe ausfüllen, entstehen somit Lücken sowohl in dem $3d$- als in dem $4s$-Bande. Das eine Band ist dabei recht wenig, das andere beinahe voll besetzt und sie tragen beide, aber mit verschiedener Temperaturabhängigkeit zu der Leitung bei. Die Leitung dürfte noch durch die Übergänge der Elektronen aus dem einen Bande in das andere beeinflußt werden können. In dem ferromagnetischen Temperaturgebiet des Nickels (unter etwa 350° C) sind die Verhältnisse nach der Theorie von HEISENBERG noch dadurch kompliziert, daß durch die Wechselwirkung der Elektronen, für die Elektronen nahe der oberen Grenze der Energiebänder auch ohne ein äußeres Magnetfeld eine Spinrichtung über die antiparallele überwiegt und so eine spontane Magnetisierung entsteht. Es sind in den letzten Jahren schon mehrere, im einzelnen verschiedene theoretische Modelle dieser Art geprüft worden.

Der Weg zu einem näheren Verständnis der Übergangsmetalle, der in den letzten Jahren eifrig beschritten wurde, geht über die ausführliche Untersuchung ihrer Legierungen. In den einwertigen Edelmetallen in kleinen Mengen aufgelöst, geben die Übergangsmetalle nicht wie die *b*-Metalle allgemeine gesetzmäßige Eigenschaftsänderungen, sondern verhalten sich in bezug auf magnetische Suszeptibilität, Widerstandszunahme, Druckkoeffizient des Widerstandes, Thermoelektrizität u. a. individuell sehr verschieden, und es hat eben hier die phänomenologische Klassifizierung begonnen. Sie gibt verlockende aber immer noch unsichere Aussichten. Besonders anregend sind auch die Resultate, die durch Zusätze von kleinen Mengen nichtferromagnetischer Metalle zu Nickel gewonnen sind. Der Ersatz eines Ni-Atoms durch ein Atom Pd, Cu, Zn, Al oder Sn vermindert das magnetische Sättigungsmoment des Ni mit bzw. etwa 0, 1, 2, 3 oder 4 BOHRschen Magnetonen, welche Zahlen den Wertigkeiten der Zusatzatome entsprechen. Wir müssen uns aber hier auf diese Andeutungen beschränken.

6. Metalle, Halbleiter und Isolatoren.

Da die Metalle dadurch charakterisiert worden sind, daß die energiereichsten der Elektronen in ihren Atomgittern ziemlich frei beweglich sind, hat es nahe gelegen, den Mangel an Leitfähigkeit der Isolatoren darauf zurückzuführen, daß hier die Elektronen an die Atome stärker gebunden sind, d. h. daß zwischen den Atomen Potentialschwellen vorhanden sind, die auch von den energiereichsten Elektronen nicht überschritten werden können. Nach der Wellenmechanik besteht nun aber eine Möglichkeit für die Elektronen, solche Potentialschwellen zu durchdringen, auch wenn ihre Energie nicht ausreicht, um sie auf gewöhnlichem Wege zu überschreiten. Dies ist als eine Schwierigkeit für die Aufrechterhaltung der alten Vorstellungen über die Natur der Isolatoren empfunden worden, und in den letzten Jahren haben sich aus dem Elektronenbandmodelle neue Vorstellungen über die Natur der Isolatoren und Halbleiter entwickelt.

Nach diesen Vorstellungen sind die Elektronen, die zu den energiereichsten Bändern gehören, sowohl in den Isolatoren als in den Metallen ziemlich frei beweglich in dem Atomgitter. Der Unterschied zwischen schlechten und guten Leitern liegt in der schon erwähnten verschiedenen Wirkung eines elektrischen Feldes auf vollständig und unvollständig gefüllte Bänder. In einem vollständig gefüllten Bande bewegen sich die Elektronen immer paarweise mit entgegengesetzten Spinrichtungen und Geschwindigkeiten und das elektrische Feld vermag hieran nichts zu ändern, es kann keine resultierende Bewegung in der Feldrichtung entstehen. Substanzen, in denen alle überhaupt besetzten Bänder gefüllt sind, sind deshalb Isolatoren. Streng genommen können sie aber nur beim absoluten Nullpunkt der Temperatur vollständig nichtleitend sein, weil mit steigender Temperatur eine zunehmende Zahl von Elektronen besonders aus den höchsten besetzten Banden in das tiefste der unbesetzten übergeht. Beide Bänder können dann zu der Leitung beitragen. Die Zahl der überführten Elektronen ist nun nach einem Satze der Atomstatistik proportional $e^{-W/2kT}$, wo W der Energieabstand zwischen den Bändern, k die Boltzmann-Konstante und T die absolute Temperatur bezeichnen. Auch im Ausdruck für die Leitfähigkeit kommt dann derselbe Faktor vor, und die Leitfähigkeit bei einer gegebenen Temperatur wird in hohem Maße von der Größe von W abhängig. Bei Zimmertemperatur, wo $kT = 0{,}026$ eV ist, ist der erwähnte Faktor für $W = 1$, 2 und 4 eV gleich etwa 10^{-8}, 10^{-17} und 10^{-34}. Bei kleinen Werten von W ist die Substanz ein Elektronenhalbleiter, bei großen ein Isolator. Eine bestimmte Grenze zwischen diesen gibt es nicht. Die Leitfähigkeit $\varkappa$ folgt in weiten Temperaturgebieten annähernd der Gleichung

$$\ln \varkappa = \text{konst.} - \frac{W}{2kT}$$

und nimmt mit steigender Temperatur stark zu. W kann aus der Temperaturabhängigkeit bestimmt werden. Die Entstehung eines Halbleiters oder Isolators setzt also nach diesem zuerst von WILSON angegebenen Modell einen gewissen Energieabstand *W* zwischen den höchsten besetzten und den nächsten unbesetzten Banden voraus. Da die Breite dieser Bänder in der Größenordnung einiger Elektronenvolt ist, muß auch ein hinreichender Abstand zwischen den Energieniveaus der freien Atome, aus denen die Bänder entstanden sind, vorausgesetzt werden, d. h. die kleinste Anregungsenergie der Atome darf nicht zu klein sein. In Wirklichkeit besteht nun auch, wie die Abb. 2 zeigt, eine interessante, in der Literatur wie es scheint, noch nicht bemerkte Beziehung zwischen

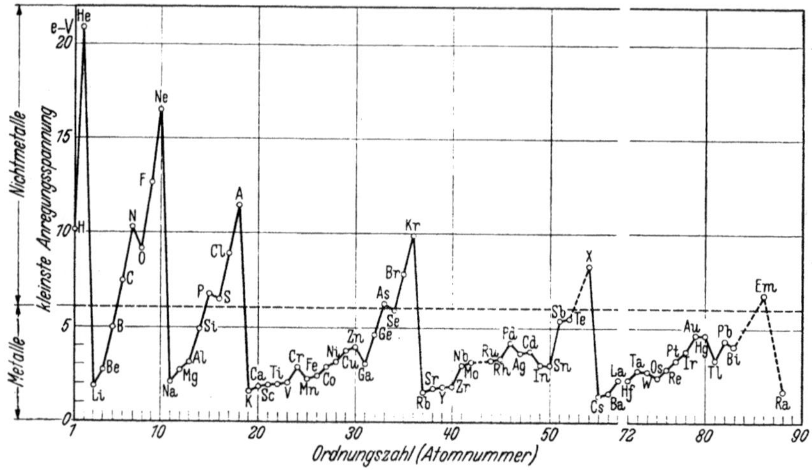

Abb. 2. Anregungsspannung und metallische Eigenschaften der Grundstoffe.

Anregungsspannung und metallischen Eigenschaften. Die Grundstoffe mit Anregungsspannungen wesentlich unter etwa 6 eV sind Metalle, die mit Anregungsspannungen wesentlich darüber sind Isolatoren. Die Halbleiter liegen in der Nähe von diesem Grenzwert.

Es ist für die Halbleiter besonders charakteristisch, daß kleine Verunreinigungen und Gitterfehler oft eine starke Zunahme ihrer Leitfähigkeit hervorrufen und zwar so stark, daß es überhaupt nicht möglich ist, auf die Eigenschaften der reinen, idealen Substanzen zu extrapolieren. So wird z. B. die Leitfähigkeit von Tellur durch 1% Sb etwa hundertfach vergrößert und die Leitfähigkeit des technischen Kupferoxyduls scheint im wesentlichen von hier und da im Gitter fehlenden Cu-Atomen abhängig zu sein. Vom Gesichtspunkt der modernen Theorie aus sind zwei verschiedene Wirkungen dieser Gitterstörungen zu erwarten. Einerseits führen sie zu einer Abnahme der mittleren freien Weglänge, die an und für sich eine Abnahme der Leitfähigkeit bedeuten sollte. Die Weglängen und ihre Änderungen sind wahrscheinlich in den Halbleitern von derselben Größenordnung wie in Metallen und Legierungen. Anderseits können sie aber auch zu prozentisch viel stärkeren Zunahmen der effektiven Elektronenzahl führen, wodurch die beobachtete Zunahme der Leitfähigkeit ihre Erklärung findet. Modellmäßig wird die Sache so beschrieben, daß die Fremdatome und Gitterlücken neue Energiebänder im Gitter einführen, die entweder aus vorher voll besetzten Bändern Elektronen aufnehmen, oder zu vorher unbesetzten Bändern Elektronen abgeben, und in beiden Fällen die effektive Elektronenzahl vermehren.

Das ganze Forschungsgebiet der Halbleiter ist aber sehr verwickelt und wir haben noch keine systematische Übersicht der empirischen Tatsachen, noch weniger eine allgemeingültige theoretische Erklärung der verschiedenen Einzelheiten. Besondere Schwierigkeiten für das Bändermodell bereiten die Halbleiter und Isolatoren, deren mittlere Elektronenzahl pro Atom gerechnet eine ungerade Zahl ist. Bildung ganz gefüllter Elektronenbänder kann hier nur durch geeigneten Übergang der Elektronen von einer Atomgruppe zu einer anderen in Verbindung mit Ionenbildung erklärt werden, was aber nicht immer mit anderen Erfahrungen zusammenpaßt. Es ist in diesem Zusammenhange gegen das Bändermodell angewandt worden, daß es die Wirkung der Potentialschwellen zu stark in den Hintergrund geschoben habe.

Neuere zusammenfassende Arbeiten über den metallischen Zustand.

1. SOMMERFELD, A., H. BETHE: Elektronentheorie der Metalle. Handbuch der Physik Bd. 24 (1933) S. 2.
2. SUHRMANN, R., A. EUCKEN u. L. NORDHEIM: Elektrische Eigenschaften der Metalle. — AUVERS, O. v.: Die magnetischen Eigenschaften der Metalle. — MÜLLER-POUILLETs Lehrbuch der Physik, Bd. 4, T. 4. Braunschweig 1934.
3. SLATER, J. C.: Electronic structure of metals. Rev. mod. Physics Bd. 6 (1934) S. 209.
4. BORELIUS, G.: Physikalische Eigenschaften der Metalle. Handbuch der Metallphysik Bd. 1, T. 1. Leipzig 1935.
5. MOTT, N. F., H. JONES: The theory of the properties of metals and alloys. Oxford 1936.
6. FRÖHLICH, H.: Elektronentheorie der Metalle. Berlin 1936.
7. WILSON, A. H.: The theory of metals. Cambridge 1936.
8. SEITZ, F., R. P. JOHNSON: Modern theory of solids. J. appl. Physics Bd. 8 (1937) S. 84, 186, 246.

II. Grundsätzliches zur Herstellung.

7. Stabilität als Funktion von Ionisierungsspannung und Ionenradius.

Bei der Herstellung eines Metalls wird man in den meisten Fällen von dem Oxyd ausgehen; ob die Herstellung mit großen Schwierigkeiten verbunden ist oder leicht vonstatten geht, hängt hauptsächlich davon ab, ob sich das Oxyd schwieriger oder leichter reduzieren läßt. Von diesem Umstande wird auch die Wahl des Reduktionsmittels abhängen.

In einigen Fällen wird man es vorziehen, die Oxyde in Fluoride oder Chloride oder sogar Jodide überzuführen; aber auch dann kommt es wieder darauf an, ob sich in diesem Fall die betreffende Verbindung leicht reduzieren läßt oder nicht.

Nun ist es jetzt möglich, auf Grund der Stellung im periodischen System allgemein anzugeben, ob aus einer willkürlichen Verbindung sich das Metall leicht abscheiden läßt oder nicht. Da bei chemischen Verbindungen die Bildungswärme praktisch immer ein Maß für die Stabilität ist und die Bildungswärme sich, auch wenn sie nicht gemessen worden ist, ziemlich gut abschätzen läßt, ist von vornherein über die Stabilität der Verbindung manches auszusagen.

Mit Hilfe der ganz primitiven elektrostatischen Auffassung der chemischen Bindung, wobei man sich also vorstellt, daß die chemischen Verbindungen aus Ionen aufgebaut sind, läßt sich die Bildungswärme der einfachen Oxyde und Halogenide, insbesondere die der Alkali- und Erdalkalimetalle, in guter Übereinstimmung mit der Erfahrung berechnen. Diese Berechnung geht aus von dem bekannten Ausdruck der Bildungswärme, wie dieser durch Anwendung eines Kreisprozesses nach BORN-HABER (*1*) gefunden wird.

$$V_{x0} = -S_x - D_0 - I_x + E_0 + U_{x0},$$

wobei die Symbole folgende Bedeutung haben:

S_x = Sublimationswärme des Metalls,
D_0 = Dissoziationswärmeenergie des Sauerstoffmoleküls (für ein halbes Gramm-Molekül),
I_x = Ionisierungsspannung des Metalls,
E_0 = Elektronenaffinität des Sauerstoffs,
U_{x0} = Gitterenergie des Oxyds.

Nun wollen wir bei der Besprechung dieses Ausdrucks zunächst S_x vernachlässigen und den Einfluß dieser Sublimationswärme später betrachten. Wir haben dann nur noch mit den beiden Größen U_{x0} und I_x zu tun: Wir wollen hier den Einfluß von Größe und Ladung des positiven Ions auf diese beiden diskutieren.

Eine Änderung der Ionengröße des positiven Ions wird nun meistens den Einfluß haben, daß bei dieser Vergrößerung U_{x0} weniger abnimmt als I_x, daß also die Bildungswärme größer wird. Diese Regel wird sehr schön bestätigt durch die Bildungswärmen der Oxyde der 4. Gruppe: wir geben hier die Ionenradien der Elemente neben den Bildungswärmen der Oxyde.

Oxyd	CO_2	SiO_2	TiO_2	ZrO_2	HfO_2	ThO_2
Ionenradien (in Å) . . .	0,2	0,4	0,66	0,87	0,88	1,05
Bildungswärme in kcal .	94,4	205,6	220,6	258,1	271,5	292,6

Ausnahmen von dieser Regel finden wir nur dann, wenn der Radius des positiven Ions von demjenigen des Sauerstoffs nur wenig abweicht, wie z. B. bei den Alkalimetallen; da aber die höherwertigen Ionen auch immer sehr kleine Ionenradien haben, stimmt für die höherwertigen Oxyde die Regel immer, wenn die Reihenfolge nicht durch die bis jetzt noch nicht berücksichtigte Sublimationswärme gestört wird.

Etwas weniger einfach ist der Beweis, daß im allgemeinen mit zunehmender Ladung die Bildungswärme abnimmt; die Bildungswärme soll dann für die verschiedenen Elemente so verglichen werden, daß sie sich auf den gleichen Sauerstoffgehalt bezieht.

So nimmt z. B. die Bildungswärme der Verbindungen:

K_2O, CaO, TiO_2

ab, wenn man miteinander äquivalente Mengen vergleicht:

$\frac{1}{2}K_2O$, $\frac{1}{2}CaO$, $\frac{1}{4}TiO_2$.

Wir haben in der Tabelle 1 die Bildungswärmen der Oxyde zusammengefaßt; die Zahlen beziehen sich auf $\frac{1}{2}$ Atom Sauerstoff. Aus dieser Tabelle ist zu ersehen, daß im allgemeinen die Bildungswärmen von oben nach unten zunehmen wegen des zunehmenden Ionenradius [abgesehen von den ersten 2 Spalten, wo der Unterschied zwischen den Radien von Metallion und Sauerstoffion zu gering ist (*2*)] und von links nach rechts abnehmen wegen zunehmender

Tabelle 1. Bildungswärmen der Oxyde der maximal erreichbaren Valenzstufen.

X_2O	XO	X_2O_3	XO_2	X_2O_5	XO_3	X_2O_7	XO_4	—	—	X_2O	XO	X_2O_3	XO_2	X_2O_5	XO_3	X_2O_7
Li	Be	B	C	N												
71,5	72,5	47	23,7	~0												
Na	Mg	Al	Si	P	S	Cl										
50,3	73	63	51,4	37	17	−4,5										
K	Ca	Sc	Ti	V	Cr	Mn	Fe	Co	Ni	Cu	Zn	Ga	Ge	As	Se	Br
41 ± 2	76	—	55,5	44	24,6	~0?	—	—	—	20,5	41,5	43	32	22	8	—
Rb	Sr	Yt	Zr	Nb	Mo	—	Ru	Rh	Pd	Ag	Cd	In	Sn	Sb	Te	J
42 ± 2	70,5	—	64,5	—	29,3	—	—	—	—	−3,5	30,5	37	34	23	14	—
Cs	Ba	S.E.[1]	Hf	Ta	W	Re	Os	Ir	Pt	Au	Hg	Tl	Pb	Bi	—	—
41 ± 2	66,5	76[2]	68,0	49	32,3	42	11,7	—	—	?	10,7	20	16,2	—	—	—
—	—	—	Th	—	U											
—	—	—	74,2	—	48,8											

[1] Seltene Erden. [2] La.

Ionenladung. Besonders fallen die niedrigen Werte für Tantal und Wolfram auf. Hierauf kommen wir später noch zurück.

Der Einfluß der Ionisierungsspannung auf die Bildungswärme zeigt sich deutlich, wenn wir das periodische System weiter verfolgen. Es kommen dann nach den Übergangselementen die Elemente der Nebenreihen. Die Atome dieser Elemente sind gekennzeichnet durch besonders hohe Ionisierungsspannungen, die Bildungswärmen sind daher stark erniedrigt (2). Alle Elemente der Nebenreihen haben daher im Vergleich mit den Elementen der Hauptreihen kleinere Bildungswärmen, und damit hängt wieder ihre leichte Reduzierbarkeit zusammen. Da hier die Ionisierungsspannungen in einer Kolumne mit den Atomnummern zunehmen, nehmen die Bildungswärmen ab.

Für die Halogenide gelten ganz ähnliche Betrachtungen. Auch hier steigt die Bildungswärme von oben nach unten und von rechts nach links. Ausnahmen finden sich wieder nur bei den Alkalimetallen, weil hier das Verhältnis zwischen den Ionenradien bei den Fluoriden und Chloriden nur wenig von Eins verschieden ist.

Aus der allgemeinen Formel ist abzulesen, daß die Bildungswärme in der Reihe Fluorid—Chlorid—Bromid—Jodid abnimmt, denn die einzigen Größen, die sich hier ändern, sind U, D und E. Nun ist es ein glücklicher Umstand, daß $D—E$ für alle Halogene nahezu den gleichen Wert hat. Es ändert sich also nur U, und da U immer von der Form $A \frac{e^2}{r_+ + r_-}$ ist, nimmt U ab, wenn der Ionenradius des Halogens zunimmt. Da

$$r_F < r_{Cl} < r_{Br} < r_J$$

ist, ist damit die Regel, daß die Bildungswärme vom Fluorid bis zum Jodid abnimmt, bewiesen.

Theoretisch nicht so leicht zu verstehen ist es, daß genau dieselbe Regel auch gültig ist für andere negative Ionen; die Bildungswärmen nehmen ab in der Reihenfolge:

Oxyd → Sulfid → Selenid → Tellurid → Nitrid → Phosphid → Arsenid? . . .

Bei diesen Verbindungen und auch bei den Carbiden läßt sich aber mit Hilfe einfacher elektrostatischer Überlegungen über die Bildungswärme oft nicht mehr viel aussagen, weil diese Verbindungen meistens einen stark homöopolaren Charakter haben. Vorläufig beschränken wir uns auf die Halogenide und die Oxyde. Die Oxyde und Fluoride haben hier die größten Bildungswärmen, lassen sich also am schwierigsten reduzieren; am leichtesten reduzierbar sind die Jodide.

8. Einfluß der Sublimationswärme auf die Stabilität.

Aus der allgemeinen Formel für die Bildungswärme geht hervor, daß diese Größe um so kleiner sein wird, je größer unter sonst gleichen Umständen die Sublimationswärme ist. Nun ist leider diese Sublimationswärme in vielen Fällen nicht genau bekannt; man kann dann aber doch meistens aus der ungefähr bekannten Flüchtigkeit des Metalls diese Sublimationsenergie abschätzen. So ist es klar, daß die Bildungswärme der Alkalimetalle noch erhöht wird durch die relativ niedrige Sublimationsenergie des Metalls, da die Alkalien zu den am leichtest flüchtigen Metallen gehören. Die relativ geringe Bildungswärme der Verbindungen der einwertigen Metalle der Kupfergruppe ist nicht nur der hohen Ionisierungsspannung, sondern gleichfalls der erhöhten Sublimationsenergie zuzuschreiben.

Die Sublimationswärme erreicht im periodischen System wohl ihr Maximum bei den Elementen, die sich um Wolfram gruppieren. Tantal, Molybdän und Wolfram gehören zu den am wenigsten flüchtigen Metallen. Hierin ist wahrscheinlich der Grund für die im Vergleich zu den Nachbarelementen abnorm geringe Bildungswärme des sechswertigen Wolframoxyds zu suchen. Die leichte Reduzierbarkeit der Platinmetalle ist auch wohl zum Teil ihrer großen Sublimationswärme zuzuschreiben (Tabelle 2).

Eine sehr hohe Sublimationswärme übt noch einen besonderen Effekt auf die Stabilität der Verbindungen der tieferen Valenzstufen aus. Bei der Bildung derartiger Verbindungen spielt die Sublimationswärme eine viel größere Rolle als bei den Verbindungen höherer Valenzstufen. Vergleichen wir z. B. die Bildung eines Monochlorids mit derjenigen eines Hexachlorids. In der Formel für die Bildungswärme kommt im ersten Fall die Sublimationswärme neben dem Wert $D—E$ vor, während im zweiten Fall neben dem gleichen Wert der Sublimationswärme der Wert 6 $(D—E)$

Tabelle 2. Sublimationswärme bei 0° K (in kcal).

Li 41,0	Be (53,5)	B —												
Na 26,0	Mg 34,9	Al 77,1	Si 80,0											
K 21,7	Ca 45,5	Sc —	Ti —	V —	Cr (85,4)	Mn (60)	Fe (88,2)	Co —	Ni (82,2)	Cu 82,2	Zn 31,15	Ga —	Ge —	As (28,2)
Rb 19,6	Sr —	Yt —	Zr —	Nb —	Mo 155	— —	Ru —	Rh —	Pd —	Ag 68,8	Cd 27,1	In —	Sn (79)	Sb (2,8)
Cs 18,7	Ba —	S. E. —	Hf —	Ta —	W (192)	Re —	Os —	Ir —	Pt (130)	Au 91,0	Hg 15,5	Tl 44,2	Pb 47,4	Bi 47,5
— —	— —	— —	Th —	— —	U —									

steht, während natürlich auch der Wert $-I+U$ bei den höherwertigen Verbindungen größer ist. Es ist klar, daß also bei dem Monochlorid die Sublimationswärme viel stärker überwiegt als bei der Bildung des Hexachlorids. So sehen wir, daß bei den Metallen mit sehr hoher Sublimationswärme auch die Oxyde und Halogenide der niedrigeren Valenzstufe noch wenig stabil, also leicht reduzierbar bleiben. Aus diesen Bemerkungen geht hervor, daß die Sublimationswärme eine sehr bedeutende Rolle spielt. Wir geben in der Tabelle 2, S. 19 einen Überblick über die Werte, die EUCKEN vor kurzem gesammelt und kritisch gesichtet hat (3).

Die Tabelle gibt die Verdampfungswärme bei $T=0°$ K wieder; bei höheren Temperaturen sind die Werte kleiner. Die Werte sind zum größten Teil noch sehr unsicher: bei As und Sb, wo der Dampf aus vieratomigen Molekülen besteht, ist zu den angegebenen Werten noch die Dissoziationsenergie dieser Moleküle zu addieren. Eingeklammert sind die nach EUCKEN zur Zeit noch sehr unsicheren Werte.

Nur bei den sehr flüchtigen Metallen ist an eine direkte Bestimmung der Sublimationswärme zu denken. Meistens wird die Sublimationswärme auf indirekte Weise bestimmt, indem man die Dampfspannung als Funktion der Temperatur mißt und daraus mit Hilfe der CLAPEYRONschen Gleichung die Sublimationswärme berechnet. Bei dieser Berechnung kann man für eine rohe Schätzung die integrierte CLAPEYRONsche Gleichung in der Form:

$$\log p = -\frac{A}{T} + B$$

anwenden; meistens ist es aber vorzuziehen, noch ein Glied $C \log T$, und unter Umständen auch noch ein weiteres Glied DT zu berücksichtigen. Wird p in Millimeter Quecksilber ausgedrückt, so ist die Sublimations- (oder Verdampfungs-) Wärme beim absoluten Nullpunkt, je nachdem, ob der Dampfdruck für die feste oder flüssige Phase gesucht wird, bis auf ein kleines Korrektionsglied gleich $4{,}573\,A$; C enthält die Differenz der spezifischen Wärmen bei hoher Temperatur, D einen eventuell vorhandenen Temperaturkoeffizienten dieser spezifischen Wärmen, während in B neben der chemischen Konstante ein Integral über die spezifischen Wärmen eingeht. Die Kenntnis der Verdampfungswärme ist wegen des Zusammenhanges mit der Dampfkurve selbstverständlich auch von allergrößter Bedeutung für die Reinigungsverfahren, die auf Destillation oder Sublimation beruhen.

Bei den weniger flüchtigen Metallen ist auch die direkte Messung des Dampfdrucks ausgeschlossen. Bei diesen Metallen bestimmt man den Dampfdruck aus der Verdampfungsgeschwindigkeit. Auf diese Weise sind die Sublimationswärmen von Wolfram und Molybdän gemessen worden, indem man den Gewichtsverlust eines dünnen Fadens beim Glühen im Hochvakuum auf eine bestimmte Temperatur innerhalb einer bestimmten Zeit mißt. Diese Methode ist aber mit recht großen Fehlern behaftet, wenn das Metall schwer reduzierbare Oxyde bildet.

Die Versuche haben z. B. beim Zirkonium bis jetzt noch nicht zu befriedigenden Resultaten geführt, weil Zirkondrähte fast immer mit einer schwer flüchtigen, schwer reduzierbaren Oxydhaut bedeckt sind; im Gegensatz zu Wolfram, wo diese Oxydhaut, wenn vorhanden, verschwindet, weil das Oxyd flüchtiger ist als das Metall.

9. Die Bildung von intermediären Verbindungen bei der Reduktion. Stabilität von Oxyden bzw. Verbindungen niederer Valenzstufen.

Bei den Beobachtungen der vorangehenden Abschnitte haben wir uns nur die Frage nach der Größe der Bildungswärmen der höchstwertigen Oxyde oder Halogenide vorgelegt. Nun sind aber bekanntlich bei einem hochwertigen Oxyd nicht alle Sauerstoffatome gleich fest gebunden. In vielen Fällen läßt sich z. B. ein Atom sehr leicht entziehen, während der weiteren Reduktion große Schwierigkeiten entgegentreten; ähnliches gilt für die Halogenide. Als Beispiel brauchen wir nur auf die Leichtreduzierbarkeit des CrO_3 zu Cr_2O_3 oder V_2O_5 zu VO_2 hinzuweisen. Bei den Halogeniden ist zu bemerken, daß z. B. $TiCl_4$ sehr leicht zu $TiCl_3$ reduziert wird, dessen weitere Reduktion aber sehr schwierig ist und wohl nur mit Hilfe von Alkalimetall gelingt.

An sich ist es nicht unerwartet, daß ein Teil des Sauerstoffs leichter abgegeben wird wie der Rest. Denn je höher die Valenz, um so kleiner wird das Volumen des positiven Ions, und um so stärker ist die stabilitätserniedrigende Wirkung der Ionisierungsspannung. Was erklärt werden soll, ist, warum in einigen Fällen Oxyde der niedrigen Valenzstufen sich so leicht bilden, während sie in anderen Fällen nicht existieren oder sehr instabil sind.

Um die Frage ganz zu klären, müßte die Berechnung der Bildungswärme so verfeinert werden, daß man auch die Bildungswärme der Zwischenstufen genau angeben könnte.

Während die Berechnung der höchsten Valenzstufen schon sehr mangelhaft war, weil meistens die Ionisierungsspannungen und die Sublimationsenergien der betreffenden Metalle nur sehr lückenhaft bekannt sind, fehlen für die Berechnungen der Zwischenstufen überdies noch die Werte der für die Berechnungen der Gitterenergie erforderlichen Ionenradien. Wir können also nicht mehr als einige allgemeine qualitative Andeutungen geben.

Besonders auffällig ist in der fünften, sechsten und siebenten Gruppe die Leichtreduzierbarkeit bis zur Stufe XO_2, oder zu noch niedrigeren Stufen beim Cr_2O_3 und MnO. Dies hängt damit zusammen, daß die höheren Oxyde in diesen Gruppen noch mehr oder weniger flüchtig sind.

Sobald auf ein nicht allzu großes positives Ion mehr als zwei negative Ionen kommen, kann sich aus geometrischen Gründen nicht mehr ein richtiges Koordinationsgitter bilden. Es entstehen in diesem Fall typische Molekülgitter oder Schichtengitter oder bestenfalls Annäherungen an ein echtes Koordinationsgitter [z. B. V_2O_5 (4)]. In allen diesen Fällen ist aber die Gitterenergie relativ klein. Da nun für die Stabilität die Energie, die bei der Bildung des Koordinationsgitters auftritt, sehr bedeutend ist, fällt bei diesen Verbindungen dieser sehr bedeutsame Teil fort. Diese Gitterenergie wird erst zurückgewonnen, wenn so viel Sauerstoff abgegeben wird, daß sich ein richtiges Koordinationsgitter XO_2 bilden kann.

Daß die Reduktion oft weiter geht als bis XO_2 kann in vielen Fällen durch die Eigenartigkeiten der verschiedenen Ionisierungsspannungen erklärt werden.

So geht z. B. bei den Nebenreihen wegen der allgemein erhöhten Ionisierungsspannung die Reduktion leicht weiter (Ge, Sn, Pb, As, Sb).

Interessant ist es aber, daß man in vielen Fällen aus der Tabelle der Ionisierungsspannungen schon ablesen kann, bis zu welcher Stufe die Reduktion stattfindet.

Einen besonders kennzeichnenden Fall wollen wir hier erwähnen: das Paar Kupfer und Zink. Bei Kupfer sind die beiden ersten Ionisierungsspannungen 7,69 bzw. 20,2, für Zink 9,35 bzw. 17,89.

Vergleichen wir also die beiden Metalle im zweiwertigen Zustande, so ist Kupfer das edlere; tatsächlich sind die Kupferverbindungen leichter reduzierbar als die Zinkverbindungen.

Wenn nun aber Kupfer in den einwertigen Zustand übergeht, sinkt die erforderliche Ionisierungsspannung stärker als die des Zinks. Es wird also die Bildung der Verbindungen des einwertigen Kupfers eher zu erwarten sein wie die des einwertigen Zinks.

Bei der Reduktion des Zinks geht dieses also sofort von dem zweiwertigen in den metallischen Zustand über.

Leider fehlen aber für die quantitative Behandlung derartiger Probleme die Werte für die Gitterenergien und meistens auch für die Ionisierungsspannungen bei den höheren Valenzstufen.

Literatur.

1. Born, M.: Verh. dtsch. phys. Ges. Bd. 21 (1919) S. 679. — Haber, F.: Verh. dtsch. phys. Ges. Bd. 21 (1919) S. 750.
2. van Arkel, A. E. u. J. H. de Boer: Chemische Binding. Amsterdam 1929, Suppl. 1938.
3. Eucken, A.: Metallwirtsch. Bd. 15 (1936) S. 27, 63.
4. Ketelaar, J. A. A.: Z. Kristallogr. Bd. 95 (1936) S. 9.

III. Reduktionsverfahren zur Herstellung der Metalle.

10. Thermische Zersetzung.

Alle Herstellungsverfahren sind im wesentlichen Reduktionsverfahren, sie lassen sich aber in einige Gruppen einteilen.

Theoretisch wäre die unmittelbare Dissoziation einer Verbindung die einfachst denkbare Darstellungsweise eines Metalls. Nur in wenigen

Fällen läßt diese Methode sich anwenden. Nur Quecksilber, Silber, Gold und einige Platinmetalle sind durch direktes Erhitzen der Oxyde zu erhalten; praktisch findet diese Methode aber keine Anwendung.

Unter besonderen Umständen läßt sich aber das Prinzip der direkten Dissoziation auch auf andere Metalle anwenden, und zwar kann man auf zwei grundverschiedenen Methoden zum Ziele kommen.

Das erste Prinzip ist von W. von Bolton angegeben worden; von Bolton erhitzte Stäbchen aus VO_2, NbO_2 und TaO_2, die durch Pressen des pulverförmigen Oxyds erhalten wurden, in einem Hochvakuum mittels eines elektrischen Stromes; die Temperatur läßt sich dabei tatsächlich so weit steigern, daß merkliche Sauerstoffabspaltung stattfindet. Diese Methode ist nur dann anwendbar, wenn vom Metall ein Oxyd bekannt ist, das bei hoher Temperatur den Strom leitet. Selbstverständlich muß der Dissoziationsdruck dieses Oxyds groß sein gegenüber der Dampfspannung des Metalls, denn sonst geht die Verdampfung des Metalls schneller vor sich als die Spaltung des Oxyds. Diese Methode ist also nur geeignet für die sehr wenig flüchtigen Metalle. Auf diese Weise ist es von Bolton gelungen, zum ersten Male Vanadium und Tantal in reinem kompakten Zustande darzustellen.

Als Herstellungsverfahren hat dieses Prinzip eigentlich nie Anwendung gefunden. Besser arbeitet man in der Weise, daß man sich auf andere Weise ein Rohmetall darstellt, das eventuell noch etwas Sauerstoff enthält, und dieses Metall in vacuo erhitzt. Die thermische Zersetzung wird dann eher als Raffinationsverfahren angewandt. In diesem Zusammenhang werden wir hierauf später zurückkommen.

Das zweite Prinzip besteht darin, daß man einen dünnen Faden des Metalls im Dampf einer dissoziierenden Verbindung erhitzt. Die Bedingung für das Gelingen dieser Methode liegt jetzt darin, daß sich eine flüchtige Verbindung auffinden läßt, die bei einer Temperatur unterhalb des Schmelzpunktes des Metalls schon merklich dissoziiert, und zwar so stark, daß sich in der Zeiteinheit durch Zersetzung mehr Metall an dem Faden abscheidet als der Faden durch Verdampfen verliert. Auch diese Methode läßt sich also nur bei relativ hochschmelzenden und wenig flüchtigen Metallen anwenden.

Beide Methoden haben den großen Vorteil, daß das erhaltene Metall nicht mit Tiegelwänden, Elektroden oder Fremdgasen in Berührung kommt, so daß sie ein Metall liefern, das um so reiner ist, je reiner die Verbindung, von der man ausgegangen ist. Wenn man diese Methoden anwenden kann, ist also das Problem der Darstellung des reinen Metalls zurückgeführt auf die viel leichtere Aufgabe, eine reine Verbindung darzustellen.

Ein besonderer Vorteil der Jodid- und Chloridmethode besteht darin, daß man nicht einmal die Jodide und Chloride darzustellen braucht. Meistens arbeitet man so, daß man ein Rohmetall, das z. B. noch Oxyd und Nitrid enthält, in einem Ballon aus schwer schmelzbarem Glas, zusammen mit etwas Jod, einschließt; beim Erhitzen des Ballons bildet sich jetzt das Jodid, dies verflüchtigt sich, wird am glühenden Faden gespalten, wobei das freiwerdende Jod sich aufs neue mit dem Rohmetall verbindet.

Aber auch in dieser Form ist dieses Verfahren eher zu den Reinigungsverfahren als zu den Herstellungsmethoden zu rechnen. Wir werden also auf die Ergebnisse unter den Reinigungsverfahren näher eingehen.

11. Elektrolyse.

Wie wir schon bemerkt haben, besitzen die im vorigen Abschnitt erwähnten Methoden der thermischen Zersetzung den großen Vorteil, daß hierbei keine Verunreinigung durch das Reduktionsmittel eintreten kann und daß sich auf zwei verschiedenen Wegen erreichen läßt, daß das gebildete Metall nicht mit anderen Substanzen in Berührung kommen kann.

Beide Vorteile zeigt auch die Elektrolyse, die daher als Herstellungsverfahren eine überwiegende Rolle spielt. Es ist nicht zu viel gesagt, wenn man behauptet, daß sogar alle Metalle sich elektrolytisch abscheiden lassen, da durch geeignete Wahl der Spannung immer die für die Reduktion benötigte Energie geliefert werden kann. Die Umstände, unter denen die Elektrolyse stattfindet, und das erreichte Resultat sind für die verschiedenen Metalle sehr verschieden.

Die elektrolytischen Verfahren sind prinzipiell in zwei Gruppen einzuteilen; die Elektrolyse in wässeriger Lösung und die Schmelzflußelektrolyse.

Denkbar wäre auch eine Abscheidung aus nichtwässeriger Lösung: aber die vielen Versuche, die in dieser Richtung angestellt wurden, haben meistens nur zu sehr bescheidenen Resultaten geführt. Dies hängt damit zusammen, daß Wasser in seinem elektrolytischen Dissoziationsvermögen wohl von keiner Substanz übertroffen wird, es sei denn vielleicht von der schwer zugänglichen und äußerst unbequem zu behandelnden Flußsäure. Organische Lösungsmittel haben, auch wenn sie sonst geeignet wären, den Nachteil, daß bei der Elektrolyse auch die Moleküle des Lösungsmittels angegriffen werden, so daß leicht Verunreinigungen der abgeschiedenen Metalle eintritt. Die nichtwässerigen Lösungsmittel werden wir hier also nicht weiter betrachten.

Die Abscheidung der Metalle aus wässeriger Lösung kann man allgemein als eine direkte Entladung der vorhandenen Ionen auffassen. Sie wird also möglich sein, wenn erstens genügend Metallionen anwesend sind, und zweitens das gebildete Metall von Wasser nicht angegriffen wird. Nun kann man sagen, daß allgemein nur Verbindungen niederer Valenzstufen von Wasser in Ionen gespalten werden. Dieser Befund ist sehr gut in Übereinstimmung mit der Theorie; denn meistens wird die Dissoziationsenergie der Verbindungen mit hochgeladenen positiven Ionen so hoch, daß sie nicht mehr durch die Hydratationsenergie der gebildeten Ionen kompensiert wird, anderseits unterliegen diese Verbindungen stark der Hydrolyse, so daß überhaupt keine eigentlichen Metallionen mehr entstehen. Wirkliche Metallionen bilden sich höchstens noch bei den dreiwertigen Metallen: möglich daß in Lösungen von Thoriumsalzen noch bedeutende Mengen von Thoriumionen (Th^{4+}) vorhanden sind, bei Lösungen der Verbindungen der kleineren vierwertigen Ionen Zr^{4+} und Ti^{4+} ist dies aber wohl sicher nicht mehr der Fall.

Unter den Metallen, die überhaupt in wässeriger Lösung Ionen bilden, sind es aber nur diejenigen mit hoher Ionisierungsarbeit, d. h. also diejenigen, die in der Spannungsreihe jenseits des Wasserstoffs stehen, die durch Elektrolyse aus wässerigen Lösungen erhältlich sind; es sind praktisch nur die Übergangselemente und die Metalle der Nebenreihen, daneben nur noch Chrom und Mangan.

Nur durch Anwendung einer Kathode aus Quecksilber lassen sich auch die Alkali-, Erdalkali- und einige andere Metalle, allerdings in Form von Amalgamen, die sich nicht leicht zum reinen Metall verarbeiten lassen, zur Abscheidung bringen.

Da die Abscheidungspotentiale für die verschiedenen Metalle meistens weit auseinander liegen, hat die elektrolytische Darstellung den großen Vorteil vor allen anderen, daß sie gleichzeitig eine Raffination ist. Für eine Reihe von Metallen ist daher die wiederholte elektrolytische Abscheidung der bequemste Weg, um zum reinen Metall zu kommen (Cu, Ag, Au, In und die Platinmetalle).

Oft enthält das abgeschiedene Metall noch etwas Wasserstoff, der sich durch Erhitzen meistens leicht beseitigen läßt; unangenehm ist der oft nicht unbeträchtliche Sauerstoffgehalt der elektrolytisch hergestellten Metalle.

Bei der Schmelzflußelektrolyse der Alkalimetalle ist der Mechanismus ebenfalls wohl als eine einfache Ionenentladung aufzufassen. Sobald wir aber zu den Verbindungen der höherwertigen Elemente übergehen, finden sich auch in der reinen Schmelze nur noch wenig freie Ionen. In diesem Fall muß man dem Schmelzfluß noch Alkali- oder Erdalkalihalogenid zusetzen. Diese bilden entweder ein Lösungsmittel für das Halogenid des abzuscheidenden Metalls, oder, und wahrscheinlich in den meisten Fällen, bilden sich Komplexverbindungen, die sich leicht in Metall- und Komplexionen spalten. Jedenfalls enthält der Schmelzfluß also meistens an positiven Ionen praktisch nur Alkali- und Erdalkaliionen. Diese besorgen den Elektrizitätstransport und werden an der Kathode entladen. Das gebildete Alkali- und Erdalkalimetall reduziert dann das höherwertige Halogenid. Das Metall, das sich dabei bildet, scheidet sich nicht in kompakten Massen auf der Kathode ab, sondern bildet kleinere oder größere Kristalle, die den Schmelzfluß durchsetzen. Ein kompaktes Metall läßt sich bei der Schmelzflußelektrolyse nur erhalten, wenn die Temperatur höher ist als der Schmelzpunkt des zu gewinnenden Metalls. Kann wegen des hohen Schmelzpunktes oder aus anderen Gründen die Temperatur nicht so hoch geführt werden, so sind die Produkte der Schmelzflußelektrolyse nicht wesentlich verschieden von denjenigen, die man bei der Reduktion der Halogenide oder Oxyde mit Natrium oder Calcium (s. d.) in der Bombe erhält.

Ausnahmsweise führt auch die Schmelzflußelektrolyse von Sauerstoffkomplexen zum Ziel. So kann man z. B. aus geschmolzenen Wolframaten und Molybdänaten durch Elektrolyse Wolfram und Molybdän erhalten, und zwar in sehr kompakter Form, wenn man als Kathode einen Kristall dieser Metalle verwendet.

12. Reduktion mit Wasserstoff.

Wenn die unmittelbare Zersetzung einer Verbindung auf thermischem Wege nicht mehr möglich und die Elektrolyse aus irgendwelchen Gründen nicht anwendbar ist, wird man mit einem mäßig starken Reduktionsmittel, z. B. Wasserstoff, oft weiter kommen. Die Reduktion der Oxyde gelingt bei den meisten Elementen der Nebenreihen und weiter bei den Metallen der 6. und 7. Gruppe (mit Ausnahme des Urans). Geht man von den Chloriden aus, so dehnt sich die Gruppe der durch Wasserstoff reduzierbaren Elemente aus und es kommen zu den vorigen noch die 5. Gruppe, außerdem noch Kohlenstoff, Silicium und Bor. Noch größer ist wahrscheinlich das Gebiet der durch Wasserstoff reduzierbaren Jodide. Hier fehlen aber systematische Untersuchungen.

Wasserstoff hat den anderen Reduktionsmitteln gegenüber den Vorteil, daß er mit dem erhaltenen Metall entweder überhaupt keine Verbindungen oder Mischkristalle bildet, oder daß in den meisten Fällen durch Erhitzen in vacuo doch wieder der aufgenommene Wasserstoff sich leicht entfernen läßt. Daß die Reduktion mit Wasserstoff in der Technik relativ wenig Anwendung findet, ist nur darauf zurückzuführen, daß im allgemeinen die durch Wasserstoff reduzierbaren Metalle sich meistens leichter durch Elektrolyse wässeriger Lösung herstellen lassen. Letztere Methode hat den Vorteil, daß sie erstens das Metall in kompakter Form liefert, und daß überdies in vielen Fällen noch eine Raffination stattfindet.

Praktisch wird die Reduktion mit Wasserstoff nur angewandt bei der technischen Herstellung von Wolfram und Molybdän, bei denen Abscheidung durch Elektrolyse aus wässerigen Lösungen bis jetzt noch nicht gelungen ist.

Die Vorteile auf die wir im vorigen Abschnitt beim Dissoziationsverfahren hingewiesen haben, können auch bei der Reduktion mit Wasserstoff benutzt werden: einige Metalle lassen sich bequem in der Weise herstellen, daß man einen Faden aus diesem Metall in einem Gemisch von Wasserstoff mit einer leicht flüchtigen Verbindung erhitzt.

Auf diese Weise ist es gelungen, Molybdän, Wolfram, Rhenium und Silicium herzustellen.

Meistens gelingt dann aber auch die direkte Spaltung der betreffenden Verbindung, weil, zumal bei sehr hohen Temperaturen, die reduzierende Wirkung des Wasserstoffs ziemlich gering ist.

13. Reduktion mit Hilfe von Alkalien.

Bei den Oxyden, die sich mit Hilfe von Wasserstoff nicht mehr reduzieren lassen, wird man nach einem kräftigeren Reduktionsmittel greifen müssen. Es kommen dann an erster Stelle in Betracht die Erdalkali- oder Alkalimetalle sowie auch Aluminium und schließlich auch Kohle. Wie man die Auswahl treffen wird, hängt jetzt nicht mehr allein davon ab, daß man das kräftigste Reduktionsmittel trifft, sondern viel eher davon, ob sich das Reduktionsmittel billig herstellen läßt, ob es sich leicht hantieren läßt, und vor allem auch davon, ob es sich mit dem zu gewinnenden Metall leicht legiert oder nicht. Mit Stabilitätsbetrachtungen allein werden wir hier nicht weiter kommen.

In erster Linie kommt hierfür ein Alkalimetall, und zwar besonders Natrium, als Reduktionsmittel in Betracht. Von den Erdalkalimetallen haben die Alkalien den Vorzug, daß sie anscheinend mit den meisten Metallen nicht sehr stabile Legierungen bilden. Wenn also die Reduktion mit Natrium möglich ist, wird man diesem Element den Vorzug vor Calcium und Magnesium geben.

Natrium erweist sich als besonders geeignet für die Reduktion der Halogenide. Eine ganze Reihe von Metallen, unter anderem Titan, Zirkon, Hafnium, Thorium, Vanadium, Uran, lassen sich in der Weise erhalten, daß man die Halogenide mit etwas mehr als der berechneten Menge Natrium in einer eisernen Bombe einschließt. Wird die Bombe erhitzt, so tritt alsbald die Reaktion ein, wobei die Temperatur durch die Reaktionswärme so hoch steigt, daß die erhaltenen Metalle zum Teil zusammensintern.

Da die meisten Halogenide bei hoher Temperatur einen hohen Dampfdruck haben, treten vorübergehend in der Bombe sehr hohe Spannungen auf. Es ist also wichtig, daß die Reaktion bei möglichst tiefer Temperatur einsetzt. Man kann dies dadurch erreichen, daß man dem Halogenid-Natriumgemisch eine kleine Menge Kaliumchlorat zusetzt, die schon bei tiefer Temperatur reagiert, und so die Reaktion einleitet. Durch diesen Kunstgriff wird z. B. bei der Herstellung des Titans aus $TiCl_4$ und Natrium die Explosionsgefahr bedeutend verringert.

Von den Umständen wird es abhängen, welches Halogenid für die Metalldarstellung gewählt wird. Die am leichtesten reduzierbaren Jodide wird man wohl nie verwenden, weil die Darstellung meistens sehr kompliziert und kostspielig ist. Dagegen sind die Fluoride wieder etwas schwieriger reduzierbar. Oft sind diese sehr leicht in Form von Alkalikomplexen zu erhalten. Das Alkalifluorid wirkt hierbei aber als

Verdünnungsmittel, es steigt also die Temperatur weniger hoch an, und das Metall sintert weniger zusammen. Wenn für die Zerlegung des komplexen Fluorids noch eine größere Wärmemenge benötigt wird, so wird auch noch dadurch die Reduktionswärme herabgesetzt und die Reduktion dadurch gehemmt.

Die aus den Fluoriden erhaltenen Metalle sind meistens sehr feinkörnig und unterliegen daher bei der Entfernung gebildeter Alkalifluoride durch Waschen mit Wasser sehr stark der Oxydation. Dennoch ist diese Methode für Titan und Zirkonium mit Erfolg angewendet worden.

Grobkörnigere Metalle entstehen bei der Reduktion der Chloride. Diese Chloride sind in den meisten Fällen ($TiCl_4$, $TaCl_5$) leicht zu erhalten. Dagegen waren die Chloride von Vanadium bis vor kurzem sehr schwer zugänglich. Da aber jetzt Ferrovanadiumlegierungen leicht erhältlich sind, läßt sich das VCl_4 bequem darstellen durch Chlorieren von Ferrovanadium.

Die Reduktion der Oxyde mit Natrium gelingt in den meisten Fällen wegen der großen Bildungswärme der Oxyde nicht.

Wir haben schon darauf hingewiesen, daß die Alkalimetalle als Reduktionsmittel darum so geeignet sind, weil sie mit den meisten Metallen keine stabilen Legierungen bilden. Das ist nicht mehr der Fall bei den schon mehr negativen Elementen der Nebenreihen: Arsen, Antimon aber auch Zinn und Germanium verbinden sich leicht mit Alkali- und Erdalkalimetallen (*1*).

14. Reduktion mit Hilfe von Magnesium und Calcium und höherwertigen Elementen.

Will man die immer noch etwas komplizierte Darstellung der Halogenide vermeiden, und direkt die viel leichter zugänglichen Oxyde reduzieren, so ist man auf die Reduktion mit Erdalkalimetallen angewiesen. Titan, Zirkon, Hafnium, Vanadium, Tantal und Uran lassen sich auf diese Weise gewinnen, am besten, wenn man dem Reduktionsmittel noch etwas Natrium oder falls Calcium als Reduktionsmittel verwendet wird, etwas $CaCl_2$ oder $BaCl_2$ zusetzt.

Das Natrium wird hier wohl die Rolle eines Flußmittels spielen. Das geschmolzene Natrium nimmt wohl immer Magnesium und Calcium auf, die so gebildete flüssige Legierung kommt innig mit dem Oxyd in Berührung. Ob bei dem Calciumchloridzusatz die Bildung von CaCl eine Rolle spielt, ist nicht mit Sicherheit bekannt. Es ist auch möglich, daß es ein Lösungsmittel für das Oxyd bildet.

Die Darstellung der Metalle der Nebenreihen mit Hilfe von Erdalkalimetallen, wie die mit Hilfe von Alkalimetallen scheitert an der Bildung von Verbindungen.

Auch mit Calcium oder Magnesium lassen sich nicht alle Oxyde reduzieren: so gelingt z. B. die Darstellung des Berylliums auf diese

Weise nicht. In derartigen Fällen könnte man zu Aluminium als Reduktionsmittel übergehen; wir sind dann bei dem aluminothermischen Verfahren angelangt.

Die Bildungswärme des Aluminiumoxyds ist kleiner als die des Calciumoxyds: daß dennoch Aluminium so stark reduziert, hängt wohl mit der geringen Flüchtigkeit des Aluminiums im Vergleich mit den Erdalkalimetallen zusammen.

Auch wenn die Reduktion mit Hilfe von Aluminium theoretisch möglich ist, hat diese Methode für die Reindarstellung der Metalle wohl sehr wenig Bedeutung, weil sich immer aluminiumhaltige Metalle bilden.

Ebenso wenig erfolgreich sind die Versuche, die man angestellt hat, um die Reduktion mit anderen Elementen z. B. Silicium auszuführen. Auch hier bilden sich immer stark verunreinigte Produkte, deren Reinigung nur in einigen Fällen möglich ist. Die technisch so wichtige Reduktion mit Kohlenstoff ist aus ähnlichen Gründen für die Reindarstellung der Metalle nahezu bedeutungslos, mit Ausnahme von Ge, As und Sb die als stark negative Elemente mit Kohlenstoff keine Legierungen bilden.

Die stark reduzierende Wirkung des Kohlenstoffes würde man auf Grund der Bildungswärme des CO_2 nicht erwarten. Die Flüchtigkeit des CO_2 begünstigt aber die Reduktion.

Wir deuten hier schon eine Eigentümlichkeit des Kohlenstoffs an, auf die wir später noch näher eingehen wollen.

Kohlenstoff gibt mit sehr vielen Metallen stabile Verbindungen aber nicht mit allen. So sind z. B. die Carbide der Alkalimetalle jedenfalls so leicht spaltbar, daß bei der Einwirkung von Kohlenstoff auf die Oxyde (eigentlich Carbonate) dieser Elemente Alkalimetalle entstehen. Die Leichtflüchtigkeit dieser Metalle wird dabei wohl eine bedeutende Rolle spielen, da dadurch das Metall immer dem Gleichgewicht entzogen wird.

Außer den Alkalien sind es nur die Elemente der Nebenreihen, die sich mit Kohlenstoff nicht verbinden, oder nur instabile Verbindungen bilden. Wahrscheinlich hängt dies zusammen mit dem immer mehr zunehmenden negativen Charakter dieser Elemente, der sich z. B. auch darin äußert, daß sie gerade mit den Alkalien und Erdalkalien sehr stabile Verbindungen bilden, wie schon früher bemerkt wurde.

Die Verwendung höherwertiger Metalle zur Reduktion anderer Metalloxyde hat Anwendung gefunden für die Reindarstellung der Alkalien. Während meistens der Prozeß so geht, daß Calcium das Zirkonoxyd reduziert, wenn man die beiden in eine Bombe einschließt, so kann unter Umständen doch auch die umgekehrte Reaktion eintreten. Dies ist der Fall, wenn das Gleichgewicht sich dadurch verschiebt, daß der Prozeß sich in einem Vakuum abspielt und das flüchtige Metall also als Dampf entweichen kann. Hierauf beruht eine sehr bequeme Methode zur Herstellung kleiner Mengen reiner Alkali- und

Erdalkalimetalle (2). Bei den Alkalimetallen verwendet man Pastillen, die aus einem Gemisch von Zirkoniumpulver und Alkalichromat bestehen. Das stark oxydierende Chromat besorgt eine hohe Temperatur der Reaktion. Wenn man diese Pastille im Vakuum nur wenig erwärmt, tritt eine Reaktion ein, wobei das Alkalimetall verdampft und nur Zirkonoxyd und Chromoxyd übrig bleiben. Kleine Mengen Barium kann man leicht in der Weise erhalten, daß man einen Zirkondraht mit Bariumoxyd bedeckt und im Vakuum auf so hohe Temperatur glüht, daß das gebildete Barium verdampft.

Auch Aluminium könnte für diese Darstellungsmethode angewandt werden: nur der niedrige Schmelzpunkt steht seiner Anwendung im Wege.

Literatur.

1. HUME-ROTHERY, W.: The Structure of Metals and Alloys. S. 91. London 1936.
2. DE BOER, J. H., J. BROOS, H. EMMENS: Z. anorg. allg. Chem. Bd. 191 (1930) S. 113.
Weitere Literatur wird im speziellen Teil angegeben.

IV. Reinigungsverfahren.

15. Art der Verunreinigungen.

Wenn wir das in den vorigen Abschnitten über die Darstellung des Metalls Gesagte zusammenfassen, kommen wir zu den folgenden Schlüssen.

1. Ein reines kompaktes Metall kann nur bei einigen elektrolytischen Verfahren gewonnen werden.

2. Bei den meisten Elektrolysen in wässerigen Lösungen hält das Metall noch Wasserstoff eingeschlossen. Auch bei der Reduktion mit Wasserstoff enthält das Produkt meistens Wasserstoff.

3. Sauerstoff kann in verschiedenen Fällen als Verunreinigung auftreten, so bei der Reduktion von Oxyden mit Wasserstoff oder Alkali, wenn diese nicht vollständig war. Bei der Reduktion von Halogeniden tritt ebenfalls oft Verunreinigung auf, weil diese Halogenide durch Spuren von Feuchtigkeit leicht Oxyde geben. Bei der Reduktion von Oxyden und Halogeniden mit Metallen ist Sauerstoffaufnahme nur schwer zu vermeiden, wenn das gebildete Metall durch Waschen mit Wasser, Säuren oder Laugen vom entstandenen Oxyd oder Halogenid des Reduktionsmittels getrennt wird.

Aber auch in anderer Weise kann Oxyd in das Pulver gelangen, bei Reduktion der Oxyde dadurch, daß die Reduktion nicht vollständig war und bei der Reduktion des Chlorids durch die Bildung von Subchloriden, die bei dem Waschen durch Hydrolyse und Oxydation leicht in unlösliche Hydroxyde oder Oxyde übergehen können (1). Diese Hydroxyde können unter Umständen sehr leicht entstehen; bei der Reduktion des VCl_3 mit Natrium findet man oft größere Klumpen von gelbem VCl_2 zwischen den Metallteilchen. Wird nun das Metallpulver zu Stäben gepreßt und diese im Vakuum erhitzt, so können zwei Fälle eintreten. Oft kommt es vor, daß das Oxyd sich einfach zwischen die Kristallite der Metalle verteilt; in diesem Fall werden die mechanischen und elektrischen Eigenschaften des Metalls oft nur relativ wenig beeinflußt; es kann sogar vorkommen, daß die Oxydverunreinigung schon sehr erheblich ist, ohne daß die Duktilität darunter leidet. Dies ist z. B. der Fall bei Thorium.

In anderen Fällen aber bildet das Oxyd mit dem Metall ein Mischkristall z. B. bei Zirkonium und Titan. In diesem Fall werden die mechanischen und elektrischen Eigenschaften sehr stark beeinflußt; der Widerstand steigt, der Temperaturkoeffizient ist stark erniedrigt, und relativ kleine Mengen Sauerstoff können das an sich duktile Metall so spröde machen, daß auch bei sehr hoher Temperatur die Bearbeitung unmöglich wird.

4. Bei allen Verfahren, mit Ausnahme der Elektrolyse aus wässerigen Lösungen kann Verunreinigung durch andere Metalle eingetreten sein, es sei, daß die Ausgangsmaterialien nicht ganz rein waren, daß das Reduktionsmittel von dem gewonnenen Metall aufgenommen worden ist, oder daß das Metall mit den Wänden der verwendeten Apparate in Reaktion getreten ist, oder aus der Atmosphäre Sauerstoff oder Stickstoff aufgenommen hat.

Zur Beseitigung der Verunreinigungen stehen folgende Methoden zur Verfügung:

a) Schmelzen im Vakuum.
b) Erhitzen im Vakuum.
c) Hochvakuumdestillation oder Sublimation.
d) Fraktionierte Kristallisation.
e) Chemische Methoden.
f) Die Überführung in flüchtige Verbindungen und thermische Dissoziation derselben.

16. Hochvakuumbehandlung.

a) Vakuumschmelze. Eine Reinigung durch Vakuumschmelzen erreicht man nur dann, wenn es sich um relativ leicht flüchtige Verunreinigungen handelt, die mit dem Metall nichtstabile Verbindungen bilden. Wasserstoff, nur mechanisch eingeschlossene Gase, evtl. auch Alkalimetalle, lassen sich auf diese Weise entfernen, vorausgesetzt, daß das geschmolzene Metall den Schmelztiegel nicht angreift.

Im allgemeinen wird man also die besten Resultate erhalten bei den Metallen mit tiefem Schmelzpunkt (z. B. Aluminium, Zinn und Indium) oder bei den edlen Metallen, die die Tiegelwand weniger angreifen.

Erhitzt man das Metall im Lichtbogen, so kann man die Einwirkung auf die Tiegelwand dadurch vermeiden, daß man das geschmolzene Metall abtropfen läßt.

b) Erhitzen im Vakuum. Ein Metall wie Wolfram läßt sich infolge seines hohen Schmelzpunktes nicht umschmelzen. Man arbeitet in diesem Falle so, daß man das Metall zu Stäben preßt und im Vakuum oder in einem indifferenten Gas (bei Wolfram z. B. in Wasserstoff) erhitzt. Sind die Oxyde des betreffenden Metalls wenig stabil oder leicht flüchtig, so gelingt es auf diese Weise, auch den Sauerstoff ganz oder zum größten Teil zu entfernen. Bei den Metallen Ti, Zr, Hf, Th und U kommt man auf diese Weise nicht weiter, weil die Oxyde hier zu stabil sind. Beim Vanadium und noch besser beim Tantal aber läßt sich diese Methode mit Erfolg anwenden.

	T_1	T_{760}		T_1	T_{760}
Li	1020	1600	Be	1780	3240
Na	710	1156	Mg	877	1375
K	613	1035	Ca	1193	1970
Rb	565	986	—		
Cs	550	981	—		

	T_1	T_{760}		T_1	T_{760}
Al	1880	2770	Mn	1540	2300
Si	1910	2900	Fe	2140	3150
Cr	1775	2600	Ni	2180	3350
Mo	3450	5000	Pt	2920	4400
W	4300	—	—		

	T_1	T_{760}		T_1	T_{760}
Cu	1890	2830	Zn	763	1180
Ag	1615	2450	Cd	666	1040,5
Au	2130	3220	Hg	399	630

	T_1	T_{760}		T_1	T_{760}
Tl	1106	1730	As	628	889
Sn	1870	2700	Sb	~ 1000	1908
Pb	1255	2025	Bi	1165	1833

c) Hoch-Vakuum-destillation oder -Sublimation. Eine wirkliche fraktionierte Vakuumdestillation ist gewöhnlich nicht ausführbar, weil die Schmelzpunkte der meisten Metalle zu hoch liegen; eigentlich läßt sich nur das Quecksilber auf diese Weise reinigen. In diesem Falle ist aber diese Destillation allen anderen Reinigungsverfahren so weitgehend überlegen, daß sie wohl praktisch die einzige Methode zur Reinigung des Quecksilbers darstellt.

Bei allen anderen Metallen handelt es sich um Sublimation in vacuo, d. h. der Dampf geht sofort in den festen Zustand über. Welche Verunreinigungen durch diese Sublimation entfernt werden können, hängt von der Art und den Eigenschaften des Metalls ab. Leichtflüchtige Metalle, wie die Alkali- und Erdalkalimetalle lassen sich leicht von den schwerflüchtigen Oxyden und Nitriden trennen: eingeschlossene Gase werden natürlich gleichzeitig entfernt; eine Trennung von anderen Metallen erfolgt nur, wenn die Unterschiede in der Dampfspannung sehr groß sind.

Je kleiner die Dampfspannung, um so schwieriger die Sublimation, weil dann immer auch das Tiegelmaterial wegen der hohen Temperatur große Schwierigkeiten bietet.

In der Praxis ist natürlich die Lage der Siedepunkte und der Dampfdruck in Abhängigkeit der Temperatur von größter Wichtigkeit. Wir übernehmen nebenstehend (S. 32) die von EUCKEN (*2*) gesammelten Daten: angegeben sind der Siedepunkt bei 1 mm Druck, T_1 und der Siedepunkt unter Atmosphärendruck, T_{760} in ° K.

Bei der Sublimation des Berylliums ist man dazu übergegangen, Tiegel aus Berylliumoxyd zu verwenden. Aber auch dann, wenn man Tiegel aus dem Oxyd des zu sublimierenden Metalls verwendet, ist es noch immer nicht sicher, daß der Tiegel nicht angegriffen wird, da viele Metalle, wie z. B. Zirkonium ihre eigenen Oxyde in Form von fester Lösung aufnehmen.

Diese Schwierigkeiten mit dem Tiegelmaterial sind darum so bedeutend, weil das sublimierte Metall nicht kompakt ist, und also noch einer Umschmelzung im Vakuum bedarf.

17. Fraktionierte Kristallisation, chemische Methoden.

Selbstverständlich ist diese Methode praktisch nur anwendbar bei den leicht schmelzenden Metallen, insbesondere wenn man alle Operationen ohne Gefahr an der Luft ausführen kann. Es scheint, daß beim Antimon und beim Wismut besonders für die Herstellung von kleinen Mengen nach dieser Methode sehr gute Resultate erzielt worden sind.

Unter dem Namen „chemische Methoden" lassen sich eine ganze Reihe von Bearbeitungen zusammenfassen, wie Behandlung mit Säuren, Laugen, Ausglühen unter Gasen usw.

Die Behandlung des Metallpulvers mit Säuren wird nur dann Erfolg haben, wenn es sich um grobmechanische Beimischungen handelt.

Befinden sich aber die Verunreinigungen, sei es als Einschluß, Mischkristall, oder als Verbindung innerhalb der Körner, so kommt man auf diese Weise nicht weiter: für die Darstellung von reinen Metallen kommen derartige Methoden nur selten in Frage. Nur beim Silicium, das sich leicht zu Pulver mahlen läßt und praktisch alle Verunreinigungen als interkristallinische Einschlüsse enthält, hat man mit rein chemischen Methoden Erfolg gehabt.

Anders steht es mit dem Erhitzen in Gasen. Durch Erhitzen in Sauerstoff von geeigneter Konzentration können hier Verunreinigungen wie Kohlenstoff, Schwefel, Phosphor, im allgemeinen alle Elemente die leichtflüchtige Verbindungen bilden, entfernt werden. Vorbedingung ist natürlich, daß es sich um ein Metall handelt, das sich leicht von Sauerstoff befreien läßt, sei es, daß es leicht reduzierbar ist, oder daß es einen so hohen Schmelzpunkt hat, daß die gebildeten Oxyde bei hoher Temperatur wieder dissoziierbar sind. So läßt sich ein Nickeldraht weitgehend entkohlen durch Erhitzen an der Luft, und darauffolgende Reduktion mit Wasserstoff. Nach der Patentliteratur kann man auf ähnliche Weise karbidhaltiges Tantal in reines Metall überführen.

Auf ähnlichen Prinzipien beruhen viele technische Reinigungsverfahren: meistens arbeitet man dann im geschmolzenen Zustande, wobei man oft noch bestimmte Verunreinigungen als Schlacke entfernen kann.

18. Abscheidung aus der Gasphase durch Dissoziation.

Diese Methode hat vor den meisten anderen den Vorteil, daß sie unmittelbar ein kompaktes Metall liefert, und daß die Gefahr der Verunreinigung von der Tiegelwand ganz vermieden wird. Zunächst wollen wir untersuchen, für welche Metalle diese Methode praktisch verwendet werden kann.

Bedingungen für die Anwendung sind:

1. Das Metall soll leichtflüchtige Verbindungen geben,
2. diese Verbindungen sollen sich bei tiefer Temperatur leicht bilden und
3. bei erhöhter Temperatur leicht dissozieren.
4. Der Schmelzpunkt des Metalls soll relativ hoch sein.
5. Das Metall soll möglichst wenig flüchtig sein.

Zusammenfassend können wir sagen: Es soll eine Verbindung geben, die sich leicht bildet und bei einer Temperatur unterhalb des Schmelzpunktes des Metalls schon so weit dissoziiert ist, daß die Partialspannung des Metalldampfes höher ist als die Dampfspannung des Metalls bei dieser Temperatur.

Für die Anwendung dieser Methode kommen Oxyde meistens nicht in Frage, weil sie nur selten flüchtig sind und meistens erst bei sehr hoher Temperatur in Metall und Sauerstoff dissoziieren. Nur beim Ruthenium und Osmium, wo die leichtflüchtigen Oxyde RuO_4 und OsO_4 bekannt sind, wäre diese Methode anwendbar. Vorläufige Versuche in dieser Richtung sind bisher aber erfolglos geblieben.

Auch die Fluoride sind noch nicht geeignet, weil ihre Bildungswärmen noch viel zu hoch sind. Von den Chloriden ausgehend hat man diese Abscheidung aus der Gasphase mit Erfolg anwenden können bei Molybdän, Wolfram, Niob, Tantal und Kohlenstoff. Die Temperaturen liegen hierbei alle im Bereich 1000—1500° C.

Geht man von den Jodiden aus, dann dehnt sich das Gebiet der so zu gewinnenden Metalle aus: dieses Gebiet umfaßt dann Beryllium, Bor und alle Elemente der 4. und 5. Gruppe, sowie die meisten Elemente der Nebenreihen.

Daß diese Methode (Spaltung der Jodide) für die Metalle der 6. Gruppe nicht anwendbar ist, hängt lediglich damit zusammen, daß sich hier die höheren, flüchtigen Jodide nicht erhalten lassen: diese werden hier schon sehr instabil, es sind nur die niedrigeren Jodide bekannt, aber diese Jodide vom Typus XJ_2 oder XJ_3 sind meistens nicht genügend flüchtig. Nur die umhüllten von mehr als 4 Halogenatomen umgebenen Halogenide oder solche mit 3 Halogenatomen und besonders kleinen

Zentralionen (BJ_3) haben eine so große Dampfspannung, daß sie für diese Methode der Metallgewinnung in Betracht kommen. Auch viele Elemente der Nebenreihen lassen sich durch Zersetzung der Jodide, soweit diese flüchtig sind, herstellen, z. B. Kupfer und Eisen.

Nach der linken Seite des periodischen Systems hört die Möglichkeit der Zersetzung der Jodide auf, weil erstens die Jodide stabiler und weniger flüchtig und anderseits die Metalle leichter flüchtig werden, und also nicht genügend hoch erhitzt werden können. Vielleicht wäre noch bei den Lanthaniden insbesondere in der zweiten Hälfte der Gruppe eine Metallabscheidung aus den Jodiden möglich.

In der 5. Gruppe ist die Herstellung des Vanadiums auf diese Weise noch möglich, aber schon sehr erschwert durch die Nichtexistenz der höheren Jodide und die geringe Flüchtigkeit des VJ_2. Hier muß man also schon eine sehr komplizierte Apparatur verwenden, da man das VJ_2 nur genügend verflüchtigen kann, wenn man den ganzen Apparat aus Quarz herstellt, so daß Erhitzen auf die erforderliche Temperatur möglich wird. Auch Chrom läßt sich noch gerade auf diese Weise durch Zersetzung des Jodiddampfes herstellen. Besondere Bedeutung für die Reinigung der Metalle durch Abscheidung aus der Gasphase haben noch die Carbonyle; Nickel wird auf diese Weise schon seit längerer Zeit gewonnen. In letzter Zeit ist auch die Darstellung von reinem Eisen aus Carbonyl gelungen.

Einige Platinmetalle, Platin und Rhodium hat man in sehr reiner Form erhalten durch Zersetzung des Dampfes ihrer Chlorcarbonyle. Hier ist dieses Verfahren aber schon etwas umständlicher, weil diese Verbindungen sich nicht wieder aus Rohmetall und dem Dissoziationsprodukt zurückbilden.

Vielleicht wären auch die flüchtigen Hydride, wie sie bei Bor, Kohlenstoff, Silicium, Germanium, Arsen, Antimon bekannt sind, für die Darstellung der betreffenden Elemente zu verwenden. Die Schwierigkeiten sind hier aber wieder größer, da einerseits diese Hydride sich nicht direkt aus Wasserstoff und dem betreffenden Element bilden, und anderseits von diesen Elementen keine Drähte zur Verfügung stehen, die als Unterlage dienen können.

Da diese Elemente wahrscheinlich nicht duktil sind, kommt man auch nicht weiter, wenn man zunächst einen Draht aus einem anderen Metall anwendet. Wenn es gelingen würde, auf diese Weise dicke Schichten auf eine Metallseele niederzuschlagen, würde man vielleicht nach Ausbohren des Kernes doch reine Proben aus diesen Elementen erhalten können. Nur beim Kohlenstoff, aus dem man auf andere Weise Faden herstellen kann, gelingt es leicht z. B. durch Erhitzen in irgendeinem Kohlenwasserstoff reine Kohlenstäbchen zu erhalten.

Wir wollen uns jetzt der Frage zuwenden, welche Verunreinigungen man durch die Abscheidung aus der Gasphase beseitigen kann. Dazu gehören an erster Stelle Sauerstoff, Stickstoff und Kohlenstoff, also die

Elemente, deren Metallverbindungen von Chlor und Jod nicht angegriffen werden, oder die selbst kein Halogenid bilden.

Die erwähnten Elemente bleiben also als feines Oxyd, Nitrid, Kohlen- oder Carbidpulver zurück.

Die übrigen Elemente werden aber von Halogenen angegriffen, und können sich, so weit sie flüchtige Halogenide bilden, zusammen mit dem Metall niederschlagen. Unter Umständen kann zwar eine Fraktionierung eintreten, z. B. in der Weise, daß die Temperatur des Drahtes so hoch ist, daß die Verunreinigung verdampft, wie Eisen bei der Herstellung des Zirkoniums.

Anderseits können auch Metalle mit übergehen, die man in reinem Zustande nicht erhalten kann, wie z. B. Aluminium. Der Schmelzpunkt dieses Metalls ist sehr niedrig, aber seine Legierungen mit Zirkon haben einen hohen Schmelzpunkt und sehr geringe Dampfspannung. Aluminium, Silicium, Bor usw. können bei der Reinigung des Zirkoniums und ähnlichen Metallen nicht entfernt werden. Die Methode dient hauptsächlich zur Beseitigung der drei genannten Elemente Sauerstoff, Stickstoff und Kohlenstoff. Für die anderen Elemente lassen sich allgemeine Regeln nicht angeben. In einigen Fällen scheitert die Methode daran, daß die Jodide Glas oder Quarz angreifen. Bei den Versuchen, reines Beryllium darzustellen, entstand immer nur eine Beryllium-Silicium-Legierung.

Zum Schluß wollen wir noch eine Übersicht geben, welche Metalle sich nach einer der angegebenen Methoden rein darstellen lassen.

a) Durch Elektrolyse: Cu, Ag, Platinmetalle, In, Tl, Zn, Cd.

b) Durch Vakuumsublimation: Alkalimetalle, Mg, Ca, Sr, Ba, Mn, Fe, Zn.

c) Durch Erhitzen in vacuo: Nb?, Ta, W, Mo.

d) Durch Abscheidung aus der Gasphase: Ti, Zr, Hf, Th, V, Nb, Ta, Cr, W, Mo, Cu, Fe, Pt, Rh, C und wohl auch Rhenium.

e) Durch Kristallisation: Sb, Bi.

f) Dagegen sind bis jetzt für Be, B, die Lanthaniden, Si, Ge, As und U keine geeignete Reinigungsverfahren oder Darstellungsmethoden bekannt geworden.

Literatur.

1. KROLL, W.: Metal. Ind. Bd. 47 (1936) S. 3, 29, 103, 155. Weitere Literatur in speziellem Teil.
2. EUCKEN, A.: Metallw. Bd. 15 (1936) S. 27, 63.

V. Reinheitsprüfung.

19. Chemische Analyse und Spektralanalyse.

Bei den ersten Versuchen zur Darstellung der Metalle war man schon sehr zufrieden, wenn man bei der Analyse im Präparat 99% Metallgehalt erhielt. Bei diesem Gehalt kann die normale chemische Analyse noch sehr gute Dienste leisten. Bei den meisten Metallen sind wir jedoch aus diesem Bereich schon lange heraus: Metalle, mit 99% Metallgehalt betrachten wir jetzt nicht mehr als rein, und dadurch hat die Angabe des Metallgehalts wenig Zweck. Daß ein Metall um 0,01% Verunreinigungen enthält, können wir nicht dadurch beweisen, daß wir den Metallgehalt bestimmen, sondern nur in der Weise, daß wir zeigen, daß im Metall überhaupt nicht mehr als 0,01% Fremdstoffe anwesend sind.

Da eventuell alle Elemente in kleinen Mengen vorhanden sein können, sollte man eigentlich alle Elemente prüfen, und die vorhandenen Mengen abschätzen. Dies bedeutet aber eine ungeheuere Arbeit: derartige Analysen liegen meistens nicht vor.

Aber auch die vorhandenen Analysen sind oft unvollständig in einem sehr wichtigen Punkte: es fehlen meistens die sehr wichtigen Angaben über Sauerstoff- und Stickstoffgehalt. Es gibt Fälle (z. B. beim Thorium und Uran), wo man angeben kann, daß an allen anderen Elementen nicht mehr als 0,1% vorhanden sind, wo aber der Sauerstoffgehalt noch sehr gut mehrere Atomprozente betragen kann. Zum Teil wird dieser Übelstand dadurch verursacht, daß man keine allgemeine Methode hat, um Sauerstoff quantitativ zu bestimmen: beim Durchlesen der Literatur bekommt man aber oft den Eindruck, daß viele Analytiker sich noch immer nicht bewußt sind, daß Sauerstoff ein sehr gefährlicher Schädling ist, der in kleinen Mengen die Eigenschaften des Metalls weitgehend ändern kann. Wir kommen auf diesen Punkt später noch ausführlicher zurück.

In vielen Fällen ist der Oxydgehalt zu bestimmen durch Erhitzen des Metalles in einem Chlor- oder Jodstrom, wenn nämlich das Halogenid flüchtig ist und die Flüchtigkeit des Oxyds zu vernachlässigen ist. Daß diese Methode richtige Resultate geben kann, geht schon daraus hervor, daß das Oxyd bei der Reinigung über die Gasphase nicht mit über geht. Der zurückbleibende Rest könnte neben Oxyd noch Nitrid, Carbid und andere Metalle enthalten; eine weitere Analyse des Restes könnte eventuell darüber nähere Aufklärungen geben. Es kann natürlich der Fall eintreten, daß der Sauerstoff doch noch, z. B. in Form von flüchtigen Oxyhalogeniden mit übergeht; dieser Fall liegt z. B. beim Wolfram und Molybdän vor. In anderen Fällen kann man den Oxydgehalt bestimmen durch Auflösen des Metalls in einer Säure, die das Oxyd nicht löst.

Ein Teil des Sauerstoffs kann eventuell auch in nichtgebundener Form vorkommen. Fast alle Metallproben halten Gase eingeschlossen, die sie beim Erhitzen im Vakuum aber zum Teil abgeben.

Zur Auffindung der letzten Spuren von Verunreinigungen leistet die spektroskopische Methode sehr gute Dienste. Aber auch hier wird man immer darauf bedacht sein müssen, daß einige Elemente (z. B. wie der Sauerstoff, Stickstoff usw.) sich nach dieser Methode gar nicht auffinden lassen. Anderseits können stellenweise geringfügige Verunreinigungen vorhanden sein, denen gar keine Bedeutung zukommt. Man soll sich nie mit einer einzigen Prüfung zufrieden geben, sondern an der zu untersuchenden Probe an mehreren Stellen eine Spektraluntersuchung vornehmen.

Auf die Ausführung der Spektralanalyse (Methode der letzten Linien, Rayes Ultimes), wollen wir hier nicht eingehen, da sie wiederholt genau beschrieben ist (*1*).

Der Spektralanalyse eng verwandt ist die Röntgenspektralanalyse. Diese kann noch in zwei Varianten zur Anwendung kommen, indem man entweder die zu untersuchende Substanz auf die Antikathode eines Röntgenrohres bringt, und das Emissionsspektrum untersucht, oder auch kontinuierliche Röntgenstrahlung durch eine dünne Schicht des Metalls durchgehen läßt, und das Absorptionsspektrum untersucht. Diese Methode ist für Metalle sehr wenig geeignet, da die zu untersuchende Probe entweder als Pastille oder als sehr feines Pulver oder Folie vorliegen muß. Sie eignet sich daher besser zur Untersuchung von wenig flüchtigen Oxyden; aber auch dann noch nur in ganz besonderen Fällen, bei denen die chemische Analyse weniger genau ist. Dies ist heute nur noch der Fall bei der Bestimmung von Hafnium und Zirkonium und von den Lanthaniden (mit Sc und Yt) nebeneinander.

Die Analyse, die auf die Bestimmung der Radioaktivität beruht, kann ebenfalls nur unter ganz besonderen Umständen nützlich sein (*2*).

Daß wir hier die spektralanalytischen und die röntgenanalytischen Methoden bei den chemischen Methoden behandeln, hat seinen Grund darin, daß man mit ihnen unmittelbar feststellen kann, welche Elemente als Verunreinigungen auftreten.

20. Physikalische Reinheitsprüfung.

Die „physikalischen" Methoden stehen hier, als unspezifische Methoden, den Methoden des vorangehenden Abschnittes, die alle angeben, welche Elemente anwesend sind, gegenüber.

Während die chemische Analyse insofern den physikalischen Reinheitsprüfungen überlegen ist, daß erstere uns sofort auch anzeigt, welche Elemente als Verunreinigungen auftreten, haben anderseits die physikalischen Methoden wieder den Vorteil, daß sie uns zeigen können, in welcher Form die Verunreinigungen vorhanden sind.

Wenn einem Metall eine kleine Menge Oxyd beigemischt ist, wird dies die Leitfähigkeit oft nur wenig beeinflussen, wenn dieses Oxyd als zweite Phase vorhanden ist, z. B. als Korngrenzenbestandteil oder als Einschluß in dem Kristall.

So wird z. B. bei Wolfram die Leitfähigkeit und dessen Temperaturkoeffizient nur wenig geändert durch ThO_2, daß dem Wolfram zugesetzt ist. Es kommt aber auch vor, daß das Oxyd mit dem Metall Mischkristalle bildet: in diesem Falle wird die Leitfähigkeit stark erniedrigt. Dieser Fall tritt bei Titan und Zirkonium ein. Obwohl diese Metalle schon längst in ziemlich reinem Zustande bekannt waren, d. h. keine merkbaren Verunreinigungen an anderen Metallen enthielten, waren die elektrischen Eigenschaften dieser Metalle so abweichend, daß man sie zu den Halbmetallen rechnete: sobald aber die Reindarstellung unter Vermeidung von Sauerstoff(und Stickstoff-)aufnahme gelang, wiesen diese Metalle ganz normale elektrische Eigenschaften auf: das abnormale Verhalten rührte nur von Oxyd und Nitrid her, das mit den Metallen Mischkristalle bildet.

Bei der großen Bedeutung, die der Bildung von Mischkristallen zukommt, könnte man sich die Frage vorlegen, ob sich schon voraussehen läßt, unter welchen Umständen ein Metall mit einem anderen, oder mit einem Oxyd, oder einer anderen Verbindung Mischkristalle bildet, oder im allgemeinen, welche Umstände überhaupt für die Bildung von Mischkristallen günstig sind. Eine ganz allgemeine Antwort läßt sich auf diese Frage nicht geben, obwohl von verschiedenen Seiten erfolgreiche Ansätze gemacht worden sind. Wir wollen hier noch besonders aufmerksam machen auf die schönen Arbeiten von HUME-ROTHERY (*3*), die ihre Deutung finden in der modernen Metalltheorie, von der schon in Kapitel I die Rede war, ohne auf diese Fragen hier weiter einzugehen; nur eine ganz allgemeine Bemerkung könnte hier von Nutzen sein.

Den Prozeß der Mischkristallbildung kann man sich immer so geleitet denken, daß zunächst die beiden zu mischenden Substanzen verdampfen und der gemischte Dampf kondensiert. So lange es sich z. B. um Substanzen handelt, die echte Moleküle geben, z. B. die organischen Verbindungen, kann man zeigen, daß die eintretende Bildung der Mischkristalle abhängt von der Frage, ob die Verdampfungswärmen sehr verschieden sind oder nicht, und zwar in dem Sinne, daß Mischkristallbildung nur dann eintritt, wenn die Verdampfungswärmen nicht zu große Unterschiede zeigen. Es scheint nun so zu sein, daß dies auch noch für die Mischkristallbildung zwischen Metall und einer Verbindung zum Teil gültig bleibt, denn es ist auffällig, daß gerade dort diese Mischkristallbildung eintritt, wo sowohl das Metall als das Oxyd eine sehr niedrige Dampfspannung haben, wie bei den Metallen der 4. und 5. Gruppe.

Bei den Alkalien und Erdalkalien haben die Oxyde und auch die Halogenide sehr viel höhere Verdampfungswärmen wie die Metalle. Bei den Elementen der 6. Gruppe ist es gerade umgekehrt.

Auch die Löslichkeit der Oxyde im flüssigen Metall wird denselben Regeln unterworfen sein: man kann annehmen, daß die Löslichkeit in der Schmelze im allgemeinen größer sein wird als in der festen Phase, obwohl ganz allgemeine Regeln hier nicht zu geben sind. Auch fehlen hier noch systematische Untersuchungen.

Für die eventuelle Mischkristallbildung mit Halogeniden kann man ähnliche Überlegungen anstellen. Sehr merkwürdig ist, daß die Mischkristallbildung zwischen Halogeniden (zu denen wir infolge der Stellung im periodischen System und einiger Eigenschaften auch die Hydride rechnen) und Metallen bis jetzt nur in wenigen Fällen festgestellt worden ist, z. B. in den Systemen Alkalihydrid-Alkali (4) und vielleicht auch beim Silber-Silberfluorid (in dem sog. Silbersubfluorid). Beim System Quecksilber-Mercurochlorid, wo beide Komponenten relativ leicht flüchtig sind, löst sich Mercurochlorid im Metall auf (5).

Auf ähnliche Gründe darf es vielleicht zurückzuführen sein, daß Alkali mit den wenig flüchtigen Metallen der 4., 3. und 5. Gruppe sehr wenig zu Mischkristallbildung neigt.

Ganz anders verhalten sich die Alkalimetalle gegenüber den Metallen der Nebengruppe (Zinn und Antimon), bei denen eine deutliche Neigung zur Bildung chemischer Verbindungen bemerkbar wird, die wohl dem zunehmenden negativen Charakter dieser Metalle der Nebenreihen zuzuschreiben ist.

Auch die Aufnahme von Kohlenstoff kann von diesem Standpunkte aus betrachtet werden: es ist sehr auffällig, daß Kohlenstoff leicht nur von den sehr wenig flüchtigen Elementen aufgenommen wird.

Gehen wir jetzt wieder zu der Sauerstoffaufnahme zurück, so zeigt sich, daß die Bildung von Mischkristallen Metall-Oxyd nur zu erwarten ist in der 3., 4. und 5. Gruppe des periodischen Systems, wo sie tatsächlich bei einigen Metallen festgestellt werden konnte und vielleicht noch beim Beryllium, Germanium und Lithium, denn in diesen drei Fällen werden die Siedepunkte von Metall und Oxyd wohl nicht sehr weit auseinander liegen.

Von Bor und Silicium, die sicher keine Metalle sind sehen wir ab; vielleicht ist auch Germanium besser in dieser Gruppe unterzubringen. Aber beim Beryllium haben wir allerhand Andeutungen, daß hier die Verhältnisse ganz ähnlich liegen wie früher bei Titan und Zirkonium. Die Bildungswärme des Oxyd-Metall-Mischkristalls wird wohl immer negativ sein. Der Mischkristall wird also nur bei höheren Temperaturen stabil sein, und es besteht die Möglichkeit, daß bei langsamem Abkühlen des aus der oxydhaltigen Schmelze entstandenen Mischkristalls, sich die Oxydphase abscheidet (vgl. Beryllium).

Besonders SMEKAL (6) hat darauf hingewiesen, daß sich die physikalischen Eigenschaften in zwei Gruppen einteilen lassen, in strukturempfindliche und strukturunempfindliche. Die erste Gruppe ist in diesem Zusammenhang die wichtigste: es gehören zu dieser Gruppe vor allem die elektrischen Eigenschaften und die Festigkeitseigenschaften, beide Eigenschaften, die in hohem Maße von dem feineren Bau der Kristalle und deren Baufehler abhängen. Zu diesen Baufehlern können auch alle Störungen gerechnet werden, die durch Verunreinigungen und plastische Verformungen verursacht sind. Es ist klar, daß für die Reinheitsprüfungen gerade die strukturempfindlichen Eigenschaften besonders wichtig sind. Ehe wir zu dieser wichtigen Gruppe übergehen, wollen wir auch den strukturunempfindlichen Eigenschaften einige Zeilen widmen.

Die Bestimmung des *Schmelzpunktes* ist meistens nicht genügend genau auszuführen, um kleine Mengen von Verunreinigungen anzuzeigen. Anomalien beim Schmelzen zeigen in einigen Fällen einen sonst übersehenen Sauerstoffgehalt an, z. B. beim Thorium, wo ein übrigens nicht sehr störender Oxydgehalt zur Folge hatte, daß das Metall beim Überschreiten des Schmelzpunktes durch ein Oxydgerüst seine Form beibehielt.

Es kann vorkommen, daß bei anscheinend scharfem Schmelzpunkte doch schon bei viel tieferen Temperaturen ein teilweises Schmelzen eintritt; oft bemerkt man dies daran, daß verschiedene Eigenschaften, wie Ausdehnungskoeffizient, Leitvermögen für Wärme und Elektrizität, Thermokraft bei der Annäherung an dem Schmelzpunkt sich plötzlich ändern. Insbesondere bei den niedrig schmelzenden Alkalimetallen werden wir wiederholt auf diese Erscheinung stoßen.

Viel leichter läßt sich der Einfluß von Verunreinigungen auf *allotrope Übergänge* anzeigen, da man diese Änderungen in vielen Fällen leicht durch Messungen der Leitfähigkeit verfolgen kann.

In einigen Fällen kann ein HULL-DEBYE-SCHERRER-*Diagramm* etwas über die Art der Verunreinigungen aussagen, und zwar nicht, welche Elemente, aber welche Phasen vorhanden sind. So findet man in Wolfram mit einigen Prozent ThO_2 noch die Beugungslinie des ThO_2, es ist also hier das ThO_2 als solches vorhanden, geht aber bei hoher Temperatur in metallisches Thorium über. Die Methode versagt meistens, wenn weniger als 1% vorhanden ist.

Wenn die Verunreinigungen als Mischkristall vorhanden sind, kann unter Umständen die Änderung, die dadurch im Atomabstand eintritt, nachgewiesen werden.

Gegebenenfalls kann diese Methode besonders empfindlich sein. Eine kleine Änderung der Atomabstände wird eine um so stärkere Änderung der Reflexionswinkel der Röntgenstrahlen zur Folge haben, je mehr sich dieser Winkel 90° nähert. Die Änderungen, die durch Beimengungen oder elastische Verzerrungen im Atomabstand eintreten, sind also mit sehr großer Genauigkeit zu messen, wenn man die Wellenlänge der Röntgenstrahlung derart wählt, daß unter den auftretenden Reflexionswinkeln einer sehr nahe an 90° herankommt. Besonders günstig ist z. B. bei der Untersuchung des α-Eisens die Kobalt-α-Strahlung (7). Hier liegt der Reflexionswinkel an der (310)-Fläche bei etwa 81°. Änderungen der Atomabstände von der Größenordnung 10^{-4} lassen sich in diesem Fall noch deutlich nachweisen.

Dichte, Ausdehnungskoeffizient sind im allgemeinen für Verunreinigungen wenig empfindlich: die Versuchsfehler sind bei diesen Größen meistens viel größer als die Änderungen die durch kleine Mengen Verunreinigungen verursacht werden.

Dasselbe gilt auch für die *spezifische Wärme:* unter Umständen kann aber der Zustand in dem sich das Metall befindet, doch einen

Einfluß auf die spezifische Wärme haben, wie z. B. aus den Messungen von JAEGER und Mitarbeitern deutlich hervorgeht. Daß dabei auch Verunreinigungen eine bedeutende Rolle spielen, ist aus diesen Arbeiten klar geworden: inwieweit diese Effekte aber noch von anderen Faktoren beherrscht werden, ist aus den überaus verwickelten Versuchsergebnissen jetzt noch nicht abzuleiten.

Die *Wärmeleitfähigkeit* wird von Verunreinigungen sehr deutlich beeinflußt: besonders bei tiefen Temperaturen ist sie sehr empfindlich. Da aber allgemeine Gesetzmäßigkeiten hier noch nicht bekannt sind, und die erforderliche Technik nicht sehr einfach ist, spielt für praktische Reinheitsprüfungen diese Größe eine untergeordnete Rolle.

Unter Umständen kann auch die *magnetische Suszeptibilität* stark von Verunreinigungen beeinflußt werden; im Falle des Wismuts sogar so stark, daß die magnetischen Eigenschaften sogar viel empfindlicher sind als alle anderen. Da dies aber nicht eine allgemeine Eigenschaft der Metalle ist, ist diese Prüfung daher nur in besonderen Fällen von Nutzen.

Auch die *Widerstandsänderung im Magnetfeld* hängt sehr stark von dem Reinheitsgrad des Metalls ab; aber auch hier wiederum haben wir es nicht mit einer allgemeinen Erscheinung zu tun, denn bei gewissen Metallen ist die Widerstandsänderung im Magnetfeld äußerst klein.

KAPITZA (*8*) hat diesen Effekt bei einer großen Reihe von Metallen untersucht; beim Durchlesen dieser Arbeit stößt man allerdings auf die schwierige Frage, was man nun eigentlich unter Verunreinigungen zu verstehen hat.

KAPITZA hat auch zwei Legierungen untersucht: einen Gold-Silber-Mischkristall und eine typische Metallverbindung, das Cu_3As. Nun ist beim Mischkristall der Effekt praktisch verschwunden, während bei der Verbindung eine starke Widerstandsabnahme im Magnetfeld beobachtet wird. Es scheint etwas übereilt, aus diesen zwei Fällen nun abzuleiten, daß im allgemeinen Mischkristallbildung den magnetischen Effekt erniedrigt, Bildung von Verbindungen aber nicht, um so mehr, weil sich nicht exakt angeben läßt, was der Unterschied zwischen einem Mischkristall und einer Verbindung ist [HUME-ROTHERY (*3*) S. 88].

Weitaus die bedeutendste und am meisten angewandte physikalische Reinheitsprüfung stützt sich auf die Messung des *Widerstandes als Funktion der Temperatur*.

Für hohe Temperaturen geht die Widerstandstemperaturkurve in eine Gerade über: bei tiefen Temperaturen geht ϱ nach Null. Oft kommt es vor, daß bei tiefen Temperaturen der normale Gang unterbrochen wird: der Widerstand fällt dann plötzlich auf einen unmeßbar kleinen Wert, das Metall wird supraleitend.

Wird ein nicht ideal reines Metall gemessen, so geht der Widerstand nicht nach Null, sondern nähert sich einem Wert R_v, der von der Art und Menge der Verunreinigung abhängt; in erster Annäherung kann man sagen, daß zu der Widerstandsfunktion

$$\varrho = f(T)$$

der konstante Betrag R_v addiert wird.

Auch durch mechanische Verformung nimmt ϱ zu, und zwar wieder so, daß sich zu der Funktion ein Glied R_D addiert, so daß ϱ jetzt dargestellt wird durch die Funktion:

$$\varrho_1 = f(T) + R_D + R_V = \varrho + R'$$

oder wenn wir auf das spezifische Leitvermögen übergehen:

$$\lambda_1 = \frac{1}{\varrho + R'}.$$

Nun ist aber

$$\frac{d\lambda_1}{dT} = \frac{1}{\varrho_1^2} \cdot \frac{d\varrho}{dT},$$

also $\varrho_1^2 \frac{d\lambda_1}{dT}$ ist unabhängig von den vorhandenen Verunreinigungen oder dem Grad der Verformung. Wenn wir den Temperaturkoeffizienten der Leitfähigkeit $\frac{1}{\lambda_1} \cdot \frac{d\lambda_1}{dT}$ durch β darstellen, so folgt

$$\beta_1 \varrho_1 = \beta \varrho = \text{konst.}$$

Wenn also dem Metall eine zweite Komponente zugesetzt wird, steigt der Widerstand ϱ_1 und sinkt β_1, und zwar in der Weise, daß das Produkt konstant bleibt. Diese Regel gilt für kleine Mengen von Verunreinigungen in vielen Fällen recht gut; da die Widerstandskurve der meisten Metalle bei Zimmertemperatur nicht stark gekrümmt ist, kann man statt β auch die sehr bequem meßbare Größe:

$$\alpha = \frac{\varrho_{100} - \varrho_0}{100\,\varrho_0}$$

statt β bestimmen, um auf diese Weise einen Eindruck über die Reinheit der Präparate zu gewinnen. Auf die Konstanz des Produktes $\varrho \cdot \alpha$ hat wohl zum ersten Male MATTHIESSEN hingewiesen; die Aussage war zunächst auf den Fall beschränkt, daß die Widerstandszunahme durch eine zweite Komponente verursacht war. Von GEISZ und VAN LIEMPT (9) wurde dann später, bei Wolfram und Molybdän gezeigt, daß ein ähnliches Gesetz auch gültig ist, wenn die Widerstandsänderung von einer plastischen Verformung herrührt.

Es ist übrigens irreführend, von dem „Gesetz von MATTHIESSEN" zu reden; denn in der Regel ist die Beziehung $\varrho \cdot \alpha =$ konstant wohl annähernd erfüllt: es gibt aber auch schroffe Abweichungen, z. B. bei Wismut, wo der Zusatz von kleinen Mengen von anderen Metallen nur in einem bestimmten Temperaturgebiet den Widerstand stark erhöht.

Auch kommt es vor, daß bei tiefen Temperaturen der Widerstand nicht nach einem konstanten Endwert geht, sondern ein Minimum zeigt.

Die Zunahme des Widerstandes bei sehr tiefen Temperaturen ist meistens gering, aber weit außerhalb der Fehlergrenzen der Messungen.

Aus der Regel von MATTHIESSEN folgt unmittelbar, daß für die Reinheitsprüfung die Messungen bei tieferen Temperaturen viel empfindlicher sind als bei höheren.

Nehmen wir z. B. einen Restwiderstand $R' = 0{,}005\ \varrho_0$ an, wie z. B. bei den Alkalimetallen des Reinheitsgrades, wie sie bisher im günstigsten Fall zur Messung kamen, so hat ϱ_0 nur um $5\,^0/_{00}$ zugenommen, während bei 20° K (Wasserstofftemperatur) der Widerstand etwa dreimal größer ist als beim ideal reinen Metall.

Die Widerstandsmessungen bei tiefen Temperaturen, hauptsächlich ausgeführt von KAMERLINGH-ONNES, KEESOM, DE HAAS, MEISSNER, SIMON, MCLENNAN und KAPITZA (*10*) haben deutlich gezeigt, daß die Reinheit vieler Metalle noch gar nicht so groß war, wie man auf Grund chemischer und spektroskopischer Erfahrungen glaubte.

In der nächsten Tabelle sind die Minimalwerte angegeben, die in der Literatur gefunden sind. R stellt hier den Grenzwert von ϱ für $t \to 0°$ K, dividiert durch ϱ_0, mal 10^4, dar.

Li	Be	[B]	[C]			
58	3100	$>10^6$	—			
Na	Mg	Al	[Si]	[P]		
35	320	65	—	—		
K	Ca	Sc	Ti	V	Cr	Mn
70	—	—	1000	31	520	9000
Rb	Sr	Yt	Zr	Nb	Mo	
375	900	—	390	350	400	—
Cs	Ba	S.E.	Hf	Ta	W	Re
160	78	—	950	100	1,5	1100
—	Ra	—	Th	—	U	—
—	—	—	160	—	5400	—

Fe	Co	Ni	Cu	Zn	Ga	Ge	As
60	420	50	3	17	3	13000	127
Ru	Rh	Pd	Ag	Cd	In	Sn	Sb
830	30	56	20	3	7,5	7,5	190
Os	Ir	Pt	Au	Hg	Tl	Pb	Bi
—	480	3	3	~ 0	4	~ 0	23

Bei den Elementen, die bei gewöhnlicher Temperatur flüssig sind oder einen sehr niedrigen Schmelzpunkt haben, so daß die Messungen in Glaskapillaren ausgeführt werden müssen, kann der Restwiderstand auch durch mechanische Spannungen verursacht sein (Na, K, Rb, Cs,

Hg, Ga, In). Eingeklammert in der Tabelle sind die Elemente, die wohl nicht mehr als richtige Metalle betrachtet werden können.

Der elektrische Widerstand ändert sich unter dem Einfluß des äußeren Druckes oder eines Magnetfeldes. Der Einfluß des Druckes ist hauptsächlich von BRIDGMAN untersucht worden. Inwieweit die Druckabhängigkeit von Verunreinigungen beeinflußt wird, ist noch nicht genau bekannt.

Es gibt neben dem Widerstand noch viele andere elektrische Eigenschaften, die von der Reinheit des Metalls sehr stark abhängig sind. Wir wollen hier nur noch die Thermo- und Photoelektronenemission erwähnen. Diese beiden Größen hängen aber hauptsächlich von der Art der Oberfläche ab. Für die Beurteilung der Reinheit der Metalle werden sie also von untergeordneter Bedeutung sein.

Mechanisch-technische Eigenschaften. Schon im vorangehenden ist klar geworden, daß auf die physikalischen Eigenschaften nur dann kleine Mengen von Verunreinigungen einen bedeutenden Einfluß ausüben können, wenn diese Verunreinigungen als Mischkristall vorhanden sind. Ähnliches gilt auch für die mechanisch-technischen Eigenschaften wie Härte, Zerreißfestigkeit, Dehnbarkeit usw. Auch bei diesen Eigenschaften ist es so, daß plastische Verformung einen ähnlichen Effekt bewirkt wie Verunreinigung. Es ist aber ein großer Unterschied da: während es Verbindungen gibt, die sich elektrisch wie ein Metall verhalten, fehlt diesen Verbindungen die Verformbarkeit, die wir ebenfalls als eine charakteristische Eigenschaft des reinen Metalls vermerkt haben.

Unter den typischen metallischen Verbindungen, insbesondere bei den Nitriden und Carbiden, gibt es Supraleiter. Auf Grund der elektrischen Eigenschaften könnte man also derartige Verbindungen für Metalle halten; praktisch ist diese Verwechslung jetzt nicht mehr sehr wahrscheinlich, da in diesen Fällen der Stickstoff- oder Kohlenstoffgehalt so groß ist, daß er bei der Analyse nicht übersehen werden kann. Nur wenn sich bei den Metallen mit hohem Atomgewicht eine Verbindung von mehreren Metallatomen mit einem Atom N, O oder C bilden würde, wäre es denkbar, daß eine derartige Verbindung für das reine Metall angesehen werden könnte. Diese Verbindung würde dann aber wohl spröde sein, und schon aus diesem Grund als solche erkannt werden.

Man glaube nicht, daß heute die Möglichkeit, daß eine Verbindung für das metallische Element gehalten wird, nicht mehr besteht: im Gegenteil, es ist sehr wohl möglich, daß eine Reihe von metastabilen Formen, die unter besonderen Umständen, insbesondere bei der Elektrolyse entstehen, in Wirklichkeit Verbindungen oder Mischkristalle des Metalls mit Verbindungen sind. Man kann wahrscheinlich besser sagen, daß sich bei der Elektrolyse des Chroms ein hexagonales Hydrid abscheidet, als behaupten, daß sich ein hexagonales Chrom bildet, das von kleinen Mengen Wasserstoff stabilisiert ist.

Literatur.

1. GERLACH, W., E. SCHWEITZER: Die chemische Emissionsspektralanalyse. Leipzig: Voss 1930. — SEITH, W., E. HOFER: Z. Elektrochem. Bd. 40 (1934) S. 313. — BRECKPOT, R.: Chim. et Ind. Bd. 31 (1934) Sonder-Nr. 4 bis, 597. — KROLL, W.: Metall u. Erz Bd. 31 (1934) 201. — SCITH, W., K. RUTHARDT: Chemische Spektralanalyse. Berlin: Julius Springer 1938.
2. LIEMPT, J. A. M., J. H. M. UDEN: Rec. Trav. chim. Pays Bas Bd. 56 (1937) S. 607.
3. HUME-ROTHERY, W.: Structure of Metals and Alloys, S. 50. London 1936.
4. EPHRAIM, F., E. MICHEL: Helv. chim. Acta Bd. 4 (1921) S. 900.
5. SMITH, A., A. W. C. MENZIES: J. amer. chem. Soc. Bd. 32 (1910) S. 1552. — Z. phys. Chem. Bd. 76 (1910) S. 251.
6. SMEKAL, A., GEIGER u. SCHEELS Handbuch der Physik, Bd. 24, Teil II, S. 795.
7. VAN ARKEL, A. E., W. G. BURGERS: Z. Metallkde Bd. 23 (1931) S. 149.
8. KAPITZA, P.: Proc. roy. Soc. Lond. A Bd. 123 (1929) S. 292.
9. GEISS, W., J. A. M. VAN LIEMPT: Z. Phys. Bd. 41 (1927) S. 867.
10. Literatur im speziellen Teil.

Spezieller Teil.

I. Erste Hauptgruppe des periodischen Systems: Alkalimetalle.

Von **R. Müller**, Leoben, gemeinsam mit **A. E. van Arkel**, Leiden.

Mit 5 Abbildungen.

21. Allgemeines.

Die Alkalimetalle besitzen als Metalle die kleinste Ionisierungsspannung, und sind mithin am schwersten reduzierbar. Sie stehen in der Spannungsreihe an der Spitze der unedlen Metalle.

Die Gewinnung kann sowohl durch Reduktion mit chemischen Mitteln sowie mit Hilfe des elektrischen Stromes erfolgen.

Die chemischen Darstellungsmethoden liefern nicht so reine Metalle wie die elektrochemischen, eine Ausnahme bilden nur jene chemischen Verfahren, bei denen das Alkalimetall im Vakuum abdestilliert wird.

Für die Darstellung der Alkalimetalle durch Reduktion ihrer Verbindungen ist vor allem ihre Flüchtigkeit maßgebend, die Bildungswärme der zu reduzierenden Verbindungen ist erst in zweiter Linie zu berücksichtigen. Die Anwendung eines Vakuums erniedrigt die Reaktionstemperatur und erhöht die Ausbeute.

Für die technische Darstellung kommt aber nur die Schmelzflußelektrolyse in Betracht, bei der die Alkalimetalle in hoher Reinheit gewonnen werden.

Die Darstellungsmethoden sind für die Alkalimetalle im wesentlichen dieselben. Nur das Lithium macht, entsprechend seiner Stellung als erstes Alkalimetall im periodischen System einige Ausnahmen, und es ist wegen der Kleinheit des Lithiumions, für dieses Metall nicht alles gültig, was von den übrigen Alkalimetallen gesagt wird. Mehrere zur Darstellung der anderen Alkalimetalle dienenden Verfahren können für Lithium nicht angewendet werden.

22. Lithium.

(Atomgewicht 6,940.)

a) Chemische Gewinnung.

Die Reduktion von Lithiumverbindungen mit Kohlenstoff (*1*) führt im Gegensatz zu anderen Alkalimetallen nicht zum Ziel. Es wird dabei nur Lithiumcarbid (Li_2C_2) gebildet. Auch eine Zerlegung von LiCl mit Eisen bei hohen Temperaturen gelingt anscheinend nicht.

Auch die Einwirkung von Calciumcarbid auf Lithiumfluorid oder Lithiumsulfid liefert kein brauchbares Lithiummetall (*2*).

Möglich ist die Reduktion von Lithiumcyanid mit feinverteiltem Aluminium. Um jedoch eine halbwegs befriedigende Lithiumausbeute zu erhalten, muß man durch das Reaktionsgemisch inerte Gase wie Wasserstoff oder Stickstoff leiten, um den Lithiumdampfdruck über der reagierenden Masse zu erniedrigen (*3*).

Besser gelingt die Darstellung durch Reduktion von Lithiumsalzen mit Calcium oder Magnesium.

Mit überschüssigem Calcium läßt sich Lithium aus LiCl in Freiheit setzen, indem das Gemisch in einem einseitig geschlossenen Eisenrohr erhitzt wird, in das vom offenen Ende her ein wassergekühlter Eisenzylinder bis auf 5 cm an das Reaktionsgemisch reicht, an dem sich das freiwerdende Lithium kondensiert. Das entstehende Lithiummetall ist durch 3 bis 4% Calcium verunreinigt (*4*). Bessere Ausbeuten an metallischen Lithium erhält man durch Erhitzen von LiOH mit Magnesium in tubulierten Eisenretorten, in die Magnesium ständig nachgegeben wird. Nach heftig einsetzender Reaktion destilliert Lithium ab und wird in Vorlagen aufgefangen und kondensiert (*5*). Auch Li_2O kann mit Magnesium oder Calcium bei einem Druck unter 6 mm Quecksilbersäule und 750 bis 900° reduziert und verflüchtigt werden. Die gebildeten Metalldämpfe werden an einem kühleren Teil der Vorrichtung niedergeschlagen (*6*).

Aus Lithiumsulfid kann metallisches Lithium durch Erhitzen mit Arsen auf 700° in einer Schutzgasatmosphäre von Argon, Wasserstoff oder Kohlenwasserstoffen gewonnen werden (*7*). Wichtig ist für die Reindarstellung von Lithium die Möglichkeit der Zerlegung von Lithiumhydrid (LiH) durch Erhitzen im Vakuum (s. S. 50). Reines kristallisiertes Lithium entsteht auch bei der Zerlegung von NH_3Li im Vakuum bei 50—60° (*8*). Vielleicht die bequemste Methode, um kleine Mengen reinen Lithiums herzustellen, ist die Reduktion mit Zirkonium und Destillation des gebildeten Lithiums (*9*).

Elektrolytische Gewinnung. Während die elektrolytische Abscheidung der reinen Alkalimetalle aus Lösungen ihrer Salze nicht gelingt, macht das Lithium insofern eine Ausnahme, als es aus nichtwässerigen Lösungen, namentlich aus Lösungen in Pyridin, durch Elektrolyse gewonnen werden kann.

Bei der Elektrolyse von gesättigten Lösungen von Lithiumchlorid in Pyridin erhält man an der Kathode zusammenhängende silberglänzende Niederschläge von Lithiummetall, welches nach dem Umschmelzen vollkommen rein ist.

Das Pyridin soll ganz wasserfrei sein, weil sonst an der Kathode schlechtleitende nichtmetallische Überzüge entstehen. Stromdichte an der Kathode 0,2 bis 0,3 Amp./dm^2, Badspannung 14 V.

Diese Methode eignet sich vorzüglich zur laboratoriumsmäßigen Darstellung von Lithiummetall, welches frei von anderen Alkali- sowie Erdalkalimetallen ist (*10*).

Zur Darstellung des Lithiums in größeren Mengen kommt nur die Schmelzflußelektrolyse in Betracht. Durch Elektrolyse des geschmolzenen Chlorids stellten das Lithiummetall zuerst BUNSEN und MATTHIESSEN (*11*) dar. BUNSEN arbeitete hierbei mit seiner sog. „Berührungselektrode", welche die Ansammlung größerer Metallmengen in Tropfenform an der Kathode begünstigt. Als Kathode diente ein Eisendraht, der die Badoberfläche nur berührt, als Anode ein Kohlenstab.

BORCHERS elektrolysierte geschmolzenes Lithiumchlorid gegebenenfalls im Gemenge mit anderen Alkali- und Erdalkalichloriden und versetzte die Schmelze zur Verhinderung der Bildung von Lithiumhydroxyd mit einer geringen Menge Ammoniumchlorid (*12*).

Am bequemsten wird Lithium elektrolytisch nach GUNTZ (*13*) aus einer möglichst tiefschmelzenden Mischung von Lithiumchlorid und Kaliumchlorid abgeschieden, die schon bei 450° schmilzt. Die Ausbeute ist um so besser, je niedriger die Temperatur ist, da Lithium oberhalb seines Schmelzpunktes merklich verdampft, und sich in der Schmelze auflöst. Als Anode dient Graphit, als Kathode ein in ein Porzellanrohr eingeführter Eisendraht. Das so gewonnene Lithium enthält jedoch 1 bis 2% Kalium (*14*).

RUFF und JOHANNSEN (*15*) gingen zur Darstellung von sehr reinem Lithium von einem Gemenge des Bromids mit 10 bis 15% Chlorid aus, welches einen verhältnismäßig niederen Schmelzpunkt von 520° besitzt, und das mittels Lichtbogen in einem Kupfergefäß niedergeschmolzen wurde. Als Kathode dient ein Eisendraht, als Anode Retortengraphit.

Mit den Elektrolysenbedingungen geschmolzenen Lithiumchlorids beschäftigen sich auch NEUMANN und BERGVE (*16*). Sie fanden bei 630° eine Zersetzungsspannung von 2,6 V.

Lithium kann nach NERNST (*17*) auch aus geschmolzenem Lithiumhydrid (LiH) und Lithiumnitrid (Li_3N) elektrolytisch abgeschieden werden.

In letzter Zeit hat das Lithium als Legierungsmetall an Bedeutung gewonnen, so daß man heute, wenn auch nur im bescheidenen Ausmaß, von einer technischen Gewinnung sprechen kann.

Zur Herstellung des Lithiums in größeren Mengen z. B. bei der Deutschen Gold- und Silberscheideanstalt, Frankfurt a. M., bedient man sich der Elektrolyse des schmelzflüssigen Lithiumchlorids mit Zusätzen von Kaliumchlorid.

Das aus lithiumhaltigen Mineralen in Form von Chlorid oder Sulfat gewonnene Salz enthält naturgemäß andere Alkali- und Erdalkalimetalle, die chemisch nur schwer vom Lithium zu trennen sind. Doch stören solche Salze bei der technischen Gewinnung wenig, da sich aus einem Gemisch der Alkali- und Erdalkalichloride mit Lithiumchlorid bei der Elektrolyse das Lithium für technische Zwecke rein genug gewinnen läßt. Nur Magnesiumsalze und größere Mengen von Kaliumsalzen müssen entfernt werden, da sich diese Metalle gemeinsam mit dem Lithium abscheiden würden.

Das Lithiumchlorid (LiCl) ist ein sehr zerfließliches Salz, das sich beim Entwässern bei höherer Temperatur hydrolytisch spaltet, indem sich Hydroxyd und freie Salzsäure bildet, die entweicht. Man muß das Chlorid deshalb, z. B. durch Überleiten von trockener Salzsäure, entwässern.

Zur technischen Elektrolyse verwendet man einen Kupfertiegel, der durch Wasser gekühlt werden kann. Als Anode dient ein Kohlestab, als Kathode ein von oben eingesenkter Eisenstab. Bei 10 V Spannung und 100 Amp. Stromstärke beträgt die Stromausbeute etwa 80%.

Zur Elektrolyse kann übrigens jede der für die Magnesium- oder Natriumfabrikation als brauchbar bekannten Vorrichtungen Verwendung finden. Nur ist dabei zu berücksichtigen, daß die Stromdichte in diesem Falle keine so hohe zu sein braucht wie bei der Natriumgewinnung.

Wegen seiner geringen Dichte sammelt sich das Lithium bei der Elektrolyse an der Oberfläche der Schmelze und wird mit einem durchlochten Löffel von Zeit zu Zeit abgeschöpft.

Die Verunreinigungen des Metalls stammen zum Teil aus den Elektrolyten, zum Teil aus den Gefäßmaterialien, namentlich den keramischen Anoden- bzw. Kathodenumhüllungen. Porzellan, Schamotte und ähnliche Materialien werden in der Hitze reduziert und geben Silicium, Eisen, Aluminium u. a. ab.

Um ganz reines Metall herzustellen, wird man deshalb bei der Auswahl keramischer Materialien sehr vorsichtig sein oder ähnlich wie beim Natrium (S. 63) keramische Zwischenwände vermeiden und Trennwände durch Kühlung der Schmelze herstellen. Bezüglich des Elektrolyten wird man darauf verzichten, andere Alkali- oder Erdalkalisalzzusätze als schmelzpunktserniedrigende Mittel beizugeben. Bidwell hat zur Darstellung von spektralreinem Lithium eine Quarzscheidewand benutzt (*18*).

Reinigung des Metalls. Elektrolytisch dargestelltes Lithium, dem vor allem als Verunreinigungen Reste der Salzschmelze anhaften, wird durch Schmelzen im Paraffinbad bei 180 bis 200°, Waschen in Benzin und nochmaliges Umschmelzen gereinigt.

Zur Befreiung von geringen Mengen Kalium wird Lithium bei 700 bis 800° im H_2-Strom in LiH übergeführt, wobei sich Kalium verflüchtigt, ohne sich mit Wasserstoff zu verbinden. LiH wird dann bei 1000° im Vakuum zersetzt. Es kondensiert sich völlig reines Lithium an einem im Zersetzungsgefäß befindlichen, wassergekühlten Eisenzylinder (*19*).

Zur Reinigung kann Lithium in einem evakuierten Glasapparat destilliert werden, wenn das Lithium in einem Silbertiegel verdampft wird (*20*). Es verdampft im Vakuum des Kathodenlichtes bei 575° (*21*).

Das Metall wird unter Gasolin in Stangen oder als Draht gepreßt aufbewahrt (*22*).

b) Chemische Eigenschaften.

Lithium, das erste Glied in der Reihe der Alkalimetalle, nähert sich wegen der Kleinheit des Lithiumions in seinen Eigenschaften der zweiten Gruppe, dem Magnesium und den Erdalkalimetallen.

Es ähnelt in vielen Eigenschaften, z. B. seiner Verbindungsfähigkeit mit anderen Metallen, dem Magnesium mehr als den Alkalimetallen (*23*).

Flüssiges Lithium und flüssiges Natrium zeigen eine Mischungslücke von 92 bis 3% Lithium; Mischkristalle und Verbindungen sind nicht sicher nachweisbar (*24*, *35*). Auch Lithium und Kalium zeigen eine Mischungslücke von etwa 5 bis 100% Kalium (*24*, *35*). In Quecksilber löst sich Lithium nur bis zu 0,036 Gewichtsprozent (*25*). Eisen und Nickel werden durch schmelzendes Lithium nicht angegriffen, wohl aber Platin (*26*), weswegen bei allen Arbeiten mit schmelzendem Lithium nur Eisen-, Nickel-, oder Quarzgefäße verwandt werden können. Quarzgefäße werden bis 285° noch nicht angegriffen (*18*). Glas- und Porzellangefäße werden dagegen schon bei Temperaturen oberhalb etwa 150° zerstört (*23*, *35*).

Lithium ist ein weiches, zähes Metall von silberweißer Farbe, mit einem Stich ins gelbliche. Die Schnittfläche läuft gelblich, dann grau an, doch bleibt das Metall in trockener Luft ziemlich unverändert. Es kann bei Luftzutritt geschmolzen und gegossen werden. Die Graufärbung der Oberfläche ist durch Nitridbildung verursacht. Gegen trockenen Sauerstoff ist Lithium bis über 200° C unempfindlich. An feuchter Luft verwandelt sich Lithium in Hydroxyd, jedoch langsamer als die anderen Alkalimetalle. Mit Wasser reagiert es lebhaft unter Wasserstoffentwicklung, jedoch ohne zu schmelzen. An Luft entzündet es sich oberhalb 180° C und brennt mit ruhiger und heißer Flamme unter Bildung von Li_2O.

Mit Wasserstoff verbindet sich Lithium zwischen 500 und 800° C zu Lithiumhydrid (LiH). Mit Stickstoff reagiert Lithium schon bei Zimmertemperatur unter Bildung von Nitrid, wenn der Stickstoff vollkommen trocken ist. Feuchtigkeit und Luft verzögern die Reaktion so, daß sie in Gegenwart dieser Gase erst bei höherer Temperatur merklich einsetzt.

c) Physikalische Eigenschaften (*73*).

Kristallstruktur. Das Gitter des Lithiums ist raumzentriert kubisch: für die Kantenlänge wurde gefunden:

$$a_{-173} = 3{,}46\ \text{Å}\ (28)$$
$$a_0 = 3{,}50\ \text{Å}\ (27).$$

Sehr genau kann der Unterschied zwischen diesen beiden Werten nicht sein: denn, wenn man aus beiden den mittleren linearen Ausdehnungskoeffizienten berechnet, findet man daraus $\sim 60 \cdot 10^{-6}$ während er in diesem Gebiet nach SIMON und BERGMANN (*29*) nur $34 \cdot 10^{-6}$ ist. Wahrscheinlich ist a_0 etwa 0,01 Å zu hoch (s. auch Na und K).

Dichte. Es liegt nur eine einzige Bestimmung der Dichte vor (*30*) und diese nur an einem Material, das noch 0,27% Al enthielt; auch hier zeigt sich schon, wie wenig die Eigenschaften des Lithiums eigentlich bekannt sind. Nach Korrektur für den Aluminiumgehalt wird die Dichte

$$d_{20} = 0{,}534,$$

in guter Übereinstimmung mit dem Wert, der aus der Röntgenanalyse folgt:

$$d_R = 0{,}535 \text{ (bei } 20^\circ\text{)}.$$

Ausdehnungskoeffizient. Diese Größe zeigt im Gebiet von —173 bis 0° C den Wert $\gamma = 102 \cdot 10^{-6}$ [s. oben (*29*)], während von 0 bis 180° C gefunden wird $180 \cdot 10^{-6}$ [THUM (*31*)], $170 \cdot 10^{-6}$, [BERNINI (*32*)] und $168 \cdot 10^{-6}$ [BRIDGMAN (*33*)].

Für flüssiges Lithium berechnet man aus den Daten von BERNINI und CANTONI (*32*) $\gamma = 189 \cdot 10^{-6}$, zwischen 180° und 230° C auf V_0 bezogen.

Kompressibilität. Die Änderung des Volumens unter Druck und bei verschiedenen Temperaturen hat BRIDGMAN untersucht, zunächst bis 12000 Atm. an einem sehr zweifelhaften Lithiumpräparat (*33*), später an einem filtrierten KAHLBAUM-Präparat bis 20000 Atm. (*34*). Aus der letzten Arbeit zitieren wir nebenstehende Werte.

Druck (in kg/cm²)	$-dV/V_0$ bei 0° C	$\gamma \cdot 10^{-6}$ (0 bis 95° C)
0		168
2000	0,0164	154,5
4000	0,0320	142
8000	0,0606	120
12000	0,0866	103,5
16000	0,1094	91
20000	0,1296	82

In einer Untersuchung aus jüngster Zeit (*71*) bestimmt BRIDGMAN die Kompressibilität bis zu Drucken von 45000 kg/cm². Er findet bei Lithium für die Volumänderung bei diesem Druck den Wert von 0,218 cm³/0,534 g Li.

Schmelzpunkt. Wenn wir einige Angaben hierüber, die sich sicher auf unreines Material beziehen, oder bei denen die Methode der Bestimmung nicht einwandfrei ist, übergehen, so schwanken die Werte nur noch von 179—180° C. So finden RUFF und JOHANNSEN (*35*) an einem Präparat, das nur 0,17% Na enthielt, 180° C, BERNINI und CANTONI (*32*) 180,1° C; MASING und TAMMANN (*36*) und ZUKOWSKY (*37*), 179° C. Nur BIDWELL (*18*) findet den höheren Wert 183° C.

Die *Volumänderung* beim Schmelzen beträgt nach BERNINI (*32*) 1,51% des Schmelzvolumens, also 0,028 cm/g. Dieser Wert wird von LOSANA (*38*), der 0,0275 cm/g findet, bestätigt. Ein viel niedrigerer Wert, den BRIDGMAN angibt (*39*), beruht wohl auf einen Irrtum. Für die *Schmelzwärme* gibt THUM (*31*) 32,81 cal/g an, also 0,228 kcal/Grammatom. Ein viel niedrigerer Wert, von BRIDGMAN aus der Schmelzkurve abgeleitet, ist ebenso wie der oben erwähnte der Volumänderung als irrtümlich zu betrachten.

Siedepunkt. Der Siedepunkt ist nicht auf direktem Wege gemessen, sondern durch Extrapolierung aus der Dampfdruckgleichung bestimmt worden (*40*). Dampfdruckmessungen in einem größeren Temperaturbereich sind ausgeführt worden von HARTMANN und SCHNEIDER (*41*), BOGROS (*42*) und LEWIS (*43*). Die Ergebnisse dieser Messungen sind von BEUTLER und LEVI (*40*) kritisch durchgerechnet worden. Die Werte von BOGROS weichen von den beiden anderen ziemlich stark ab. Als wahrscheinlichste Werte werden angegeben:

Sublimationswärme bei 0° K: 33,3 ± 0,8 kcal,
Siedepunkt: 1660° K.

Mit großer Sicherheit läßt sich die Dampfdruckgleichung nicht angeben, da die spezifischen Wärmen noch ziemlich unsicher sind: die unter (*47*) angegebenen Daten sind bei dieser Arbeit noch nicht verwendet. Auch EUCKEN (*44*) hat eine Dampfdruckgleichung aufgestellt, gültig im Gebiet 700 bis 1600°

$$\log p = -\frac{8860}{T} - 1{,}275 \log T + 12{,}50 .$$

Hierbei ist die Bildung von Li_2-Molekülen, deren Partialspannung nach (*40*) bei 1620° K schon 7,1% des Gesamtdruckes, also 31 mm ausmacht, nicht mitgerechnet. Für den Siedepunkt gibt die EUCKENsche Formel 1600° K an. Für die Sublimationswärme (bei 0° K) wird hier ein viel größerer Wert, 41 kcal gefunden, der besser übereinstimmt mit dem von GORDON [s. unter (*40*) angegebenen: 38,9 kcal. Für den Siedepunkt findet GORDON 15,99° K.

Spezifische Wärme. (Atomwärme.) Diese Größe ist von KOREF (*45*), LAEMMEL (*46*), THUM (*31*) und BERNINI (*47*) bestimmt worden. Die gefundenen Werte liegen aber so weit auseinander, daß es keinen Zweck hat, sie hier alle aufzunehmen. Die spezifische Wärme ist vor kurzem von SIMON und SWAIN (48) aufs neue bestimmt worden. Wir geben hier einen Auszug aus ihren Daten.

$T°$	15°	25°	40°	60°	90°	120°	160°	200°	240°	300°C
C_p	0,045	0,169	0,573	1,43	2,69	3,64	4,43	4,92	5,28	5,66
C_v	0,045	0,169	0,573	1,42	2,67	3,59	4,34	4,78	5,09	5,39

Die nach (*31*), (*46*) und (*47*) gefundenen Werte zwischen 20 und 180° liegen ~50% auseinander. Eine Auswahl ist hier nicht möglich.

Wärmeleitfähigkeit. Diese Größe hat MEISSNER (*49*) gemessen. Sie hat bei 0° C den Wert $W_0 = 0{,}17$ cal/cm/grad/sec. Bei anderen Temperaturen gilt:

$t°$	101,2°	19,75°	0°	— 182,19°	— 252,67° C
W/W_0 . .	1,02	1,02	1,00	1,16	2,09

Das verwendete Präparat war nicht sehr rein (Restwiderstand = 0,0058).

Elektrische Eigenschaften. Der spezifische Widerstand als Funktion der Temperatur ist wiederholt gemessen worden: die Resultate sind aber sehr voneinander abweichend. Ohne Zweifel hängt dies damit zusammen, daß die meisten Präparate noch sehr unrein waren.

Aus den vorliegenden Messungen (*18, 19, 50, 51, 52, 53*), geben wir einen Auszug in einer Tabelle. Hierin ist aufgenommen der gefundene Widerstand bei 0° C und der Temperaturkoeffizient der Leitfähigkeit α:

Autoren	Präparat	$\varrho_0 \cdot 10^6$	$\alpha \cdot 10^5$
BERNINI (*51*)	unbekannt	8,93	475
GUNTZ u. a. (*19*)	aus LiH	8,55	490
GRUBE u. a. (*52*)	99% Li	8,75	457
BRIDGMAN (*50*)	0,7% Al	—	458
MEISSNER u. a. (*53*)	Kahlbaum	—	435
BIDWELL (*18*)	elektrol. aus LiCl	—	457

Nun fällt es auf, daß die unter (*19*) angegebenen Messungen den höchsten Temperaturkoeffizient und den niedrigsten Widerstand ergeben. Da weiter die Darstellung die beste Garantie liefert, daß dieses Pr parat keine anderen Alkalimetalle mehr enthält, was bei den anderen Messungen nicht der Fall ist, wollen wir diesen Wert vorläufig als den wahrscheinlichsten betrachten: daß der oft wi derkehrende Wert $\alpha = 457 \cdot 10^{-5}$ wohl nicht richtig ist, folgt schon daraus, daß dieser auch an einem 99%igen Lithium gefunden wurde.

Auch bei tieferen Temperaturen ist der Widerstand von MEISSNER und VOIGT (*53*) und von GUNTZ und BRONIEWSKI (*19*) bestimmt worden.

Die Werte sind aus nebenstehender Tabelle ersichtlich.

MEISSNER und VOIGT (*53*)		GUNTZ und BRONIEWSKI (*19*)	
Temp. (° C)	ϱ_t/ϱ_0	Temp. (° C)	ϱ_t/ϱ_0
—	—	— 78	0,632
—186,7	0,1514	—187	0,157
—195,3	0,1220		
—252,6	0,0071		
—268,8	0,0060		
—271,8	0,0059		

Aus dem ziemlich hohen Restwiderstand zeigt sich, wie MEISSNER schon bemerkt hat, daß auch das verwendete Kahlbaum-Präparat nicht ganz rein war.

BERNINI (*51*) hat auch Messungen oberhalb des Schmelzpunktes ausgeführt. Die Resultate sind zusammengefaßt in der Tabelle; die Genauigkeit der Messungen ist nicht zu beurteilen.

t =	100°	170°	177,84° (fest)	177,84° (flüssig)	180°	230° C
ϱ/ϱ_0 =	1,475	1,776	1,822	3,549	3,555	3,681

BRIDGMAN hat neben dem Einfluß der Temperatur auch den des Druckes auf den Widerstand untersucht. Seiner ersten Versuchsreihe, wo er mit unreinem Material gearbeitet hat, entnehmen wir nur das Resultat, daß der Widerstand mit zunehmendem Druck zunimmt, sowohl beim festen wie auch beim geschmolzenen Metall; der Druckkoeffizient ist praktisch unabhängig von der Temperatur.

In einer späteren Arbeit (*72*) untersucht BRIDGMAN die Veränderung des Widerstandes bis zu Drucken von 30000 kg/cm². Der Widerstand steigt regelmäßig an bis auf den 1,2394fachen Wert bei 30° bzw. auf den 1,2453fachen bei 75°, beide Male bei 30000 kg/cm² gemessen.

Insbesondere BIDWELL (*54*) hat aus den Messungen der Temperaturabhängigkeit des Widerstandes ableiten wollen, daß Li (und alle andere Alkalien) etwas unterhalb des Schmelzpunktes eine Allotropie zeigen; er hat weiter darauf hingewiesen, daß die Röntgenogramme eine mit der Temperatur fortschreitende „Amorphisierung" zeigen. Daß die Pulveraufnahmen bei höherer Temperatur undeutlich wurden, kann aber auch ganz anderen Umständen zugeschrieben werden: einmal nimmt die Intensität der Linie mit zunehmender Temperatur in der Nähe des Schmelzpunktes ab, andererseits tritt bei dieser Temperatur ein starkes Kornwachstum ein, so daß Stäbchen aus Alkalimetallen aus meistens nur wenigen Kristallen bestehen [s. z. B. ANDRADE (*55*)]. Daß etwas unterhalb des Schmelzpunktes Abweichungen in dem Gang des Widerstandes eintreten, kann durch geringe Verunreinigungen, unter anderem auch durch kleine Mengen Oxyd, bedingt sein, wie GUNTZ und BRONIEWSKI bemerken (*19*).

Magnetische Eigenschaften. Für die Suszeptibilität gibt BERNINI (*56*) $\chi = +3{,}8 \cdot 10^{-6}$/g an; dagegen findet OWEN (*57*) an einem Lithiumpräparat mit 0,006% Fe den Wert $+0{,}50 \cdot 10^{-6}$, unabhängig von Temperatur und Feldstärke; STONER (*70*) wählt aus diesen Daten, die einander widersprechen, den von OWEN angegebenen Wert.

Die Konstante des Halleffektes bestimmt SMITH (*58*) zu —0,0017. KAPITZA (*59*) hat den Einfluß eines magnetischen Feldes auf den Widerstand untersucht.

Optische Eigenschaften. Hier ist nur zu erwähnen, daß nach MILLIKAN (*60*) die langwellige Grenze des photoelektrischen Effektes bei $\lambda = 523$ mμ liegt. Siehe weiter POHL und PRINGSHEIM (*26*). SCHULZE (*61*) findet für die Grenzwellenlänge 510 mμ. Hieraus berechnet sich die Austrittsarbeit eines Elektrons zu 2,36 eV nach MILLIKAN und zu 2,42 eV nach SCHULZE.

Mechanische Eigenschaften. Lithium ist ein weiches, zähes Metall, das sich leicht auswalzen und zu Draht ziehen läßt. Es ist härter als die übrigen Alkalimetalle. Die Härte steigt von Cs nach Li regelmäßig. Nach der MOHS-Skala ist die Härte 0,6 (*62*). Die Elastizitätsgrenze liegt nach BRIDGMAN (*63*) bei 7,55 kg/cm².

Normalpotential. Die Potentiale des Lithiums und auch der anderen Alkalimetalle sind wegen der Stellung derselben in der Spannungsreihe als sehr unedle, d. h. leicht oxydierbare Metalle, die Wasser zersetzen, nur schwierig bestimmbar (*64*).

Wegen der Unmöglichkeit, reine Alkalimetalle mit wässerigen Lösungen in Berührung zu bringen, wurden daher die Messungen der

Potentiale in nichtwässerigen Lösungen unter Verwendung der folgenden Kette durchgeführt:

$$\text{Alkalimetall} \left\{ \begin{array}{c} \text{Nichtwässerige Lösung} \\ \text{eines Alkalihalogenid} \end{array} \right\} \text{Alkaliamalgam (verd.)}$$

Dann wurde das verdünnte Alkaliamalgam in einem geeigneten wässerigen Elektrolyten gegen eine Normalelektrode gemessen.

Unter Berücksichtigung der Ionisation der Lösungen wurde durch Addition der beiden Werte das gesuchte Alkalimetall-Normalpotential erhalten.

So fanden LEWIS und KEYES (*64*) für die Ketten

Li	Li J in Äthylamin	Li-Amalgam 0,0350 %	0,9502 V

und

Li-Amalgam 0,0350	LiOH 0,1	LiCl 0,1	KCL 0,1	KCl 1	HgCl fest	bei 25°: —2,3952 V
						zusammen —3,3454 V
oder auf ε_{h_0} umgerechnet:						—3,02 V

Aus thermischen Daten berechneten dagegen PATTEN und MOTT (*65*) für Lithium den Wert von $\varepsilon_{h_0} = -2{,}7$ V; einen noch niedrigeren Wert finden NEUMANN und RICHTER (*66*),

$$\varepsilon_{h_0} = -2{,}03 \text{ V}.$$

Verwendung. Das Lithium wird fast ausschließlich zur Herstellung von Speziallegierungen verwendet; vor allem wird es dem Blei als härtender Bestandteil zugesetzt. Es dienen solche Legierungen als Lagermetalle, da sie die dafür erforderlichen Bedingungen, nämlich das Vorhandensein harter Kristalle, die in einer weichen Grundmasse eingebettet sind, in hervorragender Masse erfüllen.

Eine solche Blei-Lithiumlegierung wird von der Metallgesellschaft Frankfurt a. M. unter dem Namen „Bahnmetall" kurz Bn-Metall hergestellt. Neben Blei enthält es 0,69% Calcium, 0,62% Natrium und 0,04% Lithium. Es hat den Vorteil, daß es in der Hitze länger hart bleibt als andere Lagermetalle und erst bei 320° zu schmelzen beginnt, so daß vor dem Heißlaufen des Lagers Öldämpfe auftreten. Das Bn-Metall ist zwar teurer als andere Lagermetalle, wird aber zu Lokomotivlagern vielfach verwendet.

Das Lithium hat sich auch als geeigneter Zusatz zur Verbesserung der mechanischen Eigenschaften von Aluminium erwiesen (*67*). Das Aluminium wird durch Zusatz von etwa 3% Lithium vergütbar. Aber schon viel kleinere Mengen Lithiums genügen. So enthält das Skleron, eine vergütbare Aluminiumlegierung, neben 12% Zink, 4% Kupfer, 0,6% Mangan, 0,5% Silicium, 0,4% Eisen, nur etwa 0,1% Lithium.

Lithium-Calciumlegierungen werden zur Verbesserung der Eigenschaften von Gußeisen, vor allem aber von Kupfer verwendet.

Wenige Prozent Lithium machen Magnesium korrosionsbeständig und erhöhen die Festigkeit. Aluminium-Zinklegierungen können durch geringen (<1%) Lithiumzusatz fest und elastisch werden.

Für Nickel und Nickellegierungen wird Lithium als Entschwefelungsmittel und zur Erreichung besonderer physikalischer und mechanischer Eigenschaften verwendet. Nickel mit ungefähr 1% Lithium läßt sich aushärten. Bei austenitischen Chromnickelstählen lassen sich durch Lithiumzusatz die Korrosionsbeständigkeit sowie die physikalischen und mechanischen Eigenschaften verbessern. Ferner ergeben diese Stähle beim Polieren einen besseren Hochglanz (*69*).

LiH kommt für den Transport von H_2 in Frage; 2 kg LiH entwickeln ebensoviel H_2 wie eine Stahlbombe von etwa 5,6 l unter etwa 120 Atm. Druck enthält, die 40mal so schwer ist. Edelgase können vorteilhaft durch Lithium von Stickstoff befreit werden (Bildung von Li_3N) (*68*).

Literatur.

1. TROOST, L.: C. r. Acad. Sci., Paris Bd. 43 (1856) S. 921. — Ann. Chim. Phys. (3) Bd. 51 (1857) S. 112. Vgl. L. KRALOVANSKY: Schweiz. J. Bd. 54 (1828) S. 231.
2. SPECKETER, H.: Nernst-Festschr. S. 424. Halle: Wilhelm Knapp 1912. — HACKSPILL, L., CH. STAEHLING: D.P. 363735 (1920). — Schweiz. P. 95460, 95461 (1919).
3. Nitrogen Products Company: D.P. 277773 (1913).
4. HACKSPILL, L.: Bull. Soc. chim. Fr. (4) Bd. 9 (1911) S. 446. — Ann. Chim. Phys. (8) Bd. 28 (1913) S. 630.
5. WARREN, H. N.: Chem. News Bd. 74 (1896) S. 6. Siehe auch BUCHER: Fr.P. 453086 (1913). — Chemiker-Ztg. Repert. Bd. 37 (1913) S. 548.
6. HANSON, M. G.: Amer.P. 2028390 (1933). — C. B. 1936 II, S. 698.
7. LAVOISIER, H.: Fr.P. 802579 (1935). — C. B. 1937 I, S. 1008.
8. MOISSAN, H.: C. r. Acad. Sci., Paris Bd. 127 (1898) S. 690.
9. BOER, J. H. DE, J. BROOS, H. EMMENS: Z. anorg. allg. Chem. Bd. 191 (1930) S. 113.
10. KAHLENBERG, L.: J. phys. Chem. Bd. 4 (1900) S. 394. — PATTEN, H. E., W. R. MOTT: J. phys. Chem. Bd. 8 (1904) S. 153, Bd. 12 (1908) S. 49. — MÜLLER, R., F. HÖLZL, A. PONTONI, O. WINTERSTEINER: Mh. Chem. Bd. 43 (1922) S. 419.
11. BUNSEN, R., A. MATHIESSEN: Liebigs Ann. Chem. Bd. 94 (1855) S. 107.
12. BORCHERS, W.: Z. angew. Chem. Bd. 6 (1893) S. 486. — Z. Elektrochem. Bd. 1 (1894) S. 361; Bd. 2 (1895) S. 39.
13. GUNTZ, A.: C. r. Acad. Sci., Paris Bd. 117 (1893) S. 732. — Z. angew. u. allg. Chem. Bd. 11 (1898) S. 158; Bd. 16 (1903) S. 578.
14. TUCKER, S. A.: J. Amer. chem. Soc. Bd. 24 (1902) S. 1024.
15. RUFF, O., O. JOHANNSEN: Z. Elektrochem. Bd. 12 (1906) S. 186. Siehe auch BRANDES: Schweiz. J. Bd. 8, S. 120. — KAILAN, A.: Z. anorg. allg. Chem. Bd. 68 (1910) S. 141.
16. NEUMANN, B., E. BERGVE: Z. Elektrochem. Bd. 21 (1915) S. 159.
17. NERNST, W.: Z. Elektrochem. Bd. 26 (1920) S. 323.
18. BIDWELL, C. C.: Phys. Rev. (2) Bd. 23 (1924) S. 369.
19. GUNTZ, A., W. BRONIEWSKI: C. r. Acad. Sci., Paris Bd. 147 (1908) S. 1474.
20. KAHLBAUM, G. W. A.: Verh. naturforsch. Ges. Basel Bd. 12 (1900) S. 215.

21. BARTH, A.: Über die Siedepunkte der Alkalimetalle und Alkalihalogenide im Vakuum des Kathodenlichts. Diss. Heidelberg 1912, S. 16.
22. MATTHIESSEN, A.: Poggendorfs Ann. Bd. 100 (1857) S. 178.
23. ZUKOWSKY, G. J.: Z. anorg. allg. Chem. Bd. 71 (1911) S. 403.
24. MCPHAIL SMITH, G.: J. Amer. chem. Soc. Bd. 36 (1906) S. 132.
25. RICHARDS, TH. W., R. N. GARROD-THOMAS: Z. phys. Chem. Bd. 72 (1910) S. 183.
26. POHL, R., P. PRINGSHEIM: Verh. dtsch. phys. Ges. Bd. 14 (1912) S. 46.
27. DEBYE, P.: Mitgeteilt von HABER: Ber. Berl. Akad. 1919, S. 1001. — HULL, A. W.: Phys. Rev. (2) Bd. 10 (1917) S. 689. — BIJVOET, J. M.: Rec. Trav. Chim. Pays-Bas Bd. 42 (1923) S. 862.
28. SIMON, F., E. VOHSEN: Z. phys. Chem. Bd. 133 (1928) S. 165.
29. SIMON, F., R. BERGMANN: Z. phys. Chem. Abt. B Bd. 8 (1930) S. 255.
30. RICHARDS, T. W., F. N. BRINK: J. Amer. chem. Soc. Bd. 29 (1907) S. 120.
31. THUM, A.: Diss. Zürich 1906, S. 48.
32. BERNINI, A., C. CANTONI: Nuovo. Cim. (6) Bd. 8 (1914) S. 255.
33. BRIDGMAN, P. W.: Proc. Amer. Acad. Arts a. Sci. Bd. 58 (1933) S. 202, 219.
34. BRIDGMAN, P. W.: Proc. Amer. Acad. Arts a. Sci. Bd. 70 (1935) S. 93.
35. RUFF, O., O. JOHANNSEN: Z. Elektrochem. Bd. 12 (1906) S. 188.
36. MASING, G., G. TAMMANN: Z. anorg. allg. Chem. Bd. 67 (1910) S. 188.
37. ZUKOWSKY, G. J.: J. russ. Ges. Chem. Bd. 43 (1911) S. 712. — Z. anorg. allg. Chem. Bd. 71 (1911) S. 406.
38. LOSANA, L.: Gazz. Chim. Bd. 65 (1935) S. 851.
39. BRIDGMAN, P. W.: Proc. Amer. Acad. Arts Bd. 60 (1925) S. 445.
40. BEUTLER, H., HILDE LEVI: Z. phys. Chem. Abt. B Bd. 24 (1934) S. 263.
41. HARTMANN, H., R. SCHNEIDER: Z. anorg. allg. Chem. Bd. 180 (1929) S. 275.
42. BOGROS, A.: C. R. Acad. Sci., Paris Bd. 183 (1926) S. 124; Bd. 191 (1930) S. 322.
43. LEWIS, L. C.: Z. Phys. Bd. 69 (1931) S. 786.
44. EUCKEN, A.: Metallwirtsch. Bd. 15 (1936) S. 27, 63. Siehe auch A. R. GORDON: J. chem. Phys. Bd. 4 (1936) S. 100.
45. KOREF, F.: Ann. Phys., Lpz. (4) Bd. 36 (1911) S. 64.
46. LAEMMEL, R.: Ann. Phys., Lpz. (4) Bd. 16 (1905) S. 557.
47. BERNINI, A.: Phys. Z. Bd. 8 (1907) S. 150.
48. SIMON, F., R. C. SWAIN: Z. phys. Chem. Abt. B Bd. 28 (1935) S. 190.
49. MEISSNER, W.: Z. Phys. Bd. 2 (1920) S. 378.
50. BRIDGMAN, P. W.: Proc. Amer. Acad. Bd. 56 (1921) S. 70.
51. BERNINI, A.: Nuovo Cim. (5) Bd. 269 (1904). — Phys. Z. Bd. 6 (1905) S. 78.
52. GRUBE, G., H. VOSSKÜHLER, H. VOGT: Z. Elektrochem. Bd. 38 (1932) S. 873.
53. MEISSNER, W., B. VOIGT: Ann. Phys. (5) Bd. 7 (1930) S. 761.
54. BIDWELL, C. C.: Phys. Rev. (2) Bd. 27 (1926) S. 381.
55. ANDRADE, E. N. da C.: Phil. Mag. (6) Bd. 27 (1914) S. 969.
56. BERNINI, A.: Nuovo Cim. (5) Bd. 7 (1904) S. 441. — Phys. Bd. 6 (1905) S. 109.
57. OWEN, M.: Ann. Phys., Lpz. (4) Bd. 37 (1912) S. 693.
58. SMITH, A. W.: Phys. Rev. (2) Bd. 8 (1916) S. 80.
59. KAPITZA, P.: Proc. roy. Soc., Lond. A Bd. 123 (1929) S. 292.
60. MILLIKAN, R. A.: Phys. Rev. (2) Bd. 7 (1916) S. 29, 381.
61. SCHULZE, R.: Z. Phys. Bd. 92 (1934) S. 212.
62. RYDBERG, J. R.: Z. phys. Chem. Bd. 33 (1900) S. 355.
63. BRIDGMAN, P. W.: Proc. Amer. Acad. Bd. 57 (1922) S. 45.
64. LEWIS, G. N., F. S. KEYES: J. Amer. chem. Soc. Bd. 35 (1913) S. 340.

65. Patten, H. E., W. R. Mott: J. physic. Chem. Bd. 8 (1904) S. 153.
66. Neumann, B., H. Richter: Z. Elektrochem. Bd. 31 (1925) S. 287.
67. Assmann, P.: Z. Metallkde. Bd. 18 (1926) S. 51, 256.
68. Osborg, H.: Trans. elektrochem. Soc. Bd. 66 (1934).
69. Osborg, H.: Trans. electrochem. Soc. Bd. 66 (1934). — Lithium. Theoretical Studies and Practical Applications. Elektrochem. Soc. New York 1935.
70. Stoner, E. C.: Sci. Rep. Tohoku Univ., Honda-Festschr. 1936, S. 283.
71. Bridgman, P. W.: Proc. Amer. Acad., Bd. 72 (1938) S. 214.
72. Bridgman, P. W.: Proc. Amer. Acad. Bd. 72 (1938) S. 176.
73. Lemarchands, M., L. Rougeot: Bull. Soc. chim. de France (5) Bd. 6 (1938) S. 901, 910.

23. Natrium.

(Atomgewicht 22,997.)

a) Chemische Gewinnung.

Darstellung durch Reduktion. Die Reduktion von NaOH oder Na_2CO_3 kann durch glühendes Eisen erfolgen, über welches das geschmolzene NaOH oder Salz fließt. Die Reaktion wird in Eisenrohren durchgeführt. Das hierbei entstehende Natrium destilliert ab und sammelt sich im oberen Teil der Röhre in einem Vorstoß an (*1*).

Das Eisen wird vorteilhaft in Form von Drehspänen verwendet und zum Reaktionsgemisch zur Auflockerung CaO gemischt. Zur Reduktion eignet sich besonders stark kohlenstoffhaltiges Eisen. Man kann z. B. Natriumhydroxyd in einem Konverter zu stark kohlehaltigem, geschmolzenem Roheisen geben und das Natrium daraus abdestillieren (*2*). Oder es wird durch Mischen von feinverteiltem Eisen mit Teer und Verkoken dieses Gemisches bei einer Temperatur unter 1000° ein mit Kohlenstoff gesättigtes Eisen hergestellt, das auf 70 Teile Metall etwa 30 Teile Kohle enthält. Dieses wird mit NaOH in gußeisernen Tiegeln erhitzt und das Natrium durch einen Kohlenoxydstrom in die Vorlage überführt (*3*).

Fein verteiltes (reduziertes) Eisen vermag NaOH schon wenig oberhalb des Schmelzpunktes zu reduzieren. Zur Destillation des metallischen Natriums aus dem Reaktionsgefäß wird ein möglichst hohes Vakuum angelegt.

Auch das Fluorid, Carbonat, Nitrat oder Sulfat kann auf diesem Wege reduziert werden. Chloride, Bromide, Jodide sind dagegen wegen der Flüchtigkeit der entstehenden Eisenverbindungen nicht geeignet (*4*).

Mit *Ferrosilicium* reagiert Natriumhydroxyd, nachdem die Masse durch eine Initialzündung zur Reaktion gebracht wurde, unter so starker Wärmeentwicklung, daß Natrium abdestilliert.

Die *Reduktion* von Soda mit *Kohle* nach Deville ist jahrelang in Frankreich fabrikmäßig durchgeführt worden. Ein Gemisch von Soda, Kohle und Kreide wurde in eisernen Rohren auf Weißglut erhitzt; das Natrium wurde als Dampf entwickelt und lief nach der Kondensation flüssig ab. Der Kalk war nötig, um die Beschickung porös zu erhalten, so daß ein Zusammenschmelzen unterblieb. Die kurze Lebensdauer der eisernen Rohre machte das Verfahren kostspielig (*5*).

Als wesentlicher Fortschritt muß das in England durchgeführte Verfahren von NETTO betrachtet werden, das auf dem Vorgang

$$4\,NaOH + 2\,C = 2\,Na + Na_2CO_3 + 4\,H + CO$$

beruht.

Diese Reaktion verläuft schon bei Rotglut, während Soda erst bei Weißglut reduziert wird.

Die fabrikmäßige Durchführung wurde in einem mit Holzkohle oder Koks gefüllten und auf Rotglut erhitzten, stehenden, gußeisernen Zylinder durchgeführt.

Über die glühende Kohle ließ man geschmolzenes wasserfreies Ätznatron fließen. Das Natrium entweicht dampfförmig; die gebildete Soda, die sich geschmolzen am Gefäßboden ansammelte, ließ man von Zeit zu Zeit abfließen. Die eisernen Gefäße leisten hier länger Widerstand, da die Reaktionstemperatur mehrere hundert Grad tiefer liegt als beim DEVILLE-Prozeß, aber statt der billigen Soda dient das wesentlich teurere Ätznatron als Rohstoff, der theoretisch nur höchstens zu 50% ausgenutzt wird (*6*).

Nach einem in jüngster Zeit von OETTEL (*7*) veröffentlichten Vorschlag müßte die Reduktion von Soda oder Ätznatron mit Kohle auch heute im großen wieder wirtschaftlich durchführbar sein, wenn man elektrische Induktionsheizung der Öfen verwendet.

Bei der Reduktion von NaOH mit Calciumcarbid wird das Carbid in das geschmolzene NaOH eingebracht, wobei sich neben H_2 und CO Metalldampf entwickelt (*8*). NaCl und NaF werden oberhalb 800° von CaC_2 ebenfalls reduziert (*9*).

Auch die Gewinnung von Natrium aus anderen Salzen wie Natriumsulfat, Cyanid, Silikat usw. mit verschiedenen Reduktionsmitteln ist möglich, doch bieten diese Möglichkeiten keine Vorteile, namentlich auch nicht in bezug auf die Reinheit des Produktes. Auf sehr einfache Weise lassen sich kleine Mengen sehr reinen Natriums durch Reduktion mit Titan und Zirkonium (*10*) darstellen.

Darstellung aus Natriumazid. Bei der thermischen Zersetzung von NaN_3, die bei 330° unter Abspaltung von Stickstoff beginnt und dann auch beim Abkühlen auf 280° weitergeht, entsteht metallisches Natrium (*11*). Die Zersetzung erfolgt jedoch selbst im Vakuum nicht ganz vollständig, es bleibt selbst bei hoher Temperatur eine kleine Menge Nitrid zurück. Die Zersetzung des Azides im Hochvakuum bietet neben der Reduktion mit Zirkonium und Titan (s. S. 78) die einzige Möglichkeit, *ganz reines*, von eingeschlossenem Wasserstoff freies Natrium zu gewinnen. Die Zersetzung geschieht in einem elektrisch geheizten Apparat aus Jenaer Geräteglas, bei dem alle Teile miteinander verschmolzen sind (*12*). Durch Erwärmen weniger Milligramm NaN_3 im Glasrohr erhält man einen blanken Natriumspiegel (*13*).

Elektrolytische Gewinnung. Die elektrolytische Abscheidung des Natriums ist schwieriger als die des Lithiums. Namentlich aus Lösungen, auch solchen in organischen Lösungsmitteln gelingt die Abscheidung nicht oder nur sehr unvollkommen.

Die Darstellung des Natriums wird im regelmäßigen industriellen Betrieb nur durch Schmelzflußelektrolyse durchgeführt, und zwar bis vor kurzem vorwiegend mit geschmolzenem Ätznatron als Elektrolyt, da die Elektrolyse des Chlornatriums zunächst Apparateschwierigkeiten verursachte. Man benutzte hierzu die Anordnung von CASTNER oder kann auch mit Erfolg im großen, ähnlich der alten BUNSENschen Methode der Lithiumdarstellung, mit einer Berührungselektrode arbeiten. In der Möglichkeit, bei der Ätznatronelektrolyse bei der niedrigen Temperatur von 310 bis 330° zu arbeiten und als Gefäßmaterial das billige und bequeme Eisen zu verwenden, beruht der große Vorteil dieser Methode, gegen den der Nachteil des teuren Rohmaterials zunächst zurücktritt.

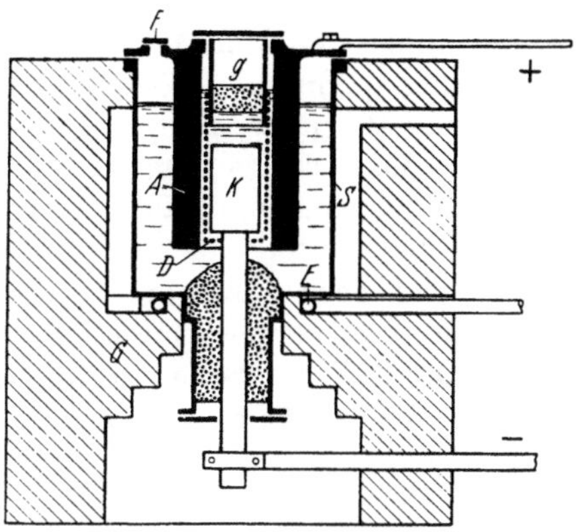

Abb. 1. CASTNER-Zelle.

Die elektrolytische Darstellung des Natriums aus geschmolzenem Kochsalz verursachte zuerst erhebliche Schwierigkeiten, weil reines Natriumchlorid so schwer schmelzbar ist, daß das Natriummetall schon merklich verdampft wenn der Elektrolyt gut fließt und dann das gebildete Natrium von der Natriumchloridschmelze aufgenommen wird. Doch konnten diese Schwierigkeiten größtenteils überwunden werden.

Bei der *Elektrolyse von Natriumhydroxyd* soll das zur Elektrolyse gelangende Hydroxyd in möglichst wasserfreiem Zustand zur Anwendung kommen, denn wasserhaltige Schmelzen schäumen beim Elektrolysieren stark und geben Veranlassung zu kleinen Explosionen. Die ausnehmend große Hygroskopizität der Hydroxydschmelze bringt es mit sich, daß sie unter gewöhnlichen Verhältnissen selbst nach vorangehendem energischen Glühen rasch Wasser aus der Luft aufnimmt, so daß sie deshalb schon nach kurzer Zeit wieder einen merklichen Wassergehalt aufweist.

Für die Elektrolyse wurden verschiedene Badkonstruktionen angegeben, von welchen am längsten die Zelle von CASTNER (*14*) verwendet wurde.

Diese besteht aus einem zylindrischen oder konischen gußeisernen Kessel *S* mit einem zentralen Rohrfortsatz nach unten, durch den innen die Kathode *K*, ein Eisenstab, der sich oben zylindrisch verbreitert, hochgeführt ist (Abb. 1).

Der Kathodenkopf, der auch aus Kupfer ausgeführt wird, ist in etwa 5 cm Abstand von einer Nickelanode *A* ringförmig umgeben. Über die Kathode ist eine Sammelglocke *g* für das gebildete Natrium angebracht. Der verbreiterte Teil *K* der Kathode ist von der Anode durch einen frei von oben in das Bad hineinhängenden, von der Glocke *g* gut isolierten Zylinder, der einen Drahtnetzzylinder *D* hält, getrennt, wodurch sich das an und über der Kathode sammelnde Metall von dem Übertritt nach dem umgebenden Anodenzylinder *A* abgehalten werden soll. Der Elektrolyt reicht wenige Zentimeter über die Kathode hinaus. In dem unteren Rohrfortsatz erstarrt die Schmelze und bildet so einen natürlichen Abschluß. Die kathodische Stromdichte beträgt bei einer Badspannung von 4 bis 5 V etwa 2, die anodische 1,5 Amp./cm². Da die Zersetzungsspannung des Ätznatrons etwa 2,2 V beträgt, wird rund die Hälfte der Betriebsspannung zur Wärmeerzeugung verbraucht. Später ist man dazu übergegangen, auch größere Öfen, die bis zu 250 kg Schmelze fassen, zu bauen. Die neuen Öfen haben stark konische oder kelchförmige Gestalt.

Das sich oben sammelnde Metall wird durch den beweglichen Deckelverschluß mit vorgewärmten eisernen Sieblöffeln ausgeschöpft, wobei der größte Teil der Schmelze durch die Löcher abläuft.

Was die Ausbeuteverhältnisse betrifft, so zeigen die Reaktionsgleichungen

$$2\,NaOH = 2\,Na + 2\,OH$$
$$2\,OH = H_2O + O$$
$$H_2O + Na = NaOH + H,$$

daß bei der Elektrolyse von Ätznatron überhaupt nur 50% der theoretischen Natriummenge entstehen können. Außerdem findet bei 450° die Reaktion

$$2\,Na + 2\,NaOH = 2\,Na_2O + H_2$$

statt. Auch die im Vergleich zu jener des Natriums verhältnismäßig hohe Schmelztemperatur des Ätznatrons (327° bei reinem, bis 300° bei chlorid- oder carbonathaltigem), die Einwirkung der Schmelze auf die Materialien, aus denen Schmelzgefäß, Elektroden, Diaphragmen usw. bestehen und mit denen die Schmelze in Berührung kommt, noch mehr aber die chemischen und physikalischen Erscheinungen bei der Elektrolyse selbst, wie die Auflösung von Natrium und Sauerstoff in der Schmelze und deren Vereinigung, bedingen naturgemäß eine Herabsetzung der Ausbeute.

In der Praxis werden im Höchstfall 90%, im Durchschnitt aber nur 72% der obengenannten Menge erreicht, d. h. man rechnet mit 45 bzw. 36% Ausbeute.

Bei 40% Stromausbeute im Mittel und 5 V Badspannung stellt sich der Energieverbrauch auf 14,54 kW/h für 1 kg Natrium.

Bessere Ausbeuten lieferten die Zellen des Österreichischen Vereins für chemische und metallurgische Produktion Aussig a. E. [jetzt AG. für chemische und metallurgische Produktion Karlsbad (*15*)].

Die Anode ist bei dieser Anordnung ringförmig ausgebildet und umschließt die gleichfalls ringförmige Kathode. Beide Elektroden werden aus Eisen hergestellt und tauchen nur wenige Millimeter unter die Oberfläche des wannenförmigen Schmelzbades (Abb. 2). Zwischen beiden Elektroden wird etwas näher an der Kathode als an der Anode eine Trennungswand aus erstarrter Schmelze hergestellt. Zu diesem Zwecke ist ein eiserner Kühlring konzentrisch zu beiden Elektroden angeordnet, welcher bewirkt, daß die Temperatur der Schmelze unmittelbar am Kühlring bis unter den Erstarrungspunkt der Schmelze sinkt, so daß sich dort eine Ätznatronkruste bildet. Diese Kruste darf jedoch weder bis zur Kathode noch zur Anode reichen, sondern das Schmelzbad muß in der Umgebung beider Elektroden eine Temperatur behalten, die um 10 bis 20° höher ist als die Erstarrungstemperatur. Die so an den Wänden des Kühlringes gebildete Kruste von schlechtleitendem Ätznatron ragt 1 cm tiefer hin unter, als es die Unterkanten der Elektroden tun und trennt so den Anodenraum vom Kathodenraum. Durch diese mechanische Trennung wird einerseits verhindert, daß das abgeschiedene Natrium in die Nähe der Anode gelangt, anderseits wird auch das anodisch gebildete Wasser vom Kathodenraum tunlichst ferngehalten, weil die spezifisch leichtere wasserfreie Schmelze an die Oberfläche steigt und wegen der Trennungsschicht nicht in den Kathodenraum gelangen kann, sondern im Anodenraum verbleiben muß. Da der Schmelzkessel auch von außen geheizt wird, ist Gelegenheit gegeben, daß das Wasser in Form von Dampf aus der Schmelze in die Luft übergeht. Dieser Vorgang erfolgt um so leichter, je größer der Anodenraum ist. Beim Aussiger Verfahren ist dieser Forderung in der Art Rechnung getragen, daß innerhalb des Schmelzkessels längs des Randes desselben 20 bis 24 kleine Zersetzungsapparate angeordnet sind, so daß die ganze Mittelfläche des Schmelzkessels einen Anodenraum großer Oberflächen darstellt. Die Betriebsspannung beträgt etwa 8 V. Das Natrium scheidet sich innerhalb des Kathodenringes in Form von Tropfen ab und wird mittels eines Sieblöffels herausgeschöpft. Durch allerlei Kunstgriffe kann die Ausbeute in einem solchen Bade auf 80% heraufgedrückt werden.

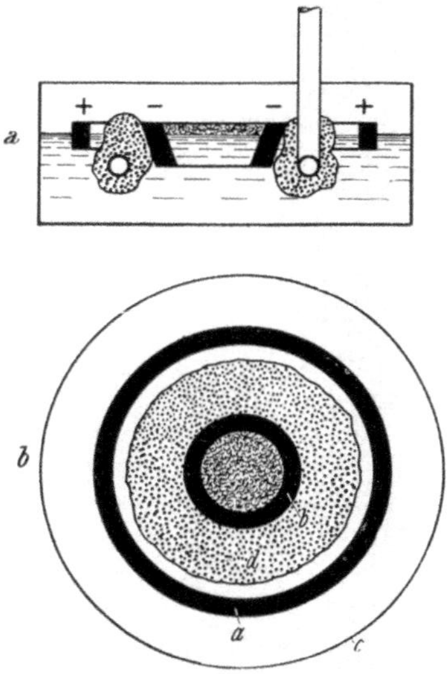

Abb. 2. Anode (Aussig a. E.).

Obwohl in neuerer Zeit die Natriumchloridelektrolyse die ältere Hydroxydelektrolyse zu verdrängen schien, hat sich doch die Verwendung von Hydroxyd in letzter Zeit wenigstens für kleinere Anlagen wieder als vorteilhaft erwiesen.

Namentlich im Anschluß an Anlagen für Chloralkalielektrolyse für die heute der Absatz des Chlors das Hauptgeschäft bildet und bei welchen größere Mengen Ätznatron anfallen, deren Absatz Schwierigkeiten macht,

Abb. 3. Ätznatron-Elektrolyse.

ist die Natriumelektrolyse vorteilhaft, da unter diesen Bedingungen die Kosten für das Hydroxyd durch den Chlorverkauf gedeckt sind.

Die von der Firma Krebs & Co. Oslo-Paris-Berlin (Abb. 3) in Norwegen, Italien, Japan und anderen Ländern aufgestellten Anlagen arbeiten mit einem Ätznatron-Elektrolyten mit 4 bis 6% NaCl bei 325° C.

Die Kathode besteht aus Kupfer, die Anode aus Nickel, dazwischen ist ein Eisendrahtnetz als Diaphragma angebracht. Jede Zelle ist für eine Stromaufnahme von 6000 Amp. gebaut und liefert in 24 Stunden 48 kg Natrium mit einem Reinheitsgrad von 99,95% Na. Die Zellenspannung ist 3,8 V, der Energieverbrauch ist 10 bis 12 kWh/kg Na. Die Zellen arbeiten 180 Tage, dann ist Reinigung und Ersatz des Eisendrahtnetzdiaphragmas notwendig.

Bei der Elektrolyse von Natriumchlorid stellen sich wegen des hohen Schmelzpunktes von rd. 800° mannigfache Schwierigkeiten ein. Vor allem treten große Verluste durch Verdampfen des ausgeschiedenen Natriums auf, da der Siedepunkt dieses Metalls bei 882,9° liegt und die Badtemperatur auf 850 bis 900° gehalten werden müßte, um teilweises Einfrieren der Bäder zu verhindern.

Reines Chlornatrium kann deshalb nicht verwendet werden, sondern nur Gemische mit anderen Salzen, die einen bedeutend tieferen Schmelzpunkt haben.

Gegenwärtig wird ein Gemisch von Kochsalz und Chlorcalcium verwendet. Die konstruktive Lösung einer NaCl-Zelle vollführte DOWNS bei der Roessler & Hasslacher Chemical Company in Niagara Falls (*16*). Diese Zelle stellt eigentlich eine weitere Ausbildung des CASTNERschen Bades dar, nur ist die Anordnung der Elektroden umgekehrt (Abb. 4).

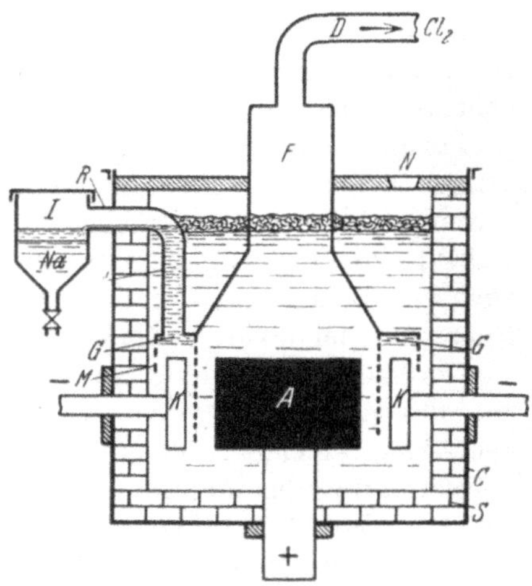

Abb. 4. DOWNS-Zelle.

Der aus starkem Eisenblech bestehende Kessel ist mit feuerfesten Steinen ausgemauert. Die Stromzuführung zur Anode, die aus einem zylindrischen Kohleblock besteht, geht durch den Boden der Zelle. Die Kathode *K* ist aus Eisen oder Kupfer und umgibt die Anode ringförmig.

Oberhalb der Anode befindet sich eine Glocke *P* mit Abzugsrohr für das Chlor *D*, das anodisch entwickelt wird. Diese Glocke setzt sich nach unten in Form eines Drahtnetzes fort, das als Diaphragma den Anoden- vom Kathodenraum trennt. An der Stelle, an welcher an der Glocke das ringförmige Drahtnetz angebracht ist, ist auch ein ringförmiger Sammelraum *G* über der Kathode *K* vorgesehen, in welchem sich das geschmolzene Natrium sammelt und durch das Steigrohr *R* in den Sammelbehälter *I* gelangt. Auch die Außenwand des ringförmigen Sammelraumes setzt sich nach unten in Form eines Drahtnetzes *M* fort, so daß die von der Kathode aufsteigenden Natriumtropfen in den

Sammelraum geleitet werden und auch nicht an die Außenwand gelangen können.

Nach Maßgabe des Verbrauches an Kochsalz durch die Elektrolyse wird neues Salz durch die Öffnung *N* zugegeben, das beim Einschmelzen im oberen Teil des Ofens zunächst vollkommen entwässert wird, so daß die Elektrolyse bei diesem Verfahren außerordentlich ruhig verläuft.

Dieses Verfahren wird in Amerika in großem Maßstab ausgeübt. Auch in Deutschland ist es von der Deutschen Gold- und Silber-Scheideanstalt in Knappsack bei Köln übernommen worden, wo sich eine größere Anlage in Betrieb befindet.

So gut sich die Downs-Zelle für große Anlagen bewährt hat und der Ätznatronelektrolyse überlegen ist, so wenig eignet sie sich für kleinere Anlagen.

Beispielsweise sind für eine Kochsalzelektrolyseanlage bei der Montecatini, Italien, folgende Daten bekannt geworden: Zellen mit einer Stromaufnahme von 12000 bis 15000 A verbrauchen pro Kilogramm Na 30 kWh, die Zellen haben nur eine Lebensdauer von 4 bis 5 Monaten. Die Reparatur kostet pro Zelle mindestens das Zehnfache als die Reparatur der oben erwähnten Ätznatronzelle.

Der Reinheitsgrad des bei der Natriumchloridelektrolyse erzeugten Metalles ist schlechter, da aus dem $CaCl_2$-haltigen Elektrolyten immer auch kleine Mengen von Calcium in das Natrium übergehen.

Reinigung des Metalls. Das elektrolytisch gewonnene rohe Natrium wird in Eisenformen gegossen und von überschüssiger Schmelze befreit. Zur Reinigung von Natrium, das aus einem calciumchloridhaltigen Elektrolyten gewonnen wurde, ist es notwendig, das mitabgeschiedene Calcium durch Abkühlung des Natriums bis in die Nähe seines Schmelzpunktes in fester Form auszuscheiden und das Metall durch Filtration davon zu befreien.

Kleine Mengen noch gelösten Calciums können durch längeres Erhitzen des Metalls mit geschmolzenem NaOH entfernt werden. Schließlich wird das Metall meist unter Paraffinöl umgeschmolzen und dann in eiserne Formen gegossen. Die so gewonnenen Barren werden in Blechbüchsen luftdicht verlötet.

Auf chemischem Wege erzeugtes Natrium muß meistens zur Abtrennung von Krusten der Ausgangs- und Reaktionsprodukte durch feine Drahtnetze in einer Leuchtgas, oder Wasserstoffatmosphäre oder im Vakuum filtriert werden (*17*).

Im Laboratorium wird das Natrium meist unter Petroleum oder Paraffinöl aufbewahrt. Reste von Petroleum oder Paraffin werden durch Erhitzen unter Vakuum entfernt.

Natrium ist, wie auch die anderen Alkalimetalle, nur sehr schwer vollkommen gasfrei zu erhalten. Die Trennung des Natrium von Kohlenwasserstoffresten und von eingeschlossenem Wasserstoff muß durch Destillation im Vakuum durchgeführt werden (*18*).

b) Chemische Eigenschaften des reinen Natriums.

Natrium ist in allen beobachteten Verbindungen einwertig. Molekulargewichtsbestimmungen des Natriumdampfes haben ergeben, daß er vorwiegend einatomig ist, doch gleichzeitig auch mehratomige Moleküle vorhanden sein müssen.

Aus Bestimmungen des Temperaturkoeffizienten der Oberflächenspannung von flüssigem Natrium folgt dasselbe.

Das Natrium ist ein weißes, leicht oxydierbares weiches Metall. Zum Schutz vor Feuchtigkeit und Sauerstoff muß es unter Petroleum aufbewahrt werden.

An trockener Luft überzieht es sich mit einer Oxydschicht, ohne sich zu entzünden. Beim Erhitzen verbrennt es mit heller, gelber Flamme. Von trockenem Sauerstoff wird es erst bei hohen Temperaturen angegriffen. Bei der Verbrennung in Sauerstoff entsteht Na_2O und Na_2O_2. Mit Wasser reagiert es lebhaft unter Wasserstoffentwicklung und Bildung von NaOH. Legt man es auf nasses Filterpapier, so entzündet es sich.

Mit *Wasserstoff* reagiert Natrium erst oberhalb 200 bis 350° unter Bildung von NaH.

Mit Stickstoff reagiert Natrium bei gewöhnlicher Temperatur nicht.

Quecksilber legiert sich mit Natrium unter heftiger Wärme- und Lichtentwicklung zu festem Natriumamalgam. Durch thermische Analyse wurden die Verbindungen NaHg, $NaHg_2$, $NaHg_3$, $NaHg_5$ u. a. wahrscheinlich gemacht.

c) Physikalische Eigenschaften.

Gitterstruktur. Das Gitter des Natriums ist kubisch raumzentriert (*19*). Die Kantenlänge des Elementarwürfels ist 4,30 Å, aus der gut bekannten Dichte folgt der genauere Wert: 4,276 bei 20° C. Bei —173° C ist die Kantenlänge 4,24 Å (*20*).

Die Dichte des festen Natriums ist 0,971 bei 20° C (*21*) und 0,972 bei 0° C (*22*).

Thermische Ausdehnung. Der mittlere Ausdehnungskoeffizient hat folgende Werte:

0—50° C	$216{,}3 \cdot 10^{-6}$	HAGEN (*23*)
0—80° C	$216 \cdot 10^{-6}$	HACKSPILL (*22*)
0—95° C	$213 \cdot 10^{-6}$	BRIDGMAN (*24*)
— 173—20° C	$130 \cdot 10^{-6}$	

Der zuletzt genannte Wert, berechnet aus dem Atomabstand bei —173° C, $a = 4{,}24$ Å (*20*) und der Dichte bei 20° stimmt nicht mit dem Wert $186 \cdot 10^{-6}$, den DEWAR (*25*) zwischen —188° C und 17° C angibt, überein.

Kompressibilität. Genaue Messungen der Kompressibilität, bis zu Drucken von 20000 Atm. hat BRIDGMAN (*24*) ausgeführt, bei Temperaturen von 0 bis 95° C. Einen Auszug aus den erhaltenen, ausgeglätteten Werten gibt die nächste Tabelle.

P in kg/cm²	$-dV/V_0$ bei 0° C	$\gamma \cdot 10^{-6}$ (0° bis 95° C)	P in kg/cm²	$-dV/V_0$ bei 0° C	$\gamma \cdot 10^{-6}$ (0° bis 95° C)
0	—	213	12000	0,1332	111
2000	0,0295	187	16000	0,1632	90
4000	0,0552	166	20000	0,1894	69
8000	0,0981	135			

Bei 45000 kg/cm² findet BRIDGMAN in einer neuen Arbeit eine Volumänderung von 0,290 cm³/0,971 g Na (*75*).

Schmelzpunkt. Im Vakuum fraktioniertes Natrium zeigt einen Schmelzpunkt von 97,8° C ± 0,1 (*26*).

Die Angaben über die Dichte des *flüssigen Natriums*, die Ausdehnungskoeffizienten und die Volumzunahme beim Schmelzpunkt gehen ziemlich weit auseinander: im folgenden sind einige Werte untereinander verglichen:

Mit $d_{20} = 0{,}971_2$ und $\gamma = 213 \cdot 10^{-6}$ wird gefunden $V_{98\,(\text{fest})} = 1{,}046$.

Für die Zunahme des Volumens gibt BRIDGMAN (*28*) 2,71% an. Dieser Wert ist etwas höher als der von ENDO (*29*) gefundene (2,53%), der mit Ergebnissen von früheren Messungen übereinstimmt, während LOSANA (*30*) nur 2,17% mißt.

Direkte Messungen an flüssigem Natrium mit dem richtigen Schmelzpunkt ergaben

$$d_{98} = 0{,}930 \ (31) \quad \text{und} \quad d_{98} = 0{,}9287 \ (23).$$

VANSTONE (*32*) hat die spezifischen Volumina bis 237° C bestimmt, er findet: $V_{110} = 1{,}0794$, $V_{184} = 1{,}1040$, $V_{237} = 1{,}1247$.

Diese Daten werden wir nun anwenden zur Berechnung von $V_{98\,\text{fl.}}$:

Mit $dV = 2{,}71\%$	$V_{98} = 1{,}074$
Mit $dV = 2{,}5\%$	$V_{98} = 1{,}072$
Aus $d_{98} = 0{,}930$ oder $0{,}9287$ . .	$V_{98} = 1{,}076$
Aus Daten von VANSTONE . . .	$V_{98} = 1{,}074$
Mittel	$= 1{,}074$

Der Mittelwert ist also in Übereinstimmung mit den sehr genauen Daten von BRIDGMAN und VANSTONE. Die besten Volumdaten scheinen also zu sein:

$$V_{98\,(\text{fest})} = 1{,}046, \qquad V_{98\,(\text{fl})} = 1{,}074, \qquad dV = 0{,}028 \text{ cm}^3/\text{g}.$$

Für den Ausdehnungskoeffizienten γ finden wir aus den Daten von VANSTONE: $\gamma = 335 \cdot 10^{-6}$ (von 98 bis 337° C).

RAMSAY (*33*) gibt noch die Dichte beim Siedepunkt zu $d_{883} = 0{,}7414$ an.

Daraus berechnet sich:

$$\gamma_{\text{fl.}} = 326 \cdot 10^{-6} \text{ (von 98 bis 883°)}.$$

Sogar bei sehr hohen Temperaturen scheint also der Ausdehnungskoeffizient sich nicht wesentlich zu ändern.

Die Kompressibilität des flüssigen Natriums, sowie der Einfluß des Druckes auf den Schmelzpunkt und die Volumänderung beim Schmelzen sind von BRIDGMAN (*34*) untersucht worden.

Schmelzwärme. Nach kalorimetrischen Messungen beträgt die Schmelzwärme des im Vakuum fraktionierten Natriums 27,23 $\pm$ 0,3 cal/g (*27*). BRIDGMAN hat diese Größe aus der Schmelzkurve bestimmt: er findet: 27,6 cal/g (*28*).

Der **Siedepunkt** liegt nach RUFF und JOHANNSEN (*35*) bei 878 $\pm$ 5° C, nach HEYCOCK und LAMPLOUGH bei 883° C (*36*).

Dampfdruck. Es liegen vier Reihen von Dampfdruckmessungen vor:

HABER und ZISCH (*37*)	746—838°
EDMONDSEN und EGERTON (*38*) . .	496—571°
RODEBUSH und DE VRIES (*39*) . . .	455—534°
LADENBURG und THIELE (*26*) . . .	614—771°

LADENBURG und THIELE haben versucht, aus diesen Daten eine allgemeine Dampfdruckgleichung aufzustellen: Wegen der Bildung von Molekülen Na_2 läßt sich aber keine Gleichung vom Typus:

$$\log (p\,T^{\alpha}) = -\frac{A}{T} + C$$

angeben, die in dem ganzen Temperaturgebiet die Versuchsdaten genau wiedergibt. Mit einer Korrektur für den Na_2-Gehalt des Dampfes finden die Autoren nach einer sorgfältigen Sichtung allen experimentellen Materials, wie es in (*26*) angegeben wird, folgende Daten.

Partialspannung beim experimentell bestimmten Siedepunkt:

$$p_{Na} = 614 \text{ mm}, \qquad p_{Na_2} = 145 \text{ mm}.$$

Verdämpfungswärme bei 0° K:

$$26000 \pm 130 \text{ cal}.$$

Chemische Konstante: $i_{Na} = 0{,}78 \pm 0{,}10$ statt theoretisch:

$$i_{Na} = 0{,}756.$$

GORDON (*40*) gibt an: Siedepunkt 1162° K und dabei

$$p_{Na} = 658, \qquad p_{Na_2} = 102.$$

EUCKEN (*40*) übernimmt in seiner Zusammenstellung der Dampfdruckgleichungen die LADENBURG-THIELEsche Gleichung in folgender Form:

$$\log p_{Na} = -\frac{5700}{T} - 1{,}178 \log T + 11{,}33$$

mit der Bemerkung, daß dazu die noch nicht berücksichtigte Partialspannung der Na_2-Moleküle zu addieren ist.

Spezifische Wärme. Die *spezifische Wärme* des festen Natriums ist uns wohl bekannt aus zwei Messungsreihen, von EASTMAN und RODEBUSH (*41*) zwischen 64° K und 293° K und von SIMON und ZEIDLER (*42*) zwischen 17° K und 117° K. Diese Messungen stimmen untereinander befriedigend überein, und sind auch in Einklang mit den Mittelwerten aus den stark streuenden Messungen von früheren Autoren.

Aus den beiden Meßreihen geben wir einen Auszug:

T (abs)	16,95°	23,25°	41,4°	58,1°	64,6°	74,2°	94,8°	117,6°	159°	185,8°	293,7°
C_p (S.Z.)	0,592	1,21	8,09	4,27	—	—	—	5,64	—	—	—
C_p (E.R)	—	—	—	—	4,52	4,81	5,30	—	5,82	5,92	6,29

Simon und Zeidler verwendeten ein nicht weiter analysiertes Kahlbaum-Präparat. In beiden Arbeiten sind auch die berechneten C_v-Werte angegeben. Auch Messungen (*43*) von Günther passen sich diesen Reihen gut an.

In die theoretische *Dampfdruckgleichung* geht auch die Atomwärme des flüssigen Metalls ein. Messungen über diese Größe werden von fünf Autoren angegeben.

Am höchsten liegt der von Iithaka (*74*) gefundene Wert: $C_p = 7{,}98$, konstant von 125 bis 287°. Bernini (*47*) findet $C_p = 7{,}67$ zwischen 100 und 157° C, Rengade (*27*) findet $C_p = 6{,}47 + 0{,}0107\,t$; diese Formel soll sowohl für festes als auch für flüssiges Metall gelten. Dixon und Rodebush (*48*) messen die Temperaturänderung bei adiabatischer Druckänderung nach der Formel $\left(\frac{\delta p}{\delta T}\right)_S = \frac{p}{C_p}\left(\frac{\delta V}{\delta T}\right)_p$. Das Resultat hängt von dem Wert von $\left(\frac{\delta V}{\delta T}\right)_p = \gamma$ ab. Mit dem von Hackspill (*28*) angegebenen Wert berechnen sie

$$C_p = 7{,}53 \text{ bei } 121^\circ\,\text{C} \quad \text{und} \quad C_p = 7{,}35 \text{ bei } 178^\circ.$$

Nimmt man aber den größeren Wert, den man aus den Messungen von Vanstone (*32*) ableitet, so werden die Zahlen bedeutend größer. Viel niedrigere Werte, nach direkten kalorimetrischen sehr genauen Messungen geben E. H. und E. Griffiths an (*49*). Leider ist über die Reinheit des Natriums nichts angegeben; ein starker Anstieg bei der Annäherung an den Schmelzpunkt und ein Unterschied in C_p bei schnellem und langsamem Abkühlen können auf Verunreinigungen hinweisen.

Aus all diesen Werten ließ sich keine sichere Auswahl treffen.

Die *Wärmeleitfähigkeit* ist von Hornbeck (*44*) gemessen worden zwischen 6 und 88° C; sie sinkt allmählich vom Wert 0,321 bei 6° C auf 0,288 bei 88° C. Bidwell (*45*) hat in einem größeren Gebiet gemessen, von —240 bis 75° C. Mit Ausnahme der Messungen bei 75° C stimmen die Ergebnisse mit denen von Hornbeck überein. Bei dieser Temperatur sinkt die Leitfähigkeit bei Bidwell ziemlich stark ab: dies ist vielleicht auf Verunreinigungen zurückzuführen; bei —240° C findet Bidwell $W = 0{,}403$, wobei W wie oben, in cal/cm/grad/sec ausgedrückt ist. Für das Verhältnis W (fest)/W (flüssig) finden (*46*) Porter und Simeon 1,31.

Elektrische Eigenschaften. Der Widerstand als Funktion der Temperatur ist wiederholt gemessen worden. Die umfangreichste Versuchsreihe stammt von Bridgman, der das ganze Gebiet von 0—200° C gemessen hat, und zwar nicht nur bei gewöhnlichem Druck, sondern bei verschiedenen Drucken bis zu 12000 Atm. (*50*), später sogar bis 20000 Atm. (*51*). Die Messungen sind untereinander ausgeglättet: in den BRIDGMANschen Arbeiten findet man nur die interpolierten Werte in Temperaturintervallen von 20° und Druckintervallen von 1000 Atm. Mit zunehmendem Druck nimmt der Widerstand des Natriums, sowohl in festem wie in flüssigem Zustande ab.

Dieses Minimum wird aber in einer Arbeit aus jüngster Zeit (*76*) auch bei 30000 kg/cm² noch nicht erreicht. Der Widerstand ist bei diesem Druck auf den 0,4223fachen Wert gesunken.

Bei 30° C ist unter 18000 kg/cm² der Widerstand auf 0,25 des Anfangswiderstandes gesunken. Nach BRIDGMAN sollte bei 28000 kg/cm² ein Minimum erreicht werden.

Im Gegensatz zu allen anderen Autoren hat BRIDGMAN den Widerstand unterhalb des Schmelzpunktes an einem Natriumdraht gemessen, während alle anderen in Glaskapillaren gearbeitet haben. Oberhalb des Schmelzpunktes ist eine Korrektur für die Ausdehnung (und Kompressibilität) des Glases angebracht worden. Leider fehlt bei BRIDGMAN eine chemische oder spektroskopische Analyse; nur der sehr scharfe und hohe Schmelzpunkt soll die Garantie geben, daß er mit sehr reinem Metall gearbeitet hat.

Wir entnehmen den BRIDGMANschen Werten, die wir nur in vier Stellen angeben, die folgenden Daten

t	0°	20°	40°	60°	80°	100°	120°	140°	160°	180°	200° C
ϱ/ϱ_0	1,000	1,095	1,197	1,308	1,423	2,238	2,383	2,540	2,705	2,885	3,072

außerdem noch:

$$\alpha_{\text{fest}} = \frac{\varrho_{98} - \varrho_0}{98\,\varrho_0} = 546 \cdot 10^{-5} \qquad \varrho_{\text{fl.}}/\varrho_{\text{fest}} \text{ (beim Schmelzpunkt)} = 1{,}451.$$

Diese Werte vergleichen wir mit denen von NORTHRUP (*52*) und HORNBECK (*44*). Aus den Zahlen dieser Autoren berechnet man:

HORNBECK $\alpha = 513 \cdot 10^{-5}$
NORTHRUP $\alpha = 502 \cdot 10^{-5}$.

Der Unterschied ist nicht sehr groß, nur etwa 2%. Die von den übrigen sehr stark abweichenden Ergebnisse von BERNINI wollen wir weiter nicht berücksichtigen.

Die Unterschiede in α wie in (*44, 51, 52*) angegeben, können verschiedene Ursachen haben:

1. Messungen in Glaskapillaren können durch Hohlräume gefälscht sein, für α findet man dann zu niedrige Werte.

2. Da sich das Metall nicht ausdehnen kann, bleibt der Durchmesser des Fadens konstant; α so gemessen ist also größer. Um die Werte von HORNBECK und NORTHRUP mit denen von BRIDGMAN zu vergleichen, wäre noch eine Korrektur anzubringen. Nimmt man für den linearen Ausdehnungskoeffizient $70 \cdot 10^{-6}$ an, so werden die Werte von NORTHRUP

und HORNBECK $506 \cdot 10^{-5}$ bis $495 \cdot 10^{-5}$. Wenn aber im Metall durch die Glaskapillaren Spannungen auftreten, können auch diese den Wert von α beeinflussen. Daß NORTHRUP und HORNBECK einen niedrigeren Wert für α finden, kann weiter seinen Grund haben in Verunreinigungen oder Hohlräumen.

3. Es ist aber noch gar nicht sicher, daß immer ein hoher Wert auf reines Material hindeutet: wie BRIDGMAN bemerkt, kann sogar ein stark erhöhtes α auftreten, wenn vorzeitiges Schmelzen eintritt. Da aber BRIDGMAN darauf bei seinen Präparaten besonders acht gegeben hat, ist es nicht wahrscheinlich, daß der BRIDGMANsche Wert dadurch gefälscht ist.

Es liegen noch viele Messungen des Widerstandes vor: diese sind aber nur auf etwa 2% genau angegeben, oder umfassen nur ein kleines Temperaturgebiet, so daß sie für die genauere Festlegung von α nicht weiter brauchbar sind.

Aus Messungen von MCLENNAN und NIVEN (53) findet man noch für α zwischen —75 und 0°: $502 \cdot 10^{-5}$; alle anderen Werte sind bedeutend kleiner. Die Angaben über den spezifischen Widerstand schwanken sehr stark zwischen den Werten 4,2 bis $5{,}4 \cdot 10^{-6}$. Neue Werte erhalten wir, wenn wir mit Hilfe der Widerstandskurve von BRIDGMAN ϱ_0 aus Messungen an flüssigem Natrium berechnen.

Oberhalb des Schmelzpunktes gibt es zwei Meßreihen, die untereinander leidlich stimmen.

	98° C	100° C	150° C	200° C	250° C	300° C	350° C
MÜLLER (54) $\varrho_t \cdot 10^6$ . . .	9,75	9,8	11,7	13,58			
BORNEMANN (55) $\varrho_t \cdot 10^6$.	9,60	9,65	11,40	13,18	14,90	16,70	18,44
NORTHRUP (52) $\varrho_t \cdot 10^6$ . .	9,656						
Mittel:	9,67	9,72	11,55	13,38			

Aus ϱ_{98} erhalten wir . . . $\varrho_0 = 4{,}34 \cdot 10^{-6}$
Aus ϱ_{150} . . . . $\varrho_0 = 4{,}33 \cdot 10^{-6}$
Aus ϱ_{200} . . . . $\varrho_0 = 4{,}36 \cdot 10^{-6}$
Mittel: $\varrho_0 = 4{,}34 \cdot 10^{-6}$

Den Mittelwert wollen wir als den zur Zeit wahrscheinlichsten Wert für ϱ_0 betrachten: er ist frei von den Fehlern, die durch Arbeiten in Glasrohren entstehen können, stützt sich andererseits aber ausschließlich auf die BRIDGMANsche Widerstandskurve.

Für den Temperaturkoeffizienten des flüssigen Natriums findet man bei BRIDGMAN (50) folgende Zahlen:

$$\alpha_{120-100^\circ} = 325 \cdot 10^{-5}, \quad \alpha_{160-100^\circ} = 346 \cdot 10^{-5}, \quad \alpha_{200-100^\circ} = 372 \cdot 10^{-5}$$

Von diesem Ansteigen von α ist bei BORNEMANN und RAUSCHENPLATT oder bei MÜLLER nichts zu finden; von 98—350° C gilt genau, wie aus folgender Tabelle zu sehen ist nach BORNEMANN und v. RAUSCHENPLATT:

$$\varrho/\varrho_0 = 1 + 364 \cdot 10^{-5} \cdot (t - 100).$$

	98° C	100° C	150° C	200° C	250° C	300° C	350° C
$\varrho_t \cdot 10^6$ (gef.) . .	9,60	9,65	11,40	13,18	14,90	16,70	18,44
$\varrho_t \cdot 10^6$ (ber.) . .	9,58	[9,65]	11,40	13,16	14,93	16,69	18,45

Nach MÜLLER ist α etwas größer, er findet

$$\alpha_{200-100^\circ} = 386 \cdot 10^{-5}$$

Bei tieferen Temperaturen liegen wiederum nur Messungen in Glaskapillaren vor: diese können hier besonders durch das Eintreten von inneren Spannungen starke Störungen verursachen. Bei der ersten Versuchsreihe [WOLTJER und KAMERLINGH ONNES (*56*)] wurde an zwei Proben ein Restwiderstand 0,0047 bzw. 0,0037, bei der zweiten [MEISSNER und VOIGT (*57*)] 0,0035—0,0038 gefunden. Bei den letzten Versuchen nimmt der Restwiderstand unterhalb 4° K wieder deutlich zu.

Magnetische Eigenschaften. Über die magnetische Suszeptibilität liegen folgende Angaben vor:

$\chi \cdot 10^6$	t ° C	Präparat	Autoren
+ 0,544			BERNINI (*58*)
0,61	18	0,001 % Fe	HONDA (*59*)
0,503	18	0,02 % Fe	OWEN (*60*)
0,62	500	Fe nicht nachweisbar	SUCKSMITH (*61*)

Ein Zusammenhang zwischen χ und dem Eisengehalt kommt in diesen Werten nicht zum Ausdruck.

Die Konstante des Halleffektes ist —0,0021 (*62*). Den Einfluß eines Magnetfeldes auf den Widerstand hat KAPITZA (*63*) untersucht.

Optische Eigenschaften. Die Farbe des festen Natriums ist silberweiß. Die ganz reine Oberfläche ist rosa, was man am besten bei mehrfacher Reflexion des Lichtes an Natrium sieht (*64*). In Gegenwart von Spuren Stickstoff ist destilliertes Natrium goldgelb, in Gegenwart von Spuren Sauerstoff zeigt destilliertes Natrium keine Spur von Gelbfärbung. Dünne, durch Kondensation des Dampfes auf Glas gebildete Schichten sind im reflektierten Licht silberglänzend, im durchfallenden Licht blau (*65*).

Die Messungen der Brechungszahl, Reflexionsvermögen, Absorptionsindex schwanken stark; es sei hier auf eine Arbeit von MORGAN (*66*) verwiesen. Für die langwellige Grenze des photoelektrischen Effektes gibt SCHULZE (*67*) den Wert 600 mμ an. Daraus berechnet sich für die Austrittsarbeit eines Elektrons: $\varphi = 2{,}06$ eV, während MANN und DU BRIDGE den Wert $\varphi = 2{,}29$ eV angeben (*77*).

Mechanische Eigenschaften. Natrium ist weich und knetbar wie Wachs. Die Brinellhärte (*68*) ist 0,07: für den Torsionsmodul (*69*) wird gefunden $1{,}92 \cdot 10^{10}$ dyn/cm.

Normalpotential. Das Normalpotential ist dem unedlen Charakter des Natriums entsprechend negativ. Wegen der Schwierigkeit der direkten Messung wurde es so, wie dies gelegentlich des Lithiumpotentials erwähnt wurde, indirekt bestimmt. LEWIS und KRAUS (*70*) berechneten die Kette bei 25° unter Wert von —3,02 V oder auf ε_{h_0} umgerechnet 2,74 V.

Damit in Übereinstimmung berechneten ABEGG-AUERBACH (*71*) aus thermischen Daten das theoretische Natriumpotential zu —2,77 V und DROSSBACH (*72*) zu —2,72 V.

d) Verwendung.

Das Natrium wird meist nicht im metallischen Zustand verwendet, sondern dient hauptsächlich zur Darstellung von Natriumsuperoxyd und von Cyannatrium, für welche beide Zwecke etwa 40% der Weltproduktion verbraucht werden. Etwa 25% der Weltproduktion wird für Reduktionszwecke in der organisch-chemischen Industrie verwendet. Auch zum Trocknen von Benzol und Transformatorenöl wird es benutzt.

In neuerer Zeit wird das Natrium für Legierungszwecke in Anwendung gebracht. Eine Legierung von 2 bis 3% Natrium mit Blei ist härter als Blei und wird als Lagermetall benutzt.

Auch als Bestandteil des Silumins wird Natrium in kleinen Mengen verwendet.

Da die elektrische Leitfähigkeit des Natriums mehr als dreimal so hoch ist als die des Kupfers, wenn man sie auf das Gewicht bezieht, hat man versucht, Natriummetall in verschlossenen Eisen- und Stahlhülsen für Leitungszwecke in Anwendung zu bringen.

Eine solche Leitung von 259 m Länge wurde in den Vereinigten Staaten für einen Strom von 4000 Amp. gebaut (*73*).

Literatur.

1. GAY LUSSAC, J. L., L. J. THÉNARD: Ann. Chim. Bd. 65 (1808) S. 325; Bd. 66 (1808) S. 207. — Gilberts Ann. Bd. 32 (1808) S. 23. — SAINTE CLAIRE DEVILLE, H.: Ann. Chim. Phys. Bd. 43 (1855).

2. THOMPSON, J. B.: Engl.P. 2101 (1879). — Ber. chem. Ges. Bd. 13 (1880) S. 1372.

3. CASTNER, H. Y.: Engl.P. 7395 (1886). — DRP. 40415 (1886). — Chem. News Bd. 54 (1886) S. 208.

4. Soc. d'Electro-Chim., D'Electro-Metallurgie et des Aciéries Electriques d'Ugine. Fr.P. 603825 (1924).

5. SAINTE CLAIRE DEVILLE, H.: Ann. Chim. Phys. Bd. 46 (1856) S. 415. — Dinglers J. Bd. 141 (1856) S. 303. — BROGOWSKY: DRP. 59240 (1890).

6. NETTO: DRP. 45105 (1887). — Z. angew. Chem. Bd. 1 (1888) S. 704. Siehe auch THOWLESS: DRP. 45378 (1887). — CUNNINGHAM: Engl.P. 3601 (1888). — DRP. 52555 (1889).

7. OETTEL, F.: Chemiker-Ztg. 1937, S. 155.

8. WOLFRAM: DRP. 101374 (1898). — NEUMANN, B.: Chemiker-Ztg. Bd. 24 (1900) S. 1014.

9. HACKSPILL, L., CH. STAEHLING: Fr.P. 464469 (1913). — DRP. 363735 (1920). — Engl.P. 148122 (1920).
10. DE BOER, J. H., J. BROOS, H. EMMENS: Z. anorg. allg. Chem. Bd. 191 (1930) S. 113.
11. TIEDE, E.: Ber. chem. Ges. Bd. 49 (1917) S. 1745. — HITCH, A.R.: J. Amer. chem. Soc. Bd. 40 (1918) S. 1203. — MOLES, E.: J. Chim. Phys. Bd. 16 (1918) S. 401.
12. SUHRMANN, R., R. CLUSIUS: Z. anorg. Chem. Bd. 152 (1926) S. 52.
13. TIEDE, E., E. DOMCKE: Ber. chem. Ges. Bd. 47 (1914) S. 424; Bd. 49 (1916) S. 1744.
14. CASTNER, H. Y.: DRP. 58121 (1890). — Amer.P. 452030. — Br.P. 13356/90. — Fr.P. 211419. — Schweiz.P. 3552.
15. DRP. 267897. — Öst.P. 58537 (1911).
16. Roessler & Hasslacher: Chemical Company in Niagara Falls: Amer.P. 1501756 (1924). — Canad.P. 275511 (1927). — Schweiz.P. 111355.
17. ELSTER, J., H. GEITEL: Wiedemanns Ann. Bd. 41 (1890) S. 163; Bd. 43 (1891) S. 227. — MEY, K.: Ann. Phys., Lpz. Bd. 11 (1903) S. 128. — MÜLLER, P.: Met. u. Erz Bd. 7 (1910) S. 733, 757. — MEESE: Nachr. Götting. Ges. 1913, S. 531. — HORNBECK, J. W.: Phys. Rev. Bd. 2 (1913) S. 230. Siehe auch G. S. NEWTH: Nature, Lond. Bd. 47 (1892/93) S. 55.
18. DUNOYER, L.: Radium Bd. 7 (1910) S. 303; Bd. 9 (1912) S. 181. — WOOD, R. W., F. L. MOHLER: Phys. Rev. Bd. 11 (1918) S. 74. — ELSTER, J., H. GEITEL: Phys. Z. Bd. 11 (1910) S. 258. Ferner siehe über Destillation im Vakuum. T. W. RICHARDS, F. N. BRINK: J. Amer. chem. Soc. Bd. 29 (1907) S. 121. — LEWIS, G. N., C. A. KRAUS: J. Amer. chem. Soc. Bd. 32 (1910) S. 1460. — RENGADE, E.: Bull. Soc. chim. Fr. Bd. 15 (1914) S. 134. — LELY, D. JR., L. HAMBURGER: Z. anorg. Chem. Bd. 87 (1914) S. 212. — KRÖGER, C.: Z. phys. Chem. Bd. 117 (1925) S. 394, 404. — MC.LENNAN, J. C., C. D. NIVEN: Phil. Mag. Bd. 4 (1927) S. 394.
19. HULL, A. W.: Phys. Rev. Bd. 10 (1917) S. 687. — FRANKLIN, J.: Inst. Bd. 193 (1922) S. 189.
20. SIMON F., E. VOHSEN: Naturwiss. Bd. 15 (1927) S. 398.
21. RICHARDS, T. W. u. F. N. BRINK: J. Amer. chem. Soc. Bd. 29 (1907) S. 121.
22. HACKSPILL, L.: C. r. Acad. Sci., Paris Bd. 152 (1911) S. 261. — Ann. Chim. Phys. (8) Bd. 28 (1913) S. 650.
23. HAGEN, E. B.: Wiedemanns Ann. Bd. 19 (1883) S. 444.
24. BRIDGMAN, P. W.: Proc. Amer. Acad. Bd. 70 (1936) S. 93.
25. DEWAR, J.: Proc. roy. Soc., Lond. Bd. 70 (1902) S. 244. — Chem. News Bd. 91 (1905) S. 218.
26. LADENBURG, R., E. THIELE: Z. phys. Chem. Abt. B Bd. 7 (1930) S. 161; hier auch weiter.
27. RENGADE, E.: Bull. Soc. chim. Fr. (4) Bd. 15 (1914) S. 145.
28. BRIDGMAN, P. W.: Proc. Amer. Acad. Bd. 60 (1925) S. 415, 416.
29. ENDO, H.: J. Inst. Met. Bd. 30 (1923) S. 128.
30. LOSANA, L.: Gaz. Chim. Bd. 65 (1935) S. 855.
31. GRIFFITHS, E. A., E. GRIFFITHS: Proc. phys., Lond. Bd. 27 (1914/15) S. 481.
32. VANSTONE, L.: Chem. News Bd. 103 (1911) S. 200.
33. RAMSAY, W.: J. chem. Soc. Bd. 39 (1881) S. 49.
34. BRIDGMAN, P. W.: Phys. Rev. Bd. 3 (1914) S. 157.
35. RUFF, O., O. JOHANNSEN: Ber. chem. Ges. Bd. 38 (1905) S. 3603.

36. HEYCOCK, C. T., F. E. E. LAMPLOUGH: Proc. chem. Soc., London Bd. 28 (1912) S. 4.
37. HABER, F., W. ZISCH: Z. Phys. Bd. 9 (1922) S. 302.
38. EDMONDSON, W., A. EGERTON: Proc. roy. Soc., Lond. A Bd. 113 (1927) S. 533.
39. RODEBUSH, W. H., H. DE VRIES: J. Amer. chem. Soc. Bd. 47 (1925) S. 2488.
40. EUCKEN, A.: Metallwirtsch. Bd. 15 (1936) S. 27, 63. Siehe auch A. R. GORDON: J. Chem. Phys. Bd. 14 (1936) S. 100.
41. EASTMAN, E. D., W. H. RODEBUSH: J. Amer. chem. Soc. Bd. 40 (1918) S. 496.
42. SIMON, F., W. ZEIDLER: Z. phys. Chem. Bd. 123 (1936) S. 383.
43. GÜNTHER, P.: Ann. Phys. (4) Bd. 63 (1920) S. 479.
44. HORNBECK, J. W.: Phys. Rev. (2) Bd. 2 (1913) S. 237.
45. BIDWELL, C. C.: Phys. Rev. (2) Bd. 28 (1926) S. 595.
46. PORTER, SIMEON: Proc. phys. Soc., Lond. Bd. 27 (1915) S. 311.
47. BERNINI, A.: Nuovo Cim. (5) Bd. 10 (1905) S. 10. — Phys. Z. Bd. 7 (1906) S. 171.
48. DIXON, A. L., W. H. RODEBUSH: J. Amer. chem. Soc. Bd. 49 (1927) S. 1168.
49. GRIFFITHS, E. H., E. GRIFFITHS: Proc. roy. Soc., Lond. A Bd. 90 (1914) S. 557.
50. BRIDGMAN, P. W.: Proc. Amer. Acad. Bd. 58 (1921) S. 76.
51. BRIDGMAN, P. W.: Proc. Amer. Acad. Bd. 64 (1930) S. 82.
52. NORTHRUP, E. J.: Trans. Amer. electrochem. Soc. Bd. 20 (1911) S. 203.
53. MC.LENNAN, J. C., C. D. NIVEN: Phil. Mag. (7) Bd. 4 (1927) S. 394.
54. MÜLLER, P.: Metallurgie Bd. 7 (1910) S. 737.
55. BORNEMANN, K., G. v. RAUSCHENPLATT: Metallurgie Bd. 9 (1912) S. 510.
56. WOLTJER, H. R., H. KAMERLINGH ONNES: Comm. Leiden 173a.
57. MEISSNER, W., B. VOIGT: Ann. Phys. (5) Bd. 7 (1930) S. 761.
58. BERNINI, A.: Nuovo Cim. (5) Bd. 7 (1904) S. 146. — Phys. Z. Bd. 6 (1905) S. 111.
59. HONDA, K.: Ann. Phys., Lpz. (4) Bd. 32 (1910) S. 1044.
60. OWEN, M.: Ann. Phys., Lpz. (4) Bd. 37 (1912) S. 664.
61. SUCKSMITH, W.: Phil. Mag. (7) Bd. 2 (1926) S. 29.
62. STURDER, F. J., W. P. WILLIAMS: Phys. Rev. (2) Bd. 217 (1935) S. 291.
63. KAPITZA, P.: Proc. roy. Soc., Lond. A Bd. 123 (1929) S. 292.
64. LONG, J.: J. chem. Soc. Bd. 13 (1861) S. 123.
65. WOOD, R. W.: Phil. Mag. (6) Bd. 38 (1919) S. 90.
66. MORGAN, R.: Phys. Rev. (2) Bd. 20 (1922) S. 208.
67. SCHULZE, R.: Z. Phys. Bd. 92 (1934) S. 212.
68. EDWARDS, C. A.: J. Inst. Met. Bd. 20 (1918) S. 86.
69. BANERJI, D.: Proc. Ind. Assoc. Cult. Sci. Bd. 8 (1923) S. 207.
70. LEWIS, G. N., C. A. KRAUS: J. Amer. chem. Soc. Bd. 32 (1910) S. 1459.
71. ABEGG: Auerbachs Handbuch der anorganischen Chemie, Bd. II, S. 214. Leipzig 1908.
72. DROSSBACH, P.: Z. Elektrochem. Bd. 35 (1929) S. 95.
73. Bia Bull. Dez. 1937, Nr. 43, S. 86.
74. IITAKA, J.: Sci. Rep. Tôhoku Univ. Bd. 8 (1919) S. 111.
75. BRIDGMAN, P. W.: Proc. Amer. Acad. Bd. 72 (1938) S. 214.
76. BRIDGMAN, P. W.: Proc. Amer. Acad. Bd. 72 (1938) S. 177.
77. MANN, M. M., A. LEE DU BRIDGE: Phys. Rev. (2) Bd. 51 (1937) S. 51.

24. Kalium.

(Atomgewicht 39,096.)

a) Chemische Gewinnung.

Eine der ältesten Darstellungsmethoden des Kaliums ist die Reduktion mit Kohlenstoff. Sie wurde in eisernen Retorten durch Glühen von Kaliumkarbonat mit Holzkohle durchgeführt und das Kalium in einer Vorlage aus Metall (Kupfer) aufgefangen. Zur Reinigung war eine nochmalige Destillation notwendig. Diese Methode birgt durch die Möglichkeit der Bildung von explosiven Kaliumcarbonyl jedoch Gefahren.

Die Reduktion von K_2CO_3 verläuft nach der Gleichung:

$$K_2CO_3 + 2\,C = 2\,K + 3\,CO\,.$$

Der Beginn der Reaktion mit Graphit als Reduktionsmittel liegt für die Drucke 760, 253, 84 und 27 mm Quecksilber bei den Temperaturen von 1098, 1040, 985 und 929°, im Vakuum findet schon von 700° an eine starke Verdampfung des Kaliums statt. Mit Holzkohle liegt die Reaktionstemperatur für Atmosphärendruck bei 1083° (*1*). KOH kann mit Kohlenstoff bei tieferer Temperatur reduziert werden als mit Eisen (*2*). Die Reduktion von KOH mit Graphit beginnt im Vakuum bei 700° und verläuft bei 900° mit einer Ausbeute von 90% (*3*).

Kaliumsalze liefern beim Erhitzen mit Eisen im Vakuum (bis 1 mm Quecksilber) Kaliummetall. Die Reaktion tritt im allgemeinen in der Nähe des Schmelzpunktes des Salzes ein. Bei Verwendung von Kaliumhydroxyd kann auch bei gewöhnlichem Druck gearbeitet werden. Zu glühenden, in einem Eisenrohr befindlichen Eisendrehspänen läßt man langsam geschmolzenes KOH fließen; das entstehende Kalium wird in einer Vorlage aufgefangen. Für die Reaktion wurden Eisenretorten, oder elektrisch geheizte Rohre aus Chrom-Nickel oder Pyrexglas verwendet. Der Kaliumdampf kann auf einem wassergekühlten Quarzrohr niedergeschlagen werden (*4*).

Auch beim Erhitzen von gut getrocknetem KF mit fein gepulvertem CaC_2 (1 Tl. CaC_2 + 1,8 Tl. KF) unter Luftabschluß entsteht reines Kalium: $2\,KF + CaC_2 = 2\,K + 2\,C + CaF_2$. Die bei 900° beginnende endotherme Umsetzung ist beendet, wenn keine Dämpfe mehr in die Vorlage gehen. An Stelle von KF können auch komplexe Fluoride Verwendung finden (*5*). Das Kalium wird unter Petroleum aufgefangen. Als Ausgangsmaterial läßt sich auch das billigere K_2S, das durch Reduktion von K_2SO_4 mit C in demselben Reaktionsgefäß hergestellt werden kann, verwenden (1 Tl. CaC_2 + 1,5 Tl. wasserfreies K_2S). Die Reaktion beginnt bei 850° (*6*).

Zur Reduktion von Kaliumhalogeniden wurde außer CaC_2 auch CaH_2 und $CaSi_2$ im Vakuum bei 800° verwendet (*7*).

Die Reduktion von Kaliumverbindungen ist auch mit Silicium, Beryllium, Magnesium, Calcium, Aluminium usw. möglich. Mit Natrium erhält man nur K-Na-Legierungen.

Magnesium liefert mit Kaliumfluorid sehr reines Kalium. Es wird dazu ein Reaktionsgemisch von 50 g gut getrocknetem KF mit 18 g Magnesiumgrieß hergestellt und in einer eisernen Retorte im Vakuum von 11 mm auf 500 bis 700° erhitzt. Das Kalium destilliert oberhalb 540° in die Vorlage, in der es unter Paraffinöl aufgefangen wird (*8*).

Mit sehr guter Ausbeute läßt sich durch Magnesium auch Kaliumkarbonat reduzieren (*9*).

Auch die Reduktion mit Calcium führt zu sehr reinem Kalium, wenn die Reaktionstemperatur nicht zu hoch ist.

Nach HACKSPILL wird z. B. ein Gemisch von 20 g Calciumspänen mit 20 g gepulvertem Kaliumchlorid in einer Apparatur aus schwer schmelzbarem Glas im Vakuum von wenigstens 0,01 mm Quecksilber 3 bis 4 Stunden auf 700° erhitzt. Oberhalb 500° destilliert Kalium in einer Glasrohrvorlage über, die nach Füllung abgeschmolzen wird (*10*).

Zirkon läßt sich wegen der hohen Bildungswärme und der geringen Flüchtigkeit zur Reduktion von Kaliumsalzen besonders gut verwenden.

Die Reaktionstemperatur beträgt z. B. für $K_2CrO_4 + Zr$ (1:4) 800°, für $K_2MoO_4 + Zr$ (1:4) etwa 500° und für $K_2Cr_2O_7 + Zr$ (1:10) 380°.

K_2SO_4 reagiert mit Zirkon unter Explosion, ebenso $K_2Cr_2O_7$ wenn die Zirkonmenge, die zur Reduktion verwendet wird, geringer ist als oben angegeben. Kaliumhalogenide sind wegen der Flüchtigkeit der entstehenden Zirkonhalogenide ungeeignet.

Die oben bezeichneten Gemische haben den Vorteil, daß sie unbeschränkt lange aufbewahrt werden können, ohne daß sie sich verändern oder flüchtige Reaktionsprodukte bilden.

Sie werden dazu benutzt, um Kalium in Entladungsröhren einzuführen (*11*).

Auch Titan oder Thorium können in ähnlicher Weise zur Reduktion benutzt werden (*12*).

Weitgehend spektralreines und vollkommen gasfreies Kalium läßt sich nur durch thermische Zersetzung von Kaliumazid KN_3 erzeugen. Diese erfolgt oberhalb 350° unter Stickstoffbildung. Die Zersetzung beginnt nach TIEDE (*13*) bei 320° und verläuft bei 360° bereits rasch genug, mit einer Ausbeute von etwa 80% Kalium. Zur Darstellung werden 10 bis 12 g fein gepulvertes KN_3 im Hochvakuum in einem elektrisch geheizten Rohr aus Jenaer Glas auf 355° erhitzt. Der Beginn der Zersetzung erfolgt zuweilen erst 3 bis 4 Stunden nach Erreichung dieser Temperatur; Überhitzung des Salzes, die manchmal 100° betragen kann, muß jedoch wegen der Explosionsgefahr vermieden werden. Die Darstellung dauert mehrere Tage (*14*).

Elektrolytische Gewinnung. Die für die elektrolytische Gewinnung des Natriums aus geschmolzenen Salzen dienenden Methoden können auch zur Abscheidung des Kaliums dienen. Es sind jedoch einige besondere Vorsichtsmaßregeln notwendig, die Ausbeute bleibt aber trotzdem weit hinter der Ausbeute an Natrium zurück. DAVY (*15*) hat

Kalium zuerst durch Elektrolyse von geschmolzenem Ätzkali gewonnen. LINNEMANN (*16*) konnte durch Zerlegung von Kaliumoxyd ebenfalls Kalium herstellen. Auch MATTHIESSEN (*17*) erhielt es durch Elektrolyse eines geschmolzenen Gemisches von 2 Molekülen Kaliumchlorid mit 1 Molekül Calciumchlorid, wobei aber die Ausbeuten sehr zu wünschen übrig ließen. Dies ist bedingt durch die viel stärkere Oxydierbarkeit des Kaliums, die es schon beim Aufsteigen an die Oberfläche der Schmelze an der Luft zur Entzündung kommen läßt, und durch seine leichtere Verteilbarkeit und Löslichkeit in der Schmelze.

Wie LORENZ und CLARKE (*18*) zeigten, liegt die Ursache für letztere Erscheinung einerseits in der Bildung von Metallnebeln (Pyrosolen), anderseits darin, daß bei höherer Temperatur das abgeschiedene Kalium in zunehmendem Maße mit der Schmelze nach der Gleichung

$$2\,K + 2\,KOH \rightarrow 2\,K_2O + H_2$$

reagiert (*19*). Man muß deshalb bei der Abscheidung des Kaliums aus geschmolzenem Kaliumhydroxyd bei möglichst niedergehaltener Temperatur arbeiten und das Metall unter einer Glocke etwa aus Magnesit auffangen.

Unter Berücksichtigung dieser Umstände kann Kalium leicht in folgender Weise dargestellt werden: Völlig entwässertes, in einem Eisengefäß geschmolzenes KOH wird mit einem 5 cm breiten Eisenblech als Anode, die 10 cm tief in die Schmelze eintaucht, und einem 3 mm dicken Eisendraht als Kathode elektrolysiert. Die Kathode wird durch den Boden eines mit der Öffnung nach unten in die Schmelze eintauchenden zylindrischen Magnesittiegels (10 cm hoch, 2,5 cm innerer Durchmesser, 5 mm Wandstärke) fest eingeführt. In den ersten Minuten treten durch Verbrennen des Kaliums in der im Tiegel eingeschlossenen Luft kleine Explosionen auf, dann verläuft die Elektrolyse ruhig. Nach Beendigung der Elektrolyse läßt man die Schmelze soweit erkalten, daß die Öffnung des Tiegels mit festem KOH verschlossen ist, nimmt den Tiegel, der völlig mit massivem Kalium angefüllt ist, aus dem plastischen KOH heraus und läßt ihn unter Petroleum vollkommen erkalten. Eine Elektrolyse mit 13,4 Amp. bei etwa 15 V Klemmenspannung, liefert in 71 Min. 15,5 g reines Kalium entsprechend einer Stromausbeute von 58% (*18*).

Gasfreie Kaliumschichten in Entladungsröhren können nach FORRO und PATAI (*20*) analog dem Natrium durch Elektrolyse von Natronglas gewonnen werden, dessen innere Wand zunächst durch Einführung von K-Ionen bis zu einer gewissen Schichtdicke in Kaliglas umgewandelt wird.

Reinigung und Aufbewahrung. Um Kalium von nichtmetallischen Verunreinigungen zu befreien, wird es unter Ausschluß von Sauerstoff geschmolzen und durch Glaswolle filtriert.

Auch durch Pressen durch eine Kapillare von 1 mm Durchmesser mittels Stickstoff läßt sich käufliches Kalium von der Schlacke befreien (*21*).

Zur Befreiung von Gasen, die sehr schwer zu entfernen sind, wird das Kalium mehrmals im Vakuum destilliert (*22*). Aus diesem Grunde ist wohl die Herstellung von Kalium mittels Zirkonium der Zersetzung des KN_3 überlegen.

Besonders geeignet für die Destillation von Kalium im Vakuum sind Apparaturen aus Pyrexglas. Zur weiteren Reinigung des im Hochvakuum destillierten Kaliums läßt man $^2/_3$ des Kaliums im Thermostaten langsam auskristallisieren und saugt das restliche flüssige Kalium ab (*23*).

Kalium läßt sich nur unter völligem Luftabschluß, etwa in zugeschmolzenen Glasröhren ohne Veränderung, aufbewahren.

Unter wasserfreien organischen Flüssigkeiten wie Äther, Paraffinöl bleibt es nur kurze Zeit blank und überzieht sich bald mit Krusten.

b) Chemische Eigenschaften.

Kalium ist ein silberweißes Metall, welches noch reaktionsfähiger ist als Natrium. Bei Raumtemperatur ist es weich und knetbar, beim Abkühlen wird es härter und brüchig.

Mit feuchtem Sauerstoff reagiert es sofort. An der Luft verliert es seinen Glanz, wird zuerst bläulich und überzieht sich mit einer Kruste, die aus einem Gemisch von Kaliumoxyden und fein verteiltem Kaliummetall besteht und sich leicht von selbst entzündet. In Sauerstoff verbrennt es mit schön rosavioletter Flamme zu K_2O und höheren Oxyden. Vollkommen trockener Sauerstoff und Luft reagiert mit Kalium selbst bei höheren Temperaturen nicht. Das Metall kann im trockenen Sauerstoff sogar destilliert werden, brennendes Kalium erlischt in trockenem Sauerstoff.

Mit Wasser reagiert Kalium außerordentlich lebhaft unter Entwicklung von Wasserstoff, der sich zum Teil mit dem Metall zu Kaliumhydrid vereinigt. Durch die Reaktionswärme schmilzt das auf der Wasseroberfläche schwimmende Metall und entzündet sich von selbst. Dabei treten leicht Explosionen ein.

Mit Stickstoff reagiert Kalium auch bei höheren Temperaturen nicht. Auch gegen trockenes oder verflüssigtes Chlor ist Kalium völlig unempfindlich. Erst oberhalb des Schmelzpunktes tritt Vereinigung unter Feuererscheinung ein.

Mit Wasserstoff reagiert Kalium oberhalb 200° langsam, bei 350 bis 400° wesentlich rascher unter Bildung von Kaliumhydrid KH. Bei 411° erreicht der Zersetzungsdruck des KH 1 Atm., so daß oberhalb dieser Temperatur bei Normaldruck kein weiterer Wasserstoff gebunden wird (*24*).

Graphit wird von flüssigem Kalium vollständig durchdrungen und es entsteht mit überschüssigem Kalium ein metallisch glänzender Brei, bei dessen Bildung pro Grammatom Graphit 15 kcal frei werden.

Der Vorgang beruht darauf, daß sich das Kalium in die Zwischenebenen des Graphitgitters derart einlagert, daß eine bzw. zwei Graphitebenen mit einer Kaliumebene abwechseln (*25*).

Die zerstörende Wirkung von Kaliumdampf auf Kohleelektroden ist auf diese Erscheinung zurückzuführen.

c) Physikalische Eigenschaften.

Kristallstruktur. Kalium kristallisiert kubisch, nach dem A_2-Typus

$$\text{Basis: } (0\,0\,0)\ \left(\frac{1}{2}\,\frac{1}{2}\,\frac{1}{2}\right) \qquad a_{20} = 5{,}31_8\ \text{Å}.$$

Diese Struktur hat POSNJAK (*26*) bei 20° gefunden; die Struktur ist auch bei —180° C dieselbe (*27, 28, 29*).

Dichte. Einen zuverlässigen Wert der Dichte, $d_{20} = 0{,}862_1$, geben RICHARDS und BRINK (*30*) an. Dieser Wert stimmt nicht mit der Röntgendichte überein; da das Kalium schlecht reflektiert, weil man bei 20° C schon nahe am Schmelzpunkt arbeitet, und das Präparat hier überdies meistens sehr große Kristalle bildet, und deshalb nur die Reflektionen niederer Orderung ausmeßbar sind, kann die Kantenlänge leicht etwas zu hoch gefunden werden. Um zu einem genaueren Wert der Kantenlänge zu kommen, können wir besser von der Dichte ausgehen: wir finden dann den oben angegebenen Wert, der etwa 0,3% niedriger ist als der von POSNJAK angegebene.

Die *Kompressibilität* hat BRIDGMAN bei verschiedenen Temperaturen bis Drucken von 20000 kg/cm untersucht. Wir geben hier einen Auszug aus den letzten Versuchsergebnissen (*31*):

γ = Ausdehnungskoeffizient von 0 bis 95° C.

P in kg/cm²	$-dV/V_0$ bei 0° C	$\gamma \cdot 10^6$
0	—	249
2000	0,0571	201
4000	0,1002	161
8000	0,1640	101
12000	0,2108	66
16000	0,2472	46,5
20000	0,2767	37,5

Die Volumänderung bei 45000 kg/cm² wurde von BRIDGMAN in der letzten Zeit zu 0,396 cm³/0,870 g K bestimmt (*74*).

Der von BRIDGMAN bei Normaldruck gefundene mittlere *Ausdehnungskoeffizient* zwischen 0 und 95° C stimmt mit anderen Daten gut überein.

0 bis 50° C	$\gamma = 250 \cdot 10^{-6}$	(dilat.)	HAGEN (*32*)
	$\gamma = 265 \cdot 10^{-6}$	(lin. Ausd.)	HAGEN (*32*)
0 bis 58° C	$\gamma = 250 \cdot 10^{-6}$		HACKSPILL (*33*)
	$\gamma = 249 \cdot 10^{-6}$		BRIDGMAN (*31*).

Bei tieferen Temperaturen wird γ wahrscheinlich abnehmen. Wenn wir also mit $\gamma = 250 \cdot 10^{-6}$ den Gitterabstand bei —173° C berechnen, so gibt das Resultat

$$a_{-173^\circ} = 5{,}23_5\ \text{Å}.$$

wohl die untere Grenze an. Gefunden wurden:

$$a_{180^\circ} = 5{,}15\ \text{Å}\ (28), \quad a_{173^\circ} = 5{,}25\ \text{Å}\ (29), \quad a_{150^\circ} = 5{,}20\ \text{Å}\ (27).$$

Es ist also der Wert, den SIMON und VOHSEN (*29*) angeben, richtig; die anderen Werte sind unmöglich.

Auch die Dichten bei höheren Temperaturen zeigen, daß die gefundene Röntgendichte bei 20° nicht richtig ist.

Ausgehend von:

$$d_{20} = 0{,}862,$$

bzw.

$$V_{20} = 1{,}160$$

finden wir mit $\gamma = 250 \cdot 10^{-6}$

$$V_{63\,(\text{fest})} = 1{,}171$$

in Übereinstimmung mit $V_{63}/V_0 = 1{,}0137$ [BERNINI, CANTONI (*34*)] woraus ebenfalls folgt:

$$V_{63\,(\text{fest})} = 1{,}171.$$

Schmelzpunkt. Nach verschiedenen Angaben beträgt er 63,6° ± 0,1. Als neuester Wert wird 63,65° ± 0,05 angegeben (*35*). BRIDGMAN (*36*) hat die Lage des Schmelzpunktes bis zu Drucken von 12000 Atm. bestimmt. Er liegt dann bei 179,6° C, also höher als der Schmelzpunkt des Natriums bei diesem Druck.

Um aus dem großen, oft widerspruchsvollen Material an Dichtebestimmungen des flüssigen Kaliums eine Auswahl zu treffen, benützen wir zwei Reihen von Messungen von 78 bis 235° C (*33*) und von 325 bis 596° C (*37*), die wir auf spezifische Volumina umrechnen. Von den erhaltenen Werten geben wir die Hälfte wieder. Sie lassen sich sehr gut durch eine Gerade

$$V = V_{63}\{1 + \gamma\,(t - 63)\}$$

mit $V_{63\,(\text{fl})} = 1{,}198$ und $\gamma = 335 \cdot 10^{-6}$ darstellen.

t	78°	130°	200°	325°	366°	398°	445°	522°	596° C
V (gem.)	1,204	1,222	1,248	1,300	1,318	1,340	1,349	1,381	1,412
V (ber.)	1,204	1,225	1,252	1,303	1,320	1,340	1,351	1,381	1,412

Die meisten Autoren geben im Gebiet vom Schmelzpunkt bis 150° C einen etwas kleineren Ausdehnungskoeffizienten $\gamma = 290 \cdot 10^{-6}$ an. Damit ließe sich ein noch besserer Anschluß erreichen.

Zusammen mit $V_{63\,(\text{fest})} = 1{,}171$ folgt aus $V_{63\,(\text{fl})}$ für die Volumänderung beim Schmelzpunkt

$$\Delta V = 0{,}027\ \text{cm}^3/\text{g}.$$

BRIDGMAN hat diesen Wert genau bestimmt, auch bei hohen Drucken; er findet eine Änderung von 2,31%, das ist mit $V_{63\,(\text{fest})} = 1{,}171$, genau den Wert, den wir oben fanden. Andere Messungen liefern für ΔV Werte, die von 0,0274 (*38*) bis 0,031 (*32*) schwanken. Einen viel höheren Wert, 0,033, gibt ENDO (*39*) an.

Mit den Werten

$$d_{20} = 0{,}862_1 \qquad \Delta V = 0{,}027$$
$$\gamma_{\text{fest}} = 250 \cdot 10^{-6} \qquad \gamma_{\text{fl}} = 335 \cdot 10^{-6}$$

lassen sich die spezifischen Volumina von 0 bis 600° C auf wenige ‰ genau angeben. Im Gebiet 63 bis 150° C wäre für γ vielleicht besser $290 \cdot 10^{-6}$ einzusetzen.

Siedepunkt. Direkte Messungen des Siedepunktes ergaben 762° ± 2 (*40*) bzw. 757 ± 5° C (*41*). Auch durch Extrapolieren des Dampfdruckes ist die Bestimmung des Siedepunktes möglich.

Dampfdruckkurve. Die Dampfdruckkurve des Kaliums ist ausführlich untersucht worden: es gibt sogar vier Messungsreihen, die untereinander übereinstimmen. Sie umfassen folgende Gebiete:

99 bis 200° C [EDMONDSON und EGERTON (*35*)],
144 bis 199° C [NEUMANN und VÖLKER (*42*),
250 bis 398° C [KRÖNER (*43*)],
406 bis 760° C [FIOCK und RODEBUSH (*44*)].

Man hat versucht, diese Daten mit Hilfe einer einzigen theoretischen Dampfdruckkurve zu erfassen: dies gelingt nicht, ohne eine Korrektur für die Bildung von K_2-Molekülen.

Drei Gleichungen sind abgeleitet worden.

$$\text{(I)} \qquad \log p = -\frac{20850}{4{,}573\,T} - 1{,}28 \log T + 11{,}00 \qquad (45),$$

$$\text{(II)} \qquad \log p = -\frac{22210}{4{,}573\,T} - 1{,}275 \log T + 11{,}41 \qquad (46),$$

$$\text{(III)} \qquad \log p = -\frac{22810}{4{,}573\,T} - 1{,}37 \log T + 11{,}58 \qquad (42).$$

Der Faktor von log T ist etwas unsicher, da die spezifische Wärme des flüssigen Kaliums (s. unten) sehr unsicher ist. EUCKEN, der neuerdings alle Dampfdruckgleichungen zusammengestellt und kritisiert hat, übernimmt Gleichung (III) und gibt für den Siedepunkt den Wert von 762° C an.

Für die chemische Konstante findet man:

$$i = 1{,}105 \pm 0{,}05$$

in ausgezeichneter Übereinstimmung mit dem theoretischen Wert

$$i = 1{,}103.$$

NEUMANN und VÖLKER (*42*) geben für die Temperatur von 758° C für den Gesamtdampfdruck 707 mm an; für den Partialdruck der Natriumatome gibt ihre Formel 650 mm, und für die Partialspannung der Natriummoleküle 57 mm an.

Spezifische Wärme. Abgesehen von vereinzelten Bestimmungen liegen zwei Messungsreihen der Atomwärmen in einem größeren Temperaturgebiet vor, von EASTMAN und RODEBUSH (*47*), und von SIMON und ZEIDLER (*48*). Die erstgenannte Reihe gibt allgemein nur etwa 0,2 cal höhere Werte; mit den übrigen Messungen sind aber die unter (*48*) genannten Werte besser in Einklang.

Aus den SIMON-ZEIDLERschen Zahlen geben wir hier einen Auszug.

T	14,7°	19,0°	31,05°	47,2°	71,8°	98,3°	140,4°	201,1°	232,1°	276,5°K
C_p	1,23	2,09	3,75	4,55	5,50	5,86	6,17	6,49	6,65	6,90

Im Original finden sich auch Tabellen für C_v, Energie und freie Energie.

Was die spezifische Wärme beim flüssigen Kalium betrifft, so stehen sich verschiedene Ergebnisse einander gegenüber.

DIXON und RODEBUSH (*49*) finden

$$C_p = 7{,}80 \text{ bei } 90°,\ C_p = 7{,}68 \text{ bei } 136° \text{ C und } C_p = 7{,}69 \text{ bei } 181°,$$

während RENGADE (*50*)

$$C_p = 5{,}55 + 0{,}0261\, t$$

findet, also bei 100° schon $C_p = 8{,}16$ cal.

Bei den Messungen von DIXON, bei denen $\left(\frac{\partial p}{\partial T}\right)_S$ bestimmt und dann C_p aus $\left(\frac{\partial p}{\partial T}\right)_S = \frac{p}{C_p}\left(\frac{\partial V}{\partial T}\right)_p$ berechnet wird, hängt das Resultat sehr stark von der Wahl von $\left(\frac{\partial V}{\partial T}\right)_p$ ab, der sicher noch nicht sehr genau bekannt ist.

BERNINI (*51*) findet $C_p = 8{,}48$ zwischen 78 und 100° C
und $C_p = 8{,}78$ zwischen 100 und 150° C.

Die **Wärmeleitfähigkeit** ist von HORNBECK gemessen worden (*52*); er findet im Mittel $W_5 = 0{,}23_4$, $W_{20} = 0{,}23_2$, $W_{58} = 0{,}21_7$ (in cal/cm/grad/sec).

Elektrische Eigenschaften. Eine Übersicht über den elektrischen Widerstand und dessen Temperaturkoeffizient gibt folgende Tabelle.

Autor	$\varrho_0 \cdot 10^{-6}$	$\alpha \cdot 10^{-5}$
BERNINI (*53*)	7,015	573
GUNTZ u. a. (*54*)	7,01	462
HACKSPILL (*55*)	6,15	—
KURNAKOW u. a. (*56*)	6,60	670
BRIDGMAN (*57*)	—	541
BIDWELL (*58*)	—	545
MCLENNAN, NIVEN (*59*)	6,1	—
NORTHRUP (*60*)	6,41	572
HORNBECK (*52*)	6,29	544

Die Werte sind alle korrigiert für die Ausdehnung des Metalls, α ist also der Temperaturkoeffizient des gemessenen Widerstandes. Bei Messungen in der Nähe des Schmelzpunktes gilt nicht mehr die Regel, daß ein Wert von α um so wahrscheinlicher ist, je höher er ist, denn, wie BRIDGMAN deutlich betont hat, kann in diesem Fall durch beginnendes Schmelzen ein großer Wert vorgetäuscht werden. Die unter (*56*) genannten Werte sind wohl dadurch gefälscht. Es bleibt dann noch die Wahl zwischen $570 \cdot 10^{-5}$ und $540 \cdot 10^{-5}$ übrig. Der Wert $\alpha = 573 \cdot 10^{-5}$ kommt vor bei BERNINI zusammen mit einem hohen ϱ_0-Wert, dagegen mit einem sehr wahrscheinlichen ϱ_0-Wert (s. unten) bei NORTHRUP; dagegen mißt BRIDGMAN seinen Wert an einem Draht, während alle andere Messungen an gefüllten Kapillaren gemacht sind.

Vorläufig ist also vielleicht als der beste Wert anzunehmen

$$\alpha = 542 \cdot 10^{-5}.$$

Ähnlich wie beim Natrium können wir auch hier ϱ_0 berechnen aus Messungen an flüssigem Kalium und der Widerstandskurve von BRIDGMAN.

t	64°	100°	150°	200°	250°	300°	350° C
$\varrho_t \cdot 10^6$	13,16	15,49	18,70	21,80	25,00	28,20	31,40
ϱ_t/ϱ_0 (BRIDGMAN)		2,435	2,905				
$\varrho_0 \cdot 10^6$		6,38	6,44				

Für ϱ_0 können wir also annehmen $(6{,}38 \pm 0{,}10) \cdot 10^{-6}$.

Für flüssiges Kalium findet man aus den Daten von BORNEMANN und v. RAUSCHENPLATT (*61*),

$$\alpha = \frac{\varrho_t - \varrho_{64}}{\varrho_{64}\,(t - 64)} = 485 \cdot 10^{-5}.$$

BRIDGMAN (*62*) hat den Einfluß des Druckes auf den Widerstand bis 20000 Atm. untersucht; der Widerstand zeigt bei diesen Drucken noch nicht das von BRIDGMAN erwartete Minimum.

Wir entnehmen dieser Arbeit nebenstehende Zahlen:

p (kg/cm²)	ϱ/ϱ_0 bei 30° C
0	1,000
2000	0,734
4000	0,557
8000	0,362
12000	0,262
16000	0,208
20000	0,181

Das erwartete Minimum wurde von BRIDGMAN in einer neueren Arbeit (*75*), wobei die Messungen bis zu Drucken von 30000 kg/cm² ausgedehnt wurden, tatsächlich aufgefunden, und zwar bei etwa 25000 kg/cm². Bei diesem Druck ist der Widerstand auf den 0,1719-ten Teil des Anfangswertes gesunken. Bei 30000 kg/cm² ist er wieder auf den 0,1778-ten Teil angestiegen.

FIKADOW und KIKOIN untersuchten den Druckeinfluß auf den Widerstand des flüssigen Kaliums (*63*).

Elektrochemisches Potential. Das Potential des Kaliums bestimmten LEWIS und KEYES (*64*) zu $\varepsilon_{h_0} = -2{,}95$ V; aus thermischen Daten berechnete DROSSBACH (65) den Wert von $-2{,}97$ V.

Magnetische Eigenschaften. Die Angaben über die Suszeptibilität schwanken zwischen $+0{,}40 \cdot 10^{-6}$ und $0{,}63 \cdot 10^{-6}$. Zwei neuere Untersuchungen an dreimal destilliertem Kalium (*66*, *67*), liefern $+0{,}535 \cdot 10^{-6}$ bzw. $+0{,}540 \cdot 10^{-6}$; diese Werte sind von der Feldstärke unabhängig. Einen etwas niedrigeren Wert findet SUCKSMITH (*68*), der auch den sehr geringen Temperatureinfluß bis 500° C verfolgt hat. Die Konstante des Halleffektes bestimmen STURDER und WILLIAMS (*69*) zu $-0{,}0042$.

Optische Eigenschaften. Der Reflexionskoeffizient ist wiederholt gemessen worden. Wir geben hier einige Daten aus einer Arbeit von NATHANSON (*70*) an:

λ (in mμ) . .	641	589	540	489	454,6
R (in %) . .	93,3	93	91,8	82,5	91,2

Für die langwellige Grenze des photoelektrischen Effektes wurde neuerdings 710 mμ [SCHULZE (*71*)] gefunden. Daraus berechnet sich die Austrittsarbeit für Elektronen zu $\varphi = 1{,}74$ eV.

Über den Einfluß von Temperatur, Aggregatzustand, Verhalten im ultravioletten Licht, über Brechungsindex und Absorptionskoeffizienten sowie weitere Werte für die langwellige Grenze des photoelektrischen Effektes siehe z. B. GMELINs Handbuch für Kalium, S. 114.

Mechanische Eigenschaften. Kalium ist noch weicher als Natrium. Die Brinellhärte beträgt 0,037. Der Torsionsmodul ist $0{,}68 \cdot 10^{10}$ dyn/cm (*72*). Beim Arbeiten mit festem Kalium muß man immer darauf bedacht sein, daß nach Deformation immer Rekristallisation eintritt, die zur Bildung von sehr großen Kristallen führen kann. Kaliumdrähte sind meistens wohl praktisch Einkristalldrähte [BAKER (*73*)].

Literatur.

1. SPECKETER, F.: Diss. Leipzig 1912, S. 12. — KRÖGER, C., E. FINGAS: Z. anorg. Chem. Bd. 212 (1933) S. 276. — TAMMANN, G., S. SWORYKIN: Z. anorg. Chem. Bd. 168 (1928) S. 218. — BUCHER, E. J.: J. ind. engin. Chem. Bd. 9 (1917) S. 237.

2. BRUNNER, C.: Bibl. univ. Bd. 22 (1823) S. 44. — Schweiz. J. Bd. 38 (1823) S. 521. — Quart. J. Sci. Bd. 15 (1823) S. 380. — Amer. J. Sci. Bd. 8 (1824) S. 373.

3. PINCK, H. J.: Diss. Strassburg 1928, S. 31. — YLLA-CONTE, J.: Fr.P. 694587 (1930). — Belg.P. 369723 (1930).

4. HACKSPILL, L., R. GRANDADAM: Ann. Chim. (10) Bd. 5 (1926) S. 230. — PINCK, H. J.: Diss. Strassburg 1928, S. 14, 54. — HACKSPILL, L., H. J. PINCK: Bull. Soc. chim. Fr. (4) Bd. 49 (1931) S. 56, 57. — PINCK, H. J.: l. c. S. 16, 17.

5 Chemische Fabrik Griesheim-Elektron; DRP. 138368 (1901). Vgl. H. SPECKETER: Nernst-Festschr., S. 425. Halle a. S. 1912.

6. Chemische Fabrik Griesheim-Elektron: Canad.P. 329106 (1909). — SPECKETER, H., W. HOFMANN: Nernst-Festschr., S. 426. Halle a. S. 1912. — Canad.P. 133505 (1911). — Amer.P. 1034320 (1910).

7. HACKSPILL, L., CH. STAEHLING: Fr.P. 464469 (1913). — Chemiker-Ztg. Rep. Bd. 38 (1914) S. 476. — DRP. 363735 (1920). — Engl.P. 148122 (1920). — Amer.P. 1528824 (1920). — Schweiz.P. 95460 (1910). Siehe auch Soc. des Produits Azotes. J. GALL: Engl.P. 743123 (1931).

8. I. G. Farbenindustrie A. G., Erfinder W. BUSCH, E. NOACK: D.P. 500331 (1927). — Schweiz.P. 137265 (1928).

9. GRAEFE, E., M. ECKARDT: Z. anorg. Chem. Bd. 22 (1899) S. 158.

10. HACKSPILL, L.: Bull. Soc. chim. Fr. (4) Bd. 9 (1911) S. 446. — Ann. Chim. Phys. (8) Bd. 28 (1913) S. 623. — Helv. chim. Acta Bd. 11 (1928) S. 1010. Siehe auch H. J. PINCK: Diss. Straßburg 1928, S. 56.

11. DE BOER, J. H., J. BROOS, H. EMMENS: Z. anorg. Chem. Bd. 191 (1930) S. 113.f

12. PHILIPS, N. V.: Gloeilampenfabrieken. Erfinder J. H. DE BOER: Holl.P. 27019 (1928). — Öst.P. 128310 (1929). — Engl.P. 323718 (1928); 323766 (1928). — Amer.P. 1797131 (1929).

13. TIEDE, E.: Ber. chem. Ges. Bd. 49 (1916) S. 1742.

14. SUHRMANN, R., K. CLUSIUS: Z. anorg. Chem. Bd. 152 (1926) S. 52.

15. DAVY, H.: Phil. Trans. roy. Soc., Lond. Bd. 98. 1 (1808) S. 333.

16. LINNEMANN, E.: J. prakt. Chem. Bd. 73 (1848) S. 415.

17. MATTHIESSEN, A.: Liebigs Ann. Bd. 93 (1855) S. 277.
18. LORENZ, R., CLARKE: Z. Elektrochem. Bd. 9 (1903) S. 269. Siehe auch R. LORENZ, W. EITEL: Pyrosole. Leipzig 1926.
19. BLANC, M. LE, BERGMANN: Ber. dtsch. chem. Ges. Bd. 42 (1909) S. 4728.
20. FORRO, M., E. PATAI: Z. techn. Phys. Bd. 12 (1931) S. 256.
21. HEVESY, G. v., M. LÖGSTRUP: Z. anorg. Chem. Bd. 171 (1928) S. 3. Siehe auch J. ELSTER, H. GEITEL: Wiedemanns Ann. Bd. 43 (1891) S. 227. — Über einen Apparat zur dreimaligen Filtration von K im Vakuum, z. B. MEESE: Nachr. Götting. Ges. 1913, S. 530.
22. MEY, K.: Ann. Phys., Lpz. (4) Bd. 11 (1903) S. 128. — RENGADE, E.: Bull. Soc. chim. Fr. (4) Bd. 15 (1914) S. 134. — CLARK, R. J.: Proc. Cambridge Soc. Bd. 23 (1926/27) S. 953. — HEVESY, G. v.: Nature, Lond. Bd. 120 (1927) S. 838. — HEVESY, G. v., N. LÖGSTRUP: l. c. — LANE, C. T., E. S. BIELER: Trans. roy. Soc. Canada (3) Bd. 22 III (1928) S. 118.
23. BRIDGMAN, P. W.: Phys. Rev. (2) Bd. 3 (1914) S. 153.
24. TROOST, L., P. HAUTEFEUILLE: C. r. Acad. Sci., Paris Bd. 78 (1874) S. 807. — Ann. Chim. Phys. (5) Bd. 2 (1874) S. 276.
25. FREDENHAGEN, K., G. CADENBACH: Z. anorg. Chem. Bd. 158 (1926) S. 249. — SCHLEEDE, A., M. WELLMANN: Z. phys. Chem. Bd. 18 (1932) S. 1.
26. POSNJAK, E.: J. phys. Chem. Bd. 32 (1928) S. 571.
27. MC.KEEHAN, L. W.: Proc. nat. Acad. Sci., Wash. Bd. 8 (1922) S. 254.
28. HOROWITZ, K.: Phys. Rev. (2) Bd. 29 (1927) S. 352.
29. SIMON, F., E. VOHSEN: Z. phys. Chem. Bd. 133 (1928) S. 174.
30. RICHARDS, T. W., F. N. BRINK: J. Amer. chem. Soc. Bd. 29 (1907) S. 123.
31. BRIDGMAN, P. W.: Proc. Amer. Acad. Bd. 70 (1935) S. 71.
32. HAGEN, E. B.: Wiedemanns Ann. Bd. 19 (1883) S. 467.
33. HACKSPILL, L.: C. r. Acad. Sci., Paris Bd. 152 (1911) S. 261. — Ann. Chim. Phys. (8) Bd. 28 (1913) S. 650.
34. BERNINI, A., C. CANTONI: Nuovo Cim. (6) Bd. 8 (1914) S. 253.
35. EDMONDSON, W., A. EGERTON: Proc. roy. Soc., Lond. A Bd. 113 (1927) S. 522.
36. BRIDGMAN, P. W.: Phys. Rev. (2) Bd. 3 (1914) S. 155.
37. RINCK, E.: C. r. Acad. Sci., Paris Bd. 189 (1929) S. 40. — Ann. Chim. (10) Bd. 8 (1932) S. 435.
38. LOSANA, L.: Gazz. Chim. Bd. 65 (1935) S. 859.
39. ENDO, H.: J. Ind. Met. Bd. 30 (1923) S. 128. — Sci. Rep. Tôhoku Univ. Bd. I. 13 (1924/25) S. 204.
40. HEYCOCK, C. T., F. E. E. LAMPLOUGH: Proc. chem. Soc., London Bd. 28 (1912) S. 4.
41. RUFF, O., O. JOHANNSSEN: Ber. chem. Ges. Bd. 28 (1905) S. 3603.
42. NEUMANN, K., E. VÖLKER: Z. phys. Chem., Abt. A Bd. 161 (1932) S. 44.
43. KRÖNER, A.: Ann. Phys. (4) Bd. 40 (1913) S. 447.
44. FIOCK, E. F., W. H. RODEBUSH: J. Amer. chem. Soc. Bd. 48 (1926) S. 2525.
45. BEUTLER, H., HILDE LEVI: Z. phys. Chem. (3) Bd. 24 (1934) S. 276.
46. GORDON, A. R.: J. chem. Phys. Bd. 4 (1936) S. 101.
47. SIMON, F., W. ZEIDLER: Z. phys. Chem. Bd. 123 (1926) S. 386.
48. EASTMAN, E. D., W. H. RODEBUSH: J. Amer. chem. Soc. Bd. 40 (1918) S. 496.
49. DIXON, A. L., W. H. RODEBUSH: J. Amer. chem. Soc. Bd. 49 (1927) S. 1170.
50. RENGADE, E.: Bull. Soc. chim. Fr. (4) Bd. 15 (1914) S. 145.
51. BERNINI, A.: Nuovo Cim. (5) Bd. 10 (1905) S. 10.

52. HORNBECK, J. W.: Phys. Rev. (2) Bd. 2 (1913) S. 237.
53. BERNINI, A.: Nuovo Cim. (5) Bd. 6 (1903) S. 204. — Phys. Z. Bd. 5 (1904) S. 409.
54. GUNTZ, A., W. BRONIEWSKI: C. r. Acad. Sci., Paris Bd. 147 (1908) S. 1475. — J. Chim. Phys. Bd. 7 (1909) S. 477.
55. HACKSPILL, L.: C. r. Acad. Sci., Paris Bd. 151 (1910) S. 307. — Ann. Chim. Phys. (8) Bd. 28 (1913) S. 690.
56. KURNAKOW, N. S., A. I. NIKITINSKI: Z. anorg. Chem. Bd. 88 (1914) S. 155.
57. BRIDGMAN, P. W.: Proc. Amer. Acad. Bd. 60 (1925) S. 393.
58. BIDWELL, C. C.: Phys. Rev. (2) Bd. 23 (1924) S. 371.
59. MC.LENNAN, J. C., C. D. NIVEN: Phil. Mag. (7) Bd. 4 (1927) S. 401.
60. NORTHRUP, E. F.: Trans. Amer. electrochem. Soc. Bd. 20 (1911) S. 200.
61. BORNEMANN, K., G. v. RAUSCHENPLATT: Metallurgie Bd. 9 (1912) S. 510.
62. BRIDGMAN, P. W.: Proc. Acad. Amer. Bd. 64 (1930) S. 82.
63. FIKADOW, I., I. KIKOIN: Phys. Z. Sowjet. Bd. 7 (1935) S. 507.
64. LEWIS, G. N., F. G. KEYES: J. Amer. chem. Soc. Bd. 34 (1912) S. 119.
65. DROSSBACH, P.: Z. Elektrochem. Bd. 35 (1929) S. 96.
66. PASCAL, P.: Traité de Chimie Paris Bd. 6 (1934) S. 81.
67. LANE, C. T., E. S. BIELER: Trans. roy. Soc. Canada (3) Bd. 22 III (1928) S. 123.
68. SUCKSMITH, W.: Phil. Mag. (7) Bd. 2 (1926) S. 28.
69. STURDER, F. J. M., W. D. WILLIAMS: Phys. Rev. (2) Bd. 47 (1935) S. 293.
70. NATHANSON, J. B.: J. opt. Soc. Amer. Bd. 17 (1928) S. 347.
71. SCHULZE, R.: Z. Phys. Bd. 92 (1934) S. 212.
72. BANERJI, D.: Proc. Ind. Assoc. Cult. Sci. Bd. 8 (1923) S. 206.
73. BAKER, B. B.: Proc. phys. Soc., Lond. B Bd. 25 (1912/13) S. 235.
74. BRIDGMAN, P. W.: Proc. Amer. Acad. Bd. 72 (1938) S. 214.
75. BRIDGMAN, P. W.: Proc. Amer. Acad. Bd. 72 (1938) S. 178.

25. Rubidium und Caesium.

a) Gewinnung der Metalle.

Die Reduktion von Rubidium und Caesiumverbindungen kann zwar auch mit Kohlenstoff durchgeführt werden, doch ist die Ausbeute schlecht.

Gute Ausbeuten erhält man durch Reduktion der Carbonate mit Magnesiumpulver (*1*). Am besten erfolgt die Herstellung der Metalle durch die Einwirkung von Magnesium auf die Hydroxyde im Wasserstoffstrom. Man mischt Magnesiumpulver und Rubidiumhydroxyd bzw. Caesiumhydroxyd in einem Eisenrohr, das man in ein Glasrohr einschmilzt. Die Apparatur wird durch mehrfaches Ausspülen mit Wasserstoff und Evakuieren sorgfältig von Sauerstoff befreit und das Reaktionsgefäß im Vakuum auf etwa 600° erhitzt. Dabei destilliert das Alkalimetall mit fast theoretischer Ausbeute in eine Vorlage.

Auch Aluminium ist als Reduktionsmittel verwendbar. Die Chloride kann man auch mit Calcium im Vakuum umsetzen (*2*). Besonders geeignet, kleine Mengen von Rubidium und Caesium für Entladungsröhren herzustellen, ist die Reduktion von Sulfaten und anderen Salzen mit Zirkoniumpulver, wie sie schon beim Kalium (S. *78*) beschrieben wurde (*3*).

Weiterhin gelingt die Gewinnung dieser Metalle auch durch thermische Zersetzung der Azide im Vakuum (*4*).

Für die elektrolytische Abscheidung dieser am stärksten elektronegativen selteneren Metalle gilt dasselbe wie für Kalium.

Das Rubidium und Caesium haben BUNSEN und KIRCHHOFF (*5*) durch Elektrolyse von geschmolzenem Rubidiumchlorid bzw. Caesiumchlorid dargestellt.

Ebenso erhielten sie die Amalgame der beiden Metalle durch Elektrolyse der wässerigen Lösungen der beiden Salze mittels Quecksilberkathode.

Rubidium kann nach v. HEVESY (*6*) auch durch Elektrolyse von geschmolzenem Rubidiumhydroxyd gewonnen werden. Die außerordentlich starke Neigung des Metalls, sich mit dem anodisch abgeschiedenen Sauerstoff zu vereinigen, wurde durch Verwendung zweier Diaphragmen überwunden. Als Kathode diente ein Eisendraht, der von einem umgestülpten, durchbohrten Magnesittiegel umgeben war. Die Anode (ebenfalls Eisen) war von einem offenen eisernen Zylindermantel umgeben, der die möglichst rasche Entfernung des entwickelten Sauerstoffs bewirken sollte. In den ersten Minuten der Elektrolyse entwickelte sich Wasserstoff, der durch die Öffnung des Magnesittiegels entweichen konnte. Nach kurzer Stromdauer konnte diese Öffnung durch Magnesitpulver verschlossen werden. Wurde die erkaltete Schmelze an der Luft zerschlagen, so entzündete sich das ausgeschiedene Rubidium sofort von selbst; wurde sie dagegen unter einer stark gekühlten Pyridinlösung zerschlagen, so konnte das Metall rein erhalten werden. Die Stromausbeute betrug nur etwa 30%, da das Rubidiumhydroxyd in anscheinend noch stärkerem Maße als Kaliumhydroxyd die Fähigkeit besitzt, das Metall zu lösen.

Das Caesium kann nach SETTERBERG (*7*) elektrolytisch aus dem geschmolzenen Cyanid, dem etwas Bariumcyanid zugesetzt wird, gewonnen werden.

Man elektrolysiert eine Mischung von 4 Teilen CsCN und 1 Teil $Ba(CN)_2$ gerade bei der Temperatur ihres Schmelzpunktes unter Verwendung von Aluminiumpolen. Das entstehende Metall wird unter Petroleum, eventuell nach Erwärmen, durch Leinen filtriert.

b) Chemische Eigenschaften.

Die beiden Metalle sind weich wie Wachs und oxydieren sich an der Luft unter Entzündung.

Mit Sauerstoff bilden sie eine Reihe von Superoxyden (*8*). Mit Wasser entwickeln sie lebhaft Wasserstoff und entzünden sich ebenfalls.

Caesium verbrennt dabei mit rotvioletter Flamme.

Die Aufnahme des Erstarrungsdiagrammes von Caesium mit Natrium deutet auf die Existenz der Verbindung Na_2Cs (*9*).

Im System Kalium-Caesium vereinigen sich Liquidus- und Soliduskurve bei einem sehr ausgeprägten Minimum bei —45° (etwa 22% K).

Ob eine dementsprechende Verbindung KCs vorliegt, ist nicht klargestellt. Die bei —45° schmelzende Mischung von 22% Kalium und 78% Caesium ist die Legierung mit dem tiefsten bisher bekannten Schmelzpunkt.

Das System Rubidium — Kalium zeigt eine Mischungslücke zwischen 10 und 22% Kalium und ein Eutektikum bei 34° mit 15% Kalium.

Das System Caesium — Rubidium weist ein Eutektikum bei —39° mit etwa 13% Rubidium auf. Verbindungen, auch solche labiler Natur, sind nicht erkennbar, auch nicht feste Lösungen (*10*).

c) Physikalische Eigenschaften des Rubidiums.

(Atomgewicht 85,48.)

Nach einer Röntgenaufnahme bei 173° kristallisiert Rubidium kubisch raumzentriert

$$a_{-173} = 5{,}62 \pm 0{,}05\ \text{Å}\ (11).$$

Bis Zimmertemperatur ändert sich die Struktur nicht (*12*). Die Dichte bei 20° ist nach Messungen von RICHARDS und BRINK (*13*) an einem aus einem Eisenrohr destillierten Präparat gemessen zu $1{,}532_4$. Das Präparat enthielt noch etwa 0,16% Mg und 0,02% Fe. Dieser Wert ist größer als alle früher oder später gefundenen.

Untereinander stimmen die folgende, wohl zu niedrigen Werte überein:

$$d_0 = 1{,}525\ (14)$$
$$d_{15} = 1{,}520\ (15)$$
$$d_{18} = 1{,}518\ (16)$$

wenn man als Ausdehnungskoeffizienten

$$\gamma = 270 \cdot 10^{-6}$$

nimmt, einen Wert, der auch von HACKSPILL (*14*) und DEUSZ (*17*) angegeben wird. Aus d_0 findet man $a_0 = 5{,}70$ Å. Daraus findet man weiter γ (von —173 bis 0° C) zu $220 \cdot 10^{-6}$.

BRIDGMAN (*18*) hat die relative Volumänderung durch Druck bis 15000 kg/cm gemessen. Wir geben hier einen Auszug aus seinen Daten:

p (kg/cm²)	1000	2000	4000	8000	12000	15000
dV/V_0 bei 50° C . .	0,047	0,086	0,143	0,211	0,254	0,279

Die Kompressibilität ist nach diesen Daten bei $p = 1$ Atm. gleich $52 \cdot 10^{-6}$. BRIDGMAN bemerkt, daß der Ausdehnungskoeffizient zunächst bis 8000 Atm. ziemlich konstant bleibt und dann stark absinkt, so daß er bei 15000 kg/cm² nur noch ein Drittel des Anfangswertes beträgt.

In seiner neuen Arbeit (*50*) hat BRIDGMAN bei Drucken bis zu 45000 kg/cm² und Temperaturen zwischen 0 und 75° gemessen. Er findet bei diesem höchsten angewandten Druck einen Wert von 0,431 cm³/1,532 g Rb. Ein Übergang, ähnlich wie beim Caesium (s. S. 95), konnte beim Rubidium nicht festgestellt werden.

Schmelzpunkt. Für den Schmelzpunkt findet LOSANA (*16*) 38,8° C; dieser Wert stimmt sehr gut mit dem von BRIDGMAN (*18*) durch Entrapolierung der Schmelzkurve gefundenen von 38,7° C überein. Etwas höher (*19*) ist die Angabe von RENGADE, 39,00 ± 0,05° (*20*).

Der *Schmelzpunktskurve* hat BRIDGMAN (*18*) bis 3500 kg/cm gemessen: der Schmelzpunkt liegt dann bei 95,9°. Für die Volumänderung beim Schmelzen gibt BRIDGMAN 2,84% = 0,018 cm/g an. Auf 10% sicher ist diese Angabe aber nicht, da die Meßpunkte bei verschiedenen Drucken stark streuen. LOSANA (*16*) findet 2,54%, ENDO 2,57% (*19*). Für die Schmelzwärme gibt BRIDGMAN 6,48 cal/g an, berechnet aus der Schmelzkurve. Direkte kalorimetrische Messungen ergaben 6,15 ± 0,05 cal/g [RENGADE (*20*)] und 6,1 cal/g [DEUSZ (*17*)]. Bei der starken Streuung, die die dV-Werte zeigen, scheint auch die von BRIDGMAN angegebene Schmelzwärme nicht sehr sicher.

Siedepunkt. RUFF und JOHANNSEN (*21*) finden den Siedepunkt des Rubidiums bei 696 ± 5° C.

Dampfdruck. Auch aus der Dampfdruckkurve läßt sich der Siedepunkt ableiten. Es finden sich in der Literatur folgende Dampfdruckbestimmungen:

250 bis 367° C [HACKSPILL (*14*)],
50 bis 130° C [SCOTT (*22*)],
und 39 bis 103° C [KILLIAN (*23*)],

aus denen EUCKEN (*24*) eine Dampfdruckkurve

$$\log p = -\frac{4280}{T} - 1{,}374 \log T + 11{,}34$$

ableitet. Die Molekülbildung ist dabei vernachlässigt; beim Rubidium scheint diese in viel geringerem Maße aufzutreten wie bei den vorangehenden Alkalimetallen.

Die EUCKENsche Dampfdruckgleichung liefert den Siedepunkt 713° C; die Abweichung von dem direkt bestimmten Wert kann nach EUCKEN nur zum Teil durch die Molekülbildung verursacht sein.

Für die Sublimationswärme findet man daraus 19,6 kcal bei 0° K.

Spezifische Wärme. Abgesehen von einigen Messungen der mittleren spezifischen Wärmen liegen nur Messungen von RENGADE (*20*) vor, die sich durch folgende Formel wiedergeben lassen.

C_p (fest) (15 bis 33° C) $= 6{,}85 + 0{,}0257\,t$
C_p (flüssig) (38 bis 100° C) $= 7{,}88 + 0{,}0222\,t$.

EUCKEN hat für die Berechnung der Dampfdruckgleichung die spezifische Wärme berechnet mit Hilfe einer DEBYE-Funktion $D\left(\frac{59}{T}\right)$ und einem Korrektionsglied von der Form $a\,T^{3/2}$.

Elektrische Eigenschaften. Da die elektrischen Eigenschaften viel stärker auf geringe Verunreinigungen ansprechen, wie die bis jetzt behandelten, können sie uns vielleicht Auskunft geben über die Reinheit der von verschiedenen Autoren erhaltenen Präparate, besonders bei tiefen Temperaturen.

Bis zu 1,13° K haben MEISSNER und VOIGT (25) das Verhältnis ϱ/ϱ_0 gemessen; die von ihnen erhaltenen Werte vergleichen wir mit den Werten, die wir aus den Daten der anderen Autoren berechnen. Alle Präparate waren im Vakuum destilliert: die Füllung der Kapillaren erfolgte bei HACKSPILL ohne Gasdruck, bei MCLENNAN unter N_2-Druck, bei GUNTZ und BRONIEWSKI unter CO_2.

	293° K	273° K	195° K	87° K	83° K	77° K	20,4° K	4,2° K	2,63° K	113° K
I. MEISSNER u. a. (25) ϱ/ϱ_0 . . .	—	1,000	—	0,304	—	0,270	0,0817	0,0391	—	0,0346
II. MCLENNAN (26)[1] ϱ/ϱ_0	—	1,000	—	—	0,21	—	0,0658	0,0325	0,0324	—
III. HACKSPILL (27) ϱ/ϱ_0	1,06	1,000	0,542	—	0,216	—	—	—	—	—
IV. GUNTZ u. a. (28) ϱ/ϱ_0	1,11	1,000	0,644	—	0,264	—	—	—	—	—

Die unter II und III gemessenen Präparate waren wahrscheinlich die reinsten; MEISSNER hat an einem einmal destillierten käuflichen Rubidium gemessen. GUNTZ und BRONIEWSKI haben vielleicht ihre Präparate durch Berührung mit CO_2 verunreinigt.

Zwischen 0° C und dem Schmelzpunkt werden folgende Daten erhalten:

	0° C	10° C	20° C	25° C	30° C	35° C	37° C	$\varrho_0 \cdot 10^6$	$\alpha_{25} \cdot 10^5$
KURNAKOW u. a. (29) ϱ_t/ϱ_0 . .	1,000	—	—	1,165	—	—	—	11,29	660
HACKSPILL (27) ϱ_t/ϱ_0	1,000	—	1,06	(1,095)	1,13	1,15	—	11,6	370
GUNTZ u. a. (28) ϱ_t/ϱ_0	1,000	—	1,105	(1,13)	—	—	—	12,80	520
BRIDGMAN (30) ϱ_t/ϱ_0	1,000	1,046	1,099	(1,132)	1,165	—	1,235	—	530

Eingeklammerte Werte sind interpoliert. Aus den Werten bei 0 und 25° C wurde α berechnet.

Der sehr hohe Wert, den KURNAKOW und NIKITINSKI (29) für α finden, ist vielleicht durch vorzeitiges Schmelzen bedingt: denn daß dieses Präparat durch Reduktion von Rb_2CO_3 mit Mg und darauffolgende Destillation in H_2-Atmosphäre reiner sein sollte als alle anderen, ist kaum möglich.

HACKSPILL findet nun aber gerade einen sehr niedrigen Wert für α, obwohl man aus den Daten bei niedrigen Temperaturen den Eindruck bekommt, daß sein Präparat sehr rein war.

[1] Für $\varrho_0 = 11 \cdot 10^{-6}$ angenommen.

Nach BRIDGMAN kann dies dadurch verursacht sein, daß HACKSPILL, wie alle anderen, mit Ausnahme von BRIDGMAN in Glaskapillaren gearbeitet haben. Eine richtige Auswahl für α ist nicht möglich: wir neigen dazu, die BRIDGMANschen Daten als die besten zu betrachten, weil sie an einem Draht von sorgfältig durch Destillation im Hochvakuum gereinigten Rubidium erhalten wurden und die Angaben (die übrigens ausgeglättet sind) durch Messungen bei höheren Drucken bestätigt werden. Oberhalb des Schmelzpunktes gibt BRIDGMAN für das Widerstandsverhältnis folgende Daten an:

t	38,7°	40°	60°	80°	100° C
ϱ/ϱ_0 . . .	1,990	2,000	2,148	2,295	2,443

Weiter findet man noch:

$$\varrho_{10} = 19{,}6, \quad \varrho_{13} = 20{,}9 \text{ [HACKSPILL (27)] und}$$
$$\varrho_{50} = 23{,}15, \ \varrho_{75} = 25{,}32, \ \varrho_{100} = 27{,}47 \text{ [KURNAKOW u. a. (29)].}$$

Mit Hilfe der BRIDGMANschen Kurve kann man hieraus ϱ_0 berechnen. Wir finden:

$$\varrho_0 = 9{,}8, \quad 10{,}4, \quad 11{,}1, \quad 11{,}2 \text{ und } 11{,}27.$$

Aus den Daten von KURNAKOW und NIKITINSKI (die drei letzten Werte) findet man wieder ihren eigenen ϱ_0-Wert zurück, sie stimmen also mit den BRIDGMANschen überein, die HACKSPILLschen aber nicht. Als besten Wert für ϱ_0 können wir vielleicht $11 \cdot 10^{-6}$ annehmen.

BRIDGMAN (*30*) hat den Widerstand auch bei höheren Drucken bis 12000 kg/cm gemessen, und zwar bei verschiedenen Temperaturen (*30*); sowohl beim festen als beim geschmolzenen Metall nimmt der Widerstand durch Druck ab.

Später (*31*) hat er die Versuche bis zu 20000 kg/cm² fortgesetzt, und dabei gefunden, daß bei 30° C der Widerstand ein Minimum zeigt bei 18000 kg/cm².

Die Messungen wurden in einer neueren Arbeit ausgedehnt bis zu Drucken von 30000 kg/cm² (*51*). Sie weichen allerdings von den früheren ab; wir entnehmen ihnen folgende Werte, die bei 30° C erhalten wurden:

p in kg/cm² . . .	0	2500	5000	12500	15000	17500	25000	30000
$\varrho/\varrho_{1\,\text{Atm.}}$ (30°) . .	1,000	0,615	0,471	0,354	0,350	0,358	0,447	0,576

Das Minimum liegt etwa bei einem Druck von 15000 kg/cm². Andeutungen einer Allotropie wurden nicht gefunden.

Bei diesen Messungen wurde zum Unterschied von den früheren Arbeiten nicht an einem Draht gemessen, sondern an Rubidium, das in eine Glaskapillare eingefüllt war.

Magnetische Eigenschaften. Rubidium ist schwach paramagnetisch, χ ist nach verschiedenen Autoren $+0{,}07 \cdot 10^{-6}$ die neueste Messung [LANE (*32*)] zeigt den höheren Wert $0{,}21 \cdot 10^{-6}$; die Temperaturabhängigkeit ist sehr gering [SUCKMITH (*33*)].

Optische Eigenschaften. Was an optischen Eigenschaften im sichtbaren Gebiet bekannt ist, läßt sich in einer Tabelle [NATHANSON (*34*)] wiedergeben:

λ in mμ . . .	640,9	589,3	539,6	488,8	454,6
R in % . . .	84,0	80,8	81,7	81,6	78,9
n	0,140	0,131	0,140	0,134	0,137
k	10,51	9,28	7,97	6,49	5,28

R = Reflexionsvermögen, n = Brechungsindex und k = Extinktionskoeffizient. Die langwellige Grenze des photoelektrischen Effekts liegt nach SCHULZE bei 810 mμ. Daraus berechnet sich die Austrittsarbeit für ein Elektron zu 1,52 eV. In der älteren Literatur (s. GMELIN, Rubidium, S. 82) findet man meistens höhere Werte angegeben.

Elektrochemisches Verhalten. Das elektrochemische Potential des Rubidiums bestimmten LEWIS und ARGO (*35*) zu

$$\varepsilon_{h_0} = -2{,}97\ \text{V}.$$

d) Physikalische Eigenschaften des Caesiums.

(Atomgewicht 132,91.)

Wie alle anderen Alkalimetalle ist auch Caesium raumzentriert kubisch: bei $-173°$ wird gefunden (*11*),

$$a_{-173} = 6{,}05\ \text{Å}.$$

Auch bei höheren Temperaturen bleibt diese Struktur bestehen (*12*). Mit Hilfe des Ausdehnungskoeffizienten $\gamma = 290 \cdot 10^{-6}$ (s. u.) kann man daraus eine obere Grenze für $a_0 = 6{,}15$ Å angeben: die daraus berechnete Dichte wird dann $d_0 = 1{,}88$. Gefunden wurde:

$$d_0 = 1{,}9029 \quad (14)$$
$$d_{15} = 1{,}872 \quad (36)$$
$$d_{20} = 1{,}87 \quad (13)$$
$$d_{26} = 1{,}886 \quad (38).$$

Die Werte bei 0° C und bei 20° C sind wohl die wahrscheinlichsten: denn es ist wohl anzunehmen, daß der Ausdehnungskoeffizient bei tieferen Temperaturen kleiner ist, wie beim Schmelzpunkt; die berechnete Dichte ist also wahrscheinlich noch etwas zu klein.

Für den Ausdehnungskoeffizient gibt HACKSPILL (*14*) den Wert $\gamma = 291 \cdot 10^{-6}$ an. BRIDGMAN (*37*) hat die Kompressibilität bei verschiedenen Temperaturen und bis zu 15000 kg/cm² gemessen.

Seiner letzten Arbeit (*50*), bei der Drucke bis zu 45000 kg/cm² verwendet wurden, entnehmen wir folgende Daten:

p in kg/cm²	5000	10000	15000	20000	23000		25000	30000	40000	45000
ΔV in cm³/1,88 g	0,182	0,271	0,326	0,372	0,398	0,404	0,420	0,438	0,487	0,507

Bei etwa 23000 kg/cm² findet ein scharfer Übergang statt mit einer Volumänderung von 0,0034 cm³/g. Auch bei den Messungen des elektrischen Widerstandes bei verschiedenen Drucken wurde dieser Übergang gefunden (*51*).

Schmelzpunkt. Den höchsten Schmelzpunkt, 29,7° C gibt BRIDGMAN (*37*) an. Er hat diesen Wert aus der Schmelzkurve extrapoliert: da der Schmelzpunkt sehr scharf war, ist dieser höchste Wert wahrscheinlich auch der beste, obwohl auch hier noch ein Schmelzintervall von 1° vorhanden ist.

Bei 4000 Atm. liegt der Schmelzpunkt bei 98,5° C.

Aus der Schmelzkurve bestimmt BRIDGMAN auch die Zunahme des Volumens beim Schmelzen durch Extrapolierung auf $p = 0$, und findet dann dafür $\Delta V = 2{,}56\%$. Für ΔV geben HACKSPILL (*14*) 2,32%, LOSANA 2,66% (*16*); ECKHARDT und GRAEFE (*38*) 2,63% an.

Die Schmelzwärme berechnet BRIDGMAN aus der Schmelzkurve zu 510 cal/Grammatom; durch direkte Messungen findet RENGADE (*19*) 500 cal, ECKHARDT (*38*) 495 cal.

Oberhalb des Schmelzpunktes findet HACKSPILL (*14*) für den Ausdehnungskoeffizienten

$$\gamma_{\text{fl}} = 341 \cdot 10^{-6} \text{ (28 bis 50° C)}$$

und

$$348 \cdot 10^{-6} \text{ (50 bis 128° C)},$$

während nach (*38*) $394 \cdot 10^{-6}$ gefunden wird. Messungen der spezifischen Wärme sind von RENGADE (*19*) ausgeführt worden; er findet

$$C_{p\,(\text{fest})} = 6{,}93 + 0{,}0364\,\text{t}$$
$$C_{p\,(\text{fl})} = 8{,}02 - 0{,}0045\,\text{t}.$$

Den Siedepunkt bestimmen RUFF und JOHANNSEN (21) zu 670° C. Dieser Wert ist nicht unerheblich tiefer als der von EUCKEN (*24*) aus der Dampfdruckkurve berechnete. Daß im Caesiumdampf auch Moleküle Cs_2 vorkommen, kann nach EUCKEN diesen Unterschied nur zum Teil erklären.

EUCKEN verwendet für die Aufstellung der theoretischen Dampfdruckkurve die Dampfdruckmessungen von HACKSPILL zwischen 230 und 327° C (*39*), von KRÖNER zwischen 104 und 350° C (*40*) und von LANGMUIR und KINGDON zwischen 0° und 80° (*41*). Die spezifischen Wärmen werden mit Hilfe einer DEBYE-Funktion berechnet. Die Dampfdruckgleichung, die EUCKEN aufstellt, lautet:

$$\log p = -\frac{4075}{T} - 1{,}45 \log T + 11{,}38.$$

Elektrische Eigenschaften. Messungen des elektrischen Widerstandes sind ausgeführt worden von GUNTZ und BRONIEWSKI (*28*), HACKSPILL (*27*), BRIDGMAN (*37*), MCLENNAN (*42*) und MEISSNER und VOIGT (*43*).

Abb. 5 zeigt, wie die BRIDGMANschen Werte sich sehr gut den Messungen bei tieferen Temperaturen anschließen; die HACKSPILLschen Werte gehen aber bei etwa 17° C plötzlich herauf; dies wird wohl durch beginnendes Schmelzen verursacht sein. Einen derartigen Anstieg findet BRIDGMAN erst bei 27° C. Bei ganz reinem Metall wird er wahrscheinlich überhaupt nicht eintreten.

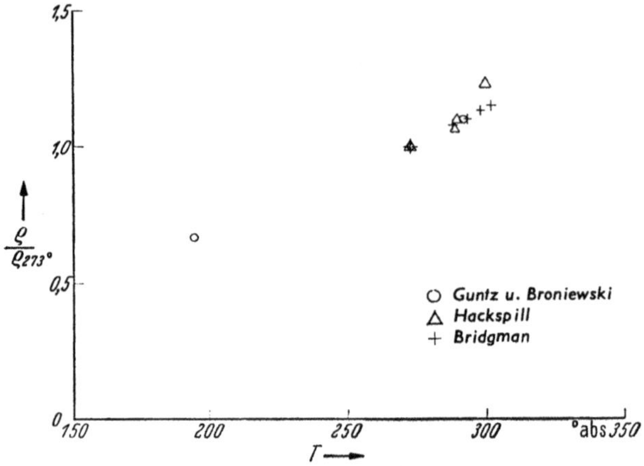

Abb. 5. Widerstand des Caesiums.

Für ϱ_0 wird angegeben:

$$\varrho_0 = 18{,}1 \cdot 10^{-6} \ (27)$$
$$= 18{,}3 \cdot 10^{-6} \ (42)$$
$$= 19{,}3 \cdot 10^{-6} \ (28).$$

Aus allen Daten ist das Verhältnis ϱ/ϱ_0 berechnet worden. Die so erhaltenen Punkte sind in Abb. 5 zusammengestellt.

BRIDGMAN hat als einziger an einem Cs-Draht gemessen. Überdies zeigt sein Präparat den höchsten Schmelzpunkt. Da der Schmelzpunkt des HACKSPILLschen Präparates etwa 1° niedriger liegt als der von BRIDGMAN gemessene, sind die BRIDGMANschen Werte wahrscheinlich besser als die HACKSPILLschen. Bei tieferen Temperaturen liegen die Werte ziemlich nah aneinander. Nur liegen alle Werte von MEISSNER und VOIGT etwas höher. MCLENNAN findet auch einen immer noch ziemlich hohen Restwiderstand nach 0,017, was ebenfalls darauf hindeutet, daß das Präparat nicht sehr rein war.

Mit Hilfe des von HACKSPILL gefundenen Widerstandes des flüssigen Caesiums bei 37° können wir mit Hilfe der BRIDGMANschen Kurve wieder ϱ_0 berechnen. Wir finden dann $\varrho_0 = 19 \cdot 10^{-6}$. Dies ist vielleicht der beste Wert, weil er frei ist von den Fehlern, die durch das Arbeiten in Glasröhren entstehen können. Für α nehmen wir den BRIDGMANschen Wert

$$\alpha = 503 \cdot 10^{-5} \text{ (zwischen 0 und 30°).}$$

Auch für flüssiges Caesium nehmen wir die BRIDGMANschen Daten, die wir hier vollständig wiedergeben, über:

t	0°	10°	15°	20°	25°	29,7°	29,7°	30°	65°	100° C
ϱ/ϱ_0	1,000	1,050	1,075	1,100	1,126	1,151 (fest)	1,910 (flüssig)	1,912	2,108	2,304

Auch bei 1,13° K haben MEISSNER und VOIGT keine Andeutungen von Supraleitfähigkeit gefunden.

BRIDGMAN hat auch den Einfluß des Druckes auf den Widerstand gemessen. Unter Druck nimmt der Widerstand zunächst ab, aber bei etwa 4000 Atm. wird ein Minimum erreicht. Auch der Widerstand des flüssigen Caesiums nimmt unter Druck ab. Die Versuche sind später bis zu 30000 kg/cm² ausgedehnt worden (*51*). Wir geben hier die vollständigen Versuchsdaten wieder:

Druck p in kg/cm²	ϱ/ϱ 1 Atm. (30°)	ϱ/ϱ 1 Atm. (75°)	Druck p in kg/cm²	ϱ/ϱ 1 Atm. (30°)	ϱ/ϱ 1 Atm. (75°)
0	1,000		20000	1,917	2,369
2500	0,807		22070	{2,203 2,439	
5000	0,812	1,046	22420		{2,932 3,056
7500	0,884	1,117	22500	2,492	3,068
10000	1,005	1,260	25000	2,836	3,491
12500	1,169	1,450	27500	3,239	3,972
15000	1,376	1,685	30000		4,509
17500	1,624	1,984			

Aus diesen Zahlen ist zu ersehen, daß bei Caesium bei etwa 2500 kg/cm² und 30° C ein Minimum erreicht wird. Auch bei 75° C sind Andeutungen, die für ein Minimum sprechen, vorhanden. Weiter zeigen die Ergebnisse, daß bei beiden Temperaturen zwischen etwa 22000 und 23000 kg/cm² ein scharfer Sprung auftritt, wobei der Widerstand erheblich zunimmt.

Magnetische Eigenschaften. Caesium ist paramagnetisch. LANE (*44*) findet $\chi = 0{,}22 \cdot 10^{-6}$ bei 15°, $\chi = 0{,}20 \cdot 10^{-6}$ bei 28° C. Die Suszeptibilität scheint also mit der Temperatur etwas abzunehmen.

Bei 300° C findet SUCKSMITH (*33*) $-0{,}02 \cdot 10^{-6}$, beim Siedepunkt aber wieder $3 \cdot 10^{-6}$. Von der Feldstärke scheint χ wenig abhängig zu sein. PASCAL und HACKSPILL (*45*) geben bei 18° für $\chi = 0{,}227 \cdot 10^{-6}$ bei 10000 Gauß und $0{,}225 \cdot 10^{-6}$ bei 18000 Gauß an. Für die Hallkonstante finden STURDER und WILLIAMS (*46*) —0,0078.

Optische Eigenschaften. NATHANSON (*47*) gibt nebenstehende Werte für den Brechungsindex (n), Absorptionskoeffizient (k) und das Reflektionsvermögen (R) an.

λ in mμ	n	k	R in %
455	0,362	2,37	44,2
589	0,321	—	—
680	0,350	4,34	66,1

Aus der Grenzwellenlänge des photoelektrischen Effektes, 910 mμ, den SCHULZE (*48*) vor kurzem veröffentlicht hat, berechnet man für die Austrittarbeit eines Elektrons 1,37 eV.

Für das elektrochemische Potential finden NEUMANN und RICHTER (*49*) —2,91 V.

Literatur.

1. GRAEFE, E., M. ECKHARDT: Z. anorg. Chem. Bd. 22 (1900) S. 158.
2. Comp. Francaise pour l'Exploitation des Procédés Thomson-Houston, F.P. 721131 (1930).
3. DE BOER, J. H., J. BROOS, H. EMMENS: Z. anorg. allg. Chem. Bd. 191 (1930) S. 113.
4. SUHRMANN, R., K. CLUSIUS: Z. anorg. Chem. Bd. 152 (1936) S. 52.
5. BUNSEN, R., KIRCHHOFF: Poggendorfs Ann. Bd. 113 (1861) S. 342; Bd. 119 (1863) S. 1. — Liebigs Ann. Bd. 122 (1862) S. 347; Bd. 125 (1863) S. 367.

6. HEVESY, G. v.: Z. anorg. allg. Chem. Bd. 67 (1910) S. 242.
7. SETTERBERG, C.: Ann. Chim. Bd. 211 (1882) S. 100.
8. CENTNERSZWER, M., M. BLUMENTHAL: Bull. ind. Acad. polon. Sci. Lettres Ser. A 1933, S. 499.
9. RINCK, E.: C. R. Acad. Sci., Paris Bd. 199 (1934) S. 1217.
10. CARLO GORIA: Gazz. Chim. ital. Bd. 65 (1935) S. 865, 1226. — RINCK, E.: C. R. Acad. Sci., Paris Bd. 200 (1935) S. 1205.
11. SIMON, F., E. VOHSEN: Z. physik. Chem. Bd. 133 (1928) S. 172.
12. KLUGE, W., E. RUPP: Z. Phys. Bd. 82 (1933) S. 568.
13. RICHARDS, T. W., F. N. BRINK: J. Amer. chem. Soc. Bd. 29 (1907) S. 117.
14. HACKSPILL, L.: C. R. Acad. Sci., Paris Bd. 152 (1911) S. 259.
15. ERDMANN, M., P. KÖTHNER: Liebigs Ann. Bd. 294 (1897) S. 71, 650.
16. LOSANA, L.: Gazz. Chim. Ital. Bd. 65 (1935) S. 855.
17. DEUSZ, E.: Vjschr. Naturforsch. Ges. Zürich Bd. 56 (1911) S. 19.
18. BRIDGMAN, P. W.: Proc. Amer. Acad. Bd. 60 (1924/25) S. 401.
19. RENGADE, E.: C. R. Acad. Sci., Paris Bd. 156 (1913) S. 1897. — Bull. Soc. chim. Fr. (4) Bd. 15 (1914) S. 147.
20. ENDO, H.: J. Inst. Met. Bd. 30 (1923) S. 121. — Sci. Rep. Tôhoku Bd. I. 13 (1925) S. 193.
21. RUFF, O., O. JOHANNSEN: Ber. chem. Ges. Bd. 38 (1905) S. 360.
22. SCOTT, D. H.: Phil. Mag. (6) Bd. 47 (1924) S. 32.
23. KILLIAN, T. J.: Phys. Rev. (2) Bd. 27 (1926) S. 578.
24. EUCKEN, A.: Metallwirtsch. Bd. 15 (1936) S. 63.
25. MEISSNER, W., B. VOIGT: Ann. Phys., Lpz. (5) Bd. 7 (1930) S. 761, 779.
26. MCLENNAN, J. C., C. D. NIVEN: Phil. Mag. (7) Bd. 4 (1927) S. 386.
27. HACKSPILL, L.: C. R. Acad. Sci., Paris Bd. 151 (1910) S. 305.
28. GUNTZ, A., W. BRONIEWSKI: C. R. Acad. Sci., Paris Bd. 147 (1908) S. 1474. — J. Chim. Phys. Bd. 7 (1909) S. 464.
29. KURNAKOW, N. S., A. J. NIKITINSKI: Z. anorg. Chem. Bd. 88 (1914) S. 151.
30. BRIDGMAN, P. W.: Proc. Amer. Acad. Bd. 60 (1924/25) S. 399.
31. BRIDGMAN, P. W.: Proc. Amer. Acad. Bd. 64 (1928/30) S. 77.
32. LANE, C. T.: Phys. Rev. (2) Bd. 35 (1930) S. 977.
33. SUCKSMITH, W.: Phil. Mag. (7) Bd. 2 (1926) S. 21.
34. NATHANSON, J. B.: Astrophys. J. Bd. 44 (1916) S. 137. — Phys. Rev. (2) Bd. 11 (1918) S. 227.
35. LEWIS, G. N., W. L. ARGO: J. Amer. chem. Soc. Bd. 37 (1915) S. 1983.
36. SETTERBERG, C.: Liebigs Ann. Bd. 211 (1882) S. 100.
37. BRIDGMAN, P. W.: Proc. Amer. Acad. Bd. 60 (1924/25) S. 402.
38. ECKHARDT, M., E. GRAEFE: Z. anorg. Chem. Bd. 23 (1900) S. 378.
39. HACKSPILL, L.: C. R. Acad. Sci., Paris Bd. 151 (1912) S. 877.
40. KRÖNER, A.: Ann. Phys., Lpz. (4) Bd. 40 (1913) S. 438.
41. LANGMUIR, I., K. H. KINGDON: Proc. roy. Soc., Lond. A Bd. 107 (1925) S. 61.
42. MCLENNAN, J. C., C. D. NIVEN, J. O. WILHELM: Phil. Mag. [7] Bd. 6 (1928) S. 672.
43. MEISSNER, W., B. VOIGT: Ann. Phys., Lpz. (5) Bd. 7 (1930) S. 761.
44. LANE, C. T.: Phil. Mag. (7) Bd. 8 (1929) S. 354.
45. PASCAL, P., L. HACKSPILL: Zit. Traité de chim. Min. Pascal, Bd. VI, p. 21. Paris 1934.
46. STURDER, F. J., W. P. WILLIAMS: Phys. Rev. (2) Bd. 47 (1935) S. 291.
47. NATHANSON, J. B.: Phys. Rev. (2) Bd. 25 (1925) S. 75.
48. SCHULZE, R.: Z. Phys. Bd. 92 (1934) S. 212.
49. NEUMANN, B., H. RICHTER: Z. Elektrochem. Bd. 31 (1925) S. 287.
50. BRIDGMAN, P. W.: Proc. Amer. Acad. Bd. 72 (1938) S. 215.
51. BRIDGMAN, P. W.: Proc. Amer. Acad. Bd. 72 (1938) S. 180.

II. Zweite Hauptgruppe des periodischen Systems: Erdalkalimetalle.

26. Beryllium.

(Atomgewicht 9,02.)

Von **W. Kroll**, Luxemburg.

Mit 2 Abbildungen.

a) Einleitung.

Als erstes Element seiner Gruppe besitzt das Be viele Eigenschaften verwandter Metalle. Chemisch, physikalisch oder metallographisch benimmt es sich vielfach wie Mg, Al oder Si. Unter den chemischen Eigenschaften tritt besonders die hohe Sauerstoff-, Stickstoff- und Schwefelaffinität in den Vordergrund. Mit Wasserstoff verbindet sich Be nicht, so daß dieses Gas als Schutzatmosphäre verwendbar ist. Infolge seiner Einwirkung auf die meisten Gase wurde es als ,,Getter" bei Vakuumröhren in Vorschlag gebracht. Bei der Reinherstellung ist auf dieses Verhalten besonders Rücksicht zu nehmen. Die große Sauerstoffaffinität bringt es mit sich, daß Be aus BeO von keinem der bekannten besten Reduktionsmittel metallisch rein abgeschieden werden kann. Die Reaktionen gehen nicht zu Ende, und man kann bestenfalls, beispielsweise durch Reduktion von BeO mit Ca unter Argon, ein Gemisch von feinverteiltem Be mit unreduziertem BeO gewinnen. Für die Bildungswärme wird angegeben: BeO = 145,3 kcal; CaO = 151,9 kcal (*1*). Günstiger sind die Verhältnisse bei der Reduktion der Halogenide mit Alkali- bzw. Erdalkalimetallen. $BeCl_2$ wird von Na bzw. Ca leicht reduziert. Die Verbrennungswärmen einiger typischer Reduktionsmittel in Chlor sind in folgender Tabelle wiedergegeben:

2 NaCl	=	197 kcal
2 LiCl	=	195 kcal
$CaCl_2$	=	190,6 kcal
$MgCl_2$	=	153,2 kcal
$BeCl_2$	=	112,5 kcal

Wie ersichtlich, kann das Be selbst vom Mg aus seinem Chlorid reduziert werden (*2*). Bei den Fluoriden liegen die Verhältnisse ganz ähnlich, doch ist zu berücksichtigen, daß mit den Alkalimetallen Doppelsalze gebildet werden, deren Aufspaltung einen besonders hohen Energieaufwand erfordert, so daß die Reduktion unvollständig ist, wie bei der Reduktion von BeF_2 mit Na. In allen Fällen ist die Wärmeentwicklung groß. Man arbeitet entweder in Druckgefäßen unter Abschluß der Luft mit Schutzgas, oder in Mischungen mit neutralen Salzen, wie Chloride der Alkali-Erdalkalimetalle. Der Schmelzpunkt von $BeCl_2$ liegt bei 416° (*3*). Bei dieser Temperatur ist bereits ein derartiger Dampfdruck vorhanden, daß eine starke Verflüchtigung eintritt. Das Arbeiten in offenen Gefäßen ist darum nur unter Zusatz dampfdruckerniedrigender Salze möglich. Das Fluorid greift alle feuerfesten Materialien, mit Ausnahme des Graphits an. Die direkte Reduktion des leicht schmelzenden Natriumberylliumfluorides durch Alkali-Erdalkalimetalle scheitert darum lediglich an der Tiegelfrage, da sich das Be mit dem allein verwendbaren Kohlenstoff des Tiegels verbindet. Besonders groß ist das Vereinigungsbestreben des Be für die Metalle der Eisengruppe, da sich diese in geschmolzenem Be leicht auflösen, so daß gerade dieser Baustoff am wenigsten brauchbar scheint. Die Schwierigkeiten, die sich aus der Tiegelfrage ergeben, lassen sich restlos durch die Schmelzelektrolyse beseitigen. Auch hier findet eine direkte Reduktion der Halogenide durch abgeschiedenes Alkali- bzw. Erdalkalimetall statt, doch tritt keine Verunreinigung des Produktes durch das Kathodenmaterial ein, sei es, daß eine Kontaktelektrode verwendet wird (STOCK-GOLDSCHMIDT), sei es, daß man bei so niedriger Temperatur abscheidet, daß aus der metallischen Tiegelwand keine Diffusion in das Be erfolgt.

b) Schmelzflußelektrolyse des Be aus dem Fluorid.

Das reine Fluorid ist schwer herstellbar; auch geschmolzen leitet es den Strom nicht, doch kann man Salzgemische mit Alkali- bzw. Erdalkalimetallhalogeniden verwenden, in denen Stromleitung und Elektrolyse stattfindet. Das erste Verfahren wurde von LEBEAU entwickelt (*4*). Er verwendete $NaF \cdot BeF_2$, das in einem Nickeltiegel mit Graphitanode elektrolysiert wurde. Infolge der niedrigen Temperatur scheiden sich Flitter aus, die durch Naßaufarbeitung gewonnen werden können; diese Flitter sind aber wohl immer sauerstoffhaltig. Die Aufspaltung des Doppelsalzes führt zu einem Gleichgewicht, so daß später nur mehr Na ausgeschieden wird (*5*). Es macht sich ein starker Anodeneffekt geltend. Ähnlich sind die Verfahren von FICHTER und HOPKINS (*6*). Der wesentlichste Fortschritt wurde von STOCK, GOLDSCHMIDT und Siemens-Halske geleistet, nach DRP. 375824. Man steigert die Temperatur des Bades auf mindestens 1250° und elektrolysiert im Graphittiegel mit wassergekühlter Kontaktkathode eine Schmelze, in welcher BeF_2 in BaF_2 aufgelöst ist. Der Versuch kann unter Verwendung von $NaF \cdot BeF_2$ eingeleitet werden (*7*, *8*). An der Anode entweicht CO, CO_2 und CF_4. Streng genommen enthält der Elektrolyt auch noch Sauerstoff, und zwar herstammend vom Berylliumoxyfluorid (*5*), das dem Bade von Zeit zu Zeit zugesetzt wird. Man verwendet nämlich als Zusatz nicht das reine Fluorid, sondern sauerstoffhaltige Schmelzen, die durch Eindicken wässeriger BeF_2-Lösungen entstanden sind. Eine elektrolytische Aufspaltung des BeO findet unter diesen Umständen statt, wogegen gewöhnliches Oxyd, weil unlöslich, im Fluoridbad nicht elektrolysierbar ist. Der Graphittiegel wird langsam durch Oxydation oder durch Fluorierung angegriffen, so daß dessen mineralische Bestandteile in das Bad und von dort an die Kathode gelangen. Allerreinster Graphit ist demnach Voraussetzung für die Erzielung eines reinen Produktes. Graphitpulver kann sich an der Oberfläche abscheiden und das Kathodenmetall verunreinigen. Ein wirksamer Schutz gegen die Gase der Atmosphäre findet selbsttätig statt, sei es durch die sich ausbildende Salzumhüllung, sei es infolge der niedrigen Kathodentemperatur. Geht man von allerreinsten Salzen aus, so ist eine Verunreinigung des Endproduktes im wesentlichen nur durch die Beschaffenheit des Graphits bedingt. Trotz Verwendung allerreinsten ACHESON-Graphits gelangt man technisch nicht höher als 99% Be, während laboratoriumsmäßig nach diesem Verfahren ein Metall mit etwa 99,7% erreicht wurde. Ein von SLOMAN (*9*) derart hergestelltes Metall zeigte folgende Analyse:

Be	99,7 bis 99,8 %
Fe	0,01 %
C	0,05 %
Si, Al	Spur
N_2	0,005 %
O_2 . . . . . . als BeO	0,3 %

Es sieht nicht so aus, als ob diese Arbeitsweise in bezug auf die Reinheit des Endproduktes noch wesentlich verbesserungsfähig ist. Es liefert ein für Legierungszwecke hervorragend geeignetes, gut durchgeschmolzenes Produkt von normalerweise völlig ausreichendem Reinheitsgrad.

c) Schmelzflußelektrolyse des Be aus dem Chlorid.

Neuerdings wird die Elektrolyse des Chlorides innerhalb von Alkalichloridschmelzen technisch durchgeführt (*10*). Aus der Literatur sind nur spärliche Angaben erhältlich. Infolge der Flüchtigkeit des Chlorides ist man auf die Einhaltung vergleichsweise niedriger Temperaturen (730°) angewiesen, so daß sich das Be in Gestalt von Schuppen in der Schmelze abscheidet. Als Kathode dient ein Wolframblech, wogegen als Anode ein Graphitstab verwendet wird. Der Behälter besteht aus V_2A-Stahl. Infolge Benützung einer Wasserstoffatmosphäre findet kein nennenswerter Angriff der Graphitanode statt. Nach Beendigung des Versuches wird die Schmelze von den Be-Flittern abgesaugt. Letztere werden naß aufbereitet. Infolge ihrer großen Oberfläche halten sie hartnäckig Feuchtigkeit zurück. Das Produkt besitzt zahlreiche Oxydhäute. Man schmilzt nach dem Brikettieren unter Argon auf BeO-Unterlage oder unter Salzen ein, wobei ein ziemlich beträchtlicher Umschmelzverlust in Kauf zu nehmen ist. In bezug auf die Reinheit des Endproduktes bietet dieses Verfahren eine besondere Gewähr. Es ist leicht möglich, das $BeCl_2$ vor der Elektrolyse durch Destillation von Al, Si, Mn und Fe, deren Chloride bei 180, 57, 1190 und 317° sieden, gegen 440° für $BeCl_2$ zu trennen. Eine Verunreinigung durch die Graphitelektrode bzw. durch

Luftbestandteile ist ausgeschlossen. Infolgedessen ist dieses Be das reinste, das überhaupt bis jetzt technisch gewonnen wurde. Der Reinheitsgrad dürfte in der Regel 99,8% übertreffen. Spektralanalytisch lassen sich nur noch wenig Fe, Si, Al, C und manchmal Ni, Mg, Cu, Na, Ca und Cr nachweisen.

d) Sonstige Herstellungsverfahren für Beryllium.

Es wurde noch vorgeschlagen, $BeCl_2$ in flüssigem NH_3 elektrolytisch abzuscheiden. Für die Herstellung größerer Mengen ist ein solches Verfahren jedenfalls unbrauchbar (*11*). Auch die Dissoziation des Jodides führte nicht zum Ziel (9). Nach einem von I.G. Farbenindustrie (*12*) patentierten Verfahren wird $BeCl_2$ mit Magnesium unter Wasserstoff als Schutzgas reduziert.

e) Herstellung reinsten Berylliums durch Hochvakuumdestillation.

Die ersten Mengen hochreinen Berylliums wurden von SLOMAN durch Vakuumdestillation gewonnen (*9*). Bei seiner ursprünglichen Anordnung wurde das Be in einem Tiegel aus BeO durch Hochfrequenz im Hochvakuum erhitzt und in eine Kondenshaube aus BeO hineinkondensiert. Das Metall schied sich teilweise als Überzug, teilweise in Gestalt von Körnern, innerhalb dieser Haube ab. Die Körner wurden anfänglich als verspritztes Metall gedeutet, weshalb bei der weiteren Entwicklung als Schutz ein durchbohrter Deckel auf dem Schmelztiegel angebracht wurde (Abb. 1). Um eine Auflösung von BeO im destillierten Metall zu verhindern, wurde später eine Kondenshaube aus Quarzglas angewendet, die mit Wasser gekühlt wurde. Zwei Gummistopfen dienten als Abschluß des Quarzofenrohres nach oben und unten. Der Schmelztiegel war mit BeO-Pulver in einen größeren Tiegel aus SiC eingebettet. Ein Glasfenster gestattete, die Vorgänge im Tiegel während der Destillation zu beobachten. Nach einer Betriebszeit von etwa 7 bis 8 Stunden wurde aus der Quarzhaube ein Blech von etwa 1 mm Stärke herausgefördert, das einen Be-Gehalt von 99,95 bis 99,97% zeigte. Die Brinellhärte betrug 60. Die Menge des Destillates war nicht ausreichend, um weitere mechanische Untersuchungen anzuschließen, doch ließ sich das Blech mehrfach kalt hin- und herbiegen. Im Anschluß an diese Untersuchung beschreibt SLOMAN den Einfluß der verschiedenen Verunreinigungen auf Be. Al soll bis zu einem Gehalt von 0,07% ohne Einwirkung sein. Si erscheint selbst bei den kleinsten Gehalten als Einschluß und dürfte demnach im Be unlöslich sein. Ebenso Kohlenstoff, der als Karbid erkenntlich ist. Auch Fe ist in Be im festen Zustand nur in geringem Maße löslich. Bei der thermischen Behandlung verschwindet die Ausscheidung zum größten Teil. Im übrigen soll es sich an den Korngrenzen abscheiden. Stickstoff war in so geringen Mengen vorhanden, daß der Einfluß nicht nachweisbar war. Hingegen wird der Anwesenheit von Sauerstoff die größte Bedeutung beigemessen, und SLOMAN führt die schlechten mechanischen Eigenschaften des Be auf die Anwesenheit dieser Verunreinigung an den Korngrenzen zurück. Durch Rückstandsanalyse konnte die Anwesenheit von BeO nachgewiesen werden. Metallographisch erscheint bei höherem O_2-Gehalt ein eutektischer Korngrenzenbestandteil, der als Be/BeO gedeutet wird. Es ist aber auch nicht ausgeschlossen, daß Be mit BeO Mischkristalle bildet. Wegen der geringen Flüchtigkeit des Be sind Mischkristalle hier eher zu erwarten als bei den übrigen Erdalkalien.

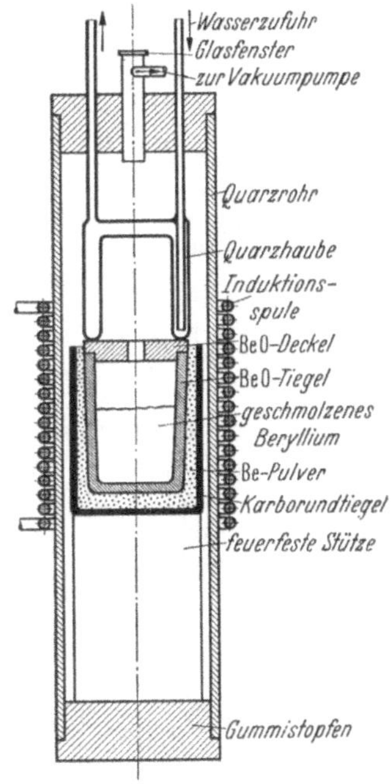

Abb. 1. Vakuumofen nach SLOMAN.

Auf dieser Grundlage wurden die Versuche von SLOMAN durch KROLL fortgesetzt (*13*). Es wurde zurückgegriffen auf die frühere Anordnung von SLOMAN. Die Anwendung eines Tiegeldeckels ist vom Standpunkt der Destillation zu verwerfen, weil eine Stauung des Dampfes stattfindet, wodurch viel höhere Destillationstemperaturen erforderlich werden. Ein Verspritzen des Metalls findet nicht statt, wenn man vorentgast. Die Kondenshaube aus geschmolzenem Quarzglas wurde durch eine ebensolche aus hochgesintertem BeO ersetzt. Nach Angabe von SLOMAN reagiert hochgesintertes BeO nicht mit geschmolzenem Be, so daß man dieses Metall auf solcher Unterlage einschmelzen kann. Aus diesem Grunde ist nicht ersichtlich, warum die Kondenshaube nicht auch aus demselben Material hergestellt werden sollte. Schließlich ist zu bemerken, daß BeO ebenso wie Be, wenn auch nicht so stark, im Hochvakuum verdampft, so daß selbst bei Verwendung von Hochfrequenzheizung die große Oberfläche der warmen Tiegelwand BeO-Dämpfe abgibt, die sich im Kondensat wiederfinden. Wenn also BeO tatsächlich der Schädling des Be ist, so ist kein Mittel bekannt, um die Aufnahme dieser Verunreinigung zu vermeiden. Es bestehen aber Gründe, wonach möglicherweise nicht der Sauerstoff für die Sprödigkeit des Be verantwortlich gemacht werden kann. Die Be-Flitter, die bei der Elektrolyse von reinstem Chlorid unter Luftabschluß gewonnen werden, sind als einzelne Kristallindividuen, die also frei sind von Korngrenzenbestandteile, spröde. Auch dies deutet darauf hin, daß das Metall mit Oxyd oder vielleicht Nitrid Mischkristalle gebildet hat. Destilliertes Metall, sowie solches, das durch Umschmelzen von reinstem Material erzielt wurde, zeigt keinerlei Korngrenzenbestandteil, ist aber spröde.

Derselbe tritt gelegentlich auf bei unvorsichtigem Umschmelzen. Es besteht der Verdacht, daß Stickstoff hierbei eine Rolle spielt. Ähnliches ist bekannt für die Einwirkung des Stickstoffs auf Mg, Ba und Ca, wo Eutektika verzeichnet werden (*14*). Die nach SLOMAN abgeänderte Anordnung von KROLL ergibt sich aus der Abb. 2. Die stets Gas abgebenden Gummistopfen wurden ersetzt durch einen wassergekühlten, mit Apiezon gedichteten Metallkonus (Preßmaterial oder Bronze, im Vakuum mit Zinn imprägniert). Der Tiegel aus gesintertem BeO ist

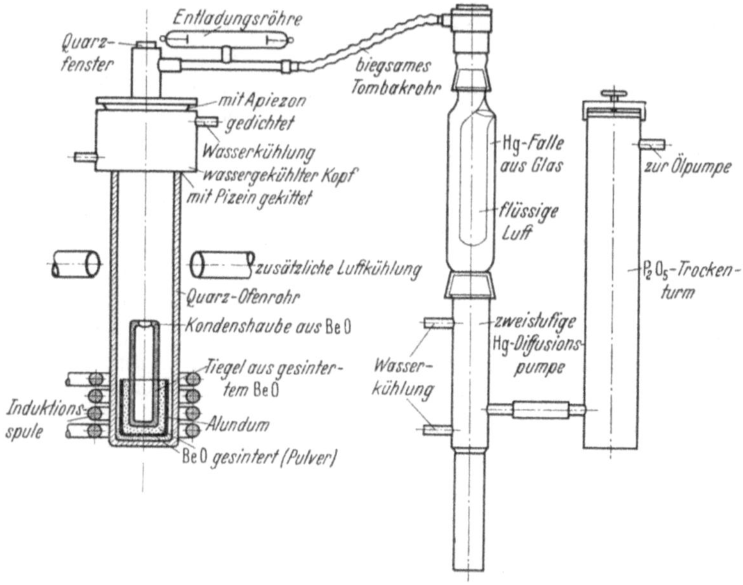

Abb. 2. Anordnung für Hochvakuumdestillation (KROLL).

in gesintertem und gepulvertem BeO eingebettet. Das Ganze befindet sich in einem dünnwandigen Alundumtiegel. Die Kondenshaube aus BeO ist oben durchlöchert. Sie sitzt dicht auf dem Tiegelrand auf. Mit Hilfe des Schauglases aus Quarz läßt sich die Destillation verfolgen. Ein biegsames Tombakrohr verbindet den Ofen mit der Hochvakuumpumpe, einer eisernen, zweistufigen Quecksilber-Diffusionspumpe. Das Vakuum wird durch ein Entladungsrohr geprüft. Es dürfen während des Destillationsvorganges keinerlei Leuchterscheinungen am Rohr eintreten, was die Gewähr für ein Vakuum von der Größenordnung von mindestens 0,001 mm Hg bietet. In der Regel ist das Vakuum um das Hundertfache besser.

Bei der Destillation von Metallen ist zu berücksichtigen, daß durch Legierungsbildung und durch die Entstehung von Verbindungen die Verhältnisse, die beim Sieden der reinen Elemente beobachtet werden, vielfach nicht mehr zutreffen. Der Dampfdruck kann durch Legierungsbildung und durch Entstehung von beständigen Verbindungen erniedrigt werden. Weiter sind Fälle bekannt, wo Dämpfe von konstanter Zusammensetzung übergehen, so daß eine weitere Trennung nicht mehr möglich ist. Es ist auch vielfach mit der Dissoziation von Verbindungen zu rechnen, ein im Hochvakuum oft eintretender Fall. Geht man von den im Schrifttum nachgewiesenen Dampfdrucken der im Be vorkommenden Elemente aus, so scheint die Trennung durch Destillation sicher, was sich aus folgender Tabelle ergibt.

Siedepunkt verschiedener Metalle

	nach (*15*)	nach (*16*)
Be	2970°	2970°
C	3467°	—
Fe	3235°	2880°
Si	2355°	2630°
Al	2270°	2500°
Mn	2032°	2030°
Mg	1107°	1102°

Nach (*16*) würde die Trennung von Eisen schwierig sein. Wir werden weiter unten sehen, daß die Trennung von den hochschmelzenden Metallen C und Fe leicht gelingt, wohl infolge Verbindungsbildung, wogegen sich das viel niedriger siedende Mn gleichmäßig auf Destillat und Rückstand verteilt.

Die Destillation von Rohberyllium nach Stock ist mit gewissen Schwierigkeiten verknüpft, weil das Metall Einschlüsse von Elektrolyt, sowie Erdalkalimetalle und Gase enthält, die ein Kochen und Verspritzen des Bades hervorrufen können. Infolgedessen wird ohne Kondenshaube vorentgast, bis das Bad sich beruhigt hat. Nach Abkühlen wird die Kondenshaube aufgesetzt und die Destillation bei Erreichung des Hochvakuums und bei einer Temperatur von etwa 1400 bis 1500° C durchgeführt. Be-Flitter hingegen werden zunächst brikettiert und geschmolzen. Der Regulus kann als solcher sofort destilliert werden, da er keine Salzeinschlüsse enthält. Nach etwa 20 min ist die Destillation beendet. Man bricht den Versuch ab, nachdem etwa $^3/_4$ des Einsatzes übergegangen sind. Man findet in der Haube je nach der Temperatur, bei welcher gearbeitet wurde, Be in großen Perlen, oder in Gestalt von Überzügen und Dendriten. Bei raschem Arbeiten bildet sich eine Stauung aus, so daß durch Erreichen des Tripelpunktdruckes und durch die strahlende Wärme und Induktion destilliertes Be in der Haube wieder zum Schmelzen kommt (Perlen). Bei langsamem Arbeiten kann man ganz gleichmäßige Überzüge von Be erzielen, das in langen Dendriten in Blechform zusammenwächst und sich leicht loslösen läßt. Beispiel: ein Be 98—99% Siemens, das also noch stark verunreinigt war, lieferte nach doppelter Destillation folgende Analyse:

Destillat (17 g) Einsatz 25 g		*Rückstand*	
Al	0,24%	Al	0,11%
Si	0,036%	Si	0,073%
Fe	Spur	Fe	2,08%
Mn	0,38%	Mn	0,35%

Eine spektralanalytische Prüfung von destilliertem hochreinem Be (Scheideanstalt) zeigte, daß die Beseitigung des Eisens fast vollkommen gelang. Mn verteilt sich auf Destillat und Rückstand. Si und Cu bleiben eher beim Rückstand, wogegen eine geringe Anreicherung von Al im Destillat vorliegt. Der Reinheitsgrad des destillierten Produktes dürfte 99,97% übertroffen haben, abgesehen von einem etwaigen Sauerstoffgehalt. Die Destillation von Beryllium gestattet also, ein sehr reines Produkt zu erzielen, wenn man ausgeht von einem Metall, das frei ist von Mn und das nur wenig Al und Si enthält. Selbstverständlich werden etwa vorhandene Alkali- und Erdalkalimetalle ebenfalls restlos beseitigt.

f) Eigenschaften.

Kristallstruktur. Beryllium ist hexagonal: die Elementarzelle enthält zwei Atome in

$$(0\,0\,0)\ \left(\frac{1}{3}\,\frac{2}{3}\,\frac{1}{2}\right).$$

Die Gitterkonstanten, die von verschiedenen Forschern angegeben werden, sind folgende:

	a	*c*	*c/a*
McKeehan (*17*)	2,283 Å	3,61 Å	—
Jaeger, Zanstra (*18*)	2,283 Å	3,64 Å	—
Owen, Pickup (*19*)[1]	2,28105 Å	3,57714 Å	—
Neuburger (*20*)	2,2680 Å	3,5942 Å	1,5847
Owen, Pickup, Roberts (*21*)	2,2812 Å	3,5779 Å	1,5685
Kossolapow u. a. (*23*)	2,2808 Å	3,5735 Å	—
Owen, Richards (*21a*)	2,2812 Å	—	1,5682

Die Werte zeigen bedeutende Schwankungen: insbesondere weicht der von Neuburger gefundene Wert stark von den übrigen ab. Es ist aber nicht sehr einfach festzustellen, welcher Wert richtig ist: alle Autoren geben an, daß sie mit reinem Beryllium gearbeitet haben: bei allen fehlt aber die direkte Bestimmung des Sauerstoffs. Es wäre gar nicht ausgeschlossen, daß einige Präparate (oder alle) noch etwas Oxyd als Mischkristall enthalten.

Dafür sprechen auch die Versuche von Jaeger und Zanstra (*18*). Diese Autoren finden, daß die Laue-Aufnahmen eines auf MgO-Unterlage erhitzten Berylliumkristalls neue Interferenzpunkte, die ganz regelmäßig angeordnet sind, zeigen. Dies kann also nur bedeuten, daß im Kristall, bei nahezu konstantem Atomabstand, entweder Fremdatome in dem Kristall aufgenommen werden, oder daß vorher statistisch verteilte Atome sich in bestimmter Weise anordnen. Da Be und BeO dasselbe Metallionengerüst haben, wäre eine derartige Mischkristallbildung sehr wohl möglich, wahrscheinlich würde das Gitter sich dabei ausdehnen;

[1] Präparat von Sloman 0,01% Fe, 0,05% C, 0,005% N.

unter diesen Umständen gewinnt der kleinste Wert der Zellkante, also derjenige von NEUBURGER, an Wahrscheinlichkeit.

Allotropie. Wie bei allen Elementen, die sehr schwierig rein zu erhalten sind, und daher oft in unreiner Form untersucht worden sind, fehlen auch beim Beryllium die vermeintlichen Allotropien nicht. Aus den Ergebnissen der Röntgenanalyse von JAEGER und ZANSTRA (*18*) geht nur soviel mit Sicherheit hervor, daß es sich hier nicht um eine Allotropie handeln kann, wie auch aus einer späteren Arbeit von JAEGER und ROSENBOHM folgt (*22*).

Bis 450° C finden KOSSOLAPOW und TRAPESNIKOW (*23*) keine Andeutungen einer Allotropie.

Da die weiteren physikalischen Eigenschaften oft an äußerst unreinem Material gemessen worden sind, sind die Werte mit dem größten Vorbehalt zu nehmen.

Dichte. Der von VIVIAN zu $d = 1,84$ (*7*) angegebene Wert stimmt leidlich mit der Röntgendichte 1,857 überein. Der lineare Ausdehnungskoeffizient steigt von $5 \cdot 10^{-6}$ bei —100° C auf $21 \cdot 10^{-6}$ bei 650° C (*24*).

Röntgenmessungen lieferten folgende Werte:

t	50	100	200	300	400	500
$\delta_{\parallel} \cdot 10^6$ . .	11,1	11,5	12,2	13,1	14,2	15,8
$\delta_{\perp} \cdot 10^6$ . .	13,7	14,4	15,9	17,6	19,5	21,5

(OWEN und RICHARDS, (*21a*)] und:

t	18 bis 220	18 bis 320	18 bis 454
$\delta_{\parallel} \cdot 10^6$ . .	10,4	11,0	13,1
$\delta_{\perp} \cdot 10^6$ . .	15,0	15,4	15,7

[KOSSOLAPOW und TRAPESNIKOW (*23*)].

Verfasser hat noch die Ausdehnung eines polykristallinen Stabes gemessen: $\bar{\delta} = 19,0 \cdot 10^{-6}$. Eine Anomalie, die auf eine Allotropie hinweisen könnte, wurde nicht gefunden.

Für die *Kompressibilität* finden RICHARDS und HALL (*26*) $0,93 \cdot 10^{-6}$; BRIDGMAN (*25*) dagegen

$$K_{30} = 0,784 \cdot 10^{-6} - 4,24 \cdot 10^{-12} \cdot p$$
$$K_{75} = 0,794 \cdot 10^{-6} - 4,31 \cdot 10^{-12} \cdot p.$$

Schmelzpunkt. Die Angaben schwanken zwischen 1280° C und 1350° C. OESTERHELD (*27*) findet 1278 ± 5° C an einem 99,5% Metall. Die Schmelzwärme schätzt OESTERHELD auf 277 cal/Grammatom ab.

Siedepunkt und Dampfdruck. BAUR und BRUNNER (*15*) geben auf Grund eigener Messungen des Dampfdruckes die Gleichung

$$\log p = -\frac{11\,700}{T} + 6,50,$$

die als Siedepunkt 3240° K = 2970° C liefert.

Als sehr genau kann dieses Resultat nicht betrachtet werden, da der Ausdruck $C \log T$ vernachlässigt ist. Eine derartige Korrektur wäre möglich, da Messungen der *spezifischen Wärme* bekannt sind.

Gefunden wurden hierfür bei tieferen Temperaturen

T	71,41°	79,50°	97,5°	208°	282,5°	377°	463°K
C_p	0,153	0,213	0,351	2,44	3,60	4,68	5,34

Mit Ausnahme der beiden ersten Daten, die von SIMON und RUHEMANN (*28*) gemessen wurden, sind diese Werte einer Arbeit von LEWIS (*29*) entnommen. Bei höheren Temperaturen liegen Messungen von JAEGER und ROSENBOHM (*31*) vor: die sehr komplizierten Erscheinungen, auf die diese Autoren stoßen, sind wohl zum Teil durch Verunreinigungen des Metalls, darunter 0,4% Fe und vielleicht noch Sauerstoff oder Stickstoff verursacht. In einer späteren Arbeit ist von SILVIA CHRISTESCU und SIMON (30) die spezifische Wärme bei sehr tiefen Temperaturen gemessen worden; in diesem Gebiet wird bei 11° K ein Maximum der spezifischen Wärme gefunden. Wenn es sich hier um eine Umwandlung handelt, so ist deren Wärmeeffekt etwa 0,001 cal. Die Verfasser vergleichen den Effekt mit den Anomalien, die KEESOM und Mitarbeiter bei Zinn und Thallium (s. d.) gefunden haben.

Die **Wärmeleitfähigkeit** ist von LEWIS (*29*) in dem Intervall — 176° C bis 190,4° C gemessen worden; sie steigt in diesem Gebiet von 0,232 bis 0,508 cal/cm/grad/sec.

Magnetische Eigenschaften. Beryllium ist diamagnetisch. OWEN (*32*) gibt für die spezifische Susziptibilität an:

$$\chi = -0{,}97 \cdot 10^{-6}.$$

Elektrische Eigenschaften. MEISSNER (*33*) gibt an, daß der Widerstand bei tieferen Temperaturen, bis 1,35° K nur auf etwa 0,31 des ursprünglichen Wertes herabsinkt; das Präparat war ein Handelsberyllium. McLENNAN und NIVEN (*34*) geben für $\varrho = 17{,}6 \cdot 10^{-6}$ und $\varrho/\varrho_0 = 0{,}78$ bei 4° K an. Es handelt sich hier also noch um sehr unreine Präparate. Nach LEWIS läßt sich durch Erhitzen auf 700° C der Widerstand erniedrigen (*29*). Nach langsamem Abkühlen sinkt ϱ_0 von $23 \cdot 10^{-6}$ auf $6{,}6 \cdot 10^{-6}$, der Temperaturkoeffizient beträgt dann $667 \cdot 10^{-5}$ bei 20°.

Diese merkwürdigen Erscheinungen, die LEWIS (*29*) aufgefunden hat, können vielleicht auf folgende Weise erklärt werden. Der sehr hohe Anfangswiderstand bei 0° C kann auf Bildung von Mischkristallen hinweisen: als zweite Komponente kommt vor allem in Frage das Berylliumoxyd, das bei vielen Röntgenaufnahmen gefunden wird. Nun ist wahrscheinlich die Mischkristallbildung bei hohen Temperaturen stärker als bei tieferen. Wird also oxydhaltiges Beryllium schnell abgekühlt, dann bildet sich eine übersättigte feste Lösung: wird diese nun langsam erhitzt, bis etwa 700° C, dann tritt Entmischung ein, es bildet sich Be neben dem Metall, das jetzt also einen viel niedrigeren Widerstand hat.

Eine Allotropie kann das Verhalten nicht erklären, denn sowohl vor als auch nach dem Erhitzen findet man dieselbe Struktur (*18*); wohl aber ändert sich dabei der Gitterparameter etwas. Auch die Wärmeleitfähigkeit und spezifische Wärme bleiben konstant (*31*). Daß im Einkristall neue (also dem BeO zuzuschreibende Interferenzpunkte) im LAUE-Diagramm auftreten, würde darauf hinweisen, daß sich das BeO orientiert in bezug auf den Be-Kristall abscheidet.

Den Einfluß eines Magnetfeldes auf den Widerstand hat KAPITZA gemessen (*35*).

Optische Eigenschaften. Brechungsindex n, Reflexionsvermögen R und Extinktionskoeffizient k sind an aufgedampften Berylliumschichten gemessen worden [O'BRYAN (*36*)].

Die optischen Eigenschaften haben hier Werte, die sonst nur bei anomalen Metallen (z. B. Germanium) gefunden werden. Die Frage ist nur, ob die von O'BRYAN erhaltenen Metallschichten wirklich rein waren, oder doch noch Oxyd oder Nitrid enthielten.

λ in Å	n	k	R in %
5780	2,64	0,86	43
5461	2,66	0,89	44
4916	2,64	0,85	42
4358	2,56	0,87	42
4046	2,48	0,89	42

Aus der Grenzwellenlänge 390 mμ, die SCHULZE (*37*) angibt, berechnet man für die Austrittsarbeit eines Elektrons 3,16 eV. MANN und DU BRIDGE geben an $\varphi_{\text{Be}} = 3{,}92$ eV (*42*).

Elektrochemisches Potential. Angaben über die wohl noch sehr unsicheren Normalpotentiale und das Verhalten gegen Elektrolyte finden sich bei MÜLLER (*38*) und GETMAN (*39*).

Mechanische Eigenschaften. Destilliertes Beryllium in Gestalt von Dendriten oder Perlen läßt sich nach eigenen Versuchen bei etwa 900° nach dem Erhitzen in geeigneten Salzbädern ziemlich leicht verwalzen. Das Blech ist jedoch kalt spröde. Die Brinellhärte destillierter Perlen wurde bestenfalls bei 110 gefunden, im Gegensatz zu SLOMAN, der Werte bis zu 60 Br. gemessen hat.

g) Verwendung.

Die einzige Verwendung von Be als Metall ist diejenige für Röntgenfenster. Die Durchlässigkeit für Röntgenstrahlen von ~ 1 Å Wellenlänge ist etwa 17mal besser als für Aluminium. Das Beryllium wird hierfür bei einer Temperatur nahe am Schmelzpunkt nach dem Verfahren von HAUSSER, BARDEHLE, HEISEN auf Plättchen von 1 bis 2 mm verpreßt (*40*). Die geringe Kathodenzerstäubung eröffnet vielleicht gewisse Anwendungen in physikalischen Apparaten. Als Reduktions- und Entschweflungsmittel übertrifft das Be fast alle bekannten Elemente, doch dürften zu diesem Zweck Legierungen in der Verwendung billiger sein. Im Leichtbau besitzt Be als Metall nur sehr geringe Aussichten wegen der schlechten mechanischen Eigenschaften und der schwierigen Formgebung. Die Hauptverwendung des Berylliums liegt wohl in seinen vergütbaren Schwermetallegierungen, hauptsächlich denen des Kupfers und des Nickels (*41*).

Literatur.

1. KROLL, W.: Z. anorg. Chem. Bd. 219 (1934) S. 301.
2. HUNTER, M. A. u. A. JONES: Electrochemical Society, 44th Meeting, 27. Sept. 1923, S. 26. Amer.P. 2076067. — COOPER, H. S.: Reduktion von $BeCl_2$ mit Mg innerhalb von NaCl-KCl-Schmelzen bei 600°.
3. KLEMM, W.: Z. anorg. Chem. Bd. 152 (1926) S. 243.
4. LEBEAU: C. R. Acad. Sci., Paris Bd. 126 (1898) S. 744.
5. FISCHER, H.: Wiss. Veröff. Siemens-Konz. Bd. VIII (1929) S. 59—73.
6. FICHTER, F., K. JABLEZYNSKI: Ber. dtsch. chem. Ges. Bd. 46 (1913) S. 1604. — HOPKINS, B. S.: Trans. Amer. electrochem. Soc. Bd. 45 (1924) S. 475.
7. VIVIAN, A. C.: Trans. Faraday Soc. Bd. 22 (1926) S. 211. Siehe Sammelliteratur.
8. ILLIG, K.: Electrician Bd. 11 (1930) S. 10.
9. SLOMAN, H. A.: Researches on Beryllium. J. Inst. Met. Bd. 44 (1932) S. 365—391.
10. BORCHERS, W.: Z. Elektrochem. Bd. 1 (1894/95) S. 362—420; Bd. 2 (1895/96) S. 39; sowie ENGELHARDT l. c.: „Verfahren von Cooper-Beryllium Corporation und Deutsche Gold- und Silberscheideanstalt. DRP. 646088.
11. BOOTH, H. S., G. G. TORREY: J. phys. u. Chem. Bd. 35 (1931) S. 3111, 3303.
12. Farben-Industrie I. G., J. 55319.
13. KROLL, W.: Metallwirtsch. 1934, S. 725. — Metal Ind. Bd. 47 (1935) S. 29—31.
14. SCHULZE, A. u. F. HOFFMANN: Phys. Z. Bd. 36 (1935) S. 453—458. ANTROPOFF, A. VON, E. FALK: Z. anorg. Chem. Bd. 187 (1930) S. 408.
15. BAUR, E., R. BRUNNER: Helv. chim. Acta Bd. 17 (1934) S. 958—969.
16. EUCKEN, A.: Metallwirtsch. Bd. 15 (1936) S. 65.
17. MCKEEHAN, L. W.: Proc. nat. Acad. Sci., Wash. Bd. 8 (1922) S. 270.
18. JAEGER, F. M., J. E. ZANSTRA: Proc. Acad. Sci., Amst. Bd. 36 (1933) S. 636.
19. OWEN, E. A., L. PICKUP: Phil. Mag. (7) Bd. 20 (1935) S. 1155.
20. NEUBURGER, M. C.: Z. Kristallogr. Bd. 92 (1935) S. 474.
21. OWEN, E. A., L. PICKUP, I. O. ROBERTS: Z. Kristallogr. Bd. 91 (1935) S. 70.
21a. OWEN, E. A., T. LL. RICHARDS: Phil. Mag. (7) Bd. 22 (1936) S. 304.
22. JAEGER, F. M., E. ROSENBOHM: Proc. Acad. Sci., Amst. Bd. 35 (1932) S. 1055.
23. KOSSOLAPOW, G. F., A. P. TRAPESNIKOW: Z. Kristallogr. Bd. 94 (1936) S. 53.
24. HIDNERT, P., W. T. SWEENEY: Met. Ind., Lond. Bd. 32 (1928) S. 398.
25. BRIDGMAN, P. W.: Proc. Amer. Acad. Bd. 68 (1932) S. 27. Phys. Rev. (2) Bd. 29 (1927) S. 16.
26. RICHARDS, T. W., L. P. HALL, B. J. MAIR: J. Amer. chem. Soc. Bd. 50 (1928) S. 3309.
27. OESTERHELD, G.: Z. anorg. Chem. Bd. 97 (1916) S. 1.
28. SIMON, F., M. RUHEMANN: Z. phys. Chem. Bd. 129 (1927) S. 321.
29. LEWIS, E. J.: Phys. Rev. (2) Bd. 34 (1929) S. 1575.
30. CRISTESCU, S., F. SIMON: Z. phys. Chem. Abt. B Bd. 25 (1934) S. 276.
31. JAEGER, F. M., E. ROSENBOHM: Proc. Acad. Sci., Amst. Bd. 37 (1934) S. 67.
32. OWEN, M.: Ann. Phys., Lpz. [4] Bd. 37 (1912) S. 680.
33. MEISSNER, W., B. VOIGT: Ann. Phys., Lpz. [5] Bd. 7 (1929) S. 761.
34. MCLENNAN, J. C., D. D. NIVEN: Phil. Mag. [7] Bd. 4 (1927) S. 397.
35. KAPITZA, P.: Proc. roy. Soc., Lond. A Bd. 123 (1929) S. 292.

36. O'BRYAN, H. M.: J. opt. Soc. Amer. Bd. 26 (1936) S. 125.
37. SCHULZE, R.: Z. Phys. Bd. 92 (1934) S. 212.
38. MÜLLER, R.: Berg- u. hüttenm. Jb. Bd. 82 (1934) S. 121—124.
39. GETMAN, F. H.: Trans. electrochem. Soc. Bd. 66 (1934) S. 143—152.
40. HAUSSER, K. W., A. BARDEHLE, G. HEISEN: Fortschr. Röntgenstr. Bd. 35 (1926) S. 636.
41. Sammelliteratur über Beryllium, Herstellung und Verwendung, Gmelin System-Nummer 26, Berlin 1930, Schrifttum bis 1. Mai 1930. — ENGELHARDT, V.: Handbuch der technischen Elektrochemie, Bd. 3, S. 414—476. Leipzig: Akademische Verlagsgesellschaft 1934. — Wiss. Veröff. Siemens-Konz. sh. 5.
42. MANN, M. M., LEE A. DU BRIDGE: Phys. Rev. (1) Bd. 51 (1937) S. 120.

27. Magnésium.

(At. 24,32.)

Par **G. CHAUDRON**, Lille.

Avec 10 figures.

On sait que les procédés de préparation du magnésium se divisent en deux groupes:

1° les préparations par électrolyse.

2° les préparations par réduction de la magnésie, encore appelées procédés thermiques.

Nous nous contenterons de rappeler très brièvement le principe de ces méthodes et nous insisterons davantage sur la purification ou affinage des magnésiums bruts ainsi obtenus.

a) Fabrication du magnésium par électrolyse.

Elle se fait en utilisant comme matière première, soit le chlorure de magnésium anhydre, soit l'oxyde. La première méthode est la plus employée; elle nécessite toutefois la préparation du chlorure anhydre, qui est délicate. Nous ne décrirons pas les différents types d'électrolyseurs mis au point dans les pays producteurs de magnésium. Dans tous les appareils, la cuve d'électrolyse est fermée de façon à protéger le métal qui se rassemble à la surface du bain. Celui-ci est « péché » en même temps que le flux (bain d'électrolyse) par une ouverture ménagée dans le couvercle de la cuve. D'une façon générale, on rassemble ce métal dans une grande poche en fer; mais avant la coulée des lingots ou billettes, il est nécessaire de procéder à l'opération dite «d'affinage du magnésium brut d'électrolyse».

b) Affinage du magnésium brut d'électrolyse.

Ce magnésium brut est inutilisable, pour deux raisons différentes, la première est de beaucoup la plus grave: ce métal est en effet mélangé assez intimement au flux qui reste en suspension; d'autre part, le métal est souillé par différentes impuretés qui restent également en suspension et qui sont principalement constituées par du nitrure et de la magnésie plus ou moins enrobés dans du flux. Pendant très longtemps on a soutenu la théorie que l'affinage du magnésium ne pouvait se faire que par brassage avec un flux pouvant réagir chimiquement avec toutes les impuretés du métal; cette opinion était d'autant plus difficile à réfuter qu'il était, bien entendu, absolument nécessaire d'ajouter au métal brut un flux étranger aux sels d'électrolyse afin de pouvoir le préserver superficiellement contre l'oxydation et la nitruration.

Expériences d'Herenguel (*1*) **sur la décantation du magnésium brut en atmosphère d'argon.** En opérant sous atmosphère d'argon on peut observer la décantation des sels sans faire aucune addition. Cette décantation peut du reste être accélérée en faisant descendre dans un creuset cylindrique rempli de métal une tôle de fer perforée convenablement guidée au cours de sa descente. On constate alors que le flux visqueux enrobe en descendant toutes les impuretés en suspension (voir fig. 1). Cette décantation forcée est équivalente à une filtration, comme l'a montré le même auteur. Toutes les inclusions salines restent sur le filtre, et il en est de même des nitrures. Bien entendu la teneur en fer, silicium, etc ... ne varie pas au cours de cette opération; on peut voir ceci très simplement d'une manière qualitative en examinant la couleur de l'organo-magnésien. Celui-ci est coloré dans le cas où l'on a du magnésium brut ou du magnésium filtré une ou deux fois; donc, pour monter réellement en pureté il faut avoir recours à d'autres opérations, que nous expliquerons plus loin dans le paragraphe du suraffinage. Le tableau suivant résume quelques dosages effectués à ce sujet (*2*) et il indique la coleration de l'organo-magnesien correspondant.

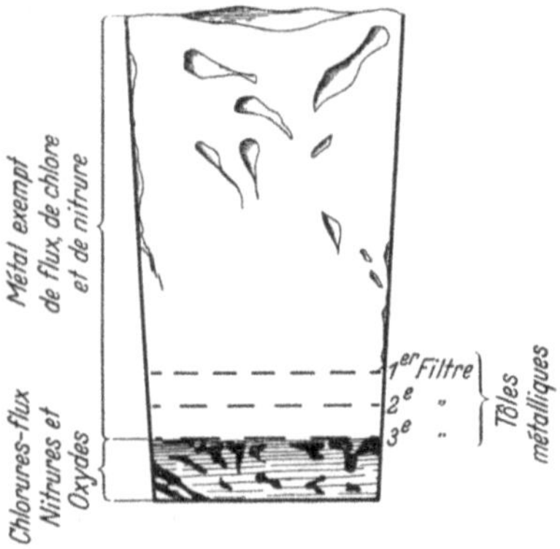

Fig. 1. Dècantation forcée des inclusions salines dans le magnésium.

Tableau 1.

Métal	Organo-magnésien	Cl %	Fe + Al %	Si %	N_2 %
Brut d'élect.	Très coloré, instable	2,7	0,02	0,02	0,005
Filtré sous Ar	Très coloré, instable	0,004	0,02	0,02	0,002
2me filtration	Très coloré, instable	0,0003	0,02	0,02	0,0017
Sublimé	incolore	$<$ 0,001	$<$ 0,001	$<$ 0,001	néant

Il en résulte que l'opération dite d'affinage est presque identique à celle de la refusion qui est décrite dans le paragraphe suivant sur la mise en oeuvre du magnésium.

Préparation du magnésium par le procédé thermique. On est revenu récemment au procédé des premiers chimistes qui se sont proposés d'isoler le magnésium. En effet, en 1808, Sir HUMPHRY DAVY a obtenu du magnésium en réduisant la magnésie par de la vapeur de potassium; plus tard, SAINTE CLAIRE DEVILLE et CARON (*3*) ont produit ce métal en assez grande quantité par réduction du chlorure de magnésium par le sodium. Les procédés modernes ont pour objet la fabrication du magnésium à partir de magnésie ou de dolomie. Plusieurs réducteurs ont été proposés: le carbure de calcium, l'aluminium, le silicium, le carbone etc... La réduction se fait soit dans un vide poussé, à une température moyenne, soit à une très haute température, par exemple 2000° dans le cas du carbone sous la pression atmosphérique, la vapeur de magnésium est alors entraînée dans un courant d'hydrogène. Le métal brut obtenu est inutilisable, il faut faire une nouvelle distillation ou une nouvelle sublimation pour avoir un métal à un titre acceptable. Ces magnésiums sont encore très peu connus industriellement, et dans aucune publication on ne trouve d'indications sur leur pureté et sur leurs propriétés; on peut envisager toutefois que dans la plupart des cas on retrouvera la haute pureté des métaux sublimés provenant du métal brut d'électrolyse.

c) Mise en oeuvre du magnésium.

Coulée du magnésium. Le magnésium se nitrurant et s'oxydant très facilement à l'état fondu, sa coulée a paru très longtemps une

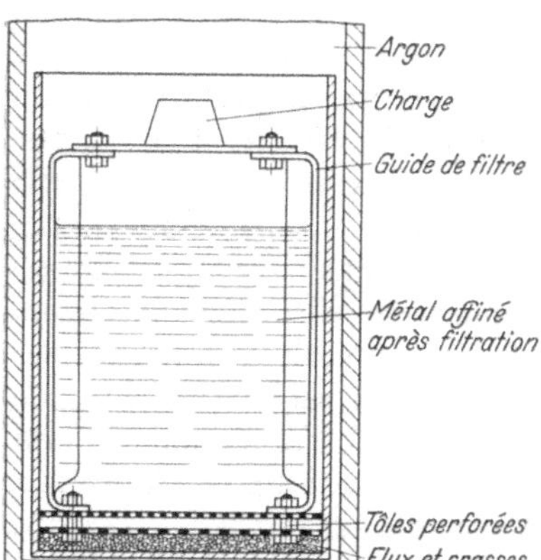

Fig. 2. Appareil pour réaliser la décantation forcée du magnésium sous atmosphère d'argon.

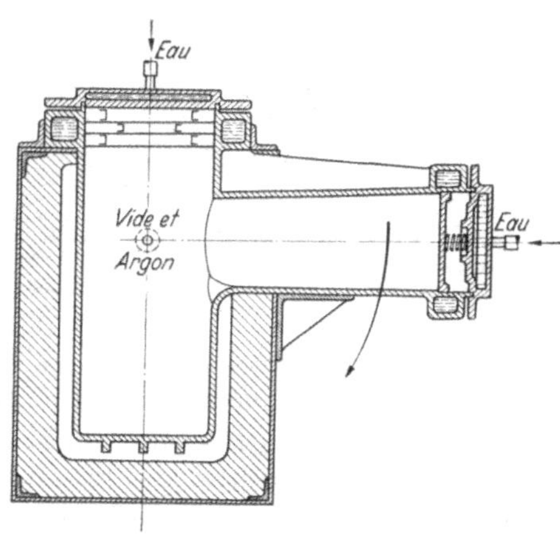

Fig. 3. Coulée tranquille sous argon par basculement.

opération extrêmement difficile et en tous cas susceptible de provoquer une altération appréciable du métal. Des expériences de fusion et de coulée sous argon (*4*) ont montré que l'on obtenait ainsi un métal de haute qualité, mais qui n'a pas paru supérieur dans aucune application à un métal coulé correctement à l'air libre sous flux protecteur (voir fig. 2, 3 et 4).

Les conditions de cette coulée correcte sont les suivantes:

1° le métal est à une température très peu supérieure à celle de la fusion.

2° les flux de protection choisis ne peuvent absolument pas être entraînés par le métal.

3° le métal est parfaitement décanté ou filtré.

4° le flux décanté au fond du creuset ne peut pas, non plus, être entraîné par le métal au cours de sa coulée.

5° le jet de coulée est aussi court que possible et il est partiellement protégé par une insufflation de gaz sulfureux.

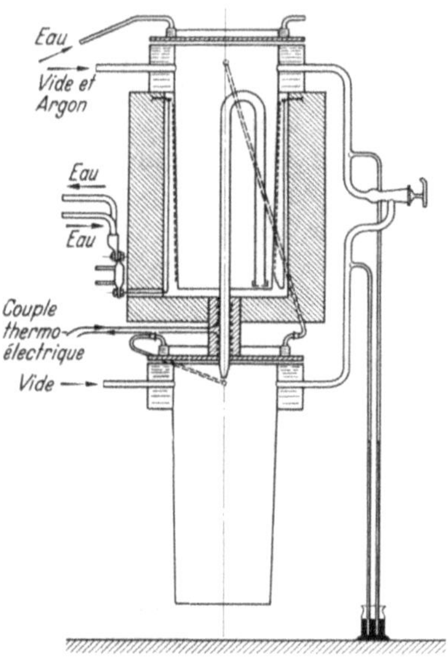

Fig. 4. Coulée sous argon par siphonnage. — Réalisation d'un lingot sain, le lingot est nourri jusqu'à la fin de la solidification.

Refusion du magnésium. Pour mettre en oeuvre le magnésium fourni sous forme de lingots affinés puis coulé comme il vient d'être dit il est nécessaire de refondre le métal. C'est la première opération qu'il y aura lieu d'effectuer pour la fabrication des pièces de fonderie. Cette fusion devra se faire sous un flux protecteur. On se trouvera donc à nouveau après la fusion en face du problème d'affinage du métal brut d'électrolyse, à cette différence près que le flux pourra avoir dans ce cas une composition très différente de celle du sel d'électrolyse. D'autre part, la décantation avant la coulée pourra être accélérée soit en ajoutant au flux de fusion un sel très lourd qui hâtera la séparation, soit en effectuant comme il a été dit précédemment une filtration en descendant dans le creuset cylindrique une tôle de fer perforée. Mais dès que la décantation sera commencée, la surface du métal risquera de ne plus être protégée. Il faudra donc ajouter en surface un flux léger. En résumé on pourra utiliser comme l'a proposé CAILLON (5) dans le procédé dit « de l'Aéronautique française » (voir la fig. 5 résumant cette technique):

1° un flux de base protecteur très fluide, le plus souvent riche en chlorure de magnésium anhydre dont le rôle essentiel est d'isoler le métal de l'atmosphère au cours de la fusion.

2° un flux correctif qui a un double rôle:

a) il doit alourdir le flux de base protecteur.

b) il doit augmenter la viscosité du flux de base pour faciliter la filtration, l'élimination des impuretés par enrobement et le collage au fond du creuset afin de permettre la coulée sans entraînement de flux. Ce flux est donc dans certains cas assez difficile à mettre au point.

3° un flux de coulée qui doit être léger et qui doit former une croûte solide adhérant bien aux parois du creuset pour éviter son entraînement au moment de la coulée.

A titre d'exemple, nous indiquons la composition de certains de ces flux:

A flux de base type: eutectique $MgCl_2$ (60%), NaCl (40%); ce flux est légèrement plus lourd que le magnésium à la température ordinaire.

B flux correctif: il est essentiellement composé de fluorure de magnésium ou d'un mélange de fluorure de magnésium et de baryum.

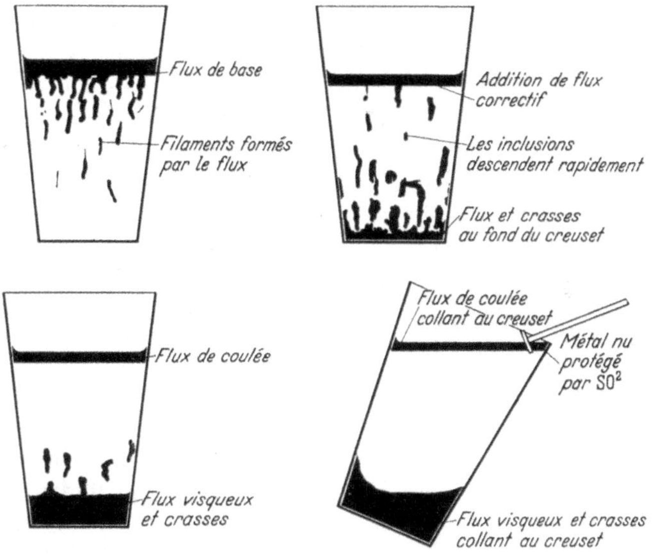

Fig. 5. Fusion et coulée du magnésium sous flux. *a* 1er temps. Fusion sous le flux de base. b 2ème temps. Affinage (ou décantation) par addition de flux correctif. *c* 3ème temps. Vers la fin de l'affinage on protège le métal superficiellement par addition de flux de coulée. *d* 4ème temps. La coulée.

C flux de coulée type: mélange de borate de soude et d'acide borique.

Remarque: Bien entendu, ce que nous venons de dire sur la refusion s'applique également à la fusion et à la coulée de déchets de magnésium plus ou moins massifs, par exemple des poudres et des tournures.

La dégradation du magnésium au cours de refusions successives. Avec du magnésium industriel, HERENGUEL (6) a opéré trois fusions successives, suivies chaque fois de filtration, afin de suivre la dégradation éventuelle du métal. Le tableau suivant résume ses mesures.

Tableau 2.

État du métal	Cl %	N_2 %
Métal industriel . .	0,01	0,005
Après 1 fusion. . .	0,0003	0,0017
Après 2 fusions . .	0,0003	0,0017
Après 3 fusions . .	0,0003	0,0017

Donc dans une opérations correcte, il n' y a pas lieu de craindre une altération sensible du métal.

d) Purification du magnésium industriel ou suraffinage de ce métal.

Pour obtenir du magnésium de très haute pureté plusieurs auteurs ont envisagé des procédés de distillation et de sublimation (*7, 8, 50*). On a également employé en France, à la Compagnie d'Alais, Froges et Camargue (communication orale de GADEAU) la méthode par double électrolyse.

Distillation et sublimation du magnésium. L'idée de ce procédé est déjà bien ancienne; elle est du reste employée avec succès pour d'autres métaux, en particulier pour l'affinage des métaux alcalins et alcalino-terreux. Toutefois elle présente certaines difficultés qui n'ont été résolues que récemment, en particulier la formations du magnésium dégradable. Nous donnerons une description rapide de la méthode mise au point par CHAUDRON et HERENGUEL (9): La sublimation se fait à 600°, sous un vide de l'ordre du centième de mm. On sait que le point triple du magnésium se trouve à 1 mm de pression et à la température de 650°; donc, au-dessus de 1 mm on passe par l'état liquide et l'on fait alors une distillation. Ce dernier mode de volatilisation est moins avantageux que le premier pour plusieurs raisons qui ont été mises en évidence: la distillation se faisant à température plus élevée, l'élimination de certaines impuretés, en particulier du fer, se fait plus difficilement[1]; d'autre part, un inconvénient moins grave, mais non négligeable, est dû au fait que le métal condensé occupe un volume bien plus grand par suite d'une cristallisation moins serrée; il en résulte un moins bon rendement des appareils.

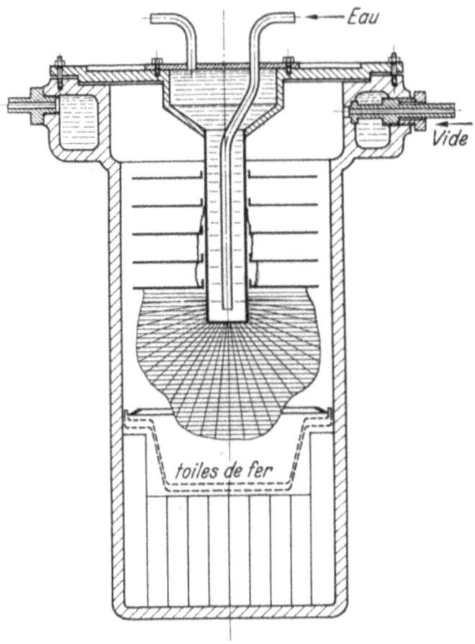

Fig. 6. Appareil CHAUDRON-HERENGUEL pour la sublimation du magnésium.

Description de l'appareil de sublimation. L'appareil de sublimation, de 80 litres de capacité, en acier soudé (fig. 6 et 7) est rigoureusement étanche, puisque l'on peut y maintenir un vide du centième de mm même en cours de chauffage. Il est divisé en trois compartiments:

1° la partie inférieure de la cuve reçoit la charge à purifier.

2° la partie supérieure comprend un refroidisseur, ainsi que des plateaux qui permettent le fractionnement des vapeurs.

[1] Bien entendu, pour opérer correctement, il faut effectuer la distillation en présence d'une petite quantité d'argon pour fournir la pression nécessaire; le métal est préalablement chauffé dans le vide pour être dégazé.

3° une partie médiane où se fait la condensation de la vapeur; celle-ci est séparée de la partie inférieure par un filtre métallique très serré qui évite l'entraînement des poussières résiduaires.

La condensation du métal doit se faire à une température d'environ 400°, si l'on veut obtenir un métal bien cristallisé qui ne s'altère pas à sa sortie de l'appareil. Comme l'indique la figure, on obtient un bloc métallique presque sphérique, formé de longues fibres dirigées normalement aux surfaces isothermes.

Rendement de l'opération. L'opération bien conduite permet une récupération presque totale du magnésium mis en oeuvre. On doit pour cela régler le chauffage de façon à condenser vers 400° la presque totalité du métal. Ce résultat est facile à obtenir: il suffit de diriger le chauffage en mesurant la température de l'eau qui sort du refroidisseur.

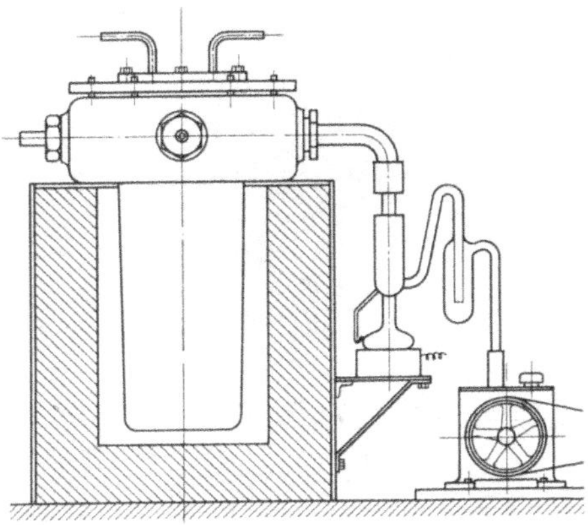

Fig. 7. Montage de l'appareil de sublimation.

Magnésium dégradable. Les premières opérations avaient montré aux auteurs un grave écueil. En effet si la chambre de condensation n'est pas à une température suffisante, il se dépose un métal microcristallin qui s'enflamme lentement dès qu'on le sort de l'appareil. Il en résulte que, dès que l'on forme une petite quantité de ce métal, on aboutit à un rendement défectueux et à un métal chargé d'oxyde (plus exactement de sous-oxyde noir[1] et de nitrures).

La figure 8 représente les fibres de magnésium condensés aprés sublimations dans une chanche à température trop basse. Une partie des fibres est constituée par le métal dégradable.

Résidus de sublimation. Les résidus de sublimation sont formés par du siliciure bleu, Mg_2Si, de l'oxychlorure $MgO \cdot MgCl_2$ et des particules de cuivre, de nickel et de fer.

Analyse du magnésium obtenu par sublimation. Les méthodes d'analyse usuelles ne permettent pas d'apprécier les teneurs en impuretés du métal sublimé, ou, du moins, il est nécessaire de procéder, avant l'analyse, à des enrichissements. En particulier, on a employé la méthode des organo-magnésiens qui permet une dissolution du magnésium tout en laissant intactes les impuretés. Avec le métal sublimé, on obtient

[1] CHAUDRON et MICHEL pensent que ce corps est formé par une insertion d'atomes de magnésium dans le réseau de la magnésie (communication orale à la société chimique de France, section de Lille, juillet 1938).

des solutions d'organo-magnésiens dans l'éther parfaitement claires. C'est une excellente méthode pour se rendre compte de la pureté du magnésium.

Résultat des analyses. Le tableau suivant indique les résultats obtenus à partir de métaux titrant moins de 0,1% de chlore. En effet, cette méthode n'est pas applicable directement à un métal brut d'électrolyse,

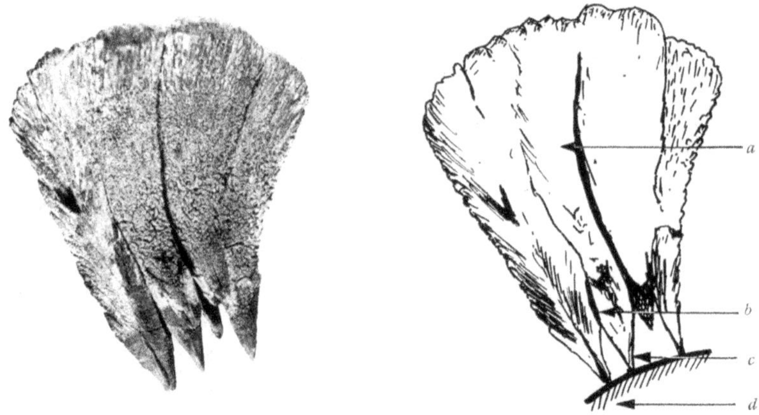

Fig. 8. Magnésium déposé sur le condenseur, les pointes (origines de la cristallisation) sont constituées par du magnésium dégradable.

a Magnésium bien cristallisé pur, *b* magnésium dégradable souillé par le corps noir, *c* points noirs qui se trouvent à l'origine de la cristallisation, *d* parois du condenseur refroidies par une circulation d'eau.

qui n'a pas été décanté ni filtré. Les chlorures dans ce cas, semblent attaquer les parois en fer de la cuve et l'on obtient un métal contenant toujours, par suite de la grande volatilité du chlorure de fer, des traces de chlore et de fer.

Tableau 3.

Métal	Organo-magnésien	Cl %	Fe %	Si %	N_2 %
Mg ordinaire	Très coloré et instable	0,02	0,02	0,02	0,01
Mg sublimé	Incolore, stable	0,001	0,005	< 0,001	néant
Mg bisublimé	Incolore, stable	0,001	néant	néant	néant

Nous donnons ci-dessous les valeurs extrêmes de la teneur en impuretés pour du magnésium sublimé par la méthode décrite précédemment:

Fe	0,0006 à 0,002 %
Si	0,001 à 0,003 %
Al	0,001 à 0,0015%
Cu	0,0004 à 0,0007%
Cl	0,0005 à 0,0008%

Ce qui correspond à une teneur en magnésium variant de 99,992 à 99,996%. Bien entendu, il faut remarquer que d'autres impuretés peuvent exister et ne sont pas dosées, en particulier l'impureté gazeuse.

e) Propriétés physiques.

Constantes du réseau. Le magnésium cristallise dans le système hexagonal compact. En fonction des diverses teneurs en impuretés, fer ou silicium, nous indiquons ci-dessous les constantes du réseau. De nouvelles déterminations devraient être faites sur du magnésium sublimé titrant véritablement 99,99.

Tableau 4.

Provenance	*a* (Å)	*c* (Å)	*c/a*	Auteurs
Mg sublimé sous vide, 0,09% Fe	3,203	5,196	1,622	RUNQVIST, ARNFELT, WESTGREN (*10*)
Mg sublimé dans le vide	3,3022	5,1991	1,6236	STENZEL et WEERTS (*11*)
Mg 99,9	3,2020	5,2000	1,6240	OWEN, PICKUP et ROBERTS (*12*)
Mg 99,97 (Fe + Cu) .	3,2001	5,2002	1,6250	The National Phys. Laboratory (*13*)
Mg 99,987 (0,0004 Fe + Al, 0,0009 Si) . .	3,20300	5,20021	1,62354	JETTE et FOOTE (*14*)

Allotropie et anomalies. L'existence d'une anomalie de conductibilité électrique a été signalée par LAFFITTE et GRANDADAM (*15*) vers 250°, qui ne semble pas devoir correspondre à une modification de structure.

BRIDGMAN (*16*) par des essais mécaniques sous pression élevée, qui décèlent des transformations allotropiques très nettes dans le cas du strontium, du calcium et du baryum, n'a pu mettre en évidence aucune anomalie pour le magnésium.

Densité. Le tableau suivant donne la variation de la densité en fonction de la pureté du métal.

Tableau 5.

Pureté du magnésium	*t*	*d*	Auteurs
Mg 99,5	18°	1,738	PARIS (*17*)
Mg 99,87 (0,06% Si, 0,07% Fe) .	18°	1,742	COOK et JONES (*18*)
Mg très pur, obtenu par sublimation	18°	1,739	ELCHARDUS (*19*)
Mg 99,9 détermination par ray. XX	18°	1,737	OWEN, PICKUP et ROBERTS (*12*)

Dureté.

Tableau 6.

Provenance du magnésium	H_B	H_R	Auteurs
Mg industriel A	39	47	HERENGUEL (*20*)
Mg industriel B	38—41	50	HERENGUEL (*20*)
Mg sublimé et refondu sous argon	29 à 30	40 à 40,5	HERENGUEL (*20*)
Mg pur coulé en sable	32		BASTIEN (*21*)
Mg pur coulé en coquille . . .	37,5		BASTIEN (*21*)

H_B = Dureté: BRINELL, H_R = Dureté: ROCKWELL.

La dureté du magnésium est accrue plus rapidement par addition de cuivre que par addition d'aluminium [BASTIEN (*21*)].

Coéfficient de dilatation. Le coéfficient de dilatation a été déterminé par plusieurs auteurs. Ils trouvent à peu près la même valeur dans la direction de l'axe hexagonal et dans la direction perpendiculaire. Le tableau *7* contient quelques résultats.

Tableau 7.

Pourcentage	Temp. °C	$\delta_\perp \cdot 10^6$	$\delta_\parallel \cdot 10^6$	Méthode	Auteurs
99,95 % Cristaux uniques	— 252 à — 195	5,38	5,88	mesure directe	GOENS et SCHMID (*47*)
	— 195 à — 183	13,0	13,8		
	— 183 à — 80	18,8	20,3		
	— 80 à 20	24,3	25,7		
	20 à 100	26,1	27,5		
	100 à 200	27,8	29,1		
99,95 %	50 à 200	27,7 ± 1,4	29,3 ± 1,0	rayons X	HANAWALT et FREVEL (*48*)
produit commercial	20 à 100	23,5	23,8	rayons X	SHINODA (*49*)
Mg sublimé	15 à 35	24,3	27,1	mes. dir.	BRIDGMAN (*46*)

Les mesures directes et celles au moyen des rayons X donnent des résultats assez concordants. ELCHARDUS (*19*) sur du magnésium sublimé trouve sur un échantillon polycristallin $\delta_{20-100^\circ} = 26{,}86 \cdot 10^{-6}$.

Compressibilité. La compressibilité a été étudieé spar BRIDGMAN (*41*). Nous ne citons que les résultats de ses recherches sur les cristaux uniques.

$$\left(-\frac{\Delta l}{l_0}\right)_{\parallel} = 0{,}9842 \cdot 10^{-6} p - 6{,}51 \cdot 10^{-12} p^2 \quad (30^\circ)$$
$$= 1{,}0154 \cdot 10^{-6} p - 7{,}78 \cdot 10^{-12} p^2 \quad (75^\circ)$$
$$\left(-\frac{\Delta l}{l_0}\right)_{\perp} = 0{,}9845 \cdot 10^{-6} p - 9{,}19 \cdot 10^{-12} p^2 \quad (30^\circ)$$
$$= 0{,}9659 \cdot 10^{-6} p - 6{,}95 \cdot 10^{-12} p^2 \quad (75^\circ)$$

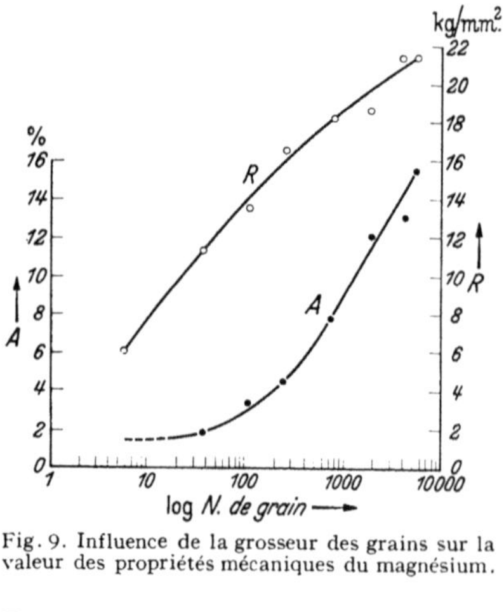

Fig. 9. Influence de la grosseur des grains sur la valeur des propriétés mécaniques du magnésium.

Module d'élasticité. Dans sa thèse, ELCHARDUS (*19*) indique pour le magnésium pur une valeur du module de 2900 kg/mm².

De nombreux auteurs, dont ARCHBUTT et JENKIN (*22*), PECZALSKI (*23*), PORTEVIN (*24*) trouvent pour le magnésium commercial des valeurs du module qui varient entre 4000 et 4400.

Propriétés mécaniques. Résistance à la traction, et allongement. Avec du magnésium extra-pur, il est possible de se rendre compte de l'influence de la grosseur des grains sur la valeur des propriétés mécaniques (*25*). La fig. 9 montre les résultats des expériences à ce sujet.

Le tableau suivant, dont les essais sont faits sur des tôles laminées et recuites, indique les valeurs de la résistance à la traction et de l'allongement à la rupture suivant différents auteurs.

Tableau 8.

Pureté du magnésium	R kg/mm²	A %	Auteurs
Mg distillé et refondu sous argon.	22,2	16,2	ELCHARDUS (*19*)
Mg très pur, sublimé dans le vide et refondu sous argon	25	18	BASTIEN (*26*)
Mg industriel	21,5	7,5	HERENGUEL (*20*)
Mg industriel	23,6	9	HERENGUEL (*20*)
Mg sublimé et refondu sous argon	21,5	13—15	HERENGUEL (*20*)

Point de fusion. Toutes les valeurs trouvées sont concordantes, nous donnons ci-dessous quelques exemples.

Tableau 9.

Provenance et pureté du magnésium	t_f °C	Auteurs
Mg 99,7%	649	HAUGHTON, PAYNE (*27*)
Mg avec 0,07 Zn; 0,02 Si; 0,01 Cu; 0,04 Mn; 0,05 (Fe + Al)	650	GRUBE, MOHR, BORNHAK (*28*)
Pas d'indication de provenance	651	HANSON, GAYLER (*29*)

Point d'ébullition. Dans ce cas encore, la concordance est bonne, bien que la plupart des valeurs soient obtenues par extrapolation.

Tableau 10.

Pureté du magnésium	t_E° C	Auteurs
Aucune indication de pureté. .	1097	LEITGEBEL (*30*)
Mg distillé sous vide élevé . .	1107	HARTMANN, SCHNEIDER (*31*)
Pas d'indication de provenance	1086	RUFF, HARTMANN (*32*
Pas d'indication de provenance	1088	BAUR, BRUNNER (*33*)

Tension de vapeur. La tension de vapeur du magnésium liquide en fonction de la température peut être représentée par l'équation:

$$\log p = -\frac{7610}{T} - 1{,}020 \log T + 11{,}61 - 0{,}00295\, T + 0{,}874 \cdot 10^{-6} \cdot T^2 \quad (57)$$

Cette équation donne pour le point d'ébullition: 1102° C en accord presque parfait avec la valeur de HARTMANN et SCHNEIDER (*31*).

L'équation pour le magnésium solide est:

$$\log p = -\frac{7636}{T} + 2{,}500 \log T + 3{,}27\,.$$

Chaleurs spécifiques. Des mesures très précises ont été faites par JAEGER et POPPEMA (*51*), qui donnent les chiffres suivants (tableau 11):

Tableau 11.

température °C	c_p	température °C	c_p
0	5,864	400	6,887
100	6,120	500	7,143
200	6,375	600	7,398
300	6,631		

Conductibilité électrique. Des mesures seraient à faire sur le magnésium de haute pureté et sur l'influence de traces de fer, de silicium et de nitrures. Cependant des déterminations très nombreuses ont déjà été faites, mais en général les auteurs n'indiquent pas la provenance du métal qu'ils emploient. Par exemple, VON ZEERLEDER (*34*) indique, pour un Mg à 99,7%:

$$\varkappa = 20 \cdot 10^{-4} \text{ à } 25°.$$

STEPANOW (*42*) a obtenu la valeur la plus élevée pour la conductibilité: $25{,}06 \cdot 10^{-6}$. Malheureusement il n'indique pas la pureté du magnésium utilisé. Mais BRIDGMAN (*43*), a étudié un magnésium sublimé très pur. Il trouve pour ϱ_{-183}/ϱ_0 la valeur 0,1443, qui est plus basse que celles des autres auteurs. MCLENNAN, HOWLETT et WILHELM (*44*) trouvent pour ϱ_{-183}/ϱ_0 à peu près 0,230, MEISSNER et VOIGT (*45*) environ 0,21. Les spécimens de (*44*) et (*45*) étaient sans doute impurs, les valeurs pour la résistance résiduaire de 0,090 et 0,03 mènent à la même conclusion.

La valeur la plus grande du coéfficient de température. qui ait été trouvée est celle de BRIDGMAN (*41*, *46*), qu'il déduit d'expériences faites avec des cristaux uniques. Les propriétés électriques du magnésium dépendent de l'orientation des cristallites dans les lingots; c'est à cause de cette orientation souvent inconnue, que l'on n'obtient pas des résultats tout à fait concordants. C'est pourquoi nous ne citons que les valeurs de BRIDGMAN, qui a travaillé avec des cristaux uniques d'une pureté de 99,99%:

$$\varrho_{22,5\,\|} = 3{,}89 \cdot 10^{-6}; \qquad \alpha_{\|} = 413 \cdot 10^{-5};$$
$$\varrho_{20,5\,\perp} = 4{,}60 \cdot 10^{-6}; \qquad \alpha_{\perp} = 441 \cdot 10^{-5}.$$

Ces valeurs sont tres voisines de celles de SCHMID et GOENS (*52*):

$$\varrho_{18\,\|} = 3{,}77 \cdot 10^{-6};$$
$$\varrho_{18\,\perp} = 4{,}54 \cdot 10^{-6}.$$

Dans une publication récente (*47*) les mêmes auteurs donnent encore pour $\varrho_{\|}/\varrho_{\perp} = 0{,}83$. Les résistances résiduaires pour ces échantillons (*47*) varient de 0,0007 à 0,0016.

Susceptibilité magnétique. Les résultats des différents auteurs sont variables avec la pureté de l'échantillon et en particulier avec la teneur en fer. HONDA (*58*) a mesuré, à température ordinaire, la susceptibilité magnétique d'un magnésium laminé, contenant 0,235‰ de fer, il obtient $\chi = 1{,}8 \cdot 10^{-6}$ dans un champ de 13000 gauss, et par extrapolation jusqu'à saturation $\chi = 0{,}55 \cdot 10^{-6}$.

Des déterminations récentes de MICHEL dans le laboratoire de l'auteur sur du magnésium bidistillé fibreux spectroscopiquement pur ont donné une susceptibilité prise à la température ordinaire comprise entre $+ 1,1$ et $+ 1,04 \cdot 10^{-6}$ dans un champ très faible de quelques gauss (méthode CURIE-CHÉNEVEAU).

Photoélectricité. La longueur d'onde limite pour l'effet photoélectrique est d'après CUSHMAN et HUXFORD (*53*) de 3430 ± 20 Å; cette limite est déplacée vers les longueurs d'onde plus élevées par la présence d'oxygène et d'hydrogène, ceci explique peut-être pourquoi SCHULZE (*54*) donne comme valeur 4500 Å.

D'après les données de CUSHMAN et HUXFORD on peut calculer que la valeur du travail d'extraction est 3,60 eV; cette valeur est en très bon accord avec les mesures plus anciennes et aussi avec la valeur 3,68 eV mesurée par MANN et DU BRIDGE (*55*).

Tableau 12.

λ (en Å)	n	k	R %
5780	0,48	7,74	88
5461	0,57	6,14	85
4916	0,53	5,41	81
4358	0,52	5,09	76
4046	0,52	4,94	68

Propriétés optiques. Pour différentes longueurs d'onde, O'BRYAN (*56*) a mesuré sur des couches de magnésium vaporisé l'indice de réfraction n, le coefficient d'extinction k et le pouvoir réflecteur R. Les valeurs obtenues sont résumées dans le tableau 12.

f) Propriétés chimiques et corrosion du magnésium.

Le magnésium possède comme on le sait une activité chimique considérable. A l'air humide et dans beaucoup de solutions aqueuses il se recouvre d'une pellicule blanche poreuse d'hydrate de magnésium. Cette pellicule poreuse est pratiquement non protectrice.

Le processus d'attaque est entièrement d'ordre chimique, ce qui explique que les impuretés ne jouent pas un rôle considérable. Toutefois, s'il s'agit d'inclusions salines hygroscopiques, l'attaque du métal est rendue beaucoup plus rapide et elle se produit même lorsque le magnésium est protégé par des peintures ou vernis qui laissent toujours traverser plus ou moins l'humidité. Au moyen du dispositif de THYSSEN-BOURDOUXHE, BASTIEN (*35*) a comparé la corrodabilité du magnésium sublimé à celle d'un magnésium commercial 99,4%, dans le cas de l'attaque par de l'acide chlorhydrique à 1%. Les différences de corrodabilité bien que nettes ne sont pas importantes (voir diagramme fig. 10).

Potentiel de dissolution. En utilisant du magnésium sublimé refondu sous argon, LACOMBE et CHAUDRON (*36*) ont étudié le potentiel de dissolution de ce métal dans différents milieux et en particulier dans ceux qui passivent le magnésium: soude, acide sélénieux, bichromate de potassium, etc. . . .

Nitruration du magnésium. A chaud, le magnésium pur absorbe de l'azote en formant un nitrure Mg_3N_2 qui se présente sous l'aspect d'une poudre jaune clair. LAFFITTE et ses collaborateurs (*15*) ont étudié les tensions de dissociation de ce corps. Ils ont utilisé pour leurs expériences du métal sublimé refondu sous argon. Ils ont également étudié l'influence du gaz ammoniac sur le magnésium en déterminant la variation de résistance d'un fil au fur et à mesure de sa nitruration.

Les organo-magnésiens du magnésium pur. L'influence de la pureté du magnésium sur la stabilité des organo-magnésiens a été signalée par plusieurs auteurs; on peut citer en particulier les travaux de JOLIBOIS (*37*). HERENGUEL et DUHAMEL (*38*) en utilisant du magnésium sublimé pour la préparation des organo-magnésiens ont comparé les rendements dans différentes préparations organiques. Les liqueurs sont généralement stables et parfaitement claires.

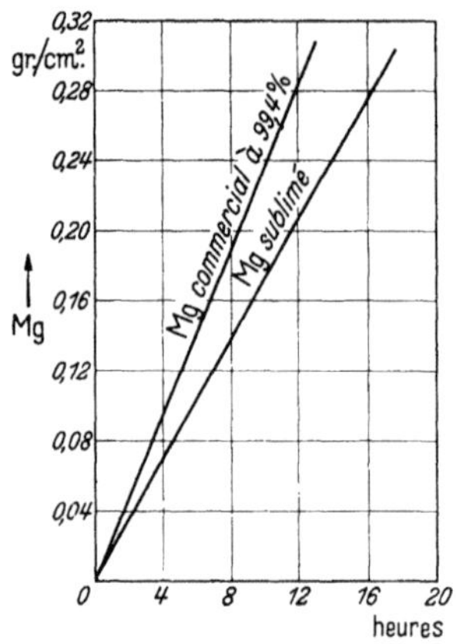

Fig. 10. Corrosion d'un magnésium à 99,4% de pureté et d'un magnésium sublimé dans une solution d'acide chlorhydrique à 1%.

Gaz dans le magnésium pur. Le magnésium sublimé refondu sous argon renferme des volumes de gaz importants. Voici par exemple une analyse rapportée à 100 g de métal par la méthode CHAUDRON-MOREAU (*39*). On a trouvé 370 cm³ de gaz ayant la composition suivante:

CO_2	2,66%
CO	26,10%
H_2	71,25%
N_2	néant

Dans un magnésium brut d'électrolyse on a trouvé par la même méthode 269 cm³ pour 100 g de métal, dont l'analyse a donné:

CO_2	5,6%
CO	20,6%
H_2	69 %
N_2	4,8%

La quantité d'azote correspond à 13 cm³ pour 100 g, le dosage par voie chimique donne 10 cm³, d'où l'on peut conclure qu'il y avait dans cet échantillon 10 cm³ d'azote combiné et 3 cm³ d'azote à l'état occlus.

Dans ces conditions, l'impureté gazeuse fait baisser notablement le titre du métal et il est bien difficile de compter, pour un métal non dégazé, sur la pureté dite «des quatre neufs» (99,99%). La même remarque pourrait s'appliquer à bien d'autres métaux, et en particulier à l'aluminium.

Azote absorbé par le magnésium au cours de fusions et de coulées successives. La quantité d'azote absorbée au cours de ces opérations dépend de la température. Elle est extrêmement faible au voisinage de la température de fusion. On peut ainsi au-dessous de 700° effectuer plusieurs fusions et plusieurs coulées sans constater une augmentation sensible de la teneur en azote (voir tableau 2, p. 6).

g) Applications du magnésium pur.

Le magnésium ne peut être utilisé industriellement que s'il est totalement exempt d'inclusions salines et si la mise en oeuvre (fusion et coulée) de ce métal conserve rigoureusement sa pureté initiale. Le métal de très haute pureté peut présenter un intéret appréciable dans la préparation des organo-magnésiens.

Les alliages aluminium-magnésium préparés à partir de magnésium et d'aluminium de haute pureté sont relativement très malléables [CHAUDRON et DANDRES (*40*)]. Pour les alliages techniques voir ZEERLEDER (*34*).

Bibliographie.

1. HERENGUEL, J.: Publ. sci. techn. Ministère de l'Air Nr. 93 (1936) S. 29.
2. FLEURY, R. DE: Publ. sci. techn. Ministère de l'Air Nr. 75 (1935) S. 46.
3. DEVILLE SAINTE CLAIRE, H., H. CARON: C. R. Acad. Sci., Paris Bd. 44 (1857) S. 394.
4. HERENGUEL, J., G. CHAUDRON: C. R. Acad. Sci., Paris Bd. 195 (1932) S. 1272.
5. CAILLON, A.: Publ. sci. techn. Ministère de l'Air Nr. 32 (1933) S. 6.
6. HERENGUEL, J.: Publ. sci. techn. Ministère de l'Air Nr. 93 (1936) S. 41.
7. GUNTZ, A.: C. R. Acad. Sci., Paris Bd. 133 (1901) S. 872.
8. BAKKEN, H. E.: Chem. metall. Engng. Bd. 36 (1925) S. 345.
9. HERENGUEL, J., G. CHAUDRON: C. R. Acad. Sci., Paris Bd. 193 (1931) S. 771.
10. RUNQVIST, A., H. ARNFELT, A. WESTGREN: Z. anorg. Chem. Bd. 175 (1928) S. 44.
11. STENZEL, W., J. WEERTS: Z. Kristallogr. Bd. 84 (1933) S. 39. — Mitt. Materialpr., Sonderheft XXIII (1934) S. 13.
12. OWEN, E. A., L. PICKUP, J. O. ROBERTS: Z. Kristallogr. Bd. 91 (1935) S. 74.
13. Physical Constants of pure metals, S. 12. London 1936.
14. JETTE, E. R., F. FOOTE: J. Chem. Phys. Bd. 3 (1935) S. 615.
15. LAFFITTE, P., E. ELCHARDUS, P. GRANDADAM: Rev. Industr. min. Mém. Bd. 16 (1936) S. 861.
16. BRIDGMAN, P. W.: Phys. Rev. Bd. 48 (1935) S. 825.
17. PARIS, R.: Publ. sci. techn. Ministère de l'Air Nr. 45 (1934) S. 84.
18. COOK, W. T., W. R. D. JONES: J. Inst. Met. Bd. 38 (1927) S. 112. — Met. Ind., Lond. Bd. 31 (1927) S. 369.
19. ELCHARDUS, E.: Publ. sci. techn. Ministère de l'Air Nr. 70 (1935) S. 97, 122, 129.
20. HERENGUEL, J.: Publ. sci. techn. Ministère de l'Air Nr. 93 (1936) S. 38.
21. BASTIEN, P.: Publ. sci. techn. Ministère de l'Air Nr. 20 (1933) S. 45.
22. ARCHBUTT, S. L., J. W. JENKIN: Techn. Rep. Aeronaut. Res. Committee 1926/27, S. 811.
23. PECZALSKI, TH.: C. R. Acad. Sci., Paris Bd. 176 (1923) S. 502.
24. PORTEVIN, A.: Rev. Métall. Bd. 20 (1923) S. 428.
25. HERENGUEL, J., P. LACOMBE: Métaux Bd. 12 (1936) S. 185.
26. BASTIEN, P.: Techn. moderne Bd. 27 (1935) S. 324.
27. HAUGHTON, J. L., R. J. M. PAYNE: J. Inst. Met. Bd. 54 (1934) S. 279.
28. GRUBE, G., L. MOHR, R. BORNHAK: Z. Elektrochem. Bd. 40 (1934) S. 141.
29. HANSON, D., M. L. V. GAYLER: J. Inst. Met. Bd. 24 (1920) S. 220.
30. LEITGEBEL, W.: Z. anorg. Chem. Bd. 202 (1931) S. 312.

31. Hartmann, H., R. Schneider: Z. anorg. Chem. Bd. 180 (1929) S. 279.
32. Ruff, O., H. Hartmann: Z. anorg. Chem. Bd. 133 (1924) S. 37.
33. Baur, E., R. Brunner: Helv. chim. Acta Bd. 17 (1934) S. 963.
34. Zeerleder, A. v.: Erste Mitt. Intern. Verb. Materialpr. 1930 A, S. 261.
35. Bastien, P.: Chim. et Ind. Bd. 32 (1934) S. 1.
36. Lacombe, P., G. Chaudron: Rev. Métall. Bd. 33 (1936) S. 697.
37. Jolibois, P.: Rev. des Sci. Nr. 12, 30, 6, 26.
38. Herenguel, J.: Publ. sci. techn. Ministère de l'Air Nr. 93 (1936) S. 49.
39. Moreau, L.: Thèse Lille 1938, S. 21.
40. Chaudron, G., R. Dandres: C. R. Acad. Sci., Paris Bd. 200 (1935) S. 1324.
41. Bridgman, P. W.: Proc. Amer. Acad. Arts a. Sci. Bd. 66 (1931) S. 261.
42. Stepanow, N. J.: Z. anorg. allg. Chem. Bd. 60 (1908) S. 223.
43. Bridgman, P. W.: Proc. Amer. Acad. Arts a. Sci. Bd. 67 (1932) S. 324.
44. MacLennan, J. C., L. E. Howlett, J. O. Wilhelm: Trans. roy. Soc. Canada III 23; III (1929) S. 287.
45. Meissner, W., B. Voigt: Ann. phys., Lpz. (5) Bd. 7 (1930) S. 761.
46. Bridgman, P. W.: Proc. Amer. Acad. Arts a. Sci. Bd. 67 (1931) S. 29.
47. Goens, E., E. Schmid: Phys. Z. Bd. 37 (1936) S. 385.
48. Hanawalt, J. D., L. K. Frenel: Z. Kristallogr. Bd. 98 (1938) S. 84.
49. Shinoda, G.: Mem. Coll. Sci. Kyoto imp. Univ. A XVII (1934) Nr. 1.
50. Kaufmann, W., Ph. Siedler: Z. Elektrochem. Bd. 37 (1931) S. 492.
51. Jaeger, F. M., T. J. Poppema: Rec. Trav. chim. Pays-Bas Bd. 55 (1936) S. 495.
52. Schmid, E., E. Goens: Z. Elektrochem. Bd. 37 (1931) S. 449.
53. Cushman, R. J., W. S. Huxford: Phys. Rev. Bd. 2 (1935) S. 48, 734.
54. Schulze, R.: Z. Phys. Bd. 92 (1934) S. 212.
55. Mann, M. M., L. A. Du Bridge: Phys. Rev. Bd. 2 (1935) S. 120.
56. O'Bryan, H. M.: J. opt. Soc. Amer. Bd. 26 (1936) S. 125.
57. Eucken, A.: Metallwirtsch. Bd. 15 (1936) S. 67.
58. Honda, K.: Ann. Phys. Lpz. (4) Bd. 32 (1910) S. 1044.

28. Calcium.

(At. 40,08.)

Par **G. Chaudron**, Lille.

Avec 3 figures.

a) Préparation du calcium pur.

Nous rappellerons que les essais de fabrication industrielle du métal ont, comme pour le magnésium et la plupart des métaux alcalins, été poussés dans deux directions: l'une consistait à soumettre à l'électrolyse un sel de calcium fondu, l'autre à réduire par voie chimique un sel du métal. On peut dire qu'actuellement, en pratique, seul le procédé électrolytique est utilisé.

Nous donnerons quelques indications sur la préparation du calcium par électrolyse de l'un de ses sels fondus. Comme le calcium réagit très rapidement à chaud avec les gaz de l'atmosphère, il est nécessaire de le préparer à l'abri de l'air. Le sel de calcium presque uniquement employé est le chlorure anhydre fondu. La préparation de $CaCl_2$ est délicate et nous renvoyons le lecteur aux descriptions techniques sur ce sujet. Les électrolyseurs employés actuellement sont conçus de façon à permettre de rassembler et de retirer facilement le calcium formé au cours de l'électrolyse. Il y a toujours une certaine altération du métal au moment où on le retire de la cuve: oxydation et nitruration. D'une manière générale les cuves d'électrolyse (voir fig. 1) ont un fond refroidi par une circulation d'eau, ce qui permet la formation sur les parois d'une croûte protectrice de sel solidifié. Les anodes sont en graphite et on les dispose de façon à ce qu'elles résistent le mieux possible à l'action du chlore qui se dégage sur elles. La cathode, en fer, est verticale et axiale; elle est refroidie par circulation d'eau; le métal libéré sur celle-ci se solidifie en donnant un anneau qui entoure la cathode. Celle-ci est animée d'un mouvement ascensionnel lent tel que le calcium déposé reste constamment en contact avec l'électrolyte. Il se forme une «carotte» sensiblement cylindrique de calcium, protégée par une carapace mince de chlorure de calcium solide.

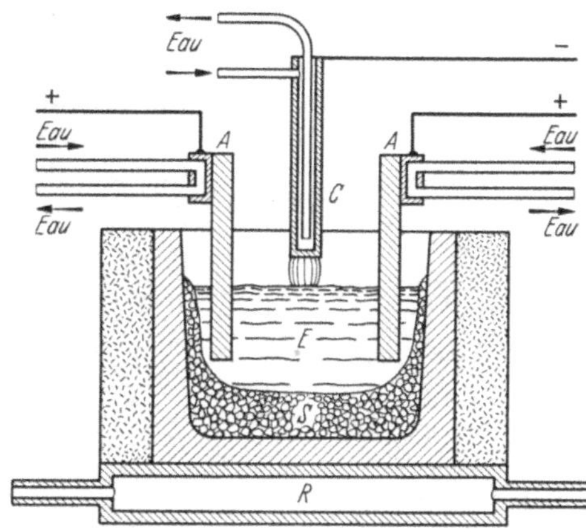

Fig. 1. Electrolyseur à cathode mobile. *A* Anode; *C* Cathode; *E* Electrolyte fondu; *S* Croûte d'électrolyte solidifié; *R* Fond refroidi par circulation d'eau.

Voici quelques précisions sur la pureté du métal obtenu par ce procédé: il renferme un pourcentage important de chlorure de calcium, il est donc nécessaire de le refondre pour le séparer du sel. Cette opération se fait assez grossièrement dans un récipient en fer étanche, et le calcium ainsi refondu contient des impuretés métalliques, principalement, du silicium, du fer, de l'aluminium, des sels (chaux; chlorure et nitrure de calcium), des métaux alcalins, enfin de petites quantités de phosphore. L'exemple suivant est l'analyse d'un calcium moyen, que nous appellerons Ca_B:

Ca	86,7%
CaO	9,1
$CaCl_2$	2,7
Si	0,35
Fe	0,88
Al	0,2
P et alcalins:	traces non dosées.

Signalons également que l'on peut électrolyser le chlorure de calcium avec une cathode en métal fondu (plomb, zinc, aluminium), et que l'on prépare ainsi facilement des alliages de calcium.

b) Affinage du calcium.

GUNTZ (*1*) a montré que l'on peut obtenir du calcium très pur par distillation dans le vide. Des expériences plus récentes ont été faites par RINCK, mais elles ne portent que sur de très faibles quantités de métal. CHAUDRON et HERENGUEL (*2*) ont utilisé leurs appareils décrits précédemment dans le chapitre du magnésium (voir fig. 2) pour l'affinage du calcium. Les courbes de tension de vapeur du calcium ont été déterminées par PILLING (*3*) et par RUDBERG (*4*). Les résultats obtenus par ces auteurs montrént que l'on peut sublimer ce métal entre 700 et 750° dans un vide de l'ordre du dixième de millimètre. L'opération ne semblait donc pas a priori présenter plus de difficulté que pour le magnésium. Par suite de la grande quantité de gaz retenus ou occlus par ce métal un vide très poussé est très difficile à obtenir et dans la plupart de cas la purification du calcium est obtenue par distillation au-dessus de la température de fusion c'est à dire entre 825 et 850°.

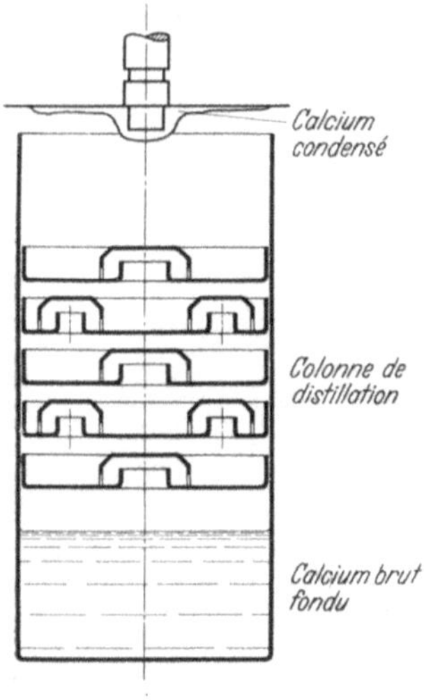

Fig. 2. Appareil pour la prédistillation du calcium.

Une opération de distillation comporte deux phases: une prédistillation qui est conduite au-dessous de 800° sous une pression de quelques centimètres de mercure; au besoin on fait entrer dans l'appareil une petite quantité d'argon pour obtenir cette pression. Cette opération de prédistillation a pour but d'éliminer les métaux alcalins, surtout le sodium. Pour éviter une trop grande perte de calcium on peut utiliser une véritable colonne de fractionnement semblable à celle du schéma de la fig. 2. La deuxième opération est une distillation proprement dite; elle s'effectue entre 825 et 850° et permet d'obtenir sur le condenseur refroidi par une circulation d'eau une sorte de champignon de calcium formé de longues fibres brillantes et de couleur blanc d'argent. Là encore la température de la chambre de condensation a une extrême importance si l'on veut obtenir un calcium bien cristallisé qui ne s'altère pas rapidement à l'air dès qu'il est sorti de l'appareil. L'ouverture de l'appareil est une opération délicate par suite de l'inflammation toujours possible du métal riche en métaux alcalins déposé à la partie supérieure du condenseur. Ceci conduit presque toujours à ouvrir l'appareil entre les deux phases de la distillation: il est commode de remplacer le condenseur recouvert de métaux alcalins par un condenseur propre.

c) Refusion du calcium distillé.

Cette refusion du calcium se fait très commodément en atmosphère d'argon en employant les appareils décrits précédemment. Toutefois la coulée du calcium n'est nullement nécessaire dans la plupart des cas et la simple fusion des blocs mètalliques dans un récipient donne un lingot utilisable. Pour cela on chauffe dans son creuset le métal dans une atmosphère de quelques centimètres d'argon.

Cette fabrication se fait industriellement en France dans l'Usine de Jarrie de la Société d'Electrochimie et d'Electrométallurgie d'Ugine. M. BASTIEN a étudié le premier les propriétés du métal obtenu, qui peut titrer plus de 99% de Ca métallique. A titre d'exemple, nous citerons les deux analyses suivantes:

Les opérations de raffinage se font sur un métal dont la composition est:

Ca métal . .	85,5 %
CaO	9,1 %
$CaCl_2$	2,7 %
Si	0,35%
Fe	0,88%
Al	0,2 %
Na + K . . .	1 %

Après raffinage, l'analyse donne les résultats suivants:

Ca	99,3 %
Fe	0,02
Cl	traces
Si	0,14

Le métal pur a des propriétés très différentes de celles du métal non raffiné. Toutefois il n'est pas inutile d'insister sur le fait que l'on ne connait pas encore les propriétés du calcium à très haut degré de pureté, par exemple titrant 99,98%. C'est une étude que l'auteur poursuit actuellement en collaboration avec M. BASTIEN.

d) Propriétés physiques.

Le calcium distillé est un métal blanc d'argent qui à l'air humide se recouvre très lentement d'un film d'oxyde gris bleuté qui blanchit peu à peu. Dans l'air sec l'altération du calcium pur est extrêmement lente et on peut le conserver plusieurs semaines avec sa couleur et son éclat initial.

Allotropie et structure. Jusqu'aux travaux de BASTIEN on ne connaissait que deux variétés allotropiques du calcium. RINCK (*5*) en opérant sur du calcium préparé en petites quantités par sublimation a montré au moyen de l'analyse thermique et de la variation de conductibilité électrique les transformations suivantes:

1° la forme α stable à $t < 425°$.

2° la forme β stable à $425° < t < 848°$, point de fusion.

Dans des expériences plus récentes que celles de RINCK (*5*), SCHULZE (*34*) et SCHULTE-OVERBERG (*6*) en étudiant un calcium commercial titrant environ 96% ont retrouvé la transformation de RINCK à 430°—450°

et ils ont signalé une brisure à 300° dans la courbe conductibilité électrique-température qu'ils ont attribué à une recristallisation du métal.

BASTIEN (*7*) par la méthode dilatométrique, l'analyse thermique différentielle, et la thermoélectricité différentielle a étudié le calcium distillé et refondu sous argon, ayant une teneur en métal supérieure à 99,3%. Il a obtenu les résultats suivants:

1° une variété α stable à $t < 260°$.

2° une variété β stable à $260° < t < 440°$.

3° une variété γ stable à $440° < t < t$ de fusion.

Ces résultats sont bien confirmés par la méthode des rayons X qui signale également trois variétés allotropiques. NEUBURGER (*33*), en étudiant du calcium sublimé de KROLL (99,9%) a également trouvé trois modifications allotropiques. Les températures de transformation sont 300 et 400°. Dans des expériences plus récentes CZOCHRALSKI et ZELEWSKA (*39*) ont étudié le diagramme de recristallisation du calcium de SCHERING-KAHLBAUM préparé par électrolyse. Ils ne trouvent aucune brisure dans le diagramme à 300° et 450° C.

Constantes du réseau. 1° Le calcium à la température ordinaire (variété α) cristallise dans le système cubique à faces centrèes. Les déterminations de HULL (*8*) et de CLARK, KING et HYDE (*9*) donnent comme valeur du paramètre: $a = 5{,}56$ Å. La même valeur a été obtenue par GRAF (*35*).

2° D'après GRAF (*10*) la structure cristalline de la phase β n'a pas encore été déterminée d'une façon certaine.

3° Au-delà de 450°, la phase γ du calcium pur a une structure hexagonale compacte dont EBERT, HARTMANN et PEISKER (*11*) ont déterminé les paramètres: $a = 3{,}98$ Å, $c = 6{,}52$ Å et $c/a = 1{,}639$. GRAF (*10*) a trouvé des paramètres: $c/a = 3{,}94$ Å, $c = 6{,}46$ Å et $a = 1{,}64$.

Densité. Le calcium est un peu plus léger que le magnésium. Le tableau suivant montre que les chiffres trouvés par différents auteurs sont en très bonne concordance.

Tableau 1.

Pureté du calcium	t	d	Auteurs
Ca distillé et fondu à l'abri de l'air	17,2°	1,540	RINCK (*5*)
Pas d'indication de pureté . . .	25°	1,545	BILTZ und WAGNER (*12*)
Ca distillé et refondu sous Ar . .	20°	1,542	BASTIEN (*13*)

Ces valeurs sont en bon accord avec celle que l'on déduit des paramètres du réseau calculés par GRAF (*35*) et qui donne à 20° C $1{,}53_7$ (Ca 99,99% DE KROLL).

Coefficient de Dilatation. CATH et V. STEENIS (*36*) donnent pour la valeur du coéfficient de dilatation $22 \cdot 10^{-6}$ au-dessous de 300°.

Dureté. La dureté Brinell, mesurée par BASTIEN (*13*) au moyen de l'appareil de POMEY et VOULET, avec des charges comprises entre

2 et 10 kg varie de 13 à 14 pour deux qualités de Ca titrant au moins 99% de Ca métallique.

Module d'élasticité. Des déterminations de module furent également faites sur le calcium sublimé; les résultats obtenus avec l'élasticimètre MARTENS à miroir donnent 2000 kg/mm² pour module et ceux obtenus au moyen du pendule LE ROLLAND et SORIN 2600 kg/mm² [BASTIEN (*13*)].

Propriétés mécaniques. Les données sur les caractéristiques mécaniques du calcium brut d'électrolyse sont peu nombreuses et très incertaines. BASTIEN (*13*) a été frappé par la ductilité et la grande capacité de déformation du calcium sublimé et refondu sous argon. En effet ce calcium, pour les vitesses de traction adoptées par BASTIEN (4 mm par minute) se place entre le plomb et l'aluminium au point de vue de la résistance mécanique, et il possède des allongements de rupture supérieurs à ceux du plomb. *A* titre de comparaison, nous donnerons le tableau 2.

Tableau 2.

Propriétés	Ca	Pb	Al
R kg/mm² .	4,4	1,8	6
A % . . .	53	43	50

L'ensemble des résultats obtenus par BASTIEN avec les différentes qualités de calcium est représenté dans le tableau suivant.

Tableau 3.

Provenance du Calcium	Traction			Cisaillement	Résilience	
	R kg/mm²	E kg/mm²	A %	R_c kg/cm²	ϱ	α
Ca sublimé . .	4,4	1,03	53	4,3	3,06	123°
Ca_A [1]	5,1	2,2	30,5	4,5	3,50	63°
Ca_B	2,8	difficilement mesurable		2,7	0,16	4°

R = résistance à la traction; E = limite élastique; A = allongement; R_c = résistance au cisaillement; ϱ = résilience; α = angle de pliage.

L'étude des déformations du calcium à la traction, en fonction du temps, à la température ambiante, a donné les résultats suivants: limite des allongements sans écoulement: 0,4 kg/mm²; limite des allongements instantanés proportionnels: 1,05 kg/mm².

Enfin l'étude de la compression à chaud du calcium a permis de situer la température de filage entre 420° et 460° et d'obtenir un métal filé ayant une dureté de 17 et un allongement à la rupture supérieur à 60%.

Point de fusion. La température du point de fusion du calcium a donné lieu à de très nombreuses déterminations; nous donnons ci dessous un tableau reproduit d'après un mémoire de HOFFMANN et SCHULZE (*14*).

[1] On parlera assez souvent dans les pages qui vont suivre du Ca_A auquel se réfère M. BASTIEN dans ses mesures. Cette qualité de calcium a été obtenue au cours d'une fabrication électrolytique très soignée, et l'analyse a donné les résultats suivants: Ca total: 98,5%, Fe: 0,29%; Si: 0,07%, Cl: 0,85%.

Tableau 4.

Provenance et pureté du Ca	t_f en °C	Auteurs
non indiquées	760	MOISSAN 1896 (*15*)
non indiquées	780	RUFF, PLATO 1902 (*16*)
Ca de l'Elektro-Chemischen Werke Bitterfeld . . .	800	ARNDT 1904 (*17*)
non indiquées	810	MOISSAN, CHEVANNE 1905 (*18*)
non indiquées	796	DONSKY 1908 (*19*)
Ca 99,2 %; (Al + Fe) 0,55; Si 0,28; de l'Elektro-Chemischen Werke Bitterfeld	796—806	TAMMANN 1909 (*20*)
	803	TAMARU 1909 (*21*)
	808	BAAR 1911 (*22*)
Ca Kahlbaum 98,8 %; SiO_2 0,14; (Al_2O_3 + Fe_2O_3) 0,11; ni chlorure, ni nit.	809	LORENZ, WINZER 1929 (*23*)
Ca 99,8 %	803	TRAUTZ, KIPPHAN 1929 (*24*)
Ca distillé	810	HARTMANN, MAY 1929 (*25*)
Ca 99,01 % sublimé dans le vide	851	v. ANTROPOFF, FALK 1930 (*26*)
Ca 99,04 % distillé dans le vide	845	WEIBKE, BARTELS 1934 (*27*)
Ca 99,9 %	849	HOFFMANN, SCHULZE 1935 (*14*)

Point d'ébullition. Le tableau suivant résume les différentes valeurs obtenues pour le point d'èbullition du calcium; ces valeurs sont obtenues soit par extrapolation (RUFF et HARTMANN, HARTMANN et SCHNEIDER), soit par des mesures indirectes (PILLING).

Tableau 5.

Provenance du calcium	t_E en °C	Auteurs
pas d'indication	1245	PILLING (*3*)
Ca industriel distillé . .	1175	RUFF, HARTMANN (*28*)
Ca distillé sous vide . .	1439	HARTMANN, SCHNEIDER (*29*)

Un calcul de EUCKEN (*37*) donne pour le point d'ébullition une valeur beaucoup plus élevée: 1970° K (environ 1700° C).

L'équation de la tension de la vapeur en fonction de la température est:

$$\log p = -\frac{10120}{T} - 0{,}665 \log T - 0{,}000152\, T + 10{,}76$$

pour le calcium solide et

$$\log p = -\frac{9540}{T} - 1{,}275 \log T + 11{,}91$$

pour le calcium liquide, d'après le calcul de EUCKEN (*37*), utilisant les données numériques de RUDBERG (*4*).

Résistivité électrique. Les mesures les plus récentes, et faites sur du calcium pur, sont celles de RINCK (*5*). La courbe résistivité-température présente une brisure à la température de la transformation $\beta \rightleftharpoons \gamma$ du calcium. On a au voisinage de 450°

$$\frac{d\varrho}{dT}\,\text{calcium}\,\beta = 5{,}78\cdot 10^{-8}, \qquad \frac{d\varrho}{dT}\,\text{calcium}\,\gamma = 1{,}28\cdot 10^{-8}.$$

A 16°, on a $\varrho = 4{,}3\cdot 10^{-6}$.

BRIDGMAN (*38*) a étudié sur un échantillon de pureté inconnue de la General Electric Cy la variation de la résistivité à 30 et 75° C jusqu'à une pression de 30000 kg/cm². Il donne à la pression normale pour le coéfficient de température de la conductibilité $\alpha = 417\cdot 10^{-5}$. La résistance s'élève régulièrement avec la pression jusqu'à une valeur 1,45 fois plus grande qu'à la pression normale.

e) Corrosion du Calcium.

Le calcium même après purification reste cependant un métal rapidement attaquable dans l'eau et les solutions acides diluées. Il faut bien remarquer que le calcium, comme le magnésium est attaqué dans ces conditions grâce à un processus d'ordre purement chimique, ce qui explique le rôle souvent négligeable des impuretés.

L'étude de la corrodabilité de différentes qualités de calcium dans des milieux variés a été faite par BASTIEN (*13*). Ses conclusions principales sont que l'acide nitrique fumant n'attaque que très lentement le calcium lorsque celui-ci est exempt de chaux. Dans l'acide sulfurique concentré l'attaque est faible par suite de la formation d'une pellicule de sulfate de calcium très peu soluble. L'attaque du calcium sublimé dans la soude caustique est extrêmement lente.

Le diagramme donné par BASTIEN (*13*) résume des expériences faites dans différents milieux acides.

f) Les gaz du calcium.

Les gaz contenus dans le calcium ne peuvent pas être éliminés par simple chauffage dans le vide. On peut les extraire complètement par la méthode CHAUDRON-MOREAU (*30*) qui consiste à bombarder le métal dans un tube à décharge, l'échantillon formant cathode. On a ainsi extrait sur du calcium sublimé les quantités de gaz suivantes (tableau 6):

Tableau 6.

Composition des gaz en cm³/100 g			
CO_2	CO	H_2	N_2
5,35	55	158,25	6,30

L'azote combiné au calcium peut être dosé comme on le sait par voie chimique. On dissout le métal dans un acide, on neutralise par un excès de soude et on titre l'ammoniac déplacé. MOREAU (*30*) a trouvé que cette méthode était en bon accord avec la précédente. L'étude du calcium pur dégazé est entreprise par l'auteur, car dans toutes les déterminations précédentes on ne s'est jamais préoccupé des impuretés gazeuses. *Système* Ca-Ca_3N_2: L'étude de ce système a été faite par ANTROPOFF et FALK (*26*). Il se forme un eutectique entre 3 et 4% de nitrure, la température de cet eutectique est comprise entre 780 et 809° (voir diagramme fig. 3). Le point de fusion de Ca_3N_2 se trouve à 1195 ± 1° MOISSAN (*15*) avait déjà trouvé 1200°.

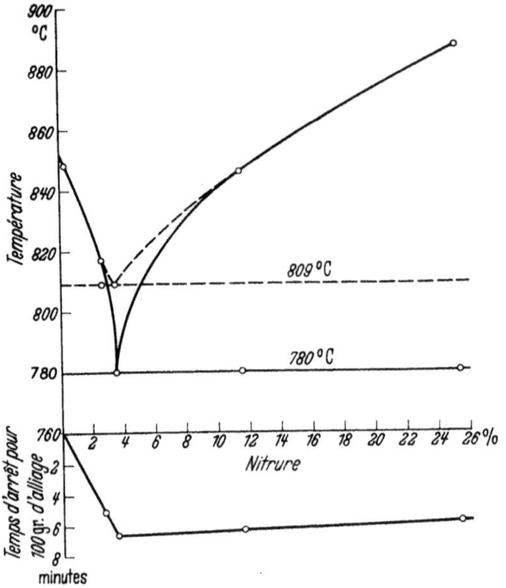

Fig. 3. Diagramme du systéme calcium—nitrure.

g) Applications du calcium pur.

Mise en oeuvre du métal. Comme nous l'avons déjà dit, la fusion du calcium présente de grandes difficultés en raison de sa grande affinité pour les gaz de l'air. Il faut donc protéger le métal par un flux, ou encore faire la fusion sous argon.

Le calcium pur en lingot peut être filé ou étiré. Il s'usine facilement, et on peut le préparer en copeaux, par exemple pour les applications chimiques. Ces copeaux de calcium pur peuvent être utilisés pour la purification des gaz rares de l'air, puisque le calcium permet l'absorption des dernières traces d'azote et d'oxygène.

Le calcium pur pourra être employé dans des préparations organiques; il donnera, comme le magnésium pur, des liquides clairs, exempts de catalyseurs pouvant diminuer les rendements.

En métallurgie, le calcium pur pourra être employé dans deux groupes d'applications:

1° désoxydation et affinage: PORTEVIN et LEMOINE (*31*) l'ont utilisé pour l'affinage des fontes, SCHUMACHER, ELLIS et ECKEL (*32*) le préconisent pour désoxyder le nickel et le cuivre.

2° fabrication de certains alliages, en particulier d'alliages plomb-calcium pour frottements.

Bibliographie.

1. GUNTZ, A., BASSET: C. R. Acad. Sci., Paris Bd. 140 (1905) S. 863.
2. HERENGUEL, J., G. CHAUDRON: C. R. Acad. Sci., Paris Bd. 193 (1931) S. 771; Bd. 195 (1932) S. 1272. — HERENGUEL, J.: Thèse Lille 1936. — Publ. sci. techn. Ministère de l'Air Nr. 93 (1936).
3. PILLING: J. Inst. Met. Bd. 28 (1922) S. 530.
4. RUDBERG, E.: Phys. Rev. Bd. 46 (1934) S. 763.
5. RINCK, E.: C. R. Acad. Sci., Paris Bd. 192 (1931) S. 421.

6. Schulze, A., H. Schulte-Overberg: Metallwirtsch. Bd. 12 (1933) S. 633.
7. Bastien, P.: C. R. Acad. Sci., Paris Bd. 198 (1934) S. 831. — Rev. Métall. Bd. 32 (1935) S. 120.
8. Hull, A. W.: Phys. Rev. Bd. 17 (1921) S. 42. — Science, New York Bd. 52 (1920) S. 227.
9. Clark, G. L., A. J. King, J. F. Hyde: Proc. nat. Acad. Sci., Wash. Bd. 14 (1928) S. 617.
10. Graf, L.: Phys. Z. Bd. 35 (1934) S. 551.
11. Ebert, F., H. Hartmann, H. Peisker: Z. anorg. Chem. Bd. 213 (1933) S. 126.
12. Biltz, W., W. Wagner: Z. anorg. Chem. Bd. 134 (1924) S. 1.
13. Bastien, P.: C. R. Acad. Sci., Paris Bd. 199 (1934) S. 577. — Rev. Métall. Bd. 32 (1935) S. 120.
14. Hoffmann, F., A. Schulze: Phys. Z. Bd. 36 (1935) S. 453.
15. Moissan, H.: C. R. Acad. Sci., Paris Bd. 127 (1896) S. 497, 584.
16. Ruff, O., W. Plato: Ber. dtsch. chem. Ges. Bd. 35 (1902) S. 3617.
17. Arndt, K.: Ber. dtsch. chem. Ges. Bd. 37 (1904) S. 4733.
18. Moissan, H., G. Chavanne: C. R. Acad. Sci., Paris Bd. 140 (1905) S. 122.
19. Donsky, L.: Z. anorg. Chem. Bd. 57 (1908) S. 187.
20. Tammann, G.: Z. anorg. Chem. Bd. 62 (1909) S. 82.
21. Tamaru, S.: Z. anorg. Chem. Bd. 62 (1909) S. 86.
22. Baar, N.: Z. anorg. Chem. Bd. 70 (1911) S. 352.
23. Lorenz, R., R. Winzer: Z. anorg. Chem. Bd. 179 (1929) S. 281.
24. Trautz, M., K. Kipphan: Z. anal. Chem. Bd. 78 (1929) S. 360.
25. Hartmann, H., G. May: Z. anorg. Chem. Bd. 185 (1929) S. 167.
26. Antropoff, A. v., E. Falk: Z. anorg. allg. Chem. Bd. 187 (1930) S. 405.
27. Weibke, F., A. Schulze: Z. anorg. Chem. Bd. 218 (1934) S. 241.
28. Ruff, O., H. Hartmann: Z. anorg. Chem. Bd. 133 (1924) S. 29.
29. Hartmann, H., R. Schneider: Z. anorg. Chem. Bd. 180 (1929) S. 275.
30. Moreau, L.: Thèse Lille 1938.
31. Portevin, A., R. Lemoine: C. R. Acad. Sci., Paris Bd. 202 (1936) S. 1343.
32. Schumacher, E., W. Ellis, J. Eckel: Trans. Amer. Inst. min. metallurg. Engrs. Inst. Met. Division Bd. 151 (1930).
33. Neuburger, M. C.: Z. Elektrochem. Bd. 41 (1935) S. 790.
34. Schulze, A.: Z. Metallkde. Bd. 28 (1936), S. 55.
35. Graf, L.: Metallwirtsch. Bd. 12 (1933) S. 649.
36. Cath, P. G., O. L. v. Steenis: Z. techn. Phys. Bd. 17 (1936) S. 239.
37. Eucken, A.: Metallwirtsch. Bd. 15 (1936) S. 64.
38. Bridgman, P. W.: Proc. Amer. Acad. Bd. 72 (1938) S. 184.
39. Czochralski, J., W. Zelewska: Wiadomości Inst. Metalurgii i Metaloznawstwa Bd. 5 (1938) S. 1.

29. Strontium.

(At. 87,63.)

Par **G. Chaudron**, Lille.

a) Préparation du strontium.

Le strontium peut se préparer par trois groupes de méthodes:

1° par réduction de l'oxyde, surtout par l'aluminium, suivant le procédé employé par Guntz et Benoit (*1*) et décrit dans le chapitre du baryum.

2° par décomposition thermique de l'hydrure ou de l'amalgame.

3° par électrolyse de sels fondus ou de solutions, mais cette préparation présente beaucoup de difficultés.

Le strontium brut peut être purifié par distillation comme pour les métaux précédents et par les mêmes techniques. Voir en particulier les travaux de GUNTZ (*1*).

b) Propriétés physiques.

Structure et constantes du réseau. Le strontium cristallise dans le système cubique à faces centrées. Nous donnons ci-dessous quelques exemples de détermination de son paramètre.

Tableau 1.

Pureté du strontium	*a* (Å)	Auteurs
Aucune indication de provenance	6,05	EBERT, HARTMANN (*2*)
	6,03	SIMON, VOHSEN (*3*)
	6,06	SIMON, VOHSEN (*4*)
Sr 99,9% réd. par Al et sublimation à 700°	6,075	KING (*5*)

Allotropie. Les recherches de SIMON et VOHSEN (*3*), de CLARK, KING et HYDE (*6*) et de BRIDGMAN (*7*) faites sur le strontium en même temps que sur les autres métaux alcalino-terreux étudiés précédemment permettent de penser que, à haute température, le strontium se présente sous une seconde forme allotropique, dont la structure est probablement hexagonale.

Densité.

Tableau 2.

Pureté du strontium	*d*	Auteurs
Sr pur, réduction et sublimation	2,63	GUNTZ, GALLIOT (*8*)
Pas ind. de prov. Déter. par rayons X	2,615	EBERT, HARTMANN (*2*)
	2,58	KING e. coll. (*5*, *6*)
Sr distillé à 1000°	2,63	BILTZ, WAGNER (*9*)

Point de fusion.

Tableau 3.

Pureté du strontium	t_f en °C	Auteurs
Pas d'indication de provenance .	797	TRAUTZ, KIPPHAN (*10*)
Sr pur, préparé par réd. et distil.	752	HARTMANN, MAY (*11*)
	757	WEIBKE (*12*)
	771	SCHULZE, HOFFMANN (*16*)

Point d'ébullition. Les deux valeurs indiquées dans le tableau suivant ont été obtenues par extrapolation à partir de mesures de tensions de vapeur.

Tableau 4.

Pureté du strontium	t_E en °C	Auteurs
Sr préparé par réduction à 1100°	1151	RUFF, HARTMANN (*13*)
Sr pur, préparé par réd. et distill.	1366	HARTMANN, SCHNEIDER (*14*)

Résistance électrique. D'après BRIDGMAN (*15*), la résistance spécifique du strontium 0° est: $30{,}7 \cdot 10^{-6}$ ohms et $\alpha = 383 \cdot 10^{-5}$. Dans une publication récente (*17*) il trouve une augmentation de la résistance très rapide avec la pression. Les expériences ont été exécutées avec un métal de pureté douteuse.

Bibliographie.

1. GUNTZ, A., F. BENOIT: Bull. Soc. chim. Fr. (4) Bd. 35 (1924) S. 712.
2. EBERT, F., H. HARTMANN: Z. anorg. Chem. Bd. 179 (1929) S. 418.
3. SIMON, F., E. VOHSEN: Z. phys. Chem. Bd. 133 (1928) S. 181.
4. SIMON, F., E. VOHSEN: Proc. nat. Acad. Sci., Wash. Bd. 15 (1929) S. 695.
5. KING, A. J.: Proc. nat. Acad. Sci., Wash. Bd. 15 (1929) S. 337.
6. CLARK, G. L., A. J. KING, J. F. HYDE: Proc. nat. Acad. Sci., Wash. Bd. 14 (1928) S. 617.
7. BRIDGMAN, P. W.: Phys. Rev. Bd. 48 (1935) S. 825.
8. GUNTZ, A., L. GALLIOT: C. R. Acad. Sci., Paris Bd. 151 (1910) S. 813.
9. BILTZ, W., W. WAGNER: Z. anorg. Chem. Bd. 134 (1924) S. 1.
10. TRAUTZ, M., K. KIPPHAN: Z. anal. Chem. Bd. 78 (1929) S. 360.
11. HARTMANN, H., G. MAY: Z. anorg. Chem. Bd. 185 (1929) S. 170.
12. WEIBKE, F.: Z. anorg. Chem. Bd. 193 (1930) S. 308.
13. RUFF, O., H. HARTMANN: Z. anorg. Chem. Bd. 133 (1924) S. 41.
14. HARTMANN, H., R. SCHNEIDER: Z. anorg. Chem. Bd. 180 (1929) S. 275.
15. BRIDGMAN, P. W.: Proc. Amer. Acad. A. Sc. Bd. 56 (1921) S. 97.
16. HOFFMANN, F., A. SCHULZE: Phys. Z. Bd. 36 (1935) S. 453.
17. BRIDGMAN, P. W.: Proc. Amer. Acad. A. Sc. Bd. 72 (1938) S. 186.

30. Baryum.

(At. 137,36.)

Par **G. CHAUDRON**, Lille.

Avec 1 figure.

a) Préparation du baryum pur.

Les premières tentatives de préparation du baryum métallique ont été faites par DAVY, en 1808. De très nombreuses méthodes ont été essayées depuis cette date:

— La réduction de BaO par les métaux alcalins n'est que partielle; celle de $BaCl_2$ conduit à la formation d'une combinaison BaCl·NaCl qui ne contient pas de métal libre.

— L'électrolyse de $BaCl_2$ solide (qui conduit le courant à chaud), ou de $BaCl_2$ fondu, ou encore de solutions de sels de baryum, produit des sous-sels dont on ne peut extraire le baryum; cependant l'emploi de cathodes de mercure dans des bains de sels fondus fournit des amalgames dont la distillation sera étudiée plus loin.

La première solution pratique à la préparation du baryum est dans les beaux travaux de GUNTZ qui a fait l'étude critique de nombreux mémoires de ses prédécesseurs et a pu déduire de ses expériences les conditions exactes dans lesquelles on pouvait isoler le baryum.

1° En chauffant lentement jusqu'à 1150° de l'amalgame de baryum placé dans un tube où on fait le vide, on constate que le mercure se sépare peu à peu et on peut obtenir du baryum à 98,5% de pureté (*1*). Voici l'analyse correspondant à une préparation (*2*)

Ba	98,35
Hg	0,83
Fe	0,40
$SiO_2 + Fe_2O_3$.	0,05

On ne peut, par cette méthode, éliminer complètement le mercure parce que, à haute température, la tension de la vapeur de mercure

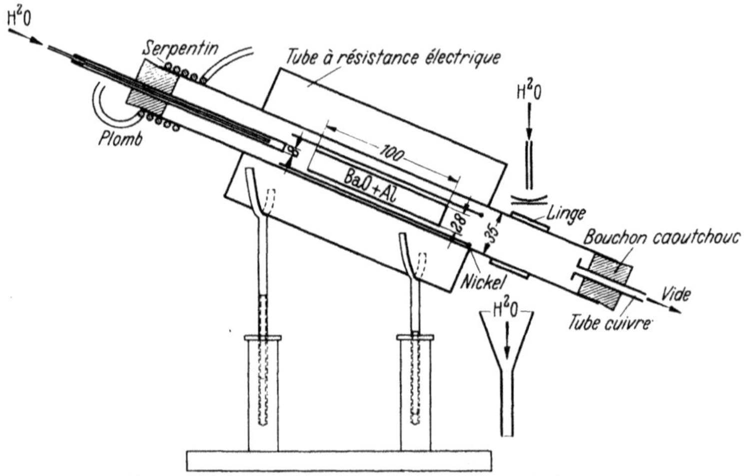

Fig. 1. Préparation du baryum pur par le procédé de GUNTZ.

augmente à mesure que la richesse en baryum augmente, et, à une teneur déterminée, les deux métaux distillent simultanément.

2° On peut préparer le baryum par dissociation dans le vide de l'hydrure BaH_2 préparé en chauffant de l'amalgame dans un courant d'hydrogène (*3*). En prenant certaines précautions, par exemple en employant de l'hydrure exempt de mercure, et en condensant les vapeurs métalliques sur un tube d'acier poli refroidi intérieurement par un courant d'eau, on obtient un métal blanc d'argent qui titre 99,5% de baryum.

3° L'action du magnésium sur BaO a révélé un processus compliqué: il y a formation d'un sous oxyde Ba_2O, instable à haute température, qui se dissocie en donnant du baryum. Le baryum peut agir sur la magnésie formée en redonnant du magnèsium. Il se produit donc un équilibre fonction de la température, et les deux métaux distillent ensemble en proportion variable suivant les conditions expérimentales. Ces résultats ont suggéré l'hypothèse suivante: si on remplace la magnésie par un oxyde d'un métal non volatil, on doit obtenir, par condensation, du baryum pur. Différents essais ont été faits et finalement le choix de GUNTZ s'est porté sur l'aluminium (*4*) qui possède une chaleur d'oxydation suffisante tout en n'étant pas volatil dans les conditions de l'expérience. La technique que l'on va décrire brièvement est encore employée actuellement sans modification essentielle pour la préparation du baryum pur (voir fig. 1).

Le tube laboratoire de porcelaine, de 35 mm de large est protégé contre l'action de la vapeur de baryum par une chemise intérieure de nickel de 2 mm d'épaisseur; on maintient constamment le vide dans ce tube au moyen d'une pompe à mercure. Le mélange de BaO anhydre et exempt de BaO_2, et d'Al pur en grains est placé dans un tube en fer chauffé extérieurement par une résistance électrique. On porte le tube à 1350° environ pendant 5 h et on obtient le baryum cristallisé à l'extrémité d'un tube en acier poli refroidi intérieurement par une circulation d'eau. On obtient environ 50 g de baryum à chaque opération, mais ces gros fragments sont toujours à demi fondus à leur extrémité.

Par redistillation à 1050° pendant 1 h et demie, on obtient du baryum pur (99,5%), et bien cristallisé.

b) Propriétés physiques.

Constantes du réseau. A température ordinaire, le baryum cristallise dans le système cubique centré.

Tableau 1.

Pureté du baryum	*a* (Å)	Auteurs
Ba pur préparé dans l'argon . .	5,04	CLARK, KING, HYDE (*5*)
non indiquée	5,015	KING, CLARK (*6*)
non indiquée	5,01	EBERT, HARTMANN (*7*)

Allotropie. Le calcium existant sous deux formes allotropiques, on pouvait prévoir qu'il en serait de même pour les métaux de son groupe, le strontium et le baryum. Les expériences effectuées ont confirmé cette manière de voir dans les deux cas: les courbes de variation de différentes propriétés physiques du baryum en fonction de la température ont été établies par plusieurs auteurs. Elles présentent toutes une anomalie entre 350 et 390°, qui ne peut s'expliquer que par une transformation allotropique $\alpha \rightleftharpoons \beta$ du baryum. Nous citerons:

1° les courbes de résistivité électrique de RINCK (*8*), et aussi quelques unes de ses courbes de refroidissement qui présentent de petits paliers à 375°.

2° les courbes de susceptibilité magnétique, de LANE (*9*); des précautions ont été prises dans la construction de ces courbes pour éviter qu'une anomalie puisse représenter le point de Curie d'une impureté ferromagnétique.

3° Les courbes de dilatation linéaire, tracées par CATH et v. STEENIS (*10*).

4° les essais mécaniques de BRIDGMAN (*11*) déjà cités dans le chapitre du magnésium, apportent encore une nouvelle vérification.

En résumé, le baryum se présente sous deux formes allotropiques:

la variété α stable au-dessous de 375° (chiffre de RINCK).

la variété β stable entre 375° et le point de fusion.

One ne possède encore aucune donnée sur la structure cristalline de la phase β.

Dilatation linéaire. Entre 0° et 300° C CATH et v. STEENIS (*10*) trouvent des valeurs variantes de 17 à $21 \cdot 10^{-6}$.

Densité. Le tableau suivant résume les résultats obtenus par différents auteurs.

Tableau 2.

Provenance du baryum	t	d	Auteurs
Ba 99,5	—	3,78	GUNTZ (*2*)
Pas d'ind. de prov. déter. aux rayons X	—	3,61	EBERT, HARTMANN (*7*)
Ba 99,5, dist. 2 fois dans le vide et coulé	17° 2	3,740	RINCK (*8*)

Point de fusion. Il existe des différences entre les déterminations les plus récentes; ce fait peut s'expliquer par des raisons tout à fait analogues à celles qui ont été proposées pour le calcium: une quantité d'azote de 0,6%, qu'il est très difficile d'éviter, correspond à une teneur en nitrure de 9 à 10%, suffisante pour causer des variations importantes dans la valeur des propriétés physiques. De nouvelles déterminations devraient être faites sur du baryum très pur, rigoureusement exempt d'azote.

Tableau 3.

Pureté du baryum	t_F en °C	Auteurs
Ba 97% environ.	658	HARTMANN, MAY (*12*)
Ba très pur, distillé 2 fois . . .	710	RINCK (*8*)
Ba 99,8% distillé 2 fois	704	HOFFMANN, SCHULZE (*13*)

Tension de vapeur et point d'ébullition. Le mesures de tension de vapeur faites jusqu'à présent sur le baryum sont très peu nombreuses. La méthode employée par RUFF et HARTMANN est intéressante, nous allons en indiquer rapidement le principe: Le creuset contenant le baryum était suspendu à un ressort muni d'un repère et chauffé par un four électrique à résistance. On commençait par faire le vide dans le tube laboratoire, puis on y introduisait de l'argon sous une pression bien déterminée et maintenue constante au moyen d'un régulateur. L'expérience consistait à inscrire la variation de la position du repère (c'est à dire la variation de poids du baryum) en fonction de la température. Le point anguleux de la courbe correspondait à une augmentation brusque de l'évaporation du baryum et donnait le point d'ébullition sous la pression considérée.

Par extrapolation à la pression atmosphérique normale des valeurs des tensions de vapeur à différentes températures, on a pu calculer le point d'ébullition du baryum. Nous donnons ci-dessous les principales valeurs obtenues.

Tableau 4.

Provenance du baryum	t en °C	Auteurs
Ba 99,5	1150	GUNTZ (*14*)
Ba préparé par la méthode de GUNTZ	1146	RUFF, HARTMANN (*15*)
	1537	HARTMANN, SCHNEIDER (*16*)
calcul d'après les rés. de RUDBERG et J. LEMPERT (*17*)	1696	VAN LIEMPT (*18*)

Susceptibilité magnétique. HONDA (*19*) donne comme valeur de la suseptibilité magnétique, pour du Ba 99,6: $\chi = 0{,}3 \cdot 10^{-6}$, et LANE (9): $\chi = 0{,}147 \cdot 10^{-6}$, à 20° C.

Bibliographie.

1. GUNTZ, A.: C. R. Acad. Sci., Paris Bd. 133 (1901) S. 872.
2. GUNTZ, A.: C. R. Congrès Chime Industrielle 1929, S. 461.
3. GUNTZ, A.: C. R. Acad. Sci., Paris Bd. 132 (1901) S. 963.
4. GUNTZ, A.: Ann. Chim. Phys. (8) Bd. 10 (1907) S. 437.
5. CLARK, G. L., A. J. KING, J. F. HYDE: Proc. nat. Acad. Sci., Wash. Bd. 14 (1928) S. 617.
6. KING, A. J., G. L. CLARK: J. Amer. chem. Soc. Bd. 51 (1929) S. 1709.
7. EBERT, F., H. HARTMANN: Z. anorg. Chem. Bd. 179 (1929) S. 418.
8. RINCK, E.: C. R. Acad. Sci., Paris Bd. 193 (1931) S. 1328.
9. LANE, C. T.: Phys. Rev. Bd. 44 (1933) S. 43.
10. CATH, P. G. u. O. L. v. STEENIS: Z. techn. Phys. Bd. 17 (1936) S. 239.
11. BRIDGMAN, P. W.: Phys. Rev. Bd. 48 (1935) S. 825.
12. HARTMANN, H., G. MAY: Z. anorg. Chem. Bd. 185 (1930) S 167.
13. HOFFMANN, F., A. SCHULZE: Phys. Z. Bd. 36 (1935) S. 453. — Z. Metallkde. Bd. 27 (1935) S. 155.
14. GUNTZ, A.: Ann. Chim. Phys. (8) Bd. 4 (1905) S. 16.
15. RUFF, O., H. HARTMANN: Z. anorg. Chem. Bd. 133 (1924) S. 29.
16. HARTMANN, H., R. SCHNEIDER: Z. anorg. Chem. Bd. 180 (1929) S. 275.
17. RUDBERG, E., J. LEMPERT: J. Chem. Physics Bd. 3 (1935) S. 627.
18. VAN LIEMPT, J. A. M.: Rec. Trav. chim. Pays-Bas Bd. 55 (1936) S. 468.
19. HONDA, K., Y. SHIMIZU: Sci. Rep. Tôhoku Univ. Bd. 20 (1931) S. 479.

III. Dritte Hauptgruppe des periodischen Systems.

In der dritten Gruppe stoßen wir zum ersten Male auf ein nichtmetallisches Element, das Bor. Das zweite Element, das Aluminium, hat wieder einen durchaus metallischen Charakter, obwohl auch hier noch einige Abnormalitäten auftreten, z. B. der unerwartet niedrige Schmelzpunkt, auf den besonders HUME-ROTHERY (*1*) hingewiesen hat. In dieser ganzen Gruppe ist nur das Aluminium in sehr reinem Zustande bekannt. Ehe wir zu der Besprechung dieses sehr wichtigen Elements übergehen, mögen einige Zeilen über das Bor vorangeschickt werden.

31. Bor.

(Atomgewicht 10,82.)

Mit 1 Abbildung.

a) Herstellung.

Streng genommen könnte man die Besprechung des Bors in einer Monographie der reinen Metalle übergehen, da es nicht in reinem Zustand bekannt ist, und überdies sicher nicht ein Metall ist. Die meisten Verfahren zur Herstellung des Bors, die auf der Reduktion der Oxyde, der Borate, oder der Halogenide mit Metallen oder Kohlenstoff beruhen, liefern bestenfalls nur unreine Borpulver, meistens aber Boride, unter denen das kristallinische AlB_{12} das bekannteste ist. Für die Herstellung sei auf die Handbücher der anorganischen Chemie verwiesen.

Indem WEINTRAUB (*2*) mit Hilfe eines Lichtbogens ein Produkt von der ungefähren Zusammenstellung BO, gewonnen durch Reduktion von BO mit Magnesium auf so hohe Temperaturen erhitzte, daß der größte Teil der Verunreinigungen verdampfte, gelang es ihm, kilogrammweise ein Präparat mit 99% B zu erhalten. WEINTRAUB gibt auch an, wie man allerdings in kleinen Mengen ein viel reineres Bor herstellen kann. Dazu schickt er einen Lichtbogen durch ein Gemisch von BCl_3 und Wasserstoff, oder läßt die Reaktion zwischen beiden Gasen sich an einem glühenden Körper abspielen, wobei sich diese Körper mit einer Borschicht überziehen. Das so gewonnene Bor kann durch einen Lichtbogen auf einer Unterlage aus Bornitrid eingeschmolzen werden. Auch KROLL (*3*) hat auf dieser Weise Bor dargestellt; das Verfahren von WARTH (*4*), der einen Wolframdraht in einem Gemisch von BCl_3 und H_2 erhitzt, liefert grundsätzlich nichts Neues. Höchstwahrscheinlich handelt es sich bei diesem Verfahren im wesentlichen um eine Zersetzung des Bortrichlorids. Denn aus unveröffentlichten Versuchen des Verfassers geht hervor, daß auch beim Glühen eines Wolframdrahtes in BCl_3-Dampf ohne Wasserstoff sich das Bor auf dem Draht abscheidet.

Nach allgemeiner Regel ist das BBr_3 leichter spaltbar als das BCl_3. Darauf beruht das Verfahren von MOISSAN (*5*), der einen Lichtbogen durch BBr_3-Dampf schickt, wobei das frei werdende Brom durch Kupferpulver gebunden wird. Auf diese Weise gelang es, 800 mg Bor von 99,35% Borgehalt zu gewinnen.

Schöne kompakte Borstäbe (*6*), die vollkommen dicht und glatt sind, erhält man durch Erhitzen eines Wolframdrahtes in einer BBr_3-Atmosphäre. Das entstehende Brom kann durch Zinn oder Quecksilber gebunden werden. Am besten gelingt diese Darstellung, wenn man in einem Apparat von der in Abb. 1 angegebenen Form arbeitet. Das BBr_3 wird in *B* durch Abkühlen kondensiert, der ganze Apparat evakuiert, und dann das BBr_3 durch Abkühlen von *A* langsam hinüberdestilliert, während der Draht *E* elektrisch auf etwa 1300° C erhitzt wird. Fast alles Bor wird dann von Quecksilber, das in einer Schicht den Boden des Gefäßes bedeckt, gebunden.

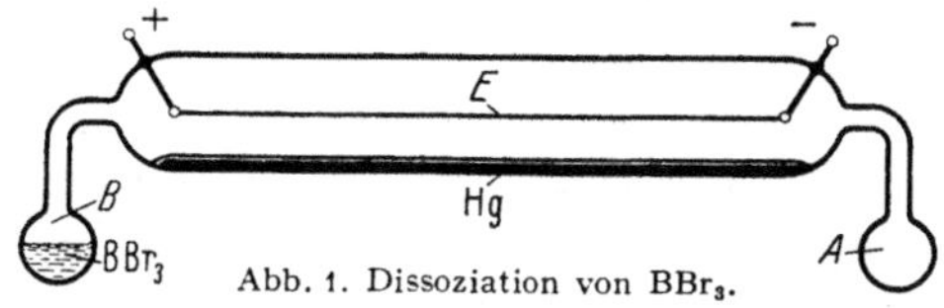

Abb. 1. Dissoziation von BBr_3.

Die so dargestellten Stäbe enthalten noch den Wolframkern; Quecksilber ließ sich nicht nachweisen. Wenn der Kerndraht 100 μ stark und das erhaltene Stäbchen 2 mm dick ist, ist der mittlere Wolframgehalt nur 0,2%. Die Erwartung aber, daß sich das Wolfram entfernen ließe durch Ausbohren des Kernes, so daß an den gebildeten Ringen eine genaue Bestimmung der physikalischen Eigenschaften möglich sein würde, wurde nicht erfüllt. Eine Röntgendurchleuchtung zeigte, daß das Wolfram während des Anwachsens nach außen diffundiert.

Immerhin läßt sich der Wolframgehalt der weitausgebohrten Ringe auf weniger als 0,1% schätzen. Leider ist aber diese Reinheit für die Bestimmung des spezifischen Widerstandes noch nicht genügend. Zwar hat CLAUSING (*7*) versucht, durch Ausbohren des Wolframkerns den Widerstand der Borschicht an den erhaltenen Borringen zu ermitteln: die Messungen waren aber nicht reproduzierbar, wohl wegen des oben erwähnten Wolframgehaltes. Von der weiteren Beschreibung dieser Versuche wollen wir hier absehen.

Im Prinzip ist es möglich, nach der Methode von WEINTRAUB (*2*) oder durch Zersetzung des Bortribromids durch den elektrischen Lichtbogen zwischen Kupferelektroden, oder noch besser Borelektroden, eine reines Bor zu erhalten. Auf ähnliche Weise arbeiten HACKSPILL, STIEBER und HOCART (*8*), die stabförmige Wolframelektroden anwenden, so daß das niedergeschlagene Bor hoch erhitzt wird, und an den Enden der Elektroden anwächst. Es werden Borstäbchen von bis 3 cm Länge erhalten, leider fehlen Angaben darüber, ob hier Wolfram nicht in das Bor hineindiffundiert, wie es beim Niederschlagen auf Wolframdrähten der Fall ist.

b) Physikalische Eigenschaften.

Die Kristallstruktur des Bors ist nicht genau bekannt, die erhaltenen Röntgenogramme ließen sich bis jetzt nicht vollkommen deuten. Das

Röntgenogramm des sog. kristallisierten Bors der älteren Literatur ist sehr verschieden von dem des sog. amorphen Bors, das seinerseits aber mit dem nach (*6*) hergestellten Bor identisch ist (*8*). NARAY SZABO gibt an, daß im Handelsbor zwei Formen vorkommen (*9*). Die schönen Kristalle, die man z. B. durch Reduktion des Boroxyds mit Aluminium erhält, sind sicher als Aluminiumboride aufzufassen.

Härte. Alle Autoren sind sich darüber einig, daß das Bor sehr hart ist, so daß es selbst Korund ritzt. Es läßt sich wie Diamant bohren, ist aber viel spröder, so daß es bis jetzt als Erssatz für Diamant keine Anwendung gefunden hat.

Nach HACKSPILL und DUPUY (*10*) ist der Wert des Ausdehnungskoeffizient zwischen 20° und 720° C $8{,}3 \cdot 10^{-6}$. BRIDGMAN (*11*) hat die Kompressibilität bestimmt an einem nach (*6*) dargestellten Stäbchen. Er findet $0{,}5 \cdot 10^{-6}$ bei 30° C, also von derselben Größenordnung wie beim Eisen. Der Schmelzpunkt liegt nach WEINTRAUB (*2*) bei 2300° C.

Leitfähigkeit. Die interessanteste Eigenschaft ist die Leitfähigkeit. Genaue Messungen liegen hier nicht vor, weil sowohl kleine Verunreinigungen als auch Änderung der Temperatur einen ungeheueren Einfluß ausüben.

Schon WEINTRAUB (*2*) gibt an, daß Bor im Gegensatz zu den Metallen einen sehr großen spezifischen Widerstand zeigt, etwa 10^6 bei 0° C. Mit zunehmender Temperatur nimmt der Widerstand ungefähr exponentiell mit der Temperatur ab. Wir entnehmen der WEINTRAUBschen Arbeit folgende Daten:

t	27°	100°	170°	320°	520°	600° C
$\varrho_0 \cdot 10^{-4}$	77,5	6,6	0,77	0,018	0,0007	0,0004

Diese Daten, gefunden an Borkörnern mit Abmessungen von $\sim 0{,}2$ mm, stimmen mit denen von anderen Autoren überein. Rohe Messungen des Verfassers an Borstäben ergaben ebenfalls $\varrho_0 \sim 10^6$, bei 1000° C dagegen nur noch etwa $\varrho \sim 1$.

Verunreinigungen haben auf die elektrischen Eigenschaften einen sehr großen Einfluß. Nach WEINTRAUB fällt der Widerstand durch 0,1% C schon auf einen Bruchteil des oben genannten Wertes ab und mit 8% C zeigt Bor schon eine Leitfähigkeit von der Größenordnung des Graphits; zu gleicher Zeit nimmt der Temperaturkoeffizient der Leitfähigkeit ab, in dem Sinne, daß bei hohen Temperaturen die Kurven für Borpräparate verschiedenen Reinheitsgrades ungefähr zusammenfallen.

PODSZUS (*12*), der einen kleinen Widerstand und negativen Temperaturkoeffizienten der Leitfähigkeit angibt, hat wohl mit sehr unreinem Bor gearbeitet.

MEISSNER und VOIGT (*13*) haben an einem kleinen Borkristall (oder Boridkristall?) den Widerstand bei tiefer Temperatur gemessen; der Widerstand bleibt auch hier sehr hoch. Die theoretisch sehr wichtige Frage, ob die gemessene Leitfähigkeit eine Eigenschaft des Bors ist, oder nur von vorhandenen Verunreinigungen herrührt, ist bis jetzt noch nicht geklärt.

Photoelektrische Eigenschaften. Es scheint, daß durch Belichtung die Leitfähigkeit des Bors zunimmt (*14*); ob aber dieser Effekt dem Bor selbst zukommt, oder nur durch Verunreinigungen verursacht wird, ist nicht sicher.

Literatur.

1. HUME ROTHERY, W.: Structure of Metals and Alloys, S. 26. London 1936.
2. WEINTRAUB, G.: J. ind. eng. Chem. Bd. 5 (1913) S. 106.
3. KROLL, W.: Z. anorg. Chem. Bd. 102 (1918) S. 28.
4. WARTH: Zit. nach C. Abs. 3116 (1923): Bull. Maryland Acad. Sci. Bd. 3 (1923) Nr. 3 S. 8.
5. MOISSAN, H.: C. R. Acad. Sci., Paris Bd. 115 (1892) S. 203. — Ann. Chim. Phys. (7) Bd. 6 (1895) S. 321.
6. PHILIPS, N. V.: Ned. Patent 19624. Erf: A. E. VAN ARKEL.
7. Privatmitteilung, Dr. P. CLAUSING.
8. HACKSPILL, L., A. STIEBER, R. HOCART: C. R. Acad. Sci., Paris Bd. 193 (1931) S. 776.
9. NARAY SZABO, ST. O.: Naturwiss. Bd. 24 (1936) S. 77.
10. HACKSPILL, L., E. DUPUY: C. R. Acad. Sci., Paris Bd. 197 (1933) S. 229.
11. BRIDGMAN, P. W.: Proc. Amer. Acad. Bd. 64 (1930) S. 61.
12. PODSZUS, E.: Z. anorg. allg. Chem. Bd. 99 (1917) S. 130.
13. MEISSNER, W., B. VOIGT: Ann. Phys., Lpz. (5) Bd. 7 (1930) S. 761.
14. FREYMANN, R., A. STIEBER: C. R. Acad. Sci., Paris Bd. 199 (1934) S. 1109.

32. L'aluminium raffiné.

(At. 26,97.)

Par **R. GADEAU**, Saint-Jean-de-Maurienne.

Avec 11 figures.

a) Fabrication de l'aluminium ordinaire.

Il semble que les premiers échantillons d'aluminium préparés par SAINTE-CLAIRE DEVILLE en 1854, en réduisant le chlorure double d'aluminium et de sodium par du sodium, aient été relativement purs, en raison de la pureté des matières premières de laboratoire utilisées. La pureté devint beaucoup plus faible lorsque le procédé chimique fut exploité à l'échelle semi-industrielle; le métal étant d'abord livré à 93—96% Al et par la suite à 97—98% Al.

Un échantillon de métal fabriqué en 1872 à Salindres nous a donné les résultats suivants à l'analyse chimique et spectrographique:

Al	= 97,6%
Fe	= 1,72%
Si	= 0,56%
Mn	= 0,04%
Cu	= 0,005%
Zr et Cr	= traces
Ga	= néant
Ti et V	= néant

ICHON (*1*) indique que le procédé GRABAU (réduction de AlF_3 par le sodium) peut donner de l'aluminium à 99,8% Al.

A l'heure actuelle, l'aluminium est fabriqué exclusivement par le procédé électrolytique Héroult-Hall, qui consiste à électrolyser, vers 1000°, de l'alumine dissoute dans un bain fondu de cryolithe Na_3AlF_6, dans une cuve à parois de charbon, avec des anodes également en charbon.

La fabrication de 1 kg d'aluminium consomme 2 kg d'alumine et 500 g d'anode en charbon, ce qui constitue les deux sources principales d'impuretés. L'alumine préparée à partir de la bauxite par le procédé Bayer (attaque de la bauxite par la soude caustique et cristallisation de l'alumine par hydrolyse de la solution d'aluminate) donne par exemple comme analyse:

Al_2O_3 = 99,6 %
Fe_2O_3 = 0,030 %
SiO_2 = 0,045 %
CaO = traces
TiO_2 = 0,006 %
V_2O_5 = 0,0015 %
V_2O_5 = 0,0015 %
H_2O = 0,30 %.

Les électrodes contiennent elles-mêmes des impuretés, bien qu'on utilise généralement à leur préparation du coke de pétrole très pur. On trouve par exemple dans une bonne électrode:

C fixe = 98,3 %
cendres = 0,52 %
H_2O = 0,3 %
S = 0,8 %

les cendres contenant elles-mêmes, outre de la chaux:

cendres:
Fe = 0,11 % (% dans l'électrode)
Si = 0,03 %
Mn = traces
Ti = 0,0009 %
V = 0,0004 %.

La fabrication électrolytique donne ainsi normalement un aluminium qui ne titre pas plus de 99,6%; par exemple:

Al = 99,55 %
Fe = 0,28 %
Si = 0,15 %
Ti = 0,10 %
Cu = 0,006 %
Mn = 0,005 %
V = 0,003 %.

On arrive actuellement à préparer directement par électrolyse de l'aluminium à 99,85% en employant de l'alumine particulièrement pure et des anodes en coke de pétrole trié; c'est le plus que l'on puisse attendre de l'électrolyse directe.

b) Le raffinage de l'aluminium.

On a cherché depuis longtemps à préparer de l'aluminium plus pur que celui que donne la cuve à électrolyse. Nous allons résumer l'historique des nombreux essais effectués à ce sujet.

Raffinage par les procédés autres que l'électrolyse ignée. *Distillation.* La distillation de l'aluminium dans le vide présente de grosses difficultés (2) surtout parce que le métal contient beaucoup de gaz qui se dégagent pendant la distillation. De plus, on obtient un distillat pyrophorique, pratiquement impossible à refondre.

Cristallisation fractionnée. On a proposé (3) de porter l'aluminium exactement à sa température de fusion et de séparer par filtration les cristaux d'aluminium pur des alliages à bas point de fusion formés par les impuretés avec une partie de l'aluminium. On serait arrivé ainsi à obtenir de l'aluminium à 99,95 % ; mais la méthode n'est évidemment pas industrielle.

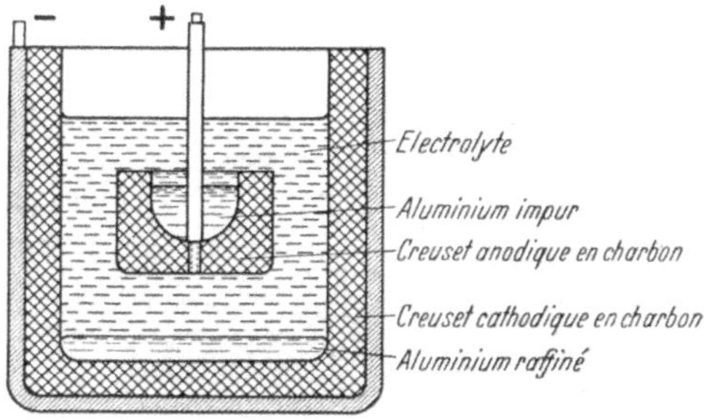

Fig. 1. Schéma de la cuve à raffinage de HOOPES.

Electrolyse de sels d'aluminium en solutions non aqueuses. L'aluminium ne peut pas être déposé par électrolyse de ses sels en solution aqueuse, en raison de la réaction de l'aluminium naissant sur l'eau. De nombreux essais de laboratoire ont été faits (4) sur l'électrolyse du bromure d'aluminium dissous dans des solvants tels que le benzène, le toluène, le bromure d'éthyle. On a pu obtenir parfois de faibles dépôts d'aluminium métallique, en quantité trop faible pour qu'il soit possible de les analyser.

Historique du raffinage par électrolyse ignée. C'est à l'américain HOOPES (5) qu'est dûe la première idée du raffinage de l'aluminium par électrolyse ignée (1901). HOOPES propose une cuve (fig. 1) avec garnissage intérieur de carbone servant de cathode, contenant un bain de cryolithe fondue, dans laquelle on plonge un creuset en charbon, servant d'anode, plein d'aluminium impur fondu.

Lorsqu'on fait passer le courant, le fluorure d'aluminium s'électrolyse: l'aluminium se dépose sur le creuset cathodique, le fluor reforme du fluorure d'aluminium avec l'aluminium de l'anode. L'électrolyte se trouve donc reconstitué et le passage du courant se traduit simplement par une migration de l'aluminium de l'anode vers la cathode. L'aluminium seul peut être ainsi transporté: si le métal anodique contient des métaux moins nobles que l'aluminium (magnésium, calcium, lithium), ces métaux sont les premiers transformés en fluorures à l'anode, mais leurs fluorures restent dans l'électrolyte sans participer à l'électrolyse; les métaux plus nobles que l'aluminium, comme sont les impuretés Fe, Si, Cu, etc. . . . ne sont pas attaquées par l'anion et restent dans l'alliage anodique.

Le principe du raffinage par électrolyse ignée était ainsi posé, mais aucun résultat ne pouvait être obtenu en raison de la forme de la cuve; l'alliage anodique est trop éloigné de la cathode et la majeure partie du courant a tendance à passer directement de la cuve cathodique au bloc de carbone anodique.

Ce n'est qu'en 1905 que l'américain Betts (6) posa le principe, adopté généralement par la suite, du raffinage électrolytique à trois couches fondues. Une cuve à fond anodique en charbon et à parois latérales isolantes contient au fond une couche fondue d'un alliage dense d'aluminium; au-dessus est une couche fondue d'un électrolyte calculé pour avoir une densité intermédiaire entre celle de l'alliage anodique et celle d'une troisième couche d'aluminium pur, qui flotte à la surface et qui fonctionne comme cathode. Avec un tel système, l'aluminium peut émigrer librement de l'anode à la cathode.

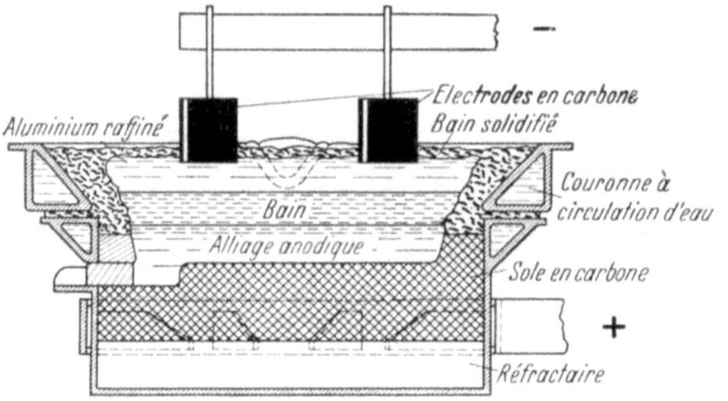

Fig. 2. Cuve à raffinage de l' Aluminium Company of America.

D'après les renseignements qui nous ont été fournis par F. C. Frary, Directeur du Laboratoire de Recherches de l'aluminium Cy of America, Hoopes avait imaginé bien avant Betts le principe du raffinage par les trois couches, mais l'essai n'avait pas pu être entrepris.

En 1922, *l'Aluminium Company of America* (Hoopes, Frary, Edwards) reprit l'idée du raffinage par les trois couches et réussit à l'amener à l'échelle semi-industrielle (7). La cuve de l'Aluminium Cy of America (fig. 2) comporte un fond anodique en charbon et les parois latérales sont constituées d'électrolyte solidifié sur une ceinture en tôle à circulation d'eau. L'alliage anodique est un alliage aluminium-cuivre à environ 30% Cu. L'électrolyte est un mélange de cryolithe et de fluorure de baryum, tenant en solution quelques % d'alumine:

$$AlF_3 = 25 \text{ à } 30\%$$
$$NaF = 25 \text{ à } 30\%$$
$$BaF_2 = 30 \text{ à } 38\%$$
$$Al_2O_3 = 0,5 \text{ à } 3\%.$$

Aucun réfractaire ne résiste à un tel bain fluoré, qui fond seulement vers 1000°, ce qui a exigé la complication des parois en bain solidifié. L'aluminium cathodique reçoit le courant par des électrodes de graphite L'électrolyse se fait vers 1000° et l'Aluminium Cy of America aurait construit une cuve à 20000 Amp. sous 7 V.

Par ce procédé, l'Aluminium Cy of America a pu obtenir de l'aluminium à plus de 99,90%, le titre le plus élevé semblant avoir été 99,983% (8) avec la composition suivante:

Al = 99,983 %
Fe = 0,008 %
Si = 0,003 %
Cu = 0,007 %

Cependant le procédé a été abandonné par suite de grosses difficultés pratiques. La première vient de ce que l'électrolyte doit contenir de l'alumine, qui est sa partie utile comme étant le composé présent dans le bain pourvu de la tension de décomposition la plus faible. L'alumine est peu soluble dans le bain (8 à 9%); comme celui-ci en est habituellement saturé, les refroidissements accidentels de la cuve se traduisent par des dépôts d'alumine cristallisée (corindon) qui ne se redissolvent plus dans le bain, ce qui donne des croûtes très gênantes.

La couronne à circulation d'eau est elle-même une source de difficultés en effet la portion de l'électrolyte qui s'y fige n'a pas la même composition que le bain resté liquide; la composition de l'électrolyte change lorsque l'épaisseur de la couche de bain figé varie. En outre, si la cuve se refroidit un peu, il se fige de grosses masses de bain sur la zône à circulation d'eau; ces masses deviennent pâteuses lorsque la cuve se réchauffe, elles tombent sur l'alliage anodique en formant des croûtes impossibles à redissoudre. Il arrive que ces croûtes émulsionnent de l'alliage anodique et les particules d'alliage ainsi rapprochées de la cathode cèdent leur aluminium, puis leur cuivre et leurs impuretés, qui viennent souiller la cathode.

Ces dernières années, l'Aluminium Industrie AG. (9) a repris le procédé de l'Aluminium Cy of America en ajoutant à l'électrolyte du fluorure de magnésium à divers autres fluorures, de façon à travailler vers 800°, au lieu de 1000°.

Dans un autre domaine, *l'Aluminium Industrie AG.* (*10*) a essayé le raffinage électrolytique de l'aluminium à basse température, en bain de chlorures.

On prend par exemple comme bain:

$AlCl_3$ = 70 à 75 %
KCl = 10 à 12 %
NaCl = 15 à 18 %

mélange qui fond en dessous de 100°.

L'électrolyse se fait vers 170°, donc avec électrodes solides: plaques d'aluminium impur comme anodes, alternées avec des tôles d'aluminium comme cathodes, dans un bac garni intérieurement de verre.

L'électrolyse se fait sous 0,15 à 0,30 V avec une densité de courant de 0,5 à 1,5 Amp./dm². Un système de pompe fait circuler l'électrolyte, où la mobilité des ions serait sans celà trop faible pour assurer une homogénéité suffisante.

Ce procédé a été abandonné en raison d'une difficulté primordiale: l'aluminium ne se dépose pas en couche continue à la cathode, quelle que soit la densité de courant, mais il forme un dépôt arborescent avec de grandes aiguilles qui rejoignent rapidement l'anode. Si on dispose près de l'anode soluble d'aluminium une petite anode auxiliaire en plomb, par laquelle on fait passer une faible portion du courant d'électrolyse, on arrive à l'obtention de dépôts compacts, mais l'aluminium recueilli à la cathode contient toujours 0,1 à 0,2% Pb. Le procédé ne convient donc pas pour le raffinage de l'aluminium; il pourrait servir pour le recouvrement électrolytique de certains métaux par l'aluminium.

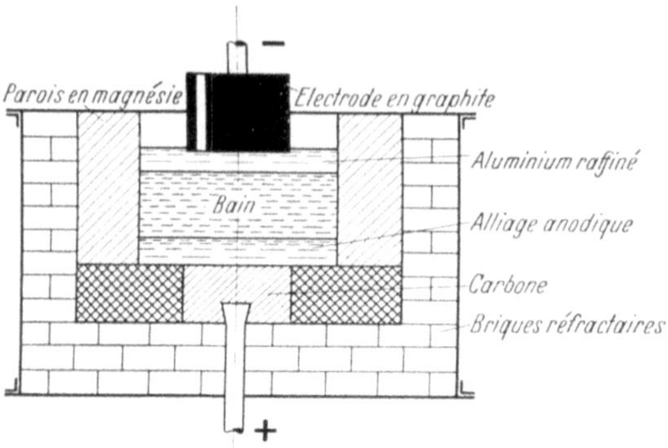

Fig. 3. Schéma de la cuve à raffinage de la Compagnie d'Alais, Froges & Camargue.

Hulin a proposé (*11*) ensuite de pratiquer le raffinage électrolytique à 600—650°, avec un bain contenant:

$AlCl_3$ = 52 à 60%
KCl = 48 à 40%

l'anode étant une couche liquide d'un alliage à bas point de fusion (Al + 7 à 14% Si ou Al + 20 à 45% Cu) et l'aluminium se déposant à l'état solide sur des barres cathodiques. On a aussi proposé (*12*) de travailler un peu au-dessus du point de fusion de l'aluminium et de déposer le métal cathodique sous forme de „carotte“ sur une cathode de contact.

Les essais que nous avons effectués avec P. L. Hulin à ce sujet n'ont pas donné de résultats pratiques, pour la raison principale que le chlorure d'aluminium, très volatil, distille très rapidement aux températures de l'ordre de 600°, ce qui rend tout travail impossible.

Raffinage électrolytique par le procédé A.F.C. Les divers procédés que nous venons de résumer n'ont jamais donné de résultats réellement industriels et ce n'est qu'en 1932 que nous avons pu mettre au point en France, à la Compagnie d'Alais, Froges et Camargue, un procédé industriel de fabrication de l'aluminium raffiné à plus de 99,99%.

Ce procédé (*13*) conserve le principe du raffinage électrolytique avec trois couches fondues d'alliage anodique, de bain et d'aluminium raffiné cathodique.

La cuve, schématisée par la fig. 3, comporte un fond en charbon qui sert d'amenée de courant à l'anode et des parois latérales en briques de magnésie.

L'alliage anodique est un alliage aluminium-cuivre qui contient de 25 à 40% Cu, la moyenne étant l'eutectique à 33% Cu, dont la densité vers 800° est voisine de 3. L'électrolyte, calculé pour avoir une densité de 2,7 vers 750—800°, est un mélange de fluorure d'aluminium et de fluorures alcalins d'une part, de chlorures alcalino-terreux d'autre part, caractérisé par sa composition chloro-fluorée et par ce que la teneur en fluorure d'aluminium par rapport à la teneur en fluorure alcalin doit être supérieure à ce qui correspond à la formule de la cryolithe $AlF_3 \cdot 3\ NaF$.

On emploie de préférence l'électrolyte suivant:

$$\left.\begin{array}{r} AlF_3 = 23\,\% \\ NaF = 17\,\% \end{array}\right\} AlF_3\,,\ 1{,}5\ NaF = 40\,\%$$
$$BaCl_2 = 60\,\%$$

Ce bain est entièrement fondu vers 730° et son point de fin de solidification est inférieur à 600°; ce point de fusion très bas permet de travailler vers 750°, ce qui rend les opérations d'électrolyse beaucoup plus faciles que pour le travail à 1000° exigé par les bains entièrement fluorés. De plus, à cette température, le bain chloro-fluoré n'attaque pas la magnésie; ce qui permet la suppression de la ceinture à circulation d'eau.

L'aluminium raffiné fondu (densité = 2,3) flotte sur l'électrolyte et reçoit le courant par des électrodes de graphite.

Théorie du raffinage. Pour expliquer le processus du raffinage avec le bain chloro-fluoré, nous admettons (*14*) qu'il y a d'abord électrolyse primaire du chlorure de baryum; à la cathode le baryum réagit sur le fluorure d'aluminium libre du bain pour donner de l'aluminium et du fluorure de baryum et à l'anode le chlore attaque l'aluminium de l'alliage Al-Cu pour donner du chlorure d'aluminium. C'est ensuite ce chlorure d'aluminium qui alimente la réaction électrolytique principale avec dépôt direct d'aluminium à la cathode et reconstitution de $AlCl_3$ à l'anode. En raison de sa volatilité, $AlCl_3$ s'en va partiellement en fumées et une nouvelle portion de $BaCl_2$ doit s'électrolyser pour le remplacer.

Ce n'est là qu'une hypothèse explicative, mais elle est rendue vraisemblable par de nombreuses constatations pratiques. Nous avons pu vérifier expérimentalement (*15*) que l'anion formé directement à l'anode est bien le chlore, et non pas F ou AlF_6. Si l'on plonge jusqu'au fond d'une cuve à raffinage un tube poreux en magnésie, plein d'alliage anodique, le tube imprégné de bain laisse passer le courant en fonctionnant comme diaphragme; on constate la formation dans le tube d'une quantité considérable de chlorure d'aluminium.

Il y a bien dans les cuves un appauvrissement préférentiel du bain en chlore et en aluminium, qui fait évoluer la portion fluorée du bain de la chiolithe $AlF_3 \cdot 1{,}5\ NaF$ vers la cryolithe $AlF_3 \cdot 3\ NaF$.

On constate en même temps la formation effective de BaF_2, dont les bains usés peuvent contenir 10% et plus.

Enfin, lorsque la portion fluorée du bain est exactement la cryolithe, il passe du baryum métallique dans l'aluminium raffiné (jusqu'à 3% Ba). Celà s'explique par le fait que le baryum métallique, déposé à la cathode par l'électrolyse primaire de $BaCl_2$, réagit difficilement sur le complexe

$AlF_3 \cdot 3\,NaF$, alors qu'il décompose facilement, soit AlF_3, soit NaF. Il suffit d'ailleurs d'ajouter dans la cuve un peu de AlF_3 ou de NaF pour que l'équilibre soit rompu et pour que le baryum disparaisse du métal cathodique.

Fabrication industrielle. A son usine de Saint-Jean-de-Maurienne, la Cie d'Alais, Froges & Camargue fabrique 50 tonnes par mois d'aluminium raffiné, dans des cuves à 13000 Amp. fonctionnant sous 7 V, avec

Fig. 4. Installation de raffinage de l'aluminium à l'usine de Saint-Jean-de-Maurienne de la Compagnie d'Alais, Froges & Camargue.

une température de régime de 750—780° pour le métal cathodique. Le rendement de courant dans l'attaque anodique est de 100% et le rendement cathodique en aluminium est de l'ordre de 97%.

Le même procédé de raffinage est également utilisé industriellement, sous licence, en Angleterre par la British Aluminium Company et en Allemagne par l'I.G. Farbenindustrie.

c) Pureté de l'aluminium raffiné. — Analyse.

La fabrication industrielle que nous venons de décrire donne un aluminium cathodique dont le titre est normalement supérieur à 99,99%, par exemple:

Al = 99,992 %
Fe = 0,003 %
Si = 0,004 %
Cu = 0,001 %

la majeure partie de la production titrant 99,995 % et plus. On a adopté comme définition du terme commercial « Aluminium Raffiné » (en Allemagne « raffiniertes Aluminium », en Angleterre « Super Purity Aluminium ») un aluminium de titre supérieur à 99,99%.

Le métal le plus pur que nous ayons obtenu titre:

Al =	99,9986 %
Fe =	0,0002 %
Si =	0,0009 %
Cu =	0,0003 %

Dans ce métal, le spectrographe ne décèle aucune impureté autre que Fe, Si, Cu et Mg; les vérifications que nous avons faites avec le réactif coloré extrêmement sensible qu'est la quinalizarine montrent que la teneur en magnésium est inférieure à 0,0001 %.

Pour doser chimiquement des traces aussi faibles d'impuretés, il est évident que l'on ne peut envisager que des méthodes colorimétriques (*16*).

Dosage du fer. On dissout une prise d'essai d'aluminium raffiné dans HCl et on évapore à consistance sirupeuse pour chasser l'excès d'acide; on oxyde le fer par l'eau oxygénée et on ajoute du sulfocyanure d'ammonium qui donne du sulfocyanure ferrique $Fe(SCN)_3$ rouge sang. On titre par comparaison avec la coloration d'un témoin réalisé avec une solution titrée de chlorure ferrique. Il est indispensable d'avoir dans l'analyse et dans le témoin exactement la même quantité de NH_4SCN et sensiblement la même quantité d'HCl.

Dosage du silicium. Une prise d'essai d'aluminium raffiné est attaquée par la soude caustique, ce qui dissout le silicium sous forme de silicate de soude. On revient en milieu très légèrement acide après avoir ajouté du molybdate d'ammonium et on a une coloration jaune d'acide silico-molybdique, qui se développe en 10 à 15 minutes; on titre par comparaison avec de l'eau colorée avec une solution d'acide picrique à 0,147 g/l, dont 1 cm^3 donne la même coloration que, 0,1 mg Si.

Dosage du cuivre. Une prise d'essai est dissoute dans HCl et on évapore à consistance sirupeuse pour chasser l'excès d'acide. Dans la solution diluée on fait alors passer un courant d'hydrogène sulfuré, qui donne une coloration brune dûe au sulfure de cuivre colloïdal. On titre par comparaison avec un témoin d'eau chargée de H_2S où on introduit du cuivre par une solution titrée.

On peut encore analyser correctement l'aluminium raffiné par la méthode spectrographique (*17*).

Les méthodes de dosage colorimétriques sont assez précises pour le fer et le cuivre, incertaines pour le silicium; aussi certains auteurs (*18*) indiquent-ils 99,9995 % comme pureté d'un aluminium raffiné qui a la même pureté spectrographique que le métal où nous trouvons 99,9986%.

d) Propriétés physiques de l'aluminium raffiné.

La plupart des propriétés physiques de l'aluminium raffiné (densité, point de fusion, etc. . . .) sont peu différentes de celles qui ont été déterminées antérieurement avec l'aluminium ordinaire; les propriétés électriques sont, au contraire, très modifiées par l'enlèvement des dernières traces d'impureté.

Structure cristalline. L'aluminium présente un réseau cubique à faces centrées. Des mesures (*19*) effectuées par la méthode de DEBYE-SCHERRER avec de l'aluminium raffiné à 99,998% ont donné comme constante de réseau:

$$a_{25} = 4{,}04143 \pm 0{,}00002\,\text{Å}$$

valeur qui ne diffère pratiquement pas de celle donnée par JETTE ET FOOTE (*20*)

$$a_{25} = 4{,}04139 \pm 0{,}0000\,\delta\,\text{Å}.$$

La densité mesurée aux rayons X est

$$d_{25} = 2{,}695.$$

Cette densité ne permet pas de supposer l'existence d'une allotropie de l'aluminium (*21*). Les irrégularités que l'on trouve (*22*) dans la variation de la force thermo-électrique doivent être dûes à des phénomènes de recristallisation.

Coefficient de dilatation. Les mesures aux rayons X (*19*) ont conduit à la valeur suivante du coefficient de dilatation linéaire de l'aluminium raffiné à 99,998% entre 22 et 47°:

$$\delta = 23{,}13 \cdot 10^{-6}.$$

Densité. Pour l'aluminium à 99,97%, on a indiqué (*23*):

2,6989 à 20° pour le métal laminé écroui
2,6996 à 20° pour le métal laminé recuit

La mesure aux rayons X donne 2,695 à 20°. La différence de 2‰ avec la mesure au picnomètre dépasse de beaucoup l'ordre de grandeur des erreurs de mesure; si les deux mesures sont aussi exacte que ce qu'indiquent les auteurs, la différence ne peut venir que d'une erreur sur le poids atomique.

Point de fusion. L'aluminium à 99,97% (*23*) donne:

point de fusion: 659,8° à la pression ordinaire
contre: 658,7° pour le métal à 99,66%

Vaporisation. D'après les mesures de tension de vapeur de FARKAS (*24*) et de BAUR et BRUNNER (*25*), EUCKEN (*26*) a établi l'équation de vaporisation:

$$\log p = \frac{16{,}450}{T} - 1{,}023 \log T + 12{,}36$$

d'où l'on tire un point d'ébullition théorique de 2770° abs. La pression de vapeur est de 1 mm à 1880° C. BAUR et BRUNNER avaient donné comme point d'ébullition 2270° C, soit 2540° abs.

Propriétés thermiques. La *chaleur de fusion* de l'aluminium pur a été évaluée (*27*) à 86,1 cal/g. A citer à ce sujet le travail de VAN LIEMPT (*28*).

Les mesures de *chaleur spécifique* de MAIER et ANDERSON (*29*) sur de l'aluminium à 99,985% ont montré une variation régulière entre 54° abs. et 294° abs. et elles concordent bien, à ces températures, avec des mesures plus anciennes effectuées sur des métaux moins purs (*30*):

T . . .	54,80°	69,99°	83,96°	112,4°	141,0°	186,2°	257,5°	296,3° C
C_p. . .	1,129	1,856	2,457	3,533	4,239	4,932	5,558	5,741

De nombreuses mesures de la *conductibilité thermique* ont donné 0,534 à 0° (*32*) et 0,54 à 125 et á 215° (*31*); ces valeurs ne sont pas sensiblement plus élevées que les valeurs anciennement déterminées sur l'aluminium ordinaire.

D'après TAMMANN et BOEHME (*33*) l'écrouissage de l'aluminium a plus d'influence sur sa conductibilité thermique que sur sa conductibilité électrique.

Conductibilité électrique. L'aluminium raffiné à 99,997% recuit à 320° a donné au pont double THOMSON la conductibilité électrique suivante (*34*):

65,45% de la conductibilité du cuivre, soit
38,0 $\Omega \cdot \text{m/mm}^2$ à 20°, ou bien $\varrho_0 = 2{,}41 \cdot 10^{-6}$

avec un coefficient de température de $430{,}10^{-5}$.

Rappelons pour comparaison la conductibilité des métaux recuits de titres inférieurs:

Aluminium recuit Al %	Conductibilité électrique à 20°	
	% de Cu	en $\frac{\Omega \cdot \text{m}}{\text{mm}^2}$
99,997	65,45	38,0
99,991	65,35	37,9
99,97	64,90	37,7
99,5	62,5	36,3

A 1,14° abs. l'aluminium est supraconducteur (*35*). La résistivité résiduelle de l'aluminium raffiné à 99,995% varie avec les échantillons de 0,005 à 0,010 (*36*). Cette valeur est beaucoup plus élevée que la pureté du métal ne le ferait supposer. MEISSNER (*37*) trouve une valeur analogue.

BRIDGMAN (*38*) donne le coefficient de pression de la résistivité pour un aluminium raffiné à 0,01% Cu:

$$-4{,}71 \cdot 10^{-6} \text{ à } -78{,}4°$$
$$-9{,}16 \cdot 10^{-6} \text{ à } -182{,}9°$$

entre 0 et 7000 kg/cm².

En utilisant de l'aluminium raffiné très pur à 99,997% à la fabrication de divers alliages, on a pu déterminer exactement l'influence des diverses impuretés métalliques sur la conductibilité électrique de l'aluminium (*34*).

La fig. 5 résume les résultats obtenus sur métal recuit à 320°. Le nickel, le silicium, le zinc et le fer n'ont que peu d'influence sur la conductibilité de l'aluminium; le cuivre, l'argent et le magnésium constituent un groupe d'impuretés de moyenne importance et enfin le manganèse, le vanadium, le titane (et le chrôme) ont une très grande influence sur la conductibilité électrique de l'aluminium.

Si l'on considère le silicium et le fer, qui sont les impuretés principales de l'aluminium ordinaire, on trouve d'abord que l'influence du silicium

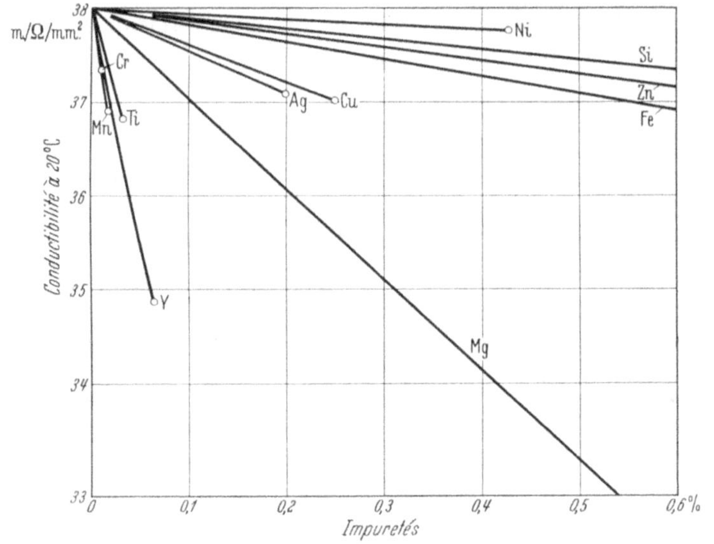

Fig. 5. Influence de diverses impuretés métalliques sur la conductibilité électrique de l'aluminium.

est beaucoup plus forte pour le métal recuit à 320° que pour le métal trempé à 500° (fig. 6). Ceci vérifie que la solubilité à l'état solide du

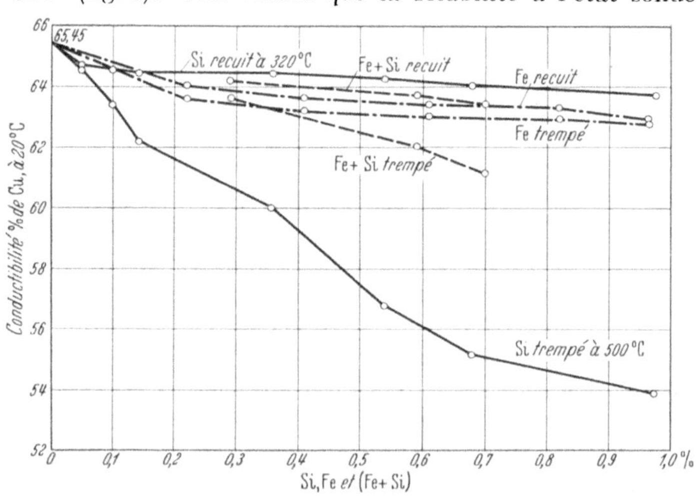

Fig. 6. Influence du fer, du silicium et de l'ensemble Fe + Si sur la conductibilité électrique de l'aluminium.

silicium dans l'aluminium, à température ordinaire, en l'absence de fer, est de l'ordre de 0,06% Si. Dans les métaux contenant à la fois Fe et Si, l'influence de ces impuretés n'est pas additive, comme on le voit sur la fig. 6, où les courbes (Fe + Si) concernent des alliages contenant à peu près deux fois plus de fer que de silicium.

De même le silicium camoufle en partie l'influence néfaste du magnésium sur la conductibilité, en raison de la formation de Mg_2Si.

Propriétés optiques. On trouve de nombreuses mesures, fort divergentes, pour le *pouvoir réflecteur* de l'aluminium.

O'BRYAN (*39*) donne:

λ mμ	$\varkappa$	k	R %
5780	0,89	6,29	90
5461	0,81	6,77	90
4916	0,68	7,08	90
4358	0,55	7,77	90
4046	0,45	8,85	90

SCHULZE (*40*) donne pour la limite de longueur d'onde de l'effet photoélectrique la valeur $\lambda = 298$ mμ. On en déduit $\varphi = 4,14$ eV comme travail d'extraction des électrons. HUNTER (*41*) trouve $\lambda = 374$ mμ, d'où $\varphi = 3,30$ eV.

e) Propriétés mécaniques de l'aluminium raffiné.

L'aluminium raffiné à 99,99% est sensiblement plus mou que l'aluminium ordinaire à 99,5%. On peut donner par exemple les chiffres de comparaison suivants (*42*):

Etat du métal	Aluminium raffiné 99,996 %		Aluminium 99,95 %		Aluminium 99,5 %	
	Résistance à la traction kg/mm²	Allongement %	Résistance à la traction kg/mm²	Allongement %	Résistance à la traction kg/mm²	Allongement %
Tôle écrouie	11	5			15	3
Tôle recuite 3 h à 320° .	5,5	55			8	35
Barre de 8,5 mm de diamètre, laminée à froid et recuite 2 h à 320° . .	5,1	43	6,4	42	8,5	30
Eprouvette coulée en sable ($d = 13,7$ mm)	4,9	45	5	37	8	25

Sur l'aluminium raffiné le plus pur à 99,9986%, on a trouvé (*43*), après recuit de 113 heures à 130° d'une barre de 1,5 mm:

$$\text{Résistance à la traction} = 5,17 \text{ kg/mm}^2$$
$$\text{Allongement} = 61,8\%.$$

Il est bien entendu que ces chiffres ne sont donnés qu'à titre d'indication, les mesures de charge de rupture et d'allongement sur l'aluminium donnant des résultats très variables suivant la genèse du corroyage et du recuit du métal.

On a trouvé (43) que la présence des impuretés dans l'aluminium a une influence considérable sur la vitesse de recuit après écrouissage.

Sur des barres laminées à froid de 20,4 à 1,5 mm, on trouve que l'aluminium le plus pur à 99,9986% est déjà recuit complètement après 6 à 10 minutes à 100°; à 16° il conserve une vitesse de recuit notable, l'allongement passant de 9,2% à 17,8% en 40 heures et 37,5% en 480 heures; ce métal très pur se recuit encore à 0°, l'allongement passant de 9,2% à 12,8% en 480 heures.

Un métal à 99,997 n'est pas encore complètement recuit après 6 heures à 100° et l'aluminium à 99,996 ne se recuit pratiquement plus à 100°, son recuit complet exigeant 48 heures à 175°.

A 225° l'aluminium raffiné à 99,99% n'est recuit qu'après 1 heure, l'aluminium à 99,98% après 24 heures et l'aluminium à 99,96% après 100 heures.

La recristallisation de l'aluminium raffiné à 99,998% se constate déjà 30° (*44*) et la vitesse de recristallisation est très grande.

On a trouvé (*45*) que, même avec l'aluminium le plus pur, il subsiste une différence entre les cristaux provenant de la solidification et ceux qui sont formés à la recristallisation: ces derniers, même avec l'aluminium très pur, augmentent la limite de glissement, qui est inférieure à 20 g/mm² pour le métal coulé.

f) Propriétés chimiques de l'aluminium raffiné.

Pour l'aluminium, comme pour tous les autres métaux, la résistance à la corrosion croît avec la pureté du métal. C'est pourquoi l'aluminium raffiné à 99,99% et plus possède une grande résistance aux réactifs chimiques acides et alcalins, à la corrosion atmosphérique, à l'eau de mer.

Par exemple (*46*) des tôles de 1 mm d'épaisseur en aluminium à 99,5% sont complètement désagrégées en une demi-heure dans HCl froid à 23° ou 12,5° B é (perte de poids 11 g/dm²) alors que l'aluminium raffiné à 99,99% ne perd que 0,06 g/dm² en 16 heures dans les mêmes conditions.

Nous allons résumer des essais systématiques que nous avons faits sur la résistance à la corrosion comparée d'aluminium de diverses puretés.

Al %	Fe %	Si %	Cu %
99,992	0,0020	0,0042	0,0017
99,953	0,015	0,025	0,007
99,90	0,038	0,036	0,020
99,5	0,32	0,14	0,006

Nous avons étudié les métaux, résumés ci-contre, laminés entièrement à froid, découpés en éprouvettes de 100 × 10 × 1 mm, dont la moitié a subi un recuit de 2 heures à 300°, suivi de refroidissement lent dans le four. Les éprouvettes ont été décapées suivant les normes de la Commission pour l'Etude de la Corrosion; immersion de 5 minutes dans une solution froide de NaOH à 20%, brossage, rinçage à l'eau distillée, immersion de 20 secondes dans une solution d'HCl à 2,5%, rinçage et séchage au papier filtre.

Chaque éprouvette a été immergée, avec une inclinaison de 35° sur la verticale, dans un vase de pyrex contenant 500 cm³ du liquide d'attaque; la température a été maintenue entre 17 et 23°. Les éprouvettes ont été périodiquement retirées du liquide, rincées et séchées, pour permettre les pesées, et la corrosion a été évaluée par la perte de poids par unité de surface. Une telle estimation est suffisamment exacte dans le cas de faibles attaques; elle ne peut donner qu'une indication de comparaison dans le cas des fortes attaques, où interviennent diverses causes d'erreur telles que la diminution de surface de l'éprouvette au cours de l'attaque, la corrosion intercristalline, etc. . . .

Les différences trouvées entre les échantillons écrouis et les échantillons recuits ne permettent pas d'établir une loi; nous considérerons ici uniquement les résultats obtenus avec le métal recuit.

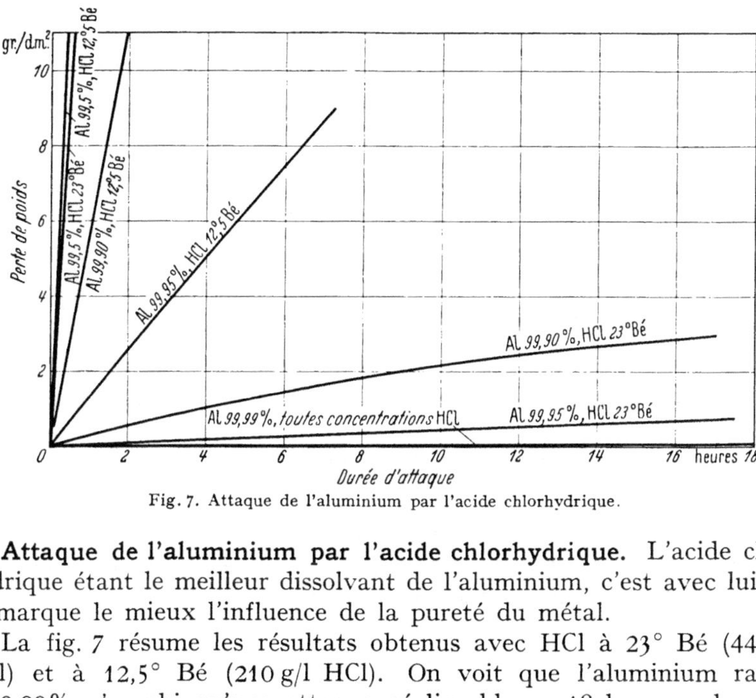

Fig. 7. Attaque de l'aluminium par l'acide chlorhydrique.

Attaque de l'aluminium par l'acide chlorhydrique. L'acide chlorhydrique étant le meilleur dissolvant de l'aluminium, c'est avec lui que se marque le mieux l'influence de la pureté du métal.

La fig. 7 résume les résultats obtenus avec HCl à 23° Bé (443 g/l HCl) et à 12,5° Bé (210 g/l HCl). On voit que l'aluminium raffiné à 99,99% n'a subi qu'une attaque négligeable en 18 heures, alors que l'aluminium ordinaire est désagrégé en quelques heures.

Dans tous les essais on constate que la solution la plus corrosive est l'acide à environ 18° Bé ou 322 g/l HCl (fig. 8), qui donne les chiffres de perte de poids suivants:

9,3 g/dm² en 12 minutes avec Al à 99,5 %
8,5 g/dm² en 60 minutes avec Al à 99,90 %
2 g/dm² en 60 minutes avec Al à 99,95 %
4,3 g/dm² en 36 heures avec Al à 99,99 %

Pour l'acide chlorhydrique très dilué à 2,6° Bé (40 g/l HCl), la différence est aussi considérable:

Al à 99,5 % dans HCl à 2,6° Bé; perte de poids:

en 2 heures	2,3 g/dm²
en 5 heures	6,1 g/dm²
en 7 heures	8,8 g/dm²

Al à 99,99% dans HCl à 2,6° Bé; perte de poids:

en 50 heures	0,04 g/dm²
en 242 heures	0,19 g/dm²
en 962 heures	1,2 g/dm²

Et avec de l'acide chlorhydrique encore plus dilué à 4 g/l HCl:

Al à 99,5% dans HCl à 4 g/l HCl; perte de poids:

en 24 heures	0,15 g/dm²
en 168 heures	0,67 g/dm²

Al à 99,99% dans HCl à 4 g/l HCl; perte de poids:

en 1200 heures 0,45 g/dm².

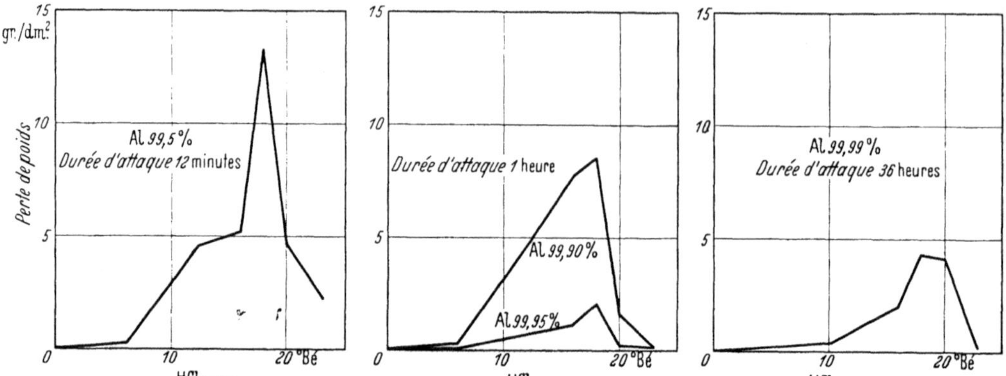

Fig. 8. Attaque de l'aluminium par l'acide chlorhydrique en fonction de la concentration de la solution d'acide.

Pour vérifier l'influence individuelle des impuretés fer, silicium et cuivre sur la résistance de l'aluminium à l'acide chlorhydrique, nous sommes partis d'un aluminium très pur:

Al = 99,997%
Fe = 0,0007%
Si = 0,0014%
Cu = 0,0008%

pour préparer trois séries d'alliages titrant 99,99%, 99,90% et 99,5% Al avec une seule des impuretés Fe, Si ou Cu, La confection et le décapage des éprouvettes et la marche de l'essai ont été les mêmes que dans les essais précédemment décrits, avec cette différence que l'étude n'a porté que sur les échantillons écrouis.

On a constaté (fig. 9) que, dans ces conditions, le fer a une influence plus mauvaise que le cuivre sur la résistance de l'aluminium à l'acide chlorhydrique, ce qui est en contradiction avec ce que l'on croit généralement. Celà tient probablement à ce que le fer ne donne pas de solution solide avec l'aluminium alors que le cuivre y est soluble jusqu'à environ 1%: une solution solide homogène est généralement moins corrodable qu'un métal hétérogène où des couples électrolytiques locaux peuvent se créer.

Le silicium est considérablement moins nocif que le fer et le cuivre. Par exemple:

Attaque par HCl à 12,4° Bé, à 20°							
Composition du métal				Perte de poids g/dm² après			
Al %	Fe %	Cu %	Si %	20 min	40 min	50 min	8 h
99,90	0,11	—	—	4,1	8,3		
—	—	0,11	—	3,7	7,6	9,4	
—	—	—	0,12	0	0	0	0,047

On arrive ainsi à un résultat curieux: en l'absence de fer et de cuivre, un aluminium à 99,9% contenant 0,1% de silicium résiste à l'acide chlorhydrique à peu près aussi bien que l'aluminium raffiné à 99,99%.

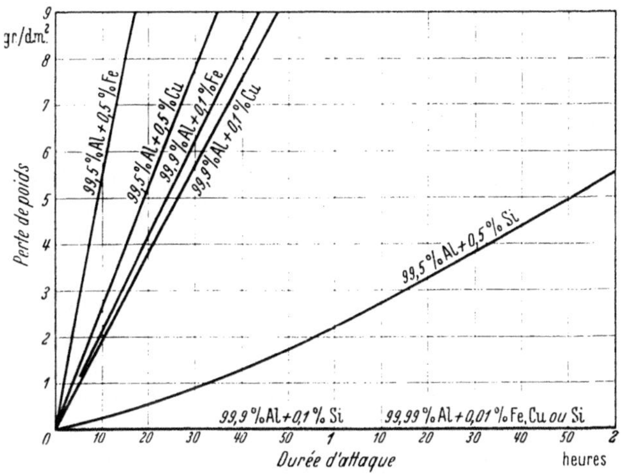

Fig. 9. Attaque de l'aluminium par l'acide chlorhydrique en fonction des teneurs en silicium, fer ou cuivre dans de métal.

Parmi les très nombreux auteurs qui ont étudié la corrosion de l'aluminium, certains ont fait appel a l'aluminium raffiné. Bastien (*47*) a comparé des éprouvettes d'aluminium à 99,6% et d'aluminium raffiné à 99,996% dans HCl, à 30% à l'aide de l'appareil Thyssen-Bourdouxhe, où le liquide d'attaque est maintenu en circulation autour de l'éprouvette. Il a trouvé une perte de poids de 1,7 g/dm² en 90 heures avec l'aluminium raffiné, contre 14 g/dm² en 4 heures avec l'aluminium à 99,6%.

Rohman (*48*) a montré que des échantillons d'aluminium à 99,95% longuement recuits, mais soumis à des processus de refroidissement différents après le recuit, ont une tenue très différente dans les solutions d'acide chlorhydrique. Les échantillons refroidis dans le four (et ceux que l'on a trempés à basse température) ont une vitesse initiale d'attaque un peu plus grande que celle des échantillons trempés à l'eau à 500—600°.

Les échantillons trempés présentent une corrosion intergranulaire profonde, par dissolution des limites de cristaux, ce qui conduit à une désintégration complète sans que la quantité totale de métal dissous soit pour celà plus grande que dans le cas des échantillons refroidis au four. Aucune explication n'a pu être trouvée pour ce phénomène, les potentiels étant à peu près les mêmes pour chaque groupe d'échantillons et les rayons X n'ayant révélé aucune tension dans les échantillons trempés.

MÜLLER et LÖW (*49*) ont étudié la vitesse de corrosion de l'aluminium dans l'acide chlorhydrique au moyen du dispositif de PALMAER, où l'on mesure le volume d'hydrogène dégagé.

L'aluminium raffiné à 99,998% n'est attaqué d'une manière appréciable que dans l'acide chlorhydrique de concentration 4 n et plus. Dans tous les cas on distinque une période d'incubation, pendant laquelle la vitesse de réaction augmente fortement et une période de réaction, pendant laquelle la vitesse d'attaque reste constante ou diminue un peu. Le coefficient de température est d'environ 1,4 par 10° dans la période de réaction.

MÜLLER explique les phénomènes de la corrosion de l'aluminium par sa théorie des pores de la couche de recouvrement. La couche d'oxyde de 10^{-4} à 10^{-5} cm d'épaisseur qui se forme à l'air sur l'aluminium n'est jamais continue et laisse des pores dont la surface est de l'ordre de 10^{-3} cm^2 par cm^2. La couche d'oxyde de l'aluminium raffiné est extrêmement isolante (5000 Ω/cm^2 dans HCl 4 n) parce que très pure, alors que les impuretés rendent bien moins résistante la couche d'oxyde de l'aluminium ordinaire (0,7 Ω/cm^2 pour Al à 99,5% dans HCl 4 n). La résistance électrique de la couche d'oxyde, d'autant plus forte que le métal est plus pur, s'oppose aux couples électrolytiques locaux, responsables de la dissolution du métal.

Attaque de l'aluminium par l'acide fluorhydrique. La différence d'attaque en fonction de la pureté du métal est beaucoup moins nette que dans le cas de l'attaque par l'acide chlorhydrique; celà tient sans doute à ce que l'acide fluorhydrique est le meilleur dissolvant de l'alumine et qu'il enlève rapidement le recouvrement d'oxyde qui protège le métal. On a, par exemple, les pertes de poids suivantes:

En 20 heures, à la température de 20°, dans HF à 10 g/l:

6,0 g/dm^2 pour Al raffiné à 99,99%
6,8 g/dm^2 pour Al à 99,5%

En 4 heures, dans HF à 100 g/l:

5,4 g/dm^2 avec Al raffiné à 99,99%
13,0 g/dm^2 avec Al à 99,2%

Attaque de l'aluminium par l'acide sulfurique. On constate que l'attaque du métal est d'autant plus forte que la solution est plus concentrée en acide.

On a par exemple les pertes de poids suivantes:

Après 19 jours dans l'acide sulfurique à 37,4° Bé (44,8% SO_4H_2 en poids):

2,6 g/dm² pour Al raffiné à 99,99%
3,9 g/dm² pour Al à 99,5%

Après 19 jours dans l'acide sulfurique à 65° Bé (90% SO_4H_2 en poids):

2,9 g/dm² pour Al raffiné à 99,99%
4,6 g/dm² pour Al à 99,5%

Attaque de l'aluminium par l'acide nitrique. L'attaque de l'aluminium de titre quelconque est très faible dans l'acide nitrique dilué; elle augmente avec la concentration de l'acide jusqu'à un maximum pour une solution à environ 20° Bé (310 g/l NO_3H), et diminue ensuite pour devenir pratiquement nulle dans l'acide fumant à 48° Bé (94% NO_3H). Au maximum d'action, avec l'acide nitrique à 20° Bé, on mesure les pertes de poids suivantes:

Après 56 jours dans NO_3H + à 20° Bé, à la température de 17°:

6,4 g/dm² pour Al raffiné à 99,99%
7,1 g/dm² pour Al à 99,90%
8,7 g/dm² pour Al à 99,5%

Attaque de l'aluminium par l'acide acétique. L'attaque de l'aluminium, même impur, par l'acide acétique est extrêmement faible; on constate cependant qu'elle croît avec la concentration en acide jusqu'à un maximum pour 10% d'acide environ; elle décroît ensuite pour devenir pratiquement nulle pour l'acide acétique glacial à 100%.

Au maximum d'attaque, on constate les pertes de poids suivantes:

En 180 jours, dans l'acide acétique à 10% en poids, à la température de 15—20°:

0,08 g/dm² avec Al raffiné à 99,99%
0,13 g/dm² avec Al à 99,5%

Attaque de l'aluminium par divers acides organiques. *L'acide butyrique* attaque peu l'aluminium; on constate un maximum d'attaque pour les concentrations de 30 à 50% en volume d'acide butyrique normal pur, les pertes de poids étant alors:

Après 120 jours dans l'acide butyrique à 50%:

0,27 g/dm² pour Al raffiné à 99,99%
0,36 g/dm² pour Al à 99,5%

L'attaque est pratiquement nulle dans l'acide butyrique pur.

L'acide lactique ne donne que 0,004 g/dm² de perte de poids en 90 jours avec Al raffiné à 99,99% et 0,01 g/dm² avec Al à 99,5% dans une solution à 10% d'acide en volume. Il semble que la concentration assurant l'attaque maximum soit inférieure à 10%.

Les *acides tartrique et citrique* ont un maximum d'action pour des solutions à moins de 10 g/l d'acide, qui donnent avec l'aluminium raffiné, en 120 jours, une perte de poids de l'ordre de 0,27 g/dm² avec l'acide tartrique et de 0,01 g/dm^2 avec l'acide citrique. L'attaque diminue ensuite jusque vers 50 g/l d'acide puis augmente un peu avec la concentration.

Attaque de l'aluminium par les alcalis caustiques. La fig. 10 résume les résultats obtenus avec la *soude caustique* pour laquelle un maximum d'attaque est constaté pour la concentration de 50 g/l NaOH, avec laquelle on a comme pertes de poids:

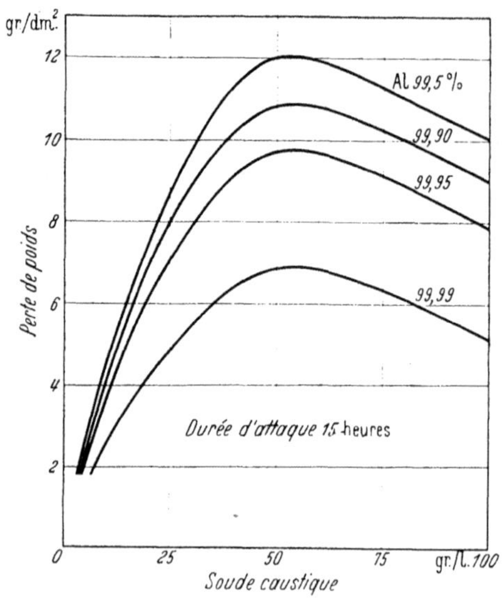

Fig. 10. Attaque de l'aluminium par la soude caustique.

Après 15 heures dans NaOH à 50 g/l:

6,9 g/dm^2 pour Al raffiné à 99,99 %
12,0 g/dm^2 pour Al à 99,5 %

Avec les solutions de *potasse caustique*, on a une attaque du même ordre de grandeur, mais l'attaque croît d'une façon continue avec la concentration de la liqueur entre 10 et 100 g/l KOH, sans que l'on décèle de maximum.

Attaque de l'aluminium par les solutions salines. Alors que l'eau salée ou l'air marin corrodent l'aluminium lorsque celui-ci subit des immersions et émersions alternées, les diverses solutions salines que nous avons essayées (chlorure de sodium, chlorure de potassium, chlorure d'ammonium, carbonate de sodium, carbonate de potassium, eau de mer naturelle et artificielle, permanganate de potassium, fluorure de sodium) sont pratiquement sans action sur l'aluminium qui y reste immergé.

On a par exemple, dans le cas du chlorure de sodium, les pertes de poids suivantes:

Après 180 jours dans une solution à 100 g/l NaCl, température 15—20°:

0,005 g/dm^2 pour Al raffiné à 99,99 %
0,020 g/dm^2 pour Al à 99,5 %

g) Emplois de l'aluminium raffiné.

Les utilisations actuelles ou possibles de l'aluminium raffiné sont basées sur sa résistance exceptionnelle à la corrosion, sur la grande souplesse du métal laminé recuit et sur sa bonne conductibilité électrique.

Condensateurs électrolytiques. L'oxydation anodique de l'aluminium raffiné, dans les divers bains industriels (borate d'ammoniaque, acide sulfurique, etc. . . .) donne une couche d'alumine beaucoup plus régulière que sur l'aluminium ordinaire. Celà tient sans doute à ce que l'aluminium ordinaire présente, en surface, des cristaux hétérogènes riches en fer ou en siliciure de fer, qui ne s'oxydent pas comme l'aluminium voisin et donnent des points faibles sujets au claquage. La différence s'explique encore par la théorie des pores de MÜLLER résumée plus haut à propos de l'attaque de l'aluminium par HCl: l'aluminium raffiné se recouvre d'une couche d'alumine beaucoup plus résistance électriquement, parce que plus pure, que la couche produite sur l'aluminium ordinaire.

On a constaté que celà était très précieux pour la fabrication des cellules de parafoudre électrolytique, un parafoudre à anode en aluminium raffiné oxydé présentante un courant de fuite extrêmement faible. La fig. 11 montre qu'un parafoudre Alsthom type KA pour courant continu 325 V présente à 30° un courant de fuite de 0,2 mA avec anode en aluminium raffiné à 99,99% contre 2,2 mA avec anode en aluminium à 99,5% et 8 mA avec anode en aluminium à 99,2%. La différence est encore plus grande pour les températures de l'ordre de 50°, ce qui rend l'aluminium raffiné particulièrement précieux pour les parafoudres utilisés dans les pays chauds.

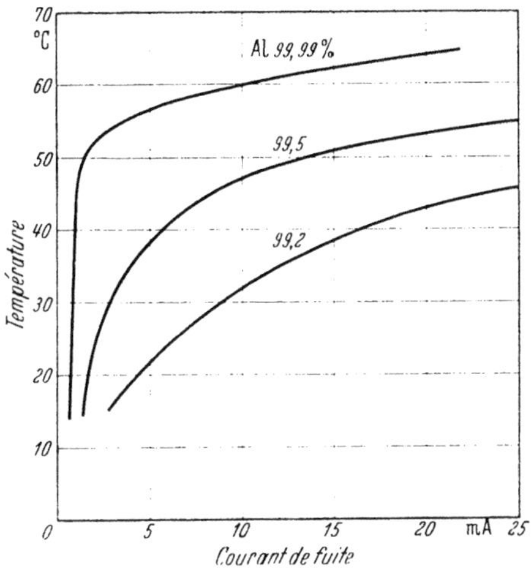

Fig. 11. Parafoudre Alsthom KA 325 V courant de fuite en fonction de la température, pour diverses qualités d'aluminium.

Le même avantage se trouve dans les condensateurs électrolytiques à haute tension. Par exemple un condensateur liquide 8 MF 500 V Leclanché donne dans les mêmes conditions un courant de fuite de 0,2 mAmp. avec anode en aluminium raffiné à 99,99%. 0,4 mAmp. avec anode en aluminium pur à 99,85% et 10 à 12 mAmp. avec anode en aluminium commercial.

Réflecteurs. PULLEN (50) a montré qu'un procédé convenable d'oxydation anodique donnait avec l'aluminium raffiné un pouvoir réflecteur de 90% de celui du miroir argenté standard, contre 85% pour Al à 99,8% et 72% pour Al à 99,5%. Celà peut justifier l'emploi de l'aluminium raffiné oxydé anodiquement dans la confection de réflecteurs.

Emballages alimentaires. Là où l'aluminium ordinaire ne convient pas, par suite d'une attaque chimique, l'aluminium raffiné est généralement utilisable, en permettant une économie appréciable sur l'emballage en feuilles d'étain. En particulier l'aluminium raffiné se recommande pour l'emballage des fromages, par exemple les crèmes de gruyère. Sa souplesse comparable à celle de l'étain permet de l'utiliser dans les emballeuses automatiques et le fromage se conserve aussi bien que dans l'étain.

Métallisation. On emploie de plus en plus la métallisation au pistolet (procédé Schoop) de pièces que l'on veut protéger de la corrosion. La métallisation à l'aluminium raffiné est particulièrement intéressante pour les pièces devant résister à l'air marin; elle se recommande pour les alliages légers corrodables. Avec une surcharge de 90 à 100 g au m^2, correspondant à un recouvrement de l'ordre de 1/10 mm d'épaisseur, on assure une protection telle que des éprouvettes d'acier ainsi protégées sont restées absolument intactes après deux mois d'immersions et émersions alternées dans l'eau de mer ou après 200 heures d'exposition au brouillard salin.

Isolation »Alfol«. Dans l'isolation thermique Alfol par feuilles d'aluminium froissées, on utilise de l'aluminium raffiné lorsqu'il y a des risques de corrosion, soit par suite de dégagement de vapeurs nocives, soit par l'exposition permanente à l'air marin humide (cheminées, réservoirs, soutes de navires).

Gainage des cables électriques. On expérimente actuellement l'emploi de l'aluminium raffiné pour le remplacement du plomb dans le gaînage des câbles électriques. On arrive, au même prix, à gagner une fraction importante du poids de la gaîne, en améliorant sa tenue mécanique et sa résistance chimique.

Alliages de haute pureté. L'aluminium raffiné doit permettre des réalisations intéressantes dans le domaine encore peu exploré des alliages réalisés avec des métaux purs, qui peuvent avoir des propriétés chimiques et même des propriétés mécaniques notablement différentes de celles des mêmes alliages préparés avec des métaux ordinaires.

On a constaté par exemple que les alliages aluminium-magnésium (7% Mg et 10% Mg) préparés avec de l'aluminium raffiné à 99,99% et de préférence du magnésium raffiné de même titre présentent une résistance à la corrosion comparable à celle de l'aluminium raffiné, sans que les excellentes propriétés mécaniques de ces alliages se trouvent diminuées.

Bibliographie.

1. Ichon, M.: Ann. Mines (8) Bd. 16 (1889) S. 534.
2. Kroll, W.: Metallwirtsch. Bd. 42 (1934) S. 725.
3. Physikalisch-Technische Reichsanstalt: DRP. 326160 (1919).
4. Plotnikov, W. A., O. K. Kudra, J. F. Mejenny: C. R. Inst. Chim. V. ou A. N. Bd. 1 (1935) S. 35.
5. Hoopes, W.: U.S.P. 673364 (1901).
6. Betts, A. G.: U.S.P. 795886 (1905).
7. Aluminium Cy of America: U.S.P. 1534315 u. 1534322 (1922).

8. Edwards, J. D.: The American Metal Market, 13. juin 1925. — Edwards, J. D., F. C. Frary: The Aluminium Industry, Bd. 1, S. 327 (1e édition 1930).
9. Zeerleder, A. v.: Congrès International des Applications Electrocalorifiques et Electrochimiques, Schéveningue, 1936, S. 139.
10. Aluminium Industrie A. G.: DRP. 477425 (1926).
11. Hulin, P. L.: B.F. 656503 (1927).
12. Hulin, P. L.: B.F. 659687 (1927).
13. Cie Alais, Froges et Camargue: B.F. 759588. — DRP. 600555 (1932).
14. Gadeau, R.: Chim. et Ind. Bd. 34 (1935) S. 1021.
15. Gadeau, R.: Chim. et Ind. Bd. 36 (1936) S. 477.
16. Gadeau, R.: Ann. Chim. Anal. Bd. 19 (1937) S. 34.
17. Gerlach, W., E. Riedl: Sitzber. math.-naturwiss. Abt. bayer. Akad. Wiss. Bd. 2 (1933) S. 227.
18. Siedentopf, K.: Aluminium, Berl. Bd. 20 (1938) S. 71.
19. Ievins, A., M. Straumanis: Z. phys. Chem. Bd. 33 (1936) S. 265.
20. Jette, E. R., F. Foote: J. Chem. Phys. Bd. 3 (1935) S. 605.
21. Alichanow, A. J.: Z. Metallkde. Bd. 21 (1929) S. 127.
22. Band, W.: Phys. Rev. (2) Bd. 46 (1935) S. 934; Proc. Phys. Soc. Bd. 47 (1935) S. 862.
23. Edwards, J. D.: Trans. Amer. electrochem. Soc. Bd. 47 (1925) S. 295.
24. Farkas, L.: Z. Phys. Bd. 70 (1931) S. 737.
25. Baur, E. et R. Brunner: Helv. chim. Acta Bd. 17 (1934) S. 958.
26. Eucken, A.: Metallwirtsch. Bd. 15 (1936) S. 66.
27. Schwarz, C.: Eisenhüttenwes. Bd. 7 (1933/34) S. 286.
28. Liempt, J. A. M. v.: Z. Phys. Bd. 96 (1935) S. 534.
29. Maier, C. G., C. T. Anderson: J. Chem. Phys. Bd. 2 (1934) S. 313.
30. Seekamp, H.: Z. anorg. Chem. Bd. 195 (1931) S. 345.
31. Euringen, G., G. Hanemann: Metallwirtsch. Bd. 14 (1935) S. 389.
32. Eucken, A., H. Warrentrup: Z. techn. Phys. Bd. 16 (1935) S. 99.
33. Tammann, G., W. Boehme: Ann. Phys., Lpz. (5) Bd. 22 (1935) S. 500.
34. Gauthier, G.: J. Inst. Met. Bd. 59 (1936) S. 375.
35. Keesom, W. H.: Proc. roy. Soc., Amst. Bd. 36 (1933) S. 381.
36. Boorse, H. A., H. Niewodniczanski: Proc. roy. Soc., Lond. Bd. 153 (1936) S. 463.
37. Meissner, W., B. Voigt: Ann. Phys., Lpz. (5) Bd. 7 (1930) S. 761.
38. Bridgman, P. W.: Proc. Amer. Acad. Bd. 67 (1934) S. 305.
39. O'Bryan, H. M.: J. opt. Soc. Amer. Bd. 26 (1936) S. 122.
40. Schulze, R.: Z. Phys. Bd. 92 (1934) S. 212.
41. Hunter, J. S.: Proc. roy. Soc. Edinb. Bd. 54 (1934) S. 102.
42. Gadeau, R.: Rev. Alumin. 1935, S. 2832.
43. Calvet, J.: C. R. Acad. Sci., Paris Bd. 200 (1935) S. 66.
44. Calvet, J., J. J. Trillat, M. Paic: C. R. Acad. Sci., Paris Bd. 201 (1935) S. 426.
45. Dehlinger, U., F. Gisen: Phys. Z. Bd. 35 (1934) S. 862.
46. Gadeau, R.: Rev. Métall. Bd. 32 (1935) S. 503.
47. Bastien, P.: Chim. et Ind. Bd. 32 (1934) Nr. 10.
48. Rohrman, F. A.: Electrochem. Soc. Preprint 66 (1934).
49. Müller, W. J., E. Löw: Aluminium 1936 S. 478.,
50. Pullen, N. O.: J. Inst. Met. Bd. 59 (1936) S. 151.

33. Die Metalle der seltenen Erden.

Von G. JANTSCH, Graz.

Mit 1 Abbildung.

a) Herstellung der Metalle.

Herstellung der reinen Metalle. Die Bereitstellung der für die Herstellung der reinen Metalle erforderlichen Mengen reiner, insbesondere von den Nachbarelementen befreiter Erden, begegnet, wenn es sich um die selteneren Glieder der Lanthanidenreihe handelt, immer noch sehr erheblichen Schwierigkeiten. Die Lage der Schmelz- und der Siedepunkte der Metalle, wie auch ihr stark elektropositiver Charakter erschweren gleichfalls die Reindarstellung. Damit werden die bis jetzt auf diesem Gebiete noch recht wenig befriedigenden Erfolge verständlich und die starken Abweichungen in den Angaben, die sich besonders über die physikalischen Eigenschaften dieser Metalle in der älteren Literatur finden, sind aus diesen Umständen erklärlich.

Scandium- und Yttriumoxyd, vor allem die Glieder der Ceriterdenreihe, die Oxyde des Lanthans, Cers, Praseodyms, Neodyms und des Samariums sind heute in reiner Form in genügend großen Mengen relativ leicht zugänglich. Für die Oxyde des Gadoliniums und des Erbiums trifft dies nur mehr in eingeschränktem Maße zu. Die früher sehr schwer zugänglich gewesenen Europium- und Ytterbiumsalze können jetzt über die zweiwertigen Verbindungsstufen leichter gewonnen werden. Aber die selteneren Glieder der Terbin-, Erbin- und Ytterbinerdengruppe, nämlich Terbium-, Dysprosium-, Holmium- und Cassiopeiumoxyd sind in reiner Form erst nach Überwindung sehr schwieriger, langdauernder Trennungsvorgänge nur in sehr kleinen Mengen zu erhalten.

Verfahrenstechnisch erwachsen in der Materialfrage für die Geräte zur Reindarstellung der Metalle noch die größten Schwierigkeiten. Aluminiumoxyd, die Oxyde des Berylliums, Zirkons und Thoriums, natürlich auch der Quarz werden bei den für das Schmelzen der Metalle erforderlichen hohen Temperaturen von 800 bis 1500° und darüber von den Reduktionsmitteln und den Metallen selbst stark angegriffen. Mit Ausnahme von Molybdän und Wolfram lösen sich fast alle anderen Metalle in diesen Schmelzen. Kohlenstoff bildet Carbide und außer den Edelgasen reagieren die meisten Gase bei höherer Temperatur mit diesen Metallen. Nur gegenüber den Halogeniden der Alkalien und Erdalkalien und gegenüber Magnesiumoxyd sind die geschmolzenen seltenen Erdmetalle beständig. Geräte aus Flußspat sind z. B. sehr gut geeignet.

Damit ergeben sich für die Reindarstellung folgende Wege, wobei in nachstehendem in erster Linie die Veröffentlichungen der letzten Jahre berücksichtigt wurden. Bei den meisten, in der älteren Literatur beschriebenen Verfahren hat man Erdgemische angewandt, bzw. fehlen Angaben über den Reinheitsgrad der betreffenden Erde.

Die Reduktion der Halogenide bzw. der Oxyde mit Alkali- oder Erdalkalimetallen bzw. mit Magnesium. Es können auch die Amalgame Anwendung finden. Dissoziation unbeständiger Verbindungen.

Tabelle 1.

Ausgangsstoffe	Reduktionsmittel	Durchführung	Ergebnisse	Autor
$CeCl_3$	Natrium-, bzw. Kalium-dampf	Im Hochvakuum 400 bis 450°	Reaktion nur unvollständig. Dem Cermetall ist NaCl (KCl) beigemischt	ZINTL und NEUMAYR (*1*)
Reinste wasserfreie Chloride des La, Ce, Pr, Nd, Sm, Eu, Gd, Tb, Dy, Er, Tu, Yb, Cp	flüssiges Alkalimetall Na, K, Rb, Cs	Im Hochvakuum bzw. unter Verwendung von Argon bei 200 bis 400°	Die gesinterten Metalle im Gemisch mit Metallchloriden und Alkalichloriden	KLEMM und BOMMER (*2*)[1]
$CeCl_3$	Mit Calcium	Bei Gegenwart von $CaCl_2$ im Schmelzfluß	Ausbeute 85%	KARL (*3*)
CeO_2, bzw. Oxyde der seltenen Erden	Magnesium Calcium Zirkon	Im Vakuum	Pyrophores Metall + MgO (CaO, ZrO_2) und CeO_2, bzw. seltene Erdoxyde	WINKLER (*4*), KUZEL (*5*), Philips Gloeilampenfabriek (*6*)
Die wasserfreien Chloride in alkoholischer Lösung	Natriumamalgam	Abdestillieren des Quecksilbers aus dem Reaktionsprodukt im Hochvakuum	Die Produkte waren stets quecksilberhaltig	WEST und HOPKINS (*7*)
Azide		Dissoziation im Hochvakuum		Siemens & Halske (*8*)

Elektrolyse nichtwässeriger Lösungen. ATANASIU und BABOR (*9*) elektrolysieren alkoholische Lösungen von wasserfreiem Cerchlorid unter Zusätzen von Hydroxylaminchlorhydrat und organischen Säuren an Platin- bzw. Bleielektroden. MÜLLER und HÖLZL (*10*) arbeiten in Pyridinlösungen. Es ist unwahrscheinlich, daß damit — wegen der Reaktionsprodukte der Lösungsmittel an der Kathode — reine Metalle erhalten werden können. HOPKINS und Mitarbeiter (*11*) scheiden an Quecksilberkathoden aus alkoholischen Chloridlösungen die Amalgame ab und destillieren aus letzteren aus Gefäßen, die mit dem Oxyd der

[1] Oberhalb 450° tritt Rückbildung an Erdchlorid und Alkalimetall ein. Dies besonders bei Sm, Eu und Yb, welche auch zweiwertige Verbindungen geben.

betreffenden Erde ausgekleidet sind, das Quecksilber im Hochvakuum ab. Nach eigenen Versuchen lassen sich die letzten Reste des Quecksilbers allerdings nur sehr schwer aus den Metallen entfernen.

Schmelzflußelektrolyse der Halogenide, insbesondere der Chloride bei Verwendung von Alkali- bzw. Erdalkalihalogeniden als Flußmittel. Hierbei erschweren die starke Flüchtigkeit der Chloride bei den anzuwendenden Temperaturen und die Bildung von Metallnebeln in der Schmelze die Metallabscheidung. Da bei Verwendung von Kohleelektroden (*12*) Verunreinigungen eingebracht werden und Carbidbildung auftritt, ist man zu Wolfram- bzw. Molybdänelektroden (*13*) übergegangen. Die Anode wird dann gewöhnlich in einem entsprechenden Diaphragma untergebracht. Als Gefäßmaterial verwandte man zuerst die an der gekühlten Kupferwand erstarrte Salzschmelze, dann Hartporzellan, bzw. Quarz, oder die betreffenden Erdoxyde.

Mit Molybdän, Magnesiumoxyd bzw. Flußspat hat man in der letzten Zeit gute Erfahrungen gemacht (*14*).

Trombe (*14*) sowie Fischer, Brünger und Grieneisen (*15*) scheiden an Kathoden aus geschmolzenem Cadmium bzw. Zink Legierungen der seltenen Erdmetalle ab und entfernen darauf aus denselben das Legierungsmetall durch Destillation im Hochvakuum. Damit ist es gelungen, folgende Metalle in nahezu reiner Form herzustellen: Lanthan (*14*), Cer (*14*), Neodym (*14*), diese mit 99,99% ; Praseodym (*14*), Samarium (*14*) und Gadolinium 99%ig (*14*), Europium um 98%ig (*43*), mit als Beimengungen Si und Cd; Scandium (*15*), 94 bis 98%ig mit 0,3 bis 0,5% Si, 0,2 bis 0,5% Mg, Zn und W, Rest Sauerstoff. Yttrium (*7*) konnte gleichfalls in hoher Reinheit erhalten werden. Über den Reinheitsgrad des in älterer Zeit dargestellten Erbiums (*16*) liegen keine Angaben vor. Die Metalle der übrigen Glieder der Lanthanidenreihe hat man bisher, unter Verwendung reinster Erden, nur in gesinterter Form und im Gemisch mit Alkali- und Erdchloriden erhalten (*2*).

Herstellung der Mischmetalle. Dieselben werden aus den wasserfreien Chloriden der an Cer angereicherten Erden technisch in großem Maßstabe als sog. Mischmetall im Wege der Schmelzelektrolyse hergestellt und darauf zur Erzeugung der Zündmetalle, vorzugsweise mit Eisen legiert. (Pionierpatent Karl Auer von Welsbach, DRP. 154807). Gebräuchliches Zündmetall, das als Zündsteine für Feuerzeuge aller Art Anwendung findet, enthält durchschnittlich 45 bis 50% Cer, 39 bis 46% Lanthan, Neodym und Praseodym, 2 bis 4% Yttererden, 7% Eisen und meist in geringen Mengen noch andere Metalle. In ihren Eigenschaften ähneln die Mischmetalle dem Cer.

Für ein solches Mischmetall finden sich z. B. folgende Angaben: Schmelzpunkt 815°, Verbrennungswärme 1655 cal für 1 g, Entzündungstemperatur in reinem Sauerstoff 155°. Gelegentlich wurden auch yttererdenreiche Mischmetalle hergestellt.

b) Chemisches Verhalten.

Die reinen Metalle und die Legierungen der seltenen Erdmetalle untereinander sind ziemlich luftbeständig. Ihre Oxydationsgeschwindigkeit ist kleiner als jene der Legierungen mit anderen Metallen, insbesondere mit Schwermetallen. Starkes Rauhen der Oberfläche durch Einwirkung chemischer Stoffe erteilt den reinen Metallen, ebenso wie Zerkleinerung auf sehr kleines Korn unter Luftabschluß, keinen in Betracht kommenden Pyrophorismus. Beim schnellen Erwärmen nicht zu kleiner Mengen entzündet sich im Luftbade reines Cer bei höheren Temperaturen, als eine Legierung mit 30% Eisen, deren Entzündungstemperatur nach Frittung bei 120 bis 140° liegt (*18*). Wasserstoff wird von den Metallen lebhaft aufgenommen. Nach SIEVERTS und Mitarbeitern (*19*) bilden sich dabei jedoch keine chemischen Verbindungen, sondern feste Lösungen, die sich unter Einwirkung von feuchter Luft oder Wasser lebhaft zersetzen [s. auch ROSSI (*27*) sowie ZINTL und NEUMAYR (*1*)]. Sauerstoff und Stickstoff erzeugen Anlauffarben. In gepulvertem Zustande zersetzen die Metalle kaltes Wasser langsam, heißes schneller und bei Gegenwart auch schwächster Säuren tritt lebhafte Reaktion ein. Im Chlorstrome verbrennen sie unter lebhaftem Erglühen zu wenig flüchtigen Chloriden. Die Sauerstoff-, Schwefel- und Halogenverbindungen anderer Metalle werden bei höheren Temperaturen von den reinen Metallen, insbesondere aber von ihren Aluminium- und Magnesiumlegierungen reduziert. NH_4Br und NH_4J in flüssigem Ammoniak bilden mit Lanthan und Cer Verbindungen $RX_3 \cdot 4NH_3$. (R = La, Ce, X = Br, J).

Tabelle 2.

	Y	La	Ce	Pr	Nd
Entzündungstemperatur	470° (13)	—	165° (20)	290° (21)	270° (20)
Verbrennungswärme für 1 g in cal	—	1641 (22)	1661 (20)	1406 (23)	1506 (23)

c) Physikalische Eigenschaften.

Kristallstruktur, Atomradius, Atomvolumen und Dichte. Die Ergebnisse der röntgenspektroskopischen Untersuchungen sind in nachstehender Tabelle zusammengestellt. In derselben wurden in erster Linie die Messungen von KLEMM und BOMMER (*2*) aufgenommen. Nur wo in der Literatur stärkere Abweichungen aufscheinen, wurden auch die anderen Autoren genannt.

Der Umwandlungspunkt α La → β La liegt nach ZINTL und NEUMAYR (*1*) bei 350° und für α Pr → β Pr nach ROSSI (*27*) bei 600°.

KLEMM und BOMMER (*2*) haben auf Grundlage ihrer Versuchsergebnisse die Atomvolumenkurve für die seltenen Erdmetalle gezeichnet.

Tabelle 3.

Element	Gitter-typus	a	c	c/a	Atom-radius[1]	Atom-volumen cm³	Dichte	Autor
Y	hex. P.	3,663	5,814	1,588	1,814	20,46	4,34	QUILL (24)
α La	hex. P.	3,754	6,063	1,613	1,870	22,43	6,194	QUILL (24) KLEMM, BOMMER (2)
β La	kub. flz.	5,294	—	—	1,872	22,48	6,180	KLEMM, BOMMER (2)
α Ce	hex. P.	3,65	5,96	1,63	1,81	20,7	6,78	HULL (25)
β Ce	kub. flz.	5,140	—	—	1,817	20,58	6,810	QUILL (24) KLEMM, BOMMER (2) AUDRIETH (26)
α Pr	hex. P.	3,657	5,924	1,62	1,824	20,79	6,777	ROSSI (27)
β Pr	kub. flz.	5,151	—	—	1,821	20,71	6,805	ROSSI (27) KLEMM, BOMMER (2)
Nd	hex. P.	3,655	5,880	1,609	1,819	20,62	6,998	QUILL (24) KLEMM, BOMMER (2) AUDRIETH (26)
Eu	kub. rz.	4,573	—	—	2,042	29,00	5,244	KLEMM, BOMMER (2)
Gd	hex. P.	3,622	5,748	1,587	1,794	19,79	7,948	KLEMM, BOMMER (2)
Tb	hex. P.	3,585	5,664	1,580	1,773	19,11	8,332	KLEMM, BOMMER (2)
Dy	hex. P.	3,578	5,648	1,579	1,769	18,97	8,562	KLEMM, BOMMER (2)
Er	hex. P.	3,532	5,589	1,582	1,748	18,29	9,164	KLEMM, BOMMER (2)
Tu	hex. P.	3,523	5,564	1,580	1,742	18,12	9,346	KLEMM, BOMMER (2)
Yb	kub. flz.	5,468	—	—	1,933	24,76	7,010	KLEMM, BOMMER (2)
Cp	hex. P.	3,509	5,559	1,584	1,737	17,96	9,740	KLEMM, BOMMER (2)

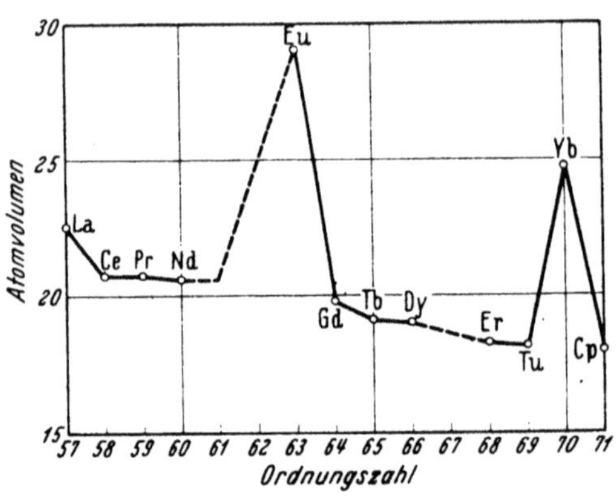

Abb. 1.

Während man, entsprechend der sog. Lanthanidenkontraktion insgesamt einen ziemlich gleichmäßigen Abfall vom Lanthan zum Cassiopeium feststellen kann, fallen Europium und Ytterbium durch sehr hohe, Cer, Praseodym und Terbium durch etwas zu niedrige Werte auf. In diesem periodischen Verlauf sehen KLEMM und BOMMER (2) eine Bestätigung der von dem ersteren für die dreiwertigen Ionen der seltenen Erden aufgestellten Systematik auch für den metallischen Zustand [s. JANTSCH und KLEMM (28)].

[1] Für Koordinationszahl 12.

Pyknometrische Dichtemessungen.

Tabelle 4.

Element	Material	Dichte	Autor
Sc	Sc-Metall mit 94—98 %	3,10 bei 25°	FISCHER, BRÜNGER und GRIENEISEN (*15*)
Y	Y-Metallpulver durch Schmelzelektrolyse	4,75	THOMPSON, BOLTON und KREMERS (*13*)
La	La-Metall mit 0,05—0,9 % Si 0,006—0,1 % Fe	6,193	TROMBE (*29*)
	La-Metall mit 99,6 %, Rest Si, Al, Mg, C	6,155	ROLLA, zitiert bei ZINTL und NEUMAYR (*1*)
Ce	Hergestellt durch Schmelzelektrolyse	6,77 bei 15°	KREMERS und BEUKER (*20*)
	Ce-Metall mit 0,08 % Si	6,75	BILLY und TROMBE (*13*)
Pr	Metall mit etwas Nd und Pr	6,60 bei 25°	WIERDA und KREMERS (*21*)
	Metall mit 99,8 %	6,765	CANNERI, ROSSI (*13*)
Nd	hergestellt durch Schmelzelektrolyse	7,05 bei 15°	KREMERS (*12, 20*)
	Metall mit 0,6 % Si, 0,02 % Fe	6,94	TROMBE (*13*)
Sm	unreines Metall	7,7—7,8	HEVESY (*30*)

Schmelzpunkte der Metalle.

Tabelle 5[1].

Metall	Material	F.P. °C	Autor
Sc	94—96 % Sc mit ~ 0,4 % Si, ~ 0,3 % Fe	1400	FISCHER, BRÜNGER und GRIENEISEN (*15*)
Y	hergestellt durch Schmelzelektrolyse	1450—1500	THOMPSON, BOLTON und KREMERS (*13*)
La	Metall mit 99,6 % La, Rest: Si, Al, Mg u. C	812	ROLLA, mitgeteilt bei ZINTL und NEUMAYR (*1*)
	Metall mit 0,05—0,9 % Si, 0,006—0,1 % Fe	885 ± 5	TROMBE (*29*)
Ce	Metall mit 0,08 % Si	815 ± 5	BILLY und TROMBE (*13*)
Pr	Mit 99,8 % Pr	932 ± 2	CANNERI und ROSSI (*13*)
	Mit 99,5 % Pr	950	ROSSI (*27*)
Nd	Metall erhalten durch Schmelzelektrolyse	840	MUTHMANN und WEISS (*23*) GUERTLER, PIRANI (*31*)
Sm	Metall erhalten durch Schmelzelektrolyse	1300 1350	MUTHMANN und WEISS (*23*) v. HEVESY (*30*) GUERTLER und PIRANI (*31*)
Eu	Schmelzelektrolyse	1100—1200	TROMBE (*43*)

[1] Es wurden nur die Messungen an möglichst reinen Metallen aufgenommen.

Die **Kompressibilität** hat BRIDGMAN (*47*) gemessen. Er findet für die Volumänderung unter Druck für:

Cer (0 bis 4000 kg):

$$\frac{\Delta V}{V_0} = -(4{,}563 + 161{,}4 \cdot 10^{-6} p)\, 10^{-6} p \text{ bei } 30^\circ$$

$$\frac{\Delta V}{V_0} = -(4{,}503 + 151{,}5 \cdot 10^{-6} p)\, 10^{-6} p \text{ bei } 75^\circ;$$

Lanthan (0 bis 12000 kg):

$$\frac{\Delta V}{V_0} = -(3{,}513 - 14{,}7 \cdot 10^{-6} p)\, 10^{-6} p \text{ bei } 30^\circ$$

$$\frac{\Delta V}{V_0} = -(3{,}501 - 17{,}1 \cdot 10^{-6} p)\, 10^{-6} p \text{ bei } 75^\circ;$$

Praseodym (0 bis 12000 kg):

$$\frac{\Delta V}{V_0} = -(3{,}38 - 13 \cdot 10^{-6} p)\, 10^{-6} p \text{ bei } 30^\circ$$

$$\frac{\Delta V}{V_0} = -(3{,}46 - 13 \cdot 10^{-6} p)\, 10^{-6} p \text{ bei } 75^\circ.$$

Die spezifischen Wärmen wurden von folgenden Metallen bestimmt: *Lanthan* bei 50° absolut 0,0322 DEVAR (*32*); bei gewöhnlicher Temperatur: 0,04485 HILLEBRAND (*33*). *Cer* bei 50° absolut 0,0330 (*32*); bei gewöhnlicher Temperatur: 0,04479 (*33*) bzw. 0,05112 HIRSCH (*12*). *Praseodym* zwischen 20 bis 100°: 0,0486 ROSSI (*27*).

Die Atomwärmen sind bei 50° absolut für Lanthan: 4,60; Cer 4,64 [DEVAR (*32*)].

Elektrische Eigenschaften. Nach BENEDIKS (*34*) ist der spezifisch-elektrische Widerstand für Cer $78 \cdot 10^{-6}$, für Praseodym: $88 \cdot 10^{-6}$ und für Neodymmetall $79 \cdot 10^{-6}$ Ohm/cm/cm². Der Druckkoeffizient des elektrischen Widerstandes ist negativ und hat einen ungewöhnlich großen Temperaturkoeffizienten [BRIDGMAN (*35*)]. Die reinen seltenen Erdmetalle sind supraleitend [MEISSNER und VOIGT (*36*), sowie MENDELSOHN und DAICUT (*37*)]. Dagegen konnte in reinem Mischmetall von McLENNAN, HOWLETT und WILHELM (*38*) keine Supraleitfähigkeit beobachtet werden.

In der thermoelektrischen Spannungsreihe ergibt sich zwischen 0 bis 200° die Reihenfolge: Fe, La, Ce, Pr, Nd, Mg. Die thermoelektromotorische Kraft von Cer gegen Kupfer ist nach HIRSCH (*12*).

zwischen . .	29,2 und 49,2°	30 und 100°	30 und 151°	30 und 200,5°
V	0,000075	0,000250	0,000387	0,000502

Der Strom fließt an der heißen Lötstelle vom Kupfer zum Cer. Für Ketten Me—($MeBr_3$, wasserfrei in Pyridin)—(0,1 n $AgNO_3$ in Pyridin)—Ag (Kette I) bzw. Me—($MeBr_3$ in wässeriger Lösung)—0,1 n $AgNO_3$—Ag (Kette II) beobachtete MÜLLER (*39*) bei 25° für Lanthan —0,71 V;

Tabelle 6.

Element	T° absolut	X Atom. 10^6	Feldstärke	μ_{eff} Magnetonen	M_w Magnetonen	Θ Wert abs.	Bemerkung
La	90	125	unabh.	sehr	—	—	
	291	125	,,	gering	—	—	
	289	165	7200	—	—	—	TROMBE (44)
Ce	90	4480	unabh.	1,80	—	—	
	195	3160	,,	2,23	—	—	
	291	2340	,,	2,34	—	—	
	289	2467	7200	—	—	—	TROMBE (44)
Pr	90	14350	unabh.		—	—	
	195	6600	,,	3,22	—	—	
	293	4380	,,		—	—	
Nd	90	16700	unabh.	3,49	—	—	
	195	7920	,,	3,53	—	—	
	293	5350	,,	3,56	—	—	
	289	5706	7200	—	unterhalb $T = 109^\circ$ 11,3 oberhalb $T + 109^\circ$ 17,8	+ 10	TROMBE (45)
Sm	90	4940	2050				
		4550	3640	1,75			
		~ 4000	∞		—	—	
	195	2180	unabh.	1,85			
	291	1820	,,	2,07			
Eu	90	385000	540				
		307000	1060				
		245000	2050				
		~ 150000	∞	8,3	—	+ 15	
	167	56300	unabh.				
	195	46000	,,				
		30400	,,				
Gd	418	64500	unabh.				
	485	40500	,,				
	495	38400	,,	7,8	—	+ 15	
	623	23300	,,	—	35,4	289 ± 2	
	77	—	—	—	35,4	289 ± 2 ferromagn.	URBAIN, WEISS (45), TROMBE (45)
	289 bis 633	—	—	—	39,28	302,5 paramagn.	
Tb	90	3070000	350				
		2850000	540				
		~ 240000	∞				
	195	2590000	350				
		2350000	540				
		2165000	800				
		~ 1800000	∞				
	216	1240000	540				
		1180000	1060				
		~ 1050000	∞				

Tabelle 6. (Fortsetzung.)

Element	T° absolut	χ Atom. 10^6	Feldstärke	μ_{eff} Magnetonen	M_w Magnetonen	Θ Wert ° abs.	Bemerkung
Tb	228	536 000	540	(9,0)	—	+ 205	
		508 000	1 060				
		~ 460 000	∞				
	237	335 000	540				
		329 000	1 060				
		327 000	2 050				
		~ 324 000	∞				
	273	146 000	unabh.				
	292	115 000	,,				
	341	74 700	,,				
	406	49 400	,,				
	492	35 100	,,				
	555	29 100	,,				
Dy	90	1 760 000	350				
		1 680 000	540				
		1 500 000	∞				
	114	1 460 000	350				
		1 430 000	540				
		~ 1 350 000	∞				
	136	1 000 000	350				
		942 000	540				
		~ 850 000	∞				
	159	688 000	350				
		668 000	540				
		630 000	1 060				
		560 000	∞				
	195	355 000	540	10,9	—	+ 150	
		348 000	1 060				
		~ 340 000	∞				
	273	112 000	1 060				
		108 000	2 050				
		~ 104 000	∞				
	291	102 000	unabh.				
	337	97 200	,,				
	396	59 200	,,				
	454	48 000	,,				
	508	41 100	,,				
Er	90	458 000	540				
		399 000	800	9,5	—	+ 40	
		355 000	1 060				
		~ 200 000	∞				
	195	72 000	unabh.				
	291	44 500	,,				
Tm	90	89 500	unabh.				
	195	39 000	,,	7,6	—	+ 10	
	291	25 600	,,				
Yb	90	640	unabh.				
	292	250	,,	0	—	—	
Cp	—	—	—	0	—	—	

für ein 97,4%iges Cer mit 0,31% Fe, 0,18% Si, 0,14% Ca, 0,12% Mg, Rest C, O, Cl, —0,721, bzw. —0,739 V.

Bei Verwendung von Amalgamen waren die Werte für 5% Lanthanamalgam in Kette I —0,932, für das 1,5%ige Amalgam in Kette II —0,95 V. Für Cer in n-$CeCl_3$-Lösung gegen die n-Kalomelelektrode maß HIRSCH (*12*) —3,16 V. NEUMANN und RICHTER (*40*) berechneten für 18° aus den beobachteten Zersetzungsspannungen der geschmolzenen Chloride die Potentiale für La 1,748; Ce 2,097; Pr 1,463; Nd 1,645 V, Temperaturkoeffizient $1{,}87 \cdot 10^{-3}$. NODDACK und Mitarbeiter (*41*) haben aus den Sulfatlösungen der reinen Erden mit der Quecksilbertropfelektrode die Reduktionspotentiale gemessen.

Magnetische Eigenschaften. Die älteren Untersuchungen über das magnetische Verhalten der seltenen Erdmetalle litten alle darunter, daß bei der Herstellung von kompaktem Material durch Schmelzelektrolyse, Eisen, d. h. ferromagnetische Verunreinigungen nicht ganz ausgeschlossen werden konnten. Die erhaltenen Werte stimmen deshalb bei Zimmertemperatur leidlich überein, weichen aber bei tiefen Temperaturen stark voneinander ab (*43*). In vorstehender Tabelle 6 sind daher nur die Untersuchungen der letzten Jahre, die mit reinem Material ausgeführt wurden, insbesondere jene von KLEMM und BOMMER (*2*) berücksichtigt[1]. Dieselben haben nicht die kompakten Metalle, sondern die bei der Reduktion der Chloride mit Alkalimetall erhaltenen pulverförmigen Gemische aus Erdmetall mit Alkalichlorid untersucht. Verunreinigungen, besonders solche von ferromagnetischen Stoffen konnten dabei weitgehend vermieden werden.

Nach KLEMM und BOMMER (*2*) scheint das Gadolinium das einzige Metall in der Reihe der seltenen Erden zu sein, das alle Kennzeichen eines ferromagnetischen Stoffes zeigt. Die zur Gruppe der Yttererden gehörigen Elemente besitzen nur ein Kennzeichen ferromagnetischer Stoffe, sie befolgen die Gleichung $\chi \cdot (T - \Theta) = C$ mit positiven Θ-Werten von zum Teil recht erheblicher Größe. Dagegen zeigen sie unterhalb dieser Θ-Temperatur keine vollständige Ausbildung von Ferromagnetismus, sondern nur Übergangszustände zwischen para- und ferromagnetischem Verhalten.

Beim Cer besteht eine Art von Hysteresis. Die bei steigender und fallender Temperatur gemessenen $1/\chi$ Kurven decken sich nicht.

Tabelle 7.

	Lanthan			Cer		
	n	*k*	*R*	*n*	*k*	*R*
5780	1,74	1,99	64	1,91	1,35	50
5461	1,79	1,91	63	1,74	1,38	54
4358	1,35	1,83	54	1,41	1,40	50
4046	1,34	1,74	51	—	—	—

Optische Eigenschaften. Aus den Messungen von O'BRYAN (*46*) ergeben sich vorstehende Werte (s. Tabelle 7).

[1] Die Messungen anderer Forscher sind besonders gekennzeichnet.

Die Reflexionskonstante ist besonders niedrig und der Brechungsindex besonders hoch.

Aussehen, Farbe, mechanische Eigenschaften. An freier Schnittfläche sind die Metalle fast silberweiß glänzend, überziehen sich aber an der Luft schnell mit einer grauen Haut. Die Metalle der gefärbten Erden Praseodym und Neodym haben einen Stich ins gelbliche.

Da man bisher nur in den seltensten Fällen wirklich reine Metalle untersucht hat und den Einfluß der, als Legierungsbestandteile vorhandenen Fremdstoffe auf die mechanischen Eigenschaften nicht kennt, sind die Angaben über die letzteren in der Literatur sehr widersprechend.

Tabelle 8.

Element	Brinellhärte	Autor
La	36	TROMBE (*29*)
	37	KREMERS und STEVEN (*12*)
Ce	21	KREMERS und BEUKER (*20*)
	42,5	BILLY und TROMBE (*13*)
Pr	25	WIERDA und KREMERS (*21*)
Nd	70	KREMERS (*12*)
	60	TROMBE (*13*)

Lanthan soll weich und biegsam sein, wenig duktil, wenig hämmerbar und nicht in Drahtform auspreßbar.

Nach HIRSCH (*12*), sowie nach KREMERS und BEUKER (*20*) ist beim Cer die Streckbarkeit groß, es kann zu Platten gehämmert und zu Blech mit 0,05 bis 0,015 mm Dicke ausgewalzt werden. Auch Drähte sollen sich ziehen lassen.

d) Binäre Systeme.

Die Systeme La, Ce, Pr und Nd mit Wasserstoff haben besonders SIEVERTS und Mitarbeiter (*19*), sowie ROSSI (*27*) eingehend untersucht. Es bilden sich feste Lösungen. Die Schwierigkeiten der Wasserstoffaufnahme zwischen 20 bis 1200° nehmen in der Reihenfolge Ce, La, Pr, Nd zu. Den mit Wasserstoff gesättigten Produkten kann derselbe durch Druckerniedrigung stufenweise und endlich vollständig entzogen werden. Ce-Mg-H_2-Lösungen sind pyrophor. Aluminiumzusatz ergibt luftbeständige Produkte. Nach ROSSI zeigen die Hydride kubischflächenzentriertes Gitter. ZINTL und NEUMAYR (*1*) beobachteten, daß α-Cer bei Zimmertemperatur kaum, β-Cer dagegen sehr rasch mit H_2 unter Gitteraufweitung reagiert (*27*).

CANNERI (*48*) untersuchte die Systeme des Lanthans mit Blei, Zinn, Thallium, Magnesium, Kupfer, Silber, Gold (s. auch BILTZ und WEIBKE) und Aluminium, sowie jene des Praseodyms mit Aluminium, Magnesium, Silber und Kupfer. ROSSI hat die Systeme des Praseodyms mit Blei, Zinn und Gold bearbeitet (*49*). Sämtliche Systeme sind durch die Bildung mehrerer Verbindungen neben den entsprechenden Eutektika charakterisiert. Cerlegierungen wurden durch KREMERS und BEUKER (*20*), sowie von TAMMANN und RÜHNEBECK (*50*) dargestellt. Neodym-Eisenlegierungen untersuchten KREMERS (*12*), ferner DROŽZINA und JAANUS (*42*).

Mit dem Amalgamen der seltenen Erden haben sich MÜLLER und SCHMIEDL (*51*), BILTZ und MEYER (*52*), sowie PERKO und CAMPONELLA (*53*) befaßt.

e) Anwendungen.

Reine seltene Erdmetalle finden heute noch kaum Anwendung, wenn auch bereits für verschiedene Gebiete Patente genommen wurden. Dagegen haben die Mischmetalle, insbesondere die cerreichen Legierungen mit anderen seltenen Erdmetallen und mit Eisen bzw. anderen Metallen bereits vielfach Anwendung gefunden, vor allem:

a) als Zündmetall und für pyrophore Legierungen. Maßgebend war das Pionierpatent Auer von Welsbach DRP. 154807; weitere Literatur siehe ULLMANN (*54*), ferner THOMPSON und KREMERS (*12*), KREMERS und BEUKER (*20*) und FOELSCH (*55*).

b) als Reduktionsmittel bzw. Desoxydationsmittel von Metallschmelzen (*56*),

c) als Absorptionsmittel für Gase (*57*), (*20*),

d) für die Veredelung des Aluminiums (*58*). Cerzusatz zu Aluminium bewirkt Kornverfeinerung, Umwandlung des spröden, eisenhaltigen Bestandteils und Verbesserung des Formfüllungsvermögens.

e) für Legierungen (*59*) und als Lagermetall (*60*),

f) in der Glühlampenindustrie (*61*) und als Grundmaterial für Kathoden (*62*) und schließlich

g) in der organischen Synthese (*63*).

Literatur.

1. ZINTL, E., S. NEUMAYR: Z. Elektrochem. Bd. 39 (1933) S. 84.
2. KLEMM, W., H. BOMMER: Z. anorg. allg. Chem. Bd. 231 (1937) S. 138.
3. KARL, A.: Bull. Soc. chim. Fr. (5) Bd. 1 (1934) S. 871.
4. WINKLER, CL.: Ber. dtsch. chem. Ges. Bd. 23 (1890) S. 772; Bd. 24 (1891) S. 883.
5. KUZEL, H.: Engl.P. 23215 (1909). — Amer.P. 1088909 (1910).
6. N. V. Philips Gloeilampenfabriek Fr.P. 676248 (1930).
7. WEST, B. D. H., B. S. HOPKINS: J. Amer. chem. Soc. Bd. 57 (1935) S. 2185.
8. Siemens & Halske: Engl.P. 10867 (1900).
9. ATANASIU, I. A., M. BABOR: Bull. Chim. pura apl. Soc. roman. Stiinte Bd. 37 (1934) S. 67, 115.
10. MÜLLER, R., F. HÖLZL: Mh. Wien. Bd. 44 (1923) S. 219.
11. AUDRIETH, L. F., E. E. JUKKOLA, R. E. MENTS, B. S. HOPKINS: J. Amer. chem. Soc. Bd. 53 (1931) S. 1805. — MENTS, R. E., B. S. HOPKINS u. L. F. AUDRIETH: Z. anorg. allg. Chem. Bd. 211 (1933) S. 237. — JUKKOLA, E. E., L. F. AUDRIETH, B. S. HOPKINS: J. Amer. chem. Soc. Bd. 36 (1934) S. 303.
12. HILDEBRAND, NORTON: Poggendorfs Ann. Bd. 155 (1875) S. 631; Bd. 156 (1875) S. 466. — MUTHMANN, W., H. HOFER u. L. WEISS: Liebigs Ann. Bd. 320 (1902) S. 231; Bd. 325 (1902) S. 262; Bd. 331 (1904) S. 1, 146; Bd. 335 (1907) S. 116. — HIRSCH, A.: Trans. Amer. electrochem. Soc. Bd. 20 (1911) S. 57. — J. Industr. Enging. Chem. Bd. 3 (1911) S. 880; Bd. 4 (1912) S. 65. — THOMPSON, A.: Metal a. Chem.

Eng. Bd. 17 (1917) S. 213. — SCHUMAKER, E. F., J. LUCAS: Amer. chem. Soc. Bd. 46 (1924) S. 1167. — SCHUMAKER, E. F., J. E. HARRIS: J. Amer. chem. Soc. Bd. 48 (1926) S. 3108. — KREMERS, H. C. u. Mitarbeiter: Trans. Amer. electrochem. Soc. Bd. 47 (1925) S. 219, 350, 365. — J. Amer. chem. Soc. Bd. 45 (1923) S. 614.

13. THOMPSON, A. P., B. W. BOLTON u. H. C. KREMERS: Trans. Amer. electrochem. Soc. Bd. 49 (1926) S. 1. — BILLY, M., F. TROMBE: C. R. Acad. Sci., Paris Bd. 193 (1931) S. 421. — CANNERI, C., A. ROSSI: Gazz. Chim. ital. Bd. 62 (1933) S. 1160. — TROMBE, F.: C. R. Acad. Sci., Paris Bd. 196 (1933) S. 704; Ann. Chim. (11) Bd. 6 (1936) S. 349. Sirian Lamp Co. Newark (N. J.): Amer.P. 1905866 (1933).

14. TROMBE, F.: Ann. Chim. (11) Bd. 6 (1936) S. 349, 437.

15. FISCHER, W., K. BRÜNGER, H. GRIENEISEN: Z. anorg. allg. Chem. Bd. 231 (1937) S. 54.

16. CLEVE, P. T., O. M. HÖGLUND: Bull. Soc. chim. Fr. (2) Bd. 18 (1872) S. 193.

17. ULLMANN, F.: Enzyklopädie der technischen Chemie, Bd. 3 (1929) S. 164.

18. FATTINGER, F.: Chemiker-Ztg. Bd. 34 (1910) S. 470.

19. SIEVERTS, A. u. Mitarbeiter: Z. anorg. allg. Chem. Bd. 131 (1923) S. 69; Bd. 146 (1925) S. 149; Bd. 150 (1926) S. 261.

20. KREMERS, H. C., H. BEUKER: Trans. Amer. electrochem. Soc. Bd. 47 (1925) S. 7, 8, 355.

21. WIERDA, J., H. C. KREMERS: Trans. Amer. electrochem. Soc. Bd. 48 (1924) S. 10.

22. MOOSE, I. E., S. W. PARR: J. Amer. chem. Soc. Bd. 46 (1924) S. 2656.

23. MUTHMANN, W., L. WEISS: Liebigs Ann. Bd. 331 (1904) S. 42.

24. QUILL, L. L.: Z. anorg. allg. Chem. Bd. 208 (1932) S. 59.

25. HULL, A. W.: Phys. Rev. Bd. 18 (1921) S. 88.

26. AUDRIETH, L. F.: Metallwirtsch. Bd. 14 (1935) S. 3.

27. ROSSI, A.: Atti Rendic Reale Accad. naz. Lincei (6) Bd. 15 (1932) S. 298. — Nature, Lond. Bd. 133 (1934) S. 174. — Gazz. Chim. ital. Bd. 64 (1934) S. 748.

28. JANTSCH, G., W. KLEMM: Z. anorg. allg. Chem. Bd. 216 (1933) S. 80.

29. TROMBE, F.: C. R. Acad. Sci., Paris Bd. 194 (1932) S. 1653.

30. HEVESY, G. v.: Die seltenen Erden vom Standpunkte des Atombaues, 1927, S. 49.

31. GUERTLER, W., M. PIRANI: Z. Metallkde. Bd. 11 (1919) S. 1.

32. DEVAR, J.: Proc. royal Soc., Lond. (A) Bd. 89 (1913) S. 158.

33. HILLEBRAND, W. F.: Poggendorfs Ann. Bd. 158 (1876) S. 71.

34. BENEDICKS, C.: Z. Metallkde. Bd. 7 (1915) S. 228.

35. BRIDGMAN, P. W.: Proc. Acad., Wash. Bd. 6 (1920) S. 505. — Proc. Amer. Acad. Bd. 62 (1927) S. 207.

36. MEISSNER, W., B. VOIGT: Ann. Phys. (5) Bd. 7 (1911) S. 761, 892.

37. MENDELSOHN, K., J. G. DAICUT: Nature, Lond. Bd. 139 (1937) S. 473.

38. MCLENNAN, J. C., L. E. HOWLETT, J. O. WILHELM: Trans. royal. Soc. Canada (3) Bd. 23 Sect. III (1929) S. 287.

39. MÜLLER, R.: Mh. Wien. Bd. 53/54 (1930) S. 215.

40. NEUMANN, B., A. RICHTER: Z. Elektrochem. Bd. 31 (1925) S. 287.

41. NODDACK, W., A. BRUCKL: Angew. Chem. Bd. 50 (1937) S. 362.

42. OIVEN, M.: Ann. Phys., Lpz. Bd. 37 (1912) S. 657. — DROŽZINA, V. J., R. J. JAANUS: Phys. Z. Sowjet. Bd. 9 (1936) S. 72. — WERESCHTSCHAGIN, L. F., L. F. SCHUBNIKOW B. J. LASEREW: Phys. Z. Sowjet. Bd. 10 (1936) S. 618.

43. TROMBE, F.: C. R. Acad. Sci., Paris Bd. 198 (1934) S. 591.

44. TROMBE, F.: Ann. d. Physique (11) Bd. 73 (1937) S. 385.

45. Urbain, G., P. Weiss, F. Trombe: C. R. Acad. Sci., Paris Bd. 20 (1935) S. 2132. — Trombe, F.: C. R. Acad. Sci., Paris Bd. 201 (1935) S. 652.
46. O'Bryan, H. M.: J. opt. Soc. Amer. Bd. 26 (1936) S. 122.
47. Bridgman, P. W.: Proc. Acad., Wash. Bd. 8 (1932) S. 361. — Proc. Amer. Acad. Bd. 62 (1927) S. 207.
48. Canneri, G.: Metallurg. ital. Bd. 23 (1931) S. 803; Bd. 24 (1932) S. 99; Bd. 25 (1933) S. 250; Bd. 26 (1934) S. 794, 869. — Alluminio Bd. 2 (1933) S. 87. — Canneri, G., A. Rossi: Gazz. Chim. ital. Bd. 63 (1933) S. 182. — Biltz, W., F. Weibke: Z. anorg. allg. Chem. Bd. 236 (1938) S. 12.
49. Rossi, A.: Gazz. Chim. ital. Bd. 64 (1935) S. 832.
50. Tammann, G., A. Rühnebeck: Z. anorg. allg. Chem. Bd. 223 (1935) S. 288.
51. Müller, R., H. J. Schmiedl: Mh. Wien. Bd. 53/54 (1929) S. 215, 254.
52. Biltz, W., F. Meyer: Z. anorg. allg. Chem. Bd. 176 (1929) S. 23.
53. Perko, W. G. J. L. Camponella: J. Phys. Chim. Bd. 40 (1936) S. 333.
54. Ullmann, F.: Enzyklopädie techn. Chemie, Bd. 3 (1929) S. 164—181.
55. Foelsch, A.: Chemiker-Ztg. Bd. 59 (1935) S. 1036.
56. I. G. Farbenindustrie A. G. Engl.P. 302574 (1929). — Mond Nickel Co. Ltd. London, Engl.P. 454926 (1937). — Fr.P. 803868 (1937).
57. Radiowerk E. Schrack, Wien Öst.P. 113427 (1931). — Westinghouse Lamp. Co. Schweiz.P. 119528 (1927).
58. Anderson, R. J.: Metall Bd. 1930 S. 186. — Musphy, A. J.: Foundry Trade J. Bd. 53 (1935) S. 271, 291. — Metall Ind., Lond. Bd. 47 (1935) S. 229, 319, 346. — Trans. Amer. Foundrym. Ass. Bd. 7 (1935) S. 396.
59. I.G. Farbenindustrie A. G. Poln.P. 11871 (1931).
60. Colaveras Iron and Steel Co. Nevada; S. H. Dernassert: Amer. P. 1714729 (1929).
61. Sirian Lamp Co., Newark N. S. Canad.P. 323315 bis 323320 (1934). — Amer.P. 336646 u. 336647 (1936).
62. Radio Corp. of America, Austr.P. 593 (1936).
63. Jagaraj Behari Lat, Sitaki Kuskan Dutl: J. Indian chem. Soc. Bd. 9 (1932) S. 565. — Gosh, J. C., Jagd Bandku Bakshi: J. Indian chem. Soc. Bd. 6 (1929) S. 749.
64. Trombe, F.: C. R. Acad. Sci., Paris Bd. 206 (1938) S. 1380.

IV. Vierte Hauptgruppe des periodischen Systems.

Die vierte Gruppe fängt mit zwei nichtmetallischen Elementen an; da sich Kohlenstoff und Silizium in ihren Eigenschaften mehr den Elementen der Nebenreihen anschließen, wollen wir die Besprechung dieser Elementen hier übergehen und uns gleich den vier anderen Ti, Zr, Hf und Th zuwenden.

34. Titan.

(Atomgewicht 47,90.)

Mit 2 Abbildungen.

a) Einleitung und frühere Versuche.

Beim Durchlesen der älteren Literatur zeigt sich, daß vor 1900 alle Versuche zur Darstellung eines reinen Titans erfolglos geblieben sind

(*1*, *2*). Die älteren Präparate sind alle, wenn auch nicht durch Elemente wie C, Al, Si usw., so aber immer noch durch Sauerstoff oder Stickstoff verunreinigt. Da die Nitride und Carbide metallähnliche Substanzen sind mit schönem Metallglanz, und überdies den elektrischen Strom gut leiten, hat man derartige Produkte öfters mit dem Metall verwechselt.

Die Reduktion des $TiCl_4$ mit Hilfe von Natrium, die schließlich ein ziemlich reines Metall geliefert hat, ist schon von NILSON und PETTERSON angegeben worden (*3*); diese Autoren konnten aber nicht mehr als 95% Metallgehalt erreichen. Wenn man aber nach HUNTER (*4*) das $TiCl_4$ mit der äquivalenten Menge Natrium in einer eisernen Bombe einschließt und erhitzt, so erhält man ein Produkt, das etwa zu 99,7 bis 99,9% aus metallischem Titan besteht. Ähnliche Resultate erhielten LELY und HAMBURGER (*5*), PODSZUS (*6*) und PATTERSON (*7*).

Das Metall scheint um so reiner zu sein, je größer der Einsatz ist. Dies hängt wohl damit zusammen, daß in größeren Bomben die Temperatur so hoch steigt, daß das Metall zusammensintert. KROLL (*8*) hat so Granalien bis zu 40 mm Durchschnitt erhalten. Diese Granalien sind schmiedbar; auch LELY und HAMBURGER hatten schon bemerkt, daß die von ihnen dargestellten Körner duktil waren.

BILLY (*9*) hat dieses Verfahren in folgender Weise abgeändert: Wasserstoff, mit $TiCl_4$-Dampf beladen, wird über Natrium geleitet, das auf 400° C erhitzt wird. Obwohl angeblich ein sehr reines Metall erhalten werden kann, hat diese Methode doch den Nachteil, daß das erhaltene Produkt wohl immer Wasserstoff enthalten wird.

Die Reduktion von Alkalititanfluoriden mit Natrium ist mit geringem Erfolg von WEISS und KAISER (*10*) angewandt worden. Es wurde ein Präparat von höchstens 84% Metallgehalt erhalten.

Durch Arbeiten mit größeren Mengen und Verwendung von reinem K_2TiF_6 oder Na_2TiF_6, daß mit einem kleinen Na-Überschuß eng vermengt in einem eisernen Rohr erhitzt wurde, hat Verfasser ein Metallpulver erhalten, das jedenfalls sehr gut verwendbar war für die Herstellung von reinem Titan nach dem Jodidverfahren (s. u.).

Obige Methode hat, obwohl sie nicht ein so reines Metall liefert, den Vorteil, daß der Druck im Rohr nicht zu hoch wird und Explosionen daher nicht so leicht eintreten. Man hat aber dafür Sorge zu tragen, daß das Fluorid ganz trocken ist: ist noch etwas Wasser vorhanden, so können furchtbare Explosionen eintreten.

Bei der Reduktion des $TiCl_4$ mit Natrium steigt der Druck während der Reaktion sehr hoch an, um dann wieder auf einen sehr geringen Wert zurückzufallen, sobald alles $TiCl_4$ umgesetzt ist. Wenn es gelingt, die Reaktion schon bei niedriger Temperatur einzuleiten, wird der Druck nicht so hoch steigen können. Um dies zu erreichen, wird etwas $KClO_3$ zugesetzt, das auf ein oder zwei der Natriumscheiben gestreut wird. Durch diesen Kunstgriff wird die Explosionsgefahr herabgesetzt (*11*).

Die Reduktion des TiO_2 mit Alkali- oder Erdalkalimetallen scheint zu einem Metall von höchstens 83% Gehalt zu führen (*12*).

Nach einer neueren Arbeit von KROLL (*13*) läßt sich ein warm walzbares, jedoch mehr oder weniger sauerstoffhaltiges und infolgedessen kaltbrüchiges Titan durch Reduktion von TiO_2 mit destilliertem Calcium in Anwesenheit von $CaCl_2/BaCl_2$ unter Argon bei hoher Temperatur und anschließender Nachreduktion gewinnen. Genügender Reinheitsgrad der Ausgangsmaterialien vorausgesetzt, ist dieses Titan nur mehr durch geringe Mengen Sauerstoff verunreinigt, die sich mit keinem bekannten Desoxydationsmittel entfernen lassen.

Reduktionsverfahren, die andere Metalle wie Aluminium, Kohlenstoff oder Silicium verwenden, haben wohl immer stark verunreinigte Produkte geliefert. Inwiefern durch Reduktion von TiJ_2 (*14*), mit Wasserstoff oder durch Erhitzen von $TiBr_2$, wobei dieses sich in Ti und $TiBr_4$ spaltet (*15*), ein reines Metall erhalten werden kann, läßt sich noch nicht angeben. Da sich hier wohl ein sehr feinkörniges Metall bilden wird, ist die Prognose nicht sehr günstig.

b) Herstellung von duktilem Titan.

Obwohl, wie schon gesagt, insbesondere das von KROLL erhaltene Metall deutlich duktil war, kann man nach den obenerwähnten Methoden noch nicht zu einem kompakten, verformbaren Metall gelangen, denn wenn man die an sich duktilen Körner zu Stäben preßt und diese erhitzt, so sind die erhaltenen Stäbe immer noch spröde. Wahrscheinlich ist auch beim Titan, ebenso wie beim Zirkonium, wo dies ausführlich geschildert wird (s. d.), jedes Korn von einer Oxydhaut umgeben, die beim Erhitzen in das Metall hineindringt und die Verformbarkeit aufhebt[1]. Titan, das sich auch bei tiefer Temperatur auswalzen läßt, hat man bis jetzt nur durch Anwendung des Jodidverfahrens erhalten, also durch Zersetzung von Titanjodiddampf durch einen glühenden Metalldraht (*16*). Das Jod reagiert, wie im allgemeinen Teil beschrieben ist, schon bei 200° C mit genügender Geschwindigkeit mit dem im Apparat befindlichen Rohmetall (*17*). Obwohl also ein Apparat aus gewöhnlichem Glas verwendbar wäre, empfiehlt es sich doch, mit einem Apparat aus Pyrexglas zu arbeiten, weil man dann als Elektroden eingeschmolzene Wolframstäbe bequem verwenden kann. Die Drahttemperatur soll etwa 1400° C betragen. In einigen Stunden kann man dann Stäbe bis 5 mm Dicke erhalten. Diese Stäbe bestehen nicht, wie es beim Zirkon (s. d.) meistens der Fall ist, aus großen Kristallen mit glatten Kristallflächen, sondern sind meistens ganz glatt, mit nahezu nicht wahrnehmbaren Kristallen. Ein so hergestellter Stab und ein Stück daraus erhaltenes Blech ist in

[1] Inzwischen ist es Herrn W. KROLL gelungen, durch sorgfältigen Ausschluß von Sauerstoff und anderen Verunreinigungen ein Titan herzustellen, das sich bei hohen Temperaturen zu dünnem Blech auswalzen läßt.

der Abb. 1 wiedergegeben. Es scheint, daß durch Spuren von Verunreinigungen die Kristallbildung gestört wird; es bilden sich dann im Anfang nicht zusammenhängende Kristallnadeln, die später miteinander verwachsen und dabei oft Hohlräume einschließen. Welche Verunreinigungen hierbei eine Rolle spielen, ist nicht bekannt; wir werden aber später, bei der Beschreibung des Hafniums, auf diese Frage zurückkommen. Auch beim Hafnium hängt die Struktur der erhaltenen Stäbe sehr stark von diesen vorläufig noch nicht genau bekannten Faktoren ab.

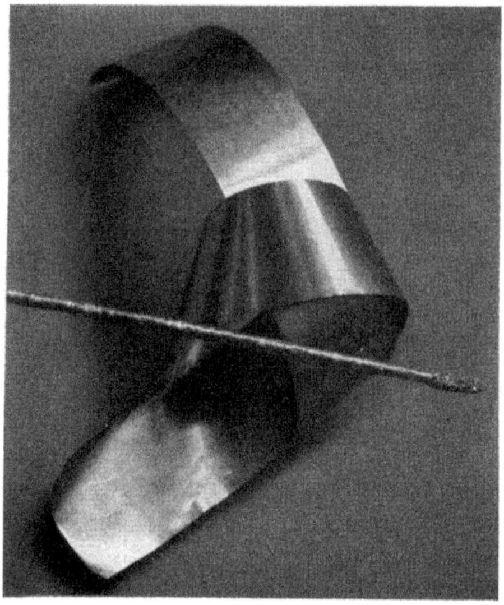

Abb. 1.

Das so erhaltene Titan ist analytisch rein, wenn man für die Herstellung des Rohmetalls reines Ausgangsmaterial verwendet hat. Da eine spektroskopische Untersuchung fehlt, läßt sich die Frage, inwiefern Spuren von anderen Elementen vorhanden sind, zunächst nicht beantworten. Inwieweit Verunreinigungen von Eisen, Wolfram, Silicium und Bor zu befürchten sind, werden wir bei der Darstellung des Zirkons, wo die Umstände fast die gleichen sind und wo alles ausführlich untersucht ist, sehen.

Was den Einfluß von Verunreinigungen durch Sauerstoff und Stickstoff anbelangt, so sei ebenfalls auf den Abschnitt „Zirkonium" verwiesen, in dem dieser Einfluß ausführlich geschildert ist. Grundsätzlich wird das dort Gesagte auch für Titan gültig sein, nur ist der Einfluß beim Zirkonium viel eingehender untersucht worden.

c) Physikalische Eigenschaften.

Kristallstruktur. Titan ist bei gewöhnlicher Temperatur hexagonal: es kristallisiert nach dem Zinktypus:

$$\text{Basis: } (0\,0\,0)\ \left(\frac{1}{3}\ \frac{2}{3}\ \frac{1}{2}\right),$$

für die Gitterkonstanten wurde gefunden:

a	c	d_{20}	Autor	Material
2,97	4,72	4,40	Hull (*18*)	
2,951 ± 0,004	4,698	4,469	Patterson (*19*)	$TiCl_4$ + Na
2,953	4,729	4,427	Hägg (*20*)	Jodidverfahren

Die Dichten sind neu berechnet worden, wobei 47,90 für das Atomgewicht des Titans genommen wurde. Die röntgenographisch bestimmte Dichte ist also etwas kleiner als die von HUNTER (*4*) durch pyknometrische Messungen gefundene 4,50. SIEVERTS und GOTTA (*21*) finden den nur etwas höheren Wert $4{,}5_2$. An Titanstäben, nach den Jodidverfahren hergestellt, findet DE BOER (*11*) den Wert 4,45, was mit den Röntgenergebnissen schon besser übereinstimmt; in einigen Fällen aber den wieder zu hohen Wert von 4,50.

Die von HUNTER gefundene Abweichung kann von kleinen Mengen Sauerstoff oder Stickstoff herrühren, denn diese Elemente erhöhen das spezifische Gewicht (*22*). Auch wäre eine Verunreinigung durch Karbid denkbar, da $TiCl_4$ öfters kleine Mengen Kohlenstoffverbindungen enthält.

Allotropie. Bei 880° C geht das hexagonale Titan in die kubisch raumzentrierte Form über (*23*).

Bei der Übergangstemperatur ist die Gitterkonstante

$$a = 3{,}32\ \text{Å},$$

woraus sich die Dichte

$$d = 4{,}31$$

berechnen läßt.

Daß diese Allotropie des Titans von SCHULZE (*24*), der Messungen der Leitfähigkeit bei hoher Temperatur ausgeführt hat, übersehen worden ist, rührt wohl davon her, daß das Präparat Sauerstoff oder Stickstoff aufgenommen hat. DE BOER, BURGERS und FAST (*25*) haben gezeigt, daß der Sprung in der Leitfähigkeit, der beim reinen Metall scharf bei 882° ± 20 erfolgt, durch Aufnahme von Stickstoff oder Sauerstoff verwaschen wird, genau so wie es beim Zirkon der Fall ist (s. d.) (Abb. 2).

Da Zirkonium und Titan beide einen Übergang von der hexagonalen Form in die kubisch zentrierte zeigen und die Übergangspunkte nur ~20° auseinanderliegen, sind Ti und Zr sowohl unterhalb 862 als oberhalb 882° miteinander isomorph. Da oberhalb 882° beide Metalle auch mit Wolfram $a = 3{,}158$ isomorph sind, wird es verständlich, daß auf einem W-Einkristalldraht Zirkon-Titan-Legierungen, und leichter noch reines Titan als Einkristall anwächst (*26*). Bei gewöhnlicher Temperatur haben die Kristalle aber ein hexagonales Gitter, sind also nicht mehr Einkristalle, sondern hexagonale Pseudomorphosen nach dem regulären Kristall. Daß ein derartiger Draht einen achteckigen Durchschnitt hat, beweist nicht, daß er nicht aus Titan besteht, wie früher einmal übereilt behauptet wurde (*27*).

Schmelzpunkt. Für das Material, das von HUNTER (*4*) dargestellt wurde, wurde als Schmelzpunkt

$$1795 \pm 15^\circ\ \text{C}$$

gefunden (28). Da die Messungen nicht in Hochvakuum, sondern in Wasserstoff ausgeführt sind, ist eine Fälschung durch Wasserstoffaufnahme nicht ausgeschlossen. DE BOER (*11*) findet an duktilem Titan 2000 ± 10° K wahre Temperatur.

Messungen über die *Verdampfungsgeschwindigkeit* liegen nicht vor. Bei der Herstellung des Titans nach dem Jodidverfahren bedeckt sich die Glaswand leicht mit einem metallischen Anschlag. Es scheint also, daß das Titan bei ~ 1500° C schon merklich flüchtig wird.

Die mittlere spezifische Wärme ist wiederholt gemessen worden; nur JAEGER (*29*) hat mit duktilem Titan gearbeitet. In der nächsten Tabelle sind einige Werte zusammengestellt:

NILSON u. a. (*30*)		HUNTER u. a. (*31*)		JAEGER u. a. (*29*)	
c_p	Temperaturbereich	c_p	Temperaturbereich	c_p	Temperaturbereich
0,1125	100 bis 0° C	0,1462	100 bis 0° C	0,1291	219 bis 0° C
0,1288	211 bis 0° C	0,1503	187 bis 0° C	0,1316	266 bis 0° C
0,1485	301 bis 0° C	0,1516	254 bis 0° C	0,1334	320 bis 0° C
0,1620	440 bis 0° C	0,1563	333 bis 0° C	0,1386	500 bis 0° C

Die Werte, die HUNTER und JONES angeben, dürften besser sein als die von NILSON und PETTERSON, weil erstgenannte Autoren mit einem reineren Präparat gearbeitet haben.

Bei den Messungen von JAEGER, ROSENBOHM und FONTEYNE zeigt sich schon 200° unterhalb des Übergangspunktes α—β ein abnormales Verhalten der spezifischen Wärme. Dies scheint auf einen kontinuierlichen Übergang hinzuweisen. Da nun aber die Versuche von DE BOER, BURGERS und FAST (*25*) gezeigt haben, daß bei reinem Titan der Übergang ganz scharf ist, liegt es auf der Hand, anzunehmen, daß auch die Messungen von JAEGER und seinen Mitarbeitern durch Gasaufnahme gefälscht sind. Die Autoren geben übrigens nicht an, wie sie ihre Präparate vor Gasaufnahme geschützt haben. Daß die elektrischen Messungen, die von diesen Autoren ausgeführt sind, ganz bestimmt durch Gasaufnahme entwertet sind, geht aus einer Bemerkung der Autoren, daß die Drähte allmählich ganz spröde geworden seien, hervor. Ein Titandraht, der in gutem Vakuum geglüht wird, bleibt vollkommen duktil; wie glatt die Temperaturstromkurven bei einem *wirklich* reinen Titandraht verlaufen, ist aus der oben zitierten Arbeit (*25*) zu ersehen (s. auch Abb. 2).

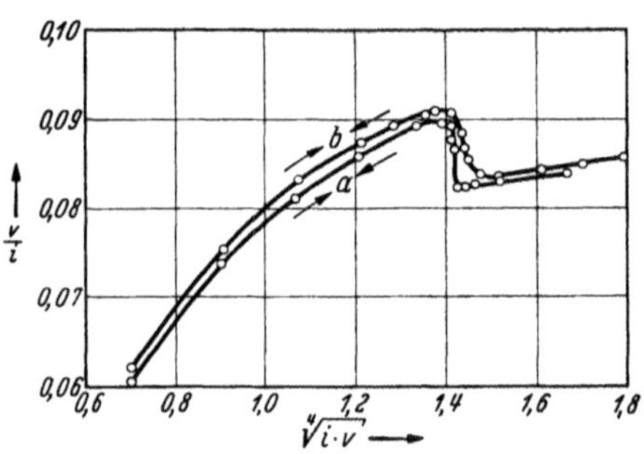

Abb. 2. *a* Reintitan, *b* Titan mit 2 Atom.-% Sauerstoff.

Elektrische Eigenschaften. Der spezifische Widerstand des duktilen Titans ist von DE BOER und CLAUSING (*32*), MEISSNER, FRANZ und WESTERHOFF (*33*) und DE HAAS und VAN ALPHEN (*34*) gemessen worden.

Bei 20° wurde für die besten Präparate gefunden:

$$\varrho = 47,5 \cdot 10^{-6}$$

während der Temperaturkoeffizient zu

$$\alpha = 425 \cdot 10^{-5}$$

bestimmt wurde.

Auch bei tieferen Temperaturen ist der spezifische Widerstand gemessen worden. Die Messungen, ausgeführt an Stäben, die nach dem Jodidverfahren in Eindhoven hergestellt waren, zeigen, daß die Stäbe untereinander noch ziemlich starke Unterschiede aufweisen: alle haben noch einen ziemlich hohen Restwiderstand, etwa 0,100. Titanpräparate anderer Herkunft zeigen aber noch viel größere Werte des Restwiderstandes [McLENNAN u. a. (*35*)].

Nach DE HAAS und VAN ALPHEN wird Titan unterhalb 1,73° K supraleitend (*34*). Merkwürdig ist, daß die metallähnlichen Verbindungen (*48*) TiN und TiC bessere Leiter sind und bei etwas höheren Temperaturen schon supraleitend werden (s. d.).

Optische Eigenschaften. SCHULZE (*36*) gibt für die langwellige Grenze des photoelektrischen Effektes 320 mμ an. Daraus findet man die Austrittsarbeit für ein Elektron

$$\varphi = 3,86 \text{ eV}.$$

WENT (*11*) hat für die Linie 6550 Å den Emissionskoeffizient als Funktion der Temperatur bestimmt. Er findet:

T	1150°	1250°	1350°	1450°	1550°	1650° K
Emissionskoeffizient .	0,533	0,523	0,502	0,480	0,450	0,419

Die **mechanischen Eigenschaften** des reinen Titans sind noch nicht untersucht worden: reines Titan ist so duktil, daß es sich auch kalt zu Blech auswalzen läßt. BRIDGMAN (*37*) hat die Kompressibilität eines von HUNTER (elektrolytisch?) gewonnenen Titans gemessen. Er fand:

$$\text{bei } 30^\circ \quad k = 0,797 \cdot 10^{-6} + 0,12 \cdot 10^{-12} p$$
$$\text{bei } 70^\circ \quad k = 0,868 \cdot 10^{-6} - 4,5 \cdot 10^{-12} p$$

BRIDGMAN bemerkt, daß 1. der Temperaturkoeffizient abnorm hoch ist und 2. die Zunahme mit dem Druck bei 30° positiv ist.

Die Brinellhärte des aus $TiCl_4$ und Na hergestellten Titans beträgt etwa 210 (3000 kg, 10 mm Kugel 1 Min. Einwirkungszeit). Sie wird durch Legierungszusätze erhöht. Sauerstoff bringt dieselbe auf etwa 320 Brinell, wobei Rotbruch eintritt. Durch Kaltreckung erreicht man 260 Br (*38*).

Nach (*11*) wurde für die Vickershärte an zwei Titanproben (Jodidverfahren) bei einer Belastung von 5 kg die Werte 188 und 122 kg/mm² gefunden. Bei der von Herrn Ing. J. SACK, Eindhoven, ausgeführten Bestimmung der Mikrohärte (Belastung 60 g) betrugen die Zahlen 209 und 157.

d) Anwendungen.

Die Anwendungen sind ungefähr dieselben, wie die des Zirkoniums; nur ist Titan weniger ausführlich untersucht. Da es sich elektrolytisch oxydieren läßt und sich dabei mit einer Oxydschicht bedeckt, kann es für Elektrolytkondensatoren verwendet werden. Das Oxyd, das sich dabei bildet, zeigt die Anatasstruktur (*39*).

e) Binäre Systeme.

Titanwasserstoffe. Bei hoher Temperatur nimmt Titan sehr leicht Wasserstoff auf. Bei allen Verfahren, wo Wasserstoff bei hoher Temperatur mit Titan in Berührung kommt, ist eine Aufnahme von Wasserstoff durch Titan zu erwarten. Nach HAGEN und SIEVERTS (*40*) bildet sich unter diesen Umständen eine feste Lösung, die ungefähr die Zusammensetzung $TiH_{1,75}$ hat. Durch Erhitzen im Vakuum läßt sich der Wasserstoff wieder entfernen. Ob dabei der Wasserstoff auch quantitativ entfernt werden kann, ist nach Versuchen an duktilem Titan, noch fraglich.

Die Resultate der unter (*40*) genannten Autoren decken sich in großen Zügen mit denen von BILLY (*9*).

KIRSCHFELD und SIEVERTS (*41*) haben aus Druckmessungen geschlossen, daß bis zu 50 Atm.-% Wasserstoffgehalt das System aus einer einzigen Phase besteht. HÄGG (*42*), der das System röntgenographisch untersucht hat, findet schon bei ~ 33 Atm.-% einen Übergang in ein Zweiphasensystem. Jedenfalls zeigen beide Versuche, daß Titan bis wenigstens 20 At.-% Wasserstoff aufzunehmen vermag, ohne daß ein anderes Gitter auftritt.

Titan-Stickstoff. Das System Titanstickstoff ist ausführlich untersucht worden. Wir wollen auf dieses System hier etwas näher eingehen, weil Stickstoff nach Sauerstoff eine der am ehesten zu erwartenden Verunreinigungen des metallischen Titans ist. Titan und Stickstoff bilden eine Verbindung der Zusammensetzung TiN. Diese Verbindung kann man erhalten, wenn man Titan längere Zeit in Stickstoff erhitzt (*43, 44, 45*), oder in der Weise, daß man ein Gemisch von Wasserstoff, Stickstoff und $TiCl_4$-Dampf über einen glühenden Wolframdraht leitet (*46, 47*).

Die nähere Untersuchung hat aber gezeigt, daß sich aus Titan, das Stickstoff aufnimmt, zunächst ein Einphasensystem bildet, also wahrscheinlich ein System von Mischkristallen des Metalls mit dem des Nitrids. Eine kontinuierliche Reihe kann hier aber nicht vorliegen, weil das Metall hexagonal ist, während TiN regulär nach dem NaCl-Typus kristallisiert.

Durch Stickstoffaufnahme sinkt der Temperaturkoeffizient der Leitfähigkeit zunächst stark, um bei größerem Stickstoffgehalt wieder anzusteigen, bis bei der Zusammensetzung TiN der Temperaturkoeffizient einen höheren Wert als derjenige des Metalls erreicht (*44, 47*).

Zwischen 6 und 5,3° K wird Titannitrid supraleitend (*48*). Bei diesen Versuchen wurden 2 Sprungpunkte gefunden; der zweite korrespondiert ungefähr mit demjenigen des Titans. Vielleicht wäre also im TiN doch noch freies Metall, oder jedenfalls eine stickstoffärmere Titanphase vorhanden. Darauf deuten auch die von CLAUSING (*44*) gefundenen Hysteresiserscheinungen hin. Sowohl MOERS als auch CLAUSING finden Andeutungen, daß ihre Präparate überdies noch durch eine dritte Komponente verunreinigt sind.

Bei den Versuchen von CLAUSING kann diese dritte Komponente sehr wohl Sauerstoff sein, den der Titandraht während des Ziehens aufgenommen hat.

Wenn man TiN nach dem Anwachsverfahren herstellt, kann es auch in Form von Kristalldrähten erhalten werden, wenn man von einem Wolframkristalldraht ausgeht (*46*, *47*).

Bei sehr hohen Temperaturen kann TiN im Hochvakuum vielleicht wieder Stickstoff freigeben. Zwar gelang es LORENZ und WOOLCOCK (*49*) nicht, ein umkehrbares Gleichgewicht zu erreichen. In Analogie zu Zirkonnitrid ist aber eine teilweise Dissoziation des TiN wohl zu erwarten.

Titan-Sauerstoff. Von diesem System ist nur bekannt, daß bei höherer Temperatur TiO_2 sich in dem Metall auflöst. Die Verhältnisse sind hier wahrscheinlich den unter Zirkonsauerstoff beschriebenen weitgehend analog. Der Einfluß des Saucrstoffs auf die Verformbarkeit des Titans wird von KROLL (*38*) beschrieben. Der Sauerstoff ist nach KROLL als TiO im Gefüge vorhanden, wo er sich als Film an den Korngrenzen abscheidet; dieser Bestandteil (oder Mischkristall?) soll in geringem Maße warmverformbar sein, bewirkt jedoch Kaltbrüchigkeit.

Titan-Kohlenstoff. Titan bildet mit Kohlenstoff eineVerbindung TiC, die dem Titannitrid in vielen Eigenschaften ähnlich ist. Beide Verbindungen sind isomorph (*46*, *47*). Wahrscheinlich bildet das Carbid mit Titan Mischkristalle. Auch Titancarbid ist ein Supraleiter: der Sprungpunkt liegt bei 1,15° K (*48*).

In $TiCl_4$, wie es für die Herstellung des Rohmetalls verwendet wird, können leicht kleine Mengen Kohlenstoffverbindungen vorhanden sein. In diesem Fall erhält das daraus gewonnene Titan Carbid; deshalb ist es sehr wohl möglich, daß die in der älteren Literatur erwähnten Metallproben noch kleine Mengen Carbid enthalten haben. Da das Titancarbid ein relativ hohes spezifisches Gewicht hat (*46*), kann es sein, daß dadurch die von HUNTER (*4*) und die von SIEVERTS und GOTTA (*21*) gemessene Dichte etwas zu hoch ausgefallen ist.

f) Legierungen.

Von den Legierungen ist nur das System Titanzirkon etwas näher untersucht worden. Dieses System wird unter „Zirkonium“ besprochen.

Eine größere Anzahl von Legierungen des Titans mit anderen Metallen wurde von KROLL (*38*) auf ihre Walzbarkeit und ihr Gefüge untersucht.

Beschrieben sind die Legierungen des Titans mit Mo, W, Ni, Fe, Co, Be, Si, Mn, Cr, Cu, Al, Zr, V und Ta. Die Warmwalzbarkeit wird durch die Zusätze geringer Mengen (bis zu 4,77%) der Metalle Ni, Fe, Co und Ta verbessert. Feste Lösungen sind vermutlich bei den Legierungen mit Mo, W und Ta vorhanden. Bei der Legierung mit Zr wurde im Gegensatz zu den Arbeiten von DE BOER eine gelbe Ausscheidung festgestellt, die als Verbindung gedeutet wird, und wohl wahrscheinlich Stickstoff enthält.

Literatur.

1. Literaturübersicht J. W. MELLOR: A comprehensive Treatise on inorganic and theoretical Chemistry, Bd. VII, S. 1. London 1927.
2. PASCAL, P.: Traité de chimie minérale, Bd. V, S. 519. Paris 1932.
3. NILSON, L. F., O. PETTERSON: Z. phys. Chem. Bd. 1 (1887) S. 27.
4. HUNTER, M. A.: J. Amer. chem. Soc. Bd. 32 (1910) S. 330.
5. LELY, D., L. HAMBURGER: Z. anorg. allg. Chem. Bd. 87 (1914) S. 209.
6. PODSZUS, E.: Z. anorg. allg. Chem. Bd. 99 (1917) S. 123.
7. PATTERSON, R. A.: Phys. Rev. Bd. 26 (1925) S. 56.
8. KROLL, W.: Metallwirtsch. Bd. 9 (1930) S. 1043.
9. BILLY, M.: Ann. Chim. (9) Bd. 16 (1921) S. 5.
10. WEISS, L., H. KAISER: Z. anorg. allg. Chem. Bd. 65 (1920) S. 345.
11. Privatmitteilung Dr. J. H. DE BOER.
12. RUFF, O., H. BRINTZINGER: Z. anorg. allg. Chem. Bd. 129 (1923) S. 267.
13. KROLL, W.: Z. anorg. allg. Chem. Bd. 234 (1937) S. 42.
14. DEFACQX, E., H. COPEAUX: C. R. Acad. Sci., Paris Bd. 147 (1908) S. 65.
15. YOUNG, R. C., W. C. SCHUMB: J. Amer. chem. Soc. Bd. 52 (1930) S. 4233.
16. VAN ARKEL, A. E., J. H. DE BOER: Z. anorg. allg. Chem. Bd. 148 (1925) S. 345.
17. VAN ARKEL, A. E.: Metallwirtsch. Bd. 13 (1934) S. 511.
18. HULL, A. W.: Phys. Rev. Bd. 15 (1921) S. 88, 421.
19. PATTERSON, R. A.: Phys. Rev. Bd. 26 (1925) S. 56.
20. HÄGG, G.: Z. phys. Chem., Abt. B Bd. 11 (1930) S. 433.
21. SIEVERTS, A., A. GOTTA: Z. anorg. allg. Chem. Bd. 172 (1928) S. 1.
22. VAN ARKEL, A. E.: Physica, Haag Bd. 4 (1924) S. 286.
23. BURGERS, W. G., F. M. JACOBS: Z. Kristallogr. (A) Bd. 94 (1936) S. 299.
24. SCHULZE, A.: Z. Metallkde. Bd. 23 (1931) S. 261.
25. DE BOER, J. H., W. G. BURGERS, J. D. FAST: Proc. Acad. Sci., Amst. Bd. 39 (1936) S. 515.
26. DE BOER, J. H., P. CLAUSING: Physica, Haag Bd. 10 (1930) S. 267.
27. VAN ARKEL, A. E., J. H. DE BOER: Z. anorg. allg. Chem. Bd. 148 (1935) S. 350.
28. BURGESS, G. K., R. G. WALTENBERG: Z. anorg. allg. Chem. Bd. 82 (1913) S. 361. Vgl. auch J. Wash. Acad. Sci. Bd. 3 (1913) S. 7.
29. JAEGER, F. M., E. ROSENBOHM, R. FONTEYNE: Proc. Acad. Sci., Amst. Bd. 39 (1936) S. 442, 453, 462.
30. NILSON, L. F., O. PETTERSON: Z. phys. Chem. Bd. 1 (1887) S. 34.
31. HUNTER, M. A., E. C. JONES: Rensselaer Polytechn. Inst. Bull. Eng. Sci. Bd. 1 (1911) S. 11.
32. DE BOER, J. H., P. CLAUSING: Physica, Haag Bd. 10 (1930) S. 267.
33. MEISSNER, W., H. FRANZ, H. WESTERHOFF: Ann. Phys., Lpz. (5) Bd. 13 (1933) S. 555.
34. DE HAAS, W. J., P. M. VAN ALPHEN: Proc. roy. Soc. Amst. Bd. 34 (1931) S. 70.

35. McLennan, J. C., L. E. Howlett, J. O. Wilhelm: Trans. roy. Soc. Canada (3) Bd. 23 Sect. III (1929) S. 287.
36. Schulze, R.: Z. Phys. Bd. 92 (1934) S. 212.
37. Bridgman, P. W.: Proc. Amer. Acad. Sci. Bd. 64 (1929) S. 51.
38. Kroll, W.: Z. Metallkde. Bd. 29 (1937) S. 189. (und Privatmitteilung)
39. Burgers, W. G., A. Claassen, J. Zernicke: Z. Phys. Bd. 74 (1932) S. 593.
40. Hagen, H., A. Sieverts: Z. anorg. allg. Chem. Bd. 185 (1930) S. 235. Vgl. auch Huber, H., L. Kirschfeld u. A. Sieverts: Ber. dtsch. chem. Ges. Bd. 59 (1926) S. 2891.
41. Kirschfeld, L., A. Sieverts: Z. phys. Chem. Abt. A Bd. 145 (1929) S. 232.
42. Hägg, G.: Z. phys. Chem. Abt. B Bd. 11 (1931) S. 437.
43. Shukow, I. I.: J. Russ. phys.-chem. Soc. Bd. 42 (1910) S. 40.
44. Clausing, P.: Z. anorg. allg. Chem. Bd. 208 (1932) S. 401.
45. Agte, C., K. Moers: Z. anorg. allg. Chem. Bd. 198 (1931) S. 233
46. van Arkel, A. E.: Physica, Haag Bd. 4 (1924) S. 286.
47. Moers, K.: Z. anorg. allg. Chem. Bd. 198 (1931) S. 256.
48. Meissner, W., H. Franz, H. Westerhoff: Z. Phys. Bd. 75 (1932) S. 521.
49. Lorenz, R., J. Woolcock: Z. anorg. allg. Chem. Bd. 176 (1928) S. 298.

35. Zirkonium.

(Atomgewicht 91,22).

Mit 3 Abbildungen.

a) Herstellung des Rohzirkoniums.

Die Untersuchungen der letzten Jahre, auf die später noch eingegangen werden soll, haben ergeben, daß Zirkonium mit vielen Elementen sehr stabile Verbindungen bildet. Diesem Umstand ist es zuzuschreiben, daß durch alle Reduktionsverfahren mit Kohlenstoff, Bor, Aluminium, Eisen und anderen Elementen sowie durch sämtliche elektrolytische Verfahren, die in der älteren Literatur beschrieben werden, immer sehr stark verunreinigte Produkte erhalten wurden. Aber auch bei der Reduktion von Alkali und Erdalkali, bei der eine Bildung von Verbindungen weniger zu befürchten ist, kann nur dann ein reines Präparat erhalten werden, wenn sämtliche Verunreinigungen durch Sauerstoff, Stickstoff und Wasserstoff ausgeschlossen werden. Sehr viele sog. metallische Zirkoniumpräparate, die durch Reduktion mit Alkali oder Erdalkali erhalten wurden, bestanden doch noch zum größten Teil aus Oxyd und Nitrid.

Die Verwechslung dieser Produkte mit dem Metall ist sehr leicht möglich, weil das Nitrid und die Mischkristalle des Oxyds und Nitrids mit dem Metall ein schönes metallisches Aussehen haben. Wenn viele Autoren angeben, daß sie ein metallisches Zirkonium mit 96% Metallgehalt hergestellt haben, so kann dieses Produkt noch zu 30% aus Nitrid oder Oxyd bestehen.

Da wir uns hier nur für das reine Zirkonium interessieren, beschränken wir uns auf die Besprechung derjenigen Versuche, bei denen ein Mindestmetallgehalt von 97% erreicht wurde. Tabelle 1 gibt eine Übersicht über diejenigen Versuche, die zu einem Präparat dieses Reinheitsgrades geführt haben.

Tabelle 1.

Ausgangs-produkt	Reduktions-mittel	Autor	%-Gehalt
K_2ZrF_6	Na	PODSZUS (*1*)	99,3
$ZrCl_4$	Na	LELY und HAMBURGER (*2*)	99,8
		HUNTER und JONES (*2a*)	
ZrO_2	Ca	BURGER (*3*)	98,7
		WEDEKIND (*4*)	97
ZrO_2	Na + Ca	RUFF und BRINTZINGER (*5*)	97
		MARDEN und RICH (*7*)	

Es scheint, daß durch Umschmelzen im Vakuum sich der Zirkoniumgehalt noch etwas erhöhen läßt. Nach WEDEKIND erhält man auf diese Weise Präparate bis zu 98,5%. Nach WEISS und NEUMANN (*6*) soll man sogar aus Rohzirkon, das durch Reduktion von K_2ZrF_6 mit Na zu erhalten ist, durch Schmelzen im Vakuum oder in einer Stickstoffatmosphäre zu einem Metall mit 99,8% Zr gelangen. Es ist wohl sicher, daß dabei hauptsächlich Nitrid gebildet wird. Ähnliche Resultate erhielten MARDEN und RICH (*7*); beim Schmelzen des Rohzirkons, erhalten durch Reduktion von K_2ZrF_6 mit Aluminium in einer Wasserstoffatmosphäre, sollte ein Metall mit 99,7% Zirkoniumgehalt entstehen, wobei Aluminium und andere Verunreinigungen durch Verdampfung beseitigt werden.

Andere Reduktionsverfahren haben bis jetzt nicht zum Ziele geführt.

Nach einem Patent von L. WEISS (*8*) überziehen sich Metalldrähte mit einer Zirkoniumschicht, wenn man sie in einem Gemisch von Wasserstoff und $ZrCl_4$-Dampf erhitzt. Röntgenaufnahmen von Wolframdrähten, die nach dieser Vorschrift behandelt wurden, ergaben jedoch, daß die aufgewachsene Schicht nicht aus Zirkoniummetall, sondern aus Zirkoniumnitrid bestand. Bei Einleiten von reinstem Wasserstoff erfolgt überhaupt kein Anwachsen der Wolframdrähte (*10*).

Später konnte von W. G. BURGERS festgestellt werden (Privatmitteilung), daß eine Reduktion im Prinzip doch möglich ist, wenn man den Wolframfaden durch einen Zirkondraht ersetzt, dessen Herstellungsverfahren später noch besprochen werden soll. Es läßt sich dann die Drahttemperatur steigern, so daß sich metallisches Zirkonium in nachweisbaren Mengen abscheidet. Bei Wolframdraht ist dies nicht möglich, weil sich dann eine Verbindung ZrW_2 bildet, die mit Zirkonium ein niedrigschmelzendes Eutektikum gibt (*11*).

Versuche, reines Zirkonium durch Elektrolyse darzustellen, scheinen an sich bis jetzt noch wenig Erfolg gehabt zu haben (*7*). Eine Angabe von GABLE, daß Zirkonsulfat in Methylalkohol durch Zink zu Metall reduziert wird, bedarf einer Nachprüfung (*12*).

Aus der Tabelle 1 geht hervor, daß das nach der Methode von LELY und HAMBURGER erhaltene Metallpulver wohl das reinste, bis jetzt durch Reduktion gewonnene Zirkonium ist.

Versucht man jedoch aus diesem so gewonnenen Metallpulver kompaktes Metall herzustellen, so zeigt es sich, daß das Präparat hierzu noch lange nicht rein genug ist. Wird das Pulver zu Stäben gepreßt und werden diese Stäbe im Hochvakuum erhitzt, so zeigen sich diese Präparate wieder als unrein: dies ist daraus ersichtlich, daß die so erhaltenen Stäbe bei Zimmertemperatur nicht verformbar waren, während die Körner des Ausgangsmetalls jedes für sich sehr duktil sind. Es ist aber KROLL (*58*) gelungen, ein warm verformbares Zirkon herzustellen, indem er ZrO_2 unter Zugabe von $CaCl_2$ und $BaCl_2$ mit Calcium reduzierte.

Die Änderungen, die beim Erhitzen auch im besten Vakuum eintreten, müssen, wie weiter unten gezeigt wird, einer Sauerstoffaufnahme zugeschrieben werden. Da nach der Reduktion des Zirkoniums zur Entfernung von gebildetem NaCl mit Wasser gewaschen wird, überziehen sich die Metallkörner mit einer Oxydschicht, die später beim Erhitzen im Vakuum in das Metall hineindringt und den Verlust der Duktilität zur Folge hat.

b) Darstellung des duktilen Zirkoniums.

Zu duktilem Zirkonium gelangte man bis jetzt nur durch Abscheidung aus der Gasphase (*13*). Man erhitzt hierbei einen Zirkoniumdraht in

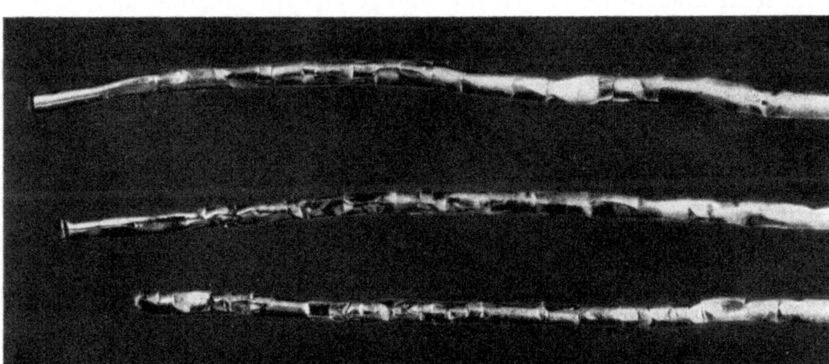

Abb. 1. Zirkoniumstäbe ~ ½ nat. Größe.

einer Atmosphäre von ZrJ_4 auf eine Temperatur von 1400° C. Bei dieser Temperatur wächst der Faden innerhalb einiger Stunden zu Stäben von einem Durchmesser von mehreren Millimeter an. Diese Stäbe sind sehr duktil: sie lassen sich leicht zu Draht ausziehen und zu dünnem Blech auswalzen. Einige dieser nach dem Jodidverfahren hergestellten Zirkoniumstäbe sind in Abb. 1 dargestellt. Als Ausgangsdraht kann man auch andere Metalle, z. B. Wolfram verwenden. Bei den ersten Versuchen war dies selbstverständlich nicht anders möglich.

Bei diesem Vorgang reagiert das bei der Zersetzung von ZrJ_4 freiwerdende Jod mit Rohzirkon, das gleichfalls im Apparat vorhanden ist und bildet auf diese Weise wieder ZrJ_4 zurück. Als Rohzirkon kann man sehr gut das nach LELY und HAMBURGER (*2*) hergestellte Metall verwenden.

Nach Angaben von DE BOER und FAST (*14, 15*) kann man zweckmäßig auch von einem Metall ausgehen, das entweder durch Reduktion von Zirkonoxyd mit einem Gemisch von Ca oder Mg mit Na (*5*) oder auch durch Reduktion von Alkalizirkonfluorid (K_2ZrF_6, oder $Na_5Zr_2F_{13}$) (*16*) mit Natrium gewonnen wurde.

Damit das Zirkonium schnell angegriffen werden soll, muß das Rohzirkon auf ungefähr 600° C erhitzt werden. Weil gewöhnliches Glas dann schon zu weich wird, verwendet man einen Apparat aus Pyrexglas mit eingeschmolzenen Wolframelektroden.

c) Reinheitsgrad des duktilen Zirkoniums.

Daß das aus der Gasphase abgeschiedene Zirkonium von den früher dargestellten Präparaten sehr so abweicht, ist wohl hauptsächlich dem Umstand zuzuschreiben, daß das Metall jedenfalls frei ist von nichtmetallischen Elementen wie Sauerstoff und Stickstoff. Diese Elemente bleiben, wenn sie im Rohzirkon vorhanden waren, als Oxyd oder Nitrid zurück.

Es fehlt aber in der Literatur eine genaue Angabe darüber, wieweit das so hergestellte Zirkonium auch frei von Spuren anderer Metalle ist. Bekannt ist, daß Silicium, Aluminium und Zinn, wenn diese Elemente im Rohzirkon vorhanden sind, bei der Reinigung aus der Gasphase in das sich bildende Zirkon hineingehen (*15*). Man hat also dafür zu sorgen, daß diese Elemente im Rohzirkon nicht vorhanden sind, was aber ziemlich leicht zu erreichen ist durch Reinigung des Ausgangsmaterials ($ZrCl_4$, K_2ZrF_6, $Na_5Zr_2F_{13}$, ZrO_2).

Da das Rohzirkonium in eisernen Gefäßen hergestellt wird, in denen, besonders bei größeren Mengen, die Temperatur sehr hoch ansteigt, so ist eine Verunreinigung mit Eisen am ehesten zu erwarten, auch wenn das Ausgangsmaterial eisenfrei war. Bei der Temperatur aber, bei der Reinzirkonium hergestellt wird, scheint die Flüchtigkeit des Eisens schon so bedeutend zu sein, daß es sich nicht mit dem Zirkonium abscheidet. Nur an den Stellen, wo der Kernfaden an den starken Wolframelektroden befestigt ist und die Temperatur niedriger ist, scheidet sich anfänglich Eisen ab (*15*).

Obwohl beim Jodidverfahren im Apparat Wolframelektroden verwendet werden, findet man im abgeschiedenen Zirkonmetall kein Wolfram weil das Wolfram, wie besondere Versuche zeigten, vom Jod nicht angegriffen wird (*15*).

Silicium oder Bor könnten aus der Glaswand aufgenommen werden, wenn durch Berührung mit dem Rohmetall eine Reduktion des Glases eintreten würde. Die Elemente Silicium und Bor konnten aber im Zirkon nicht nachgewiesen werden (*15*), wenn die Ausgangsstoffe diese Elemente nicht enthielten.

Die Hauptschwierigkeit bei der Darstellung des reinen Zirkons bietet noch das Hafnium. Zwar kann man von einem sehr hafniumarmen Zirkonmaterial ausgehen, aber die Entfernung der letzten Spuren und die Reinheitsprüfung sind sehr schwierig, weil man kein Reagens hat, das kleine Mengen Hafnium neben Zirkon nachzuweisen vermag, während die röntgenspektrographische Methode bei kleinen Hafniummengen auch ziemlich schnell versagt. Spektroskopische Prüfungen fehlen noch. Da aber die Eigenschaften von Zirkonium und Hafnium wenig voneinander abweichen, kann man erwarten, daß Mengen von weniger als 0,2% Hafnium die Eigenschaften des Zirkons nur sehr wenig beeinflussen. Wir können also wohl annehmen, daß die physikalischen Daten, die weiter unten angegeben werden, zuverlässig sind, obwohl sie vielleicht zum Teil gemessen sind an Zirkonium, das vielleicht noch einige Zehntelprozente Hafnium enthielt.

d) Einfluß des Sauerstoffs und des Stickstoffs.

Bei höheren Temperaturen wird Sauerstoff sehr energisch von Zirkonium aufgenommen. Das Metall bedeckt sich beim Erhitzen in einer sauerstoffhaltigen Umgebung mit einer Schicht Zirkonoxyd. Wird ein derartig oberflächlich oxydierter Zirkondraht im Vakuum erhitzt, so verschwindet die Oxydhaut, während gleichzeitig das Metall spröde wird. Es bildet sich also aus dem primär gebildeten Zirkonoxyd und dem noch vorhandenen Zirkonmetall eine einzige Phase, die man wohl am besten als einen Mischkristall von Zirkon mit Zirkonoxyd auffassen kann. Bei dieser Mischkristallbildung treten Änderungen in den Gitterkonstanten ein, die sich auch im Röntgenogramm äußern (*18*). Das gleiche wurde auch bei anderen Metallen dieser Gruppe gefunden (s. auch bei Titan, Hafnium und Thorium).

Jetzt wird es klar, warum es Lely und Hamburger nicht gelang, aus ihren duktilen Zirkoniumkörnern auch duktile Zirkoniumstäbe herzustellen.

Wenn man Zirkoniumpulver im Hochvakuum erhitzt, wird es pyrophor; diese Erscheinung war Berzelius schon bekannt. Sie läßt sich ebenfalls darauf zurückführen, daß beim Erhitzen die Oxydhaut, die das Metall gegen weitere Oxydation schützt, verschwindet (*19*).

Wie leicht sich Zirkon auch bei tieferen Temperaturen mit Sauerstoff verbindet, geht aus einem schönen Versuch, den de Boer beschreibt (*17*), hervor. Wenn man in einem Apparat zwei Drähte einspannt und zunächst den ersten mit Zirkon bedeckt, dann den Strom ausschaltet, so daß der gebildete Zirkondraht abkühlt, und dann den zweiten auf so hohe Temperatur erhitzt, daß sich jetzt an diesem Draht das Zirkonium abscheidet, so wird der zuerst gebildete Zirkondraht schnell vom gebildeten Jod angegriffen. Wenn man aber das Gefäß inzwischen geöffnet hat, so daß Luft in den Apparat eingetreten ist, so wird jetzt der Draht nicht mehr vom Jod angegriffen oder jedenfalls viel schwerer. Man hat sich also vorzustellen, daß sich das Metall mit einer Oxydschicht bedeckt, sobald es mit der Luft in Berührung kommt, sogar schon bei gewöhnlicher Temperatur. Diese Oxydschicht muß äußerst dünn sein, da sie nicht sichtbar ist und den metallischen Glanz des Zirkoniums nicht merkbar beeinträchtigt. Sie schützt aber doch das Metall vor weiterer Einwirkung des Sauerstoffs.

Wahrscheinlich haben wir es hier mit einer sehr allgemeinen Eigenschaft der Metalle zu tun, die beim Zirkonium besonders deutlich zutage tritt.

Wie wir weiter unten sehen werden, verhält sich auch Stickstoff Zirkonium gegenüber in weitgehend analoger Weise wie Sauerstoff. Die Stickstoffaufnahme hat einen ganz ähnlichen Einfluß wie die Sauerstoffaufnahme.

Daß die Eigenschaften des Zirkoniums durch Aufnahme von Sauerstoff und Stickstoff weitgehend geändert werden, geht weiter hervor aus einigen neuen Arbeiten von DE BOER und FAST (*20*). Wir wollen diese hier vorausschicken, weil dadurch die Übersicht über die physikalischen Eigenschaften und Konstanten sehr vereinfacht wird.

Nach Messungen der Leitfähigkeit hat ZWIKKER (*21*) eine allotrope Umwandlung des Zirkoniummetalls gefunden, die sich kontinuierlich innerhalb eines Temperaturbereiches von 1150 bis 1450° K vollziehen soll. In den obenerwähnten Versuchen wurde nun die Leitfähigkeit nicht an einem gezogenen, sondern an einem jungfräulichen Stab gemessen. Überdies waren bei diesem Versuch noch besondere Vorsichtsmaßregeln getroffen. Der Apparat war, um jede Verunreinigung auszuschließen, noch mit einem Hilfsglühdraht versehen. Zu Beginn des Versuches wurde nur der Hilfsdraht geglüht. Wenn also im Anfang noch irgendwelche Gase anwesend sein oder aus der Glaswand bzw. dem Rohzirkon noch Gase entweichen sollten, so würden diese restlos von dem sich zunächst bildenden Zirkon aufgenommen werden.

An den so erhaltenen Stäben wurde ein ganz scharfer Übergangspunkt gefunden. Wenn man das Metall durch Erhitzen des Stabes im betreffenden Gas zunehmende Mengen Sauerstoff oder Stickstoff aufnehmen läßt, wird der Übergang immer weniger scharf und artet in ein breites Übergang gebiet aus. In diesem Temperaturgebiete sind wohl zwei Phasen mit verschiedenem Oxyd- oder Nitridgehalt miteinander im Gleichgewicht (Abb. 2).

Nimmt der Zirkonstab Sauerstoff und Stickstoff gleichzeitig auf, so treten auch die schon von ZWIKKER beobachteten Hysteresiserscheinungen auf.

Bei den von ZWIKKER verwendeten Zirkondrähten hat wahrscheinlich während des Ziehprozesses eine Aufnahme von Sauerstoff und Stickstoff stattgefunden, da diese Drähte nicht kalt gezogen waren.

Man könnte noch vermuten, daß die Bearbeitung allein schon das Verschwinden des scharfen Übergangspunktes verursacht hätte. Besondere Versuche zeigten (*22*), daß nach Kaltbearbeitung, wenn dabei Stickstoff- und Sauerstoffaufnahme vermieden wird, der Phasenübergang noch praktisch scharf bei derselben Temperatur stattfindet.

Aus diesen Arbeiten folgt, daß nur diejenigen physikalischen Konstanten zuverlässig sind, die an jungfräulichen Stäben, oder jedenfalls an kalt bearbeitetem Metall gemessen worden sind. Wichtig ist noch, daß sogar das Ausglühen im besten Vakuum der Verunreinigung nicht aus schließt, denn jedes Zirkonblech und jeder Zirkondraht ist mit einer Oxyd- und Nitridschicht bedeckt, die beim Erhitzen in das Metall hineindiffundiert. Durch vorheriges Abätzen der äußeren Schicht mit HF kann allerdings die Sauerstoff- und Stickstoffaufnahme bedeutend herabgesetzt werden.

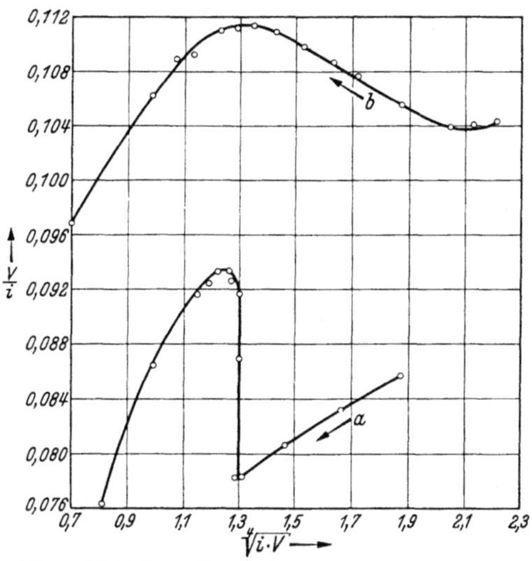

Abb. 2. Einfluß von Verunreinigung auf den Widerstand *a*) reines Zirkonium, *b*) nach Aufnahme von Sauerstoff.

Wahrscheinlich ist in dieser Oxydhaut auch der Grund zu suchen, warum Zirkonium bei gewöhnlicher Temperatur so wenig reaktiv ist. Es löst sich praktisch nur in Flußsäure auf und wird von anderen Säuren und Basen kaum angegriffen.

e) Physikalische Eigenschaften.

Kristallstruktur. Bei gewöhnlicher Temperatur ist das Kristallgitter hexagonal; Zirkonium ist kristallisiert nach dem Zinktypus.

$$\text{Basis } (0\,0\,0)\left(\frac{1}{3}\,\frac{2}{3}\,\frac{1}{2}\right)$$

Die Messungen der Gitterkonstante sind in der nächsten Tabelle (S. 198) zusammengestellt.

Die Messungen I bis III sind an Zirkonium das durch Reduktion des Chlorids gewonnen war, gemacht. Die übrigen Werte, die allen an gezogenen Zirkondrähte bekommen wurden, weichen von dem Mittelwert nicht stark ab, mit Ausnahme von IV. Der Draht, an denen die Aufnahmen gemacht wurden, war sehr hoch erhitzt worden. Vielleicht hat

Tabelle 2.

	a	c	Dichte	Autor
I	3,23	5,14	6,49	HULL (*23*)
II	3,23	5,14	6,49	NOETHLING und TOLKSDORF (*24*)
III	3,223	5,150	6,49	VAN ARKEL (*25*)
[IV	3,223	5,123	6,53	VAN ARKEL (*25*)]
V	3,229	5,141	6,49	HÄGG (*26*)
VI	3,227	5,136	6,50	BURGERS (*27*)
VII	3,227	5,135	6,50	BURGERS (*27*)
VIII	3,228	5,139	6,49	BURGERS (*27*)
IX	3,224	5,141	6,49	BURGERS (*27*)
X	3,230	5,144	6,48	BURGERS (*27*)
XI	3,230	5,145	6,48	BURGERS (*27*)
Mittel aus V bis XI	3,228	5,140	6,49 ± 0,005	

er dabei noch etwas Gas aufgenommen. Bei den Messungen IX bis XI ist besonders darauf geachtet, daß Verunreinigung durch Gase ausgeschlossen ist.

Aus diesen Daten scheint hervorzugehen, daß der Gitterabstand um so größer wird je reiner das Metall; dies ist aber im Widerspruch mit anderen Beobachtungen von BURGERS, aus denen es erhellt, daß das Gitter sich bei Sauerstoffaufnahme ausdehnt (*18*). Bemerkenswert ist, daß sich nur aus dem unter IV angegebenen Wert ein richtiger Wert für die Dichte errechnet.

Dichte. Die pyknometrisch gemessene Dichte ist 6,52. Fast immer ist die Dichte, bestimmt aus dem Röntgenogramm, etwas höher als die pyknometrisch gemessene; hier könnte aber der pyknometrische bestimmte Wert etwas gefälscht sein durch Spuren Hafnium. Wenn wir annehmen, daß das von DE BOER gemessene Zirkonium noch etwa 0,3% Hf enthielt, muß die von ihm bestimmte Dichte 6,52 auf 6,50 korrigiert werden. Dann würde man für die Gitterparameter am besten die beiden obenerwähnten Mittelwerte annehmen.

Hier wäre eine weitere Untersuchung sehr erwünscht, da der Hafniumgehalt reiner Zirkoniumstäbe durch Dichtemessung sehr einfach zu bestimmen wäre, sobald die Dichte des reinen Zirkoniums feststeht.

Der *Ausdehnungskoeffizient* wurde röntgenographisch bestimmt (*28*). Zwischen 0 und 100° C wurde gefunden

(parallel zur hexagonalen Achse) $\delta_{\parallel} = 2{,}5 \cdot 10^{-6}$
(senkrecht zur hexagonalen Achse) $\delta_{\perp} = 14{,}3 \cdot 10^{-6}$.

Der Mittelwert beträgt $10{,}4 \cdot 10^{-6}$.

Hier stoßen wir auf einen starken Widerspruch: Der von SHINODA gemessene mittlere Ausdehnungskoeffizient ist fast zweimal so groß als der, den DE BOER gemessen hat. DE BOER (*17*) gibt für gezogene Drähte einen Ausdehnungskoeffizienten von $6{,}3 \cdot 10^{-6}$ an. Der Unterschied ist um so auffallender, da beim gezogenen Draht die Basisflächen der

Kristalle parallel zur Drahtachse liegen, so daß eher ein größerer Wert als $10,4 \cdot 10^{-6}$ zu erwarten wäre.

Der **Kompressibilitätskoeffizient** K ist von BRIDGMAN (*35*) bei zwei verschiedenen Temperaturen gemessen worden; er fand an einem reinen Zirkoniumdraht

bei 30° C: $1,097 \cdot 10^{-6} - 7,44 \cdot 10^{-12} p$
bei 75° C: $1,106 \cdot 10^{-6} - 7,80 \cdot 10^{-12} p$

Allotropie. Bei höherer Temperatur findet ein Übergang in die kubisch raumzentrierte Form statt. VOGEL und TONN (*29*) fanden mittels metallographischer Methoden für den Übergangspunkt 862 ± 5° C; BURGERS (*30*) bestimmte auf röntgenographischem Wege den Übergangspunkt zu ∼ 870° C. Aus der Änderung der Leitfähigkeit (*19*) wurde auf 865 ± 10° C geschlossen.

Die Gitterkonstante (*30*) beträgt beim Übergangspunkt: $a = 3,61$.

Bei der Herstellung durch Zersetzung des Jodids entsteht das Zirkonmetall bei einer Temperatur, bei der die kubische Form schon stabil ist. Die schönen Kristalle, die man meistens an den Zirkoniumstäben beobachtet, sind also nicht hexagonale Kristalle, sondern hexagonale Pseudomorphosen nach einem regulären Kristall.

Auf Einkristall-Wolframdrähten wächst Zirkonium als Einkristall an (*15*). Auch diese Stäbe sind als Pseudomorphosen zu betrachten, da sie beim Abkühlen in die hexagonale Form übergegangen sind. Obwohl oberhalb 870° C Wolfram und Zirkonium isomorph sind, bleibt es merkwürdig, daß ein orientiertes Anwachsen stattfinden kann, wo doch die Gitterabstände von Zirkonium und Wolfram mehr als 10% voneinander abweichen.

Ein amorphes Zirkonium, wie es in der älteren Literatur oft erwähnt wird, gibt es nicht. Der Verfasser hat Zirkoniummetall sehr verschiedener Herkunft röntgenographisch untersucht: alle Präparate zeigten das hexagonale Kristallgitter, falls diese Präparate überhaupt Zirkonium waren und nicht aus Nitrid oder Carbid bestanden.

Übergangsmechanismus $\alpha \leftrightarrows \beta$-Zirkonium. Der Übergangsmechanismus wurde ausführlich von BURGERS (*31*) untersucht. Dieser Mechanismus kann für den $\alpha \to \beta$ Übergang aufgefaßt werden als eine Kombination einer Schiebung mit einer gleichzeitigen Änderung der Parameter.

Bei dem Übergang $\alpha \to \beta$ und $\beta \to \alpha$ bilden sich zunächst sehr kleine Kristallite, die sich durch Rekristallisation vergrößern. Sehr merkwürdig ist, daß die Kristalle der β- (bzw. α-) Form die so entstehen, nahezu die gleiche Orientierung haben wie die α- (bzw. β-) Kristalle, aus denen sie entstanden sind.

Der *Schmelzpunkt* des reinen Zirkoniums liegt bei 2130° C. Er wird durch Sauerstoffaufnahme erhöht (*32*). Die sehr voneinander abweichenden Werte der älteren Literatur sind wohl durch Verunreinigungen verschiedener Art verursacht.

Verdampfungsgeschwindigkeit. Die Verdampfungsgeschwindigkeit wurde bei verschiedenen Temperaturen gemessen (*33*); diese Messungen sind aber durch die schwer zu beseitigende Oxydhaut beeinträchtigt.

Elektrische Eigenschaften. Die Leitfähigkeit und ihr Temperaturkoeffizient sind ausführlich untersucht, auch schon deshalb, weil sie als das Hauptkriterium für die Reinheit des Metalls dienen.

Für den *spezifischen Widerstand* (*34*) der besten Zirkoniumproben wurde gefunden: $\varrho_0 = 41 \cdot 10^{-6}$. Etwas abweichende Werte fanden BRIDGMAN (*35*) ($\varrho_0 = 49 \cdot 10^{-6}$) und MEISSNER (*36*) ($\varrho_0 = 60 \cdot 10^{-6}$, *A*; und $\varrho_0 = 49 \cdot 10^{-6}$, *B*).

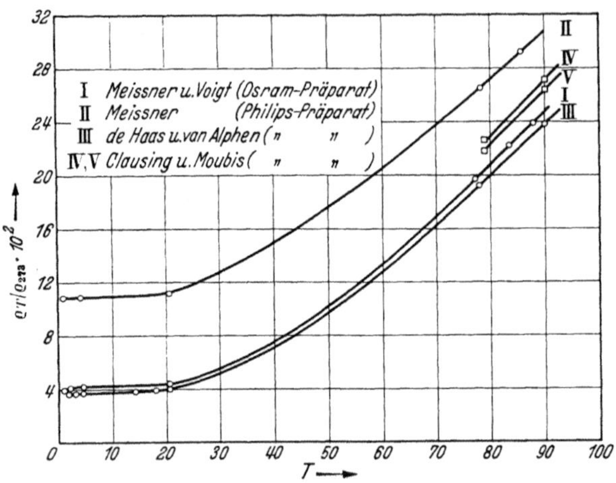

Abb. 3. Widerstand von Zirkonium bei tieferen Temperaturen.

MEISSNER hat mit zwei verschiedenen Proben gearbeitet; die eine (*A*) war vom Philips-Laboratorium bezogen; die andere (*B*) von der Osram-Gesellschaft. Nach MEISSNERs Angaben war Stab *A* ein Einkristall, obwohl er nicht auf einem Einkristall aufgewachsen war; Stab *B* dagegen war, obwohl er nach Angabe auf einem Pintschfaden gezüchtet war, nach MEISSNER polykristallin. Die Daten sind also nicht ganz klar.

Der *Temperaturkoeffizient* wurde sorgfältig gemessen. Als Höchstwert wurde gefunden: $\alpha = 440 \cdot 10^{-5}$.

BRIDGMAN (*35*) findet den etwas niedrigeren Wert $\alpha = 403 \cdot 10^{-5}$ an demselben Präparat, an dem auch der etwas höhere spezifische Widerstand gemessen wurde.

Der Höchstwert wurde erhalten an einer Metallprobe, die durch wiederholte Destillation der Verbindung $2\,ZrCl_4 \cdot PCl_5$ weitgehend von Hafnium befreit war (*37*). Dieser Höchstwert ist praktisch mit den Werten identisch, die man in den Fällen findet, bei denen keine besonderen Vorsorgen getroffen sind, um das Hafnium zu entfernen. Bei Zirkonium, das aus hafniumarmen Erzen durch Überführung in Chlorid, Reduktion und Reinigung aus der Gasphase dargestellt wurde, findet man Werte, die von dem Höchstwert nur um einige Zehntelprozent abweichen.

Sobald aber Aluminium, Eisen, Silicium, Zinn, Bor usw. oder auch Sauerstoff, Stickstoff und Wasserstoff vorhanden sind, sinkt der Temperaturkoeffizient sehr stark.

Auch bei tieferen Temperaturen ist der spezifische Widerstand gemessen worden (*34, 36, 38*).

Die Ergebnisse sind in Abb. 3 graphisch dargestellt, wobei das Verhältnis ϱ_T/ϱ_{273} gegen die Temperatur aufgetragen ist.

Die Werte der verschiedenen Autoren stimmen zwar nicht sehr genau; alle Messungen zeiger aber, daß ϱ mit abnehmender Temperatur monoton abnimmt. Dieses Resultat steht im direkten Widerspruch zu früheren Messungen (*39*). Es ist wichtig, dies hier ausdrücklich zu betonen, weil man auf Grund von falschen Werten für den spezifischen Widerstand Zirkonium bis vor kurzem noch zu den „Halbmetallen" rechnete.

Aus Abb. 3 folgt, daß bei 1,1° K das Zirkonium noch nicht supraleitend ist. Erst bei 0,7° K wird der Sprungpunkt erreicht (*40*).

Fast alle Messungen des Widerstandes sind ausgeführt an Metall, das von J. H. de Boer (Philips-Laboratorium, Eindhoven) bezogen und nach dem Jodidverfahren gewonnen war.

Nur Meissner (*36*) hat mit einem Präparat, das angeblich im Laboratorium der Osramgesellschaft dargestellt war, gearbeitet.

Die Änderung des Widerstandes durch den Druck ist von Bridgman (*35*), der Einfluß eines Magnetfeldes von Kapitza (*41*) und von de Haas und van Alphen (*38*) untersucht worden. Unter Druck nimmt der Widerstand ab; Bridgman (*35*) gibt für die Änderung an:

$$\Delta\varrho/\varrho = -0{,}431\cdot 10^{-6}\,p + 6{,}7\cdot 10^{-12}\,p^2\ (30°)\ \text{und}$$
$$\Delta\varrho/\varrho = -0{,}601\cdot 10^{-6}\,p + 5{,}8\cdot 10^{-12}\,p^2\ (75°).$$

Die **Elektronenemission** wurde von Zwikker gemessen (*42*). Wenn man die Meßergebnisse durch die bekannte Formel:

$$i = A\,T^2\cdot e^{-b/T}\ \text{Amp./cm}^2$$

beschreibt, findet man anfänglich $A = 37200$ und $b = 60600$. Wird der Draht sehr lange geglüht, so nimmt die Elektronenemission zu, und man bekommt jetzt die Werte: $A = 330$, $b = 47900$. Daraus berechnet sich für die Austrittsarbeit der Elektronen:

$$\varphi = 4{,}13\ \text{eV}.$$

Die im Anfang viel zu kleine Emission ist wieder der Oxydhaut zuzuschreiben. Erst wenn diese allmählich verschwindet, bekommt man Werte, die den wirklichen Werten für das metallische Zirkonium näher liegen.

Man soll diese Werte nicht mit den Meßergebnissen anderer Autoren, die nicht mit kompaktem Metall arbeiteten, vergleichen. Dushman (*43*) arbeitete mit Wolframdrähten, die etwas ZrO_2 enthielten, das durch Erhitzen auf hohe Temperatur zum Teil zu Zirkonium reduziert war. Er fand

$$\varphi = 3{,}28\ \text{eV}.$$

Aus der Grenzfrequenz des photoelektrischen Effektes wurde ein Wert 3,73 gefunden (*44*). Leider fehlen in dieser Arbeit Angaben über den Reinheitsgrad und die Herstellungsart des verwendeten Zirkoniums.

Jedenfalls wurde bei den beiden letztgenannten Versuchen nichtkompaktes Zirkonium untersucht. Es ist zu erwarten, daß in diesem Fall die Austrittsarbeit niedriger sein wird, als bei kompaktem Metall. SCHULZE (59) findet für die langwellige Grenze des photoelektrischen Effektes 322 mμ; daraus folgt $\varphi = 3{,}84$ eV.

Optische Eigenschaften. ZWIKKER (*21*) hat den *Emissionskoeffizient* ε_λ sowohl oberhalb als unterhalb des Übergangspunktes gemessen. Er findet:

	α-Zr	β-Zr
$\lambda = 652$ mμ	$\varepsilon = 0{,}48$	$\varepsilon = 0{,}43$
$\lambda = 541$ mμ	$\varepsilon = 0{,}50$	$\varepsilon = 0{,}46$

Spezifische Wärme. Nach JAEGER und VEENSTRA (*46*) sollte die spezifische Wärme des reinen Zirkoniums in sehr hohem Maße von der Vorgeschichte des Präparates abhängen. Es ist jetzt noch nicht genau zu übersehen, inwieweit sich diese Angaben auf ein wirklich reines Zirkonium beziehen. Bei den Versuchen wurde ein nach dem Jodidverfahren hergestellter Stab durch Abfeilen zerkleinert und das Pulver einige Zeit erhitzt. Nach den Erfahrungen von DE BOER und FAST (*19*) ist es sehr wahrscheinlich, daß bei dieser Behandlung das Metall schon Sauerstoff und Stickstoff aufgenommen hat und daß die Eigenschaften sich also bedeutend geändert haben.

f) Mechanische Eigenschaften.

Die mechanischen Eigenschaften sind noch sehr wenig untersucht. Nach DE BOER (*17*) ist für gezogene Drähte von ungefähr 100 μ Durchmesser die Zerreißfestigkeit 95 kg/mm².

Änderung durch Kaltbearbeitung. Nichtdeformiertes Zirkonium ist ungefähr so weich wie Kupfer; durch Kaltbearbeitung wird es sehr stark verfestigt. Auch kann unter Umständen durch sehr schnelle Abkühlung der Stäbe der β-Form eine Verfestigung eintreten. Es scheinen sich dann beim Übergang von der β-Form in die α-Form sehr kleine α-Kristalle zu bilden, oder es bleiben Reste der β-Form übrig [vgl. auch VOGEL und TONN (*29*)].

Durch Kaltbearbeitung bildet sich eine Faserstruktur aus, die von BURGERS (*45*) untersucht wurde.

Im Zirkoniumblech liegen die Basisflächen der Walzebene parallel; eine diagonale Achse erster Art liegt in der Walzrichtung.

Im gezogenen Draht liegt die Basisebene parallel der Zugrichtung. Die gefundenen Texturen sind den beim Magnesium (s. d.) aufgefundenen weitgehend analog.

Die Vickershärte (Belastung 10 kg/mm²) beträgt 82 kg/mm², die Mikrohärte (Belastung 60 g/mm²) 97 kg/mm². (Untersuchungen von Herrn Ing. J. SACK, Eindhoven nach mündlicher Mitteilung von Herrn Dr. DE BOER.)

g) Anwendungen.

Da Zirkonium mit sehr intensivem Licht ohne Nebelbildung verbrennt, kann es als Blitzlichtpulver verwendet werden. Für diese Verwendung genügt aber Rohzirkonium.

Da das Reinmetall von Säuren, ausgenommen Flußsäure, und von Alkalien nicht angegriffen wird, wäre es als Material für chemische Apparate unter Umständen verwendbar. Im besonderen ist es geeignet für die Herstellung von Spinndüsen (*47*).

Da es bei höheren Temperaturen sehr energisch mit nahezu allen Substanzen reagiert, ist es ein ausgezeichnetes Hilfsmittel um Gasreste, ausgenommen die Edelgase, zu entfernen. Oberhalb 400° C reagiert es beispielsweise sofort mit O_2, N_2, H_2, CO und sämtlichen gasförmigen Kohlenwasserstoffen (*48*).

Da es sich durch elektrolytische Oxydation leicht mit einer Oxydschicht bedeckt, wird Zirkonmetall benutzt als Elektrodenmaterial von Elektrolytkondensatoren (*49*).

Auch in Photozellen hat es Anwendung gefunden (*50*).

Da die Röntgenabsorptionsbande (*K*-Strahlung) des Zirkoniums gerade zwischen der K_α- und K_β-Linien des Molybdäns liegen, verwendet man Zirkonblech als Filter, um die K_β-Strahlung zu absorbieren. Man nimmt zu diesem Zweck Blech von 30 μ Stärke; dieses ist noch sehr homogen und überdies gasdicht.

Um kleine Mengen reines Barium und ähnlicher Metalle herzustellen, bedeckt man Zirkondrähte mit einer Schicht BaO und erhitzt diese, bis das BaO vom Zirkonium reduziert ist (*17*). Dieses Verfahren beruht auf demselben Prinzip wie die Darstellung von Alkalimetallen durch Erhitzen von Alkaliverbindungen mit Zirkonpulver (*51*).

h) Binäre Systeme mit Zirkonium.

Das System *Zirkonium—Wasserstoff* ist eingehend untersucht worden (*26, 29, 60*).

Es bilden sich eine ganze Reihe von Hydriden, die vielleicht miteinander und mit dem Metall Mischkristalle bilden. Durch Aufnahme von Wasserstoff, die schon oberhalb 300° C bemerkbar wird, wird ein Zirkoniumdraht sehr spröde. Wichtig ist, daß wie DE BOER gefunden hat, durch Erhitzen oberhalb 1500° C im Vakuum der Wasserstoff quantitativ zu entfernen ist, so daß der Faden sogar wieder duktil wird (*17*).

DE BOER und FAST (*52*) haben gezeigt, daß, wie schon von HÄGG vermutet wurde, der Wasserstoff in β-Zirkonium mehr löslich ist als im α-Zirkonium.

Die Lösungsgeschwindigkeit ist in der Nähe des Übergangspunktes sehr groß: Man bekommt den Eindruck, daß der Wasserstoff sich insbesondere im frisch gebildeten α-Zirkonium sehr schnell auflöst.

Das System *Zirkonium—Sauerstoff* ist bis zu 35 Atm.-% O_2 untersucht worden; der Sauerstoff wird dabei durch das Metall aufgenommen, ohne daß sich neue Phasen bilden. Es gelingt nicht, durch Erhitzen auf hohe Temperatur einmal aufgenommenen Sauerstoff wieder zu entfernen. Wenn also das Metall durch Sauerstoffaufnahme spröde geworden ist, kann man auf keine Weise die Duktilität wieder herstellen. Wie schon gesagt, ist die Sprödigkeit aller Zirkoniumproben, die nicht durch Spaltung des Jodids entstanden sind, wohl hauptsächlich einem Sauerstoff- oder Stickstoffgehalt zuzuschreiben.

Das System *Zirkonium—Stickstoff* ist gut untersucht (*53*, *54*, *55*). Aus Zirkonium und Stickstoff entsteht eine Verbindung ZrN, die mit dem Metall Mischkristalle bildet.

MOERS (*53*) stellte ZrN dar sowohl durch Erhitzen von Zirkoniumpulver im Stickstoffstrom, als auch nach einem von VAN ARKEL (*54*) angegebenen Verfahren, durch Erhitzen eines Wolframdrahtes in einem Wasserstoff-Stickstoffgemisch, das mit $ZrCl_4$-Dampf beladen war. An den letztgenannten Präparaten hat MOERS den spezifischen Widerstand bei verschiedenen Temperaturen bestimmt. Er findet dafür:

$$0{,}136 \cdot 10^{-4}\,(T = 293^\circ\,\mathrm{K}), \qquad 0{,}0397 \cdot 10^{-4}\,(T = 90^\circ\,\mathrm{K}).$$

CLAUSING (*55*) erhitzte Zirkondrähte in Stickstoff und erhielt so Drähte von genau bekanntem Stickstoffgehalt. Die Messung des elektrischen Widerstandes und des Temperaturkoeffizienten der Leitfähigkeit ergab eine Kurve, deren Form typisch ist für Mischkristallbildung; als Komponenten sind Zr und ZrN zu betrachten. Eine kontinuierliche Reihe von Mischkristallen kann aber nicht vorliegen, da Zr und ZrN ganz verschiedene Kristallstrukturen aufweisen.

Merkwürdig ist, daß der spezifische Widerstand des ZrN, der nach CLAUSING bei 0° gleich $0{,}111 \cdot 10^{-4}$ ist, rund viermal kleiner ist, als derjenige des metallischen Zirkoniums, und daß das Nitrid schon bei einer höheren Temperatur (3,2° K) supraleitend wird (*56*).

Der Temperaturkoeffizient des Leitvermögens ist beim ZrN größer wie beim reinen Metall. CLAUSING fand für diese Größe

$$\alpha = 0{,}409 \cdot 10^{-2}.$$

Wichtig ist der Befund, daß ZrN schon bei Temperaturen unterhalb des Schmelzpunktes im Hochvakuum Stickstoff abspaltet. Im Prinzip wäre es also möglich, Zirkonium durch Erhitzen von aufgenommenem Stickstoff zu befreien. Ob es unter den Bedingungen unter denen MARDEN und RICH (*7*) und WEISS und NEUMANN (*6*) ihre Zirkonpräparate behandelt haben, möglich ist, auch allen Stickstoff zu entfernen, möge vorläufig dahingestellt bleiben.

Auf die merkwürdigen Hysteresiserscheinungen, die wahrscheinlich auf die Anwesenheit von etwas freiem Metall und einer dritten Komponente zurückzuführen sind, sei auf die ursprüngliche Literatur verwiesen (*55*).

Zirkoncarbid. Auch mit Kohlenstoff bildet Zirkon eine metallische Verbindung, die in vielen Eigenschaften mit dem Nitrid übereinstimmt. Diese kann erhalten werden durch Carburieren eines Zirkondrahts (*62*), durch Erhitzen eines Wolframdrahts, der als Unterlage dient in einem Gemisch von Wasserstoff, $ZrCl_4$-Dampf und eine Kohlenstoffverbindung, z. B. CO (*53*, *54*), oder, wohl am reinsten, durch Erhitzen von einem Kohlenfaden in $ZrCl_4$-Dampf (*63*).

Es kristallisiert kubisch (*53*, *54*) und zeigt die Gitterkonstante 4,687 Å (*63*). Der Schmelzpunkt liegt nach (*64*) bei 3805° K. Die Leitfähigkeit nimmt wie bei einem echten Metall nach tiefen Temperaturen stark ab (*65*) und zwischen 4 und 2° K wird das Carbid supraleitend.

Legierungen. Zirkonium gibt mit vielen Metallen Legierungen, die vielleicht für verschiedene Zwecke Verwendung finden können.

Diese Legierungen werden erhalten, wenn man das Jodidverfahren in Gegenwart des Metalls, das man mit Zirkonium legieren will, anwendet.

Am besten kann man so arbeiten, daß man zunächst durch Reduktion eine Rohlegierung darstellt, z. B. in der Weise, daß ein Gemisch von $ZrCl_4$ und $AlCl_3$ mit Na reduziert wird.

Die Legierungen mit kleinen Mengen Al, Fe und Si lassen sich noch gut bearbeiten. Die von vielen Autoren erwähnte Sprödigkeit der Zirkoniumlegierungen rührt also nicht vom aufgenommenen Metall, sondern wieder von einem Oxyd- oder Nitridgehalt her.

Das System *Zirkon—Titan* ist über den ganzen Konzentrationsbereich untersucht (*57*). Beide Metalle bilden Mischkristalle; die Legierungen lassen sich bearbeiten, sind aber nach der allgemeinen Regel weniger duktil als die beiden Komponenten. Die spezifischen Widerstände sind in der Tabelle 3 zusammengestellt.

Tabelle 3.

Atm.-% Titan	$10^4 \varrho$	$100\,\alpha$
0	0,410	0,483
13,4	0,585	0,292
31,1	0,75	0,234
87,7	0,73	0,280
100	0,475	0,425

Das System *Zirkonium—Hafnium* wird bei Hafnium behandelt. Auf Legierungen mit Rohzirkonium, die also jedenfalls mehr als zwei Komponenten enthalten, soll hier nicht weiter eingegangen werden[1].

Literatur.

1. PODSZUS, E.: Z. anorg. allg. Chem. Bd. 99 (1937) S. 123.
2. LELY, D., L. HAMBURGER: Z. anorg. allg. Chem. Bd. 87 (1914) S. 209.
2a. HUNTER, M. A., A. JONES: Electrochemical Society, Meeting of the 23rd Sept. 1923.
3. BURGER, A.: Diss. Basel 1907.
4. WEDEKIND, E.: Liebigs Ann. Bd. 395 (1913) S. 149.
5. RUFF, O., H. BRINTZINGER: Z. anorg. allg. Chem. Bd. 129 (1923) S. 273. Für weitere Literatur siehe z. B.: MELLOR (London 1927): A comprehensive treatise on inorganic and theoretical chemistry, Vol. VII 98; oder: P. PASCAL (Paris 1932): Traité de chimie minérale, Tome V, 649.

[1] Während der Drucklegung dieses Kapitels erreichte uns noch ein Bericht von J. D. FAST (*61*). In ihm sind auch einige Daten über die binären Legierungen des Zirkoniums enthalten.

6. Weiss, L., E. Neumann: Z. anorg. allg. Chem. Bd. 65 (1910) S. 248.
7. Marden, J. W., M. N. Rich: Ind. Engng. Chem. Bd. 12 (1920) S. 653.
8. DRP. 314719.
9. Fischvoigt, H., F. Koref: Z. techn. Physik Bd. 6 (1925) S. 296.
10. Arkel, van A. E., J. H. de Boer: Z. anorg. allg. Chem. Bd. 148 (1925) S. 345. Vgl. auch: A. E. van Arkel: Chem. Weekbl. Bd. 24 (1927) S. 90.
11. Claassen, A., W. G. Burgers: Z. Kristallogr. A Bd. 86 (1933) S. 100.
12. Gable, S.: J. Amer. chem. Soc. Bd. 52 (1930) S. 3741.
13. Arkel, van A. E., J. H. de Boer: Z. anorg. allg. Chem. Bd. 148 (1925) S. 345.
14. Boer, J. H. de, J. D. Fast: Z. anorg. allg. Chem. Bd. 153 (1926) S. 1.
15. Boer, J. H. de, J. D. Fast: Z. anorg. allg. Chem. Bd. 187 (1930) S. 177.
16. DRP. 609501.
17. Boer, J. H. de: Footeprints Bd. 3 (1930) Nr. 2 S. 18.
18. Burgers, W. G., J. A. M. van Liempt: Z. anorg. allg. Chem. Bd. 193 (1930) S. 158.
19. Wedekind, E., S. J. Lewis: Z. angew. Chem. Bd. 22 (1909) S. 725.
20. Boer, J. H. de, J. D. Fast: Rec. Trav. chim. Pays-Bas Bd. 55 (1936) S. 459.
21. Zwikker, C.: Physica Bd. 6 (1926) S. 361.
22. Boer, J. H. de, P. Clausing, J. D. Fast: Rec. Trav. chim. Bd. 55 (1936) S. 450.
23. Hull, A. W.: Physic. Rev. [2] Bd. 18 (1921) S. 88.
24. Noethling, W., S. Tolksdorf: Z. Kristallogr. Bd. 62 (1925) S. 255.
25. Arkel, A. E. van: Z. physik. Chem. Bd. 130 (1927) S. 100.
26. Hägg, G.: Z. physik. Chem. B Bd. 11 (1931) S. 433.
27. Privatmitteilung.
28. Shinoda, G.: Mem. Coll. Sci. Kyoto An. A Bd. 17 (1934) S. 27. Zit. nach Z. Kristallogr., Strukturbericht, Erg.-Bd. III, B III, S. 209.
29. Vogel, R., W. Tonn: Z. anorg. allg. Chem. Bd. 202 (1931) S. 293.
30. Burgers, W. G.: Z. anorg. allg. Chem. Bd. 205 (1932) S. 81.
31. Burgers, W. G.: Physica Bd. 1 (1934) S. 561. Vgl. auch Metallwirtsch. Bd. 13 (1934) S. 785.
32. Boer, J. H. de: Ind. Engng. Chem. Bd. 19 (1927) S. 1256.
33. Zwikker, C.: Proc. Acad. Sci. Amsterdam Bd. 35 (1926) S. 336. Vgl. auch J. H. de Boer, J. D. Fast: Z. anorg. allg. Chem. Bd. 187 (1930) S. 207.
34. Clausing, P., G. Moubis: Physica Bd. 7 (1927) S. 245.
35. Bridgman, P. W.: Proc. Amer. Acad. Arts. Sci. Bd. 63 (1928) S. 347.
36. Meissner, W., B. Voigt: Ann. Physik (5) Bd. 7 (1930) S. 761, 892.
37. Arkel, A. E. van, J. H. de Boer: Z. anorg. allg. Chem. Bd. 141 (1924) S. 289.
38. Haas, W. J. de, P. M. van Alphen: Comm. Kamerlingh Onnes Labor., Leiden 1933 Nr. 225a.
39. Königsberger, J. K. Schilling: Ann. Physik Bd. 32 (1916) S. 179.
40. Kürti, N., F. Simon: Nature, Lond. Bd. 135 (1935) S. 3.
41. Kapitza, P.: Proc. Roy. Soc., Lond. A Bd. 123 (1929) S. 292.
42. Zwikker, C.: Physik. Z. Bd. 30 (1929) S. 578.
43. Dushman, S.: Physic. Rev. Bd. 25 (1925) S. 338.
44. Rentschler, H. C., D. E. Henry, K. O. Smith: Rev. Sci. Instruments Bd. 3 (1932) S. 794.
45. Burgers, W. G.: Metallwirtsch. Bd. 14 (1935) S. 285.
46. Jaeger, F. M., W. A. Veenstra: Rec. Trav. chim. Bd. 53 (1934) S. 917.
47. E. P. 361, 842.
48. DRP. 546157; 632666; 550178; Philips techn. Tschr. Bd. 2 (1937) 115.

49. DRP. 642189.
50. BOER, J. H. DE, W. C. H. v. GEEL: Physica Bd. 1 (1934) S. 449.
51. BOER, J. H. DE, J. BROOS, H. EMMENS: Z. anorg. allg. Chem. Bd. 191 (1930) S. 113.
52. BOER, J. H. DE, J. D. FAST: Rec. Trav. chim. Bd. 55 (1936) S. 350.
53. MOERS, K.: Z. anorg. allg. Chem. Bd. 198 (1931) S. 243.
54. ARKEL, A. E. VAN: Physica Bd. 4 (1924) S. 286.
55. CLAUSING, P.: Z. anorg. allg. Chem. Bd. 208 (1932) S. 401.
56. MEISSNER, W. u. H. FRANZ: Z. Physik Bd. 65 (1930) S. 30.
57. BOER, J. H. DE en P. CLAUSING: Physica Bd. 10 (1930) S. 267.
58. KROLL, W.: Z. anorg. allg. Chem. Bd. 234 (1937) S. 42.
59. SCHULZE, R.: Z. Phys. Bd. 92 (1934) S. 212.
60. SIEVERTS, A., A. GOTTA, S. HALBERSTADT: Z. anorg. allg. Chem. Bd. 187 (1930) S. 155.
61. FAST, J. D.: Zirconium, Foote Prints, Dezember 1937.
62. BECKER, K.: Physik. Z. Bd. 34 (1933) S. 185.
63. BURGERS, W. G., J. C. M. BASART: Z. anorg. allg. Chem. Bd. 216 (1934) S. 209.
64. AGTE, C., H. ALTERTHUM: Z. techn. Physik Bd. 11 (1930) S. 182.
65. MEISSNER, W., H. FRANZ, H. WESTERHOFF: Z. Phys. Bd. 75 (1932) S. 521.

36. Hafnium.

(Atomgewicht 178,6.)

a) Herstellung.

Das Hafnium zeigt in seinen Eigenschaften eine so große Ähnlichkeit mit Zirkonium, daß vieles von dem unter Zirkonium gesagten ohne weiteres auf Hafnium zu übertragen ist.

Die Darstellung eines Rohmetalles gelingt prinzipiell nach denselben Methoden, die für Zirkonium angegeben worden sind. Man begegnet hier wieder denselben Schwierigkeiten, die ihren Grund in der großen Affinität des Hafniums zu vielen anderen Elementen haben. Zu diesen Schwierigkeiten kommt aber noch als eine der wichtigsten die Trennung von Zirkonium. Denn während das zuletzt genannte Element reichlich in der Natur vorhanden ist und oft nur vernachlässigbare Mengen Hafnium enthält, kennt man keine Mineralien, die Hafnium als Hauptbestandteil enthalten.

Es ist wohl zum ersten Male v. HEVESY (*1*) gelungen, ein praktisch reines Hafniumoxyd darzustellen. Auf die Verfahren, nach denen Hafnium von Zirkonium zu trennen ist, und die später in größerem Maßstab von DE BOER (*2*) und Mitarbeitern angewandt worden sind, wollen wir hier nicht weiter eingehen.

Ein metallisches Hafnium haben zuerst v. HEVESY und BERGLUND (*3*) dargestellt durch Reduktion von K_2HfF_6 mittels Natrium.

Auch beim Hafnium ist das Jodidverfahren die Methode, die das reinste Metall liefert. Diese Methode ist in Einzelheiten von DE BOER und FAST (*4*) ausgearbeitet worden. Als Rohmaterial diente hier ein

Hafniumpräparat, das entweder hergestellt war durch Reduktion des Hafniumtetrachlorids mittels Natrium, oder durch Reduktion des Oxyds mit Calcium und Natrium bzw. Magnesium und Natrium.

Da die Ausgangspräparate meistens noch nicht aus ganz reinem Hafnium bestehen, aber immer wohl noch etwas Oxyd und vielleicht etwas Zirkonium enthalten, schwanken die Eigenschaften der erhaltenen duktilen Hafniumstäbe noch bedeutend. Diese Schwankungen sind stärker, wenn das Rohmetall erhalten wurde durch Reduktion des Oxyds; die Resultate mit Rohmetall aus Chlorid hergestellt sind viel besser reproduzierbar. Woran es liegt, daß beim Hafnium im Gegensatz zu Zirkonium so große Schwankungen in den Eigenschaften auftreten, ist auch nach genauen, ausführlichen Untersuchungen von DE BOER und FAST (*4*) noch nicht ganz klar.

Zum Teil kann es daran liegen, daß beim Jodidverfahren, wenn zirkonhaltiges Hafnium angewendet worden ist, eine Fraktionierung stattfindet, die eventuell sehr stark von den Versuchsbedingungen abhängig sein könnte. Dagegen spricht aber, daß bei wiederholter Abscheidung, wobei also ein einmal erhaltener Stab als Ausgangsmaterial für einen neuen Versuch verwendet wird, der Temperaturkoeffizient zunächst stark sinkt und dann bei Wiederholung wieder auf einen höheren Wert steigt. Ganz unbegreiflich ist dabei, daß der Duktilität der erst erhaltenen Stäbe am Anfang schlecht ist, und erst allmählich ansteigt. Dieser Gang bei der Präparierung könnte vielleicht dadurch erklärt werden, daß man annimmt, daß der Temperaturkoeffizient des reinen Hafniums durch Sauerstoffaufnahme zunächst herabgesetzt wird und dann bei größerem Sauerstoffgehalt wieder ansteigt, d. h., daß das System Hafnium—Sauerstoff in dieser Hinsicht sich dem System Zirkonium—Stickstoff ähnlich verhält. Auf diese Weise ließen sich die komplizierten Resultate, die DE BOER-FAST erhalten haben, restlos erklären; die nacheinander erhaltenen Stäben würden dann einen abnehmenden Sauerstoffgehalt zeigen, wobei sie durch das Minimum der Leitfähigkeit hindurchgehen. Tatsächlich bedarf diese Hypothese noch weiterer experimenteller Begründungen. Wichtig ist, daß ähnliche Abnormalitäten nicht auftreten, wenn man als Rohmetall Hafnium verwendet, das durch Reduktion des Tetrachlorids dargestellt worden ist. In diesem Falle wird natürlich, weil von Anfang an kein Sauerstoff vorhanden ist, und überdies das Metall viel grobkörniger ist und dadurch beim Auswaschen sehr wenig Sauerstoff aufnimmt, die Verunreinigung durch Sauerstoff nicht eintreten.

Es ist nur noch nicht ganz klar, wie es möglich ist, daß der Sauerstoff sich zusammen mit dem abscheidenden Hafnium niederschlägt, obwohl das Hafniumoxyd nicht flüchtig ist. Da aber, wenn oxydhaltiges Hafnium von Jod angegriffen wird, ein sehr feinverteiltes Hafniumoxyd zurückbleibt, so ist es nicht unmöglich, daß dieses Oxyd von den Joddidämpfen mitgerissen wird und so auf den anwachsenden Stab gelangt.

Bei dem Jodidverfahren soll die Drahttemperatur etwas höher gewählt werden als bei Zirkonium. DE BOER gibt hierfür rund 1600° C an. Die Stäbe haben meistens nicht so schönen Metallglanz wie die Zirkonstäbe. Die Kristalle sind mehr abgerundet und springen also nicht so deutlich aus der Oberfläche hervor, wie beim Zirkonium.

b) Physikalische Eigenschaften.

Kristallstruktur. Diese ist von TOLKSDORF und NOETHLING (5) zuerst bestimmt worden an Präparaten, die v. HEVESY dargestellt hat. Hafnium kristallisiert hexagonal nach dem A-3-Typus. Von VAN ARKEL ist das nach dem Jodidverfahren hergestellte Hafnium gemessen worden. Die Ergebnisse der Messungen an den besten Präparaten stimmen sehr gut mit den Pulveraufnahmen überein, wenn das Pulver durch Reduktion des Chlorids erhalten war [(4) S. 203].)

Als die besten Werte können wir die an zweiter Stelle in der Tabelle genannten Werte betrachten.

	a	*c*	At.-Vol.	d_{20}
TOLKSDORF und NOETHLING (5) (96%)	3,32	5,46	15,7	11
VAN ARKEL (4)	3,186	5,037	13,42	13,30
VAN ARKEL (6)	3,20	5,07	13,66	13,08

Der sehr große Unterschied zwischen (5) und (6) ist vielleicht durch einen Oxydgehalt verursacht; denn das von TOLKSDORF und NOETHLING untersuchte Präparat hatte nur 96% Hf-Gehalt, und zeigte Fremdlinien, die dem Oxyd zugeschrieben wurden.

Das merkwürdige ist aber (6), daß bei den Pulvern, die aus dem Oxyd durch Reduktion mit Na gewonnen sind, die Röntgenparameter, nur wenig von denen des reinen Präparates abweichen. Das würde also bedeuten, daß in dem oxydhaltigen Hafnium, sowie es durch Reduktion von Oxyd mit Ca und Auswaschen mit Wasser und verdünnter Säure entsteht, das vorhandene Oxyd noch nicht im Gitter eingebaut, also wohl beim Auswaschen entstanden ist, während das Präparat von TOLKSDORF und NOETHLING vielleicht bei hoher Temperatur Sauerstoff aufgenommen hat. Durch Sauerstoffaufnahme würde das Gitter sich also ausdehnen.

Die Röntgendichte des reinen Präparates stimmt sehr gut mit der pyknometrisch bestimmten (4), für die 13,31 gefunden wurde, überein.

Kompressibilität. Für die Kompressibilität findet BRIDGMAN (7) bei:

$$\text{bei } 30^\circ\text{ C:} \quad k = 0{,}901 \cdot 10^{-6} - 2{,}37 \cdot 10^{-12} p.$$
$$\text{bei } 75^\circ\text{ C:} \quad k = 0{,}881 \cdot 10^{-6} - 2{,}37 \cdot 10^{-12} p.$$

Allotropie. Bei höheren Temperaturen scheint ebenso wie bei Zirkonium und Titan eine neue Modifikation aufzutreten. Wir können wohl annehmen, daß es sich hier um eine reguläre Modifikation handelt.

Aus den Daten von ZWIKKER (*8*) kann man ableiten, daß der Übergangspunkt bei ~ 1500° C liegt.

Schmelzpunkt. Hierfür findet ZWIKKER 2500° K (*4*). Dieser Wert ist nicht direkt an reinem Hafnium gemessen, sondern extrapoliert aus dem Schmelzpunkt von Hf-Zr-Legierungen, die bis 97,5% Hf enthielten.

Verdampfungsgeschwindigkeit. Diese ist von ZWIKKER (*14*) gemessen worden. Da aber aus der Bestimmung der Elektronenemission deutlich hervorgeht, daß diese Messungen durch Oxydschichten gestört sind, wäre eine Neubestimmung an oxydfreiem Material sehr erwünscht.

Spezifische Wärme. Von CHRISTESCU und SIMON (*9*) wurde die spezifische Wärme an einem Hafniumpulver gemessen. Bei 75° K wurde eine Anomalie der spezifischen Wärme beobachtet. Da es sich hier wahrscheinlich nicht um reine Präparate handelt, wollen wir weitere Daten nicht aufnehmen.

Elektrische Eigenschaften. CLAUSING (*10*) findet an den besten Präparaten für den spezifischen Widerstand bei 0 den Wert

$$\varrho_0 = 30 \cdot 10^{-6}$$

mit einem Temperaturkoeffizienten

$$\alpha = 440 \cdot 10^{-5}$$

also praktisch dieselben Werte wie beim Zirkonium.

Bei etwa 1500° C zeigt der Widerstand ein Maximum und bei etwas höherer Temperatur ein Minimum (*8*); wir haben es hier wieder mit einer Allotropie zu tun, die durch einen Sauerstoff- (oder Stickstoff-) gehalt unscharf wird.

DE HAAS und VOOGD (*11*), sowie MCLENNAN, HOWLETT und WILHELM (*12*) haben den Widerstand bei tiefen Temperaturen untersucht. Die untersuchten Präparate zeigten die Restwiderstände 0,10 und 0,014. SIMON und KÜRTI (*13*) konnten zeigen, daß Hafnium zwischen 0,3 und 0,4° K supraleitend wird; diese Messungen sind wahrscheinlich nicht an reinen Metallen ausgeführt. BRIDGMAN hat auch den Widerstand unter Druck gemessen. Der Widerstand nimmt mit zunehmendem Druck ab.

$$\frac{\Delta \varrho}{\varrho} = 1{,}0 \cdot 10^{-6} p \text{ (bei } 30^\circ \text{ C)}.$$

Elektronenemission. Die Elektronenemission ist von ZWIKKER untersucht worden (*14*); oberhalb 900° K wird die Elektronenemission für Drähte, die längere Zeit in Vakuum erhitzt worden sind, dargestellt durch die Formel

$$i = A\,T^2 \cdot e^{b/T} \text{ Amp./cm}^2,$$

wobei $A = 14{,}5$ und $b = 41\,000$ sind.

Hieraus berechnet sich für die Austrittsarbeit $\varphi = 3{,}53$ eV. Diese Werte beziehen sich also auf das reguläre Hafnium. Für das hexagonale Hafnium, das unterhalb 1500° C auftritt, ist die Elektronenemission etwas niedriger, etwa 3,20 V. Daß die Austrittsarbeit also jedenfalls etwas niedriger als beim Zr ist, wird wohl damit zusammenhängen, daß das Ionenvolumen des Hafniums etwas größer ist als beim Zirkonium. Wahrscheinlich wird auch die Ionisierungsarbeit des Hafniums etwas kleiner sein als die des Zirkoniums.

Mechanische Eigenschaften. Reines Hafnium ist ein sehr duktiles Metall, vielleicht noch etwas duktiler als Zirkonium. Bei der Kaltbearbeitung ist die Verfestigung noch etwas stärker als bei Zr. Dabei steigt, wie bei allen Metallen der Temperaturkoeffizient des Widerstandes, der Temperaturkoeffizient der Leitfähigkeit sinkt. Daß die bis jetzt untersuchten Proben nach dem Ausglühen noch nicht einen normalen spezifischen Widerstand zeigten, rührt daher, daß dabei eine Gasaufnahme noch nicht gewiß zu vermeiden war.

Härte. Nach brieflicher Mitteilung von DE BOER hat Ing. J. SACK, Eindhoven, für die Vickershärte von nach dem Jodidverfahren hergestellten Hafnium den Wert 179 bei 5 kg/mm² Belastung und 206 kg/mm² bei der Bestimmung der Mikrohärte (Belastung 60 g) gefunden.

c) Anwendungen.

Technische Anwendungen hat das Hafnium bisher nicht gefunden; prinzipiell ist es natürlich verwendbar in allen Fällen, wo das Zirkonium Verwendung findet. Nur ist das reine Hafnium außerordentlich teuer, hauptsächlich wegen der kostspieligen Trennung des Hafniums von Zirkonium.

d) Binäre Systeme.

Auch in seinen binären Systemen zeigt das Hafnium eine sehr große Analogie mit Zirkonium. So kennt man auch von Hafnium ein Nitrid und Carbid, die sich dem Metall gegenüber ganz ähnlich verhalten, wie die entsprechenden Zr-Verbindungen. Im System Hafnium-Sauerstoff, das noch nicht systematisch untersucht worden ist, zeigen sich kleine Abweichungen. Sehr merkwürdig ist, daß Hafnium nicht so gut durch eine Oxydhaut geschützt wird wie das Zirkonium, denn Hafnium wird bei erhöhter Temperatur immer leicht von Jod angegriffen, auch wenn es zuvor mit der Luft in Berührung gebracht war.

Hafniumcarbid ist von MOERS dargestellt worden (*15*), auch als Einkristall, indem er einen Wolframdraht in einem Gemisch von $HfCl_4$-Dampf mit Toluoldampf erhitzte oder einen Hafniumdraht in Toluoldampf carburierte. Der Widerstand bei Zimmertemperatur ist etwa $109 \cdot 10^{-6}$, also höher als derjenige des Metalls; für den Schmelzpunkt wird 4160° K angegeben.

e) Legierungen.

Die einzige Legierung, die etwas näher untersucht ist, ist die Legierung mit Zirkonium. Die Proben wurden alle nach dem Jodidverfahren hergestellt, wobei man ausging von Rohzirkonium, das steigende Mengen Hafnium enthielt. In der nächsten Tabelle ist der Temperaturkoeffizient der Leitfähigkeit nebst einigen Schmelzpunkten angegeben.

Tabelle 2.

% Hf	% Zr	$\alpha \cdot 10^5$	Schmelzpunkt °K	% Hf	% Zr	$\alpha \cdot 10^5$	Schmelzpunkt °K
100	0	440	2500	51	49	355	
97,5	2,5	387	2480	0,5	99,5	435	
77	23	—	2430	0	100	440	2130
62	38	360					

Der Verlauf der Eigenschaften ist charakteristisch für ein System, in dem sich Mischkristalle bilden; bei der großen Ähnlichkeit von Zirkonium und Hafnium war dies auch nicht anders zu erwarten.

Literatur.

1. Hevesy, G. v.: Chem. Reviews Bd. II (1925) Nr. 1 (Übersicht).
2. de Boer, J. H., J. Broos: Z. anorg. allg. Chem. Bd. 187 (1930) S. 190.
3. Hevesy, G. v.: Kgl. Danske Vidensk. Selsk. Bd. 6 (1925) S. 51.
4. de Boer, J. H., J. D. Fast: Z. anorg. allg. Chem. Bd. 187 (1930) S. 193.
5. Tolksdorf, S., W. Noethling: Z. Kristallogr. Bd. 62 (1925) S. 255.
6. van Arkel, A. E.: Z. phys. Chem. Bd. 130 (1927) S. 100.
7. Bridgman, P. W.: Proc. Amer. Acad. Bd. 63 (1928) S. 347.
8. Zwikker, C.: Physica, Haag Bd. 6 (1926) S. 361.
9. Christescu, S., F. Simon: Z. phys. Chem. Abt. B. Bd. 25 (1934) S. 273.
10. Clausing, P.: Zit. in (4).
11. de Haas, W. J., J. Voogd: Proc. roy. Acad. Sci. Amst. Bd. 37 (1928) S. 872.
12. McLennan, J. C., L. E. Howlett, J. O. Wilhelm: Trans. roy. Soc. Canada (3) Bd. 23 Sect. III (1929) S. 287.
13. Kürti, N., F. Simon: Nature, Lond. Bd. 35 (1935) S. 31.
14. Zwikker, C.: Z. Phys. Bd. 30 (1929) S. 578.
15. Moers, K.: Z. anorg. allg. Chem. Bd. 198 (1930) S. 251.

37. Thorium.

(Atomgewicht 232,12.)

a) Herstellung.

Ebenso wie die anderen Metalle der 4. Gruppe lassen sich nach allen Erfahrungen auch die Thoriumverbindungen sehr schwer zu Metall reduzieren. Theoretisch ist zu erwarten, daß die Reduktion der Thoriumverbindungen tatsächlich noch schwieriger sein müßte als die der anderen Metalle; da das Ionenvolumen der übrigen Metalle (Ti, Zr, Hf) kleiner ist als das Ionenvolumen des Thoriums, müssen die Thoriumverbindungen die stabilsten sein. Eine sehr schöne Bestätigung dieser Voraussage finden wir bei der Herstellung dieser Metalle durch Zersetzung der Jodide: die Abscheidung des Thoriums verlangt, wie wir weiter unten sehen werden, eine höhere Temperatur, die der vorhergehenden Elemente.

In der älteren Literatur werden einige Präparate beschrieben, die noch bedeutende Oxydmengen enthielten. Es weichen aber diese stark oxydhaltigen Präparate in charakteristischer Weise von ähnlichen Zirkonium- und Titanpräparaten ab. Trotz eines bedeutendes Sauerstoffgehaltes sind diese Thoriumpräparate oft noch sehr duktil. Es scheint sich also das System Thorium-Thoriumoxyd ganz anders zu verhalten wie z. B. das System Zirkonium-Zirkoniumoxyd. Nachdem wir jetzt wissen, daß im letzteren Fall sich Mischkristalle bilden, ist beim Thorium anzunehmen, daß diese Mischkristallbildung nicht, oder im geringeren Maße einteilt, so daß beigemengtes Oxyd die Duktilität viel weniger, weil nur mechanisch, herabsetzt.

Berzelius (*1*) hat zum ersten Male die Darstellung des Thoriums durch Reduktion von Thoriumhalogeniden mit Kalium versucht. Das Resultat war ein graues Pulver, das ohne Zweifel bei der Beseitigung der gebildeten Kaliumhalogenide teilweise oxydiert worden war und daher wohl sicher Oxyd enthielt.

Nilson (*2*) hat durch Reduktion von Kalium-Thoriumchlorid mit Natrium ein Präparat von 80% Metall erhalten. Von Bolton (*3*) war der erste, der ein kompaktes Metall hergestellt hat; es gelang ihm sogar, dieses Metall in Kupfer eingeschlossen zu einem dünnen Band auszuwalzen, obwohl das Präparat auch noch etwa 20% Oxyd enthielt. Das Oxyd wird wohl zum größten Teil entstanden sein, weil bei der Reduktion das Gemisch von Natrium und Thoriumchlorid nur durch Schichten von Kaliumchlorid von der Außenluft abgeschlossen war.

Chauvenet (*4*) hat die Methode insofern verbessert, daß er die Oxydation verhinderte, indem er in einer Wasserstoffatmosphäre arbeitete. Er erhielt ein wasserstoffhaltiges Präparat, aus dem sich der Wasserstoff durch Erhitzen im Vakuum entfernen ließ. Das so erhaltene Thorium enthielt $\pm$ 90% Metall.

Zu reineren Präparaten ist man erst gelangt, als man dazu überging, die Reduktion in eisernen Bomben auszuführen. Es zeigte sich in den letzten Jahrzehnten, daß auf diese Weise sowohl durch Reduktion der Halogenide mit Alkali- und Erdalkalimetalle (*5*) als auch durch Reduktion des Oxyds mit Calcium und Natrium (*6*) oder mit Calcium unter Zugabe von $CaCl_2$ (*7*) schon reines Metall erhalten werden kann. In Tabelle 1 sind einige der besten Resultate zusammengestellt.

Auch durch Elektrolyse sind gute Resultate erreicht worden: v. Wartenberg (*8*) elektrolysierte ein Gemisch von $ThCl_4$ und Alkalichloriden. Wegen der Flüchtigkeit des $ThCl_4$ ist diese Methode unbequem, und liefert ein oxydhaltiges Produkt, weil das $ThCl_4$ sehr leicht Oxychloride bildet. v. Wartenberg konnte also nicht mehr als ein 88%iges Metall erhalten: der Autor wundert sich darüber, daß das Metall dennoch duktil war.

Bessere Resultate erhielten Driggs und Lilliendahl (*9*) bei der Elektrolyse des Kaliumthoriumfluorid $KThF_5$, das in einem Gemisch von

Natrium und Kaliumchlorid gelöst war, bei Verwendung von Molybdänkathoden.

Das Erzeugnis hat angeblich einen Gehalt von über 99,9% Metall; es enthielt nur ungefähr 0,02% C, 0,05% Si und 0,005% Eisen. Die Autoren bemerken aber, daß sich beim Lösen in Säuren eine bedeutende Menge unlösliches Oxyd bildet. Nun löst sich aber das Thoriumoxyd, das auf nassem Wege entstanden ist, leicht in verdünnten Säuren auf, es ist also sehr wahrscheinlich, daß das gebildete Thordioxyd schon als solches im Metall vorhanden war. Zur Kontrolle hat DE BOER noch Thorium, das nach dem Jodidverfahren hergestellt war, untersucht. Dieses Metall, das keinen Sauerstoff enthalten kann, hinterließ beim Lösen in HCl nur eine winzige Oxydhaut.

Da DRIGGS und LILLIENDAHL nichts darüber aussagen, wieviel ThO_2 sich bildete, kann nicht genau angegeben werden, wieviel Sauerstoff ihre Präparate enthielten. Daß der Metallgehalt 99,9% betrug, ist aber nicht wahrscheinlich.

Auch die Analysen, die MARDEN und RENTSCHLER angeben (*7*) weisen auf einen Oxydgehalt hin. Beim Erhitzen in einem reinem Chlorstrom bleibt $\sim$ 1% Oxyd zurück. Es ist möglich, daß das Chlor Spuren von Sauerstoff enthielt, aber daß die Präparate oxydfrei waren, ist nicht bewiesen worden.

Bis jetzt hat man keine Andeutungen gefunden, die auf die Existenz einer allotropen Modifikation hinweisen. Ebensowenig gibt es ein amorphes Thorium, obwohl dies irrtümlich in der älteren Literatur öfters erwähnt wird.

In Zusammenhang mit den Röntgenmessungen wollen wir jetzt die Frage aufwerfen, ob und inwieweit sich evtl. vorhandenes Oxyd im Metall auflöst.

Diese Frage ist schon wiederholt diskutiert worden. ASKENASY (*16*) geht so weit, daß er auf Grund der Duktilität des von v. BOLTON dargestellten Metalls auf völliges Fehlen des Oxyds schließt. Aber v. BOLTON gibt selber zu, daß das Präparat nicht oxydfrei war: es blieben beim Auflösen in Salzsäure $\sim$ 15% ungelöst; das Metall war aber dennoch duktil. Wir können ASKENASY aber insoweit zustimmen, daß das Metall sicher nicht duktil sein würde, wenn es sich wie z. B. beim Zirkonium, um eine feste Lösung handelte. v. WARTENBERG (*8*), dem ebenfalls die Duktilität des oxydhaltigen Thoriums aufgefallen ist, zeigt, wie auch beim Blei und Thallium bei einem Oxydgehalt von 10% die Duktilität noch nicht aufgehoben ist, weil bei diesen sehr weichen Metallen die Oxydklümpchen einfach im Metall eingeschlossen werden. Der Vergleich mit diesen Metallen ist wahrscheinlich sehr gut getroffen, denn das reine Thorium ist nach DE BOER (*11*) tatsächlich fast so weich wie Blei.

Daß Thoriumoxyd sich im Metall nicht löst, geht auch aus der Arbeit von MARDEN und RENTSCHLER (*7*) hervor. Im Schliffbild finden diese Autoren das Oxyd zwischen den Metallkristallen eingeschlossen.

Daß sogar beim Schmelzpunkt des Thoriums das Oxyd neben dem Metall bestehen bleibt, zeigt sich besonders deutlich in einer Arbeit von THOMPSON (*17*), in der man sieht, wie geschmolzenes Thorium in die Poren eines ThO_2-Tiegels hineinfließt.

Um eine wirkliche Lösung handelt es sich nach THOMPSON hier wahrscheinlich nicht.

Zu einer anderen Auffassung kommen aber BURGERS und VAN LIEMPT (*14*). Diese Autoren finden im DEBYE-SCHERRER-Diagramm von oberflächlich oxydierten Thoriumstäbchen, die längere Zeit im Vakuum geglüht sind, die Linien einer Substanz mit demselben Kristallgitter wie Th und ThO_2, aber einem Parameter, der zwischen diesen beiden liegt. Sie halten diese Substanz für Thorium, das Thoriumoxyd gelöst hat. Inzwischen haben aber weitere Versuche von DE BOER (*11*) gezeigt, daß eine Thoroxydhaut, die durch oberflächliche Oxydation eines Thoriumstäbchens entstanden ist, bei längerem Erhitzen nicht verschwindet. Auch DE BOER kommt also zu dem Schluß, daß ThO_2 sich nicht in Thorium auflöst. Bei den Versuchen von BURGERS und VAN LIEMPT hat vielleicht das Thorium noch eine andere Substanz (Stickstoff oder Kohle?) aufgenommen.

Wir nehmen also, entgegen der Behauptung von BURGERS und VAN LIEMPT an, daß ThO_2 sich nicht im Metall auflöst.

In der Tabelle 1 haben wir die Analysenresultate der Autoren angegeben, ohne dabei den Oxydgehalt zu berücksichtigen. Bei allen Präparaten kann ein kleiner Oxydgehalt (bis 1%) leicht übersehen sein, da direkte Oxydbestimmungen auf chemischem Wege nicht ausgeführt worden sind.

Tabelle 1.

Ausgangsmaterial	Reduktionsmittel	Autor	% Gehalt
$ThCl_4$	Na	LELY, HAMBURGER (*5*)	99,9
ThO_2	Ca + Na	RUFF, BRINTZINGER (*6*)	96
	Ca + $CaCl_2$	MARDEN, RENTSCHLER (*7*)	99,8
$KThF_5$	Elektrolyse	DRIGGS, LILLIENDAHL (*9*)	99,9

Sicher sauerstofffrei ist das nach dem Jodidverfahren (*10*) hergestellte Thorium; dadurch unterscheidet es sich wahrscheinlich von den anderen Präparaten. In der zitierten Arbeit sind nicht genügend Daten angegeben, um die Frage, ob das Produkt auch darüber hinaus sehr rein war, zu beantworten. DE BOER hat aber (*11*) die Versuche weitergeführt und aus diesen vor kurzem erhaltenen Resultate können wir uns ein Urteil bilden. Bei einer spektroskopischen Analyse (*21*) wurde nur Eisen und zwar weniger als 0,1% gefunden.

Die Methode der Herstellung ist grundsätzlich dieselbe, wie diejenige, die beim Zirkonium beschrieben wurde, nur soll die Temperatur des Glühfadens etwas höher liegen, nämlich bei etwa 1700° C. Als Ausgangsmaterial kann ein beliebiges Rohmetall benutzt werden, vorausgesetzt, daß es frei ist von Metallen, die sich beim Jodidverfahren ebenfalls auf dem Glühdraht niederschlagen. Sehr geeignet ist z. B. ein Metall, das gewonnen wird durch Reduktion von reinem Thoriumchlorid mit Natrium nach der von LELY und HAMBURGER angegebenen Methode (5).

b) Pysikalische Eigenschaften.

Kristallstruktur. Thorium kristallisiert kubisch; das Gitter ist aber nicht identisch mit dem der β-Form des Titans und Zirkoniums, denn es ist flächenzentriert.

$$\text{Basis: } (0\,0\,0)\left(\frac{1}{2}\,\frac{1}{2}\,0\right)\left(\frac{1}{2}\,0\,\frac{1}{2}\right)\left(0\,\frac{1}{2}\,\frac{1}{2}\right).$$

Der Parameter ist von verschiedenen Autoren gemessen worden; in der Tabelle 2 finden sich neben diesen Parametern a die daraus berechnete Dichte bei 20°, d_{20}.

Tabelle 2.

Autor	a	d_{20}
BOHLIN (*12*)	5,08	11,7
HULL (*13*)	5,04	11,9
BURGERS und VAN LIEMPT (*14*)	$5{,}07_4 \pm 0{,}00_2$	11,71
NEUBURGER (*15*)	$5{,}07_7 \pm 0{,}00_3$	$11{,}69_5$
THOMPSON (*17*)	$5{,}09_1 \pm 0{,}00_4$	11,61

Daß sich Thorium so ganz anders verhält wie Titan und Zirkonium, hängt vielleicht in noch nicht näher geklärter Weise zusammen mit den verschiedenen Kristallstrukturen dieser Elemente einerseits und des Thoriums andererseits.

Dichte. Die Dichte des Metalls ist öfters gemessen worden; wir wollen hier alle Messungen an Pulverpräparaten übergehen, und beschränken uns auf solche an den besten Präparaten. Gefunden wurde:

MARDEN und RENSCHLER (*7*)	11,3—11,7
THOMPSON (*17*)	11 1—11,5
DE BOER (*11*)	11,75

Die Werte stimmen mit den Röntgendaten ziemlich gut überein. Der wahrscheinlichste Wert scheint vorläufig

$$d_0 = 11{,}7 \pm 0{,}1.$$

Die etwas niedrigeren Werte, die von MARDEN und RENTSCHLER (*7*) angegeben werden, können vielleicht auf einen geringen Oxydgehalt hinweisen.

Ausdehnungskoeffizient. Für diese Größe fanden HIDNERT und SWEENEY (zit. *17*):

Temp. °C	$\delta \cdot 10^6$	Temp. °C	$\delta \cdot 10^6$
20— 60	11,1	100—200	11,9
60—100	11,4	200—300	13,1

Zwischen 0 und 100° wurde von MARDEN und RENTSCHLER gefunden: $\delta = 11{,}7$ bis $12{,}3 \cdot 10^{-6}$.

Kompressibilität. Die Kompressibilität hat BRIDGMAN gemessen (*18*). Er findet an einem Präparat der Westinghouse Company (ThO_2 durch Ca reduziert?)

$$K_{30} = 1{,}818 \cdot 10^{-6} - 12{,}78 \cdot 10^{-12} \cdot p$$
$$K_{75} = 1{,}846 \cdot 10^{-6} - 13{,}29 \cdot 10^{-12} \cdot p.$$

Schmelzpunkt. Die Schmelzpunktbestimmungen geben untereinander sehr abweichende Werte; gefunden wurde in °C:

v. BOLTON (*3*)	1450°
v. WARTENBERG (*8*)	1745°
MARDEN und RENTSCHLER (*7*)	1842 ± 30°
DE BOER (*11*)	1827°

Der letztgenannte Wert bezieht sich auf die *wahre* Temperatur. Nach Messungen, ausgeführt im U. S. Bureau of Standards (*17*), wurden aber sowohl an elektrolytisch dargestelltem Metall als auch an den Präparaten, die durch Reduktion von ThO_2 mit Ca gewonnen waren, so weit auseinander liegende Werte gefunden, daß die Autoren nicht einmal imstande waren, einen wahrscheinlichen Wert anzugeben. Die Messungen wurden im hohen Maße dadurch gestört, daß das Metall sich schon unterhalb 1700° stark aufbläht.

Daraus könnte man schließen, daß diese Thoriumpräparate gar nicht so rein sind wie aus der angegebenen Analyse folgen würde. Für die Reinheit des von DE BOER dargestellten Metalls spricht, daß dieses ruhig, ohne aufzublähen, scharf schmilzt.

Flüchtigkeit. Die einzigen Daten über die Flüchtigkeit werden von DE BOER (*11*) angegeben. Er hat die Verdampfungswärme bestimmt aus der Änderung der Verdampfungsgeschwindigkeit mit der Temperatur; er findet für diese Größe: 145 kcal pro Grammatom und berechnet mit Hilfe davon den Siedepunkt zu 3800° K.

Spezifische Wärme. Die spezifische Wärme des Thoriums ist von JAEGER und VEENSTRA (*19*) gemessen worden. Die verwendeten Präparate waren aber sehr unrein und enthielten 6 bis 20% Oxyd.

Elektrische Eigenschaften. Von allen physikalischen Eigenschaften, sofern sie gemessen worden sind, ist vielleicht der spezifische Widerstand am meisten geeignet um zu prüfen, welches von den in der Literatur angegebenen Präparaten als das reinste angesehen werden darf.

Für den *spezifischen Widerstand* bei 20° C finden sich in der Literatur folgende Angaben:

$\varrho \cdot 10^6$	Präparat	Autoren
40,1	mit 20% Oxyd	v. BOLTON (*3*)
24,8	Westinghouse	MACLENNAN, NIVEN (*20*)
18,6	Ca reduziert	WENSER, LINDBERG, CALDWELL (zit. *17*)
13	Ca reduziert	MARDEN, RENTSCHLER (*7*)
13	aus Jodid	MEISSNER, VOIGT (*21*)

Die beiden letzten Messungen stimmen untereinander überein; diese beiden geben auch den niedrigsten Wert für den spezifischen Widerstand. Wir können also das nach dem Jodidverfahren und das elektrolytisch hergestellte Thorium als die reinsten bis jetzt bekannten Thoriumpräparate betrachten.

Auch bei tieferen Temperaturen ist der spezifische Widerstand gemessen, und zwar an einem von DE BOER hergestellten Präparat von MEISSNER und VOIGT (*21*) und von DE HAAS und VAN ALPHEN (*22*). Der Restwiderstand ist ~0,0160. Unterhalb 1,4° K wird Thorium supraleitend.

Für den Temperaturkoeffizient wurde gefunden:

bei 0°	$239 \cdot 10^{-5}$	BRIDGMAN (*18*)
von 22 bis 135°	$340 \cdot 10^{-5}$	MARDEN und RENTSCHLER (*7*)
von 0 bis 100°	$396 \cdot 10^{-5}$	DE BOER (*11*)

BRIDGMAN hat mit einem Präparat der Westinghouse Company gearbeitet. Wahrscheinlich war dieses ebenfalls durch Reduktion des Chlorids mit Calcium hergestellt. Anzunehmen ist, daß MARDEN und RENTSCHLER mit einem besseren Präparat gearbeitet haben; auch hier zeigt sich wieder, daß das von DE BOER hergestellte Thorium reiner ist als die anderen.

Elektronenemission. Die Elektronenemission des Thoriums ist ausgiebig studiert worden, weil Wolframdraht mit einem ThO_2—Th-Gehalt für Elektronenemission verwendet wurde. Die Elektronenaustrittsarbeit ist für diese Drähte wiederholt bestimmt worden, aber wie schon unter Zirkonium bemerkt wurde, braucht der an den thoriumhaltigen Wolframdrähten gemessene Wert nicht der Austrittsarbeit des reinen Thoriums gleich zu sein. Da wir uns hier hauptsächlich mit den Eigenschaften des reinen Thoriums beschäftigen, wollen wir hier nur eine Arbeit von DE BOER erwähnen, in der er die Austrittsarbeit des reinen Thoriums bestimmt. Er findet für diese Größe den Wert:

$$\varphi = 3{,}36 \text{ eV}.$$

Wie zu erwarten war, ist dieser Wert etwas kleiner als der bei Zirkonium gefundene. Aus der Grenzwellenlänge des photoelektrischen Effektes, den SCHULZE (*23*) als 336 mμ angibt, berechnet man:

$$\varphi = 3{,}68 \text{ eV}.$$

Mechanische Eigenschaften. Alle Autoren geben an, daß Thorium sehr duktil ist. Genauere Daten liegen aber nicht vor. Durch Kaltbearbeitung nimmt die Härte zu: für kaltbearbeitetes Thorium ist die Härte ungefähr der des kaltbearbeiteten Kupfers gleich zu setzen (*7*). Die Zugfestigkeit des ausgeglühten Materials ist nach MARDEN und RENTSCHLER (*7*) gleich 56 kg/mm².

Nach KROLL (*24*) ist die Brinellhärte eines nach derselben Methode dargestelltes Thorium 150. Nach (*11*) wurde von Ing. J. SACK für die

Vickershärte (10 kg Belastung) bzw. Mikrohärte (60 g Belastung) gefunden 39 bzw. 54 kg/mm².

Binäre Systeme. Thorium verhält sich, den negativen Elementen gegenüber ganz anders als die vorangehende Elemente der 4. Gruppe. Es wurde schon bemerkt (S. 214), daß das Metall sein eigenes Oxyd nicht löst, also keine Mischkristalle damit bildet. Die Verbindungen mit Kohlenstoff und Stickstoff haben andere Zusammensetzung und andere Eigenschaften als die entsprechende Verbindungen von Ti, Zr und Hf. Gut bekannt ist die Verbindung ThC_2, dessen Kristallstruktur von v. STACKELBERG (*25*) untersucht wurde. Als Nitride werden u. a. erwähnt Th_3N_4 (*26*) und ThN (*27*). Für weitere Literatur siehe (*29*).

Vielleicht schließt sich Th durch seinen großen Atomvolum sich mehr den Elementen der 3. Gruppe an. Wenn dies der Fall ist, sollte auch eine Wasserstoffverbindung mit deutlichem Hydridcharakter zu erwarten sein. In der neueren Literatur findet man aber nur in einigen Patentschriften (*28*) erwähnt, daß durch Erhitzen von Th-Metall in Wasserstoff bei 300—450 sich ein Hydrid ThH_4 bilden sollte. Eine nähere Untersuchung wäre hier sehr erwünscht.

Literatur.

1. BERZELIUS, J. J.: Poggendorfs Ann. Bd. 16 (1829) S. 385.
2. NILSON, L. F.: Ber. dtsch. chem. Ges. Bd. 15 (1882) S. 2544; Bd. 16 (1883) S. 153.
3. v. BOLTON, WERNER: Z. Elektrochem. Bd. 14 (1908) S. 768.
4. CHAUVENET, E.: C. R. Acad. Sci., Paris Bd. 148 (1909) S. 1519.
5. LELY, D., L. HAMBURGER: Z. anorg. allg. Chem. Bd. 87 (1914) S. 209.
6. RUFF, O., H. BRINTZINGER: Z. anorg. allg. Chem. Bd. 129 (1923) S. 267.
7. MARDEN, J. W., H. C. RENTSCHLER: Industr. Engng. Chem. Bd. 19 (1927) S. 97.
8. VON WARTENBERG, H.: Z. Elektrochem. Bd. 15 (1909) S. 866.
9. DRIGGS, F. H., W. C. LILLIENDAHL: Industr. Engng. Chem. Bd. 22 (1930) S. 1302.
10. VAN ARKEL, A. E., J. H. DE BOER: Z. anorg. allg. Chem. Bd. 148 (1925) S. 345.
11. DE BOER, J. H.: Privatmitteilung.
12. BOHLIN, H.: Ann. Phys., Lpz. Bd. 61 (1920) S. 421.
13. HULL, A. W.: Phys. Rev. Bd. 18 (1921) S. 88.
14. BURGERS, W. G., J. A. M. VAN LIEMPT: Z. anorg. allg. Chem. Bd. 193 (1930) S. 144.
15. NEUBURGER, M. C.: Z. Kristallogr. Bd. 93 (1936) S. 1.
16. ASKENASY, P.: Z. Elektrochem. Bd. 15 (1909) S. 34.
17. THOMPSON, J. G.: Metals & Alloys Bd. 4 (1933) S. 114.
18. BRIDGMAN, P. W.: Proc. Amer. Acad. Arts a. Sci. Bd. 62 (1927) S. 207.
19. JAEGER, F. M., W. A. VEENSTRA: Proc. roy. Acad. Sci., Amst. Bd. 37 (1934) S. 327.
20. MACLENNAN, J. C., C. D. NIVEN: Phil. Mag. (7) Bd. 4 (1927) S. 386.
21. MEISSNER, W., B. VOIGT: Ann. Phys., Lpz. (5) Bd. 7 (1930) S. 892.
22. DE HAAS, W. J., P. M. VAN ALPHEN: Proc. roy. Acad. Sci., Amst. Bd. 34 (1931) S. 70.
23. SCHULZE, R.: Z. Phys. Bd. 92 (1934) S. 212.

24. Kroll, W.: Z. Metallkde. Bd. 28 (1936) S. 30.
25. Stackelberg, M. v.: Z. phys. Chem. Abt. B Bd. 9 (1930) S. 437.
26. Neumann, B., C. Kröger, H. Haebler: Z. anorg. allg. Chem. Bd. 207 (1932) S. 145.
27. Düsing, W., M. Hüniger: Techn.-wiss. Abh. Osram Bd. 2 (1931) S. 357.
28. A.P. 1730723.
Allgemeine Literatur:
29. Mellor, J. W.: A Ireatise on inorg. and theor. Chem. New York Bd. 7 (1927) S. 174. Pascal, P.: Traité de Chimie Minérale, Paris. Bd. 11 (1932) S. 271.

V. Fünfte Hauptgruppe des periodischen Systems.

Auch in dieser Gruppe behandeln wir die Elemente der ersten Perioden zusammen mit den Metallen der Nebenreihen und fangen also mit Vanadium an.

38. Vanadium.

(Atomgewicht 50,95.)

a) Herstellung des Rohmetalls und des reinen, nichtkompakten Metalls.

Nach der Stellung des Vanadiums im periodischen System der Elemente würde man erwarten, daß die Vanadiumverbindungen leichter zu Metall reduzierbar sein sollten, wie die Verbindungen der Elemente der 4. Gruppe. Dies ist auch tatsächlich der Fall: das Chlorid ist schon durch Wasserstoff reduzierbar, wie zuerst von Roscoe gefunden wurde. Roscoe (*1*) hat auf diese Weise ein, wahrscheinlich noch Wasserstoff enthaltendes, Präparat von 91% Metallgehalt erhalten.

Da aber Vanadium sehr stabile Nitride, Carbide usw. bildet, ist die Darstellung eines reinen Metalls noch eine sehr schwierige Aufgabe. Die meisten Versuche haben nur ein Präparat mit höchstens 98% Metallgehalt geliefert. Daß auch die Proben, bei denen die Analyse auf einen höheren Metallgehalt hinweist, doch noch nicht „physikalisch rein" waren, geht daraus hervor, daß nahezu alle Autoren angeben, daß Vanadium ein sehr hartes, sprödes Metall ist, während schon 1905 Werner v. Bolton (*2*) gefunden hat, daß das Metall duktil ist. Zwar handelt es sich hier nur um Andeutungen einer Duktilität, denn v. Bolton sagt nur, daß das Metall Hammereindrücke aufnimmt.

Daß reines Vanadium ein duktiles Metall ist, wurde später von Marden und Rich bestätigt (*3*). Diese Autoren fanden, daß die von ihnen durch Reduktion von V_2O_5 mit Ca erhaltene Granalien in der Kälte walzbar sind. Verfasser hat dann weiter gefunden (*4*), daß Vanadium, das erhalten wurde durch Zersetzung des Jodids an einem glühenden Metalldraht, sogar sehr duktil ist.

Wenn also viele Autoren angeben, daß das von ihnen hergestellte Metall sehr spröde war (*11*), so können wir daraus schließen, daß man diese Präparate noch nicht als reines Vanadiummetall betrachten darf.

In der nächsten Tabelle findet man eine Zusammenstellung von denjenigen Methoden, die ein Präparat von mindestens 98% Metallgehalt geliefert haben.

Tabelle 1.

Ausgangsmaterial	Reduktionsmittel	Autoren	% Gehalt
VCl_3	Wasserstoff	DÖRING u. a. (*5*)	99,9
VCl_3	Na	HUNTER u. a. (*6*)	95
VCl_4	Na + H_2	BILLY (*7*)	?
VCl_4	Mg + H_2	MORETTE (*8*)	99,3
VCl_4	H_2 an Metalldraht	VAN ARKEL (*4*)	99
VJ_2	Dissoziation	VAN ARKEL (*4*)	99,5
V_2O_3	Dissoziation	V. BOLTON (*2*)	?
V_2O_3	Wasserstoff	V. WARTENBERG u. a. (*9*)	?
V_2O_5, V_2O_3	Ca (+ $CaCl_2$)	MARDEN u. a. (*3*)	99,8
V_2O_5	Al	VOGEL u. a. (*10*)	99
V_2O_5	Mischmetall	MUTHMANN u. a. (*11*)	99,7

DÖRING und GEILER reduzierten VCl_3 mit sorgfältig gereinigtem Wasserstoff bei 900° C. Wenn dieses Präparat wirklich keinen Wasserstoff enthält, wie die Autoren angeben, so würde daraus folgen, daß Vanadium schon bei 900° allen aufgenommenen Wasserstoff wieder abgibt.

Zu den Methoden, die BILLY (*7*) und MORETTE (*8*) angewandt haben, ist zu bemerken, daß der Wasserstoff hier nur die Rolle eines Trägergases für das flüchtige VCl_4 spielt. Wenn man auf diese Weise ein reines Metall erhalten kann, wie es BILLY angibt, deutet dies auch wieder darauf hin, daß schon unterhalb 1000° das Vanadium allen eventuell aufgenommenen Wasserstoff wieder abgibt. Das von MUTHMANN und Mitarbeitern (*11*) erhaltene Präparat ist, obwohl die Analyse einen Vanadiumgehalt von 99,7% zeigte, doch wahrscheinlich nicht als reines Metall zu betrachten; denn das Präparat war spröde wie Glas und zum Teil bronzefarbig. Sehr wahrscheinlich enthielt das Präparat Oxyd und Nitrid, die beim Thermitverfahren leicht aufgenommen werden können.

Obwohl HUNTER und JONES (*6*) nur einen Metallgehalt von 95% erreichten, als sie VCl_3 mit Natrium in einer eisernen Bombe erhitzten, ist dieses Resultat doch in die Tabelle aufgenommen worden. Verfasser ist mit den Autoren überzeugt, daß es nach dieser Methode, wenn nur im größeren Maßstabe angewandt, möglich sein wird, ein sehr gutes Vanadium herzustellen. Es kann aber mitunter vorkommen, daß die Reduktion nicht zum Metall führt, sondern zu VCl_2, das alsdann in Form bronzefarbiger Klümpchen in der Schmelze vorhanden ist. Dieses VCl_2 wird sehr schnell von Wasser angegriffen: allmählich geht es aber in Vanadiumoxyde über: auf diese Weise können leicht größere Mengen Oxyd in das Metall gelangen.

Jedenfalls hat sich als Ausgangsmaterial für die Darstellung des Vanadiums nach dem Jodidverfahren (s. u.) ein durch Reduktion von VCl_3 mit Natrium dargestelltes Metall gut bewährt. Ein Nachteil ist natürlich, daß leicht Verunreinigung durch Eisen eintreten kann. Nach HÄGG (*24*), der nach dieser Methode ähnliche Resultate erhielt wie MARDEN und RICH besteht der Rest des 96,8%igen Präparats aus Oxyd.

b) Duktiles Vanadium.

In der Literatur finden sich keine Angaben, daß mit der Methode, die WERNER v. BOLTON (*2*) angegeben hat, noch weitere Fortschritte erreicht sind. Die Methode bestand darin, daß das leicht zu erhaltende VO zu Stäben gepreßt wurde; die Stäbe wurden dann im Vakuum durch einen elektrischen Strom erhitzt.

Auf diese Weise wäre vielleicht eine Reinigung von Rohvanadium, ebenso wie bei Niob und Tantal möglich, wenn sie nicht daran scheiterte, daß der Schmelzpunkt relativ niedrig ist.

Aus der Tabelle 1 zeigt es sich, daß es prinzipiell möglich ist, nach drei verschiedenen Verfahren zu duktilem Vanadium zu gelangen. Bei der Methode, die MARDEN und RICH angeben, bleibt immer die Gefahr, daß das Metallpulver noch etwas Sauerstoff enthält und daß sich also, wenn man versucht, daraus kompaktes Metall herzustellen, letzteres doch wieder durch Oxyd oder etwas Nitrid verunreinigt ist. Die Autoren geben nicht an, ob auch das kompakte Metall, das sie durch Schmelzen im Vakuum erhielten, noch duktil war.

Aus der Beschreibung der Versuche über die mechanische Bearbeitung glaubt Verfasser ableiten zu können, daß das von ihm durch Dissoziation des Jodids oder durch Reduktion des Chlorids mit Wasserstoff erhaltene Vanadium noch sehr viel duktiler war als das von MARDEN und RICH erhaltene.

Bei der Abscheidung des Metalls (*4*) aus der Gasphase wurde ein Rohvanadium verwendet, das erhalten war durch Erhitzen von VCl_3 mit Natrium in einem eisernen Rohr.

Dieses Rohmetall wird nun mit etwas Jod in einem Quarzballon, der mit Wolframelektroden und Glühdraht versehen ist, eingeschlossen. Nachdem der Apparat evakuiert ist, wird auf 900 bis 1000° erhitzt. Das gebildete VJ_2 verflüchtigt sich und wird an dem glühenden Wolframdraht in V und J_2 gespalten.

Das Verfahren ist hier viel umständlicher, als bei den Elementen der 4. Gruppe, weil das Vanadiumjodid sehr wenig flüchtig ist. Das Arbeiten mit Quarzgeräten, in denen die Elektroden mittels einer Reihe von Übergangsgläsern an Quarz angeschmolzen sind, ist sehr unbequem. Es sind deshalb nur einige Vanadiumstäbe auf diese Weise hergestellt worden.

Grundsätzlich einfacher ist die Darstellung aus dem Tetrachlorid durch Reduktion mit Wasserstoff. Um Verunreinigung des gebildeten Metalls durch die Gefäßwand zu vermeiden, schlägt man auch bei diesem Verfahren das Metall auf einen erhitzten Metalldraht nieder (*4*). Durch einen Ballon aus Pyrexglas mit eingeschmolzenen Wolframelektroden, zwischen denen ein dünner Wolframdraht ausgespannt ist, leitet man mit VCl_4-Dampf beladenen Wasserstoff. Erhitzt man jetzt den Wolframdraht auf 800 bis 1000°, so wird an der Drahtoberfläche das VCl_4 durch Wasserstoff reduziert. Dabei bildet sich aber nicht das reine Metall, sondern eine feste Lösung von Wasserstoff in Vanadium.

Dieses „Hydrid" ist noch sehr spröde; durch nachheriges Ausglühen im Vakuum läßt sich aber der Wasserstoff entfernen, und man erhält einen duktilen Metallstab.

Praktisch hat auch diese Methode große Nachteile: denn wenn der Wasserstoff nur Spuren von Stickstoff enthält, wird das Metall durch Nitrid verunreinigt. Überdies ist das Verfahren an sehr enge Temperaturgrenzen gebunden, so daß sehr oft Mißerfolge eintreten.

Da ein Teil des VCl_4 zu VCl_3 reduziert wird, hat man immer große Verluste an dem an sich schon kostspieligen VCl_4; auch von einer Darstellung des Vanadiums nach diesem Verfahren in technischem Maßstabe sind wir noch weit entfernt.

c) Physikalische Eigenschaften.

Wenn wir jetzt zu der Besprechung der physikalischen Eigenschaften des reinen Vanadiums übergehen, so ist dabei zu bedenken, daß wir diese Eigenschaften gewissermaßen extrapolieren müssen aus Daten, die an noch nicht einwandfreien Präparaten erhalten wurden. Von derartigen Präparaten kommen praktisch nur drei in Frage; es sind dies folgende:

a) Präparat von Döring und Geiler: es ist ein nichtkompaktes Metall; als mögliche Verunreinigung kommt am ehesten ein kleiner Wasserstoffgehalt in Anmerkung.

b) Präparat von Marden und Rich. Enthält ungefähr 0,2% Fe und möglicherweise auch noch kleine Mengen Oxyd.

c) Präparat von van Arkel, erhalten durch Zersetzung des Jodids. Die meisten Proben enthielten nach Analyse von Noddack (*18*) noch ungefähr 0,5% Eisen. Diese Verunreinigung wird wahrscheinlich nur einen geringen Einfluß auf die mechanischen Eigenschaften haben, dagegen die elektrischen Eigenschaften merklich beeinflussen.

Mitunter sind in folgendem auch Meßresultate an anderen Präparaten aufgenommen.

Kristallstruktur. Die Kristallstruktur ist von verschiedenen Autoren bestimmt worden. Das Metall ist kubisch raumzentriert. Basis: (0 0 0) ($^1/_2\,^1/_2\,^1/_2$).

Für die Gitterkonstante und die Röntgendichte wurden gefunden:

a	d	
3,04	—	HULL (*12*)
3,011	6,16	HÄGG (*13*)
3,0338 ± 0,0003	6,015	NEUBURGER (*14*)
3,024	6,07	MATHEWSON u.a. (*26*)
3,024	6,07	OSAWA, OYA (*27*)
3,025	6,07	KETELAAR

Die zuletzt erwähnten Werte sind von Dr. KETELAAR im Leidener Institut für anorganische Chemie gemessen worden an einem Vanadiumblech, das nach dem Jodidverfahren hergestellt wurde. Dieses Blech war aber zu klein, um eine genaue Messung der Dichte auszuführen. Für die Dichte sind wir also auf Messungen an anderen Präparaten angewiesen.

Nach MATHEWSON, SPIRE und SAMANS (*26*) nimmt der Gitterabstand mit zunehmendem Sauerstoffgehalt ab. Damit sind aber die Schwankungen noch nicht erklärt; denn das aus Jodid hergestellte Präparat enthält wohl sicher keinen Sauerstoff, zeigt aber nicht den hohen d-Wert, den NEUBURGER als den besten annimmt.

Dichte. Pyknometrische Messungen der Dichte werden von verschiedenen Autoren angegeben; gefunden wurde:

$d_{20} = 5{,}53$ HUNTER und JONES (*6*)
$d_{15} = 6{,}02$ MUTHMANN (*11*)
$d_{12} = 6{,}0$ MARDEN und RICH (*3*).

Die von HUNTER und JONES gemessene Dichte ist wohl zu niedrig, da die beiden Verfasser nicht ein reines Metall gehabt haben. Die Dichte, die MARDEN und RICH sowie MUTHMANN angeben, stimmt mit den Röntgendaten gut überein.

Kompressibilität. BRIDGMAN (*15*) gibt an, daß die Kompressibilität eines Vanadiumpräparats von 95% Metallgehalt dargestellt werden kann durch die Formel:

$$K_{30} = 0{,}609 \cdot 10^{-6} - 2{,}58 \cdot 10^{-12} p$$
$$K_{75} = 0{,}6117 \cdot 10^{-6} - 2{,}55 \cdot 10^{-12} p.$$

Schmelzpunkt. Der Schmelzpunkt liegt nach MARDEN und RICH (*3*) bei 1700° C. v. BOLTON (*2*) gibt 1680° an; VOGEL und TAMMANN (*10*) finden an einem weniger reinen Präparat 1750°; v. WARTENBERG 1710° (*9*). Vorläufig können wir wohl am besten 1700 ± 20° C für den Schmelzpunkt annehmen.

Dampfspannung. Nach MARDEN und RICH (*3*) scheint beim Schmelzpunkt der Dampfdruck noch sehr gering zu sein, geringer sogar als bei irgendeinem anderen Metall. Weitere Daten über die Flüchtigkeit des Metalls sind nicht vorhanden.

Spezifische Wärme. Die spezifische Wärme ist von MARDEN und RICH (*3*) und von JAEGER und VEENSTRA gemessen worden. JAEGER und VEENSTRA haben auch Messungen bei hohen Temperaturen angestellt (*16*). Wir geben hier einige von ihnen gefundene Werte:

t	0°	200°	400°	600°	800°	1000°	1200°	1400°	1600° C
C_p (*16a*) . . .	6,044	6,349	6,630	6,895	7,140	7,369	7,589	7,803	—
C_p (*16b*) . .	6,109	6,338	6,648	7,035	7,499	8,035	8,641	9,315	10,054

MARDEN und RICH (*3*) geben an: $C_p = 6{,}11$ cal; die Werte bei 0° stimmen untereinander also sehr gut. Weniger schön ist aber die Übereinstimmung mit TRAVIS ANDERSON (*17*). Aus den Daten von JAEGER und VEENSTRA ist nicht deutlich zu ersehen, wie rein das Präparat war, mit dem sie gearbeitet haben; sie geben nur an, daß das Metall „praktisch" rein war.

JAEGER und VEENSTRA unterwerfen das Metall einer „geeigneten" Temperaturbehandlung, indem sie das Metall bis auf 1400° erhitzten. Ob dabei auch genügend darauf geachtet ist, daß kein Gas aufgenommen wurde, ist nicht angegeben. Jedenfalls stimmen ihre in (*16 a*) angegebenen Werte sehr schlecht mit früheren Messungen an demselben Material (*16 b*) überein.

Bei niedrigen Temperaturen wurde die spezifische Wärme des Vanadiums von TRAVIS ANDERSON (*17*) an einem Präparat, das 99,5% Metall enthielt (Vanadium Corp. America), untersucht. Die Messungen sind in der nächsten Tabelle zusammengestellt.

T	54,2	59,7	69,7	91,5	120,3	185,2	271,1° K
C_p	1,182	1,466	1,973	2,871	3,851	5,143	5,772

Elektrischer Widerstand. MARDEN und RICH fanden für den spezifischen Widerstand ihrer Präparate:

$$\varrho_{20^\circ} = 26 \cdot 10^{-6}.$$

Für den Temperaturkoeffizient der Leitfähigkeit berechnet man aus den Daten von MARDEN und RICH:

$$\alpha = 280 \cdot 10^{-5};$$

während das vom Verfasser dargestellte Vanadium den größeren Wert

$$\alpha = 348 \cdot 10^{-5}$$

zeigt. Damit findet man $\varrho_{20} = 21 \cdot 10^{-6}$.

Auch der zuletzt genannte Wert ist vielleicht noch etwas zu niedrig, weil das Präparat jedenfalls noch ungefähr 0,5% Eisen enthielt. Da aber Vanadium und Eisen isomorph sind, ist der Einfluß wahrscheinlich nicht sehr groß.

Obwohl ein Wert $\alpha = 358 \cdot 10^{-5}$ etwas kleiner ist als bei den meisten anderen Metallen, paßt sich Vanadium mit diesem Wert ungefähr den Nachbarmetallen Nb [BRIDGMAN (*26*) s. unter Niob] und Ta [BURGERS (*19*)] an.

$$\text{Nb} = 395 \cdot 10^{-5}$$
$$\text{Ta} = 364 \cdot 10^{-5}.$$

An drei Präparaten haben MEISSNER und WESTERHOFF (*20*) den Widerstand bei tiefen Temperaturen gemessen, und zwar an einem Handelspräparat (DE HAËN), das sehr unrein war (Restwiderstand $\sim$ 0,4), und an zwei Proben aus dem Jodid hergestellt mit einem Restwiderstand $\sim$ 0,003. Die letzten Präparate wurden bei 4,3° K supraleitend. Den Einfluß eines magnetischen Feldes auf die elektrischen Eigenschaften hat KAPITZA (*21*) studiert.

Optische Eigenschaften. Die Grenzwellenlänge des photoelektrischen Effektes findet SCHULZE (*22*) bei 326 mμ: daraus berechnet sich für die Austrittsarbeit eines Elektrons 3,79 eV.

Mechanische Eigenschaften. Von den mechanischen Eigenschaften ist so gut wie nichts bekannt. Bei der Kaltbearbeitung wird nach MARDEN und RICH (*3*) das Metall deutlich härter. Verfasser hat dasselbe bemerkt. In den Röntgenaufnahmen eines kaltgewalzten Bleches sind die DEBYE-SCHERRER-Linien deutlich verbreitert, so daß $K_{\alpha_1 \alpha_2}$, als ein einziges verwaschenes Band erscheint.

Die Mikrohärte (60 g Belastung) nach einer Bestimmung von J. SACK, Eindhoven, beträgt 264 kg/mm² (briefl. Mitteilung von Dr. DE BOER).

d) Anwendungen.

Anwendung hat das reine duktile Vanadium bis jetzt nur gefunden als Röntgenfilter und zwar wurde es verwendet für Röhren mit Chromantikathode, um reine Cr_α-Strahlung zu erhalten.

e) Binäre Systeme.

Mit Stickstoff und Kohlenstoff gibt Vanadium wohl charakterisierte Verbindungen VN und VC. Inwieweit diese Verbindungen und das Oxyd mit dem Metall Mischkristalle geben, wie dies bei den Metallen der 4. Gruppe der Fall ist, ist nicht genau bekannt. Aus der Sprödigkeit der meisten Vanadiumpräparate, bei deren Herstellung die Verunreinigung durch Sauerstoff, Stickstoff und Kohlenstoff nicht ganz vermieden wurde, ist eine derartige Mischkristallbildung wohl sehr wahrscheinlich.

Vanadium und Wasserstoff. Besser untersucht ist das System Vanadium—Wasserstoff. Die Kenntnis dieses Systems ist von Bedeutung, weil die Brauchbarkeit der Methoden, bei denen Vanadium dargestellt wird, durch Reduktion mit Wasserstoff, davon abhängt, ob sich der vom Metall aufgenommene Wasserstoff bei nicht allzu hoher Temperatur wieder restlos entfernen läßt.

Alle Messungen an dem System Vanadium—Wasserstoff sind ausgeführt an Vanadiumpräparaten, die erhalten waren durch Reduktion von VCl_3 mit Natrium. Nach HÄGG (*24*) enthält das so dargestellte Metall noch 3% Sauerstoff, also noch ungefähr 8% Oxyd (VO). Vielleicht können wir annehmen, daß bei diesem System sehr verwickelte

Hemmungs- und Aktivierungseffekte eine Rolle spielen, die bis jetzt eine genaue Deutung des Systems verhindert haben.

Nach KIRSCHFELD und SIEVERTS (23) nahmen die besten Metallproben bei Zimmertemperatur und Atmosphärendruck bis zu 72 Atom-% Wasserstoff auf. Ein Gleichgewicht war hier wahrscheinlich noch nicht erreicht. Bei 800° sank die bei Atmosphärendruck aufgenommene Menge schon auf 1 Atom-%.

HÄGG konnte bei Zimmertemperaturen unter Atmosphärendruck eine Wasserstoffaufnahme bis zu 50 Atom% wahrnehmen. Die Wasserstoffaufnahme scheint bei gewöhnlicher Temperatur sehr viel schneller vor sich zu gehen, wenn man das Präparat zuvor auf 1100° in Wasserstoff erhitzt hat (Entfernung von Oxydschichten?). Dieser Wasserstoff läßt sich durch Abpumpen im Vakuum zum größten Teil wieder beseitigen. Mit Wasserstoff beladenes Vanadium verliert auch beim Liegen an der Luft einen Teil des Wasserstoffes. Es ist also sehr unwahrscheinlich, daß es einem Wasserstoffgehalt zuzuschreiben ist, daß die älteren Präparate so abweichende Eigenschaften zeigten. Ein Wasserstoffgehalt wäre durch mäßiges Erhitzen zu beseitigen.

Wie der Wasserstoff in das Vanadiumgitter eingebaut wird, ist auch durch die röntgenographische Analyse von HÄGG nicht ganz klar geworden (24). Eine Gitterausdehnung tritt nicht ein: HÄGG nimmt also an, daß sich hier keine wasserstoffhaltige Vanadiumphase bildet. Die anderen Phasen die auftreten, konnten nicht genügend genau festgestellt werden.

f) Legierungen.

Technisch sehr wichtig sind die Eisen-Vanadium-Legierungen. Da es sich hier meistens um Legierungen mit wenig Vanadium handelt und man bei den Legierungen von Eisen mit Vanadium nicht vom reinen Vanadium ausgeht, wollen wir hier diese Systeme nicht weiter behandeln, und auf eine diesbezügliche Monographie verweisen (25).

Literatur.

1. ROSCOE, H. E.: Trans. roy. Soc. Bd. 159 (1869) S. 689.
2. BOLTON, WERNER v.: Z. Elektrochem. Bd. 11 (1905) S. 45.
3. MARDEN, J. W., M. N. RICH: Industr. Engng. Chem. Bd. 19 (1927) S. 786. Vgl. auch Amer.P. 1, 814, 720.
4. VAN ARKEL, A. E.: Metallwirtsch. Bd. 13 (1934) S. 405.
5. DÖRING, TH., J. GEILER: Z. anorg. allg. Chem. Bd. 221 (1934) S. 56.
6. HUNTER, M. A., A. JONES: Trans. Amer. Electrochem. Soc. Bd. 44 (1923) S. 23.
7. BILLY, M.: C. R. Acad. Sci., Paris Bd. 158 (1914) S. 578.
8. MORETTE, A.: C. R. Acad. Sci., Paris Bd. 200 (1935) S. 1110.
9. v. WARTENBERG, H., J. BROY, R. REINICKE: Z. Elektrochem. Bd. 29 (1923) S. 214.
10. VOGEL, R., G. TAMMANN: Z. anorg. allg. Chem. Bd. 64 (1909) S. 225.
11. MUTHMANN, W., L. WEISS, R. RIEDELBAUCH: Liebigs Ann. Chem. Bd. 355 (1907) S. 58.

12. HULL, A. W.: Phys. Rev. Bd. 20 (1922) S. 113.
13. HÄGG, G.: Z. phys. Chem. Abt. B. Bd. 11 (1931) S. 433.
14. NEUBURGER, M. C.: Z. Kristallogr. (A) Bd. 93 (1936) S. 314.
15. BRIDGMAN, P. W.: Proc. Amer. Acad. Arts u. Sci. Bd. 62 (1927) S. 207.
16a. JAEGER, F. M., W. A. VEENSTRA: Rec. Trav. chim. Pays-Bas Bd. 53 (1934) S. 677.
16b. JAEGER, F. M., W. A. VEENSTRA: Proc. Acad. Sci., Amst. Bd. 37 (1934) S. 61.
17. TRAVIS ANDERSON, C.: J. Amer. chem. Soc. Bd. 58 (1936) S. 564.
18. MEISSNER, W., B. VOIGT: Ann. Phys., Lpz. (5) Bd. 7 (1930) S. 902.
19. BURGERS, W. G., J. C. M. BASART: Z. anorg. allg. Chem. Bd. 216 (1934) S. 223.
20. MEISSNER, W., H. WESTERHOFF: Z. Phys. Bd. 87 (1934) S. 206.
21. KAPITZA, P.: Proc. roy. Soc., Lond. A Bd. 123 (1929) S. 292.
22. SCHULZE, R.: Z. Phys. Bd. 92 (1934) S. 212.
23. KIRSCHFELD, L., A. SIEVERTS: Z. Elektrochem. Bd. 36 (1930) S. 123.
24. HÄGG, G.: Z. phys. Chem. Abt. B. Bd. 11 (1931) S. 444.
25. SAKLATWALLA, B. D., STRAUSS: Constitution of Iron-Vanadium Alloys. 1933.
26. MATHEWSEN, CH., E. SPIRE, C. H. SAMANS: Trans. Amer. Soc. Steel Treati Bd. 19 (1931) S. 357.
27. OSAWA, A., M. OYA: Sci. Rep. Tôhoku Imp. Univ. (1) Bd. 19 (1930) S. 95.

39. Niobium (Columbium).

(Atomgewicht 92,91.)

a) Herstellung.

In vielen Hinsichten erinnert das Niob in seinem Verhalten an Vanadium. Wie dieses Element läßt es sich durch Reduktion des Chlorids mit Wasserstoff bei nicht allzu hoher Temperatur herstellen. Auch hier ist aber die Reindarstellung noch schwierig, weil das Metall sehr leicht Kohlenstoff, Stickstoff, Wasserstoff usw. aufnimmt und mit diesen Elementen sehr stabile Verbindungen bildet.

Man hat die Reduktion der Halogenide und des Oxyds mit den verschiedensten Reduktionsmitteln versucht. Für die Reduktion mit Kohlenstoff (*1*), Aluminium (*2*), Mischmetall (*3, 4*) und ähnliche Mitteln gilt wieder dasselbe, was bei den Elementen der 4. Gruppe und Vanadium gesagt ist: es entstehen hierbei meistens Carbide oder Legierungen, die sich nur schwer oder überhaupt nicht in reines Metall umwandeln lassen.

Auch bei den weiteren Versuchen von MUTHMANN, WEISS und RIEDELBAUCH (*4*), bei denen angeblich ein Niob von 100% Reinheitsgrad erhalten wurde, haben die Verfasser wohl doch nicht reines Metall in Händen gehabt, wie nach v. BOLTON (*5*) deutlich aus den von ihnen angegebenen physikalischen Eigenschaften hervorgeht.

Über die Reduktion von Halogeniden und Oxyden mit Alkali- oder Erdalkalimetall sind in der Literatur sehr wenig Daten zu finden. MARDEN und RICH beschreiben in einer Patentschrift die Herstellung des Niobs durch Reduktion des Pentoxyds mit Calcium unter Zugabe von etwas Natrium und Calciumchlorid als Flußmittel (*6*).

Nach SMITHELLS (*7*) kann das Niob durch Reduktion des Kaliumniobfluorids mittels Natrium in einer eisernen Bombe erhalten werden.

Die Reduktion des Chlorids mit Wasserstoff ist wiederholt versucht worden. Da aber Niob, wie wir später sehen werden, sehr leicht Wasserstoff aufnimmt, ist das so erhaltene Pulver eher als ein Hydrid des Niobs anzusprechen (*8*, *9*). Unter diesen Versuchen nimmt das Verfahren von MOERS eine Sonderstelle ein. MOERS (*10*) leitet Wasserstoff, beladen mit $NbCl_5$-Dampf über einen glühenden Metalldraht und erhält dabei einen Metallstab, der noch Wasserstoff enthält. Dieser Wasserstoff läßt sich aber durch Erhitzen im Vakuum weitgehend entfernen. MOERS enthält auf diese Weise einen kompakten Niobstab. Es kann dieses Verfahren aber auch so geleitet werden, daß direkt ein wasserstofffreies Metall entsteht (*18*).

Eine Abscheidung des Metalls durch Elektrolyse ist von verschiedenen Forschern beobachtet worden. So gibt PEIRCE an (*11*), daß das Metall sich abscheidet bei Elektrolyse einer Lösung des Pentoxyds in konzentrierter Sodalösung. Nach ISGARISCHEW und PREDE (*12*) soll das Niob gewonnen werden können durch Elektrolyse einer 40%igen KOH-Lösung unter Zugabe von Dextrinen und weiter aus Oxalsäurelösung und aus Zitronensäurelösung. Diese Angaben sind aber sehr zweifelhaft geworden, seit LESLIE HOLT bei den analogen Versuchen mit Tantal gezeigt hat, daß es sich hier gar nicht um eine Tantal-, sondern um eine Platinabscheidung handelt (*13*).

Nach BALKE (*14*) läßt sich das Niob darstellen durch Elektrolyse des geschmolzenen K_2NbF_7. Das erhaltene Metallpulver wird gereinigt durch Auswaschen mit verdünnter Säure, verdünnter Lauge und verdünnter Fluorwasserstoffsäure: es soll in dieser Form schon sehr rein sein und nur sehr kleine Mengen Kohlenstoff enthalten. Dieser Kohlenstoff stammt wahrscheinlich vom Graphit, der als Anodenmaterial diente.

Wohl die besten Methoden zur Herstellung des Niobs sind diejenigen, bei denen das Metall durch direkte Zersetzung des Oxyds oder des Chlorids bei sehr hoher Temperatur im Vakuum gebildet wird. Auf diese Weise hat schon v. BOLTON (*5*) Niobstäbchen erhalten, die sicher nur wenig nichtmetallische Verunreinigungen enthielten, da diese Stäbchen duktil waren. Es ist aber möglich, daß dieses Niob noch viel Tantal enthielt, denn die von v. BOLTON angegebene Dichte ist viel zu hoch (s. u.).

Die Methode, die v. BOLTON gebrauchte, besteht darin, daß das Niobpentoxyd zunächst durch Wasserstoff oder durch Kohlenstoff reduziert wurde zu NbO_2; dieses Oxyd preßte er in Stäbchen, die er auf hohe Temperatur erhitzte. Diese Methode kann darum beim Niob und wie wir später sehen werden bei Tantal mit so gutem Erfolg angewandt werden, weil diese Metalle einen so hohen Schmelzpunkt und dabei einen sehr niedrigen Dampfdruck haben. Man kann also diese Stäbchen so hoch im Vakuum erhitzen, daß praktisch alle anderen Metalle verdampfen und Oxyde, Hydride und ähnliche Verbindungen zersetzt werden. Die technische Herstellungsverfahren des Niobs, die meistens geheimgehalten werden, und also nur sehr ungenau bekannt sind, beruhen wohl zum größten Teil darauf, daß durch Erhitzen auf hohe Temperatur der größte Teil der Verunreinigungen beseitigt wird.

Von derartigen Verfahren sind in der Literatur verschiedene erwähnt worden. WERNER v. BOLTON (*5*) reduziert Pentoxyd mit Aluminium und gewinnt reines Niob, indem er die Stäbe aus diesem Rohmaterial in einem Vakuumofen schmilzt.

Kohlenstoff läßt sich nach einer Patentschrift (*16*) entfernen durch Erhitzen mit einem geeigneten Oxyd. Auf ähnliche Weise soll nach einer anderen Patentschrift das Metall erhalten werden durch Erhitzen von einem Gemisch von NbO und NbC (*17*). Weiter scheint es möglich zu sein, Kohlenstoff durch Wasserstoff zu entfernen.

Eine Methode, die ebenfalls auf direkte Spaltung von Niobverbindungen im Vakuum beruht, ist von BURGERS und BASART ausgeführt worden (*18*). Hierbei wird ein dünner Metalldraht im Dampf des Pentachlorids erhitzt. Dabei schlägt sich das Niob auf den Metalldraht nieder und gleichzeitig wird durch Abpumpen das gebildete Chlor entfernt; das ganze Gefäß wird dabei auf etwa 100° C erhitzt, um die Dampfspannung des Chlorids zu regulieren, während die Temperatur des Glühfadens 1800° C betragen soll.

Die Reinheit der so erhaltenen Metalle hängt praktisch nur von der Reinheit des verwendeten Chlorids ab, weil das Metall während der Darstellung nicht mit anderen Substanzen in Berührung kommt. Die Eigenschaften des so erhaltenen Niobs stimmen sehr gut überein mit denjenigen, die an den besten Proben auf andere Weise hergestellt wurden.

Die Methoden für die Herstellung des Niobs sind denen des Tantals sehr analog. Nur ist die Herstellung des Niobs offensichtlich bedeutend schwieriger, weil das Niob viel flüchtiger ist als Tantal und die Erhitzung des Rohmetalls also weniger hoch getrieben werden kann. Wegen näherer Einzelheiten sei auf das Kapitel Tantal hingewiesen.

b) Physikalische Eigenschaften.

Kristallstruktur. Die Kristallstruktur des Niobs ist regulär, raumzentriert, Basis $\left(0\,0\,0, \frac{1}{2}\frac{1}{2}\frac{1}{2}\right)$. Die Gitterkonstante wird von verschiedenen Autoren angegeben. Die Resultate sind in der nächsten Tabelle (S. 231) zusammengestellt.

Es scheint, daß ein kleiner systematischer Unterschied bestehen bleibt zwischen den Werten gemessen an dem von BURGERS (*18*) hergestellten sehr reinen Niob und dem von Fansteel Co. gelieferten (*14*, *15*).

Auf Grund der großen Duktilität und hohen Temperaturkoeffizienten des Widerstandes der von BURGERS erhaltenen Präparate, auf die wir bei Tantal näher zurückkommen, wollen wir annehmen, daß das von BURGERS erhaltene Niob wahrscheinlich reiner ist als das auf andere Weise hergestellte.

Beobachter	a in Å	Material
VON OLSHAUSEN (*19*) . . .	3,32 [korrigiert von NEUBURGER (*22*)]	aluminothermisch
MEISEL (*20*)	3,31 ± 1,5 %	Nb-Pulver
McLENNAN, MONKMAN (*21*)	3,291	
NEUBURGER (*22*)	3,303 ± 0,002	Meisel-Präparat
BÖHM (*23*)	3,303 ± 0,002	
QUILL (*24*)	3,299 ± 0,001	Fansteel (Balke)
BURGERS (*18*)	3,294 ± 0,001	Eigenes Präparat
BURGERS (*18*)	3,298 ± 0,001	Käufliches Fansteel von BURGERS
NEUBURGER (*25*)	3,2941 ± 0,0003 (20°)	
HIDNERT, KRIDER (*26*) . .	3,293 ± 0,002	
ROOKSBY (*30*)	3,2935 ± 0,0005	

Wir nehmen also für die Gitterkonstante als wahrscheinlichsten Wert $a = 3{,}294 \pm 0{,}001$. Nach NEUBURGER (*25*) würde sogar die Genauigkeit noch etwas größer sein; aus diesem Wert berechnet sich für die Röntgendichte $d_{20} = 8{,}58$ (Atomgewicht = 92,91 ± 0,01).

Dieser Wert stimmt ziemlich gut mit dem experimentell gefundenen 8,60 [(*23*) S. 258] überein. Die Werte, die von früheren Untersuchern an nichtduktilen, also weniger reinen Metallen erhalten wurden, liegen alle um diesen Wert herum. [MUTHMANN (*4*): 8,40—8,43; MEISEL (*20*): 8,55]. Nur v. BOLTON gibt einen Wert von 12,7 an, der offenbar falsch ist [s. z. B. (*22*) S. 219]. Vielleicht handelt es sich hier um ein stark mit Tantal verunreinigtes Präparat (*27*). Der Wert, der HIDNERT und KRIDER angeben, scheint etwas zu hoch zu sein (*26*). Das kann damit zusammenhängen, daß das Metall nicht ganz rein war: nach Analyse enthielt es jedenfalls noch 0,93% Sn, 0,26% Fe.

Allotropie. Andeutungen für Allotropie sind bis jetzt nicht gefunden.

Der lineare **Ausdehnungskoeffizient** ist nach HIDNERT und KRIDER (*26*) für das schon früher genannte Präparat mit 1% Verunreinigungen (Fe 0,26%; Sn 0,93%) $7{,}2 \cdot 10^{-6}$ zwischen 0 und 100° C. Die Temperaturabhängigkeit des Ausdehnungskoeffizienten wird wiedergegeben durch

$$\delta = \delta_0 (1 + 7{,}06 \cdot 10^{-6} t + 1{,}44 \cdot 10^{-6} t^2).$$

Kompressibilität. Sie wurde von BRIDGMAN (*28*) gemessen. Er findet:

$$K_{30} = 0{,}5700 \cdot 10^{-6} - 2{,}22 \cdot 10^{-12} p$$
$$K_{75} = 0{,}5778 \cdot 10^{-6} - 2{,}12 \cdot 10^{-12} p$$

Aus den elektrischen Eigenschaften geht aber hervor, daß das verwendete Präparat nicht ganz rein war.

Schmelzpunkt. In der Literatur werden folgende Werte für den Schmelzpunkt angegeben:

v. BOLTON (*5*)	1950° C
GUERTLER, PIRANI (*29*) .	1700° C
SMITHELLS (*7*)	1950° C
BALKE (*15*)	2000° C.

Von SMITHELLS wird erwähnt 1950° C; er scheint hier einfach den an einem sicher nicht reinen Präparat von v. BOLTON gemessenen Wert zitiert zu haben. REIMANN und GRANT finden (*30*) aber an einem sehr reinen Präparat den Schmelzpunkt 2770 ± 40° K (2500° C). Auch die Verdampfungsgeschwindigkeit wurde von REIMANN und GRANT (*30*) gemessen. Aus diesen Daten kann der Dampfdruck und die Verdampfungswärme berechnet werden. Für letztere Grösse finden die Autoren 171,2 kcal/mol.

Spezifische Wärme. JAEGER und VEENSTRA (*31*) geben folgende Formel für die spezifische Wärme:

$$C_p = 6{,}0120 + 0{,}722533 \cdot 10^{-3}\, t + 0{,}21952 \cdot 10^{-6}\, t^2.$$

Die folgende Tabelle gibt einige ihrer Werte an.

Atomwärme (nach JAEGER und VEENSTRA)

Temp. in °C	C_p
0	6,012
400	6,337
800	6,730
1200	7,195
1600	7,731

Elektrische Eigenschaften. Für den spezifischen Widerstand gibt BALKE (*15*) an: $\varrho = 14{,}1 \cdot 10^{-6}$, wahrscheinlich bei ~ 25° C, BRIDGMAN (*28*) findet dagegen $\varrho_0 = 23{,}3 \cdot 10^{-6}$; für den Temperaturkoeffizienten der Leitfähigkeit gibt BRIDGMAN: $\alpha = 228 \cdot 10^{-5}$.

Von den beiden Widerstandswerten ist der von BALKE angegebene wohl als der bessere zu betrachten. Wahrscheinlich war das von BRIDGMAN gemessene Präparat weniger rein. Unter der Annahme, daß das Gesetz von MATTHIESSEN gültig ist, können wir den von BRIDGMAN gefundenen α-Wert korrigieren, mit Hilfe des von BALKE gefundenen Widerstandes. Wir finden:

$$\alpha = \frac{22{,}6}{13}\, 228 \cdot 10^{-5} = \sim 395 \cdot 10^{-5} \text{ und für } \varrho_0 = 13{,}1 \cdot 10^{-6}.$$

Dieser Wert paßt sich besser an den genauer bekannten Werten für Vanadium und Tantal an, wie der BRIDGMANsche Wert. REIMANN und GRANT geben für den Widerstand als Funktion der Temperatur

$$\log \varrho = 0{,}7354 \log T - 0{,}586.$$

Daraus berechnet man $\varrho_0 = 16{,}1 \cdot 10^{-6}$ und $\alpha = 248 \cdot 10^{-5}$.

Daß oft noch unreine Proben des Niobs zur Messung kommen, zeigt sich aus dem großen Restwiderstand, 0,33, den MEISSNER, FRANZ und WESTERHOFF (*33*) an einem angeblich reinem Draht fanden. Zinn scheint ein oft vorkommender Begleiter des Niobs zu sein; auch das zuletzt erwähnte Präparat enthielt 1,5%.

Unter Druck nimmt nach BRIDGMAN (*28*) der Widerstand ab; für den Druckkoeffizient wird gefunden:

$$\left(\frac{1}{p}\frac{\partial \varrho}{\partial p}\right)_{30^\circ} = -1{,}21 \cdot 10^{-6}, \qquad \left(\frac{1}{p}\frac{\partial \varrho}{\partial p}\right)_{75^\circ} = -1{,}25 \cdot 10^{-6}.$$

Es handelt sich aber, wie aus den elektrischen Eigenschaften hervorgeht, um ein wahrscheinlich nicht sehr reines Metall. Auch bei —78,5°

und $-182{,}8^\circ$ C hat BRIDGMAN (*41*) diese Größe gemessen. Er findet $-0{,}98 \cdot 10^{-6}$ bzw. $-0{,}80 \cdot 10^{-6}$.

Supraleitfähigkeit. Nach MEISSNER und FRANZ (*32*) wird Niob bei 9,2° K supraleitend (Restwiderstand 0,035), nachdem sie früher an einem Präparat das noch ziemlich viel Verunreinigung enthielt (1,5% Sn, 0,02% Ta) den Wert 8,74 bis 8,18° K gefunden hatten (Restwiderstand 0,33).

Magnetische Eigenschaften. Niob ist paramagnetisch; für die magnetische Suszeptibilität bei niedrigeren Temperaturen wurde von DE HAAS und VAN ALPHEN (*34*) gefunden:

bei 289° K: $\chi = 2{,}28 \cdot 10^{-6}$
20,4° K: $\chi = 2{,}34 \cdot 10^{-6}$
14,2° K: $\chi = 2{,}34 \cdot 10^{-6}$.

Das benutzte Präparat enthielt noch Sn und Fe. OWEN gibt den Wert $\chi = 1{,}3 \cdot 10^{-6}$ an (*35*).

Optische Eigenschaften. Die Elektronenemission ist von WAHLIN und SORDAHL (*36*) gemessen worden. Der Strom als Funktion der Temperatur kann durch die Formel:

$$i = A\,T^2\,e^{-\varphi/kT}$$

dargestellt werden, worin φ, die Austrittsarbeit, den Wert 3,96 eV und A den Wert 56 Amp./cm²/Grad² haben soll. Dagegen geben REIMANN und GRANT (*30*) für A einen niedrigeren Wert, der noch unbestimmt bleibt, da noch ein unbekannter Faktor für die Rauhigkeit der Drahtoberfläche eingeführt wird, für φ aber finden sie 4,01 eV.

Auch eine positive Ionenemission ist beobachtet worden als Funktion der Temperatur. Für φ_+ und B in der Formel: $i = BTe^{-\varphi_+/kT}$ wurde von denselben Autoren gefunden: $\varphi_+ = 5{,}52$ eV (*36*). B ist von der Größenordnung 0,1 Amp./cm²/Grad². Auch LE ROY L. BARNES hat eine Emission von positiven Ionen beobachtet (*37*).

Spektralemission. Für $\lambda = 667$ mμ wird $E_\lambda = 0{,}374$ gemessen von 1300 bis 2200° K. [WHITNEY (*38*)]. Die hier gefundenen Werte dazu verwendet die Temperaturskala für Niob festzustellen. Diese Skala ist von REIMANN und GRANT (*30*) bei der Bestimmung des Schmelzpunktes und der Verdampfungsgeschwindigkeit verwendet worden.

Mechanische Eigenschaften. Die Härte ist nach Ing. J. SACK (briefliche Mitteilung von DE BOER) gemessen nach einer Mikromethode mit 60 g Belastung zu: 250 kg/mm² bestimmt worden.

c) Chemische Eigenschaften.

Diese sind praktisch dieselbe wie für das Tantal. Von den Mineralsäuren wird es nicht angegriffen, mit Ausnahme von Flußsäure.

Bei höherer Temperatur verbindet es sich leicht mit Stickstoff, Kohlenstoff und Wasserstoff. Niob ist insofern von Tantal verschieden, daß es sich etwas leichter in heißer konzentrierter Säure auflöst. Bei Verwendung des Metalls als Kathode bedeckt es sich mit einer Oxydschicht, so daß es auch als Gleichrichter brauchbar wäre.

d) Binäre Systeme.

Verschiedene Verfasser haben bemerkt, daß Niob imstande ist, große Mengen Wasserstoff aufzunehmen. Systematisch ist das System untersucht worden von HAGEN und SIEVERTS (*39*). Allerdings sind die Messungen nicht an reinem Material ausgeführt worden. Der Niobgehalt des Metalls, das erhalten war durch Reduktion des Niobpentachlorids durch Natrium, nach Angaben von LELY und HAMBURGER, betrug nur 95%. Die Isobare für das Niobhydrid liegt, wie zu erwarten war, zwischen der des Tantals und der des Vanadiums. Der Niobwasserstoffverbindung entspricht die Formel $NbH_{0,5}$.

Obwohl Nitride und Carbide von Niob bekannt sind, sind die Systeme Niob-Stickstoff und Niob-Kohlenstoff ebensowenig wie das System Niob-Sauerstoff eingehend untersucht worden. Carbid und Nitrid sind beide gute Stromleiter. Das Carbid ist insofern noch merkwürdig, daß es nach MEISSNER und FRANZ (*50*) schon bei 10,1° K supraleitend wird; es zeigt unter allen Substanzen den höchsten Sprungpunkt.

e) Anwendungen.

Diese sind ungefähr dieselben wie die des Tantals. Da aber die Herstellung kostspieliger ist als die des Tantals, kommt Niob für praktische Anwendungen gar nicht in Frage. BALKE (*15*) bemerkt, daß Niob, wenn es ausgeglüht und frei von Gaseinschlüssen ist, sich sehr leicht auch an andere Metallen anschweißen läßt und daß es in dieser Hinsicht dem Tantal überlegen sein soll.

Nach Prospekten der Fansteel Corp. Chicago, soll es in den Vereinigten Staaten als Schmuckmetall Verwendung finden. Durch Oberflächenbehandlung ist Färbung in verschiedenen Nuancen möglich.

Literatur.

1. MOISSAN, H.: C. R. Acad. Sci., Paris Bd. 133 (1901) S. 20.
2. GOLDSCHMIDT, H., C. VAUTIN: J. Soc. chem. Ind. Bd. 19 (1898) S. 543.
3. WEISS, L., O. AICHEL: Ann. Phys., Lpz. Bd. 337 (1904) S. 370.
4. MUTHMANN, W., L. WEISS, R. RIEDELBAUCH: Liebigs Ann. Chem. Bd. 355 (1907) S. 59.
5. BOLTON, WERNER VON: Z. Elektrochem. Bd. 13 (1907) S. 145.
6. Amer.P. 1728941.
7. SMITHELLS, C. J.: Metal. Ind. London Bd. 38 (1931) S. 336.
8. BLOMSTRAND, C. W.: J. prakt. Chem. Bd. 99 (1866) S. 44.
9. ROSCOE, H. E.: Chem. News Bd. 37 (1878) S. 25.
10. MOERS, K.: Metallwirtsch. Bd. 13 (1934) S. 640.
11. PEIRCE, D. D.: J. Amer. chem. Soc. Bd. 53 (1931) S. 2810.
12. ISGARISCHEW, N. A., A. F. PREDE: Z. Elektrochem. Bd. 39 (1933) S. 283; Bd. 40 (1934) S. 33.

13. LESLIE HOLT, M.: Z. Elektrochem. Bd. 41 (1935) S. 303.
14. BALKE, C. W.: Industr. Engng. Chem. Bd. 27 (1935) S. 1166.
15. BALKE, C. W.: Industr. Engng. Chem. Bd. 21 (1929) S. 1002.
16. Öst.P. 133111.
17. DRP. 600369.
18. BURGERS, W. G., J. C. M. BASART: Z. anorg. allg. Chem. Bd. 216 (1934) S. 223.
19. OLSHAUSEN, S. VON: Z. Kristallogr. Bd. 61 (1925) S. 463.
20. MEISEL, K.: Z. anorg. allg. Chem. Bd. 190 (1930) S. 237.
21. McLENNAN, J. C., R. J. MONKMAN: Trans. roy. Soc. Canada III Bd. 23 (1929) S. 255.
22. NEUBURGER, M. C.: Z. anorg. allg. Chem. Bd. 197 (1931) S. 219.
23. BÖHM, J.: Zit. 24, S. 258.
24. QUILL, L. L.: Z. anorg. allg. Chem. Bd. 208 (1932) S. 257.
25. NEUBURGER, M. C.: Z. Kristallogr. Bd. 93 (1936) S. 312.
26. HIDNERT, P., H. S. KRIDER: Bur. Stand. J. Res., Wash. Bd. 11 (1933) S. 279.
27. BAUR, E., R. BRUNNER: Z. phys. Chem. Bd. 76 (1911) S. 578.
28. BRIDGMAN, P. W.: Proc. Amer. Acad. Arts a. Sci. Bd. 68 (1933) S. 27.
29. GUERTLER, W., M. VON PIRANI: Ann. Phys., Lpz. (4) Bd. 48 (1915) S. 1034.
30. REIMANN, A. L., C. KERR GRANT: Phil. Mag., J. Sci. (7) Bd. 22 (1936) S. 34.
31. JAEGER, F. M., J. A. VEENSTRA: Proc. roy. Soc., Amst. Bd. 37 (1934) S. 61.
32. MEISSNER, W., H. FRANZ, H. WESTERHOFF: Ann. Phys., Lpz. (5) Bd. 17 (1933) S. 593.
33. MEISSNER, W., H. FRANZ: Z. Phys. Bd. 63 (1930) S. 558.
34. HAAS, W. J. DE, P. M. VAN ALPHEN: Proc. roy. Soc., Amst. Bd. 36 (1933) S. 263.
35. OWEN, M.: Ann. Phys. Lpz. (4) Bd. 37 (1912) S. 657, 664, 698.
36. WAHLIN, H. B., L. O. SORDAHL: Phys. Rev. Bd. 45 (1934) S. 886.
37. LE ROY L. BARNES: Phys. Rev. Bd. 42 (1932) S. 487.
38. WHITNEY, L. V.: Phys. Rev. (2) Bd. 48 (1935) S. 458.
39. HAGEN, H., A. SIEVERTS: Z. anorg. Chem. Bd. 185 (1930) S. 225.
40. MEISSNER, W., H. FRANZ: Z. Phys. Bd. 65 (1930) S. 30.
41. BRIDGMAN, P. W.: Proc. Amer. Acad. Arts. a. Sci. Bd. 67 (1932) S. 332.

40. Tantal.

(Atomgewicht 180,89 $\pm$ 0,07.)

a) Herstellung.

Wie schon bei Vanadin bemerkt wurde, ist aus theoretischen Gründen zu erwarten, daß Tantaldioxyd und im allgemeinen die Tantalverbindungen leichter reduzierbar sind, als die entsprechenden Verbindungen der Elemente der 4. Reihe, weil es sich bei diesen Elementen um fünfwertige Metalle handelt. Es zeigt sich auch wirklich, daß die Pentoxyde dieser Metalle sich leicht zu niedrigen Oxyden reduzieren lassen. Nun kommt bei Tantal noch als besonders günstiger Umstand hinzu, daß dieses Metall einen so hohen Schmelzpunkt hat. Dadurch wird es möglich, die Oxyde des Tantals so hoch zu erhitzen, daß sie im Vakuum in Metall und Sauerstoff gespalten werden.

Diese Methode ist zum ersten Male von VON BOLTON (*1*) angewandt worden, um reines duktiles Tantal herzustellen; im wesentlichen scheint die technische Reindarstellung des Tantals noch immer auf demselben Prinzip zu beruhen. Man braucht aber nicht allen Sauerstoff auf diese Weise aus dem Oxyd zu entfernen und stellt daher zunächst schon ziemlich oxydfreies Metall auf andere Weise her, um dann durch Erhitzen auf sehr hohe Temperaturen die letzten Spuren Sauerstoff und Stickstoff zu beseitigen. Daß es bei diesen Metallen praktisch möglich ist, auf diese Weise vorzugehen, während dieser Prozeß bei anderen Metallen nicht zu brauchbaren Resultaten führt, hängt, wie schon bemerkt, damit zusammen, daß für Tantal die Umstände besonders günstig sind, erstens, weil die Oxyde an sich schon etwas weniger stabil sind, und zweitens, weil man das Tantal hoch erhitzen kann, ohne daß es sich verflüchtigt.

Daß bei höherer Temperatur im Vakuum auch das Nitrid und Carbid sich in Tantal und das betreffende Element spalten, geht aus den Arbeiten von FRIEDERICH und SITTIG hervor (*2*). Da die Wasserstoffverbindungen immer viel weniger stabil sind als die Oxyde, ist es sehr begreiflich, daß auch Wasserstoff entfernt werden kann.

Ohne diese Hochvakuumerhitzung scheinen die Versuche zur Darstellung eines einigermaßen reinen Metalls sehr wenig Erfolg gehabt zu haben.

Die Reduktion der Oxyde mit Kohlenstoff (*3*) und Aluminium (*1, 4*) hat nur Carbide und Aluminiumlegierungen geliefert. Nur bei den Versuchen von MUTHMANN (*5*) und Mitarbeitern, die Mischmetall als Reduktionsmittel gebrauchten, scheint ein 99%iges Tantal erhalten worden zu sein. Die Dichte und anderen physikalischen Eigenschaften dieses Metalls stimmen aber mit den später an anderen Proben erhaltenen nicht überein. In der Patentliteratur findet man weiter eine Arbeit von CACHEMAILLE (*6*) erwähnt, bei der das Pentoxyd in Gegenwart von etwas Alkali- oder Erdalkalihalogeniden mit Hilfe von Alkalimetall reduziert wird, und von MARDEN und RICH (*7*), die die Reduktion des Oxyds mit Calcium durchführen, unter Zugabe von etwas Alkali und Calciumchlorid als Flußmittel.

Von BERZELIUS wurde die Reduktion der Halogenide mit Alkalimetall vorgeschlagen (*8*). ROSE hat das Pentachlorid mit Natrium in einer eisernen Bombe reduziert (*9*). Ein ähnliches Verfahren wird von MARDEN angegeben (*10*). In der Literatur finden sich nur spärliche Angaben über diese Reduktionsverfahren. SPITZIN und KASCHTANOFF (*11*) reduzieren das K_2TaF_7 mit Hilfe von Natrium und erhalten dann ein Präparat das weniger als 5% Sauerstoffverbindungen enthält. Die Arbeiten sind scheinbar ausgeführt worden in offenen Tiegeln; bei Luftabschluß würde wahrscheinlich ein viel reineres Tantal zu erhalten sein. Durch direkte Reduktion einer Tantalverbindung mit anderen Metallen ist kein reines Metall erhalten worden.

In der letzten Zeit scheint häufig die Schmelzflußelektrolyse angewandt zu werden. DRIGGS und LILLIENDAHL (*12*) beschreiben ein Verfahren, wobei ein Gemisch von K_2TaF_7 mit KF und anderen Alkalihalogeniden elektrolysiert wird unter allmählichem Zusatz von TaO_2. Es scheint, daß dadurch die Erschöpfung an Tantalionen an der Anode aufgehoben wird. Die Autoren glauben, daß vielleicht die Rolle des Oxyds darin besteht, daß das Oxyd im Fluoridgemisch dissoziiert wird. Von der Stromdichte und Zusammenstellung des Bades hängt es ab, ob das Metall als Pulver oder grobkörnig abgeschieden wird. Die besten Resultate wurden erreicht, wenn ein Gemisch von 100 T. KCl, 40 T. KF, 25 T. K_2TaF_7 und 6 T. TaO_2 in einem Graphittiegel geschmolzen und der Elektrolyse unterworfen wurde. Bei der Elektrolyse diente als Kathode ein in der Mitte des Tiegels aufgehängter Stab aus Molybdän-Nickel. Das so abgeschiedene Metall ist schon sehr rein. Nachdem durch Kochen mit einem Gemisch von Schwefelsäure und konzentrierter Salpetersäure mechanisch beigemischter Graphit entfernt worden war, gab die Analyse 0,06% C, 0,02% Fe, 0,01% Ni und 0,002% Mn. Das Metall enthält aber noch verschiedene Gase, die erst durch Erhitzen im Vakuum entfernt werden können. Erst auf diese Weise entsteht ein reines duktiles Tantal.

Verschiedene elektrolytische Verfahren zur Herstellung des Tantals sind noch vorgeschlagen worden. BALKE (*13*, *14*) benutzt ein ähnliches Verfahren wie DRIGGS und LILLIENDAHL (*12*). Das erhaltene Metall wird abwechselnd mit verdünnter Schwefelsäure und verdünnter Kalilauge, und schließlich mit verdünnter Flußsäure gewaschen. Das Endprodukt enthält immer etwas Wasserstoff, der bei diesem Prozeß entsteht.

Ein amerikanisches Patent beschreibt die Abscheidung des Tantals aus einer Lösung von 10% $TaCl_5$, 1% KHF_2 in einem oxydfreien Lösungsmittel (*15*) z. B. Acetonitril.

Nach PLOTNIKOW und GRAZIANSKY (*16*) werden Metallüberzüge erhalten durch Elektrolyse einer Lösung von einem Gemisch von $TaCl_5$-$AlCl_3$-NaCl oder einem $TaCl_5$-NaCl-Gemisch bei 250° C.

b) Reines duktiles Tantal.

Zu einem duktilen, reinen Metall gelangt man nach der schon früher von VON BOLTON angegebenen Methode (*1*). VON BOLTON erhitzte kleine Stäbchen aus dem gutleitenden TaO_2 durch einen elektrischen Strom im Vakuum auf Weißglut. In größeren Mengen kann man das Tantal bequemer erhalten, indem man ein nach einer der oben erwähnten Methoden hergestelltes Rohtantal im Hochvakuum schmilzt. Auf diese Weise erhält man einen hochglänzenden duktilen Regulus, der sich leicht zu einem dünnen Draht verarbeiten läßt. Von der Fansteel Co. scheint in Amerika ein anderes Verfahren benutzt zu werden, das sich im Prinzip noch mehr an das Verfahren von VON BOLTON anschließt, wobei das Rohmetall zu Stäben gepreßt wird, die im Vakuum elektrisch erhitzt werden. Aus den ursprünglichen Versuchen von VON BOLTON geht klar hervor, daß auf diese Weise Sauerstoff entfernt werden kann. Wenn das Rohmetall Kohlenstoff enthält, kann diese Verunreinigung dadurch beseitigt werden, daß man dem Rohmetall ein Oxyd zusetzt. Nach einem amerikanischen Patent (*17*) wird Kohlenstoff entfernt durch Magnesiumoxydzusatz. Nach einem anderen Patent wird Tantaloxyd beigefügt (*18*). Es ist klar, daß dieser Erhitzungsprozeß nicht nur Sauerstoff, sondern auch andere Verbindungen, die flüchtiger sind als das Tantal, beseitigt. Bei sehr hohen Temperaturen scheint auch Kohlenstoff zu verdampfen. Aus dem Rohmaterial kommt man also zu einem sehr hochprozentigen Metall. Bei der Besprechung der physikalischen Eigenschaften kommen wir hierauf noch zurück.

Ein zweites Verfahren, das ebenfalls auf der sehr geringen Flüchtigkeit des Tantals beruht, ist die Darstellung durch Spaltung des Chlorids, wie sie von BURGERS und BASART (*19*) ausgeführt worden ist. BURGERS und BASART erhitzten dünne Wolframdrähte in Tantalpentachloriddampf und erhalten auf diese Weise sehr reine und weiche Tantalstäbe. Während die Temperatur der Drähte 2000° C betragen soll, wird das Gefäß auf 100° C erhitzt. Dieses Verfahren liefert bessere Resultate als die von FISCHVOIGT-KOREF (*20*) und von PIRANI (*21*) angegebenen Verfahren, bei denen der Metallfaden in einem Gemisch von Wasserstoff und Chlorid geglüht wird, weil bei dem letztgenannten Verfahren leicht ein wasserstoffhaltiges Tantal entstehen kann, und hierbei auch, wenn der Wasserstoff nicht ganz rein ist, leicht Verunreinigungen eintreten können.

Wenn aber die Temperatur des anwachsenden Drahtes 1400° C nicht überschreitet, so gelingt es ebenfalls duktiles, also wasserstofffreies Tantal zu erhalten (*22*), das dem von BURGERS und BASART hergestellten gleichwertig ist. Erst beim Erhitzen auf höhere Temperaturen sollte Wasserstoff aufgenommen werden.

Die von BURGERS und MOERS ausgearbeiteten Methoden können bis jetzt nicht als technisches Verfahren neben den schon bekannten Verfahren betrachtet werden. Es ist aber wichtig die physikalischen Eigenschaften der so erhaltenen Metalle zu vergleichen mit denen von auf ganz anderem Wege erhaltenen, weil man dadurch leicht kleinen Mengen von Verunreinigungen auf die Spur kommen kann.

c) Physikalische Eigenschaften.

Kristallstruktur. Tantal kristallisiert kubisch raumzentriert. Die Werte für die Gitterkonstante sind in der folgenden Tabelle (S. 239) zusammengestellt.

Die Tabelle zeigt ziemlich große Schwankungen. Zum Teil kann das bei den älteren Messungen daran liegen, daß weniger reine Präparate zur Messung kamen, und die Genauigkeit der Röntgenanalyse nicht so groß war, wie jetzt. Die Resultate der zuletzt genannten Autoren

Autoren	*a* (in Å)	Herkunft
BECKER, EBERT (*23*) . . .	3,32	keine Angaben
HULL, DAVEY (*24*)	3,272	Glühfaden
AGTE, BECKER (*25*)	3,281	,,
MCLENNAN u. a. (*26*). . . .	3,291	,,
OWEN, IBALL (*27*)	3,311	,,
HÄGG (*28*)	3,298	Siemens, bei 1100 entgast
QUILL (*29*)	3,298 ± 0,002	FANSTEEL
BURGERS u. a. (*19*)	3,296 ± 0,0005	Dissoziation
NEUBURGER (*30*).	3,2959 ± 0,0003	Präp. BURGERS

stimmen miteinander überein, obwohl ein kleiner Unterschied bestehen bleibt, der vielleicht einem geringfügigen Wasserstoffgehalt zuzuschreiben ist. Denn NEUBURGER (*30a*) betont, daß die Gitterkonstante des wasserstoffhaltigen Tantals etwas größere Parameter zeigt als wasserstofffreies, während die Gitterkonstante durch Sauerstoff verkleinert wird. Nun ist bei dem BURGERschen Verfahren eine Verunreinigung durch Sauerstoff oder Wasserstoff ausgeschlossen. Sehr wahrscheinlich ist also der von BURGERS angegebene Wert als der beste zu betrachten.

Weiter unten werden wir sehen, daß noch weitere Andeutungen vorhanden sind, daß das von BURGERS dargestellte Präparat reiner ist, als das von FANSTEEL und SIEMENS erzeugte. Als den besten Wert für die Röntgendichte werden wir also den von BURGERS-NEUBURGER mit 16,654 angegebenen annehmen. Die an den besten Präparaten pyknometrisch gemessene *Dichte* stimmt mit den Ergebnissen der Röntgenanalyse gut überein. Wir wollen aus Angaben an den besten Proben nennen: PIRANI (*21*) fand für Tantal in Stabform den Wert 16,64, für dünne Drähte den etwas niedrigen Wert 16,5. BALKE (*31*) gibt an 16,6 und HIDNERT (*32*) 16,55; SIEVERTS und Mitarbeiter (*33*) fanden am Siemens-Präparat 16,62. Einige viel niedrigere Werte aus der älteren Literatur zeigen, daß die Präparate weniger rein waren, z. B. 14,49 bei MUTHMANN (*5*).

Andeutungen für Allotropie sind nicht vorhanden. Tantal ist mit Wolfram isomorph und BURGERS (*19*) hat dann auch gefunden, daß beim Erhitzen von Wolframeinkristallen in $TaCl_5$ sich das Tantal als Einkristall auf dem Wolframdraht ausscheidet, und zwar nahezu mit derselben Orientierung wie der ursprüngliche Wolframdraht. Auch FISCHVOIGT und KOREF (*20*) fanden bei ihrem Versuch eine kristallinisch gewachsene Tantalschicht.

Linearer Ausdehnungskoeffizient. Es liegen einige Bestimmungen vor. Der von VON BOLTON angegebene Wert ($7{,}9 \cdot 10^{-6}$) liegt wohl etwas zu hoch (*1*).

WORTHING (*34*) fand bei 0° C $6{,}57 \cdot 10^{-6}$, ein Wert, der ausgezeichnet mit den Messungen von HIDNERT (*32*), der zwischen 20° und 100° C den praktisch konstanten Wert $6{,}6 \cdot 10^{-6}$ findet, unabhängig davon, ob das

Metall ausgeglüht oder bearbeitet worden war, übereinstimmt. Bei höherer Temperatur gibt HIDNERT die Formel:

$$\delta_t = \delta_0 \,[1 + (6{,}59\,t + 0{,}0008\,t^2)\,10^{-6}]$$

zwischen 0 und 300° C an.

Diese Werte stimmen gut mit den älteren Angaben von DISCH (*35*) überein.

Kompressibilität. BRIDGMAN (*36*) und LEASON H. ADAMS (*37*) haben die Kompressibilität und deren Temperatur- und Druckkoeffizient gemessen. BRIDGMAN findet an einem FANSTEEL-Präparat:

$$-\frac{dV}{V_0} = 10^{-6}\,p\,(0{,}479 - 0{,}4\cdot 10^{-6}\,p) \text{ bei } 30^\circ \text{ C},$$

$$-\frac{dV}{V_0} = 10^{-6}\,p\,(0{,}492 - 0{,}5\cdot 10^{-6}\,p) \text{ bei } 75^\circ \text{ C}.$$

ADAMS gibt $0{,}49\cdot p\cdot 10^{-6}$ an.

Schmelzpunkt. Die meisten Bestimmungen des Schmelzpunktes ergaben Werte, die zwischen 2800° und 2850° C liegen. Nach Angaben der Fansteel Co. (*67*) soll der Schmelzpunkt 2770° C sein. Nach WORTHING (*34*) ist aber bei der pyrometrischen Temperaturmessung beim Tantal eine bedeutende Korrektur anzubringen um die wahren Temperaturen zu finden; für diese wahre Temperatur des Schmelzpunktes gibt WORTHING 3030° C an.

Spezifische Wärme. Nach JAEGER und VEENSTRA (*38*) ist die Formel:

$$C_p = 6{,}0414 + 0{,}1600\cdot 10^{-2}\,t - 0{,}34446\,10^{-6}\cdot t^2 + 0{,}7234\cdot 10^{-9}\,t^3,$$

während MAGNUS und HOLZMANN (*39*) angeben:

$$C_p = 6{,}1742 + 1{,}0093\cdot 10^{-3}\,t\,(0-900^\circ).$$

Die nebenstehende Tabelle zeigt einige Werte aus beiden Versuchsreihen.

Temperatur in °C	Atomwärme	
	C_p nach JAEGER, VEENSTRA (*38*)	C_p nach MAGNUS, HOLZMANN (*39*)
0	6,024	6,174
400	6,339	6,578
800	6,672	6,982
1200	7,024	7,385

Zu diesen untereinander nicht gut stimmenden Werten kommt noch der stark herausfallende Wert 6,60, der in (*67*) erwähnt wird.

Bei niedrigeren Temperaturen werden meistens mittlere Atomwärmen angegeben: SIMON und RUHEMANN (*40*) geben wahre Atomwärmen an an einem Präparat von SIEMENS:

$$C_p = 3{,}57 \text{ bei } 71{,}4^\circ \text{ K, und } C_p = 3{,}83 \text{ bei } 78^\circ \text{ K}.$$

Thermisches Leitvermögen. Hierfür wird von BARRATT und WINTER (*41*):

0,130 cal/cm/sec/Grad bei 17° C
und 0,129 cal/cm/sec/Grad bei 100° C

angegeben.

Elektrische Eigenschaften. Der spezifische Widerstand ist gemessen worden von PIRANI (*21*), der an ausgeglühten Drähten findet: $14{,}6\cdot 10^{-6}$.

BALKE (*31*) gibt denselben Wert $\varrho_{15} = 14{,}6 \cdot 10^{-6}$ an. MARDEN und RICH geben an: $14 \cdot 10^{-6}$ (20° C) (*42*), dagegen finden BURGERS und BASART (*19*) den etwas niedrigeren Wert $\varrho_0 = 12{,}4 \cdot 10^{-6}$. Daß BURGERS und BASART für den Temperaturkoeffizienten der Leitfähigkeit einen höheren Wert ($\alpha = 364 \cdot 10^{-5}$) als alle andere Autoren finden, deutet ebenfalls daraufhin, daß das von ihnen hergestellte Tantal reiner ist als die übrigen Präparate. HOLBORN (*43*) findet für α den nur wenig niedrigeren Wert $347 \cdot 10^{-5}$.

Noch etwas tiefer liegt der Wert, den BALKE angibt $\alpha = 335 \cdot 10^{-5}$. Die Werte von BECKMANN (*44*), PÊCHEUX (*45*) und von BRIDGMAN (*46*) sind viel zu niedrig, sie sind wohl an einem unreinen Präparat bestimmt.

Der Widerstand bei höheren Temperaturen ist von WORTHING (*47*) gemessen worden; die Werte stimmen ziemlich gut mit den früheren Angaben von PIRANI (*48*), der in demselben Temperaturbereich gemessen hat, überein.

Weiter haben noch UTTERBACK und SANDERMAN (*49*) Messungen bei höheren Temperaturen angestellt und gute Übereinstimmung mit WORTHING gefunden.

Es scheint, daß die Zunahme des Widerstandes bei Tantal bei höheren Temperaturen kleiner ist, als bei anderen Metallen wie Wolfram und Kupfer. Eine theoretische Erklärung ist von MOTT (*50*) gegeben worden.

Supraleitfähigkeit. Sowohl MCLENNAN und Mitarbeiter als MEISSNER (*51*, *52*) haben gefunden, daß das Tantal bei $\sim 4{,}4°$ K supraleitend wird. Die von MEISSNER gemessenen Proben, von denen die Präparate 1 und 2 Drähte waren, die längere Zeit in Glühlampen gebrannt hatten, und das dritte eine Probe von Siemens & Halske, die durch Pressen und Sintern und nachherigem Ausglühen auf 2700° hergestellt worden war, ergaben für den Widerstand bei niedrigeren Temperaturen noch ziemlich schwankende Werte. Bei allen 3 Präparaten ist der Restwiderstand noch ziemlich hoch ($\sim 0{,}01$).

Der Einfluß eines Magnetfeldes auf die Supraleitfähigkeit ist untersucht worden von MENDELSSOHN und MOORE (*53*). MCLENNAN und Mitarbeiter haben weiter die Supraleitfähigkeit für Wechselströme hoher Frequenz untersucht (*54*). In der Arbeit von MEISSNER, STEINER und GRASSMANN (*55*) wird gezeigt, daß bei einem scharf gebogenen Tantaldraht mit vielen Ecken der Sprungpunkt um 0,017° niedriger liegt als der eines geraden Drahtes. Dieser Unterschied kann vielleicht auf kleine Unterschiede im Kristallisationszustand der Drähte zurückgeführt werden. Der Einfluß des magnetischen Feldes auf den Widerstand bei niedriger Temperatur ist, wie bei den meisten anderen Metallen, von KAPITZA studiert worden (*56*). Der Einfluß ist bei Tantal sehr gering, im Feld von 300 kGauß ändert sich der Widerstand nur um 1%.

Druckkoeffizient des Widerstandes. Nach BRIDGMAN (*46*) ist der Druckkoeffizient des Widerstandes bei 30° C: $-1{,}42 \cdot 10^{-6}$.

BECKMANN hat auch die Änderung des Leitvermögens mit zunehmendem Druck bestimmt, aber auch diese Zahlen sind nicht einwandfrei, da das Metall nicht rein war.

Magnetische Eigenschaften. Die spezifische magnetische Suszeptibilität ist nach OWEN (*57*) an einem Präparat von VON BOLTON: $0{,}8 \cdot 10^{-6}$, nach HONDA: $0{,}93 \cdot 10^{-6}$ (*58*).

Optische Eigenschaften. Elektronenmission. Diese ist von verschiedenen Autoren untersucht worden. Vor kurzem hat noch CARDWELL (59) die Elektronenemission des Tantals gemessen. Eine endgültig konstante Oberfläche wird nur dann erreicht, wenn man die Drähte auf 2500° K im Hochvakuum ausglüht. Er findet dann in der Formel: $i = A\,T^2 e^{-\frac{\varphi}{kT}}$: $A = 37{,}2$, $\varphi = 4{,}10$ eV als Werte für die thermischen Konstanten. Diese Werte stimmen genau mit den auf photoelektrischem Wege festgestellten und mit den Werten von DUSHMAN und Mitarbeitern (*60*) und FOWLER (*61*) überein. Weitere Daten werden von KRÜGER und STABENOW (*62*) angegeben. Nach CASHMAN und HUXFORD (*63*) liegt die photoelektrische Schwelle bei 3050 Å, daraus berechnet sich für $\varphi = 4{,}05$ eV. RENTSCHLER und Mitarbeiter geben hierfür an: 2990 Å und $\varphi = 4{,}12$ eV (*64*). Auch positive thermionische Emission ist beobachtet worden. Nähere Daten fehlen (*65*).

Spektralemission. Der Emissionskoeffizient des Tantals ist von verschiedenen Autoren gemessen worden. Eine Übersicht findet man bei WORTHING (*47*), der die Emission in einem großen Temperaturgebiet für verschiedene Wellenlängen bestimmt hat. Diese Werte stimmen mit den früheren Messungen überein; WORTHING verwendet seine Werte zur Berechnung der Temperaturskala und findet auf diese Weise für den Schmelzpunkt 3300° K. Dieser Wert ist viel höher als der von anderen Autoren gemessene. Für nähere Einzelheiten sei auf die Abhandlung von WORTHING verwiesen. Es scheint noch nicht sicher, ob die Werte von WORTHING mehr oder weniger Zutrauen verdienen als die Messungen von früheren Autoren, denn in neuerer Zeit hat auch von FRAGSTEIN (*66*) die Resultate von WORTHING bestritten.

Mechanische Eigenschaften. Für den YOUNG-Modulus wird der Wert 19000 kg/mm^2 angegeben (*1*), die Zugfestigkeit ist: 130000 $lb/inch^2$ = 91,5 kg/mm^2 (*67*).

Die Angaben über die Härte gehen sehr weit auseinander. Die Härte ist nach DRIGGS und LILLIENDAHL (*12*): 30 bis 40, GANSWINDT gibt 40 bis 220 an (*68*). Die Werte der Fansteel Co. betragen 45,9 (*67*). Nach BALKE (*13*) kann Tantal gehärtet werden durch Aufnahme von Wasserstoff. — In dieser Weise kann jeder Härtegrad von 100 bis 600 Br. erreicht werden durch Kontrollierung der aufgenommenen Gasmenge.

Ein Tantaleinkristall von BURGERS auf Wolframunterlage aufprapariert, zeigte eine Mikro-Vickershärte von 131 (*69*), die sich nicht sofort mit anderen vergleichen läßt. Inwieweit die großen Schwankungen der

Härte auf Verunreinigungen oder auf mechanische Deformation beruhen, ist nicht in aller Form deutlich anzugeben, denn auch in dieser Hinsicht bemerken BURGERS und BASART, daß das sehr reine von ihnen hergestellte Tantal sich kalt auswalzen läßt, ohne dabei hart zu werden. Obwohl unter Umständen keine Verfestigung eintritt, zeigt sich an den Röntgenaufnahmen, daß das Gitter sehr stark deformiert wird (*70*).

d) Binäre Systeme.

Das System Tantal—Wasserstoff. Schon bei tieferen Temperaturen nimmt Tantal Wasserstoff auf. Die Wasserstoffaufnahme ist ausführlich untersucht worden von SIEVERTS und BERGNER (*71*) und später von SIEVERTS und BRÜNING (*72*). Die aufgenommene Wasserstoffmenge nimmt mit steigender Temperatur schnell ab, die höchst aufgenommene Menge, bei Raumtemperatur und Atmosphärendruck, beträgt 78 Atom-%. Die Wasserstoffmenge, die bei 1400° C unter 1 Atm. Druck aufgenommen wird, kommt nur auf einige Prozent dieses Wertes. Es wird also praktisch aller Wasserstoff bei Erhitzung auf 1400° C abgegeben. Dieses Verhalten steht in Einklang mit dem kleinen positiven Wert der Bildungswärme (*33*).

HÄGG (*73*) findet röntgenanalytisch, daß bei Aufnahme von Wasserstoff keine neue Phase gebildet wird. Bei der Wasserstoffaufnahme dehnt sich das Gitter etwas aus, an einem elektrolytisch mit Wasserstoff gesättigten Tantal findet PIETSCH für die Gitterkonstante 3,44 Å (*74*).

Auch Messungen des Widerstandes von SIEVERTS und BRÜNING (*72*) und von MARY ANDREWS (*75*) zeigen keine Andeutungen für die Bildung einer neuen Phase.

Bis so weit scheint das System Tantal—Wasserstoff vollkommen klar zu sein. Es ist auch noch klar, daß MOERS (*22*) beim Erhitzen von Wolfram in einem Gemisch von Wasserstoff und $TaCl_5$ auf 1400° duktiles, also wasserstofffreies Tantal niedergeschlagen erhielt. Vollkommen unbegreiflich ist es aber, daß nach Versuchen von MOERS, die die älteren Versuchen von PIRANI bestätigen, von 1400° C an aufwärts allmählich wieder Wasserstoff aufgenommen wird, und daß diese Aufnahme unter bestimmten Umständen so weit gehen kann, daß die Gewichtszunahme 7,8% beträgt. Das würde also bedeuten, daß bei 2000° C etwa 15 Wasserstoffatome von 1 Tantalatom aufgenommen sein sollten! Ein Volumen von diesem Tantalhydrid würde also beim Lösen 15000mal sein eigenes Volumen an Wasserstoff entwickeln. Es ist also kaum etwas anders möglich als daß MOERS eine Aufnahme von Stickstoff oder von irgendeinem anderen Gase beobachtet hat, und daß das Sprödewerden von Tantal in Wirklichkeit mit einer Wasserstoffaufnahme nichts zu tun hat.

Das System Tantan—Sauerstoff. Über dieses System finden sich einige Daten in der oben erwähnten Arbeit von MARY ANDREWS (*75*). Durch Sauerstoffaufnahme steigt der Widerstand zunächst sehr stark, im weiteren Verlauf dann sehr langsam an. Man bekommt aus der Kurve fast den Eindruck, als ob 20 Volumen Sauerstoff aufgenommen werden, ohne daß sich eine neue Phase bildet. Es ist dann der Sauerstoffgehalt nur noch 0,2 Gew.-%. Aber der Widerstand ist schon auf das Doppelte gestiegen. Wir haben hier ein sehr markantes Beispiel für den großen Einfluß, der von kleinen Mengen Sauerstoff ausgeübt werden kann.

Das System Tantal—Stickstoff. Auch die Aufnahme von Stickstoff ist mit sehr starker Zunahme des Widerstandes verbunden; bei diesem System bilden sich sicher neue Phasen aus, das Endprodukt ist wohl die Verbindung der Zusammensetzung TaN (*75*).

Die Bildungswärme dieser Verbindung ist nach NEUMANN und Mitarbeitern (*76*) etwa 58,1 kcal. Weitere Daten über diese Verbindung findet man in einer Arbeit von MOERS (*77*), in der auch weitere Literatur erwähnt ist.

Das System Tantal—Kohlenstoff. Auch Kohlenstoff wird von Tantal sehr leicht aufgenommen. Hier bildet sich schließlich eine Verbindung TaC. Sie ist ebenso wie das Nitrid ein sehr guter Leiter und wird bei tiefer Temperatur supraleitend (*78*). TaC hat einen Schmelzpunkt von 3875° C (*79*). Wegen Einzelheiten vergleiche die schon zitierte Arbeit von MOERS (*22*) und von BURGERS und BASART (*19*), BECKER (*80*) usw.

e) Anwendungen.

Die Verwendungsfähigkeiten sind sehr mannigfaltig. Wegen seines hohen Schmelzpunktes hat man es früher für Glühfäden in elektrischen Lampen angewandt, aber jetzt ist es wohl praktisch durch Wolfram ersetzt worden. Wegen seiner großen Duktilität wird es aber in der Konstruktion von Senderöhren usw. oft angewandt. Weil es bei gewöhnlicher Temperatur von den meisten Chemikalien nicht angegriffen wird, kommt es auch für chemische Geräte in Betracht. Allerdings kann man diese Geräte nicht bei höheren Temperaturen verwenden, weil Tantal dann leicht Gase aufnimmt und spröde wird. Besonders die Anwendung zu Spinndüsen wird in vielen Patentschriften (*81*) empfohlen. Wegen seiner Aufnahmefähigkeit für Gase bei hoher Temperatur eignet sich das Tantal auch sehr gut dazu um die letzten Spuren von Gasen in Senderöhren zu entfernen. Eine weitere Anwendung findet Tantal für die Herstellung von elektrolytischen Gleichrichtern und Kondensatoren, da es sich elektrolytisch leicht mit einer Oxydschicht bedeckt.

Literatur.

1. WERNER VON BOLTON, C.: Z. Elektrochem. Bd. 11 (1905) S. 45.
2. FRIEDERICH, E., L. SITTIG: Z. anorg. allg. Chem. Bd. 145 (1925) S. 251; Bd. 143 (1925) S. 293.
3. MOISSAN, H.: C. R. Acad. Sci., Paris Bd. 134 (1902) S. 211.
4. GOLDSCHMIDT, H., C. VAUTIN: J. Soc. chem. Ind. Bd. 17 (1898) S. 543.
5. MUTHMANN, W., L. WEISS, R. RIEDELBAUCH: Ann. Phys., Lpz. Bd. 355 (1907) S. 58.

6. E.P. 238347 (1924).
7. U.S.P. 1728941.
8. BERZELIUS, J. J.: Poggendorffs Ann. Bd. 4 (1825) S. 10.
9. ROSE, H.: Poggendorffs Ann. Bd. 100 (1857) S. 146.
10. U.S.P. 1646734 (1927); Canad. P. 288925 (1932).
11. SPITZIN, V., L. KASCHTANOFF: Z. anorg. allg. Chem. Bd. 182 (1929) S. 207.
12. DRIGGS, F. H., W. C. LILLIENDAHL: J. Industr. Engng. Chem. Bd. 23 (1931) S. 634.
13. BALKE, C. W.: Industr. Engng. Chem. Bd. 27 (1935) S. 1166.
14. BALKE, C. W.: Industr. Engng. Chem. Bd. 21 (1929) S. 1002.
15. A.P. 1922847.
16. PLOTNIKOW, W. A., N. N. GRAZIANSKY: Oekr. Acad. Sci. Chem. Inst. Bd. 2 (1935) S. 245.
17. A.P. 1754453 (FANSTEEL).
18. Canad. P. 305425 (DRIGGS, LILLIENDAHL); Amer. P. 1874090 (DRIGGS).
19. BURGERS, W. G., J. C. M. BASART: Z. anorg. allg. Chem. Bd. 216 (1934) S. 223.
20. FISCHVOIGT, H., F. KOREF: Z. techn. Phys. Bd. 6 (1925) S. 296.
21. PIRANI, M. VON: Z. Elektrochem. Bd. 11 (1905) S. 555.
22. MOERS, K.: Metallwirtsch. Bd. 13 (1934) S. 640.
23. BECKER, K., E. EBERT: Z. Phys. Bd. 16 (1923) S. 165.
24. HULL, A. W.: Phys. Rev. Bd. 17 (1921) S. 571. — HULL, A. W., W. P. DAVEY: Science, New York Bd. 52 (1920) S. 227.
25. AGTE, C., K. BECKER: Z. techn. Phys. Bd. 11 (1930) S. 107. Zit. *29*.
26. McLENNAN, J. C., R. J. MONKMAN: Trans. roy. Soc. Canada III Bd. 23 (1930) S. 255.
27. OWEN, E. A., J. IBALL: Phil. Mag. Bd. 87 (1932) S. 1020.
28. HÄGG, G.: Z. phys. Chem. Abt. B. Bd. 11 (1931) S. 433.
29. QUILL, L. L.: Z. anorg. allg. Chem. Bd. 208 (1932) S. 257.
30. NEUBURGER, M. C.: Z. Kristallogr. Bd. 78 (1931) S. 164; Bd. 93 (1936) S. 1.
30a. NEUBURGER, M. C.: Z. Kristallogr. Bd. 93 (1936) S. 312.
31. BALKE, C. W.: Industr. Engng. Chem. Bd. 15 (1923) S. 560.
32. HIDNERT, P.: Bur. Stand. J. Res., Wash. Bd. 2 (1929) S. 887.
33. SIEVERTS, A., A. GOTTA, S. HALBERSTADT: Z. anorg. allg. Chem. Bd. 187 (1930) S. 155.
34. WORTHING, A. G.: Phys. Rev. (2) Bd. 28 (1926) S. 190.
35. DISCH, J.: Z. Phys. Bd. 5 (1921) S. 173.
36. BRIDGMAN, P. W.: Proc. Amer. Acad. Arts a. Sci. Bd. 70 (1932) S. 313.
37. LEASON, H. ADAMS: J. Wash. Acad. Sci. Bd. 17 (1927) S. 529.
38. JAEGER, F. M., J. A. VEENSTRA: Proc. roy. Soc. Arnst. Bd. 37 (1934) S. 61.
39. MAGNUS, A., H. HOLZMANN: Ann. Phys., Lpz. (5) Bd. 3 (1929) S. 596.
40. SIMON, F., M. RUHEMANN: Z. phys. Chem. Abt. A Bd. 129 (1928) S. 321.
41. BARRATT, T., R. M. WINTER: Ann. Phys., Lpz. (4) Bd. 77 (1925) S. 1.
42. MARDEN, J. W., R. N. RICH: J. Industr. Engng. Chem. Bd. 19 (1927) S. 786.
43. HOLBORN, L.: Ann. Phys., Lpz. (4) Bd. 59 (1919) S. 146.
44. BECKMANN, B.: Phys. Z. Bd. 18 (1917) S. 509.
45. PÊCHEUX, H.: C. R. Acad. Sci., Paris Bd. 153 (1911) S. 1140.
46. BRIDGMAN, P. W.: Proc. Amer. Acad. Arts a. Sci. Bd. 67 (1932) S. 305.
47. WORTHING, A. G.: Phys. Rev. Bd. 28 (1926) S. 174, 181.
48. PIRANI, M. VON, A. R. MEYER: Z. Elektrochem. Bd. 17 (1911) S. 908.
49. UTTERBACK, C. L., L. A. SANDERMAN: Phys. Rev. Bd. 39 (1932) S. 1008.
50. MOTT, N. F.: Proc. phys. Soc., Lond. Bd. 46 (1934) S. 680.
51. McLENNAN, J. C., L. E. HOWLETT, J. O. WILHELM: Trans. roy. Soc. Canad. (3) Bd. 23, III (1929) S. 283.

52. MEISSNER, W.: Z. Phys. Bd. 61 (1930) S. 151.
53. MENDELSSOHN, K., J. R. MOORE: Phil. Mag. (7) Bd. 21 (1936) S. 532.
54. MCLENNAN, J. C., A. C. BURTON, A. PITT, J. O. WILHELM: Proc. roy. Soc., Lond. A Bd. 136 (1932) S. 52; A Bd. 138 (1932) S. 245.
55. MEISSNER, W., K. STEINER, P. GRASSMANN: Phys. Z. (2) Bd. 36 (1935) S. 579.
56. KAPITZA, P.: Proc. roy. Soc. Lond. Bd. 123 (1929) S. 292.
57. OWEN, M.: Ann. Phys., Lpz. (4) Bd. 37 (1912) S. 657.
58. HONDA, K.: Ann. Phys., Lpz. (4) Bd. 32 (1910) S. 1046.
59. CARDWELL, A. B.: Phys. Rev. Bd. 38 (1931) S. 2041; (2) Bd. 47 (1935) S. 628.
60. DUSHMAN, S., H. N. ROWE, J. EWALD, C. A. KIDNER: Phys. Rev. Bd. 25 (1925) S. 338.
61. FOWLER, R. H.: Phys. Rev. (2) Bd. 38 (1931) S. 45.
62. KRÜGER, F., G. STABENOW: Ann. Phys. Lpz. (5) Bd. 22 (1935) S. 713.
63. CASHMAN, R. J., W. F. HUXFORD: Phys. Rev. (2) Bd. 48 (1935) S. 737.
64. RENTSCHLER, H. C., D. E. HENRY, K. O. SMITH: Rev. sci. Instr. Bd. 3 (1932) S. 794.
65. WAHLIN, H. B.: Phys. Rev. Bd. 37 (1931) S. 467.
66. FRAGSTEIN, K. VON: Ann. Phys., Lpz. (5) Bd. 17 (1933) S. 1.
67. Engng. Min. J. Bd. 123 (1927) S. 888. Daten mitgeteilt von Fansteel Co.
68. GANSWINDT, S.: Chem. Fabrik Bd. 6 (1933) S. 521.
69. Nach brieflicher Mitteilung von Dr. DE BOER-IR. SACK.
70. DEHLINGER, U.: Z. Kristallogr. Bd. 65 (1927) S. 615.
71. SIEVERTS, A., E. BERGNER: Ber. dtsch. chem. Ges. Bd. 44 (1911) S. 2394.
72. SIEVERTS, A., H. BRÜNING: Z. phys. Chem. Abt. A. Bd. 174 (1935) S. 365.
73. HÄGG, G.: Z. phys. Chem. Abt. B. Bd. 11 (1931) S. 433.
74. PIETSCH, E., H. LEHL: Z. Elektrochem. Bd. 39 (1933) S. 577. — Kolloid-Z. Bd. 68 (1934) S. 226.
75. ANDREWS, MARY.: J. Amer. chem. Soc. Bd. 54 (1932) S. 1845.
76. NEUMANN, B., C. KRÖGER, H. KUNZ: Z. anorg. allg. Chem. Bd. 218 (1931) S. 379.
77. MOERS, K.: Z. anorg. allg. Chem. Bd. 198 (1931) S. 243.
78. MEISSNER, W., H. FRANZ, H. WESTERHOFF: Z. Phys. Bd. 63 (1930) S. 558.
79. POWER, H. R.: Met. Cl. Finish Bd. 9 (1937) S. 61.
80. BECKER, K.: Phys. Z. Bd. 34 (1933) S. 185.
81. DRP. 617790.

VI. Sechste Hauptgruppe des periodischen Systems.

In der 6. Gruppe finden wir genau wie in den vorangehenden Gruppen erst beim dritten Element metallische Eigenschaften. Auch hier ist beim ersten Element, Sauerstoff, und beim zweiten, Schwefel, keine Spur von metallischen Eigenschaften vorhanden, so daß wir diese Elemente hier ganz übergehen können. Daß in der 6. Gruppe die metallischen Eigenschaften im allgemeinen weniger ausgeprägt sind wie in der 5. Gruppe, zeigt sich auch darin, daß hier bei den Elementen der Nebenreihen der metallische Charakter fehlt.

In der 6. Gruppe ist die Reduzierbarkeit, wie man erwarten kann, etwas größer als in der 5. Gruppe. Die Oxyde der Metalle Chrom,

Molybdän und Wolfram lassen sich schon durch Wasserstoff zu reinem Metall reduzieren. Neben der elektrolytischen Abscheidung beruht daher die Gewinnung dieser Metalle hauptsächlich auf der Reduktion der Oxyde durch Wasserstoff.

41. Chrom.

(Atomgewicht 52,01.)

a) Herstellung.

Reduktionsverfahren mit Hilfe von Metallen. Obwohl das Chrom schon lange bekannt ist und sehr viele technische Anwendungen gefunden hat, sind die Eigenschaften des reinen Metalls nur sehr ungenau bekannt.

Bis vor kurzem wurde das Chrom als ein sehr hartes, sprödes Metall betrachtet. Erst die Untersuchungen der letzten Jahrzehnte haben gezeigt, daß das reine Metall duktil ist und verschiedene Forscher vertreten die Meinung, daß ein wirklich sehr reines Chrom auch wahrscheinlich ein relativ weiches Metall sein wird. Die größte Härte und Sprödigkeit der meisten Chromproben ist auf Verunreinigungen verschiedener Art zurückzuführen. Sehr leicht scheint eine Verunreinigung durch Kohlenstoff und Aluminium aufzutreten: die Verfahren, die auf der Reduktion von Chromoxyden oder Chromaten durch Kohlenstoff oder Aluminium beruhen, liefern wohl immer noch zu stark verunreinigte Produkte, mit nur etwa 99% Metall (*1*); wie bei den Metallen der vorangehenden Gruppen hat man auch hier wieder bessere Resultate erzielt, indem man das Chlorid oder das Oxyd mit Hilfe von Alkali- oder Erdalkalimetallen reduziert. Am besten geht dies beim Chlorid mit Natrium unter Luftabschluß in einer Stahlbombe (*2*).

Kroll (*3*) reduziert in ähnlicher Weise das Chlorid oder das Oxyd mit Hilfe von Calcium. Die erhaltenen Metallperlen sind in diesem Fall deutlich duktil: in der Wärme lassen sich die einzelne Körner gut ausschmieden. Die Körner sind aber zu grob, so daß das Metall sich nicht zu Stäben pressen läßt, und nicht weiter zu bearbeiten ist. Die Erzeugung von Chrompulver von geeigneter Korngröße gelang Kroll, als er nach Vorschlag von Marden (*4*) dem Gemisch von Chromoxyd und Calcium noch wasserstoffreies Calciumchlorid oder besser noch ein Gemisch von $BaCl_2$ und $CaCl_2$ zusetzte.

Dieser Zusatz ist in verschiedener Hinsicht nützlich, erstens bilden sich wahrscheinlich Subchloride von Calcium und Barium, die bei der Reduktion eine Rolle spielen; weiter lösen sich die gebildeten Oxyde leicht in der Salzschmelze auf, so daß sie sich später leicht entfernen lassen. Schließlich schützen die Chloride das Metallpulver weitgehend gegen Luftzutritt, so daß die Reduktion im offenen Tiegel ausgeführt werden kann. Auf die weitere Bearbeitung zu duktilem, kompaktem

Chrom kommen wir noch zurück. Analysenresultate werden von KROLL nicht angegeben, die Duktilität der erhaltenen Pulver deutet jedoch darauf hin, daß es sich hier um ein sehr reines Metall handelt.

Reduktion mit Hilfe von Wasserstoff. Neben der Reduktion mit Hilfe von Alkalien oder Erdalkalien kommt für die Darstellung eines reinen Chroms noch die Reduktion mit Wasserstoff in Betracht. Die Schwierigkeit bei dieser Methode liegt darin, daß im Gleichgewicht: Chromoxyd, Chrom-Wasserdampf-Wasserstoff das Verhältnis p_{H_2O}/p_{H_2} sehr klein ist.

Die Reduktion gelingt nur dann, wenn der Wasserstoff weitgehend von Sauerstoff und Wasserdampf befreit ist, oder durch Anwendung von sehr hohem Druck. So gelang es NEWBERY und PRING (5), Chromoxyd mit Wasserstoff unter einem Druck von 150 Atm. zu reduzieren. Dieser Druck wurde von v. WARTENBERG, BROY und REINICKE (6) bis auf 4 Atm. erniedrigt.

Schließlich gelang es ROHN (7), die Reduktion auch bei gewöhnlichem Druck durchzuführen, und zwar in der Weise, daß er den Wasserstoff, um die letzten Spuren Sauerstoff zu entfernen, über erhitztes Platin leitete und das gebildete Wasser durch Ausfrieren in flüssiger Luft entfernte.

Größere Mengen bereitete ROHN in einem Apparat, in dem eine ständige Zirkulation des Wasserstoffs stattfand, und wobei das Gas nach dem Kontakt mit dem Chromoxyd durch Überleiten über erhitztes Platin und Ausfrieren des gebildeten Wassers wieder gereinigt wurde. Die Temperatur der Reduktion beträgt ungefähr 1500° C. Das so erhaltene Chrompulver ist wahrscheinlich noch nicht frei von kleinen Mengen Wasserstoff.

Die Reduktion mit Wasserstoff wird in etwas abgeänderter Form von ALEXANDER (8) ausgeführt. Hierbei wird der Wasserstoff entwickelt durch Zersetzung von Metallhydriden, insbesondere von Calciumhydrid. Das Calciumhydrid bietet dabei den großen Vorteil, daß es bei der Zersetzung Calcium bildet, das aus dem Wasserdampf der bei der Reduktion des Chromoxyds entsteht, wieder Wasserstoff frei macht unter Bildung von CaO, so daß der Wasserstoff im Reaktionsgefäß dauernd von Wasser befreit wird. Eine auf diese Weise ausgeführte Reduktion lieferte eine Metallprobe mit einem Chromgehalt von 99,95%.

Schon früher hatten DIECKMANN und HANF (9) gefunden, daß sich das CrO bei 1000° reduzieren läßt. Die Herstellung auf diesem Wege ist aber sehr beschwerlich, da das CrO nur sehr schwer erhältlich ist.

Elektrolytische Verfahren. Alle bisher genannten Verfahren liefern das Metall in Form von Pulver oder Granalien; kompaktes Chrom erhält man leicht durch Elektrolyse von Chromaten oder anderen Chromverbindungen unter verschiedenen Bedingungen. Das so gewonnene Metall ist nicht rein; es enthält immer noch große Mengen Wasserstoff und wahrscheinlich auch noch etwas Sauerstoff. Die Eigenschaften dieses Chroms weichen von denen des reinen Chroms erheblich ab.

Im Gegensatz zu den von KROLL (*3*) hergestellten Granalien ist das elektrolytisch gewonnene Chrom immer sehr hart und unverformbar. Dies ist auch der Fall beim Chrom, das aus dem Amalgam erhalten wird (*10*).

Weil die elektrolytischen Verfahren bis jetzt kein reines Chrom geliefert haben, wollen wir sie hier nicht weiter behandeln, und nur auf eine zusammenfassende Abhandlung (*28*, *11*) verweisen. Es sei nur noch erwähnt, daß auch die Schmelzflußelektrolyse mit Erfolg angewendet wurde: DRIGGS und MARDEN (*12*) geben an, daß Chrom erhalten werden kann durch Elektrolyse von K_3CrF_6 mit $CaCl_2$-Zusatz. Man hat auch versucht, aus nichtwässeriger Lösung das Chrom niederzuschlagen, z. B. aus flüssigem Ammoniak. Da nur wenig Chromsalze in flüssigem Ammoniak löslich sind, kommt praktisch nur das Rhodanid in Frage (*13*). Dabei zeigt sich, daß sich wirklich etwas Chrom abscheidet; für die Darstellung ist aber diese Methode ungeeignet.

Herstellung in kompakter, duktiler Form. Zu einem reinen kompakten Chrom kann man auf verschiedene Weisen gelangen; die Methode der direkten Abscheidung des Chroms durch Zersetzung einer flüchtigen Verbindung dieses Elementes ist zwar gelungen (*14*), kommt aber für die Darstellung von größeren Mengen vorläufig nicht in Betracht; die Schwierigkeit liegt hier darin, daß die Jodide des Chroms sehr wenig flüchtig sind. Das ganze Gefäß muß also auf sehr hohe Temperatur erhitzt werden, man begegnet hier also denselben Schwierigkeiten wie bei der Darstellung des Vanadins, die sich nur dadurch aufheben lassen, daß man in einer Quarzapparatur arbeitet. Es ist auf diese Weise gelungen, kompakte Chromstäbe herzustellen. Wird das Chrom auf einen Wolframeinkristall niedergeschlagen, so zeigt das Stäbchen Einkristallhabitus.

Die Entgasung eines Elektrolytchroms durch Schmelzen im Vakuum nach vorangehendem Erhitzen in Wasserstoff, liefert nach ADCOCK (*15*) ein sehr reines Metall, das spektroskopisch keine Verunreinigungen durch andere Metalle zeigt. Als Ausgangsmaterial diente ein Elektrolytchrom, das gewonnen wurde durch Elektrolyse einer 30%igen Chromsäurelösung mit 1% Schwefelsäurezusatz. Durch Schmelzen im Vakuum läßt sich der Wasserstoff leicht entfernen, der eingeschlossene Sauerstoff, nach ADCOCK vielleicht Chromsäure, geht dabei aber in Chromoxyd über. Der Sauerstoff läßt sich entfernen durch Erhitzen in Wasserstoff bei 1500 bis 1600° C nach der von ROHN (*7*) angegebenen Methode.

KROLL (*16*) hat bei Versuchen, durch Vakuumschmelzen von Pulvern, die entweder durch Reduktion des Oxyds mit Wasserstoff oder mit Calcium gewonnen wurden, reines Chrom herzustellen, nicht den gewünschten Erfolg gehabt, weil das Chrom zu flüchtig war. Der Widerspruch zu den Versuchen von ADCOCK läßt sich vielleicht so erklären, daß ADCOCK nicht mit so hohem Vakuum arbeitete wie KROLL. Jedenfalls ist auch nach Angaben von ADCOCK die Entfernung der letzten Spuren Sauerstoff auf diesem Wege ziemlich kompliziert.

Für die technische Darstellung des reinsten Chroms bleiben uns noch zwei Wege; man kann erstens auf metallkeramischem Wege, also durch Pressen, Ausreduzieren in Wasserstoff und Sintern zu kompaktem, duktilem Chrom kommen. Dieses Verfahren wird in verschiedenen Patentschriften beschrieben (*4*, *17*). Nach diesen Patentschriften lassen sich die erhaltenen Stäbchen bei hoher Temperatur auswalzen und zu Draht ausziehen.

Die andere Möglichkeit ist von KROLL benutzt worden. Er entgaste Chrompulver durch Vakuumdestillation und erhält durch Niederschmelzen des sublimierten Metalls unter Argon ein reines kompaktes Chrom.

Das Destillationsgefäß kann beim Destillieren des Chroms aus gesintertem Magnesiumoxyd bestehen. Es zeigt sich, daß bei der Destillation das Eisen weitgehend entfernt wird, während das Aluminium im Destillat nahezu in gleicher Konzentration anwesend bleibt wie im Ausgangsmaterial. Aus dem Umstand, daß das erhaltene Chrompräparat dennoch sehr duktil war, folgt, daß die Härte des gewöhnlichen Thermitchroms nicht allein von kleinen Mengen Aluminium herrühren kann.

Eine von ADCOCK dargestellte reine Chromprobe gab folgendes Analysenresultat: Fe 0,03%, S 0,004%, C < 0,01%. Nach dem Umschmelzen ist ein kleiner Teil in Säuren unlöslich. Dies deutet auf einen Gehalt von etwa 8% Oxyd, das sich zum größten Teil in den Korngrenzen abscheidet, hin. Durch Erhitzen in Wasserstoff bei 1500° C wird der Sauerstoff praktisch beseitigt.

b) Physikalische Eigenschaften.

Kristallstruktur. Das Chrom kommt in verschiedenen allotropen Modifikationen vor. Bei den meisten Herstellungsverfahren erhält man es als kubisch raumzentrierten Kristall. Die Gitterkonstanten sind wiederholt gemessen worden (Tabelle 1).

Tabelle 1. Kubisch raumzentriertes Chrom (α-Chrom).

Autoren	a (in Å)	R-Dichte	Präparat
HULL, DAVEY (*18*) . . .	2,895		Thermitchrom
PHEBUS, BLAKE (*19*) . .	2,875		?
PATTERSON (*20*).	2,872 ± 1		Reduktion $CrCl_3 + Na$ 99,8 %
SASAKI, SEKITO (*21*) . .	2,877 ± 3		El. $Cr_2(SO_4)_3$ Lös.
JETTE u. a. (*22*)	2,8787 ± 0,001	7,188	Ca-Reduktion
WRIGHT u. a. (*23*). . . .	2,8788		Aus hex. Cr. bei 800°
	2,8781		Handelsprobe 99,1 %

Im Institut des Verfassers hat J. W. ZWARTSENBERG auch bei —18° und —130°, nach längerem Aufbewahren bei —75°, diese Struktur beobachtet. Er findet $a_{-18} = 2{,}878$ und $a_{-130} = 2{,}876$. Das Chrom war nach dem Jodidverfahren hergestellt, aber nicht sehr rein (*45*).

Die Präparate von JETTE und Mitarbeiter bestanden einmal aus elektrolytischen Chrom, das andere Mal aus Chrom, das erhalten wurde durch Reduktion mit Calcium. Beide Proben waren bei 1000° C in Wasserstoff erhitzt. Die Ergebnisse (25° C) waren für beide Proben gleich.

WRIGHT und Mitarbeiter untersuchten ein Chrom, das durch Erhitzen von hexagonalem Chrom bei 800° in Vakuum erhalten war. Die Dichte von entgastem Elektrolytchrom bei 25° haben SIEVERTS und GOTTA bestimmt. Sie fanden $d = 7{,}00$ bzw. 7,03 (*64*).

Eine hexagonale β-Form des Chroms wurde von OLLARD entdeckt. (*24*) SMITH gelang es nicht, diese Form bei der Elektrolyse einer Chromsulfatlösung oder einer Lösung von Chromsäure, die mit Chromhydroxyd gesättigt und überdies 0,5% Chromsulfat enthielt, zu erhalten (*25*). BRADLEY und OLLARD (*26*) erhielten die hexagonale Form, wenn sie in kaltem Bad mit hoher Stromstärke elektrolysierten. Dieser Befund wird aber von SILLERS nicht bestätigt (*27*). Nach WRIGHT, HIRST und RILEY (*23*) scheidet sich Chrom bei der Elektrolyse nur dann in β-Form ab, wenn das Bad mehr als 18% des dreiwertigen Chroms enthält. Nach SASAKI und SEKITO (*21*) bildet sich bei einer Stromdichte unter 15 Atm./dm² die reguläre Form, bei höherer Dichte die andere Modifikation; es soll aber unter Umständen noch eine dritte Modifikation gebildet werden, das γ-Chrom, die α-Manganstruktur mit 58 Atomen in der Elementarzelle besitzt. Die Kantenlänge beträgt nach (*62*) $a = 8{,}717 \pm 0{,}009$ Å, die röntgenographische Dichte wurde zu 7,507 bei 20° festgestellt.

Es scheint, daß das kubisch raumzentrierte Chrom unter allen Umständen stabil ist, die hexagonale Modifikation geht bei gewöhnlicher Temperatur in 40 Tagen, γ-Chrom in 230 Tagen in die reguläre Struktur über. Bei 800° (*23*) findet die Umwandlung des hexagonalen Chroms in $1^1/_2$ Stunden statt; ADCOCK (*15*) teilt mit, daß ein Chromeinkristall, der sich aus dem Dampf gebildet hat, ein regulärer Einkristall war; daraus geht hervor, daß das kubische Chrom bis über 1600° C stabil ist.

Da β-Chrom nur bei der Elektrolyse erhalten wurde, und das Präparat immer Wasserstoff und kleine Mengen Sauerstoff enthält, kommt der Verdacht auf, daß es sich hier vielleicht nicht um eine Modifikation des Chroms, sondern um ein Hydrid handelt. Da das Elektrolytchrom bis 400 cm³ Wasserstoff pro Gramm enthalten kann (*28*), könnte die Zusammensetzung des Hydrids CrH_2 sein.

Nach WOOD (*29*) ist das verschiedene Aussehen der elektrolytischen Chromniederschläge nicht durch die Kristallstruktur bedingt, sondern durch die verschiedene Orientierung der Kristalle. Die Linienverbreitung, die die DEBYE-SCHERRER-Aufnahmen aufweisen, ist zum Teil auf die Kleinheit der Kristalle zurückzuführen, zum Teil auch durch Gitterstörungen verursacht. Die Gitterkonstanten des hexagonalen β-Chroms sind in der folgenden Zusammenstellung angegeben:

	a (in Å)	c/a	R-Dichte
BRADLEY, OLLARD (*26*)	2,714	1,625	—
SASAKI, SEKITO (*21*)	2,717	1,626	6,08

Ausdehnungskoeffizient. Der lineare Ausdehnungskoeffizient ist von DISCH (*30*) bestimmt worden. Er findet bei verschiedenen Temperaturen die folgenden Werte:

t	—78°	100°	200°	300°	400°	500° C
$\delta \cdot 10^6$	7,3	8,4	8,75	9,1	9,4	9,7

HIDNERT (*63*) findet für δ zwischen 20 und 100°: $6{,}7 \cdot 10^{-6}$, zwischen 20 und 500°: $8{,}7 \cdot 10^{-6}$. Der Wert von ZWARTSENBERG zwischen —130 und 0° (aus den Röntgendaten) beträgt etwa $6 \cdot 10^{-6}$.

Kompressibilität. BRIDGMAN hat die Kompressibilität an einem gehämmerten Chromstab gemessen; schon die Tatsache, daß das Chrom hämmerbar war, verbürgt eine große Reinheit; sie wurde durch eine spektroskopische Analyse bestätigt. Da dieses Chrom sich ganz anders verhält wie weniger reines Metall, das früher (*31*) untersucht wurde, erwähnen wir hier nur die neuen Messungen (*32*). Bei —40° ist die Kompressibilität normal; die Meßpunkte liegen auf einer glatten Kurve. Bei 30 und 75° aber treten in den Volumdruckkurven einige Wendepunkte auf. Diese konnten vielleicht auf einen allotropen Übergang hinweisen. Bei der Besprechung der Leitfähigkeit kommen wir auf diese Erscheinungen zurück.

Thermische Eigenschaften. Die spezifische Wärme, die TRAVIS ANDERSON (*33*) zwischen 56 und 291° K gemessen hat, zeigt bis 0° C keine Anomalien; es handelt sich hier um Messungen an Elektrolytchrom, das durch Erhitzen im Vakuum bei 1100° entgast war. Wir geben hier einige Daten aus der Messungsreihe an:

T	56,1°	66,9°	105,8°	162,9°	244,1°	274,0°	281,5°	291,1° K
C_p	0,634	1,042	2,623	4,180	5,244	5,442	5,479	5,542

In den Messungen von JAEGER und ROSENBOHM (*34*), die die mittlere spezifische Wärme zwischen 400 und 1066° C bestimmt haben, finden sich keine Anomalien. Es ändert sich nur die Abkühlungsgeschwindigkeit des Chroms mit der Vorbehandlung. Die spezifischen Wärmen sind davon unabhängig.

UMINO (*35*) hat die spezifische Wärmen zwischen 0 und 1640° C gemessen. Bei 1550° C ist $C_p = 12{,}1$ kcal. Oberhalb des Schmelzpunktes (von ihm zu 1600° C angegeben) beträgt $C_p = 9{,}6$ kcal. Wegen des sehr niedrigen Schmelzpunktes, das auf sehr unreines Material hinweist, scheinen die Angaben UMINOs nicht sehr zuverlässig zu sein.

Schmelzpunkt. Die nächste Tabelle gibt eine Übersicht über die Messungen des Schmelzpunktes. Die Ergebnisse der fünf Autoren liegen sehr weit auseinander. Auch bei neueren Untersuchungen wurden keine übereinstimmenden Werte gefunden.

Tabelle 2.

Autoren	Präparat	Schmelzpunkt °C
SMITHELLS, WILLIAMS (*36*) . .		1920 (wahre Temp.)
MÜLLER (*37*)	Elektrolytchrom	1805
HOFFMANN, TINGWALDT (*38*) .	Erhitzung in MgO-Tiegel	1800 ± 10
	Direkte Erhitzung	1765 ± 10
KROLL (*16*)	Sublimiertes Chrom	1950

Schmelzwärme. Sie ist nach UMINO (*35*) 3,610 kcal pro Grammatom.

Dampfdruck und Siedepunkt. Dampfdruckmessungen sind ausgeführt worden von BAUR und BRUNNER (*39*). Da die spezifische Wärme genügend gut bekannt ist, kann EUCKEN (*40*) die Dampfdruckgleichung:

$$\log p = -\frac{18580}{T} + 0{,}06 \log T - 0{,}000324\, T + 10{,}79$$

unterhalb des Schmelzpunktes aufstellen. Oberhalb dieser Temperatur ist das erste Glied durch $-17790/T$, das letzte durch 10,37 zu ersetzen. Diese Gleichung liefert für den Siedepunkt $T = 2600°$ K. Bei 1 mm liegt der Siedepunkt 1775° K. KROLL findet, daß bei 1430° K Chrom sich leicht destillieren läßt.

Elektrische Eigenschaften. Diese sind sehr ungenau bekannt, weil nur die Messungen an Präparaten von unbekannter Reinheit vorliegen. RUF (*41*) hat für den spezifischen Widerstand des in Vakuum geschmolzenen Elektrolytchrom bei 20° C gefunden:

$$\varrho_{20} = 28{,}4 \cdot 10^{-6}.$$

BRIDGMAN (*32*) findet:

$$\varrho_0 = 18{,}9 \cdot 10^{-6}.$$

Elektrolytisch hergestelltes Chrom zeigt nach MACLENNAN und NIVEN (*42*) einen viel höheren Widerstand: $\varrho = 43{,}8 \cdot 10^{-6}$ bei 290° K. Durch Erhitzen in Vakuum sinkt der spezifische Widerstand aber bis $15{,}25 \cdot 10^{-6}$ bei 0° ab.

MACLENNAN und NIVEN und auch BRIDGMAN zitieren eine Arbeit von SHUKOFF (*43*), der $\varrho_0 = 2{,}6 \cdot 10^{-6}$ gefunden haben soll. SHUKOFF erwähnt aber nur relative Widerstände von gepreßten Pulvern.

Bei tieferen Temperaturen hängt das Verhalten in hohem Maße ab von der Reinheit des untersuchten Metalls.

Elektrolytchrom sinkt bei 2,2° K nur auf etwa die Hälfte des bei 0° gemessenen Wertes. Das in Vakuum erhitzte Chrom aber zeigt einen Restwiderstand von $\sim 0{,}05$. Es zeigt keine Supraleitfähigkeit (*44*).

Kapitza (*45*) hat gelegentlich seiner Untersuchungen über den Einfluß des magnetischen Feldes auf den Widerstand, an drei Proben das Verhältnis ϱ_t/ϱ_0 untersucht. Ein Präparat (99%) zeigte sogar eine Zunahme des Widerstandes. Chrom nach den Jodidverfahren hergestellt ergab für $\varrho_{-190}/\varrho_0 = 0{,}8$, war also auch noch unrein; das beste Präparat war wohl ein von Adcock hergestelltes mit $\varrho_{-190}/\varrho_0 = 0{,}083$.

Kapitza sagt von dieser Probe, daß es elektrolytisch hergestellt war; dies ist natürlich unmöglich, wahrscheinlich war Elektrolytchrom das Ausgangsmaterial. Chrom zeigt eine sehr starke Zunahme des Widerstandes im Magnetfeld: in einem Feld von 300000 Gauß steigt bei 80° K der Widerstand auf den 5,4fachen Wert.

Sehr klar ist das Bild, das uns die elektrischen Eigenschaften des Chroms zeigt, nicht; die weiteren Untersuchungen von Bridgman machen die Lage noch rätselhafter.

Bridgman (*32*) hat den Widerstand gemessen zwischen —80 und 80° C. Die Widerstandstemperaturkurve zeigt ein Maximum bei 0°, ein Minimum bei 10° C. Der Verlauf erinnert sehr stark an ähnliche Kurven, die bei Titan, Zirkonium und Hafnium gefunden wurden. In diesem Fall scheint es sich aber nicht wie dort um einen allotropen Übergang zu handeln. Röntgenaufnahmen von Zwartsenberg, die im Institut des Verfassers ausgeführt wurden, zeigen keine Andeutung eines Übergangs beim Abkühlen bis auf —130° C, auch nicht beim längeren Aufbewahren bei —75° C.

Daß auch der Druckeinfluß auf den Widerstand Anomalien zeigt, ist begreiflich. Merkwürdig ist, daß die Kurve bei 30° vollkommen glatt ist. Als aber später an demselben Stab die Kompressibilität gemessen wurde, zeigte sich dabei eine starke Hysteresis.

Elektronenemission. Chrom ist eines der Elemente, das nach Wahlin (*46*) bei Temperaturen, wobei Verdampfung eintritt, positive Ionen aussendet.

Die Austrittsarbeit eines Elektrons ist von Kösters (*47*) gemessen durch die Bestimmung des Kontaktpotentials zwischen Wolfram und Chrom zu 0,1 V: dieser Wert bildet die Differenz der Austrittsarbeiten und ist nicht gut reproduzierbar, so daß auf den von Kösters angegebenen Wert der Austrittsarbeit 4,6 bis 4,7 eV kein allzu großes Gewicht gelegt werden kann. Mit dem Wert 3,74 eV, den man aus der Grenzwellenlänge des photoelektrischen Effektes (330 mμ) berechnet, stimmt dieser Wert sehr schlecht überein (*48*).

Magnetische Eigenschaften. Die magnetische Suszeptibilität ist vor kurzem von Bates und Baqi (*10*) gemessen worden. Sie finden für die magnetische Suszeptibilität den Wert von $3{,}08 \cdot 10^{-6}$ pro Gramm bei Zimmertemperatur. Die Chrompräparate waren dargestellt durch Verdampfen von Chromamalgam. Ob das erhaltene Chrom tatsächlich so rein war, wie die Autoren anzunehmen geneigt sind, ist zweifelhaft.

Sicher ist, daß Wasserstoff und Quecksilber den Wert beeinflussen. Direkte Analysen fehlen; insbesondere ist nicht nachgeprüft, ob Eisen vielleicht vorhanden war. Auffällig ist jedenfalls, daß die hier gefundene Suszeptibilität höher ist als diejenige, die OWEN an einem Präparat mit 0,5% Eisen (*49*) und 20% niedriger ist als diejenige, die HONDA (*50*) an einem Präparat mit 2% Eisen gefunden hatte.

Mechanische Eigenschaften. Von den mechanischen Eigenschaften ist nur die Härte gemessen worden.

Die Härte des Elektrolytchroms schwankt nach verschiedenen Autoren von 500 bis 1000 Brinell. ADCOCK (*15*) gibt eine Zusammenstellung der von ihm bestimmten Werten von Chrom, das auf verschiedene Art und Weise behandelt war. Er findet:

1. Elektrolytchrom	600—650
2. Elektrolytchrom, desoxydiert und geschmolzen; enthält etwas Oxyd	114
3. Elektrolytchrom, desoxydiert durch Behandlung mit H_2 bei 1600° C	70—90
4. Handelsübliches Chrom (Thermitchrom)	130—170

Beim Schmelzen unter Argon scheint die B-Härte etwas zu steigen.

Die Zahlen, die KROLL (*51*) für seine Präparate angibt, stimmen ungefähr mit denen von ADCOCK überein. Er findet für destilliertes Chrom, unter Argon geschmolzen, eine B-Härte von 120 bis 180, für sublimiertes Elektrolytchrom noch etwas niedrigere Werte. Mit abnehmender Härte nimmt die Duktilität zu. Bei 1800° C im Vakuum erhitztes Elektrolytchrom kann bei etwa 700° C gebogen werden. Die Härte des Elektrolytchroms wird sicher nur zum Teil von Wasserstoff beeinflußt. So finden GUICHARD und Mitarbeiter (*52*), daß bei 500° praktisch kein Wasserstoff mehr abgegeben wird, daß aber dann erst die Härte abzunehmen anfängt. Auch MAKARIEWA und BIRÜKOFF finden (*53*), daß bei etwa 500° C 98% des Gesamtwasserstoffs verschwunden ist. Zu ähnlichem Resultat kommt auch BILLITER (*28*). Nach allen Autoren ist bei 575° C praktisch der ganze Wasserstoff verschwunden, und erst beim Erhitzen auf noch höhere Temperatur nimmt die Härte stark ab. Wahrscheinlich verschwinden hier die inneren Spannungen, die noch im Metall vorhanden sind. Da aber ein Erhitzen auf 1500° C in H_2 notwendig ist, um die B-Härte auf 70—80 herabzusetzen, scheint auch der Sauerstoffgehalt auf die Härte einen Einfluß auszuüben. Nach KROLL (*51*) ist Chrom besonders empfindlich für Stickstoff. Da aber bei den erhaltenen Chrompräparaten weder Sauerstoff, noch Stickstoff quantitativ bestimmt worden sind, ist der Einfluß dieser Gase in kleinen Mengen bis jetzt noch nicht in allen Hinsichten klar.

Auch MACNAUGHTON (*61*) gibt für die Härte des Elektrolytchroms 70 Brinell für vollkommen getempertes Material an.

c) Chemische Eigenschaften.

Unter den chemischen Eigenschaften des Chroms ist besonders wichtig die sog. Passivität des Chroms: Ob das reine Chrom diese Eigenschaft zeigt, ist nicht genau bekannt. Es hat daher wenig Sinn, hier auf diese Erscheinung einzugehen.

d) Binäre Systeme des reinen Chroms.

Das System Sauerstoff-Chrom ist bei kleinen Sauerstoffkonzentrationen noch nicht genau untersucht worden. Es scheint die Löslichkeit des Chromoxyds in festem Chrom sehr klein zu sein (ADCOCK, KROLL).

Dagegen ist die viel umstrittene Frage [Literatur unter (*54* und *55*)] nach der Konstitution des stickstoffhaltigen Chroms zum größten Teil gelöst durch die Röntgenuntersuchung von BLIX (*56*). Es finden sich im System zwei Phasen, die mit den Verbindungen Cr_2N und CrN korrespondieren.

Eine Änderung der Elementarzelle des Chroms ist nicht bemerkbar; da nicht genau bekannt ist, bei welchem Stickstoffgehalt die Cr_2N-Phase sich bildet, bleibt also die Frage, ob Chrom mit seinem Nitrid Mischkristalle bildet, noch offen.

Aus Absorptionsisothermen von SHUKOFF (*43*) und VALENSI (*57*) leitet TAMMANN (*58*) aber ab, daß bei gewöhnlicher Temperatur eine Mischkristallbildung angenommen werden muß. Für die Bildungswärme des Nitrids wurde $29 \pm 0{,}5$ kcal gefunden (*55*).

Auch das System Wasserstoff—Chrom ist noch nicht eingehend untersucht worden. Nach Messungen von WILKE [zit. nach HÜTTIG und BRODKORB (*59*)], zeigt das mit Wasserstoff beladene Elektrolytchrom eine etwas größere Gitterkonstante. Der Wasserstoffgehalt des Elektrolytchroms ist nach HÜTTIG und BRODKORB höchstens 25 Atom-%. Nach den zitierten Röntgenmessungen ist es höchstwahrscheinlich nicht als Hydrid aufzufassen.

Nach BILLITER (*28*) und MAKARIEWA und BIRÜKOFF (*53*) sollte aber der Wasserstoffgehalt etwa 4mal größer sein.

Nach SIEVERTS und GOTTA (*60*) ist die Zersetzungswärme des Chromwasserstoffs rund 500 cal; daraus folgt, daß der Chromwasserstoff bei niedriger Temperatur instabil ist.

e) Legierungen.

KROLL (*51*) hat den Einfluß von Fe, Ni, Co, Si, Al, Mo, W, Va, Ti, Zr und Ta auf die Warmwalzbarkeit des Chroms untersucht. Diese wird verbessert durch Eisen, verschlechtert durch Nickel, während alle anderen Metalle einen sehr geringen Einfluß ausüben. Bis zu einigen Prozenten bilden diese Metalle alle mit dem Chrom Mischkristalle.

Ein kleiner Sauerstoffgehalt stört nur wenig. Daß dem aluminothermischen Chrom die Walzbarkeit fehlt, wird nach KROLL wahrscheinlich kleinen Mengen von As, S, P und C zuzuschreiben sein.

f) Anwendungen.

Weil das Chrom sich schwer verarbeiten läßt und nur bei höherer Temperatur eine hohe Dampfspannung zeigt, sind die Anwendungsmöglichkeiten sehr gering. Man hat jedoch vorgeschlagen, Chromdrähte zu verwenden für die Montierung von Wolframdrähten in Glühlampen.

Literatur.

1. TREITSCHKE, W., G. TAMMANN: Z. anorg. allg. Chem. Bd. 55 (1907) S. 402. — FUJIBAYASHI, T.: J. chem. Ind., Japan Bd. 25 (1922) S. 499.
2. HUNTER, M. A., A. JONES: Trans. Amer. electrochem. Soc. Bd. 44 (1923) S. 23.
3. KROLL, W.: Z. anorg. allg. Chem. Bd. 226 (1936) S. 23.
4. MARDEN, J. W.: DRP. 441639; Amer.P. 1760367.
5. NEWBERY, E., J. N. PRING: Proc. roy. Soc., Lond. Bd. 92 (1916) S. 276.
6. WARTENBERG, H. VON, J. BROY, R. REINICKE: Z. Electrochem. Bd. 29 (1923) S. 214.
7. ROHN, W.: Z. Metallkde. Bd. 16 (1924) S. 275.
8. ALEXANDER, P. P.: Metals & Alloys Bd. 5 (1934) S. 37.
9. DIECKMANN, TH., O. HANF: Z. anorg. allg. Chem. Bd. 86 (1914) S. 301.
10. BATES, L. F., A. BAQI: Proc. phys. Soc., Lond. Bd. 48 (1936) S. 781.
11. PFANHAUSER: Das Verchromungsverfahren. Berlin 1926.
12. DRIGGS, F. H., J. W. MARDEN: Amer.P. 1821176. Siehe auch F. H. DRIGGS, W. LILLIENDAHL: Amer.P. 1861625.
13. BOOTH, H. S., M. MERLUB-SOBEL: J. phys. Chem. Bd. 35 (1931) S. 3317. Siehe auch: R. TAFT, H. BARHAM: J. phys. Chem. Bd. 34 (1930) S. 929.
14. KOOPMAN, W., J. H. DE BOER, A. E. VAN ARKEL: DRP. 562616. Siehe auch A. E. VAN ARKEL: Metallwirtsch. Bd. 13 (1934) S. 405, 511.
15. ADCOCK, F.: J. Iron Steel Inst. Bd. 115 (1927) S. 369.
16. KROLL, W.: Metallwirtsch. Bd. 13 (1934) S. 725. — Metal Ind. London 47 (1935) S. 5.
17. Westinghouse Lamp Co.: DRP. 488472.
18. HULL, A. W., W. P. DAVEY: Phys. Rev. Bd. 14 (1919) S. 540; Bd. 17 (1921) S. 57.
19. PHEBUS, W. C., F. C. BLAKE: Phys. Rev. Bd. 25 (1925) S. 107.
20. PATTERSON, R. A.: Phys. Rev. Bd. 25 (1925) S. 581; Bd. 26 (1925) S. 56.
21. SASAKI, K., S. SEKITO: J. Soc. chem. Ind., Japan. Suppl.-Bd. 33 (1930) S. 482 B.
22. JETTE, E. R., V. H. NORDSTROM, B. QUENEAU, F. FOOTE: Amer. Inst. Min. Metall. Eng. techn. Publ. 522 (1934).
23. WRIGHT, L., H. HIRST, J. RILEY: Trans. Faraday Soc. Bd. 31 (1935) S. 1253.
24. OLLARD, E. A.: Metal Ind., London Bd. 28 (1926) S. 154.
25. SMITH, C. S.: Metal Ind., London Bd. 28 (1926) S. 456.
26. BRADLEY, A. J., E. A. OLLARD: Nature, Lond. Bd. 117 (1926) S. 122.
27. SILLERS, F.: Trans. Amer. electrochem. Soc. Bd. 52 (1927) S. 301.
28. BILLITER, S. J.: Prinzipien der Galvanotechnik. S. 28. Berlin 1934.
29. WOOD, W. A.: Trans. Faraday Soc. Bd. 31 (1935) S. 1248.
30. DISCH, J.: Z. Phys. Bd. 5 (1921) S. 173.
31. BRIDGMAN, P. W.: Proc. Amer. Acad. Arts. a. Sci. Bd. 64 (1929) S. 51.
32. BRIDGMAN, P. W.: Proc. Amer. Acad. Arts. a. Sci. Bd. 68 (1933) S. 37.
33. TRAVIS ANDERSON, C.: J. Amer. chem. Soc. Bd. 59 (1937) S. 488.
34. JAEGER, F. M., E. ROSENBOHM: Proc. roy. Acad., Amst. Bd. 37 (1934) S. 489.

35. UMINO, S.: Sci. Rep. Tohôku Univ. (1) Bd. 15 (1926) S. 597.
36. SMITHELLS, C. J., S. V. WILLIAMS: Nature, Lond. Bd. 124 (1924) S. 617.
37. MÜLLER, L.: Ann. Phys., Lpz. (5) Bd. 7 (1930) S. 48.
38. HOFFMANN, F., C. TINGWALDT: Z. Metallkde. Bd. 23 (1931) S. 31.
39. BAUR, E., R. BRUNNER: Helv. chim. Acta Bd. 17 (1934) S. 958.
40. EUCKEN, A.: Metallwirtsch. Bd. 15 (1936) S. 25, 67.
41. RUF, K.: Z. Elektrochem. Bd. 34 (1928) S. 813.
42. MACLENNAN, J. C., C. D. NIVEN: Phil. Mag. (7) Bd. 4 (1927) S. 386.
43. SHUKOFF, I.: J. Russ. phys. chem. Ges. Bd. 42 (1910) S. 40. — Chem. Zbl. 1910 I, S. 1220.
44. MACLENNAN, J. C., C. D. NIVEN, J. O. WILHELM: Phil. Mag. (7) Bd. 6 (1928) S. 672.
45. KAPITZA, P.: Proc. roy. Soc., Lond. A Bd. 123 (1929) S. 292.
46. WAHLIN, H. B.: Phys. Rev. (2) Bd. 37 (1929) S. 467.
47. KÖSTERS, H.: Z. Phys. Bd. 66 (1930) S. 807.
48. SCHULZE, R.: Z. Phys. Bd. 92 (1934) S. 42.
49. OWEN, M.: Ann. Phys., Lpz. Bd. 37 (1912) S. 657.
50. HONDA, K.: Ann. Phys., Lpz. Bd. 32 (1910) S. 1047.
51. KROLL, W.: Z. Metallkde. Bd. 28 (1936) S. 317.
52. GUICHARD, M., CLAUSMAN, BILLON, LANTHONY: C. R. Acad. Sci., Paris Bd. 196 (1933) S. 1660.
53. MAKARIEWA, S. C., N. D. BIRÜKOFF: Z. Elektrochem. Bd. 41 (1935) S. 623.
54. DUPARC, L., P. WENGER, W. SCHUSSELÉ: Helv. chim. Acta Bd. 13 (1930) S. 917.
55. NEUMANN, B., C. KRÖGER, H. HAEBLER: Z. anorg. allg. Chem. Bd. 196 (1931) S. 73.
56. BLIX, R.: Z. phys. Chem. Abt. B. Bd. 3 (1929) S. 229.
57. VALENSI, G.: J. Chim. Phys. Bd. 26 (1929) S. 152, 202.
58. TAMMANN, G.: Z. anorg. allg. Chem. Bd. 188 (1930) S. 396.
59. HÜTTIG, G. F., F. BRODKORB: Z. anorg. allg. Chem. Bd. 144 (1925) S. 341.
60. SIEVERTS, A., A. GOTTA: Z. anorg. allg. Chem. Bd. 172 (1928) S. 1.
61. MACNAUGHTON, D. J., A. W. HOTHERSALL: Trans. Faraday Soc. Bd. 31 (1935) S. 1168.
62. NEUBURGER, M. C.: Z. Kristallogr. Bd. 93 (1936) S. 1.
63. HIDNERT, P.: Phys. Rev. (2) Bd. 39 (1932) S. 176.
64. SIEVERTS, A., A. GOTTA: Z. anorg. allg. Chem. Bd. 172 (1928) S. 20.

42. Molybdän.

(Atomgewicht 95,95.)

Obwohl der Molybdänglanz schon im Altertum bekannt war, hat erst 1778 SCHEELE erkannt, daß dieses Mineral ein bisher unbekanntes Element enthielt. Das Metall wurde dann von BERZELIUS zum ersten Male dargestellt, und zwar nach der auch jetzt noch fast ausschließlich angewandten Methode, durch Reduktion mit Wasserstoff. Technische Bedeutung gewann aber das Metall erst durch die Entwicklung der Glühlampenindustrie. Die eingehende Erforschung der physikalischen und chemischen Eigenschaften des Wolframs lenkte auch die Aufmerksamkeit auf das verwandte Element Molybdän, das übrigens auch in der Glühlampenindustrie eine sehr bedeutende Rolle spielt, so daß wir heute das Molybdän als eins der am besten durchforschten Metalle ansehen können.

Die Reindarstellung des Metalls ist relativ einfach; als technische Methode kommt praktisch nur die Reduktion des Oxyds mit Hilfe von Wasserstoff in Frage. Das erhaltene Pulver wird dann zu Stäben gepreßt, die nach Sintern bei hoher Temperatur in Wasserstoffatmosphäre sich warm auswalzen oder hämmern und zu Draht ziehen lassen; die ersten Veröffentlichungen über dieses Verfahren brachten COOLIDGE (*1*) und FINK (*2*).

Auf die mechanischen Eigenschaften des so erhaltenen Metalls und besonders auch auf die sehr wichtigen Rekristallisationserscheinungen haben kleine Mengen von Verunreinigungen, darunter auch ein Oxydgehalt, einen großen Einfluß. Bei dem Sintern verdampft sicher ein großer Teil der Beimengungen; die Menge des verdampften Teiles ist aber wiederum abhängig von der Korngröße des Pulvers, vom Preßdruck, von der Dauer und Temperatur der Sinterung. Derartige Einzelheiten werden aber meistens von den Fabriken geheim gehalten; auf eine nähere Besprechung werden wir nicht eingehen, weil auch die technischen Einzelheiten der verschiedenen Arbeitsmethoden sich nicht zu einer kurzen Zusammenstellung eignen. Beim Wolfram, wo die Verhältnisse ähnlich sind, wollen wir hierauf etwas näher zurückkommen. Eine Übersicht über die Darstellung des Molybdäns findet man bei POKORNY (*60*) und in GMELINs Handbuch (*61*).

Es sind in der Literatur keine Daten bekannt, aus denen sich ableiten läßt, welcher Reinheitsgrad bei den besten Molybdänproben erreicht ist. Jedenfalls enthält das normale Molybdän nicht mehr als einige Zehntel Prozent an Gesamtverunreinigungen.

Sehr reines Molybdän wird auch erhalten durch Erhitzen eines Molybdändrahtes in Chloridatmosphäre, wobei das entstandene Chlor wieder von Molybdänpulver aufgenommen (*3*) oder an Wasserstoff gebunden wird (*4*). Nimmt man als Kerndraht einen Einkristalldraht, so entstehen Einkristalle, die von glatten, natürlichen Kristallflächen begrenzt sind. Da aber Molybdäneinkristalldrähte nicht technisch hergestellt werden, wurden derartige Versuche meistens mit Einkristall-Wolframdrähten ausgeführt (*3*, *4*), der dünne Wolframkern, vom Durchmesser 100 μ, stört dabei meistens nicht.

Auch durch Zersetzung von Molybdäncarbonyl (*5*) kann man das Metall erhalten. Ob auf diese Weise ein noch reineres Metall zu erhalten ist als das auf den oben genannten Wegen, läßt sich zur Zeit nicht angeben.

Selbstverständlich kann man das Molybdän auch gewinnen durch Reduktion des Oxyds oder des Halogenids mit verschiedenen Reduktionsmitteln; wir wollen hier diese Verfahren nicht weiter besprechen, da ihre technische Bedeutung gering ist, und das so erhaltene Metall wohl kaum reiner sein wird als das obenerwähnte; das gleiche gilt auch für die Schmelzflußelektrolyse.

Elektrolytische Abscheidung aus wässerigen Lösungen ist möglich, wenn man mit Molybdänverbindungen arbeitet, die das Metall in höchstens dreiwertiger Form enthalten [(*61*) S. 36].

In einigen Patentschriften werden auch die Methoden zur Erzeugung von Molybdänüberzügen durch Schmelzflußelektrolyse beschrieben (*6, 7*).

a) Physikalische Eigenschaften.

Kristallstruktur. Molybdän kristallisiert kubisch raumzentriert. Für die Gitterkonstante wurde von verschiedenen Forschern gefunden:

$$a = 3{,}142 \pm 0{,}004\ \text{Å}.$$

Eine Präzisionsbestimmung von JETTE und FOOTE (*8*) lieferte

$$a = 3{,}1410_{3\pm 4},\ d_R = 10{,}217 \text{ bei } 25^\circ\ \text{C}.$$

NEUBURGER (*9*) nimmt als besten Wert an:

$$a = 3{,}140_3\ \text{Å}.$$

Daraus folgt für die Röntgendichte: $d_R = 10{,}22$ (17° C).

Nach TAKEI (*10*) soll Molybdän bei etwa 2000° C in eine andere Form übergehen. Diese Angabe wird weder durch Röntgenaufnahmen, noch durch den Verlauf der physikalischen Größen gestützt.

Die *Dichtemessungen* an einem reinen Pulver (*11*), die den Wert 10,28 lieferten, sind schon etwas höher als die Röntgendichten; noch stärker ist die Abweichung bei FINK (*12*) der an dünnen Molybdändrähten $d = 10{,}32$ findet. Der Fehler liegt weit außerhalb der Genauigkeitsgrenze der Röntgenmessung. Von der von MÜLLER an einem reinen Pulver gemessenen Dichte ist eher zu erwarten, daß sie zu niedrig als zu hoch ist. Es bleibt hier also die Schwierigkeit bestehen, daß die Röntgendichte niedriger ist als die pyknometrisch bestimmte. Die Messungen von FINK sind vielleicht durch ungenaue Bestimmung des Drahtvolumens (s. auch unter Wolfram) gefälscht.

Ausdehnungskoeffizient. Diese Größe ist von 80 bis 2400° K gemessen worden. Sie steigt von $5{,}1 \cdot 10^{-6}$ zwischen 0° und 100° auf $9{,}5 \cdot 10^{-6}$ oberhalb 2000° K. Die Messungen bei sehr hohen Temperaturen sind ausgeführt worden von WORTHING (*13*) und ZWIKKER (*19*): sie zeigen keinerlei Anomalie, die auf eine Umwandlung bei 2000° C hinweisen. Die Messungen zeigen untereinander kleine Abweichungen, so daß eine genauere Angabe des Ausdehnungskoeffizienten nicht möglich ist.

Nach HIDNERT und GERO (*14*) zeigen stark bearbeitete Drähte einen kleineren Ausdehnungskoeffizienten. Bei seinen Messungen der Kompressibilität kommt BRIDGMAN (*15*) zu dem Schluß, daß stark bearbeitete Drähte eine größere Kompressibilität zeigen, wie aus folgenden Daten hervorgeht.

$$dV/V = -(0{,}347 \cdot 10^{-6} - 1{,}2 \cdot 10^{-12} p^2)\, p \qquad (30^\circ\ \text{C})$$
$$= -(0{,}348 \cdot 10^{-6} - 1{,}2 \cdot 10^{-12} p)\, p \qquad (75^\circ\ \text{C})$$

für gehämmerte Stäbe, und:

$$dV/V = -(0{,}361 \cdot 10^{-6} - 1{,}0\, p \cdot 10^{-12})\, p \qquad (30^\circ\ \text{C})$$
$$= -(0{,}362 \cdot 10^{-6} - 1{,}0\, p \cdot 10^{-12})\, p \qquad (75^\circ\ \text{C})$$

gemessen an gezogenen Drähten. Auf die größere Kompressibilität, von verformtem Metall werden wir beim Wolfram zu sprechen kommen.

Die Angaben über den *Schmelzpunkt* gehen noch immer ziemlich weit auseinander. WORTHING (*17*) gibt an: 2895 ± 10° K, etwa 50 höher als PIRANI und ALTERTHUM (*16*). ZWIKKER (*19*) findet 2850° K.

Dampfdruck und Siedepunkt. Dampfdruckmessungen sind ausgeführt worden von JONES, LANGMUIR und MACKAY (*18*), und von ZWIKKER (*19*). Sehr gut kann die Übereinstimmung zwischen den Versuchsreihen nicht genannt werden; so findet z. B. ZWIKKER bei 2200° K für die Verdampfungsgeschwindigkeit $0{,}73 \cdot 10^{-7}$, JONES, LANGMUIR und MACKAY $1{,}30 \cdot 10^{-7}$. Noch andere Werte geben WORTHING und NORRIS (*20*) an: bei etwa 1600° K sind diese 11,5mal, bei 2400° K noch 2,5mal größer als die unter (*18*) angegebenen Werte.

EUCKEN (*21*) stellt aus den unter (*18*) genannten Daten offenbar unter Vernachlässigung der übrigen, folgende theoretische Dampfdruckgleichung auf:

$$\log p = -\frac{34000}{T} + 0{,}045 \log T - 0{,}000271\, T + 10{,}88 \text{ (von 2000 bis 2900° K)}.$$

Die Sublimationsenergie ist nach EUCKEN 155 kcal = 6,76 eV. WAHLIN und REYNOLDS (*39*) geben aber für die Sublimationswärme 5,75 eV = 132 kcal an.

Für den Dampfdruck des flüssigen Metalls gilt die Gleichung:

$$\log p = -\frac{32150}{T} + 0{,}045 \log T - 0{,}000271\, T + 10{,}24 \text{ (2900 bis 3500° K) } (21).$$

Bei den großen Schwankungen in den Verdampfungsgeschwindigkeiten können diese Werte noch nicht als sehr gesichert betrachtet werden. Für den Siedepunkt folgt daraus 5000° K. Andere Extrapolationen ergaben 4780° K (*19*) und 5960° K (*18*).

Über eine Herabsetzung der Verdampfungsgeschwindigkeit durch elektrische Felder [WORTHING, ESTABROOK (*22*)], siehe unter elektrischen Eigenschaften.

Spezifische Wärme. Die spezifische Wärme ist bei tiefen Temperaturen von SIMON und ZEIDLER (*23*) gemessen worden. Sie zeigt keine Anomalie und läßt sich mit Hilfe einer Debye-Funktion, mit $\Theta = 379$ wiedergeben. Die Messungen von verschiedenen Forschern bei höheren Temperaturen faßt KELLEY (*24*) in dem Ausdruck:

$$C_p = 5{,}69 + 1{,}88 \cdot 10^{-3}\, T - 0{,}503 \cdot 10^{-5}\, T^2 \qquad (T \text{ in °K})$$

zusammen, der von Zimmertemperatur bis 1773° K mit etwa 5% Unsicherheit gültig sein sollte. Für C_p bei $T = 273$ findet man daraus 5,69; dieser Wert paßt sich den Werten von SIMON und ZEIDLER, die wir hier in Auszug geben, nicht sehr gut an.

T	15,97°	27,54°	56,0°	91,6°	120,4°	144,6°	209,1°	274,7° K
C_p	0,0403	0,172	1,230	2,88	3,84	4,38	5,17	5,53

Wärmeleitfähigkeit. Für die Wärmeleitfähigkeit geben BARRATT und WINTER (*25*) $W = 0{,}346$ (bei 17° C) und $W = 0{,}333$ (bei 100° C), alles in cal/cm/sec/Grad an. Hier scheint also die Wärmeleitfähigkeit mit der Temperatur abzunehmen; dagegen findet KANNULUIK (*26*) den praktisch konstanten Wert 0,328, von —78,5 bis 100° C, und erst bei —183° C die höheren Werte 0,430 und 0,438.

An einem anderen Draht (*27*) wurde nach Ausglühen auf 200° C gefunden $W_0 = 0{,}333$, nach Ausglühen auf 900° C, $W_0 = 0{,}343$. KANNULUIK gibt an, daß dieser Draht sehr rein war: der Temperaturkoeffizient der Leitfähigkeit, $\alpha = 456 \cdot 10^{-5}$, deutet eher darauf hin, daß er mit einen normalen technischen Molybdändraht gearbeitet hat.

Da beim Ausglühen die Wärmeleitfähigkeit zunimmt, scheint also durch Verformung diese Größe etwas abzunehmen.

Elektrische Eigenschaften. Für den Widerstand eines Einkristalldrahtes geben GEISS und VAN LIEMPT (*28*) den Wert $\varrho_0 = 5{,}03 \cdot 10^{-6}$ an. Dieser Kristall hat zugleich den höchsten bisher gemessenen Temperaturkoeffizienten $\alpha = 473 \cdot 10^{-5}$. Dies weist auf eine große Reinheit dieses durch Abscheidung aus der Gasphase erhaltenen Metalls hin. WORTHING (*31*) findet an einem besonders reinen Draht $464 \cdot 10^{-5}$, GEISS und VAN LIEMPT (*28*) $\alpha = 459 \cdot 10^{-5}$, und an technischem Molybdän (d. h. das immerhin noch sehr reine Metall, das in der Glühlampenindustrie verwendet wird) 430 bis $440 \cdot 10^{-5}$.

Wahrscheinlich haben die meisten Autoren, soweit sie nicht ihre Metallproben selbst hergestellt haben, mit einem Metall dieses Reinheitsgrades gearbeitet: BRIDGMAN (*29*) findet z. B.: $\alpha = 434 \cdot 10^{-5}$; HOLBORN (*30*) $\alpha = 435 \cdot 10^{-5}$. Ferner gibt KANNULUIK (*26, 27*) für den Widerstand: $\varrho_0 = 5{,}2 \cdot 10^{-6}$ an. Daraus folgt unter Annahme der Gültigkeit der Regel von MATTHIESSEN für den Restwiderstand: $R = 0{,}04$, also ein Wert derselben Größenordnung, wie er von MEISSNER und VOIGT (*32*) gefunden wurde.

Einen viel niedrigeren Wert für den Widerstand ($\varrho_0 = 4{,}4 \cdot 10^{-6}$) gibt BLOM (*32a*) an, und zwar für einen gezogenen Draht, wo also sicher ein erhöhter Widerstand zu erwarten ist; auch FINK (*2*) findet einen zu niedrigen Wert ($\varrho_0 = 4{,}8 \cdot 10^{-6}$). Wahrscheinlich hat FINK den Drahtdurchmesser zu klein angenommen, dadurch wird gleichzeitig auch verständlich, daß seine Dichtewerte etwas zu hoch ausfallen (s. auch unter Wolfram). Auch BLOM (*32a*) gibt nicht genau an, wie er seine Drahtdurchmesser bestimmt hat.

Bei höheren Temperaturen gibt es zwei ausgedehnte Versuchsreihen, die miteinander auf wenige Zehntel eines Ohm übereinstimmen, und zwar von ZWIKKER (*19*) und WORTHING (31).

Zum Vergleich geben wir folgenden Auszug aus ihren Daten:

T	273°	1000°	1600°	2000°	2400°	2800° K
WORTHING . .	5,14	23,9	41,1	53,1	65,5	78,2
ZWIKKER . .	—	—	41,2	53,5	66,0	—

Bis 1,5° K wurde keine Supraleitfähigkeit gefunden (*32*); dennoch leiten MEISSNER, FRANZ und WESTERHOFF (*33*) aus der Supraleitfähigkeit von Molybdän-Kohlenstofflegierungen ab, daß auch reines Molybdän bei etwa 1° K supraleitend werden müßte.

Unter Einfluß eines allseitigen Druckes nimmt der Widerstand wie bei den meisten Metallen ab (*34*).

BRIDGMAN (*35*) hat diesen Befund bestätigt, und die Messungen über ein viel größeres Druck- und Temperaturgebiet ausgedehnt. Der Druckkoeffizient beträgt nach BRIDGMAN $-1{,}45 \cdot 10^{-6}$ bei 0° C.

Messungen bei viel tieferen Temperaturen sind ausgeführt worden von FISCHER (*36*) und BRIDGMAN (*37*).

Nach BRIDGMAN (*35*) ändert sich der Temperaturkoeffizient nicht bis zu einem Druck von 12000 kg/cm².

Den Einfluß des Magnetfeldes senkrecht und parallel zur Stromrichtung hat KAPITZA (*38*) untersucht.

Ein merkwürdiger Effekt wurde von ESTABROOK (*22*) beschrieben: durch Einschalten eines starken elektrischen Feldes senkrecht zur Drahtoberfläche nimmt der Widerstand plötzlich ab. Dieser Effekt wurde wahrgenommen bei denjenigen Metallen, bei denen gleichzeitig die Verdampfungsgeschwindigkeit unter Einfluß des Feldes abnimmt.

Nach WORTHING (*22*), der verschiedene Erklärungsmöglichkeiten diskutiert, ist eine befriedigende Erklärung dieser Erscheinung bis jetzt nicht gegeben.

Durch Kaltbearbeitung nimmt der Widerstand des Molybdäns in normaler Weise zu, durch Tempern und Rekristallisation wird der Ausgangswert wieder hergestellt.

Die Widerstandszunahme ist als ein Zusatzwiderstand aufzufassen, denn GEISS und VAN LIEMPT (*39a*) zeigten, daß das Produkt $\varrho\alpha$ unabhängig von dem Bearbeitungsgrad ist. Die Regel von MATTHIESSEN gilt also auch für die Widerstandszunahme durch mechanische Deformation, wie aus nebenstehenden Zahlen hervorgeht.

Drahtdurchmesser	$\varrho_{20} \cdot 10^6$	$\alpha \cdot 10^5$	$\varrho_{20} \cdot \alpha \cdot 10^{10}$
500	6,10	423	258
100	6,75	387	261
30	7,25	371	269

Hier ist der Drahtdurchmesser als Maß für den Verformungsgrad anzusehen. Wird ein deformierter Draht ausgeglüht, so bleibt das Produkt gleichfalls ungefähr konstant.

Glühtemperatur	$\varrho_{20} \cdot 10^6$	$\alpha \cdot 10^5$	$\varrho_{20} \cdot \alpha \cdot 10^{10}$	Glühtemperatur	$\varrho_{20} \cdot 10^6$	$\alpha \cdot 10^5$	$\varrho_{20} \cdot \alpha \cdot 10^{10}$
—	7,25	371	269	1500°	6,30	419	263
500°	6,60	398	263	rekristallisiert	6,35	420	267
700°	6,30	405	255	Einkristall	5,53	476	264
1100°	6,20	420	260				

Elektronen-Emission. Die Thermoelektronenemission ist im Hinblick auf technische Anwendungen, wiederholt gemessen worden. Wohl die ausführlichsten Untersuchungen sind ausgeführt worden von DUSHMAN und Mitarbeitern (*41*) und ZWIKKER (*19, 42*).

Die Stromstärke, in A/cm²/Grad² kann durch

$$i = A\,T^2\,e^{-\varphi/RT}$$

wiedergegeben werden.

DUSHMAN (*43*) berechnet, mit $A = 60{,}2$, aus eigenen Messungen für die Austrittsarbeit $\varphi = 51\,500$ Rcal $= 4{,}44$ eV, während er aus ZWIKKERS Daten $\varphi = 50\,900$ R $= 4{,}38$ eV ableitet. Der Unterschied ist nur klein.

Die übrigen Werte liegen meistens zwischen 4,3 und 4,5 eV. Von neueren Messungen sind noch zu erwähnen die von KRÜGER und STABENOW (*40*), die mit $\varphi = 4{,}40$ sehr schön mit denen von DUSHMAN und ZWIKKER übereinstimmen, und die von WAHLIN und REYNOLDS (*39*), die $\varphi = 4{,}17$ eV fanden. Diese Autoren behaupten, daß höhere Werte nur gefunden werden, wenn der Draht zuerst gewalzt und dann leicht geglüht wurde.

Aus der langwelligen Grenze des photoelektrischen Effektes findet man für φ meistens etwas niedrigere Werte, so z. B. CASHMAN und HUXFORD (*46*) $\varphi = 4{,}12$ eV, und DU BRIDGE und RÖHR (*47*) $\varphi = 4{,}15$ eV, in sehr guter Übereinstimmung also mit dem von WAHLIN gefundenen Wert. Über die Theorie des Photoeffektes vergleiche auch (*48*).

WAHLIN und REYNOLDS haben auch eine Emission von positiven Ionen wahrgenommen: für die Austrittsarbeit fanden sie $\varphi_+ = 8{,}35$ eV, während LE ROY BARNES (*44*) den etwas niedrigeren Mittelwert 8,17 eV angibt.

Man kann φ_+ auch aus folgendem Kreisprozeß

$$\varphi_+ + \varphi_- = I + S$$

berechnen: hierin ist I die Ionisierungsspannung, S die Sublimationsenergie. Nach WAHLIN und REYNOLDS ist $I = 7{,}15$ eV, $S = 5{,}75$: mit $\varphi_- = 4{,}21$ eV findet man also

$$\varphi_+ = 8{,}70 \text{ eV}.$$

Hierbei ist aber zu bedenken, daß aus dem Wert, den EUCKEN (*21*) angibt für S der Wert 6,76 folgt; die Übereinstimmung ist also noch nicht sehr schön. GROVER (*45*) behauptet einen höheren Wert für φ_+ gefunden zu haben, als andere Autoren.

Magnetische Eigenschaften. Molybdän ist paramagnetisch. Für die Suszeptibilität gibt OWEN (*50*) einen Wert an, der etwa 20mal größer ist als derjenige von HONDA (*51*). Neuere Messungen von VAN ALPHEN und DE HAAS (49) zeigen, daß die Suszeptibilität nach tieferen Temperaturen langsam zunimmt, so daß bei 14° K die Suszeptibilität 2mal größer ist als bei Zimmertemperatur. Von der Feldstärke scheint χ wenig abhängig zu sein. Als den wahrscheinlichsten Wert können wir wohl annehmen $\chi = 0{,}56 \cdot 10^{-6}$.

Optische Eigenschaften. Genaue Angaben über Schmelzpunkt, Dampfdruck usw. können bei Molybdän nur gemacht werden, wenn die Temperatur, bei der die Messungen ausgeführt werden, bekannt ist. Die Temperaturmessung kann nur auf optischem Wege stattfinden: will man für Molybdän eine Temperaturskala festlegen, so müssen die optischen Konstanten genau bekannt sein.

Eingehende Untersuchungen über das Reflexionsvermögen sind von WORTHING (*31*), ZWIKKER (*19*) und HELFGOTT (*52*) veröffentlicht worden, dann weiter noch von WHITNEY (*53*). WORTHING findet einen konstanten temperaturunabhängigen Emissionskoeffizient 0,382 bei der Wellenlänge $\lambda = 667\,\mathrm{m}\mu$.

Mechanische Eigenschaften. Die mechanischen Eigenschaften sind in sehr hohem Maße von dem Bearbeitungsgrad des Metalls abhängig. Als Grenzfälle können wir den Einkristall und die stark deformierten gezogenen Drähte betrachten. SKAUPY (*54*) gibt für die Festigkeit eines Molybdänkristalls 35 $\mathrm{kg/mm^2}$ an, dagegen findet KOENIGSBERGER (*55*) für gezogene Drähte Werte bis etwa 400 $\mathrm{kg/mm^2}$, für Einkristalldrähte etwa 100 $\mathrm{kg/mm^2}$.

Für den Torsionsmodul eines Einkristalldrahtes gibt KOENIGSBERGER (*55*) 15 bis $18 \cdot 10^{11}\,\mathrm{dyn/cm^2}$, für Vielkristalldrähte 16 bis $20 \cdot 10^{11}\,\mathrm{dyn/cm^2}$ an.

Durch Ziehen entsteht im Draht eine deutliches Faserstruktur, in dem die Kristalle sich parallel zur [110]-Richtung der Drahtachse stellen (*56*). In gewalzten Molybdänblechen liegt die [100]-Ebene in der Walzebene, die [110]-Richtung in der Walzrichtung (*57*).

Bei der plastischen Verformung zeigt sich die Gitterdeformation sowohl durch eine Verbreiterung der DEBYE-SCHERRER-Linien, als auch durch eine Änderung im Intensitätsverhältnis an (*58*).

Ähnliches gilt für die Härte [POKORNY (*60*)]. Sehr genaue und untereinander vergleichbare Angaben über die technisch-mechanischen Eigenschaften des Molybdäns sind nicht vorhanden. Die meisten Versuchsresultate sind wohl unveröffentlicht geblieben.

b) Anwendungen.

Molybdän findet mancherlei Anwendungen. Die größten Mengen werden wohl von der Glühlampenindustrie aufgenommen, wo es für Halter und Ösen bei der Konstruktion der Glühlampen verwendet wird. Es ist hierfür besser geeignet als Wolfram, weil es biegsamer ist als dieses, sich also leichter verarbeiten läßt, und durch Erhitzung nicht so leicht spröde wird. Auch eignet es sich besser als Einschmelzdraht, da sich leicht Gläser herstellen lassen, die etwa den gleichen Ausdehnungskoeffizienten haben wie Molybdän. Große Mengen Molybdän werden weiter verarbeitet in elektrischen Öfen, wobei es als Draht oder Band zur Anwendung kommt. Da aber bei hohen Temperaturen Molybdän sehr leicht oxydiert wird, können diese Öfen nur in einer reduzierenden Gasatmosphäre gebraucht werden: sie sind daher so konstruiert, daß während des Betriebes ein Schutzgas, meistens ein Gemisch von Stickstoff und Wasserstoff, hindurch fließt, so daß das heiße Metall nicht mit Sauerstoff in Berührung kommt. Derartige Öfen kommen in großen Mengen zur Anwendung bei der Wolframfabrikation, wo der Stab oder der Draht weißglühend in die Hammermaschine gezogen wird.

Obwohl wegen der viel höheren Verdampfungsgeschwindigkeit Molybdän nicht geeignet ist als Glühkörper in Glühlampen, scheint es als Kerndraht für Kathoden in Senderöhren usw., in bestimmten Fällen dem Wolfram überlegen zu sein. Nähere Einzelheiten über diese spezielle Anwendungen findet man bei POKORNY (*60*). Weitere Anwendungen findet es in Legierungen: darunter gibt es solche von großer Härte. Als Beispiel wollen wir hier eine Legierung von Nickel, Titancarbid und Molybdäncarbid erwähnen, die von BECKER (*59*) beschrieben ist und als Hartmetall Anwendung findet.

Literatur.

1. COOLIDGE, C.: J. Amer. Inst. electr. Engng. Bd. 29 (1910) S. 961.
2. FINK, C. G.: Trans. Amer. Electrochem. Soc. Bd. 17 (1910) S. 232.
3. GEISS, W., J. A. M. VAN LIEMPT: Z. Metallkde Bd. 16 (1924) S. 317; Bd. 17 (1925) S. 194.
VAN LIEMPT, J. A. M.: Diss. Delft 1931.
4. FISCHVOIGT, H., F. KOREF: Z. techn. Phys. Bd. 6 (1925) S. 236.
5. D.P. 511564 (1926).
6. A.P. 1795512 (1927).
7. A.P. 1786398 (1925).
8. JETTE, E. R., F. FOOTE: J. chem. Phys. Bd. 3 (1935) S. 605.
9. NEUBURGER, M. C.: Z. Kristallogr. Bd. 93 (1936) S. 14.
10. TAKEI, P.: Sci. Pap. Tohoku Bd. 17 (1928) S. 939.
11. MÜLLER, J. H.: J. Amer. chem. Soc. Bd. 37 (1915) S. 2051.
12. FINK, C. G.: Chem. News Bd. 104 (1911) S. 34.
13. WORTHING, A. G.: Phys. Rev. (2) Bd. 28 (1926) S. 192.
14. HIDNERT, P., W. B. GERO: Sci. Pap. Bur. Stand. Bd. 19 (1924) S. 429.
15. BRIDGMAN, P. W.: Proc. Amer. Acad. Arts a. Sci Bd. 58 (1923) S. 163.
16. PIRANI, M. VON, M. ALTHERTUM: Z. Elektrochem. Bd. 29 (1923) S. 7.
17. WORTHING, A. G.: Phys. Rev. (2) Bd. 25 (1925) S. 846.
18. JONES, H. A., I. LANGMUIR, M. J. MACKAY: Phys. Rev. (2) Bd. 30 (1927) S. 211.
19. ZWIKKER, C.: Physica, Haag Bd. 7 (1927) S. 71.
20. NORRIS, L., A. G. WORTHING: Phys. Rev. (2) Bd. 44 (1933) S. 323.
21. EUCKEN, A.: Metallwirtsch. Bd. 15 (1936) S. 67.
22. WORTHING, A. G., G. B. ESTABROOK: Phys. Rev. (2) Bd. 43 (1933) S. 383.
23. SIMON, F., P. ZEIDLER: Z. phys. Chem. Bd. 123 (1926) S. 387.
24. KELLEY, K. K.: U. S. Dep. Comm. Bur. Mines 371 (1934).
25. BARRATT, T., R. M. WINTER: Ann. Phys., Lpz. (4) Bd. 77 (1925) S. 5.
26. KANNULUIK, W. G.: Proc. roy. Soc., Lond. Bd. 141 (1933) S. 164.
27. KANNULUIK, W. G.: Proc. roy. Soc., Lond. Bd. 131 (1931) S. 330.
28. GEISS, W., J. A. M. VAN LIEMPT: Z. Metallkde Bd. 17 (1925) S. 195.
29. BRIDGMAN, P. W.: Proc. nat. Acad. Sci., Wash. Bd. 3 (1917) S. 11.
30. HOLBORN, L.: Ann. Phys., Lpz. (4) Bd. 59 (1919) S. 164, 165.
31. WORTHING, A. G.: Phys. Rev. (2) Bd. 28 (1926) S. 195.
32. MEISSNER, W., B. VOIGT: Ann. Phys., Lpz. (5) Bd. 7 (1930) S. 910.
32a. BLOM, E. C.: Phys. Rev. (2) Bd. 13 (1919) S. 309.
33. MEISSNER, W., H. FRANZ, H. WESTERHOFF: Ann. Phys., Lpz. (5) Bd. 13 (1932) S. 544.

34. BECKMANN, B.: Phys. Z. Bd. 18 (1917) S. 508.
35. BRIDGMAN, P. W.: Proc. Amer. Acad. Arts a. Sci. Bd. 56 (1921) S. 61.
36. FISCHER, U.: Z. phys. Chem. Abt. B. Bd. 8 (1930) S. 214.
37. BRIDGMAN, P. W.: Proc. Amer. Acad. Arts a. Sci. Bd. 67 (1932) S. 342.
38. KAPITZA, P.: Proc. roy. Soc. Lond. A Bd. 123 (1929) S. 330, 342.
39. WAHLIN, H. B., J. A. REYNOLDS: Phys. Rev. (2) Bd. 48 (1935) S. 751.
39a. GEISS, W., G. A. M. VAN LIEMPT: Z. Phys. Bd. 41 (1927) S. 870.
40. KRÜGER F., G. STABENOW: Ann. Phys., Lpz. (5) Bd. 22 (1935) S. 713.
41. DUSHMAN, S., H. N. ROWE, J. EWALD, C. A. KIDNER: Phys. Rev. (2) Bd. 25 (1925) S. 338.
42. ZWIKKER, C.: Proc. roy Acad., Amst. Bd. 29 (1926) S. 792.
43. DUSHMAN, S.: Rev. Mod. Phys. Bd. 2 (1930) S. 381.
44. LE ROY, L. BARNES: Phys. Rev. (2) Bd. 42 (1932) S. 492.
45. GROVER, H. J.: Bull. Amer. phys. Soc. Bd. 2 (1936) S. 26.
46. CASHMAN, R. J., W. S. HUXFORD: Phys. Rev. (2) Bd. 48 (1935) S. 734.
47. DU BRIDGE, L. A., W. W. ROEHR: Phys. Rev. (2) Bd. 42 (1932) S. 52.
48. ROEHR, W. W., L. A. DU BRIDGE: Phys. Rev. (2) Bd. 44 (1933) S. 316.
49. DE HAAS, W. J., P. M. VAN ALPHEN: Proc. roy. Acad. Amst. Bd. 36 (1933) S. 263.
50. OWEN, M.: Ann. Phys., Lpz. (4) Bd. 37 (1912) S. 664.
51. HONDA, K.: Ann. Phys. (4) Bd. 32 (1910) S. 1045.
52. HELFGOTT, A. L.: Z. Phys. Bd. 49 (1928) S. 555.
53. WHITNEY, L. V.: Phys. Rev. (2) Bd. 48 (1935) S. 458.
54. SKAUPY, F.: Monatsh. d. Chem. Bd. 53 (1929) S. 75.
55. KOENIGSBERGER, J.: Z. Phys. Bd. 40 (1927) S. 729.
56. ETTISCH, MARG., M. POLANYI, K. WEISSENBERG: Z. phys. Chem. Bd. 99 (1921) S. 332. — Phys. Z. Bd. 22 (1921) S. 646.
57. KONOBEJEWSKI, S. T.: Z. Phys. Bd. 39 (1926) S. 415.
58. HENGSTENBERG, J., H. MARK: Naturwiss. Bd. 17 (1929) S. 443.
59. BECKER, K.: Metallwirtsch. Bd. 12 (1933) S. 673.
60. POKORNY, E.: Das Molybdän. Halle a. d. S. 1927.
61. GMELINS Handbuch der anorg. Chemie, System-Nr. 53. Berlin 1935.

43. Wolfram.

(Atomgewicht 183,92.)

Mit 1 Abbildung.

Es ist nicht zu verwundern, daß Wolfram, als sechswertiges Element, das überdies eine extrem hohe Sublimationswärme besitzt, leicht durch Reduktion seiner Verbindungen hergestellt werden kann.

Weitaus die größte Menge des Wolframs wird denn auch durch Reduktion des Trioxyds, WO_3, mit Wasserstoff hergestellt; das so erhaltene Pulver wird zu Stäben gepreßt, die nach Erhitzen auf eine Temperatur dicht unterhalb des Schmelzpunktes so weit zusammensintern, daß sie sich bei Weißglut hämmern lassen. Durch fortgesetztes Hämmern werden die Stäbe allmählich duktil, so daß es schließlich möglich wird, sie bei tieferen Temperaturen zu den dünnen Drähten auszuziehen, die in der Glühlampenindustrie Verwendung finden. Die Methode wurde im wesentlichen 1906 von COOLIDGE ausgearbeitet (*1*).

Nach Entfernung der äußeren Schicht und Ausglühen im Vakuum zur Entfernung von Gasen, ist auf diese Weise ein sehr reines Wolfram in Drahtform zu erhalten. Da für physikalische und chemische Versuche ein sehr reines Metall zur Verfügung steht, und wohl kaum ein anderes Metall in den letzten Jahrzehnten so ausführlich nach allen Richtungen untersucht worden ist wie das Wolfram, sind die Eigenschaften dieses Metalls sehr gut bekannt. Da weiter aus der Feder von SMITHELLS (2) eine sehr gute Monographie über das Wolfram erschienen ist, können wir hier, unter Hinweisung auf diese Monographie und die in jüngster Zeit erscheinende Zusammenstellung in GMELINs Handbuch der anorganischen Chemie (3) die Besprechung des Wolframs kurz fassen.

a) Herstellung reinsten Wolframs.

Unter besonderen Vorsorgen gelingt es durch Reduktion von Wolframoxyd ein äußerst reines Wolfram herzustellen. Vorbedingung ist ein sehr reines Oxyd, das am besten so erhalten wird, daß man das rohe Oxyd in Ammoniak löst, und aus der so erhaltenen Lösung ein Ammoniumparawolframat auskristallisieren läßt: die Zusammensetzung dieses Produktes, besonders der Kristallwassergehalt, hängt von den Kristallisationsbedingungen ab.

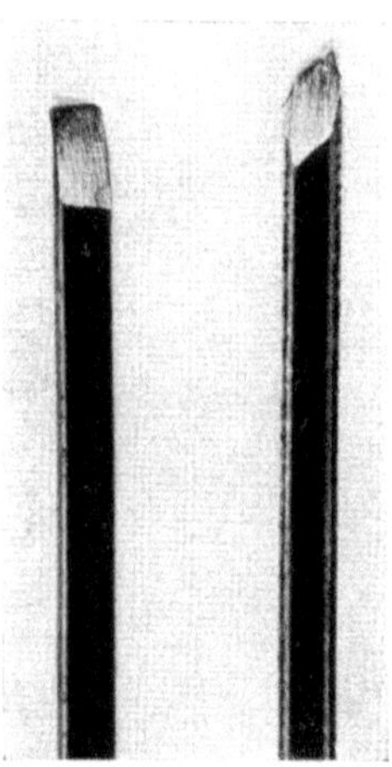

Abb. 1. Wolframeinkristall.

Da die Parawolframate in Wasser nicht löslich sind, kann man die Reinigung so weiterführen, daß man mit Säuren aus dem Parawolframat wieder WO_3 herstellt, dies aufs neue in Parawolframat überführt usw.

Obwohl man auf dem oben angegebenen Wege ein sehr reines Wolfram gewinnen kann, ist das Metall, so wie es in der Glühlampentechnik verwendet wird, nicht von so großer Reinheit, weil man absichtlich, zur Verbesserung der Qualität, Oxyde zusetzt bzw. die völlige Entfernung schon vorhandener Beimengungen während der Fabrikation vermeidet. Auf den Einfluß dieser Beimengungen werden wir im Abschnitt: Mechanische Eigenschaften und Rekristallisation näher eingehen.

Sehr reines Wolfram kann erhalten werden durch thermische Zersetzung des Chlorids allein (4, 5), oder in Gegenwart von Wasserstoff (6). Im letzten Fall sind die erhaltenen Stäbe nicht so kompakt, wie bei der unmittelbaren thermischen Zersetzung.

Nimmt man als Glühdraht einen Wolframeinkristall, so wächst dieser Einkristall weiter und man erhält Stäbe, die von natürlichen Kristallflächen begrenzt sind; ein Beispiel ist in Abb. 1 abgebildet. Die Reinheit dieser Stäbe läßt sich am besten auf Grund der elektrischen

Eigenschaften mit der der besten Proben, die durch Reduktion mit Wasserstoff erhalten sind, vergleichen.

Bei der Herstellung durch Zersetzung des Chlorids wird in einem Ballon aus Pyrexglas zwischen zwei eingeschmolzenen Wolframstäben ein Wolframdraht ausgespannt. Im Ballon befindet sich etwas Hexachlorid und Wolframpulver. Nachdem aus dem Ballon die Luft abgepumpt ist, wird der ganze Apparat auf etwa 400° C erhitzt, wobei das Hexachlorid verdampft und an dem elektrisch auf etwa 1600° C erhitzten Wolframdraht in Chlor und Wolfram dissoziiert. Das Chlor bildet mit dem Wolframpulver aufs neue Chlorid. Man hat dadurch relativ kleine Verluste, jedenfalls viel geringere als bei der Reduktion des Chlorids mit Wasserstoff, wo dauernd ein Strom von Wasserstoff, mit Chloriddampf beladen, durch den Apparat streicht. Im letzten Fall beginnt die Wolframabscheidung schon bei viel tieferen Temperaturen: will man aber einen kompakten Wolframstab gewinnen, so sollen die Bedingungen so gewählt werden, daß die Anwachsgeschwindigkeit klein bleibt, bis 0,14 μ je Minute (*7*), während bei der Zersetzung ohne Wasserstoff die Anwachsgeschwindigkeit etwa 100mal größer sein kann (*4*).

Kompaktes Wolfram läßt sich auch durch Schmelzflußelektrolyse gewinnen; durch hohe Temperatur (etwa 1000° C) des Bades, daß am besten aus Li_2WO_4 und WO_3 bestehen soll, gelang es van Liempt (*5*, *9*) die Bildung der Wolframbronzen (d. s. Verbindungen höherer Wolframoxyde mit Alkalioxyden, die metallähnlichen Glanz besitzen) zu vermeiden. Smithells empfiehlt [(*2*) S. 46] ein Bad von der Zusammensetzung 38% Na_2WO_4, 32% Li_2WO_4, 30% WO_3.

Auf diese Weise können Metallgegenstände mit einer Wolframschicht überzogen werden: nimmt man als negative Elektrode einen Wolframeinkristall, so gelingt es, dessen Durchmesser auf ein Vielfaches zu erhöhen.

Von weiteren elektrolytischen Methoden soll noch die Elektrolyse phosphorhaltiger Schmelzen erwähnt werden, weil dabei bei Temperaturen unterhalb 700° C das Metall sich in einer anderen Modifikation als β-Wolfram abscheidet (*10*).

Burgers und van Liempt (*11*) haben β-Wolfram später auch hergestellt durch Elektrolyse eines niedrigschmelzenden Gemisches von Alkaliwolframaten. Nach Leo und Shen (*12*) sollen Ausbeute und Qualität durch NaCl-Zugabe zum Bade verbessert werden.

Versuche zur Elektrolyse von wässerigen Lösungen von Wolframaten oder von Lösungen von WCl_6 in organischen Lösungsmitteln haben bis jetzt nicht den erwünschten Erfolg gehabt (*3*, *4*). Nach Yntema (*8*) soll eine glatte Wolframschicht erhalten werden bei der Elektrolyse von WO_3 in Zitratlösung.

b) Physikalische Eigenschaften.

Allotropie. Wolfram kommt in 2 allotropen Modifikationen vor: die eine (β-Wolfram) entsteht nur bei der Schmelzflußelektrolyse unterhalb 700° (*10, 11*). Beim Erhitzen oberhalb dieser Temperatur geht sie irreversibel in die normale α-Form über.

Mit Ausnahme der Kristallstruktur ist von den Eigenschaften der β-Form nahezu nichts bekannt. Sie kristallisiert kubisch (*10*) und enthält 8 Atome pro Elementarzelle mit den Basiskoordinaten:

$$(0\,0\,0)\left(\frac{1}{2}\,\frac{1}{2}\,\frac{1}{2}\right)\left(0\,\frac{1}{4}\,\frac{1}{2}\right)\left(0\,\frac{3}{4}\,\frac{1}{2}\right)\left(\frac{1}{2}\,0\,\frac{1}{4}\right)\left(\frac{1}{2}\,0\,\frac{3}{4}\right)\left(\frac{1}{4}\,\frac{1}{2}\,0\right)\left(\frac{3}{4}\,\frac{1}{2}\,0\right).$$

Bei reinen Metallen ist diese Struktur bisher nicht bekannt: es kann also der Verdacht aufkommen, daß es sich um eine HUME-ROTHERYsche Elektronenverbindung handelt, das heißt also um eine Modifikation, die durch kleine Beimengungen stabilisiert ist und in diesem Fall nur bei tiefen Temperaturen existenzfähig ist: um Phosphorbeimischungen kann es sich hier nicht handeln, denn nach BURGERS und VAN LIEMPT (*11*) entsteht β-Wolfram (neben α-Wolfram) auch bei der Elektrolyse eines niedrigschmelzenden Gemisches von Alkaliwolframaten. Dagegen erscheint eine Verunreinigung durch Alkali in kleinen Mengen nicht ausgeschlossen.

Die bei gewöhnlicher Temperatur und Druck stabile Form des Wolframs ist kubisch-raumzentriert. Die Werte der Gitterkonstanten, die von verschiedenen Autoren angegeben werden, schwanken nur sehr wenig: als besten Wert können wir mit NEUBURGER (*13*) annehmen: $a = 3{,}158_{6} \pm {}_{3}$ Å. COHEN (*14*) gibt an: $a = 3{,}1583_{7} \pm {}_{8}$ Å.

Daraus berechnet sich für die Dichte $d_{25} = 19{,}25$; dieser Wert stimmt ungefähr mit den Messungen von GEISS und VAN LIEMPT an Einkristallstäben (*15*), die wir wohl als die zuverlässigsten unmittelbaren Dichtebestimmungen ansehen können, überein; die direkte Messung ergab: $d = 19{,}35$.

Die Dichtemessungen an Pulvern, Stäben, Drähten schwanken sehr stark: daß sie oft niedrigere Werte zeigen, ist nicht zu verwundern, weil die gepreßten und gehämmerten Stäbe noch nicht vollkommen dicht sind. FINK (*16*) findet aber an dünnen Drähten zu hohe Werte, sogar bis zu 21,4. Wahrscheinlich beruhen diese anomalen Werte auf ungenauen Messungen des Drahtvolumens, denn spätere Messungen sind mit den Röntgendaten schon viel besser in Übereinstimmung. GEISS und VAN LIEMPT (*15*) geben nebenstehende Daten an.

Durchmesser mm	Dichte	Bearbeitung
—	11	gesintert
15	16,9	sehr hoch erhitzt
14,8	17,6	
11,8	18,28	gehämmert
6,2	19,16	
5,0	19,22	
3,8	19,23	
0,15	19,22	gezogen
0,11	19,22	
0,020	19,41 ± 0,04	
0,0125	19,28 ± 0,06	

Durch Erhitzen von gezogenen Drähten auf hohe Temperatur nimmt die Dichte um ~ 3‰ zu (*5*).

Diese Änderung hängt wohl mit der bei hoher Temperatur eintretenden Rekristallisation zusammen, wobei vielleicht Hohlräume, die beim Ziehen entstanden sind, wieder verschwinden. Daß beim Ziehen die Dichte ein wenig abnimmt, wird unter anderem auch von AVERY und SMITHELLS angegeben (*17*).

Ausdehnungskoeffizient. Der lineare Ausdehnungskoeffizient δ ist bis zu 2600° K von WORTHING (*18*) gemessen worden. Zwischen 300° und 600° findet er $\delta = 4{,}44 \cdot 10^{-6}$, bei höheren Temperaturen steigt die Ausdehnung immer schneller an, sie erreicht zwischen 2300 und 2600° K den Wert $8 \cdot 10^{-6}$. Diese Daten sind in Übereinstimmung mit röntgenographisch ermittelten Werten von BECKER (*19*) und SHINODA (*20*), der $6{,}8 \cdot 10^{-6}$ zwischen 25° und 1000° C findet. Knickpunkte in den Volumtemperaturkurven wie sie GOUCHER (*21*) erwähnt, werden in den Arbeiten von WORTHING nicht bestätigt. Neuere Messungen an Einkristallen wären hier sehr erwünscht.

Für die relativen Längen bei verschiedenen Temperaturen übernimmt SMITHELLS [(*2*) S. 130] die Daten von WORTHING (*18*):

T	300°	600°	1000°	1500°	2000°	2500°	2700° K
l/l_{300}	1,0000	1,0014	1,0032	1,0057	1,0088	1,0124	1,0140

SMITHELLS bemerkt, daß der Ausdehnungskoeffizient durch Kaltbearbeitung zunimmt: für einen gehämmerten Stab fand er $\delta = 4{,}98 \cdot 10^{-6}$; nach dem Ausglühen war δ auf $4{,}45 \cdot 10^{-6}$ zurückgegangen [(*2*) S. 120].

Kompressibilität. Auch die Kompressibilität ist nach BRIDGMAN (*22*) von dem Bearbeitungsgrad abhängig. Für gehämmerte Stäben wird gefunden:

$$\Delta V/V_0 = -(0{,}293 - 1{,}5 \cdot 10^{-6} p)\, p \cdot 10^{-6} \qquad (30^\circ\,\mathrm{C})$$
$$= -(0{,}295 - 1{,}5 \cdot 10^{-6} p)\, p \cdot 10^{-6} \qquad (75^\circ\,\mathrm{C})$$

und für gezogene Drähte:

$$= -(0{,}315 - 1{,}6 \cdot 10^{-6} p)\, p \cdot 10^{-6} \qquad (30^\circ\,\mathrm{C})$$
$$= -(0{,}316 - 1{,}5 \cdot 10^{-6} p)\, p \cdot 10^{-6} \qquad (75^\circ\,\mathrm{C}).$$

Die Zunahme der Kompressibilität und die Änderung der thermischen Ausdehnung, die auch beim Molybdän gefunden wurde, können wir nunmehr verstehen, wenn wir uns das deformierte Metall als ein Agglomerat vorstellen, das zum einen Teil unter sehr großem Druck, zum andern Teil unter großem Zug steht: die Spannungen sind von der Größenordnung der Elastizitätsgrenze, d. h. im Mittel etwa 40 kg/mm² = 4000 kg/cm², sind also vergleichbar mit einem allseitigen Druck von 4000 Atm.

Mit zunehmendem Druck nimmt die Kompressibilität ab: die Teile, die unter Druck stehen, zeigen erniedrigte, diejenige, die unter Spannung stehen eine erhöhte Kompressibilität; da aber die Abnahme der Kompressibilität nicht linear ist, aber mit dem Druck zunimmt, ist die Erniedrigung, die durch die komprimierten Teile verursacht wird, größer als die Zunahme die von den dilatierten Teilen herrührt; die gesamte Kompressibilität ist also beim deformierten Metall größer.

Da bei den BRIDGMANschen Versuchen nur gehämmerte und gezogene Drähte miteinander verglichen werden, sind die Unterschiede nicht sehr groß: zu erwarten ist, daß die Kompressibilität von Einkristallen bedeutend geringer sein wird.

Bei der Verformung nimmt auch das Volumen zu. Auch dies läßt sich aus dem Verlauf der Kompressibilität erklären. Die so berechnete Volumenänderung ist aber viel kleiner als die beobachtete. Dies deutet darauf hin, daß sich bei der Verformung auch noch Hohlräume bilden, die die Ausdehnung beeinflussen, so daß eine quantitative Berechnung auf diesem Wege nicht möglich ist.

Schmelzpunkt. Für den Schmelzpunkt kann 3650° ± 60° K angenommen werden: dieser Wert ist einer Arbeit von WORTHING (*23*), in der das vorliegende Material neu berechnet wurde, entnommen. SMITHELLS [(*2*) S. 138) nimmt als wahrscheinlichsten Wert 3655° K an. Für die Schmelzwärme wird 11,2 kcal/Atm. angegeben (*24*).

Die Verdampfungsgeschwindigkeit des Wolframs ist sowohl von LANGMUIR und MACKAY (*25*) als von ZWIKKER (*26*) gemessen worden; aus beiden Versuchsreihen ist die Dampfspannung als Funktion der Temperatur berechnet. Die Übereinstimmung ist nicht vollkommen; so findet z. B. ZWIKKER bei 3426° K eine Verdampfungsgeschwindigkeit von $87 \cdot 10^{-6}$, während JONES, LANGMUIR und MACKAY (*24*), die die unter (*25*) erwähnte Daten neu berechnet haben, $75{,}7 \cdot 10^{-6}$ bei 3500° K angeben.

EUCKEN (*27*) leitet in seiner Zusammenstellung der Dampfdruckwerte der Metalle, auf Grund des vorhandenen Materials die Dampfdruckgleichung

$$\log p = -\frac{32000}{T} + 0{,}146 \log T - 0{,}000164\, T + 9{,}84$$

ab, die er aber noch als sehr unsicher betrachtet, da weder die Dampfdrucke, noch die Daten der spezifischen Wärmen einwandfrei sind.

Für den Siedepunkt nimmt EUCKEN 4300° K bei 1 mm Druck an. Bei Normaldruck finden ZWIKKER (*26*) durch Extrapolierung 5220°, JONES, LANGMUIR und MACKAY (*24*) dagegen 6970° K.

Für die Verdampfungswärme gibt EUCKEN 192 kcal an.

Bekanntlich wird die Verdampfungsgeschwindigkeit durch eine Gasatmosphäre stark herabgesetzt. Wir geben hier einige Daten von FONDA (*28*) wieder; es handelt sich hier um Messungen bei 2870° K, in einer Atmosphäre aus 86% Ar und 14% N:

p (cm Hg)	0	5	10	50	165
Verdampfungsgeschwindigkeit · 10^9 (in g/cm²/sec) .	230	23,5	20,5	5,4	2,0

Schließlich sollen noch einige sehr merkwürdige bis jetzt nicht ganz geklärte Effekte erwähnt werden.

Nach WORTHING und BAKER (*29*) nimmt die Verdampfungsgeschwindigkeit unter dem Einfluß eines elektrischen Feldes, das größer als $3 \cdot 10^6$ V/cm ist, senkrecht zur Drahtachse ab; PLAUT (*30*) gibt an, daß die Verdampfung verschieden ist, je nachdem als Heizstrom Gleich- oder Wechselstrom gebraucht wird.

Es wäre denkbar, daß im letzten Fall die Drahttemperatur nicht konstant ist, sondern um den gemessenen Mittelwert schwankt. Da die Verdampfungsgeschwindigkeit mit zunehmender Temperatur zunimmt, müßte man bei Gleichstrom niedrigere Werte erwarten.

Nach SMITHELLS [(*2*) S. 134] sollte auch ein Einfluß von Verunreinigungen und dem Gefüge des Drahtes auf die Verdampfungsgeschwindigkeit zu erwarten sein.

Spezifische Wärme. Die spezifische Wärme ist wiederholt gemessen worden: wir wollen hier nur die neuesten Messungen erwähnen, die ein großes Temperaturgebiet umfassen.

MAGNUS und HOLZMANN (*31*) fassen ihre Ergebnisse zusammen in der Formel

$$C_p = 5{,}8947 + 8{,}338 \cdot 10^{-4}\, t, \quad \text{für das Gebiet 100 bis } 900^\circ \text{ C,}$$

während JAEGER und ROSENBOHM (*32*)

$$C_p = 5{,}8861 + 8{,}9204 \cdot 10^{-4}\, t - 2{,}16 \cdot 10^{-8}\, t^2, \quad \text{im Gebiet 0 bis } 1600^\circ \text{ C}$$

angeben. Mit den angegebenen Formeln berechnen wir C_p bei einer Reihe von Temperaturen, um einen Vergleich mit ZWIKKERs (*33, 34*) Messungen zu ermöglichen; zum Vergleich nehmen wir weiter noch dabei die Messungen von BRONSON (*35*) und Mitarbeitern, die die Formel

$$C_p = 5{,}890 + 0{,}000604\, T - 23700/T^2$$

angeben.

Bei höheren Temperaturen liegen noch Messungen vor von WORTHING (*36*), von BOCKSTHALER (*37*), die mit den von WORTHING genau übereinstimmen, und von SMITH und BIGLER (*38*).

Aus diesen Werten leitet SMITHELLS [(*2*) S. 130] eine Reihe von wahrscheinlichsten Werten ab, die ebenfalls in der nächsten Tabelle aufgenommen sind; oberhalb 1200° sind sie mit denen von WORTHING identisch.

	T = 300°	600°	900°	1200°	1500°	1800°	2100°	2400°	2700°	3000° K
ZWIKKER . .	C_p = 5,90	6,23	6,57	6,90	7,23	7,56	7,89	8,22	8,56	8,89
MAGNUS u. a.	C_p = 5,91	6,16	6,41	6,66	—	—	—	—	—	—
JAEGER u. a.	C_p = 5,90	6,17	6,43	6,69	6,95	7,29				
BRONSON u. a.	C_p = 5,81	6,19	6,40	6,60	6,89	—				
SMITHELLS .	C_p = 6,03	6,14	6,30	6,52	6,95	7,40	7,85	8,30	8,75	9,20

Von den Messungen bei tieferen Temperaturen wollen wir die von LANGE (*39*) erwähnen:

T	26,01°	32,3°	38,8°	46,7°	54,7°	74,4°	78,3°	84,2°	91,1° K
C_p	0,213	0,434	0,750	1,21	1,80	2,87	3,07	3,33	3,60

Extrapolieren auf 100° K ergibt einen nur etwas höheren Wert als den von ZWIKKER bei dieser Temperatur gefundenen:

$$C_p = 3{,}77 \text{ bei } 100° \text{ K und } C_p = 5{,}32 \text{ bei } 200° \text{ K}.$$

Wärmeleitfähigkeit. Bei höheren Temperaturen sind Messungen von ZWIKKER (*40*, *47*) und WORTHING (*41*) zu erwähnen.

	T = 1500°	1700°	1900°	2100°	2300°	2500° K
WORTHING (*41*) .	W = 0,234	0,258	0,282	0,306	0,330	0,352 *
ZWIKKER (*47*) . .	W = —	—	0,301	0,313	0,323	0,332
WORTHING u. FORSYTHE (*48*) .	W = 0,237	0,249	0,261	0,270	0,280	0,289

Beide Meßreihen zeigen eine Zunahme mit der Temperatur; die Übereinstimmung ist aber ziemlich schlecht.

LANGMUIR und TAYLOR (*45*) geben die Gleichung

$$\log W = 0{,}9518 - 0{,}30 \log T \text{ (Watt/cm/Grad)}$$

an, die zwischen 0° und 600° C gültig sein soll. W sinkt von 0,386 bei 0° C auf 0,313 bei 600° C.

Bei tieferen Temperaturen nimmt die Wärmeleitfähigkeit aber wieder zu, wie die Daten von KANNULUIK (*42*) zeigen:

t =	−183°	−78,5°	0,0°	100° C
W =	0,461	0,405	0,399	0,389

Diese Messungen wurden an einem Einkristall ausgeführt: für einen gezogenen Draht fand KANNULUIK nahezu denselben Wert 0,397 bei 0° C.

Diese Werte stimmen aber wieder nicht sehr gut mit den Ergebnissen von MICHELS und COX (*43*) überein, die angeben:

t =	−195°	−79°	0° C
W =	0,540	0,382	0,449

Der Grund für diese Unterschiede ist vielleicht in verschiedener Reinheit der Präparate zu suchen, denn gerade bei sehr tiefen Temperaturen spielt die Reinheit des Metalls eine bedeutende Rolle, wie nebenstehende Zahlen von GRÜNEISEN (*44*) zeigen.

T° K	W	
	Kristall (rein)	Kristall (unrein)
83,2	0,555	0,437
21,2	8,20	0,430

Bei noch tieferen Temperaturen geben BREMMER und DE HAAS (*44a*) an:

T =	15,5°	17,1°	18,6°	21,8° K
W =	0,568	0,543	0,487	0,434

Durch Vergleich mit den Daten von GRÜNEISEN bekommt man den Eindruck, daß BREMMER und DE HAAS ein nicht sehr reines Wolfram gemessen haben.

Das von MICHELS und COX gefundene Minimum bleibt unerklärt.

Über den Einfluß des magnetischen Feldes bei tiefen Temperaturen siehe GRÜNEISEN und ADENSTEDT (*45a*).

* Bei SMITHELLS falsch zitiert!

Elektrische Eigenschaften. Die besten Werte für den Widerstand und den Temperaturkoeffizienten des Leitvermögens sind wohl die an reinen Einkristallen erhaltenen. GEISS und VAN LIEMPT (*46*) finden Werte, die innerhalb der Versuchsfehler nicht von der kristallographischen Richtung abhängig sind; die Mittelwerte sind:

$$\varrho_0 = 4{,}91 \cdot 10^{-6}, \quad \alpha_{(20-100^\circ)} = 482 \cdot 10^{-5}.$$

Praktisch die gleichen Werte finden die Autoren auch an rekristallisierten Drähte. Da alle früheren Messungen dieselben oder höheren Werte für ϱ geben, können wir die hier angegebenen Werte als die zuverlässigsten betrachten.

Der Widerstand ist in einem sehr großen Temperaturgebiet gemessen worden; sowohl ZWIKKER (*47*) als FORSYTHE und WORTHING (*48*) geben Zahlen bis zu 3500° K an. Die Abweichungen zwischen beiden Versuchsreihen betragen bei den höchsten Temperaturen nur einige Prozent; die von ZWIKKER angegebenen Werte sind etwas niedriger.

Ein Teil der Versuchsergebnisse ist in der folgenden Tabelle wiedergegeben:

	T = 1000°	1200°	1400°	1600°	2000°	2400°	2800°	3400°K
FORSYTHE u. a. . .	$\varrho \cdot 10^6$ = 25,70	32,02	38,52	45,22	59,10	73,55	88,5	111,7
ZWIKKER .	$\varrho \cdot 10^6$ = —	30,9	37,1	43,4	56,7	70,5	84,8	107,8

Messungen bei sehr tiefen Temperaturen zeigen, daß das normale Wolfram, so wie es von der Glühlampenindustrie verwendet wird, doch noch nicht ganz rein ist: der Restwiderstand beträgt nach Messungen von MEISSNER, VOIGT und ADELSBERGER (*49*) noch 0,03. Wahrscheinlich handelt es sich hier um einen normalen technischen Wolframdraht, denn der Restwiderstand eines Einkristalls, der durch Zersetzung des WCl_6 hergestellt wurde, ist viel niedriger. GRÜNEISEN und GOENS (*44*) finden an derartigen Kristallen schon bei —252° C den viel niedrigeren Wert von 0,0012.

Einkristalldrähte mit ThO_2-Zusatz zeigen viel höhere Widerstände (*50*). Da das ThO_2 in kristallinem Zustand eingelagert ist, rührt der Restwiderstand derartiger Drähte wohl von anderen Verunreinigungen her.

GEISS und VAN LIEMPT konnten noch zeigen (*46*), daß Widerstand und Temperaturkoeffizient der Leitfähigkeit eines reinen gezogenen und darauf vollständig rekristallisierten Drahtes dem eines Einkristalldrahtes so nahe kommt, daß sie praktisch gleich sind, und daß weiter der Widerstand von der kristallographischen Orientierung unabhängig ist, wie auch auf Grund der Kristallstruktur zu erwarten war.

Dagegen scheinen allerdings Messungen von KANNULUIK (*42*) zu sprechen. An zwei Drähten verschiedener Orientierung fand er:

	t = — 183°	— 78,5°	0°	100° C
Drahtachse in (100)	$\varrho \cdot 10^{-6}$ = 0,892	3,22	4,98	7,35
„ in (111)	$\varrho \cdot 10^{-6}$ = 0,843	3,17	4,94	7,29

Da aber die Unterschiede von der Temperatur unabhängig sind, ist der Effekt vielleicht nur einem kleinen Unterschied im Restwiderstand, also verschiedener Reinheit zuzuschreiben.

Unter Druck nimmt der Widerstand zu: BRIDGMAN (*51*) hat den Druckeinfluß bis 12000 Atm. gemessen: der Druckkoeffizient hat ein Minimum bei ~40° C. Folgende Daten werden angegeben:

t	ϱ/ϱ_0	Mittlerer Druckkoeffizient
0	1,0000	$-1{,}346 \cdot 10^{-6}$
50	1,2084	$-1{,}340 \cdot 10^{-6}$
100	1,4209	$-1{,}368 \cdot 10^{-6}$

Aus diesen Zahlen ist ersichtlich, daß BRIDGMAN nicht mit reinem Wolfram gearbeitet hat; der Wert für α beträgt nur $421 \cdot 10^{-5}$.

Bis zu sehr tiefen Temperaturen ist der Druckkoeffizient von FISCHER (*52*) gemessen worden.

Magnetische Eigenschaften. Wolfram ist paramagnetisch: die Suszeptibilität ist nach HONDA (*53*) von der Temperatur nahezu unabhängig. OWEN (*54*) findet $\chi = 0{,}252 \cdot 10^{-6}$ in einem Feld von 26000 Gauß; mit zunehmender Feldstärke nimmt χ etwas zu.

Optische Eigenschaften. Die Meßschwierigkeiten bei den verschiedenen physikalischen Eigenschaften sind hauptsächlich bedingt durch die Temperaturmessung. Oberhalb 2000° ist man für die Temperaturmessung auf optische Messungen angewiesen; nur bei genauer Kenntnis der optischen Eigenschaften ist eine Festlegung der Temperaturskala möglich. Da die optischen Eigenschaften auch direkt von großem Interesse für die Glühlampenindustrie sind, sind sie bei Wolfram Gegenstand eingehender Untersuchungen gewesen.

Diese Arbeiten lassen sich nicht kurz zusammenfassen: wir werden also hier auf eine Wiedergabe verzichten, und auf die Zusammenfassung in dem schon erwähnten Buch von SMITHELLS [(*2*), S. 122] verweisen.

Kelvin-temperatur °	Farb-temperatur °	Helligkeits-temperatur °	Strahlungs-temperatur °
1000	1006	966	581
1400	1414	1330	905
1800	1825	1684	1254
2200	2242	2026	1601
2600	2663	2356	1945
3000	3094	2673	2286
3400	3533	2978	2621

Auch unter (*3*) findet man eine Zusammenstellung, die aber noch ergänzt werden soll durch den Hinweis auf zwei neuere Arbeiten von FORSYTHE und WATSON (*55*) und von HELFGOTT (*58*).

Auf zwei Punkte soll aber noch besonders hingewiesen werden. Wir bringen in der nebenstehenden von SMITHELLS übernommenen Tabelle eine Zusammenstellung der verschiedenen Temperaturen. Man sieht deutlich, wie groß die Fehler werden können, wenn bei der Temperaturmessung auf optischem Wege die richtigen Korrekturen vernachlässigt werden.

Wir bringen zur Gegenüberstellung zwei wichtige Tabellen, um zu zeigen, wie gut die Übereinstimmung zwischen den Ergebnissen verschiedener Forscher sein kann; die Tabellen zeigen deutlich, daß auch in dem Hochtemperaturgebiet die Daten vertrauenerweckend sind.

Emissionsvermögen $\lambda = 665$ mμ			Emissionsvermögen $\lambda = 665$ mμ		
T	Worthing	Zwikker	T	Worthing	Zwikker
1200	0,452	0,458	2800	0,419	0,420
1600	0,444	0,449	3200	0,411	0,411
2000	0,435	0,440	3645	0,401	—
2400	0,427	0,430			

Gesamtstrahlung					
$T°$	Nutting (56)	Worthing, Forsythe (48)	Jones (57)	Zwikker	Smithells
2000	23,8	23,7	23,9	24	23,65
2500	68,6	67,6	69,2	69,4	67,2
2800	117	112,9	116,7	119	112,5
3000	158	153,9	160,1	162	154,5
3200	211	203	215	211	203
3400	276	264	284	291	—
3600	355	—	371	—	—
3655	—	360	399,4	—	—

Elektronenemission. Die Anwendung von Wolframdrähten als Kathoden in Senderöhren usw., hat die genaue Durchforschung der Elektronenemission angeregt. Auch hier ist die kurze Wiedergabe alles vorhandenen Materials unmöglich. Wir wollen uns also nur auf einige Bemerkungen beschränken und wegen Einzelheiten auf den Beitrag von Reimann in Smithells' Buch (2) verweisen.

Die Stromstärke des Thermoelektronenstroms kann durch die Richardsonsche Gleichung

$$i = A\, T^2\, e^{-\varphi/RT}$$

dargestellt werden. Da aber die Austrittsarbeit nicht unabhängig von der Temperatur ist, ist A nicht genau konstant. Genauer ist also die Wiedergabe durch die Formel

$$i = A\, e^{-\beta} T^2\, e^{-\varphi/RT}.$$

Reimann (Smithells, S. 155) kommt auf Grund eigener Messungen und Bearbeitung aller Daten zu den Werten:

$$A\, e^{-\beta} = 75 \text{ Amp./cm}^2/\text{Grad}^2 \quad \text{und} \quad \varphi = 4{,}54\,\text{eV}.$$

Genau denselben Wert $\varphi = 4{,}54$ eV leitet Warner (59) aus der langwelligen Grenze des photoelektrischen Effektes ab.

Die Elektronenemission wird durch Zusätze zum Wolfram, und besonders auch durch adsorbierte Schichten in hohem Maße beeinflußt. Durch adsorbiertes Thorium, Barium, Caesium, wird die Austrittsarbeit erniedrigt, durch Sauerstoff erhöht. Auch hier eröffnet sich wieder ein weites Untersuchungsgebiet, das wir nur erwähnen können. Bezüglich Literatur sei wieder auf (*2*) und (*3*) verwiesen, daneben aber auch auf (*60*).

Photoelektrische Erscheinungen. Wie schon gesagt, stimmen die Werte, die man aus der langwelligen Grenze des photoelektrischen Effektes für die Austrittsarbeit findet, sehr gut mit den obenerwähnten von REIMANN überein. Die älteren Werte liegen oft etwas höher. Es ist möglich, daß kleine Fehler durch absorbierte Schichten verschiedener Substanzen verursacht werden. Überdies scheint auch die Austrittsarbeit für verschiedene Kristallflächen etwas verschieden zu sein: MENDENHALL und DE VOE (*60*) finden an Wolframkristallen $\varphi = 4{,}35$ eV an einer (211)-Fläche, dagegen an einer (310)-Fläche $\varphi = 4{,}50$ eV.

Mechanische Eigenschaften. BRIDGMAN (*62*) hat die elastischen Konstanten des Wolframs bestimmt. Nach WRIGHT (*63*) sind diese in allen Richtungen die gleichen. Für den Elastizitätsmodul gibt WRIGHT $3{,}883 \cdot 10^{12}$ dyn/cm², für den Schubmodul $1{,}514 \cdot 10^{12}$ an. Mit steigendem Druck nimmt der Elastizitätsmodul zu (*64*). GEISS (*65*) findet für die Elastizitätsgrenze 70 kg/mm²: die Poisson-Konstante ist 0,17, unabhängig von der Temperatur. Dagegen gibt WRIGHT (*66*) 0,284 an. Für die Reißfestigkeit eines Einkristalldrahtes findet KOREF (*67*) 98 kg/mm². Die Härte eines gesinterten Stabes ist nach SMITHELLS 255 „Diamanthärte" [(*2*) S. 116], nach Ir. SACK etwa 430 Vickers (Privatmitteilung).

Plastisch verformtes Wolfram. Bis jetzt haben wir uns ausschließlich mit den Eigenschaften des reinen undeformierten Wolframs beschäftigt. Nun sind aber beim Wolfram mehr als bei irgendeinem anderen Metall die Eigenschaften in hohem Maße von der Verformung des Metalls abhängig.

Während ein gut gewachsener Wolframkristall sehr duktil ist, bleibt polykristallines Wolfram, auch nach wiederholtem Umschmelzen im Vakuum (SMITHELLS, S. 56) spröde. Der Bruch tritt zwischen den Kristallen ein: man könnte also an einen Korngrenzenbestandteil denken. Dagegen spricht aber die Tatsache, daß beim Umschmelzen im Vakuum dieser Bestandteil (wohl ein Oxyd?) nicht verschwindet.

Wahrscheinlich hat aber diese interkristalline Sprödigkeit mit einem Korngrenzenbestandteil nichts zu tun; auch Zinn zeigt die gleiche Erscheinung, aber erst bei sehr tiefen Temperaturen: bei —180° wird Zinn genau so spröde wie Wolfram. Wahrscheinlich kommt diese Eigenschaft vielen Metallen zu: während die interkristalline Sprödigkeit aber meistens erst bei sehr tiefen Temperaturen eintritt, reicht sie beim Wolfram noch bis Zimmertemperatur, und verschwindet erst bei höheren Temperaturen.

Wird ein polykristalliner Wolframstab bei hoher Temperatur gehämmert, so werden die einzelnen Kristallite deformiert, und bilden lange Kristallfasern, die, wenn die Temperatur genügend hoch war, ihren Zusammenhang nicht verlieren: ist die Temperatur zu niedrig, so bildet sich ein Aggregat von nur lose zusammenhängenden Kristallfasern. Beim andauernden Aushämmern und Ziehen bei der richtigen Temperatur werden die Fasern immer länger, der Draht wird immer duktiler.

Beim Hämmern und Ziehen tritt aber in den Fasern auch eine innere Verformung ein, die sich im DEBYE-SCHERRER-Bild dadurch zeigt, daß die Linien stark verbreitert werden (*68*, *69*). Mit dieser Verformung geht eine Änderung der physikalischen Eigenschaften Hand in Hand.

Die Zerreißfestigkeit, die beim Einkristalldraht nur 70 kg/mm² beträgt, steigt bei den stark ausgezogenen Drähten auf 180 kg/mm² (*67*), die Härte von 250 auf 490 [(*2*) S. 116]. Der Widerstand nimmt bei der Deformation sehr stark zu; während der Widerstand eines Einkristalls $\varrho_0 = 4{,}90 \cdot 10^{-6}$ ist, fanden GEISS und VAN LIEMPT (*70*) an gezogenen Drähten von 13 mm Durchmesser $\varrho_0 = 8{,}27 \cdot 10^{-6}$. Sehr merkwürdig ist, daß sich die Widerstandszunahme wie ein Zusatzwiderstand verhält, der von der Temperatur unabhängig ist: für die Widerstandszunahme durch Verformung gilt das Gesetz von MATTHIESSEN, wie aus nebenstehender Tabelle folgt.

	$\varrho_{20} \cdot 10^6$	$\alpha \cdot 10^5$	$\varrho_{20}\, \alpha \cdot 10^{10}$
Rekristallisierter Draht	5,49	482	264
gezogen auf: 150 μ	5,90	444	262
100 μ	6,29	416	262
13 μ	8,27	314	260
geglüht bei: 1625°	5,79	450	261
2000°	5,76	456	262
2200°	5,72	457	261

Die Änderung des Leitvermögens wurde von VAN ARKEL (*68*) in Zusammenhang gebracht mit den Gitterdeformationen, die das Röntgenbild anzeigt. GEISS und VAN LIEMPT (*71*) meinen, daß dieser Zusammenhang nicht besteht und führen dagegen eine Untersuchung von Frl. LAX (*72*) an, die gefunden hat, daß die Widerstandszunahme während elastischer Dehnung nur sehr gering ist. Wesentlich für die Widerstandsänderung bei der plastischen Verformung sind die innerhalb kurzer Bereiche wechselnden Gitterstörungen.

Durch Ausglühen kehrt das verformte Metall wieder in seinen Anfangszustand zurück, die Eigenschaften nähern sich wieder denjenigen eines Einkristalls. Nun läßt sich gerade beim Wolfram sehr deutlich zeigen, daß hier zwei grundverschiedene Vorgänge eine Rolle spielen, die Kristallvergütung [KOREF (*73*)], meistens Erholung genannt, d. h. eine innere Umordnung des gestörten Kristalls, und die Rekristallisation, d. h. die Bildung neuer Kristalle. Daß unterhalb 1000° C praktisch nur Erholung eintritt, wird von VAN ARKEL (*68*) und VAN ARKEL und BURGERS (*74*), sowohl an Hand der Widerstandsänderungen, die von GEISS und VAN LIEMPT gemessen waren (*75*), als auch durch das Verschwinden der Gitterstörungen in Abhängigkeit von der Glühtemperatur und Glühdauer gezeigt.

Die Rekristallisation hat große praktische Bedeutung: denn von der Form und Größe der dadurch entstehenden neuen Kristalle sind die

Eigenschaften der Glühfäden in hohem Maße abhängig, da das rekristallisierte Wolfram zwischen den Korngrenzen immer spröde ist.

Sehr reine rekristallisierte Wolframdrähte bestehen aus Kristallen, deren Länge von derselben Größenordnung ist als der Drahtdurchmesser: die Korngrenzen bilden mit der Drahtachse Winkel, die oft in der Nähe von 90° liegen: derartige Drähte sind so spröde, daß sie technisch nicht verarbeitet werden können.

Durch geeignete Temperaturbehandlung und Zugabe von kleinen Mengen von Fremdstoffen kann die Form und Größe der Kristalle weitgehend geändert werden, wobei sehr große Kristalle erwünscht sind. Die Herstellung derartiger Einkristalldrähte ist gelungen; sie wurden von der Firma Pintsch in den Handel gebracht. Das Verfahren (*76*) war aber ziemlich umständlich; bei den neueren Verfahren versucht man durch die Rekristallisaation während des Brennens des Glühfadens die gewünschte Kristallform zu erhalten. Nähere Einzelheiten findet man in den schon erwähnten Zusammenfassungen (*2*, *3*, *3a*).

c) Legierungen.

Wolframlegierungen finden ausgedehnte Anwendungen, zum Teil wegen ihrer großen Härte. Da es sich meistens um Legierungen mit relativ kleinem Wolframgehalt handelt, wollen wir hier auf die Beschreibung verzichten. Eine Zusammenstellung der Wolframcarbide gibt BIRD [(*2*) S. 234], während die Eisenlegierungen von MONYPENNY [(*2*) S. 177] behandelt werden. Für W-Mo-Legierungen siehe BOSSART (*77*).

d) Anwendungen.

Die bedeutendsten Anwendungsmöglichkeiten des Wolframs sind die folgenden: Verwendung als Glühkörper in Glühlampen, Senderöhren usw., als Röntgenantikathoden und für Öfen; im letzten Falle ist wegen der leichten Oxydierbarkeit immer in reduzierender Atmosphäre, z. B. in einer Wasserstoff-Stickstoffatmosphäre zu arbeiten. Sehr geeignet ist das Metall weiter für elektrische Kontakte und für Federn.

Weiter kann es bei einigen elektrolytischen Prozessen als Elektrode verwendet werden. Die wichtigste Anwendung als Elektrode findet es in dem von LANGMUIR angegebenen Schweißapparat (*78*), bei dem die Erhitzung des Werkstückes erzielt wird mit Hilfe von atomarem Wasserstoff.

Literatur.

1. COOLIDGE, C.: J. Amer. Inst. electr. Engng. Bd. 29 (1910) S. 961.
2. SMITHELLS, C. J.: Tungsten. London 1936.
3. GMELINs Handbuch der anorgischen Chemie, System-Nr. 54. Berlin 1933.
3a. LAX, E., M. PIRANI: Wolfram in GEHLHOFF: Lehrbuch der technischen Physik. Leipzig 1929.
4. VAN ARKEL, A. E.: Physica, Haag Bd. 3 (1923) S. 76. — Metallwirtsch. Bd. 13 (1934) S. 405, 511.
5. VAN LIEMPT, J. A. M.: Diss. Delft 1931.

6. Koref, F.: Z. Metallkde Bd. 17 (1925) S 213.
7. Koref, F.: Z. techn. Phys Bd. 6 (1925) S. 296.
8. Yntema, L. F.: J. Amer. chem. Soc. Bd. 54 (1932) S. 3775.
9. van Liempt, J. A. M.: Z. Elektrochem. Bd. 31 (1925) S. 249.
10. Hartmann, H., F. Ebert, O. Bretschneider: Z. anorg. Chem. Bd. 198 (1931) S. 116.
11. Burgers, W. G., J. A. M. van Liempt: Rec. Trav. chim. Pays-Bas Bd. 50 (1931) S. 1050.
12. Leo, Shoa Tze, Tsing Nang Shen: Trans. electrochem. Soc. Bd. 66 (1934) S. 461.
13. Neuburger, M. C.: Z. Kristallogr. Bd. 93 (1936) S. 1.
14. Cohen, M. U.: Z. Kristallogr. Bd. 94 (1936) S. 288.
15. Geiss, W., J. A. M. van Liempt: Ann. Phys., Lpz. (4) Bd. 77 (1925) S. 107.
16. Fink, C. G.: Trans. Amer. electrochem. Soc. Bd. 22 (1912) S. 499.
17. Avery, J. W., C. J. Smithells: Proc. phys. Soc., Lond. Bd. 39 (1926) S. 85.
18. Worthing, A. G.: Phys. Rev. (2) Bd. 10 (1917) S. 638.
19. Becker, K.: Z. Phys. Bd. 40 (1927) S. 37.
20. Shinoda, G.: Proc. phys. math. Soc. Jap. (3) Bd. 16 (1934) S. 436.
21. Goucher, F. S.: Phil. Mag. (6) Bd. 48 (1924) S. 229.
22. Bridgman, P. W.: Proc. Amer. Acad. A. Sci. Bd. 58 (1923) S. 166; Bd. 60 (1925) S. 305.
23. Worthing, A. G.: Z. Phys. Bd. 22 (1924) S. 16.
24. Jones, H. A., I. Langmuir, J. Mackay: Phys. Rev. (2) Bd. 30 (1927) S. 201.
25. Langmuir, I., G. M. J. Mackay: Phys. Rev. (2) Bd. 4 (1914) S. 377.
26. Zwikker, C.: Diss. Amsterdam 1925.
27. Eucken, A.: Metallwirtsch. Bd. 15 (1936) S. 23, 67.
28. Fonda, G. R.: Phys. Rev. (2) Bd. 31 (1928) S. 263.
29. Worthing, A. G., W. Baker: J. Franklin Inst. Bd. 191 (1921) S. 833.
30. Plaut, H.: Z. techn. Phys. Bd. 6 (1925) S. 313.
31. Magnus, A., H. Holzmann: Ann. Phys., Lpz. (5) Bd. 3 (1929) S. 585.
32. Jaeger, F. M., E. Rosenbohm: Rec. Trav. chim. Pays-Bas Bd. 51 (1932) S. 10.
33. Zwikker, C.: Phys. Z. Bd. 52 (1929) S. 668.
34. Zwikker, C., G. Schmidt: Physica Haag Bd. 8 (1928) S. 345.
35. Bronson, H. L., H. M. Chisholm, S. M. Dockerty: Canad. J. Res. Bd. 8 (1933) S. 282.
36. Worthing, A. G.: Phys. Rev. (2) Bd. 12 (1918) S. 199.
37. Bocksthaler, L. J.: Phys. Rev. (2) Bd. 25 (1925) S. 677.
38. Smith, K. K., P. W. Bigler: Phys. Rev. Bd. 19 (1922) S. 268.
39. Lange, F.: Z. physik. Chem. Bd. 110 (1924) S. 343.
40. Zwikker, C.: Diss. Amsterdam 1925.
41. Worthing, A. G.: Phys. Rev. (2) Bd. 4 (1914) S. 535; (2) Bd. 10 (1917) S. 638.
42. Kannuluik, W G.: Proc. roy. Soc. Lond. A Bd. 141 (1933) S. 159.
43. Michels, W. C., Martha Cox: Physics Bd. 7 (1936) S. 153.
44. Grüneisen, E., E. Goens: Z. Phys. Bd. 44 (1927) S. 641.
44a. Bremmer, H., W. J. de Haas: Physica, Haag Bd. 3 (1936) S. 685.
45. Langmuir, I., J. B. Taylor: Phys. Rev. (2) Bd. 50 (1936) S. 68.
45a. Grüneisen, E., H. Adenstedt: Ann. Phys., Lpz. (5) Bd. 29 (1927) S. 597.
46. Geiss, W., J. A. M. van Liempt: Z. Metallkde. Bd. 17 (1925) S. 194.
47. Zwikker, C.: Akad. Versl. Amst. Bd. 34 (1925) S. 469.
48. Forsythe, W. E., A. G. Worthing: Astrophys. J. Bd. 61 (1925) S. 157.

49. MEISSNER, W., B. VOIGT, U. ADELSBERGER: Phys. Z. Bd. 29 (1928) S. 900.
50. HOLBORN, L.: Ann. Phys., Lpz. (4) Bd. 59 (1919) S. 164.
51. BRIDGMAN, P. W.: Proc. Amer. Acad. Arts. a. Sci. Bd. 56 (1921) S. 117.
52. FISCHER, U.: Z. phys. Chem. Abt. B. Bd. 8 (1930) S. 213.
53. HONDA, K.: Ann. Phys., Lpz. (4) Bd. 32 (1910) S. 1046.
54. OWEN, M.: Ann. Phys., Lpz. (4) Bd. 37 (1912) S. 666.
55. FORSYTHE, W. E., E. M. WATSON: J. opt. Soc. Amer. Bd. 24 (1934) S. 114.
56. NUTTING, P. G.: J. opt. Soc. Amer. Bd. 7 (1923) S. 399.
57. JONES, H. A.: Phys. Rev. (2) Bd. 28 (1926) S. 206.
58. HELFGOTT, A. L.: Z. Phys. Bd. 49 (1928) S. 555.
59. WARNER, A. H.: Phys. Rev. (2) Bd. 37 (1931) S. 233.
60. DE BOER, J. H.: Electronemission and adsorption, Cambridge 1935.
61. MENDENHALL, C. E., C. F. DE VOE: Phys. Rev. (2) Bd. 51 (1937) S. 346.
62. BRIDGMAN, P. W.: Proc. Amer. Acad. Arts. a. Sci. Bd. 60 (1925) S. 304.
63. WRIGHT, S. J.: Proc. roy. Soc., Lond. A Bd. 126 (1930) S. 613.
64. BRIDGMAN, P. W.: Proc. Amer. Acad. Arts. a. Sci. Bd. 64 (1929) S. 39.
65. GEISS, W.: Z. Phys. Bd. 29 (1924) S. 78.
66. GEISS, W.: Physica, Haag Bd. 3 (1923) S. 322.
67. KOREF, F.: Z. Metallkde Bd. 17 (1925) S. 213.
68. VAN ARKEL, A. E.: Physica, Haag Bd. 3 (1925) S. 208.
69. BURGERS, W. G.: Z. Phys. Bd. 58 (1929) S. 11.
70. GEISS, W., J. A. M. VAN LIEMPT: Z. anorg. allg. Chem. Bd. 143 (1925) S. 265. — Z. Phys. Bd. 41 (1927) S. 867.
71. GEISS, W., J. A. M. VAN LIEMPT: Z. Phys. Bd. 45 (1927) S. 631.
72. LAX, E.: Diss. Berlin 1919, S. 42.
73. KOREF, F.: Z. Metallkde. Bd. 17 (1925) S. 213.
74. VAN ARKEL, A. E., W. G. BURGERS: Z. Phys. Bd. 48 (1928) S. 690.
75. GEISS, W., J. A. M. VAN LIEMPT: Z. Metallkde Bd. 18 (1926) S. 216.
76. DRP. 291994 (1913) J. Pintsch A. G. — BÖTTGER, W.: Z. Elektrochem. Bd. 23 (1917) S. 121. — GROSS, R.: Jb. Radiol. Bd. 15 (1918) S. 270.
77. BOSSART, P. W.: Physics Bd. 7 (1936) S. 50.
78. LANGMUIR, I.: Gen. Electr. Rev. Bd. 29 (1926) S. 153.

44. Uran.

(Atomgewicht 238,07.)

Im Gegensatz zu den vorangehenden Metallen Molybdän und Wolfram ist das Uran sehr schwer reduzierbar. So fanden z. B. FISCHER und RIDEAL (*1*), daß Uranoxyd selbst bei 1000° C und einem Druck von 100 Atm. nicht reduziert wird. Man ist daher auf die Reduktion mit Hilfe von Metallen angewiesen. Da aber das Metall wieder sehr leicht oxydiert wird (die meisten Autoren geben an, daß es pyrophor ist), erhält man insbesondere bei den Reduktionsverfahren, die ein feinkörniges Metall liefern, immer stark mit Oxyd verunreinigte Produkte, weil die Oxydation in diesem Fall tief in die Körner eindringt. DEBYE-SCHERRER-Aufnahmen des Verfassers (*12*) an derartigen Präparaten zeigten oft nur Oxydlinien, obwohl die Analyse auf einen hohen Metallgehalt hinwies. Im Röntgenbild zeigten sich also nur die Interferenzen der Oxydhaut.

Obwohl verschiedene Autoren (*1*, *2*, *5*, *6*, *7*, *8*, *9*) angeben, daß ihre Präparate bis über 99% Metall enthielten, wollen wir diese Arbeiten, da sie zu feinkörnigen Präparaten führten, hier nicht weiter behandeln. Die Ergebnisse nach den verschiedenen Methoden sind in Tabelle 1 zusammengestellt. Ausführlich soll nur auf diejenigen Versuche eingegangen werden, bei denen ein grobkörniges Produkt erhalten wurde, wobei also ein relativ kleiner Teil des Metalls oxydiert wird.

LELY und HAMBURGER (*3*) erhielten durch Reduktion von UCl_4 mit Na in einer eisernen Bombe ein dunkles Produkt, das zum Teil aus größeren Körnern bestand und sich zu Stäben pressen ließ, welche aber noch nicht leitend und sehr zerbrechlich waren. Außerdem war ihr Metall bräunlich; die braune Farbe deutet nach Röntgenuntersuchungen wohl auf einen Oxydgehalt hin (*12*). Nach Erhitzen im Vakuum auf 1400° erhielten sie Stäbe mit schönem Metallglanz, die zwar leitend, jedoch nicht duktil waren. Vielleicht weist dies auf eine Mischkristallbildung von Uran mit seinem Oxyd hin. MOORE (*4*) hat aber nach derselben Methode ein 99,8%iges Metall erhalten, das unter Argon umgeschmolzen wurde; dieses Produkt war silberweiß und duktil.

Auch das Fluorid hat man zu reduzieren versucht. Aus den letzten Jahren liegen einige Patente von Westinghouse Co. vor, nach denen angeblich reines, leicht preßbares Uranpulver zu erhalten ist (*10*).

Die Elektrolyse ist zuerst von MOISSAN ausgeführt worden (*9*). Er elektrolysierte Na_2UCl_6 und erhielt dabei eine kristalline Masse. Sehr gute Ergebnisse erzielten DRIGGS und LILLIENDAHL (*11*) bei der Elektrolyse von KUF_5. Das von DRIGGS und LILLIENDAHL erhaltene Pulver enthielt: 99,8% U, 0,055% Fe, 0,060% C und 0,015% Si; es ließ sich durch Pressen ohne Schmelzen und Erhitzen in ein deutlich duktiles Metall überführen.

Die zur Zeit besten Darstellungsverfahren sind also die Elektrolyse und das LELY-HAMBURGER-Verfahren in seiner verbesserten Ausführung nach MOORE.

Tabelle 1.

Autoren	Reduktionsmittel	Gehalt Uran %
ZIMMERMANN (*2*)	$UCl_4 + Na + NaCl$	100
FISCHER u. a. (*1*)	$UCl_4 + Na + Mg + CaCl_2$	99,5
LELY-HAMBURGER (*3*). . .	$UCl_4 + Na$, in der Bombe	99,5
MOORE (*4*)	$UCl_4 + Na$	99,8
GOGGIN u. a. (*6*)	UCl_4 + destilliertem Ca	99,91
JANDER (*7*)	$UO_2 + Ca$	99,9
BOTOLFSEN (*8*)	$U_3O_8 + Ca$	99,95
MOISSAN (*9*)	$Na_2UCl_6 + Na$	99,3
	Elektrolyse Na_2UCl_6	99,0
DRIGGS u. a. (*11*).	Elektrolyse KUF_5	99,9

a) Physikalische Eigenschaften.

Kristallstruktur. Die von BECKER und EBERT (*13*) erhaltenen Röntgenogramme zeigten nur, daß das Uran nicht regulär war. Die von

McLennan und McKay (*14*) für eine innenzentrierte reguläre Zelle berechneten Werte kommen nicht in Frage, da die berechnete Linienlage nicht genügend mit der experimentell festgestellten in Übereinstimmung ist. Das Raumgitter soll nach Wilson (*15*, *16*) monoklin sein mit 2 Atomen je Zelle (*3*).

$$a = 2{,}829\,\text{Å}, \quad b = 4{,}887\,\text{Å}, \quad c = 3{,}306\,\text{Å}, \quad \alpha = 63^\circ\,26'.$$

Die röntgenographische Dichte ergibt sich zu 19,05 (*16*). Da aber die Aufnahmen nicht durch Drehaufnahmen kontrolliert werden konnten, betrachten die Autoren dieses Resultat noch nicht als vollkommen gesichert.

Dichte. Folgende Daten sind zu nennen:

18,7 [Zimmermann (*2*)]
18,9 [Driggs (*11*)].

Die Kompressibilität ist nur an unreinen Präparaten bestimmt worden, an denen Bridgman (*17*) folgende Werte findet:

$$\text{bei } 30^\circ\text{: } K = (0{,}966 - 2{,}5\cdot 10^{-6}\,p)\,10^{-6},$$
$$\text{bei } 75^\circ\text{: } K = + (0{,}955 - 2{,}2\cdot 10^{-6}\,p)\,10^{-6}.$$

Schmelzpunkt. Nur Driggs hat an seinem Präparat den Schmelzpunkt bestimmt und den Wert 1689° C gefunden.

Der spezifische Widerstand wurde von Meissner und Voigt (*18*) an einem unreinen Produkt bestimmt; auch die Probe, die von McLennan (*19*) untersucht wurde, zeigte noch den großen Restwiderstand $R = 0{,}308$. Der von Driggs und Lilliendahl (*11*) gemessene spezifische Widerstand betrug: $32{,}1\cdot 10^{-6}\,\Omega/\text{cm}$ bei 23°; der Temperaturkoeffizient zeigt den etwas unwahrscheinlich niedrigen Wert von $210\cdot 10^{-5}$ (zwischen 23° und 140°).

Optische Eigenschaften. Für die Grenzwellenlänge des photoelektrischen Effektes finden Rentschler und Mitarbeiter (*20*) an aufgedampften Schichten 3400 Å. Daraus berechnet sich für die Austrittsarbeit eines Elektrons $\varphi = 3{,}63$ eV.

Dushman (*21*) findet dagegen den Wert $\varphi = 3{,}28$ eV (*21*).

Magnetische Suszeptibilität. Nach Owen (*24*) ist das Metall paramagnetisch, die magnetische Suszeptibilität ist $2{,}6\cdot 10^{-6}$.

b) Duktilität und Kaltbearbeitung.

Die Teilchen, die Lely und Hamburger (*3*) erhielten, konnten etwas verformt werden, allerdings traten dabei an mehreren Stellen Spaltrisse auf. Das Uran war also nicht so duktil als das auch von ihnen erhaltene Thorium. Moores Präparat (*4*) war silberweiß und so duktil, daß es sich kalt bearbeiten ließ. Die von Driggs erhaltenen Scheiben sind ebenfalls kalt zu walzen oder zu ziehen. Wenn das Präparat kalt bearbeitet wurde, stieg die Härte von B 92—B 94 bis B 112 an; bei dieser Härte zeigten sich die ersten Risse. Nach Erhitzen im Vakuum nimmt die

Härte wieder bis B 97 ab, das Metall ist wieder kalt zu bearbeiten. Durch 0,2% Al oder 0,5% Fe wird Uran schon spröde (*23*).

Nach Angaben von KROLL soll die Härte viel höher sein, sogar 477 B (*25*). Das Präparat war dargestellt durch Reduktion von U_3O_8 mit Calcium, unter $CaCl_2$-$BaCl_2$-Zugabe, und nachherigem Pressen und Sintern der erhaltenen Pulver. Trotz dieser sehr großen Härte ist das Metall sehr gut schmiedbar.

c) Binäre Systeme.

Es soll nur auf die Arbeit von SIEVERTS und BERGNER (*22*) hingewiesen werden, die das System *Uran-Wasserstoff* untersucht haben. Es bleibt natürlich fraglich, inwieweit die noch vorhandene Verunreinigungen das Bild stören; nach diesen Autoren nimmt das Uran bei 1120° 0,18 cm^3 H_2 je g Metall und bei 1 Atm. auf. Die Löslichkeit ist also sehr gering.

d) Anwendungen.

In der Reihe der Elemente sind Thorium und Uran die ersten Metalle, die nach Wolfram wieder einen ziemlich hohen Schmelzpunkt haben und also als Antikathode gebraucht werden können. Es kann als Antikathodenmaterial für harte monochromatische Röntgenstrahlen verwendet werden, steht praktisch aber in dieser Hinsicht dem Wolfram nach.

Die Anwendungsmöglichkeiten sind sehr dadurch beschränkt, daß das Metall sich sehr leicht mit einer Oxydschicht überdeckt; in fein verteiltem Zustand ist das Metall sogar pyrophor.

Literatur.

1. FISCHER, A.: Z. anorg. allg. Chem. Bd. 81 (1913) S. 170. — RIDEAL, E. K.: Diss. Bonn 1913.
2. ZIMMERMANN, J. L. C.: Ber. dtsch. chem. Ges. Bd. 15 (1882) S 848. — Liebigs Ann. Chem. Bd. 216 (1883) S. 16.
3 LELY, D., L. HAMBURGER: Z. anorg. allg. Chem. Bd. 87 (1914) S. 220.
4. MOORE, R. W.: Trans. Amer. electrochem. Soc. Bd. 43 (1923) S. 317.
5. RODERBURG, A.: Z. anorg. allg. Chem. Bd. 81 (1913) S. 122.
6. GOGGIN, J. F., J. J. CRONIN, H. C. FOGG, C. JAMES: Industr. Engng. Chem. Bd. 18 (1926) S. 114.
7. JANDER, W.: Z. anorg. allg. Chem. Bd. 138 (1924) S. 321.
8. BOTOLFSEN, E.: Bull. Soc. chim. Fr. (4) Bd. 45 (1929) S. 626.
9. MOISSAN, H.: C. R. Acad. Sci. Paris Bd. 122 (1896) S. 1088.
10. Westinghouse Co. Lmt.: E.P. 230865, 246147.
11. DRIGGS, F. H., W. C. LILLIENDAHL: Industr. Engng. Chem. Bd. 22 (1930) S. 518.
12. VAN ARKEL, A. E.: Metallwirtsch. Bd. 13 (1934) S. 511.
13. BECKER, K., E. EBERT: Z. Phys. Bd. 16 (1923) S. 165.
14. MCLENNAN, J. C., W. MCKAY: Trans. roy. Soc. Canada (3) Bd 24, Sekt. III (1930) S. 1.
15. WILSON, TH. A.: Phys. Rev. (2) Bd. 43 (1933) S. 781.
16. WILSON, TH. A.: Physics Bd. 4 (1933) S. 148.
17. BRIDGMAN, P. W.: Proc. Amer. Acad. Arts a. Sci. Bd. 58 (1922) S. 163.

18. MEISSNER, W., B. VOIGT: Ann. Phys. Lpz. (5) Bd. 7 (1930) S. 912.
19. MCLENNAN, J. C., L. E. HOWLETT, J. O. WILHELM: Trans. roy. Soc. Canada (3) Bd. 23, Sekt. III (1929) S. 287.
20. RENTSCHLER, H. C., D. E. HENRY, K. O. SMITH: Rev. sci. Instr. Bd. 3 (1932) S. 794.
21. DUSHMAN, S.: Phys. Rev. Bd. 21 (1923) S. 623.
22. SIEVERTS, A., E. BERGNER: Ber. dtsch. chem. Ges. Bd. 45 (1912) S. 2576.
23. HIGHRITER, H. W., W. C. LILLIENDAHL: Metals Techn. Bd. 2 (1935); Techn. Publ. Nr. 630, S. 2.
24. OWEN, M.: Ann. Phys., Lpz. (4) Bd. 37 (1912) S. 667, 686.
25. KROLL, W.: Z. Metallkde. Bd. 28 (1936) S. 30.

VII. Siebente Hauptgruppe des periodischen Systems.

Die Elemente der 7. Gruppe des periodischen Systems sind in reiner Form erst in den letzten Jahrzehnten untersucht worden. Beim Rhenium rührt dies daher, daß es erst 1925 von NODDACK, TACKE und BERG entdeckt worden ist. Das Element mit der Atomnummer 43 (Masurium) ist aber bis heute noch immer nicht angereichert oder als solches abgeschieden worden; es sind lediglich einige zweifelhafte schwache Röntgenlinien zu seiner Identifizierung herangezogen worden. In der letzten Zeit ist aus kerntheoretischen Erwägungen heraus die Konsequenz gezogen worden, daß die Elemente 43 (Masurium) und auch 61 (Illinium) wohl überhaupt nicht bestehen können.

Wie man aus der Stellung dieser Metalle im periodischen System erwarten kann, ist die Reduktion der Oxyde nicht allzu schwierig. Beim Rhenium gelingt sie schon mit Hilfe von Wasserstoff, und auch beim Mangan scheint die Reduktion des Oxyds mit Hilfe von Wasserstoff möglich zu sein.

45. Mangan.

(Atomgewicht 54,93.)

a) Rohmangan.

Zur Herstellung von Mangan sind schon seit längerer Zeit Reduktionsverfahren bekannt, am längsten die Reduktion mit Kohlenstoff. Auf diese Weise bekommt man immer mit Kohlenstoff verunreinigtes Metall, das an der Luft sehr stark angegriffen wird und in Oxyd und Hydroxyd übergeht. Auf diese Methoden wollen wir, weil sie ein einigermaßen reines Metall bisher nicht gegeben hat, nicht weiter eingehen. Eine Übersicht über die technische Mangan- und Ferro-Mangangewinnung gibt HADFIELD (*40*).

Große Fortschritte machte die Manganherstellung, nachdem es 1898 GOLDSCHMIDT gelang, die an sich schon bekannte Reduktion des Manganoxyds mittels Aluminium in technischem Maßstabe auszuführen.

Seit diesem Jahre wird praktisch alles „reine" Mangan auf diese Weise hergestellt. Dennoch ist die Reinheit dieses aluminothermischen Mangans noch durchaus zweifelhaft; denn alle Literaturangaben über das so hergestellte Mangan zeigen einen Mangangehalt von höchstens 99%.

Der Rest besteht zum größten Teil aus Eisen, enthält weiter etwas Silicium und meistens nur noch geringe Mengen (um 0,2%) Aluminium. Es ist anzunehmen, daß die Verunreinigungen also noch zum größten Teil zu beseitigen wären, wenn die Herstellung mit dem sehr reinen, eisen- und siliciumfreien Aluminium, das heute von der Technik zur Verfügung gestellt werden kann, vorgenommen wird. Auf diese Weise konnte Frl. GAYLER (*1*) ein 99,31%iges Mangan gewinnen.

Im Prinzip wäre nun natürlich auch für das Mangan eine Reduktion der Halogenide (Chloride oder Fluoride) mit Natrium oder Calcium anwendbar. Über diese Methode finden sich nur in der Literatur von 1805—1880 einige Angaben und weiter eine neuere Patentschrift (*8*).

NEWBERY und PRING (*2*) geben an, daß es ihnen gelungen ist, kleine Mengen des Oxyds mit Wasserstoff zu reduzieren. Über die Eigenschaften des so gewonnenen Metalls ist nur wenig bekannt.

b) Elektrolyse.

Mangan läßt sich aus wässerigen Lösungen des Sulfats abscheiden: nach ALLMAND und CAMPBELL (*3*) ist das so gewonnene Mangan 100% rein, wobei aber zu bedenken ist, daß Wasserstoff und Sauerstoff nicht bestimmt wurden. Bei der Elektrolyse ist eine Verunreinigung durch Oxyd und Wasserstoff ja immer zu befürchten. Das erhaltene Metall ist grau oder schwarz, dies deutet wahrscheinlich auf eine starke Verunreinigung durch Manganoxyd. Der Zusatz von NH_4-Ionen wirkt bei der Elektrolyse günstig.

FEDOTIEFF (*4*) erhielt bei der Elektrolyse von Manganchlorid und Mangansulfatlösungen nur Oxydgemische mit einem Mangangehalt von etwa 60%.

Nach OAKS und BRADT (*5*) liefert die Elektrolyse von Manganchloridlösungen (Bad ~350 g $MnCl_2$, 30 g NH_4Cl bei 26° C, und einer Stromdichte von 20 Amp./dm²), ein silberweißes Metall, das spektroskopisch keine metallischen Verunreinigungen zeigte. Auch der Oxydgehalt war gering, so daß Titration mit $KMnO_4$ auf einen Metallgehalt von 100% hinwies.

Das Metall enthielt aber bis zu 12,6 cm³ Wasserstoff je Gramm.

Sehr gute Ergebnisse erhielt BRUNKE (*6*) mit einem Bad, das nach Angaben von GRUBE und METZGER wie folgt zusammengestellt war:

$$6\,n\ MnCl_2,\quad 1{,}5\,n\ NH_4Cl,\quad 0{,}1\,n\ HCl.$$

Die Stromdichte betrug 0,2 Amp./cm²; um Oxydation zu verhindern wurde in CO_2-Atmosphäre gearbeitet. Das so gewonnene Mangan ist oft sehr weich und duktil.

Auch PERSSON und OEHMAN (*18*) bemerken, daß das elektrolytisch dargestellte Metall duktil ist.

c) Sublimation.

Nach GAYLER (*1*) läßt sich aus dem nach den oben beschriebenen Methoden dargestellten Mangan durch Sublimation im Vakuum leicht ein reines Metall darstellen. Wenn in einem reinen Magnesiatiegel gearbeitet wurde und die Destillation nicht so weit getrieben wurde, daß alles Mangan sublimiert ist, erhält man ein Metall, in dem auf analytischem Wege Silicium, Aluminium, Eisen, Phosphor und Schwefel praktisch nicht mehr nachweisbar sind. Daß diese Methode so gute Resultate liefert, ist dem relativ hohen Dampfdruck des Mangans zuzuschreiben. Die Resultate sind auch bei Verwendung von technischem Aluminium so gut, daß eine zweimalige Destillation meistens nicht notwendig ist.

Neben dieser Methode verlieren alle anderen Methoden zur Herstellung des reinen Mangans ihre Bedeutung. Ob das von BATES und REDDI PANTULU (7) aus dem Amalgam gewonnene Metall so rein ist, wie die Autoren annehmen, bleibt, da Analysen fehlen, zweifelhaft; als weitere Verfahren werden noch genannt die Reduktion von Oxyd und Chlorid mit Alkali- oder Erdalkalimetall (*8*).

d) Physikalische Eigenschaften.

Kristallstruktur, Allotropie. Mangan hat zwischen Zimmertemperatur und Schmelzpunkt wenigstens drei allotrope Modifikationen. Die bei gewöhnlicher Temperatur stabile Form wollen wir nach WESTGREN (9) α-Mangan nennen.

BRADLEY (*10*), der zum ersten Male Manganproben verschiedener Herkunft röntgenographisch untersucht hat, verwendet eine andere Nomenklatur. Es korrespondieren:

α	β	γ	(WESTGREN) mit
β	γ	α	(BRADLEY).

Die reguläre Elementarzelle enthält 58 Atome (*11*). α-Mangan hat eine überaus komplizierte Struktur. Die große Zahl der Atome in der Elementarzelle erinnert an einige sog. Elektronenverbindungen; LAVES (*12*) und Mitarbeiter haben die α-Manganstruktur bei der Legierung Al_2Mg_3 wiedergefunden.

Es könnte hier natürlich der Verdacht aufkommen, daß es sich bei Manganproben, die α-Struktur aufweisen, auch um Legierungen handelt: es sei jedoch darauf hingewiesen, daß auch bei sehr reinem Mangan, wie es Frl. GAYLER hergestellt hat, die α-Struktur bestehen bleibt. Die nächste Tabelle gibt eine Übersicht über die von verschiedenen Autoren angegebenen Röntgendaten.

α-Mangan: Kubisch. Z (Atome je Elementarzelle) = 58.

Autoren	a (in Å)	Bemerkungen
WESTGREN u. Mitarbeiter (*9*) . .	8,894	
PRESTON (*13*)	8,894 ± 2	Vak.-Dest. Mn
SEKITO (*14*)	8,904	97% (extrapol.)
OEHMAN (*15*)	8,894 ± 5	Präp. GAYLER

β-Mangan: Kubisch.

Autoren	a (in Å)	Z	Bemerkungen
OLSHAUSEN (*17*)	6,290	20	
WESTGREN u. Mitarbeiter (*9*).	6,289 ± 4	20	
PRESTON (*13*)	6,29	20	
SEKITO (*14*).	6,288	20	
OEHMAN (*15*)	6,300	20	Präp. GAYLER
WILSON (*16*)	12,58	160	

γ-Mangan: Tetragonal. $Z = 4$.

Autoren	a (in Å)	(c in Å)	c/a	Bemerkungen
BRADLEY (*10*) . .	3,764	3,556	0,9445	
WESTGREN u. a. (*9*)	3,774	3,533 ± 3	0,937	
SEKITO (97%) (*14*)	3,747		0,961	
(Rein, extrapol.)	3,776		0,940	(aus Cu-Mn-Leg. extrap.)
PERSSON u. a. (*18*)	3,776 ± 5	3,525 ± 8	0,934	(aus Cu-Mn-Leg. extrap.)

NEUBURGER (*42*) wählt als die besten Werte für die Röntgendichte bei 25° C:

$$d_\alpha = 7{,}464, \qquad d_\beta = 7{,}24, \qquad d_\gamma = 7{,}21.$$

In einigen Fällen (*6*) zeigte das Röntgenbild des aufgedampften Mangans ein abweichendes, reguläres Gitter mit $a = 3{,}3$ Å. Es ist nicht bekannt ob es sich hier um eine vierte allotrope Form oder um eine Verbindung (Nitrid?) handelt. Diese Substanz zeigt einen ziemlich hohen Temperaturkoeffizient der Leitfähigkeit, $\sim 200 \cdot 10^{-5}$ zwischen -79 und 0° C.

Bei höheren Temperaturen ist β-Mangan stabil. Die Elementarzelle ist wiederum regulär und enthält 20 Atome; vermutlich (*16*) aber ist die wahre Zelle 8mal größer, so daß 160 Atome je Zelle kommen.

Bei noch höheren Temperaturen ist die stabile Form das tetragonale γ-Mangan. Die Koordinaten der Elementarzelle werden meistens angegeben zu (0 0 0) $\left(\frac{1}{2}\,\frac{1}{2}\,\frac{1}{2}\right)$. Nach PERSSON und OEHMAN (*18*) kommt aber auf den Aufnahmen auch die Linie (320) vor, die Struktur könnte dann nicht genau körperzentriert sein.

Aus den Daten, die BRADLEY (*10*) angibt, läßt sich nun ableiten, daß der Übergangspunkt $\alpha \rightarrow \beta$ bei $\sim 670°$ C liegt. Nach SEKITO (*14*) liegt dieser Punkt bei ~800° C. GAYLER (*1*) gibt einen sehr genauen Übergangspunkt von 742° C ± 1° an. Dies wird wohl der richtige Wert sein: die Abweichungen, die BRADLEY und SEKITO gefunden haben, können vielleicht auf Verunreinigungen des Metalls zurückgeführt werden.

Auch der Übergangspunkt $\beta \rightarrow \gamma$ liegt jetzt fest. SEKITO (*14*) findet ~1100° C, PERSSON und OEHMAN (*18*) durch Extrapolierung der MnCu-Legierungen 1191 ± 3°, in genauer Übereinstimmung mit GAYLER.

Daneben fand GAYLER (*1*) noch Andeutungen für zwei Übergangspunkte bei 1024 ± 2° C und bei 682 ± 1°, bei denen aber von einer Gitteränderung nichts zu bemerken ist [GAYLER (*1, 1a*)].

γ-Mangan scheidet sich nach BRADLEY (*10*) und WESTGREN (*9*) bei der Elektrolyse ab; beim Aufbewahren geht auch dieses γ-Mangan (*10*) in die α-Form über.

Dichte. Die Dichteangaben an Präparaten, bei denen Röntgenuntersuchungen fehlen, sind nicht sehr zuverlässig, weil man nie weiß, mit welcher Modifikation man es zu tun hat und außerdem durch innere Risse unsicher sind. Die Röntgenwerte sind hier den pyknometrischen vorzuziehen.

Kompressibilität. RICHARDS (*19*) bestimmte die Kompressibilität zu $0{,}84 \cdot 10^{-6}$, wobei allerdings bemerkt werden muß, daß nicht sicher bekannt ist, um welche Modifikation es sich hier handelt.

Schmelzwärme. UMINO (*21*) gibt hierfür den Wert: 3,45 kcal je Grammatom, für die Umwandlungswärme 0,159 kcal für die Umwandlung $\alpha \rightarrow \beta$ bzw. 0,249 kcal für die Umwandlung $\beta \rightarrow \gamma$ an.

Schmelzpunkt. Der Schmelzpunkt ist von verschiedenen Forschern bestimmt worden. Die Werte, gefunden bei 99%igem Mangan, schwanken nur zwischen 1230 und 1260° C. An dem reinen Mangan findet GAYLER 1244 ± 3° C (*1*). NEWBERY und PRING (*2*) finden 1230 ± 5°. an einer nach ihren Angaben ebenfalls reinen Metallprobe.

Siedepunkt. Dampfspannung. Messungen des Dampfdruckes sind von BAUR und BRUNNER ausgeführt worden (*22*). Ihre Versuchsdaten lassen sich wiedergeben durch die Formel: $\log p = 8{,}628 - \frac{13260}{T}$, woraus für den Siedepunkt 2300° K gefunden wird. Die Verdampfungswärme beträgt 60,6 kcal. Die Messungen umfassen das Gebiet von 1300 bis 1700° C.

Spezifische Wärme. Messungen der spezifischen Wärme sind ausgeführt worden von ASHWORTH (*36*). Die spezifische Wärme zeigt ein sehr scharfes Maximum bei 350° C. Die Kurve fällt dann bis 360° C sehr stark ab, um dann wieder steil anzusteigen. Dieselben Erscheinungen finden sich auch bei den HEUSSLER-Legierungen wieder.

Für die *Wärmeleitfähigkeit* wird von REDDEMANN (*25*) die Zahl 0,05 (Watt/cm^{-1}/Grad^{-1}) bei —190° als Größenordnung angegeben; auch diese Größe ist für ein reines Metall besonders niedrig.

Elektrische Eigenschaften. Die Messungen der Leitfähigkeit und des Temperaturkoeffizienten werden dadurch erschwert, daß reines Mangan sehr spröde ist, und sich also sehr schwierig in Form von kompakten Stäbchen herstellen läßt. Wenn es geschmolzen und dann abgekühlt wird, bilden sich im Material sehr viele Risse, wodurch ebenfalls die Bestimmung des Widerstandes unmöglich wird.

BRUNKE (*6*) hat das Leitvermögen der drei Modifikationen untersucht. γ-Mangan wurde gemessen:

1. als weiches Elektrolytmangan,
2. als hartes Elektrolytmangan,
3. als von 1200° in Vakuum abgeschrecktes Metall.

Die letztgenannten Proben enthielten noch etwas β-Mangan. Als Mittelwert aus den erhaltenen Resultaten, wird gefunden

$$\alpha = 530 \cdot 10^{-5} \text{ (zwischen } -79° \text{ und } 20° \text{ C)}.$$

Elektrolytmangan geht allmählich in α-Mangan über, das abgeschreckte Metall aber in β-Mangan. Beide Übergänge gehen so vor sich, daß zum Widerstand ein temperaturunabhängiger Restwiderstand addiert wird.

Bei β-Mangan, das aus γ-Mangan entstanden ist, wurde gefunden:

$$\alpha = 136 \cdot 10^{-5} \text{ } (-79 \text{ bis } 0° \text{ C}).$$

Etwas niedriger war der Wert, der am abgeschreckten Material gefunden wurde. Bei der γ—β-Umwandlung steigt der Widerstand auf 3,06fachen, der Temperaturkoeffizient α auf das 3,08fache des ursprünglichen Wertes. Das Gesetz von MATTHIESSEN ist also erfüllt.

α-Mangan konnte nur an destillierten Schichten, die auf erwärmten Glasplatten niedergeschlagen waren, untersucht werden. Sie zeigten im Mittel

$$\alpha = 15 \cdot 10^{-5} \text{ } (-79 \text{ bis } 0° \text{ C}).$$

Auch MEISSNER und VOIGT hatten schon gefunden, daß der Temperaturkoeffizient des Mangans von der Größenordnung $\sim 10^{-4}$ war (*23*).

Auch beim aufgedampften α-Mangan war nur die Größenordnung des spezifischen Widerstandes zu bestimmen: daraus folgen dann die spezifischen Widerstände der anderen Formen, weil hier das Gesetz von MATTHIESSEN, auch für die γ—α-Umlagerung erfüllt ist. BRUNKE findet also

	$\varrho_0 \cdot 10^6$	$\alpha \cdot 10^5$
α-Mangan	710	17
β-Mangan	91	136
γ-Mangan	23	530

γ-Mangan hat also die Eigenschaften eines normalen Metalls: der Temperaturkoeffizient der Leitfähigkeit ist sogar ziemlich hoch. Andererseits zeigt das α-Mangan einen Widerstand und Temperaturkoeffizient, wie man sie sonst nur bei Legierungen mit Mischkristallbildung findet.

Auch die Kristallstruktur, und die Härte (α-Mangan ritzt Glas!) erinnern an Mischkristalle.

Wie man sich die Mischkristallbildung in einem Kristall, der ausschließlich aus Manganatomen aufgebaut ist, zu denken hat, ist noch nicht ganz klar. Man könnte sich evtl. in Anlehnung an die Vorstellungen die z. B. HUME-ROTHERY (*24*) entwickelt, denken, daß mit zunehmender Temperatur die Ionisierung der Atome zunimmt, etwa in der Form, daß z. B. bei tiefen Temperaturen nur ein Elektron abgespalten ist, und daß bei höheren Temperaturen die Ionisierung bis Mn^{++} geht.

Die Zelle mit 58 Atomen würde rd. 80 Valenz Elektronen verlangen: der mittlere Ionisierungsgrad bei gewöhnlicher Temperatur sollte also etwa 1,3 sein.

Es ist aber auch möglich, daß in den komplizierten Strukturen des α- und β-Mangans eine weniger vollkommene Ordnung herrscht wie bei den normalen Metallgittern, daß also diese Strukturen an sich schon den Mischkristallcharakter verursachen.

BRIDGMAN hat noch den Widerstand bei höheren Drucken untersucht (*20*). Das Metall war von HUNTER (*20*) durch Schmelzflußelektrolyse hergestellt, und in einem Quarzrohr auf 0,5 mm Durchschnitt ausgezogen.

Das Metall zerbricht beim Abkühlen in Stücke von 1 bis 20 mm Länge; diese Stücken sind aber gar nicht sehr spröde.

Nach BRIDGMAN sind es wahrscheinlich Einkristalle einer bei tieferen Temperatur stabilen Modifikation. Der Temperaturkoeffizient beträgt $79 \cdot 10^{-5}$; dieser Wert liegt in der Nähe des von BRUNKE für β-Mangan gefundenen.

Mit zunehmendem Druck nimmt der elektrische Widerstand ab. Bei 30° C wird gefunden:

$$\Delta R/R_0 = -7{,}012 \cdot 10^{-6} p + 5{,}63 \cdot 10^{-11} p^2$$

zwischen 1 und 12000 Atm.

Magnetische Eigenschaften. Mangan ist paramagnetisch: die Angaben über die Suszeptibilität gehen weit auseinander.

SHIMIZU (*29*) hat destilliertes aber noch nicht ganz reines Mangan bei verschiedenen Temperaturen untersucht: bei 810 und 1100° zeigt die Suszeptibilität-Temperaturkurve einen Sprung, dessen Lage jedoch schlecht mit den von Frl. GAYLER angegebenen Übergangspunkten übereinstimmt. Bei 20° ist $\chi = 7{,}55 \cdot 10^{-6}$.

KAPITZA (26) gibt aber $9{,}66 \cdot 10^{-6}$ an, einen noch höheren Wert ($\chi = 11{,}8 \cdot 10^{-6}$) finden BATES, GIBBS und PANTULU (*27*) an Mangan, das aus Amalgam hergestellt war, und das nicht weiter analysiert wurde; so gewonnenes Mangan enthält nach SCHENCK und KORTENGRÄBER (*38*) bis 8% Oxyd.

Dazu kommen noch die von WHEELER (*28*) gefundenen Werte $9{,}6 \cdot 10^{-6}$ für α-Mangan und 8,8 für abgeschrecktes β-Mangan. Andeutungen von

Ferromagnetismus wurden oft gefunden: es handelt sich dann aber wohl immer um Mangan, das Stickstoff enthält. Über den Einfluß von H_2 und N_2 siehe unter „Binäre Systeme".

Photoelektrische Eigenschaften. Nach SCHULZE (*30*) liegt die Grenze des photoelektrischen Effektes bei 338 mμ. Daraus berechnet sich die Austrittsarbeit zu 3,65 eV.

Optische Eigenschaften. NATHANSON (*31*) hat die optischen Eigenschaften des Mangans untersucht. Seine Werte, an vakuumdestilliertem Mangan gemessen, stimmen nicht sehr gut mit den früher gefundenen und auch nicht mit denen, die später von O'BRYAN (*32*) gefunden wurden, überein.

Auch BRUNKE (*6*) hat das Reflexionsvermögen an Manganschichten gemessen; seine Werte stimmen am besten mit denen von O'BRYAN überein.

NATHANSON λ (in Å)	O'BRYAN (in Å)	n	k	R
	4358	2,08	1,26	50
4600		1,94	1,74	61,6
5000		1,92	1,78	61,7
5400		2,10	1,68	62,1
	5461	2,46	1,25	54
	5780	2,59	1,18	53
5890		2,26	1,64	63
6410		2,61	1,52	63,8
6800		2,85	1,42	63,5

Mechanische Eigenschaften. Alle Autoren finden, daß α-Mangan sehr hart und spröde ist; nach GAYLER ritzt es Glas (*1*). β-Mangan ist nach BRUNKE etwas weniger hart; Elektrolyt-Mangan ist unter Umständen duktil.

BRIDGMAN (*33*) hat die Schubspannung als Funktion des Drucks bestimmt. Es zeigen sich hierbei Hysteresiserscheinungen.

e) Binäre Systeme.

Besonders interessant ist das System Mn—N_2, weil hier Ferromagnetismus auftritt. Das System ist sehr kompliziert und steht noch nicht in Einzelheiten fest.

Oberhalb des Übergangspunktes (*1*) β—γ bilden sich Mischkristalle [SHUKOW (*37*)]. Aber auch bei 1030° sollen sich nach SHUKOW bis zu etwa 6% Mischkristalle bilden. Es ist SHUKOW wohl entgangen, daß hier bei kleinen Konzentrationen ein Phasenübergang eintreten muß, denn OCHSENFELD (*34*) hat gefunden, daß sich bei der Aufnahme von Stickstoff durch Mangan bei etwa 1060° eine pseudo-reguläre Phase ausbildet, die wohl die durch N_2 nach tieferen Temperaturen stabilisierte γ-Phase des Mangans, allerdings mit einem etwas veränderten Achsenverhältnis, darstellt. HÄGG (*35*) findet aber bei höheren Temperaturen und niedrigem Stickstoffgehalt eine tetragonale Phase (von ihm δ genannt) und eine kubische (oder pseudo-kubische?) ε-Phase. Wenn OCHSENFELD recht hat, wenn also δ und ε (nach HÄGG) zusammenhängen, so würde dies bedeuten, daß die ε-Phase (nach HÄGG) nichts anderes ist als die durch Stickstoffaufnahme stabilisierte γ-Form des Mangans, die bei gewöhnlicher Temperatur auf das Gebiet 6 bis 6,5% N_2 eingeengt ist.

Bei 6,5% tritt eine hexagonale Phase auf, die bis 9,2% N_2 neben der ε-Phase (kubisch oder pseudo-kubisch) bestehen bleibt. Das Übergangsgebiet ist von SCHENCK und KORTENGRÄBER durch Messung des Stickstoffsättigungsdruckes bestätigt worden. Über die stickstoffarme Seite des Systems ist vorläufig noch nicht viel bekannt.

Jedenfalls ist klar, daß durch kleine Mengen Stickstoff die Eigenschaften des Mangans weitgehend geändert werden können. Sowohl nach OCHSENFELD als nach SCHENCK und KORTENGRÄBER ist der Ferromagnetismus an die γ-Manganphase (also wahrscheinlich δ und ε nach HÄGG) gebunden. OCHSENFELD hat auch eine β-Manganphase mit Stickstoff beobachtet, die nicht ferromagnetisch ist.

Über den Einfluß des Wasserstoffs auf die magnetischen Eigenschaften berichtet WHEELER (*39*).

Auch bei den ferromagnetischen HEUSSLER-Legierungen ist der Ferromagnetismus an die tetragonale δ-Phase gebunden: in diesem Falle ist diese Phase durch Kupfer stabilisiert (*36*). Über weitere Eigenschaften des HEUSSLER-Legierungen siehe ASHWORTH (*36*).

Eine Übersicht über die technisch sehr wichtigen Eisen-Manganlegierungen gibt HADFIELD (*40*, *41*).

Literatur.

1. GAYLER, M. L.: J. Iron Steel Inst. Bd. 115 (1927) S. 393.
1a. GAYLER, M. L.: Nature, Lond. Bd. 124 (1929) S. 124.
2. NEWBERY, E., J. N. PRING: Proc. roy. Soc., Lond. Bd. 92 (1910) S. 276.
3. ALLMAND, A. J., A. N. CAMPBELL: Trans. Faraday Soc. Bd. 20 (1924) S. 378.
4. FEDOTIEFF, P.: Z. anorg. allg. Chem. Bd. 130 (1923) S. 18.
5. OAKS, H. H., W. E. BRADT: Trans. Amer. electrochem. Soc. Bd. 69 (1936).
6. BRUNKE, F.: Ann. Phys., Lpz. (5) Bd. 21 (1934) S. 139.
7. REDDI PANTOLU, D.V., L. F. BATES: Proc. phys. Soc., Lond. Bd. 47 (1935) S. 197.
8. A.P. 1861625 (DRIGGS, F. H., W. C. LILLIENDAHL).
9. WESTGREN, A., G. PHRAGMEN: Z. Phys. Bd. 33 (1926) S. 777.
10. BRADLEY, A. J.: Phil. Mag. (6) Bd. 50 (1925) S. 1018.
11. BRADLEY, A. J., J. THEWLIS: Proc. roy. Soc., Lond. A Bd. 115 (1927) S. 456.
12. LAVES, F., H. LÖHBERG, P. RAHLFS: Nachr. Ges. Wiss. Göttingen, Math.-phys. Kl., N. F. Bd. 1 (1934) S. 67.
13. PRESTON, G. P.: Phil. Mag. (7) Bd. 5 (1928) S. 1198.
14. SEKITO, S.: Z. Kristallogr. Bd. 72 (1929) S. 406.
15. OEHMAN, E.: Metallwirtsch. Bd. 9 (1930) S. 825.
16. WILSON, TH. A.: Bull. Amer. phys. Soc. Bd. 9 Nr. 16 (1934).
17. VON OLSHAUSEN, S.: Z. Kristallogr. Bd. 61 (1925) S. 463.
18. PERSSON, E., E. OEHMAN: Nature, Lond. Bd. 124 (1929) S. 333.
19. RICHARDS, T. W.: J. Amer. chem. Soc. Bd. 37 (1915) S. 1949.
20. BRIDGMAN, P. W.: Proc. Amer. Acad. Arts. a. Sci. Bd. 64 (1930) S. 55.
21. UMINO, S.: Sci. Rep. Tôhoku Univ. (1) Bd. 16 (1927) S. 775.

22. BAUR, E., R. BRUNNER: Helv. chim. Acta Bd. 17 (1934) S. 958.
23. MEISSNER, W., B. VOIGT: Ann. Phys., Lpz. (5) Bd. 7 (1931) S. 761.
24. HUME-ROTHERY, W.: Structure of Metals and Alloys. London 1936. S. 98.
25. REDDEMAN, H.: Ann. Phys., Lpz. (5) Bd. 22 (1935) S. 28.
26. KAPITZA, P.: Proc. roy. Soc., Lond. A Bd. 131 (1931) S. 266.
27. BATES, L. F., R. E. GIBBS, D. V. REDDI PANTULU: J. phys. Soc. London Bd. 48 (1936) S. 665.
28. WHEELER, M. A.: Phys. Rev. Bd. 41 (1932) S. 331.
29. SHIMIZU, Y.: Sci. Rep. Tôhoku Univ. (1) Bd. 19 (1930) S. 411.
30. SCHULZE, R.: Ann. Phys., Lpz. Bd. 92 (1934) S. 212.
31. NATHANSON, J. B.: J. opt. Soc. Amer. Bd. 20 (1930) S. 593.
32. O'BRYAN, H. M.: J. opt. Soc. Amer. Bd. 26 (1936) S. 122.
33. BRIDGMAN, P. W.: J. applied Physics Bd. 8 (1937) S. 328.
34. OCHSENFELD, R.: Ann. Phys., Lond. (5) Bd. 12 (1932) S. 353.
35. HÄGG, G.: Z. phys. Chem. Abt. B Bd. 4 (1929) S. 346.
36. ASHWORTH, J. R.: Proc. phys. Soc., Lond. Bd. 48 (1936) S. 456.
37. SHUKOW[1], J.: J. Russ. phys.-chem. Ges. Bd. 42 (1910) S. 40. — Chem. Zbl. 1911 I, S. 1220.
38. SCHENCK, R., A. KORTENGRÄBER: Z. anorg. allg. Chem. Bd. 210 (1933) S. 273.
39. WHEELER, M. A.: Bull. Amer. phys. Soc. Bd. 11, Nr. 1 (1936).
40. HADFIELD, R.: J. Iron Steel Inst. Bd. 115 (1927) S. 211.
41. HADFIELD, R.: J. Iron Steel Inst. Bd. 115 (1927) S. 297.
42. NEUBURGER, M. C.: Z. Kristallogr. Bd. 93 (1936) S. 1.

46. Masurium.

Von diesem Element ist bisher nichts weiter bekanntgeworden. Aus kerntheoretischen Gründen wird die Existenzmöglichkeit dieses Elementes verneint (*1*). Vgl. auch S. 286.

Literatur.

1. JENSEN, H.: Naturwiss. Bd. 26 (1938) S. 381.

47. Rhenium.

(Atomgewicht 186,31.)

Mit 1 Abbildung.

a) Vorkommen und Darstellung.

Als Ausgangsmaterial für die Gewinnung des Rheniums, das 1925 von W. NODDACK und I. TACKE aus einem Gadolinit soweit angereichert wurde, daß der röntgenspektrographische Nachweis durch O. BERG und I. TACKE erbracht werden konnte (*1*) kommen heute praktisch nur die Eisensauen in Frage, die als Nebenprodukt bei der Verhüttung des Mansfelder Kupferschiefers anfallen und in denen sich das Element, dessen ausgesprochen siderophilen Charakter V. M. GOLDSCHMIDT (*2*) bereits vor der Entdeckung des Elementes voraussagte, anreicherte. Infolge der nahen geochemischen Verwandtschaft zwischen Rhenium und Molybdän (so ist, um ein Beispiel zu nennen, ReS_2 isomorph mit

[1] Auch YUKOW (zit. 38) = Жуков

MoS_2) besitzt der Molybdänglanz des Mansfelder Kupferschiefers einen besonders hohen Gehalt an Rhenium (etwa 0,01% Re) (*3*). Die Geochemie des Rheniums, sein Vorkommen in Mineralen und Gesteinen, Meteoriten und technischen Produkten wurde eingehend von I. und W. NODDACK untersucht (*4*).

Durch Konzentrierung der Rückstände aus der Verhüttung des Mansfelder Kupferschiefers, die einen ursprünglichen Gehalt von 3 bis $5 \cdot 10^{-5}$ Re besitzen, gründliches Oxydieren bei 100°, Auslaugen mit Wasser, Einengen der Lösung, wird schließlich aus der Mutterlauge das Rhenium mit heißer konzentrierter KCl-Lösung als $KReO_4$ ausgefällt. Dieses Verfahren, das von den Vereinigten Chemischen Fabriken in Leopoldshall in technischem Maße ausgeführt wird, verdanken wir W. FEIT, der sich auch um die technische Darstellung einer Reihe anderer seltener Metalle, besonders des Galliums, so große Verdienste erworben hat (*5*).

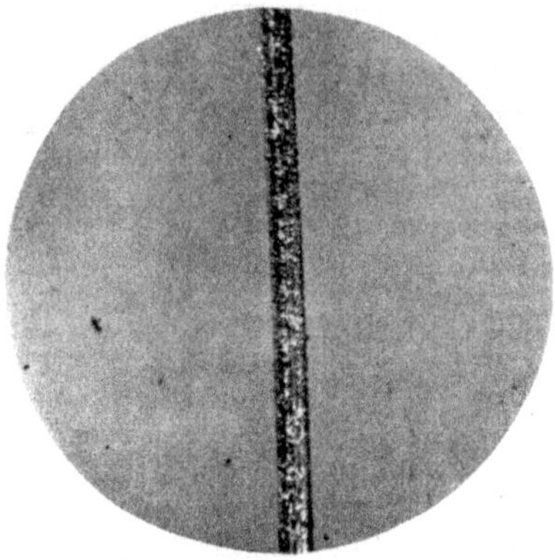

Abb. 1. Rheniumaufwachsdraht. Aufsichtsaufnahme. Vergr. 200 ×.

Die mühsame Anreicherung und Darstellung des Metalls aus anderen Rohstoffen, wie sie von I. und W. NODDACK in jahrelanger Arbeit ausgeführt wurden, bis die ersten 100 mg des Metalls zur Feststellung seiner Eigenschaften vorlagen, seien hier, nachdem das Rhenium durch die technische Darstellung in beinahe beliebigen Mengen zur Verfügung steht, hier nicht weiter behandelt, es sei vielmehr auf die schöne zusammenfassende Darstellung des Forscherehepaares (*6*) verwiesen.

Die Herstellung des Metalls erfolgt durch Wasserstoffreduktion der reinen Verbindungen bei Rotglut. Ein besonders reines Metall wird bei der Reduktion von ReO_2 erhalten (*7*). Aber auch die in früheren Abschnitten (z. B. S. 193) schon oft beschriebene Abscheidung aus der Gasphase führt, wie aus der Stellung des Rheniums im periodischen System zu erwarten ist, zu guten Ergebnissen, vorausgesetzt natürlich entsprechende Reinheit der verwandten Rheniumverbindung. Durch Erhitzen von 0,02 mm starken Platindraht auf 1200 bis 1400° in einer Atmosphäre von Rheniumchlorid wächst auf der Platinseele durch Dissoziation des Chlorids am heißen Draht reines Rhenium in kompakter Form auf (*8*). In einer Gemeinschaftsarbeit der Osramstudiengesellschaft (*9*) wird die Abscheidung aus der Gasphase auf Wolframeinkristallfäden, die auf über 1800° erhitzt wurden, beschrieben. Abb. 1 zeigt einen solchen nach dem letzten Verfahren aufgewachsenen Pseudoeinkristalldraht.

b) Physikalische Eigenschaften.

Kristallstruktur. Die Kristallstruktur des Rheniums wurde von GOLDSCHMIDT bestimmt (*10*). Rhenium besitzt demnach eine Struktur hexagonal dichtester Kugelpackung (A-3-Typ, Magnesium) mit folgenden Werten der Gitterkonstanten:

$$a = 2{,}752 \pm 0{,}001 \text{ Å}$$
$$c = 4{,}448 \pm 0{,}002 \text{ Å}$$
$$c/a = 1{,}616$$

In guter Übereinstimmung damit stehen die Werte, die andere Forscher, so z. B. BECKER (*9*), sowie STENZEL und WEERTS (*11*) gefunden haben. Die Messungen von (*11*), die an einem etwas reineren Präparat ausgeführt wurden, ergaben:

$$a = 2{,}7553 \pm 0{,}0004 \text{ Å}$$
$$c = 4{,}4493 \pm 0{,}0003 \text{ Å}$$

Dichte. Ältere Werte der pyknometrischen (*12*) und Röntgendichte (*9, 10*) können wir hier übergehen, weil einerseits das Metall nicht ganz rein war, andererseits für das Atomgewicht einen falschen Wert eingesetzt war. Die Röntgendichte nach STENZEL und WEERTS (*11*) $d_R = 20{,}996$ bei 25° ist sehr gut mit der an Atomgewichtsmaterial von I. und W. NODDACK (*13*) bestimmten pyknometrischen Dichte $d = 21{,}0$ in Übereinstimmung.

Schmelzpunkt. AGTE, HEYNE und MOERS (*9*) haben den Schmelzpunkt nach der Bohrlochmethode von PIRANI und ALTERTHUM in einer Atmosphäre von 99,9%igem Argon an einer Probe bestimmt, die höchstens 0,01% Verunreinigungen enthielt. Sie fanden für die wahre Schmelztemperatur $T = 3440 \pm 60°$ K in guter Übereinstimmung mit Angaben von W. NODDACK. Der Schmelzpunkt ist demnach um etwa 250° niedriger als der des Wolframs.

Elektrische Eigenschaften. Der elektrische Widerstand des Rheniums beträgt nach AGTE und MOERS (*9*)

$$C_0 = 19{,}8 \cdot 10^{-6} \pm 15\%.$$

Die Messungen wurden ausgeführt an Rheniumdrähten, die durch thermische Zersetzung von Rheniumchloriden auf Wolframeinkristalle als Unterlage erhalten waren. Da diese Drähte sehr kompakt waren, und wahrscheinlich sehr rein, da sie sehr duktil waren, ist es nicht wahrscheinlich, daß der von diesen Autoren gefundene Widerstand um einen Faktor ~ 3 zu hoch gefunden ist, wie es der Fall sein würde, wenn W. NODDACK, der für den Widerstand $6{,}1 \cdot 10^{-6}$ findet, recht hat. Andererseits ist es aber wieder unbegreiflich, daß NODDACK einen um einem Faktor 3 zu kleinen Wert gemessen hat, denn meistens liefern alle Fehlerquellen einen zu hohen Widerstand.

Da mit dem NODDACKschen Wert Rhenium sich seinen Nachbarelementen sehr gut anschließt, mit dem Wert von AGTE und MOERS (*9*) aber eine Sonderstelle einnimmt, wäre eine Überprüfung der Daten sehr erwünscht.

Der Temperaturkoeffizient beträgt nach AGTE und MOERS $311 \cdot 10^{-5}$. Wenn man annehmen würde, daß der von ihnen gemessene Widerstand dreimal zu hoch ist, z. B. durch Legierungsbildung, so würde daraus für den Temperaturkoeffizienten des reinen Metalls ein ganz unwahrscheinlich hoher Wert folgen. AGTE und MOERS (*9*) geben auch noch den Widerstand bei 83° K, $\varrho_{83} = 4{,}94 \cdot 10^{-6}$. Das Verhältnis $\varrho_{83}/\varrho_{273}$ ist also 0,250. Dieses Verhältnis ist nun aber noch kleiner als der Wert, den MEISSNER und VOIGT an einem Sinterstab gefunden haben,

$$\varrho_{88}/\varrho_{273} = 0{,}285 \text{ und } \varrho_{78}/\varrho_{273} = 0{,}247\,.$$

Das von AGTE und MOERS gemessene Präparat war also das reinere, und da das von MEISSNER und VOIGT gemessene einen Restwiderstand 0,1 zeigte, ist es ausgeschlossen, daß Verunreinigungen den von AGTE und MOERS angegebenen Widerstand um mehr als 10% gefälscht haben können.

Die **Elektronenemission** wurde von ALTERTHUM (*9*) an aufgewachsenen Drähten gemessen. Rhenium besitzt geringere Emission als Wolfram, und zwar bei niedrigen Temperaturen stärker niedrige Emission. Um die gleiche Emission wie Wolfram zu erhalten, bedarf Rhenium einer 150 bis 200° höheren Temperatur.

Aus den Konstanten der RICHARDSONschen Gleichung, die für A zwischen 200 und 300 Amp./cm³/Grad² und für b zu 59500 bestimmt wurde, errechnet sich die Austrittsarbeit eines Elektrons zu

$$\varphi = 5{,}1 \text{ e V}.$$

Magnetische Eigenschaften. Rhenium besitzt temperaturunabhängigen Paramagnetismus. Die Suszeptibilität wurde von ALBRECHT und WEDEKIND (*16*) sowie von PERAKIS und CAPATOS (*17*) untersucht. Nach (*16*) beträgt die Suszeptibilität bei 18° C

$$\chi = +\,0{,}046 \cdot 10^{-6} \pm 0{,}002.$$

PERAKIS und CAPATOS fanden an einer sehr reinen, durch Wasserstoffreduktion von NH_4ReO_4 hergestellten Probe

$$\chi = 0{,}037 \cdot 10^{-6}.$$

Optische Eigenschaften. Hierüber liegt eine Untersuchung von LANGE (*18*) vor, der Brechungsexponent (n), Absorptionskoeffizient (k) und Reflexionsvermögen (R) von Rheniumproben, deren Herkunft und Reinheit nicht angegeben sind, bestimmt hat. Die höchsten und wohl auch besten Werte wurden an einer Probe erhalten, deren Oberfläche geschmirgelt war (Nr. 0000), wobei die Kratzer parallel zur Einfallebene gestellt wurden. Die entsprechenden Werte für die beiden Wellenlängen 589 und 436 mμ sind aus der vorstehenden Tabelle zu ersehen.

λ in mμ	n	k	R in %
589	3,18	3,55	57,6
436	2,62	2,97	51,0

Mechanische Eigenschaften. Die mechanischen Eigenschaften hängen in hohem Maße von der Herstellung ab. AGTE und MOERS (*9*) haben im Rahmen der Gemeinschaftsarbeit der Osram auch hierüber ausführliche Untersuchungen angestellt. Sie finden, daß eine gewisse Duktilität erst dann eintritt, wenn Rheniumpulver bis nahe an den Schmelzpunkt gesintert wird. Bei höheren Temperaturen ist so hergestelltes Rhenium warm verformbar. Ganz anders verhalten sich durch thermische Dissoziation hergestellte Aufwachsdrähte. Sie sind weich und biegsam und lassen sich ohne weiteres ziehen. Diese Erscheinung wurde nicht nur bei einkristallinen Aufwachsdrähten, sondern auch bei polykristallinen Drähten beobachtet.

Die Zerreißfestigkeit eines 0,25 mm starken Aufwachsdrahtes (mit einer Wolframeinkristallseele von 0,030 mm) beträgt nach (*9*) 50,6 kg/mm² bei einer Dehnung von 24% (gegenüber 110 kg/mm² bei Wolfram). Die Brinellhärte beträgt 250 nach einer Bestimmung von NODDACK (*6*).

c) Chemische Eigenschaften.

Rhenium zeichnet sich teilweise durch ausgezeichnete Korrosionsbeständigkeit gegenüber verschiedenen Agenzien aus. Gegenüber oxydierend wirkenden Gasen bei hohen Temperaturen steht es in seinem Verhalten zwischen Wolfram und Osmium [MOERS (*9*)]. Es ist, wie aus seiner Stellung im periodischen System zu erwarten ist, auch in dieser Beziehung bedeutend edler als Wolfram. In HNO_3 löst es sich leicht, langsamer in H_2SO_4, praktisch unlöslich ist es in HF und HCl.

Erwähnt seien noch Versuche von TRZEBIATOWSKI (*19*), der Kohlungsversuche durch CH_4 ab 800° C unternommen hat und dabei festgestellt hat, daß höchstens 1% C unter Gitteraufweitung von Rhenium aufgenommen wird. Der Effekt der Gitteraufweitung ist bedeutend größer bei der Einwirkung von CO. Ein Tempern der durch CO aufgeweiteten Proben bei 1100° ruft eine Verminderung der Aufweitung auf das durch CH_4 erzielte Maß hervor. TRZEBIATOWSKI glaubt, aus diesem Verhalten auf eine Umwandlung oberhalb 1100° schließen zu können.

In der Spannungsreihe steht Rhenium nach AGTE (*9*), gemessen durch die EMK einer Rheniumelektrode gegen eine Normal-Kalomel-Elektrode, mit +0,60 V zwischen Kupfer und Thallium.

d) Zustandsdiagramme.

Von den binären Systemen wurde, obwohl zahlreiche Legierungen des Rheniums hergestellt wurden, nur das System Wolfram-Rhenium eingehender untersucht (*20*). In diesem System tritt eine Verbindung W_2Re_3 auf.

Das Zweistoffsystem *Eisen-Rhenium* wurde in jüngster Zeit von EGGERS (*23*) untersucht. In dem bis zu Gehalten von ungefähr 70% Re untersuchten Diagramm treten fünf homogene Phasen auf. Eine Ähnlichkeit mit dem Zweistoffsystem Eisen-Wolfram zeigt sich unter anderem in der Bildung einer stöchiometrisch gleichartigen intermetallischen Verbindung Fe_3Re_2, die sich ebenso wie Fe_3W_2 durch bedeutende thermische Beständigkeit auszeichnet.

Im Rahmen einer größeren kristallchemischen Untersuchung über Verbindungen mit hexagonaler $MgZn_2$-Struktur hat MISCH (*21*) eine Verbindung $ReBe_2$ mit $a = 4{,}345$ Å und $c/a = 1{,}631$ Å hergestellt.

e) Verwendung.

Infolge des immer noch hohen Preises sind bisher kaum Verwendungsmöglichkeiten des Rheniums bekanntgeworden. Harte und säurebeständige Legierungen von weißer Farbe mit 50 bis 90% W, Mo, Cr oder Ta, 1 bis 30% Ni oder Co, Rest, aber nicht unter 2% Re wurden für die Herstellung von Schreibfederspitzen vorgeschlagen.

Von Vorteil ist die hohe Thermokraft des Rheniums, durch die seine Verwendung als Thermoelement bedingt wird. Für Temperaturen >1600° C werden heute Pt—Pt/Re mit 8% Re, ferner Pt—Pt/Re (mit 4,5% Re —5% Rh) verwendet. Eine Kombination Rh—Pt/Re mit einer EMK von 18 mV bei 1600° C ist benutzbar bis 1800° C. Für Temperaturen bis 1900° C wurde ein Thermoelement Rh—Rh/Re mit 8% Re vorgeschlagen (*22*).

Über die technische Verwendung des Rheniums als Katalysator sind verschiedene Arbeiten veröffentlicht (*6*).

Literatur.

1. NODDACK, W., I. TACKE, C. BERG: Naturwiss. Bd. 13 (1925) S. 567.
2. GOLDSCHMIDT, V. M.: Geochemische Verteilungsgesetze, Bd. IV, S. 21. Oslo 1924.
3. GOLDSCHMIDT, V. M.: Geochemische Verteilungsgesetze, Bd. IX, S. 66. Oslo 1938.
4. NODDACK, I. u. W.: Z. phys. Chem. Abt. A. Bd. 154 (1931) S. 207.
5. FEIT, W.: Z. angew. Chem. Bd. 43 (1930) S. 459.
6. NODDACK, I. u. W.: Das Rhenium. Leipzig 1933.
7. NODDACK, I. u. W.: Z. anorg. allg. Chem. Bd. 215 (1933) S. 129.
8. NODDACK, I. u. W.: Arb. Notgemeinsch. dtsch. Wiss., Dtsch. Forsch. (1930) S. 104.
9. AGTE, C., H. ALTERTHUM, K. BECKER, G. HEYNE, K. MOERS: Z. anorg. allg. Chem. Bd. 196 (1931) S. 129.
10. GOLDSCHMIDT, V. M.: Naturwiss. Bd. 17 (1929) S. 134; Z. phys. Chem. Abt. B. Bd. 2 (1929) S. 244.
11. STENZEL, W., J. WEERTS: Z. Kristallogr. Bd. 84 (1932) S. 20.
12. NODDACK, I. u. W.: Z. Elektrochem. Bd. 34 (1938) S. 629.
13. NODDACK, I. u. W.: Ber. dtsch. chem. Ges. Bd. 63 (1930) S. 16.
14. NODDACK, W.: Vortrag auf der Physikertagung 1929 in Prag.
15. MEISSNER, W., B. VOIGT: Ann. Phys., Lpz. 7 (1930) S. 915.
16. ALBRECHT, W. H., E. WEDEKIND: Naturwiss. Bd. 19 (1931) S. 20.
17. PERAKIS, N., L. CAPATOS: Praktika (Akad. Athen) Bd. 9 (1934) S. 121 bis 125. Vgl. auch J. Phys. Radium Bd. 6 (1935) S. 462—468.
18. LANGE, H.: Z. Phys. Bd. 94 (1935) S. 650.
19. TRZEBIATOWSKI, W.: Z. anorg. allg. Chem. Bd. 233 (1937) S. 376.
20. BECKER, K., K. MOERS: Metallwirtsch. Bd. 9 (1930) S. 1063.
21. MISCH, L.: Metallwirtsch. Bd. 15 (1936) S. 163.
22. SCHULZE, A.: Chemiker-Ztg., Nr. 32/33 vom 23. Apr. 1938, S. 287.
23. EGGERS, H.: Mitt. K.-Wilh.-Inst. Eisenforschg. Bd. 20 (1938) S. 147.

VIII. Achte Hauptgruppe des periodischen Systems: Die Übergangselemente. Eisen- und Platinmetalle.

In Vergleich mit der 7. Gruppe des periodischen Systems ist in dieser Gruppe wiederum eine leichtere Reduzierbarkeit zu erwarten. Diese ist tatsächlich vorhanden merkwürdigerweise sind hier aber, im Widerspruch zur Regel, gerade die Elemente mit hoher Atomnummer die am leichtesten reduzierbaren; die Platinmetalle gehören zum Teil zu den edelsten Metallen. Diese Ausnahme werden wir bei vielen Elementen der Nebenreihen wieder finden: Es hängt dies damit zusammen, daß die Ionisierungsspannung mit der Atomnummer ansteigt (z. B. Au, Hg, im Vergleich zu Cu bzw. Zn).

Als Darstellungsmethoden der Metalle dieser Gruppen kommen also neben der Reduktion mit Wasserstoff auch die Elektrolyse, ferner die thermische Zersetzung in Frage. Wir verfügen also über verschiedene Verfahren, wodurch eine Reindarstellung dieser Elemente möglich ist.

Da in dieser Gruppe mindestens 8 Valenzelektronen vorkommen, kommt es in den Verbindungen fast nie zur Bildung von edelgasartigen Ionen: es entstehen Verbindungen tieferer Valenzstufen, und weil die Stabilitäten dieser Verbindungen von allen Feinheiten der Elektronenstruktur mitbestimmt sind, hat jedes Element dieser Gruppe sozusagen seinen besonderen Charakter; der Vergleich untereinander ist sehr schwierig. Auch bei den Elementen in metallischer Form findet man dieselben Eigentümlichkeiten; die Metalle der Eisengruppe sind sämtlich ferromagnetisch, besser gesagt, von allen dreien ist eine ferromagnetische Modifikation bekannt. Die Platinmetalle (damit sind die sechs übrigen gemeint) haben auch wieder ihre Besonderheiten: Allgemeines läßt sich hier nicht angeben.

Die logische Anordnung dieser Metalle wäre die nach der 8., 9. und 10. Hauptgruppe (S. 3). Aus praktischen Gründen ist aber die Reihenfolge Fe, Co, Ni, Pt, Platinbegleitmetalle gewählt. In der allgemeinen Eigenschaftstabelle, S. 549, sind aber die Metalle in der natürlichen Reihenfolge der Gruppe eingetragen.

48. Eisen.

(Atomgewicht 55,84.)

Von **Peter Assmann**, Ludwigshafen a. Rh.

Mit 9 Abbildungen.

Die metallurgische und chemische Industrie haben in den letzten Jahrzehnten die Herstellung hochreiner Metalle zu besonderen Industriezweigen entwickelt und sind z. B. auf dem Gebiet des Aluminiums, Zinks, Nickels und nicht zuletzt des Eisens zu bedeutsamen Ergebnissen gelangt. Es sei zunächst festgestellt, daß es bis heute nicht gelungen ist, ein wirklich „reines Eisen" herzustellen, wenn man darunter ein Produkt verstehen will, dessen Beimengungen, insbesondere an C, Si, S, P, O und Mn gleichzeitig unter der Grenze des Nachweisbaren bleiben. Ein derart reines Eisen würde wohl zu allergrößter Bedeutung gelangen, besonders im Hinblick auf seine magnetischen Eigenschaften, die am empfindlichsten auf kleinste Mengen von Verunreinigungen reagieren. So erniedrigen z. B. noch 0,002% C oder 0,01% O die Maximalpermeabilität von Eisen (gegenüber C-freiem oder O-freiem Material) auf etwa die Hälfte. Es ist in den letzten drei Jahrzehnten gelungen, wie unten näher ausgeführt wird, die Maximalpermeabilität reinen Eisens auf nahezu das 100fache zu erhöhen. Diese Epoche gewinnt ihre Hauptbedeutung aber wohl dadurch, daß in großtechnischem Maßstabe hochreine Eisensorten, die den klassischen Reineisensorten (schwedisches Holzkohleneisen und Elektrolyteisen) in vielfach überlegener Weise an die Seite treten (Armcoeisen, Carbonyleisen), entwickelt worden sind. Dabei ist es auch zum ersten Male gelungen, durch das Carbonylverfahren die größten Schädlinge des Eisens S und P auch im Großbetrieb mit Sicherheit daraus fernzuhalten und durch Ersatz des Schmelzverfahrens durch das Sinterverfahren ihre Wiederaufnahme zu umgehen.

a) Herstellung.

Die Herstellung reinen Eisens erfolgt heute nach folgenden Methoden:

1. Elektrolytische Verfahren.
2. Metallurgische Verfahren.
3. Carbonylverfahren.
4. Oxydreduktion.

Elektrolytische Verfahren. Die zahlreichen gebräuchlichen Verfahren zur Gewinnung von Elektrolyteisen aus Chlorid- und Sulfatbädern lassen das gemeinsame Bestreben erkennen, mit hoher $Fe^{\cdot\cdot}$-Konzentration zu arbeiten, damit das Verhältnis der $H^{\cdot}$-Ionenkonzentration zu der der $Fe^{\cdot\cdot}$-Ionen und damit das kathodische Abscheidungspotential für Wasserstoff möglichst klein gehalten wird.

Durch Ansäuern oder erhöhte Temperatur läßt sich die Wasserstoffabscheidung vermindern; durch die Verwendung leitfähigkeitserhöhender Zusätze und stark konzentrierter Elektrolyte wird die Gewinnung eines feinkörnigen Eisens in dicken Schichten ermöglicht, die durch Ausglühen duktil werden. Als Anodenmaterial muß ein an C, S und P möglichst armes Eisen Verwendung finden. Durch starke Magnetfelder oder Hilfskathoden hat man versucht, die metalloidischen Verunreinigungen von der Kathode fernzuhalten (*1*).

Von den zur Zeit in Anwendung befindlichen Verfahren mögen nur folgende erwähnt werden:

a) F. FISCHER, Verfahren der Langbein-Pfannhauser AG. (*2*). Elektrolyse einer konzentrierten $FeCl_2$-Lösung bei einer Temperatur von

90 bis 100° C und einer Stromdichte von ~0,1 Amp./cm². Zusätze von $CaCl_2$, $MgCl_2$ und NaCl in beträchtlichen Mengen zwecks Erhöhung der Leitfähigkeit und Herabsetzung der Wasserverdampfung.

b) *Verfahren nach* C. F. BURGESS *und* C. HAMBUECHEN (*7*), ausgeführt durch Western Electric Co. (*3*). Zirkulierender Elektrolyt aus einer Lösung von $FeSO_4 + NH_4Cl$. Kathodische Stromdichte 1,3 bis 1,7 Amp./dm². Badspannung ~1,3 V. Stromausbeute ~90%.

	C	P	Si	Mn	S
Zusammensetzung der gebräuchlichen Anoden .	0,06	0,05	0,23	0,3—0,5	0,10
Zusammensetzung des Raffinats	0,014	0,013	0,028	0,029	0,03

YENSEN (*23*) wendet dieses Verfahren unter Benutzung von Aluminiumkathoden an.

c) A. BOUCHER und A. BOUCHAYER, Verfahren der Soc. Anon. Grenoble „Le Fer" (*4*). Elektrolyse von Chlorid- oder Sulfatlösungen, wobei Temperatur und Konzentration des Elektrolyten genau gleichmäßig gehalten werden und durch eine Kolonne von rotierenden zylinderförmigen Anoden eine besonders wirksame Verteilung des Elektrolyten erfolgt.

d) C. P. PERRIN und F. A. EUSTIS (*5*). Direkte Elektrolyse von Eisenerzen und Verwendung unlöslicher Graphitanoden und rotierender Kathoden mit Diaphragmen. Der Elektrolyt (Chloridlösung) dient gleichzeitig zur Laugung der (meist sulfidischen) Erze. Das gewonnene Eisen ist nicht sehr rein.

e) D. HANSON und F. S. TRITTON, National Physical Lab. (*6*). Laboratoriumsmethode. Gewinnung eines sehr reinen Metalls aus kalten Chloridbädern unter Verwendung von Anoden aus Armcoeisen. C, Si, S, P und Mn waren in dem abgeschiedenen Produkt nicht mehr nachzuweisen. Der O-Gehalt betrug 0,277%. Der Reinheitsgrad von Elektrolyteisen beträgt im allgemeinen etwa 99,9% ; es gelingt heute noch nicht, das Eisen auf diesem Wege so rein zu erhalten, wie man hochreines Zn, Pb, Al elektrolytisch zu erzeugen vermag. An metallischen, aus der Anode stammenden Verunreinigungen sind gewöhnlich Mn, Ni und Cu (zu je ~0,02%) im Elektrolyteisen vorhanden. Der Cu-Gehalt kann durch Anwendung eines Diaphragmas oder magnetischer Felder bei sehr sorgfältigem Arbeiten bis auf etwa 0,002 bis 0,007% vermindert werden. Aus Sulfatbädern wird S (über 0,001%) aufgenommen; aus der Anode kommt P (meist über 0,01) in die Kathode (außer nach DUHME (*1*)]. Der Si-Gehalt beträgt normalerweise 0,01 bis 0,1% und läßt sich unter günstigen Bedingungen auf 0,005 herabdrücken. Die aufgenommenen Gase (H, O, N, CO, CO_2) lassen sich durch Vakuumglühung oberhalb 1000° fast vollständig entfernen. Der H-Gehalt kann in frisch niedergeschlagenem Elektrolyteisen bis zu 0,45% betragen.

Die Tabelle enthält die Analysen einiger besonders reiner Elektrolyteisenpräparate.

C	Si	P	S		
0,014	0,028	0,13	0,03	0,029 Mn	Western Electric Co. (*3*)
0,013	0,003	0,02	0,001	0,083 H	C. F. BURGESS und C. HAMBUECHEN (*7*)
0,010	0,004	0,003	0,003	0,009 Al	T. D. YENSEN (*24*)
0,004	0,007	0,008	0,006		A. BOUCHAYER (*8*)
0,002	0,001	0,0001	—	0,002 Mn	E. DUHME (*1*)

Metallurgische Verfahren. Aus reinen schwedischen Erzen und Holzkohle gewinnt man in Schweden seit langer Zeit das als ältestes Reineisen bekannte „Schwedische Holzkohleneisen" mit etwa 99,8% Fe. Nach einer Analyse von RUFF und GERSTEN (*9*) enthielt eine Probe 0,085% C, 0,09% Mn, 0,02% Si, 0,046% P, 0,004% S, 0,01% Cu und 99,745% Fe.

Durch Niederschmelzen im Elektroofen gewinnt man aus schwedischem Eisenschwamm das sog. „Svea-Iron" mit den Verunreinigungen:

0,03% C, 0,005% Mn, 0,002% P, 0,037% S und 0,005% Si (*11*).

Diese älteren Verfahren werden übertroffen von dem zuerst von der American Rolling Mill Company, Middleton (Ohio), später auch in Deutschland angewandten Verfahren (*10*) zur Gewinnung des sog. Armcoeisens (99,84 bis 99,94% Fe).

Hochwertiger Schrott wird im basischen S.-M.-Ofen oberhalb 1600° oxydierend niedergeschmolzen, das Bad unter Zusatz von Walzensinter stark überfrischt, bis die Verunreinigungen weitgehend verschlackt sind. Dann wird das Schmelzgut zunächst mit Ferrosilicium und nach dem Abstechen in der Kokille noch weiter mit Aluminium desoxydiert. Das Eisen enthält durchschnittlich noch 0,01% C, 0,02% Si, 0,03% Mn, 0,015% S, 0,001% P und 0,0012% O.

Carbonylverfahren. Die Herstellung reinen Eisens nach dem „Carbonylverfahren" der I.G. Farbenindustrie Aktiengesellschaft beruht auf der Reaktionsfähigkeit von Eisen mit Kohlenoxyd unter Bildung einer flüchtigen Verbindung, des Eisenpentacarbonyls $Fe(CO)_5$. Diese Verbindung läßt sich durch Erhitzen wieder spalten in metallisches Eisen und Kohlenoxyd nach der Gleichgewichtsreaktion:

$$Fe(CO)_5 \rightleftharpoons Fe + 5\,CO.$$

Technisch wird dieses Verfahren wie folgt durchgeführt: Auf ein eisenhaltiges Rohmaterial (Eisenschwamm, Eisenstein) wird bei etwa 200° unter erhöhtem Druck Kohlenoxyd im Kreislauf geleitet; das hierbei gebildete Eisencarbonyl wird durch Abkühlen unter Druck in flüssiger Form abgeschieden (*12*). Die technische Zersetzung des Eisencarbonyls wird bei Atmosphärendruck bei einer Temperatur von etwa 200° im erhitzten freien Raum durchgeführt, wobei das Eisen in Form eines Pulvers anfällt, dessen Teilchen von kugeliger Gestalt sind und eine Korngröße von $\sim$0,005 mm besitzen (*13*). Der C-Gehalt dieses Produktes kann durch Zersetzung bei Gegenwart von Ammoniak oder Nachbehandlung mit Wasserstoff auf weniger als 0,1 % herabgedrückt werden. Die Weiterverarbeitung des Carbonyleisenpulvers erfolgt infolge seiner ungewöhnlichen Verdichtungs- und Sinterfähigkeit durch das von SCHLECHT und SCHUBARDT (*14*) entwickelte Sinterverfahren, bei dem (unter absichtlicher Vermeidung des Schmelzweges zwecks Fernhaltung von Verunreinigungen aus dem Tiegelmaterial) C-haltiges und O-haltiges Material in aufeinander abgestimmten Mengen einem Frischprozeß oberhalb 700° zwecks Befreiung von C und O und Gewinnung kompakter, dichter Stücke unterworfen werden.

Nach diesem Verfahren gewonnene Produkte enthielten als Beimengungen nur C ($\sim$0,0007%) und O ($<$0,01%), während S, P, As, Cu, Mn, Ni, Co, Cr, Mo, Zn und Si nicht mehr nachweisbar waren. Eine Analyse des Nat. Phys. Lab., London, ergab 0,015% als Gesamtmenge der im Carbonyleisen normalerweise vorhandenen Verunreinigungen (*15*).

Oxydreduktion. Zur Darstellung von reinem Eisen für Laboratoriumszwecke sowie von „Ferrum reductum" für verschiedene Verwendungszwecke wird meist die Reduktion von Eisenoxyd (oder auch von Chlorid) mit Wasserstoff benutzt.

RICHARDS und BAXTER (*16*) erhielten ein sehr reines Eisen für Atomgewichtsbestimmungen durch Lösen von reinem Flußeisen in Salzsäure, mehrmaliges Fällen des Hydroxyds mit Ammoniak aus der mit H_2S gereinigten Lösung, Elektrolysieren der schwefelsauren Lösung, Lösen des erhaltenen Elektrolyteisens in Salpetersäure, Glühen des mehrfach umkristallisierten Nitrats und Reduzieren des erhaltenen Oxyds bei 900° in scharf getrocknetem Elektrolytwasserstoff.

Das sorgfältige Umschmelzen derartiger Präparate im Hochvakuum beschreiben CAIN, SCHRAMM und CLEAVES (*17*); die völlige Entfernung von C durch H führte CAMPBELL (*18*) durch. YENSEN (*23, 24*) führt das Umschmelzen im Vakuum unter Zusatz der zur völligen Entfernung des Kohlenstoffs nötigen Fe_2O_3-Mengen durch und gelangt so zu den hochreinen Eisenpräparaten, an denen er seine berühmt gewordenen magnetischen Meßergebnisse erzielen konnte. In dieser Richtung liegen auch die neuesten Arbeiten von CIOFFI (*114*), der durch Wasserstoffbehandlung dicht unterhalb des Schmelzpunktes des Eisens nahezu ideale Einkristalle züchten konnte, an denen weitaus die höchsten bisher erzielten Maximalpermeabilitäten gemessen wurden.

Durch Elektrolyse einer sehr reinen Eisenchloridlösung (frei von S und As) zwischen Iridiumelektroden gewinnen LAMBERT und THOMSON (*108*) ein Metall, das nach Lösen in Salpetersäure und mehrmaligem Umkristallisieren des Nitrats im Iridiumtiegel zu Oxyd geglüht und mit Elektrolytwasserstoff reduziert wurde. Als Hauptverunreinigung dieses Produktes, das in Wasser kein Rosten mehr zeigte, war O nachzuweisen.

Nach einem ähnlichen Verfahren stellten ADCOCK und BRISTOW (Nat. Phys. Lab.) (*20*) außerordentlich reine Eisenpräparate her, die nach dem Zusammenschmelzen in Tonerdetiegeln im Vakuum längere Zeit flüssig gehalten wurden, wobei sich die Gehalte an C, O, S und P noch weiter verminderten. Eine nach diesem Verfahren gewonnene Probe enthielt: 0,0045% C, 0,0002% Si, 0,0015% S, 0,001% P, 0,0006% Ni, 0,002% Mn, 0,001% N + H, 0,0001% O (Gesamtmenge der Verunreinigungen 0,0113%).

Durch Reduktion von $FeCl_2$ mit Wasserstoff bei 300 bis 400° entstehen glänzende, oktaedrische Kristalle von sehr reinem Eisenpulver nach SCHMITZ (*21*).

Nach einem Verfahren der *Vereinigten Stahlwerke AG.* (*22*) wird Eisen oberhalb des Sublimationspunktes von $FeCl_3$ mit Cl_2, HCl oder NH_4Cl unter 10 atü Druck behandelt, wobei sich trockenes $FeCl_3$ bildet, das unter Zusatz von Schwammeisen bei 300 bis 500° mit Wasserstoff reduziert wird. Das noch eingeschlossene Oxyd kann durch Magnetscheidung entfernt werden.

Die Bemühungen zur Herstellung eines absolut reinen Eisens werden zur Zeit in vielen Laboratorien fortgesetzt. Das astrophysikalische Laboratorium der *Specola Vaticana* (*113*) berichtet über die gelungene Darstellung eines spektroskopisch reinen Eisenchlorids, von dem man erwartet, daß es nach der Reduktion ein absolut reines Eisen ergibt. In der Zwischenzeit (nach Abschluß des Manuskripts) geben GATTERER und JUNKES (*116*) Analyse des aus diesem Eisenchlorid hergestellten Reineisens an. Die von der Molybdenum Cy. (Reutte) hergestellten Proben wurden in einem Schiffchen aus reinem, ausgeglühtem Ommet-Eisenblech bei 600 bis 700° in strömendem Wasserstoff ausgeglüht, das Pulver nach dem Erkalten unter den nötigen Vorsichtsmaßregeln eingestampft und in Wasserstoff bei 1100° gesintert. Im Endprodukt konnten spektroskopisch nur noch geringe Spuren Si und etwa 0,0002% Cu nachgewiesen werden. Es dürfte sich hierbei wohl um die reinste bisher hergestellte Eisenprobe handeln.

b) Physikalische Eigenschaften.

Zur Ermittlung der physikalischen Eigenschaften des reinen Eisens liegt eine fast unübersehbar große Zahl von Arbeiten vor. Aus diesen scheiden die älteren Mitteilungen schon deswegen aus, weil man früher den Begriff der Reinheit des Eisens viel weiter faßte und beispielsweise alle am schwedischen Eisen (mit mindestens 0,25% Fremdstoffen) gemessenen Werte als für Reineisen zutreffend ansah. Andererseits haben die meisten an sehr reinen Eisenpräparaten angestellten Messungen der magnetischen und elektrischen Eigenschaften in den letzten Jahren ergeben, daß es keineswegs möglich ist, durch Extrapolieren die Eigenschaften des reinen Metalls zu erfassen, weil gerade die kleinsten Mengen der Zusätze die Meßwerte verhältnismäßig am stärksten beeinflussen.

Überdies enthält das Schrifttum fast keine Arbeit, bei der die abgestufte Zusammensetzung der untersuchten Probe als einzige Veränderliche vorlag. Im folgenden wird versucht, die Eigenschaften des reinen Eisens aus ausgewählten Ergebnissen der neuesten Untersuchungen an hochreinen Materialien (meist wurde umgeschmolzenes Elektrolyteisen benutzt) zu kennzeichnen[1].

Atom- und Kristallstruktur. Allotropie. Das Eisen steht mit seinem Atomgewicht = 55,84 (Isotope 54 und 56) und der Ordnungszahl 26 zusammen mit Ni und Co in der 8. Gruppe der ersten großen Periode des periodischen Systems. Der Atomkern besteht aus 14 α-Teilchen und 2 negativen Einheiten, trägt also eine 26fache + -Ladung, die durch 26 Elektronen der äußeren Hülle, verteilt auf 4 Schalen, kompensiert wird. Die Stabilität des Kernes ist sehr groß. Eine Atomumwandlung Fe → Mn wurde durch FERMI (*44*) durchgeführt. Die allotropen Umwandlungen des Fe werden, ebenso wie der Ferromagnetismus, heute von den meisten Forschern auf eine Änderung der Elektronenfiguration zurückgeführt (*25*). Der Atomradius beträgt nach MORSE (*26*) für

$$\alpha - \text{Fe} = 1{,}26 \cdot 10^{-8}\,\text{cm},$$
$$\gamma - \text{Fe} = 1{,}284 \cdot 10^{-8}\,\text{cm}.$$

Die Wertigkeit des Fe ist 2 und 3. Nur in den Perferraten der Formel X_2FeO_4 und X_2FeO_5 ist es 6- bzw. 8wertig (*27*, *28*).

Das Eisen tritt unterhalb seines Schmelzpunktes in mehreren allotropen Modifikationen auf, über deren Anzahl lange Unklarheit herrschte, bis durch röntgenographische Untersuchungen entschieden werden konnte, daß tatsächlich nur zwei Modifikationen, das kubisch raumzentrierte, ferromagnetische α-Fe und das kubisch flächenzentrierte, unmagnetische γ-Fe existieren. Das β-Fe unterscheidet sich nur durch das Fehlen des Ferromagnetismus vom α-Fe, und die Hochtemperaturmodifikation des δ-Fe besitzt das gleiche Raumgitter wie α-Fe. Die röntgenographische Strukturanalyse führte zu folgenden Werten (*29*):

		Kantenlänge der Elementarzelle a_w in Å	kleinster Abstand d in Å	Atomvolumen	Translationsgruppe	Koordinaten
Struktuell gleiche Modifikationen (A_2-Typ)	α — Fe	2,860 (20)	2,477	11,7		$(000), \left(\frac{1}{2}\frac{1}{2}\frac{1}{2}\right)$
	β — Fe	2,90	2,513	12,2	Γ_c''	
	δ — Fe	2,93	2,538	12,6		
A_1-Typ . . .	γ — Fe	3,63	2,57	12,0	Γ_c'	$(000), \left(\frac{1}{2}\frac{1}{2}0\right), \left(\frac{1}{2}0\frac{1}{2}\right), \left(0\frac{1}{2}\frac{1}{2}\right)$

[1] Bei der Besprechung der Einflüsse von Beimengungen werden vorzugsweise die Elemente angeführt, die am häufigsten im Fe vorkommen und deren Entfernung am schwierigsten durchzuführen ist.

JETTE und FOOTE (*117*) geben noch an

$$a_{25} = 2{,}8604_{6\pm3}$$

und daraus

$$d_R = 7{,}868,$$

während von diesen Autoren für die pyknometrische Dichte

$$d_{25} = 7{,}90$$

gefunden wurde.

Mit steigender Temperatur ist ein mit der thermischen Ausdehnung parallel gehendes, fast lineares Anwachsen der Gitterparameter zu beobachten, das von ESSER und MÜLLER (*30*) an verschiedenen Sorten reinen Eisens gemessen wurde.

α-Kristalle haben meist hexaedrischen Habitus; seltener beobachtet man Tetrakisoktaeder und Rhombendodekaeder, niemals Oktaeder. Die Hexaederkristalle verwachsen stets parallel zueinander. γ-Fe kristallisiert in Würfeln, seltener in Rhombendodekaedern oder kombinierten Würfeloktaedern. Das Auftreten von Zwillingen ist typisch für γ-Fe, jedoch um so seltener, je reiner das Metall ist. Zwillingsebene ist im allgemeinen die Fläche (*112*). Durch Sublimation erhält man Hexaeder von α-Fe mit untergeordneten Oktaedern, manchmal auch nur Oktaeder. Die Spaltbarkeit geht vollkommen nach (100) vor sich. An polierten und geätzten Flächen treten Liniensysteme (NEUMANN-Linien) auf. Verunreinigungen von C in reinem Fe sind durch Krümmung der Gleitlinien an polierten Flächen durch TAMMANN und MEYER (*31*) nachgewiesen worden.

Bei Zug und Druck erfolgen Schiebungen auf (112) als Gleitebene ohne Änderung der Dichte (*32*). In α-Fe kann Gleitung auch auf (111) erfolgen. Die Formänderungen des reinen α-Fe erweisen sich nach WEVER (*33*) zunächst als Gleitungen nach den Gleitflächen hin, bei stärkerer Beanspruchung dehnen sich die Einzelkristalle in eine Endlage, bei der die dichtest besetzte Netzebene sich senkrecht zur Walzrichtung stellt.

Die Kristalle des α-Eisens werden als Ferrit bezeichnet. Die Löslichkeit für C ist (im Gegensatz zum γ-Fe) sehr klein und beträgt nach KÖSTER (*34*) bei Zimmertemperatur etwa 0,006%, bei 700° etwa 0,095% und wird erhöht durch die Gegenwart von O. α-Fe vermag beträchtliche Mengen anderer Elemente in fester Lösung aufzunehmen (z. B. Mn, Cr, W, V, Ni, P, Si), ohne daß das mikroskopische Gefügebild sich wesentlich ändert. Nach starker Ätzung tritt auf den Ferritkörnern vielfach eine feine Äderung hervor, die auf eine vorhergehende Umkristallisation zurückzuführen ist. Vermeidet man diese z. B. bei Herstellung von kompaktem Eisen durch Sintern von Carbonyleisenpulver, so erhält man äderungsfreien Ferrit. Zwischen α- und β-Fe sind metallographisch keinerlei Unterschiede festzustellen. γ-Fe zeichnet sich durch die bereits erwähnte Zwillingsbildung aus. In Abb. 1 und 2 sind die Gefügebilder von geätztem α-Fe und γ-Fe nebeneinandergestellt. Das Gefüge des γ-Fe in Legierungsreihen wird Austenit genannt. Reines γ-Fe konnte bei Zimmertemperatur noch nicht stabilisiert werden.

Die Temperatur, bei der das α-Fe seinen Ferromagnetismus allmählich zu verlieren beginnt (Curiepunkt), liegt bei 769° und wird meist

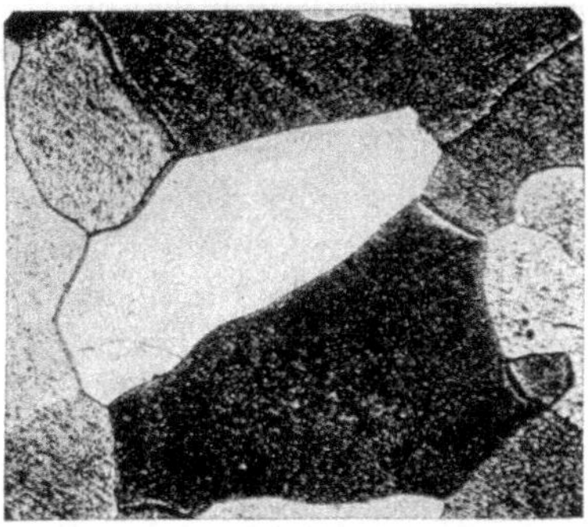

Abb. 1. Reines Eisen, Kornfärbungsätzung. 200× (α-Eisen). [Nach OBERHOFFER (*19*)].

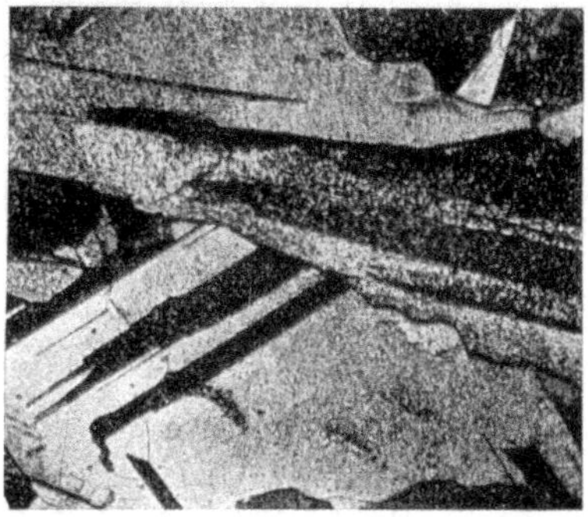

Abb. 2. Bei 1000° in Chlorcalcium heißgeätztes Elektrolyteisen (γ-Eisen). [Nach OBERHOFFER (*19*).]

als A_2-Punkt bezeichnet[1]. RUER und BODE (*35*) beobachteten am A_2-Punkt eine Wärmetönung und halten daher die β-Phase für eine echte polymorphe Umwandlung, bei der sich das Kristallgitter nicht wesentlich ändert. Eine besonders deutliche Ausprägung ergibt die α→β-Umwandlung auf Widerstandstemperaturkurven (s. Abb. 3), weil hier ursächliche Beziehungen zwischen dem sich abspielenden magnetischen und elektrischen Effekt bestehen (*36*). Röntgenographisch konnte das β-Fe nicht als selbständige Phase bestätigt werden (*37*). Durch Zusatz von C wird der Curiepunkt nicht wesentlich erniedrigt.

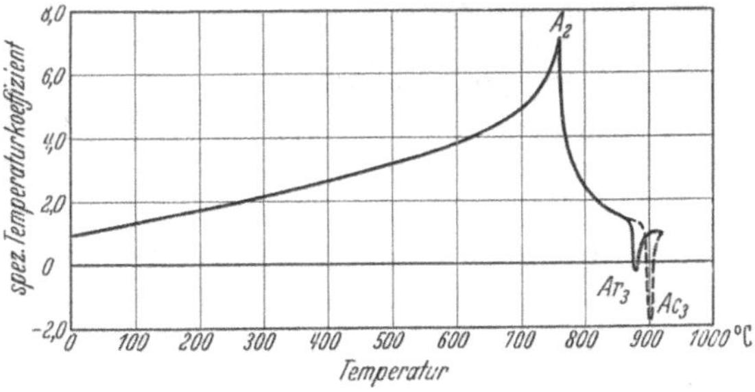

Abb. 3. Änderung des elektrischen Leitwiderstandes von reinem Eisen in Abhängigkeit von der Temperatur. ——— Abkühlung, - - - Erhitzung. [BURGESS und KELLBERG (*36*).]

Im Gegensatz zu den Eigenschaftsänderungen des reinen Eisens beim A_2-Punkt ist die beim A_3-Punkt erfolgende α—γ = Umwandlung durch Änderung aller physikalischen Eigenschaften deutlich ausgedrückt. Die A_3-Umwandlung verläuft in einem Intervall; man findet (als Mittelwert aus den zuverlässigsten Beobachtungsdaten) auf Erhitzungskurven 909 ± 1° und auf Abkühlungskurven 898 ± 2°. Wie weit hier kleinste Mengen von Verunreinigungen die Umwandlung

[1] Diese Bezeichnung hat mit der Kristalltypenbenennung A_1, A_2 usw. nichts zu tun.

verschieben, erhellt aus Beobachtungen des Nat. Phys. Lab. (*11*), durch die bei einem Reineisen mit 0,006% C und 0,022% Ni ein um 9° tiefer liegender Umwandlungspunkt gemessen werden konnte als bei einer Probe mit 0,0045% C und 0,0006% Ni. Eine Abhängigkeit der Lage des A_3-Punkts von der thermischen Vorbehandlung konnten HENSEL und LARSEN (*40*) an sehr reinem Eisen nachweisen. Aus phasentheoretischen Gründen müßte bei absolut reinem Fe die Umwandlung verschwinden (*38*). Diese Vermutung konnte aber bis heute nicht experimentell belegt werden. Auch thermodynamisch fehlt dafür die Begründung, denn die Wärmetönung am Umwandlungspunkt müßte mit zunehmender Reinheit stetig abnehmen, wofür ein Nachweis nicht erbracht werden konnte. In letzter Zeit konnten THOMPSON und CLEAVES (*39*) an reinem Eisen ein Verschwinden des Intervalls, aber nicht der Umwandlung selbst nachweisen. Man neigt heute vielfach auf Grund derartiger Beobachtungen zu der Ansicht, daß die α—γ = Allotropie nicht eine einfache Phasenumwandlung, sondern eine Umwandlung komplexer Natur darstelle.

Im A_4-Punkt, bei 1401°, beginnt das δ-Zustandsfeld infolge Rückbildung des kubisch-raumzentrischen, ferromagnetischen α-Fe. Im Gegensatz zu dem Befund von WEVER (*41*) soll auch diese Umwandlung nach HONDA (*42*) in einem Intervall stattfinden.

Der A_3-Punkt erfährt durch Zusätze von C, Cu, Ni und Mn eine Erniedrigung und wird durch Si, P, W, Mo, V, Sn, Co und Be erhöht. Durch die Gegenwart von 0,1% C wird A_3 um 33 bis 35° erniedrigt und A_4 um 79° erhöht. Daß ein Stoff, der A_3 erhöht, stets auch A_4 erniedrigt, liegt darin begründet, daß das γ-Gebiet sowohl nach höheren als auch nach tieferen Temperaturen hin von α-Fe eingeschlossen wird. Ein besonderes Verhalten zeigen Cr und Al (*43*); hier ist zunächst ein Absinken von A_3 wahrzunehmen, dem bald ein endgültiges Ansteigen folgt. Man kann annehmen, daß dies auf den in den Proben vorhandenen C-Gehalt zurückzuführen ist.

Volumen und Dichte. Die wahre Dichte reinen Eisens ist schwer zu ermitteln, weil sie von der mechanischen und thermischen Vorbehandlung weitgehend abhängig ist. Durch Extrapolieren mit an unreinem Fe gemessenen Werten kam GUMLICH (*45*) zu dem Wert $D = 7{,}876$ (entsprechend $v = 0{,}12697$) für Reineisen, der durch RUF (*46*) an Elektrolyteisen mit 0,02% C experimentell gefunden wurde. Die an Armcoeisen gemessenen Werte liegen durchweg tiefer. Beim Eintauchen in flüssige Luft konnte OSAWA (*47*) eine Dichtezunahme von 7,8787 auf 7,8795 feststellen. Einkristalle zeigen nach Versuchen von KAYA (*48*) eine um nur 0,03% größere Dichte als Vielkristallaggregate. Für reines γ-Fe ließ sich durch Extrapolieren aus Legierungsreihen $D = 8{,}0$—$8{,}1$ ($v = 0{,}1235$—$0{,}125$) berechnen (*47*). Für δ-Fe ergab eine Berechnung aus Gitterkonstanten $D = 7{,}30$ ($v = 0{,}137$) (*49*).

Wenn die Verunreinigungen des Fe nur in kleinen Mengen vorhanden sind, läßt sich die Dichte nicht nach der Mischungsregel aus dem spezifischen Volumen der Komponenten errechnen. Durch Kaltbearbeitung findet eine Abnahme der Dichte (meist nach anfänglicher Zunahme infolge Schließens von Hohlräumen) statt, die TAMARU (*50*) an sehr reinem Eisen studierte. Im Bereich elastischer Verformung ist diese Volumänderung reversibel. Mit wachsendem C-Gehalt wird die Abnahme der Dichte durch Kaltbearbeitung kleiner. Beim Glühen nach der Kaltbearbeitung nimmt die Dichte mit dem Spannungsausgleich wieder zu. An bis zu 60% senkrecht zur (110)- und (100)-Ebene gestauchten Einkristallen konnte PFEIL (*51*) nur Dichteabnahmen bis zu 0,1% messen.

Thermische Eigenschaften. Als Mittelwerte aus Messungen der Wärmedehnung an verschiedenen Elektrolyteisen- und Carbonyleisenproben zwischen 0 und t° geben AUSTIN und PIERCE (*52*) folgende Tabelle an:

t =	100°	200°	300°	400°	500°	600°	700°	800° C
$\delta \cdot 10^6$ =	11,9	12,3	13,1	13,7	14,4	14,7	14,9	14,9

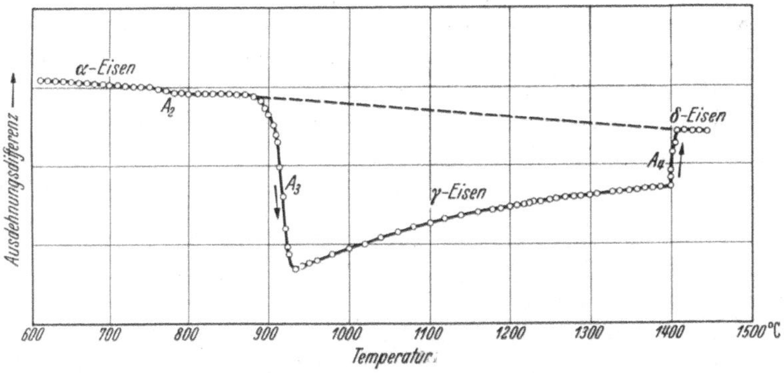

Abb. 4. Differentialausdehnungskurve von reinem Eisen. $\alpha \to \beta$-, $\beta \to \gamma$-, $\gamma \to \delta$-Umwandlung [SATÔ (*53*).]

Der lineare Ausdehnungskoeffizient des Fe nimmt mit der Temperatur langsam zu bis zum A_3-Punkt, wo eine starke Kontraktion erfolgt [s. Abb. 4 nach SATÔ (*53*)] und die Temperaturhysteresis deutlich erkennbar wird.

Die γ-δ-Umwandlung ist wieder mit einer Ausdehnung verknüpft; aus der Abbildung ergibt sich deutlich, daß das γ-Zustandgebiet nur eine Unterbrechung der Felder der beiden gleichen Modifikationen α und δ darstellt.

ESSER und MÜLLER (*54*) führten zwischen 900 und 1100° Messungen der Gitterkonstanten an Elektrolyteisen (mit 0,004% C) und an Carbonyleisen (Spur C) durch und stellten für die Gitterkonstante a folgende Gleichungen auf:

$$\text{Elektrolyteisen } a = (93{,}2 \cdot 10^{-6}\, t + 3{,}5586)\ \text{Å}$$
$$\text{Carbonyleisen } a = (87{,}7 \cdot 10^{-6}\, t + 3{,}5661)\ \text{Å}.$$

Für die Volumänderung bei der A_3-Umwandlung wird von denselben Forschern 1% bei Elektrolyteisen und 0,85% bei Carbonyleisen angegeben.

Durch geringe Mengen von Kohlenstoff oder anderen Elementen wird der Ausdehnungskoeffizient des Fe nur sehr wenig verändert. Kaltverformung hat keinen Einfluß auf die Wärmeausdehnung. Die Kontraktion bei der Kristallisation von flüssigem Fe beträgt nach DESCH (*55*) etwa 4%.

Die **Kompressibilität** des reinen Fe ist sehr klein. BRIDGMAN (*58*) bestimmte für Fe mit 0,03% Verunreinigungen eine Kompressibilität von 0,587 cm^2/kg, geltend für ein Druckgebiet bis 12000 Atm. Die Kompressibilität nimmt mit wachsendem Druck ab und steigt an mit wachsender Temperatur.

Der **Schmelzpunkt** reinen Eisens liegt (Mittelwert aus den neuesten Untersuchungen) bei 1535°; die Schmelzwärme beträgt nach GROSSE (*57*) 64,38 cal/g, die Umwandlungswärme beim A_4-Punkt 2,53 cal/g, beim A_3-Punkt 6,77 cal/g; beim A_2-Punkt fanden STEINWEHR und SCHULZE (*59*) an vakuumgeschmolzenem Elektrolyteisen (mit nur 0,03% Mn als Verunreinigung) die Wärmetönung 4,8 ± 0,2 cal/g. Für den Siedepunkt liegen sichere Werte nicht vor. Nach KELLEY (*56*) beträgt die Verdampfungswärme 1,515 cal/g und die Dampfdrucke sind bei:

1564°	1960°	2004°	2316°	2464°	2595°	2735° C
0,076	0,76	7,6	76	190	380	760 mm Hg

EUCKEN (*118*) gibt für den **Siedepunkt** 3150° K = 2880° C an. Im Vakuum unterhalb 10^{-5} mm Hg sublimiert Fe zwischen 1100 und 1200° (*60*).

Beimengungen fremder Elemente sind bekanntlich von großem Einfluß auf die spezifischen Wärmen der Metalle, insbesondere unmittelbar unterhalb der Schmelz- und Umwandlungspunkte. Aus diesem Grunde zeigen die Arbeiten über die spezifische Wärme des Fe besonders in höheren Temperaturgebieten eine sehr mangelhafte Übereinstimmung. Folgende Tabelle enthält gebräuchliche Mittelwerte:

zwischen −188 u. 18°	zwischen 0 und 100°	400°	600°	800°	1000°	1500°	1528°	1600°
mitt. spez. Wärme $c_p = 0{,}0859$	$c_p = 0{,}111$	0,128	0,142	0,165	0,170	0,165	0,165/0,207	0,204

Abb. 5 veranschaulicht die Änderung der spezifischen Wärme mit der Temperatur nach AUSTIN (*61*), wobei in ähnlicher Weise wie beim Ausdehnungskoeffizienten die Umwandlungspunkte deutlich hervortreten und insbesondere die entgegengesetzten Temperaturkoeffizienten von α und β-Fe erkennbar werden.

Die Wärmeleitfähigkeit von reinem Eisen beträgt bei gewöhnlicher Temperatur etwa 0,2 cal/cm/sec/Grad. Durch Verunreinigungen, insbesondere durch die ersten Zusätze fremder Elemente, tritt eine

Verminderung der Wärmeleitfähigkeit ein. Der Temperaturkoeffizient der Wärmeleitfähigkeit ist, ebenso wie der der elektrischen Leitfähigkeit, negativ und wird mit wachsender Reinheit des Fe größer. Aus Versuchen von SEDSTRÖM (*62*) ergab sich $\alpha_{0-100} = -5{,}5 \cdot 10^{-4}$.

Armcoeisen (0,023% C, 0,007% Si, 0,020% S, 0,007% P und 0,025% Mn) besitzt nach POWELL (*63*) folgende Temperaturabhängigkeit:

Temp.	100°	200°	300°	400°	500°	600°	700°	800° C
W cal/cm/sec/Grad	0,163	0,147	0,132	0,116	$0{,}103_5$	0,093	0,082	0,071

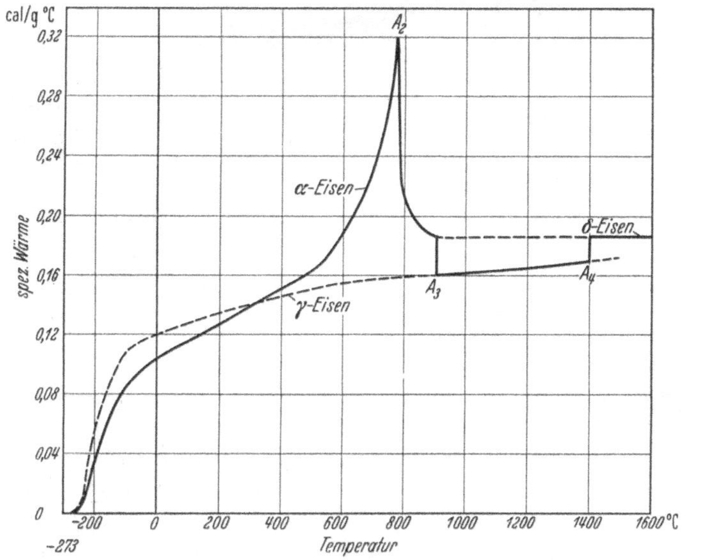

Abb. 5. Spezifische Wärme des Eisens. [AUSTIN (*61*).]

Mit steigendem Druck erfährt die Wärmeleitfähigkeit eine geringe Abnahme; Zugspannungen ergeben bis zur Elastizitätsgrenze eine Zunahme, darüber hinaus eine Abnahme.

Die Beziehung der Wärmeleitfähigkeit zur elektrischen Leitfähigkeit $\varkappa$ des reinen Eisens (WIEDEMANN-FRANZsches Gesetz) ist durch die abnorme Höhe des Koeffizienten $W/\varkappa$ (etwa $8{,}8 \cdot 10^{-6}$) gekennzeichnet.

Mechanische Eigenschaften. Der *Elastizitätsmodul* von reinem Eisen mit ~0,5% Verunreinigungen (davon 0,07% C) wurde von KÖRBER und ROHLAND (*64*) zu 21000 kg/mm² gefunden. An einem Einkristall erreichten HONDA und YAMADA (*65*) 22300 kg/mm². Da der E-Modul durch Fremdstoffzusätze, ferner durch Kaltbearbeitung und Abschreckhärtung vermindert wird, dürfte er für absolut reines Fe noch höher liegen. Im Gegensatz zu C-haltigem Stahl nimmt reines Fe nach einer durch plastische Verformung und Lagerung erzielten Abnahme des E-Moduls bereits nach kurzer Zeit seinen ursprünglichen Wert wieder an (*64*). Die *Brinellhärte* des Reineisens ist um so niedriger, je weniger

Verunreinigungen es enthält. Bei Armcoeisen und Elektrolyteisen liegt sie nach den meisten Meßergebnissen bei 60 bis 70 kg/mm², während gutes Flußeisen etwa den Wert 100 besitzt. An Carbonyleisen wurden Brinellwerte bis herunter zu 45 kg/mm² gemessen. Die Tiefziehfähigkeit (nach ERICHSEN) betrug bei demselben Material 15 mm an 1 mm-Blech. Auch Reineisen zeigt beim Erwärmen den bekannten Höchstwert der Härte bei etwa 200°. Eine Abhängigkeit der Brinellhärte von der Korngröße besteht nach ISHIGAKI (*66*) nach folgender Tabelle:

Kornzahl/mm² =	1855	512	55	0,5	0
H_B =	100	94	86	70	65

Hinsichtlich der Kristallrichtungen besteht die Beziehung (100) < (111) < (110) nach GRIES und ESSER (*67*). Die Härte von wasserstoffhaltigem Elektrolyteisen ließ sich durch Ausglühen von 151 auf 85 und durch Einschmelzen im Vakuum auf 55 erniedrigen (*68*).

Die Güteziffern der statischen Festigkeit liegen bei Zusammenfassung einer großen Zahl von neueren Versuchsergebnissen in folgenden Grenzen:

Zugfestigkeit	18—25 kg/mm²
Dehnung	50—40% (l = 10 d)
Streckgrenze	10—14 kg/mm²
Einschnürung	80—70%

An Carbonyleisen wurden Einschnürungen bis etwa 95% gemessen. Ein Höchstwert der Zugfestigkeit bei erhöhter Temperatur tritt besonders beim Elektrolyteisen bei etwa 300° deutlich hervor (Gebiet der Blaubrüchigkeit). Für Einkristalle ist die Festigkeit etwa halb so groß wie für polykristallines Material derselben Zusammensetzung. Durch Kaltbearbeitung steigt die Zugfestigkeit von reinem Eisen mit wachsendem Walzgrad fast geradlinig derart an, daß bei etwa 55% Abnahme der Blechstärke — unter entsprechender Dehnungsabnahme — fast der doppelte Wert erreicht ist; dabei ist die Verfestigung senkrecht zur Walzrichtung am größten (*69*). Beim Ausglühen beginnt die Bearbeitungsverfestigung bereits ab 100° wieder zu verschwinden.

Die Abhängigkeit der Zugfestigkeit vom Kohlenstoffgehalt ermittelte PFEIL (*70*) durch Entkohlung im Wasserstoff und erhielt folgende Ergebnisse:

% C	0	0,001	0,003	0,0045	0,010	0,011	0,014
Zugfestigkeit kg/mm² .	29,0	29,3	30,3	30,8	31,4	31,5	32,0

Infolge der sehr geringen, aber mit der Temperatur ansteigenden Löslichkeit gewisser Zusatzelemente, wie C, N, Cu, Be im α-Fe läßt sich durch Abschrecken von Temperaturen oberhalb 500° und darauffolgendes Anlassen eine Ausscheidungshärtung erzielen. Diese ergibt schon bei Gehalten von 0,01% C oder 0,04% N beachtliche Festigkeitssteigerungen und stellt die Ursache für die Abhängigkeit der Festigkeitseigenschaften von der Wärmebehandlung auch bereits bei analytisch kaum nachweisbaren Gehalten an Fremdstoffen (*71*) dar. In absolut reinem Fe könnte naturgemäß diese Verfestigung durch Ausscheidung nicht auftreten.

Elektrische Eigenschaften. Der spezifische elektrische Widerstand von reinem Eisen bei gewöhnlicher Temperatur beträgt ziemlich genau $10 \cdot 10^{-6}\,\Omega$/cm. Wie viel die Erhöhung dieses Wertes durch kleine Mengen von Verunreinigungen ausmacht, läßt eine von KANNULUIK (*72*) an Armcoeisen (mit 0,118% Verunreinigungen) ausgeführte Messung erkennen, die bei 22° C auf den Wert $13{,}69 \cdot 10^{-6}$ führte. An dünnen Häutchen von reinem Eisen ist der spezifische Widerstand höher als bei kompaktem Metall. Die Kathodenzerstäubung führt zu nichtleitenden Schichten, die erst nach Überschreiten einer Schwelltemperatur in den Zustand normaler Leitfähigkeit übergehen. Ob eine Abhängigkeit des Widerstandes von der Korngröße besteht, liegt noch nicht sicher fest. Durch Abschrecken kann man eine Erhöhung des spezifischen Widerstandes herbeiführen, die zuweilen beim Lagern infolge Ausscheidungshärtung wieder verschwindet (*73*); wiederholtes Erwärmen und Abkühlen ergibt eine geringe Abnahme. Durch Kaltverformung erhöht sich der Widerstand etwa proportional der Härte. Die Erhöhung ist oberhalb 80% Querschnittsverminderung am größten, beim Erwärmen kommt man infolge der Kristallerholung allmählich wieder auf den normalen Wert.

Der Temperaturkoeffizient des spezifischen Widerstandes des Eisens ist, ebenso wie der von Ni und Co, schon unterhalb 100° abnorm hoch. Die neuesten Messungen von STEINHAUS, KUSSMANN und SCHOEN (*74*) ergaben den Wert $\alpha_{0-100} = 560 \cdot 10^{-5}$: nach diesen Autoren sollte der von HOLBORN (*75*) gefundene Wert $657 \cdot 10^{-5}$ zu hoch sein. Die Änderung des Widerstandverhältnisses Eisen : Platin mit der Temperatur nach BURGESS und KELLBERG (*36*) ist aus Abb. 3 ersichtlich; der Verlauf dieser Kurve entspricht annähernd dem Verlauf des Temperaturkoeffizienten des reinen Eisens. Der Einfluß der Temperatur auf den elektrischen Widerstand ist (bis zum Curiepunkt) stärker als bei anderen Metallen; beim Curiepunkt setzt dann zunächst ein steiler Abfall und darauf normales Verhalten ein. Der Temperaturkoeffizient für γ-Fe ist kleiner als für α-Fe. Über δ-Fe liegen sichere Messungen nicht vor. Ein Bild von der Größenordnung des elektrischen Widerstandes bei höheren Temperaturen ergibt die Regel, daß von 0 bis 180° etwa Verdoppelung, bis 430° Vervierfachung, bis 860° Verneunfachung eintritt. Bei —189° wurde von KANNULUIK (*72*) an dem oben angeführten Präparat $2{,}653 \cdot 10^{-6}$ gemessen. Die Leitfähigkeit bei tiefer Temperatur haben KAMMERLINGH-ONNES und HOLST (*79*) ermittelt. Der Wert ϱ_t/ϱ_0 strebt einer Grenze zu, die um so tiefer liegt, je reiner das Metall ist. Die Abhängigkeit des Widerstandes von der Kaltbearbeitung ist bei tiefen Temperaturen größer. Supraleitfähigkeit konnte an Fe bisher nicht nachgewiesen werden.

Mit steigendem Gehalt an Fremdstoffen nimmt der Widerstand des reinen Fe zu, wobei wiederum die im festen Eisen löslichen ersten Zusätze die stärkste Einwirkung zeigen. Eine Änderung des C-Gehaltes unterhalb dessen Löslichkeitsgrenze ($\sim$0,02%) wirkt sich auf die elektrische Leitfähigkeit etwa 18mal so stark aus wie eine gleiche Änderung oberhalb dieses C-Gehaltes (77). Legiert man sehr reinem Fe bis zu 1,1% C zu, so gilt für den spezifischen Widerstand bei 25° angenähert:

$$\varrho_{25} = (10{,}0 + 3{,}7\,\mathrm{C}) \cdot 10^{-6}\,\Omega \cdot \mathrm{cm}$$

wo C den Prozentgehalt an Kohlenstoff angibt (76). Neben dem C-Gehalt übt der Si-Gehalt einen besonders starken Einfluß auf den elektrischen Widerstand aus. Unterhalb eines Gehaltes von 0,35% Si gilt nach YENSEN (78) die Näherungsformel:

$$\varrho_{20} = (9{,}6 + 18{,}4\,\mathrm{Si}) \cdot 10^{-6}\,\Omega \cdot \mathrm{cm}.$$

Den spezifischen Widerstand von Fe mit 0,08% O bestimmten HANSON und TRITTON (6) zu $\varrho \cdot 10^6 = 9{,}4\,\Omega/\mathrm{cm}$; bei einem Gehalt von 0,23% O ergab sich $\varrho \cdot 10^6 = 9{,}6\,\Omega \cdot \mathrm{cm}$.

Mit wachsender Temperatur findet bei reinem Fe ein schnelleres Anwachsen des Widerstandes statt als bei Legierungen. Die durch den Fremdstoff bewirkte Zunahme geht mit steigender Temperatur langsam zurück.

Hinsichtlich der Thermokraft des Eisens enthalten die meisten Arbeiten leider nur sehr unvollständige Angaben über die Reinheit des benutzten Materials. Die meisten Verunreinigungen bewirken ein Sinken der Thermokraft, nur bei Cr tritt zuerst eine Zunahme und dann erst eine Abnahme ein.

Magnetische Eigenschaften. Der Ferromagnetismus der Metalle Fe, Co und Ni ist keine Eigenschaft des Atoms, dessen paramagnetisches Moment sich von dem anderer Metalle nicht unterscheidet, sondern des Kristallgitterverbandes. Nur in der Zusammenfassung lassen sich die Atommomente der ferromagnetischen Metalle und Legierungen durch ein Magnetfeld besonders leicht ausrichten, und darin besteht das Wesen des Ferromagnetismus. Durch diese leichte Magnetisierbarkeit und Entmagnetisierbarkeit übertrifft das reine Eisen alle anderen Elemente. Das reine Eisen ist also sowohl mechanisch wie magnetisch als weich zu bezeichnen und kann durch Legieren z. B. mit C in Zustände größerer Härte, sowohl mechanischer wie magnetischer, übergeführt werden. Zur Kennzeichnung der magnetischen Eigenschaften des Werkstoffes werden gewöhnlich mehrere Größen angegeben, von denen Sättigungswert und Curiepunkt hauptsächlich von der chemischen Zusammensetzung, Permeabilität, Koerzitivkraft und Remanenz außerdem von der thermischen und mechanischen Vorbehandlung weitgehend abhängig sind. Um einen Überblick über die auf diesem Gebiet durch die Darstellung immer reinerer Eisensorten erzielten Fortschritte zu geben, ist in Abb. 6 die historische Entwicklung an einer Kurve der Maximalpermeabilitäten reiner Eisensorten nach YENSEN (*98*) und CIOFFI (*81*) wiedergegeben.

Die technische Bedeutung hochreiner Eisensorten beruht zu einem wesentlichen Teil auf ihrer Magnetisierungsintensität in schwachen

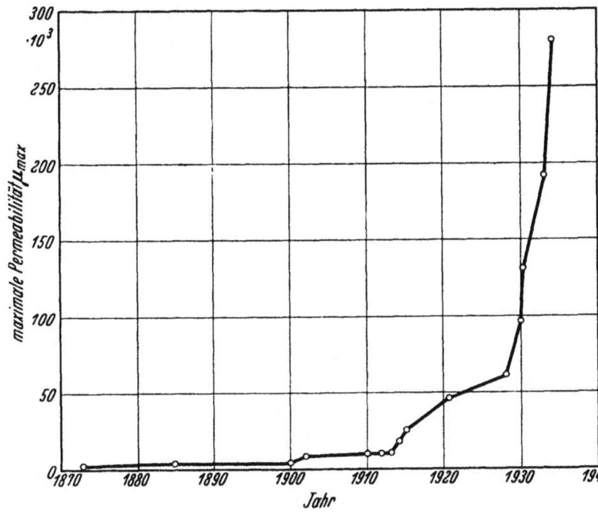

Abb. 6. Maximalpermeabilitäten von reinem Eisen seit 1873. [YENSEN (*98*) und CIOFFI (*81*)].

Feldern; für Carbonyleisen gibt die folgende Tabelle die Zuordnung von Induktion und Feldstärke an (*82*). Für Einkristalle von reinem Fe besitzt die Magnetisierungskurve (Intensität in Abhängigkeit von der Feldstärke) ebenso wie der Verlauf der Permeabilität nicht die geschweifte Form, die sich bei polykristallinem Material (als Mittelwert über alle Kristallorientierungen) ergibt, sondern sie stellt sich als gebrochener Kurvenzug dar, als Folge der Abhängigkeit der Magnetisierbarkeit von der Orientierung (*80*).

Feldstärke H (in Φ)	Induktion B (in Γ)	Feldstärke H (in Φ)	Induktion B (in Γ)
0,06	200	0,60	9300
0,10	400	0,70	10200
0,15	800	0,80	10800
0,20	1500	0,90	11200
0,30	3400	1,00	11600
0,40	6000	2,00	12200
0,50	8000	3,00	14000

Der Einfluß der Korngröße (in polykristallinem Eisen) auf die Magnetisierbarkeit tritt um so mehr zurück, je reiner das Eisen ist (*83*). Die thermische Vorbehandlung des Materials hat auf die Induktion bei hohen Feldern keinen Einfluß; bei Elektrolyteisen ($<$ 0,001 % C) verläuft die Magnetisierungsschleife bei kleinen Feldern um so steiler, je rascher die Abkühlung nach dem Glühen erfolgte (*85*). Die Erholung der Induktion bei der Rekristallisation wurde von TAMMANN und ROCHA

(*86*) bei verschiedenen Feldstärken untersucht. Im allgemeinen ist die Induktion reinen Eisens parallel zur Walzrichtung größer als senkrecht dazu. Durch sehr hohen Druck (>12000 Atm.) kann die Magnetisierbarkeit von reinem Fe fast bis zum Verschwinden gebracht werden (*90*). Durch längeres Lagern oder Erhitzen nimmt die Magnetisierbarkeit allmählich ab (Alterung), wobei schließlich um so eher ein stabiler Zustand erreicht wird, je höher die Alterungstemperatur gewählt wurde. Optimale Alterungstemperatur ist 131° (*84*). Carbonyleisen (0,004 bis 0,008% C) erwies sich auch nach 600stündiger Lagerung bei 100° als vollkommen alterungsbeständig (*87*).

Durch Abkühlen auf sehr tiefe Temperaturen läßt sich die Magnetisierbarkeit bei hohen Feldern steigern, während sie sich in kleinen Feldern verringert. Beim Erhitzen steigt die Magnetisierbarkeit in schwachen Feldern und nimmt dann bei Annäherung an den Curiepunkt wieder ab; in starken Feldern ist nur diese Abnahme (ohne vorhergehenden Anstieg) zu beobachten. Die Maximalintensität fällt ständig von 10 bis 850°, am stärksten im Intervall zwischen 650 bis 850°. Über die Temperaturabhängigkeit der Magnetisierungsintensität an Carbonyleisenpulver liegen Untersuchungen von LEHRER (*88*) vor.

Die paramagnetische Form des γ-Fe läßt sich nicht durch Abschrecken, sondern nur durch Legieren fixieren. Die Curietemperatur (769° = A_2-Punkt) ist kein fester Temperaturpunkt, sondern ein von der Feldstärke abhängiges Temperaturintervall, oberhalb dessen nach den heutigen Anschauungen die spontane Parallelstellung der magnetischen Momente des Atoms im Magnetfeld verloren geht. Bei kleinen Feldstärken ist das Curieintervall größer als bei großen Feldstärken (*89*).

Ebenso wie die Lage der Curietemperatur stellt die magnetische Sättigung geradezu ein Kriterium für die Reinheit des Fe dar, da beide Eigenschaften von anderen Faktoren, wie Orientierung, Vorbehandlung und Kaltverformung weitgehend unabhängig sind. An sorgfältig im Vakuum umgeschmolzenen Elektrolyteisen konnten GUMLICH (*91*) Sättigungswerte bis 21620, YENSEN (*92*) sogar bis 22690, BERGMANN (*14*) an gesintertem Carbonyleisen bis 22000, HONDA, MASUMOTO und KAYA (*93*) an einem Einkristall 22040 Γ messen. Die Sättigung von reinem Fe nimmt mit sinkender Temperatur etwas zu. Durch Zusätze fremder Stoffe (außer Co) wird die Magnetisierbarkeit des reinen Fe erniedrigt. Von den verschiedenen Formen des C haben Graphit und Temperkohle den geringsten Einfluß. Die Änderung der spezifischen Magnetisierung σ_∞ für $1^0/_{00}$ zugesetzten Fremdstoffes zu Carbonyleisen enthält folgende Tabelle (*74*):

Al	−0,26	N	∼ −0,6
C (gelöst	−1,2	Ni	+0,04
C (al Zementit)	−1,6	O	∼ −0,2
Cr	−0,24	P	−0,3
Cu	−0,23	S	−0,7
Mn	−0,19		

Durch Extrapolation erhält man daraus als wahrscheinlichsten Wert für die spezifische Sättigung völlig reinen Eisens

$$\sigma_{\infty} = 217{,}98 \pm 0{,}1$$

oder für die Magnetisierung

$$(\text{bei } d = 7{,}878):\ 4\pi I_{\infty} = 21\,580 \pm 10.$$

Die Permeabilitätskurve von weichem, sehr reinem Elektrolyteisen ist nach GUMLICH (94) durch folgende Durchschnittswerte gegeben:

H (in Φ)	μ	H (in Φ)	μ	H (in Φ)	μ	H (in Φ)	μ
0,25	8 800	1,5	7 600	20	810	150	126
0,5	14 600	2,5	5 130	50	340	200	97
0,75	12 400	5,0	2 890	100	180	300	60
1,0	10 240	10	1 550				

Die Kurve strebt also einem Höchstwert der Permeabilität zu und fällt dann nach dem Grenzwert 1 ab.

Für Carbonyleisen (0,008 bis 0,004% C) wurden folgende Werte erhalten (87):

H (in Φ)	0,0	0,1	0,2	0,3	0,35	0,4	0,5	0,6	0,7
μ	2400	7200	13800	16300	16450	16300	15400	14500	13500

Die Permeabilität von Einkristallen aus gerecktem Elektrolyteisen kann ein Vielfaches von derjenigen von Vielkristallaggregaten betragen. Eine Abhängigkeit der Permeabilitätskurve von der Korngröße drückt sich in dem Anfangsverlauf der Kurve aus, der nach ZIEGLER (97) um so steiler verläuft, je größer das Korn ist. Durch Ausglühen läßt sich die Permeabilität proportional der Glühtemperatur (unterhalb A_3) beträchtlich steigern; die Form der μ-Kurve ist dabei wieder von der Abkühlungsgeschwindigkeit abhängig. Kaltverformung bewirkt eine Abflachung der Kurve derart, daß die Gebiete stärkster Magnetisierungsintensität am wenigsten beeinflußt werden.

Bei höherer Temperatur bewirken schwache Felder zunächst ein Ansteigen der Permeabilität bis zum Höchstwert unmittelbar unterhalb der Curietemperatur, in starken Feldern bleibt μ fast konstant und fällt naturgemäß bei der Curietemperatur ebenfalls auf den Wert 1 ab.

Die Anfangspermeabilität μ_0 für $H = 0$ von reinem Elektrolyteisen wurde nach GUMLICH (45) früher als zwischen 400 und 800 liegend angenommen, später fand YENSEN (98) $\mu_0 = 1150$, während an Carbonyleisen nach Messungen von BERGMANN $\mu_0 = 3300$ (87) und an den Proben von CIOFFI (99) sogar $\mu_0 = 4000$ und später $\mu_0 = 14000$ (bei $\mu_{max} = 280000$) gemessen wurde. Der theoretische Grenzwert für μ_0 liegt bei etwa 16000.

Walzgrad %	Glüh-temperatur °	Korn-durchmesser *mm*	μ_0
20		0,5—1,5	1350
10	850	1,5—3,0	1700
5		4,0—7,0	2400

Die Abhängigkeit der Anfangspermeabilität von Walzgrad und Korngröße ist aus obenstehender Tabelle (Carbonyleisen) (87) zu erkennen.

Eine chronologische Zusammenstellung der seit 1915 erreichten Maximalpermeabilitäten enthält folgende Tabelle:

Material	μ_{max}	Autor und Jahreszahl
Reines Fe, vakuumgeschmolzen, bei 900° geglüht	22800	YENSEN 1915
Elektrolyteisen, vakuumgeschmolzen	66500	,, 1923
Reines Fe, vakuumgeschmolzen (0,001 bis 0,0005% Verunreinigungen)	60000	,, 1929
Armco-Fe, sorgfältigst bei 1300° in H geglüht	180000	CIOFFI 1932
	280000	,, 1934 (*81*)
Einkristall, bei 1450° in H geglüht	680000	,, 1937 (*114*)

Die von CIOFFI und Mitarbeitern (*114*) kürzlich an einem nahezu idealen Einkristall gemessene Maximalpermeabilität von 680000 läßt

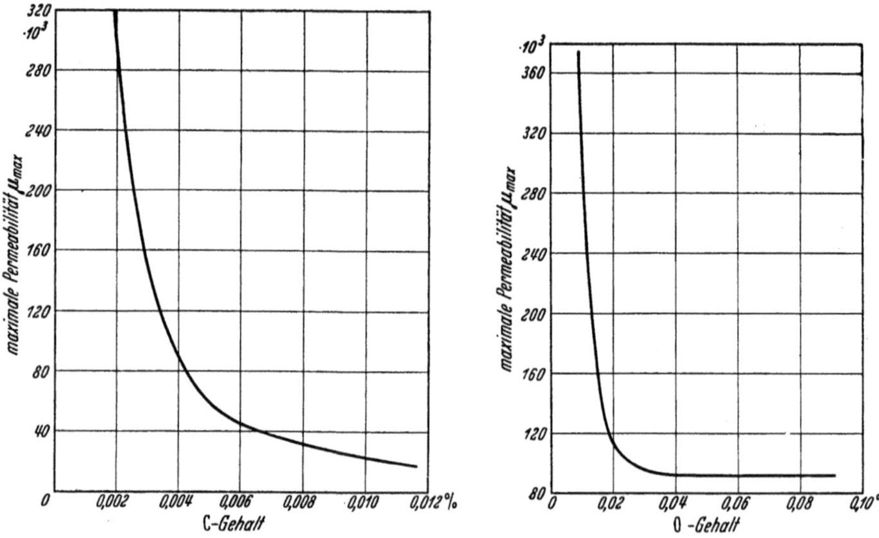

Abb. 7 und 8. Wirkung des C-Gehaltes und O-Gehaltes auf die Maximalpermeabilität bei Einkristallen. [Nach YENSEN (*98*) und ZIEGLER (*100*).]

wieder den Schluß aufkommen, daß die wahre Maximalpermeabilität eines reinen, in kristallographischer Hinsicht vollkommenen Einkristalls von reinem Fe unendlich groß sein müßte (*100*). Mit zunehmender Korngröße steigt die Maximalpermeabilität. Da von seiten der Permeabilität eine große Empfindlichkeit gegenüber jeder Art von Spannungszustand besteht, wird sie durch Verfestigung und Kaltbearbeitung in ähnlicher Weise wie durch Verunreinigungen, die den Kristallgitterverband stören, erheblich herabgesetzt.

Mit steigendem Gehalt an Verunreinigungen nimmt die Maximalpermeabilität also ab, und zwar am stärksten im Gebiet der kleinsten, im festen Eisen löslichen Verunreinigungen, wie aus Abb. 7 und 8 nach den Untersuchungen von YENSEN (*98*) und ZIEGLER (*100*) für C und O ersichtlich ist. Die gleichzeitige Anwesenheit von C und O_2 wirkt sich weniger schädlich auf die Permeabilität aus.

Auch die Gegenwart von N und S allein drückt sich nachhaltiger aus (*101*), als die Anwesenheit nur eines dieser Elemente.

Der mit zunehmender Reinheit allmählich erreichten Steigerung der Permeabilitätswerte (s. Abb. 6) ging eine Abnahme der Verlustziffern parallel. Die nebenstehende Tabelle enthält einige Werte der Hystereseverluste R_h für reinstes Fe.

B_{max} in Γ	R_h in Erg je cm³ und Schleife	Autor und Jahreszahl	
10000	764	YENSEN	1915
10000	600	GUMLICH	1925
14000	300	CIOFFI	1930
14000	190	,,	1933

Abb. 9 läßt einen Vergleich der Hysteresisflächen verschieden reiner Eisensorten erkennen (*96*); mit zunehmendem Reinheitsgrad wird die Fläche kleiner, und es ist zu erwarten, daß Einkristalle aus absolut

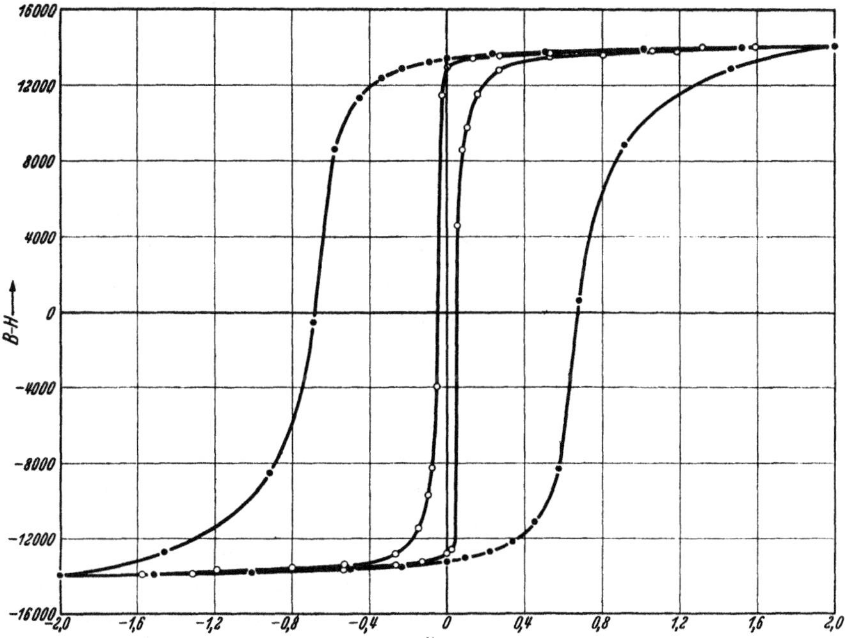

Abb. 9. Magnetisierungskurven von reinem (innere Kurve) und technischem Eisen. [CIOFFI (*96*).]

reinem Fe keine Hysteresisverluste aufweisen werden. Die Verluste nehmen bei Vielkristallaggregaten mit zunehmender Kornzahl zu. YENSEN (*102*) gibt bei C-Gehalten unter 0,006% dafür die Gleichung an:

$$V_h = 65 \cdot \sqrt{N} + C,$$

wobei N die Kornzahl je mm^2 und C den Kohlenstoffgehalt in Gewichtsprozent angibt.

Durch Kaltbearbeitung nehmen die Verluste zu, Ausglühen vermindert sie wieder. Auch künstliche Alterung erhöht die Hysteresisverluste. Bei erhöhter Temperatur beobachtet man unterhalb 200° ein Anwachsen proportional der Feldstärke, darüber hinaus durchläuft der Hysteresisverlust ein Maximum. Eine Glühung oberhalb 650° setzt die Verluste wieder herab.

Ein ganz ähnliches Verhalten zeigt die nach voraufgegangener Sättigung auftretende Remanenz. An Elektrolyteisen (13mal bei 830° in H_2 geglüht) erreichte GUMLICH (*91*) den Wert $B_R = 850$, an einem Einkristall konnte GERLACH (*105*) Remanenzwerte von $B_R = 300$ bis herunter auf 50 (an Stäben gemessen) ermitteln. Ein Einfluß der Korngröße bei polykristallinem Material liegt noch nicht sicher fest. Mit steigender Temperatur sinkt die Remanenz ähnlich wie die magnetische Sättigung (*103*).

Auch die Koerzitivkraft hat mit zunehmender Reinheit des Fe ständig weiter abgenommen (*98*), wie sich aus folgender Tabelle ergibt.

Material	Koerzitivkraft H_c	Autor und Jahreszahl
Elektrolyteisen, vakuumgeschmolzen .	0,33—0,26	YENSEN 1915
Elektrolyteisen (0,029% C)	0,225	BOUCHAYER 1923
Einkristall	0,05	GERLACH 1926
Carbonyleisen	0,07	I. G. Farbenindustrie AG. 1931
Armcoeisen bei 1300° in H_2 geglüht .	0,025	CIOFFI 1932

Für reinstes Fe kann man auf den Wert 0 der Koerzitivkraft schließen (*104*). Nach YENSEN (*77, 78*) gilt für die Abhängigkeit von H_c vom C-Gehalt:

$$H_c = 80 \cdot C \text{ (für C-Gehalte 0,006\%) und}$$
$$H_c = 0 \cdot 8 \cdot C \text{ (für C-Gehalte zwischen 0,01 und 0,09\%).}$$

Mit zunehmender Korngröße erfolgt eine Abnahme der Koerzitivkraft. Nach der „Spannungstheorie", welche eine Beeinflussung der Hystereseeigenschaften nur durch vorhandene Spannungen im Kristallverband (infolge Verformung oder Einlagerung von Verunreinigungen) annimmt, ist der Einfluß der Korngröße hier nur sekundärer Natur, indem mit der Korngröße die Verteilung der Oxyde und Carbide in den Korngrenzen geändert wird, während demzufolge bei absolut reinem Eisen die Korngröße keine Rolle mehr spielen dürfte. Durch Kaltverformung tritt eine erhebliche Steigerung der Koerzitivkraft ein, die durch nachfolgendes Glühen wieder rückgängig gemacht werden kann. Dabei wird H_c um so kleiner, je langsamer die Abkühlung nach dem Glühen verläuft. Bei erhöhter Temperatur nimmt die Koerzitivkraft von reinem Fe ab, die Gesetzmäßigkeit dieses Verlaufs ist noch nicht aufgeklärt.

c) Chemisches Verhalten.

Die elektrochemischen Eigenschaften des reinen Eisens beruhen auf seiner Stellung in der Spannungsreihe (zwischen Zn und Cd) einerseits und auf seiner Passivität andererseits. Bei niederer Temperatur hergestellte Präparate von Ferrum reductum sind unedler als bei höherer Temperatur reduziertes Eisen. Ebenso ist hartgezogener Eisendraht unedler als weichgeglühter (*106*). Schmelzen von reinem Eisen werden durch Einleiten von H_2 unedler, durch O_2 edler und bleiben durch N_2 unverändert. Der C-Gehalt verändert das Lösungspotential in folgender Weise (*107*):

Fe n-$FeSO_4$:	E = −0,356	−0,352	−0,351	−0,350 V
	für reinstes Fe	Fe + 0,18 %C	Fe + 0,4 %C	Fe + 0,9 % C

Unter dem Einfluß oxydierender Agenzien sowie durch anodische Polarisation wird Eisen passiv und verhält sich dann wie ein Edelmetall. Mit zunehmendem Reinheitsgrad des Eisens wird eine höhere Beständigkeit der passiven Fe-Oberfläche erzielt. Es kommt hinzu, daß auch die Lösungsgeschwindigkeit des Eisens um so geringer ist, je reiner das Material ist. Durch Reduktion aus reinstem Oxyd ließ sich ein Eisen herstellen, das in Wasser und an der Luft lange Zeit nicht rostete (*180*) und aus Kupfernitratlösung kein Cu abschied. Dieses Verhalten ist jedoch an eine völlig homogene Oberfläche geknüpft und verschwindet, sobald die geringste Unebenheit oder Verunreinigung vorhanden ist (*109*). Nach Einsetzen des Rostens setzt dann infolge des Spannungsunterschiedes Eisenoxyd/Eisen die weitere Korrosion ein, und damit tritt die ursprüngliche Reinheit des Stoffes in den Hintergrund.

Eisenspiegel aus Eisencarbonyl werden erst dann passivierbar, wenn sie kurze Zeit mit Luft in Berührung gewesen sind. Die Passivität ist dann um so stärker, je länger die Luft eingewirkt hat (*110*). Die Einwirkung der Luft ist eine Vorbedingung der Passivität für reines Eisen. Aus diesem Grunde widersteht reines Eisen auch der atmosphärischen Korrosion gut und ist gegen Wasser widerstandsfähiger als technisches Eisen, dessen Korrosionsbeständigkeit z. B. durch Zusatz von 0,2% Cu erhöht werden kann. In Säuren erfolgt die Lösung langsamer als bei technischem Eisen. Dies ist z. B. an Armcoeisen deutlich nachweisbar (*111*). Jedoch konnte auch beim Eisen der theoretisch zu erwartende Fall, daß das reinste Metall sich in Säuren überhaupt nicht löst, noch nicht verwirklicht werden (*112*).

Die Anwendung von reinstem Eisen für katalytische Zwecke bei technischen Gasreaktionen hat keine nennenswerte Bedeutung erlangt. Hier werden größere Ausbeuten erst nach Einbau einer auflockernden Zwischensubstanz (wie Al_2O_3, MgO) in das Eisen erzielt. So ergibt Carbonyleisen mit Al_2O_3 eine dauerhafte Kontaktwirkung, während Eisen ohne den aktivierenden Zusatz infolge spontaner Rekristallisation in seiner Kontaktwirkung sehr schnell erlahmt.

d) Verwendung.

Reines Eisen gelangt heute zur Verwendung auf einigen kleinen, aber recht bedeutsamen Spezialgebieten, wo seine mechanischen und besonders seine physikalischen Eigenschaften die Anwendung des teuren Werkstoffes rechtfertigen. Während man früher aus schwedischem Holzkohleneisen Transformatorenbleche herstellte, steht heute für diesen Zweck das verlustärmere silizierte Eisen zur Verfügung. Doch blieben dem reinen Eisen die Anwendungszwecke mit höheren Anforderungen an die magnetischen Eigenschaften (insbesondere an die Permeabilität) vorbehalten. So werden in der Fernmeldetechnik, für den Bau von Radiotransformatoren, Stromwandlern u. dgl. heute in wachsender Menge Reineisenbleche und -bänder da eingebaut, wo früher nur die hochpermeablen, hysteresearmen Nickel-Eisenlegierungen brauchbar waren. Das pulverförmige Carbonyleisen ist zu großer Bedeutung gelangt für die Herstellung von gepreßten Massekernen für Pupinspulen, Kleintransformatoren (z. B. für Radiozwecke) und andere Apparate, die zugleich auf schnelle und langsame elektrische Schwingungen ansprechen müssen, ohne diese zu drosseln (*115*). Schließlich lassen die mechanischen Eigenschaften des reinen Eisens, seine Weichheit und Geschmeidigkeit neuerdings dessen Verwertbarkeit als Austauschwerkstoff, z. B. für Kupfer auf manchen Gebieten erkennen.

Literatur.

1. Duhme, E.: Wiss. Veröff. Siemens-Konz. Bd. 3 (1924) Nr. 2, S. 41, ferner DRP. 416082 (1923).
2. A.P. 992951 (1909), 992952 (1910); DRP. 228893; ferner Z. Elektrochem. Bd. 15 (1909) S. 595.
3. McMahon, G. F.: Chem. metall. Engng. Bd. 26 (1922) S. 639.
4. E.P. 28746 (1910); A.P. 1086132 (1913); F.P. 446614 (1911); F.P. 458294 (1912).
5. Belcher, D.: Trans. Amer. electrochem. Soc. Bd. 45 (1924) S. 455. — Eustis, F. A.: Chem. metall. Engng. Bd. 27 (1922) S. 684.
6. Hanson, D. u. F. S. Tritton: J. Iron Steel Inst. Bd. 110 (1924) S. 90.
7. Storey, O. W.: Z. Elektrochem. Bd. 20 (1924) S. 422.
8. Guillet, L.: Rev. Mét. Mém. Bd. 12 (1915) S. 81.
9. Ruff, O. u. E. Gersten: Ber. dtsch. chem. Ges. Bd. 45 (1912) S. 69.
10. A.P. 940784 (1909) u. 940785 (1909).
11. Thompson, J. G., H. E. Cleaves: The Metal Iron. New York 1935.
12. Mittasch, A.: Z. angew. Chem. Bd. 42 (1928) S. 827.
13. Mittasch, A., C. Müller, W. Schubardt: DRP. 500692, I. G. Farbenindustrie A. G.
14. DRP. 541515; ferner L. Schlecht, W. Schubardt, F. Duftschmid: Z. Elektrochem. Bd. 37 (1931) S. 485; ferner Stahl u. Eisen Bd. 52 (1932) S. 845.
15. Thompson, J. G., H. E. Cleaves: J. Res. Bur. Stand. Bd. 16 (1936) S. 109.
16. Richards, T. W., G. T. Baxter: Proc. Amer. Acad. Arts a. Sci. Bd. 35 (1900) S. 253.
17. Cain, J. R., E. Schramm, H. E. Cleaves: Industr. Engng. Chem. Bd. 8 (1916) S. 217.

18. Campbell, E. D.: J. Iron Steel Inst. Bd. 100 (1919 II) S. 407.
19. Oberhoffer, P.: Das technische Eisen, 3. Aufl. S. 19.
20. Adcock, F., C. A. Bristow: Proc. roy. Soc., Lond. A Bd. 153 (1936) S. 172.
21. Schmitz, F.: Diss. Aachen 1915, S. 17.
22. E.P. 248991 (1928).
23. Yensen, T. D.: Univ. Illinois Bull. Engng. Exper. Stat. Nr. 72 (1914).
24. Yensen, T. D.: Trans. Amer. electrochem. Soc. Bd. 32 (1917) S. 171.
25. Jones, D.: Trans. Amer. Soc. Steel Treat. Bd. 14 (1928) S. 199.
26. Morse, J. K.: Proc. nat. Acad. Sci., Wash. Bd. 13 (1927) S. 227.
27. Haber, F.: Z. Elektrochem. Bd. 7 (1900) S. 215.
28. Goralewitsch, D. K.: J. Russ. chem. Ges. Bd. 58 (1926) S. 1131, 1154.
29. Westgren, A., G. Phragmén: Z. phys. Chem. Bd. 102 (1922) S. 1.
30. Esser, H. u. G. Müller: Arch. Eisenhüttenw. Bd. 7 (1933/34) S. 265.
31. Tammann, G. u. H. H. Meyer: Z. Metallkde Bd. 19 (1927) S. 85.
32. Hugh O'Neill: J. Iron Steel Inst. Bd. 113 (1926) S. 417.
33. Wever, F.: Stahl u. Eisen Bd. 44 (1924) S. 51.
34. Köster, W.: Arch. Eisenhüttenw. Bd. 2 (1928/29) S. 194, 503.
35. Ruer, R. u. K. Bode: Stahl u. Eisen Bd. 45 (1925) S. 1184.
36. Burgess, G. K., J. N. Kellberg: Bull. Bur. Stand. Bd. 11 (1914) S. 457.
37. Wever, F.: Stahl u. Eisen Bd. 45 (1925) S. 1208.
38. Yensen, T. D.: Science New York Bd. 68 (1928) S. 376.
39. Thompson, J. G., H. E. Cleaves: J. Res. Bur. Stand. Bd. 16 (1926) S. 111.
40. Hensel, F. R. u. E. J. Larsen: Metals & Alloys Bd. 4 (1933) S. 37.
41. Wever, F.: Naturwiss. Bd. 12 (1924) S. 1106.
42. Honda, K.: Sci. Rep. Tôhoku Univ. Bd. 13 (1925) S. 363.
43. Oberhoffer, P. u. H. Esser: Stahl u. Eisen Bd. 47 (1927) S. 2021.
44. Fermi, E., E. Amaldi, O. d'Agostino, F. Rasetti, E. Segré: Proc. roy. Soc., Lond. A Bd. 146 (1934) S. 483.
45. Gumlich, E.: Abh. phys.-techn. Reichsanst. Bd. 4 (1904/18) S. 289.
46. Ruf, K.: Z. Elektrochem. Bd. 34 (1928) S. 817.
47. Osawa, A.: J. Iron Steel Inst. Bd. 113 (1926) S. 452.
48. Kaya, S.: Trans. Amer. Soc. Steel Treat. Bd. 13 (1928) S. 500.
49. Schmidt, W.: Ergeb. techn. Röntgenk., Lpz. Bd. 3 (1933) S. 200.
50. Tamaru, K.: Sci. Rep. Tôhoku Univ. 19 Bd. (1930) S. 437.
51. Pfeil, L. B.: J. Iron Steel Inst., Carn. School Mem. Bd. 15 (1926) S. 319.
52. Austin, J. B., R. H. H. Pierce: Trans. Amer. Soc. Met. Bd. 22 (1934) S. 450.
53. Satô, S.: Sci. Rep. Tôhoku, Univ. (1) s. Bd. 14 (1925) S. 513.
54. Esser, H. u. G. Müller: Arch. Eisenhüttenw. Bd. 7 (1933/34) S. 2677.
55. Desch, C. H.: J. Iron Steel Inst. Bd. 113 (1926) S. 161.
56. Kelley, K. K.: U. S. Bur. Min. Bull., Preprint 1935.
56a. Eucken, A.: Metallw. Bd. 15 (1936) S. 27, 63.
57. Grosse, W.: Diss. Aachen 1926.
58. Bridgman, P. W.: Proc. Amer. Acad. Arts. a. Sci. Bd. 58 (1922/23) S. 174.
59. Steinwehr, H. v. u. A. Schulze: Z. Metallkde. Bd. 27 (1935) S. 129.
60. Kroll, W.: Z. Elektrochem. Bd. 40 (1934) S. 303.
61. Austin, J. B.: J. Industr. Engng. Chem. Bd. 24 (1932) S. 1230.
62. Sedström, E.: Diss. Stockholm 1924.
63. Powell, R. W.: Proc. phys. Soc., Lond. Bd. 46 (1934) S. 671.
64. Körber, F. u. W. Rohland: Mitt. K.-Wilh.-Inst. Eisenforschg. Bd. 5 (1924) S. 37.
65. Honda, K., R. Yamada: Sci. Rep. Tôhoku Univ. Bd. 17 (1928) S. 723.

66. ISHIGAKI, T.: Sci. Rep. Tôhoku Univ. Bd. 16 (1927) S. 285.
67. GRIES, H., H. ESSER: Arch. Eisenhüttenw. Bd. 2 (1928/29) S. 749.
68. HUGUES, R.: C. R. Acad. Sci., Paris Bd. 180 (1925) S. 2043.
69. EDWARDS, C. A., J. C. JONES: J. Iron Steel Inst. Bd. 115 (1927) S. 523.
70. PFEIL, L. B.: J. Iron Steel Inst. Bd. 118 (1928 II) S. 193.
71. KÖSTER, W.: Stahl u. Eisen Bd. 49 (1929) S. 357; Bd. 50 (1930) S. 629.
72. KANNULUIK, W. G.: Proc. roy. Soc., Lond. A Bd. 141 (1933) S. 164.
73. THOMPSON, F. C., E. WHITEHEAD: Proc. roy. Soc., Lond. A Bd. 102 (1923) S. 587.
74. STEINHAUS, W., A. KUSSMANN u. E. SCHOEN: Phys. Z. Bd. 38 (1937) S. 777.
75. HOLBORN, L.: Ann. Phys., Lpz. (4) Bd. 59 (1919) S. 145.
76. CAMPBELL, E. P., H. W. MOHR: J. Iron Steel Inst. Bd. 113 (1926) S. 387.
77. YENSEN, T. D.: Trans. Amer. Inst. electr. Engrs. Bd. 43 (1924) S. 1924.
78. YENSEN, T. D.: Engineering Bd. 117 (1924) S. 173.
79. KAMERLINGH ONNES, H., G. HOLST: Proc. roy. Acad. Amst. Bd. 17 (1915) S. 508.
80. GERLACH, W.: Z. Phys. Bd. 38 (1926) S. 828.
81. CIOFFI, P. P.: Phys. Rev. Bd. 45 (1934) S. 742.
82. AUWERS, O. v.: GMELINS Handbuch der anorganischen Chemie, 8. Aufl., Bd. Eisen, Teil A, S. 1450. Berlin 1934.
83. GERLACH, W.: Heraeus-Festschr. 1930, S. 29.
84. MAZZOTO, D.: Phys. Z. Bd. 7 (1906) S. 263.
85. GUMLICH, E., W. STEINHAUS: ETZ Bd. 36 (1915) S. 676.
86. TAMMANN, G., H. J. ROCHA: Ann. Phys., Lpz. (5) Bd. 16 (1933) S. 861.
87. BUDDENBERG, O., F. DUFTSCHMID u. L. SCHLECHT: Die Heraeus-Vacuumschmelze, Hanau a. M., S. 78. Hanau 1933.
88. LEHRER, E.: Z. techn. Phys. Bd. 9 (1928) S. 136.
89. HONDA, K.: Sci. Rep. Tôhoku Univ. (1) Bd. 2 (1913) S. 84.
90. YEH, C. S.: Proc. Amer. Acad. Arts. a. Sci. Bd. 60 (1925) S. 516.
91. GUMLICH, E.: Stahl u. Eisen Bd. 39 (1919) S. 805.
92. YENSEN, T. D.: Proc. Amer. Inst. electr. Engrs. Bd. 34 (1915) S. 2464.
93. HONDA, K., H. MASUMOTO, S. KAYA: Sci. Rep. Tôhoku Univ. Bd. 17 I (1928) S. 111.
94. GUMLICH, E.: Leitfaden der magnetischen Messungen. Braunschweig 1918.
95. YENSEN, T. D.: J. Soc. chem. Ind. Bd. 37 (1918) S. 704.
96. CIOFFI, P. P.: Nature, Lond. Bd. 126 (1930) S. 200.
97. ZIEGLER, N. A.: Techn. Amer. Inst. Min. Met. Engrs., Publ. Nr. 273 (1930).
98. YENSEN, T. D.: J. Franklin Inst. Bd. 206 (1928) S. 503.
99. CIOFFI, P. P.: Phys. Rev. (2) Bd. 39 (1932) S. 363; Bd. 45 (1934) S. 742.
100. ZIEGLER, N. A.: Metal Progr. Bd. 24 (1933) Nr. 4, S. 26.
101. CIOFFI, P. P.: Bull. Amer. phys. Soc. Bd. 9 (1934) Nr. 2, S. 8.
102. YENSEN, T. D.: J. Amer. Inst. electr. Engrs. Bd. 43 (1924) S. 455.
103. KÜHLEWEIN, H.: Wiss. Veröff. Siemens-Konz. Bd. 11 (1932) Heft 1, S. 134.
104. GERLACH, W.: Heraeus-Festschr. Hanau 1930, S. 33.
105. GERLACH, W.: Z. Phys. Bd. 38 (1926) S. 832.
106. TAMMANN, G. u. C. WILSON: Z. anorg. Chem. Bd. 173 (1928) S. 141.
107. FAWSITT, E.: J. Soc. chem. Ind. Bd. 25 (1906) S. 1133.
108. LAMBERT, B., J. C. THOMSON: J. chem. Soc. Bd. 97 (1910) S. 2426.
109. LAMBERT, B.: Trans. Faraday Soc. Bd. 9 (1914) S. 114.
110. FREUNDLICH, H., G. PATSCHEKE, H. ZOCHER: Z. phys. Chem. Bd. 128 (1927) S. 321; Bd. 130 (1927) S. 289.

111. Hatfield, W. H.: Trans. Faraday Soc. Bd. 19 (1923) S. 159.
112. Thiel, A., J. Eckell: Korrosion u. Metallsch. Bd. 4 (1928) S. 145.
113. Gatterer, A.: Commentationes Bd. 1 (1937) Nr. 3.
114. Cioffi, P. P., H. J. Williams, R. M. Bozorth: Phys. Rev. Bd. 51 (1937) S. 1009.
115. DRP. 473480.
116. Gatterer, A., J. Junkes: Naturwiss. Bd. 26 (1938) S. 187. — Specola Astronomica Vaticana, Comm. Nr. 6 (1938).
117. Jette, E. R., F. Foote: J. chem. Phys Bd. 3 (1935) S. 614.
118. Eucken, A.: Metallw. Bd. 15 (1936) S. 23, 67.

49. Kobalt.

(Atomgewicht 58,94.)

a) Herstellung.

Die Reduktion des Kobaltoxyds ist mit den verschiedensten Reduktionsmitteln möglich; ein reines Kobalt liefern aber die meisten Methoden nicht.

Bei der technischen Reduktion mit Kohle, am besten Holzkohle, tritt leicht eine Verunreinigung durch Kohlenstoff ein [(*1*), S. 74]; wohl läßt sich später der Kohlenstoffgehalt durch teilweise Oxydation, z. B. durch Schmelzen mit der genau berechneten Menge Oxyd entfernen, doch dann ist wieder die Gefahr eines Oxydüberschusses vorhanden (*2*).

Die Reduktion mit anderen Metallen, vor allem Aluminium, liefert, wie fast immer, ein aluminiumhaltiges Produkt; zwar erhielten Weiss und Aichel (*3*) durch Ersatz des Aluminiums durch Mischmetall gute Resultate, da sich im erhaltenen Produkt kein Mischmetall mehr nachweisen ließ. Über die Eigenschaften des so gewonnenen Metalls ist aber wenig bekannt; die Erfahrungen mit dieser Methode bei anderen Metallen sind nicht vielversprechend.

Besser sind die Aussichten bei der Reduktion mit Hilfe von Wasserstoff: da die Reindarstellung des Oxyds sehr wohl möglich ist, können hier Verunreinigungen durch andere Metalle jedenfalls vermieden werden. Hüttig und Kassler (*4*) zeigen, daß bei 500° C die Reduktion schon ein 99,86%iges Metall liefert. Kleine Mengen Wasserstoff und Sauerstoff, die das Pulver noch enthält, ließen sich wahrscheinlich nach den bei Chrom, Molybdän und Wolfram angewandten Methoden, d. h. durch Sintern im Vakuum in Wasserstoff, am besten entfernen. In der Literatur findet man keine Andeutungen, daß diese Methode schon angewandt worden ist; wohl aber hat Holborn (*5*) gute Resultate erreicht durch Umschmelzen im Vakuum.

Auch Reduktion mit CO wäre möglich: sie bietet aber keine Vorteile: die Gefahr bleibt immer bestehen, daß CO teilweise zersetzt wird, so daß doch wieder eine Verunreinigung durch Kohle eintreten kann (*6*, *33*). Dieselbe Gefahr besteht auch bei der Zersetzung des Carbonyls. Über diese Methode ist nur aus Patentschriften etwas bekanntgeworden [(*1*), S. 77].

Auch die Elektrolyse liefert nie direkt ein reines Metall, weil hier immer Wasserstoff und vielleicht auch Sauerstoff eingeschlossen wird. Der Wasserstoffgehalt nimmt mit steigender Acidität zu; ob man dabei von Sulfat- oder von Chloridlösungen ausgeht, macht nicht sehr viel aus (*7*).

Selbstverständlich kann auch das Elektrolytkobalt auf demselben Wege wie das von Wasserstoff reduzierte Pulver weiter gereinigt werden. Geht man bei diesem Verfahren von chemisch reinem Oxyd bzw. von reinen Salzen aus, so kann praktisch jede Verunreinigung durch andere Metalle und Kohlenstoff vermieden werden, während Wasserstoff und Sauerstoff nachträglich beseitigt werden können.

Über die Reduktion des Chlorids oder Bromids mit Wasserstoff, die prinzipiell sehr wohl zu einem reinen Metall führen könnte, finden sich nur in der älteren Literatur spärliche Angaben.

b) Physikalische Eigenschaften.

Kobalt, der trügerische Kobold der alten Bergleute, hat bis auf heute seinen tückischen Charakter nicht verloren: denn bei keinem der anderen Metalle sind die Angaben über die physikalischen Eigenschaften so widerspruchsvoll wie bei diesem Element.

Zwei Ursachen lassen sich dafür anführen; erstens sind nur sehr wenige der untersuchten Metallproben als einigermaßen rein zu betrachten, weiter ist sehr störend eine bei ziemlich tiefer Temperatur eintretende allotrope Umwandlung, die häufig durch vorhandene Verunreinigungen verzögert wird, und deren Umwandlungstemperatur ebenfalls von der Menge und Art der Verunreinigungen abhängig ist.

Wie bei soviel anderen Metallen, liefert auch beim Kobalt der Vergleich der physikalischen Eigenschaften die beste Reinheitskontrolle.

Von den physikalischen Daten wollen wir im folgenden nur diejenigen angeben, die entweder an reinem Metall gemessen sind, oder von denen anzunehmen ist, daß die Verunreinigungen einen nicht allzu großen Einfluß ausüben. Eigenschaften von unreinem Metall erwähnen wir nur insoweit, als diese als Kritik auf die Reinheit der Proben dienen können.

Kristallstruktur. Schon die ersten Röntgenaufnahmen von HULL und DAVEY (*8*) zeigten die Polymorphie des Kobalts an. Bei gewöhnlicher Temperatur zeigt es hexagonale Struktur, mit dichtester Packung; bei höherer Temperatur ist das Gitter kubisch raumzentriert. Beide Formen wurden schon von HULL und DAVEY gefunden (*8*).

Die Gitterkonstanten sind im folgenden zusammengefaßt.

Kobalt, Hexagonal.

Autoren	*a* (Å)	*c* (Å)	*a*/*c*	Präparat
HULL u. a. (*8*) .	2,517		1,633	
SEKITO (*9*) . . .	$2{,}49_8 \pm 5$	$4{,}05_2$	1,622	geschmolzen in
NEUBURGER (*10*)	$2{,}50_7 \pm 5$	$4{,}07_2 \pm 8$	1,624	H_2, 99,5 %
Wever u. a. (*11*)	$2{,}51_4$		1,66	

Ziemlich abweichende Resultate gibt eine neuere Untersuchung von MARICK (*12*). Er findet:

t °C	a (Å)	c/a
15	2,519 ± 0,002	1,624 ± 0,002
295	2,527 ± 0,002	1,630 ± 0,003
420	2,536	1,632

Durch diese Arbeit von MARICK sind wir auch über das kubische Kobalt besser unterrichtet. Wir geben hier seine Daten, zusammen mit denen von älteren Autoren:

Autoren	t °C	a (Å)
HULL und DAVEY (*8*)	20	3,554
NEUBURGER (*10*) . .	20	$3{,}554_5$
SEKITO (*9*)	700	(3,558)
MARICK (*12*)	20	3,559 ± 0,002
	295	3,573 ± 0,003
	420	3,58
	625	3,589
	843	3,602
	1099	3,617
	1121	3,628
	1148	3,644
	1187	3,647

Da die Messungen an sehr reinem Kobalt (99,9%) ausgeführt wurden, legen wir ihnen einen großen Wert bei.

Der von SEKITO (*9*) angegebene Wert bei 700° C ist im Vergleich zu den anderen Autoren viel zu niedrig. Wir können diesen einfach streichen.

Allotropie. Die Angaben über den Umwandlungspunkt gehen ziemlich weit auseinander. Wohl sind die meisten Autoren darüber einig, daß der Übergang beim Abkühlen erst bei tieferen Temperaturen eintritt als beim Anwärmen: dies kann sehr leicht durch eine Umwandlungsverzögerung, die bei der relativ tiefen Umwandlungstemperatur sicher zu erwarten ist, verursacht sein. Nach MARICK (*12*) liegt der Umwandlungspunkt bei 492° C.

HONDA und SHIMIZU (*13*) fanden aus der Magnetisierung den Übergangspunkt bei 464° C. Nach MASUMOTO (*14*) liegt der Übergangspunkt beim Anwärmen bei 427 bis 477° C, beim Abkühlen bei 360 bis 403° C. Ähnliche Zahlen gibt SCHULZE (*15*, *16*) an; offenbar hängt der Umwandlungspunkt stark vom Reinheits- und Verformungsgrad der Proben ab. Auch UFFELMANN (*17*) sowie auch WEVER und HASHIMOTO (*11*) geben starke Verzögerungen an. Durch Wasserstoffaufnahme wird das kubische Kobalt vermutlich stabilisiert, denn nach KERSTENS (*18*) entsteht bei der Elektrolyse bei hoher p_H hexagonales, bei niedriger p_H kubisches Kobalt.

Eine Herabsetzung der Umwandlungstemperatur erfolgt nach KÖSTER und WAGNER (*19*) durch Al, Ti, Cu und Zn, während V, Zn und Sb starke Verzögerungen verursachen. Mit 30% Ni ist das reguläre Gitter schon bei Raumtemperatur stabil (*85*).

Der Umwandlungspunkt ist also sicher nicht scharf. Die Frage ist hier, ob die Unschärfe durch unvollständigen Übergang der α-Form in die β-Form entsteht, oder ob die Sachlage hier ähnlich ist wie beim Zirkonium, wo die Kontinuität des Übergangs verschwindet, wenn man die Messungen an reineren Präparaten macht.

WASSERMANN (*22*) findet den Übergang bei 450° C. Ist aber das kubische Gitter entstanden, so bildet es sich nicht spontan in das hexagonale Gitter zurück. Erst durch vorangehende Kaltbearbeitung oder Erhitzen auf eine Temperatur nahe der Rekristallisationstemperatur von ~ 900° C kann der Übergang in das hexagonale Gitter erzwungen werden.

Bei langsamen Erhitzen von geschmolzenem Kobalt auf eine dem Umwandlungspunkt nahe liegende Temperatur erhielt KAYA (*23*) Einkristalle der hexagonalen Modifikation; daraus folgt, daß in grobkristallinen Proben der Übergang sehr wohl möglich ist.

Es werden in der Literatur noch weitere Umwandlungspunkte angegeben. So glaubt CARDWELL (*24*), daß der Übergangspunkt α—β erst bei 850° C auftritt; bei dieser Temperatur soll die thermische Elektronenemission stark zunehmen.

Auch SEYBOLT und MATHEWSON (*25*) finden einen Umwandlungspunkt bei 875° C. Diese Autoren behaupten aber, daß bei dieser Temperatur das kubische Kobalt wieder in das hexagonale übergehen soll.

Nach HENDRICKS, JEFFERSON und SHULTZ (*26*) soll bis 1015° das kubische Gitter stabil bleiben: bei höherer Temperatur aber sollte sich das hexagonale Gitter wieder zurückbilden.

Die von diesen Autoren befolgte Methode besteht darin, daß Co_3O_4 bei bestimmter Temperatur reduziert und dann abgeschreckt wird. Bis 1015° wird nun ein kubisches Gitter gefunden, bei höherer Temperatur aber ein hexagonales. Es ist möglich, daß bis 1015° C das Pulver so fein ist, daß eine Umwandlung nicht eintreten kann, während bei höherer Temperatur sich gröberes Pulver bildet, das sich nicht so leicht abschrecken läßt.

Nach MARICK (*12*) bestehen diese Umwandlungspunkte gar nicht; die von CARDWELL (*24*) wahrgenommenen Erscheinungen führt er auf oberflächliche Oxydation zurück. Auch WASSERMANN (*22*) bestreitet die Existenz eines Umwandlungspunktes bei 1015° C.

Weiter sollte die magnetische Umwandlung beim Curiepunkt eine allotrope Umwandlung sein (*27*): Auch diese Behauptung wird von MARICK (*12*) widerlegt; wohl dehnt sich das Gitter in diesem Gebiet kontinuierlich um etwa 0,6% aus.

Der Umwandlungsmechanismus ist von WASSERMANN (*22*) und DEHLINGER (*20*) ausführlich untersucht worden. Es handelt sich hier um einen Gleitvorgang ohne Platzwechsel der Atome.

Alle Widersprüche, auf die wir in der Literatur stoßen, lösen sich auf, wenn man mit DEHLINGER aus theoretischen und experimentellen Gründen annimmt, daß nur größere Kristalle der Umwandlung fähig sind, weil nur bei den größeren Kristallen die Oberflächenvergrößerung durch die Gleitung zu vernachlässigen ist. Daß das Kobaltpulver, das HENDRICKS und Mitarbeiter (*26*) durch Reduktion bei etwa 1000° C erhalten haben, nicht in der kubischen Form beharrt, ist zu erklären durch die Annahme, daß erst bei dieser Temperatur die Kristalle genügend groß geworden sind.

Wenn der Übergang erst bei 800° C wahrgenommen wird (*25*), kann man annehmen, daß die betreffenden Proben sehr feinkörnig waren. Dagegen hat MARICK (*12*) wohl mit einem grobkörnigen Präparate gearbeitet, so daß der Umwandlungspunkt sehr tief, nämlich bei 492° C, lag.

Dichte. Nach den Ergebnissen von MARICK (*12*) ist die Röntgendichte des hexagonalen Kobalts $d_{20} = 8,65$. Dieser Wert weicht sehr bedeutend von dem von NEUBURGER (*10*) angegebenen $d_{20} = 8,76$ ab. SCHULZE (*48*) findet an sehr reinem Kobalt $d = 8,77$ bzw. 8,79.

Daß nach dem Vorangegangenen die Angaben über die pyknometrische Dichte recht unsicher sind, wird uns nicht wundern. Sehr merkwürdig und unverständlich ist, daß sie sämtlich höher, zum Teil sogar viel höher sind als die von MARICK angegebene Röntgendichte. Während einerseits KALMUS und HARPER (*28*) für die Dichte eines 99,8% gewalzten Kobalts $d_{16} = 8,9253$ finden, geben BILTZ und HOLVERSCHEIT (*29*) $d = 8,83$, LOWRY und PARKER (*30*) $d = 8,77$, SCHULZE (*48*) $d_{20} = 8,78$ an. Die hohen Werte, die KALMUS und HARPER beim gewalzten Metall gefunden haben, bleiben unerklärt.

Einer Verformung kann die Zunahme der Dichte nicht zugeschrieben werden, denn LOWRY und PARKER finden an Feilspänen die niedrigere Dichte $d = 8,74$, und geben an, daß beim Anlassen die Dichte, wie bei allen Metallen, wieder zunimmt.

Es ist bekannt, daß Kohlenstoff zu 3% in Kobalt löslich ist (*31*); wenn diese Auflösung ohne Gitteraufweitung eintreten würde, was nicht unwahrscheinlich ist, da nach BORÉN (*32*) Silicium sich sogar unter Kontraktion löst, so würde die Röntgendichte durch diese 3% schon auf 8,9 kommen: ein Kohlenstoffgehalt könnte also die zu hohen Werte eventuell erklären.

Nach MEYER (*33*) scheint tatsächlich beim Carburieren mit verschiedenen Kohlenstoffverbindungen Kohlenstoff aufgenommen zu werden, ohne daß das Gitter sich dabei ändert.

Ausdehnungskoeffizient. Eine neuere direkte Bestimmung des Ausdehnungskoeffizienten von MASUMOTO und NARA (*34*) ergab

$$\delta = 12,79 \cdot 10^{-6}.$$

Er ist etwas kleiner als der Wert, der aus den Röntgenmessungen von SHINODA (*35*) folgt,

$$\delta_{\parallel} = 16{,}1 \cdot 10^{-6}, \quad \delta_{\perp} = 12{,}6 \cdot 10^{-6} \quad (15 \text{ bis } 100^\circ \text{C}),$$

also ein Mittel $13{,}7 \cdot 10^{-6}$, während aus den Daten MARICKs (*12*) als Mittelwert zwischen 20 und 495° C $\bar{\delta}_{\perp} = 12{,}9 \cdot 10^{-6}$ folgt, für β-Kobalt $\bar{\delta} = 14$.

Auch SCHULZE (*15*) und MASUMOTO (*36*) geben Werte in diesem Gebiet an.

$t =$	20—100	100—200	200—300	300—400° C
SCHULZE $\delta \cdot 10^6 =$	12,5	13,6	14,4	15,1
MASUMOTO $\delta \cdot 10^6 =$	12,55	13,57	14,37	15,11

Bis 400° ist also alles normal: dann tritt aber bei einer Temperatur, abhängig von der Vorgeschichte des Präparats eine plötzliche Volumänderung ein: bei der Abkühlung geht diese erst allmählich wieder zurück. Bei UFFELMANN ist sogar oberhalb 500° C die Abkühlungskurve abnorm, was übereinstimmt mit den Angaben von WASSERMANN, daß erst bei sehr hohen Temperaturen die Rückbildung hexagonal-kubisch eintritt.

Die Kompressibilität ist von BRIDGMAN (*37*) gemessen worden. Er gibt an:

$$-\frac{\Delta V}{V_0} = 0{,}539 \cdot 10^{-6} p - 2{,}3 \cdot 10^{-12} p^2 \quad \text{bei } 30^\circ \text{C},$$
$$= 0{,}547 \cdot 10^{-6} p - 2{,}3 \cdot 10^{-12} p^2 \quad \text{bei } 75^\circ \text{C}.$$

Schmelzpunkt. In sehr guter Übereinstimmung finden BURGESS und WALTENBERG (*38*) und KALMUS und HARPER (*28*) für den Schmelzpunkt 1478 ± 2° C. Höhere Werte schreiben sie einer Oxydation des Metalls zu. An einem weniger reinen Metall findet UMINO (*39*) 1489° C. Für die Schmelzwärme gibt UMINO (*39*) 67 cal/g an, in sehr guter Übereinstimmung mit einer Berechnung von RICHARDS (*40*), die 68 cal lieferte.

Kobalt scheint etwas weniger flüchtig zu sein als Eisen [RUFF (*42*)]. Zur Berechnung einer theoretischen Dampfdruckgleichung sind die Daten zu unvollständig.

Spezifische Wärme. Solange die Umwandlungspunkte nicht genau festliegen, und man nicht über Mittel verfügt, die eindeutig angeben, welche Modifikation vorliegt, kann man für die spezifische Wärme keine genauen Werte erwarten. Auch widerspricht sich das vorliegende Material zum größten Teil: sogar bei tiefen Temperaturen sind die Daten nicht zuverlässig, wenn nicht gleichzeitig untersucht ist, welche Form vorliegt. Wir erwähnen hier nur die Arbeit von SIMON und RUHEMANN (*43*), die bei 71° K die spezifische Wärme an einem pulverförmigen Kobaltpräparat von Kahlbaum gemessen haben.

Bei höheren Temperaturen hat UMINO (*41*) Messungen in einem großen Temperaturgebiet angestellt. Es wird ein Maximum gefunden in der Nähe von 400° und beim Curiepunkt: die spezifische Wärme des flüssigen Kobalts ist gleich 15,6 cal unabhängig von der Temperatur.

Die Umwandlungswärme $\alpha-\beta$ ist nur sehr klein; v. STEINWEHR und SCHULZE (*44*) finden $0{,}1 \pm 0{,}03$ cal/g, für die Wärmetönung beim Curiepunkt $1{,}2 \pm 0{,}07$ cal/g, an einem nur 98%igen Kobalt gemessen.

DEHLINGER (*21*) gibt auch Daten für die Entropieänderung beim Umwandlungspunkt an.

Wärmeleitfähigkeit. Die Daten über die Wärmeleitfähigkeit sind spärlich und widerspruchsvoll. Zwei Angaben von HONDA (*45*) und MASUMOTO (*46*) liegen um 30% auseinander.

$$W = 0{,}1653\,, \quad W = 0{,}1299.$$

Der niedrigere Wert wurde gefunden am reineren Metall mit immer noch 1,4% Eisen.

Elektrische Eigenschaften. Der elektrische Widerstand der verschiedenen „reinen“ Kobaltproben liegt zwischen 5,5 und $14 \cdot 10^{-6}$.

Die niedrigsten Werte zeigen:

1. Ein in Wasserstoff geschmolzenes Kobalt von COPAUX (*47*)

$$\varrho_0 = 5{,}5 \cdot 10^{-6}, \quad \alpha = 600 \cdot 10^{-5}.$$

2. Ein Sinterpräparat von Heraeus, an dem HOLBORN (*5*) den Temperaturkoeffizienten $\alpha = 592 \cdot 10^{-5}$ und SCHULZE (*48*) den Widerstand $\varrho_{20} = 6{,}36 \cdot 10^{-6}$ gemessen hat.

3. Ein von HOLBORN in vacuo geschmolzener Kahlbaum-Kobalt, das $\alpha = 658 \cdot 10^{-5}$ zeigte.

Bei Anwendung der Regel von MATHIESSEN folgt also für das reine im Vakuum geschmolzene Metall

$$\varrho_{20} = 6{,}36 \cdot \frac{592}{658} \cdot 10^{-6} = 5{,}73 \cdot 10^{-6}\,,$$
$$\varrho_0 = 5{,}06 \cdot 10^{-6}.$$

Es sprechen aber andere Messungen gegen einen so niedrigen Wert für ϱ_0.

McLENNAN, NIVEN und WILHELM (*49*) haben zwei Kobaltproben bei tiefen Temperaturen untersucht. Für ϱ_{20} wurde gefunden $6{,}85 \cdot 10^{-6}$ bzw. $8{,}07 \cdot 10^{-6}$ und für den Widerstand unterhalb 4° K die Werte $0{,}45 \cdot 10^{-6}$ und $1{,}24 \cdot 10^{-6}$.

Für den Widerstand bei 0° berechnet man aus diesen Daten für die reinere Probe

$$\varrho_0 = 5{,}7 \cdot 10^{-6}.$$

Die Regel von MATTHIESSEN ist aber nicht streng erfüllt: ein etwas tieferer Wert ist vielleicht noch wahrscheinlicher.

Für diese Probe sind die weiteren Daten:

$T =$	293°	83°	20,6°	4,2°	2,5° K
$\varrho \cdot 10^6 =$	6,85	1,24	0,46	0,45	0,45

Das Verhältnis $\varrho_{83°}/\varrho_{273°}$ ist 0,202; HOLBORN gibt dafür aber 0,135. Auch hier zeigt sich wieder die größere Reinheit des von HOLBORN gemessenen Präparats. Zieht man von ϱ_{20}, die McLENNAN und Mitarbeiter bestimmten, den Restwiderstand ab, so ergibt sich $\varrho_{20} = 6{,}40$, also praktisch identisch mit dem von SCHULZE gemessenen Wert. Als wahrscheinlichsten Wert für den Widerstand können wir annehmen

$$\varrho_0 = 5{,}6 \cdot 10^{-6}.$$

Wenn also MASUMOTO (*46*) für ein 99,5%iges Kobalt $\varrho_{30} = 11{,}83 \cdot 10^{-6}$ angibt, so kommt der Verdacht auf, daß die Reinheit dieser Probe tatsächlich wohl viel geringer war als von dem Autor angenommen wurde.

Nach MEISSNER, VOIGT und ADELSBERGER wird Co bis 1,35° K nicht supraleitend (*50*).

Bei höheren Temperaturen liegen an reinem, von HOLBORN hergestelltem Metall Messungen von SCHULZE vor.

$t =$	100°	200°	300°	400°	500° C
$R/R_0 =$	1,6580	2,4778	3,5266	4,5635	5,605

Bis etwa 440° steigt der Widerstand normal an. Zwei Meßpunkte bei etwa 457 und 464° zeigen praktisch den gleichen Widerstand. Hier tritt also wohl die immer noch nicht scharfe α—β-Umlagerung ein. Die Konstanz des Widerstandes in diesem Gebiet bedeutet, daß der Widerstandszunahme durch Temperatursteigerung durch die Umwandlung kompensiert wird, da β-Kobalt einen um etwa 6% niedrigeren Widerstand hat.

Bei sehr hohen Temperaturen findet SCHULZE (*73*)

$t =$	1067°	1114°	1166°	1208°	1254°	1298° C
$R_0/R_t =$	14,38	15,06	15,55	15,81	16,12	16,33

Eine deutliche Diskontinuität beim Curiepunkt tritt nicht auf. MARICK (*12*) findet einen linearen Verlauf zwischen 500 und 1000°. Beim Curiepunkt ändert sich der Temperaturkoeffizient. Von einer Umwandlung bei etwa 800° ist nichts wahrzunehmen.

Der Widerstand nimmt unter Druck nach BRIDGMAN (*51*) ab; die Zunahme ist größer beim reinen Metall. Daß der Druckkoeffizient für Kobalt abnorm klein ist, $\sim 0{,}8 \cdot 10^{-6}$, kann sehr wohl damit zusammenhängen, daß das verwendete Kobalt sehr unrein war, wie auch aus den Temperaturkoeffizienten des Leitvermögens $\alpha = 360 \cdot 10^{-5}$ hervorgeht.

Auch die Messungen der Änderung des Widerstandes im Magnetfeld sind sehr unsicher wegen der schlechten Qualität des verwendeten Metalls (99,7%).

Photoelektrischer Effekt. Für die langwellige Grenze des photoelektrischen Effekts gibt WELCH (*59*) an kompaktem Metall 3165 Å, SCHULZE dagegen 2720 Å an aufgedampften Schichten an. CARDWELL (*24*) findet bei 850° eine plötzliche Änderung, die er der Umwandlung α—β-Kobalt zuschreibt. Er gibt an

$$\mathrm{Co}_\alpha\colon \lambda = 2967 \text{ bis } 3022\,\text{Å}, \quad \mathrm{Co}_\beta\colon \lambda = 2757 \text{ bis } 2967\,\text{Å}.$$

Die aus den Grenzwellen berechneten Austrittsarbeiten liegen zwischen $\varphi = 3{,}90$ und $4{,}52$ eV.

Der zuerst genannten Wert (WELCH) stimmt noch am besten mit einem von GÜNTHER-SCHULZE (*55*) aus dem Kathodenfall gemessenen Wert $\varphi = 3{,}86$ eV überein. MARICK (*12*) führt die von CARDWELL gefundene Änderung, die sich weder in der Gitterstruktur, noch in dem Widerstand äußert, auf eine Änderung in der Oxydschicht zurück.

Thermokraft. Die Thermokraft als Funktion von Temperatur und Magnetfeld wurde von LOWANCE und CONSTANT (*84*) untersucht.

Magnetische Eigenschaften. Es ist wohl sicher, daß sowohl α- als auch β-Kobalt ferromagnetisch sind. Oberhalb 1120° C wird das Metall paramagnetisch. Die vielen Angaben über die Lage des Curiepunktes gehen relativ wenig auseinander; die Lage ist wohl sehr wenig von Verunreinigungen abhängig. Der oben angegebene Wert dürfte auf ± 5° genau sein [vgl. WEVER, HASHIMOTO (*11*)].

Über die Werte der Suszeptibilität oberhalb des Curiepunktes gehen die Messungen wieder sehr weit auseinander.

Um einen Eindruck des Verlaufs von χ als Temperaturfunktion zu geben, übernehmen wir einige Werte aus einer Arbeit von TERRY (*56*); es handelt sich hier um Ni-freies, im Vakuum geschmolzenes Metall.

$t =$	1100°	1206°	1296°	1396°	1450°	1490°	1533° C
$\chi \cdot 10^6 =$	6010	294,5	133,2	72,08	54,48	35,42	22,95

Beim Schmelzpunkt scheint die Suszeptibilität einen Sprung zu machen.

Für die Magnetisierungskurven unterhalb des Curiepunktes geben verschiedene Autoren schwankende sehr unsichere Daten; einmal haben wahrscheinlich Verunreinigungen einen großen Einfluß, weiter auch die Korngröße und die Verformung der Kristallite. Die umfassendste Arbeit ist wohl die von STIEFLER (*57*), der die Magnetisierung an einem Ellipsoid, angeblich aus 100%igem Kobalt bei verschiedenen Temperaturen gemessen, und daraus die Sättigungswerte berechnet hat. Oberhalb 400° C ist Kobalt bei einem Felde von 2000 Gauß praktisch gesättigt.

STIEFLER gibt nicht die Magnetisierung I, sondern $\sigma = I/d$, wobei d die Dichte ist, an. Er findet für σ_∞

$t =$	22°	127°	232°	415°	687°	1029°	1057°	1113° C
$\sigma_\infty =$	161,0	154,0	150,5	142,3	122,5	57	38,4	3,5

Aus dem Verlauf von σ_∞ ist zu ersehen, daß man bei 1113° C sehr dicht an den Curiepunkt herangekommen ist.

Bei anderen Ellipsoiden wurden wieder etwas abweichende Werte gefunden, in Abhängigkeit von der Vorgeschichte. Man kann wohl sagen, daß überhaupt das Verhalten noch lange nicht geklärt ist; daß z. B. die kristallographische Richtung sehr wesentlich ist, zeigen Messungen von KAYA (*23*) an Einkristallen.

Durch Ausglühen geht die Magnetisierung sehr stark zurück [NAGAOKA und HONDA (*59*)]. Bei kurzem Erhitzen (einige Sekunden) auf 1200°

steigt die maximale Permeabilität nach WALL (*68*) zunächst auf 370, um beim einige Stunden dauernden Erhitzen auf 30 herabzusinken.

Über den Einfluß von Spannung und Orientierung der Kristallite berichtet YENSEN (*67*). Für weitere Literatur über die magnetischen Eigenschaften sei auf GMELINs Handbuch (*1*) verwiesen. Von späteren Arbeiten wollen wir noch folgende erwähnen:

HONDA und MASUMOTO (*60*), TYLER (*61*) und POWELL (*63*) geben noch Magnetisierungskurven an. DEHLINGER (*64*) bestimmt das Sättigungsmoment aus dem Verhalten von Legierungen.

POTAPENKO und SÄNGER (*65*) bestätigen die von STRUTT (*66*) gefundene Abnahme der Permeabilität bei Zunahme der Frequenz.

Während es bei den meisten Messungen nicht ganz sicher war, mit welcher Form des Kobalts man es zu tun hatte, die meisten Messungen aber wahrscheinlich wohl an hexagonalem Kobalt ausgeführt sind, haben ALLEN und CONSTANT (*58*) am kubischen Kobalt gemessen, und zwar zwischen 83 und 373° K. In diesem Gebiete lassen sich die Messungen gut durch die WEISSsche Formel beschreiben.

Eine sehrwesentliche Komplizierung kann dadurch eintreten, daß nach KÜHLEWEIN (*69*) die Umwandlung α—β vom Magnetfeld beeinflußt wird.

Die Magnetostriktion wurde von KORNETZKI (*70*) gemessen. Messungen des Quereffektes der Magnetostriktion wurden ausgeführt von ESAU (*71*), FRICKE (*72*) und SCHULZE (*73*). Eine Zusammenfassung gibt SCHULZE (*74*). MUSIYAMA findet eine Hysterese der Magnetostriktion (*75*). Allgemeine Arbeiten über magnetisches Verhalten siehe unter anderem McKEEHAN (*76*), GANS (*77*) und GANS und CZERLINSKY (*78*).

Optische Eigenschaften. Hier wollen wir nur das von COBLENTZ und STAIR (*62*) gemessene Reflexionsvermögen erwähnen:

λ in Å	2540	2650	3000	3500	4000	4500	5000
R in %	43	42	46	42,5	58	61	65

Mechanische Eigenschaften. Für den Torsionsmodul gibt HONDA (*79*) zwischen 0,47 und $0{,}76 \cdot 10^{12}$ schwankende Werte. DRAGO (*80*) gibt $0{,}9 \cdot 10^{12}$. Durch Magnetisierung nimmt der Modul nach HONDA und SHIMIZU zu (*81*).

Für den **Elastizitätsmodulus** gibt WALKER (*82*) $1{,}479 \cdot 10^{12}$ dyn/cm² bei 11,2° C an. Mit der Temperatur nimmt sie etwas ab. NAKAMURA (*83*) gibt für α- und β-Kobalt verschiedene Werte:

$$E_\alpha = 3{,}032 \cdot 10^{12}\, e^{-620{,}6/(T-t)} \quad \text{und} \quad E_\beta = 2{,}432 \cdot 10^{12}\, e^{-299{,}3/(T-t)},$$

wobei T den Schmelzpunkt vorstellt. Von der Magnetisierung ist E nach NAKAMURA (*83*) kaum merklich abhängig.

Weitere Daten über mechanische Eigenschaften finden sich in (*86*) und (*87*).

Binäre Systeme. Die Legierungen des Kobalts finden in manchen Gebieten der Technik als Schnellschneidemetalle und für magnetische Zwecke Verwendung. Da hierbei aber die Legierungen von reinem Kobalt mit seinen Legierungsgenossen nicht untersucht sind, wollen wir hier von der Besprechung ganz absehen, unter Verweisung auf die diesbezügliche Literatur (*1*).

Das Verhalten gegenüber den negativen Elementen O_2, N_2 ist noch wenig geklärt. Kohlenstoff (*31*) bildet Mischkristalle.

Literatur.

1. Allgemeine Literaturübersicht: GMELINs Handbuch der anorganischen Chemie, System-Nr. 58. Berlin 1931.
2. DUVAL D'ADRIAN: A.P. 1523103 (1920).
3. WEISS, L., O. AICHEL: Liebigs Ann. Bd. 337 (1904) S. 376.
4. HÜTTIG, G. F., R. KASSLER: Z. anorg. allg. Chem. Bd. 187 (1930) S. 25.
5. HOLBORN, L.: Z. Phys. Bd. 8 (1922) S. 61.
6. KALMUS, H. T., C. W. DAY, C. HARPER, W. L. SAVELL, R. WILCOX: Research on Cobalt and alloys, Part I. Canada Dep. Min. 1913, Rep.-Nr. 259, S. 21f.
7. RAESSLER, M. M.: Diss. T. H. Dresden 1913.
8. HULL, A. W., W. P. DAVEY: Phys. Rev. (2) Bd. 14 (1919) S. 54; Bd. 17 (1921) S. 571.
9. SEKITO, S.: Sci. Rep. Tôhoku Univ. (1) Bd. 16 (1927) S. 545.
10. NEUBURGER, M. C.: Z. Kristallogr. Bd. 93 (1936) S. 8.
11. WEVER, F., H. HASHIMOTO: Mitt. K.-Wilh.-Inst. Eisenforschg Bd. 11 (1929) S. 300.
12. MARICK, L.: Phys. Rev. (2) Bd. 49 (1933) S. 831.
13. HONDA, K., S. SHIMIZU: Phil. Mag. (6) Bd. 6 (1903) S. 399.
14. MASUMOTO, H.: Sci. Rep. Tôhoku Univ. (1) Bd. 15 (1926) S. 449.
15. SCHULZE, A.: Z. techn. Phys. Bd. 8 (1927) S. 365.
16. SCHULZE, A.: Z. Metallkde. Bd. 22 (1930) S. 309.
17. UFFELMANN, F. L.: Phil. Mag. (7) Bd. 10 (1930) S. 654.
18. KERSTENS, H.: Physics Bd. 2 (1932) S. 274.
19. KÖSTER, W., E. WAGNER: Z. Metallkde. Bd. 29 (1937) S. 230.
20. DEHLINGER, U.: Metallwirtsch. Bd. 11 (1932) S. 223. — DEHLINGER, U., E. OSSWALD, H. BUMM: Z. Metallkde. Bd. 25 (1933) S. 62.
21. DEHLINGER, U.: Z. Phys. Bd. 68 (1931) S. 535.
22. WASSERMANN, G.: Metallwirtsch. Bd. 11 (1932) S. 61.
23. KAYA, S.: Sci. Rep. Tôhoku Univ. Bd. 17 (1928) S. 1158.
24. CARDWELL, A. B.: Phys. Rev. (2) Bd. 38 (1931) S. 2033.
25. SEYBOLT, A. U., C. H. MATHEWSON: Metals Techn. Bd. 2, Nr. 6, Techn. Publ. 642 (1935).
26. HENDRICKS, S. R., M. E. JEFFERSON, J. F. SHULTZ: Z. Kristallogr. Bd. 73 (1930) S. 376.
27. GUERTLER, W., G. TAMMANN: Z. anorg. allg. Chem. Bd. 42 (1904) S. 358.
28. KALMUS, H. T., C. HARPER: J. Industr. Engng. Chem. Bd. 7 (1915) S. 7.
29. BILTZ, H., W. HOLVERSCHEIT: Z. anorg. allg. Chem. Bd. 134 (1924) S. 35.
30. LOWRY, TH. M., R. G. PARKER: J. chem. Soc. Bd. 107 (1915) S. 1005.
31. HANSEN, M.: Zweistofflegierungen S. 352. Berlin 1936.
32. BORÉN, B.: Ark. kem. Miner. Geol. Bd. 11 A, Nr. 10 (1933).
33. MEYER, W. F.: Z. Kristallogr. Bd. 97 (1937) S. 145.
34. MASUMOTO, H., S. NARA: Sci. Rep. Tôhoku Univ. (1) Bd. 16 (1927) S. 334.
35. SHINODA, G.: Mem. Coll. Sci. Kyoto Univ. A (1) Bd. 17 (1934) S. 27.
36. MASUMOTO, H.: Sci. Rep. Tôhoku Univ. (1) Bd. 15 (1926) S. 455.
37. BRIDGMAN, P. W.: Proc. Amer. Acad. Arts a. Sci. Bd. 70 (1936) S. 313.
38. BURGESS, G. K., R. G. WALTENBERG: Z. anorg. allg. Chem. Bd. 82 (1912) S. 366, 371.

39. UMINO, S.: Sci. Rep. Tôhoku Univ. (1) Bd. 15 (1926) S. 593.
40. RICHARDS, J. U.: Chem. News Bd. 75 (1897) S. 279.
41. UMINO, S.: Sci. Rep. Tôhoku Univ. (1) Bd. 16 (1927) S. 606.
42. RUFF, O.: Z. anorg. allg. Chem. Bd. 42 (1929) S. 808.
43. SIMON, F., M. RUHEMANN: Z. physik. Chem. Bd. 129 (1927) S. 335.
44. VON STEINWEHR, H., A. SCHULZE: Phys. Z. Bd. 36 (1935) S. 419.
45. HONDA, K.: Sci. Rep. Tôhoku Univ. (1) Bd. 8 (1919) S. 51.
46. MASUMOTO, H.: Sci. Rep. Tôhoku Univ. (1) Bd. 16 (1927) S. 331.
47. COPAUX, H.: C. R. Acad. Sci., Paris Bd. 140 (1905) S. 650.
48. SCHULZE, A.: Z. techn. Phys. Bd. 8 (1927) S. 424.
49. MCLENNAN, J. C., C. D. NIVEN, J. O. WILHELM: Phil. Mag. (7) Bd. 6 (1928) S. 672.
50. MEISSNER, W., B. VOIGT, U. ADELSBERGER: Phys. Z. Bd. 29 (1928) S. 897.
51. BRIDGMAN, P. W.: Proc. Amer. Acad. Arts a. Sci. Bd. 52 (1917) S. 607.
52. CORKLE, P. MC.: Phys. Rev. (2) Bd. 22 (1923) S. 271.
53. WELCH, G. B.: Phys. Rev. (2) Bd. 32 (1928) S. 657.
54. SCHULZE, R.: Z. Phys. Bd. 92 (1934) S. 212.
55. GÜNTHER-SCHULZE, A.: Z. Phys. Bd. 24 (1924) S. 55.
56. TERRY, E. M.: Phys. Rev. (2) Bd. 9 (1917) S. 255, 399.
57. STIEFFLER, W. W.: Phys. Rev. (1) Bd. 32 (1911) S. 625; Bd. 33 (1911) S. 268, 280.
58. ALLEN, R. I., F. W. CONSTANT: Phys. Rev. (2) Bd. 44 (1933) S. 228.
59. NAGAOKA, H., K. HONDA: Phil. Mag. (6) Bd. 4 (1902) S. 48.
60. HONDA, K., H. MASUMOTO: Sci. Rep. Tôhoku Univ. (1) Bd. 20 (1931) S. 313.
61. TYLER, F.: Phil. Mag. Bd. 11 (1931) S. 596.
62. COBLENTZ, W. W., R. STAIR: Bur. Stand. J. Res., Wash. Bd. 2 (1929) S. 343.
63. POWELL, F. C.: Proc. roy. Soc., Lond. A Bd. 130 (1930) S. 167.
64. DEHLINGER, U.: Z. Elektrochem. Bd. 41 (1935) S. 657.
65. POTAPENKO, G., R. SÄNGER: Naturwiss. Bd. 21 (1933) S. 818.
66. STRUTT, M. J. O.: Z. Phys. Bd. 68 (1935) S. 632.
67. YENSEN, T. D.: Bull. Amer. phys. Soc. Bd. 9 (1934) S. 9.
68. WALL, T. F.: Nature, Lond. Bd. 136 (1935) S. 397.
69. KÜHLEWEIN, H.: Wiss. Veröff. Siemens-Konz. Bd. 11 (1932) S. 124.
70. KORNETZKI, M.: Z. Phys. Bd. 87 (1934) S. 560.
71. ESAU, A.: Physik. Z. Bd. 32 (1931) S. 483.
72. FRICKE, W.: Z. Phys. Bd. 80 (1933) S. 324.
73. SCHULZE, A.: Metallwirtsch. Bd. 13 (1934) S. 929.
74. SCHULZE, A.: Russ.-dtsch. Nachr. Wiss. Techn. (Russ.-germ. Westn. Nauki Techn.) 1933, Nr. 12, S. 22.
75. MUSIYAMA, Y.: Sci. Rep. Tôhoku Univ. (1) Bd. 28 (1937) S. 1.
76. MCKEEHAN, L. W.: Phys. Rev. (2) Bd. 52 (1937) S. 18.
77. GANS, R.: Ann. Phys., Lpz. (5) Bd. 15 (1933) S. 28.
78. GANS, R., E. CZERLINSKY: Ann. Phys. (5) Bd. 16 (1933) S. 625.
79. HONDA, K.: Sci. Rep. Tôhoku Univ. (1) Bd. 8 (1919) S. 54.
80. DRAGO, E.: Atti Linc (5) Bd. 28 II (1910) S. 351.
81. HONDA, K., Y. SHIMIZU, S. KUSAKABE: Phys. Z. Bd. 3 (1902) S. 382.
82. WALKER, H.: Proc. Edison Soc. Bd. 31 (1911) S. 221.
83. NAKAMURA, K.: Sci. Rep. Tôhoku Univ. (1) Bd. 24 (1935) S. 303.
84. LOWANCE, F. E., F. W. CONSTANT: Phys. Rev. (2) Bd. 48 (1933) S. 257.
85. OSAWA ATOMI: Sci. Rep. Tôhoku Univ. (1) Bd. 19 (1930) S. 109.
86. AUSTIN, C. R., J. R. GIES: Trans. Amer. Inst. min. metallurg. Engrs. Bd. 111 (1934) S. 53.
87. MACNAUGHTON, M. D., A. W. HOTHERSALL: Brass World Bd. 26 (1930) S. 159.

50. Nickel.

A. Technische Herstellungsverfahren.

Von L. SCHLECHT, Ludwigshafen a. Rh.

Ein sehr reines Nickelmetall mit einem Gehalt von mindestens 99,8% Nickel wird bereits bei den meisten technisch ausgeübten Verfahren gewonnen. Daher seien diese technischen Verfahren hier ausführlicher behandelt.

a) Die Herstellung des Nickelsteins.

Fast alle technisch angewandten Verfahren zur Gewinnung von reinem Nickelmetall z. B. aus sulfidischen oder silikatischen Nickelerzen gehen von dem sog. Nickelstein aus, einem Schmelzprodukt, das aus dem nickelhaltigen Rohstoff gegebenenfalls nach Flotation und Vorrösten durch Niederschmelzen im Schacht- bzw. Flammofen hergestellt wird, und in dem das Nickel bereits erheblich angereichert ist.

Aus kupferhaltigen Nickelerzen wird auf diese Weise zunächst ein Nickel, Kupfer, Eisen und Schwefel enthaltendes Schmelzprodukt, der Nickel-Kupferrohstein erhalten (*1*), während aus den oxydisch-silikatischen Erzen unter Zuschlag schwefelhaltiger Stoffe, wie Gips und Kohle, ein praktisch kupferfreier Nickelstein erschmolzen wird, der aus Nickel, Eisen und Schwefel besteht (*2*). Das Eisen läßt sich aus den beiden genannten Schmelzprodukten durch Verblasen mit Luft im Konverter verschlacken (*3*). Endprodukt ist hierbei in einem Fall Nickel-Kupferstein mit z. B. 40% Nickel, 40% Kupfer und 20% Schwefel, im anderen Fall ein Nickelfeinstein mit 70 bis 80% Nickel, Rest Schwefel.

b) Nickelmetall aus kupferfreiem Nickelstein.

Die Verarbeitung des zuletzt genannten Nickelfeinsteins, der infolge Abwesenheit von Kupfer im Erz praktisch kupferfrei ist, bietet keine besonderen Schwierigkeiten. Der Feinstein wird zunächst gemahlen und in Fortschaufelungsöfen möglichst vollständig abgeröstet. Das so gewonnene Nickeloxyd mit max. 0,015% Schwefel wird mit Holzkohlenpulver unter Zusatz von Bindemitteln (Dextrinlösung) zu Würfeln oder Rondellen gepreßt und durch Erhitzen in Muffelöfen bei etwa 1000 bis 1200° reduziert (*2*). Hierbei frittet das Nickelmetall zusammen, so daß das Endprodukt aus gesintertem „Würfel- oder Rondellennickel" besteht, das einen Nickelgehalt von etwa 99,25 bis 99,5% aufweist (einschließlich 0,5 bis 1% Kobalt). Diese im Handel befindliche Nickelsorte enthält bis zu etwa 0,4% Eisen, 0,03% Silicium, 0,15% Schwefel und 0,2% Kohlenstoff. Ein höherer Reinheitsgrad ist bei diesem verhältnismäßig einfachen Verfahren schwer zu erreichen. Durch nachfolgende elektrolytische Raffination kann man jedoch aus dem Würfel- oder Rondellennickel ein sehr reines Nickelmetall gewinnen (vgl. unten).

c) Reines Nickel aus kupferhaltigem Nickelstein.

Die bei der Verarbeitung des Nickel-Kupfersteins angewandten und vorgeschlagenen Verfahren sind infolge der schwierigen Trennung des Nickels vom Kupfer nicht so einfach wie das oben beschriebene Verfahren, doch ist gerade die Aufarbeitung von kupferhaltigem Nickelstein technisch besonders wichtig, da die Hauptmenge der in der Welt geförderten Nickelerze kupferhaltig und sulfidisch ist. (Erze aus dem Sudbury-District, Kanada.)

α) Carbonylverfahren.

In technisch einfachster und vollkommenster Weise wird die Nickel-Kupfertrennung bei jenen Verfahren erreicht, die auf der Bildung des leicht flüchtigen Nickelcarbonyls bei der Einwirkung von Kohlenoxyd auf nickelhaltige Stoffe beruhen.

Mondverfahren. Zunächst sei hier das schon seit Jahrzehnten in England in großem Umfange ausgeführte, sog. „Mondverfahren" beschrieben, das von den Entdeckern des Nickelcarbonyls MOND und QUINCKE (*4*, *5*, *6*) und den Mitarbeitern LANGER und HIRTZ entwickelt wurde (*7*, *8*, *9*).

Bei diesem Verfahren wurde bis vor einigen Jahren der Nickel-Kupferstein fein zermahlen und möglichst vollkommen durch Rösten von Schwefel befreit (*9*). Das Röstgut wurde mit verdünnter Schwefelsäure behandelt, wobei die Hauptmenge des Kupfers als Kupfersulfat in Lösung ging. Der Rückstand, der neben Nickeloxyd nur noch einige Prozente Kupferoxyd enthält, diente als Ausgangsmaterial für das Mondverfahren. Heute wird jedoch die Hauptmenge des Kupfers bereits in Kanada nach dem unten beschriebenen Orfordprozeß [Kopf-Bodenschmelzen (*10*)], entfernt und das so gewonnene, nur noch wenige Prozent Kupfer enthaltende Nickelsulfid nach England versandt. Dieses unreine Nickelsulfid wird dort fein gemahlen und tot geröstet, wodurch ein kupferarmes Nickeloxyd von etwa derselben Beschaffenheit gewonnen wird, wie früher durch das Laugen mit Schwefelsäure.

Das so erhaltene rohe Nickeloxyd wird nun in vollkommen gegen das Eindringen von Luft geschützten Etagenöfen bei möglichst 400° nicht überschreitender Temperatur sorgfältig mit Wassergas zu einem schwammigen Nickelmetall, das Verunreinigungen wie Kupfer, Schwefel, Kobalt, Eisen usw. enthält, reduziert. Infolge seiner großen Oberfläche setzt sich dieser Nickelschwamm bereits unter gewöhnlichem Druck mit Kohlenoxyd oder kohlenoxydhaltigen Gasen unter Bildung von flüchtigem Nickelcarbonyl um. Da die Nickelcarbonylbildung exotherm verläuft, ist durch eine besondere Kühlvorrichtung in den „Verflüchtigern" die günstigste Temperatur für die Carbonylbildung, die unter gewöhnlichem Druck bei 50° liegt, genau einzuhalten. Die Reaktion:

$$Ni + 4\,CO \rightleftharpoons Ni(CO)_4$$

verläuft jedoch bei dieser verhältnismäßig niedrigen Temperatur ziemlich langsam und läßt durch Passivwerden des Nickelschwamms bereits nach, bevor die Hauptmenge des Nickel verflüchtigt ist. Das nickelhaltige Material muß daher einige Mal durch eine Zwischenreduktion, die in derselben Weise wie die erste, oben beschriebene Reduktion durchgeführt wird, neu aktiviert und dann einer wiederholten Kohlenoxydbehandlung in den „Verflüchtigern" unterworfen werden (*9*, *11*, *12*).

Das von den Verflüchtigern kommende, dampfförmiges Nickelcarbonyl enthaltende Gas wird nun durch Türme (Zersetzer) geleitet, die mit Nickelkugeln gefüllt und auf 150 bis 200° erhitzt sind. Bei dieser Temperatur zerfällt das Nickelcarbonyl in Kohlenoxyd und Nickelmetall, das sich an den in den Türmen befindlichen Nickelkugeln abscheidet. Durch eine sinnreiche Vorrichtung werden die sich in dauernder Bewegung befindlichen Nickelkugeln, wenn sie eine bestimmte Größe (z. B. 0,5 bis 1,0 cm Dmr.) erreicht haben, aus der Apparatur ausgeschieden (*12*, *13*, *14*).

Diese Nickelkugeln sind im Handel als „Mondnickel" (Nickelpellets) bekannt und zeichnen sich durch eine große Reinheit aus (99,8 bis 99,9% Nickel). An Verunreinigungen enthält Mondnickel nur etwa 0,05% Eisen, 0,05% Kohlenstoff, Spuren von Kupfer und Schwefel. Außerdem ist es frei von Kobalt.

Carbonylhochdruckverfahren. Während bei dem soeben beschriebenen Mondverfahren vor der Carbonylbildung die Hauptmenge des Kupfers aus dem Nickel-Kupferstein entfernt werden muß, ist bei dem neuerdings bei der I.G. Farbenindustrie AG. in Deutschland in großem Umfange durchgeführten Hochdruck-Carbonylverfahren eine vorherige Behandlung des Nickel-Kupfersteins überhaupt nicht erforderlich.

Das I.G.-Carbonylverfahren beruht auf der Beobachtung von Schlecht und Naumann, daß sich das Nickel aus Nickel-Kupferstein ohne vorherige Entfernung des Kupfers in einem einzigen Arbeitsgang praktisch vollständig in Form von Nickelcarbonyl verflüchtigen läßt, wenn man das Kohlenoxyd auf dieses Material unter Druck einwirken läßt. Der Stein wird nach diesem Verfahren — ohne vorheriges Laugen, Rösten und Reduzieren — der Kohlenoxydbehandlung unter einem Druck von z. B. 200 Atm. und bei einer Temperatur von etwa 200 bis 250° unterworfen (*15*). Das aus den Hochdrucköfen mit überschüssigem Kohlenoxyd austretende Nickelcarbonyl wird durch Abkühlen unter Druck in flüssiger Form abgeschieden. Das flüssige Nickelcarbonyl (Rohcarbonyl) wird zur Reinigung von Fremdstoffen, wie Eisencarbonyl, mitgerissenem Staub von Nickelstein, Schmieröl usw., einer fraktionierten Destillation in Kolonnen unterworfen (*16*). Da Nickelcarbonyl bei gewöhnlichem Druck bereits bei etwa 43° siedet, wird es durch diese Destillation in einfacher Weise hochgereinigt.

Die Gewinnung des Nickelmetalls aus dem hochgereinigten Carbonyl geschieht ebenfalls wie beim Mondverfahren durch thermische Zersetzung,

d. h. durch Aufspalten des Nickelcarbonyls in Nickelmetall und Kohlenoxyd, das im Kreislauf durch Kompressoren den Hochdrucköfen zur Carbonylbildung wieder zugeführt wird. Die technische Ausführung der Carbonylzersetzung bei dem I.G.-Verfahren unterscheidet sich jedoch von der beim Mondverfahren dadurch, daß der Nickelcarbonyldampf in unverdünntem Zustand in einem von außen erhitzten Hohlraum zersetzt wird, wobei das Nickelmetall in Pulverform anfällt (*17*).

Dieses Nickelpulver ist als „I.G.-Nickel" im Handel und zeichnet sich ebenfalls wie das Mondnickel durch eine hohe Reinheit aus. Es ist vollkommen frei von z. B. Kupfer, Silicium, Arsen, Phosphor und enthält auch nur ganz geringe Mengen Eisen (etwa 0,02%).

Der Kohlenstoffgehalt liegt bei etwa 0,05%. Für besondere Zwecke können die Gehalte an Eisen und Kohlenstoff bis auf Spuren erniedrigt werden, der Nickelgehalt in einem derartigen Metall beträgt 99,99%. Von allen Nickelsorten des Handels enthält das pulverförmige Carbonylnickel am wenigsten Schwefel (Größenordnung etwa 0,0002%), eine Eigenschaft, die gestattet, bei der Weiterverarbeitung auf Reinnickelfertigprodukte ganz ohne den sonst erforderlichen Zusatz von Magnesium auszukommen.

In diesem Zusammenhang sei noch darauf hingewiesen, daß das I.G.-Nickelpulver beim Erhitzen auf etwa 1000° besonders leicht zusammenfrittet, und daß die so erhaltenen Sinterstücke ohne weiteres durch Pressen, Schmieden oder Walzen zu kompaktem Reinnickel (Stangen, Bleche und Drähte) verarbeitet werden können. Dieses Sinterverfahren (*18*) bietet gegenüber dem sonst üblichen Schmelzverfahren die Gewähr, daß bei der Weiterverarbeitung auf Halb- oder Fertigprodukte keine Verunreinigungen, z. B. von Tiegelmaterial, aufgenommen werden.

β) Orfordverfahren.

In noch größerem Umfange als die bereits beschriebenen Verfahren wird zur Verarbeitung von Nickel-Kupferstein auf Reinnickel in Kanada das von R. M. Thompson in Orford ausgearbeitete „Orfordverfahren" (*1*, *10*, *11*, *19*) mit anschließender elektrolytischer Raffination angewendet. Bei dem Orfordprozeß wird der Nickel-Kupferstein dem sog. Kopf-Bodenschmelzen (top and bottom smelting) unterworfen. Der Nickel-Kupferstein wird hierbei mit Natriumbisulfat und Koks im Wassermantel-Schachtofen verschmolzen. Hierbei bilden sich mit dem in dem Stein enthaltenen Cuprosulfid leicht schmelzbare Doppelsulfide, die spezifisch leichter sind, als das in dem Stein enthaltene Nickelsulfid. Die Nickelsulfidschmelze sammelt sich im unteren Teil des Behälters an, während die kupfersulfidhaltige Schmelze darüber schwimmt. Beim Erkalten kann der an Kupfer angereicherte „Kopf" (top) von dem an Nickel angereicherten „Boden" (bottom) abgetrennt werden. Da jedoch bei einmaliger Durchführung des Prozesses mit Natriumsulfid keine quantitative Trennung von Nickel und Kupfer erfolgt, wird das Schmelzen wiederholt, wobei schließlich Böden mit etwa 70% Nickel, 1 bis 2% Kupfer, 0,3% Eisen und etwa 23% Schwefel erhalten werden. Dieses Produkt wird in einer Kugelmühle gemahlen, mit heißem Wasser zur Entfernung des darin noch enthaltenen Natriumsulfids gewaschen und in Dwight-Lloyd-Anlagen abgeröstet. Das so erhaltene Röstgut wird mit Kohle reduzierend zu Rohnickel mit 95% Nickel, 2,7% Kupfer, 1% Eisen und 0,8% Schwefel verschmolzen. Das in den Köpfen noch enthaltene Nickel wird bei deren Aufarbeitung auf Kupfer verschlackt und im Schachtofen wieder zu Nickel-Kupferstein verarbeitet. Das oben erwähnte geschmolzene Rohnickel wird zu Anoden vergossen und wie nachstehend beschrieben, elektrolytisch gereinigt.

Elektrolytische Raffination von Rohnickel. Rohnickel, wie es in großen Mengen bei dem oben beschriebenen Orfordverfahren anfällt, wird durch Elektrolyse nach dem Hybinetteverfahren gereinigt (*20, 24*). Als Elektrolyt dient hierbei eine schwach saure Nickelsulfatlösung. Bei Stromdurchgang lösen sich von den Anoden Nickel und die Verunreinigungen Kupfer und Eisen, während die noch darin enthaltenen Edelmetalle als Schlamm anfallen. Die Nickelkathoden, die durch Niederschlagen von Nickel auf Aluminiummutterblech erhalten werden (starting-sheets), hängen in auf Holzrahmen gespannten Filtersäcken. Der Elektrolyt strömt mit derartiger Geschwindigkeit vom Kathodenraum in den Anodenraum, daß ein Hinüberwandern der Kupfer- und Eisenionen vom Anodenraum in die Kathodenflüssigkeit vermieden wird. Aus dem Anodenraum wird die abfließende Lauge in Zementationsbehälter geleitet, in denen mit reduziertem Nickel das Kupfer ausgefällt wird. Aus der entkupferten Lösung wird dann durch Einblasen von Luft und gegebenenfalls durch Zusatz von Nickelkarbonat das Eisen ausgefällt. Die so erhaltene reine Nickelsulfatlösung geht in den Kathodenraum zurück. Früher wurde die Abscheidung des Kupfers nicht durch Zementieren mit frisch reduziertem Nickel, sondern durch ein Material bewirkt, das durch Reduktion von teilweise ausgelaugtem Nickelstein hergestellt war (*21, 22, 23*).

Eine andere Arbeitsweise, die jedoch heute praktisch verlassen ist (*24*), bestand darin, daß der Elektrolyse Rohnickelanoden unterworfen wurden, die genügend Schwefel enthielten. Hierbei löste sich praktisch nur das Nickel, während die Verunreinigungen, wie Kupfer, Antimon, Arsen, als Sulfid in den Anodenschlamm gingen. Es gelang auf diese Weise, aus Anoden mit etwa 93% Nickel ein Elektrolytnickel mit etwa 99% Nickel herzustellen, doch wies dieses Verfahren erhebliche Nickelverluste durch Bildung schwer löslicher, in den Anodenschlamm gehender Nickelverbindungen auf.

Allgemein kann gesagt werden, daß durch elektrolytisches Raffinieren ein sehr reines Nickel erhalten wird. So wird z. B. nach dem in Kanada in größtem Umfange durchgeführten, oben beschriebenen „Orfordverfahren“ mit anschließender elektrolytischer Raffination das handelsübliche „Kathodennickel" erhalten, das beispielsweise folgende Analyse zeigt:

99,95% Nickel (einschließlich 0,3 bis 0,4% Kobalt),
0,01 bis 0,04% Eisen,
0,01 bis 0,03% Kupfer,
Spuren Kohlenstoff, Silicium und Schwefel (*25*).

d) Nasse Verfahren.

Während bei den bisher beschriebenen Verfahren die Trennung des Nickels vom Kupfer entweder durch die Nickelcarbonylbildung oder durch den „Orford"-Schmelzprozess bewirkt wird, erfolgt diese Trennung bei den nachfolgend beschriebenen, in der Praxis jedoch nur in geringem Umfange angewandten Verfahren auf nassem Wege. Von den vielen Vorschlägen in dieser Richtung seien hier nur einige angeführt, die eine gewisse technische Bedeutung erlangt haben.

Nach HYBINETTE wird der geröstete Nickel-Kupferstein mit schwefelsaurer Elektrolyseablauge behandelt. Hierbei geht die Hauptmenge des Kupfers in Lösung, während das Nickel zurückbleibt und durch reduzierendes Einschmelzen auf Anoden verarbeitet wird. Bei diesem Verfahren sind zur Erreichung kupferfreier Nickelsulfatlösungen bzw. möglichst kupferarmer Nickelanoden und nickelfreier Kupfersalzlösungen eine Reihe von Arbeitsgängen notwendig, die hier im einzelnen nicht beschrieben werden können (*21, 22, 24*).

Nach HÖPFNER-BROWNE (*26, 30*) wird aus dem abgerösteten Kupfer-Nickelstein durch reduzierendes Einschmelzen eine Kupfer-Nickellegierung hergestellt. Ein Teil dieser Legierung wird zu Anoden vergossen, der andere Teil zu Granalien verarbeitet, die in Natriumchloridlösungen unter gleichzeitigem Einleiten von Chlor gelöst werden. Die erhaltene Nickelchlorid-Kupferchloridlösung wird der Elektrolyse unterworfen, wobei die oben erwähnten Kupfer-Nickelanoden in Lösung gehen und das Kupfer aus der Lösung kathodisch abgeschieden wird. Aus dem Elektrolyten wird dann mit Natriumsulfid der Rest des Kupfers und nach Oxydation mit Chlor das Eisen mit Natriumhydroxyd ausgefällt. Nach dem Eindampfen, wobei ein größerer Teil des Natriumchlorids ausgeschieden wird, erhält man eine reine Nickelchloridlösung, aus der bei Anwendung von Anoden aus Graphit und einer Badspannung von etwa 3,4 V ein sehr reines Kathodennickel mit nur etwa 0,08% Eisen und 0,014% Kupfer erhalten wird (*27*).

Das Verfahren von SAVELSBERG (*20, 30*), das in Deutschland bei der Elektrometallurgischen G. m. b. H. in Papenburg (Ems) eine Reihe von Jahren durchgeführt wurde, arbeitete wie folgt: der gemahlene Nickel-Kupferstein wird mit Ablauge und Chlor, die aus der Nickelchloridelektrolyse stammen, vollkommen gelöst. Aus dieser Lösung wird unter Einblasen von Luft das Eisen durch Nickel-Kupferstein gefällt. Aus der

Nickelchlorid-Kupferchloridlösung wird zunächst die Hauptmenge des Kupfers durch Elektrolyse, der Rest des Kupfers durch Eisen als Zementkupfer ausgeschieden. Die Entfernung des Eisens und Kobalts aus der Lösung wird durch Chlorkalk und die Entfernung der letzten Spuren von Kupfer und anderer Verunreinigungen durch Schwefelwasserstoff bewirkt. Wie beim HÖPFNER-BROWNE-Verfahren wird auch hier aus der Nickelchloridlösung das Nickelmetall in sehr reiner Form durch Elektrolyse gewonnen.

Neuere Arbeiten von BOGITCH (*28*) (Reinigung von Altnickel), FEDOTIEFF, KINKULSKY (*29*) zeigen, daß sich Elektrolytnickel aus Chloridlösungen am günstigsten bei etwa 80°, einem p_H von 6,2 bis 6,8 und einer Stromdichte von etwa 4,5 Amp./dm^2 abscheiden läßt.

Das Verfahren von HAGLUND (*20, 30*) und auch jenes von MOHR-HEBERLEIN (*20, 30*) gehen von abgeröstetem Nickel-Kupferstein aus, der dann teilweise bzw. ganz reduziert und mit Schwefelsäure bzw. schwefelsauren Elektrolyseendlaugen berieselt wird. Aus der zunächst hierbei entstandenen verunreinigten Nickelsulfatlösung wird das Kupfer durch abgerösteten und dann reduzierten Nickel-Kupferstein zementiert. Das Nickel wird aus der Nickelsulfatlösung durch Elektrolyse unter Verwendung von Bleianoden, die durch Diaphragmen vom Kathodenraum getrennt sind, abgeschieden.

e) Unmittelbare Verarbeitung von Nickelerzen.

Bei allen bisher beschriebenen Verfahren war die erste Stufe die Anreicherung des Nickels durch Erschmelzen des Nickelsteins. Es wurden jedoch auch eine Reihe von Vorschlägen gemacht, das Nickel unmittelbar aus dem Erz ohne Steinschmelzen zu gewinnen.

Hier ist zunächst zu nennen, das sog. RENNverfahren von JOHANNSEN (Krupp-Grusonwerk). Nach diesem Verfahren werden arme silikatische Nickelerze zunächst in einem Drehtrommelofen auf „Luppen“ mit etwa 8% Nickel und 85% Eisen verarbeitet. Durch Verblasen im Konverter wird dann eine weitgehende Anreicherung des Nickels in diesen „Ferro-Nickelluppen“ erzielt (*31*), die sich zur Herstellung von Nickelstahl eignen sollen. Ganz reines Nickelmetall läßt sich jedoch nach diesem Verfahren ohne weitere Nachbehandlung z. B. durch elektrolytische Raffination nicht erzielen.

Ein neuer Vorschlag zur unmittelbaren Verarbeitung armer Nickelerze von TAFEL und LAMPE (*32*) besteht darin, daß das Erz mit einem Zuschlag von Kochsalz mit an Sauerstoff angereichertem SO_3-haltigem Röstgas bei etwa 400° behandelt und dann mit Wasser das Nickelsalz ausgelaugt wird.

Weitere Vorschläge beruhen auf der leichten Chlorierung des in den Erzen enthaltenen Nickels z. B. mit Chlor (*33*).

Technische Bedeutung haben diese Verfahren jedoch bis heute noch nicht erlangt. Auch ist der Reinheitsgrad des nach all diesen Vorschlägen gewonnenen Nickelmetalls nicht so hoch, wie bei den Verfahren, die über das Nickelcarbonyl oder über die Elektrolyse gehen.

Literatur.

1. TAFEL, V.: Lehrbuch der Metallhüttenkunde, Bd. 2 (1929) S. 524f.
2. REITLER, E.: Metallbörse Bd. 24 (1934) S. 1530, 1562.
3. TAFEL, V.: Lehrbuch der Metallhüttenkunde, Bd. 1 (1927) S. 267; Bd. 2 (1929) S. 530, 544.
4. MOND, L., C. LANGER, F. QUINCKE: J. chem. Soc. Bd. 57 (1890) S. 749. — Chemiker-Ztg. Bd. 14 (1890) Rep. 200.
5. DRP. 57320 (1890), L. MOND; DRP. 95417 (1895), L. MOND.
6. MOND, L.: Chem. News Bd. 64 (1891) S. 108; Bd. 72 (1895) S. 283.
7. MOND, L.: J. Soc. chem. Ind. Bd. 10 (1891) S. 774; Bd. 14 (1895) S. 945.
8. DRP. 177964 (1905), Mond Nickel Co.; DRP. 177965 (1905), Mond Nickel Co.
9. MOND, ROBERT L.: Chim. et Ind. Bd. 21 (1929) S. 693f. (113 T), 937.
10. BRENTHEL, F.: Arch. Erzbergb., Erzaufbereitung, Metallhüttenwes. Bd. 2 (1936) S. 85.
11. Engng Min. J. 1930, S. 495.
12. NAEF, E.: Der MOND-LANGER-Prozeß. F. ULLMANNS Enzyklopädie der technischen Chemie, 2. Aufl., Bd. 8 (1931) S. 117f.
13. Chem. Age, Lond., Bd. 13 (1934) S. 58.
14. GRIFFITHS, W. T.: Met. Ind., Lond. 1937, S. 95.
15. DRP. 618108 (1932), I.G. Farbenindustrie AG., L. SCHLECHT, M. NAUMANN.
16. DRP. 483603 (1927), I.G. Farbenindustrie AG., C. MÜLLER, L. SCHLECHT, E. KEUNECKE.
17. DRP. 511564 (1926), I.G. Farbenindustrie AG., C. MÜLLER, L. SCHLECHT, W. SCHUBARDT.
18. HAMPRECHT, G., L. SCHLECHT: Metallwirtsch. 1933, S. 281.
19. DRP. 91288 (1893), R. M. THOMPSON.
20. SAVELSBERG, W.: Metall u. Erz Bd. 31 (1934) S. 222f.
21. U.S.P. 805969 (1905), ferner U.S.P. 1128315 (1915) u. DRP. 300334 (1915), N. V. HYBINETTE.
22. TAFEL, V.: Lehrbuch der Metallhüttenkunde, Bd. 2 (1929) S. 559f., 573f.
23. BRENTHEL, F.: Arch. Erzbergb. Erzaufbereitung, Metallhüttenwes. 1936, S. 86f.
24. HYBINETTE, N. V., G. EGER: Nickel V. ENGELHARDTS Handbuch der technischen Elektrochemie, Bd. 1 (1931) Teil 1, S. 294f.
25. WAEHLERT, M.: Nickelhandbuch, Teil: Nickel, Frankfurt a. M. S. 2; Nickelinformationsbüro, 1934.
26. Brit.P. 13336 (1893); Brit.P. 11307 (1894) u. Brit.P. 17745 (1895), C. HOEPFNER.
27. BILLITER, J.: Techn. Elektrochemie, Bd. 1 (1923) S. 230.
28. BOGITCH, B.: C. R. Acad. Sci., Paris Bd. 188 (1929) S. 328.
29. FEDOTIEFF, N., R. KINKULSKY: Z. anorg. allg. Chem. Bd. 224 (1935) S. 337.
30. WOHLWILL, H.: Die Nickelgewinnung durch Elektrolyse. V. TAFEL: Lehrbuch der Metallhüttenkunde, Bd. 2 (1929) S. 573f.
31. DRP. 636333 (1934), Friedrich Krupp-Grusonwerk AG., JOHANNSEN.
32. TAFEL, V. u. G. LAMPE: Metall u. Erz Bd. 34 (1937) S. 342.
33. DRP. 52035 (1889), NATUSCH; DRP. 100142 (1897) STORER; DRP. 596410 (1929) u. DRP. 618462 (1932), Meyer Mineral Separation & Co.

B. Darstellung und Eigenschaften von reinstem Nickel.

Von **M. Waehlert**, Frankfurt a. M.

Mit 6 Abbildungen.

Die im vorhergehenden Abschnitt geschilderten Rohnickelsorten dienen zur Herstellung des handelsüblichen reinen Nickels und seiner Legierungen in Form von Halbzeugen und Fertig-Erzeugnissen. Die Eigenschaften des handelsüblichen Nickels und seiner Legierungen sind allgemein bekannt (*1, 2, 3*). Die folgenden Ausführungen sollen sich daher lediglich mit den Versuchen zur Darstellung reinsten Nickels sowie dessen Eigenschaften befassen.

Die Bemühungen bei der Raffination des Nickels gelten sowohl der restlosen Entfernung von Beimengungen als auch von Gasen. Besonderes Interesse finden hierbei Sauerstoff, Schwefel und Wasserstoff, die als Schädlinge betrachtet werden.

Aus den Untersuchungen von Merica und Waltenberg über die Verarbeitbarkeit von Nickel (*4*) ist bekannt, daß beim Schmelzen von Nickel in Gegenwart von *Sauerstoff* Nickeloxyd (NiO) entsteht. Dieses bildet mit dem Nickel ein Eutektikum, welches etwa 0,24% O entsprechend 1,1% NiO enthält. Sein Schmelzpunkt liegt bei 1438° C.

Die Löslichkeit von Sauerstoff bzw. NiO in geschmolzenem Nickel in Abhängigkeit von der Temperatur wurde in einem Induktionsofen unter Vakuum von Hensel und Scott (*5*) untersucht.

Nach ihren Bestimmungen enthält das Eutektikum 0,214% O mit einem Schmelzpunkt von 1435° C.

Mit zunehmender Temperatur steigt die Löslichkeit von NiO wie folgt:

1465° C . . .	0,294 % O
1550° C . . .	0,423 % O
1650° C . . .	0,526 % O

wozu bemerkt wird, daß die Lösung von Nickeloxyd in geschmolzenem Nickel abhängig von der Badbewegung, der Zeit und der Temperatur ist.

Die Lösung von Sauerstoff im Nickel bleibt nach den Untersuchungen von Merica und Waltenberg überraschenderweise unterhalb der eutektischen Zusammensetzung ohne Einfluß auf die Schmiedbarkeit des Nickels. Der Einfluß anderer Gase auf die Schmiedbarkeit des Nickels wurde ebenfalls von den genannten Forschern untersucht. Sie schmolzen Elektrolytnickel sowohl unter Wasserstoff als auch Kohlenoxyd in einem gasgefeuerten Ofen sowie in einem Induktionsofen in offenen Tiegeln ein. Aus der Beobachtung, daß alle Blöcke in gleicher Weise schmiedbar blieben, schloß man, daß das Nickel von den Gasen CO, CO_2 oder N hinsichtlich seiner Schmiedbarkeit nicht beeinflußt wird.

Schwefel beeinträchtigt bereits in kleinen Mengen die Schmiedbarkeit des Nickels. Schwefel bzw. Nickelsulfid bilden mit Nickel ein Eutektikum bei etwa 2,15% S. Die eutektische Schmelztemperatur beträgt 644° C. Aus der Praxis weiß man, daß der Schwefelgehalt unter 0,005% liegen muß, wenn die Schmiedbarkeit nicht beeinträchtigt werden soll. Diese Erfahrung wurde durch die Untersuchung von MASING und KOCH (*6*) bestätigt gefunden. Die schädliche Wirkung des Schwefels beruht darauf, daß sich das leicht schmelzbare Eutektikum als Film längs der Korngrenzen lagert.

Ein Zusatz geringer Mengen Mangan (0,5 bis 1%) kann die Bearbeitbarkeit des Nickels, welches größere Mengen S enthält, bis zu einem gewissen Grade verbessern. Hierbei reagiert Mangan mit dem Nickelsulfid zu Mangansulfid. Dieses wiederum bildet mit Nickel ein Eutektikum, welches erst bei 1325° C schmilzt. Es hat dabei noch den Vorteil gegenüber dem Nickelsulfid-Eutektikum, daß es sich in der Form von kleinen Kügelchen und nicht in der Form eines zusammenhängenden Films anlagert, obwohl seine Ablagerung ebenfalls längs der Korngrenzen erfolgt.

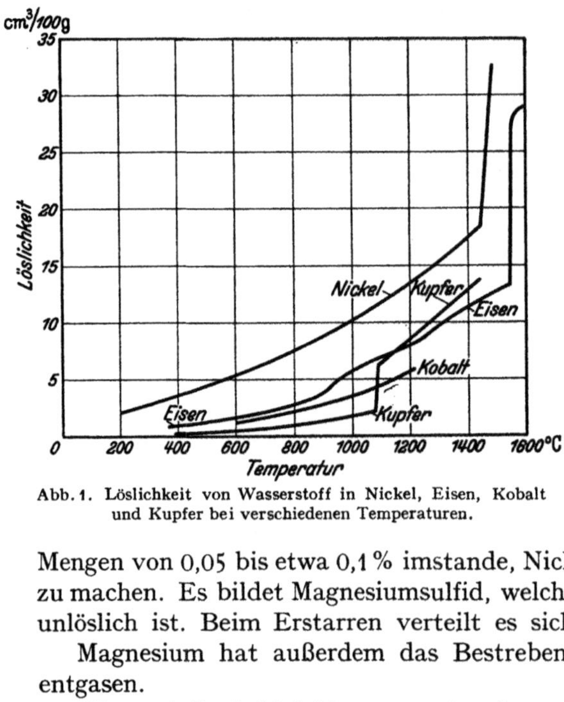

Abb. 1. Löslichkeit von Wasserstoff in Nickel, Eisen, Kobalt und Kupfer bei verschiedenen Temperaturen.

Wesentlich günstiger wirkt ein Zusatz von Magnesium. Dieses ist in Mengen von 0,05 bis etwa 0,1% imstande, Nickel vollkommen schmiedbar zu machen. Es bildet Magnesiumsulfid, welches im geschmolzenen Nickel unlöslich ist. Beim Erstarren verteilt es sich durch das ganze Gefüge.

Magnesium hat außerdem das Bestreben, geschmolzenes Nickel zu entgasen.

Wasserstoff wird leicht von geschmolzenem Nickel aufgenommen und auch noch im erstarrenden Block zurückbehalten (*7*, *8*, *9*). Er soll teils als Verbindung, teils als feste Lösung vorhanden sein, wobei deren relative Menge von der Temperatur abhängig ist (*7*).

Bei konstanter Temperatur ist die Löslichkeit von Wasserstoff gleich wie bei anderen Gasen in Metallen proportional der Quadratwurzel des Druckes.

Die Löslichkeit in Abhängigkeit von der Temperatur zeigt das von SMITHELLS (*10*) gebrachte Schaubild (Abb. 1).

Auch die Frage der Adsorption von Wasserstoff ist oft untersucht worden (*11*, *12*, *13*, *14*, *15*, *16*).

Zu erwähnen wären die Untersuchungen über die Passivität von Ni (*11*) in verschiedenen Lösungen: Ni befindet sich normalerweise in einem

„passiven Zustand", der nicht von einem Oberflächenphänomen abhängt. H steigert die Aktivität des Ni, so daß es Cu, Ag und andere Metalle aus Lösungen abscheidet (Wasserstofftheorie der Passivität).

Bei der Untersuchung der Adsorption von Gasen durch metallische Katalysatoren (*12*) ergab sich, daß Nickel, welches bei 600 bis 700° C reduziert wurde, verhältnismäßig wenig H aufnimmt. Dies stimmt mit der Erfahrung der Praxis überein, daß derartiges Nickel sich als Katalysator träge verhält.

Anwesenheit von *Stickstoff* in Nickel wurde verschiedentlich bei Entgasungsversuchen festgestellt. Eine Lösung wurde nicht nachgewiesen, und es liegt die Vermutung vor, daß der Stickstoff an das im Nickel enthaltene Mangan gebunden war und nicht im Nickel gelöst vorlag. Untersuchungen über die Diffusion von Stickstoff durch Nickel ergaben, daß eine solche sehr gering ist, was auch auf eine schlechte Löslichkeit im festen Zustande schließen läßt (*17*).

Über den Einfluß anderer Elemente wäre noch zu erwähnen:

Kohlenstoff bildet mit Nickel ein Eutektikum bei 2,20% C mit einem Schmelzpunkt bei 1315° C (*18*). Bei dieser Temperatur beträgt die Löslichkeit des Kohlenstoffs im Nickel 0,52%, während bei Raumtemperatur nur 0,15% C gelöst werden.

Silicium bewirkt in Gehalten von etwa 5 bis 8% Ausscheidungshärtung; dabei sind Legierungen bis zu 7% Si bearbeitbar (*19*).

Der Einfluß von C, S, Si und As wurde von MERICA und WALTENBERG (*4*) untersucht. Sie fanden, daß Elektrolytnickel mit 0,17% C, 0,005% S und 0,29% Si wie auch Blöcke mit 0,17% C und 0,04% As schmiedbar bleiben.

Aluminium geht in kleinen Mengen in feste Lösung, wodurch die magnetische Umwandlung erniedrigt wird (*20*).

Beryllium wird bei Raumtemperatur bis zu etwa 2% gelöst, bei höheren Temperaturen jedoch stärker (*21*). Infolgedessen zeigen Be-Ni-Legierungen Ausscheidungshärtung.

Chrom löst sich in Nickel bis etwa 32%, wodurch die magnetische Umwandlung sehr erniedrigt wird (*22*).

Kupfer (*23*) und *Kobalt* (*24*) bilden mit Nickel durchweg Mischkristalle.

Zink geht bis zu 28% in feste Lösung (*25*).

Blei ist unlöslich, *Silber* geht bis etwa 1% (800° C) in feste Lösung (*26*).

Gold bildet bis zu 11,5% eine feste Lösung (*27*).

a) Darstellung reinsten Nickels.

Die Ausführungen über die Erzeugung reinen Rohnickels im vorigen Abschnitt zeigten, daß sich im Großbetrieb sowohl durch elektrolytische Raffination als auch durch den Carbonylprozeß Nickelsorten von großer Reinheit erzielen lassen. So besitzt handelsübliches Kathodennickel beispielsweise 99,9% Ni + Co mit geringen Mengen von Fe und

Cu, Spuren von C, Si und S, Carbonylnickel etwa 99,9% Ni mit geringen Verunreinigungen an Fe und C, Spuren Cu und S.

Durch besondere Führung des Carbonylverfahrens kann der Nickelgehalt bis auf 99,98% gesteigert werden, wobei Fe, C und S nur noch in Spuren vorhanden sind.

Zur Darstellung reinsten Nickels im Laboratorium wurde stets die elektrolytische Raffination angewandt mit oder ohne nachfolgendem Umschmelzen (*16*, *28*, *29*, *30*, *31*, *32*, *33*, *34*, *35*).

Die meisten Forscher gingen hierbei von reinem Kathodennickel aus, beschritten aber verschiedene Wege zur Raffination. Es dürfte daher interessieren, auf einige Darstellungsmethoden kurz einzugehen, insbesondere, da das hierbei erzeugte Nickel den später zu schildernden Eigenschaftsprüfungen zugrunde lag.

SMITHELLS, WILLIAMS und AVERY (*28*) glühten das Kathodennickel zunächst bei 1000° im Wasserstoffstrom, um allen Sauerstoff zu entfernen und den S-Gehalt zu vermindern. Darauf wurde es im Hochfrequenzofen umgeschmolzen, anfänglich unter Wasserstoff-, später unter Stickstoffatmosphäre. Sie erhielten so ein Nickel mit 99,91% Ni+Co und 0,003% S, welches im übrigen von hoher spektroskopischer Reinheit — es zeigten sich lediglich schwache Linien von Ca, Cu, Al, Cr und Zn — war.

JORDAN und SWANGER (*29*) glühten ihr Kathodennickel bei 1050° C durch $1^1/_2$ Stunden in Wasserstoff. Sie erreichten dadurch eine Verminderung des S-Gehaltes bis auf 0,002%. Durch nachfolgendes Schmelzen im Hochfrequenzofen unter Vakuum wurde ein Nickel mit 99,94% Ni erhalten. Die Beimengungen betrugen: Fe 0,024%, Cu 0,016%, Co 0,016%, Mg 0,003%, S 0,004%, O 0,001%. Ihre Arbeit ist auch insofern interessant, als ausführlich über Mißerfolge mit ungeeignetem Tiegel- und Ofenmaterial wie auch deren Überwindung berichtet wird.

HUNTZICKER und KAHLENBERG (*11*) stellten reinstes Nickel durch Elektrolyse einer Nickelazetatlösung bei Verwendung einer Platinanode dar (Analyse wird nicht angegeben) und untersuchten es ohne Umschmelzen.

Mit dem Problem der Entfernung von Kupfer, Eisen und Kobalt aus Nickellösungen mittels Elektrolyse unter Verwendung einer mit hoher Geschwindigkeit rotierenden Kathode befaßten sich FINK und ROHRMAN (*30*). Als Ausgangsmaterial dienten Nickelsulfatlösungen, welche aus Mondnickel hergestellt worden waren unter Hinzufügung bekannter Mengen von Kupfer. Mit Hilfe einer sehr genauen Kontrolle des p_H-Wertes, des Stromes, der Temperatur und der Kathodengeschwindigkeit gelang es, Kobalt vollständig und Kupfer bis auf eine Spur im Spektrogramm zu entfernen. Cr, Si, Mg, Mn, As und Sn waren nicht vorhanden, B und Na waren sichtbar (infolge Verwendung von Natriumborat im Elektrolyten zur Konstanthaltung des p_H-Wertes). Leider wurde der Schwefelgehalt nicht angegeben. Es wird aber bemerkt, daß die Verwendung eines Chloridbades Verunreinigungen durch Schwefel verhinderte. Eisen ließ sich am besten durch Niederschlagen als Hydroxyd entfernen. Das erhaltene Metall wurde ohne Umschmelzen für Widerstandsmessungen verwendet.

Eine einfache Methode, ein Nickel von hoher Reinheit in schmiedbarer Form herzustellen, wurde von WESLEY kürzlich im Forschungslaboratorium der International Nickel Company, Bayonne, New Jersey, angewandt (Privatmitteilung, eine Veröffentlichung erfolgt in Kürze): Mondnickel wurde in Salzsäure gelöst und von Eisen, Kupfer und Kobalt mit Hilfe von Nickelperoxyd befreit. Die letzten Spuren von Kupfer wurden durch Schwefelwasserstoff entfernt. Darauf wurde Borsäure zugesetzt und mit Hilfe von Platin-Iridium-Anoden elektrolysiert. Man erhielt einen Niederschlag von 3 mm Dicke, der sich ohne weiteres kaltwalzen oder zu Draht ziehen ließ. Das Nickel zeigte eine Reinheit von 99,99%. Es erwies sich auch borfrei (sein elektrischer Widerstand bestätigte den Analysenbefund).

b) Eigenschaften.

Kristallstruktur. MAZZA und NASINI (*36*) geben folgende Zusammenfassung über die Frage der Kristallstruktur von Nickel:

1. Nickel, welches a) durch Elektrolyse, b) aus $Ni(CO)_4$ und c) durch Reduktion von Oxyd erzeugt wird, kristallisiert kubisch flächenzentriert. Die Dimensionen der Kristalle liegen zwischen $1 \cdot 10^{-2}$ bis $1 \cdot 10^{-5}$ cm.

2. Die Länge der Kanten einer Elementarzelle beträgt $3{,}513 \pm 0{,}001$ Å bis $3{,}515 \pm 0{,}001$ Å.

Der Hauptwert, der bei Proben mit normalem Gefüge gefunden wurde, ist $3{,}514 \pm 0{,}002$ Å in guter Übereinstimmung mit den Werten von WEVER (*37*), MCKEEHAN (*38*) und LANGE (*39*).

Nach Präzisionsmessungen von JETTE und FOOTE (*41*) ist aber:

$$a_{25} = 3{,}5168_{4\pm 8}\,.$$

3. Reines, kalt gezogenes Nickel, kristallisiert nach verschiedenen thermischen Behandlungen stets in flächenzentrierten Würfeln, auch wenn hin und wieder eine besondere Rekristallisation auftrat. Die Beobachtung HULLs über das Vorkommen von Nickel, welches bei gewöhnlicher Temperatur in raumzentrierten Würfeln kristallisiert, wurde nicht bestätigt gefunden. Die Kantenlänge der Elementarzelle unterscheidet sich aber nur gering von der, welche bei den vorerwähnten Proben gefunden wurde.

4. Reines, kalt gezogenes Nickel zeigt bei Glühtemperaturen bis zu 940° C keine durch Röntgenstrahlen feststellbare Rekristallisationsstruktur (dies ist auffallend, denn nach den Betriebserfahrungen ist mit Sicherheit zu erwarten, daß ein reines Nickel wesentlich unterhalb 940° C rekristallisiert). Fortgesetztes Glühen (30 Stunden bei 1200° C) ergibt ein grobes Korn (unregelmäßig orientiert) und gleichzeitig eine

wesentliche Veränderung der mechanischen Eigenschaften, wie Dehnbarkeit und Zerreißfestigkeit.

5. Abschrecken hat keinerlei Veränderung in den Gitterdimensionen des Nickels zur Folge.

6. Die relative Intensität der verschiedenen Linien ist annähernd die gleiche in den Aufnahmen aller untersuchten Proben. Sie ist in guter Übereinstimmung mit den Werten, welche mit Hilfe der für die vorliegenden Kalkulationen benutzten angenäherten Formel abgeleitet wurden.

Die von JORDAN und SWANGER (29) gefundene Kantenlänge betrug 3,525 Å und ist offenbar falsch, da sie zu viel zu niedrigen Dichten führt. Die Präzisionsmessungen von OWEN und PICKUP (40), JETTE und FOOTE (41) ergaben Werte, die alle sehr nahe bei dem von NEUBURGER (42) als besten Wert betrachtete Kantenlänge $a_{25} = 3{,}516_9 \pm 1$ liegen. Die daraus berechnete Dichte ist $d_{25} = 8{,}895$ und stimmt gut mit den experimentell bestimmten Daten von JORDAN und SWANGER überein, die für die Dichte im Gußzustand 8,907 und nach Verformung 8,901 angaben.

Allotropie. Bei kondensiertem Nickeldampf ist von BREDIG und Mitarbeiter (43) und von THOMSON (44) eine hexagonale Form des Nickels gefunden worden. Die Gitterkonstanten sind: $a = 2{,}49$, $c = 4{,}08$, $d = 8{,}8$. Es ist kein Grund dafür vorhanden, daß diese Modifikation in der Nähe des Curiepunktes auftritt und bei dieser Temperatur die gefundenen Änderungen der spezifischen Wärme zur Folge hat, wie EWERT (45) annimmt.

Wärmeausdehnung. Bei niedrigen Temperaturen zwischen —195 und 0° C beobachtete ADENSTEDT (46) folgende Längenänderungen (mm/m):

Δt in °C	Δl (beob.) mm/m	Δt in °C	Δl (beob.) mm/m
0 bis — 20	0,2466	— 100 bis — 120	0,2002
— 20 bis — 40	0,2405	— 120 bis — 140	0,1849
— 40 bis — 60	0,2317	— 140 bis — 160	0,1638
— 60 bis — 80	0,2234	— 160 bis — 183	0,1549
— 80 bis — 100	0,2135	— 183 bis — 195	0,0629

Das untersuchte Material hatte 99,8% Ni. Anomalien traten nicht auf.

Bei Temperaturen über 0° nimmt die Wärmeausdehnung nach HIDNERT [zit. (29)] folgenden Verlauf:

Mittlere Wärmeausdehnung von Nickel (HIDNERT).

t °C	Durchschnitts-koeffizient je °C · 10^6	t °C	Durchschnitts-koeffizient je °C · 10^6
25 bis 100	13,3	500 bis 600	16,9
100 bis 200	14,4	600 bis 700	17,1
200 bis 300	15,4	700 bis 800	17,7
300 bis 350	17,2	800 bis 900	18,6
350 bis 400	16,4	25 bis 300	14,4
400 bis 500	15,9	25 bis 600	15,5
		25 bis 900	16,3

Besonders sorgfältig wurde hierbei das Temperaturgebiet zwischen 300 und 400° beobachtet. Es zeigte sich eine Unregelmäßigkeit im Verlauf des Temperaturkoeffizienten bei 350° C.

Dies stimmt mit der Feststellung von EUCKEN und DANNÖHL (*47*) überein, deren Kurve nach steilem Anstieg des wahren linearen Wärmeausdehnungskoeffizienten bei 350° C eine scharfe Spitze zeigt. Ihren Untersuchungen lag „chemisch reines Nickel" zugrunde.

Ihre Untersuchungen ergaben:

20°	201°	384,1°	396,4°	498,9°	602,9°	664,8° C
13,0	14,2	18,60	15,9	16,7	17,25	18,95

Mit Hilfe der Bestimmung des Gitterparameters wurde die Wärmeausdehnung eines Nickels mit 99,98% Ni zwischen 0 und 600° C von OWEN und YATES (*48*) untersucht. Man fand zunächst bis zu einer Temperatur von 310° C eine langsam ansteigende Ausdehnung des Gitters, dann setzte ein Sprung bis zu einem außergewöhnlich hohen Wert ein bei 370° C, worauf die Kurve steil bis zu etwa 390° C abfällt, um dann wieder allmählich anzusteigen.

Die Ausdehnungskoeffizienten betrugen:

0°	300°	370°	390°	400°	600° C
13,5	16,6	26,0	15,0	17,6	17,8

Ein Vergleich dieser Ergebnisse weist darauf hin, daß sowohl die Temperatur als auch der Höchstwert des Maximums und auch der Curiepunkt um so höher liegen, je reiner das Nickel ist. Die Zahlen von OWEN und YATES (*48*) werden wohl den Werten für absolut reines Nickel sehr nahe kommen.

Die Wärmeausdehnung selbst ist um so größer, je höher der Reinheitsgrad ist.

Wärmeleitfähigkeit. Je reiner das Nickel ist, desto größer ist seine Wärmeleitfähigkeit. Bei verschiedenen Temperaturen wurden von VAN DUSEN und SHELTON (*49*) bei reinem Nickel im Vergleich mit handelsüblichem Nickel nebenstehende Werte gefunden.

Wärmeleitfähigkeit in Watt/cm · °C.

°C	Handelsübliches Nickel	Reines Nickel[1]
100	0,649	0,828
200	0,599	0,732
300	0,549	0,638
400	0,524	0,593
500	0,546	0,621
600	0,659	—

Mit zunehmender Temperatur fällt die Wärmeleitfähigkeit stark ab bis etwa 360° C, wo eine Richtungsänderung — leichter Anstieg — eintritt.

Das *Wärmereflexionsvermögen* von Nickel ist hoch, seine Wärmeausstrahlung dagegen niedrig. Die Reflexion des Nickels ist bei Wellenlängen von

$$2\ \mu: 83{,}5\,\%\,,$$
$$3\ \mu: 87\,\%\,.$$

[1] Vakuumgeschmolzen: 99,94% Ni, 0,005% C, 0,004% S, 0,016% Co, 0,006% Si, 0,006% Cu.

Die *Ausstrahlung* von poliertem Nickel beträgt (*50*) bei 100° C 8%. Sie steigt mit zunehmender Temperatur geradlinig an und beträgt 21% bei 1100° C. Nach Erwärmung sinkt die Ausstrahlung bei niedrigeren Temperaturen, behält aber bei 1100° C den ursprünglichen Wert.

Die *thermische Diffusion* beträgt nach FRAZIER (*51*) für ein Nickel mit 99,25% Ni 0,15434. Sie beträgt nach neueren Meßmethoden von STARR (*52*) bei einem Nickel mit über 99,98% Ni, 0,009% C und unter 0,1% Fe + Cu + Co bei 25° C: 0,15885 ± 0,00009 cm^2/sec und nimmt sowohl bei wachsender Unreinheit als auch mit steigender Temperatur ab.

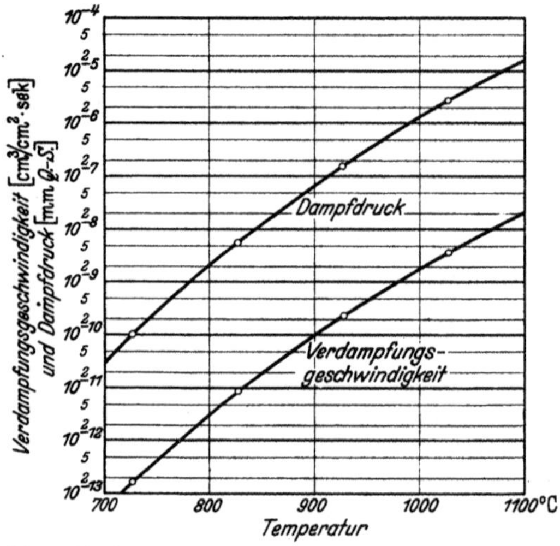

Abb. 2. Verdampfungsgeschwindigkeit und Dampfdruck von Nickel bei verschiedenen Temperaturen. (Nach H. A. JONES, J. LANGMUIR und G. M. MACKAY.)

Dampfdruck. Der Dampfdruck von Nickel wurde von JONES, LANGMUIR und MACKAY (*53*) bestimmt. Die Ergebnisse sind in Abb. 2 eingetragen.

Auf Grund einer kritischen Durcharbeitung verschiedener Forschungen gibt EUCKEN (*54*) folgende Dampfdruckgleichung:

$$\log p = -\frac{18000}{T} + 8{,}26,$$

während BRYCE (*55*) zu einem anderen Ausdruck kommt.

Schallgeschwindigkeit. Die Schallgeschwindigkeit beträgt nach Messungen von WOOD und SMITH (*56*) in einem Nickelblech $5{,}71 \cdot 10^5$ cm/sec.

Kompressibilität. Die Kompressibilität von sehr reinem Nickel (Temperaturkoeffizient des elektrischen Widerstandes zwischen 0 und 100° 0,00634 Ω/° C) wurde von BRIDGMAN (*57*) an geglühten Proben eines Stabes aus Handelsnickel und reinsten Nickeldrahtes bei 30 und 75° C über einen Druckbereich von 0 bis 12000 kg/cm^2 gemessen. Aus der experimentell bestimmten relativen Raumänderung $\Delta v/v_0$ wurde der Kompressibilitätskoeffizient K' nach der Formel:

$$K' = \frac{1}{v_0} \cdot \frac{dv}{dp} = -a + 2bp$$

bestimmt:

bei 30° C: $$\Delta v/v_0 = -0{,}529 \cdot 10^{-6} p + 2{,}1 \cdot 10^{-12} p^2;$$
$$K' = -0{,}529 \cdot 10^{-6} + 4{,}2 \cdot 10^{-12} p,$$

bei 75° C: $$\Delta v/v_0 = -0{,}535 \cdot 10^{-6} p + 2{,}1 \cdot 10^{-12} p^2;$$
$$K' = -0{,}535 \cdot 10^{-6} + 4{,}2 \cdot 10^{-12} p.$$

Schmelzpunkt. Der Schmelzpunkt des von JORDAN und SWANGER (*29*) hergestellten Nickels mit 99,94% Ni liegt nach Messungen von WENZEL und ROESER (*58*) bei 1455° C. WHITE (*59*) bestimmte die latente Schmelzwärme einer Nickelschmelze bei 1450° C mit 73 cal/g; die Analyse des untersuchten Nickels war: 99,1% Ni, 0,35% Fe, 0,16% Cu, 0,25% Si, 0,1% C, 0,03% S.

Spezifische Wärme — Atomwärme. Bei besonders tiefen Temperaturen ergeben sich nach den Bestimmungen von CLUSIUS und GOLDMANN (*60*) nach Messungen an reinstem Nickel Atomwärmen zwischen 0,023 und 0,1555 bei Temperaturen von —263,25° C bzw. —247,40° C.

Der Verlauf der Atomwärme erfolgt annähernd proportional T.

Für Temperaturen von —175° C bis —16,5° C wurden für die Atomwärme an einem Mondnickel mit 99,51% Ni nebenstehende Werte ermittelt (*61*).

t °C	Atomwärme
—175	3,225
—16,5	5,9

Die mittleren Atomwärmen betragen nach Bestimmungen von UMINO (*62*) an einem reinen Nickel mit 0,06% Fe, 0,013% Cu, 0,07% S zwischen 0 und 100°C 6,3307, zwischen 500 und 600°C 7,1402 und zwischen 900 und 1000° C 7,3182. Die entsprechenden Wärmeinhalte sind 10,79 bzw. 72,71 und 124,33.

Die mittleren Atomwärmen für flüssiges Nickel sind (*63*) bei 1451° C 9,8858 und bei 1520° C 9,5895, die entsprechenden Wärmeinhalte 244,35 bzw. 254,44.

Über die wahre Atomwärme liegen noch folgende Messungen an reinen Nickelsorten vor:

t °C	LAPP	AHRENS	GREW	*t* °C	LAPP	AHRENS	GREW
—173	3,30		3,48	327	8,45	8,44	8,58
— 73	5,29		5,51	337	8,67	8,62	8,79
— 23	5,87		6,02	347	8,95	8,93	9,05
+ 27	6,25	6,26	6,34	349	9,04	9,01	9,12
77	6,51	6,52	6,60	351	9,13	8,65	9,18
127	6,75	6,81	6,86	353	9,23	8,40	9,25
177	7,05	7,14	7,14	354	—	—	9,30
227	7,42	7,48	7,49	355	8,25	8,25	9,05
277	7,88	7,85	7,90	357	7,80	8,15	8,70
327	8,45	8,44	8,35	362	7,42	8,00	8,25
377	7,44	7,85	7,70	367	7,43	7,90	7,98
427	7,50	7,80	7,60	372	7,44	7,87	7,82
477	(7,62)		(7,72)	377	7,44	7,85	7,70

LAPP (*61*) verwendete Mondnickel. Das von AHRENS (*64*) benutzte Nickel hatte ungefähr 99,4% Ni (höchste Beimengung 0,2% Fe). GREW (*65*) prüfte HILGER-Nickel mit weniger als 0,03% Verunreinigungen. In der Gegend des Curiepunktes wurden ergänzende Bestimmungen gemacht. Die Kurven zeigen bei angenäherter Übereinstimmung einen gleichmäßigen Anstieg von etwa 350° C bis zum Curiepunkt.

Weitere Untersuchungen über die spezifische Wärme wurden noch von ROSENBOHM und JAEGER (*66*), EWERT (*45*), BRONSON und WILSON (*67*) und BRONSON, HEWSON und WILSON (*68*) durchgeführt.

BRONSON und WILSON geben aus ihren Untersuchungen bei tieferen Temperaturen die folgende Formel für C_p an:

$$C_p = D\left(\frac{372}{T}\right) + 3{,}64 \cdot 10^{-6}\, T^{5/3}.$$

MOSER (*69*) kommt zu Ergebnissen, die von denen von EWERT abweichen.

Elektrische Eigenschaften. Für den *spezifischen elektrischen Widerstand* und seinen *Temperaturkoeffizienten* wurden an Nickelsorten mit verschiedenen Reinheitsgraden folgende Werte ermittelt (*70*):

Art des Nickels	Widerstand in 10^6 Ω/cm	Temperaturbereich °C	Temperaturkoeffizient $\alpha \cdot 10^5$
Elektrolyt (*70*) (nicht geschmolzen)[1] 99,98 bis 99,99% Ni	6,141 6,844 10,327	0—100	682
Nach Erhitzung im Vakuum 30 min, 1050° C		0—100	692
Reinstes Nickel 99,94% Ni (*29*) (geschmolzen und geschmiedet) . .	7,236	0—100	670
Elektrolyt (*71*) (nicht geschmolzen) 99,8% Ni + Co.	7,55 bis 7,60	20—50	559—553
„A" Nickel (*70*) (handelsüblich geschmiedetes Nickel)	9,48 bis 11,33	20—50	450—510

Das von FINK und ROHRMAN (*30*) dargestellte Nickel hatte einen Temperaturkoeffizienten von 0,00640 zwischen 0 und 100° C. GEISS und VON LIEMPT (*32*) zeigten, daß eine Vakuumbehandlung den Koeffizienten ihrer Proben von 0,0067 auf 0,0071 erhöhte. WENNER und CALDWELL fanden, daß der Koeffizient derselben Probe durch Schmelzen von 0,00658 auf 0,00674 stieg, und führen dies auf eine Zunahme des Sauerstoffgehaltes zurück. Dies ist höchst unwahrscheinlich und FINK und ROHRMANN bemerken hierzu, daß es eher möglich sei, daß ein Unterschied in der Wärmebehandlung diesen kleinen Anstieg des Koeffizienten verursacht haben könne. SMITHELLS und RANSLEY (*72*) fanden, daß der Wert des Temperaturkoeffizienten ihres reinen Nickels mit 99,91% (Ni + 0,29% Co) zwischen 0 und 100° C 0,0067 beträgt.

[1] Dargestellt von W. A. WESLEY, Research Laboratory, The International Nickel Company, Inc.

KUSSMANN und SCHULZE (*73*) bringen in Zusammenhang mit magnetischen Untersuchungen (s. S. 358) auch den Temperaturverlauf des Temperaturkoeffizienten von 2 Nickelproben. Der Wendepunkt der Kurve des reineren Nickels (Carbonyl-Ni + 0,5% Mn) liegt bei etwa 354° C, während der des Handelsnickels bei 350° C liegt.

Elektrischer Widerstand bei tiefen Temperaturen — Supraleitfähigkeit. Für Nickel mit 0,05% Beimengungen, aus gesintertem Pulver gezogen, beträgt das elektrische Widerstandsverhältnis bei —192° C $\varrho_t/\varrho_0 = 0{,}102$ (*33*), für sehr reinen Draht (Zusammensetzung nicht angegeben) in H_2 geglüht bei —252,8° C $\varrho_t/\varrho_0 = 0{,}0662$ (*74*).

Die *thermoelektrische Kraft* von Nickel gegen Platin (Nickel ist gegenüber Platin negativ) wurde von GREW (*75*) und CALDWELL (*29*) gemessen. Ersterer verwendete einen Nickeldraht mit 99,97% Ni, der vor der Prüfung gut ausgeglüht war, letzterer das von JORDAN und SWANGER (*29*) dargestellte Nickel mit 99,94% Ni.

Die Kurve der elektromotorischen Kraft in Abhängigkeit von der Temperatur zeigt in der Gegend des Curiepunktes eine ausgeprägte Richtungsänderung.

Die Werte von CALDWELL sind folgende:

100°	200°	300°	400°	500°	600°	700°	800°	900°	1000°	1100° C
1,485	3,105	4,590	5,450	6,165	7,040	8,105	9,350	10,695	12,130	13,625 EMK mV

Die *Elektronenemission* von reinstem Nickel ist an und für sich niedrig. Zum Bau von Elektronenröhren aktiviert man daher das Nickel durch Aufbringen besonderer Metalloxyde, unter anderem Barium- und Strontiumoxyd.

Bei diesen mit einem Oxydfilm überzogenen Kathoden ist für die Größe der Elektronenemission aber wiederum die chemische Zusammensetzung des Nickels maßgebend. Hierbei scheinen die reduzierenden Elemente wie Mg, Si, Al, Ti offenbar durch Förderung der Bildung metallischen Bariums bzw. Strontiums an der Kathodenoberfläche besonders aktivierend zu wirken, während andere, z. B. Mn und Fe, die Aktivität vermindern.

Im folgenden sind einige Werte über die durchschnittliche Emission nach den Berichten von WISE (*70*) und BENJAMIN (*76*) gegeben:

	Durchschnittliche Emission bei 747° C in mA
Reines Nickel[1]	31
Ni + 0,07% Mg	45
Ni + 0,1% Ti, 0,37% Fe	45
Ni + 0,39% Ti, 1,1% Fe	46
Ni + 2,0% Al	50
Ni + 0,34% Mn	20
Ni + 2,33% Fe	22,5

[1] Chemische Zusammensetzung anscheinend folgende: 99,32% Ni, 0,29% Co, Mn Spuren, 0,0014% Fe, 0,016% Si, 0,022% C, 0,003% S, 0,006% Mg und vermutlich 0,013% Ca, 0,024% Al.

Die Arbeit bringt auch Kurven über das Verhalten der Kathoden bei Prüfung auf die Lebensdauer unter normalen Arbeitstemperaturen.

Magnetische Eigenschaften. Der Einfluß der Kaltverarbeitung auf die Induktion wurde von SANFORD an dem Nickel von JORDAN und SWANGER (*29*) untersucht. Das Ergebnis ist in Abb. 3 dargestellt.

Die höchste Permeabilität der kaltgereckten Probe lag bei etwa 70 Gauß/Oersted, während die geglühte Probe einen Wert von beinahe 1000 aufwies. Werte der höchsten Permeabilität von ungefähr 1200 konnten bei einigen Proben erreicht werden. Für ein Maximum der Feldstärke von 1000 Oersted betrug die Remanenz in dem kaltgereckten

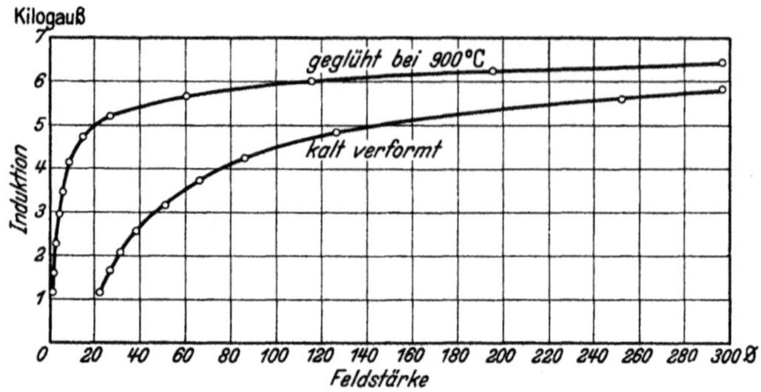

Abb. 3. Induktion von Reinnickel. (Nach JORDAN u. SWANGER.)

Stab 3280 Gauß und die Koerzitivkraft 26,0 Oersted. Nach Glühung betrugen diese Werte 5040 bzw. 6,0.

Der Sättigungswert der spezifischen Induktion $(B-H)_\infty$ betrug sowohl beim kalt gereckten als auch beim geglühten Stab 6,150 Gauß. Er stimmt somit mit dem Werte von DROZ (*77*) und HEGG (*78*) wie auch mit dem besten von MCKEEHAN (*79*) gefundenen Werte überein. Danach gilt auch für Nickel, daß der Sättigungswert lediglich vom Reinheitsgrad bzw. der Konstitution, aber nicht von anderen Umständen abhängt.

Die Frage des Curiepunktes bzw. -bereiches wurde mit den verschiedensten Methoden geprüft, ohne daß eine Übereinstimmung erzielt wurde. Eine Übersicht gibt GERLACH (*80*). So ergaben z. B. SANFORDS (*81*) Messungen Werte von 372 bis 387° C (Durchschnitt 380°) bei Erwärmung und Werte von 367 bis 377° C (Durchschnitt 371°) bei Abkühlung. KUSSMANN und SCHULZE (*73*) stellen abschließend fest, daß die Curietemperatur im Idealfall absoluter Homogenität ein scharf definierter Punkt ist und daß entgegenstehende Beobachtungen durch Schwankungen der Konzentration innerhalb kleinster Bezirke der Proben hervorgerufen werden.

Die Lage des Curiepunktes ist wiederum abhängig von dem Einfluß der Beimengungen, und zwar sollen — auf Grund der vielen Untersuchungen — die Beimengungen teils erhöhend [0,1% Co um + 1,2° C

(*82*), 0,1% Fe um +0,9°C], teils erniedrigend [0,1% Mn um —1,5°C (*83*), 0,1% Cu um 0,9°C, 0,1% Si um —8°C (*84*)] wirken. Das Nickel von JORDAN und SWANGER (*29*) zeigte folgende Werte: 371°C bei Abkühlung, 380°C bei Erwärmung. Der unter Berücksichtigung der vorgenannten Einwirkung der Beimengungen korrigierte Wert liegt nach verschiedenen Angaben zwischen 356 und 360°C.

Die ferromagnetische Längenänderung wurde bei Nickel mit 99,98% Ni von OWEN und YATES (*48*) bei etwa $2{,}4 \cdot 10^{-4}$ je Längeneinheit gefunden. Dieser Wert liegt im Vergleich zu früheren Berichten über Nickel geringerer Reinheit wesentlich höher.

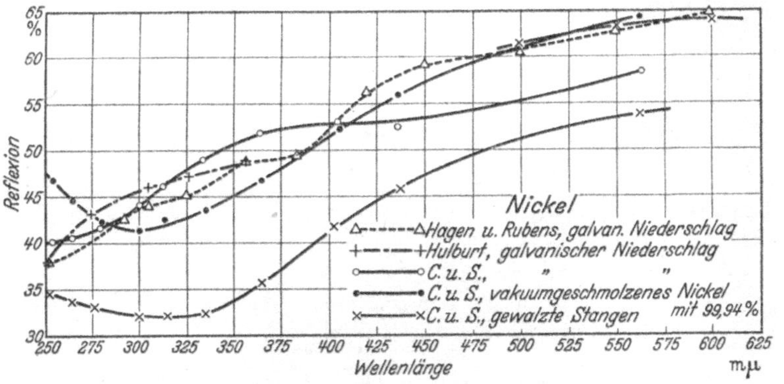

Abb. 4. Reflexion von Reinnickel im ultravioletten Gebiet. (Nach JORDAN u. SWANGER.)

Optische Eigenschaften. Die Reflexion von ultravioletten Strahlen wurde an Nickel mit 99,94% (*85*) im Vergleich mit der Reflexion einer galvanischen Vernicklung und handelsüblichem Nickel geprüft. Die Kurven in Abb. 4 zeigen, daß die galvanischen Niederschläge dem genannten Nickel etwa gleichwertig sind, diese aber das Handelsnickel wesentlich übertreffen.

Das Reflexionsvermögen von „reinem Nickel" verglichen mit Magnesiumoxyd und galvanisch niedergeschlagenem Silber betrug 35,48 bzw. 63,10% (*86*).

Das Reflexionsvermögen von Nickel in der Spektralregion wurde von HLUCKA (*87*) gemessen.

Mechanische Eigenschaften. Über die mechanischen Eigenschaften reinster Nickelsorten ist bisher nur wenig veröffentlicht worden.

Die *Härte* betrug an dem von JORDAN und SWANGER (*29*) hergestellten Nickel, gemessen an 2 Proben, 68 und 78 Brinell (BABY) bzw. 42 und 44 Rockwell (100 kg $^1/_8$ Zoll).

Die *Zerreißfestigkeit* eines geglühten Stabes derselben Herkunft betrug 32,9 kg/mm², eines Gußstückes 32,62 kg/mm². Ein gesintertes Pulvernickel höchster Reinheit mit 0,05% C hatte eine Zerreißfestigkeit von ungefähr 40 kg/mm² bei 50% Dehnung (*88*).

SMITHELLS und RANSLEY (72) untersuchten den Verlauf der Festigkeit und Dehnung eines sehr reinen Nickels mit 99,91% (Ni + Co) im Vergleich mit Nickelsorten mit geringen Beimengungen an einem Draht von 0,0425 mm Dmr.

Zerreißversuche, in Abhängigkeit von der Temperatur vorgenommen, ergaben bis zu 1000° C für das reine Nickel einen stetigen Abfall, während alle anderen Proben zwischen 200 und 450° C einen ausgeprägten Haltepunkt des Abfalls aufweisen (Abb. 5).

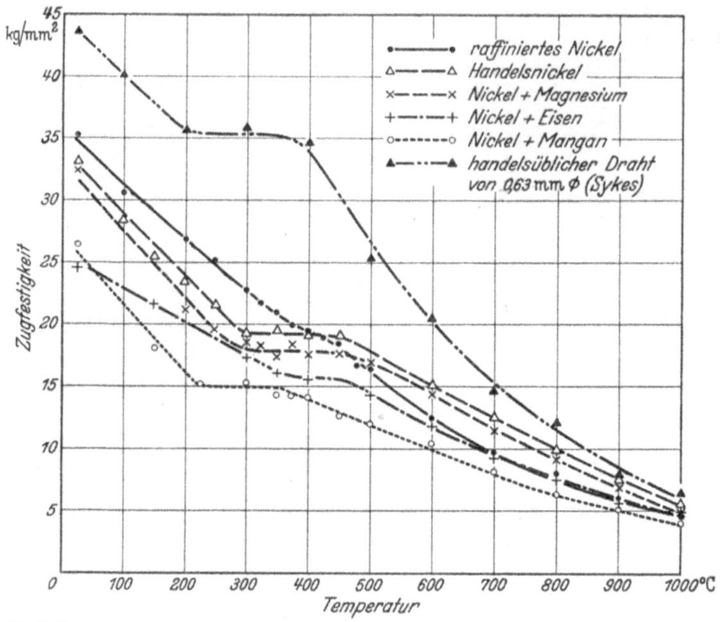

Abb. 5. Einfluß geringer Beimengungen auf die Zugfestigkeit von Nickel (Draht von 0,0425 mm Dmr.) bei verschiedenen Temperaturen. (Nach SMITHELLS u. RANSLEY.)

Die *Rekristallisationstemperatur* des vorgenannten reinen Nickels wurde mit 480° C ermittelt. Sie steigt mit zunehmenden Beimengungen und betrug bei Handelsnickel mit 99,39% (Ni + Co) 640° C, bei Ni + 2,33% Fe 580° C, bei Ni + 0,34% Mn 620° C und bei Ni + 0,7% Mg 640° C.

Die Temperaturen der *Erholung* der Festigkeit des gleichen Nickels wurden ebenfalls untersucht (s. Abb. 6). Es ergab sich, daß das reine Nickel durch Glühen auch bei niedriger Temperatur sofort weicher wird, während beim Handelsnickel und bei schwach legierten Nickelsorten zunächst eine leichte Erhöhung der Zerreißfestigkeit bis zu Temperaturen von etwa 400° C eintrat. Auffallend sind die für verformtes Material niedrigen Dehnungswerte. Die Temperaturen der Erholung für reines Nickel liegen etwa 150° C niedriger als die der legierten Proben.

Der Einfluß der vorangegangenen Kaltreckung auf die Erholungstemperatur sowie die Abhängigkeit der Erholung vom Reinheitsgrade wurden von FETZ (*89*) an Hand der Brinellhärte (die Bestimmung der Härte erfolgte nach ROCKWELL, die Umwandlung in Brinelleinheiten nach der üblichen Umrechnungstabelle) untersucht, und zwar sowohl an geschmolzenem Carbonylnickel mit 99,95% Ni und Elektrolytnickel innerhalb eines Temperaturgebietes von etwa 300 bis 500° C. Er stellte

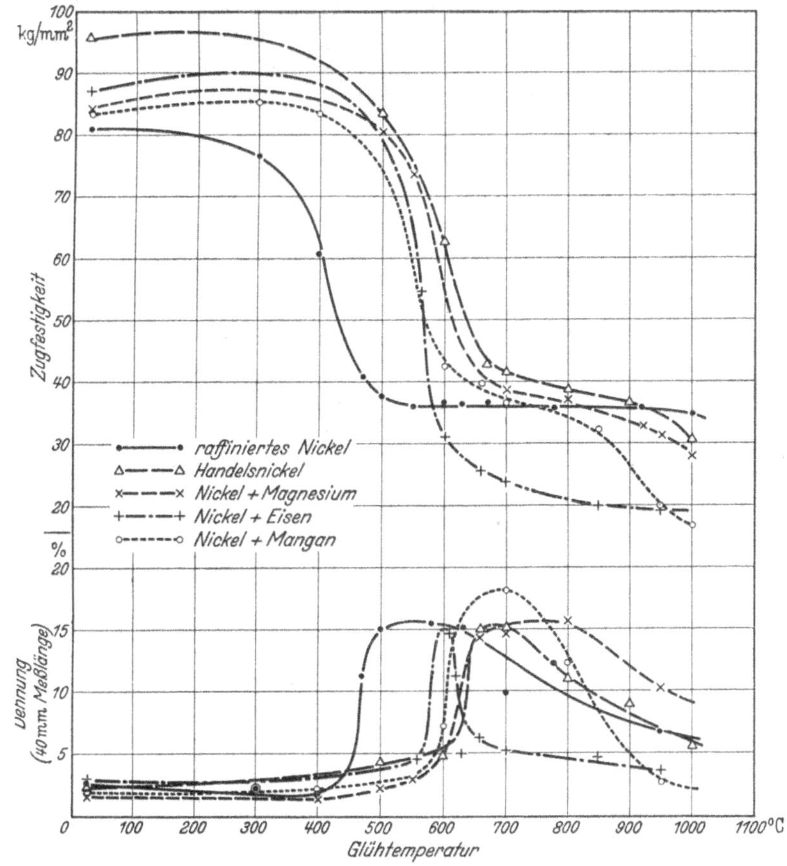

Abb. 6. Einfluß geringer Beimengungen auf Zugfestigkeit und Dehnung von Nickeldraht (0,0425 mm Dmr.) nach Glühen bei verschiedenen Temperaturen. (Nach SMITHELLS u. RANSLEY.)

fest, daß die Erholungstemperaturen direkt proportional der Kaltreckung sind. Dabei ist der Erholungsbereich recht verschieden; während Nickel, aus Nickelpulver hergestellt, bei 10%iger Reckung einen Bereich von 12,3° C zeigt, ergab eine Probe Elektrolytnickel einen Bereich von 40° C. Zu bemerken wäre hier, daß die Proben im Vergleich mit den Ermittlungen von RANSLEY und SMITHELLS einer stärkeren Kaltreckung (etwa 90%) unterworfen worden waren. Die bezüglich des Einflusses von Legierungssätzen auf das gleiche Carbonylnickel vorgenommenen Versuche ergaben eine mehr oder weniger starke Erhöhung der Erholungstemperatur gegenüber der des reinen Nickels. So zeigte sich, daß bereits 0,25% Sn die Erholungstemperatur um mehr als 200° C erhöhen. Zusätze von 0,25 und 0,75% Si verursachen Erhöhungen um 100 bzw. 140° C. Demgegenüber ist die Einwirkung von Kupfer verhältnismäßig gering. 0,75% Cu erhöhen die Erholungstemperatur um nur 50° C.

Der *Elastizitätsmodul* eines sehr reinen Einkristalls mit 0,11% Mo und 0,003% Cu betrug $2076 \cdot 10^6$ kg/cm² (*90*). Auch größere Mengen von Verunreinigungen rufen keine wesentlichen Veränderungen hervor. Eine vergleichende Untersuchung von Handelsnickel mit etwa 98,9% Ni ergab $2138 \cdot 10^6$ kg/cm².

Aushärtung. Aushärtbare Nickellegierungen können sowohl durch Zusatz von Beryllium (*91*) als auch durch Zusatz von Magnesium und Kohlenstoff (*92*) erhalten werden. Bei letzteren ist die Härtesteigerung sowohl vom C- als auch vom Mg-Gehalt abhängig. Mit 0,6% C und 0,8% Mg ergab sich ein Maximalwert von 450 Brinell. Das Optimum für eine rationelle Bearbeitung liegt zwischen 0,5 und 0,6% Mg bei 0,1 bis 0,2% C. In diesem Legierungsbereich ergeben sich Härten von 290 bis 370 Brinell.

Literatur.

1. Handbuch der anorganischen Chemie (R. ABEGG). I. KOPPEL: Nickel und seine Verbindungen, Bd. 4, Abt. II, Teil IV, Lief. 1. Leipzig: S. Hirzel 1937.
2. Nickel-Handbuch (M. WAEHLERT), herausgeg. vom Nickel-Informationsbüro G. m. b. H., Frankfurt a. M. 1938.
3. MELLOR, J.: A Comprehensive Treatise on Inorganic and Theoretical Chemistry. Bd. 15. London: Longmans Green & Co. 1936.
4. MERICA, P. D., R. G. WALTENBERG: Trans. Amer. Inst. min. metallurg. Engrs. 1925, S. 709—716.
5. HENSEL, F. R., J. A. SCOTT: Trans. Amer. Inst. min. metallurg. Engrs. 1933, S. 139, 140.
6. MASING, G., L. KOCH: Z. Metallkde. 1927, S. 278, 279. Siehe auch: Wiss. Veröff. Siemens-Konz. 1926, S. 170—174.
7. HÜTTIG, G.: Z. angew. Chem. 1926, S. 67—75.
8. SIEVERTS, A.: Z. Metallkde. 1929, S. 37—44.
9. STEACIE, E. W. R.: Trans. Faraday Soc. 1932, S. 617, 618.
10. SMITHELLS, C. J.: Gases and Metals. London: Chapman & Hall 1937.
11. HUNTZICKER, N., L. KAHLENBERG: Trans. electrochem. Soc. 1933, S. 349 bis 367.
12. TAYLOR, H. S., R. M. BURNS: J. Amer. chem. Soc. 1921, S. 1273—1287.
13. GAUGER, A. W., H. S. TAYLOR: J. Amer. chem. Soc. 1923, S. 920—928.
14. BENTON, A. F., T. A. WHITE: J. Amer. chem. Soc. 1930, S. 2325, 2326.
15. BEEBE, R. A., H. S. TAYLOR: J. Amer. chem. Soc. 1924, S. 43—52.
16. FRYLING, C. F.: J. phys. Chem. 1926, S. 818—829.
17. LOMBARD, V.: Rev. Métall. 1929, S. 343—350.
18. MISHIMA, T.: Influence of Carbon on the „Annealing Brittleness" of Nickel and its Alloys. Wld. Engng. Congress, Tokyo 1929, Vortr. Nr. 716.
19. DAHL, O. u. N. SCHWARTZ: Metallwirtsch. 1932, S. 277—279.
20. HONDA, K.: Ann. Phys., Lpz. Bd. 32 (1910) S. 1015—1017.
21. MASING, G., O. DAHL: Wiss. Veröff. Siemens-Konz. Bd. 8 (1929) S. 211 bis 214.

22. Jette, E. R., V. H. Nordstrom, B. Quenau, F. J. Foote: Amer. Inst. min. metallurg. Engrs. 1934, S. 361—375.
23. Guertler, W., G. Tammann: Z. anorg. allg. Chem. 1907, Nr. 52, S. 25—29.
24. Guertler, W., G. Tammann: Z. anorg. allg. Chem. 1904, Nr. 42, S. 353—362.
25. Heike, W., J. Schramm, O. Vaupel: Metallwirtsch. Bd. 11 (1932) S. 525—530, 539—542.
26. Guertler, W., A. Bergmann: Z. Metallkde. 1933, S. 53—57.
27. Wise, E. M.: Amer. Inst. min. metallurg. Engrs. 1929, S. 384—403.
28. Smithells, C. J., S. V. Williams J. W. Avery: J. Inst. Met. (2) 1928, S. 269—290. — Smithells, C. J., S. V. Williams, E. J. Grimwood: J. Inst. Met. (2) 1931, S. 443—454. — Ransley, C. E., C. J. Smithells: J. Inst. Met. (2) 1932, S. 287—298.
29. Jordan, L., W. H. Swanger: Bur. Stand. J. Res., Wash. 1930, S. 1291 bis 1307.
30. Fink, C. G., F. A. Rohrmann: Trans. Amer. electrochem. Soc. Bd. 57 (1930) S. 325—338; Bd. 58 (1930) S. 403—420; Bd. 59 (1930) S. 359—368.
31. Haring, M. M., E. G. van den Bosch: J. phys. Chem. 1929, S. 161—178.
32. Geiss, W., J. A. M. von Liempt: Z. Metallkde. 1925, S. 194—197.
33. Holborn, L.: Z. Phys. Bd. 8 (1922) S. 58—62.
34. Pécheux, H.: Résistivité du Nickel, de l'Aluminium Marchands et de leurs Alliages." Lumière Electrique, Tome X, Sér. 2 (1910), S. 232—239.
35. Dingwall, A., J. Zacharias, S. L. Siegel: Trans. electrochem. Soc. 1933, S. 395—400.
36. Mazza, L., A. Nasini: Phil. Mag. 1929, S. 301—311.
37. Wever, F.: Z. Elektrochem. 1924, S. 376—382.
38. McKeehan, L. W.: Phys. Rev. (2) Bd. 21 (1923) S. 402—407.
39. Lange, H.: Ann. Phys., Lpz. 1925, S. 476—492.
40. Owen, E. A., L. Pickup: Z. Kristallogr. Bd. 88 (1934) S. 116—121.
41. Jette, E. R., F. J. Foote: J. Chem. Physics Bd. 3 (1935) S. 605.
42. Neuburger, M. C.: Die Allotropie der chemischen Elemente und die Ergebnisse der Röntgenographie. Stuttgart: Ferdinand Enke 1936.
43. Bredig, G., E. S. von Bergkampf: Z. phys. Chem. Bodenstein-Festb. 1931, S. 172—176.
44. Thomson, G. P.: Nature, Lond. Bd. 123 (1929) S. 912.
45. Ewert, M.: Proc. Akad. Wetensch. Amst. Bd. 39 (1936) S. 833—838.
46. Adenstedt, H.: Ann. Phys., Lpz. 1936, S. 69—96.
47. Eucken, A., W. Dannöhl: Z. Elektrochem. 1934, S. 814—821.
48. Owen, E. A., E. L. Yates: Phil. Mag. 1936, S. 809—819.
49. Dusen, M. S. van, S. M. Shelton: Bur. Stand. J. Res., Wash. 1934, S. 429—440.
50. Barnes, B. T.: Phys. Rev. 1929, S. 1026—1030.
51. Frazier, R. H.: Phys. Rev. 1932, S. 592—595.
52. Starr, C.: Rev. sci. Instrum. 1937, S. 61—64.
53. Jones, H. A., I. Langmuir u. G. M. Mackay: Phys. Rev. 1927, S. 201 bis 214.
54. Eucken, A.: Metallwirtsch. Bd. 15 (1936) S. 27—31; S. 63—68.
55. Bryce, G.: J. chem. Soc. 1936, S. 1517.
56. Wood, A. B., F. D. Smith: Proc. phys. Soc., Lond. 1935, S. 149—151.
57. Bridgman, P. W.: Proc. Amer. Acad. Arts a. Sci. 1923, S. 166—242.
58. Wenzel, H. T., W. F. Roeser: Bur. Stand. J. Res., Wash. Bd. 5 (1930) S. 1309.
59. White, W. P.: Chem. metall. Engng. Bd. 25 (1921) S. 17—21.
60. Clusius, K., J. Goldmann: Z. phys. Chem. Abt. A 1936, S. 256—262.

61. LAPP, E.: Ann. Phys., Lpz. 1929, S. 442—521.
62. UMINO, S.: Sci. Rep. Tôhoku Univ. (1) Bd. 16 (1927) S. 593—611.
63. WÜST, F., A. MEUTHEN, R. DURRER: Forsch.-Arb. Ing.-Wes. VDI Nr. 204, S. 51.
64. AHRENS, E.: Ann. Phys., Lpz. 1934, S. 169—181.
65. GREW, K. E.: Proc. roy. Soc., Lond. A 1934, S. 509—522.
66. ROSENBOHM, E., F. M. JAEGER: Proc. Akad. Wetensch. Amst. Bd. 39 (1936) S. 363—374.
67. BRONSON, H. L., A. J. C. WILSON: Canad. J. Res. Bd. 14, Sekt. A (1936) S. 181—193.
68. BRONSON, H. L., E. W. HEWSON, A. C. J. WILSON: Canad. J. Res. Bd. 14, Sekt. A (1936) S. 194—199.
69. MOSER, H.: Phys. Z. Bd. 37 (1936) S. 737—753.
70. WISE, E. M.: Proc. Inst. Radio Engrs., N. Y. Bd. 25 (1937) S. 714—752.
71. HUNTER, M. A., F. M. SEBAST, A. JONES: Trans. Amer. Inst. min. metallurg. Engrs. 1923, S. 750—756.
72. SMITHELLS, C. J., C. E. RANSLEY: J. Inst. Met. (2) 1932, S. 287—298.
73. KUSSMANN, A., A. SCHULZE: Phys. Z. 1937, S. 42—47.
74. MEISSNER, W., B. VOIGT: Ann. Phys., Lpz. 1930, S. 761—797, 892—936.
75. GREW, K. E.: Phys. Rev. 1932, S. 356—363.
76. BENJAMIN, M.: Phil. Mag. Bd. 20 (1935) S. 1—24.
77. DROZ, A.: Arch. Sci. phys. nat. 1910, S. 204—224, 290—309.
78. HEGG, F.: Arch. Sci. phys. nat. Bd. 29 (1910) S. 592—617; Bd. 30 (1910) S. 15—45.
79. MCKEEHAN, L. W.: J. Franklin Inst. 1924, S. 583—601, 757—786.
80. GERLACH, W.: Sci. Rep. Tôhoku Univ., Prof. K. HONDA Anniversary Volume, Okt. 1936, S. 248—255.
81. SANFORD, R. L.: Bur. Stand. J. Res., Wash. 1919 II, S. 659—670 (R.P. 50).
82. MASUMOTO, H.: Sci. Rep. Tôhoku Univ. Bd. 18 (1929) S. 195—224.
83. KAYA, S., A. KUSSMANN: Z. Phys. 1931, S. 293—309.
84. MESSKIN, A., A. KUSSMANN: Die ferromagnetischen Legierungen. Berlin: Julius Springer 1932.
85. COBLENTZ, W. W., R. STAIR: Bur. Stand. J. Res. Wash. 1929 II, S. 343—348.
86. GEOGHEGAN, G.: Brit. J. Photography 1934, Beil. S. 45, 46.
87. HLUCKA, F.: Z. Phys. 1935, S. 230—235.
88. WINTER, F.: Metallbörse 1933, S. 669, 670.
89. FETZ, E.: Amer. Soc. Met., Vordruck 25 (Okt. 1937).
90. ZACHARIAS, J.: Phys. Rev. 1933, S. 116—122.
91. MASING, G., O. DAHL: Wiss. Veröff. Siemens-Konz. Bd. 8 (1929) Nr. 1, S. 211—219.
92. KROLL, W.: Metallwirtsch. Bd. 11 (1932) S. 31, 32.

51. Platin.

(Atomgewicht: 195,23.)

Von **W. GEIBEL**, Hanau a. M.

a) Herstellung des Rohplatins.

Platin findet sich als Edelmetall in der Natur hauptsächlich in gediegenem Zustande. Im Platinerz ist es legiert mit den anderen fünf Platinmetallen, mit Gold, Kupfer und Eisen, und zwar bildet das Platin mit 75—85% den Hauptbestandteil des Erzes.

Die Gewinnung des Platins aus dem russischen und kolumbischen Platinerz erfolgt nicht auf hüttenmännischen, sondern auf nassem chemischen Wege. Man kocht das Erz mit Königswasser, wobei die platinreiche Legierung in Lösung geht, während das Osmiridium ungelöst zurückbleibt. Aus der Lösung gewinnt man die Hauptmenge des Platins, indem man durch wiederholtes Eindampfen und Aufnehmen mit Salzsäure die Hauptmenge der Salpetersäure entfernt, wobei gleichzeitig eine teilweise Reduktion des in Lösung befindlichen vierwertigen Iridiums zu dreiwertigem erfolgt, das mit Salmiak nicht fällbar ist. Dann fällt man die Hauptmenge des Platins mit Salmiak als Platinsalmiak $(NH_4)_2PtCl_6$, ein sehr schwer lösliches, gelbes Salz. Hierbei werden allerdings die anderen Platinmetalle, hauptsächlich Iridium, in geringen Mengen mitgerissen, der durch Verglühen des Platinsalmiaks erhaltene Platinschwamm ist also durchaus noch nicht rein. Durch Wiederholung des Lösens in Königswasser und Fällens kann man ihn weiter reinigen, wird dies jedoch wegen der entstehenden Verluste nicht mehr als einmal tun. Man gelangt so zu einem Platin von höchstens 99%; die Hauptverunreinigungen bilden die anderen Platinmetalle, insbesondere Iridium. Der Platinschwamm wird dann im Knallgasgebläse oder im elektrischen Hochfrequenzofen geschmolzen. — Aus der Mutterlauge der Salmiakfällung gewinnt man durch Niederschlagen mit Zink den Rest des Platins und die anderen Platinmetalle.

Erheblich schwieriger gestaltet sich die Gewinnung des Platins aus den kanadischen und südafrikanischen Vorkommen, weil das Edelmetall hier nicht schon von der Natur angereichert ist wie im Ural und in Kolumbien. Dem geschilderten chemischen Verfahren müssen umständliche Aufbereitungs- und Verhüttungsprozesse vorhergehen, die hier nicht beschrieben werden sollen. Bei der Verarbeitung der kanadischen Nickelerze erhält man die rohen Platinmetalle als Anodenschlamm bei der Nickelelektrolyse. Aus ihnen werden in der Affinerie in Acton bei London Platinmetalle von recht hohem Reinheitsgrad gewonnen, so Platin von 99,93% (*1*).

b) Herstellung von reinem Platin.

Schon 1912 hat Mylius (*2*) Platin unter den Metallen aufgezählt, die im technischen Maßstabe mit dem Reinheitsgrad 4 seiner Tabelle, also mit höchstens $1 \cdot 10^{-4} = 0{,}01\%$ Verunreinigungen hergestellt werden können. Die Platinindustrie bezeichnet solches Metall als physikalisch rein, als chemisch rein dagegen ein solches mit höchstens 0,1% Verunreinigungen (Reinheitsgrad 3 nach Mylius), weil diese mit den üblichen Mitteln der chemischen Analyse kaum mehr nachweisbar sind.

Inzwischen haben aber sowohl die Technik der Reinigung des Platins als auch die wissenschaftlichen Untersuchungsmethoden große Fortschritte gemacht. Mylius und Mazzucchelli (*3*) haben mit großer Sorgfalt einen sehr guten Analysengang zur Prüfung des Platins auf

Reinheit ausgearbeitet; NODDACK (*4*) zählt Platin zu denjenigen Metallen, deren Gesamtverunreinigung weniger als 10^{-4} beträgt. Als zuverlässigstes Verfahren zur Ermittlung minimaler Verunreinigungen aber hat sich die Spektralanalyse erwiesen, insbesondere durch die Arbeiten von GERLACH. Während er 1930 im physikalisch reinen Platin noch die anderen Platinmetalle, sowie Eisen und Nickel in Spuren nachweisen konnte (*5*), hatte er schon im folgenden Jahre ein Platin von Heraeus in Hanau in Händen, das er in seiner Veröffentlichung (*6*) als das reinste bisher überhaupt hergestellte bezeichnet. Über die noch vorhandenen Verunreinigungen macht er folgende Angaben: andere Platinmetalle und Eisen sind nicht nachweisbar, dagegen sehr geringe Mengen von Calcium und Kupfer, dazu nur an ganz wenigen Stellen Strontium, Barium und Blei. Der Größenordnung nach schätzt er den Kupfergehalt auf 10^{-4}% oder weniger, den Bleigehalt an den Stellen, wo er nachweisbar ist, auf unter 10^{-3}%, den mittleren Bleigehalt also noch wesentlich tiefer. An diesem Platin wurde der Restwiderstand in der Nähe des absoluten Nullpunkts in der Physikalisch-Technischen Reichsanstalt bestimmt. Die Arbeit von GERLACH und RIEDL enthält noch weitere Angaben über die im chemisch reinen und physikalisch reinen Platin nachweisbaren Verunreinigungen, wobei aber die Berichtigung bezüglich der Bezeichnung der Platinsorten auf S. 846 zu beachten ist.

Für die Herstellung von reinem Platin sind in der Literatur folgende Methoden beschrieben:

1. Das Verfahren nach VON SCHNEIDER (*7*) und SEUBERT (*8*). Man erhitzt die salzsaure Lösung des unreinen Platins mit Natronlauge unter Zusatz von etwas Alkohol, wobei die Chloride aller Platinmetalle außer dem des Platins selbst in solche niedrigerer Wertigkeitsstufen übergehen, die durch Salmiak nicht gefällt werden. Nach dem Ansäuern der Lösung mit HCl und Abfiltrieren von etwa dabei ungelöst bleibendem Ir_2O_3 wird aus der Lösung durch NH_4Cl ein sehr reiner Platinsalmiak gefällt, der nötigenfalls durch Wiederholung des Prozesses noch weiter gereinigt werden kann. Nach diesem Verfahren arbeitete ARCHIBALD bei seiner Neubestimmung des Atomgewichts von Platin (*9*). Den erhaltenen Platinschwamm reinigte er durch Auskochen mit Salzsäure von den letzten Eisenspuren und gewann aus ihm sein Ausgangsmaterial durch elektrolytisches Lösen und Fällen. Zur Prüfung auf Reinheit bediente er sich schon der spektroskopischen Methode, die allerdings damals noch nicht so ausgebildet war; er fand keine Verunreinigung in seinem Platin.

2. Das Verfahren von FINKENER, das von MYLIUS und FOERSTER (*10*) beschrieben wurde. Es beruht auf der Umkristallisation von Na_2PtCl_6 aus verdünnter Sodalösung, bei der alle Verunreinigungen weitgehend entfernt werden. Es ergibt ein sehr reines Platin; MYLIUS und FOERSTER haben in dem damals von Heraeus bezogenen Platin bei sorgfältigster analytischer Untersuchung nach zum Teil neu von ihnen ausgearbeiteten Methoden Verunreinigungen nicht nachweisen können und schreiben

ihm einen Feingehalt von mindestens 99,99% zu. — Das FINKENERsche Verfahren hat den Nachteil, daß es wegen der leichten Löslichkeit des Na_2PtCl_6 schlechte Ausbeuten liefert, und wird deshalb in technischem Maßstabe nicht mehr verwendet.

3. Das Verfahren des amerikanischen Bureau of Standards (*11*) vermeidet die zeitraubende und doch nicht ganz zum Ziel führende Reinigung des Platins durch wiederholte Salmiakfällung dadurch, daß zunächst die Verunreinigungen entfernt werden. Zu diesem Zweck wird die Lösung des unreinen Platinschwammes auf Natriumdoppelchloride verarbeitet, etwa vorhandenes Gold mit Eisensulfat gefällt, die Lösung dann unter Zusatz von $NaBrO_3$ mit $NaHCO_3$ schwach alkalisch gemacht und zum Siedern erhitzt, wobei alle Verunreinigungen ausfallen, und dann erst im Filtrat das Platin wiederholt mit Salmiak gefällt. Das Bureau of Standards gibt den Feingehalt des so hergestellten Platins mit mindestens 99,999% an.

4. Das Verfahren von REERINK (*12*) will die Verunreinigungen von reinem Platin bei der Weiterverarbeitung (Pressen, Schmelzen usw.) umgehen. Es benutzt die Eigenschaft des Platins, mit Chlor und Kohlenoxyd flüchtige Carbonylchloride zu bilden, aus denen es z. B. auf einem Metallfaden niedergeschlagen werden kann. Das Verfahren stammt aus der Glühlampenindustrie (Philips-Eindhoven) und ist den dort für andere Metalle üblichcn Arbeitsweisen nachgebildet; es ist sehr elegant und für Spezialzwecke geeignet.

c) Physikalische Eigenschaften.

Atomgewicht. 195,23 (*13*). Es gibt fünf Isotopen (*14*).

Kristallstruktur. Das Kristallgitter ist kubisch flächenzentriert. Gitterkonstanten: $\alpha_{20} = 3{,}915_8$ (*16*). NEUBURGER (*15*) nimmt diesen Wert als den zur Zeit genauesten an. Atomradius: 1,38 Å (*17*).

Dichte. Mittelwert der direkten Messungen 21,4 (*18*, *19*, S. 63). Die röntgenographisch bestimmte Dichte des spektroskopisch reinen Metalls beträgt bei 0°: $21{,}45_9$, bei 20°: $21{,}44_7$, bei 600°: $21{,}07_7$ (*15*).

Die lineare *Ausdehnung* beträgt (*20*):

zwischen 0 und 100°: $8{,}99 \cdot 10^{-6}$,
zwischen 0 und 500°: $9{,}54 \cdot 10^{-6}$,
zwischen 0 und 900°: $9{,}94 \cdot 10^{-6}$.

Durch Röntgenmessungen findet SHINODA zwischen 0 und 1000° $9{,}9 \cdot 10^{-6}$ (*21*), aus den Daten von OWEN und YATES berechnet sich $\delta = 9{,}7 \cdot 10^{-6}$, zwischen 0 und 600°.

Kompressibilität. Die Kompressibilität beträgt nach GRÜNEISEN (*39*) $0{,}4 \cdot 10^{-6}$. BRIDGMAN (*39a*) gibt für Drähte an:

$$\text{bei } 30° \quad \frac{\Delta V}{V_0} = -10^{-6}\,(0{,}360 - 1{,}80 \cdot 10^{-6}\,p)\,p$$

$$\text{und bei } 75° \quad \frac{\Delta V}{V_0} = -10^{-6}\,(0{,}364 - 1{,}8 \cdot 10^{-6}\,p)\,p.$$

Schmelzpunkt. 1773,5 ± 1° (*22*).

Verdampfung. Die Sublimationsdrucke des Platins hat LANGMUIR (*23*) berechnet.

Eine Ergänzung und Berichtigung bringt die Arbeit von JONES, LANGMUIR und MACKEY (*25*). Den Siedepunkt des Platins berechnet NOTTINGHAM (*26*) aus Messungen an Lichtbogen zu 4180° abs.

Die Ergebnisse wurden nach EUCKEN (*24*) nochmals mit Berücksichtigung des Quantengewichts 2 neu berechnet. EUCKEN gibt für die Formel für festes Pt:

$$\log p = -\frac{28930}{T} + 16{,}20 - 1{,}775 \log T$$

und für flüssiges:

$$\log p = -\frac{27900}{T} + 15{,}70 - 1{,}775 \log T \text{ an.}$$

Daraus folgt für den Siedepunkt: 4400° K.

Durch Zusätze von anderen Platinmetallen wird der Dampfdruck des Platins stark beeinflußt; während Rhodium ihn etwas herabsetzt, erhöht ihn Iridium ganz erheblich. Der Gewichtsverlust von Blechen (*27, 28*) beträgt in Milligramm pro Stunde auf 100 cm²:

$T°$	Pt rein	mit 2,5% Ir	mit 8% Rh
900	0	0	0
1000	0,08	0,57	0,07
1200	0,81	2,5	0,54

Für die **spezifische Wärme** zwischen 0 und 1000° gibt ROTH (*29*) die einfache Formel $c_p = 0{,}03172 + 6{,}2 \cdot 10^{-6}\, t$, JAEGER (*30*) für das Gebiet zwischen 150 und 1605° die genauere Formel: $c_p = 0{,}03162 + 6{,}1725 \cdot 10^{-6}\, t + 2{,}3325 \cdot 10^{-10}\, t^2$ an.

Die Messungen von SIMON und ZEIDLER (*31*) bei sehr tiefen Temperaturen sind an technisch reinem Platin ausgeführt worden. Ein großer Fehler wird dadurch wohl nicht entstanden sein, da die spezifische Wärme von Verunreinigungen relativ wenig beeinflußt wird. Für die *Wärmeleitfähigkeit* eines Platins mit 99,95% Feingehalt wird folgende Formel angegeben (*32*):

Zwischen 19 und 1020°: $0{,}699 \cdot [1 + 2{,}83 \cdot 10^{-4}\,(t - 19{,}5°)]$.

Elektrische Eigenschaften. Die elektrische Leitfähigkeit ist eine Eigenschaft, die besonders stark vom Reinheitsgrad eines Metalls abhängig ist. So kann man an den Messungen des spezifischen Widerstandes von reinem Platin aus deren im Laufe der Jahre abnehmenden Werten auf den zunehmenden Reinheitsgrad des Metalls schließen. Insbesondere dient in neuerer Zeit die Bestimmung des Restwiderstandes bei extrem tiefen Temperaturen zur Prüfung des Reinheitsgrades.

Während GEIBEL (*45*) 1911 die EL von reinem Platin bei 0° zu $9{,}94 \cdot 10^4$, den spezifischen Widerstand also zu $10{,}06 \cdot 10^{-6}$ angibt, bestimmten GRÜNEISEN und GOENS (*46*) 1927 den spezifischen Widerstand eines sehr reinen Platins von Heraeus bei 0° zu $9{,}81 \cdot 10^{-6}$, das Widerstandsverhältnis ϱ_T/ϱ_0 bei —252,8° zu 0,00344, bei —192,0° zu 0,1214, bei —183,0° zu 0,1593. HOLM und STÖRMER (*47*) geben für ein 99,95%-Platin den spezifischen Widerstand bei 16,5° zu $10{,}538 \cdot 10^{-6}$ an. GRIGORJEW (*48*) findet für die EL eines von ihm nach MYLIUS und MAZZUCCHELLI hergestellten, besonders reinen Platins bei 25° den Wert $9{,}19 \cdot 10^4$, also $\varrho_{25} = 10{,}9 \cdot 10^{-6}$ und mit Hilfe des Temperaturkoeffizienten zwischen 25 und 100°, dessen Wert $392 \cdot 10^{-5}$ beträgt, in Übereinstimmung mit den in Deutschland und USA. gemessenen Werten $\varrho_0 = 9{,}8$, in sehr guter Übereinstimmung mit der Messung von GRÜNEISEN und GOENS (*46*). Bei russischem Handelsplatin mit 0,07% Fe, 0,04% Ir und Spuren von Gold bestimmte GRIGORJEW die EL bei 25° zu $8{,}736 \cdot 10^4$, den Temperaturkoeffizienten zwischen 25 und 100° zu 0,00372.

HERMANN (*49*) stellt fest, daß eine Gasbeladung von sehr erheblichem Einfluß auf die EL ist; dagegen ändert nach FEUSSNER (*50*) eine Zugbeanspruchung den TK der EL nicht. Nach TAMMANN und DREYER (*33*) wächst der elektrische Widerstand bei der Kaltbearbeitung; eine Erholung tritt beim Erhitzen von etwa 400° an ein.

Der Restwiderstand bei 1,35° K von reinstem Platin wurde in der Physikalisch-Technischen Reichsanstalt 1930 (*51*) zu $1{,}64 \cdot 10^{-3} \cdot \varrho_0$, 1934 (*52*) zu $3 \cdot 10^{-4} \cdot \varrho_0$ gemessen. Die letztere Probe war das von GERLACH und RIEDL (*6*) auf spektroskopischem Wege untersuchte Metall. Aus dem Vergleich der beiden Zahlen geht hervor, daß in dem zwischen den Messungen liegenden Zeitraum erhebliche Fortschritte in der Reinigung des Platins erzielt worden sind.

Ein ebenfalls häufig zur Reinheitsprüfung benutztes, aber nicht ganz eindeutiges Verfahren ist die Messung der thermoelektrischen Kraft des Platins gegen Platin-Rhodium-Legierungen. Bekanntlich dient das Thermoelement nach LE CHATELIER, dessen einer Schenkel aus reinem Platin, dessen anderer aus einer Legierung mit 10% Rhodium besteht, zur Temperaturmessung, und seine Thermokraft ist sehr genau bestimmt (*53*). Auch die Thermokräfte gegen andere Platin-Rhodium-Legierungen sind bekannt (*54*). Nun setzen die meisten im Platin vorkommenden Verunreinigungen die Thermokraft des Thermoelements herab, man schließt also aus niedrigeren Werten der Th.E.K. auf das Vorhandensein von Verunreinigungen; jedoch wirkt z. B. Iridium im umgekehrten Sinne, kann also bei gleichzeitigem Auftreten mit anderen Verunreinigungen das Vorliegen von reinem Platin vortäuschen.

Die magnetische Suszeptibilität (*55*) eines 99,95%-Platins beträgt $1{,}0 \cdot 10^{-6}$. *Austrittsarbeit.* Hierfür geben L. A. DE BRIDGE und ROEHR (*57*) den Wert 4,97 eV an.

Optische Eigenschaften. *Spektral-Linien.*

a) Wichtigste Analysenlinien (*40, 41*) . . . . . 3064,7 I
2998,0 I
2929,8 I
2733,9 I
2702,4 I
2659,4 I

b) Letzte Linie im Spektrum . . . . 3966,36 I (Restlinie)

c) Stärkste Linien im Spektrum (*42*) . . . . . 2659,45 I
2997,96 I
4498,57 I
4520,91 I
5227,04 I
5301,02 I
5475,78 I
5840,13 I
6523,46 I
7113,75 I

Reflexionsvermögen R in Prozenten (*43*).

λ	Hulburt	Meier	Königsberger	Auwärter	λ	Meier	Königsberger	Auwärter	Hagen u. Rubens
1880 Å	35				5180		60,8		
2000	38				5893	59,0			
2510	42				5900		64,3		
2573	43	37,1			6000			62	
2749	46	43,1			6500		66,5		66,5
2880	48				6680	59,4			
2981	49	47,6			6800		67,6		
3050	49				7000			67	
3255	50	48,9			7500			71	
3570	51				1,00 μ				72,9
3611		52,4			1,50				77,7
3982		57,5			2,00				80,6
4180			52,0		3,00				88,8
4200				53	4,00				91,5
4413		58,4			5,00				93,5
4440			55,2		7,00				95,5
4678		58,9			9,00				95,4
4750			57,9		11,00				95,6
5000				58	14,00				96,4
5080		58,9							

Lichtdurchlässigkeit dünner Platinschichten (*44*). Die zuverlässigsten Werte stammen von Schuch und Auwärter. Schuch benutzt Schichten, die durch Kathodenzerstäubung hergestellt sind. Ihre Durchlässigkeit ist von ihrer Dicke abhängig. Bei großer Durchlässigkeit erfolgt ein Anstieg von den kleinen nach den großen Wellen hin, bei 50% Durchlässigkeit ist sie annähernd konstant, bei kleiner Durchlässigkeit fällt sie von den kleinen nach den großen Wellen hin ab.

	Wellenlänge Å	Durchlässigkeit in %				Wellenlänge Å	Durchlässigkeit in %		
		Stufe 1	Stufe 4	Stufe 8			Stufe 1	Stufe 2	Stufe 3
SCHUCH	2536	81,6	61,0	12,2	AUWÄRTER	4200	74	39	9,5
	3022	84,7	58,4	10,0		5000	75	36	8
	4047	87,6	54,1	8,7		6000	76,5	34	7
	5016	88,2	51,8	4,8		7000	78	31	5,5
	8300	94,7	49,6	7,6					
	11200	96,2	50,5	5,8					
	24600	99,3	56,7	3,7					

Die **mechanischen Eigenschaften** des Platins sind von großem Wert für eines vielseitige Verwendbarkeit: bei verhältnismäßig geringer Härte besitzt es eine große Dehnbarkeit, die seine Verarbeitung zu den dünnsten Drähten und Folien ermöglicht. Durch direktes Walzen kann man Folien bis herab zu 0,0025 mm und beim Ziehen durch Diamanten Drähte bis herab zu 0,015 mm herstellen; noch feinere Folien und Drähte erhält man nach dem Verfahren von WOLLASTON, indem man das Platin mit einer Silberhülle umgibt, die man nach dem Walzen oder Ziehen weglöst. Von sehr großem Einfluß auf die Verarbeitbarkeit ist der Reinheitsgrad des Metalls; schon geringfügige Verunreinigungen erhöhen seine Härte und vermindern seine Dehnbarkeit. Ferner ist die Vorbehandlung entscheidend für die mechanische Eigenschaften: die Härte wächst mit dem Grade der mechanischen Verarbeitung und nimmt beim Glühen oberhalb 700° wieder ab (*33*).

Elastizitätsmodul von gegossenem Platin bei 18°: 17080 kg/mm² (*34*),
nach hundertstündigem Glühen bei 140° bei 0°: 22100 kg/mm² (*35*),
„ „ „ bei 140° bei 130°: 19680 kg/mm².

Für die *Zähigkeit* eines sehr reinen Platins bei 15° wird folgender Wert angegeben: $\eta \cdot 10^{-8} = 1{,}75$ (*36*).

Tabellen für *Härte* und *Dehnung* (*37*):

	Festigkeit kg/mm²	Dehnung %	Einschnürung %
Reinstes Platin 50% verformt . .	23,3	2,5	95
Bei 1100° angelassen	14	30	93

Für physikalisch reines Platin gelten folgende Werte (*38*):

	Tiefung nach ERICHSEN (Blechdicke 0,5 mm) mm	Brinellhärte (5/500/90) kg/mm²	Zugfestigkeit kg/mm²	Dehnung %
Ausgeglüht (1100°)	10,4	50	20	45
30% verformt	5,1	80	35	4
50% verformt	4,5	90	37	3

d) Anwendung.

Platin vereinigt in sich eine Reihe von wertvollen Eigenschaften: es ist ein Edelmetall von hohem Schmelzpunkt und sehr günstiger mechanischer Verarbeitbarkeit und besitzt die Fähigkeit der katalytischen Wirkung. Die Technik macht sich je nach ihren besonderen Zwecken die eine oder die andere, oder mehrere dieser Eigenschaften gleichzeitig zunutze. Für die meisten Zwecke genügt jedoch ein technisch reines Platin (s. S. 365), das von Unedelmetallen möglichst frei sein soll, aber noch geringe Mengen anderer Platinmetalle enthalten darf. Für viele Zwecke legiert man dem Platin die Begleitmetalle sogar absichtlich zu.

Die ältesten Absatzgebiete sind die *Bijouterie*, die aber keine besonders hohen Anforderungen an den Reinheitsgrad des Platins stellt und die *chemische Industrie*. Der Platintiegel des Chemikers muß frei von Unedelmetallen wie Eisen und Kupfer sein, da er sonst im Gebrauch nicht gewichtskonstant wäre; zur Erhöhung seiner mechanischen Widerstandsfähigkeit aber legiert man dem reinen Platin einige Zehntelprozente Rh oder Ir zu.

Sehr rein muß das Platin sein, wenn es als *Katalysator* Verwendung findet; so können z. B. geringe Verunreinigungen an Au und Ag, die für andere Zwecke bedeutungslos sind, als Katalysatorengifte schädlich sein. Benutzt man die elektrischen Eigenschaften des Platins, die Änderung seiner elektrischen Leitfähigkeit, oder die seiner thermoelektrischen Kraft gegen eine 10%-Pt-Rh-Legierung, zur *Temperaturmessung*, so muß man ebenfalls ein sehr reines Metall verwenden, und zwar physikalisch reines Platin (s. S. 366). Dagegen bestehen die internationalen Einheiten für Maß und Gewicht, Meter und Kilogramm, deren Prototype in Paris aufbewahrt werden, nicht aus reinem Platin, sondern aus 10% Pt-Ir wegen der größeren Härte dieser Legierung, und zwar aus einem Material, das zwar in den 70er Jahren des 19. Jahrhunderts das reinste herstellbare war, heute aber nur als technisch rein zu bezeichnen ist.

e) Binäre Systeme mit Platin.

Von den Legierungen des Platins sind, so weit es bei ihnen auf den höchsten Reinheitsgrad ankommt, nur diejenigen mit Rhodium zu nennen. Das Thermoelement, aus Platin und einer 10% Pt-Rh-Legierung, beide von physikalischer Reinheit, dient zur Messung von Temperaturen bis etwa 1600°. Seine Thermokraft, ebenso wie diejenige von Legierungen mit anderen Prozentgehalten an Rh gegen reines Pt, sind sehr genau gemessen (*53*, *54*).

Auch für die Herstellung der zur Ammoniakverbrennung dienenden Katalysatoren aus Legierungen von Pt mit 2—50% Rh, die nach den Patenten von du Pont und Baker (*56*) die besten Ausbeuten an Stickoxyden liefern, muß man von sehr reinen Metallen ausgehen.

Literatur.

1. Engng. Min. Wld. Bd. 1 (1930) S. 647.
2. Mylius, F.: Z. anorg. allg. Chem. Bd. 74 (1912) S. 407.
3. Mylius, F., A. Mazzucchelli: Z. anorg. allg. Chem. Bd. 89 (1914) S. 1.

4. NODDACK, W.: Metallwirtsch. Bd. 10 (1931) S. 674.
5. GERLACH, W.: Naturwiss. Bd. 19 (1931) S. 25.
6. GERLACH, W., F. RIEDL: Phys. Z. Bd. 34 (1933) S. 516, 846.
7. SCHNEIDER, W. v.: Ann. Chem. Bd. 5, Suppl. (1867) S. 261.
8. SEUBERT, K.: Ann. Chem. Bd. 207 (1881) S. 8.
9. ARCHIBALD, E. H.: Z. anorg. allg. Chem. Bd. 66 (1910) S. 169.
10. MYLIUS, F., F. FOERSTER: Ber. dtsch. chem. Ges. Bd. 25 (1892) S. 665.
11. WICHERS, E., R. GILCHRIST, W. H. SWANGER: Trans. Amer. Inst. min. metallurg. Engrs Bd. 76 (1928) S. 602.
12. REERINK, E. H.: Z. anorg. allg. Chem. Bd. 173 (1928) S. 45.
13. Internationale Tabelle, 1937.
14. DEMPSTER, A. J.: Nature, Lond. Bd. 135 (1935) S. 993.
15. NEUBURGER, M. C.: Z. Kristallogr. Bd. 93 (1936) S. 1.
16. OWEN, E. A., E. L. YATES: Phil. Mag. (7) Bd. 17 (1934) S. 113.
17. GOLDSCHMIDT, V. M.: Geochemische Verteilungsgesetze der Elemente, Bd. 7, Oslo 1926.
18. LANDOLT-BÖRNSTEINS phys.-chem. Tab. Erg.-Bd. IIIa (1935) S. 283.
19. MELLOR, J. W.: Treatise on Inorganic Chemistry, Vol. 16. New York a. London 1937.
20. AUSTIN, J. B.: Physics Bd. 3 (1932) S. 240.
21. SHINODA, G.: Proc. phys.-math. Soc. Japan Bd. 16 (1934) S. 436.
22. ROESER, W. F., F. L. CALDWELL, H. T. WENSEL, L. E. BARBROW: Bur. Stand. J. Res. Wash. Bd. 6 (1931) S. 1119.
23. JONES, H. A., I. LANGMUIR, G. M. J. MACKAY: Phys. Rev. (2) Bd. 4 (1914) S. 377.
24. EUCKEN, A.: Metallwirtsch. Bd. 15 (1936) S. 27, 63.
25. JONES, H. A., I. LANGMUIR, G. M. J. MACKAY: Phys. Rev. (2) Bd. 30 (1927) S. 201.
26. NOTTINGHAM, W. B.: Phys. Rev. Bd. 27 (1926) S. 806.
27. BURGESS, G. K., R. G. WALTENBERG: J. Wash. Acad. Sci. Bd. 5 (1915) S. 378.
28. BURGESS, G. K., R. G. WALTENBERG: J. Wash. Acad. Sci. Bd. 6 (1916) S. 365.
29. LANDOLT-BÖRNSTEINS phys.-chem. Tab. Erg.-Bd. IIIc (1936) S. 2244.
30. JAEGER, F. M.: Z. anorg. allg. Chem. Bd. 203 (1932) S. 97.
31. SIMON, F., W. ZEIDLER: Z. phys. Chem. Bd. 123 (1926) S. 383.
32. HOLM, R., R. STÖRMER: Wiss. Veröff. Siemens-Konzern Bd. 9 (1930) S. 312.
33. TAMMANN, G., K. L. DREYER: Ann. Phys., Lpz. (5) Bd. 16 (1933) S. 111.
34. GRÜNEISEN, E.: Ann. Phys., Lpz. (4) Bd. 22 (1907) S. 801; Bd. 25 (1908) S. 825.
35. JAQUEROD, A., H. MÜGELI: Helv. phys. Acta Bd. 4 (1931) S. 3.
36. IOKIBÉ, K., S. SAKAI: Phil. Mag. (6) Bd. 42 (1921) S. 397.
37. WISE, E. M., J. T. EASH: Metals Techn. Bd. 1 Nr. 8 (1934).
38. GEIBEL, W., H. HOUBEN: Werkstoff-Handbuch, Nichteisenmetalle, Bl. N 6.
39. GRÜNEISEN, E.: Ann. Phys., Lpz. (4) Bd. 33 (1910) S. 1239.
39a. BRIDGMAN, P. W.: Proc. Amer. Acad. Arts a. Sci. Bd. 70 (1935) S. 285.
40. LANDOLT-BÖRNSTEIN: Phys.-chem. Tab. — Erg.-Bd. I u. IIb.
41. GERLACH, W., E. RIEDL: Die Chemie der Emissions-Spektral-Analyse, Leipzig 1936. — LÖWE, F.: Atlas der Analysenlinien der wichtigsten Elemente, 2. Aufl. 1936.
42. KAYSER, H.: Tabellen der Hauptlinien der Linienspektra aller Elemente. Berlin 1926.

43. HAGEN, E., H. RUBENS: Ann. Phys., Lpz. (4) Bd. 1 (1902) S. 352; Bd. 8 (1903) S. 16, 432; Bd. 11 (1903) S. 873. — KÖNIGSBERGER, J.: Ann. Phys., Lpz. (4) Bd. 43 (1914) S. 1205. — HENNING, F.: Z. Instrumentenkde. Bd. 30 (1910) S. 72. — v. WARTENBERG, H.: Verh. dtsch. phys. Ges. Bd. 12 (1910) S. 105. — DRUDE, P.: Wiedemanns Ann. Bd. 39 (1890) S. 481. — LAUE, M., F. F. MARTENS: Verh. dtsch. phys. Ges. Bd. 9 (1907) S. 522. — HAGEN, E., H. RUBENS: Sitzgsber. Akad. Berlin 1909, S. 491. — PFUND, A. H.: J. opt. Soc. Amer. Bd. 12 (1926) S. 467. — HULBURT, E. O.: Astrophys. J. Bd. 42 (1915) S. 203. — MEIER, W.: Ann. Phys., Lpz. (4) Bd. 31 (1910) S. 1017. — LAUCH, K.: Ann. Phys., Lpz. (4) Bd. 74 (1924) S. 55. — FÖRSTERLING, K., V. FREEDERICKSZ: Ann. Phys., Lpz. (4) Bd. 40 (1913) S. 201. — PARTZSCH, A., W. HALLWACHS: Ann. Phys., Lpz. (4) Bd. 41 (1913) S. 247. — SCHUCH, E.: Ann. Phys., Lpz. (5) Bd. 13 (1932) S. 297. — AUWÄRTER, M.: Z. techn. Phys. Bd. 18 (1937) S. 457. — EDWARDS, H. W.: The intensity of x-rays reflected from platinum, silver and glass. Phys. Rev. (2) Bd. 37 (1931) S. 339. — NÄHRING, E.: Reflexion der Röntgenstrahlen an dünnen Schichten. Phys. Z. Bd. 32 (1931) S. 730. — GLEASON, P. R.: The reflecting power of some substances in the extrem ultraviolet. Proc. nat. Acad. Amer. Bd. 15 (1929) S. 551. — STAUSS, H. E.: The reflection of x-rays from platinum films, sputtered on glass. Phys. Rev. (2) Bd. 34 (1929) S. 1021. — COBLENTZ, W. W.: Bur. Stand. J. Res., Wash. Bd. 7 (1911) S. 215.

44. HAGEN, E., H. RUBENS: Ann. Phys., Lpz. (4) Bd. 8 (1903) S. 432. — ARTIGAS, F.: Rev. Opt. Bd. 5 (1926) S. 217. — GOLDSCHMIDT, H., H. DEMBER: Z. techn. Phys. Bd. 7 (1926) S. 137. — KIENLE, H.: Z. Astrophys. Bd. 1 (1930) S. 13. — PARTZSCH, A., W. HALLWACHS: Ann. Phys., Lpz. (4) Bd. 41 (1913) S. 247. — AUWÄRTER, M.: Z. techn. Phys. Bd. 18 (1937) S. 457.

45. GEIBEL, W.: Z. anorg. allg. Chem. Bd. 70 (1911) S. 240.

46. GRÜNEISEN, E., E. GOENS: Z. Phys. Bd. 44 (1927) S. 615.

47. HOLM, R., R. STÖRMER: Wiss. Veröff. Siemens-Konz. Bd. 9 (1930) S. 312.

48. GRIGORJEF, A. T.: Z. anorg. allg. Chem. Bd. 178 (1929) S. 213.

49. HERMANN, K.: Ann. Phys., Lpz. Bd. 77 (1925) S. 503.

50. FEUSSNER, O.: Z. Phys. Bd. 21 (1924) S. 163.

51. MEISSNER, W., B. VOIGT: Ann. Phys., Lpz. (5) Bd. 7 (1930) S. 892.

52. MEISSNER, W.: Phys. Z. Bd. 35 (1934) S. 220.

53. ROESER, W. F., F. H. SCHOFIELD, H. A. MOSER: Ann. Phys., Lpz. (5) Bd. 17 (1933) S. 243.

54. CALDWELL, F. R.: Bur. Stand. J. Res., Wash. Bd. 10 (1933) S. 373.

55. KUSSMANN, A.: Phys. Z. Bd. 36 (1935) S. 544.

56. Zum Beispiel USA. P. 1706055; DRP. 567603.

57. DU BRIDGE, L. A., W. W. ROEHR: Phys. Rev. (2) Bd. 39 (1932) S. 99.

52. Platinbegleitmetalle.

(Palladium, Rhodium, Iridium, Ruthenium, Osmium.)

Von **W. GEIBEL**, Hanau a. M.

a) Herstellung der Rohmetalle.

Die fünf Platinbegleitmetalle kommen neben dem Platin im Platinerz vor, Osmium und Iridium außerdem als selbständiges Mineral Osmiridium. Die kanadischen Nickelerze enthalten die Metalle mit

Ausnahme des Osmiums, und zwar hauptsächlich Palladium. Die Gewinnung der Metalle erfolgt wie die des Platins nicht durch hüttenmännische Verfahren, sondern auf nassem chemischen Wege.

Das Osmiridium schließt man zunächst nach der Methode von DEVILLE und DEBRAY durch Schmelzen mit überschüssigem Zink auf. Nach dem Abdestillieren oder Herauslösen des Zinks erhält man ein fein verteiltes, grauschwarzes Pulver. Aus ihm entfernt man das Osmium am einfachsten durch Erhitzen im Luft- und Sauerstoffstrom, wobei es sich als OsO_4 verflüchtigt und in der Vorlage in recht reinem Zustande aufgefangen wird. Den Rückstand schmilzt man mit Ätzkali und Salpeter, oder man schließt ihn mit Kochsalz im Chlorstrom auf. Zur Trennung des Rutheniums vom Iridium benutzt man die Löslichkeit der Oxydhydrate des ersteren in NaOCl.

Die nach der Fällung des Platins mit Salmiak verbleibenden Mutterlaugen enthalten hauptsächlich Palladium, Rhodium und Iridium. Man fällt aus ihnen die Edelmetalle mit Zink, zieht die Hauptmenge des Pd mit Salpetersäure, die des Pt mit Königswasser aus und schließt den Rest mit Kochsalz im Chlorstrome auf, wobei man Doppelchloride hauptsächlich von Rh und Ir erhält. Auch durch Schmelzen mit Blei kann man eine Trennung des Pd und Pt, die mit dem Blei Legierungen bilden, von dem ungelöst zurückbleibenden Ir erreichen, während Rh nur teilweise in Lösung geht, zum Teil aber als $PbRh_2$ unlöslich ist.

Die Abscheidung des Palladiums beruht darauf, daß aus den mit überschüssigem Ammoniak versetzten Lösungen seiner Salze durch Salzsäure das schwerlösliche, gelbe Palladosaminchlorid, $Pd(NH_3)_2Cl_2$, gefällt wird, das in Ammoniak löslich ist und sich sehr gut zur wiederholten Umfällung des Palladiums eignet. Beim Verglühen hinterläßt es schwammförmiges Palladium.

In der englischen Raffinerie Acton wurden für die dort gewonnenen vier Metalle folgende Feingehalte erreicht: Pd 99,94%, Rh 99,76%, Ru 99,72%, Ir 99,68% (*1*).

b) Herstellung der reinen Metalle.

Die Reindarstellung der Platinbegleitmetalle gehört zu den schwierigsten Aufgaben der präparativen anorganischen Chemie. Nach NODDACK (*2*) sind alle fünf mit einer Gesamtverunreinigung von $10^{-3} = 0{,}1\%$ herstellbar. Im reinsten Iridium konnte GERLACH (*3*) noch Pt, Rh, Pd, Cu, Fe und Ni nachweisen, im reinsten Rhodium noch Pt, Ir, Pd, Cu, Fe und Ni. Daraus geht hervor, daß Os und Ru verhältnismäßig am leichtesten zu entfernen sind, was auf der Flüchtigkeit ihrer Tetroxyde beruht, während die Hauptschwierigkeit in der vollständigen Trennung von Ir und Rh liegt.

WÖHLER (*4*) stellte fest, daß das übliche Abdestillieren des Osmiums als OsO_4 bei Gegenwart von Tellur und Ruthenium kein reines Präparat liefert. Eine Trennung von Tellur kann man erreichen, indem man die Oxydation des Osmiums mit saurem Permanganat oder mit Chromschwefelsäure ausführt, eine solche von Ru und Te durch Abdestillieren des Osmiums im NO_2-Strom bei 275°, wobei Ru auch nicht spurenweise flüchtig ist. — Für die Trennung des Rhodiums ist das Schmelzen mit $KHSO_4$ die übliche Trennungsmethode. Rh wird dabei gelöst, während Ir und Ru zurückbleiben, jedoch ist das Verfahren sehr umständlich, weil die Auflösung des Rh nur langsam und nach wiederholtem Schmelzen erfolgt. WÖHLER hat deshalb das von RÖSSLER (5) angegebene Verfahren des Schmelzens mit Wismut ausgearbeitet. Beim Schmelzen von Ir-haltigem Rh mit mindestens der 20fachen Bi-Menge bildet Rh die in heißer Salpetersäure lösliche Verbindung $RhBi_4$, während Ir ungelöst bleibt. Aus der Lösung muß allerdings das Bi auf dem umständlichen Wege des Ausfällens mit Wasser als basisches Chlorid entfernt werden.

Zur Trennung des Ru von Ir und Rh benutzte WÖHLER seine Beobachtung, daß schmelzendes Ätznatron im Gegensatz zum Ätzkali nur Ru zu Ruthenat löst, nicht aber Ir und Rh. In der Lösung reduziert er das Ruthenat mit Alkohol. Reines Ru-Pulver ist in NaOCl löslich; aus der alkalischen Lösung kann man es zur letzten Reinigung im Chlorstrom als RuO_4 abdestillieren, in Salzsäure auffangen und durch Fällen mit Salmiak und Reduktion als Metall gewinnen. v. WARTENBERG (6) benutzte das WÖHLERsche Verfahren zur Herstellung von reinstem Ir für die Schmelzpunktsbestimmung.

WICHERS, GILCHRIST und SWANGER (7) reinigen das *Palladium* durch mehrmaliges Fällen und Umlösen als Palladosaminchlorid und als Palladiumsalmiak. Das erste Salz eignet sich vorzugsweise zur Befreiung des Palladiums von anderen Platinmetallen; Unedelmetalle, die ebenfalls lösliche Komplexverbindungen mit Ammoniak bilden, werden dagegen leicht mitgerissen, so macht sich die Gegenwart von Kupfer durch die bläuliche Farbe der ammoniakalischen Lösung bemerkbar. Zu seiner Entfernung löst man das unreine Palladium in Königswasser und fällt es nach dem Abdampfen der überschüssigen Säure in Gegenwart von Salpetersäure, die das zweiwertige Pd zu vierwertigem oxydiert, als roten Palladiumsalmiak $Pd(NH_4)_2Cl_6$. Etwa noch vorhandenes Pt und Ir würden hierbei natürlich mitfallen, diese Metalle müssen also vorher entfernt sein.

Zur Gewinnung von reinem *Rhodium* schließen sie den aus Ir, Rh und Ru bestehenden, in Königswasser unlöslichen Teil der Platinmetalle mit Kochsalz in Chlorstrom auf und fällen nach der Entfernung der Hauptvereinigungen mit Na_2S das Rhodium aus der Lösung als weißes Doppelnitrit $(NH_4)_3Rh(NO_2)_6$, das durch mehrfaches Umlösen gereinigt und dann durch Lösen in verdünnter Salzsäure zersetzt wird. Sie bevorzugen dieses Salz vor dem sonst vielfach empfohlenen hellgelben Rhodiumpurpureochlorid $[Rh(NH_3)_5Cl]Cl_2$, weil dieses letztere beim wiederholten

Umarbeiten schlechte Ausbeuten ergibt. Es gelingt den Verfassern, ein mit den anderen Platinmetallen, sowie mit Blei und Zink verunreinigtes technisches Rhodium bis zur spektroskopischen Reinheit zu bringen.

Rohes *Iridium* schließen sie mit einer oxydierenden alkalischen Schmelze ($KOH + KNO_3$, BaO_2, $NaOH + Na_2O_2$) auf, von denen sie die letztere bevorzugen. Osmium und der größte Teil des Rutheniums gehen in die wässerige Lösung der Schmelze, aus dem Rückstand wird der Rest des Ru mit NaOCl ausgezogen. Dann wird der Rückstand in Salzsäure gelöst. Die Fällung des Iridiums erfolgt mit Salmiak als schwarzes $(NH_4)_2IrCl_6$, das man durch Suspendieren in heißem Wasser und Einleiten von SO_2 wieder in Lösung bringt, wobei vierwertiges zu dreiwertigem Iridium reduziert wird. Zur Entfernung geringer Mengen Ru aus dem Ir kann auch dessen fraktionierte Fällung mit H_2S dienen.

Das von den Verfassern erhaltene Iridium erwies sich bei der spektroskopischen Prüfung als rein von anderen Platinmetallen, während Spuren von Eisen und Silicium noch nachweisbar waren. Die Verfasser machen aber darauf aufmerksam, daß gerade beim Iridium die spektroskopische Methode nicht so zuverlässig ist wie bei anderen Metallen.

Nach einer späteren Veröffentlichung (*8*) hat WICHERS die fraktionierte Fällung mit H_2S genau ausgearbeitet und empfiehlt sie zur Entfernung geringer Mengen Pt, Rh und Ru aus dem Ir. Er sättigt eine etwa 50 g Metall enthaltene Lösung von 1 l, der 50 ccm konzentrierte Salzsäure zugesetzt sind, mit H_2S und läßt sie eine Woche oder länger stehen, wobei neben etwas Ir die anderen Pt-Metalle vollständig gefällt werden. Das in Lösung gebliebene Ir reinigt er weiter durch mehrere Fällungen als $(NH_4)_2IrCl_6$ und als $(NH_4)_2Ir(NO_2)_6$. Nach der spektrographischen Prüfung enthält das Ir dann weniger als 0,01% Verunreinigungen.

Neuerdings empfiehlt LEBEDINSKI (*9*) wieder die Reinigung des Rhodiums über das Purpureochlorid und das Purpureonitrat. Demgegenüber verdient die amerikanische Methode wohl den Vorzug.

c) Physikalische Eigenschaften.

α) Palladium.

Atomgewicht. 106,7 (*10*). Es gibt 6 Isotopen (*11*).

Kristallstruktur. Das Kristallgitter ist kubisch flächenzentriert. Gitterkonstanten: $a_{20} = 3{,}882$ (12,16). Atomradius: 1,37 Å (*14*).

Dichte. Mittelwert der direkten Messungen 11,9 (*15*). Die röntgenographisch bestimmte Dichte des spektroskopisch reinen Metalls beträgt bei 0° $12{,}03_6$, bei 20° $12{,}02_7$ (*16*).

Lineare Ausdehnung: (*17*)

$$\delta = 10{,}637 \cdot 10^{-6} + 0{,}009187 \cdot 10^{6} \cdot (t - 20) - 0{,}004564 \cdot 10^{-9} \cdot (t - 20)^2 .$$

Für die *Kompressibilität* findet BRIDGMAN (*13*) verschiedene Werte für massives Metall und gezogene Drähte. Die Volumänderung beträgt für kompaktes Metall:

$$\text{bei } 30°: \frac{dV}{V_0} = -(0{,}519 - 2{,}10 \cdot 10^{-6} p)\, p \cdot 10^{-6}$$

$$\text{bei } 75°: \quad = -(0{,}511 - 2{,}0 \cdot 10^{-6} p)\, p \cdot 10^{-6}$$

und für Draht:

$$\text{bei } 30° \quad = -(0{,}528 - 2{,}10 \cdot 10^{-6} p)\, p \cdot 10^{-6}$$

$$\text{und bei } 75° \quad = -(0{,}531 - 2{,}10 \cdot 10^{-6} p)\, p \cdot 10^{-6}.$$

Schmelzpunkt. 1554,5° (*18*).

Verdampfung. Bei 1300° merklich flüchtig, auch in Wasserstoffatmosphäre (*19*).

Spezifische Wärme. Zwischen 0° und dem Schmelzpunkt (*20*)

$$c_p = 0{,}053769 + 2{,}71005 \cdot 10^{-5} t - 0{,}793218 \cdot 10^{-8} t^2.$$

Atomwärme. $C_p = 6{,}2313 + 0{,}0016915\, t$ (*17*).

Wärmeleitfähigkeit (*21*):

	gezogen, ungetempert	2 h bei 360° get.
$-251{,}5°$	$0{,}81_8$	$0{,}97_6$
$-193{,}7°$	0,188	
$-192{,}5°$		0,187
$-181{,}8°$	0,176	

Die Untersuchung wurde ausgeführt an einem Pd-Draht von Heraeus „von bisher unerreichter Reinheit." Die Bestimmung des elektrischen Restwiderstandes (s. unten) erfolgte am gleichen Material.

Elektrische Eigenschaften. Elektrische Leitfähigkeit bei 0°: $9{,}18 \cdot 10^4$, also $\varrho_0 = 10{,}88 \cdot 10^{-6}$.

Temperaturkoeffizient: $368 \cdot 10^{-6}$ (*30*).

Restwiderstand: $0{,}0056 \cdot R_0$ (*31*); bei einem besonders reinen Pd von HERAEUS nach Messung der PTR (*32*) $5 \cdot 10^{-4}\, R_0$.

Magnetische Suszeptibilität. Bei 25° $+ 5{,}15 \cdot 10^{-6}$
bei 350° $+ 3{,}05 \cdot 10^{-6}$ (*33*).

Optische Eigenschaften.

Röntgenspektren. Hierüber vgl. die einschlägigen Zusammenstellungen, insbesondere (*26*).

Spektrallinien.

a) Wichtigste Analysenlinien (*27*)	2296,5	I
	2351,3	I
	2351,9	I
	2431,0	I
	2433,1	I
	2498,8	I
b) Letzte Linien im Spektrum (Restlinien)	3404,59	I
	3609,55	I
	3634,68	I

c) Stärkste Linien im Spektrum (*28*) . . . . 1174,37 III
1320,05 II
1374,92 II
2367,43 II
2401,47 II
2448,15 II
2505,72 II
2854,60 II
2871,73 II
3242,72 I
3404,59 I
3516,95 I
3634,68 I
4212,97 I
4788,20 I
5234,84 I
5295,6 I
5547,02 I
5670,05 I
6774,6 I
6784,6 I
7368,1 I
7763,99 I

Reflexionsvermögen R in Prozenten (*29*).

λ	Hulburt	Auwärter	λ	Coblentz
1880 Å	16		1,06 μ	74,8
2000	18		1,71	79,3
2510	20		3,06	87,5
3050	22		3,96	88,1
3570	26		5,24	90,4
4200		52,0		
5000		56,5		
6000		61,5		
7000		64,0		
7500		65,0		

Die mechanischen Eigenschaften sind beim Pd fast ebenso günstig wie beim Pt: auch Pd läßt sich sehr gut zu dünnen Folien und Drähten verarbeiten. Die Härte ist etwa gleich der des Platins. Sie wächst wie bei allen Metallen mit der Kaltbearbeitung; eine Erholung tritt beim Erhitzen zwischen 400 und 1000° ein (*22*).

Tabelle für Härte und Dehnung.

	Brinellhärte (5/500/30) kg/mm²	Zugfestigkeit kg/mm²	Dehnung %
Ausgeglüht (1/2 h 1400°)	50,5	16,4	13,5
Verformt	88	53,8	1,6

Elastizitätsmodul. 11500 kg/mm² (*23*). Über Abhängigkeit von Elastizität und Festigkeit von der Wasserstoffbeladung siehe (*24*).

Oxydierbarkeit beim Erhitzen. Es entstehen bunte Anlauffarben durch Bildung von PdO, die aber oberhalb 860° wieder verschwinden, weil das Oxydul zerfällt (*25*).

Wasserstoffaufnahme. Geschmolzenes Pd nimmt bei Zimmertemperatur das 850fache Volumen Wasserstoff auf, schwammförmiges Metall noch mehr. Pd ist für Wasserstoff durchlässig.

β) Rhodium.

Atomgewicht. 102,91 (*10*). Es gibt keine Isotopen (*34*).

Kristallstruktur. Das Kristallgitter ist flächenzentriert kubisch.

Gitterkonstanten: $a_{18} = 3{,}795_6$ (*12*). Zwischen 1100 und 1200° geht das Gitter in ein anderes reguläres Gitter mit $a = 9{,}21$ über (*35*).

Atomradius: 1,34 Å (*14*).

Dichte. 12,4 (*15*); die röntgenographisch bestimmte Dichte des spektroskopisch reinen Metalls beträgt bei 0° $12{,}42_0$, bei 20° $12{,}41_4$ (*16*).

Lineare Ausdehnung (*17*):

$$\delta = 7{,}628 \cdot 10^{-6} + 0{,}004537 \cdot 10^{-6}\,(t - 20).$$

Spezielle Daten für kleinere Temperaturintervalle geben VALENTINER und WALLOT (*36*).

Die Kompressibilität wurde von BRIDGMAN (*44*) gemessen; seine Daten sind:

$$\text{bei } 30°:\; -\frac{\Delta V}{V_0} = (0{,}3606 - 2{,}73 \cdot 10^{-6} p)\, 10^{-6} p$$

$$\text{bei } 75°:\; -\frac{\Delta V}{V_0} = (0{,}3702 - 2{,}75 \cdot 10^{-6} p)\, 10^{-6} p.$$

Schmelzpunkt. 1966 ± 3° C (*37*). Das geschmolzene Metall spratzt beim Erstarren infolge Sauerstoffaufnahme beim Schmelzen; durch Schmelzen mit reduzierender Flamme kann man das Spratzen vermeiden. Am besten aber schmilzt man im Hochfrequenzofen, in Tiegeln aus Thoriumoxyd (*38*).

Zwischen 1100 und 1200° tritt eine Umwandlung ein (*39*).

Verdampfung. Beim Glühen bedeckt sich Rh bei niedrigen Temperaturen mit einer schwarzen Oxydschicht, die bei 1200° wieder verschwindet. Rh ist auch bei noch höheren Temperaturen nicht flüchtig.

Spezifische Wärme. Zwischen 0 und 1300° (*39*)

$$c_p = 0{,}05893 + 0{,}01066 \cdot 10^{-3} t + 0{,}027744 \cdot 10^{-6} t^2 - 0{,}017642 \cdot 10^{-9} t^3.$$

Atomwärme. $C_p = 6{,}2221 + 0{,}0018834$ (*17*).

Elektrische Eigenschaften. *Elektrische Leitfähigkeit:*

Spezifischer Widerstand bei 0° $4{,}58 \cdot 10^{-6}$ (*43*),
„ „ „ 0° $4{,}35 \cdot 10^{-6}$ (*44*),
„ „ „ 20° $4{,}93 \cdot 10^{-6}$ (*38*).

Temperaturkoeffizient von 0 bis 100° $436 \cdot 10^{-5}$ (*38*).

Restwiderstand $0{,}00296 \cdot R_0$ (*31*).

Magnetische Suszeptibilität bei 25°: $+1{,}08 \cdot 10^{-6}$
„ 350°: $+1{,}17 \cdot 10^{-6}$ (*33*).

Optische Eigenschaften. *Röntgenspektren* (*26*).

Spektrallinien:

a) Wichtigste Analysenlinien (*40*) . . . . 4374,8 I
3692,4 I
3658,0 I
3528,0 I
3502,5 I
3434,9 I
3396,8 I

b) Letzte Linie im Spektrum . . . . 3434,90 I

c) Stärkste Linien im Spektrum (*28*) . . . . 3323,10 I
3396,82 I
3597,17 I
3626,60 I
3692,35 I
3700,92 I
3765,08 I
3856,50 I
4374,52 I
5354,38 I
5424,05 I
5599,43 I
5806,86 I
6519,72 I
6630,13 I
6879,94 I
7270,82 I
7475,74 I
7824,91 I

Reflexionsvermögen R in Prozenten (*41*).

λ	Auwärter	λ	Auwärter	λ	Auwärter	λ	Auwärter
3000 Å	69,5	5000 Å	79,0	1,0 μ	84,5	6,0 μ	93,5
3500	72,0	6000	80,5	2,0	90,0	8,0	94,0
4000	74,5	7000	81,0	4,0	93,0	10,0	95,5

Weitere Daten für das Reflexionsvermögen für $\lambda = 667$ mμ bei verschiedenen Temperaturen vgl. Whitney (*62*).

Lichtdurchlässigkeit in Prozenten (*42*).

	Wellenlänge	Stufe 1	Stufe 2	Stufe 3
Ultrarotes Gebiet . .	2,8 μ	93—98	48	5,5
	1,0	83—90	41	9,5
Sichtbares Gebiet . .	7500 Å	68,7	33,3	9,2
	7000	68,5	33,2	9,1
	6000	68,5	33,0	9,0
	5000	69,0	33,0	9,0
	4200	68,5	33,2	9,0
Ultraviolettes Gebiet .	4000	10,0		
	3500	12,5		
	3200	15,0		
	2970	17,5		
	2600	20,0		
	2350	22,5		

Die mechanischen Eigenschaften sind beim Rh weniger günstig als beim Pt und Pd. Die Verarbeitbarkeit hängt vom Reinheitsgrad ab; sehr reines Rh ist bei Rotglut schmiedbar, läßt sich zu Blech walzen und zu Draht ziehen. Letzteres gelang SWANGER (*38*) dadurch, daß er Ziehsteine aus Wolframcarbid mit einem Gasbrenner auf 600° erhitzte. Er erhielt so einen recht geschmeidigen Draht von 0,5 mm Durchmesser, der sich dann in der Kälte durch Diamanten weiter ziehen ließ.

Tabelle für Härte und Dehnung:

	Brinellhärte (5/500/30) kg/mm²	Zugfestigkeit kg/mm²	Dehnung %
Ausgeglüht $^1/_2$ h 1400°	143	33,7	7,2
Verformt	134	43,2	7,2

Härte von heiß geschmiedetem und bei 1200° angelassenem Rh 101° Brinell (*38*).

Elastizitätsmodul: 28000 kg/mm² (*23*).

γ) Iridium.

Atomgewicht. 193,1 (*10*). Es gibt zwei Isotope (*45*).

Kristallstruktur. Das Kristallgitter ist kubisch flächenzentriert. Gitterkonstanten: $a = 3{,}831_2$ (bei 18° C) (*16*).

Dichte. 22,5 (*15*). Die röntgenographisch bestimmte Dichte eines 99,8% Ir beträgt bei 0° $22{,}65_6$, bei 20° $22{,}65_0$ (*16*).

Lineare Ausdehnung. Zwischen — 190° und + 17°: $5{,}68 \cdot 10^{-6}$
zwischen + 17° und + 100°: $6{,}58 \cdot 10^{-6}$ (*46*)

Spezielle Daten für kleinere Temperaturintervalle geben VALENTINER und WALLOT (*36*).

Schmelzpunkt. 2454 ± 3° (*47*).

Verhalten beim Erhitzen. Beim Glühen treten zunächst dunkle Anlauffarben wegen der Bildung des nichtflüchtigen IrO_2 auf, das aber oberhalb 1000° wieder zerfällt (*48*). Von 700° an entsteht außerdem ein flüchtiges Oxyd, das die Verwendbarkeit des Ir bei hohen Temperaturen stark einschränkt (*49*).

Spezifische Wärme. Zwischen 0 und 1600°:

$$c_p = 0{,}030725 + 7{,}4004 \cdot 10^{-6}\, t \quad (20).$$

Elektrische Eigenschaften. Spezifischer Widerstand bei 0° = $4{,}58 \cdot 10^{-6}$ (*46*).

Restwiderstand $0{,}0477 \cdot R_0$ (*31*).

Thermoelektrische Kraft gegen eine Legierung 60% Rh, 40% Ir (*51*).

Temperatur °C	200	400	600	800	1000	1200	1400	1600	1800	2000
Spannung mV	1,10	2,20	3,30	4,40	5,50	6,60	7,65	8,70	9,80	10,85

Magnetische Suszeptibilität. Bei 25°: $+0{,}133 \cdot 10^{-6}$
bei 350°: $+0{,}159 \cdot 10^{-6}$ (*33*).

Optische Eigenschaften. *Röntgenspektren* (*26*).

Spektrallinien:

a) Wichtigste Analysenlinien (*40*)	3513,7	I
	3220,8	I
	3133,3	I
	2924,8	I
	2849,7	I
	2824,4	I
	2694,2	I
	2664,8	I
	2639,7	I
	2544,0	I
b) Letzte Linien im Spektrum	3220,3	I
	3513,7	I
c) Stärkste Linien im Spektrum (*42*)	3513,67	I
	4938,09	I
	5364,32	I
	5449,50	I
	5894,08	I

Reflexionsvermögen. R in Prozenten (*50*).

λ	AUWÄRTER	λ	COBLENTZ	λ	COBLENTZ
4200 Å	62,5	1,06 μ	79,4	6,75 μ	94,7
5000	66,0	1,71	84,7	8,02	94,8
6000	72,0	3,06	91,4	9,38	95,6
7000	75,5	3,96	93,3	10,49	95,8
7500	77,5	5,24	94,2	12,03	96,1

Mechanische Eigenschaften. Ir läßt sich schlecht verarbeiten, ist sehr hart und spröde, nicht zu Draht ziehbar. In der Glühhitze kann man es zu Blech und zu Draht von unregelmäßigem Querschnitt auswalzen.

Tabelle für Härte und Dehnung:

	Brinellhärte (5/500/30) kg/mm²	Zugfestigkeit kg/mm²	Dehnung %
Ausgeglüht (1/2 h 1400°)	187	22,75	1,8
Verformt	275	23,10	2,0

Elastizitätsmodul. 52500 kg/mm² (*23*).

δ) Ruthenium.

Atomgewicht. 101,7 (*10*). Es gibt sechs oder sieben Isotope (*52*).

Kristallstruktur. Das Kristallgitter ist hexagonal. Gitterkonstanten: $a = 2{,}6986$, $c = 4{,}2730$, $c/a = 1{,}5834$ (*53*, *12*). $d_R = 12{,}43$ (18° C).

Atomradius: 1,30 Å (*14*).

Dichte. 12,304 (*15*) (*61*).

Lineare Ausdehnung. Zwischen 13 und 32° $6{,}75 \cdot 10^{-6}$ (*54*).

OWEN und ROBERTS (*53*) geben für den Ausdehnungskoeffizienten: bei 50° C $\alpha_{\|} = 8,8 \cdot 10^6$, $\alpha_{\perp} = 5,9 \cdot 10^6$ als Mittel also $6,9 \cdot 10^6$ an.

Schmelzpunkt. 1950° (*55*). Neuere Messungen liegen nicht vor.

Verhalten beim Erhitzen. Bei gewöhnlicher Temperatur nicht oxydierbar, dagegen beim Erhitzen, doch lange nicht so stark wie Os. Es bildet sich zunächst eine blaue Oxydschicht, dann verflüchtigt sich das entstehende RuO_4. Im Knallgasgebläse verbrennt das Metall zu RuO_4.

Spezifische Wärme. Ru hat 3 Umwandlungspunkte bei etwa 1035°, 1200° und 1500°. Für die spezifischen Wärmen gelten folgende Formeln:

Zwischen 0 und 1000°

$$c_p = 0,055066 + 16,1676 \cdot 10^{-6}\, t \quad (\alpha\text{-Modifikation}).$$

Zwischen 1000 und 1070°

$$c_p = 0,070641 + 0,57905 \cdot 10^{-3}\,(t - 1000) - 0,75736 \cdot 10^{-5}\,(t - 1000)^2 .$$

Zwischen 1070 und 1200°

$$c_p = 0,062078 + 4,0379 \cdot 10^{-6}\, t \quad (\beta\text{-Modifikation}).$$

Zwischen 1200 und 1400°

$$c_p = 0,055949 + 14,238 \cdot 10^{-6}\, t \quad (\gamma\text{-Modifikation}).$$

Zwsichen 1400 und 1604°

$$c_p = 0,074615 + 0,54752 \cdot 10^{-3}\,(t - 1400) - 0,3187 \cdot 10^{-5}\,(t - 1400)^2$$

(δ-Modifikation) (*20*).

Für die *Atomwärme* gibt HOLZMANN die Formel

$$C_p = 5,8415 + 0,0019242\, t,$$

die aber die Umwandlungen nicht berücksichtigt (*17*).

Elektrische Eigenschaften. Spezifischer Widerstand

bei 0°: $7,6 \cdot 10^{-6}$ (*31*),
bei 0°: $7,64 \cdot 10^{-6}$ (*44*).

Restwiderstand $0,08 \cdot R_0$ (*31*). Diese Messung wurde aber an einem unreinen Metall mit unter anderem 3% Os und 1% Pb ausgeführt.

Magnetische Suszeptibilität. Bei 25°: $+0,427 \cdot 10^{-6}$,
bei 350°: $+0,475 \cdot 10^{-6}$ (*33*).

Optische Eigenschaften. *Röntgenspektren* (*26*).

Spektrallinien:

a) Wichtigste Analysenlinien (*40*)	3799,3	I
	3798,8	I
	3728,0	I
	3726,9	I
	3661,4	I
	3593,0	I
	3499,0	I
	3436,7	I
	3428,1	I

b) Letzte Linie im Spektrum . . . . 3498,95 I

c) Stärkste Linien im Spektrum (*42*) . . . . 3436,74 I

3436,74	I
3498,95	I
4554,52	I
4869,15	I
5136,55	I
5171,02	I
5921,40	I
6690,00	I
6752,38	I
7027,93	I
7881,5	I

Mechanische Eigenschaften. Ru ist überhaupt nicht verarbeitbar, weil hart und sehr spröde.

Die *Kompressiblität* ist von BRIDGMAN gemessen worden (*44*). Er gibt an:

$$\text{bei } 30^\circ \quad -\frac{\Delta V}{V_0} = (3{,}42 - 21{,}3 \cdot 10^{-6} p)\, 10^{-7} p,$$

$$\text{,,} \quad 75^\circ \quad -\frac{\Delta V}{V_0} = (3{,}45 - 21{,}3 \cdot 10^{-6} p)\, 10^{-7} p.$$

ε) Osmium.

Atomgewicht. 191,2 (*10*). Es gibt 6 Isotope (*52*).

Kristallstruktur. Das Kristallgitter ist hexagonal. Gitterkonstanten:

$$a = 2{,}730, \quad c = 4{,}310, \quad c/a = 1{,}578 \text{ bei } 18^\circ\text{ C } (53).$$

Atomradius: 1,31 Å (*14*).

Dichte. 22,48 (*15*), röntgenographisch gemessen 22,71 (*56*). Bei 18° geben OWEN und ROBERTS 22,69 an (*53*).

Lineare Ausdehnung. Bei 40° $6{,}57 \cdot 10^{-6}$ (*57*).

OWEN und ROBERTS geben für den Ausdehnungskoeffizient bei 50° an:

$$\alpha_{\parallel} = 5{,}8 \cdot 10^{6}, \quad \alpha_{\perp} = 4{,}0 \cdot 10^{6}, \quad \text{als Mittel also } 4{,}6 \cdot 10^{6} \; (53).$$

Schmelzpunkt. 2500° (*55*). Neuere Messungen liegen nicht vor.

Verhalten beim Erhitzen. Os ist sehr leicht oxydierbar; es bildet sich das flüchtige, stechend riechende OsO_4. Bei Osmiumpulver tritt der Geruch schon bei Zimmertemperatur auf, und bei 500° entzündet es sich an der Luft (*58*).

Elektrische Eigenschaften. Elektrische Leitfähigkeit bei 20° $10{,}53 \cdot 10^4$ (*59*), also $\varrho_0 = 9{,}66 \cdot 10^{-6}$ mit Hilfe des Temperaturkoeffizienten $420 \cdot 10^{-5}$ zwischen 100 und 300° (*60*).

Magnetische Suszeptibilität. Bei 25° $+ 0{,}052 \cdot 10^{-6}$ (*33*).

Optische Eigenschaften. *Röntgenspektren* (*26*).

Spektrallinien:

a) Wichstigste Analysenlinien (*40*)	4420,5 I
	4260,9 I
	3301,6 I
	3058,7 I
	2909,1 I
b) Stärkste Linien im Spektrum (*42*)	3752,7 I
	4794,00 I
	5523,55 I
	6729,54 I

Mechanische Eigenschaften. Os ist ebenso wie Ru hart und spröde und nicht verarbeitbar.

d) Verwendung.

Alle fünf Platinbegleitmetalle finden hauptsächlich als Legierungszusätze zum Platin Verwendung; so Pd hauptsächlich für Schmuckwaren und in der Zahntechnik, sowie für die sog. Osmoregulierungsröhrchen, durch die man Wasserstoff zur Regelung des Vakuums in Röntgenröhren diffundieren läßt; Rh für Thermoelemente und für Katalysatoren zur Ammoniakverbrennung; Ir als Härtungszusatz; Ru und Os als billigerer Ersatz von Ir für den gleichen Zweck.

Reines Pd ist auch als Katalysator verwendbar. Aus reinem Rh fertigt man neuerdings Tiegel, sowie Bänder und Drähte für Heizwickelungen, auch findet es wegen seines guten Reflexionsvermögens und seiner Luftbeständigkeit für Verspiegelungen Anwendung. Ir, Ru und Os werden wegen ihrer Härte für Legierungen benutzt, aus denen man Schreibfederspitzen herstellt.

Literatur.

1. Engng. Min. Wld. Bd. 1 (1930) S. 647.
2. Noddack, W.: Metallwirtsch. Bd. 10 (1931) S. 674.
3. Gerlach, W.: Naturwiss. Bd. 19 (1931) S. 25.
4. Wöhler, L., L. Metz: Z. anorg. allg. Chem. Bd. 149 (1925) S. 297.
5. Rössler, H.: Chem. Z. Bd. 24 (1900) S. 734.
6. v. Wartenberg, H., H. Werth, H. J. Reusch: Z. Elektrochem. Bd. 38 (1932) S. 50.
7. Wichers, E., R. Gilchrist, W. H. Swanger: Trans. Amer. Inst. min. metallurg. Engrs. Bd. 76 (1928) S. 602.
8. Wichers, E.: Bur. Stand. J. Res., Wash. Bd. 10 (1933) S. 819.
9. Lebedinski, W. W.: Ann. Secteur Platine Met. préc. (russ.) Bd. 13 (1936) S. 73. C. (1937) II, S. 2809.
10. Internationale Tabelle, Z. Elektrochem. Bd. 44 (1938) S. 326.
11. Dempster, A. J.: Nature, Lond. Bd. 135 (1935) S. 542; Bd. 136 (1935) S. 65.
12. Neuburger, M. C.: Z. Kristallogr. Bd. 93 (1936) S. 1.
13. Bridgman, P. W.: Proc. Amer. Acad. Arts a. Sci. Bd. 68 (1933) S. 27.
14. Goldschmidt, V. M.: Geochemische Verteilungsgesetze der Elemente, Bd. VII. Oslo 1926.
15. Mellor: A treatise on inorganic and theoretical chemistry, Bd. 15.

16. Owen, E. A., E. L. Yates: Phil. Mag. Bd. 15 (1933) S. 472; Bd. 16 (1933) S. 606.
17. Holzmann, H.: Siebert-Festschr. S. 149 (1931).
18. Jaeger, F. M., W. A. Veenstra: Proc. Acad. Wetensch. Amst. Bd. 37 (1934) S. 281.
19. Holborn, L., L. Austin: Sitzgsber. Berl. Akad. 1903, S. 245.
20. Jaeger, F. M.: Z. anorg. allg. Chem. Bd. 203 (1932) S. 97.
21. Grüneisen, E., H. Reddemann: Ann. Phys., Lpz. Bd. 20 (1934) S. 843.
22. Tammann, G., K. L. Dreyer: Ann. Phys., Lpz. Bd. 16 (1933) S. 111.
23. Grüneisen, E.: Ann. Phys. Bd. 22 (1907) S. 801.
24. Krüger, F., H. Jungnitz: Z. techn. Phys. Bd. 17 (1936) S. 302.
25. Wöhler, L.: Z. Elektrochem. Bd. 11 (1905) S. 836.
26. Landolt-Börnsteins phys.-chem. Tab., Bd. II, Erg.-Bd. I, II b, III b.
27. Löwe, F.: Atlas der Analysenlinien der wichtigsten Elemente, 1936.
28. Kayser, H.: Tabellen der Hauptlinien der Linienspektra aller Elemente, 1926.
29. v. Wartenberg, H.: Verh. dtsch. phys. Ges. Bd. 12 (1910) S. 105. — Coblentz, W. W.: Bull. Bur. Stand., Wash. Bd. 2 (1906) S. 457. — McCauley: Astrophys. J. Bd. 37 (1913) S. 164. — Hulburt, E. O.: Astrophys. J. Bd. 42 (1915) S. 203. — Pogany, B.: Ann. Phys., Lpz. Bd. 49 (1916) S. 531. — Auwärter, M.: Z. techn. Phys. Bd. 18 (1937) S. 457.
30. Jaeger, W., H. Diesselhorst: Wiss. Abh. phys.-techn. Reichsanst. Berl. Bd. 3 (1910) S. 269.
31. Meissner, W., B. Voigt: Ann. Phys., Lpz. Bd. 7 (1930) S. 892.
32. Tätigkeitsber. der Phys.-Techn. Reichsanstalt, Phys. Z. Bd. 35 (1934) S. 220.
33. Guthrie, A. N., L. T. Bourland: Phys. Rev. Bd. 37 (1931) S. 303.
34. Dempster, A. J.: Nature, Lond. Bd. 135 (1935) S. 993.
35. Jaeger, F. M., J. E. Zantstra: Proc. Acad. Sci., Amst. Bd. 34 (1931) S. 15.
36. Valentiner, S., J. Wallot: Ann. Phys., Lpz. Bd. 46 (1915) S. 837.
37. Roeser, W. F., H. T. Wensel: Bur. Stand. J. Res., Wash. Bd. 12 (1934) S. 519.
38. Swanger, W. H.: Bur. Stand. J. Res., Wash. Bd. 3 (1929) S. 1029.
39. Jaeger, F. M.: Z. anorg. allg. Chem. Bd. 203 (1932) S. 97.
40. Gerlach, W., E. Riedl: Die chemische Emissionsspektralanalyse, 1936. Löwe, E.: Atlas der Analysenlinien der wichtigsten Elemente, 1936.
41. Coblentz, W. W.: Bur Stand. J. Res., Wash. Bd. 7 (1931) S. 197. — Coblentz, W. W., R. Stair: Bur. Stand. J. Res., Wash. Bd. 4 (1930) S. 189. — Strong, J.: Astrophys. J. Bd. 83 (1936) S. 401. — de Gramont, A.: C. R. Acad. Sci., Paris, Bd. 194 (1932) S. 677. — Auwärter, M.: Z. techn. Phys. Bd. 18 (1937) S. 457.
42. Auwärter, M.: Z. techn. Phys. Bd. 18 (1937) S. 457.
43. Grüneisen, E., E. Goens: Z. Phys. Bd. 44 (1927) S. 615.
44. Bridgman, P. W.: Proc. Amer. Acad. Arts a. Sci. Bd. 68 (1933) S. 27.
45. Dempster, A. J.: Nature, Lond. Bd. 136 (1935) S. 909.
46. Grüneisen, E.: Ann. Phys., Lond. Bd. 33 (1910) S. 33, 65.
47. Henning, F., H. T. Wensel: Bur. Stand. J. Res., Wash. Bd. 10 (1933) S. 809.
48. Wöhler, L., W. Witzmann: Z. anorg. allg. Chem. Bd. 57 (1908) S. 323.
49. Holborn, L., F. Henning: Sitzgsber. Berl. Akad. 1902, S. 936. — Holborn, C., L. Austin: Sitzgsber. Berl. Akad. 1903, S. 245. — Crookes, W.: Proc. roy. Soc., Lond. A Bd. 86 (1912) S. 36.

50. Coblentz, W. W.: Bur. Stand. J. Res., Wash. Bd. 2 (1907) S. 472; Bd. 7 (1911) S. 215. — Henning, F.: Z. Instrumentenkde. Bd. 30 (1910) S. 906. — v. Wartenberg, H.: Verh. dtsch. phys. Ges. Bd. 12 (1910) S. 105. — Försterling, K., V. Fréedericksz: Ann. Phys., Lpz. Bd. 40 (1913) S. 201. — Auwärter, M.: Z. techn. techn. Phys. Bd. 18 (1937) S. 457.
51. Feussner, O.: ETZ Bd. 54 (1933) S. 155.
52. Aston, F. W.: Proc. roy. Soc., Lond. A Bd. 132 (1931) S. 487.
53. Owen, E. A., E. W. Roberts: Phil. Mag. (7) Bd. 22 (1936) S. 290. — Z. Kristallogr. Bd. 96 (1937) S. 497.
54. Bridgman, P. W.: Proc. Amer. Acad. Arts a. Sci. Bd. 67 (1932) S. 345.
55. Landolt-Börnsteins phys.-chem. Tab. Hauptwerk, 1923.
56. Jaeger, F. M., E. Rosenbohm: Rec. Trav. chim. Pays-Bas Bd. 51 (1932) S. 37.
57. Fizeau, H.: C. R. Acad. Sci., Paris Bd. 68 (1869) S. 1125.
58. Tammann, G., W. Boehme: Z. anorg. allg. Chem. Bd. 217 (1934) S. 235.
59. Blau, F.: ETZ Bd. 26 (1905) S. 196.
60. Lombardi, L.: ETZ Bd. 25 (1904) S. 41.
61. Gmelins Handbuch der anorganischen Chemie, System-Nr. 63. (1938).
62. Whitney, L. V.: Phys. Rev. (2) Bd. 48 (1935) S. 458.

IX. Erste Nebengruppe des periodischen Systems.

53. Copper.

(at. w. 63,57.)

A. Technology.

By **Carle R. Hayward,** Cambridge, Mass., U.S.A.

With 5 figures.

a) Introduction.

Copper is usually produced by melting sulphide concentrates obtained from low grade ores, but occasionally, as in Michigan (U.S.A.), copper occurs in the metallic state and the concentrates from these ores are treated directly by melting. In still other instances where the ores contain copper in the form of oxidized minerals or salts, leaching methods are used and the metal extracted from the resulting solution by electrolytic methods.

The methods by which copper of usual commercial purity is obtained are well known and are described in numerous treatises on metallurgy. It will, therefore, be unnecessary to discuss these processes in detail but merely to comment on those points which influence the purity of the final product. For purposes of reference an outline of the steps by which refined copper is produced by usual methods from low-grade sulphide ores is given.

b) Comments on the Production Outline.

1. Since it is inevitable that certain impurities will to some extent be carried as far as the copper anodes, the production of high purity copper will be easier when the concentrates are low in such impurities. Among these elements may be mentioned arsenic, antimony, bismuth, cobalt, lead, nickel, selenium, tellurium, tin and the precious metals. All except the precious metals are to some extent eliminated by volatilization or slagging at various stages of smelting and fire refining, but this removal is never complete. The precious metals which must be considered to be impurities will almost completely be found in the anodes.

2. Although the usual practice is to roast concentrates before smelting, there is an increasing tendency toward charging raw concentrates to the reverberatory smelting furnace. The decision is usually based on economic considerations.

Where roasting is practiced there is often some elimination of constituents which have volatile oxides. For example, some arsenic and antimony are eliminated as the volatile tri-oxides. The removal of part of these impurities at this point results in their being present in lower concentration in the matte produced in smelting.

3. During the smelting operation there is again some volatilization of arsenic, antimony, selenium, tellurium and lead. Of that part of these constituents which remains, nearly all enters the matte together with most of the nickel.

4. The retreatment of flue dust tends to build up some of the volatile constituents in a circuit unless some special precautions are taken to remove them. This is done at some plants where one or more of these impurities gives trouble.

5. The converting operation again serves as a means for removing some volatile oxides, but the blister copper produced is sure to contain small amounts of all the impurities mentioned in the first comment, provided they were present in the ore. The amount of each will depend on the percentage in the original concentrates and whether the conditions at various stages in treatment were favorable to their volatilization.

6. The fire refining of blister copper preparatory to casting into anodes removes comparatively small amounts of the impurities thus far discussed. The purpose of this operation is to remove small amounts of sulphur and iron and adjust the oxygen content so that the anode may be cast with a flat surface and with a minimum of blow holes. If arsenic should happen to be excessively high at this point, it could be removed by adding soda ash during the oxidizing period thus forming sodium arsenate which would be skimmed off in the slag. This procedure is seldom resorted to where anodes are being made but is used in the Michigan district for removing arsenic from native copper.

Production of Copper from Low Grade Sulphide Ores.

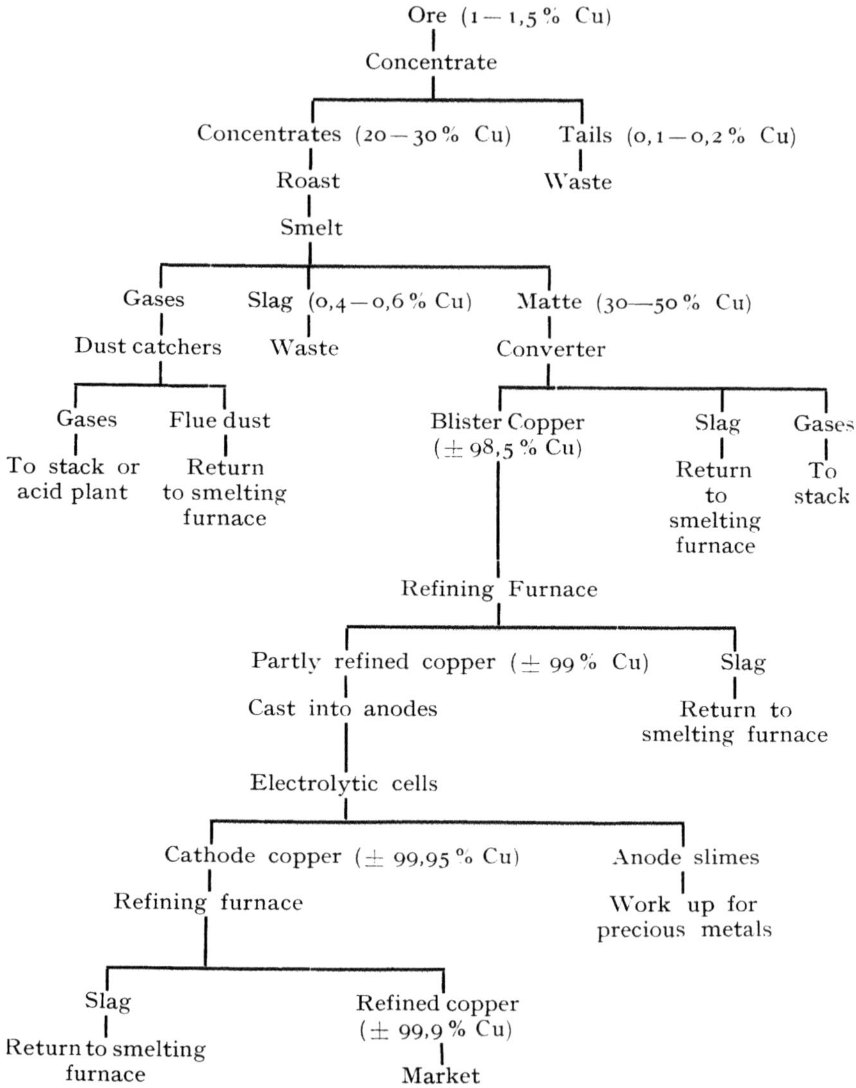

c) Electrolytic Refining.

If copper of unusual purity is to be produced it is necessary to refine it electrolytically for it is only by this method that precious metals and some other impurities can be removed. Even copper produced in electrolytic refining may be contaminated by impurities unless special precautions are taken.

The refining of copper by the usual electrolytic methods may be described briefly as follows:

Anodes: Copper to be refined. These anodes are made by methods outlined above and vary in purity depending on the kind and amount of contaminating elements in the ore and the extent to which they are eliminated up to the point where the anodes are cast. The anodes are approximately 3 feet square and one to two inches thick and weigh 400 to 700 pounds. Their purity is usually above 99 %.

Cathodes: Thin sheets of electro-deposited copper.

Electrolyte: An acid solution of $CuSO_4$ containing 3 to 5 % Cu and 10 to 16 % free H_2SO_4 at 40—50° C.

Tanks: Concrete or wood; lined with lead or mastic.

Current: Usually 15 to 20 A per square foot of cathode area at 0,3 to 0,4 V.

As the electrolysis progresses, the anode gradually disappears and the cathode builds up. Certain impurities in the anode such as iron, nickel, manganese and zinc go into solution and build up in the electrolyte. Nickel in the form of oxide remains for the most part insoluble. Lead and tin go into solution but precipitate as sulphates. Tin may also precipitate as an arsenic compound. The precious metals and the compounds of selenium and tellurium remain insoluble. Arsenic, antimony and bismuth go into solution but for the most part precipitate as compounds or basic salts. Cuprous oxide goes into solution by chemical reaction with the free acid. The net result is that the insoluble impurities together with precipitated salts and other compounds accumulate in the bottom of the tank as a fine slime while the impurities which remain in solution build up with a corresponding decrease in acidity. If there is much Cu_2O present in the anode, there is also a tendency for copper to build up in the electrolyte.

Since the electrolytic action produces a difference in density of the solutions at the faces of the anodes and the faces of the cathodes, there is a tendency for layers to form with heavier solution rich in copper settling to the bottom, and light solution high in acid rising to the top. This is counteracted by circulating the solution and at the same time it is passed through tanks containing steam coils to keep the temperature at the required point. The impurities in the electrolyte are stabilized at a given point by withdrawing a portion of the electrolyte from the circuit each day and replacing it with pure solution.

There are three ways in which cathodes become contaminated with impurities:

1. By direct electrodeposition from the electrolyte.
2. By occlusion of electrolyte.
3. By occlusion of slimes.

The first of these is relatively unimportant. Under proper regulation the amount of dissolved impurities is kept very low by the continuous withdrawal and replacement of electrolyte. Also with the low voltage used in electrolytic copper refining there is little tendency for the dissolved impurities to deposit. The second cause of contamination may be minimized in two ways. The electrolyte may be kept low in impurities by increasing the normal amount of daily withdrawal also by exercising great care in electrolyte composition and temperature, and operating at low current density, cathodes of low porosity may be produced. It is evident that electrolyte occlusion is a direct function of porosity. The third cause of contamination is minimized in importance by diminishing the amount of slimes produced and further by producing cathodes which are smooth and offer little opportunity for the lodgement of floating slimes.

d) Direct Use of Cathode Copper.

In recent years there has been an increasing use of cathode copper for alloying purposes without remelting. This saves the expense of melting and casting into ingots and the purity of the cathode is usually as high as the ingots made from them. They are usually slightly higher in sulphur and lower in oxygen. Several plants are producing sheet copper by continuous deposition on moving cathodes. Considerable difficulty has been experienced in making sheets free from pores but improvements are being made and it seems probable that this method may become more generally used. There is also a possibility that tubes may be produced directly by electrolytic methods.

e) Production of Normal-purity Copper by Melting Cathodes.

Copper cathodes are relatively porous and are composed of crystals with their principal axes perpendicular to the face of the original starting sheet. This material is unsuitable for fabrication and with the exception of the very small amount of sheet copper produced by direct electrode-position, all the sheets, rods, tubes and other shapes are manufactured from castings produced by melting cathodes and pouring the copper into special molds, the shape and size depending on the use to which the product is to be put. The procedure for doing this has been standardized and only slight differences exist between the methods used at different plants.

The general practice is to use a reverberatory type furnace, charge it with 150 to 400 tons of copper cathodes and melt the charge using pulverized coal, fuel oil or natural gas; the choice depending on the relative cost.

Since all these fuels contain some sulphur, the charge inevitably absorbs sulphur from the furnace gases during melting. Also the sulphur contained in the cathodes as occluded electrolyte remains in large part after melting. It becomes necessary therefore to remove this sulphur by oxidizing with air until the bath contains 3,5 % Cu_2O at which point all oxidizable impurities including sulphur have been removed.

After skimming the slag formed during the blowing period, the bath contains, aside from the Cu_2O, only very small amounts of such impurities as were occluded in the cathodes as described above. If special precautions were taken in preparing the anodes and depositing the cathodes or double electrolysis practiced, these impurities should amount to the merest traces at this point. Unfortunately certain impurities, especially sulphur and iron, are introduced during the subsequent treatment and in common commercial practice some Cu_2O is purposely left in the finished product.

By usual commercial practice the oxidized bath is covered with coke and one end of a pole of unseasoned wood is introduced into the metal. The evolution of volatile matter from the wood causes violent agitation of the metal, and the coke covering together with the products from the pole cause reduction of the dissolved Cu_2O. This procedure continues with introduction of successive poles until the Cu_2O in the bath is 0,3 to 0,5 %. The copper is then cast.

Unfortunately, as the oxide content of the metal approaches the above limits there is an increasing tendency for sulphur to be absorbed by the copper bath from the coke covering and the furnace gases. Also there is some iron reduced from the poles and the coke ash which alloys with the copper.

f) Reasons for Leaving Cu_2O in the Copper.

There are several reasons for leaving 0,3 to 0,5 % Cu_2O in the finished copper. First it has been found that within this range the copper casting solidifies with a level surface. With higher percentages of oxide the surface is depressed and with lower percentages, the surface is raised and the metal full of large blow holes. It is also true that with some of the copper still as oxide the impurities are also, at least in part, as oxides in which condition they have a less harmful effect on the electrical conductivity than when directly alloyed in the matallic state with the copper. The slight lowering in conductivity due to the actual presence of Cu_2O is therefore more than offset by its indirect influence on the state of other impurities and the production of a relatively sound casting.

Experiments have been made, with highly encouraging results, in the use of electric furnaces for melting cathodes. Both Heroult arc type and Ajax-Wyatt induction type have been used. The induction furnaces seem to present some advantages over the arc type. A bath of copper is kept continuously in the furnace and the cathodes introduced one by one directly into the melt. By this method no oxidation takes place during melting and since there is no sulphur in the furnace atmosphere the only contamination by this element is due to occluded electrolyte. The oxidizing and poling operations have been found unnecessary and the final cast copper is slightly lower in oxygen than the usual commercial variety.

g) Production of Oxygen-free Copper from Cathodes.

Deoxidizing with Solid Reagent. Phosphorus and other solid deoxidizing agents are used for reducing the Cu_2O in copper just before casting. In order to carry the deoxidation to completion it is necessary to add an excess of reducing agent. This excess if in the slightest degree soluble in copper invariably lowers the electrical conductivity of the metal, and althought the product has improved mechanical properties, it is undesirable for electrical purposes. The purity of the copper is often less than that of the oxygen-bearing grades.

Deoxidizing Solid Copper with Reducing Gas. A method of producing high purity copper which has not come into commercial use is as follows:

1. Melt the cathodes and oxidize the bath in the usual commercial way.
2. Pole until the copper contains about one percent Cu_2O and cast into billets.
3. Subject the billets to the action of water gas at 800° C. This will remove all the oxygen but leave the billet highly porous.
4. Press, roll or extrude the billet in a reducing or neutral atmosphere until the pores are closed and the metal coalesced.
5. Fabricate in the usual way.

The advantage of this method is that poling is stopped before the metal has taken up any sulphur or iron. If precautions have been taken to produce clean cathodes, the product is of very high purity.

Coalescing Granular Cathode Copper. Another method which is in semicommercial production operates the electrolytic refining in such a way that the cathodes are brittle and can be broken into small pieces. These pieces are washed to remove sulphates, dried and pressed cold in a cylindrical mold. These porous cylinders are then heated in a reducing gas and delivered directly to an extrusion press where the particles are coalesced and formed into billets. This product is free from oxygen and generally of high purity. The quality depends, however, on the care with which the cathodes are made and cleaned.

Casting under Reducing Conditions. The only oxygen-free copper made without the use of soluble solid deoxidizers, which is produced in quantity, is the OFHC brand made by the United States Metals Refining Co. of Carteret, New Jersey (U.S.A.). The letters of the brand denote „oxygen free high conductivity". A description of the operation is given by EDWIN F. CONE: Metals & Alloys, p. 33 (1937 Febr.). Figures 1 to 5 are taken from this paper.

The furnace used for melting the cathodes is of the reverberatory type holding about 75 tons of metal. The melting is continuous, with the cathodes being added one at a time at the same rate at which the metal is being withdrawn from the furnace for casting. The charge is

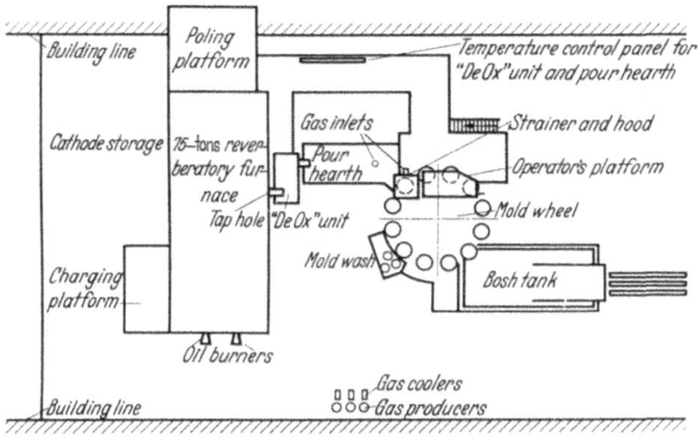

Fig. 1. Plan of the OFHC plant.

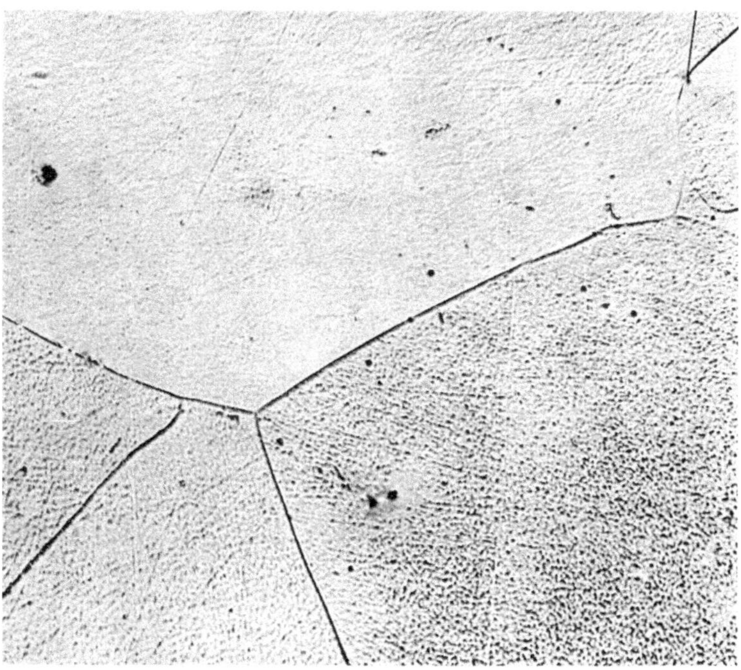

Fig. 2. Structure of OFHC Copper As Cast. × 200.

poled at intervals to keep the oxygen content between 0,03 and 0,05% (0,27—0,45 Cu_2O).

From the reverberatory furnace the metal flows under a charcoal cover through a refractory-lined trough to the deoxidizing hearth.

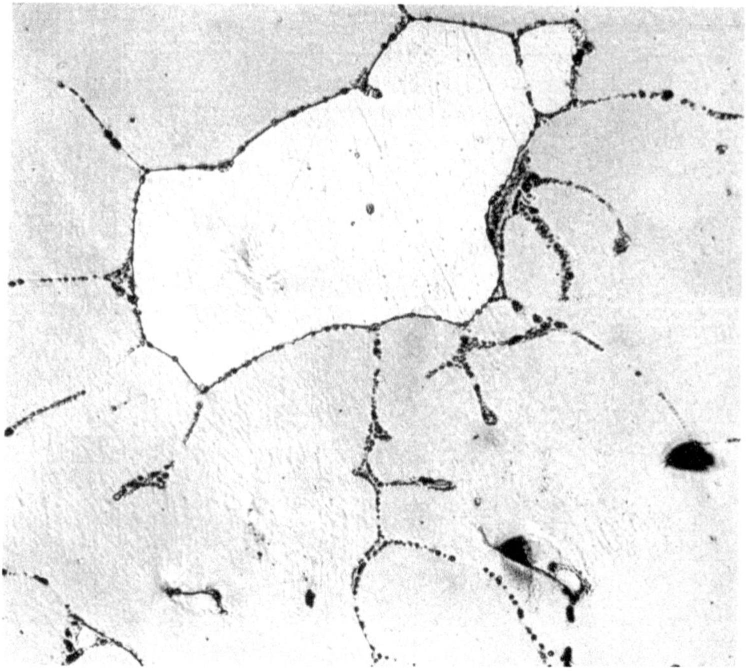

Fig. 3. Structure of Electrolytic Tough Pitch Copper As Cast. × 200.

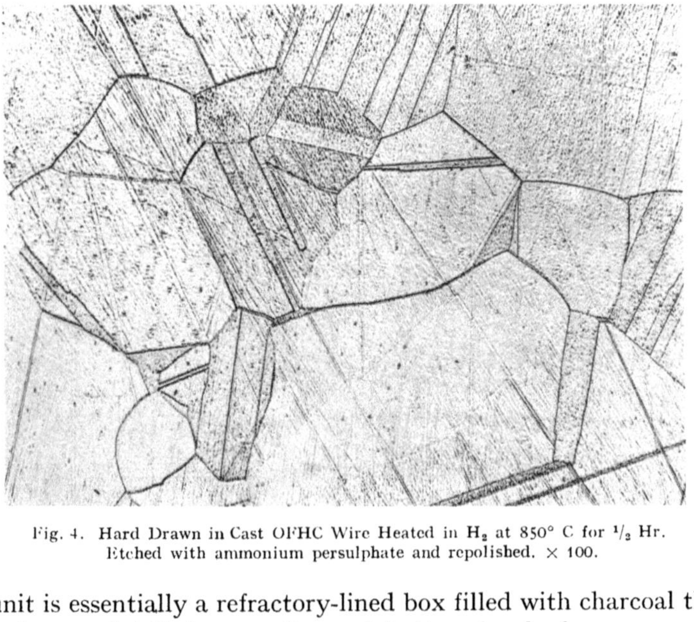

Fig. 4. Hard Drawn in Cast OFHC Wire Heated in H_2 at 850° C for $^1/_2$ Hr. Etched with ammonium persulphate and repolished. × 100.

This unit is essentially a refractory-lined box filled with charcoal through which the metal falls by gravity, and is thus freed of oxygen.

From the reducing hearth the metal flows to the pouring hearth. The covered trough which connects the two units is kept filled with producer gas made from charcoal. This gas is 27 to 28% CO and about 0,50% CO_2 and is preferably free from hydrogen, hydrocarbons and water vapor.

In the pouring hearth, which is electrically heated, the copper is maintained at constant temperature by thermostatic control and is kept reduced by a charcoal cover and a producer gas atmosphere. The

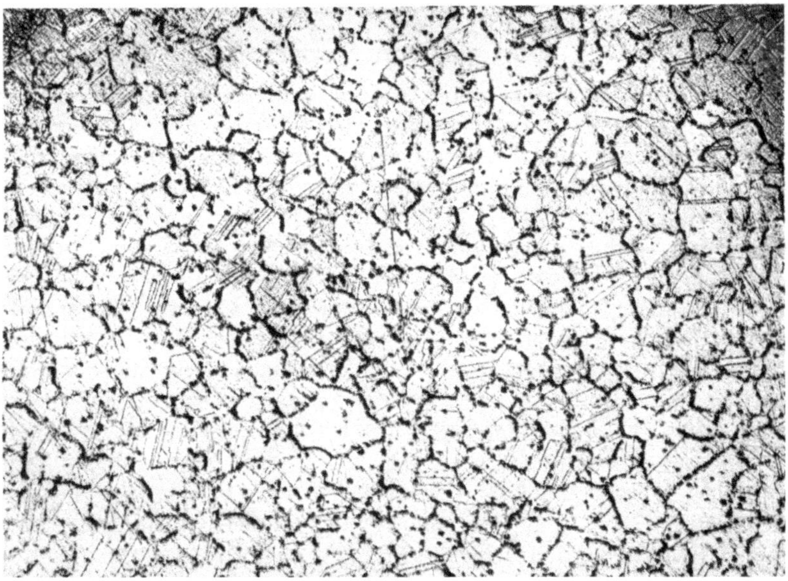

Fig. 5. Tough Pitch Copper Treated the same as OFHC in Fig. 4. Note the cracks due to Reduction of Cu_2O.

hearth tips during pouring, allowing the metal to flow through a spout to an electrically heated strainer which delivers it to the molds. The air in the molds is displaced by producer gas and the metal is never allowed to come in contact with an oxidizing atmosphere. An oxygen-free product is thus assured. Wire bars, billets and cakes are produced in vertical water-cooled molds mounted on a rotating platform. These molds discharge the castings through the bottom into a water bath. A suspension of bone black in water is used as a mold wash.

Copper of excellent quality and high purity is made by this process. Some previous work in an induction furnace designed by DAVID SUMMEY, using a charcoal cover, produced metal of even higher purity since contamination by furnace gases and coke impurities was avoided. If a carbon free from ash and sulphur could be obtained, the final product would be still lower in sulphur and iron. The iron is reduced from the coke and charcoal used and undoubtedly lowers the electrical conductivity of the copper, although it may slightly improve the mechanical properties. Cathodes from regular production are used in making OFHC copper for economic reasons. If a price could be obtained to cover the additional expense of double electrolytic refining, special washing of the cathodes, and electric melting under special iron- and sulphur-free reducing agent, the casting technique used should give a product as much superior to that produced at present as the OFHC copper now being marketed is superior to standard copper.

h) Gases in Copper.

Much has been written about the gases found in copper during and after casting. The data which have been published are so conflicting that it is impossible to draw a definite conclusion. All metal absorbs some gases during melting and undoubtedly molten copper, after poling, contains CO_2, SO_2, H_2O, H_2, CO and possibly other gases in amounts varying with conditions. It would seem that with the generally reducing conditions which prevail at the end of poling, the CO and H should greatly predominate over CO_2 and H_2O, and that S should exist mainly as Cu_2S. This condition should be even more accentuated in the case of OFHC copper after it has reached the pouring hearth. When a vertical metal casting solidifies with a shrinkage pipe it indicates that the gases contained in the molten material are small in amount or have readily escaped during solidification. When the vertical casting has a swelled top and is full of blow holes, it indicates that the gases in the molten metal were large in amount or have escaped slowly during solidification. The socalled „overpoled" copper produced in normal operation solidifies with a swelled top. Normal copper solidifies with a level surface. Copper produced by the OFHC method solidifies with a distinct shrinkage pipe. It seems logical to conclude that the H_2 and CO percent in molten OFHC copper diffuse rapidly through the metal and are released readily during solidification. In the case of overpoled copper the H_2, CO and S are in part oxidized by atmospheric oxygen absorbed as the metal flows unprotected to the mold. The resulting H_2O, CO_2 and SO_2 do not diffuse and escape readily and therefore produce a porous casting.

Phosphorized copper which also solidifies with a pipe is of high density probably due to the fact that the phosphorus protects the CO, H_2 and S from oxidation to H_2O, CO_2 and SO_2.

A vacuum pump has been used experimentally to remove gases from metals during casting with resulting improvement in density. The OFHC method of casting has shown the way toward obtaining a relatively sound casting from a metal containing reducing gases. Vacuum casting might be substituted for the present method with further increase in density of the product although the density of the best OFHC billets closely approaches that of billets cast in vacuum.

i) Conclusion.

Copper of high purity with electrical and physical properties superior to present commercial grades may be produced in commercial quantities by methods which have already been demonstrated to be feasible. The cost of the product is in general a function of the purity desired.

B. Reindarstellung und physikalische Eigenschaften des Kupfers.

a) Reinstes Kupfer.

Die technischen Methoden, die HAYWARD im vorangehenden Abschnitt geschildert hat, liefern ein sehr reines und technisch einwandfreies Produkt. Aus den physikalischen Eigenschaften zeigt sich aber, daß es sich hier noch nicht um „physikalisch" reines Metall handelt. So kann z. B. die Wärmeleitfähigkeit des Elektrolytkupfers bei 20° K durch weitere Reinigung noch um das 10fache erhöht werden.

Sehr merkwürdig ist es allerdings, daß reinstes Kupfer als solches in der Natur vorkommt: die Reinheit der natürlichen Kupferkristalle hat man an künstlich hergestelltem Kupfer noch nicht erreichen können.

Die beste Annäherung an reine natürliche Kristalle wurde von GROENEVELD (zit. *71*) erreicht durch thermische Zersetzung des Kupferjodids, ein Verfahren, das von VAN ARKEL angegeben wurde (*1*). Zu diesen Versuchen ist folgendes zu bemerken: die Jodidmethode ist sehr geeignet für die Entfernung von Oxyd, Nitrid und Carbid bei den Metallen, wo diese Verbindungen von Jod nicht angegriffen werden; sind die Verunreinigungen aber nicht Verbindungen, sondern Fremdmetalle, so gehen diese bei der Zersetzung in den anwachsenden Stab über; dazu kommt noch, daß bei den edlen Metallen es nicht ganz sicher ist, ob ihre Oxyde nicht von Jod angegriffen werden, da hier, durch die starken Polarisationseffekte die Reihenfolge der Stabilitäten oft etwas anders ist als bei den unedlen Metallen.

Verfasser ist der Meinung, daß beim Kupfer auf elektrolytischem Wege eine weitergehende Reinigung möglich sein wird als nach dem Jodidverfahren.

Nach Versuchen von KROLL (*2*) scheint die Hochvakuumdestillation für die weitere Reinigung nicht vielversprechend zu sein, da die meisten Verunreinigungen zum Teil mit überdestillieren.

Einkristalle. Für viele physikalische Messungen sind Einkristalle erforderlich, die sich nach Angaben von BRIDGMAN (*3*) leicht durch langsames Abkühlen der Schmelze erhalten lassen. Besonders schöne Einkristalle wurden auf ähnliche Weise von HAUSSER und SCHOLZ (*4*) und von THOMPSON (*5*) erhalten. GEORGE (*114*) weist darauf hin, daß bei diesen Einkristallen immer noch eine Art Struktur sichtbar bleibt: im Schliffbild sieht man nebeneinander scheinbar vollkommen gleich orientierte Bezirke.

b) Physikalische Eigenschaften.

Kristallstuktur (*6*). Kupfer ist kubisch flächenzentriert. Die Gitterkonstante ist nach NEUBURGER (*7*) $a_{20} = 3{,}608_{0\pm 4}$. Eine neuere Präzisionsbestimmung (*8*) lieferte $a_{20} = 3{,}6075_{3\pm 4}$. Die Gitterkonstante ist sehr oft gemessen worden: die Schwankungen in den Werten sind nur sehr gering, so daß der angegebene Wert als gut gesichert angesehen werden kann: die gute Übereinstimmung zwischen den verschiedenen Autoren deutet darauf hin, daß alle Proben relativ rein waren. Die Röntgendichte gibt NEUBURGER (*7*) zu $d_{20} = 8{,}923$ an.

Die direkten Dichtemessungen schwanken noch immer sehr stark; wie gewöhnlich sind auch hier die höchsten Werte die zuverlässigsten, weil verschiedene Ursachen, vor allem Gaseinschlüsse, die Dichte erniedrigen können. Beim Erhitzen in Luft kann die Dichte durch Gasaufnahme um mehrere Prozent erniedrigt werden; so fanden RUER und KUSCHMANN (*9*), daß die Dichte von Elektrolytkupfer $d_{19} = 8{,}9181$ bei dieser Behandlung auf 8,35 herabsank.

Wie man sieht stimmt der erste Wert sehr gut mit den Röntgendaten überein: die Dichte, die von KAHLBAUM und STURM (*10*) zu $d_{20} = 8{,}8895$ und von KRAUSE und SAUERWALD (*31*) zu $d_{18} = 8{,}92$ angegeben wurden, stimmen ebenfalls gut mit der Röntgendichte überein.

Durch Kaltbearbeitung sinkt die Dichten etwas: KAHLBAUM und STURM (*10*) finden für gezogenes Kupfer $d_{20} = 8{,}85$ also um etwa 5 ‰ niedriger als beim undeformierten Metall. LOWRY und PARKER (*11*) geben $d = 8{,}915$, für Feilspäne aber $d = 8{,}889$ an und bemerken, daß die Dichte der letzteren bei Erhitzen auf 100° C wieder zunimmt. Diese Erniedrigung der Dichte bei der Verformung, die wohl bei allen Metallen zu erwarten ist (vgl. Wolfram S. 270), ist neuerdings wieder von HONDA und SHIMIZU (*12*) beobachtet worden: $d_{20} = 8{,}92$ geht durch Verformung auf 8,88 zurück.

Allotropie. COHEN und HELDERMAN, die diese Dichteänderungen bei ihren Dilatometermessungen auch schon beobachtet hatten, glaubten damit eine Allotropie des Kupfers festgestellt zu haben (*13*, *14*), und zwar wurde bei 70° C ein Übergangspunkt angenommen. Nun zeigt sich aber aus den Messungen des Leitvermögens von MATTHIESSEN und von BOSE (*15*), daß schon bei 100° C Änderungen, wohl durch Kristallvergütung (Erholung) eintreten. Auch BRANDSMA (*16*) schließt aus der Änderung der Thermokraft von deformiertem gegen undeformiertes Kupfer mit der Temperatur, daß bei 100° C bereits deutliche Erholungserscheinungen auftreten.

Der Beweis, daß es sich bei den Versuchen von COHEN und Mitarbeiter nicht um eine Allotropie handelt, geht aus ihren Arbeiten selbst schon hervor: nur abgedrehtes Kupfer zeigt die Volumänderungen, beim gegossenen Metall fehlen sie vollständig (*13*). Auch Anomalien in der Reaktionsgeschwindigkeit bei etwa 70° C können auf Erholung beruhen (*17*). In Übereinstimmung mit den Ergebnissen der Röntgenanalyse, die unterhalb 475° C keine Allotropie zeigen (*18*, *30*), können wir also sagen, daß alle Andeutungen einer Allotropie vorläufig fehlen. Grundsätzlich sollen aber alle Angaben der physikalischen Eigenschaften auf ausgeglühtes, gasfreies Metall bezogen werden. Für die Dichte rechnen wir daher mit

$$d_{20} = 8{,}92.$$

Ausdehnung. Dichte des geschmolzenen Kupfers. Kompressibilität. Der Ausdehnungskoeffizient ist bei kleinen Temperatursteigungen gut bekannt. Die Werte, die FIZEAU (*19*) angibt, $16{,}69 \cdot 10^{-6}$ bei 20° C und $17 \cdot 10^{-6}$ bei 46° C dürften auch jetzt noch richtig sein. Mit $\bar{\delta} = 17 \cdot 10^{-6}$ zwischen 0 und 100° lassen sich die zahlreichen Messungen [vgl. MELLOR (*6a*), S. 43] am besten wiedergeben. Bei tieferen Temperaturen liegen die Verhältnisse weniger einfach.

SIMON und ROSE BERGMANN (*20*) geben ausführliche Messungen zwischen 89° K und 289° K an: ihre Mitteilung, daß die Messungen innerhalb 7‰ mit denjenigen von HENNING (*21*) übereinstimmen, ist aber so zu verstehen, daß sie zwischen den äußersten Temperaturen dieselbe Längenänderung finden; den Verlauf der Änderung können sie aber nicht vergleichen. Die Autoren geben nicht an, ob ihr Material, Kahlbaum-Elektrolytkupfer in Stangen, auch genügend ausgeglüht war, denn nach MERICA (*22*) und ZAKRZEWSKY (*23*) ist die Ausdehnung vom Bearbeitungsgrad abhängig. Wenn also ADENSTEDT (*24*) behauptet, daß er von den von SIMON und BERGMANN beobachteten Anomalien nichts bemerkt hat, und daß seine Messungen sich sehr gut einer GRÜNEISENschen Formel anpassen, so ist dies vielleicht zum Teil durch eine Verschiedenheit des Materials zu erklären. ADENSTEDT gibt folgende Werte an:

$t =$	−170°	−150°	−130°	−110°	−90°	−70°	−50°	−30°	−10° C
$\delta \cdot 10^{+6} =$	$10{,}7_3$	$12{,}2_6$	$13{,}3_4$	$14{,}1_1$	$14{,}7_3$	$15{,}2_2$	$15{,}6_2$	$15{,}9_0$	$16{,}2_3$

KEESOM, VAN AGT und Frl. JANSEN (*25*) haben die Ausdehnung von —253° C an bis —100° C bestimmt, wobei sehr gute Übereinstimmung mit früheren Messungen gefunden wurde. Die Messungen stimmen aber gar nicht mit denen von SIMON und Frl. BERGMANN überein: die letzte Arbeit gibt auch in der Nähe von 0° C bedeutend höhere Werte als der von vielen Autoren immer wieder bestätigte von FIZEAU. Die Messungen von SIMON und BERGMANN sind also wohl durch Versuchsfehler entstellt; auf eine Anomalie des Kupfers darf auf Grund dieser Messungen nicht geschlossen werden. KEESOM (*26*) zeigt weiter, daß die unter (*25*) genannten Daten sich der GRÜNEISENschen Formel sehr gut anschließen.

Von 120 bis 310° K liegen noch die Messungen vor von BUFFINGTON und LATIMER (*27*).

Auch bei höheren Temperaturen sind die Werte der Dichte und dadurch die Ausdehnungskoeffizienten, die verschiedene Autoren angeben, noch recht verschieden.

Für den mittleren Ausdehnungskoeffizient zwischen 0 und 300° C geben HOLBORN und GRÜNEISEN (*28*) $19{,}9 \cdot 10^{-6}$ an; niedrigere Werte findet UFFELMANN (*29*); damit verträgt sich sehr schlecht eine Röntgenmessung (*30*) bei 475° C, bei der für die Kantenlänge $3{,}651_5$ Å gefunden wurde. Daraus berechnet sich $\bar{\delta} = 25{,}3 \cdot 10^{-6}$ zwischen 0° und 475° C. Der zuletzt genannte Wert scheint aber wohl etwas zu hoch zu sein.

Aus der Dichte bei 1000°, $d = 8{,}41$ die KRAUSE und SAUERWALD (*31*) angeben, berechnet man $\bar{\delta}$ zu $23{,}8 \cdot 10^{-6}$ zwischen 18° und 1000° C.

Die Angaben über die Dichte des geschmolzenen Kupfers schwanken sehr stark, z. B.

$d_{1100^\circ\,\mathrm{C}} = 8{,}3601$ (*32*), 8,39 (*33*) oder 7,96 (*31*)
$d_{1200^\circ\,\mathrm{C}} = 8{,}3268$ (*32*), 8,32 (*33*) 7,81 (*31*)
$d_{1250^\circ\,\mathrm{C}} = 8{,}2953$ (*32*), 8,20 (*33*).

Eine Auswahl aus diesen Daten ist vielleicht möglich mit Hilfe der von ENDO (*34*) gemessenen Volumänderung beim Schmelzen, $dV = 0{,}0405\, V_{\mathrm{fl}}$. Aus den Daten von STAHL (*32*) kann jetzt die Dichte des festen Kupfers beim Schmelzpunkt (1084° C) berechnet werden, und daraus $\bar{\delta}$ zwischen 0° C und dem Schmelzpunkt: sie führt auf den unmöglichen Wert $\bar{\delta} = 8{,}5 \cdot 10^{-6}$.

Mit den Zahlen von KRAUSE und SAUERWALD (*31*) findet man aber

$$\begin{aligned} V_{1084^\circ}\ (\text{flüssig}) &= 0{,}1251 \\ dV &= 0{,}1251 \cdot 0{,}0405 = 0{,}0051 \\ V_{1084^\circ}\ (\text{fest}) &= 0{,}1200 \text{ und daher} \\ \bar{\delta} &= 25{,}4 \cdot 10^{-6}, \end{aligned}$$

welcher Wert sich anderen Beobachtungen gut anpaßt.

Es wurde schon erwähnt, daß der Ausdehnungskoeffizient beim verformten Metall kleiner ist (*22*, *23*). GRÜNEISEN findet, daß unter Druck die Ausdehnung ebenfalls kleiner wird, etwa 1% bei 1000 Atm. (*35*). Diese Beobachtung ist gleichbedeutend mit dem allgemeinen Befund BRIDGMANs, daß die Kompressibilität mit zunehmender Temperatur abnimmt.

Die Kompressibilität wurde von EBERT (*36*) und in einem größeren Druckgebiet von BRIDGMAN (*37*) gemessen. BRIDGMAN findet

$$\begin{aligned} dV/V_0 &= -0{,}719 \cdot 10^{-6} p + 3{,}0 \cdot 10^{-12} p^2 \quad \text{bei } 30^\circ\,\mathrm{C} \\ &\quad -0{,}734 \cdot 10^{-6} p + 3{,}0 \cdot 10^{-12} p^2 \quad \text{bei } 75^\circ\,\mathrm{C} \end{aligned}$$

in Übereinstimmung mit den Daten von EBERT, der mit Einkristallen arbeitete.

Da die Kompressibilität mit dem Druck abnimmt, sollte das Volumen bei der Bearbeitung zunehmen (s. unter Wolfram, S. 271) wie es auch tatsächlich der Fall ist (*10*, *11*, *12*).

Schmelzpunkt, Schmelzwärme, Volumänderung. Für den Schmelzpunkt können wir 1084° C annehmen (*38*). Die Schmelzwärme beträgt nach GLASER (*39*) 2,65, nach RICHARDS (*40*) 2,74 und nach UMINO (*42*) 3,18 kcal, alles je Grammatom. Nach RANDALL, NIELSEN und WEST (*43*) soll ein von WÜST und DURRER (*41*) angegebener Wert auf 3,24 kcal korrigiert werden.

Die Volumänderung beträgt nach ENDO (*34*) 4,05% des Volums des flüssigen Metalls beim Schmelzpunkt, oder 3,23 cm³.

Dampfdruck, Siedepunkt. Aus Messungen von HARTECK (*44*) und MACK, OSTERHOF und KRANER (*45*) leitet EUCKEN (*46*) die Dampfdruckgleichungen

$$\log p = -\frac{18350}{T} - 1{,}275 \log T + 14{,}01$$

für festes Kupfer oberhalb 800° K und

$$\log p = -\frac{17700}{T} - 1{,}275 \log T + 13{,}51$$

für flüssiges Kupfer bis 2800° K ab.

Für den Siedepunkt wird dann gefunden 2830° K.

Leider hat EUCKEN bei seiner Berechnung nicht die Zahlen von JONES, LANGMUIR und MACKAY (*47*) berücksichtigt. Diese Daten liefern für die Sublimationswärme beim absoluten Nullpunkt 82,060 kcal, während EUCKEN (*46*) 82,200 kcal angibt, und für den Siedepunkt 3110° K. Durch direkte Siedepunktsbestimmungen wurden viel niedrigere Werte gefunden, z. B. 2633° K nach RUFF (*48*), 2609° K nach BAUR und BRUNNER (*49*) 2663° K ± 50° nach LEITGEBEL (*50*), und 2583° K nach MILLAR (*51*). Meistens sind auch hier die Siedepunkte auf 760 mm extrapoliert. Merkwürdig ist die relativ gute Übereinstimmung. Dennoch sind auch nach FISCHER (*52*) diese Werte nicht richtig.

Spezifische Wärme. Diese Größe ist von dem tiefsten Temperaturen an bis zu etwa 1000° K sehr genau bekannt; innerhalb der verschiedenen Teilgebieten liegen die Messungen der verschiedenen Autoren nahe aneinander.

Messungen unterhalb 5,5° K von MENDELSSOHN und CLOSS (*53*) geben Werte, die sich vorzüglich an Messungen von KAMERLINGH ONNES und KEESOM (*54*), die bis 79° K gemessen haben, anschließen. Daran anschließend folgen die Messungen von EUCKEN und WERTH (*55*) von 84 bis 215° K. In dieser Arbeit wird gezeigt, daß eine Verformung (Stauchung) keinen meßbaren Einfluß hat. Messungen von DOCKERTY (*56*) und von BRONSON, CHISHOLM und DOCKERTY (*57*) umfassen das Gebiet zwischen —72 und 115° C, oberhalb 200° liegen Messungen vor von JAEGER, ROSENBOHM und BOTTEMA (*58*). Hier zeigen sich deutliche Unterschiede zwischen deformiertem und undeformiertem Material. Während die Autoren für „stabilisiertes" Kupfer die Gleichung

$$c_p = 0{,}0926 + 0{,}208 \cdot 10^{-4}\, t$$

angeben, finden sie für gezogenes Kupfer

$$c_p = 0{,}0938 + 0{,}207 \cdot 10^{-4}\, t.$$

Literatur über ältere Messungen sind aus den erwähnten Arbeiten sowie LANDOLT-BÖRNSTEIN (*59*) zu ersehen.

Wärmeleitfähigkeit. GRÜNEISEN und GOENS (*60*) haben bei tiefen Temperaturen nach verschiedenen Herstellungsverfahren gewonnenes Kupfer sowohl im verformten als auch im unverformten Zustand untersucht. Bei sehr tiefen Temperaturen steigt die Wärmeleitfähigkeit sehr stark an, und wird gleichzeitig sehr empfindlich gegenüber Verformung und Verunreinigung. Merkwürdig ist, daß die Verfasser bei 20° K die größte Leitfähigkeit, $W = 22$ (cal/cm/sec/Grad), bei einem natürlichen Kristall fanden. An demselben Kristall hatte EUCKEN (*61*) $W = 20{,}4$ bei 20,6° K gefunden. Die Leitfähigkeit steigt hier bei den reinsten Proben noch äußerst schnell an, während sie bei den weniger reinen nach niederer Temperatur abnimmt.

Durch Hämmern geht die Wärmeleitfähigkeit auf 5,6 zurück, der Anfangswert wird aber nach langem Tempern auf 380° wieder fast erreicht ($W = 21$).

An bestem Elektrolytkupfer wurde nie mehr als $W = 13$ gemessen.

Bei —190° K ist der Einfluß von Verunreinigungen und Verformung viel geringer; am natürlichen Kristall wurde $W = 1{,}33$ gemessen, an Elektrolytkupfer 1,25.

Auch bei höheren Temperaturen bleibt der Einfluß von Verunreinigungen sehr bedeutend. So sinkt z. B. die Wärmeleitfähigkeit nach HANSON und RODGESS (*62*) durch 0,5% As oder *P* schon auf ein Viertel des Anfangwertes, durch denselben Eisengehalt auf die Hälfte.

Messungen von KANNULUIK und LABY (*63*) an einem Einkristall stimmen bei tiefen Temperaturen gut mit EUCKENS Messungen an dem natürlichen Kristall überein, sie liegen bei Zimmertemperatur etwas höher.

	$t =$ — 252,2°	— 200°	— 190°	— 174,8°	— 73,7°	0°	19,4°C
EUCKEN	$W =$ 29,3	1,95	1,42	—	—	0,98	—
KANNULUIK	$W =$ —	—	—	1,131	1,054	—	0,989

Bei höheren Temperaturen liegen Messungen vor von MEISSNER (*68*), SCHOFIELD (*65*) und ANGELL (66), die vielleicht in etwas weniger reinem Metall ausgeführt wurden.

	$t =$ — 252,8°	0°	50°	100°	200°	300°	500°	700°	1000°C
MEISSNER	$W =$ 4,2	0,938	—	0,94	0,94	—	—	—	—
ANGELL .	$W =$ —	—	0,92	—	—	—	0,90	—	0,8
SCHOFIELD	$W =$ —	—	—	0,90	—	0,88	0,86	0,84	—

SCHOFIELD (*65*) gibt für seine Probe einen Gehalt von 99,9% Cu an.

Nach BREMMER und DE HAAS (*64*) nimmt die Wärmeleitfähigkeit des Kupfers bis 14° K zu.

Unter Druck nimmt *W* nach BRIDGMAN (*67*) ab.

Elektrische Eigenschaften. GRÜNEISEN und GOENS (*60*) haben auch den spezifischen Widerstand des sehr reinen natürlichen Kristalls, der bei tiefen Temperaturen die größte Wärmeleitfähigkeit zeigte gemessen: sie fanden

$$\varrho_0 = 1{,}56 \cdot 10^{-6}.$$

Dieser Wert deckt sich mit Angaben von MEISSNER (*70*) und ist zugleich auch der niedrigste bis jetzt erreichte. Er wurde von GRÜNEISEN und GOENS auch an reinstem Elektrolytkupfer gefunden; einmal wurde sogar $1{,}55 \cdot 10^{-6}$ gemessen.

Als bester Wert für α wird $433 \cdot 10^{-5}$ von HOLBORN (*69*) angegeben.

Der Widerstand ist bis zu 1,3° K gemessen worden: MEISSNER (*70*) findet an einem sehr reinen Präparat den Restwiderstand $2{,}9 \cdot 10^{-4}$; Messungen von DE HAAS, DE BOER und VAN DEN BERG (*71*) bestätigen die Beobachtungen anderer Autoren, daß tatsächlich die natürlichen Kupferkristalle reiner sind als irgend ein auf chemischen Wege erhaltenes Präparat. Die Messungen umfassen das Gebiet von 14 bis 21° K. Für verschiedene Kupferpräparate laufen die Widerstandstemperaturkurven nahezu parallel. Nehmen wir an, daß der Restwiderstand des natürlichen Kristalls praktisch Null ist, so können wir die Restwiderstände der übrigen Proben ungefähr wie folgt angeben:

1. natürliche Kristalle weniger guter Qualität

$$R = 13 - 16 \cdot 10^{-4};$$

2. Kupfer, durch thermische Zersetzung von Kupferjodid erhalten

$$R = 21 \cdot 10^{-4};$$

3. Kupferprobe vom Bureau of Standards

$$R = 37 \cdot 10^{-4}.$$

Kupfer enthält also immer noch irgendeine Verunreinigung, die dem natürlichen Kristall fehlt. Zu bemerken ist aber, daß diese Verunreinigung den Widerstand bei Zimmertemperatur nur in der dritten Dezimale, praktisch also unmerklich beeinflußt.

Messungen bei höheren Temperaturen sind ausgeführt worden von HOLBORN (*72*) (bis 500°) und von NORTHRUP (*73*) bei 1000° und 1084°. Die Messungen schließen gut aneinander an:

$t =$	100°	200°	300°	400°	500°	1000°	1082° C
$R/R_0 \cdot 10^6 =$	1,432	1,866	2,308	2,760	3,225	5,29	5,82

Zum Vergleich können wir noch die Messungen von SCHOFIELD (*65*) heranziehen, der vielleicht mit einem etwas weniger reinen Präparat gearbeitet hat (99,9%) und etwas niedrigere Werte findet:

$t =$	145°	306°	470°	630° C
$R/R_0 =$	1,59	2,29	3,00	3,70

Merkwürdig ist, daß auch bei HOLBORN (*72*) der Widerstand wieder etwas zunimmt, wenn oberhalb 380° C getempert wird: auch in der

Arbeit von GRÜNEISEN und GOENS (*60*) sind Andeutungen dieses allerdings sehr kleinen Effektes zu finden.

NORTHRUP (*73*) hat auch den Widerstand des flüssigen Kupfers gemessen: er gibt an

$t =$	1084°	1100°	1340°	1450° C
$\varrho/\varrho_{00} =$	12,28	12,35	13,48	13,96

Die Widerstände nehmen ungefähr linear mit der Temperatur zu: beim Schmelzpunkt ist das Verhältnis:

$$\varrho_{\text{fl}}/\varrho_{\text{fest}} = 2{,}09\,.$$

Unter allseitigem Druck nimmt nach BRIDGMAN (*74*) und FISCHER (*76*) der Widerstand ab. BRIDGMAN findet für den Druckkoeffizient des spezifischen Widerstandes

$$\frac{1}{\varrho}\frac{d\varrho}{dp} = -2{,}25\cdot 10^{-6}$$

nach Korrektur für die Kompression, und ohne diese Korrektur

$$\frac{1}{R}\frac{dR}{dp} = -2{,}01\cdot 10^{-6}.$$

Später hat er auch (*75*) bei tiefen Temperaturen und Drücken bis 7000 Atm. gemessen, wobei er folgende Werte findet

$t =$	−182,9°	−78,4° C
$10^6\,\frac{\Delta R}{Rp} =$	−3,09	−2,01

FISCHER (*76*) findet

$t =$	−195,1	−192,1	−185,1	−75,1	0	14,2
$10^6\,\frac{1}{R}\,\frac{dR}{dp} =$	3,76	3,43	3,31	1,98	1,73	1,71

Den Einfluß eines magnetischen Feldes auf den Widerstand haben KAPITZA (*77*) und DE HAAS und VAN ALPHEN (*78*) gemessen. Für die relative Zunahme des Widerstandes finden DE HAAS und VAN ALPHEN in einem Felde von 23,6 Kilogauß.

$T =$	14,2	17,3°	20,4°	63,8°	70,4°	77,2°	290° K
$\frac{\Delta R}{R_{00}}\cdot 10^4 =$	41	41	41	17	17	17	0

R_{00} ist hier der Widerstand bei 0° C und $H = 0$.

Magnetische Eigenschaften. Kupfer ist diamagnetisch. Die verschiedenen Messungen der atomaren Suszeptibilität liegen sehr nahe um $\chi = -0{,}085\cdot 10^{-6}$ herum (*79*). SHIMIZU (*80*) hat die Suszeptibilität bei verschiedenen Temperaturen zwischen 18° und 1180° gemessen, er findet für die Suszeptibilität pro Grammatom X:

$t =$	18°	160°	400°	620°	885°	1030°	1075° C
$-X\cdot 10^6 =$	5,47	5,48	5,51	5,54	5,61	5,68	5,82

In dem Gebiet 1055 bis 1089° steigt χ stark an: dies deutet auf einen unscharfen Schmelzpunkt des Materials hin. Bei 1084° ist wieder ein nahezu konstanter Wert erreicht.

$t =$	1075°	1080°	1085°	1089°	1100°	1120°	1180° C
$-X \cdot 10^6 =$	5,82	8,38	12,15	13,4	13,4	13,45	13,45

MONTGOMERY (*81*) stellt fest, daß bei Einkristallen die Suszeptibilität, für die er ebenfalls $\chi = -0{,}085 \cdot 10^{-6}$ findet, von der kristallographischen Richtung unabhängig ist.

HALL (*82*) hat an Kupfer die vier magnetischen Transversaleffekte gemessen. Für die HALL-, ETTINGHAUSEN-, NERNST- und RIGHI-LEDUC-Konstante wird gefunden:

	HALL 10^4	ETTINHAUSEN 10^9	NERNST 10^4	RIGHI-LEDUC 10^7
$t = 25°$	$-5{,}36$	$-1{,}446$	$-2{,}155$	$-2{,}698$
$t = 55°$	$-5{,}37$	$-1{,}544$	$-2{,}104$	$-2{,}448$
$t = 85°$	$-5{,}38$	$-1{,}674$	$-2{,}014$	$-2{,}272$

Optische Eigenschaften. Obwohl die Angaben über die optischen Eigenschaften oft etwas schwanken, kann man aus ihnen doch ableiten, daß das Reflexionsvermögen fast kontinuierlich von 0,30 bei 2400 Å bis ungefähr 0,98 bei 14 μ ansteigt. HLUČKA (*83*) hat das Gebiet zwischen 1900 bis 2900 Å gemessen. Er findet ein starkes Minimum bei ~2200 Å, wo R nur noch 0,07 ist.

SABINE (*84*) hat die Messungen auf ultraviolettes Licht bis 450 Å ausgedehnt. SCHUBERT (*88*) hat Messungen der optischen Eigenschaften bei hohen Temperaturen ausgeführt.

Der Brechungsindex sinkt von 1,40 bei 2500 Å auf ungefähr 0,56 bei 6400 Å, während zugleich der Adsorptionskoeffizient von 1,42 auf 3,2 ansteigt.

Thermo-Elektronenemission. WEHNELT und SEILIGER (*85*) messen die Elektronenemission unterhalb und oberhalb des Schmelzpunktes und berechnen daraus mit Hilfe der RICHARDSONschen Gleichung die Austrittsarbeit beim festen und flüssigen Metall.

Sie finden

$$\varphi_{\text{fest}} = 3{,}85 \text{ eV} \qquad \varphi_{\text{flüssig}} = 3{,}71 \text{ eV}.$$

Gleichzeitig haben sie auch eine Emission von positiven Ionen beobachtet, für die die Austrittsarbeiten

$$\varphi_+ \text{ (fest)} = 3{,}52 \text{ eV} \qquad \varphi_+ \text{ (flüssig)} = 2{,}49 \text{ eV}$$

betragen.

Nun stimmt aber bei diesen Werten etwas nicht: denn es ist leicht einzusehen, daß

$$\varphi_+ + \varphi_- = I + S$$

ist (I = Ionisierungsspannung, S = Verdampfungswärme oder Sublimationswärme). Danach soll, weil $I = 7{,}8$ eV und $S = 3{,}17$ eV (*46*), $\varphi_+ = \sim 7$ eV betragen.

Weiter ist $(\varphi_+ + \varphi_-)_{\text{fest}} - (\varphi_+ + \varphi_-)_{\text{flüssig}}$ identisch mit der Schmelzwärme, und sollte also nur etwa 3,2 kcal = 0,14 eV betragen, während 1,17 eV gefunden wurde. Wahrscheinlich sind die positiven Ionen keine Kupferionen.

Die Austrittsarbeit für die Elektronen $\varphi = \sim 3$ eV scheint für dieses ziemlich edle Metall wohl zu niedrig zu sein.

Photoelektrische Erscheinungen. Die Messungen der langwelligen Grenze des photoelektrischen Effektes sind weder untereinander, noch mit der obenerwähnten Austrittsarbeit in Übereinstimmung. HUNTER (*86*) findet für die Grenzwellenlänge 2985 Å, also $\varphi = 4{,}14$ eV, während SCHULZE (*87*) 2570 Å und daraus $\varphi = 4{,}77$ eV findet.

Mechanische Eigenschaften. Der Elastizitätsmodul (YOUNG-Modul) (*6a, b*), liegt bei etwa $12{,}2 \cdot 10^{+11}$ dyn/cm² = 12000 kg/mm², ein Wert, der ungefähr mit dem unlängst von KAWAI (*89*) zu $E = 12700$ kg/mm² gemessenen übereinstimmt.

Mit der Temperatur sinkt der Elastizitätsmodul: quantitativ weichen die Angaben über die Temperaturabhängigkeit sehr stark voneinander ab. Messungen an Einkristallen hat KIMURA (*90*) ausgeführt; er gibt folgende Werte für die elastische Konstanten an:

$$S_{11} \cdot 10^{-12} = 1{,}291, \quad S_{12} \cdot 10^{-12} = -0{,}523, \quad S_{44} \cdot 10^{-12} = 1{,}636;$$
$$E_{111}/E_{100} = 2{,}06.$$

Der Torsionsmodulus n ist 4800 kg/mm² (*6a, 6b*). Auch hier findet KIMURA (*90*) einen Einfluß der kristallographischen Richtung: es ist

$$n_{111}/n_{100} = 1{,}81.$$

Die Härte ist etwa 50 Brinelleinheiten für ausgeglühtes Metall (*6a, 6b*). KAWAI (*89*) gibt 40 an. Sie ist praktisch unabhängig von der Korngröße und der kristallographischen Richtung (*91*). Für die Kegeldruckhärte geben dagegen ENGL und HEIDTKAMP (*92*) bei 0°: 60 bis 80 Einheiten an, in Abhängigkeit der kristallographischen Richtung. Die Härte fällt auf etwa 2 bei 1000°.

Für die Zugfestigkeit wird angegeben (*6a, 6b*)

$$1 \text{ bis } 2 \cdot 10^9 \text{ dyn/cm}^2 = \sim 15 \text{ kg/mm}^2.$$

Bei tiefen Temperaturen ist die Zugfestigkeit untersucht von KURODA (*94*), KRUPKOWSKY (*95*) und weiter von DE HAAS und HADFIELD (*93*) bis —193° C.

c) Plastisch-deformiertes Kupfer.

Durch Verformung werden die Eigenschaften des Kupfers weitgehend geändert. Diese Änderungen äußern sich nach DEHLINGER (*96*) schon in der Verbreiterung der DEBYE-SCHERRER-Linien.

Die Strukturänderung bei der Verformung ist komplizierter als bei den meisten Metallen; beim Ziehen bildet sich eine doppelte Faserstruktur nach (111) und (100) aus (*97, 98*). Auch beim Walzen überlagern sich nach von GÖLER und SACHS (*99*) zwei Strukturen. Bis —180° bleibt Kupfer verformbar (*95*).

Mit den Änderungen im Gitter gehen Änderungen von Elastizitätsmodul, Härte und elektrischem Widerstand Hand in Hand. Nach KAWAI (*89*) steigt die Härte von ~43 auf ~110 Brinell an, der Elastizitätsmodul fällt zunächst etwas, und steigt dann von 12000 auf 13400 kg/mm² an. Bei Dehnung unter Zug ändert sich nach ANDRADE und CHALMERS der Widerstand nicht (*108*). Da die Änderungen des Widerstandes nur von der Größenordnung 2% sind, ist es nicht überraschend, daß bei der geringen Verformung, die bei der Dehnung eintritt, ANDRADE und CHALMERS (*108*) keine Änderung des Widerstandes beobachteten. Merkwürdig ist, daß bei sehr starker Deformation nach TAKAHASI (*100*) der Widerstand wieder etwas abnimmt.

Durch Erhitzen des deformierten Metalls kehrt dieses wieder in den Anfangszustand zurück. Dabei haben wir wieder Kristallerholung und Rekristallisation nebeneinander zu betrachten. Die Rekristallisation tritt erst bei viel höheren Temperaturen ein: dabei treten oft Anomalien auf (s. u.). Unterhalb 300° bemerkt man aber von Anomalien beim Ausglühen nichts; wir sind dann noch im Gebiet der Kristallerholung. TAMMANN und DREYER (*101*) zeigen, wie beim Ausglühen bei Temperaturen zwischen 100 und 200° der Widerstand bei jeder Temperatur auf einen konstanten Wert herabsinkt: die Kurven sind denen von GEISS und VAN LIEMPT beim Wolfram gefundenen ganz ähnlich. Dieser Verlauf ist kennzeichnend für die Erholung, man vergleiche auch eine neuere Arbeit von TAMMANN (*102*).

Daß die Linienverbreiterung schon unterhalb der Temperatur, wo die Rekristallisation anfängt, verschwindet, bestätigen KONOBEJEWSKI und SELISSKI (*103*).

Von den übrigen Arbeiten über die Änderung der mechanischen Eigenschaften durch Verformung und Temperaturbehandlung, wollen wir nur noch die von HOLTZMANN (*104*) erwähnen, der die Tiefziehfähigkeit untersucht, die von VON GÖLER und SACHS (*105*) über Zugversuche und die von MCKEOWN und HUDSON (*106*) über die Spannungs-Dehnungs-Kurven des Kupfers.

Bei etwa 300° C tritt Rekristallisation ein. Über die Rekristallisationskinetik bei verschiedenen Temperaturen und Reckgraden liegt eine Arbeit von KARNOP und SACHS (*107*) vor. Bei höheren Temperaturen treten oft Anomalien auf: wird z. B. die Temperatur beim Ausglühen zu hoch gewählt, so sinkt nach TAKAHASI (*100*) der Widerstand nicht auf den Wert des undeformierten Metalls, sondern bleibt etwas erhöht, dieselbe Erscheinung also, die wir auch aus den Beobachtungen von GRÜNEISEN (*60*) und HOLBORN (*72*) erwähnt haben. Sie ist übrigens auch bei anderen Metallen (*100*) und bei Platin bekannt, wo bei der Verwendung in Widerstandsthermometern damit gerechnet werden muß.

Nach KAWAI (*89*) verhällt der YOUNG-Modulus (Elastizitätsmodulus) sich ganz ähnlich. Dieser nimmt zunächst bei Verformung ab, steigt dann aber wieder etwas an; beim Ausglühen oberhalb 700° C ist die

Rückkehr zu dem Anfangswert aber unvollständig. Auch KUNTZE (*109*) hatte ein ähnliches Verhalten beobachtet. Es handelt sich hier um Änderungen von etwa 2%.

Eine der merkwürdigsten Änderungen, die Kupfer beim Bearbeiten erfährt, ist die der magnetischen Eigenschaften, die zum ersten Male von SEEMANN und VOGT (*110*) beobachtet wurde; das diamagnetische Kupfer wird beim Bearbeiten paramagnetisch. Diese Erscheinung ist von vielen Autoren bestätigt worden.

Nun ist aber nach KUSSMANN und SEEMANN (*111*) die Änderung nicht unmittelbar als durch die Verformung hervorgerufen aufzufassen; diese Autoren machen es sehr wahrscheinlich, daß es sich um die Ausscheidung einer kleinen Menge einer ferromagnetischen Beimengung während der Bearbeitung handelt. Da bei gewöhnlicher Temperatur Eisen in Kupfer nahezu unlöslich ist, können kleine Eisenmengen schon übersättigte Lösungen bilden. KUSSMANN und SEEMANN nehmen nun an, daß durch die Bearbeitung die Gleichgewichtseinstellung erzwungen wird. Die weitere Literatur wird in der Abhandlung dieser Autoren referiert.

Gegen diese Auffassung bleibt SHIMIZU (*112*) auf seinem Standpunkt, daß es sich um einen direkten Einfluß der Gitterstörung handelt, die auch theoretisch zu erklären ist (*112*); er beruft sich dabei auf die Untersuchungen von RAMACHANDRA RAO (*113*), der findet, daß beim Übergang der Metalle in feinverteilten Zustand sich die magnetischen Eigenschaften ebenfalls ändern.

d) Zweistoffsysteme.

Bei keiner der vielen wichtigen Legierungen des Kupfers ist die Reinheit des Kupfers wesentlich für die Eigenschaften. Wir wollen daher auf dieses Thema hier überhaupt nicht eingehen.

Wichtig ist aber das Verhalten von Kupfer den verschiedenen gasförmigen Elementen, insbesondere Sauerstoff und Wasserstoff, gegenüber, die, wenn vorhanden, die Eigenschaften des Kupfers weitgehend ändern können.

Stickstoff scheint, ebensowenig wie CO und CO_2, löslich zu sein (*115*). Dagegen ist Sauerstoff als sehr unangenehmer Schädling bekannt. In einer Arbeit von BRONIEWSKI und JASLAN (*116*) wird gezeigt, daß schon bei einem Sauerstoffgehalt < 0,8% Cu_2O-Gehalt, d. h. also <0,1% Sauerstoff die Härte schon bedeutend erhöht ist, die maximale Dehnung und Einschnürung sehr erheblich zurückgegangen sind. Bis zu etwa 0,1% scheint Sauerstoff als Mischkristall aufgenommen zu werden. Diese Zahl stimmt ungefähr mit den Daten von RHINES und MATHEWSON (*117*), die als Löslichkeit 0,09% bei 800°, 0,15 bei 1000° C angeben. Es ist also beim Arbeiten mit reinem Kupfer, insbesondere bei höheren Temperaturen nötig, jede Berührung mit Sauerstoff peinlichst zu vermeiden. Ein Teil der gefundenen Anomalien kann vielleicht immer noch einem kleinen Sauerstoffgehalt zugeschrieben werden. Man vergleiche auch noch die schon erwähnte Arbeit von RUER und KUSCHMANN (*9*).

Auch Wasserstoff ist in geringem Maße in Kupfer löslich: bei gleichbleibendem Druck steigt mit zunehmender Temperatur die Menge an und ist im flüssigen Kupfer viel größer als im festen. SIEVERTS (*118*) gibt folgende Zahlen an:

$t =$	409°	514°	981°	1033°	Smp. fest	Smp. flüssig	1123°	1550°
H_2 (in mg auf 1000 g Cu) =	0,006	0,016	0,132	0,159	0,19	0,54	0,608	1,24

Es handelt sich hier bei etwa 1000° nur noch um 0,01 Atom-%, also um sehr kleine Mengen. Wahrscheinlich liegt die Bedeutung der Einwirkung von Wasserstoff auf Kupfer nicht in der Löslichkeit, sondern ist in der Reaktion dieses Gases mit dem im Kupfer enthaltenen Sauerstoff und Schwefel zu suchen. Bei der Einwirkung von Wasserstoff wird Kupfer spröde. Nach WYMAN (*119*) verschwindet aber dieser Effekt durch weitgehendes Desoxydieren. In dieser Arbeit findet man auch weitere Literatur.

Auf die geringe Löslichkeit des Kupfers ist wohl auch die relativ geringe Durchlässigkeit dieses Metalls für Wasserstoff (*120*) zurückzuführen.

Literatur.

(Reindarstellung und physikalische Eigenschaften.)

1. VAN ARKEL, A. E.: Metallwirtsch. Bd. 13 (1934) S. 405.
2. KROLL, W.: Metal Ind., London Bd. 47 (1935) S. 103.
3. BRIDGMAN, P. W.: Proc. Amer. Acad. Arts a. Sci. Bd. 60 (1924/25) S. 305.
4. HAUSSER, K. W., P. SCHOLZ: Wiss. Veröff. Siemens-Konz. Bd. 5 (1926/27) S. 144.
5. THOMPSON, J. G.: Metals & Alloys Bd. 7 (1936) S. 19.
6a. Literatur vor 1922: MELLOR: A comprehensive Treatise on inorganic and theoretical Chemistry, Bd. III, S. 1.
6b. PASCAL, P.: Traité de Chimie physique et minérale, Bd. VIII, S. 315.
7. NEUBURGER, M. C.: Z. Kristallogr. Bd. 93 (1936) S. 1.
8. VAN BERGEN, H.: Naturwiss. Bd. 25 (1937) S. 415.
9. RUER, R., J. KUSCHMANN: Z. anorg. allg. Chem. Bd. 173 (1928) S. 234.
10. KAHLBAUM, G. W. A., E. STURM: Z. anorg. allg. Chem. Bd. 46 (1905) S. 256.
11. LOWRY, T. M., R. G. PARKER: J. chem. Soc. Bd. 107 (1915) S. 1005.
12. HONDA, K., Y. SHIMIZU: Nature, Lond. Bd. 126 (1930) S. 990.
13. COHEN, E., W. D. HELDERMAN: Z. phys. Chem. Bd. 87 (1914) S. 419.
14. COHEN, E., W. D. HELDERMAN: Z. phys. Chem. Bd. 89 (1915) S. 638.
15. MATTHIESSEN, A., M. VON BOSE: Poggendorffs Ann. Bd. 115 (1862) S. 353.
16. BRANDSMA, W. F.: Z. Phys. Bd. 48 (1928) S. 703.
17. HEDVALL, J. H., R. HEDIN, E. ANDERSON: Z. anorg. allg. Chem. Bd. 212 (1933) S. 88.
18. DORN, J. E., G. GLOCKLER: J. phys. Chem. Bd. 41 (1937) S. 499.
19. FIZEAU, H.: C. R. Acad. Sci., Paris Bd. 68 (1869) S. 1125.

20. Simon, F., Rose Bergmann: Z. phys. Chem. Abt. B. Bd. 8 (1930) S. 272.
21. Henning, E.: Ann. Phys., Lpz. Bd. 22 (1907) S. 631.
22. Merica, P. D.: Met. Chem. Engng. Bd. 18 (1918) S. 121.
23. Zakrzewsky, J.: Bull. Acad. Cracovie Bd. 2 (1889).
24. Adenstedt, H.: Ann. Phys., Lpz. (5) Bd. 26 (1936) S. 69.
25. Keesom, W. H., F. P. G. A. J. van Agt, A. F. J. Jansen: Commun. phys. Lab. Univ. Leiden 182a. Versl. kon. Acad. Amst. Bd. 35 (1926) S. 262.
26. Keesom, W. H.: Z. phys. Chem., Abt. A Bd. 132 (1927) S. 658.
27. Buffington, R. M., W. M. Latimer: J. Amer. chem. Soc. Bd. 48 (1926) S. 234.
28. Holborn, L., E. Grüneisen: Ann. Phys., Lpz. (4) Bd. 6 (1901) S. 136.
29. Uffelmann, F. L.: Phil. Mag. (7) Bd. 10 (1930) S. 633.
30. Vegard, L., A. Kloster: Z. Kristallogr. A Bd. 89 (1934) S. 560.
31. Krause, W., F. Sauerwald: Z. anorg. allg. Chem. Bd. 181 (1929) S. 349.
32. Stahl, W.: Metall u. Erz Bd. 16 (1919) S. 443; Bd. 17 (1920) S. 93.
33. Pascal, P., A. Jouniaux: C. R. Acad. Sci., Paris Bd. 158 (1914) S. 414.
34. Endo, H.: Sci. Rep. Tôhoku Univ. (1) Bd. 13 (1925) S. 193.
35. Grüneisen, E.: Ann. Phys., Lpz. (4) Bd. 33 (1910) S. 65.
36. Ebert, H.: Phys. Z. Bd. 36 (1935) S. 385.
37. Bridgman, P. W.: Proc. Amer. Acad. Arts a. Sci. Bd. 70 (1936) S. 315.
38. Gürtler, W., M. von Pirani: Z. Metallkde. Bd. 11 (1911) S. 1.
39. Glaser, F.: Metallen Bd. 1 (1904) S. 103, 121.
40. Richards, J. W.: J. Franklin Inst. Bd. 143 (1897) S. 379.
41. Wüst, F., R. Durrer: Forsch.-Arb. VDI Nr. 241 (1921).
42. Umino, S.: Techn. Rep. Tôhoku Univ. (1) Bd. 15 (1927) S. 597.
43. Randall, M., R. F. Nielsen, G. H. West: Industr. Engng. Chem. Bd. 23 (1931) S. 388.
44. Harteck, P.: Z. phys. Chem. Abt. A Bd. 134 (1928) S. 1.
45. Mack, E., G. G. Osterhof, H. M. Kraner: J. Amer. chem. Soc. Bd. 45 (1923) S. 617.
46. Eucken, A.: Metallwirtsch. Bd. 15 (1936) S. 27, 63.
47. Jones, H. A., I. Langmuir, G. M. J. Mackay: Phys. Rev. (2) Bd. 30 (1927) S. 201.
48. Ruff, O.: Z. Elektrochem. Bd. 32 (1926) S. 515.
49. Baur, E., R. Brunner: Helv. Chim. Acta Bd. 17 (1934) S. 958.
50. Leitgebel, W.: Metallwirtsch. Bd. 14 (1925) S. 267.
51. Millar, R. W.: J. Ind. Eng. Chem. Bd. 17 (1925) S. 34.
52. Fischer, J.: Helv. chim. Acta Bd. 18 (1935) S. 1028. Vgl. E. Baur, R. Brunner: Helv. chim. Acta Bd. 18 (1935) S. 1030.
53. Mendelssohn, K., O. J. Closs: Z. phys. Chem. Abt. B. Bd. 19 (1932) S. 291.
54. Keesom, W. H., H. Kamerlingh Onnes, Commun. phys. Lab. Univ. Leyden Bd. 143 (1914); 147 (1915).
55. Eucken, A., H. Werth: Z. anorg. allg. Chem. Bd. 188 (1930) S. 152.
56. Dockerty, S. M.: Canad. J. Res. Bd. 9 (1933) S. 84.
57. Bronson, H. L., H. M. Chisholm, S. M. Dockerty: Canad. J. Res. Bd. 9 (1933) S. 282.
58. Jaeger, F. M., E. Rosenbohm, J. A. Bottema: Proc. roy. Soc. Amst. Bd. 35 (1932) S. 772.
59. Landolt-Börnstein: Phys.-chem. Tabellen, Erg.-Bd. II, S. 1165.
60. Grüneisen, E., E. Goens: Z. Phys. Bd. 44 (1927) S. 615.
61. Schott, R. [A. Eucken]: Verh. dtsch. phys. Ges. Bd. 18 (1916) S. 27.
62. Hanson, D., C. E. Rodgess: Engeneering Bd. 133 (1932) S. 354.

63. KANNULUIK, W. G., T. H. LABY: Proc. roy. Soc., Lond. A Bd. 121 (1928) S. 640.
64. BREMMER, H., W. J. DE HAAS: Physica, Haag Bd. III (1936) S. 672.
65. SCHOFIELD, F. H.: Proc. roy. Soc., Lond. A Bd. 107 (1925) S. 206.
66. ANGELL, M. F.: Phys. Rev. (2) Bd. 27 (1926) S. 820.
67. BRIDGMAN, P. W.: Phys. Rev. (2) Bd. 18 (1921) S. 115.
68. MEISSNER, W.: Ann. Phys., Lpz. (4) Bd. 47 (1915) S. 1001.
69. HOLBORN, L.: Z. Phys. Bd. 8 (1922) S. 58.
70. MEISSNER, W.: Phys. Z. Bd. 29 (1928) S. 897.
71. W. J. DE HAAS, J. DE BOER, G. J. VAN DEN BERG: Physica Haag Bd. I (1934) S. 1115.
72. HOLBORN, L.: Ann. Phys., Lpz. (4) Bd. 59 (1919) S. 145.
73. NORTHRUP, E. F.: J. Franklin Inst. Bd. 177 (1914) S. 1.
74. BRIDGMAN, P. W.: Proc. Amer. Acad. Arts a. Sci. Bd. 59 (1923) S. 119
75. BRIDGMAN, P. W.: Proc. Amer. Acad. Arts a. Sci. Bd. 67 (1932) S. 305.
76. FISCHER, U.: Z. phys. Chem. Abt. B. Bd. 8 (1930) S. 207.
77. KAPITZA, P.: Proc. roy. Soc. A Lond. Bd. 123 (1929) S. 292.
78. DE HAAS, W. J., P. M. VAN ALPHEN: Proc. roy. Acad. Amst. Bd. 36 (1936) S. 253.
79. HONDA, K., Y. SHIMIZU: Sci. Rep. Tôhoku Univ. (1) Bd. 20 (1931) S. 467.
80. SHIMIZU, Y.: Sci. Rep. Tôhoku Univ. (1) Bd. 25 (1936) S. 929.
81. MONTGOMERY, C. G.: Phys. Rev. (2) Bd. 36 (1930) S. 498.
82. HALL, E. H.: Proc. Amer. Acad. Arts a. Sci. Bd. 72 (1938) S. 302.
83. HLUČKA, F.: Z. Phys. Bd. 96 (1935) S. 230.
84. SABINE, P. B.: Bull. Amer. phys. Soc. Bd. 11 (1936) S. 10.
85. WEHNELT, A., S. SEILIGER: Z. Phys. Bd. 38 (1924) S. 443.
86. HUNTER, J. S.: Proc. roy. Soc., Edinburgh Bd. 54 (1934) S. 102.
87. SCHULZE, R.: Z. Phys. Bd. 92 (1934) S. 92.
88. SCHUBERT, F.: Ann. Phys., Lpz. (5) Bd. 29 (1937) S. 473.
89. KAWAI, T.: Sci. Rep. Tôhoku Univ. (1) Bd. 19 (1930) S. 265.
90. KIMURA, R.: Sci. Rep. Tôhoku Univ. (1) Bd. 22 (1933) S. 553.
91. NITROFANOW, S. T., N. W. JERMOLAJEW: J. Franklin Inst. Bd. 217 (1934) S. 759.
92. ENGL, J., G. HEIDTKAMP: Z. Phys. Bd. 95 (1935) S. 30.
93. DE HAAS, W. J., R. HADFIELD: Trans. roy. Soc., Lond. A Bd. 232 (1933) S. 297.
94. KURODA, M.: Sci. Pap. Inst. phys. chem. Res., Tokio Bd. 19 (1932) S. 163.
95. KRUPKOWSKI: Rev. Métall. Bd. 28 (1932) S. 529; Bd. 29 (1932) S. 16.
96. DEHLINGER, U.: Z. Metallkde. Bd. 23 (1931) S. 147.
97. POLANYI, M., M. ETTISCH, K. WEISSENBERG: Z. Phys. Bd. 7 (1921) S. 181. — Z. phys. Chem. Bd. 99 (1921) S. 332.
98. SCHMIDT, E., G. WASSERMANN: Z. Phys. Bd. 42 (1927) S. 779.
99. VON GÖLER, G. SACHS: Z. Phys. Bd. 56 (1929) S. 477.
100. TAKAHASI, K.: Sci. Rep. Tôhoku Univ. (1)Bd. 19 (1930) S. 265.
101. TAMMANN, G., K. L. DREYER: Ann. Phys., Lpz. (5) Bd. 16 (1933) S. 111.
102. TAMMANN, G.: Z. Metallkde. Bd. 28 (1936) S. 6.
103. KONOBEJEWSKI, S., J. SELISSKI: Phys. Z. Sowjet. Bd. 4 (1933) S. 459.
104. HOLTZMANN, H.: Festschr. 50jähr. Bestehen Platinschmelze, (1931).
105. VON GÖLER, G. SACHS: Z. Phys. Bd. 55 (1929) S. 581.
106. MCKEOWN, J., O. F. HUDSON: J. Inst. Met. Bd. 60 (1937) S. 109.
107. KARNOP, R., G. SACHS: Z. Phys. Bd. 60 (1930) S. 464.
108. ANDRADE, E. N. DA C., B. CHALMERS: Proc. Roy. Soc., Lond. A Bd. 138 (1932) S. 348.
109. KUNTZE, W.: Z. Metallkde. Bd. 20 (1928) S. 145.
110. SEEMANN, H. J., E. VOGT: Ann. Phys., Lpz. (5) Bd. 2 (1929) S. 976.

111. KUSSMANN, A., H. J. SEEMANN: Z. Phys. Bd. 77 (1932) S. 567.
112. SHIMIZU, Y.: Sci. Rep. Tôhoku Univ. (1) Bd. 25 (1936) S. 921.
113. RAMACHANDRA RAO: Nature, Lond. Bd. 134 (1934) S. 288; Bd. 136 (1935) S. 436.
114. GEORGE, W. H.: Nature, Lond. Bd. 136 (1935) S. 392.
115. RÖNTGEN, P., F. MÖLLER: Metallwirtsch. Bd. 13 (1934) S. 81, 97.
116. BRONIEWSKI, W., S. JASLAN: C. R. Acad. Sci. Paris Bd. 196 (1933) S. 174.
117. RHINES, F. N., C. N. MATHEWSON: Trans. Amer. Inst. min. metallurg. Engrs., Inst. Met. Div. Bd. 111 (1934) S. 337. — Vgl. auch: M. HAUSEN: Aufbau der Zweistofflegierungen, S. 593. Berlin 1936.
118. SIEVERTS, A.: Z. phys. Chem. Bd. 77 (1911) S. 596.
119. WYMAN: Trans. Amer. Inst. min. metallurg. Engrs., Inst. Met. Div. Bd. 104 (1933) S. 140.
120. BAUKLOH, W., H. KAYSER: Z. Metallkde. Bd. 26 (1934) S. 156.

54. Silber und Gold.

(Atomgewicht 107,880 bzw. 197,2.)

Von **J. SPANNER,** Frankfurt a. M.

a) Herstellung technisch reiner Metalle.

Silber und Gold sind Metalle, die sich sehr leicht in hoher Reinheit herstellen lassen. Die Gewinnung der handelsüblichen reinen Metalle erfolgt beinahe ausnahmslos durch elektrolytische Raffination, deren Einzelheiten unter anderem bei TAFEL (*1*) ausführlich beschrieben sind.

Die Reinheit der handelsüblichen Metalle hängt von der Vorraffination des Ausgangsmetalls und damit der Reinheit des Elektrolyten, sowie von der Stromdichte und Spannung ab. Man kann für die Silberelektrolyse Anoden mit 97 bis 98% Silber, 1 bis 2% Gold und 1% Kupfer, Blei und Platinmetallen benützen, für die Goldelektrolyse ein Rohmetall mit bis zu 20% Silber und geringen Mengen Platinmetall, Blei, Kupfer, Zink usw. Als Elektrolyt dient für Silber eine salpetersaure Lösung mit 10 bis 20 g Silber im Liter und geringem Überschuß an freier Salpetersäure, für das Gold eine stark salzsaure Lösung von Goldchlorid, in der sich Gold unter Anwendung von asymmetrischem Wechselstrom als $AuCl_4H$ löst.

Im allgemeinen benutzt man aber als Ausgangsmaterial Vorraffinate von wesentlich höherer Reinheit als oben angegeben und erhält auf diese Weise die handelsüblichen Feinmetalle mit etwa 99,98% Silber bzw. Gold.

Hauptverunreinigungen dieser Metalle sind für Silber: Gold und Kupfer (0,005% bis 0,018%), für Gold: Silber und Kupfer, die in der 2. Dezimale der Prozentzahl auftreten. Da diese Verunreinigungen für beinahe sämtliche Verwendungszwecke nicht stören, begnügt man sich mit der Bestimmung des Hauptmetalls nach den bekannten analytischen Methoden.

Daneben enthalten die technisch reinen Metalle Silber und Gold fast stets Blei, Zink und Eisen in der 4. Dezimale der Prozentzahl, sowie Platinmetalle in der 4. oder 5. Dezimale.

Seltene Verunreinigungen, die in guten Sorten von handelsüblichem Silber und Gold nicht vorkommen, sind Nickel, Wismut, Selen und Tellur. Über den Einfluß dieser Verunreinigungen werden unter e) noch nähere Angaben gemacht.

b) Herstellung von chemisch reinem Silber und Gold.

Wenn man die oben beschriebenen Elektrolyse in der gleichen Anordnung, aber mit Anoden von technisch reinen Ausgangsmetallen durchführt, so erhält man „doppelt geschiedenes" oder „chemisch reines" Silber bzw. Gold mit mindestens 99,999% Ag bzw. 99,998% Au.

In einem Silber dieser Art sind Verunreinigungen durch chemische Analyse nicht mehr nachzuweisen, sondern nur noch Spuren von Gold, Kupfer und bisweilen Eisen durch die Spektralanalyse. Durch eine Wiederholung der Elektrolyse kann man schließlich auch noch die letzten Spuren spektralanalytisch nachweisbarer Verunreinigungen entfernen und zu physikalisch reinem Silber gelangen.

Doppelt geschiedenes Gold darf Silber, Kupfer und Eisen erst in der 4. bis 5. Dezimale enthalten. Eine weitere Reinigung ist durch Elektrolyse nicht möglich, wohl aber durch Auflösen und Ausfällen mittels schwefliger Säure.

Wegen des günstigen Ausscheidungspotentials von Silber und Gold ist es also grundsätzlich nicht schwer, die reinen Metalle zu erhalten. Schwieriger ist es, bei der weiteren Verarbeitung nicht wieder Verunreinigungen in die Metalle zu bringen. Das elektrolytisch abgeschiedene Silber und das mittels schwefliger Säure ausgefällte reinste Gold liegen stets in Form feiner nadeliger Kristalle vor. Beim Einschmelzen dieser Kristalle ist eine gewisse Vorsicht notwendig. Man verwendet am besten Tiegel, die mit reinem Kalk ausgefüttert sind und eine Atmosphäre von gereinigtem Wasserstoff. Nach dem Gießen und während der Weiterverformung ist es zweckmäßig, außer einer mechanischen Reinigung auch noch in verdünnter Salzsäure oder Salpetersäure zu kochen. Während des Zwischenglühens muß bei Silber der Sauerstoff sorgfältig ferngehalten werden.

c) Reinheitsprüfung.

Als Reinheitsprüfung kommen für Silber und Gold höchster Reinheit neben der Spektralanalyse Messungen der Leitfähigkeit und der magnetischen Eigenschaften in Frage, die letzteren besonders, soweit es sich um die Verunreinigungen durch Eisenmetalle handelt. Die Spektralanalyse ist übrigens auch deshalb besonders für die Suche nach letzten Spuren von Verunreinigungen geeignet, weil sie es gestattet, die Lagerung der Verunreinigungen genauer anzugeben, wenn diese, wie es häufig der Fall ist, nicht homogen verteilt sind. Wegen der Versuche von GERLACH (*2*) und seinen Mitarbeitern über Blei in Gold (Korngrenzen) und Eisennestern in Silber (*3*) sei auf die Literatur verwiesen.

d) Physikalische Eigenschaften und ihre Beeinflussung durch Verunreinigungen.

α) Silber.

(Atomgewicht 107,88.)

Eine ausführliche Zusammenstellung der Eigenschaften (außer den optischen, elektrischen und magnetischen) gibt BURKHARDT (*4*). Nachfolgend ist deshalb im wesentlichen nur die Literatur seit 1934 berücksichtigt, sowie solche Untersuchungen, bei denen von besonders reinen Metallen ausgegangen und der Einfluß von Zusätzen festgestellt wurde.

Kristallstruktur. Das Kristallgitter des Silbers ist kubisch flächenzentriert: die Gitterkonstante (*5*) ist 4,0774 Å. Eine Übersicht der älteren Bestimmungen gibt NEUBURGER (*7*). Die röntgenographisch bestimmte Dichte ist $d_0 = 10{,}511$, $d_{25} = 10{,}489$. IGATA (*8*) gibt $d_{17} = 10{,}502$ an. Durch Kaltbearbeitung sinkt die Dichte um etwa 0,05%. Auch bei höheren Temperaturen ist die flächenzentrierte Struktur festgestellt durch OWEN und YATES (*6*), die angeben $a_{600} = 4{,}127_{6\pm 6}$ Å und $a_{25} = 4{,}077_{8\pm 1}$ Å. Der lineare *Ausdehnungskoeffizient* kann wiedergegeben werden durch $\delta = (18{,}72 + 0{,}007393\, t + 0{,}0_5 7381\, t^2)\, 10^{-6}$; er steigt von $18{,}85 \cdot 10^{-6}$ bei 20°, bis $30{,}60 \cdot 10^{-6}$ bei 860,1° (*9*).

JAY (*10*) findet eine gute Übereinstimmung zwischen den auf optischem Wege bestimmten Ausdehnungskoeffizienten und den auf röntgenographischem Wege gemessenen Werten.

Nach ALLARD (*77*) soll sich bei der Reduktion von Silbernitrat mit Hilfe von Kupfer eine rhombische Modifikation bilden.

Kompressibilität. An Einkristallen wurde die relative Längenänderung unter Druck zu: $-\Delta l/l_0 = 0{,}335 \cdot 10^{-6}\, p - 0{,}5 \cdot 10^{-12}\, p^2$ bestimmt (*11*) bei 20 °C. BRIDGMAN (*11a*) gibt auch die Kompressibilität von polykristallinen Metallen in einem größeren Druckbereich an.

Dichte, Viskosität und **Oberflächenspannung** des geschmolzenen Silbers haben SAUERWALD und seine Mitarbeiter gemessen (*12*).

Der **Schmelzpunkt** ist 960,5°C. ROESER und DAHL (*13*) machen folgende Angaben über den Einfluß von Luft und Sauerstoff auf den Schmelzpunkt des Silbers: Der Schmelzpunkt eines Silbers mit 0,002% Cu + 0,005% Pb + 0,001% Au, also insgesamt 0,008% Verunreinigungen fällt innerhalb der Fehlergrenze 0,01° C mit demjenigen einer Silbersorte zusammen, die insgesamt nur 0,0032% Verunreinigung enthält. Er ist im Vakuum oder an der Luft im Graphittiegel 960,5°, im Porzellantiegel an der Luft 959,0° C. Mit Luft gesättigt fällt er um 11,2°, mit Sauerstoff gesättigt um 22,6°.

Der **Siedepunkt** wird von BAUR und BRUNNER (*14*) zu 1927° C angegeben, von LEITGEBEL zu 2020 ± 50° C (*60*). EUCKEN (*15*) stellt auf Grund der vorliegenden (*16*) Dampfdruckmessungen folgende theoretische Dampfdruckgleichung auf:

$$\log p = -\frac{14\,550}{T} - 0{,}27 \log T - 0{,}0_3 17\, T + 10{,}13\,.$$

Aus dieser Formel folgt für den Siedepunkt

$$T_s = 2450°\text{ K oder } 2177°\text{ C}$$

also, wie beim Kupfer, viel höher als die durch direkte Siedepunktsmessungen gefundenen Werte.

FISCHER (*54*) findet für den Siedepunkt 2425° K.

Spezifische Wärme. Im Bereich von —80 bis 120° C läßt sich die spezifische Wärme nach BRONSON und Mitarbeitern (*17*) sehr gut durch eine DEBYE-Funktion mit einem Korrektionsglied für die Differenz C_p—C_v darstellen. Bei sehr tiefen Temperaturen findet aber KEESOM (*18*) eine Anomalie bei 5° K; sie ist wohl auf eine Änderung in dem Zustand der Elektronen zurückzuführen. Nach EUCKEN, CLUSIUS und WOITINEK (*19*) steigt im Gebiet 11 bis 205° K die spezifische Wärme normalerweise von 0,072 auf 5,754 cal. Die Daten stimmen mit denjenigen von früheren Autoren gut überein. JAEGER, ROSENBOHM und BOTTEMA (*20*) haben die spezifische Wärme gemessen zwischen 0 und 800° C. Sie finden etwas verschiedene Werte für geschmolzenes und schnell abgekühltes Silber einerseits und kalt bearbeitetes Silbermetall andererseits, wie aus den folgenden Zahlen hervorgeht:

t	0°	200°	400°	600°	800° C
C_p (geschmolzen) .	6,000	6,324	6,609	6,852	7,061
C_p (gewalzt) . . .	6,034	6,270	6,521	6,788	7,072

MOSER (*21*) findet aber einen derartigen Unterschied nicht: er gibt an

$$C_p = 6{,}032 + 9{,}14 \cdot 10^{-4}\, t + 5{,}29 \cdot 10^{-7}\, t^2.$$

Für die **Wärmeleitung** und ihre Temperaturabhängigkeit gilt bei dem reinen Metall das WIEDEMANN-FRANZ-LORENZsche Gesetz. W_0 ist 0,999 (*22*). Über Messungen an Einkristallen, Abhängigkeit von Temperatur, Verformung, Gitterstörung durch Verunreinigung berichten GRÜNEISEN und REDDEMANN (*23*). Durch eine 98%ige Kaltbearbeitung wird die Wärmeleitung von Silber um 5,8% vermindert. Eine Anisotropie der Wärmeleitung des gewalzten Bleches wurde nicht beobachtet (*24*).

Elektrische Eigenschaften. Über die Leitfähigkeit und ihre Temperaturabhängigkeit liegen sehr viele Arbeiten vor. Beispielsweise wird für Silber mit mindestens 99,999% $\varrho_{20} \cdot 10^6 = 1{,}59$ angegeben (*3*). In der gleichen Arbeit sind auch Angaben über die Dichte und die magnetische Suszeptibilität nach verschiedener Vorbehandlung des Silbers enthalten. GRÜNEISEN und REDDEMANN (*23*) geben $\varrho_0 \cdot 10^6$ zu 1,49 für Silber an. Durch Verformung nimmt der spezifische Widerstand zu: eine Querschnittsverminderung von 98% bewirkt eine Zunahme um

5,2% (*24*). Durch Zusätze zu Silber, die sich als Mischkristalle lösen, wird nach NORBURY (*25*) die Leitfähigkeit parallel der Entfernung im periodischen System vermindert. Bei tieferen Temperaturen ist der Widerstand untersucht worden von DE HAAS und VAN DEN BERG (*26*), ein von HILGER bezogener Silberdraht zeigte kein Minimum. Nach 3stündigem Anlassen aber wurde ein Minimum gefunden. Der Restwiderstand dieses Präparates war nur 0,0027; es deutet dies auf eine große Reinheit des Präparates: weil nun meistens ein Minimum in dem spezifischen Widerstand bei unreinen Metallen gefunden wurde (vgl. auch Kupfer), ist es wahrscheinlich, daß beim Anlassen doch wieder eine Verunreinigung stattgefunden hat. BRIDGMAN (*68*) hat den Druckkoeffizienten des Widerstandes bis zu Drucken von 30000 kg/cm² bestimmt; bei 30° hat der Widerstand um etwa 9% abgenommen.

Photoelektrische und thermoelektrische Elektronenemission. WEHNELT und SEILIGER (*27*) fanden auch beim Silber eine ähnliche Änderung in der Elektronenemission wie diejenige, die die Autoren für Kupfer (s. dort S. 407) beobachteten. Auch hier findet man aus den angegebenen Daten ganz unmögliche Werte für die Schmelzwärme und die Austrittsarbeit eines positiven Ions.

Für die Austrittsarbeit eines Elektrons finden die Autoren den Wert 3,09 eV, die wohl für ein so edles Metall wie Silber unerwartet niedrig ist; die von anderen Autoren gefundenen Werte sind denn auch viel höher, z. B. gibt ANDERSON (*28*) 4,33 ± 0,05 eV an. Er findet diesen Wert so, daß er zunächst die Austrittsarbeit für Barium bestimmt und dann aus dem Kontaktpotential zwischen Barium und Silber die Austrittsarbeit für Silber berechnet. GOETZ (*29*) findet $\varphi = 4{,}08$ eV. HUNTER (*30*) und WINCH (*31*) bestimmen die langwellige Grenze des photoelektrischen Effektes. Diese liegt nach HUNTER bei 3200 Å, also $\varphi = 3{,}86$ eV, nach WINCH bei 600° C bei 2700 Å ($\varphi = 4{,}58$ eV) und bei Raumtemperatur bei 2610 Å ($\varphi = 4{,}73$ eV). Die Werte für φ schwanken also noch ziemlich stark. Eine neuere Bestimmung von TEDENEFF (*32*) ergab den sehr niedrigen Wert $\varphi = 3{,}90$ eV.

Optische Eigenschaften. Silber hat ein Reflexionsminimum im Ultraviolett. Das ausgeprägte Minimum (6% Reflexion bei 3200 Å) verschiebt sich beim Erhitzen nach höheren Wellenlängen und wird flacher (*33*, *34*). Die weiten Durchlässigkeitsgebiete, die gerade bei dünnen Filmen von Silber wie auch bei Kupfer und Gold auftreten, stehen im Zusammenhang mit der hohen Leitfähigkeit (*35*). HLUCKA (*36*) hat das optische Verhalten bis 230 mμ untersucht.

Die Temperatur der beginnenden Graustrahlung ist für Silber 378° (*37*).

Über die Struktur, die optischen und elektrischen Eigenschaften dünner Filme, die durch Aufdampfen oder Kathodenzerstäubung hergestellt wurden, liegen zahlreiche Untersuchungen vor, von denen hier nur zusammenfassend auf einige neuere hingewiesen werden kann (*38* bis *44*).

Mechanische Eigenschaften. Eine sehr vollständige Zusammenfassung früherer Versuche, in der auch der Einfluß typischer Verunreinigungen enthalten ist, gibt BURKHARDT (*4*). Daneben ist eine neuere Arbeit von McKEOWN und HUDSON (*45*) zu beachten, die bei Zugversuchen an Vielkristallen von Silber mit 100,0000% keine Proportionalitätsgrenze festgestellt haben. Nach einer Reckung um 5% hatte Silber eine Proportionalitätsgrenze von etwa 2,5 kg/mm². Diese Grenze ging durch ½- bis 1stündiges Ausglühen nicht völlig auf Null zurück. Selbst nach 1stündigem Glühen bei 700° blieb bei Silber noch eine Proportionalitätsgrenze von 0,47 kg/mm². Der *Elastizitätsmodul* dieser Probe war 7950 kg/mm². Der Elastizitätsmodul gereckter und nichtgeglühter Proben ist geringer. Beim Zerreißversuch weicher Proben wurden gemessen:

kg/mm²	14,4
Dehnung %	60–67,5
Einschnürung %	90–91,5

Kaltverformung und Rekristallisation. Von verschiedenen Bearbeitern werden verschiedene Walz- und Ziehtexturen angegeben (*4, 46*). Das Schrifttum enthält keine Angaben, ob die Verschiedenheit auf verschiedene Reinheitsgrade zurückzuführen ist. Festigkeit, Dichte, Leitfähigkeit usw. werden in der bekannten Weise durch Kaltverformung beeinflußt.

Das Kriechen von Silbereinkristallen bei 400° ist bei Belastung senkrecht zur Würfelfläche am geringsten, beträchtlich stärker unter einem Winkel von 30 bis 45° zur Senkrechten (*47*).

Bei der Untersuchung von Einkristallen wurden im Gegensatz zu vielkristallinem Metall weder Deformations- noch Rekristallisationszwillinge beobachtet (*48*).

Bei sehr reinem Silber wurde von verschiedenen Beobachtern eine Rekristallisationstextur festgestellt, die von allen vorkommenden Verformungstexturen verschieden ist, nämlich [113] parallel zur Walzebene und [121] parallel zur Walzrichtung (*4*).

Ältere Beobachtungen über die Rekristallisation und ihre Beeinflussung durch Zusätze hat BURKHARDT (*4*) zusammengestellt. Als Temperaturen der Erholung verschiedener physikalischer Eigenschaften von den Folgen der Kaltbearbeitung gibt TAMMANN (*49*) für Silber 70 bis 150° C an. Je höher der Reckgrad, um so niedriger die Temperatur der Erholung. Silber gehört zu den Metallen, bei denen sich alle Eigenschaften bei derselben Temperatur erholen.

OSSWALD (*50*) stellte fest, daß sehr reines Silber, das nur Spuren von Kupfer enthält, unmittelbar nach dem Walzen bei 90° rekristallisiert, wobei als Rekristallisationstemperatur diejenige bezeichnet wird, bei der schon nach 10 min deutliches Kornwachstum festzustellen ist. Dieses Silber rekristallisiert auch beim Lagern bei Zimmertemperatur nach 1 bis 22 Tagen.

Durch Zusatz von 0,1% Fe bleiben diese Temperaturen praktisch unverändert. Dagegen setzt ein Gehalt von 0,04 bis 0,05% Cu die Rekristallisationstemperatur auf 175° C herauf. In diesem Material ist selbst nach 5monatigem Lagern bei Zimmertemperatur keine Kornneubildung festzustellen. Weitere Zusätze wirken sich dann immer schwächer aus.

Verhalten gegen Gase. Stickstoff ist in Silber (*51*) unlöslich, von Wasserstoff lösen sich beim Schmelzpunkt in Silber 0,1 bis 0,5 ccm/100 g. Am eingehendsten wurde das Verhalten des Sauerstoffs untersucht. Er wird bei Zimmertemperatur viel stärker adsorbiert als Wasserstoff (*52*). Die Löslichkeit von Sauerstoff in Silber hat bei verschiedenen Drucken ein Minimum bei 400°. Nach den Autoren soll unterhalb 400° und in der Schmelze der Sauerstoff als Ag_2O vorliegen. Bei der Ausscheidung zerfällt Ag_2O explosionsartig („Spratzen") (*4, 51*). Hierzu ist aber zu bedenken, daß es bei Lösungen gar keinen Sinn hat, zu sagen, daß Sauerstoff als Ag_2O vorliegt, denn die Sauerstoffionen (oder -atome) sind statistisch über das Gitter verteilt.

Benton (*53*) unterscheidet neben physikalischer Adsorption und Lösung noch eine „aktivierte Adsorption", der er eine Zwischenstellung zwischen Lösung und Verbindungsbildung zuschreibt.

Verwendung. Für sämtliche technischen Verwendungszwecke genügt das normale Elektrolytsilber. Eine Ausnahme machen die seltenen Verunreinigungen Selen und Tellur, die sich bei der Verwendung von Feinsilber für Anoden selbst noch bei einem Gehalt von 0,0001% durch Schwarzfärbung der Anode und Beeinträchtigung der Auflösung bemerkbar machen.

Die reinsten Sorten von Silber finden nur für wissenschaftliche Zwecke Verwendung. Hier haben sie allerdings wegen ihrer geringen Reaktionsfähigkeit und bequemen Herstellung Bedeutung als Standardpräparate.

β) Gold.

(Atomgewicht 197,2).

Kristallstruktur. Gold hat, wie Kupfer und Silber, ein kubisch flächenzentriertes Gitter. Neuburger (*7*) wählt aus dem vorhandenen Material als den besten Wert für die Gitterkonstante

$$a_{20} = 4{,}070_{0\,\pm\,4}\,\text{Å}$$

aus, der also praktisch identisch ist mit dem von Sachs und Weerts (*55*) angegebenem Wert

$$a = 4{,}070_0\,\text{Å}.$$

Für die Röntgendichte findet man daraus:

$$d_R = 19{,}309 \text{ bei } 20°\text{ C} \quad \text{und} \quad d_R = 19{,}285 \text{ bei } 0°\text{ C}.$$

Mit dem pyknometrisch gefundenen Werte ist dies ungefähr in Übereinstimmung. Der Mittelwert der bei Pascal (*56*) angegebenen Daten ist 19,28. Wohl etwas zu niedrig ist die von KRAUSE und SAUERWALD (*57*) angegebene Dichte

$$d_{18} = 19{,}21.$$

Die Dichtemessungen bei höheren Temperaturen ermöglichen die Berechnung des mittleren Ausdehnungskoeffizienten. KRAUSE und SAUERWALD geben weiter an:

$$d_{900} = 18{,}32, \quad d_{1000} = 18{,}23.$$

Daraus folgt:

$$\bar{\delta} = 14 \cdot 10^{-6} \text{ (zwischen 0 und 1000° C)}.$$

Diesen Wert können wir jetzt vergleichen mit dem Ausdehnungskoeffizienten, den AUSTIN (*58*) in diesem Temperaturbereich auf optischem Wege gemessen hat

$$\bar{\delta} = 14{,}24 \cdot 10^{-6}$$

und mit den röntgenographischen Messungen von SHINODA (*59*), die

$$\bar{\delta} = 13{,}2 \cdot 10^{-6} \text{ (zwischen 0 und 500°)}$$

lieferten.

Die Übereinstimmung bei den verschiedenen Autoren ist also sehr gut, irgendwelche Anomalien scheinen nicht aufzutreten.

Kompressibilität. BRIDGMAN (*11a*) hat die Kompressibilität gemessen an polykristallinem Gold. Er gibt für:

$$-\frac{\Delta V}{V_0} = 0{,}577 \cdot 10^{-6} p - 3{,}4 \cdot 10^{-12} p^2 \quad \text{bei } 30° \text{ C},$$
$$= 0{,}570 \cdot 10^{-6} p - 2{,}3 \cdot 10^{-12} p^2 \quad \text{bei } 75° \text{ C}.$$

EBERT (*11*) hat mit Einkristallen gearbeitet. Er gibt an:

$$-\frac{\Delta V}{V_0} = 0{,}588 \cdot 10^{-6} p - 6{,}0 \cdot 10^{-12} p^2.$$

Schmelzpunkt. Das Gold hat einen Schmelzpunkt von 1063° C (*56*) im Vakuum.

Siedepunkt. Während BAUR und BRUNNER (*14*) für den Siedepunkt des Goldes 2710° C, LEITGEBEL (*60*) 2600 ± 70° C angeben, findet EUCKEN (*15*) 3220° K aus einer theoretischen Dampfdruckgleichung

$$\log p = \frac{19400}{T} - 1{,}027 \log T + 12{,}50.$$

Bei der Aufstellung dieser Gleichung wurden die Dampfdruckmessungen von HARTECK (*61*) berücksichtigt. Daten über Dichte, Viskosität und Oberflächenspannung des geschmolzenen Goldes geben SAUERWALD und Mitarbeiter (*12*) an.

Spezifische Wärme. Von den neueren Messungen der spezifischen Wärme sind zu erwähnen die von CLUSIUS und HARTECK (*62*), die von 15 bis 212° K für C_p einen Anstieg von 0,357 auf 5,917 cal finden und bei höheren Temperaturen die Messungen von JAEGER, ROSENBOHM und

BOTTEMA (*63*). Die zuletzt genannten Autoren finden auch beim Gold wieder einen Unterschied in den spezifischen Wärmen des umgeschmolzenen, unverformten Metalls einerseits und des verformten Metalls andererseits, wie aus folgenden Daten hervorgeht:

t	200°	400°	600°	800°	1000°	1063° C
C_p Gold (geschm.)	6,261	6,437	6,685	7,009	7,405	7,545
C_p Gold (gewalzt)	6,258	6,416	6,655	6,975	7,376	7,520

Wärmeleitfähigkeit. Die Wärmeleitfähigkeit des Goldes ist 0,732 cal/cm/Grad (*64*).

Elektrische Eigenschaften. Nach AUER und RIEDL (*3*) ist der spezifische Widerstand des Goldes von einem Reinheitsgrad 99,999%:

$$\varrho_{20} = 2{,}25 \cdot 10^{-6},$$

nach GRÜNEISEN und REDDEMANN (*23*)

$$\varrho_0 = 2{,}04 \cdot 10^{-6} \text{ und bei } -251^\circ \text{ C} = 1{,}68 \cdot 10^{-8}.$$

Der Temperaturkoeffizient der Leitfähigkeit ist nach MICHELS (*78*)

$$\alpha = 391 \cdot 10^{-5}.$$

während BRIDGMAN (*79*) $394 \cdot 10^{-5}$ angibt. Bei tieferen Temperaturen liegen eingehende Untersuchungen von DE HAAS und VAN DEN BERG vor (*66*), die ein Minimum in der Temperaturwiderstandskurve finden, wie auch aus folgenden Zahlen hervorgeht:

T = 9,34°	8,89°	7,93°	6,50°	5,90° K
22248	2293	2232	22119	22130
T = 5,37°	4,30°	3,58°	2,09°	1,48° K
22150	22228	22298	22567	22774

Sie geben einen Restwiderstand ihres Präparates an:

$$R = 0{,}0026,$$

während MEISSNER und VOIGT (*67*) den Wert 0,0003 angeben.

BRIDGMAN (*68*) hat den Druckkoeffizient bis zu Drucken von 30000 Atm. bestimmt. Bei 30° hat der Widerstand um ~8% abgenommen. MICHELS (*65*) hat den Druckkoeffizienten gemessen bis etwa 2000 Atm.: er ist von Temperatur und Druck ziemlich stark abhängig. Bei 25° C und Normaldruck ist

$$\frac{1}{R}\frac{\partial R}{\partial p} = 2{,}821 \cdot 10^{-6},$$

während BRIDGMAN (*68*) angibt: $3{,}02 \cdot 10^{-6}$ bei 30° C. Beim Ablassen des Druckes zeigt sich immer eine kleine Hysterese.

Der Einfluß des Magnetfeldes ist von JUSTI und SCHEFFERS (*69*) und von SEEMANN (*70*) untersucht worden. Goldeinkristalle verhalten sich in dieser Hinsicht etwas anders als Goldvielkristalle. Bei 20,38° K im Magnetfeld von 21,7 kG zeigen Goldeinkristalle eine Anisotropie des Widerstandes (*69*), die viel stärker ausgeprägt ist als bei Kupfer und Silber. GIAUQUE und Mitarbeiter (*71*) fanden, daß bei Gold mit

1 % Silber bei 1,63° K der Widerstand unter dem Einfluß des Magnetfeldes (etwa 1 % in einem Feld von 8000 Gauß) kleiner wird.

Bekanntlich wird bei allen reinen Metallen der Widerstand im Magnetfeld immer größer: das normale Verhalten wurde bei einer höheren Temperatur, 4,2° K, wiedergefunden. Es hängt dieses anormale Verhalten wahrscheinlich mit der von DE HAAS und VAN DEN BERG gefundenen Anomalie des spezifischen Widerstandes zusammen.

Magnetische Eigenschaften. Diese Eigenschaften sind eingehend untersucht von AUER und RIEDL (*3*); der Einfluß der verschiedenen Vorbehandlung geht deutlich aus ihrer Arbeit hervor.

Die magnetische Suszeptibilität hat den Wert: $-0{,}152 \cdot 10^{-6}$ (*72*); sie ist bei tieferen Temperaturen gemessen worden von DE HAAS und VAN ALPHEN (*73*), die den Wert

$$\chi = -0{,}139 \cdot 10^{-6} \quad \text{bei} \quad 16^\circ\,\text{C} \quad \text{und}$$
$$\chi = -0{,}132 \cdot 10^{-6} \quad \text{bei} \quad -259^\circ\,\text{C}$$

angeben.

Optische Eigenschaften. Auch Gold zeigt, obwohl weniger ausgeprägt wie Silber, ein Reflexionsminimum im Ultraviolett (*33, 34*).

Bei dünnen Filmen sind die optischen Eigenschaften mehrmals untersucht worden (*38* bis *44*).

Die Temperatur der beginnenden Graustrahlung ist für Gold 398° C (*37*). LIBEN und O'BRYAN (*74*) haben das Absorptionsvermögen und das Emissionsvermögen zwischen 380 und 1400 Å gemessen. Das Reflexionsvermögen sank von einem Wert von 12% bei 1000 Å bis zu einem Wert unter 1% bei 400 Å, so daß sich das Gold als sehr transparent erwies.

Mechanische Eigenschaften. Festigkeit, Dichte, Leitfähigkeit usw. werden in der bekannten Weise durch Kaltverformung beeinflußt. Dichte und Härte von Preßlingen aus hochdispersem Goldpulver nähern sich bei steigendem Preßdruck bis 15000 Atm denjenigen des kompakten Metalls, die Härte ist aber wesentlich höher als bei hartgewalztem Gold (*75*).

Eine Zusammenstellung früherer Versuche gibt BURKHARDT (*4*). Bei sehr reinem (99,9999%) Gold wird keine Proportionalitätsgrenze mehr gefunden (*45*); wird aber das Gold um 5% gereckt, so zeigt es eine Proportionalitätsgrenze von 2,0 kg/mm².

Durch halbstündiges Ausglühen bei 300° scheint die Proportionalitätsgrenze nicht völlig auf Null zurückzugehen. Diese Probe hatte einen Elastizitätsmodul von 7950 kg/mm². Gereckte, nichtausgeglühte Proben zeigten einen kleineren Elastizitätsmodul.

Zerreißversuche von weichen Proben liefern folgende Werte:

σ_B (kg/mm²)	11,95
Dehnung %	68–73
Einschnürung %	90–92

Kaltverformung und Rekristallisation. Ältere Beobachtung über Kaltverformung und Rekristallisation und ihre Beeinflussung durch Zusätze findet man bei BURKHARDT (*4*). TAMMANN (*49*) gibt an, daß zwischen 90 und 150° C Erholung eintritt, und zwar bei um so niedrigerer Temperatur, je größer der Reckgrad war. Wie bei Silber erholen sich alle Eigenschaften bei derselben Temperatur.

AUER und RIEDL (*3*) untersuchten den Einfluß der Vorbehandlung auf die Dichte.

Verhalten gegen Gase. Stickstoff ist in Gold unlöslich; auch Wasserstoff scheint nur in geringem Maße aufgenommen zu werden. Sauerstoff ist in Gold wohl viel weniger löslich als in Silber. Nach MÜLLER und Löw (*76*) bildet sich aber auf Gold eine Oxydhaut aus.

Verwendung. Für sämtliche technischen Verwendungszwecke genügt das normale Elektrolytgold. Die reinsten Sorten des Goldes werden für wissenschaftliche Zwecke angewandt: diese Präparate sind von großer Bedeutung in der Form von Eichstoffen, z. B. für die röntgenographische Spannungsmessung.

Literatur.

1. TAFEL, V.: Lehrbuch der Metallhüttenkunde, Bd. 1. Leipzig: S. Hirzel 1927.
2. GERLACH, WA., E. SCHWEITZER: Die chemische Emissionsspektralanalyse. Leipzig: L. Voß 1930.
3. AUER, H., E. RIEDL, H. J. SEEMANN: Z. Phys. Bd. 92 (1934) S. 291.
4. GUERTLER-BURHKARDT: Metallographie, Bd. II/2/10/1. Berlin: Bornträger 1935.
5. SAINI, H.: Helv. phys. Acta Bd. 6 (1933) S. 597.
6. OWEN, E. A., E. L. YATES: Phil. Mag. (5) Bd. 17 (1934) S. 113.
7. NEUBURGER, M. C.: Z. Kristallogr. Bd. 93 (1936) S. 1.
8. IGATA, A.: Mem. Coll. Sci. Kyoto Univ. Bd. 19 (1936) S. 215; Bd. 20 (1937) S. 35. — J. Inst. Met. Bd. 4 (1937) S. 484.
9. EUCKEN, A., W. DANNÖHL: Z. Elektrochem. Bd. 40 (1934) S. 814.
10. JAY, A. H.: Z. Kristallogr. Bd. 89 (1934) S. 282.
11. EBERT, H.: Phys. Z. Bd. 36 (1935) S. 385.
11a. BRIDGMAN, P. W.: Proc. Amer. Acad. Arts a. Sci. Bd. 70 (1936) S. 71.
12. SAUERWALD, F.: Z. Metallkde. Bd. 26 (1934) S. 259. — GERING, K., F. SAUERWALD: Z. anorg. allg. Chem. Bd. 223 (1935) S. 204.
13. ROESER, W. F. u. A. J. DAHL: Bur. Stand. J. Res., Wash. Bd. 10 (1933) S. 661.
14. BAUR, E., R. BRUNNER: Helv. chim. Acta Bd. 17 (1934) S. 958.
15. EUCKEN, A.: Metallwirtsch. Bd. 15 (1936) S. 27, 63.
16. HARTECK, P.: Z. phys. Chem. Abt. A Bd. 134 (1928) S. 1.
17. BRONSON, H. L., E. W. HEWSON, A. J. C. WILSON: Canad. J. Res. Bd. 14 A (1936) S. 194. — BRONSON, H. L., A. J. C. WILSON: Canad. J. Res. Bd. 14 A (1936) S. 181.
18. KEESOM, W. H.: Phys. Z. Bd. 35 (1934) S. 939. — KEESOM, W. H., J. A. KOK: Physica, Haag Bd. 1 (1934) S. 770.
19. EUCKEN, A., K. CLUSIUS, H. WOITINEK: Z. anorg. allg. Chem. Bd. 203 (1931) S. 47.
20. JAEGER, F. M , E. ROSENBOHM, J. A. BOTTEMA: Rec. Trav. chim. Pays-Bas. Bd. 52 (1933) S. 61.

21. MOSER, H.: Phys. Z. Bd. 37 (1936) S. 737.
22. KANNULUIK, W. G.: Proc. roy. Soc. Lond. Bd. 141 (1933) S. 159.
23. GRÜNEISEN, E., REDDEMANN, H.: Ann. Phys., Lpz. Bd. 20 (1934) S. 843.
24. TAMMANN, G. u. W. BOEHME: Ann. Phys. Bd. 22 (1935) S. 500.
25. NORBURY, A. L.: Trans. Faraday. Soc. Bd. 16 (1920/21) S. 579.
26. DE HAAS, W. J., G. J. v. D. BERG: Physica, Haag Bd. 3 (1936) S. 440.
27. WEHNELT, A., S. SEILIGER: Z. Phys. Bd. 38 (1924) S. 443.
28. ANDERSON, P. A.: Phys. Rev. (2) Bd. 49 (1936) S. 320.
29. GOETZ, A.: Z. Phys. Bd. 43 (1924) S. 531.
30. HUNTER, J. S.: Phil. Mag. (7) Bd. 19 (1935) S. 958.
31. WINCH, R. P.: Phys. Rev. (2) Bd. 37 (1931) S. 1269.
32. TEDENEFF, N.: Phys. Z. Sowjet. Bd. 7 (1936) S. 58.
33. v. FRAGSTEIN, K.: Ann. Phys., Lpz. Bd. 17 (1933) S. 1.
34. FUJIOKA, Y., T. WADA: Sci. Pap. Inst. phys. chem. Res., Tokyo 1934, Nr. 525, S. 9.
35. SMAKULA, A.: Phys. Z. Bd. 34 (1933) S. 788.
36. HLUČKA, F.: Z. Phys. Bd. 96 (1935) S. 230; Bd. 104 (1937) S. 861.
37. TAMMANN, G. u. W. BOEHME: Ann. Phys., Lpz. Bd. 17 (1933) S. 863.
38. ANDRADE, E. N. DA C., J. G. MATINALE: Phil. Trans. roy. Soc., Lond. A Bd. 235 (1935) S. 69.
39. SUHRMANN, R., G. BARTH: Phys. Z. Bd. 35 (1934) S. 971. — SUHRMANN, R., W. BERNDT: Naturwiss. Bd. 25 (1937) S. 457.
40. LASSEN, H.: Phys. Z. Bd. 35 (1934) S. 172.
41. HASS, G.: Naturwiss. Bd. 25 (1937) S. 232.
42. TRILLAT, J. J., S. OKETANI: C. R. Acad. Sci., Paris Bd. 203 (1936) S. 1064.
43. BAUER, J.: Ann. Phys., Lpz. Bd. 20 (1934) S. 481.
44. KIRCHNER, F. u. H. LASSEN: Ann. Phys., Lpz. Bd. 24 (1935) S. 113.
45. MCKEOWN, J., O. F. HUDSON: J. Inst. Met. Bd. 60 (1937) S. 109.
46. JACQUEROD, A., H. MÜGELI: Helv. phys. Acta Bd. 4 (1931) S. 3.
47. ELAM, C. F.: J. Franklin Inst. Bd. 217 (1934) S. 620.
48. GOUGH, H. J., H. L. COX: I. Inst. Met. Bd. 45 (1931) S. 71.
49. TAMMANN, G.: Z. Metallkde. Bd. 26 (1934) S. 97; Bd. 28 (1936) S. 6.
50. OSSWALD, E.: Z. Metallkde. Bd. 27 (1935) S. 101.
51. STEACIE, E. W. R., F. M. G. JOHNSON: Proc. roy. Soc., Lond. Bd. 112 (1926) S. 542.
52. STEACIE, W. F., F. M. G. JOHNSON: Proc. roy. Soc., Lond. Bd. 117 (1928) S. 662. — BENTON, A. F., J. C. ELGIN: J. Amer. chem. Soc. Bd. 48 (1926) S. 3027; Bd. 49 (1927) S. 2426. — BENTON, A. F., L. C. DRAKE: J. Amer. chem. Soc. Bd. 56 (1934) S. 255.
53. BENTON, A. F.: Trans. Faraday Soc. Bd. 28 (1932) S. 202.
54. FISCHER, J.: Z. anorg. allg. Chem. Bd. 219 (1934) S. 367.
55. SACHS, G., J. WEERTS: Z. Phys. Bd. 60 (1930) S. 481.
56. PASCAL, P.: Traite de chimie minérale, Bd. VIII, S. 665.
57. KRAUSE, W., F. SAUERWALD: Z. anorg. allg. Chem. Bd. 181 (1929) S. 347.
58. AUSTIN, J. B.: Physics Bd. 3 (1932) S. 240.
59. SHINODA, G.: Proc. phys. Soc. Japan (3) Bd. 16 (1934) S. 436.
60. LEITGEBEL, W.: Metallwirtsch. Bd. 15 (1935) S. 267.
61. HARTECK, P.: Z. phys. Chem. Abt. A Bd. 134 (1928) S. 1.
62. CLUSIUS, K., P. HARTECK: Z. phys. Chem. Abt. A Bd. 134 (1928) S. 243.
63. JAEGER, F. M., E. ROSENBOHM, J. A. BOTTEMA: Rec. Trav. chim. Pays-Bas Bd. 52 (1933) S. 61.
64. KANNULUIK, W. G.: Proc. roy. Soc., Lond. A Bd. 131 (1931) S. 320.
65. MICHELS, A., M. LENSSEN: Physica, Haag Bd. 2 (1935) S. 591.

66. De Haas, W. J., G. J. van den Berg: Physica, Haag Bd. 4 (1937) S. 683.
67. Meissner, W., B. Voigt: Ann. Phys., Lpz. (5) Bd. 7 (1930) S. 761.
68. Bridgman, P. W.: Proc. Amer. Acad. Arts a. Sci. Bd. 72 (1938) S. 192.
69. Justi, E., J. H. Scheffers: Phys. Z. Bd. 37 (1936) S. 383, 475.
70. Seemann, H. J.: Z. Metallkde. Bd. 28 (1936) S. 358.
71. Giauque, W. F., J. W. Stout, C. W. Clark: Phys. Rev. (2) Bd. 51 (1937) S. 1108.
72. Stoner, E. C.: Sci. Rep. Tôhoku Univ., Vol. Honda (1936) S. 283.
73. De Haas, W. J., P. M. van Alphen: Proc. roy. Soc. Acad. Amst. Bd. 36 (1933) S. 263.
74. Liben, J., H. M. O'Bryan: Phys. Rev. Bd. 44 (1933) S. 952.
75. Trzebiatowski, W.: Z. phys. Chem. Abt. A Bd. 169 (1934) S. 91.
76. Müller, W. J., E. Löw: Ber. dtsch. chem. Ges. Bd. 68 (1935) S. 989.
77. Allard, G.: C. R. Acad. Sci. Paris Bd. 187 (1928) S. 223.
78. Michels, A., P. Geels, C. Veraart: Proc. roy. Soc. Amsterdam Bd. 35 (1926) S. 1045.
79. Bridgman, P. W.: Proc. Amer. Acad. Arts a. Sci. Bd. 52 (1917) S. 60.

X. Zweite Nebengruppe des periodischen Systems.

In der 6. und 7. Nebenreihe des periodischen Systems ist die Bindung zwischen den Atomen in den Kristallgittern teilweise homöopolarer Art. Besonders Hume-Rothery hat darauf hingewiesen, daß dies sich darin äußert, daß von der 4. Nebenreihe an bei den Elementen die Zahl der Nachbaratome im Gitter der homöopolaren Valenz gleich ist, also die Zahl der Nachbaratome gleich 8 minus X ist, wobei X die Zahl der Valenzelektronen bedeutet. Letztgenannte Formel würde für die Metalle der 2. Nebengruppe 6 Nachbaren verlangen. Sehr merkwürdig ist, daß die Gitterstrukturen von Zink und Cadmium tatsächlich diese Zahl von Nachbaratomen aufweisen, und zwar dadurch, daß eine dichtgepackte hexagonale Struktur vorliegt, die in der Richtung der hexagonalen Achse ausgedehnt ist. Die Struktur des Hg entsteht aus dem normalen flachzentrierten Gitter durch Stauchung in der trigonalen Achse. Sehr starke Abweichungen in den metallischen Eigenschaften verursachen diese Verzerrungen noch nicht.

55. Zink und Cadmium.

Von **H. Winter,** Eveking i. Westf.

a) Die technische Herstellung der reinen Stoffe.

Zink und Cadmium werden technisch bereits in großen Mengen sehr rein gewonnen und stellen handelsübliche Produkte dar. Sie sind mit Gehalten von weit über 99,99, ja sogar bis 99,999% Zink und über 99,9 und 99,99% Cadmium erhältlich. Die beiden angewandten Verfahrengruppen sind die Destillation der Metalle und die Elektrolyse wässeriger Lösungen.

Die Entwicklung der technischen Zinkdestillation ist das Werk der *New Jersey Zinc Co.* (*1* bis *4*). Aus einem raffinierten oder einem nach einem anderen Verfahren der Gesellschaft gewonnenen reinen Rohzink wird das Zink thermisch in zwei Stufen von den schwerer flüchtigen Stoffen (Eisen, Blei, Zinn, Antimon usw.) und von den leichter flüchtigen (Cadmium, Arsen usw.) geschieden. Der erste Prozeß erfolgt in einem aus Siliciumcarbidsteinen erbauten Rückflußkondensator, in dessen oberem Teil das verdampfte Zink zum Teil kondensiert wird, so daß es über eine Reihe von übereinander angeordneten flachen Schüsseln mit jeweils versetzten Öffnungen zurücklaufen, den entgegenströmenden Zinkdampf kühlen und sich von den Gehalten an höher siedenden Beimengungen, deren Sättigungskonzentrationen bei der betreffenden Temperatur überschritten sind (1000 bis 1100°), trennen kann. Dieses sog. Waschzink wird unten an der Säule abgestochen und nach einer Vorraffination der Anlage wieder zugeführt. Oben tritt ein Zinkdampf heraus, der außer dem Ausgangsgehalt an Cadmium noch je bis zu wenigen Tausendsteln Prozent Blei und Eisen und geringste Spuren von Zinn und Kupfer enthält. In einer ähnlich gebauten zweiten Säule, in die das Zink flüssig im mittleren Teil oder dampfförmig im unteren Teil eingeleitet wird, wird ebenso das Cadmium als Dampf von dem flüssigen Zink geschieden, das unten in einen Sumpf austritt. Das Cadmium wird als oxydischer und metallischer Staub mit einem hohen Anteil an Zink und etwa 40% Cadmium in einem besonderen Kondensator aufgefangen. Andere Verfahren (*5*) bemühen sich, die Ausbeute an Cadmiumflugstäuben bei der Röstung schon durch Zugabe chlorierender (*6*) oder fluorierender Mittel (*7*) bis zur quantitativen Erfassung des Cadmiums zu steigern; die flüchtigen Verbindungen werden z. B. in naß betriebenen COTRELL-Apparaten aufgefangen (*8*).

Die nach dem *New-Jersey-Verfahren* erzeugten Zinksorten haben einen Reinheitsgrad von 99,994%. Durchschnittsanalysen ergaben als Hauptverunreinigungen 0,002% Blei, 0,0025% Eisen, 0,0015% Cadmium und daneben Spuren von Zinn und Kupfer. Durch die Zusammensetzung des Ausgangsmaterials und durch die Dimensionierung und Temperaturen der Kolonnen wird der Reinheitsgrad in hohem Maße beeinflußt.

Die Cadmiumstäube werden zusammen mit den bei der Röstung anfallenden verarbeitet. Dies geschieht nach POR (*9*) durch Laugen mit verdünnter Schwefelsäure und Zementation des Cadmiums mit Feinzink. Der ausgepreßte, noch feuchte Schwamm wird in Ätznatron umgeschmolzen, wobei das Zink als Zinkat in Lösung geht. Auf diesem Wege wird die Oxydation des Cadmiums, die beim Umschmelzen des trockenen Schlammes eintreten würde, verhindert. Die Entfernung von Zink aus metallischem Cadmium wird auch durch Umschmelzen unter Einleitung von Wasserdampf durchgeführt (*10*). Die so erzeugten Cadmiumsorten enthalten durchschnittlich noch 0,1% an Verunreinigungen.

Ein französisches Verfahren für die Vakuumdestillation der beiden Metalle (*11*) soll wenigstens erwähnt werden.

Eine große Steigerung des Reinheitsgrades ist in den letzten 10 Jahren auch den elektrolytisch arbeitenden Zinkhütten gelungen (*12* bis *15*). Die meisten Fortschritte beziehen sich auf eine weitgehende Reinigung der durch Behandlung des Röstgutes mit verdünnter Schwefelsäure gewonnenen Lauge, so daß nicht mehr vom Metall selbst ausgegangen werden muß. Eine solche Lauge enthält zunächst zahlreiche Beimengungen, die den Reinheitsgrad des abgeschiedenen Zinks oder die Ausbeute herabsetzen oder sich sonst störend bemerkbar machen; dies sind Cadmium, Eisen, Kobalt, Nickel, Kupfer, Silber, Arsen, Antimon, Germanium, Molybdän, Vanadin, Silicium, Chlor. Die Grundlage der Laugenreinigung bildet fast immer die Zementation des größten Teiles dieser Stoffe durch reines Zink in Form von Staub oder eingehängten Platten (*13*, *16* bis *19*). Vor allem werden hier Cadmium, Kupfer und Silber gefällt, aber auch Kobalt und Nickel. Bei Anwesenheit von Kupfersulfat erzielt man eine stärkere Verminderung der Kobalt- und Nickelgehalte (*16*, *18*). Der Kupfergehalt kann z. B. durch Anwendung galvanisch verkupferten Zinkstaubes eingebracht werden (*20*). Günstig sollen sich auch Zugaben von Zinnverbindungen (*21*) oder das gleichzeitige Vorhandensein von Arsen und Eisen auswirken (*22*). TAINTON, praktisch der Begründer der modernen Zinkelektrolyse, schlägt Zusätze von Tellur vor, die zugleich zu einer Fällung des die Stromausbeute vermindernden Germaniums führen (*23*). Andere schlagen das Kobalt mit Nitro-β-Naphthol (*17*, *19*), das Nickel mit Dimethylglyoxim unter Erwärmung nieder (*24*). Aus kobalt-, nickel-, arsen- und antimonhaltigen Laugen kann man reines Zink abscheiden, wenn Tartrate, Zitrate oder Kolloide zugegen sind (*25*). Die Entfernung von Eisen, Arsen, Antimon und Silicium erfolgt auch durch Calciumcarbonat (*17*, *25*), das besonders unmittelbar nach Durchblasen von Ozon oder ozonisierter Luft durch die Lauge eine starke allgemeine Reinigung herbeiführt (*26*). Um den Eisengehalt weiter zu vermindern, wird einmal, z. B. im TAINTON-Verfahren, der Weg über die Oxydation alles Ferroeisens zu Ferrieisen mit Manganperoxyd beschritten (*13*); es ist aber auch nach vollständiger Reduktion durch metallisches Zink oder Eisen ein Niederschlag durch Einblasen von Luft erzielbar (*27*). Um das oben schon erwähnte Germanium zu beseitigen, kann nach TAINTON auch die Absorption an Eisenhydroxyd dienen (*28*). Eine germaniumfreie Abscheidung erhält man ferner nach Beigabe von Aminen zum Elektrolyten (*29*). Chlorionen, die die Anoden stark angreifen, werden meist durch Silbersulfat gefällt (*18*, *31*), Aluminiumsulfat findet aber auch Verwendung (*32*).

Als Anodenmaterial dient reines Blei; ein bleiarmes Zink erhält man aber nur durch Erhöhung des Korrosionswiderstandes nach TAINTON durch Legieren mit rd. 1% Silber (*17*, *33* bis *36*), unter Umständen auch mit 0,5% Cadmium (*37*). Die Kathoden sind Aluminiumbleche (*Anaconda*) oder bei TAINTON Aluminium-Siliciumbleche (*17, 18, 20*). Zinkkathoden können verwandt werden, wenn die Ränder, etwa durch Gummizement (*38*), geschützt sind. Der Elektrolyt ist neutral oder schwach sauer, wenn auch die Abscheidung grundsätzlich aus sauren wie alkalischen Lösungen vorgenommen werden kann. Die Spannung liegt bei 3 bis 3,5 V, die Stromdichte zwischen 300 und 1000 A/m^2. Von den elektrischen Bedingungen hängt in hohem Maße der Wasserstoffgehalt ab (*39*). v. SCHWARZ fand z. B. in frischem Elektrolytzink Wasserstoffgehalte von 0,1%, die beim Lagern, besonders bei erhöhten Temperaturen zurückgingen (*40*).

Nach dem TAINTON-Verfahren erhält man ein Zink mit 99,99 bis 99,999% (*32*), nach verwandten Verfahren 99,99%iges (*16*), während das Anaconda-Verfahren ohne die Verwendung der TAINTON-Anode einen Reinheitsgrad von 99,98% ergibt (*40*).

Die Cadmiumgewinnung aus den Schlämmen der Laugenreinigung erfolgt in ähnlicher Weise, nach Laugen und erneuter Reinigung der Lauge und Zementation des Cadmiums mit Zink, wie die Gewinnung des Elektrolytzinks. Es werden Reinheitsgrade von 99,9% und mehr erhalten (*13, 16, 18, 32*). Die Hauptverunreinigungen sind Zink, Blei und Eisen sowie Spuren von Kupfer.

b) Höchstreines Zink und Cadmium.

Außer den bisher behandelten Sorten sind noch die besonders reinen Stoffe der *New Jersey Zinc Co.* mit 99,9996% Zink und 99,996% Cadmium erhältlich. Im ersteren können spektralanalytisch nur noch Spuren von Blei und Kupfer nachgewiesen werden (*41*). Von hoher Reinheit sind auch die Produkte von *Kahlbaum* mit 99,99% Zink bzw. 99,997% Cadmium.

Nachdem die Technik also hier bereits sehr weit fortgeschritten ist, braucht auf die Laboratoriumsherstellung der reinen Stoffe nur noch kurz eingegangen zu werden. Vor allem kann auf die Methoden zur Darstellung der weniger als 99,99%igen Metalle verzichtet werden. Es wurden immer Umschmelzen mit Salpeter oder Schwefel, Kristallisation, Destillation und Elektrolyse angewandt. Am besten dürfte sich das im wesentlichen schon von MYLIUS und FROMM benutzte Verfahren bewährt haben, bei dem Elektroden aus schon gereinigtem Zink, ein Seidendiaphragma, basische Zinksulfatlösung und eine Stromdichte von maximal 5 mA/cm^2 angewandt werden. Man erhält ein schwammiges Zink, das von Oxyd und Elektrolyt durch Waschen mit Salzsäure, Trocknen im Wasserstoffstrom, Umschmelzen mit Ammoniumchlorid und Filtration durch einen Asbesttrichter gereinigt wird. Zweckmäßigerweise wird noch eine Vakuumdestillation angeschlossen (*43*), die in gewissem Umfang sogar zu einer Trennung der Isotopen führen kann (*44*). Um die Metalle gasfrei zu erhalten, ist wenigstens ein Umschmelzen im

Vakuum von Vorteil (*45*). Eine weitere Reinigung, z. B. des Kahlbaum-Zinks, durch Kristallisation (Einkristallzucht aus der Schmelze, s. u.), ist nicht möglich (*46*).

Die hier behandelten Stoffe sind auch in reinem Zustand schon oft Gegenstand sorgfältigster Untersuchungen gewesen. Die zahlreichen Messungen der einzelnen physikalischen Konstanten hier wiederzugeben ist nicht möglich, weshalb auf die entsprechenden Handbücher wie GMELIN oder LANDOLT-BÖRNSTEIN verwiesen werden muß. Unsere Kenntnisse des Verformungsmechanismus von Metallkristallen wurden ebenfalls durch viele Arbeiten gerade an Zink und Cadmium zum großen Teil erworben; hier sei ausdrücklich auf das Buch von SCHMID und BOAS (*51*) bezug genommen. Die Angaben des Schrifttums über die technologischen Eigenschaften wurden von BURKHARDT (*52*) gesammelt.

c) Physikalische Eigenschaften des Zinks.

(Atomgewicht 65,38.)

Struktur, Dichte, thermische Eigenschaften. Zink tritt nach allen neueren, vor allem röntgenographischen Untersuchungen an reineren Proben sicher nicht in mehreren Modifikationen auf (*53* bis *62*). Die durch frühere Arbeiten, besonders für das Zink, scheinbar nachgewiesenen Umwandlungspunkte, wurden vermutlich, wie schon BENEDICKS und ARPI argwöhnten, durch Verunreinigungen, in erster Linie durch das gegenseitige Begleiten der beiden Stoffe, vorgetäuscht. BRIDGMAN ist es allerdings offenbar gelungen, bei sehr hohen Drücken um 50000 kg/mm^2 und gleichzeitigem Schub neue Modifikationen zu erzeugen (*63*).

Das *Gitter* ist hexagonal und weicht mit einem Achsenverhältnis : $a = 1{,}86$ stark von der ideal dichtesten Kugelpackung ab.

HUME-ROTHERY (*158*) macht darauf aufmerksam, daß bei dieser Struktur jedes Atom nur sechs Nachbaratome hat, daß also auch beim Zink und Cadmium die Zahl der Nachbaratome gleich 8, vermindert um die Valenzzahl, ist. Diese Regel gilt bei den Metallen der zweiten bis fünften Nebenreihe, mit Ausnahme von Indium, Thallium und Blei.

Nach den Präzisionsmessungen von JETTE und FOOTE (*159*), deren Ergebnisse von denen früherer Arbeiten (*64* bis *67*) nicht viel abweichen, können als Gitterkonstanten angenommen werden

$$a_{25} = 2{,}6594_{9\,\pm\,8}, \qquad c = 4{,}9368_5 \pm 0{,}00011, \qquad c/a = 1{,}85631 \pm 0{,}0001_0.$$

Die daraus berechnete Röntgendichte ist 7,130 bei 25°. Die auf pyknometrischem Wege ermittelten Zahlen liegen für gepreßtes Material ein wenig niedriger: gegossenes Metall zeigt oft sehr abweichende Dichtewerte [GMELIN (202), MELLOR (201)]. Die Erklärung ist wohl die, daß in grobkristallinen Aggregaten durch die sehr verschiedene Ausdehnung in verschiedenen kristallographischen Richtungen leicht Hohlräume entstehen können, die erst durch Pressen wieder verschwinden.

Wärmeausdehnung. Nach SCHULZE (*87*) wird die Längenänderung sehr genau wiedergegeben durch

$$l_t = l_0 (1 + 35{,}4 \cdot 10^{-6} t + 1 \cdot 10^{-8} t^2)\,.$$

Daraus folgt für den Ausdehnungskoeffizienten:

$$\delta = 35{,}4 \cdot 10^{-6} \text{ bei } 0^\circ \text{ C.}$$

Auch viele neuere Arbeiten beschäftigen sich mit der Wärmeausdehnung, wohl in Zusammenhang mit der Frage, ob eine Allotropie oder Anomalie vorliegt.

Mit den Messungen an Einkristallen und mit den Röntgenmessungen steht dies aber nicht sehr gut in Übereinstimmung. GRÜNEISEN und GOENS (*88*) geben an:

$$\delta_{\perp} = 14{,}1 \cdot 10^{-6}, \qquad \delta_{\parallel} = 63{,}9 \cdot 10^{-6}.$$

Daraus folgt für den mittleren Ausdehnungskoeffizienten

$$\delta = 30{,}7 \cdot 10^{-6}.$$

Die Röntgenmessungen von OWEN und IBALL (*160*) ergaben:

Intervall von 20° bis	250°	350°	400° C
$\delta_{\perp} \cdot 10^6$	15	17	16
$\delta_{\parallel} \cdot 10^6$	53	55	59
$\delta \cdot 10^6$	27,7	29,3	30,3

SHINODA (*183*) findet $\delta_{\perp} = 10{,}8 \cdot 10^{-6}$ und $\delta = 64{,}3 \cdot 10^{-6}$ zwischen 31 und 118° C.

AUSTIN (*161*) gibt noch $\delta_{\parallel} = 57 \cdot 10^{-6}$ (0 bis 100° C) und $57{,}3 \cdot 10^{-6}$ (0 bis 300° C). $\delta = 31{,}2 \cdot 10^{-6}$ (0 bis 100° C) und $34{,}4 \cdot 10^{-6}$ (0 bis 300° C).

UFFELMANN (*162*):

t	120°	200°	280°	360° C
$\delta \cdot 10^6$	31,3	33,7	35,8	37,3

Diese Zahlen sind mit den übrigen vereinbar; nur die von SCHULZE angegebenen Werte sind etwas höher.

Nach OWEN und YATES (*163*) bleibt die Ausdehnung normal bis 4° unterhalb des Schmelzpunktes; GATSCHOWSKI (= HASCHOWSKI) und STRELKOW (*164*) aber geben an, daß bei der Annäherung an den Schmelzpunkt die Ausdehnung eine Anomalie zeigt, die aber vielleicht auf Verunreinigungen (s. u. Cadmium) zurückzuführen ist.

JONES (*165*) findet kleine Unterschiede zwischen gegossenem und gewalztem, angelassenem Zink, die wohl auf Erholungserscheinungen zurückzuführen sind.

BRINDLEY (*89*) bemerkt, daß die Asymmetrie der Wärmeausdehnung mit der auf röntgenographischem Wege aufgefundenen Asymmetrie der Atomschwingungen im Einklang steht.

Kompressibilität. Da die Kompressibilität in den verschiedenen kristallographischen Richtungen wohl sehr verschieden ist, sind nur bei

Einkristallen reproduzierbare Werte zu erwarten; nur diese Angaben werden wir berücksichtigen.

BRIDGMAN (*184*) gibt für 30° C folgende Daten an:

senkrecht zur Hauptachse: $-\Delta l/l_0 = (0{,}157 - 0{,}75 \cdot 10^{-6} p)\, 10^{-6} p$,
parallel zur Hauptachse $-\Delta l/l_0 = (0{,}350 - 7{,}68 \cdot 10^{-6} p)\, 10^{-6} p$,
$-\Delta V/V_0 = (0{,}664 - 9{,}62 \cdot 10^{-6} p)\, 10^{-6} p$.

Schmelzpunkt. Der *Schmelzpunkt* ist 419,47° C (*68*). Die Schmelzwärme dürfte 23,2 cal/g betragen (*71, 72*).

Dampfdruck. Die Sättigungsdrucke werden nach MAIER (*73*) durch folgende Formeln wiedergegeben:

$$\text{Zink}_{\text{fest}}\ \log_{10} p = 9{,}4181 - \frac{6883{,}0}{T} - 0{,}05029 \log T - 3{,}277 \cdot 10^{-4}\, T,$$

$$\text{Zink}_{\text{fl.}}\ \log_{10} p = 12{,}0013 - \frac{6670{,}0}{T} - 1{,}1265 \log T\,.$$

Dampfdruckmessungen liegen weiter vor von JELLINEK und WANNOW (*175*), COLEMAN und EGERTON (*176*) und BAUR und BRUNNER (*177*).

Als *Siedepunkt* ist 906° C anzunehmen (*71, 74, 75*); 907° C nach (*177*) und 907 ± 2° C nach (*186*). Die Verdampfungswärmen wurden z. B. von EGERTON (*69*) beim Siedepunkt zu 475 cal/g, aber auch von anderen bestimmt (*76, 77*).

Die **Wärmeleitfähigkeit** wurde beim Zink mehrfach mit nur geringen Abweichungen der Einzelergebnisse ermittelt (*78, 79, 82, 83, 84*). Danach dürften folgende Werte richtig sein:

t	0°	100°	200°	300°	400°	500°	600°	700° C
W cal/cm/sec/Grad	0,270	0,264	0,255	0,243	0,223	0,138	0,136	0,135

BAILEY (166) gibt Messungen im Gebiet —170 bis 370°; SHELTON (*167*) bei erhöhten Temperaturen.

Interessant ist die Beobachtung von CINNAMON (*168*), daß bei 57° C das Verhältnis $W_\perp/W_\parallel = 1{,}0588$ ($W_\parallel = 1{,}009$, $W_\perp = 1{,}068_4$ Watt/cm-grad) praktisch gleich dem Verhältnis der elektrischen Leitfähigkeiten ist. Das WIEDEMANN-FRANZsche Gesetz gilt also für alle Richtungen; die Größe der Konstante ist mit der Theorie sehr gut in Übereinstimmung. GOENS und GRÜNEISEN (*185*) haben das Verhältnis auch bei tieferen Temperaturen untersucht: bei tiefen Temperaturen ist $W_\perp < W_\parallel$, bei höheren Temperaturen $W_\perp > W_\parallel$.

Den Einfluß des Druckes hat vor allem BRIDGMAN verfolgt (*86*).

Spezifische Wärme. Zuverlässige Werte der *spezifischen Wärmen* dürften sein $C_p = 0{,}0925$ bei 18° C und $C_p = 0{,}0952$ bei 100° C (*54, 78, 90*).

Die Atomwärme läßt sich nach BRONSON und WILSON (*169*) durch die theoretische Formel

$$C_p = D\left(\frac{235}{T}\right) + 3{,}75 \cdot 10^{-6}\, T^{3/2} \quad \text{(Joule/Grad)}$$

wiedergeben.

Messungen bei sehr tiefen Temperaturen zwischen 2 und 21° K von KEESOM und v. D. ENDE (*170*) zeigten einen Sprung in der Nähe von 3,7° K, die mit der Supraleitfähigkeit in Zusammenhang gebracht wird. Vgl. auch (*178*).

POPPEMA und JAEGER (*90*) geben noch folgende Werte an

t	0°	100°	200°	300°	400° C
C_p	5,935	6,179	6,423	6,834	7,410

Nach IITAKA (*72*) beträgt die spezifische Wärme am Schmelzpunkt für festes Zink 0,110, für flüssiges 0,121 cal/g/grad.

Elektrische Eigenschaften. Die *elektrische Leitfähigkeit* hat bei den zahlreichen Messungen, die vorliegen, zum Teil große Streuungen ergeben. Dies kann einmal auf die Einflüsse der im Mischkristall löslichen Verunreinigungen, andererseits aber auch wieder auf die Anisotropie der Leitfähigkeit von Kristallen zurückgeführt werden. Deren Größe zeigt sich an den von GRÜNEISEN und GOENS (*94*) und BRIDGMAN (*48, 95*) bestimmten Widerständen, die beim Zinkkristall bei 28° C parallel der hexagonalen Achse 5,7 und senkrecht dazu $5,4 \cdot 10^{-6}$ betragen. Der elektrische Widerstand von polykristallinem Material dürfte nach den genannten Messungen (*78, 59, 96, 97*) 5,92 ausmachen, sein Temperaturkoeffizient $410 \cdot 10^{-5}$.

Viel höhere Werte geben aber TYNDALL und HOYEM (*172*) an

$$\varrho_{\parallel} = 6{,}20 \cdot 10^{-6}, \qquad \varrho_{\perp} = 5{,}86 \cdot 10^{-6}$$

für Kahlbaum-Zink; spektroskopisch reines Metall zeigt nur um 0,6% niedrigere Werte. Unter den Kristallen kommen mitunter Exemplare mit abweichenden Eigenschaften vor (*78, 85, 93, 98, 99*). Das Verhältnis der Widerstände des flüssigen und des festen Metalls am Schmelzpunkt ist 2,0 (*101*). Daß der Widerstand von nicht umgeschmolzenem Elektrolytzink bei 195° plötzlich abnimmt, ist auf die obenerwähnte Wasserstoffabgabe zurückzuführen (*39*). Durch Kaltbearbeitung erfährt der Widerstand eine geringe Erhöhung (*102*).

BRIDGMAN (*103*) bestimmt den Druckkoeffizienten des Widerstandes von Zink im Bereich von 0 bis 12000 kg/cm² zu $4{,}7 \cdot 10^{-6}$; im einzelnen Kristall hängt er wieder von der Richtung ab (*103, 104*). Einkristalle sind auf Reckungen bezüglich ihres Widerstandes sehr viel weniger empfindlich als Proben mit Mosaikstruktur, die ungereckt jedoch fast die gleichen Werte aufweisen (*105, 106*).

BRIDGMAN (*191*) hat später seine Messungen bis 30000 Atm. weitergeführt. Die Änderung des Widerstandes ist verschieden für die verschiedenen Kristallrichtungen, so daß bei 30000 Atm. der Widerstand parallel zur Hauptachse größer wird als in der Richtung senkrecht dazu.

MILDRED ALLEN (*173*) gibt die Spannungskonstanten des elektrischen Widerstandes.

Nach KEESOM (*123*) wird Zink bei 0,79° K supraleitend.

Magnetische Eigenschaften. Die *spezifische magnetische Suszeptibilität* des diamagnetischen Metalls beträgt bei 18° C —0,15 · 10^{-6} und nimmt mit steigender Temperatur (annähernd linear) (*106, 107*), sowie bei Kaltverformung ab (*108*).

De Haas und van Alphen (*174*) geben Werte für χ bei sehr tiefen Temperaturen z. B. $\chi = -0{,}170 \cdot 10^{-6}$ bei 20° K.

Optische Eigenschaften. Das prozentuale *Reflexionsvermögen* gibt die folgende Tabelle an, die aus den Ergebnissen von Coblentz und Hulburt zusammengestellt ist (*109, 110*).

λ	188	200	251	305	357	1060	3060	5240	6750	9380	12030 mμ
R	17	22	39	48	51	79,4	95,5	97,2	97,2	98,1	98,3

Die Anisotropie des Reflexionsvermögens lassen die folgenden Werte erkennen, die von Graber (*111*) an Zinkkristallen gewonnen wurden. R_1 gilt für den Fall, daß die Achse senkrecht zur Schwingungsebene des einfallenden polarisierten Lichtes, R_2 für den, daß sie parallel dazu lag.

λ	455	486	520	560	589	630	650 mμ
R_1	76	77	74	77,5	80,5	80	75
R_2	82	80	79	82	81,5	82	78

Weiter sind hier zu erwähnen die Arbeiten von Hlučka (*182*).

Photoelektrische Eigenschaften. Die Angaben über die langwellige Grenze des photoelektrischen Effektes gehen weit auseinander. Während Dillon (*122*) 3640 bis 3725 Å findet, gibt de Voe (*179*) 2900 bis 2930 Å, Schulze (*180*) dagegen 3130 Å an.

Für die Austrittsarbeit geben Rother und Bomke (*181*) 3,68 eV, dieser Wert korrespondiert mit der Grenzwellenlänge 3350 Å.

Die *thermoelektrische Kraft*, die gegen eine große Anzahl anderer Metalle ermittelt worden ist, beträgt nach Bridgman (*92*) gegen Platin bei 100 gegen 0° C für Zink 0,698. Gegen Blei läßt sie sich im Bereich zwischen 0 und 100 °C durch die Formel

$$E_{\mathrm{Zn,Pb}} = 3{,}047 \cdot t - 0{,}00495 \cdot t^2$$

ausdrücken. Durch Druckerhöhungen verschiebt sich der Wert in positiver Richtung (*92, 93*).

Untersuchungen liegen unter anderem noch vor über den Hall-Effekt (*112* bis *116*), den Peltier-Effekt (*117, 118*), den Thomson-Effekt (*119* bis *121*).

Mechanische Eigenschaften. Einkristalle werden gezüchtet, indem man nach Czochralski (*47*) einen dünnen Metallfaden aus der Schmelze zieht oder nach Bridgman (*48*) das geschmolzene Metall in einer Glasröhre bestimmter Form langsam erstarren läßt. Bei dem erstgenannten Verfahren hängt die Orientierung, wie z. B. Boas und Schmid zeigten, von der Ziehgeschwindigkeit ab; bei schnellem Zug liegt die Basisfläche in der Ziehrichtung, unter anderem ein Beweis dafür, daß in dieser Richtung die Geschwindigkeit des Wachstums ein Maximum hat (*49*). Dünne

Drähte aus wenigen Kristallen erhält man nach TAMMANN und MORITZ durch Auspressen der flüssigen Metalle aus einer Kapillare (*50*).

Für die fünf *Hauptelastizitätskonstanten* von Einkristallen, die von GRÜNEISEN und GOENS (*124*), BRIDGMAN (*48*, *95*) und TYNDALL (*126*) bestimmt wurden, können nach TYNDALL (*126*) als zuverlässigste die nachstehenden Werte gelten:

s_{11}	s_{33}	s_{44}	s_{12}	s_{13}
7,70	27,66	24,40	0,83	$-$ 6,93 · 10^{13} cm^2/dyn

Die Ergebnisse HANSONs (*127*), der bei sehr reinen Zinkproben Einflüsse der Verunreinigungen gefunden hatte, konnte BRIDGMAN, zum Teil an denselben Proben, nicht bestätigen (*128*). Mehrkristallines Material mit Mosaikstruktur, d. h. mit gleicher Orientierung der einzelnen Körner, verhält sich wie ein Einkristall (*129*). — Der Elastizitätsmodul hängt sehr stark von dem Spannungszustand ab und ist daher kaum genau zu erfassen. Von den zahlreichen, stark streuenden Werten können die GRÜNEISENs (*124*) als die zuverlässigsten betrachtet werden; der Modul des Zinks beträgt 13000. Durch Verunreinigungen wird er stark erniedrigt, ebenso durch steigende Temperaturen (*130* bis *133*). Das gleiche gilt für den Torsionsmodul, der bei Raumtemperatur bei 3300 liegt.

Der Mechanismus der Verformung von Metallkristallen wurde von SCHMID, POLANYI und ihren Mitarbeitern (*51*) besonders eingehend an Zink erforscht. Die Verformung erfolgt entweder durch Abgleiten ganzer Schichten längs der Basisfläche (0001) in Richtung derjenigen digonalen Achse I. Art ($10\bar{1}0$), mit der die Kraftrichtung den kleinsten Winkel bildet. Eine zweite Art der Verformung stellt die mechanische Zwillingsbildung dar, bei der Teile des Gitters durch Gleitung längs ($10\bar{1}2$) um einen bestimmten Betrag (14,3%) in eine neue Orientierung umklappen. Die zur Verformung oder Zerstörung erforderlichen Kräfte sind besonders bei hohem Reinheitsgrad sehr klein. Die kritische Schubspannung (Streckgrenze) beträgt für chemisch reines Zink etwa 40 g/mm². Gefunden wurden bei Anwesenheit von 0,013% Cadmium 73 g/mm², bei 0,03% 94 g/mm², bei 0,13% 274 g/mm² und bei 1,03% Cadmium schon 1150 g/mm² (*134*, *135*). — Bei sehr tiefen Temperaturen oder ungünstiger Orientierung [Zugrichtung nahe senkrecht zur hexagonalen Achse (*136*)], reißen die Kristalle spröde [vgl. auch (*187*)]. Im ersten Falle liegt die Reißfestigkeit je nach der Orientierung für Zinkkristalle zwischen 0,18 und 2,4 kg/mm² (*137*). Nach CHALMERS (*189*) konnte noch bei den kleinsten Drucken ein Kriechen festgestellt werden. — Die Brinellhärte von Zinkeinkristallen hat auf der Basisfläche ein Minimum (25 kg/mm²), auf der Prismenfläche I. Art ein Maximum (37 kg/mm²) (*138*).

In gegossenem Zustand findet man am Zink Festigkeiten von 2 bis 7 kg/mm² (*139*, *140*), im verformten 10 bis 22 kg/mm² je nach Reinheitsgrad, Korngröße, Zerreißgeschwindigkeit usw. (*141*, *144*). Mit steigender

Temperatur nimmt die Festigkeit stark ab. Als mittlere Brinellhärte kann bei Raumtemperatur 35 kg/mm² gesetzt werden. An kleinen Beimengungen wirken vor allem Magnesium, Lithium und Cadmium verfestigend, aber auch Nickel, Kupfer und Aluminium (*143* bis *145*). Die Verformbarkeit bei Raumtemperatur ist gering, es dienen dazu Temperaturen um 130° C (*146*); Erholung nach Kaltverformungen findet bei Raumtemperatur schon in relativ kurzen Zeiten statt (*147, 190*). Über die Texturen und die Anisotropie der Eigenschaften verformten Materials liegt eine Anzahl im wesentlichen übereinstimmender Arbeiten vor (*148, 149*). Das Rekristallisationsverhalten weicht nicht grundsätzlich von dem der häufiger untersuchten anderen Metalle ab, abgesehen von erheblichen Störungen, die durch schichtweise eingelagerte Verunreinigungen verursacht werden können (*150* bis *152*).

d) Chemische Eigenschaften des Zinks.

Über das Verhalten des Zinks gegenüber allen möglichen Agenzien ist viel gearbeitet worden. Die Beständigkeit wächst mit zunehmendem Reinheitsgrad erheblich an (*153, 154*). Die höchstreinen Proben behalten an Brüchen lange Zeit beim Lagern ihr blankes metallisches Aussehen. Am aufschlußreichsten, auch häufiger untersucht, ist das Verhalten des Zinks gegenüber verdünnten Säuren (*155* bis *157*). In der gleichen Zeit, in der 99,988%iges Zink von n/10 Salzsäure aufgelöst wird, verliert 99,995%iges 53%, noch reineres Zink nur 0,02% seines Gewichtes. Dagegen soll es nach Bouchet (*188*) von Salpetersäure schneller angegriffen werden. Auf die Beständigkeit gegen verdünnte Schwefelsäure wirken sich Eisen, Nickel und Antimon besonders schädlich, Cadmium und Blei günstig aus (*143*). Kobalt- und Nickelgehalte von 10^{-4}% und darunter fördern die Auflösungsgeschwindigkeit bereits in hohem Maße (*15*).

e) Physikalische Eigenschaften des Cadmiums.

(Atomgewicht 112,41.)

Struktur, Dichte. Bei Atmosphärendruck konnte bei Cadmium keine Allotropie nachgewiesen werden (*58, 193*); nur bei sehr hohem Druck treten nach Bridgman ähnlich wie beim Zink neue Allotropien auf (*63*).

Für die Gitterkonstanten des hexagonalen Gitters können nach den neuen Präzisionsmessungen von Jette und Foote (*159*) folgende Werte angenommen werden:

$$a = 2{,}9731_{1\pm1}, \qquad c = 5{,}606_{94\pm45}, \qquad c/a = 1{,}8859 \text{ bei } 25^\circ\text{ C}.$$

Auch hier stimmt das Achsenverhältnis wie beim Zink (s. d.) wieder nicht mit demjenigen überein, das für ein dichtgepacktes Gitter zu erwarten war.

Aus den angeführten Daten berechnet sich die Dichte zu $\varrho_{25} = 8{,}637$. Das Mittel der pyknometrischen Dichten ist 8,64 (Gmelin). Egerton und LEE (*44*) geben als höchsten Wert noch $\varrho_{16,8} = 8{,}656$, daraus $\varrho_{25} = 8{,}65$, also noch etwas höher als die Röntgendichte.

Wärmeausdehnung. Aus Röntgenmessungen findet SHINODA (*183*):

$$\delta_{\perp} = 17{,}9 \cdot 10^{-6}, \qquad \delta_{\parallel} = 50{,}0 \cdot 10^{-6}$$

zwischen 21 und 100° C.

Die Messungen von OWEN und ROBERTS (*193*) und von KOSSOLAPOW und TRAPESNIKOW (*192*) befinden sich innerhalb der Meßfehler in Übereinstimmung mit denen von GRÜNEISEN und GOENS (*88*):

$$\delta_{\perp} = 21{,}4 \cdot 10^{-6}, \qquad \delta = 52{,}6 \cdot 10^{-6}.$$

Nur HASCHKOWSKY und STRELKOW (*164*) finden Andeutungen einer Anomalie beim Schmelzpunkt. Da aber oberflächliche Oxydation und Ausschwitzen einer Verunreinigung erwähnt werden, ist vielleicht der ganze Effekt, wie in sehr vielen anderen Fällen, nur Verunreinigungen zuzuschreiben.

Kompressibilität. An polykristallinem Material sind wegen der starken Asymmetrie der Kristalle keine reproduzierbaren Werte für die lineare Kompressibilität zu erwarten (*194*). Messungen an Einzelkristallen scheinen nicht vorzuliegen. Nur an Einkristallen wären eindeutige Resultate zu erwarten.

Schmelzpunkt (*69, 70*). Nach ROESER (*68*) schmilzt Cadmium bei 302,9° C. Die Schmelzwärme ist 10,8 cal/g (*71, 72*).

Dampfdruck, Siedepunkt. Für die theoretische Dampfdruckgleichung gibt MAIER (*73*) für festes Cadmium an:

$$\log p = -\frac{5907{,}8}{T} - 0{,}4323 \log T - 2{,}840 \cdot 10^{-4}\, T + 9{,}7170$$

und für flüssiges:

$$\log p = -\frac{5819{,}4}{T} - 1{,}2572 \log T - 12{,}2870\,.$$

Daraus folgt der *Siedepunkt* 767° C.

Für die Verdampfungswärme beim Schmelzpunkt gibt EGERTON (*69*) 240 cal/g an.

Weitere Dampfdruckmessungen wurden von LEITGEBEL (*186*), BURMEISTER und JELLINEK (*195*) und JELLINEK und WANNOW (*175*) ausgeführt. LEITGEBEL (*186*) nennt als Siedepunkt 767 ± 2° C.

Spezifische Wärme. Nach BRONSON und WILSON (*169*) läßt sich die Atomwärme sehr gut durch eine DEBYE-Funktion mit Korrektionsglied

$$C_p = D\left(\frac{160}{T}\right) + 9{,}63 \cdot 10^{-7}\, T^{5/3} \quad \text{(Joule/Grad)}$$

darstellen.

Andere Autoren (*78*) ermitteln $c_p = 0{,}0553$ bei 18° C, $c_p = 0{,}0565$ bei 100° C. Bei niedrigeren Temperaturen ist diese Größe von RODEBUSH (*91*) gemessen.

Wärmeleitfähigkeit. Als ungefähr richtige Werte für die Wärmeleitfähigkeit können gelten (*78, 79, 80, 81, 84*):

t	0°	40°	240°	350°	440° C
W (cal/cm/grad)	0,22	0,20	0,24	0,105	0,115

GOENS und GRÜNEISEN (*185*) haben die Wärmeleitfähigkeit in Abhängigkeit von der kristallographischen Richtung bestimmt. Immer ist die Wärmeleitfähigkeit senkrecht zur Hauptachse größer als in deren Richtung. Sie finden bei 20° C

$$W_{\perp} = 0{,}249, \qquad W_{\parallel} = 0{,}199.$$

Bei tieferen Temperaturen liegen Messungen von BAILEY (*166*) vor.

Elektrische Eigenschaften. Die elektrische Leitfähigkeit ist sehr verschieden für verschiedene kristallographische Richtungen [BRIDGMAN (*95*), GRÜNEISEN und GOENS (*94*)]. Letztgenannte Autoren geben bei 20°C an:

$$\varrho_{\parallel} = 8{,}36 \cdot 10^{-6}, \qquad \varrho_{\perp} = 6{,}87 \cdot 10^{-6}.$$

Daraus berechnet sich für ein vollkommen isotropes Vielkristallaggregat

$$\varrho_{20} = 7{,}6 \cdot 10^{-6}.$$

Der Temperaturkoeffizient beträgt $420 \cdot 10^{-5}$ (*78, 98, 99*).

Wie beim Zink ist das Verhältnis der Widerstände des flüssigen und des festen Metalls 2,0 (*100*); auch die Wärmeleitfähigkeit zeigt ungefähr dieses Verhältnis, so daß beim Schmelzen das WIEDEMANN-FRANZsche Gesetz gültig bleibt.

Messungen bei sehr tiefen Temperaturen haben MEISSNER und VOIGT (*196*) und DE HAAS, DE BOER und V. D. BERG (*197*) ausgeführt; KAPITZA (*198*) und MILNER (*199*) haben die Änderung unter Einfluß eines Magnetfeldes verfolgt. MILNER bemerkt, daß unterhalb 4° K die Widerstandszunahme noch ein Glied aH^2 enthält.

Nach KÜRTI und SIMON wird Cadmium bei 0,54° K supraleitend (*200*).

Unter Druck nimmt nach BRIDGMAN (*103*) der Widerstand, wie bei den meisten Metallen, ab. Er untersuchte bei Drucken von 7000 kg/cm².

Durch Kaltbearbeitung erfährt der Widerstand eine geringe Erhöhung (*102*).

Die Spannungskoeffizienten des Widerstandes hat MILDRED ALLEN (*173*) bestimmt.

Magnetische Eigenschaften. Cadmium ist diamagnetisch. Die spezifische Suszeptibilität ist $\chi_{18} = -0{,}17 \cdot 10^{-6}$; sie fällt mit steigender Temperatur (*106, 107*); nach DE HAAS und VAN ALPHEN (*174*) nimmt sie auch nach tieferen Temperaturen immer zu

T	14,2°	70,4°	289° K
$\chi \cdot 10^6$ . . .	−0,326	−0,250	−0,183

RAO (*108*) findet, daß Kaltbearbeitung die Suszeptibilität herabsetzt.

Optische Eigenschaften. Für einige Wellenlängen ist das Reflexionsvermögen angegeben von COBLENTZ und HULBURT (*109, 110*):

λ	188	200	251	305	357	1060	3060	5240	6750	9380	12030 mμ
R	20	23	36	49	60	70,8	93	95,9	97	98,4	98,2

Photoelektrische Eigenschaften. Auch beim Cadmium ist die Frage nach der Größe der Austrittsarbeit noch nicht endgültig gelöst. Während z. B. SCHULZE (*180*) für die kurzwellige Grenze 320 mμ angibt, findet BOMKE (*203*) 304 mμ an einem sorgfältig gasfrei gehaltenen Präparat, dagegen 325 mμ an einer aufgedampften Schicht, wo Aufnahme von Wasser nicht ausgeschlossen war. Die Abweichungen werden meistens durch adsorbierte Gase verursacht sein. Mit 304 mμ als kurzwelliger Grenze findet man für die Austrittsarbeit $\varphi = 4{,}1$ eV, etwas also höher als beim Zink entsprechend seinem etwas edleren Charakter.

Die *thermoelektrische Kraft* beträgt nach BRIDGMAN (*92*) gegen Platin zwischen 0 und 100° C $0{,}861 \cdot 10^{-3}$ V. Gegen Blei wird sie zwischen 0 und 100° C durch die Formel:

$$E_{\mathrm{Cd,\,Pb}} = -12{,}002 \cdot t + 0{,}1619\, t^2$$

dargestellt.

Durch Druckerhöhung verschiebt sich der Wert in positiver Richtung (*92*).

Untersuchungen über den THOMSON-Effekt: (*119* bis *121*).

Mechanische Eigenschaften. GRÜNEISEN und GOENS (*125*) und BRIDGMAN (*48, 95*) haben die Hauptelastizitätskonstanten bestimmt.

Gefunden wird:

s_{11}	s_{33}	s_{44}	s_{12}	s_{13}
12,3	35,5	54,0	−1,5	$-9{,}3 \cdot 10^{12}$

Als zuverlässigste Werte für die elastischen Konstanten sind die Werte von GRÜNEISEN zu betrachten (*124*). Für den Elektrizitätsmodul wird angegeben 5200 kg/mm². Durch Verunreinigungen wird sie sehr stark herabgesetzt, ebenso wie durch steigende Temperatur (*132, 133*). Das gleiche gilt auch für den Torsionsmodul, der bei Raumtemperatur bei 2300 kg/mm² liegt.

Der Mechanismus der Kristallverformung ist im wesentlichen derselbe wie beim Zink (s. dort [*51*)].

Auch die Festigkeiten sind annähernd die gleichen, und zwar 2 bis 7 kg/mm² im gegossenen Zustand und 10 bis 22 kg/mm² im verformten (*142*). Die Festigkeit nimmt mit steigender Temperatur stark ab.

Als mittlere Brinellhärte kann bei Raumtemperatur 35 kg/mm² angenommen werden.

Das Rekristallisationsverhalten ist dem der häufiger untersuchten anderen Metalle ähnlich (*171*).

f) Verwendung.

Während reines Cadmium, außer in Form von Schutzschichten, keine Verwendung in größerem Umfange findet, kommt Zink neben dem gleichen Verwendungszweck meist in weniger reinem Zustand für Elemente-, Offset- und Bedachungsbleche, alle möglichen Wasserarmaturen usw. zur Verarbeitung. Die reinen technischen Produkte gehen in großen Mengen vor allem in Legierungen ein, von denen einerseits Spritzguß- und Preßlegierungen in Verbindung mit Aluminium und Magnesium, aufgebaut auf 99,995%igem Zink, und Cadmiumlager- und Lotmetalle zu nennen sind. Zu hochwertigen Messingsorten wird ebenfalls das reine Zink verarbeitet, während dem Kupfer für Fahrdrähte gelegentlich Cadmium als härtender Bestandteil zugesetzt wird. Im Verhältnis zur heutigen Erzeugung geringere Mengen werden als Zinkfolie und Cadmiumkontakte verbraucht.

Literatur.

1. HOLSTEIN, L. S., PH. M. GINDER, W. M. PEIRCE, R. K. WARRING, H. G. HIXON: A.P. 1944345—358.
2. PEIRCE, W. M., R. K. WARRING: Trans. Amer. Inst. min. metallurg. Engrs. Bd. 121 (1936) S. 445.
3. MATTHIES, H.: Metall u. Erz Bd. 33 (1936) S. 280.
4. ROBINSON, L. B.: Metal Ind., Lond. Bd. 50 (1937) S. 111.
5. LEVISON, ST. H., E. J. BRUDERLIN: A.P. 2064479.
6. Assoz. Met. Min. Corp.: D.P. Anm. A 74990.
7. HYDE, R. W.: A.P. 2064835.
8. QUENAU, A. L.: A.P. 2064495.
9. POR, A.: DRP. 636844.
10. Cie. d. Mét. d'Overpelt Lommel e. d. C. Overpelt-lez-Neerpelt: Br.P. 461222.
11. AUBERT, R. H. L., CH. S. MARTIN: F.P. 754894.
12. INGALLS, W. R.: Trans. Amer. Inst. min. metallurg. Engrs. Bd. 121 (1936) S. 339, 610.
13. BRENTHEL, FR.: Arch. Erz u. Metall Bd. 2 (1936) S. 49.
14. DONY-HÉRAULT, O.: Rev. Métall Bd. 33 (1936) S. 422.
15. WINTER, H.: Metallwirtsch. Bd. 16 (1937) S. 521.
16. HÄNIG, W.: Metall u. Erz Bd. 33 (1936) S. 274.
17. SNOW, W. C.: Trans. Amer. Inst. min. metallurg. Engrs. Bd. 121 (1936) S. 482.
18. WOOLF, W. G., E. R. CRUTCHER: Trans. Amer. Inst. min. metallurg. Engrs. Bd. 121 (1936) S. 527.
19. STIMMEL, B. A., W. H. HANNAY, B. D. M. BEAN: Trans. Amer. Inst. min. metallurg. Engrs. Bd. 121 (1936) S. 540.
20. Siemens & Halske AG.: D.P. Anm. S. 110720.
21. Siemens & Halske AG.: DRP. 616339.
22. AGEJENKOW, W. G., J. A. ZAGIKJAN: Nichteisenmetalle (russ.) Bd. 9 (1934) S. 119.
23. TAINTON, U. C.: A.P. 1920442.
24. Zinnwerke Wilhelmsburg G. m. b. H.: D.P. Anm. Z 21879.
25. GUARESCI, P.: Ital.P. 280582.
26. VODRET, FR. L., M. GALLO: Atti Congr. naz. Chim. pura appl. Bd. 5, II (1936) S. 938.
27. THOMPSON, J. C.: A.P. 1973300.
28. TAINTON, U. C., E. T. CLAYTON: Trans. Amer. electrochem. Soc. Bd. 57 (1930) S. 279.
29. GUARESCI, P.: Ind. chimica Bd. 9 (1934) S. 1466.

30. JACKSON, O. E.: Metal Ind. Lond. Bd. 48 (1936) S. 412.
31. HANNAY, W. H., F. E. LEE, TH. A. RICE: Can.P. 333914.
32. EGER, G.: Metall u. Erz Bd. 34 (1937) S. 421.
33. TAINTON, U. C.: DRP. 466279.
34. TAINTON, U. C.: Min. & Metall Bd. 18 (1937) S. 17.
35. TITOFF, P. S., I. N. NIKINOFF: Nichteisenmetalle (russ.) Bd. 9 (1934) S. 53.
36. DORAN, H. M., H. D. HOUGHTON: A.P. 2042591.
37. RALSTON, C. O.: A.P. 2018269.
38. BURMEISTER, W., M. SCHLÖTTER: Metallwirtsch. Bd. 13 (1934) S. 115.
39. SCHWARZ, M. v.: Z. Elektrochem. Bd. 29 (1923) S. 198.
40. PICKARD, T. R.: Engng. Min. J. Bd. 136 (1935) S. 489.
41. GERLACH, W., E. RIEDL: Metallwirtsch. Bd. 12 (1933) S. 401.
42. MYLIUS, F., FROMM: Z. anorg. allg. Chem. Bd. 9 (1895) S. 144.
43. TOMASCHOW, N. D.: Metallurg. (russ.) Bd. 11 (1936) S. 109.
44. EGERTON, A. C., W. B. LEE: Proc. Roy. Soc., Lond. A Bd. 103 (1923) S. 499.
45. MOREAU, L., G. CHAUDRON, A. PORTEVIN: C. R. Acad. Sci. Paris Bd. 201 (1935) S. 212.
46. STRAUMANIS, M.: Z. phys. Chem. Abt. B Bd. 13 (1931) S. 316.
47. CZOCHRALSKI, J.: Z. phys. Chem. Bd. 92 (1918) S. 219.
48. BRIDGMAN, P. W.: Proc. nat. Acad. Amer. Bd. 10 (1924) S. 411.
49. BOAS, W., E. SCHMID: Z. Phys. Bd. 54 (1929) S. 516; Bd. 100 (1936) S. 463.
50. TAMMANN, G., G. MORITZ: Z. Metallkde. Bd. 27 (1935) S. 114.
51. SCHMID, E., W. BOAS: Kristallplastizität unter besonderer Berücksichtigung der Metalle. Berlin 1935.
52. BURKHARDT, A.: Die mechanisch-technologischen Eigenschaften der reinen Metalle, Bd. 2, Teil 2, Abschn. 10 der Metallographie, herausgeg. von W. GUERTLER, Berlin 1935.
53. BENEDICKS, C., R. ARPI: Z. anorg. allg. Chem. Bd. 88 (1914) S. 237.
54. BEHRENS, W. K., C. DRUCKER: Z. phys. Chem. Bd. 113 (1924) S. 79.
55. PEIRCE, W. M., E. A. ANDERSON, P. VAN DYCK: J. Franklin Inst. Bd. 200 (1925) S. 349.
56. FREEMANN, J. R., P. BRANDT, F. SILLERS: Sci. Pap. Bur. Stand. 1926, S. 522.
57. PUTTE, P. VAN DE, H. THYSSEN: J. Inst. Met. Bd. 39 (1927) S. 385.
58. SIMON, F., E. VOHSEN: Z. phys. Chem. Abt. A Bd. 133 (1928) S. 165.
59. GRUBE, G., A. BURKHARDT: Z. Metallkde. Bd. 21 (1929) S. 231.
60. GUERTLER, W., L. ANASTASIADIS: Z. Metallkde. Bd. 21 (1929) S. 338.
61. SCHULZE, A.: Z. Metallkde. Bd. 22 (1930) S. 194.
62. WERNER, O.: Z. Metallkde. Bd. 26 (1934) S. 265.
63. BRIDGMAN, P. W.: Phys. Rev. Bd. 48 (1935) S. 825.
64. HULL, A. W., W. P. DAVEY: Phys. Rev. Bd. 17 (1921) S. 266, 547.
65. HULL, A. W.: Phys. Rev. Bd. 17 (1921) S. 571.
66. OWEN, E. A., G. D. PRESTON: Proc. phys. Soc., Lond. Bd. 36 (1923) S. 49.
67. OWEN, E. A., L. PICKUP, I. O. ROBERTS: Z. Kristallogr. Bd. 91 (1935) S. 70.
68. ROESER, W. F.: Bur Stand. J. Res., Wash. Bd. 3 (1929) S. 343.
69. EGERTON, A. C.: Phil. Mag. (6) Bd. 33 (1915) S. 33.
70. BRAUNE, H.: Z. anorg. allg. Chem. Bd. 111 (1920) S. 109.
71. WÜST, F., R. DURRER: Forsch.-Arb. VDI 1918, Nr. 204; 1921, Nr. 241.
72. IITAKA, I.: Sci. Rep. Tôhoku Univ. Bd. 8 (1919) S. 99.
73. MAIER, CH. H.: J. Amer. chem. Soc. 48 (1926) S. 356.

74. HEYCOCK, C. T., LAMPLOUGH: Proc. chem. Soc. Bd. 28 (1912) S. 3.
75. FISCHER, J.: Z. anorg. allg. Chem. Bd. 219 (1934) S. 367.
76. GREENWOOD, H. C.: Z. phys. Chem. Abt. A Bd. 76 (1911) S. 484.
77. WEHNELT, A., CH. MUSCELLEANU: Verh. dtsch. phys. Ges. Bd. 14 (1912) S. 1032.
78. JAEGER, W., H. DIESSELHORST: Wiss. Abh. phys.-techn. Reichsanst. Berlin Bd. 3 (1900) S. 269.
79. LEES, CH. H.: Phil. Trans. Bd. 208 (1908) S. 381.
80. EUCKEN, A., G. GEHLHOFF: Verh. dtsch. phys. Ges. Bd. 14 (1912) S. 169.
81. SCHOTT, R.: Verh. dtsch. phys. Ges. Bd. 18 (1916) S. 27.
82, KONNO, S.: Sci. Rep. Tôhoku Univ. Bd. 8 (1918) S. 169.
83. Phys.-techn. Reichsanst.: Z. Metallkde. Bd. 12 (1920) S. 179, 184.
84. BROWN, W. B.: Phys. Rev. Bd. 22 (1923) S. 171.
85. SCHOFIELD, F. H.: J. Inst. Met. Bd. 33 (1925) S. 331.
86. BRIDGMAN, P. W.: Phys. Rev. Bd. 18 (1921) S. 115.
87. SCHULZE, A.: Phys. Z. Bd. 22 (1921) S. 403.
88. GRÜNEISEN, E., E. GOENS: Z. Phys. Bd. 29 (1924) S. 141.
89. BRINDLEY, G. W.: Phil. Mag. Bd. 21, VII (1936) S. 790.
90. POPPEMA, T. J., F. M. JAEGER: Proc. Acad. Wetensch. Amst. Bd. 38 (1935) S. 510.
91. RODEBUSH, W. H.: J. Amer. chem. Soc. Bd. 45 (1923) S. 1413.
92. BRIDGMAN, P. W.: Proc. Amer. Acad. Arts a. Sci. Bd. 53 (1918) S. 269.
93. WAGNER, E.: Ann. Phys. Lpz., Bd. 27 (1908) S. 955.
94. GRÜNEISEN, E., E. GOENS: Z. Phys. Bd. 26 (1924) S. 250.
95. BRIDGMAN, P. W.: Proc. Amer. Acad. Arts a. Sci. Bd. 60 (1925) S. 305, 385, 423.
96. BENEDICKS, C.: Metallurgie Bd. 7 (1910) S. 531.
97. GLASUNOW, A., M. MATWEEW: Z. Metallkde. Bd. 5 (1914) S. 113, 122.
98. NORTHRUP, E. F., V. A. SUYDAM: J. Franklin Inst. Bd. 175 (1913) S. 153.
99. HOLBORN, L.: Z. Phys. Bd. 8 (1921) S. 58.
100. VASSURA, G.: Nuova Cim. (3) Bd. 31 (1892) S. 25.
101. TSUTSUMI, H.: Sci. Rep. Tôhoku Univ. Bd. 7 (1918) S. 93.
102. GUILLET, L., B. BALLAY: Rev. Métall Bd. 19 (1922) S. 748.
103. BRIDGMAN, P. W.: Proc. Amer. Acad. Arts a. Sci. Bd. 52 (1917) S. 748; Bd. 68 (1933) S. 95.
104. POPPY, W. J.: Phys. Rev. Bd. 46 (1934) S. 815.
105. BRUGGEMANN, D. A. G.: Ann. Phys., Lpz. Bd. 27, V (1936) S. 645.
106. HONDA, K.: Ann. Phys., Lpz. Bd. 32 (1910) S. 1027.
107. OWEN, M.: Ann. Phys., Lpz. Bd. 37 (1912) S. 657.
108. RAO, S. R.: Proc. Ind. Acad. Sci. Bd. 4 (1936) S. 37.
109. COBLENTZ, W. W.: Bull. Bur. Stand. Bd. 2 (1907) S. 472.
110. HULBURT, E. O.: Astrophys. J. Bd. 42 (1915) S. 203.
111. GRABER, M. E.: Phys. Rev. Bd. 26 (1925) S. 380.
112. KAMERLINGH ONNES, H. u. Mitarbeiter: Comm. K. Onnes. Lab. Univ. Leiden 1912—1914; Versl. Amst. 1912/13; Proc. roy. Acad. Amst. 1912/13.
113. FREY, W.: Ann. Phys., Lpz. (4) Bd. 46 (1915) S. 1057.
114. SMITH, A. W.: Phys. Rev. Bd. 5 (1915) S. 35.
115. BORELIUS, G.: Ann. Phys., Lpz. Bd. 58 (1919) S. 489.
116. UNWIN, F.: Proc. roy. Soc. Edinb. Bd. 41 (1920/21) S. 44.
117. EDLUND, F.: Pogg. Ann. Bd. 143 (1871) S. 404.
118. BECK, E.: Vjschr. naturforsch. Ges. Zürich Bd. 55 (1910) S. 103, 470.
119. CERMAK, P.: Ann. Phys. Lpz., Bd. 33 (1910) S. 1195.

120. BORELIUS, G.: Ann. Phys., Lpz. Bd. 56 (1918) S. 388.
121. BORELIUS, G., F. GUNNESON: Ann. Phys., Lpz. Bd. 65 (1921) S. 520.
122. DILLON, J. H.: Phys. Rev. Bd. 38 (1931) S. 408.
123. KEESOM, W. H.: Comm. K. Onnes Lab. Univ. Leiden 230a, 6 (1934).
124. GRÜNEISEN, E.: Ann. Phys., Lpz. Bd. 22 (1907) S. 801; Bd. 25 (1908) S. 825.
125. GRÜNEISEN, E., E. GOENS: Phys. Z. Bd. 24 (1923) S. 506; Bd. 26 (1924) S. 150.
126. TYNDALL, E. P. T.: Phys. Rev. (11) Bd. 47 (1935) S. 398.
127. HANSON, A. W.: Phys. Rev. (11) Bd. 45 (1934) S. 324.
128. BRIDGMAN, P. W.: Phys. Rev. (11) Bd. 47 (1935) S. 393.
129. HANSON, A. W.: J. Inst. Met., Bd. 53 (1933) S. 692.
130. MILLER, D.: Beibl. Ann. Wien. 1887, S. 211.
131. SUTHERLAND, W.: Phil. Mag. Bd. 32 (1891) S. 221.
132. KOCH, K. R., C. DANNECKER: Ann. Phys., Lpz. Bd. 47 (1915) S. 197.
133. MALLOCK, A.: Proc. roy. Soc., Lond. A Bd. 95 (1919) S. 429.
134. ROSBAUD, P., E. SCHMID: Z. Phys. Bd. 32 (1925) S. 197.
135. FAHRENHORST, W., E. SCHMID: Z. Phys. Bd. 64 (1930) S. 845.
136. MILLER, R. F.: Metals Techn. Bd. 3 (1936) S. 15.
137. SCHMID, E.: Z. Phys. Bd. 32 (1925) S. 918.
138. CZOCHRALSKI, J., S. BRUNNE: Wiad. Inst. Met. Met. Bd. 3 (1936) S. 180.
139. JURETZKA, F.: Chem. Z. Bd. 40 (1916) S. 386.
140. MOORE, H. F.: Chem. metallurg. Engng. Bd. 15 (1912) S. 45.
141. MATHEWSON, C. H., C. S. TREWIN, W. B. FINKELDEY: Chem. metallurg. Engng. Bd. 21 (1919) S. 550.
142. LUDWIK, P.: Z. phys. Chem. Bd. 88 (1914) S. 632.
143. BURKHARDT, A., G. SACHS: Metallwirtsch. Bd. 12 (1933) S. 325, 339.
144. BAUER, O., J. WEERTS, F. BECK: Metallwirtsch. Bd. 12 (1933) S. 615.
145. FROELICH, W.: Metal Ind., Lond. Bd. 43 (1933) S. 589.
146. TAMMANN, G., W. MÜLLER: Z. Metallkde. Bd. 27 (1935) S. 187.
147. TAMMANN, G.: Z. Metallkde. Bd. 26 (1934) S. 97; Bd. 28 (1936) S. 6.
148. SCHMID, E., G. WASSERMANN: Metallwirtsch. Bd. 9 (1930) S. 698.
149. CAGLIOTI, V., G. SACHS: Metallwirtsch. Bd. 11 (1932) S. 165.
150. ŚMIAŁOWSKI, M.: Z. Metallkde. Bd. 29 (1937) S. 133, 199.
151. CZOCHRALSKI, J., O. LUBINKOWSKI: Wiad. Inst. Met. Met. Bd. 3 (1936) S. 177.
152. BURGERS, W. G.: Z. Phys. Bd. 67 (1931) S. 605.
153. BAUER, O., G. SCHIKORR: Z. Metallkde. Bd. 26 (1934) S. 73.
154. BAUER, O., P. ZUNKER: Z. Metallkde. Bd. 25 (1933) S. 282.
155. CENTNERSZWER, M., M. STRAUMANIS: Z. phys. Chem. Abt. A Bd. 167 (1933) S. 421.
156. SINGMASTER, I. A.: Metal. Ind., Lond. Bd. 31 (1927) S. 31, 61.
157. HOYEM, A. G.: Phys. Rev. Bd. 38 (1931) S. 1357.
158. HUME-ROTHERY, W.: Structure of Metals and Alloys. London 1936.
159. JETTE, E. R., F. FOOTE: J. Chem. Physics Bd. 3 (1935) S. 615.
160. OWEN, E. A., J. IBALL: Phil. Mag. (7) Bd. 16 (1933) S. 479.
161. AUSTIN, J. B.: Physics Bd. 3 (1932) S. 240.
162. UFEELMANN, F. L.: Phil. Mag. (7) Bd. 10 (1930) S. 633.
163. OWEN, E. A., E. L. YATES: Phil. Mag. (7) Bd. 17 (1934) S. 113.
164. HASCHOWSKI (= GATSCHOWSKI), W. F., P. G. STRELKOW: Nature, Lond. Bd. 139 (1937) S. 715.
165. JONES, H. GOULB: Proc. phys. Soc., Lond. Bd. 47 (1935) S. 1117.
166. BAILEY, L. C.: Proc. roy. Soc., Lond. A Bd. 134 (1931) S. 57.
167. DUSEN, M. S. VAN, S. M. SHELTON: Bur. Stand. J. Res., Wash. Bd. 12 (1934) S. 429.

168. CINNAMON, C. A.: Phys. Rev. (2) Bd. 46 (1934) S. 215.
169. BRONSON, H. L., A. J. C. WILSON: Canad. J. Res. Bd. 14 A (1936) S. 181.
170. KEESOM, W. H., J. N. v. D. ENDE: Acad. Amst. Bd. 35 (1932) S. 143.
171. CZOCHRALSKI, J., T. MIAZGA: Wiad. Inst. Met. Met. Bd. 2 (1935) S. 3.
172. TYNDALL, E. P. T., A. G. HOYEM: Phys. Rev. (2) Bd. 38 (1931) S. 820.
173. ALLEN MIDLRED: Phys. Rev. (2) Bd. 49 (1936) S. 249.
174. HAAS W. J. DE, P. M. VAN ALPHEN: Proc. roy. Acad. Amst. Bd. 36 (1933) S. 263.
175. JELLINEK, K., H. A. WANNOW: Z. Elektrochem. Bd. 41 (1935) S. 346.
176. COLEMAN, F. F., A. EGERTON: Phil. Trans. roy. Soc., Lond. A Bd. 234 (1935) S. 177.
177. BAUR, E., R. BRUNNER: Helv. chim. Acta Bd. 17 (1934) S. 958.
178. KEESOM, W. H., J. A. DE KOK: Physica, Haag Bd. 1 (1934) S. 770.
179. VOE, C. F. DE: Phys. Rev. (2) Bd. 50 (1936) S. 481.
180. SCHULZE, R.: Z. Phys. Bd. 92 (1934) S. 212.
181. ROTHER, F., H. BOMKE: Z. Phys. Bd. 87 (1934) S. 806.
182. HLUČKA, F.: Z. Phys. Bd. 96 (1935) S. 230; Bd. 104 (1937) S. 653.
183. SHINODA, G.: Mem. Coll. Sci. Kyoto Univ., Sect. A Bd. 17 (1934) S. 27.
184. BRIDGMAN, P. W.: Phys. Rev. (2) Bd. 47 (1935) S. 393.
185. GOENS, E., E. GRÜNEISEN: Ann. Phys., Lpz. (5) Bd. 14 (1932) S. 164.
186. LEITGEBEL, W.: Z. anorg. allg. Chem. Bd. 202 (1931) S. 305.
187. MILLER, R. F., W. E. MILLIGAN: Metals Techn. Bd. 4, Nr. 1. Techn. Publ. amer. min. metallurg. Engrs. Jan. 1937, Nr. 782.
188. BOUCHET, L.: C. R. Acad. Sci., Paris Bd. 200 (1935) S. 1535.
189. CHALMERS, B.: Proc. roy. Soc., Lond. A. Bd. 156 (1936) S. 427.
190. TAMMANN, G., K. L. DREYER: Ann. Phys., Lpz. (5) Bd. 19 (1934) S. 680.
191. BRIDGMAN, P. W.: Proc. Amer. Acad. Arts a. Sci. Bd. 72 (1938) S. 192.
192. KOSSOLAPOW, G. F., A. K. TRAPESNIKOW: Z. Kristallogr. A Bd. 91 (1935) S. 410.
193. OWEN, E. A., E. W. ROBERTS: Phil. Mag. (7) Bd. 22 (1936) S. 290.
194. BRIDGMAN, P. W.: Proc. Amer. Acad. Arts a. Sci. Bd. 58 (1923) S. 163.
195. BURMEISTER, E., K. JELLINEK: Z. phys. Chem. Abt. A Bd. 165 (1933) S. 121.
196. MEISSNER, W., B. VOIGT: Ann. Phys., Lpz. (5) Bd. 7 (1930) S. 761.
197. HAAS, W. J. DE, J. DE BOER, G. J. v. D. BERG: Physica, Haag (2) Bd. 2 (1935) S. 453.
198. KAPITZA, P.: Proc. roy. Soc., Lond. Bd. 123 (1929) S. 292.
199. MILNER, C. J.: Proc. roy. Soc., Lond. A Bd. 160 (1937) S. 207.
200. KÜRTI, N., F. SIMON: Proc. roy. Soc., Lond. A Bd. 151 (1935) S. 610.
201. MELLOR, J. W.: Treatise on inorganic and theoretical Chemistry Bd. 4 (1923) S. 398.
202. GMELINs Handbuch der anorganischen Chemie, System Nr. 32 (1924).
203. BOMKE, H.: Ann. Phys., Lpz. (5) Bd. 10 (1931) S. 579.

56. Quecksilber.

(Atomgewicht 200,61.)

Über die Reindarstellung des Quecksilbers ist nicht viel zu sagen: sie beruht bekanntlich im wesentlichen auf einer fraktionierten Destillation, die am besten unter vermindertem Druck stattfindet. Dieser Destillation kann eine chemische Reinigung vorangehen: sie beruht darauf, daß die meisten Verunreinigungen weniger edel sind als das Quecksilber und also entweder durch Oxydationsmittel in Oxyde oder lösliche Salze übergeführt werden. Die bekannte Reinigung mit Hilfe von Mercuronitratlösung beruht ebenfalls auf diesem Prinzip: die weniger edlen Metalle reagieren mit dem Mercuronitrat unter Bildung von Nitraten.

Nur die sehr edlen Metalle wie Platin und vor allem Gold, können auf diese Weise nicht beseitigt werden. Zum größten Teil werden diese Metalle bei der Destillation entfernt: dennoch konnten SCHLEEDE und GOLDSCHMIDT (*1*) in sehr langsam destilliertem Quecksilber noch Spuren von Gold anzeigen. Anzunehmen ist aber, daß durch wiederholte Destillation dieser Goldgehalt wohl weiter abnehmen wird, und daß schließlich ein Präparat erhalten wird, dessen Reinheitsgrad wohl größer ist als von irgendeinem anderen bis jetzt hergestellten Metall.

Die Reinigung des Quecksilbers wird von BATES und BAKER (*2*) in einer neuen Arbeit nochmal besprochen, wobei darauf hingewiesen wird, daß bei der Destillation in einem Luftstrom vielleicht Sauerstoff eingeschlossen wird, der sich durch Auskochen bei 260° C im Vakuum entfernen läßt.

Physikalische Eigenschaften.

Kristallstruktur. Quecksilber kristallisiert rhomboëdrisch; als Basis wird angegeben entweder eine Zelle mit 1, oder eine solche mit 4 Atomen. Die einfach rhomboedrische Zelle hat eine Kantenlänge $a = 2{,}99_{9\pm 3}$ Å, der Winkel zwischen den Kanten beträgt $\omega = 70° \; 1{,}7'$. Wählt man als Basis die flächenzentrierte rhomboedrische Zelle, so werden die Zahlen $a = 4{,}58_{1\pm 5}$, $\omega = 98° \; 12{,}8'$ (—46° C).

Bei der letztgenannten Basisbeschreibung sieht man deutlich, daß die Struktur aufzufassen ist als eine flächenzentriert kubische, die in der Richtung der Raumdiagonale ein wenig gestaucht ist. Eine frühere Angabe von ALSÉN und AMINOFF (*3*), die ein hexagonales Gitter ergab, beruht auf einem Fehler, der durch Verunreinigungen mit CO_2 verursacht war. Die Arbeiten von MEHL und BARRETT (*4*), MCKEEHAN und CIOFFI (*5*), HERMANN und RUHEMANN (*6*), KAKESITA (*10*) und auch von ALSÉN und AMINOFF (*3*), in der Neuberechnung nach NEUBURGER (*8*) liefern gut übereinstimmende Resultate. Die hier angenommenen Werte sind von NEUBURGER aus dem vorhandenen Material ausgewählt worden (*8*).

Während die meisten Autoren zum Schluß kommen, daß die Struktur des flüssigen Quecksilbers am besten als eine gestörte dichtestgepackte Anordnung beschrieben werden kann [s. z. B. SAUERWALD und TESKE (*9*)], findet KAKESITA (*10*) eine Struktur, die sich mehr derjenigen des festen Metalls nähert.

Allotropie. BRIDGMAN (*11*) hat bei —80° C unter 14000 Atm. eine zweite Modifikation gefunden: die Umwandlungskurve verläuft so, daß bei —190° C diese Modifikation stabil werden müßte, vorausgesetzt, daß bei tieferem Druck und Temperatur nicht noch eine Umwandlung stattfindet. Es erscheint wichtig, nachzuprüfen, ob im Verlauf der physikalischen Eigenschaften in diesem Gebiet etwas von einer Umwandlung zu bemerken ist. BRIDGMAN glaubt in den von SIMON (*42*) angegebenen Werten der spezifischen Wärme Andeutungen davon zu finden.

Dichte, Ausdehnungskoeffizient. Die Dichte des festen Quecksilbers ist sowohl durch direkte Dichtemessungen als auch aus Röntgenaufnahmen bekannt. Die Daten stimmen aber untereinander nicht sehr gut überein; es scheint, daß in diesem Fall der Fehler in den Röntgendaten gesucht werden muß.

Die Dichte bei —195° C ist gut bekannt. GRÜNEISEN und SCKELL (*81*) geben an $14{,}46_9$, SAPPER und BILTZ (*12*) $14{,}49_1$, also im Mittel

$$d_{-195} = 14{,}48 \pm 0{,}01.$$

Für flüssiges Quecksilber wird beim Schmelzpunkt angegeben

$$d_{\mathrm{fl}} = 13{,}6902$$ [VICENTINO und OMODEI (*13*)]

und $13{,}691_9$ nach CHAPPUIS (*14*).

Nun ist aber die Zunahme beim Schmelzpunkt nach BRIDGMAN (*26*) sehr gut bekannt; $dV = 0{,}002533$ cm/g. Daraus folgt für das spezifische Volumen des festen Quecksilbers

$$V_{\mathrm{f}} = 0{,}07050_3$$

und für die Dichte

$$d_{\mathrm{f}} = 14{,}18_4$$

in guter Übereinstimmung mit MALLET (16), der

$$d_{-38,85} = 14{,}19_3$$

angibt. Wenn aber der von ENDO (*15*) angegebene Wert richtig ist, $V = 0{,}00274$, so beträgt darnach $d_{-38,85\,(\mathrm{fest})} = 14{,}20$.

Aus $d_{-38,85} = 14{,}18_4$ und $d_{-195} = 14{,}48$ berechnet man für den mittleren Ausdehnungskoeffizient $\bar{\gamma} = 132_5 \cdot 10^{-6}$.

GRÜNEISEN und SCKELL (*81*) finden in demselben Gebiet $\bar{\delta}_{\parallel} = 37{,}5 \cdot 10^{-6}$ und $\bar{\delta}_{\perp} = 47{,}0 \cdot 10^{-6}$; daraus folgt $\bar{\gamma} = 131_5 \cdot 10^{-6}$.

Dieser Mittelwert verträgt sich auch sehr gut mit anderen Daten. CARPENTER und OAKLEY (*17*) finden:

$t =$	$-89{,}9°$	$-75{,}9°$	$-62{,}6°$	$-49{,}5°$	$-39{,}5°$ C
$\gamma \cdot 10^6 =$	125	146	153	157	171

während HILL (*18*) angibt:

$t =$	-190 bis $160°$	$-160°$	$-140°$	$-120°$
$\delta_{\perp} \cdot 10^6 =$	42,6	44,9	46,6	49,6
$\delta_{\parallel} \cdot 10^6 =$	33,4	35,2	36	37,5

daraus folgt:

$\gamma \cdot 10^6 =$	109,4	115,3	118,6	124,6

Jetzt können auch die Dichten bei verschiedenen Temperaturen, bei denen Röntgenmessungen vorliegen, berechnet werden.

t =	−38,85°	−46°	−79°	−150°	−185°
d (ber) =	(14,18)	$14{,}19_6$	$14{,}27_1$	$14{,}40_8$	(14,48)
d (gef) =		14,24 (4)	14,29 (12)	14,35 (7)	

Die Röntgendaten (4,7) zeigen die stärksten Abweichungen, wahrscheinlich deshalb, weil die Temperaturen nicht genau gemessen sind. Auf eine Allotropie innerhalb dieses Gebietes weisen die gefundenen Dichten nicht hin. Für flüssiges Quecksilber sind die Dichten von 0° C bis 100° C auf einige Millionstel Teile genau bekannt (*14, 19, 20, 21*).

Die Masse eines cm³ Quecksilbers bei 0° beträgt nach CHAPPUIS (*14*) $13{,}5951_3$. Eine neuere Messung von BATUECAS und COSADO (*22*) ergab

$$d_0^4 = 13{,}59539 \pm 0{,}00001\,.$$

Tabellen für die Dichte des Quecksilbers vom Schmelzpunkt bis zum Siedepunkt findet man in verschiedenen Werken (*23, 24, 25*). Die Dichte sinkt in diesem Bereich von 13,748 bis 12,737; der Ausdehnungskoeffizient steigt von $181{,}5 \cdot 10^{-6}$ auf $186{,}57 \cdot 10^{-6}$.

Kompressibilität. Sie ist hauptsächlich untersucht von BRIDGMAN (*26*), der in den International Critical Tables eine Tabelle für die Volumina des flüssigen Quecksilbers bei Drucken von 0 bis 12000° Atm. und Temperaturen von —30° bis 20° C gibt. Diese Daten stimmen in großen Zügen mit früheren überein.

BRIDGMAN findet:

p (in kg/cm²)	0	1000	2000	4000	7000	10000	12000
Sp. Volumen 0°	1,00000	0,99626	0,99261	0,98561	0,97607	—	—
Sp. Volumen 22°	1,00398	1,00007	0,99627	0,98909	0,97934	0,97088	0,96596

Wenn LEWIS (*27*) und JAERVINEN (*28*) viel kleinere Kompressibilitäten berechnen, so ist der Fehler nicht in den Messungen, sondern in den von ihnen aufgestellten Formeln zu suchen.

Für den *Schmelzpunkt* wird —38,87° (*24*) als Temperaturfixpunkt angenommen. Die *Volumänderung* beim Schmelzen beträgt nach BRIDGMAN (*29*) $0{,}00253_4$ cm³. Die Schmelzwärme ist nach direkten kalorimetrischen Messungen 555 bis 570 (*24, 25*), während BRIDGMAN (*26*) aus der Schmelzkurve 548 berechnet. EGERTON (*30*) nimmt 560 cal-Grammatom an.

Bei 12064 Atm. liegt der Schmelzpunkt bei 22,24°; die Änderung des Schmelzpunktes ist dem Druck ungefähr proportional (*26*).

Wiederholt stößt man beim Durchlesen der Literatur auf die Behauptung, daß irgendeine Eigenschaft sich schon einige Grad unterhalb des Schmelzpunktes ändert. Nun haben SMITS und MULLER (*31*) sehr genau die Änderung des Volumens beim Schmelzen bei sehr reinem Quecksilber verfolgt: sie finden immer noch ein Übergangsintervall von 0,05°. Wenn nun beim Quecksilber, das man in einem Reinheitsgrad erhalten kann, wie er wohl bei keinem anderen Metall erreichbar ist, noch ein Schmelzintervall von dieser Größe antrifft, so ist es nicht zu verwundern, daß bei anderen Metallen viel größere Effekte auftreten, denen keine theoretische Bedeutung zukommt.

Dampfdruck, Siedepunkt. NEUMANN und VÖLKER (*32*) stellen auf Grund einiger Dampfdruckmessungen und unter Berücksichtigung der vorhandenen Daten, die bis zu $-70°$ gehen, eine theoretische Dampfdruckgleichung

$$\log p = -\frac{B}{T} - 0{,}848 \log T + C$$

auf, wobei:

$$B = 3328 \pm 15, \quad C = 10{,}530 \pm 0{,}04.$$

Für die chemische Konstante folgt hieraus

$$i = 1{,}91 \pm 0{,}06$$

statt des theoretischen Wertes

$$i = 1{,}87.$$

Für den Dampfdruck beim gemessenen Siedepunkt 629,9° K = 356,8° C (*24*) wird 745 mm gefunden; der Fehler ist nur sehr gering: bei 745 mm ist der Siedepunkt nur um 1,1° erniedrigt, die Abweichung zwischen berechnetem und bestimmtem Siedepunkt liegt innerhalb der Fehlergrenzen.

Bei der Berechnung ist C_p als konstant = 6,65 cal angenommen; vielleicht wäre in die Dampfdruckgleichung noch ein Glied $0{,}0156\,T$ wegen der Abnahme der spezifischen Wärme mit der Temperatur aufzunehmen. Eine Korrektur für die Bildung von Molekülen ist nicht nötig, da nach NERNST nur sehr schwache Abweichungen von dem Normalwert der Dampfdichte auftreten (*33*).

Bei hohen Temperaturen oberhalb des Siedepunktes gibt es zwei Messungsreihen des Dampfdruckes, von CAILLETET, COLARDEAU und RIVIÈRE (*34*) und von BERNHARDT (*35*).

Die Zusammenstellung gibt in der zweiten Reihe den Dampfdruck nach CAILLETET und Mitarbeiter, in der dritten Reihe den von BERNHARDT, beide in Atmosphären.

$t =$	400°	450°	500°	600°	700°	800°	880°	900°	1100°	1200°	1435°
$p =$	2,01	4,25	8,00	22,3	50,0	102,0	162,0	—	—	—	—
$p =$	2	—	7	22	46	86	—	145,0	260,8	665	2020

Die Flüssigkeitsdichte ist von CAILLETET und Mitarbeitern, die Dichte von Flüssigkeit und Dampf (also g/cm³) von BENDER (*36*) gemessen worden.

	$t =$	500°	600°	800°	900°	1000°	1100°	1200°	1270°	1300°	1320°	1380°
BENDER:	$d_{(\mathrm{dampf})}$	—	—	—	—	0,6	—	1,12	1,53	—	1,83	2,50
	$d_{\mathrm{flüss}}$	12,38	12,10	11,49	11,11	10,67	10,18	9,57	—	8,90	—	—
CAILLETET:	$d_{\mathrm{flüss}}$	12,5	12,15	11,6	11,15	10,55	10,0	8,85	8,25	—	7,8	—

Diese Daten stimmen untereinander nicht schlecht überein. Nicht unwahrscheinlich erscheint die Extrapolierung von BENDER, die auf folgende rohe Werte für die kritischen Werte führt:

$$T_K = 1500° \text{C}, \quad d_K = 5.$$

VAN LAAR kommt zu folgenden Werten (*37*):

$$T_K = 1480, \quad p_K = 1150, \quad d_K = 4{,}60;$$

sie sind mit den obenerwähnten nicht in Widerspruch und schließen sich auch nicht schlecht an Rechnungen von SAYCE und BRISCOE (*38*) an. Aus Leitfähigkeitsmessungen findet BIRCH (*60*) $T_K = 1460 \pm 20°$ C.

Oberflächenspannung. Die folgenden Zahlen mögen einen Überblick über Oberflächenspannung als Funktion der Temperatur geben:

$t =$	20°	60°	100°	160°	200°	250°	300°	360°
HAGEMANN	471,6	469,4	456,2	442	431,2	415,8	399,5	376,4
HOGNESS	465	—	449	440	436	421	405	392

HAGEMANN (*39*) hat seine Messungen im Vakuum ausgeführt, HOGNESS (*40*) in Luft.

Spezifische Wärme. Die spezifische Wärme des festen Quecksilbers ist von KAMERLINGH ONNES und HOLST (*41*), SIMON (*42, 43*), POLLITZER (*44*), CARPENTER und STOODLEY (*45*), CARPENTER und OAKLEY (*46*) gemessen worden.

Die Werte reihen sich, wie aus folgender Tabelle zu sehen ist, gut aneinander an; nur bei ~190° K tritt eine Unregelmäßigkeit auf.

$T =$	3,1—4,1°	4,3—6,5°	9,8°	10,9°	13,3°	18,7°	27,5°	31,1°	52,9°	62,1°	86,1°
Autoren:	K. O. und H.		S.	S.	S.	S.	S.	P.	S.	P.	P.
$C_p =$	0,106	0,285	1,11	1,24	1,57	2,25	2,46	3,89	5,12	5,33	5,66

$T =$	110,4°	191,7°	197,6°	200°	200,3°	207,8°	209,1°	230°	231°	233°	234°
Autoren:	S.	C. S.	C. O.	C. S.	C. S.	P.	P.	C. S.	C. S.	P.	C. O.
$C_p =$	5,89	6,50	6,41	$6{,}48_2$	6,50	$6{,}50_5$	6,52	6,61	$6{,}57_5$	6,77	$6{,}78_7$

Die Kurve läßt sich bis 30° K nach SIMON (*42*) als die Summe einer DEBYE-Funktion ($\Theta = 120$) und einer EINSTEIN-Funktion ($\Theta = 25$) vermehrt um $c_p - c_v$ wiedergeben.

BRIDGMAN (*26*) vermutet in den Abweichungen vom glatten Verlauf in den Werten, die SIMON (*43*) angibt, eine Andeutung für Allotropie.

Für flüssiges Quecksilber gibt es eine Reihe von Beobachtungen von älteren Autoren (*47, 48, 49*), die ein Gebiet von 0 bis 200° umfassen und untereinander gut stimmen. Sie geben alle an, daß C_p fast linear mit der Temperatur abnimmt; dasselbe finden auch CARPENTER und Mitarbeiter im Gebiet von —36 bis 12° C. POLLITZER (*44*) aber findet ein Maximum bei etwa —20° C und BARNES und COOKE (*50, 51*) finden ein Minimum zwischen 80 und 160° C.

$t =$	$-37°$	$-36{,}6°$	$-35°$	$-30°$	$-21°$	$0°$	$12°$
Autoren . . .	P.	C. S.	P.	P.	R.	M.	C. S.
Gef.	6,86	6,80	7,13	7,09	6,72	$6{,}70_2$	6,70
Ber.	$6{,}76_2$	$6{,}76_1$	$6{,}75_8$	$6{,}57_0$	$6{,}73_5$	$6{,}70_2$	$6{,}60_5$
B. und C. . .	—	—	—	—	—	$6{,}71_8$	—

$t =$	$40°$	$80°$	$120°$	$160°$	$200°$	$220°$	$260°$
Autoren . . .	M.	M.	M.	M.	M.	—	—
Gef.	$6{,}62_9$	$6{,}56_8$	$6{,}49_7$	$6{,}44_1$	—	—	—
Ber.	$6{,}63_8$	$6{,}57_3$	$6{,}50_9$	$6{,}44_4$	$6{,}38_0$	—	—
B. und C. . .	$6{,}64_6$	$6{,}59_6$	—	$6{,}61_2$	—	$6{,}62_4$	$6{,}66_0$

In dieser Tabelle bedeutet M das Mittel aus den älteren Daten.

Ein Wert von RUSSELL (*52*) reiht sich den übrigen gut an: die Abweichungen in den Werten von BARNES und COOKE fangen erst bei 160° an.

DIXON und RODEBUSH (*53*) haben C_p durch Messung der adiabatischen Temperaturänderung durch Druckänderung aus der Formel

$$\left(\frac{\partial T}{\partial p}\right)_s = \frac{c_p}{T}\left(\frac{\partial V}{\partial T}\right)_p$$

bestimmt.

Die Genauigkeit der Methode hängt zum Teil davon ab, ob die Ausdehnungskoeffizienten gut bekannt sind. Im allgemeinen schwanken die erhaltenen Werte ziemlich stark: für ein Minimum zwischen 100 und 160° geben sie aber keine Andeutungen.

LUSSANA (*54*) untersuchte den Einfluß des Druckes auf die spezifische Wärme; der Effekt ist nur sehr gering, wie auch die Berechnungen BRIDGMANs zeigten (*26*).

Wärmeleitfähigkeit. In einem großen Temperaturgebiet wurde diese Größe von GEHLHOFF und NEUMEIER (*55*) gemessen. Von höheren Temperaturen nach dem Schmelzpunkt sinkt die Wärmeleitfähigkeit fast linear ab, geht also der elektrischen Leitfähigkeit nicht parallel. Beim Schmelzpunkt springt die Leitfähigkeit ungefähr auf den dreifachen Wert, und steigt dann langsam bis —193° an.

Folgende Zahlen geben den Verlauf wieder:

$t =$	$-269{,}3°$	$-268{,}3°$	$-193°$	$-115{,}5°$	$-78{,}4°$	$-44{,}2°$	$-37{,}2°$	$-20{,}7°$	$0°$ C
	0,40	0,27	0,116	0,0929	0,0776	0,0664	0,0218	0,0233	0,0248

Die beiden ersten Zahlen der obenstehenden Tabelle sind von KAMERLINGH ONNES und HOLST.

Nach KAMERLINGH ONNES und HOLST (*41*) steigt die Wärmeleitfähigkeit auf einmal sehr stark in der Nähe des Sprungpunktes an: die Wärmeleitfähigkeit geht aber nicht nach Null, sondern zeigt nach DE HAAS und BREMMER (*56*) bei 3,8° K ein scharfes Maximum.

T	4,07°	3,76°	3,45°	3,14°	2,51° K
$W (H = 0)$	2,92	3,52	3,54	3,35	2,79

Reddemann (*57*) gibt für die Wärmeleitfähigkeit in Abhängigkeit der kristallographischen Richtung folgende Werte an:

$t =$	$-187°$	$-77°$ C
$W_{\parallel} =$	0,095	0,081
$W_{\perp} =$	0,069	0,063

Sie schließen sich den unter (*55*) genannten gut an.

De Haas und Biermasz (*58*) fanden, daß unterhalb des Sprungpunktes die Wärmeleitfähigkeit durch ein Magnetfeld herabgesetzt wird nach de Haas und Bremmer (*56*), wenn dieses Magnetfeld die Supraleitfähigkeit aufhebt.

Elektrische Eigenschaften. Der Widerstand des Quecksilbers dient zur Festlegung des internationalen Ohms; er beträgt:

$$\varrho_0 = 94{,}0766 \cdot 10^{-6}.$$

Unter hohem Druck nimmt der Widerstand ab. Der Druckkoeffizient nimmt mit den Temperaturen zu. Gemessen wurde (*64*)

$t =$	0°	50°	100° C
$-\frac{1}{\varrho_0}\frac{\delta\varrho}{\delta t}\cdot 10^6 =$	32,2	34,0	36,7

Bei der Betrachtung des Widerstandes als Funktion der Temperatur beginnen wir im Gebiet der höchsten Temperaturen, wo Messungen von Braunbek (*59*) vorliegen, bei noch höheren Temperaturen hat Birch (*60*) gemessen. Messungen sind hier natürlich nur unter Druck möglich. Wir geben zunächst einige Werte aus beiden Arbeiten unter 300 Atm. an, die eine befriedigende Übereinstimmung zeigen; bei 400° stimmt der von Birch gefundene Widerstand auch noch genau mit dem von Dorn (*61*) angegebenen.

	$t =$ 0°	100°	200°	400°	600°	800°	1000° C
Braunbek	$\varrho/\varrho_0' =$ 1,00	0,91	0,82	0,65	0,50	0,38	—
Birch . . .	$\varrho/\varrho_0' =$ 1,00	0,91	0,83	0,67	0,51	0,37	0,24

ϱ_0' ist hier der Widerstand bei 0° unter 300 Atm.

Die Messungen von Birch (*60*) gehen bis zu einem Druck von 4000 kg/cm² und eine Temperatur von 1600° C; in diesem Gebiet gelang es ihm auch, die kritische Temperatur experimentell festzulegen; er findet dafür:

$$T_K = 1460 \pm 20°\ \mathrm{C}, \quad p_K = 1640 \pm 50\ \mathrm{kg/cm^2}.$$

Messungen von Dorn (*61*) geben das Leitvermögen zwischen 0 und 350° C an:

$t =$	0°	25°	50°	100°	200°	300°	350° C
$1/\varrho_0 \cdot 10^{-4} =$	$1{,}0628_5$	1,0386	1,0148	0,9685	0,8751	0,7831	0,7378

JÄGER und VON STEINWEHR (*62*) fassen ihre Messungen für das Gebiet 0° bis 100° C zusammen in der Formel

$$\varrho = \varrho_0 (1 + 889{,}15 \cdot 10^{-6} t + 0{,}99360 \cdot 10^{-6} t^2) .$$

Für ϱ_{100}/ϱ_0 findet man aus diesen Daten $1{,}0988_5$, während aus den Zahlen von DORN (*61*) der etwas niedrigere Wert $1{,}097_4$ folgt.

Die Änderung ist nahezu linear mit der Temperatur, so daß wir ruhig auf den Schmelzpunkt extrapolieren können, wobei wir finden

$$\varrho_{38,9} = 90{,}83 \cdot 10^{-6} .$$

Aus den Zahlen von JÄGER und VON STEINWEHR findet man $\alpha_{0-100°} = 99 \cdot 10^5$.

Das Verhältnis $\varrho_{fl.}/\varrho_{fest}$ beim Schmelzpunkt ist wiederholt gemessen worden, die Werte schwanken aber von 3 bis 5.

Nun können Fehler verschiedener Art eher einen zu niedrigen Wert geben, als umgekehrt: ist z. B. der Schmelzpunkt nicht ganz scharf, so wird das Verhältnis zu klein gefunden. Die höchsten Werte 5 bzw. 4,9 geben KAMERLINGH ONNES und HOLST bzw. BALTRUSZAJTIS (*63*) an.

Zur Berechnung des Widerstandes des festen Metalls verfügen wir über zwei Meßreihen von KAMERLINGH ONNES und CLAY (*65*) und von GEHLHOFF und NEUMEIER (*55*).

	$t = 0°$	$-183°$	$-197{,}9°$	$-205°$	$215{,}3°$	$253{,}9°$	$258{,}8°$ C
K. O. und C.	$R/R_0 = 100{,}0$	7,49	6,19	5,55	4,64	1,30	$0{,}77_5$

	$t = 0°$	$-44{,}7°$	$-75{,}1°$	$-115°$	$-193°$ C
G. und N.	$R/R_0 = 100$	24,4	18,6	$14{,}3_5$	7,60

Aus der letzten Reihe können wir wohl ohne großen Fehler den Wert $R_{38,87}/R_0 = 0{,}255$ extrapolieren; aus der ersten Reihe gelingt dies nur mit Hilfe des Verhältnisses $\varrho_{Schm}/\varrho_{-183}$, das KAMERLINGH ONNES und HOLST angeben (*41*); man findet dann 0,221. Die Messungen von KAMERLINGH ONNES und Mitarbeitern sind wohl viel genauer als die von GEHLHOFF und NEUMEIER angegebenen, wir rechnen also mit dem Wert 0,221 weiter. Dieser ergibt für den Widerstand beim Schmelzpunkt

$$\varrho_{Schm} = 20{,}8 \cdot 10^{-6} ;$$

daraus folgt dann mit Hilfe des Widerstandes des flüssigen Quecksilbers beim Schmelzpunkt

$$\varrho_{fest}/\varrho_{fl.} = 0{,}44 .$$

Mit diesem Wert kann jetzt der Widerstandsverlauf als Funktion der Temperatur konstruiert werden.

Bei den späteren Messungen bei tiefen Temperaturen wird meistens R/R_0' angegeben, wo R_0' der auf 0° C extrapolierte Wert des Widerstandes des festen Quecksilbers ist.

Wir stellen hier den von KAMERLINGH ONNES und TUYN (*66*) berechneten Werten diejenigen von MEISSNER und VOIGT (*67*) gegenüber.

$T =$	165,8°	122,8°	90,1°	88,9°	20,4°	17,9°	14,6°	4,3°	4,2° K
$\frac{R_T}{R_0'}$ (K. O., TUYN)	0,5586	0,3982	0,2851	—	0,0490	0,0407	0,0295	0,00206	—
(M. u. V)	—	—	—	0,3259	0,0642	—	—	—	0,0020

Die Übereinstimmung ist nicht vollkommen: zum Teil kann dies an der Extrapolierung von R_0' liegen, dagegen wohl nicht mehr an Verunreinigungen; auch Hohlräume würden das Verhältnis der Zahlen nicht beeinflussen; die Unterschiede sind eher auf innere Spannungen, die beim Abkühlen im Glasrohr entstehen können und wahrscheinlich auch auf verschiedene Größe und Orientierung der Kristalle zurückzuführen.

Das Leitvermögen ist für die verschiedene Richtungen verschieden, wie aus folgenden Zahlen von SCKELL (*68*) hervorgeht.

$$t = -45{,}5°, \quad \varrho_{\parallel} = 17{,}75 \cdot 10^{-6}, \quad \varrho_{\perp} = 23{,}49 \cdot 10^{-6}.$$

Diese Zahlen sind etwas zu hoch wegen der Vernachlässigung der Ausdehnung, wie später von GRÜNEISEN und SCKELL (*69*) berechnet wurde.

Die Autoren geben noch an:

$$t = -187{,}5°, \quad \varrho_{\parallel} = 5{,}57 \cdot 10^{-6}, \quad \varrho_{\perp} = 7{,}37 \cdot 10^{-6}.$$

Bei 4,17° K wird Quecksilber supraleitend (*56*): diese Temperatur ist nur um 0,01° von der ursprünglich von KAMERLINGH ONNES und HOLST angegebenen verschieden.

Magnetische Eigenschaften. Die Suszeptibilität ist vor kurzem von BATES und BAKER (*2*) gemessen worden; von VOGT (*70*) mit $\chi_{20} = -0{,}1680 \cdot 10^{-6}$ angegeben, finden sie bei höheren Temperaturen

$t =$ 20°	42°	75°	110,5°	196°	187,5° C
$-\chi \cdot 10^6 =$ 0,1680	0,1668	0,1656	0,1653	0,1639	0,1637

Kleine Mengen Sauerstoff sollen die Ursache einer Diskontinuität bei $\sim$100° sein: sie verschwindet nach dem Auskochen in Vakuum.

Einen etwas höheren Wert $\chi = -0{,}170 \cdot 10^{-6}$ gibt VINKATURAMIAH (*71*). VOGT (*72*) hat auch Messungen an Einkristallen ausgeführt und dabei eine kleine Richtungsabhängigkeit gefunden.

$$\chi_{\parallel} = -0{,}112 \cdot 10^{-6}, \quad \chi_{\perp} = -0{,}121 \cdot 10^{-6} \quad (t = -183°).$$

Auch OWEN (*73*) hatte schon gefunden, daß die Suszeptibilität beim Festwerden abnimmt und dann mit abnehmender Temperatur noch weiter sinkt. SHIMIZU (*74*) gibt folgende Zahlen an:

$t =$ 18°	3°	−32°	−38°	−39°	−40°	−60°	−100°	−140°	−180°
$\chi \cdot 10^6 =$ 0,1851	0,1850	0,1845	0,1651	0,1435	0,1251	0,1250	0,1245	0,1240	0,1235

Die Werte bei —38° und —39° sind deshalb merkwürdig, weil hier noch oberhalb des Schmelzpunktes eine Veränderung einzutreten scheint.

Von SCHUBNIKOW und Mitarbeitern (*75*) wurde gefunden, daß beim Einschalten des magnetischen Feldes unterhalb des Sprungpunktes zunächst gar keine Magnetisierung eintritt, die dann bei einer bestimmten Feldstärke plötzlich auftritt und normale Werte erreicht.

Photoelektrischer Effekt. Die langwellige Grenze des photoelektrischen Effektes ist von verschiedenen Forschern gemessen worden. HALES (*76*) findet an fließendem und ruhendem Quecksilber denselben Wert $\lambda = 2735$ Å ± 10 Å; DUNN (*78*) gibt 2735 bis 2750 Å an, ROLLER (*77*) findet bei Zimmertemperatur 2735 Å, von —190° bis —39° $\lambda = 2750 \pm 25$ Å.

Für die Austrittsarbeit findet man daraus beim flüssigen Metall

$$\varphi_{\text{fl.}} = 4{,}51 \pm 0{,}02\,\text{eV},$$

für das feste Metall

$$\varphi_{\text{fest}} = 4{,}49 \pm 0{,}04\,\text{eV}.$$

Optische Eigenschaften. Man kann die immer noch etwas schwankenden Angaben über die optischen Eigenschaften am besten zusammenfassen, wenn man sagt, daß das Reflexionsvermögen von 0,58 bei 2570 Å bis 0,78 bei 6690 Å ansteigt. In demselben Gebiet steigt der Absorptionskoeffizient von 1,79 auf 5,61, der Brechungsindex von 0,608 auf 2,25 (*24*).

Mechanische Eigenschaften. GRÜNEISEN und SCKELL (*81*) haben bei —190° die sechs Hauptelastizitätsmoduln messen können. Es werden angegeben

$$S_{11} = 15{,}4 \qquad S_{33} = 4{,}5 \qquad S_{44} = 15{,}1$$
$$S_{12} = -11{,}9 \qquad S_{13} = -2{,}1 \qquad S_{14} = -10\,,$$

alles in 10^{-12} cm²/dyn.

Quecksilbereinkristalle sind bis —43° C (*79*) unter Zwillingbildung dehnbar. Es treten dabei bevorzugte Gleitebenen in Entfernungen von etwa 15000 Gitterabständen auf, die nach Angaben der Autoren nicht von Verunreinigungen herrühren können.

LANDER und HOWARD (*80*) finden, daß bei grobkristallinem Quecksilber das Belastung-Dehnungsdiagramm dem des Bleies sehr ähnlich ist.

Messungen der Viskosität in einem großen Temperaturgebiet sind ausgeführt worden von BRILLOUIN (*82*) und von DORSEY (*83*).

Wir geben hier folgende Daten wieder:

	$t =$	— 20°	0°	50°	100°	200°	300° C
BRILLOUIN . .	$10^3\,\eta =$	1,85	1,68	1,39	1,21	1,01	0,92
DORSEY . . .	$10^3\,\eta =$	—	1,697	—	1,223	1,015	0,928

Den Einfluß des Druckes auf die Viskosität hat BRIDGMAN (*84*) untersucht; bei 12000 Atm. hat die Viskosität um 30% zugenommen. Über die Frage, ob man am besten mit Glaskapillaren oder Kapillaren aus Kupfer arbeitet vgl. die Arbeit von SAUERWALD und RADECKER (*85*).

Literatur.

1. SCHLEEDE, A., FRIEDA GOLDSCHMIDT: Ber. dtsch. chem. Ges. Bd. 59 B (1926) S. 1629.
2. BATES, L. F., C. J. W. BAKER: Proc. phys. Soc., Lond. Bd. 50 (1938) S. 409.
3. ALSÉN, N., G. AMINOFF: Geol. Förening i Stockholm Förhandl. 1922 S. 124.
4. MEHL, R. T., CH. S. BARRETT: Amer. Inst. Min. Metal. Engng. Techn. Publ. Nr. 225 (1929).
5. MCKEEHAN, L. W., P. P. CIOFFI: Phys. Rev. (2) Bd. 19 (1922) S. 444.
6. HERMANN, C., M. RUHEMANN: Z. Kristallogr. Bd. 83 (1932) S. 136.
7. TERREY, H., C. M. WRIGHT: Phil. Mag. (7) Bd. 6 (1928) S. 1055.
8. NEUBURGER, M. C.: Z. Kristallogr. Bd. 93 (1936) S. 1.
9. SAUERWALD, F., W. TESKE: Z. anorg. allg. Chem. Bd. 210 (1933) S. 247.
10. KAKESITA, H.: Mem. Coll. Sci., Kyoto Imp. Univ. A Bd. 17 (1934) S. 241.
11. BRIDGMAN, P. W.: Physic. Rev. Bd. 48 (1935) S. 893.
12. SAPPER, A., W. BILTZ: Z. anorg. allg. Chem. Bd. 198 (1931) S. 184.
13. VICENTINO, G., D. OMODEI: Atti Accad. Torino Bd. 23 (1887) S. 38.
14. CHAPPUIS, P.: Rec. Const. Physiques, S. 139. Paris 1913.
15. ENDO, H.: Sci. Rep. Tôhoku Univ. (I) Bd. 13 (1925) S. 193.
16. MALLET, J. W.: Proc. roy. Soc. Lond., Bd. 26 (1877) S. 77.
17. CARPENTER, L. G., F. A. OAKLEY: Phil. Mag. (7) Bd. 12 (1931) S. 511.
18. HILL, P. M.: Phys. Rev. (2) Bd. 48 (1935) S. 474, 620.
19. REGNAULT, W. V.: Mem. Acad. Sci. Paris Bd. 21 (1847) S. 271.
20. CALLENDAR, H. L., H. MOSS: Proc. roy. Soc., Lond. Bd. 84 (1911) S. 595.
21. THIESSEN, M., K. SCHEEL, L. SELL: Abh. phys.-techn. Reichsanst. Bd. 2 (1895) S. 73.
22. BATUECAS, T., F. L. COSADO: J. Chim. Phys. Bd. 33 (1936) S. 41.
23. MELLOR, J. W.: Compreh. Treatise inorg. Chem. Bd. 4 (1923) S. 713.
24. LANDOLT-BÖRNSTEIN: Phys.-Chem. Tabellen, Hauptwerk (1923) S. 76; Erg.-Bd. 1 (1927) S. 12.
25. PASCAL, P.: Traité de Chimie minérale Bd. 8 (1933) S. 798.
26. BRIDGMAN, P. W.: Proc. Amer. Acad. Arts a. Sci. Bd. 47 (1911) S. 347.
27. LEWIS, W. C. MCC.: Z. phys. Chem. Bd. 79 (1912) S. 185.
28. JAERVINEN, K. K.: Z. physik. Chem. Bd. 109 (1924) S. 275.
29. BRIDGMAN, P. W.: Phys. Rev. (2) Bd. 48 (1935) S. 893.
30. EGERTON, A. C.: Phil. Mag. (6) Bd. 33 (1917) S. 33.
31. SMITS, A., J. J. MULLER: Z. phys. Chem. Abt. B Bd. 36 (1937) S. 288.
32. NEUMANN, K., E. VÖLKER: Z. phys. Chem. Abt. A. Bd. 161 (1932) S. 40.
33. NERNST, W.: Z. Elektrochem. Bd. 22 (1916) S. 237.
34. CAILLETET, L. P., E. COLARDEAU, A. RIVIÈRE: C. R. Acad. Sci., Paris Bd. 130 (1900) S. 1591.
35. BERNHARDT, F.: Phys. Z. Bd. 26 (1925) S. 265.
36. BENDER, J.: Phys. Z. Bd. 16 (1915) S. 246; Bd. 19 (1918) S. 410.
37. VAN LAAR, J. J.: Z. anorg. Chem. Bd. 171 (1928) S. 42, 267, 282.
38. SAYCE, L. A., H. V. A. BRISCOE: J. chem. Soc. Bd. 129 (1926) S. 957.
39. HAGEMANN, W.: Diss. Freiburg i. Br. 1914.
40. HOGNESS, T. R.: J. Amer. chem. Soc. Bd. 43 (1921) S. 1621.
41. KAMERLINGH ONNES, H., G. HOLST: Comm. Leiden Nr. 142 C.
42. SIMON, F.: Ann. Phys. Lpz. Bd. 68 (1922) S. 261.
43. SIMON, F.: Z. phys. Chem. Bd. 107 (1923) S. 280.
44. POLLITZER, F.: Z. Eletrochem. Bd. 17 (1911) S. 5; Bd. 19 (1913) S. 513.
45. CARPENTER, L. G., L. G. STOODLEY: Phil. Mag. (7) Bd. 10 (1930) S. 249.
46. CARPENTER, L. G., F. H. OAKLEY: Phil. Mag. (7) Bd. 12 (1931) S. 511.

47. WINKELMANN, A.: Ann. Phys., Lpz. Bd. 149 (1873) S. 1.
48. NACCARI, A.: J. Phys. Bd. 8 (1889) S. 612.
49. MILTHALER, J.: Wiedemanns Ann. Bd. 36 (1889) S. 897.
50. BARNES, H. T., H. L. COOKE, Phys. Rev. Bd. 16 (1903) S. 65.
51. BARNES, H. T.: Proc. Trans. roy. Soc. Canada Bd. 3, III (1909) S. 111.
52. RUSSELL, A. S.: Phys. Z. Bd. 13 (1912) S. 59.
53. DIXON, A. L., W. H. RODEBUSH: J. Amer. chem. Soc. Bd. 49 (1927) S. 1167.
54. LUSSANA, S.: Nuovo Cim. (6) Bd. 4 (1912) S. 207.
55. GEHLHOFF, G. u. F. NEUMEIER: Verh. dtsch. phys. Ges. Bd. 21 (1919) S. 201.
56. HAAS, W. J. DE, H. BREMMER: Physica, Haag (2) Bd. 3 (1936) S. 697.
57. REDDEMANN, H.: Ann. Phys., Lpz. (5) Bd. 14 (1932) S. 139.
58. HAAS, W. J. DE, TH. BIERMASZ: Comm. Leiden Nr. 82b.
59. BRAUNBEK, W.: Z. Phys. Bd. 80 (1933) S. 137.
60. BIRCH, F.: Phys. Rev. (2) Bd. 41 (1932) S. 641.
61. DORN, E.: Abh. phys.-techn. Reichsanst. Bd. 2 (1895) S. 1257.
62. JÄGER, W., H. VON STEINWEHR: Ann. Phys., Lpz. (4), Bd. 43 (1914) S. 1165; (4) Bd. 45 (1914) S. 1089.
63. BALTRUSZAJTIS, A.: Bull. Acad. Sci. Cracovie A 1912, S. 888.
64. BRIDGMAN, P. W.: Proc. Amer. Acad. Arts a. Sci. Bd. 47 (1912) S. 345, 829.
65. KAMERLINGH ONNES, H., CLAY: Versl. Kon. Acad. Amsterdam Bd. 16 (1907) S. 196; Bd. 17 (1908) S. 95.
66. KAMERLINGH ONNES H., W. TUYN: Comm. Leiden, Suppl. Nr. 58 (1926).
67. MEISSNER, W., B. VOIGT: Ann. Phys., Lpz. (5) Bd. 7 (1930) S. 761.
68. SCKELL, O.: Ann. Phys., Lpz. Bd. 6 (1930) S. 932.
69. GRÜNEISEN, E., O. SCKELL: Ann. Phys., Lpz. (5) Bd. 19 (1934) S. 387.
70. VOGT, E.: Ann. Phys., Lpz. (9) Bd. 14 (1932) S. 8.
71. VINKATURAMIAH, H. S.: Proc. Ind. Acad. Sci., Sect. A Bd. 5 (1937) S. 532.
72. VOGT, E.: Ann. Phys., Lpz. (5) Bd. 21 (1934) S. 791.
73. OWEN, M.: Ann. Phys., Lpz. (4) Bd. 37 (1912) S. 692.
74. SHIMIZU, Y.: Sci. Rep. Tôhoku Univ. (1) Bd. 25 (1936) S. 931.
75. SCHUBNIKOW, L. W., W. I. CHOTKEWITSCH, J. D. SCHEPELEW, J. N. RJABININ: Phys. Z. Sowj. Bd. 10 (1936) S. 165.
76. HALES, W. B.: Phys. Rev. (2) Bd. 32 (1928) S. 950.
77. ROLLER, D.: Phys. Rev. (2) Bd. 35 (1930) S. 122.
78. DUNN, H. K.: Phys. Rev. (2) Bd. 29 (1927) S. 693.
79. ANDRADE, E. N. DA C., P. J. HUTCHINSON: Proc. roy. Soc., Lond. A Bd. 148 (1935) S. 120.
80. LANDER, C. H., J. V. HOWARD: Proc. roy. Soc., Lond. A Bd. 156 (1936) S. 411.
81. GRÜNEISEN, E., O. SCKELL: Ann. Phys., Lpz. (5) Bd. 19 (1934) S. 387.
82. BRILLOUIN, L.: Rec. constantes physiques, S. 107. Paris 1913.
83. DORSEY, N. E.: Intern. critic. Tables V (1928) S. 7.
84. BRIDGMAN, P. W.: Proc. Amer. Acad. Arts a. Sci. Bd. 62 (1927) S. 187.
85. SAUERWALD, F., W. RADECKER: Z. Phys. Bd. 54 (1929) S. 844.

XI. Dritte Nebengruppe des periodischen Systems.

Nach der HUME-ROTHERYschen Regel sollten die Metalle der dritten Nebenreihe nach dem bei der 2. Nebengruppe Gesagten im festen Zustand so gebaut sein, daß jedes Atom 5 Nachbarn hat. Dies stimmt hier aber nicht. Das Gallium hat eine sehr komplizierte rhombische Struktur, Indium ist tetragonal raumzentriert und beim Thallium ist die Struktur der beiden Modifikationen eine dichtestgepackte hexagonale bzw. kubische. Vielleicht daß aus geometrischen Gründen die Koordinationszahl 5 nicht zustande kommen kann.

57. Gallium.

(Atomgewicht 69,72.)

Mit 1 Abbildung.

a) Vorkommen, Herstellung und Reinigung.

Das Element Nr. 31, das 1875 von LECOQ DE BOISBAUDRAN in einer Zinkblende aus Pierrefitte entdeckt wurde, zeigt vorwiegend chalcophilen Charakter (*1*). Von den zahlreichen Vorkommen seien hier nur diejenigen erwähnt, die für die technische Darstellung und Reinigung des Galliums von Interesse sind. Nähere Angaben über Geochemie, Häufigkeit und Vorkommen, insbesonders auch über die lithophile Verbreitung (*1*), können aus dem Originalschrifttum und den zusammenfassenden Darstellungen über Gallium ersehen werden (*2*).

Die Gewinnung des Galliums aus Zinkblende hat heute wohl nur noch historisches Interesse. Aus *Germanit*, dem einzigen Mineral, das Gallium in größeren Mengen enthält (durchschnittlich 0,8% Ga), wird es nach verschiedenen Verfahren gewonnen. Gewöhnlich wird Germanium, das als Hauptprodukt aus Germanit gewonnen wird (vgl. diesen Abschnitt), als $GeCl_4$ abdestilliert, worauf die Metalle der Kupfergruppe mit H_2S, Schwefelsäure als $BaSO_4$ gefällt werden und im Filtrat Gallium als Galliumferrocyanid mit $K_4Fe(CN)_6$ abgeschieden wird. Es folgt Schmelzen mit Ätzalkali, Ausfällen als Galliumhydroxyd und Verglühen zu Oxyd. Das Metall wird durch Elektrolyse aus wässeriger alkalischer Lösung gewonnen. Nach diesem Verfahren arbeiten SMEATH THOMAS und PUGH, ferner KEIL u. a. (*3*). Grundsätzlich anders arbeiten BERG und KEIL (*4*), die Gallium nach Trennung von Germanium aus dem wässerigen stark mit HCl unter Zugabe von H_2O_2 angesäuertem Auszug des Rückstandes solange mit Äther schütteln, bis keine Gelbfärbung mehr sichtbar ist (vgl. auch Germanium, S. 282). Nach Abdampfen des Äthers wird der Rückstand in Wasser gelöst und Eisen mit NaOH abgeschieden, worauf im Filtrat nach Ansäuern Galliumhydroxyd gefällt, zu Oxyd verglüht und elektrolysiert wird. Die Ausbeute bei diesem Verfahren ist sehr gut.

Die beste Ausbeute wird nach einem Verfahren von SEBBA und PUGH (*5*) erhalten, das gleichzeitig den Vorteil besitzt, die langwierige Trennung von den Schwermetällen zu umgehen und Gallium und Germanium in einem Arbeitsgang zu konzentrieren. Da Germanit ein sulfidisches Mineral ist, in dem Germanium wahrscheinlich als Thiogermanat auftritt, und beide Metalle lösliche Alkalisalze bilden, wenden

Verfasser Alkaliextraktion des feinstgemahlenen Germanits an. Das Filtrat, das Germanium, Arsen und etwas Molybdän als Thiosalze sowie Gallium enthält, wird teilweise mit H_2SO_4 neutralisiert, worauf die Sulfide mit HNO_3 oxydiert werden. Nachdem As_2S_3 und S abfiltriert werden, wird Gallium vollständig durch Neutralisation ausgefällt, wobei $^2/_3$ des Germaniums als Oxydhydrat mit ausfallen. Der Ge-Ga-Niederschlag wird mit H_2SO_4 dehydriert, das unlösliche GeO_2 wird mit dem im Filtrat nach der Neutralisation verbliebenen vereinigt und kann weiter verarbeitet werden. Im Filtrat befindet sich Gallium als Sulfat mit etwas As und Mo und Spuren von Ge, Pb und W. Durch Alkali, das einen Überschuß an Na_2S enthält, und Ansäuern mit HCl werden As, W und Mo fast vollständig gefällt. Gallium wird als Hydroxyd gefällt, die letzten Verunreinigungen können auch noch entfernt werden.

Die Darstellung von Gallium aus Lepidolith, Zinkoxyd, zinkhaltigen Bleirückständen, sei hier nur erwähnt. In letzter Zeit sind einige Rohstoffquellen gefunden worden, aus denen Gallium in größerem Maßstabe gewonnen werden kann und auch gewonnen wird. Es sind dies die Vorkommen in Kohlen und Flugstauben, die durch die Arbeiten von GOLDSCHMIDT untersucht (*6*) und durch MORGAN (*7*) nutzbar gemacht werden, ferner als wichtige Quelle die Alkalialuminatlösungen des Bayer-Verfahrens zur Herstellung von Tonerde (*8*) (über die kristallchemische Verwandtschaft zwischen Aluminium und Gallium vgl. später) und schließlich als wichtigstes Vorkommen, das zur technischen Gewinnung des Gallium geführt hat, Rückstände aus der Verhüttung des Mansfelder Kupferschiefers. Das Verfahren, nach dem neben Gallium auch Rhenium gewonnen wird (vgl. Abschnitt Rhenium, S. 296), wird nach dem Verfahren von FEIT (*9*) von den Kaliwerken Aschersleben in Leopoldshall ausgeübt. Ihm ist es zu verdanken, daß der Preis des Metalls auf RM 10.— je g, d. i. auf ungefähr $^1/_{20}$ des früheren Preises gesunken ist. Wegen der technischen Durchführung des Verfahrens, das zu einem Verunreinigungen nur in Spuren enthaltenden Metall führt, sei auf (*9*) und (*2*) verwiesen.

Elektrolyse und Reinigung. Die Verfahren der elektrolytischen Abscheidung von Gallium arbeiten teils mit schwach schwefelsaurer, teils mit alkalischer Lösung. Von der großen Zahl von Arbeiten, die seit den ersten Untersuchungen von LECOQ DE BOISBAUDRAN sich mit der Elektrolyse galliumhaltiger Lösungen beschäftigen, sei nur auf eine der letzten eingegangen, die den Vorteil hat, zu einem fast spektroskopisch reinen Metall zu gelangen, ohne daß eines der zahlreichen zeitraubenden und umständlichen Reinigungsverfahren angewendet zu werden braucht. SEBBA und PUGH [(*5*) S. 1373] gehen dabei von ihrem in größeren Mengen aus Germanit dargestellten Hydroxyd aus, das in möglichst geringem Überschuß gesättigter NaOH-Lösung gelöst, auf 150 cm^3 verdünnt und bei $>30°$ C, 1 A und 3 bis 4 V unter Verwendung von Pt-Kathoden elektrolysiert wird. Das abgeschiedene

Gallium schmilzt und bleibt kathodisch. Das abgeschiedene Metall ist Al- und auch Na-frei, es enthält nur noch geringe Mengen von Pb, Sn und Pt, die durch Wässern mit HCl und etwas HNO_3 entfernt werden. Nach einmaliger fraktionierter Kristallisation wurden kleine Mengen der beiden äußeren und mittleren Fraktionen in Oxyd umgewandelt und spektralanalytisch untersucht. Sie zeigten alle vier als einzige Verunreinigung eine spektroskopisch gerade noch wahrnehmbare Spur von Eisen.

Die verschiedenen Reinigungsverfahren beruhen teils auf wiederholter Ätherextraktion der HCl-sauren Lösung und auf H_2S-Fällung, Fällung des Gallium als Hydroxyd und Elektrolyse, teils auf oftmals wiederholter fraktionierter Kristallisation.

b) Stellung im periodischen System und kristallchemische Eigenschaften.

Gallium steht in der 3. Nebengruppe des periodischen Systems zwischen Aluminium und Indium bzw. in der Horizontalreihe zwischen Zink und Germanium. Charakteristisch für Gallium ist seine große kristallchemische Ähnlichkeit mit Aluminium. GOLDSCHMIDT (*10*) gezeigt hat, ist Gallium ein ständiger Begleiter des Aluminiums, es gibt kein Aluminiummineral und kaum eine Aluminiumsorte, die nicht getarntes Gallium enthält. Eine spektralanalytische Untersuchung verschiedener Al-Proben (*11*) hat tatsächlich nur in einem einzigen Fall einer Probe reinsten Aluminiums amerikanischer Herkunft Abwesenheit von Gallium ergeben. Auch das reinste von Alais, Froges und Camargue hergestellte Aluminium ist galliumfrei (vgl. S. 153). Von GOLDSCHMIDT wurde die Vermutung ausgesprochen, daß durch wechselnde Galliumgehalte die Eigenschaften von technischen Al-Legierungen beeinflußt werden könnten.

Ein Vergleich der Ionenradien (*14*) (Al: 0,57 Å, Ga: 0,62 Å) sowie der Ionisierungsspannungen (Al^{+++}: 28,32 V; Ga^{+++}: 30,58 V) gibt ein Maß für die kristallchemischen Eigenschaften der beiden Elemente. Größere Ähnlichkeiten bestehen auch im Kristallbau verschiedener Verbindungen von Aluminium und Gallium, sowie im chemischen Verhalten.

c) Physikalische Eigenschaften.

Kristallstruktur. Die Struktur wurde von LAVES (*12*) aufgeklärt, die Raumgruppe zu V_h^{18} bestimmt und die Punktkoordinaten und Parameter festgelegt. Durch spätere Präzisionsmessungen konnte von BRADLEY (*13*) durch Verwendung anderer Strahlung gezeigt werden, daß sich die von LAVES als innerhalb der Fehlergrenzen gleich angegebenen *a*- und *b*-Achsen in Wirklichkeit um 6 Einheiten der dritten Dezimalen unterscheiden. Auch die von LAVES nur auf 2 Dezimalen angegebenen Atomkoordinaten wurden von BRADLEY mit 3 Dezimalen angegeben. Die Gitterparameter betragen nach BRADLEY:

$$a = 4{,}5167 \pm 0{,}0001\,;\; b = 4{,}5107 \pm 0{,}0001\,;\; c = 7{,}6448 \pm 0{,}0002.$$

Für die Dichte berechnet man aus diesen Daten: $5{,}92_5$. RICHARDS und BOYER (*15*) fanden beim Schmelzpunkt (= 29,75° C) den Wert: 5,9037. Die Übereinstimmung ist befriedigend. Die Dichte des flüssigen Metalls ist gerade oberhalb des Schmelzpunktes nach EINECKE (*2*): 6,0947.

Polymorphie des Galliums konnte nur unter Einwirkung hoher hydrostatischer Drucke beobachtet werden. Nach (*16*) tritt zwischen Drucken von 12000 und 50000 kg/cm² eine Modifikationsänderung ein.

Von den zahlreichen *Schmelzpunkts*bestimmungen ergab eine an 99,999%igem Metall von ROESER und HOFFMAN (*17*) ausgeführte den Wert von 29,780 ± 0,005° C. Die beiden Verfasser beobachteten starke Neigung zur Unterkühlung, die Gegenwart von Oxyd beeinflußt den Schmelzpunkt nicht. Die Schmelzdruckkurve wurde von BRIDGMAN (*16*) bis zu 12000 kg/cm² gemessen. Bei diesem Druck beträgt der Schmelzpunkt 2,5° C. Der Siedepunkt liegt wahrscheinlich zwischen 2300 und 2400° K (*18*).

KELLEY (*19*) gibt folgende Dampfdruckgleichung an:

$$\log p = -16280/T - 1{,}27 \log T + 11{,}242 \quad (p \text{ in Atm.}),$$

woraus der Siedepunkt folgt: 2344° K.

Ausdehnungskoeffizient. Als Mittelwert aus den am besten übereinstimmenden Zahlen der früheren Autoren (*20, 21*) können wir mit EINECKE (*2*) nehmen:

$$\gamma = 54 \pm 5 \cdot 10^{-6}.$$

HOATHER (*22*) hat den Ausdehnungskoeffizienten des flüssigen Metalls bei verschiedenen Temperaturen bestimmt.

Diese Größe sinkt von $\gamma = 121{,}5 \cdot 10^{-6}$ bei 100° C regelmäßig auf $\gamma = 97{,}3 \cdot 10^{-6}$ bei 900° C.

Schmelzwärme. Aus der Druckabhängigkeit der Schmelztemperatur und dem Volumen des festen und flüssigen Galliums berechnet BRIDGMAN (*23*) für die Schmelzwärme: 18,3 cal/g bei einem Druck von 1 kg/cm²; dieser Wert stimmt ziemlich gut mit dem von ROTH und Mitarbeitern kalorimetrisch gemessenen

$$19{,}16 \pm 0{,}01 \text{ cal/g}$$

überein.

Spezifische Wärme. Die spezifische Wärme des festen und flüssigen Galliums ist in seinem Verlauf zwischen 100 und 293° K von ROTH und Mitarbeitern (*24*) dargestellt durch die Formel:

$$C_p = 5{,}491 + 0{,}00314_7\, T - 11644/T^2,$$

in guter Übereinstimmung mit den Werten von CLUSIUS und HARTECK (*25*), die C_p im Gebiet 15 bis 200° K gemessen haben. Für das Temperaturgebiet von 0 bis 24° C gilt:

$$C_p = 6{,}275 + 0{,}019\,(t - 16).$$

Für flüssiges Gallium geben ROTH und Mitarbeiter zwischen 21 und 100° den konstanten Wert:

$$C_p = 6{,}813 \pm 0{,}01 \quad (24)$$

an.

Elektrische Eigenschaften. Bei den elektrischen Eigenschaften des Galliums wäre vielleicht ein anormales Verhalten zu erwarten, weil das Gallium nicht mehr ein typisches Metallgitter hat. Ältere Messungen von GUNTZ und BRONIEWSKI (*26*) scheinen tatsächlich in dieser Richtung zu weisen.

Nach diesen Autoren würde dann festes Gallium bei etwa 20° C ein Maximum des Widerstandes zeigen. Messungen von BRIDGMAN (*23*) zeigen aber den Effekt nicht. Auch weiter sind zwischen beiden Reihenfolgen große Unterschiede zu finden, so ist der Wert des von BRIDGMAN gemessenen Widerstandes etwa 20% kleiner und überdies ist sein Temperaturkoeffizient der Leitfähigkeit ziemlich hoch.

Man bekommt also den Eindruck, daß GUNTZ und BRONIEWSKI mit einem unreinen Gallium gearbeitet haben, und daß die Abnahme des Widerstandes oberhalb 20° einem vorzeitigen Schmelzen zugeschrieben werden soll. Daß in diesem Fall der Widerstand sinkt, und nicht wie z. B. bei den Alkalimetallen, abnormal hoch ansteigt, findet eine einfache Erklärung darin, daß Gallium eines der wenigen Metalle ist, dessen Widerstand beim Schmelzpunkt abnimmt. Das hängt wohl damit zusammen, daß bei diesem Übergang das spezifische Volumen abnimmt.

Vorläufig kann man also die von BRIDGMAN am Schmelzpunkt gemessenen Werte für die elektrischen Eigenschaften als die besten ansehen:

$$\varrho_{\text{fest}} = 44{,}8 \cdot 10^{-6}, \quad \varrho_{\text{fl}} = 25{,}92 \cdot 10^{-6},$$
$$\alpha_{\text{fest}} = 396 \cdot 10^{-5}, \quad \alpha_{\text{fl}} = 81{,}5 \cdot 10^{-5}.$$

Für den Druckkoeffizienten des Widerstandes findet man entgegen den Erwartungen einen normalen negativen Wert; für Drücke bis zu 12000 kg/cm findet BRIDGMAN (*23*):

$$\text{bei} \quad 0°\,\text{C}: \ -2{,}5 \cdot 10^{-6},$$
$$\text{und bei} \quad 30°\,\text{C}: \ -5{,}6 \cdot 10^{-6}.$$

Supraleitfähigkeit. Der Widerstand bei tieferen Temperaturen ist von DE HAAS und VOOGD (*27*) untersucht worden. Sie fanden einen Restwiderstand von etwa 0,00030.

Gallium wird bei 1,07° K supraleitend (*27*). Für die Leitfähigkeit des Galliums im magnetischen Felde, vgl. die Arbeiten von DE HAAS und BLOM (*28*) und von KAPITZA (*29*).

Optische Eigenschaften. Die optische Konstanten für flüssiges Gallium sind von NATHANSON (*34*) neuerdings gemessen worden.

Bei verschiedenen Wellenlängen gibt er an:

λ in Å	Brechungsexponent n	Absorptionskoeffizient k	Reflexionsvermögen R in %
4348	0,63	7,1	88,8
5461	0,91	5,8	88,4
6709	1,09	5,4	88,6

Die Konstanten sind in der Größenordnung wie man sie bei den normalen Metallen findet: sie zeigen keine Anomalie wie z. B. beim Germanium.

Einer neueren Arbeit von LANGE (*35*) entnehmen wir folgende Daten, die an *festem* Gallium gewonnen wurden:

λ in mμ	n	k	R in %
589	3,69	5,43	71,3
436	1,26	3,94	75,6

Das Metall, dessen Reinheitsgrad nicht angegeben ist, wurde geschmolzen, zwischen Deckgläschen breitgedrückt und mit einem Galliumkristall geimpft, bis große spiegelnde Kristallflächen auftraten.

Magnetische Eigenschaften. Gallium ist diamagnetisch, die magnetische Suszeptibilität je Gramm ist von OWEN (*30*) bestimmt worden: $\chi_{18} = -0{,}244 \cdot 10^{-6}$, extrapoliert auf das Feld ∞. Beim Schmelzen tritt ein plötzlicher Abfall ein.

Photoelektrische Schwelle. Nach SCHULZE (*31*) ist der photoelektrische Schwellenwert 3000 Å, woraus die Elektronenaustrittsarbeit zu $\varphi = 4{,}11$ eV bestimmt wird.

Mechanische Eigenschaften. Die *Härte* des Galliums wurde von RYDBERG (*36*) und RICHARDS (*32*) bestimmt. Beide finden für die Mohshärte 1,5. EINECKE (*37*) kommt in einer eingehenden Untersuchung über die Härten von Gallium, Indium und Thallium für Gallium zu dem Wert $H \sim 2{,}5$. Auch die Sklerometerhärte nach MARTENS wurde von EINECKE bestimmt und in Beziehung gesetzt zu den Härten anderer Metalle.

Festigkeit und *Dehnung* wurden ebenfalls von EINECKE (*37*) untersucht. Er verwandte hierbei Einkristalle, die durch Einsaugen von geschmolzenem Gallium in Glasröhrchen und Impfen mit einem Einkristall hergestellt wurden. Die gedehnten Einkristalle zeigten dasselbe Bild, wie wir es von der Translation von Zinkeinkristallen aus den Arbeiten von MARK, POLANYI, SCHMID sowie SCHMID und Mitarbeitern gewohnt sind. In Abb. 1, die der Arbeit von EINECKE entnommen ist, sind die Spuren der Translationsebenen deutlich zu sehen. Die Zerreißfestigkeit und Dehnung schwankten je nach der Orientierung der Kristalle zwischen 200 und 380 kg/cm² und zwischen 2 und 40%. Die Translationselemente von Gallium wurden nicht bestimmt.

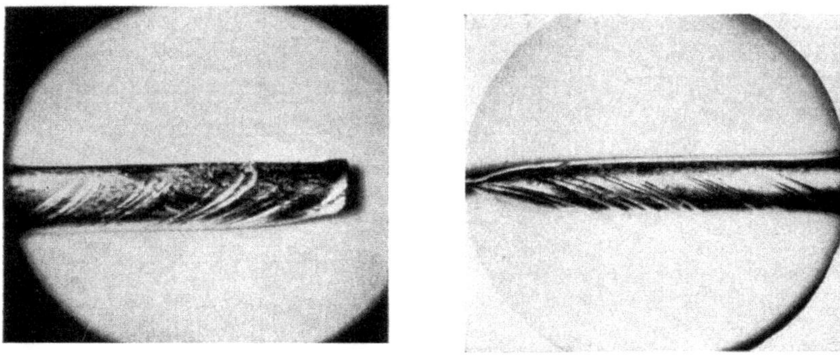

a b

Abb. 1 a und b. Gallium-Einkristalle.

Die **Viskosität** geschmolzenem Galliums zwischen seinem Schmelzpunkt und 1100° C wurde von SPELLS (*33*) gemessen. Die Werte stimmen innerhalb $\pm 4\%$ mit denen nach ANDRADEs Formel berechneten überein.

d) Chemische Eigenschaften.

Wie schon früher bemerkt, ähnelt Gallium in vielen Beziehungen dem Aluminium. Neben den kristallchemischen Eigenschaften ist es das Verhalten gegenüber verschiedenen Stoffen, das besondere Ähnlichkeit zeigt. Gegenüber Sauerstoff und Luft, sofern sie trocken sind, ist Gallium beständig, erst bei höheren Temperaturen verliert es seinen Glanz. Auch gegenüber Mineralsäuren ist es verhältnismäßig beständig und wird durch Schutzschichten passiviert. Die Wasserstoffentwicklung bei Einwirkung von verdünntem HCl wird erst in der Wärme stärker, auch HNO_3 verschiedener Konzentration wirkt erst in der Wärme. Durch Alkali entsteht Wasserstoffentwicklung, NH_3 bei hohen Temperaturen bzw. Wasserstoff bei ungefähr 150° bilden Nitrid bzw. Hydrid.

Ga-Legierungen haben, obwohl zahlreiche Untersuchungen vorliegen und besonders auf Ga-haltige Al-Mehrstofflegierungen Patente erteilt wurden, bis jetzt kaum praktische Bedeutung erlangt.

e) Verwendung.

Trotz zahlreicher Versuche und Vorschläge, von denen wir besonders diejenigen von KROLL nennen möchten, ist es bis heute noch nicht gelungen, Verwendungsmöglichkeiten zu finden, die eine stärkere Produktion, durch die zweifellos eine weitere Preissenkung erzielt werden kann, rechtfertigen würden. Am aussichtsreichsten ist heute eine Verwendung als Füllmaterial für Hochtemperaturthermometer aus Quarz.

Voraussetzung ist die Verwendung eines sehr reinen Metalls, das frei von Verunreinigungen ist, die Wandbenetzung hervorrufen. Da Gallium, wie oben bemerkt, Neigung zum Unterkühlen besitzt, so kann es auch noch bei Temperaturen unterhalb seines Erstarrungspunktes benutzt werden. Die obere Grenze liegt zwischen 900 und 1000° C. Aber auch diese Versuche sind zur Zeit wohl noch nicht über das Versuchs- und Prüfstadium hinausgewachsen.

Dasselbe gilt für seine Verwendung in Form niedrigschmelzender Legierungen als Amalgamersatz in der Zahnheilkunde, für die Verwendung in Metalldampflampen u. a. m.

Literatur.

1. GOLDSCHMIDT, V. M. u. CL. PETERS: Nachr. Ges. Wiss. Göttingen, Math.-phys. Kl. 1931, S. 165.
2. Vgl. bes. E. EINECKE: Das Gallium. Leipzig 1937 und GMELINS Handbuch der anorganischen Chemie, System.-Nr. 36: Gallium. Berlin 1936.
3. Literatur s. unter Germanium (9, 11).
4. BERG, R. u. W. KEIL: Z. anorg. allg. Chem. Bd. 209 (1932) S. 383.
5. SEBBA, F. u. W. PUGH: J. chem. Soc. Lond. (1937) S. 3171.
6. GOLDSCHMIDT, V. M. u. Cl. PETERS: Nachr. Ges. Wiss. Göttingen, Math.-phys. Kl. 1933, S. 371.
7. MORGAN, G. T.: Chem. & Ind. Bd. 56 (1937) S. 717.
8. GOLDSCHMIDT, V. M.: J. chem. Soc. Lond. (1937) S. 667.
9. FEIT, W.: Öst. Chem.-Ztg. Bd. 35 (1932) S. 137. — Angew. Chem. Bd. 46 (1933) S. 216.
10. GOLDSCHMIDT, V. M.: Geochem. Vert. Ges. d. Elemente, Nr. 7, Oslo 1925; Norsk. geol. Tidsskr. Bd. 12 (1931) S. 256; vgl. auch (6).
11. GERLACH, W. u. E. RIEDL: Ber. bayr. Akad. Wiss. 1933, S. 227.
12. LAVES, F.: Naturwiss. Bd. 20 (1932) S. 472. — Z. Kristallogr. Bd. 84 (1933) S. 256.
13. BRADLEY, A. J.: Z. Kristallogr. Bd. 91 (1935) S. 302.
14. PAULING, L.: J. Amer. chem. Soc. Bd. 49 (1927) S. 771.
15. RICHARDS T. W., S. BOYER: J. Amer. chem. Soc. Bd. 43 (1921) S. 285.
16. BRIDGMAN, P. W.: Phys. Rev. Bd. 48 (1935) S. 893.
17. ROESER, WM. F. u. J. I. HOFFMAN: J. Res. Nat. Bur. Stand. Bd. 13 (1934) S. 673.
18. HARTECK, P.: Z. phys. Chem. Abt. A Bd. 134 (1928) S. 9.
19. KELLEY, K. K.: Bull. Bur. Min. Bd. 383 (1935) S. 46.
20. RICHARDS, T. W., S. BOYER: J. Amer. chem. Soc. Bd. 43 (1921) S. 285.
21. KLEMM, W.: Z. anorg. allg. Chem. Bd. 198 (1931) S. 180.
22. HOATHER, W. H.: Proc. phys. Soc. Lond. Bd. 48 (1936) S. 706.
23. BRIDGMAN, P. W.: Proc. Amer. Acad. Arts a. Sci. Bd. 56 (1921) S. 109, 139.
24. ROTH, W. A., I. MEYER, H. ZEUMER: Z. anorg. allg. Chem. Bd. 214 (1933) S. 313; Bd. 216 (1934) S. 303.
25. CLUSIUS, K., P. HARTECK: Z. phys. Chem. Abt. A Bd. 134 (1928) S. 257.
26. GUNTZ, A., W. BRONIEWSKI: C. R. Acad. Sci., Paris Bd. 147 (1909) S. 1476.
27. DE HAAS, J. W., J. VOOGD: Proc. roy. Acad. Amst. Bd. 34 (1931) S. 53.
28. DE HAAS, J. W., J. W. BLOM: Physica Haag (2) Bd. 1 (1934) S. 136, 465; (2) Bd. 2 (1935) S. 952.
29. KAPITZA, P.: Proc. roy. Soc. Lond. A. Bd. 123 (1929) S. 292.
30. OWEN, M.: Ann. Phys., Lpz. (4) Bd. 37 (1912) S. 664.

31. Schulze, R.: Z. Phys. Bd. 92 (1934) S. 214.
32. Richards, T. W., J. D. White: J. Amer. chem. Soc. Bd. 50 (1928) S. 3300.
33. Spells, K. E.: Proc. phys. Soc., Lond. Bd. 48 (1936) S. 299.
34. Nathanson, J. B.: Bull. Amer. phys. Soc. Bd. 11 (1936) S. 36.
35. Lange, H.: Z. Phys. Bd. 94 (1935) S. 650.
36. Rydberg, J. R.: Z. phys. Chem. Bd. 33 (1900) S. 353.
37. Einecke, E.: Z. anorg. allg. Chem. Bd. 238 (1938) S. 115.

58. Indium.

(Atomgewicht 114,76.)

Von **W. Grassmann**, Sachtleben A.G., Homberg-(Niederrhein).

a) Herstellung.

Die Herstellung reinen Indiums stößt auf erhebliche Schwierigkeiten, da verschiedene metallische Verunreinigungen bei allen Reinigungsverfahren hartnäckig beim Indium bleiben, so daß es erforderlich ist, verschiedene Verfahren hintereinanderzuschalten und mehrmals zu wiederholen. Grundsätzlich sind es dieselben Methoden, die auch bei der Gewinnung des Rohindiums Anwendung finden, von denen hier aber keine erschöpfende Darstellung gegeben werden soll. Gemeinsam ist fast allen Verfahren zur Herstellung reinen Indiums die wiederholte elektrolytische eventuell fraktionierte Abscheidung des Metalls. Vorher oder zwischendurch wird auf chemischem Wege eine Trennung von verunreinigenden Metallen erreicht. Da Indiumsulfid in starken Säuren löslich ist, lassen sich eine Reihe von Metallen durch Schwefelwasserstoff aus der salzsauren Lösung fällen, andere Metalle lassen sich durch Fällen des Indiumsulfids aus schwach saurer Lösung abtrennen. Durch wiederholte Fällung mit Ammoniak und Ammoniumchlorid können die Metalle entfernt werden, die wie Zn, Ni, Cd hierin löslich sind, während das Indium als Hydroxyd ausfällt. Schließlich lassen sich leicht Spuren von Zn und Cd im Vakuum bei hoher Temperatur verdampfen.

Die größten Schwierigkeiten bereitet die Abtrennung des Eisens, sie kann nicht in einem Arbeitsgang erreicht werden. Nach dem Verfahren von Thiel (*1*) wird sie durch mehrfache Fällung des Indiums mit Ammoniumhydrosulfit in der Hitze vorgenommen; doch ist auch diese Methode nicht zuverlässig und Thiel empfiehlt, nach der anschließenden elektrolytischen Abscheidung noch vorhandenes Eisen durch Fällung des Indiums mit Schwefelwasserstoff in schwach schwefelsaurer Lösung zu entfernen, wobei das Eisen in Lösung bleibt.

Mathers (*2*) extrahiert zunächst das Eisen aus der salzsauren konzentrierten und mit einem großen Überschuß von Kaliumrhodanid versetzten Indiumlösung mit Äther und wiederholt dann die fraktionierte Elektrolyse aus schwefelsaurer Lösung bis zur völligen Befreiung vom Eisen.

BAXTER und ALTER (*3*) stellten in einem Produkt von einem Reinheitsgrad von 99,99% spektrographisch noch Verunreinigungen von Pb und Sn neben Spuren von Zn, Cd, Sb, As, Ag und Cu fest. Nach zweimaliger Elektrolyse aus salzsaurer Lösung mit einer Indiumanode, die sich innerhalb eines Glasgefäßes befindet, um die kathodische Abscheidung des Indiums nicht durch den die Verunreinigungen enthaltenden Anodenschlamm zu beeinträchtigen, enthielt das Metall sehr viel weniger als 0,001% metallische Verunreinigungen.

b) Physikalische Eigenschaften.

Die Eigenschaften des Indiums sind schon weitgehend untersucht worden, und es ist bei dem zur Verfügung stehenden Raum im Rahmen dieser Abhandlung nicht möglich, erschöpfend alle bisher gefundenen Werte für die physikalischen Eigenschaften zu bringen. Eine umfassende Zusammenstellung findet sich in dem kürzlich erschienenen Band „Indium" von GMELINs Handbuch der anorganischen Chemie, in dem die Literatur bis 1936 erfaßt ist. Es kann daher hier nur auszugsweise auf verschiedene Eigenschaften hingewiesen und sollen die neuesten Zahlenwerte gebracht werden, in der Annahme, daß diese mit reinerem Indium bestimmt wurden, als es früher zur Verfügung stand; Angaben über den Reinheitsgrad des verwendeten Indiums finden sich leider nur in wenigen Fällen.

Kristallographische Eigenschaften. Indium kristallisiert im tetragonalen System. Nach PALACHE (*4*) werden die Formen (001), (100), (110), (111) beobachtet. Das Achsenverhältnis ergibt sich aus dem Flächenwinkel 56° 35′ zwischen (001) und (111) zu $\frac{c}{a} = 1{,}072$ (*4*), aus röntgenographischen Daten zu 1,077 (*5*). Die Kantenlängen der aus 4 Atomen bestehenden Elementarzellen betragen $a = 4{,}583$; $c = 4{,}936$ Å, die Röntgendichte 7,29 bei 22° C (*5*).

Die Gitterstruktur bleibt zwischen —25 und 141° C unverändert (*6*). Nach BRIDGMAN treten Andeutungen von Umwandlungen bei Drucken bis zu 45000 kg/cm² auf (*31*).

Der lineare *Ausdehnungs*koeffizient beträgt nach röntgenographischer Bestimmung $\delta_{\perp} = 56 \cdot 10^{-6}$, $\delta_{\parallel} = 13 \cdot 10^{-6}$ (*6*).

Mechanische Eigenschaften. Die neueren Angaben für die *Dichte* liegen zwischen $d_{20} = 7{,}282$ und 7,314 (*11*) (gemessen an 99,9%igem gehämmerten Indium), wobei die pyknometrisch gemessenen Werte mit den aus den röntgenographisch berechneten Daten ziemlich gut übereinstimmen. Merkwürdig ist auch hier wieder die etwas zu hohe pyknometrische Dichte.

Das Indium ist weicher als Blei. Es läßt sich zu biegsamem Draht pressen und zu dünnen Blechen auswalzen. Untersuchungen über die Härte im Verhältnis zu derjenigen von Ga und Tl wurden in letzter

Zeit von EINECKE (*33*) ausgeführt. Der *Kompressibilitäts*koeffizient ist $2{,}55 \cdot 10^{-6}$ megabar^{-1} bei 25° C zwischen 100 und 500 megabar (*8*).

Thermische Eigenschaften. Über den *Siedepunkt* widersprechen sich die Angaben der Literatur. Er wird jedenfalls über 1450° C liegen (*9*). Der *Schmelzpunkt* wurde wiederholt übereinstimmend bestimmt und liegt bei einem Präparat mit weniger als 0,1% Cd bei 155° C (*10*). ROTH und Mitarbeiter fanden mit 156,4° (*11*) einen höheren Wert, was vielleicht auf eine größere Reinheit ihres Metalls zurückzuführen ist.

Die *Schmelzwärme* von Indium genannter Reinheit beträgt 6,8 cal/g oder 0,78 kcal/Grammatom (*11*).

Die mittlere *spezifische Wärme* zwischen 0° und 154,7° C ist durch den Ausdruck $c_p = 0{,}0569 + 0{,}000013\,(t - 18)$ cal/g gegeben (*12*).

Die *Wärmeleitfähigkeit* nimmt mit sinkender Temperatur zu und erreicht bei etwa 18° K ihr Maximum, um dann bei tiefsten Temperaturen wieder rasch zu fallen (*13*).

Magnetische Eigenschaften. Die diamagnetische *Suszeptibilität* wurde 1910 von HONDA (*14*) und 1912 von OWEN (*15*) an elektrolytisch dargestelltem Metall gemessen und für die Feldstärke $\mathfrak{H} = \infty$ bei einer Temperatur von 18° C gefunden: $\chi \cdot 10^{-6} = -0{,}10$ bzw. $= -0{,}11$. OWEN gibt einen Eisengehalt von 0,002‰ an. Während HONDA offenbar durch einen stärkeren Eisengehalt seines Indiums zu der Beobachtung kam, daß von 6000 Oersted ab mit abnehmender Feldstärke ein zunehmender Paramagnetismus auftritt, nimmt nach OWEN der Diamagnetismus mit steigender Feldstärke schwach zu. — Mit steigender Temperatur von —170° bis +150° C nimmt die Suszeptibilität erheblich ab.

Der HALL-Koeffizient wurde an einem Indiumblech in einem transversalen Magnetfeld von 17500 Oersted zu $-0{,}73 \cdot 10^{-4}$ elektromagnetischen CGS-Einheiten bei 24° C, der NERNST-Koeffizient zu $+32 \cdot 10^{-6}$ elektromagnetischen CGS-Einheiten bei 60° C bestimmt (*16*).

Elektrische Eigenschaften. Für den *spezifischen Widerstand* ist in den physikalisch-chemischen Tabellen von LANDOLT-BÖRNSTEIN als neuester Wert angegeben: $\varrho \cdot 10^6 = 9\,\Omega \cdot$ cm, gemessen bei 20° C (*17*), $\varrho \cdot 10^6 = 29$ bei 155° C (flüssig) (*18*). Den mittleren Temperaturkoeffizient zwischen 0 und 100° C berechnete BRIDGMAN nach Messungen an außerordentlich reinem Indium: $\alpha = 490{,}4 \cdot 10^{-5}$ (*19*). Er ist verhältnismäßig unabhängig vom Druck.

Der Restwiderstand ist nach MEISSNER, FRANZ und WESTERHOFF 0,00075 (*32*).

Bei tiefsten Temperaturen wird Indium *supraleitend*. Der „Sprungpunkt" liegt bei 3,38° K (20). Die Verschiebung des Sprungpunktes nach niederen Temperaturen mit zunehmendem Druck ist nur gering.

c) Anwendung.

Reines Indium hat, wie Indium überhaupt, eine eigentliche Verwendung noch nicht gefunden. Es dürfte aber doch von Interesse sein, einen Überblick über die Verwendungsmöglichkeiten zu geben, die für dieses seltene Metall bisher gefunden worden sind.

Sein niedriger Schmelz- und hoher Siedepunkt läßt es geeignet erscheinen als Füllmasse von Thermometern zum Messen von hohen Temperaturen, besonders in Legierungen z. B. mit Sn und Ga (*21*).

Auf der verhältnismäßig großen Beständigkeit seiner gänzenden Oberfläche beruht die Möglichkeit, Silber und Legierungen des Silbers korrosionsbeständig zu machen und das Anlaufen zu verhindern. Zu diesem Zweck wird das Silber mit Indium legiert oder mit einem Überzug von Indium versehen (*22*).

Auf Grund seiner großen Duktilität und geeigneter elektrischer Eigenschaften läßt es sich zu Fäden ausziehen, die Verwendung finden können für Widerstandsthermometer, Thermoelemente, Galvanometer und Haarkreuze für Teleskopobjektive (*23*).

Da es alle Farben des Spektrums wiedergibt ist es auch geeignet zur Verfertigung von Spiegeln und Reflektoren (*24*).

Schließlich sind eine Reihe praktisch brauchbarer *Legierungen* gefunden worden. So hat sich gezeigt, daß Legierungen mit Cu oder Ni durch eine geeignete Wärmebehandlung aushärtbar werden (*25*), und es sollen sich aus solchen Legierungen sehr harte, anlaufbeständige Küchengeräte herstellen lassen (*26*). Indiumamalgame (*27*) und Legierungen mit Cu, Au, Pd (*28*) können für zahntechnische Zwecke Verwendung finden. Als Lagermetall wird eine Legierung von As, Sb, Sn, Pb mit 0,5 bis 3,5% Indium empfohlen (*29*), oder nach amerikanischen Arbeiten (*34, 35*) wird das Lagermetall, das z. B. aus Cadmium mit kleinen Zusätzen von Silber, Kupfer und Nickel bestehen kann, galvanisch mit Indium plattiert und durch Erhitzen ein Hineindiffundieren des Indiums in die Legierung bewirkt. Durch einen Indiumzusatz von 0,2—0,4% wird die Korrosionsbeständigkeit des Lagermetalls gegen saure Schmiermittel erheblich erhöht. Eine Legierung mit besonders niedrigem Schmelzpunkt läßt sich durch einen geringen Zusatz von Indium zu einer Legierung Bi, Cd, Sn, Pb gewinnen (*30*).

Literatur.

1. THIEL, A.: Z. anorg. allg. Chem. Bd. 40 (1904) S. 290.
2. MATHERS, F. C.: Ber. dtsch. chem. Ges. Bd. 40 (1907) S. 1224. — J. Amer. chem. Soc. Bd. 29 (1907) S. 485.
3. BAXTER, G. P., C. M. ALTER: J. Amer. chem. Soc. Bd. 55 (1933) S. 1943.
4. PALACHE, C.: Amer. Mineral. Bd. 19 (1934) S. 205.
5. ZINTL, E., S. NEUMAYR: Z. Elektrochem. Bd. 39 (1933) S. 83.
6. FREVEL, L. K., E. OTT: J. Amer. chem. Soc. Bd. 57 (1935) S. 228.
7. EDWARDS, C. A.: Engineering Bd. 106 (1918) S. 288. — J. Met. Bd. 20 Nr. 2 (1918) S. 87.
8. RICHARDS, T.W., J. D. WHITE: J. Amer. chem. Soc. Bd. 50 (1928) S. 3299.
9. MOTT, W. R.: Trans. Amer. electrochem. Soc. Bd. 34 (1918) S. 287. — THIEL, A.: Z. anorg. allg. Chem. Bd. 40 (1904) S. 322.

10. WEIBKE, F., H. EGGERS: Z. anorg. allg. Chem. Bd. 220 (1934) S. 290. — GRUBE, G., W. WOLF: Z. Elektrochem. Bd. 41 (1935) S. 679. — THIEL, A.: l. c. S. 321. — Ber. dtsch. chem. Ges. Bd. 37 (1904) S. 175. — MOTT, W. R.: l. c.
11. ROTH, W. A., I. MEYER, H. ZEUMER: Z. anorg. allg. Chem. Bd. 214 (1933) S. 316.
12. ROTH, W. A.: l. c. S. 315.
13. DE HAAS, W. J., H. BREMMER: Proc. Acad. Sci., Amst. Bd. 35 (1932) S. 132.
14. HONDA, K.: Ann. Phys., Lpz. (4) Bd. 32 (1910) S. 1044, 1057, 1060.
15. OWEN, M.: Ann. Phys., Lpz. (4) Bd. 37 (1912) S. 664, 692, 695, 698. — Acad. Amst. Versl. Bd. 20 (1911/12) S. 679.
16. SMITH, A. W.: Phys. Rev. (2) Bd. 8 (1916) S. 80. — SMITH, A. W., L. L. CAMPBELL: Internat. crit. Tables, Bd. 6 (1929) S. 416, 420.
17. MURRAY, W. S.: Industr. Engng. Chem. Bd. 24 (1932) S. 686.
18. MURRAY, W. S.: l. c.; s. a. Internat. crit. Tables, Bd. 1 (1926) S. 103.
19. BRIDGMAN, P. W.: Pr. Amer. Acad. Sci., Bd. 64 (1928/30) S. 54.
20. GMELINs Handbuch der anorganischen Chemie, Indium, S. 40.
21. DRP. 453184; DRP. 454213; A.P. 1793303.
22. Fr.P. 699068; A.P. 1847941, 1849293, 1934730; Canad.P. 338197; Brit.P. 359014.
23. TAYLOR, G. F.: Phys. Rev. (2) Bd. 23 (1924) S. 655.
24. POHL, R., P. PRINGSHEIM: Verh. phys. Ges. (2) Bd. 14 (1912) S. 506. — Wiedemanns Ann., Beibl. Bd. 37 (1913) S. 185.
25. WEIBKE, F., I. PLEGER: Z. anorg. allg. Chem. Bd. 231 (1937) S. 197. — D.Pat.Anm. 100489 VI/40b.
26. A.P. 1960740.
27. A.P. 1959668.
28. A.P. 1965012, 1987451.
29. Brit.P. 283862.
30. Techn. Bl. Dtsch. Bergwerksztg. Bd. 26 (1936) S. 88.
31. BRIDGMAN, P. W.: Proc. Amer. Acad. Sci. Bd. 72 (1938) S. 220.
32. MEISSNER, W., H. FRANZ, H. WESTERHOFF: Ann. Phys., Lpz. (7) Bd. 1 (1930) S. 61.
33. EINECKE, E.: Z. anorg. allg. Chem. Bd. 238 (1938) S. 114.
34. Technologist Bd. 44 (1938) Nr. 1, S. 14.
35. Metals Technology Bd. 5 (1938) Nr. 3, Techn. Publ. 900, Inst. of Metals Div. Nr. 256.

59. Thallium.

(Atomgewicht 204,40.)

Von **K. LINS**, Sachtleben A.G., Homberg (Niederrhein).

a) Herstellung.

Es bietet keinerlei Schwierigkeiten, Thallium in sehr reinem Zustand herzustellen. Nach den weiter unten angegebenen Verfahren kann man das Metall sehr leicht mit einem Reinheitsgrad von über 99,95% gewinnen. Die restlichen 0,05% bestehen nach spektroskopischen Untersuchungen[1] zumeist aus Spuren von Blei. Wenn man durch Sauerstoff

[1] Ausgeführt von der „Sachtleben“ AG. für Bergbau und chemische Industrie, Köln a. Rh., Werk Homberg (Niederrhein).

stärker verunreinigte Produkte antrifft, was vereinzelt noch heute vorkommt, so ist dies auf einen unzweckmäßigen Transport des Metalls zurückzuführen. Da Thallium an der Luft sehr leicht oxydiert, ist es zur Verhinderung der Verunreinigung durch Sauerstoff notwendig, das Metall in einer Schutzschicht von Paraffin zu verpacken oder unter Glyzerin oder Petroleum aufzubewahren.

Reines Thallium kann nach PETAR (*1*) aus dem Flugstaub der Röstgase von Pyriten, nach HIRSCHEL (*2*) aus den bei der Lithoponefabrikation anfallenden Zinkschlämmen gewonnen werden. Beiden Verfahren liegt dieselbe Reinigungsmethode zugrunde: Aus der thalliumhaltigen Lauge wird mit Salzsäure das schwerlösliche Thallochlorid gefällt, das dann nach jeweiligem Lösen mit warmer verdünnter Schwefelsäure durch wiederholte Fällung mit Salzsäure gereinigt wird. Schließlich wird das Metall in reinem Zustand elektrolytisch abgeschieden. In der amerikanischen Patentliteratur (*3*) ist ein weiteres Verfahren zu finden, wonach Thallium durch Fällung als Chromat aus cadmiumreichen Laugen zu gewinnen ist. Eine sehr gute elektrolytische Abscheidungsmethode geben BROWN und GLYNN (*4*) an. Nach ihnen erhält man einen glatten, zusammenhängenden, sehr reinen Thalliumniederschlag, wenn man in einem Perchloratbad, dem Pepton als anodischer Depolarisator und Kresol als Zusatzstoff zugegeben ist, elektrolysiert. Neben der meist angewandten Reinigung über das Chlorid bzw. Chromat kann nach KÖLLIKER (*5*) das Thallium auch sehr gut über das Oxydul, das im Gegensatz zu den verunreinigenden Metallen bzw. ihren Oxyden in Wasser leicht löslich ist, gereinigt werden.

b) Physikalische Eigenschaften.

Kristallstruktur. Thallium ist polymorph; bei Raumtemperatur ist das Gitter hexagonal dichtgepackt (A-Typus); bei höherer Temperatur bildet sich ein flächenzentriertes kubisches Gitter (A-Typus).

Die Gitterkonstanten sind:

Hexagonales Thallium.

Autoren	*a* (Å)	*c* (Å)	*c*/*a*
LEVI (*6*)	3,47	5,52	1,59
ASAHARA (*7*)	$3{,}41_5$	$5{,}54_6$	$1{,}62_2$
SEKITO (*8*)	$3{,}45_0$	5,52	$1{,}60_0$
PERSSON u. Mitarbeiter (*9*) .	$3{,}44_9$	$5{,}53_1$	$1{,}59_6$

Die Schwankungen, die die älteren Werte zeigen, weisen wohl nicht auf unreine Präparate hin, sondern dürften darauf zurückzuführen sein, daß die Proben meist sehr grob kristallinisch sind, wodurch die Genauigkeit der Methode herabgesetzt wird.

Bezüglich der Verunreinigungen ist in erster Linie an Sauerstoff zu denken. Da aber Thallium auch durch bedeutende Mengen Sauerstoff nicht hart wird (s. unter mechanische Eigenschaften), ist das Oxyd wohl nicht als Mischkristall vorhanden und beeinflußt daher die Gitterkonstanten nicht.

Die hexagonale Struktur ist vielfach umstritten worden. Becker und Ebert schlossen auf Grund des anormalen Intensitätsverhältnisses der Linien auf eine tetragonale Struktur. Unveröffentlichte Messungen von van Arkel ergaben wohl die quadratische Form, die zu den heute angenommenen Gitterkonstanten paßt, nicht aber die passenden Intensitäten.

Nach Sekito (*8*) können diese Anomalien aber erklärt werden durch besondere Orientierung der Kristallite; damit verschwindet dann aller Zweifel an der Richtigkeit der angenommenen Struktur.

Als beste Werte für die Gitterkonstanten wählt Neuburger (*10*) diejenigen von Sekito (*8*), die als Dichte 11,84 liefern. Dieser Wert steht mit dem unmittelbar von Richards und Wilson (*11*) $d_{20} = 11{,}85$ gemessenen in bestem Einklang.

Merkwürdig ist, daß beim Thallium ein ganz typisches Metallgitter auftritt, während bei allen Nachbarelementen (Hg, Cd, In, Sn) mit Ausnahme des Bleis mehr oder weniger deutliche Abweichungen im Gitterbau auftreten.

Die bei höherer Temperatur stabile reguläre Modifikation zeigt die Gitterkonstanten $d_{20} = 4{,}842$ nach Persson und Westgren (*9*) und $d_{20} = 4{,}841$ nach Sekito (*8*). Daraus berechnet sich die Dichte zu 11,88.

Nach Dehlinger (*12*) ist der Übergangsmechanismus der gleiche wie beim Kobalt (S. 321), also ein Gleitvorgang ohne Platzwechsel der Atome. Wie beim Kobalt sind auch hier, insbesondere bei feinkristallinen Präparaten, Verzögerungen zu erwarten; daß diese hier weniger zutage treten als beim Kobalt, wird wohl damit zusammenhängen, daß derartige feinkristallinische Aggregate bei Thallium bei Raumtemperatur nicht stabil sind; auf Grund des sehr niedrigen Schmelzpunktes ist bei Raumtemperatur, ähnlich wie bei Zinn und Blei, eine Rekristallisation zu erwarten, die zu gröberer Kristallstruktur führt.

Daß beim Abkühlen der Übergang $\beta \rightarrow \alpha$ ohne Zerstörung der Kristallite stattfindet, wurde schon von Perlitz (*13*) beobachtet.

Der Umwandlungspunkt liegt der Temperatur von 234° C wohl sehr nahe. Verschiedene thermische und elektrische Untersuchungen (unter anderem *14*) ergaben 225 bis 235° C. Neuere Messungen von Roth (*15*) ergaben 232,5° C; aus Röntgenaufnahmen leiten Nishikawa und Asahara (*16*) 235° C ab; Bridgman (*18*) gibt 230° C an.

In vielen Legierungen ist die β-Phase noch bei Raumtemperatur stabil, z. B. im System Tl—Sb (*9*) und bei Tl—Sn (*17*).

Der wahrscheinlichste Wert für die Umwandlungswärme scheint bis jetzt wohl der von Roth und Mitarbeitern (*15*) gemessene zu sein. Sie beträgt 74 cal/Grammatom. Das von Seekamp (*35*) verwendete Thalliumpräparat war sicher sehr unrein, da es den Schmelzpunkt 293° C zeigte. Ganz abweichende Werte gibt Umino (*19*) an.

Bei hohen Drucken hat BRIDGMAN (*18*) eine dritte Thalliummodifikation gefunden. Der Tripelpunkt der drei Formen liegt bei $t = 150°$, $p = 39000$. Die Übergangslinie $\alpha \rightarrow \beta$ geht vom Tripelpunkt zum Punkt $t = -100°$, $p = 43000$. Die γ-Form wird also auch bei tieferen Temperaturen unter $p = 1$ nicht stabil werden. Unter Druck verschiebt sich der Umwandlungspunkt $\alpha \rightarrow \beta$ nach tieferer Temperatur; damit steht im Einklang, daß die Dichte der β-Phase etwas größer ist als die der α-Phase.

Ausdehnung. Röntgenmessungen von SHINODA (*20*) ergaben für die linearen Ausdehnungskoeffizienten

$$\delta_{\parallel} = 72 \cdot 10^{-6},$$
$$\delta_{\perp} = 9 \cdot 10^{-6}$$

im Gebiet 32 bis 91° C.

Der Mittelwert, $\bar{\delta} = 30 \cdot 10^{-6}$, stimmt gut mit direkten Messungen überein [(*70*) S. 353].

Wir erwähnen hier von den älteren Werten nur denjenigen von FIZEAU (*21*)

$$\bar{\delta} = 30{,}2 \cdot 10^{-6} \text{ bei } 40° \text{ C}.$$

Unter der Annahme, daß der Ausdehnungskoeffizient für die reguläre Form der gleiche ist, errechnet sich für die Dichte beim Schmelzpunkt 11,5. Dieser Wert steht im Einklang mit einer Messung von OMODEI (*22*), der 11,509 findet, während ENDO (*23*) den unwahrscheinlich hohen Wert 11,73 angibt.

Für die Ausdehnung beim Schmelzen geben verschiedene Autoren 3,1 bis 4,3% an; die Dichte des flüssigen Metalls ist also auf wenigstens 1% unsicher.

Kompressibilität. BRIDGMAN (*24*) gibt für die Volumänderung durch Druck folgende Werte:

$$K = 3{,}4 \cdot 10^{-6} \text{ bei } 30°,$$
$$= 3{,}67 \cdot 10^{-6} \text{ bei } 75°.$$

Schmelzpunkt. Für den Schmelzpunkt des reinen Metalls geben RICHARDS und SMYTH (*25*) 303,5° C an. Etwa zwanzig ältere Bestimmungen ergaben 302 ± 1° C.

ROTH und Mitarbeiter (*15*) haben die Schmelzwärme vor kurzem neu bestimmt zu 1,03 kcal/Grammatom. Die älteren Messungen, die in dieser Arbeit zusammengestellt sind, lieferten Werte, die von 0,75 bis 1,7 schwanken.

Dampfdruck, Siedepunkt. Nach EUCKEN (*26*) lassen sich alle Dampfdruckmessungen (*27, 28, 29*) an flüssigem Thallium durch folgende Gleichung

$$\log p = -\frac{9300}{T} - 0{,}892 \log T + 11{,}10$$

befriedigend darstellen. Diese Gleichung weicht von der von FISCHER (*28*) aufgestellten erheblich ab, weil EUCKEN bei seiner Rechnung die neueren von den früheren stark abweichenden Daten von ROTH und Mitarbeitern (*15, 30*) verwendet.

Aus der EUCKENschen Gleichung berechnet sich der Siedepunkt zu 1730°K = 1457° C, während LEITGEBEL (*31*) durch unmittelbare Messung 1457 ± 10° C findet.

Nach JOUNIAUX (*33*) ist das Thallium bei seinem Schmelzpunkt einatomig, bei 1600° C jedoch zweiatomig. Dieses Ergebnis ist nach einer Kritik von v. WARTENBERG (*32*) nicht richtig, da JOUNIAUX ältere, wohl unrichtige Messungen von BILTZ und MEYER (*34*) seinen Berechnungen zugrunde gelegt hat. Nach v. WARTENBERG zeigt die Dampfdichte noch bei 1700° C nur unwesentliche Abweichungen von dem Wert, den man für den monoatomaren Dampf berechnet. Eine Korrektur für die Molekülbildung ist also nicht notwendig.

Spezifische Wärme. Neuere Messungen der spezifischen Wärme von ROTH, MEYER und ZEUMER (*15, 30*) weichen von den älteren Angaben sehr stark ab. Wir geben hier nur die von diesen Autoren angegebenen Werte an; in ihrer Arbeit findet man auch die älteren Daten zusammengestellt.

t	18°	28°	50°	100°	200°	220° C
C_p	6,28	6,32	6,39	6,55	6,87	6,94

$$\overline{C}_{p\,(230 \text{ bis } 260°)} = 7{,}17.$$

Für flüssiges Metall wird gefunden

$$C_p = 6{,}74, \text{ im Bereich } 300 \text{ bis } 360° \text{ C}.$$

Ausführliche Messungen der spezifischen Wärmen bei sehr tiefen Temperaturen haben KEESOM und KOK (*36*) ausgeführt.

Bei dem Sprungpunkt, 2,36° K, ändert sich die Atomwärme um um 0,00148 cal; eine latente Wärme wurde nicht gemessen.

Wir führen hier einige Werte auf:

T . .	1,3	1,7°	2,0°	2,3°	2,36°	2,36°	2,5°	3,0°	4,0° K
$C_v \cdot 10^3$	2,084	4,772	7,800	12,19	13,25	11,77	13,65	21,71	47,02

In einer weiteren Arbeit derselben Autoren wird der Einfluß des Magnetfeldes untersucht; bezüglich näherer Einzelheiten sei auf das Original verwiesen (*37*).

Die **Wärmeleitfähigkeit** ist von EUCKEN und DITTRICH (*38*) gemessen worden: die Autoren spalten die gesamte Wärmeleitfähigkeit in zwei Anteile, die metallische Leitfähigkeit $W_m = 0{,}450$ cal/cm²/sec und $W_K = 0{,}055$, die Isolatorleitfähigkeit, also die Leitfähigkeit, die nicht vom Elektronengas herrührt.

Elektrische Eigenschaften. Unter den vielen Angaben (*69, 70*) über den Temperaturkoeffizienten der Leitfähigkeit ist diejenige von

BRIDGMAN (*40*) $\alpha = 517 \cdot 10^{-5}$ die höchste und also auch wohl die wahrscheinlichste. BRIDGMAN gibt an:

t	25°	50°	75°	100° C
ϱ/ϱ_0	1,1292	1,2585	1,3877	1,5170

Die Abhängigkeit des Widerstandes von der Temperatur ist also linear.

GRUBE und HILLE (*42*) geben den spezifischen Widerstand für die Temperaturen von 40 bis 200° C an. Gradlinige Extrapolierung liefert dann $\varrho_0 = 15 \cdot 10^{-6}$ und daraus $\alpha = 520 \cdot 10^{-5}$.

Der hier gefundene Wert ist etwas niedriger als der von DEWAR und FLEMING (*39*) und SCHULZE (*41*) angegebene, die $\varrho_0 = 17{,}6 \cdot 10^{-6}$ bzw. $17{,}2 \cdot 10^{-6}$ finden; diese Werte sind aber wohl zu hoch, weil die korrespondierenden α-Werte $398 \cdot 10^{-5}$ und $465 \cdot 10^{-5}$ sind. Mit Hilfe der Regel von MATTHIESSEN läßt sich daraus ϱ_0 zu $13{,}5 \cdot 10^{-6}$ bzw. $15{,}5 \cdot 10^{-6}$ korrigieren.

Bei höheren Temperaturen liegen nur Messungen von SCHULZE vor (*14*).

Thallium wird nach KAMERLINGH ONNES und TUYN (*43*) bei 2,33° K supraleitend. Nahezu derselbe Wert 2,36° K wird von KEESOM und KOK (*37*) und 2,35° K von DE HAAS und VOOGD (*44*) angegeben. Der Restwiderstand des für die letztgenannten Versuche verwendeten Thalliums war $4 \cdot 10^{-4}$; dieser Wert zeigt eine sehr große Reinheit des Metalls an (HILGER-Präparat).

Von einem longitudinalen Magnetfelde wird der Sprungpunkt erniedrigt:

H	28	64	86	104 kG
Sprungpunkt	2,13°	1,78°	1,56°	1,35° K

Unter Druck nimmt der Widerstand des Thalliums nach BRIDGMAN (*40*) ab. Der Druckkoeffizient bei kleinen Drucken ist $13{,}19 \cdot 10^{-6}$ bei 0° und $14{,}56 \cdot 10^{-6}$ bei 100°.

Magnetische Eigenschaften. Thallium ist diamagnetisch: für die Suszeptibilität in den verschiedenen kristallographischen Richtungen gibt RAMACHANDRA RAO (*45*) folgende Werte an

$$\chi_\perp = -0{,}165 \cdot 10^{-6}, \qquad \chi_\parallel = -0{,}412 \cdot 10^{-6}.$$

Für β-Thallium ist $\chi = -0{,}158 \cdot 10^{-6}$, für flüssiges $\chi = -0{,}131 \cdot 10^{-6}$. In (*46*) wird angegeben für flüssiges Metall $\chi = -0{,}153 \cdot 10^{-6}$. DE HAAS und VAN ALPHEN (*47*) geben für einen polykristallinen Draht an: $\chi = -0{,}215 \cdot 10^{-6}$ bei 289° K. Bei tiefer Temperatur nimmt χ zu und erreicht bei 14,2° K den Wert $-0{,}258$.

Optische Eigenschaften. Über optische Eigenschaften von dünnen Schichten vergleiche SUHRMANN und BARTH (*48*).

Photoelektrizität. DE LASZLO (*49*) gibt als untere Grenze der Lichtempfindlichkeit 3400 Å an. Daraus berechnet sich $\varphi = 3{,}63$ eV.

Mechanische und technische Eigenschaften. Die Eigenschaften des Thalliums sind denen des Bleis sehr ähnlich. Es ist weicher als Blei, kann mit dem Fingernagel geritzt und mit dem Messer geschnitten werden. Thallium ist dehnbar, besitzt jedoch geringe Festigkeit; es kann wohl zu Draht gepreßt, aber nicht gezogen werden.

Die Härte ist nach RYDBERG (*50*) 1,2, wenn für Blei die Härte 1,5 angenommen wird. EDWARDS (*51*) gibt folgende vergleichende Härtewerte an: Tl 6,95, Sn 15,6, Cu 53.

Die Zerreißfestigkeit ist nach ROBERTS-AUSTIN (*52*) gleich 6,21 tons pro $inch^2 = 9{,}8\ kg/mm^2$.

SAUERWALD (*55*) gibt die Oberflächenspannung von Thallium bei 327° C im Mittel mit 401 dyn/cm an. Die Bestimmung erfolgte nach der Blasendruckmethode gegen Wasserstoff.

NICOLARDOT (*53*) gibt an, daß Thallium gehärtet werden kann, wobei es den Gesetzen der anderen Metalle folgt.

TAMMANN und DREYER (*56*) haben die Erholungserscheinungen studiert. Erholung ist schon bei 10° C bemerkbar.

Nach CENTNERSZWER (*54*) löst sich Thallium nur sehr langsam in Schwefelsäure und Salzsäure, wobei die Geschwindigkeit der Auflösung nahezu von der Säurekonzentration unabhängig ist. Dagegen löst sich Thallium relativ schnell in Salpetersäure. Wasserstoff wird dabei nur spärlich entwickelt.

c) Thallium-Sauerstoff.

Thallium wird sehr leicht oxydiert; da aber nach VON WARTENBERG (*57*) die Duktilität erst bei 1,3% Sauerstoff, was mit 33% Tl_2O korrespondiert, verloren geht, ist wohl anzunehmen, daß Mischkristalle nicht gebildet werden; der Einfluß eines Sauerstoffgehaltes auf die physikalischen Eigenschaften wird also gering sein.

Eine interessante Verbindung tritt im System Tl—Bi auf: Tl_3Bi_5 hat nach VON AUBEL, DE HAAS und VOOGD (*58*) einen viel höheren Sprungpunkt als seine beiden Komponenten.

d) Anwendung von Thallium.

Für Thallium sind im Laufe der letzten 20 Jahre mancherlei Anwendungsgebiete aufgedeckt worden. Die erste Benutzung dürfte dieses Metall als Zusatz zu optischen Gläsern gefunden haben. Es wird hier an Stelle von Blei angewandt, da die mit Thallium hergestellten Gläser von größerem Brechungsvermögen sind als diejenigen, welche Blei enthalten. Seit 1925 wird es in steigendem Maße als Gift gegen Ratten, Ameisen und andere Insekten benutzt. Dann eignet sich Thallium nach PETAR (*59*) sehr gut für Lagermetalle und Silberlegierungen, da dieselben sehr korrosionsbeständig sind. Als Katalysator wird es von BROWN, CHESTER BROTHERS und ETZEL (*60*) beim Reduzieren von Nitrobenzol angewandt. Bei Untersuchungen über den Einfluß von Thalliumzusätzen auf die Lichtempfindlichkeit von Selenzellen fanden CONSTABLE und WARD (*61*), daß Thallium den Dunkelwiderstand und das Lichtverhältnis erhöht. Bei 5 bis 20% Thallium ist der Effekt so stark, daß sich die Zellen wie Isolatoren verhalten. Nach EGERTON und SMITH (*62*) soll Thallium, wenn es in Dampfform durch ein Spezialventil in den Verbrennungsraum von Motoren gegeben wird, als Antiklopfmittel besser wirken als Blei. Durch einen Zusatz von Thallium zu Quecksilberdampfstrahlgleichrichtern wird die Bruchgefahr gegenüber den bekannten Röhren erheblich verringert (*63*). In elektrischen Gas- oder Dampflampen mit Lichtbogenentladung wird Thallium ohne Zusatz von Alkalimetallen als Kathodenmaterial verwendet. Es wird erreicht, daß das Gefäßmaterial nicht angegriffen wird und bei Bruch keine Gefahr vorhanden ist (*64*).

Obwohl das Metall sehr giftig ist, soll es in der Heilkunde Verwendung finden können. Nach BUSCHKE (*65*) hat es eine nachhaltige und sehr intensive schweißhemmende Wirkung.

Schließlich gibt Thallium mit sehr vielen Metallen brauchbare Legierungen, die für viele Zwecke Anwendung finden. Eine Legierung von 10% Thallium, 20% Zinn und 70% Blei ist für die elektrolytische Abscheidung von Kupfer sehr gut geeignet, da ihre Korrosion weniger als $^1/_5$ von der des Bleis beträgt (*66*). Weiter ist es bekannt, daß Blei-Thalliumlegierungen mit einem Gehalt von 20 bis 65% Thallium zu den unlöslichsten aller bisher bekannten Legierungen gehören (*67*). Durch Hinzufügen von Thallium zu Bleilegierungen wird der Widerstand gegen deformierende Veränderungen merklich verbessert. Und endlich soll noch erwähnt werden, daß man der LIPOWITZ-Legierung zur weiteren Herabsetzung ihres Schmelzpunktes Thallium zusetzen kann (*68*). Die mit 6% Thalliumzusatz hervorgerufene Erniedrigung des Erstarrungspunktes ist ebenso groß wie die durch 2% Indium erhaltene. Bei 6% Thalliumzusatz ergeben sich Thermometermetalle, mit denen Temperaturen bis zu —60° C gemessen werden können.

Literatur.

1. PETAR, A. V.: Chem. Age, Bd. 25 (1931) S. 7.
2. HIRSCHEL, W. N.: J. Soc. chem. Ind., Chem. & Ind. Bd. 52 (1933) S. 797.
3. A.P. 1869214.
4. BROWN, O. W., A. MCGLYNN: Metal Ind., Lond. Bd. 32 (1928) S. 570.
5. KÖLLIKER, A.: Chemiker-Ztg. Bd. 43 (1919) S. 231.
6. LEVI, G. R.: Nuovo Cim Bd. 7 (1926) S. 297. — Z. Phys. Bd. 42 (1927) S. 479.
7. ASAHARA, G.: Sci. Pap. Inst. phys. chem. Res., Tokio Bd. 2 (1924) S. 125, 253.
8. SEKITO, S.: Z. Kristall. Bd. 74 (1930) S. 189.
9. PERSSON, E., A. WESTGREN: Z. physik. Chem. (A) Bd. 136 (1928) S. 208.
10. NEUBURGER, M. C.: Z. Kristallogr. Bd. 93 (1936) S. 24.
11. RICHARDS, T. W., J. H. WILSON: Z. phys. Chem. Bd. 72 (1910) S. 129.
12. DEHLINGER, U.: Z. Phys. Bd. 68 (1931) S. 535. — Metallwirtsch. Bd. 11 (1932) S. 223.
13. PERLITZ, H.: Z. Phys. Bd. 50 (1928) S. 433.

14. SCHULZE, A.: Z. Metallkde. Bd. 15 (1923) S. 155; Bd. 16 (1924) S. 48.
15. ROTH, W. A., INGR. MEYER, H. ZEUMER: Z. anorg. allg. Chem. Bd. 214 (1933) S. 319.
16. NISHIKAWA, S., G. ASAHARA: Phys. Rev. (2) Bd. 15 (1920) S. 38.
17. IRETON, H. J. C., J. P. BLEWETT, J. F. ALLEN: Canad. J. Res. Bd. 9 (1933) S. 415.
18. BRIDGMAN, P. W.: Phys. Rev. (2) Bd. 48 (1935) S. 898.
19. UMINO, S.: Sci. Rep. Tôhoku Univ. Bd. 16 (1927) S. 775.
20. SHINODA, G.: Mem. Coll. Sci. Kyoto A Bd. 16 (1933) S. 193.
21. FIZEAU, H.: C. R. Acad. Sci., Paris Bd. 68 (1869) S. 1125.
22. OMODEI, D.: Atti Acad. Siena (4) Bd. 2 (1890) S. 515.
23. ENDO, H.: J. Inst. Met. Bd. 30 (1923) S. 121.
24. BRIDGMAN, P. W.: Proc. Amer. Acad. Arts a. Sci. Bd. 58 (1923) S. 166.
25. RICHARDS, T. W., C. P. SMYTH: J. Amer. chem. Soc. Bd. 44 (1922) S. 524.
26. EUCKEN, A.: Metallwirtsch. Bd. 15 (1936) S. 66.
27. COLEMAN, F. F., A. EGERTON: Phil. Trans. roy. Soc., Lond. A Bd. 234 (1935) S. 177.
28. FISCHER, J.: Festschr. Techn. Hochsch. Breslau 1935, S. 172.
29. MÜLLER, F.: Helv. phys. Acta Bd. 8 (1935) S. 152.
30. ROTH, W. A.: INGR. MEYER, H. ZEUMER: Z. anorg. allg. Chem. Bd. 214 (1933) S. 309.
31. LEITGEBEL, W.: Z. anorg. allg. Chem. Bd. 202 (1932) S. 305.
32. WARTENBERG, H. VON: Z. anorg. allg. Chem. Bd. 56 (1907) S. 329.
33. JOUNIAUX, A.: Bull. Soc. chim. Fr. (4) Bd. 35 (1924) S. 696.
34. BILTZ, H., V. MEYER: Ber. dtsch. chem. Ges. Bd. 22 (1889) S. 725.
35. SEEKAMP, H.: Z. anorg. allg. Chem. Bd. 195 (1931) S. 361.
36. KEESOM, W. H., J. A. KOK: Physica, Haag (2) Bd. 1 (1934) S. 175.
37. KEESOM, W. H., J. A. KOK: Physica, Haag (2) Bd. 1 (1934) S. 503, 595.
38. EUCKEN, A., K. DITTRICH: Z. phys. Chem. Abt. A Bd. 125 (1927) S. 211.
39. DEWAR, J., J. A. FLEMING: Phil. Mag. (5) Bd. 36 (1893) S. 271.
40. BRIDGMAN, P. W.: Proc. Am. Acad. Arts a Sci. Bd. 53 (1918) S. 269.
41. SCHULZE, A.: Z. Metallkde. Bd. 16 (1924) S. 48.
42. GRUBE, G., J. HILLE: Z. Elektrochem. Bd. 40 (1934) S. 102.
43. TUYN, W., H. KAMERLINGH ONNES: Proc. Roy. Acad. Amst. Bd. 14 (1911) S. 637.
44. HAAS, W. J. DE, J. VOOGD: Proc. roy. Acad. Amst. Bd. 34 (1931) S. 52.
45. RAMACHANDRA, RAO S.: Phil. Mag. (7) Bd. 21 (1936) S. 609.
46. RAMACHANDRA, RAO S., K. C. SUBRAMANIAN: Nature, Lond. Bd. 136 (1935) S. 336.
47. DE HAAS, W. J., P. M. VAN ALPHEN: Proc. roy. Acad. Amst. Bd. 36 (1934) S. 269.
48. SUHRMANN, R., G. BARTH: Z. Phys. Bd. 103 (1936) S. 133.
49. LASZLO, H. DE: Phil. Mag. (7) Bd. 13 (1932) S. 1171.
50. RYDBERG, J. R.: Z. phys. Chem. Bd. 33 (1900) S. 353.
51. EDWARDS, C. A.: J. Inst. Met. Bd. 20 (1918) S. 61.
52. ROBERTS-AUSTIN, W. C.: Phil. Trans. roy. Soc., Lond. Bd. 179 (1888) S. 339.
53. NICOLARDOT, P.: C. R. Acad. Sci., Paris Bd. 168 (1919) S. 588.
54. CENTNERSZWER, M.: Z. Elektrochem. Bd. 37 (1931) S. 603.
55. SAUERWALD, F.: Z. anorg. allg. Chem. Bd. 223 (1935) S. 84.
56. TAMMANN, G., K. L. DREYER: Ann. Phys., Lpz. (5) Bd. 19 (1934) S. 680.
57. WARTENBERG, H. VON: Z. Elektrochem. Bd. 15 (1909) S. 868.
58. AUBEL, E. v., W. J. DE HAAS, J. VOOGD: Proc. Acad. Wetensch. Amst. Bd. 32 (1929) S. 218.
59. PETAR, A. V.: Chem. Age, Bd. 25 (1931) S. 7.

60. Brown, O. W., Chester Brothers, G. Etzel: J. phys. Chem. Bd. 32 (1928) S. 456.
61. Constable, F. H., A. F. H. Ward: Trans. Faraday Soc. Bd. 28 (1932) S. 497.
62. Egerton, A., F. Ll. Smith: Nature, Lond. Bd. 131 (1933) S. 725.
63. DRP. 406066.
64. DRP. 336571.
65. Buschke, A.: Klin. Wschr. Bd. 2 (1923) S. 1698.
66. Chemicals vom 21. 9. 1931, S. 25.
67. A.P. 1384056.
68. French, S. J., D. Saunders: Metals & Alloys Bd. 7 (1936) S. 22.
69. Mellor, J. W.: A comprehensive Treatise on inorganic and theoretical Chemistry, Bd. 5 (1924) S. 406.
70. Pascal, P.: Traité de Chimie miner. et physique Bd. 9 (1933) S. 351.

XII. Vierte Nebengruppe des periodischen Systems.

In der 4. Gruppe des periodischen Systems können wir noch mehr wie in der 3. Gruppe das Verschwinden der metallischen Eigenschaften erwarten: tatsächlich sind dann auch die ersten zwei Elemente typisch nichtmetallische Elemente, Kohlenstoff und Silicium. Die Reihe der Nichtmetalle setzt sich in den Nebenreihen fort, während in der Hauptreihe auf Silicium vier typische Metalle folgen.

Wir behandeln also Kohlenstoff und Silicium zusammen mit den Elementen der Nebenreihe.

60. Kohlenstoff.

(Atomgewicht 12,010.)

In dem Diamanten begegnen wir einem typischen Vertreter derjenigen Festkörper, die ausschließlich durch homöopolare Valenzkräfte zusammengehalten werden. Diamant verhält sich wie ein Isolator; ist hart und undehnbar. Als zweite Form tritt neben Diamant der Graphit auf: obwohl Graphit eine deutliche Elektronenleitfähigkeit besitzt, wäre es unrichtig, Graphit als Metall auffassen zu wollen; wir haben es hier vielmehr mit einer besonderen Art der homöopolaren Bindung, die Elektronenleitfähigkeit verursacht, zu tun, die aber mit der metallischen Bindung nicht viel Gemeinsames zeigt. Für die Reindarstellung des Graphits (und anderer Kohlenstoffarten) sei auf die Literatur verwiesen (*1*).

Literatur.

1. Pascal, P.: Traité de Chimie miner. et physique Bd. 5, S. 1 (1932)

61. Silicium.

(Atomgewicht 28,06.)

Auch Silicium könnten wir in dieser Monographie übergehen, wenn nicht die Reihe: Diamant — Silicium — Germanium — Zinn — Blei einen kontinuierlichen Übergang vom homöopolaren Nichtmetall zum echten Metall Blei zeigen würde. Bei der Behandlung des Germaniums wird es nötig sein, Silicium zum Vergleich heranzuziehen.

Durch die Tatsache, daß Silicium ein Nichtmetall ist, ist einerseits die Reindarstellung erschwert, andererseits erleichtert. Sie wird erschwert, weil die Reindarstellung des Elementes durch chemische Zersetzung des Hydrids oder Jodids, oder die Reduktion des Chlorids an einem Draht daran scheitert, daß die erhaltenen Stäbe nicht duktil sind, so daß sich daraus ein Draht, der als Kern für den nächsten Versuch brauchbar wäre, nicht herstellen läßt.

Man kann zwar auf diese Weise jedenfalls ein kompaktes Silicium darstellen wie von HÖLBLING (*2*) gezeigt wurde. Er erhitzte einen dünnen Wolfram- oder Kohlenstoffaden in einem Gemisch von Wasserstoff und $SiCl_4$ und erhielt so bis zu 4 mm dicke Siliciumstäbchen.

Andererseits ist aber die Löslichkeit der Metalle in dem nichtmetallischen Silicium nach der allgemeinen Regel von HUME-ROTHERY (*3*) sehr gering: da nahezu alle Verunreinigungen des Rohsiliciums als Einschlüsse oder als Korngrenzenbestandteile, wahrscheinlich als Silicide vorliegen, kann man nach TUCKER (*4*) durch Pulverisieren und Auswaschen mit geeigneten Lösungsmitteln den größten Teil aller Verunreinigungen beseitigen, und in günstigen Fällen, ausgehend von 98%igem Material einen Reinheitsgrad 99,94% erreichen. Beim Schmelzen in einem Quarztiegel ändert sich der Reinheitsgrad nicht. Im Schliffbild finden sich nur noch sehr vereinzelte kleine Einschlüsse. Ein ähnliches Verfahren wendet BEDEL (*5*) an. KROLL (*6*) hat Silicium gereinigt durch Hochvakuumdestillation.

Physikalische Eigenschaften.

Silicium hat dieselbe Kristallstruktur wie Diamant, Germanium und graues Zinn; die Elementarzelle enthält acht Atome in regulärer Tetraederanordnung.

Auf Grund eigener Messungen an einem Präparat mit 98,8% Si nimmt NEUBURGER (*7*) in Übereinstimmung mit den Ergebnissen von anderen Autoren als besten Wert für die Gitterkonstante an:

$$a_{20} = 5{,}417_{3\pm 5}\ \text{Å}.$$

Die daraus berechnete Röntgendichte beträgt $2{,}32_7$.

Präzisionsmessungen von JETTE und FOOTE (*18*) lieferten

$$a_{25} = 5{,}419_{8\pm 3}$$

und

$$d_{25} = 2{,}325.$$

Die von JETTE und FOOTE gefundene pyknometrische Dichte ist 2,34; auch hier ist also dieser Wert etwas höher als die Röntgendichte.

Bei weiterer Reinigung des Elementes wird sich dieser Wert wohl nicht mehr viel ändern, weil eben die Löslichkeit der Verunreinigungen im Silicium so gering ist. Diese Löslichkeit kann aber doch noch genügend groß sein, um die interessanteste Eigenschaft, das Leitvermögen, stark zu beeinflussen.

Die Röntgenmessungen haben bis jetzt keine Andeutungen einer Polymorphie gegeben; auch das sog. amorphe Silicium hat die gleiche Kristallstruktur wie das kristallisierte.

Dennoch sind die übrigen physikalischen Eigenschaften von Siliciumpräparaten verschiedener Herkunft sehr schwankend. Vollkommen unregelmäßig ist z. B. die von SIMON und ROSE BERGMANN (*8*) gemessene Ausdehnung bei tieferen Temperaturen. Es wurden sogar negative Werte des Ausdehnungskoeffizienten gefunden.

Nach SCHULZE (*9*) zeigt der Ausdehnungskoeffizient bis 1000° keine Andeutungen einer Allotropie. Bei diesen Versuchen wurde mit einem Kristall gearbeitet, während SIMON und ROSE BERGMANN mit gesinterten Stücken arbeiteten.

Schmelzpunkt. Siedepunkt. Der Schmelzpunkt liegt bei etwa 1440° C. Für den Siedepunkt berechnet EUCKEN (*10*) aus der theoretischen Dampfdruckgleichung 2630° C. Dieser Wert stimmt nicht sehr gut mit den von BAUR und BRUNNER (*11*) und RUFF (*12*) angegebenen überein.

Überhaupt scheinen die Daten beim Silicium noch ziemlich unsicher zu sein, deshalb wollen wir von näheren Angaben absehen.

TRAVIS ANDERSON (*13*) gibt die *spezifische Wärme* in dem Gebiet 50 bis 300° K an; wir geben hier einen Auszug aus diesen Daten, die mit früheren Messungen gut übereinstimmen, wieder:

T = 61,2°	75,0°	98,8°	133,6°	205,3°	246,6°	290,4° K
C_p = 0,811	1,160	1,695	2,519	3,807	4,299	4,685

Irgendwelche Andeutungen von Umwandlungen innerhalb dieses Gebiets sind aus diesen Zahlen nicht zu ersehen.

Elektrische Eigenschaften. So lange wir nicht über ein ganz reines Silicium verfügen, oder jedenfalls über Siliciumpräparate, bei denen die Art der Verunreinigungen genau bekannt ist, hat eine eingehende Diskussion der elektrischen Eigenschaften wenig Sinn, da diese in sehr hohem Maße von der Art und Menge der Verunreinigungen abhängig ist. Vielleicht könnte man das Ziel erreichen, wenn man Siliciumhydride an erhitzten Nichtleitern thermisch zersetzte. Für ϱ_0 kann, größenordnungsmäßig 0,1 Ω/cm angenommen werden. Es ist noch nicht einmal bewiesen, daß der Widerstand des Siliciums mit zunehmender Temperatur abnimmt. Nach WEINTRAUB (*14*) nimmt der Widerstand um einem Faktor 100 in dem Gebiet 0 bis 1000° C ab. BEDEL (*5*) findet eine Abnahme zwischen 20 und 400°; hierbei sinkt der Widerstand bis auf etwa die Hälfte des Anfangswertes. HÖLBLING (*2*) gibt dagegen einen mit der Temperatur zunehmenden Widerstand an; da aber seine Resultate sehr davon abhängen, ob das Silicium auf einen Kohlenstoff- oder Wolframdraht niedergeschlagen war, spielt offensichtlich der Kern noch eine bedeutende Rolle.

Nach SCHULZE (*15*, *16*) sollte der negative Temperaturkoeffizient des Widerstandes nur von Oxydschichten zwischen den Kristalliten herrühren; ein Siliciumkristall verhält sich nach ihm metallisch, d. h. der Temperaturkoeffizient des Widerstandes ist positiv.

MEISSNER und VOIGT (*17*) geben an, daß der Widerstand bei 4° K auf den 190fachen Wert des Widerstandes bei 0° C gestiegen ist, und bei noch tieferen Temperaturen wieder abnimmt.

Für weitere Daten sei auf eine allgemeine Zusammenstellung (*1*) hingewiesen.

Literatur.

1. PASCAL, P.: Traité de chimie minérale, Bd. V, S. 367. Paris 1932.
2. HÖLBLING, R.: Z. angew. Chem. Bd. 40 (1927) S. 655.
3. HUME ROTHERY, W.: Structure of Metals and Alloys. S. 60. London 1936.
4. TUCKER, N. P.: J. Iron Steel Inst. Bd. 115 (1927) S. 412.
5. BEDEL, Ch.: Ann. Chim. Bd. 20 (1933) S. 439.
6. KROLL, W.: Metallwirtsch. Bd. 13 (1934) S. 725.
7. NEUBURGER, M. C.: Z. Kristallogr. Bd. 93 (1936) S. 1.
8. SIMON, F., ROSE BERGMANN: Z. phys. Chem. Abt. B. Bd. 8 (1930) S. 269.
9. SCHULZE, A.: Z. techn. Phys. Bd. 11 (1930) S. 443.
10. EUCKEN, A.: Metallwirtsch. Bd. 15 (1936) S. 66.
11. BAUR, E., R. BRUNNER: Helv. chim. Acta Bd. 17 (1934) S. 958.
12. RUFF, O., M. KONSCHAK: Z. Elektrochem. Bd. 32 (1936) S. 515.
13. TRAVIS ANDERSON, C.: J. Amer. chem. Soc. Bd. 52 (1930) S. 2301.
14. WEINTRAUB, E.: J. Industr. Engng. Chem. Bd. 5 (1913) S. 106.
15. SCHULZE, A.: Phys. Z. Bd. 31 (1930) S. 1062.
16. SCHULZE, A.: Z. Metallkde. Bd. 23 (1931) S. 261.
17. MEISSNER, W., B. VOIGT: Ann. Phys., Lpz. (5) Bd. 7 (1930) S. 761.
18. JETTE, E. R., F. FOOTE: J. chem. Physics Bd. 3 (1935) S. 615.

62. Germanium.

(Atomgewicht 72,59.)

Von **P. ROSBAUD**, Berlin.

Mit 1 Abbildung.

a) Vorkommen und Herstellung.

Germanium wurde, nachdem seine Existenz von MENDELEJEFF vorhergesagt wurde (Eka-Silicium), 1886 von WINKLER in dem kurz vorher aufgefundenen Silbermineral Argyrodit entdeckt, isoliert und in seinen wesentlichen Eigenschaften beschrieben.

Das Element, das GOLDSCHMIDT auf Grund seines Vorkommens in sulfidischen Erden und Mineralen zunächst als chalkophil ansprach (*1*), wurde trotz seiner geraden Ordnungszahl 32 als sehr selten angesehen, bis ebenfalls GOLDSCHMIDT (*2*) 1926 auf Grund der kristallchemischen

Verwandtschaft des Germaniums zu Silicium die Vermutung aussprach, daß es in Silikaten getarnt sein könne. Tatsächlich konnte die große Verbreitung dieses Elementes und damit der vorwiegend siderophile Charakter in irdischen und außerirdischen Vorkommen (Sulfiden, Silikaten, Troiliten, Meteoriten) in einer Anzahl von Arbeiten bestätigt werden (*3*).

Im Verlaufe seiner geochemischen Arbeiten konnte GOLDSCHMIDT noch ein weiteres stark verbreitetes Vorkommen des Germaniums aufzeigen, nämlich das in Steinkohlen und Steinkohlenprodukten (*4*). Anreicherungen konnten bis zu 1,6% GeO_2 in Steinkohlenaschen und bis zu einigen Zehntelprozent in Flugaschen neben Ga und zahlreichen anderen seltenen Elementen von GOLDSCHMIDT (*4*) festgestellt werden. MORGAN und DAVIES (*5*) fanden in der Flugasche einer Gasanstalt 1,6% Ga und 0,4% Ge.

Für die Darstellung des Germaniums kommen grundsätzlich zwei Wege in Frage: Reduktion von Oxyd oder Sulfid durch Wasserstoff, Kohlenstoff, Aluminium bei höheren Temperaturen mit folgendem Umschmelzen oder durch Schmelzflußelektrolyse unter Verwendung von $K_2[GeF_6]$ als Elektrolyt oder einer Lösung von GeO_2 in Kryolith. Ein sehr reines Produkt wurde von TRESSLER und DENNIS (*6*) durch innige Vermischung reinsten Oxyds mit Zuckerkohle und NaCl und Reduktion im Induktionsofen bei 1000 bis 1100° erhalten, wobei sie jedoch für die Wiedergewinnung des sich verflüchtigenden GeO und GeO_2 Sorge tragen mußten. Das so gewonnene Metall enthält außer ungefähr 1% GeO_2 praktisch keine Verunreinigungen. Vorbedingung ist die Verwendung von reinstem GeO_2, das aus rohem Oxyd nach DENNIS und JOHNSON (*7*) durch Chlorierung zu $GeCl_4$ und folgende Hydrolyse im kontinuierlichen Betrieb hergestellt werden kann.

Im Prinzip ganz ähnlich sind die übrigen ausgearbeiteten trockenen Verfahren. Die Hauptsache ist die Verwendung reinster Ausgangsstoffe. Ob diese nach DENNIS und PAPISH (*8*) aus GeO_2-Anreicherungen in Rückständen der Zinkdestillation oder nach SMEATH THOMAS und PUGH bzw. PUGH und Mitarbeitern (*9*) aus Germanit, einem von SCHNEIDERHÖHN 1920 entdeckten Mineral mit 6 bis 7% Ge, oder aus anderen Mineralen oder aus Flugaschen (*5*) dargestellt werden, ist von untergeordneter Bedeutung.

Reinstes Chlorid für Atomgewichtsbestimmungen wurde von BAXTER und COOPER (*10*) dargestellt.

Von weiteren Arbeiten über die Darstellung des Metalls seien nur noch drei genannt, eine von KEIL (*11*), der von Germanit ausgeht, den er in HNO_3—H_2SO_4 löst, im Chlorstrom destilliert, in Sulfid überführt, das entweder direkt mit KCN reduziert wird, wobei große Reguli erhalten werden, oder im Umweg über das Oxyd, das mit Kohle und KCN reduziert und unter NaCl zusammengeschmolzen wird, eine von GABLE (*12*), der von Retortenrückständen der Zinkdestillation ausgeht und auf ähnlichem Wege zu einem Metall gelangt, in dem als wesentliche Verunreinigungen nur Si und Fe spektroskopisch nachgewiesen wurden, und die Gewinnung von Germanium und Gallium aus Northumbrian Kohle, bei der das erste durch HCl aus der Asche abdestilliert wird, während Gallium aus dem Rückstand mit Äther extrahiert wird (*13*). Geringe Mengen von metallischem Germanium in Form kleiner Kugeln wurden schmelzflußelektrolytisch (s. oben) von TRESSLER und DENNIS (*14*) gewonnen. Über den Reinheitsgrad liegen keine Angaben vor.

b) Eigenschaften.

Stellung des Germaniums im periodischen System. Entsprechend seiner Stellung in der 4. Gruppe des periodischen Systems zwischen Silicium und Zinn bzw. in der Reihenfolge der Ordnungszahlen zwischen 31 (Ga) und 33 (As) zeigt Germanium metallische und nichtmetallische Eigenschaften. Es besitzt Diamantstruktur und zeigt im polykristallinen Zustand ebensowenig metallische Leitfähigkeit, wie die ebenfalls in Diamantstruktur auftretenden Elemente derselben Gruppe Kohlenstoff, Silicium und Zinn (graues Zinn). Es ist dem Silicium ähnlich durch seine große Sprödigkeit, seinen hohen Schmelzpunkt und seine Korrosionsbeständigkeit gegenüber Mineralsäuren und Alkalien, bildet ähnlich wie Kohlenstoff und Silicium eine Reihe ziemlich beständiger gasförmiger Hydride, die beim Erhitzen ähnlich wie bei Arsen unter Bildung eines glänzenden Metallspiegels zerfallen.

Besonders auffallend ist seine kristallchemische Verwandtschaft mit Silicium. Sie bildet den Gegenstand eingehender Untersuchungen von GOLDSCHMIDT (*15*). Ähnlich wie bei den Elementenpaaren Al—Ga, Zr—Hf u. a. zeigt sich auch bei den Elementen mit der Ordnungszahl 14 (Si) und 32 (Ge) nur ein geringer Größenunterschied in den Radien der vierwertig positiven Ionen. Er beträgt nur 0,05 Å (Si^{++++}: 0,39 Å, Ge^{++++}: 0,44 Å). Die Ähnlichkeit erstreckt sich nicht nur auf Ionenverbindungen, sondern darf infolge der großen Ähnlichkeit der Ionisierungsspannungen (vgl. Tabelle 1) für alle Arten von Silikaten erwartet werden (*15*). Tatsächlich hat GOLDSCHMIDT eine Reihe von wichtigen Silikaten durch entsprechende Germanate nachgebildet, die in den meisten Fällen mit ihren Modellen isomorph sind. In den einzelnen Fällen tritt jedoch Strukturumbildung ein, bedingt durch den etwas größeren Radius des Germaniums.

Tabelle 1. Ionisierungsspannungen von Germanium und Silicium. [Nach GOLDSCHMIDT (*15*)].

Ge^{I}	7,85 V;	Ge^{II}	15,6 V;	Ge^{III}	31,97 V;	Ge^{IV}	45,50 V,
Si^{I}	8,12 V;	Si^{II}	16,27 V;	Si^{III}	33,35 V;	Si^{IV}	44,95 V.

Einen weiteren Beitrag zu dieser Frage liefert eine Arbeit von SCHÜTZ (*16*), der Paare entsprechend kristallisierter Ge- und Si-Verbindungen sowie Gläser untersucht hat. In einem Schwerflintglas konnte SiO_2 nicht nur in gleichen Molmengen, sondern sogar in gleichen Gewichtsmengen ersetzt werden. Das Glas hatte die Zusammensetzung 2 PbO + GeO_2 mit $n_D = 2{,}100$, $n_F - n_C = 0{,}073$ und $d = 6{,}92$.

Wie aus einigen der im folgenden beschriebenen physikalischen Eigenschaften noch deutlich hervorgehen wird, bildet Germanium den Übergang von Elementen mit metallischen zu solchen mit nichtmetallischen Eigenschaften.

c) Physikalische Eigenschaften.

Als derzeit bester Wert des *Atomgewichts* kann der von HÖNIGSCHMIDT und Mitarbeitern gefundene von 72,59 angesehen werden (*17*).

Das Gitter des Germaniums zeigt Diamantstruktur mit $a = 5{,}647$ Å und einem Abstand Ge—Ge von 2,445 Å (*18*). Der Radius des vierwertig positiven Ge-Ions beträgt 0,44 Å [vgl. (*15*)], der Atomradius (in Zwölferkoordination), ermittelt aus der Kristallart Cu_3Ge, beträgt 1,394 Å (*19*). Für die Röntgendichte bei Zimmertemperatur findet man 5,32, während direkte Bestimmungen 5,30 bis 5,35 lieferten.

Die Veränderung der Gitterkonstante mit der Temperatur wurde von NITKA (*33*) zwischen 20° abs. und 840° C an einer Probe vom Reinheitsgrad 99,9% Ge, die als Verunreinigung 0,05% Sn und 0,01% Pb enthielt, durch DEBYE-SCHERRER-Aufnahmen gemessen. Die Ergebnisse sind aus der nebenstehenden Tabelle 2 zu ersehen.

Tabelle 2. Gitterkonstante und thermischer Ausdehnungskoeffizient von Germanium bei verschiedenen Temperaturen. (Nach NITKA.)

t	Gitterkonstante in Å	Mittlerer thermischer Ausdehnungskoeffizient $\alpha \cdot 10^{-6}$
20° abs.	5,63 ± 0,02	—
120° abs.	5,64 ± 0,02	—
20° C	5,648	—
230° C	5,655	6,0
450° C	5,664	7,3
840° C	5,681	7,5

Eine allotrope Umwandlung konnte NITKA nicht feststellen [vgl. dagegen später die Arbeiten von BIDWELL (*22*) und KAPITZA (*25*)].

Der Schmelzpunkt wurde von DENNIS, TRESSLER und HANCE (*21*) zu 958,5°, von BIDWELL an einer von DENNIS hergestellten Probe von mindestens 99,9% Reinheit zu 958,7° bestimmt (*22*).

Die Härte kann auf dem üblichen Wege (Brinellhärte) wegen der Sprödigkeit des Germaniums nicht bestimmt werden. Sie nimmt jedoch in der Reihe C(Diamant)—Si—Ge—Sn ab. Die Ritzhärte beträgt 6. Die *Kompressibilität* wurde von BRIDGMAN (*23*) bestimmt. In einer neueren Arbeit (*24*) unter Verwendung eines sehr reinen Materials gibt er folgende Werte für die Kompressibilität bei einem Druck von 12000 kg/cm² an:

Bei 30°: $-\Delta V/V_0 = 1{,}411 \cdot 10^{-6} p - 6{,}09 \cdot 10^{-12} p^2$.

Bei 75°: $-\Delta V/V_0 = 1{,}439 \cdot 10^{-6} p - 6{,}96 \cdot 10^{-12} p^2$.

Spezifische Wärme. Sehr merkwürdig ist das Verhalten der spezifischen Wärme bei tieferen Temperaturen. Die Atomwärme-Temperaturkurve zeigt ein ausgeprägtes Maximum bei etwa 75° K (*34*).

Zieht man von den erhaltenen Werten denjenigen Teil ab, der durch die Debye-Funktion, die bei höheren Temperaturen gültig ist, gegeben wird, so entsteht eine Kurve mit 2 Maxima: das Maximum der neuen Anomalie, die vom Typ einer Schottky-Umlagerung ist, liegt bei etwa 40° K. Eine Erklärung dieser Erscheinung wird nicht gegeben.

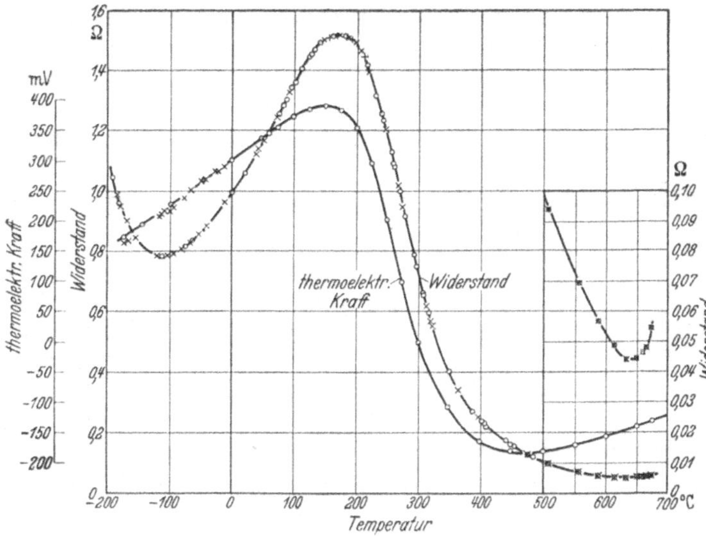

Abb. 1.

Die mittlere, spezifische Wärme (*35*), von Nilson und Petterson bestimmt, nimmt nach höheren Temperaturen ab. Das bedeutet also, daß oberhalb 300° eine Erniedrigung der spezifischen Wärme auftritt.

Elektrische und thermoelektrische Eigenschaften. Eine eingehende Untersuchung verdanken wir Bidwell (*22*), der die Änderungen des elektrischen Widerstandes und der Thermokraft zwischen —191 und 675° C an einer mindestens 99,9% Ge enthaltenden Probe bestimmte. Seine Ergebnisse sind in Abb. 1 wiedergegeben. Die Widerstandskurve zeigt zwei Minima, bei —116° und bei 645°. Für den spezifischen Widerstand bei 0° C gibt Bidwell an: 0,089 Ω/cm. Dieser Wert stimmt sehr schlecht mit dem Widerstand bei 35° C, den Bridgman angibt: $\varrho_{30} =$ 0,01178. Der Temperaturkoeffizient des Widerstandes ist nach Bidwell zwischen 0° und 100°: α_{0-100} etwa $460 \cdot 10^{-5}$, während Bridgman aus Messungen zwischen 30° und 75° C $140 \cdot 10^{-5}$ extrapoliert. Die Daten stimmen also noch gar nicht. Unter diesen Umständen ist es für Betrachtungen über die Deutung der Widerstandskurve noch zu früh. Nur läßt sich sagen, daß der mit der Temperatur abnehmende Widerstand oberhalb 200° an das Verhalten des vorangehenden Elementes Siliciums erinnert.

Aus dem Gang der Kurve schließt BIDWELL übrigens, daß zwischen 125 und 450° eine langsame reversible *Umwandlung* vor sich geht. Auch KAPITZA (*25*) (vgl. auch später) schließt auf die Bildung einer Hochtemperaturmodifikation, deren Bildung unter Volumenvergrößerung vor sich geht und die metallische Eigenschaften hat.

Die Änderung des elektrischen Widerstandes im Magnetfeld bei Raumtemperatur, festem CO_2-Äthergemisch und bei Temperatur des flüssigen Stickstoffs untersuchte KAPITZA (*25*). Die Verunreinigungen seiner Probe betrugen nur 0,01%. Er fand Ansteigen nach demselben quadratischen Gesetz bei niederen Feldern und linearem Gesetz bei solchen bis zu 300 Kilogauß, wie bei den anderen von ihm untersuchten Metallen.

Die Veränderung des elektrischen Widerstandes durch hohe hydrostatische Drucke hat BRIDGMAN untersucht (*24*). Er verwendete Germanium höchster Reinheit (aus dem Laboratorium von DENNIS), dessen Widerstand bei 30° und 75° bei Drucken bis zu 12000 kg/cm² untersucht wurde. Germanium ist, wie aus der Tabelle 3 hervorgeht, eines der wenigen Elemente, dessen Widerstand mit dem Druck zunimmt.

Tabelle 3.
Änderung des elektrischen Widerstandes mit dem Druck
[Nach BRIDGMAN (*24*)].

Druck kg/cm²	30° $\Delta R/R$ (0,30°)	75° $\Delta R/R$ (0,75°)
2000	+0,0261	+0,0287
4000	0,0566	0,0610
6000	0,0911	0,0981
8000	0,1297	0,1434
10000	0,1761	0,1966
12000	0,2283	0,2608

Es scheint, daß fast alle Germaniumpräparate noch etwas Oxyd enthielten; da nun dieses Oxyd bei höherer Temperatur flüchtig ist, ist es gar nicht unwahrscheinlich, daß dieses Oxyd mit dem Germanium Mischkristalle bildet. Die Änderung, die im spezifischen Widerstand gefunden wurde, könnte dann eventuell auf Entmischungen oder im umgekehrten Fall auf Mischkristallbildung zurückzuführen sein. Es wäre daher sehr erwünscht, Messungen an wirklich sauerstoffreien Präparaten durchzuführen, da wir ja besonders aus dem Verhalten des Titans und Zirkons wissen, wie leicht Anomalien in den elektrischen Eigenschaften durch Mischkristallbildung mit Oxyd hervorgerufen werden können.

Supraleitfähigkeit. Germanium ist das einzige Metall der Gruppe IVb, das nicht supraleitend wird. KÜRTI und SIMON (*26*) konnten bis 0,05° K herab keine Supraleitung feststellen. Es verhält sich hierbei wie Au, Cu, Bi, Mg, Be und schwarzer P. Analog wie Germanium verhält sich graues Zinn, das ebenfalls Diamantstruktur hat und bis 2,3° K keine Supraleitung zeigte.

Einige **elektrochemische Eigenschaften** wurden von HALL und KOENIG (*27*) an elektrolytisch niedergeschlagenem Germanium untersucht. Die günstigsten Bedingungen zur Herstellung eines zusammenhängenden Niederschlages waren: 0,025 Mol GeO_2 in 3n-KOH bei 78 bis 80°, 1,35 bis 4,25 V, 0,2 A/dm², Kupferkathode. Die Wasserstoffüberspannung von niedergeschlagenem Material betrug 0,32 V gegen 0,25 V bei massivem Ge.

Von **magnetischen Eigenschaften** sei lediglich erwähnt, daß Germanium diamagnetisch ist.

Optische Eigenschaften. Diese Eigenschaften sind alle (Brechungsindex, Extinktionskoeffizient, Reflexionskoeffizient) von O'BRYAN (*36*) im Gebiet von 5780 bis 4046 Å (vgl. die folgende Tabelle) gemessen worden. Der Brechungsindex ist besonders hoch, von der Größenordnung 3, wie er von allen untersuchten Metallen nur für Beryllium und Mangan gefunden wurde. Der Extinktionskoeffizient ist besonders niedrig. Man erhält fast den Eindruck, daß diese anomalen optischen Eigenschaften auch wieder damit zusammenhängen, daß Germanium nicht ein normales Metall ist. Es ist hier aber Vorsicht geboten, denn es handelt sich hier um Messungen an aufgedampften Schichten, bei denen, wenn das Metall nicht ganz rein war, eine Verunreinigung durch Oxyd nicht ausgeschlossen ist. Die Messungen an nicht glatten Schichten zeigen überhaupt oft abweichende Werte.

λ	n	K	R (in %)
5780	3,42	0,39	36
5461	3,47	0,40	37
4916	3,16	0,45	34
4358	2,93	0,57	34
4046	2,85	0,58	35

Chemische Eigenschaften. Es sei lediglich auf die hohe Korrosionsbeständigkeit gegenüber Säuren und Alkalien hingewiesen. In seinem chemischen Verhalten zeigt es, wie schon erwähnt, weitgehende Ähnlichkeit mit C, Si und Sn. Besonders bemerkt seien hier die zusammenfassenden Darstellungen in GMELINs Handbuch der anorganischen Chemie, sowie von SCHWARZ (*28*) und EINECKE (*29*).

d) Binäre Systeme und Legierungen.

Germanium—Aluminium. Eine Untersuchung über dieses System liegt von KROLL (*30*) vor. Zwischen 0 und 60% wurde Mischbarkeit im flüssigen Zustande in allen Verhältnissen festgestellt. Schmelzpunkt der eutektischen Legierung (ungefähr 50% Ge) 423°. Charakteristisch die ungewöhnlich große Schmelzpunktserniedrigung, die Aluminium unter dem Zusatz von Germanium erleidet. KROLL regt eine Verwendung des Germaniums in der Industrie der Lötmittel oder aber bei der Herstellung von Schmelzstöpseln von bestimmtem Schmelzpunkt an. Germanium scheint in diesem System ungefähr die Rolle des Siliciums zu spielen, jedoch mit noch ausgeprägterer Wirkung auf die Härte der

Legierung. KROLL erwähnt bei dieser Gelegenheit die siliciumähnliche Detektorwirkung des Germaniums.

In einer weiteren Arbeit beschreibt KROLL (*31*) die legierungstechnischen Eigenschaften des Germaniums. Geringe Mengen von Germanium verbessern die Walzbarkeit von Duralumin.

Binäre Al—Ge-Legierungen weisen größere Festigkeit auf als Al—Si-Legierungen. Vergütbare Legierungen entstehen durch teilweisen Ersatz des Siliciums in Mg_2Si-enthaltenden Al-Legierungen.

Germanium—Kupfer. Das System wurde von SCHWARZ und ELSTNER (*32*) untersucht. Als einzige Verbindung tritt Cu_3Ge auf. Die Farbe der Legierungen ist bis 17% goldgelb, bis 24% gelblich, bis zur Bildung der Verbindung silberweiß, hochgermaniumhaltige Legierungen sind metallisch grauweiß. Die Legierungen sind außerordentlich korrosionsbeständig gegenüber Mineralsäuren, leider sind sie hart und sehr spröde, so daß sie nicht bearbeitet werden können. Hochgermaniumhaltige Legierungen (ab Cu_3Ge) sind so spröde, daß sie pulverisiert werden können.

Literatur.

1. GOLDSCHMIDT, V. M.: Geochemische Verteilungsgesetze der Elemente, Nr. III u. IV. Oslo 1923 u. 1924.
2. GOLDSCHMIDT, V. M.: Naturwiss. Bd. 14 (1926) S. 295.
3. Siehe u. a. J. PAPISH: Economic Geol., Bd. 24 (1929) S. 470. — GOLDSCHMIDT, V. M.: Z. phys. Chem. Abt. A, Bd. 146 (1930) S. 404. — Naturwiss. Bd. 18 (1930) S. 999. — PAPISH, J. u. Z. M. HANFORD: Science, New York Bd. 71 (1930) S. 269. — NODDACK, J. u. W.: Naturwiss. Bd. 18 (1930) S. 757. — GOLDSCHMIDT, V. M. u. CL. PETERS: Nachr. Ges. Wiss. Göttingen, Math.-phys. Kl. 1933, S. 141. — GOLDSCHMIDT, V. M., H. HAUPTMANN u. CL. PETERS: Naturwiss. Bd. 21 (1933) S. 363. — GOLDSCHMIDT, V. M.: Geochem. Verteilungsgesetze der Elemente, Nr. IX, Oslo 1938.
4. GOLDSCHMIDT, V. M.: Nachr. Ges. Wiss. Göttingen, Math.-phys. Kl. 1930, S. 398; 1933, S. 371. — GOLDSCHMIDT, V. M. u. CL. PETERS: Nachr. Ges. Wiss., Göttingen Math.-phys. Kl. 1933, S. 141. — GOLDSCHMIDT, V. M.: Industr. Engng. Chem. Bd. 27 (1935) S. 1100.
5. MORGAN, G. T. u. G. R. DAVIES: Chem. & Industr., 7. Aug. 1937, S. 717.
6. TRESSLER, K. W. u. L. M. DENNIS: J. phys. Chem. Bd. 31 (1927) S. 1429.
7. DENNIS, L. M. u. E. B. JOHNSON: J. Amer. chem. Soc. Bd. 45 (1923) S. 1380.
8. DENNIS, L. M. u. J. PAPISH: J. Amer. chem. Soc. Bd. 43 (1921) S. 2131.
9. THOMAS SMEATH, J. u. W. PUGH: J. chem. Soc. Bd. 125 (1925) S. 821. — Arbeiten von W. PUGH u. Mitarb. in ders. Zeitschrift.
10. BAXTER, G. P. u. CH. COOPER: J. phys. Chem. Bd. 28 (1924) S. 1049; Bd. 29 (1925) S. 1364.
11. KEIL, W.: Z. anorg. allg. Chem. Bd. 152 (1926) S. 101. — Vgl. auch R. BERG u. W. KEIL: Z. anorg. allg. Chem. Bd. 209 (1932) S. 383.
12. GABLE, H. S.: Rec. Trav. chim. Pays-Bas Bd. 52 (1933) S. 225.
13. MORGAN, G. T.: J. chem. Soc. (1935) S. 554.
14. TRESSLER, K. M. u. L. M. DENNIS: J. phys. Chem. Bd. 31 (1927) S. 1429.
15. GOLDSCHMIDT, V. M.: Nachr. Ges. Wiss. Göttingen, Math.-phys. Kl. 1931, S. 184. — Vgl. auch GOLDSCHMIDT, V. M.: Trans. Faraday Soc. Bd. 25 (1929) S. 410.

16. SCHÜTZ, W.: Z. phys. Chem. Abt. B. Bd. 31 (1936) S. 292.
17. HÖNIGSCHMIDT, O., K. WINTERBERGER u. F. WITTNER: Z. anorg. allg. Chem. Bd. 225 (1935) S. 81.
18. GOLDSCHMIDT, V. M.: Geochemische Verteilungsgesetze der Elemente, Nr. VIII Oslo 1927.
19. GOLDSCHMIDT, V. M.: Z. phys. Chem. Bd. 133 (1928) S. 413.
20. KOLKMEIJER, N. H.: Proc. Acad. Wetensch. Amst. Bd. 25 (1922) S. 125.
21. DENNIS, L. M., K. M. DRESSLER u. F. E. HANCE: J. Amer. chem. Soc. Bd. 45 (1923) S. 2039.
22. BIDWELL, C. C.: Phys. Rev. Bd. 19 (1922) S. 447.
23. BRIDGMAN, P. W.: Proc. Amer. Acad. Arts a. Sci. Bd. 58 (1923) S. 195. 219.
24. BRIDGMAN, P. W.: Proc. Amer. Acad. Arts a. Sci. Bd. 70 (1935) S. 304.
25. KAPITZA, P.: Proc. roy. Soc. Lond. A. Bd. 123 (1929) S. 319, sowie Oszillogramm III auf Tafel 17 ders. Abh.
26. KÜRTI, N. u. F. SIMON: Proc. roy. Soc. Lond. A. Bd. 151 (1935) S. 610.
27. HALL, J. J. u. A. E. KOENIG: Trans. electrochem. Soc. Bd. 65 (1934) S. 79—82.
28. SCHWARZ, R.: Angew. Chem. Bd. 48 (1935) S. 219.
29. EINECKE, E.: Chem. Z. Bd. 61 (1937) S. 989, 1011.
30. KROLL, W.: Metall u. Erz Bd. 23 (1926) S. 682.
31. KROLL, W.: Metall u. Erz Bd. 23 (1926) S. 684.
32. SCHWARZ, R. u. G. ELSTNER: Z. anorg. allg. Chem. Bd. 217 (1934) S. 289.
33. NITKA, H.: Phys. Z. Bd. 38 (1937) S. 896.
34. CHRISTESCU, S. u. F. SIMON: Z. phys. Chem. Abt. B. Bd. 25 (1934) S. 273.
35. NILSON, L. F. u. O. PETTERSON: Z. phys. Chem. Bd. 1 (1887) S. 30, 34.
36. O'BRYAN, H. M.: J. opt. Amer. Bd. 26 (1936) S. 125.

63. Tin.

(At. 118,7.)

By **D. J. MACNAUGHTAN** and **E. J. DANIELS**, London.

a) Production.

Practically the only source of primary tin is the stannic oxide ore, cassiterite, from which it is obtained commercially by reduction with solid carbonaceous material. Prior to smelting the ore is dressed and concentrated, advantage being taken of the high specific gravity of cassiterite. Arsenic and sulphur are largely removed by roasting. After smelting the metal obtained is still somewhat impure and is further refined by one or both of the operations of liquating or sweating, and air agitation and settling. The mechanism of the removal of iron and arsenic in commercial fire refining has been discussed in detail by BEER (*1*). Electrolytic refining has been employed in some plants (*2*—*6*).

The two important sources of secondary tin are white metal scrap and tinplate scrap. The first are refined by various furnace treatments and yield metal of a sufficient degree of purity for use in the manufacture of alloys. Tinplate scrap is used as a source of both tin and scrap steel. Detinning with the direct production of spongy metallic tin is carried out by electrolysis (*7*) in a solution of caustic soda, the tinplate scrap forming the anode. Clean tinplate clippings will give tin of a high order of purity, but the detinning of used cans, etc. containing soldered joints usually gives a product contaminated with lead. The chlorine process (*7*) is carried out under pressure in large chambers, the tin being recovered as stannic chloride ($SnCl_4$) which may either be used as such or may be made to give metallic tin by hydrolysis and subsequent reduction of the stannic oxide so formed by carbon in a suitable furnace.

The production of tin of high purity for research purposes depends upon either the preparation of a pure salt or oxide (*8*, *9*), or upon the electro-refining of a commercially pure metal (*10*): KROLL (*11*) finds that lead and arsenic are almost completely removed from tin by vacuum distillation, antimony and silver to a lesser degree, and copper and iron scarcely at all. The vacuum used by him was in the range below 0,001 mm of mercury and the temperature between 1000 and 1400° C. Impure stannic oxide containing oxides of iron, copper, lead, nickel and zinc may be purified by ignition with ammonium iodide (*12*). TULLIS (*13*) has suggested that commercially pure tin may be advantageously refined by treatment with chlorine in the foundry.

A method (*14*) used for the preparation of small quantities of tin of high purity consists in the distillation of commercial tin tetrachloride in the presence of mossy tin, the first and last thirds of the distillate being discarded. A solution containing 75 grams tin per litre is prepared by adding the middle third to distilled water and electrolysed at about 60° C., using spectrographic carbon electrodes. The tin obtained is melted off the cathode in a pyrex beaker and cast in porcelain boats.

Table 1. Analyses of Tin of High Purity.

Impurity	Commercial Product Chempur			Specially prepared (1936)		
	1924	1926	1936	English	American I	American II
Pb	0,0025	0,0027	0,00585	0,0009	0,0005	N.F.
Cu	0,0004	0,0005	0,00132	0,0005	0,0003	<0,0001
Bi	0,0004	0,0006	0,00352	0,0006	<0,0001	<0,0001
Sb	0,0031	0,003	0,00118	0,00014	<0,0001	N.F.
As	Nil	Nil	0,00005	0,00005	0,00045	N.F.
Fe	0,0016	0,0013	0,00055	0,001	0,0015	<0,0005
Zn	Nil	Nil	Nil	0,0005	N.F.	N.F.
Ag	Nil	N.D.	0,00018	Trace	0,0001	0,00001
S	0,0002	<0,0001	Nil	N.D.	N.D.	N.D.
In	N.D.	N.D.	0,0005	Trace	N.F.	N.F.
Ni	N.D.	N.D.	0,00003	N.F.	N.F.	N.F.
Total %-age impurities	0,0082	0,0082	0,01318	0,00369	0,00305	0,00071

N.D. = not determined N.F. = not found.

An analysis of some tin produced in this way is given under the heading „American II“ in Table 1.

The detection and estimation of minute amounts of impurities in tin is conveniently carried out by spectroscopic analysis. In Table 1 will be found analyses of various samples of pure commercial tin and some highly purified laboratory tin. The latter were analysed spectroscopically and the figures given indicate the percentages of the various impurities which can be detected by this method.

b) Physical Properties and Influence of Impurities.

Crystal Structure and Allotropy. Tin exists in two allotropic modifications, white tin stable at ordinary and elevated temperatures, and a grey form stable below 13,2 ± 0,1° C (*15*). White tin has a tetragonal structure, the lattice constants of which are given in Table 2.

Recent investigations (*16—19*) have failed to produce definite evidence for the existence of the γ-tin supposed to exist in the neighbourhood of 200° C.

Table 2. Lattice Constants of White (tetragonal) Tin.

a	*c*	Authority
5,819	3,175	STENZEL u. WEERTS (*20*)
5,824	3,143	SHINODA (*21*)
5,815	3,174	National Physical Laboratory (*22*)
$5{,}819_{5} + 3$	$3{,}175_{0} + 1$	JETTE u. FOOTE (*23*)

Grey tin crystallises in the cubic system, the lattice constant being $a = 6{,}46$ Å (*24*).

According to DENILOW and RADTSCHENKO (*25*) the structure of liquid tin seems to have some resemblance with the structure of white tin; it does not show the distorted close-packed structure, found with other liquid metals.

Transition White Tin → Grey Tin. Whilst impurities in small amounts probably affect the lattice constants but slightly, some have a marked influence on the rate at which the transformation white tin → grey tin takes place. Thus, Banka tin with about 0,05 per cent of impurities changes to the grey form more slowly than does Kahlbaum tin (*26*). The effect of some intentionally added impurities is shown in Table 3.

Table 3. Effect of Impurities on Rate of Change of White → Grey Tin at —10° C.

Composition	Rate of spread of transformation (mm/10 hrs)
Kahlbaum tin	0,0205
„ „ + 1 per cent. Pb	0,0075
„ „ + 0,1 „ „ Bi	0,002
„ „ + 0,5 „ „ Bi	0,0000
„ „ + 0,1 „ „ Sb	0,001
„ „ + 0,5 „ „ Sb	0,0000
Banka „	0,0125
„ „ + 2 „ „ Cd	0,0095

Recently it has been found (*9*) that as little as 0,0035 per cent of bismuth inhibits the allotropic transformation when present in uniform solid solution. It is possible that small percentages of copper are also an effective preventative of tin pest (*27*).

Further investigations by COHEN and VAN LIESHOUT (*28*) have shown, that the rate of transformation is decreased by small amounts of Bi, Sb, Pb, Cd, Au and Ag; that Fe, Ni and Cu have practically no influence, but that the rate of transformation is greatly increased by Zn, Cr, Mn, Al and Te.

The rate of transformation is increased by mechanical deformation: VAN ARKEL and KOETS (*29*), COHEN and VAN LIESHOUT (*30*), COHEN and Mrs. COHEN-DE MEESTER (*31*).

The linear velocity of transformation reaches its maximal value at —30° C, with 0,9 mm per hour (*32*).

Density, Expansion, Compressibility. At 13° C the *specific gravity* of high-purity white tin is 7,285, and of the grey modification 5,765 (*33*). The values, derived from the best lattice-constants are 7,278 and 5,81 at 20° C (*34*). According to JETTE and FOOTE $d_R = 7{,}284$ for white tin, who found for the density by direct measurements $d = 7{,}30$.

The *linear compressibility* of single crystals of white tin has been measured by BRIDGMAN (*35*) who found:

(⊥ to tetragonal axis)	30° C	$= 60{,}22 \cdot 10^{-6}$ mm²/kg
	75° C	$= 61{,}44 \cdot 10^{-6}$,,
(‖ ,, ,, ,,)	30° C	$= 67{,}19 \cdot 10^{-6}$,,
	75° C	$= 69{,}56 \cdot 10^{-6}$,, .

For cast and annealed polycrystalline tin at 30° C he found: (36)

$$56{,}7 \cdot 10^{-6}\ \text{mm}^2/\text{kg}.$$

Measurements up to pressures of 30000 (*37*) and 45000 (*38*) kg/cm² give no indications of transition.

The coefficient of linear expansion also varies with the crystallographic direction.

The values of SHINODA (*21*) between 34° and 194° C are:

$$\delta_{\|} = 45{,}8 \cdot 10^{-6}$$
$$\delta_{\perp} = 25{,}7 \cdot 10^{-6}.$$

At 20° C BRIDGMAN (*35*) finds:

$$\delta_{\|} = 30{,}5 \cdot 10^{-6}$$
$$\delta_{\perp} = 15{,}45 \cdot 10^{-6}.$$

The latter values are probably too low; SHINODA's values are in good agreement with X-ray measurements of KOSSOLAPOW and TRAPESNIKOW (*39*), who found:

$$\delta_{\|} = 46{,}6 \cdot 10^{-6}$$
$$\delta_{\perp} = 22{,}2 \cdot 10^{-6}.$$

From these data the coefficient of cubic expansion becomes $115,4 \cdot 10^{-6}$, against $98 \cdot 10^{-6}$ found by WIDAWSKI and SAUERWALD (*40*). The coefficient of cubic expansion of grey tin is $38,5 \cdot 10^{-6}$ (*41*).

Tin contracts on solidification, $100 \frac{\Delta V}{\Delta S}$ being equal to 2,8 (*42*). The specific gravity of molten tin has been measured over the range 263 to 577° C by MATUYAMA (*43*). At the lower temperature its value was 6,961 and the higher 6,730.

The *latent heat of fusion* is given as 14,6 cal per gram by AWBERY and GRIFFITHS (*44*) and as 14,20 cal per gram by UMINO (*45*), as 13,4 cal by IITHAKA (*46*).

The *melting point* is 232° C (*22*).

Vapour Pressure. From the existing data on the vapour pressure (*47*, *48*, *49*) EUCKEN (*50*) calculated for the boiling point: 2430° C and 79 kcal/gram at. for the latent heat of sublimation at 0° K. These data are however very uncertain because in the vapour tin atoms are associated to molecules in an unknown degree. According to LEITGEBEL (*48*) the boiling point is 2190 ± 70° C, to BAUR and BRUNNER 2362°.

Specific Heat. JAEGER and BOTTEMA (*51*) recently measured the specific heat of tin from 0° to the melting point. They find an indication of a high value of the specific heat above 200° C: it is not very probable however that the assumption of a rhombic tin modification accounts for the high specific heat as X-ray analysis failed to detect this form.

We give here the data found by JAEGER and BOTTEMA:

T = 0°	20°	50°	100°	150°	190°	200°	232°
c_p = 6,40	6,46	6,55	6,72	6,92	7,10	7,14	7,30° (extrapol.)

IITHAKA (*46*) gives $c_p = 7,88$ (at the melting point) and $c_p = 7,31$ for the liquid metal. The specific heat of liquid tin seems to be almost independent of the temperature (*52*).

The specific heat has been measured to within about one degree of absolute zero (*53*, *54*). The gradual fall to a very small value appears to be interrupted by a small maximum at about the temperature at which the metal becomes a supraconductor of electricity. For the influence of a magnetic field, see KEESOM and VAN LAER (*56*).

At this point there is a fall of 0,0024 cal in C_p, but no heat of transformation.

The specific heat of grey tin is 5,89 at 0° C according to BRÖNSTED (*55*) in good agreement with COHEN and DEKKER (*33*) who found 5,85 between 0 and 13° C.

The **thermal conductivity** is given by O'DAY (*57*) as 0,1575 at 25° C and by BROWN (*58*) as 0,1428 at 50° C.

The **surface tension** and **viscosity** of liquid Chempur tin have been determined by BIRCUMSHAW (*59*) and STOTT (*60*) respectively. Their results are given in Table 4.

Table 4.

Temperature °C	Surface tension (dyne/cm) (in hydrogen)	Viscosity poises	Temperature °C	Surface tension (dyne/cm) (in hydrogen)	Viscosity poises
240	—	0,0191	500	—	0,0118
250	550	—	600	526	0,0105
300	544	0,0167	700	—	0,00945
400	537	0,0138	800	510	0,0087

Electrical Properties. In common with other metals the *electrical resistivity* of tin is affected by the presence of impurities. At 17° C the specific resistance of Chempur tin (99,9885%) is $11{,}5 \cdot 10^{-6}$ ohm per cm cube, whilst Straits tin (99,8524%) has a specific resistance (*60*) of $12{,}8 \cdot 10^{-6}$. The conductivities of a number of brands of tin, and of Chempur tin containing various added impurities have been measured by GUETERBOCK and NICKLIN (*62*). The resistivity and temperature coefficient of resistance perpendicular and parallel to the C-axis of single crystals of tin have been measured by BRIDGMAN (*35*). They have been re-determined by CHALMERS and HUMPHRY (*63*), who used Chempur tin (99,9885%); their results are as follows:

	Specific Resistance at 0° C (ohm/cm cube)	Temp. Coeff. per ° C (0—100° C)
Perpendicular to crystal axis. . .	$9{,}3 \cdot 10^{-6}$	0,00466
Parallel to crystal axis	$10{,}6 \cdot 10^{-6}$	0,00461

At extremely low temperatures the electrical resistance of tin is very small, the metal becoming supraconducting at —269,37° C (*64, 65*). The residual resistance was 0,0007. This value indicates a high degree of purity of the Kahlbaum tin used in the experiments.

The influence of pressure on the resistance was studied by BRIDGMAN (*37*): the pressure coefficient of resistance averaged over the different directions is $-9{,}79 \cdot 10^{-6}$; the temperature coefficient, practically independent of the pressure, was $442 \cdot 10^{-5}$, somewhat lower than the value of CHALMERS and HUMPHREY (*63*).

The resisivity of molten tin has been measured by MATUYAMA (*66*) up to 800° C, and by PIETENPOL and MILEY (*67*) up to 440° C.

Emission of Electrons. ANDERSON (*68*) found that there is a small difference between the work-functions („Austrittsarbeit") of liquid and solid tin of about 0,17 eV. This value is in perfect agreement with the measurements of GÖTZ (*69*), who found 0,16 eV by the photoelectric method.

Magnetic Properties. The principal magnetic susceptibilities of single crystals of tetragonal tin have been measured by HOGE (*70*). Perpendicular to the tetragonal axis the susceptibility per g $\chi_{\perp} =$

$0{,}0271 \cdot 10^{-6}$ parallel to the axis $\chi_{\|} = 0{,}0242 \cdot 10^{-6}$. The ratio $\chi_{\perp}/\chi_{\|}$ is strongly influenced by additions of small proportions of certain metals. For pure tin the ratio is 1,120. By adding 0,6% antimony the ratio becomes 1,200. The addition of 0,76% cadmium changes it to 0,923 and of 0,89% gallium to 0,897.

Whereas white tin is paramagnetic, grey tin is a strongly diamagnetic substance (*71*) with $\chi = -0{,}295 \cdot 10^{-6}$; in the liquid state tin is diamagnetic again (*72*) with $\chi = -0{,}034 \cdot 10^{-6}$. On cold-working the magnetic susceptibility is disminished (*73*).

The effect of a number of impurities on the *drossing* of molten tin has been studied by GUETERBOCK and NICKLIN (*62*). In all cases the impure metal oxidised more rapidly than the pure, iron and zinc additions having the most marked effect. BIRCUMSHAW and PRESTON (*74*) find that the rate of oxidation of pure molten tin is apparently controlled by some factor other than the progressive increase in film thickness, and suggest that crystal orientation of the oxide film is a determining factor.

The **mechanical properties** of tin and its alloys — tensile and compressive strength, elongation, Brinell hardness, etc. — depend on the conditions and speed of testing. The results of different investigators can only be compared when these factors are known and stated. GUETERBOCK and NICKLIN (*62*) have shown that small amounts (up to 0,25%) of other metals increase the hardness and strength of tin, and reduce the ductility. Recent detailed studies by HANSON and his collaborators (*19, 75—78*) with a definite rate of straining have produced a considerable amount of information respecting the influence of additions of silver, iron, nickel, copper, cadmium, aluminium, manganese, bismuth and antimony + cadmium, on the tensile strength, elongation and grain size of rolled, annealed and heat-treated tin. Some of their results are summarised in Table 5.

Table 5. Tensile Strength of Rolled and Self-annealed Tin Alloys.

Added metal	Approx. limit of solubility at room temp. %	Percentage added	Tensile Strength[1] kg/sq. mm
Ag	0,02	0,02	1,91
Cu	< 0,01	0,5	3,02
		1,0	3,70
Ni	< 0,005	0,3	3,31
Fe	< 0,01	0.4	2,20
Cd	1,0	1,0	2,87
		3,0	2,93
Al	—	0,4	4,79
Mn	—	0,1	2,09
Bi	—	1,0	3,64
		5,0	7,26
Sb	3,5	4,0	4,49
none, (= pure Sn)	—	—	1,64

[1] Rate of straining = 1 cm/2,5 cm/min.

The *creep resistance* of a number of these alloys has been studied (*77*). In many cases there is no relationship between resistance to creep and ultimate tensile strength. Small additions of silver notably improve the creep resistance of tin: 0,1 per cent causes a four-fold increase in life at stresses of about 0,2 kg/mm². Tin containing cadmium is greatly improved by heat-treatment and offers considerable resistance to creep. Improvement is also produced by additions of antimony, but the benefical effect of bismuth is only shown at stresses above about 0,2 kg/mm², the tin-bismuth alloys being inferior to pure tin at lower stresses.

The mechanism of the deformation of pure tin under tensile stress has been studied by a number of workers. It has been found that *glide* may take place at room temperature on four different planes: (110), (100), (101) and (121) (*79—82*). CHALMERS' study of the *twinning* of single crystals of tin (*83*) shows that twinning takes place most readily when an impulsive force is applied to the end of a cylindrical single crystal, the [001] axis of the crystal being roughly perpendicular to the length of the specimen. The twinning plane is of the (301) type. The energy absorbed during twinning is equal to $8 \cdot 10^5$ erg/cm³. The propagation of twinning from layer to layer with a velocity of the order of that of sound is probably the cause of the well-known „cry" of tin when bent (*84, 85*).

CHALMERS has used high-purity tin for studying the creep properties of metals and particularly the influence of grain boundaries. Since at room temperature tin is well above its spontaneous annealing temperature, accurate measurements can be made under normal laboratory conditions, whereas similar investigations on, say, copper, would have to be carried out at elevated temperatures. Of the results obtained (*86—91*) it may be mentioned that single crystals of Chempur tin (99,987 per cent pure) showed zero creep only at zero stress, in contrast with the polycrystalline material which gave a definite creep limit. A further interesting result is that under a suitable stress, sufficient work hardening can occur in polycrystalline specimens to reduce the rate of flow to zero.

MOLNAR (*92*) found below —20° C no indication of annealing processes, in contradiction to VAN ARKEL and VAN BRUGGEN (*92*a), who marked a very fast recrystallisation in this region of temperature.

c) Chemical Properties.

Tin may suffer two main types of corrosive attack, depending on whether the very thin, invisible oxide-film with which metals normally become covered on exposure to air — in this case, stannic oxide — is completely removed or merely partially penetrated. It is completely removed, partly by direct dissolution, but probably mainly by preliminary reduction to the more readily soluble stannous oxide, by both acid and alkaline solutions. Nearly neutral solutions containing anions with which tin forms complexes (citrates, oxalates, etc.) may also remove the film. The metal then undergoes general attack, at a rate determined largely by the speed with which hydrogen can be evolved, or removed by the presence of oxidising influences. Although tin is electronegative towards hydrogen in the electrochemical series, it has little catalytic influence on the reaction $2\,H^+ + 2\,E \rightarrow H_2$ at its surface, and the *rate* at which it evolves hydrogen is *very slow* except in strongly acid media. Thus, the attack of tin by dilute organic acids is practically negligible in the absence of air; but if air is present, the depolarisation of hydrogen by the reaction $4\,H^+ + O_2 + 4\,E \rightarrow 2\,H_2O$ takes place, and the rate of acid attack is increased. This forms the basis of the widespread use of tin in the canning industry where the amount of residual air in a can is very small so that attack by fruit products is insignificant. The behaviour of tinplate is, of course, complicated by the presence of discontinuities in the coating. Much active research is being carried out on that question, and it is not proposed to discuss it here. Again, the attack by alkalies is greatly inhibited by lack of oxygen; the attack of tinned vessels by alkaline cleaning media can be very much reduced by the addition of sodium sulphite to remove dissolved oxygen (*93*).

The air-formed oxide film is not removed by neutral solutions of the chloride or sulphate type, and tin is but slightly corroded by them. When corrosion does occur, it may take the form either of a general thickening of the oxide-film to visible interference-colour thickness, or of attack at isolated breakdown points in the film leading to "pitting" and "black spots" (*94*); both types often occur together. The presence of chromate ions repairs the film, as in the case of iron and other metals, and no attack takes place; a *sufficient* amount of chromate added to a chloride solution will inhibit attack. HOAR (*95*) has recently found that other anions, such as phosphate and borate, which precipitate insoluble bodies with stannous ions, also give no attack on tin. The corrosion of tin by milk is almost negligible (*96, 97*) and any tin which finds its way into milk from contact with tinned churns, coolers, etc. is not in any way harmful (*98*).

Little systematic work has been done on the effect of small quantities of alloying elements in tin on its corrosion. It does appear, however, that small amounts of antimony (*99*) have a beneficial effect in minimising attack in certain media; while recently HOAR (*95*) has found evidence for a similar effect due to bismuth, confirmed elsewhere (*100*). A recent research has shown that tin is one of the least attacked of metals under conditions of atmospheric exposure (*101*).

d) Application and Purity Requirements.

For all uses it is desirable that no more than traces of sulphur, zinc, aluminium and arsenic should be present. The first two adversely affect the working properties (*62*), the presence of aluminium causes deterioration by intergranular oxidation (*102, 103*), and arsenic is, of course, toxic. Tin when used in contact with foodstuffs, *i. e.*, for tinplate, dairy and brewery utensils, collapsible tubes, etc. should be low in lead. Iron, which is present as very hard needles of the compound $FeSn_2$, causes trouble in the production of foil and collapsible tubes (*1*). On the other hand, for the manufacture of tinplate, in which the tin inevitably becomes contaminated with iron, a tin particularly low in iron is not essential. For the tinning of copper, tin containing a little copper has advantages (*104*). For high grade solders, the total arsenic content should not exceed 0,05 per cent, copper 0,08 per cent, iron 0,02 per cent; the lead content of the tin is, of course, not important. The copper content of type metal should be as low as possible; lead and antimony are without significance as they are normal constituents of these alloys. In bronzes for most purposes bismuth should be low. In most specifications for tin-base bearing metals the maximum lead content allowed is 0,35 per cent. There are an increasing number of specifications in which it is reduced to 0,1 per cent. Iron should not exceed 0,08 per cent., whilst zinc and aluminium should not exceed a trace. Arsenic is frequently limited to a maximum of 0,1 per cent.

References.

1. Beer, A.: Jaarb. Mijnwezen Nederl.-Indië 1929, S. 332. — Ing. Nederl.-Indië, Bd. 4 (1924) S. 73.
2. Jacobson, W. H.: Metal Ind., N. Y. Bd. 20 (1922) S. 103.
3. Stack, J. R.: Trans. Amer. electrochem. Soc. Bd. 45 (1924) S. 441.
4. Kimura, Z.: Nikon-Kôgyökwaishi Bd. 41 (1925) S. 602. — J. Min. Inst. Japan Bd. 48 (1932) S. 541.
5. Anon: Metallwarenind. Bd. 25 (1927) S. 411.
6. Frölich, W.: Metallbörse Bd. 24 (1934) S. 825, 859.
7. Kurrein, H.: Chemiker-Ztg. Bd. 56 (1932) S. 849.
8. Mellor, J. W.: Inorganic and Theoretical Chemistry, Bd. 7, S. 293.
9. Mason, C. W., W. D. Forgeng: Metals & Alloys Bd. 6 (1935) S. 87.
10. Smith, D. M.: Tech. Publ. Internat. Tin Res. a. Dev. Council, A, Nr. 46 (1936) S. 24.
11. Kroll, W.: Metal Ind., Lond. Bd. 47 (1935) S. 3—5, 155—156.
12. Caley, E. R., M. G. Burford: Industr. Engng. Chem. (Anal. Ed.) Bd. 8 (1936) S. 114.
13. Tullis, D. R.: Foundry Trade J. Bd. 44 (1931) S. 321—326, 328.
14. Butterfield, A. C.: (Vulcan Detinning Company) Private communication.
15. Cohen, E. u. A. K. W. A. van Lieshout: Z. phys. Chem. Abt. A Bd. 173 (1935) S. 32.
16. Nishikawa, S., G. Asahara: Phys. Rev. Bd. 16 (1920) S. 38.
17. Murphy, A. J.: J. Inst. Met. Bd. 35 (1926) S. 107.
18. Matuyama, Y.: Sci. Rep. Tôhoku Univ. Bd. 20 (1931) S. 649.
19. Hanson, D., W. T. Pell-Walpole: J. Inst. Met. Bd. 56 (1935) S. 173 — Techn. Publ. Internat. Tin Res. a. Dev. Council, A Nr. 13 (1934).
20. Stenzel, W. u. J. Weerts: Z. Kristallogr. Bd. 84 (1932) S. 20.
21. Shinoda, G.: Mem. Coll. Sci. Kyoto Imp. Univ. A Bd. 16 (1933) S. 193.
22. National Physical Laboratory: Physical Constants of Pure Metals. H. M. Stat. Office, Lond. 1936.
23. Jette, E. R., F. Foote: J. Chem. Physics Bd. 3 (1935) S. 605.

24. BIJL, A. G., N. H. KOLKMEYER: Proc. Acad. Sci., Amst. Bd. 21 (1918) S. 561.
25. DANILOW, W., J. RADTSCHENKO: Phys. Z. Sowjet. Bd. 10 (1936) S. 260.
26. TAMMANN, G., K. L. DREYER: Z.anorg. allg. Chem. Bd. 199 (1931) S. 97.
27. DANIELS, E. J., D. J. MACNAUGHTAN: Proc. Brit. Assoc. Refrigeration Bd. 33 (1936/37) (I) S. 78. — Techn. Publ. Internat. Tin Res. a. Dev. Council B, Nr. 3 (1937).
28. COHEN, E., A. K. W. A. VAN LIESHOUT: Proc. Acad. Sci., Amst. Bd. 39 (1937) S. 1174.
29. VAN ARKEL, A. E., P. KOETS: Z. Phys. Bd. 41 (1927) S. 701.
30. COHEN, E., A. K. W. A. VAN LIESHOUT: Z. phys. Chem. Abt. A Bd. 173 (1935) S. 1.
31. COHEN, E., W. A. T. COHEN-DE MEESTER, J. LANDSMAN: Proc. Acad. Sci., Amst. Bd. 40 (1937) S. 746.
32. TESKE, W., F. SAUERWALD: Z. anorg. allg. Chem. Bd. 210 (1933) S. 247.
33. COHEN, E., K. D. DEKKER: Z. phys. Chem. Bd. 127 (1927) S. 183.
34. NEUBURGER, M. C.: Z. Kristallogr. A Bd. 93 (1936) S. 1.
35. BRIDGMAN, P. W.: Proc. Amer. Acad. Arts a. Sci. Bd. 60 (1925) S. 305.
36. BRIDGMAN, P. W.: Proc. Amer. Acad. Arts a. Sci. Bd. 58 (1923) S. 166.
37. BRIDGMAN, P. W.: Proc. Amer. Acad. Arts a. Sci. Bd. 72 (1938) S. 193.
38. BRIDGMAN, P. W.: Proc. Amer. Acad. Arts. a. Sci. Bd. 72 (1938) S. 220.
39. KOSSOLAPOW, G. F., A. K. TRAPESNIKOW: Z. Kristallogr. Bd. 94 (1936) Bd. 53.
40. WIDAWSKI, E., F. SAUERWALD: Z. anorg. allg. Chem. Bd. 192 (1930) S. 145.
41. COHEN, E., J. OLIE: Z. physik. Chem. Bd. 71 (1910) S. 385.
42. ENDO, H.: Sci. Rep. Tôhoku Univ. (1) Bd. 13 (1924) S. 193, 219.
43. MATUYAMA, Y.: Sci. Rep. Tôhoku Univ. (1) Bd. 18 (1929) S. 19.
44. AWBERY, J. H., E. GRIFFITHS: Proc. phys. Soc., Lond. Bd. 38 (1926) S. 378.
45. UMINO, S.: Sci. Rep. Tôhoku Univ. (1) Bd. 15 (1926) S. 597.
46. IITHAKA, I.: Sci. Rep. Tôhoku Univ. (1) Bd. 8 (1919) S. 99.
47. RUFF, O., B. BERGDAHL: Z. anorg. allg. Chem. Bd. 106 (1919) S. 76.
48. LEITGEBEL, W.: Metallwirtsch. Bd. 14 (1935) S. 267.
49. BAUR, E., R. BRUNNER: Helv. chim. Acta Bd. 17 (1934) S. 958.
50. EUCKEN, A.: Metallwirtsch. Bd. 14 (1936) S. 23, 67.
51. JAEGER, F. M., J. A. BOTTEMA: Proc. Acad. Sci., Amst. Bd. 35 (1932) S. 352.
52. PIONCHON, J.: Ann. Chim. Phys. (6) Bd. 11 (1887) S. 33.
53. KEESOM, W. H., J. N. V. D. ENDE: Proc. Acad. Sci., Amst. Bd. 35 (1932) S. 143.
54. KEESOM, W. H., J. A. KOK: Proc. Acad. Sci., Amst. Bd. 35 (1932) S. 743.
55. KEESOM, W. H., P. H. VAN LAER: Physica, Haag Bd. 4 (1937) S. 487. — Comm. Leiden Bd. 284 C (1938).
56. BRÖNSTED, J. N.: Z. phys. Chem. Bd. 88 (1914) S. 479.
57. O'DAY, M. D.: Phys Rev. Bd. 23 (1924) S. 245.
58. BROWN, W. B.: Phys. Rev. Bd. 22 (1923) S. 171.
59. BIRCUMSHAW, L. L.: Phil. Mag. Bd. 17 (1934) S. 181.
60. STOTT, V. H.: Proc. phys. Soc., Lond. Bd. 45 (1933) S. 530.
61. CAPPER PASS & Son, Ltd.: "Chempur Tin", 1924.
62. GUETERBOCK, P. G. J., G. N. NICKLIN: J. Soc. chem. Ind. Bd. 44 (1925) S. 370 T.
63. CHALMERS, B., R. H. HUMPHRY: Private communication.
64. KAMERLINGH ONNES, H., W. TUYN: Comm. Leiden Bd. 181 (1926).
65. DE HAAS, W. J., J. DE BOER, G. J. V. D. BERG: Physica Haag Bd. 2 (1935) S. 453.

66. MATUYAMA, Y.: Sci. Rep. Tôhoku Univ. Bd. 16 (1927) S. 451.
67. PIETENPOL, W. B., H. A. MILEY: Phys. Rev. Bd. 34 (1929) S. 1588.
68. ANDERSON, P. A.: Bull Amer. phys. Soc. Bd. 11 (1936) S. 8.
69. GOETZ, A.: zit. (68).
70. HOGE, H. J.: Phys. Rev. Bd. 48 (1935) S. 615.
71. STONER, E. C.: Sci. Rep. Tôhoku, Vol. Honda 1936, S. 283.
72. HONDA, K., Y. SHIMIZU: Nature, Lond. Bd. 136 (1935) S. 393.
73. RAMACHANDRA RAO, S.: Proc. Ind. Acad. Sci. a. Arts Bd. 186 (1936).
74. BIRCUMSHAW, L. L., G. D. PRESTON: Phil. Mag. Bd. 21 (1936), S. 686.
75. HANSON, D., E. J. SANDFORD u. H. STEVENS: J. Inst. Met. Bd. 55 (1934) S. 115. — Techn. Publ. Internat. Tin Res. a. Dev. Council A, Nr. 10 (1934).
76. HANSON, D., E. J. SANDFORD: I. Inst. Met. Bd. 56 (1935) S. 191. — Techn. Publ. Internat. Tin. Res a. Dev. Council A Nr. 15 (1935).
77. HANSON, D., E. J. SANDFORD: J. Inst. Met. Bd. 59 (1936) S. 159. — Techn. Publ. Internat. Tin Res. a. Dev. Council A, Nr. 39 (1936).
78. HANSON, D., W. T. PELL-WALPOLE: J. Inst. Met. Bd. 61 (1937), advance copy.
79. MARK, H., M. POLANYI: Z. Phys. Bd. 18 (1923) S. 75.
80. OBINATA, J., E. SCHMID: Z. Phys. Bd. 18 (1923) S. 224.
81. HAASE, O., E. SCHMID: Z. Phys. Bd. 33 (1925) S. 413.
82. POLANYI, M., E. SCHMID: Z. Phys. Bd. 32 (1925) S. 684.
83. CHALMERS, B.: Proc. phys. Soc., Lond. Bd. 47 (1935) S. 733. — Techn. Publ. Internat. Tin Res. a. Dev. Council A, Nr. 20 (1935).
84. CHALMERS, B.: Nature, Lond. Bd. 129 (1932) S. 650.
85. ANDRADE, E. N. DA C.: Nature, Lond. Bd. 129 (1932) S. 651, 833.
86. ANDRADE, E. N. DA C.: Proc. roy. Soc., Lond. A Bd. 84 (1910) S. 1.
87. ANDRADE, E. N. DA C., B. CHALMERS: Proc. roy. Soc., A Lond. Bd. 138 (1932) S. 348.
88. CHALMERS, B.: Proc. phys. Soc., Lond. Bd. 47 (1935) S. 352.
89. CHALMERS, B.: Proc. roy. Soc., Lond. A Bd. 156 (1936) S. 427. — Techn. Publ. Internat. Tin Res. a. Dev. Council A, Nr. 44 (1936).
90. CHALMERS, B.: J. Inst. Met. Bd. 61 (1937) S. 34. — Techn. Publ. Internat. Tin Res. a. Dev. Council A, Nr. 54 (1937).
91. CHALMERS, B.: Proc. roy. Soc., Lond. A Bd. 162 (1937) S. 120.
92. MOLNAR: Rev. Métall. Bd. 28 (1930) S. 522.
92a. v. ARKEL, A. E., M. G. v. BRUGGEN: Z. Phys. Bd. 42 (1927) S. 795.
93. KERR, R.: J. Soc. chem. Ind. Bd. 54 (1935) S. 217 T. — Techn. Publ. Internat. Tin Res. a. Dev. Council A, Nr. 19 (1935).
94. BRENNERT, S.: Techn. Publ. Internat. Tin Res. a. Dev. Council D, Nr. 2 (1935).
95. HOAR, T. P.: Private communication.
96. QUAM, G. N.: Industr. Engng. Chem. Bd. 21 (1929) S. 703.
97. DONAUER, M.: Ice Cream Rev. Bd. 5 (1922) S. 78.
98. HUNZIKER, O. F.: Proc. World's Dairy Cong. 1923 (2) S. 1189.
99. HOAR, T. P.: J. Inst. Met. Bd. 55 (1934) S. 135. — Techn. Publ. Internat. Tin Res. a. Dev. Council A, Nr 4 (1934).
100. BRYAN, J. M.: D. S. I. R. Report of Food Investigation Board, Sect. VI, Canning 1935, S. 163.
101. KENWORTHY, L.: Trans. Faraday Soc. Bd. 31 (1935) S. 1331. — Techn. Publ. Internat. Tin Res. a. Dev. Council A, Nr. 24 (1935).
102. HEYN, E., E. WETZEL: Z. Metallkde. Bd. 14 (1922) S. 335.
103. MUNDEY, A. H.: J. Inst. Met. Bd. 56 (1935) S. 206.
104. DANIELS, E. J.: J. Inst. Met. Bd. 58 (1936) S. 199.

64. Blei.

(Atomgewicht 207,22.)

Von **Walter Schopper,** Hamburg.

Mit 2 Abbildungen.

a) Vorbemerkungen.

Das Blei ist ein Metall, das handelsüblich bereits in hohen Reinheitsgraden hergestellt wird. Gehalte von 99,98% Pb werden von vielen handelsüblichen Bleisorten erreicht. Einzelne Bleiraffinerien haben gelegentlich noch reineres Blei gewonnen und dabei 99,99% Pb wesentlich überschritten. Mehrere Forschungslaboratorien haben sich bemüht, reinstes Blei herzustellen und seine Eigenschaften untersucht. Trotzdem scheint es nicht sicher, daß heute bereits die Eigenschaften des reinsten Bleies restlos erkannt sind. In dem DRP. 654528 von G. K. Williams wird festgestellt, daß die Oxydationsgeschwindigkeit des Bleies sich sehr beträchtlich ändert mit dem Gehalte an leicht oxydierbaren Verunreinigungen. Es tritt eine unerwartet hohe Oxydationsgeschwindigkeit bei Blei auf, das einen so kleinen Anteil von Verunreinigungen aufweist, daß es bereits für die meisten Handelszwecke genügend rein ist. Burkhardt [(*1*) Zahlentafel VI] findet, daß die Verkrätzung des Bleies mit wachsendem Reinheitsgrad des Bleies zunimmt: Reinstbleie der Norddeutschen Affinerie und Kahlbaumblei mit 99,996 bis 99,999% Pb verkrätzten 4- bis 5mal stärker als normales Weichblei mit 99,965% Pb. Andererseits hat aber das Kaiser-Wilhelm-Institut für physikalische Chemie und Elektrochemie, Berlin-Dahlem, ein äußerst reines Blei hergestellt, welches im geschmolzenen Zustand der Oxydation durch die Luft auffallend lange widersteht und blank bleibt, etwa wie Quecksilber. Es liegt also ein klarer Widerspruch vor, der nur dadurch erklärt werden kann, daß eben manche Bleie, die man bisher als Reinstblei angesehen hat, diesen Namen noch nicht verdienen.

Metallische Verunreinigungen von etwa 10^{-6} g/g Blei, wie sie in den Analysen von sehr reinen Bleien noch gefunden werden, verändern manche Eigenschaften des Reinstbleies wesentlich. Äußerst reine Bleie mit 10^{-9} bis 10^{-10} g Gold, Silber, Kupfer/g Blei sind auffallend weich und schneidbar. Sie haben fast keinen Klang und bleiben, wenn sie in einem gereinigten Porzellantiegel (s. u.) flüssig abgehalten werden, lange Zeit blank ohne Krätzebildung. Schon Zusätze von z. B. 2 bis $3 \cdot 10^{-6}$ g Gold zu 1 g aber erteilen ihnen einen auffallend hellen Klang und rufen eine starke Krätzebildung beim Schmelzen hervor.

b) Originalhüttenweichblei.

„Originalhüttenweichblei“ ist ein Weichblei, welches von den Bleihütten aus Bleierzen gewonnen wird, im Gegensatz zu „doppelt raffiniertem Weichblei“, welches durch Umschmelzen und nochmaliges Raffinieren von Altblei hergestellt ist.

Die Bleihütten gewinnen aus den Bleierzen zunächst Rohblei. Aus dem Rohblei werden mit Schmelzmethoden die gegen Blei elektronegativen Verunreinigungen entfernt: durch Verblasen mit Luft bei annähernd 800° C (*2*) oder durch oxydierende Salzschmelzen bei 415° C [HARRIS-Verfahren (*3*)]. Anschließend führt man durch Zusätze die Bildung von schwer schmelzbaren, sich verfestigenden Schäumen und Krusten herbei, die im geschmolzenen Blei schwer- bzw. unlöslich sind. Man trennt so nacheinander die edleren Verunreinigungen vom Blei: zur Entfernung der Edelmetalle dient Zinkzusatz (PARKES-Prozeß), für die Entwismutierung benutzt man Calcium, Magnesium und Antimon [BETTERTON-Verfahren (*4*)] oder Magnesium und Kalium [Peñarroya-Verfahren (*4a*)]. Endlich kann man noch nach BETTERTON-LEBEDEFF (*5*) das Kupfer restlos aus dem Blei entfernen durch Einführung von elementarem Phosphor.

Einzelne Bleihütten bedienen sich auch der elektrolytischen Raffination für das Blei (*6*). Diese vermag entsprechend der Lage der in Frage kommenden Potentiale nur eine gute Trennung der Edelmetalle und des Wismuts vom Blei zu leisten. Bezüglich der anderen Verunreinigungen ist die Wirkung begrenzt, so daß man zweckmäßig die Abtrennung der unedlen Verunreinigungen vor der Elektrolyse nach Schmelzmethoden ausführt, sobald man die Herstellung sehr reinen Bleies beabsichtigt. Die technische Praxis allerdings entfernt meist vor der Elektrolyse nur Zinn sowie Kupfer und nimmt dann die Elektrolyse vor. Nach beendigter Elektrolyse wird aber das Kathodenblei mit Schmelzmethoden nachraffiniert, um die letzten Reste insbesondere von Antimon zu entfernen [Verfahren von TRAIL und CERRO DE PASCO (*7*)].

Tabelle 1. Zusammenstellung der Fremdmetalle in einigen handelsüblichen, sehr reinen Weichbleisorten, Zahlen in 10^{-6} g/g Blei.

	Southeastern-Missourieblei (USA.)	Brokenhillblei (Australien)	Im HARRIS-Verfahren mit $NaOH+NaNO_3$ raffiniertes Otaviblei	Elektrolytblei	
				Tadanac (Canada)	NA (Deutschland)
Cu	553 g/t	2 g/t	5 g/t	2 g/t	2 g/t
Bi	5	25	30	2	15
As	⌀	⌀	⌀	2	⌀
Sb	4	40	5	20	2
Ni, Co	43	⌀	⌀	⌀	⌀
Fe	4	7	5	15	5
Cd	6	2	5	⌀	Sp.
Zn	3	5	3	7	Sp.
Ag	57	5	3	7	0,5
Au		0,03	0,02	0,03	0,01
Pb a. d. Differenz	99,93%	99,9914%	99,9944%	99,9950%	99,9975%

Die obige Tabelle beschränkt sich auf regelmäßig vorkommende Nebenbestandteile des Bleies. Im Rohblei finden sich aber noch viele andere Elemente. Deren Verhalten ist beim Raffinieren des Bleies zum Teil nur lückenhaft bekannt. Es handelt sich um Tellur, Thallium, Selen, Molybdän, Indium (*8*), Gallium, Germanium, wobei die Reihenfolge etwa der Häufigkeit entsprechen dürfte. Inwieweit Spuren dieser Elemente sich noch im Weichblei vorfinden, ist nicht bekannt. Bekannt ist aber, daß diese seltenen Elemente sich in gewissen Produkten des HARRIS-Verfahrens, insbesondere in den Salzen, anreichern und da schließlich identifiziert werden können.

c) Reinstes Blei.

Die Firma Kahlbaum in Berlin bringt für wissenschaftliche Zwecke ein sehr reines Blei mit etwa $10 \cdot 10^{-6}$ g Verunreinigungen/g in den Handel, über dessen Herstellung allerdings nichts bekannt ist. Die Gewinnung eines recht reinen Bleies ist von R. S. RUSSELL (*9*) beschrieben worden: In saurem Perchlorat-Elektrolyt (5% Pb, 5% freie $HClO_4$, 215 A/m^2 Stromdichte, etwa 20° C, 0,05% Pepton als Zusatz zur Verbesserung der Abscheidungsform), wurde reinstes Brokenhillblei elektrolysiert, wobei die Anoden in ein Baumwolldiaphragma eingehüllt wurden, um das Abschwimmen des Anodenschlammes zur Kathode zu verhindern. BURKHARDT (*1*) erwähnt die Tatsache, daß die Norddeutsche Affinerie in Hamburg in technischem Maßstab sehr reines Elektrolytblei dargestellt hat. Dieses Blei wurde durch nochmalige Elektrolyse von reinem Elektrolytblei gewonnen, und zwar in saurer borflußsaurer Lösung, wobei die Anoden ebenfalls in Baumwolldiaphragmen eingehüllt wurden.

Es wurde schon gezeigt, daß die elektrolytische Bleiraffination verhältnismäßig bequem bis auf $50 \cdot 10^{-6}$ g Gesamtverunreinigungen/g Blei führt, entsprechend 99,995% Pb. RUSSELL (*10*) ist es gelungen, bis auf $5 \cdot 10^{-6}$ g Gesamtverunreinigungen/g Blei vorzudringen (Bi $2 \cdot 10^{-6}$, Cu, Fe, Zn je $1 \cdot 10^{-6}$, Cd, Sn, Sb, As, Ag Null), als er die Elektrolyse auf reinstes Anodenmaterial anwandte, das aus sehr reinem, technischem Blei durch nochmaliges Verschmelzen mit 3,3% Bleiglätte bei 900° C und Abkühlen erhalten worden war. Eine weitere Steigerung des Reinheitsgrades von Blei ist auf den bisher beschrittenen Wegen nicht möglich.

Als daher das Kaiser-Wilhelm-Institut für physikalische Chemie und Elektrochemie in Berlin-Dahlem mit den Untersuchungen über den Goldgehalt im Meerwasser begann und ein Blei benötigte, das mindestens im Gold- und Silbergehalt um mehrere Größenordnungen niedriger sein mußte als jedes der zugänglichen Bleie, wurde in den Jahren 1923/24 eine grundsätzlich neue Methode entwickelt (*11*).

10 kg essigsaures Blei (pro anal.) werden in 5 kg Eisessig (pro anal.) und 500 g Essigsäureanhydrid (pro anal.) unter gelindem Erwärmen in Lösung gebracht. In die auf Zimmertemperatur abgekühlte Lösung werden 100 g Thioessigsäure (rein) rasch gleichmäßig eingerührt. Beim Erhitzen auf dem Wasserbad färbt sich die gelbliche Lösung braun und

flockt aus. Nach dem Absitzen des Bleisulfidniederschlages wird abgenutscht. Beim Verdünnen des Filtrats mit doppelt destilliertem Wasser scheidet sich der größte Teil des Bleiacetats in kristalliner Form aus. Man filtriert den Kristallbrei und unterwirft ihn der vorbeschriebenen Prozedur noch ein- oder zweimal. Das gereinigte Bleiacetat wird schließlich getrocknet und in abgedeckten Porzellantiegeln erhitzt. Hierbei zersetzt sich das Acetat. Die Hauptmenge des Bleies sammelt sich zu einem Regulus, der in Porzellangefäße geeigneter Form unter sorgfältiger Fernhaltung der gleichzeitig gebildeten geringen Oxydmenge ausgegossen wird.

Sämtliche für die Reinigung des Bleiazetats benötigten Gerätschaften müssen mit Bromsalpetersäure gereinigt und mit doppelt destilliertem Wasser gespült werden. Bei der Erhitzung des Bleiacetats muß verhütet werden, daß das entstehende Bleioxyd schmilzt, weil dann an der Tiegelwandung Bleisilikatschlacke entsteht und durch diesen Angriff Edelmetall und Kieselsäure [Nachweis von Kieselsäure in Kahlbaumblei nach TAMMANN (*12*)] in das geschmolzene Blei gelangen kann.

An Stelle der Thioessigsäure kann mit gleich gutem Erfolg auch in heißem, absolutem Alkohol gelöster Thioharnstoff 100 g (reinst) verwendet werden. Das Bleisulfid scheidet sich in diesem Falle von vornherein als schwarzes Sulfid aus, das sich teilweise als Spiegel auf der Innenwand des Reaktionsgefäßes absetzt.

	Au	Ag	
Bleiacetat Kahlbaum pro anal.	10^{-7}	10^{-5} g/g	Bleiinhalt
Einmal gereinigtes Bleiacetat.	10^{-9}	10^{-7} g/g	,,
Zweimal ,, ,, ...	10^{-11}	10^{-9} g/g	,,
Dreimal ,, ,, ...	10^{-12}	10^{-10} g/g	,,

Die Interessen des HABERschen Instituts lagen zur Zeit der Ausarbeitung der mitgeteilten Methode nicht auf metallurgischem Gebiet, sondern es handelte sich um die Gewinnung einer analytischen Hilfssubstanz. Es ist aber unzweifelhaft, daß man hier ein Blei in Händen gehabt hat, das den Namen „reinstes Blei“ verdient. Durch die wiederholte Sulfidfällung werden nicht nur die Verunreinigungen des Bleiacetats abgetrennt, die in kolloidaler Zerteilung vorliegen (z. B. Gold) oder bei denen das Löslichkeitsprodukt des Sulfides größer ist als das des Bleisulfides, sondern auch Selen und Tellur. Die mehrfache Umkristallisation durch Zugabe von Wasser und die Reduktion in Porzellantiegeln bedingt Fernhaltung des unzweifelhaft sehr schädlichen Eisens und auch anderer Verunreinigungen.

Es empfiehlt sich, bei zukünftigen Untersuchungen über die Eigenschaften des reinsten Bleies sich des obigen Materials zu bedienen. Das Blei des Kaiser-Wilhelm-Instituts ist auffallend weich und schneidbar und widersteht in geschmolzenem Zustand der Oxydation durch die Luft wesentlich länger als sonstige reine Bleie, z. B. als Kahlbaumblei.

Die vorstehende Zusammenstellung kann nicht abgeschlossen werden ohne eine Notiz über die analytischen Untersuchungsmethoden für reinstes Blei. RUSSELL zeigt (*13*), daß spektroskopische Methoden unter $1 \cdot 10^{-5}$ g Verunreinigung/g Blei für alle in Frage kommenden Elemente außer Eisen versagen. RUSSELL empfiehlt kolorimetrische Methoden (*14*). Außerordentlich zuverlässig ist die Analysenmethode des Port Pirie-Laboratoriums der Broken Hill Associated Smelters Pty. Ltd., beschrieben von HEMINGWAY (*15*) nach der die Reinstbleie von RUSSELL untersucht worden sind.

d) Physikalische Eigenschaften.

Kristallstruktur. Das Blei kristallisiert nach dem Kupfertypus kubisch holoedrisch. Es besitzt ein flächenzentriertes Gitter bei dichtester kubischer Kugelpackung. Die meisten neueren, am reinsten Blei gemessenen Röntgendaten stimmen miteinander überein. Auf Grund dieser Daten gibt NEUBURGER (*16*): $a = 4{,}9389 \pm 6$ Å an, woraus für die Dichte folgt: $d_{20} = 11{,}341$. Für die pyknometrische Dichte eines Bleipräparates, das aus dem Oxyd mit Wasserstoff reduziert und gehämmert war, wurde in guter Übereinstimmung mit den Röntgenmessungen $d_{20} = 11{,}336$ (*17*) gefunden.

Struktur des flüssigen Bleies. Aus den Untersuchungen von DANILOW und RADTSCHENKO (*51*) folgt, daß die Struktur des flüssigen Bleies eine annähernd dichtest gepackte ist. Das Diffraktionsbild ist dem des flüssigen Quecksilbers ähnlich.

Ausdehnungskoeffizient. Der lineare Ausdehnungskoeffizient ist nach HIDNERT und SWEENEY (*18*)

$$\delta_{20-301} = 31{,}3 \cdot 10^{-6}\,\mathrm{cm\,Grad^{-1}}.$$

Aus den Röntgendaten von OWEN und YATES (*19*) folgt:

$$\delta = 27 \cdot 10^{-6}.$$

EUCKEN und DANNÖHL (*20*) geben ähnliche Werte an. Etwas höher sind die Werte von UFFELMANN (*21*); es ist sehr zweifelhaft, ob die Genauigkeit der Messungen in diesem Fall genügend groß ist, um aus dem etwas unregelmäßigen Verlauf der Temperaturkurve auf die Existenz von vier verschiedenen Temperaturgebieten zu schließen.

Der **Schmelzpunkt** des reinen Bleies beträgt 327,4° C. Nach UMINO ist die Schmelzwärme (*22*) 1,14 kcal/Grammatom, nach MAGNUS und OPPENHEIMER (*23*) 1,224 kcal.

Die **Kompressibilität** ist nach BRIDGMANN (*24*):

$$\text{bei } 30^\circ\text{ C: } 2{,}373 \cdot 10^{-6} - 17{,}25 \cdot 10^{-12} p\ \mathrm{cm^2/kg},$$
$$\text{bei } 75^\circ\text{ C: } 2{,}433 \cdot 10^{-6} - 17{,}7 \cdot 10^{-12} p\ \mathrm{cm^2/kg}.$$

EBERT (*25*) hat die Längenänderung an einem Einkristall in kleinerem Druckgebiet gemessen. BIRCH und LAW (*26*) geben die Kompressibilität als Funktion der Temperatur in folgender Formel an:

$$K_t = 2{,}140\,(1 + 4{,}8 \cdot 10^{-4} t + 4 \cdot 10^{-7} t^2)\,10^{-6}.$$

Siedepunkt. Erhebliche praktische Bedeutung kommt den Sättigungsdrucken des Bleies im Hinblick auf die Verdampfung des Bleies bei vielen metallurgischen Prozessen zu. Nach FISCHER (*27*) sind in der nachstehenden Übersicht mehrere Messungen angegeben und daraus die Gewichte der im Dampf vorhandenen Bleimenge berechnet.

$T = 945°$	$p = 0{,}00225$ mm QS	$t = 700°$ C	$= 0{,}03$ g/m³
974°	0,0048 mm QS	800° C	0,34 g/m³
997,5°	0,00823 mm QS	900° C	1,5 g/m³
		950° C	3,6 g/m³
1023°	0,0152 mm QS	1000° C	7,6 g/m³
		1050° C	15 g/m³
1398°	4,4 mm QS	1100° C	24 g/m³
1415°	7,5 mm QS	1150° C	37 g/m³
1470°	14,2 mm QS	1200° C	65 g/m³

FISCHER (*27a*) hat aus diesen Messungen die folgende Dampfdruckgleichung aufgestellt:

$$\log p = -\frac{46890}{4{,}571\,T} + 11{,}428 - 1{,}05 \log T,$$

woraus der Siedepunkt zu 2025° K folgt. LEITGEBEL findet für den Siedepunkt: 1740 ± 10° C (*28*), während BAUR und BRUNNER (*29*) angeben: 1965° K. Siehe auch die Diskussion zwischen FISCHER und BAUR-BRUNNER (*30, 31*).

Wärmeleitfähigkeit. Die Wärmeleitfähigkeit des reinen Bleies ist $W_0 = 0{,}0842$ cal cm^{-1} sec^{-1} Grad^{-1} (*32*).

Nach BREMMER und DE HAAS (*33*) nimmt die Wärmeleitfähigkeit unterhalb 100° K sehr schnell zu, um in der Nähe vom Sprungpunkt ein Maximum zu erreichen. In dieser Arbeit wird auch der Einfluß eines Magnetfeldes auf die Wärmeleitfähigkeit untersucht. Die Ergebnisse weichen zum Teil ziemlich stark von den Ergebnissen früherer Autoren ab.

Spezifische Wärme. Neuere Messungen der spezifischen Wärme finden sich bei BRONSON und WILSON (*34*), die in dem Gebiet —80° bis 120° C ihre Ergebnisse in der Formel:

$$c_p = D\left(\frac{88}{T}\right) + 3{,}06 \cdot 10^{-6}\, T^{1{,}383} \text{ Joule/Gramm/Grad}$$

zusammenfassen. Hierin stellt D die DEBYE-Funktion vor. KEESOM und VAN DER Ende (*36*) bestimmen die Atomwärme im Gebiet von 3° K bis 20° K. Die Werte lassen sich mit kleinen Abweichungen durch eine DEBYE-Funktion $D\left(\frac{88}{T}\right)$ wiedergeben. Die älteren Messungen werden von KELLEY (*35*) in dem Gebiet zwischen 0° C und dem Schmelzpunkt durch:

$$C_p = 5{,}77 + 2{,}02 \cdot 10^{-3}\, T$$

angeben, wobei T die absolute Temperatur ist. Für flüssiges Blei wird angegeben $C_p = 6{,}8 \pm 0{,}3$.

Elektrische Eigenschaften. Der Widerstand ist untersucht worden von SALDAU (*39*), PIETENPOL und MILEY (*38*) und TSUTSUMI (*37*). An Kahlbaumblei 6 Wochen geglüht bei 170° C wird von SALDAU (*39*) ein spezifischer Widerstand von $\varrho_{25} = 20{,}881 \cdot 10^{-6}$ Ω cm^{-1} gefunden. Temperaturkoeffizient $\alpha_{25-100} = 400 \cdot 10^{-5}$. Im technisch gebräuchlichen Maße ausgedrückt beträgt also die Leitfähigkeit des Bleies

$$\lambda_{20} = 4{,}88 \text{ m } \Omega^{-1} \text{ mm}^{-2}.$$

Das Verhältnis $\varrho_{\text{fl.}}$ zu ϱ_{fest} am Schmelzpunkt beträgt nach TSUTSUMI (*37*) 2,06.

Die Messungen von PIETENPOL und MILEY (*38*) geben den Widerstand von 20° bis 460° C an. Wenn das Metall geschmolzen ist, wird es von einer Oxydhaut in der ursprünglichen Form gehalten. Inwieweit diese Methode sehr genaue Resultate gibt, läßt sich nicht so leicht beurteilen.

Bei tiefer Temperatur wird Blei supraleitend, der Sprungpunkt liegt nach den neuesten Messungen von DE HAAS, DE BOER und VAN DEN BERG (*40*) bei 7,29° K. Die meisten Präparate, die wohl alle von der Qualität der besten Kahlbaumbleisorten sind, zeigen nur einen Restwiderstand von 0,0006. Für weitere Messungen siehe (*41*) und (*42*). Die neueste Literatur findet man unter (*40*) zusammengestellt.

Die Sprungpunkte der Legierungen des Bleies liegen meist niedriger, zum Teil höher als die des reinsten Bleies.

Allotropie. Nachdem KAMERLINGH ONNES 1927 (*43*) in Nachprüfung älterer Literaturangaben, die eine Allotropie des Bleies nachgewiesen haben wollten, keine Allotropie gefunden hatte, behauptete HARGREAVES 1930 (*44*) neuerlich eine solche Umwandlung. HARGREAVES benutzte ein Reinstblei von 99,999% Pb und untersuchte die Brinellhärte bei steigender Temperatur. Bei 187° und 223° C traten sprunghafte Änderungen der Brinellhärte von 3,4 auf schließlich 4,6 ein und HARGREAVES schloß aus diesem Verhalten auf das Vorhandensein mehrerer allotroper Modifikationen des Bleies. WASHIRO EDA (*45*) prüfte die von HARGREAVES an Polykristallen gemachten Feststellungen an Einkristallen nach und fand zwischen 20° und 300° C keine Diskontinuität. Ebensowenig wurde eine sprunghafte Änderung der elektrischen Leitfähigkeit beim Erhitzen oder Abkühlen gefunden. Im Gegensatz hierzu hat SALDAU (*39*) am getemperten Kahlbaumblei je nach Erhitzungs- und Abkühlungsgeschwindigkeit in der Widerstandskurve des Bleies scharfe Knicke bei 150° bis 170° C gefunden. Ähnliche Diskontinuitäten hatte JAENECKE (*46*) erhalten, allerdings bei Temperaturen zwischen 50° und 70° C. DORN und GLOCKLER (*47*) dagegen kommen auf Grund von Röntgenmessungen zum Ergebnis, daß von 20° bis 185° keine allotrope Umwandlung auftritt.

Die Frage der Allotropie des reinen Bleies erscheint demnach noch nicht restlos geklärt. Die große Streuung der Temperaturen legt die

Vermutung nahe, daß es sich bei den gefundenen Diskontinuitäten nicht um Allotropieerscheinungen handelt, sondern um Ausscheidungsvorgänge [Bleioxyd? (s. Abschnitt g)].

Magnetische Eigenschaften. Blei ist diamagnetisch. Nach RAO und SUBRAMANIAN (*48*) ist die spezifische Suszeptibilität praktisch unabhängig von der Temperatur bis zum Schmelzpunkt.

$$\chi_{20} = -0{,}119 \cdot 10^{-6}.$$

OWEN (*49*) gibt an:

$$\chi = -0{,}12 \cdot 10^{-6}.$$

SCHUBNIKOW und Mitarbeiter haben den Einfluß vom Magnetfelde auf die magnetische Induktion untersucht (*50*).

Photoelektrische Eigenschaften. Beim Übergang zur Supraleitfähigkeit tritt kein Sprung im photoelektrischen Effekt auf (*52*).

e) Chemische Eigenschaften.

Das Ruhepotential des Bleies gemessen in n/1 Pb $(NO_3)_2$-Lösung beträgt $E_h = -0{,}124$ V. Trotzdem ist das Blei als Apparatebaustoff vielseitig verwendbar, weil es mehrere schwerlösliche Verbindungen bildet, die schützende Deckschichten auf seiner Oberfläche ergeben.

Eine der in wässerigen Lösungen schwerstlöslichen Verbindungen des Bleies ist das Superoxyd PbO_2 mit einer Löslichkeit unter 0,2 mg Pb/l. PbO_2 entsteht bei anodischer Polarisation auf geeignetem Blei als festhaftende Schicht. Reinstes Blei, insbesondere hochwertiges Elektrolytblei ergibt bei anodischer Polarisation in Sulfatlösung nur eine äußerst lückenhafte Bedeckung mit Bleisuperoxyd in netzartigen Linien und kleinen Flecken. Das übrige ist mit einer glasartigen glänzenden Schicht von Bleisulfat überzogen, die den Strom nicht leitet und Spannungsanstieg verursacht. Für die Gewinnung guter Bleisuperoxydüberzüge sind nur legierte Bleie geeignet, z. B. das bekannte Tainton-Blei mit 1% Silberzusatz (*53*). Ferner sind gegossene Bleie besser geeignet als Walzbleie. Mit Bleianoden, die eine gute Bleisuperoxydbedeckung haben, kann man kathodisch praktisch bleifreie Metalle abscheiden. Der hohe Reinheitsgrad des Elektrolytzinks nach TAINTON beruht zum Teil hierauf.

Die technisch wichtigste Deckschichtenbildung auf Blei ist das Sulfat. Dessen Löslichkeitsverhältnisse siehe Abb. 1 und 2 nach eigenen Versuchen. Bleisulfat ist also in destilliertem Wasser relativ leicht löslich. Offenbar handelt es sich aber um die Löslichkeit eines Hydrolysenproduktes, denn schon kleine Zusätze von freier Schwefelsäure genügen, um die Löslichkeit des Bleies auf einen Bruchteil zu vermindern. Reines Blei wird bekanntlich von kondensierendem Wasserdampf, von Kondenswasser, von Regen (*54*) und von sehr reinem Quellwasser stark angegriffen. Über Löslichkeit von Bleisulfat siehe auch DAWKINS und WELDON (*55*).

Die Ausbildung von Bleisulfatdeckschichten ist um so geschlossener, je reiner das Blei ist. Für den Bau von Schwefelsäurekammern, Turmsystemen u. dgl. bewähren sich nur reinste Bleie. In Fällen geringerer chemischer Beanspruchung können trotzdem das kupferhaltige Pattinsonblei, das nickelhaltige Edelblei und vor allem das Tellurblei mit einigen hundertstel Prozent Te als Apparatebaustoff mehr befriedigen als reines Weichblei, weil diese legierten Bleie eine bessere Ermüdungsfestigkeit besitzen. Es sei hier auf die U.S. Standard Specifications for Pig Lead verwiesen, A.S.T.M. Designation B 29/35. Diese klassieren ein Blei nach Art des in Tab. 1 oben mit Analyse angegebenen Southeastern Missouri Lead als Grade II mit der Bezeichnung „Chemical Lead", d. h. als Blei für den Apparatebau.

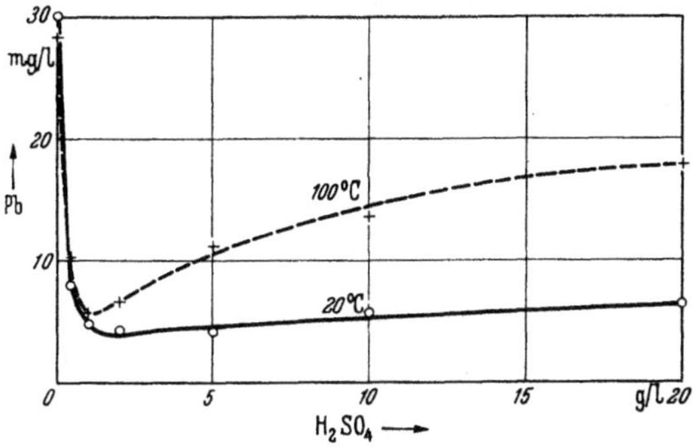

Abb. 1. Löslichkeit von $PbSO_4$ in schwach schwefelsauren wässerigen Lösungen.

Reines Blei neigt zu interkristallinen Brüchen, besonders wenn es gleichzeitig chemischer und mechanischer Beanspruchung ausgesetzt ist (56). Bei sehr geringer chemischer Beanspruchung, z. B. durch Lösungen mit etwa 1 g freier H_2SO_4/l ist aber die Haltbarkeit von Bleiapparaturen auffallend gut, auch bei starken Temperaturwechseln, offenbar weil man sich bei diesen Lösungen im Gebiet des Minimums der Löslichkeit von Bleisulfat befindet.

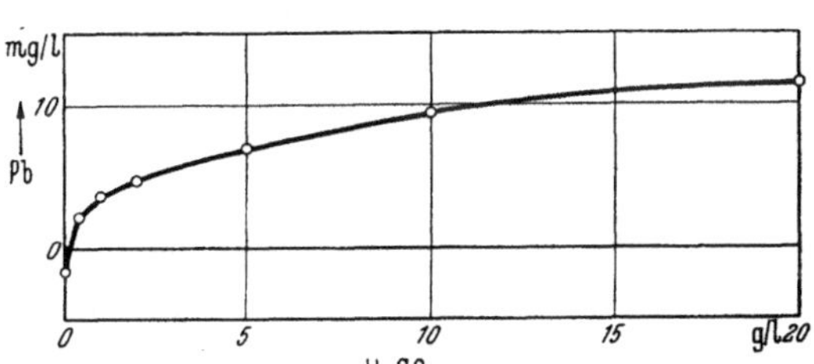

Abb. 2. Löslichkeitsunterschiede von $PbSO_4$ in schwach schwefelsauren wässerigen Lösungen zwischen 100° C und 20° C.

Über die Korrosion von reinem und legiertem Blei durch Schwefelsäure verschiedener Konzentration und Temperatur, sowie durch Salzsäure berichtet Burkhardt (57). Umfassende Zusammenstellung über Bleikorrosion bei Kieser (58). Die für technische Prüfungen zuweilen benutzte Zündprobe (57, 59) in konzentrierter Schwefelsäure hat nur Wert für die Untersuchung von Weichbleien. Sehr reine Weichbleie haben Zündtemperaturen von 310° C und mehr. Kleine Wismutgehalte, z. B. 0,02% Bi, erniedrigen sie stark, Zusätze, z. B. 0,05% Cu, 0,03% Te bzw. 0,03% Ni, erhöhen sie wieder, so daß z. B. nickelhaltiges Blei durch siedende H_2SO_4 nur noch sehr langsam angegriffen wird.

Thompson (60) untersucht das Problem der Deckschichtenbildung auf Blei in Sulfatlösung durch Potentialmessungen. Er findet ganz wesentliche Potentialverschiebungen nach der negativen Seite, die allmählich abklingen. THOMPSON zeigt durch Anfärben der Bleioberfläche mit ammoniakalischer Dimethylglyoximlösung (*61*), daß es sich um metallisches Eisen handelt, das durch Walzen, Hämmern, Schneiden usw., also durch Berührung mit Eisenwerkzeugen, auf die Bleioberfläche aufgebracht wurde. Aber auch im Blei gelöstes Eisen konnte als von Einfluß nachgewiesen werden. THOMPSON bemerkt, daß Eisen im Blei ein korrosionsgefährdender Bestandteil sein kann.

Nicht unerwähnt soll bleiben, daß Blei noch eine kleine Zone von Korrosionsfestigkeit zeigt, nämlich im Gebiete $p_h \sim 6$ und Bleicarbonat als Bodenkörper. Es sind gelöst 1,5 mg Pb/l. Der p_h-Wert 6 ist in kohlesäurefreien Trinkwässern, die Carbonate gelöst enthalten, häufig. Derartige Wässer hat man früher in unverzinnten Bleirohren dem menschlichen Verbrauch zugeführt. Aber schon 2 mg freie CO_2 im Liter Wasser erhöhen die Löslichkeit des Bleies auf etwa 6 mg Pb/l, 100 mg CO_2 sogar auf 15 mg Pb/l, also in hygienisch höchst bedenklichem Grade. Man verwendet deshalb im Gegensatz zu früheren Zeiten heute ausschließlich verzinnte Bleirohre in der Trinkwasserversorgung und verbindet solche Bleirohre niemals durch autogene Verschweißung, sondern durch Löten mit Zinnlot. Trinkwasser soll nicht mehr als 0,35 mg Pb/l enthalten. Da nun keine der in Frage kommenden Deckschichten des Bleies eine derartig niedrige Löslichkeit besitzt, so dürfen wegen der bekannten Giftigkeit des Bleies Speisen und Getränke nie mit Blei oder bleihaltigen Metallen in Berührung kommen.

f) Mechanische Eigenschaften.

Eine bis 1934 reichende Zusammenstellung über die mechanischen Eigenschaften des unlegierten Bleies von BURKHARDT findet sich bei GUERTLER (*62*), Rekristallisationsdiagramme dreier Weichbleisorten von LOOFS-RASSOW siehe (*63*), eine weitere Veröffentlichung von BURKHARDT (*64*). Die mechanischen Eigenschaften äußerst reinen und sauerstofffreien Bleies sind von GREENWOOD (*65*) und von RUSSELL (*66*) und (*67*) untersucht worden (s. Abschnitt g). Wie eine Untersuchung von HIERS (*68*) zeigt, weichen Streckgrenze, Bruchfestigkeit und Dehnung von sehr reinem Blei stark von denen guter Hüttenweichbleie ab. Für reinstes Blei müssen bei Prüfung im Kurzzeitversuch die Streckgrenze (0,5% Dehnung) unter 0,5 kg/mm², Bruchfestigkeit etwa 1 kg/mm², Bruchdehnung 70% angenommen werden. Die Brinellhärte 10 mm/100 kg/30 sec findet HIERS beim reinsten Blei zu 2,9 bis 3,0. Bei den Härtungen durch Druck zeigt Blei bei Temperaturen unterhalb —40° C eine Härtesteigerung; oberhalb 50° C ist es nicht mehr möglich, das Blei mittels Druck zu härten (*69*). Nach EDA (*45*) steigt die Härte von polykristallinem Blei beim Abkühlen unter 200° plötzlich stark an.

Zahlen über Streckgrenze und Bruchfestigkeit haben für die Prüfung von Weichblei nur sehr begrenzten Wert. Die untere Rekristallisationsgrenze des Bleies liegt unter Raumtemperatur, nach MOLNAR (*69*) bei etwa —30° C. Die damit gekennzeichnete große Beweglichkeit der Bleiatome bedingt es, daß die Festigkeitseigenschaften einer Bleiprobe sehr beeinflußt werden von Vorgängen an den Korngrenzen und von der Ausbildung der Korngrenzen. Genaue Untersuchungen über das Kriechen des Bleies von McKeown (*70*) geben hierüber Aufschluß. Sehr feinkörniges Blei von 0,1 mm Korndurchmesser ergibt annähernd gerade Kriechlinien von großer Steilheit, etwa 12% Dehnung in 100 Tagen bei 35 kg/cm² in Raumtemperatur. Mit wachsender Korngröße des Bleies nimmt die Kriechgeschwindigkeit stark ab, und zwar haben grobkörnige Bleie generell S-förmige Kriechkurven, deren Mittelstücke niedrigeren Kriechgeschwindigkeiten entsprechen. Bei Korngröße 0,4 mm wird 8% Dehnung, bei 1 mm Korn nur 4% Dehnung in 100 Tagen gefunden. Kleine Vorbeanspruchungen der Bleiproben durch Verbiegen, Beklopfen, Recken, Tempern ergeben zunächst Verminderung der Kriechgeschwindigkeit, nach längerer Versuchsdauer aber verstärktes Kriechen. — Eine sehr umfassende Studie über das Kriechverhalten von 22 handelsüblichen Weichbleisorten ist von Phillips (*71*) veröffentlicht worden. Wichtig ist hier der Hinweis, daß Kriechversuche an Blei über Jahre ausgedehnt werden müssen, um Ergebnisse zu erlangen, die der Anwendung in der Praxis fähig sind. Wenn man die Scharen von Kriechkurven betrachtet, die bisher vor allem in der englischen Fachliteratur veröffentlicht wurden, so fällt auf, daß häufig erst nach 1000 und 1200 Tagen verstärktes Kriechen begann. Weitere Literatur vgl. Betty (*72*) „Making and Testing Single Cristals of Lead“, Greenwood (*73*) „The Failure of Lead by Creep“, Greenwood und Worner (*74*) „The Influence of Composition on the Creep Rate of Industrial Lead“, sowie eine Zusammenfassung der australischen Arbeiten über Blei von Frhr. von Göler (*75*).

Auf Grund langjähriger Beobachtungen des Verfassers im praktischen Betrieb ist zu empfehlen, Weichbleibleche und -rohre, die für Daueranlagen bestimmt sind, nicht höher als 2,5 kg/cm² auf Dehnung zu beanspruchen. Auch bei dieser geringen Belastung bleibt ein gewisses Kriechen, das durch Abwölben der Bleibleche von senkrechten Wänden, durch Aufweiten von Rohren usw. erkennbar wird, nicht ganz aus.

Der niedrige Elastizitätsmodul des Weichbleies von 1600 kg/mm² bedingt ein hohes Dämpfungsvermögen für Schwingungen. In USA. benutzt man diese Eigenschaft des Bleies mit Erfolg, um große Bauwerke, z. B. Hotels und Bürogebäude an Bahnhöfen erschütterungsfrei aufzustellen (*76*). Es handelt sich um Blei-Asbestmatten, die als wichtigsten Bestandteil zwei Weichbleibleche von je 4 mm Dicke enthalten. Die Matten liegen auf Stahlrosten unter den tragenden Säulen der Gebäude.

Die Kriechfestigkeit von sehr reinen Blei-Einkristallen mit 99,9948% Blei wurde von Baker und einer Reihe von Mitarbeitern untersucht (*77*). Danach haben Einkristalle des Bleies eine merklich höhere Kriechfestigkeit als das gleiche Blei in polykristalliner Ausbildung. Brinley

JONES (78) zeigt, daß feinkristallines reines Blei, z. B. gewalztes Blei, nach geringer mechanischer Beanspruchung (z. B. Reckung um 0,5%, Biegung um 15 cm Radius) riesige Kornvergrößerung erfährt. Hatte das Blei aber durch starke Reckung von z. B. 4% oder durch Biegen um 3 cm Radius eine „mittlere" Rekristallisationsstruktur erhalten, so ließ sich diese Bildung von großen Kristallen in Blei durch neuerliche kleine Zusatzbeanspruchungen nicht wieder hervorrufen. Das Blei war stabilisiert. Wärmebehandlung zur Erzeugung dieser „mittleren" Rekristallisationsstruktur wirkte im gleichen Sinne. Blei in Riesenkristallen unterliegt besonderer Gefahr interkristalliner Rißbildung, während rekristallisiertes Blei weniger gefährdet ist.

g) Blei und Sauerstoff.

Über den Sauerstoffgehalt von Blei liegt eine eingehende Untersuchung von LUNGE und SCHMID (60) vor. Reines Weichblei hat hiernach einen Sauerstoffgehalt von 0,002 bis 0,003%. Dieser Gehalt ändert sich durch Verblasen des geschmolzenen Bleies mit Luft nicht. Kleine Mengen Kupfer, in geringerem Ausmaße Antimon, erhöhen den Sauerstoffgehalt des Bleies. BECKINSALE und WATERHOUSE [(56) S. 382] finden in Blei mit

99,89% Pb	0,06% O_2
99,98% Pb	0,008% O_2
99,99% Pb	0,003% O_2

Es ist aber noch nicht bewiesen, daß der Sauerstoffgehalt des Bleies in dieser auffallenden Weise von dem Reinheitsgrad des Bleies abhängt. Das eingangs erwähnte DRP. 654528 von K. WILLIAMS zeigt in seiner Fig. 3, daß Weichblei mit 0,005 bis 0,01% Sb ein sehr stark ausgeprägtes Maximum der Oxydationsgeschwindigkeit hat. Vielleicht ändert sich in gleichem Sinne der Sauerstoffgehalt des Bleimetalls.

Der Sauerstoffgehalt äußerst reinen Bleies ist nicht bekannt. Die geringe Neigung des reinsten Bleies zum Verkrätzen spricht gegen hohe Gehalte. Es läßt sich aber zeigen, daß auch reinstes Blei Sauerstoff aufnimmt, und zwar sogar schon bei Raumtemperatur. RUSSELL (66) schmolz reinstes Elektrolytblei E_n mit 99,9995% Pb im elektrisch heizbaren Graphittiegel, der mit reiner Tonerde ausgekleidet war, ein, desoxydierte das Metall mit gereinigtem Wasserstoffgas bei 500° C, entgaste dann in hohem Vakuum und vergoß im Vakuum, und zwar in Formen aus Kohlenstoff. Gewalzte Proben aus diesem Material ergaben nun sehr verschiedene Dehnungen bei im übrigen gleicher Beanspruchung, wenn sie bei Raumtemperatur der Luft ausgesetzt blieben oder durch Bedecken mit Vaseline dem Einfluß der Luft entzogen waren. Noch stärker wirkte Einschmelzen des E_n-Bleies ohne Desoxydation bei 600° C und Ausgießen an der Luft. Die Wirkung des Sauerstoffs und/oder anderer

Gase zeigte sich in einer Härtung des Bleies, die besonders auffällig an der im Momente der Belastung auftretenden Anfangsdehnung war.

Tabelle 2. Belastung 35 kg/cm², Raumtemperatur.

	Anfangs-Dehnung %	Zeit für 10% Dehnung Tage	Zeit bis zum Bruch Tage	Bruch-Dehnung %
E_n-Blei desoxydiert, im Vakuum vergossen, mit Vaseline geschützt (67)	0,254	15	25	34,4
E_n-Blei desoxydiert, im Vakuum vergossen, ohne Vaselineschutz (65)	0,16	35	54	33
E_n-Blei desoxydiert, im Vakuum vergossen, vor dem Walzen 17 Monate an trockner Luft gelagert, ohne Vaselineschutz (67)	0,078	115	158	29
E_n-Blei ohne Desoxydation bei 600° C an der Luft eingeschmolzen und vergossen (67)	0,017	180	nicht gebrochen nach 260	19,3
Reines Brokenhill-Hüttenweichblei geschmolzen, im Vakuum entgast und vergossen (65)	0,11	100	—	—
Reines Brokenhill-Hüttenweichblei, an Luft geschmolzen und vergossen (66)	0,06	300	—	—

Die Einwirkung von Sauerstoff auf die Eigenschaften des reinen Bleies ist also nicht zu übersehen.

h) Verwendung von reinstem Blei in der Praxis.

Erfahrungen mit reinstem Blei in der Technik liegen nur wenige vor. Die Arbeiten von Greenwood, Russell und Mitarbeitern haben bisher weder in Australien noch in England zu praktischer Anwendung geführt. Es ist aber nicht zu verkennen, daß namhafte Bleihüttenwerke den Reinheitsgrad ihres Original-Hüttenweichbleies in jüngster Zeit beachtlich erhöht haben. Brokenhillblei aus Ende 1937 wird mit 99,994% Pb angegeben, während die Mount Isa (Queensland) laufend sogar Hüttenweichblei mit 99,998% Pb liefert.

Ein großes deutsches Hüttenwerk hat den Hauptteil eines bedeutenden Schwefelsäureturmsystems in sehr reinem Elektrolytblei errichtet und damit Erfahrungen gesammelt. Die chemische Widerstandsfähigkeit des Elektrolytbleies ist ausgezeichnet. Trotz Belastung von 100 bis 150 ts Säure 60° Bé in 24 h mußten z. B. die Turmdecken erst nach 8 Betriebsjahren erneuert werden. An Schiff, Mantel und Eintrittsleitung sind nach 10 Betriebsjahren praktisch noch keine Reparaturen nötig gewesen. Nicht befriedigt hat dieses reinste Blei an den Stellen, an denen es Vibrationen ausgesetzt war. Es traten interkristalline Risse auf.

Literatur.

1. Burkhardt, A.: Metallwirtsch. Bd. 14 (1935) Nr. 27, S. 530.
2. DRP. 654528, George Kenneth Williams.
3. DRP. 368432, 343613, 398771, sämtlich Henry Harris.
4. DRP. Anm. A 80546. VI/40a (19/01), American Smelting and Refining Co. USA.P. 2101975. Betterton u. Lebedeff.

4a. Fr.P. 827512. Soc. Min. de Peñarroya und M. Jollivet.

5. USA. P. 2078225. Jesse O. Betterton u. Jurii E. Lebedeff.
6. Engelhardt, V.: Handbuch der technischen Elektrochemie, Bd. I/1, S. 561f.
7. USA. P. 1913985 u. priv. Informationen.
8. Hanemann, H.: Metallwirtsch. Bd. 16 (1937) Nr. 38, Tafel 1.
9. Russell, R. S.: Proc. Aus. J. M. M. (N. S.) Bd. 87 (1932) S. 135.
10. Russell, R. S.: Proc. Aus. J. M. (N. S.) Bd. 95 (1934) S. 125.
11. Haber, F. u. J. Jaenicke: Z. anorg. allg. Chem. Bd. 147 (1925) S. 162 u. priv. Mitteilungen.
12. Tammann, G. u. K. L. Dreyer: Z. anorg. allg. Chem. Bd. 191 (1930) S. 65.
13. Russell, R. S.: Proc. Aus. J. M. M. (N. S.) Bd. 87 (1932) S. 167.
14. Russell, R. S.: Proc. Aus. J. M. M. (N. S.) Bd. 95 (1934) Appendix I, S. 152.
15. Hemingway: Proc. Aus. J. M. M. (N. S.) Bd. 47 (1922) S. 245. — Brit. Engng. Stand. Assoc., Stand. Spec. 1928, Nr. 334. — Amer. Soc. Test. Mat., Standards iss. triennelly 1930, S. 789.
16. Neuburger, M. C.: Z. Kristallogr. Bd. 93 (1936) S. 1.
17. Perrette-Montamat, B.: Ann. Phys. Lpz. (10) Bd. 10 (1928) S. 393.
18. Hidnert, P., W. T. Sweeney: Bur. Stand. J. Res., Wash. Bd. 9 (1932) S. 703.
19. Owen, E. A., E. L. Yates: Phil. Mag. (7) Bd. 15 (1933) S. 472.
20. Eucken, A., W. Dannöhl: Z. Elektrochem. Bd. 40 (1934) S. 814.
21. Uffelmann, F. L.: Phil. Mag. (7) Bd. 10 (1930) S. 633.
22. Umino, S.: Techn. Rep. Tôhoku Univ. Bd. 15 (1926) S. 197.
23. Magnus, A., F. Oppenheimer: Z. anorg. allg. Chem. Bd. 168 (1927) S. 305.
24. Bridgman, P. W.: Proc. Amer. Acad. Arts a. Sci. Bd. 58 (1923) S. 197.
25. Ebert, H.: Phys. Z. Bd. 36 (1935) S. 385.
26. Birch, F., R. R. Law: Bull. geol. Soc. Amer. Bd. 46 (1935) S. 1219.
27. Fischer, J.: Festschr. Techn. Hochschule Breslau (1935) S. 172.

27a. Fischer, J.: Z. anorg. allg. Chem. Bd. 219 (1934) S. 1.

28. Leitgebel, W.: Z. anorg. allg. Chem. Bd. 202 (1931) S. 305.
29. Baur, E., R. Brunner: Helv. chim. Acta Bd. 17 (1934) S. 958.
30. Fischer, J.: Helv. chim. Acta Bd. 18 (1935) S. 1028.
31. Baur, E., R. Brunner: Helv. chim. Acta Bd. 18 (1935) S. 1030.
32. Lewis, E. J., C. C. Bidwell: Phys. Rev. (2) Bd. 31 (1928) S. 1111. Bidwell, C. C., E. J. Lewis: Phys. Rev. (2) Bd. 33 (1929) S. 249.
33. Bremmer, H., W. J. de Haas,: Physica Bd. III (1936) S. 672.
34. Bronson, H. L., A. J. C. Wilson: Canad. J. Research Bd. 14 A (1936) S. 181.
35. Kelley, K. K.: U. S. Dep. Comm. Burn. Min. Bull. 1934, S. 371.
36. Keesom, W. H., J. N. V. d. Ende: Proc. roy. Acad. Amst. Bd. 34 (1931) S. 210.
37. Tsutsumi, H.: Sci. Rep. Tôhoku Univ. Bd. 7 (1918) S. 93.
38. Pietenpol, W. B., H. A. Miley: Phys. Rev. (2) Bd. 34 (1929) S. 1588.
39. Saldau, P : Z. anorg. allg. Chem. Bd. 194 (1930) S. 1.

40. Haas, W. J. de, J. de Boer, G. J. v. d. Berg: Physica II Bd. 2 (1935) S. 453.
41. Kamerlingh Onnes, H.: Rep. a. Comm. 4. internat. Kältekongreß London 1924.
42. McLennan, J. C., J. F. Allen, J. O. Wilhlem: Trans. roy. Soc. Canada Bd. 23 III (1930).
43. Kamerlingh Onnes, H.: Arch. néerl. Sci. Bd. 3 a 10 (1927) S. 221.
44. Hargreaves, F.: J. Inst. Met. Bd. 44/II (1930) S. 149.
45. Washirô, Eda: Sci. Rep. Tôhoku Univ. Bd. 20 (1031) S. 715.
46. Jaenecke, E.: Z. phys. Chem. Bd. 90 (1915) S. 313.
47. Dorn, J. E., G. Glockler: J. phys. Chem. Bd. 41 (1937) S. 499.
48. Rao, S. R., K. C. Subramanian: Phil. Mag. (7) Bd. 21 (1936) S. 609.
49. Owen, M.: Ann. Phys., Lpz. Bd. 37 (1912) S. 657.
50. Schubnikow, L. W., W. J. Chotkewitsch, J. D. Schepelew, J. N. Rjabinin: Z. phys. Chem. Sowj. Bd. 10 (1936) S. 165.
51. Danilow, W., I. Radtschenko: Z. phys. Chem. Sowj. Bd. 10 (1936) S. 260.
52. McLennan, J. C., R. G. Hunter, J. H. McLeod: Trans. roy. Soc. Canada (3) Bd. 24, Sekt III (1930) S. 3.
53. DRP. 466279, U. C. Tainton.
54. Nilsson, O.: Teknisk Ukebl., Stockh. Bd. 76 (1929) S. 34, 44.
55. Dawkins u. Weldon: J. Soc. chem. Ind., Vic. Bd. 22 (1922). S. 940.
56. Beckinsale, S., H. Waterhouse: Inst. Metals Lond. Bd. 39 (1928) S. 384 bis 387.
57. Burkhardt, A.: Metallwirtsch. Bd. 10 (1931) S. 181.
58. Kieser, A.: Handbuch der chemisch-technischen Apparate, Bd. 1, S. 96—99. Leipzig: Otto Spamer 1934.
59. Lunge, G. u. E. Schmid: Z. angew. Chem. Bd. 5 (1892) S. 642f., 663f.
60. Thompson, P. F.: Proc. Aus. J. M. M. (N. S.) Bd. 95 (1934) S. 125.
61. Thompson, P. F.: J. Soc. chem. Ind., Vic. Bd. 28 (1928) S. 45. — Dawkins u. Weldon: J. Soc. chem. Ind. Vic. Bd. 22 (1922) S. 940.
62. Burkhardt, A.: Mechanisch-technologische Eigenschaften der reinen Metalle. W. Guertlers Metallographie, Bd. 2, Teil 2, Abschn. 10, Heft 1, S. 423f. Berlin: Gebr. Bornträger 1935.
63. Loofs-Rassow, E.: Metallwirtsch. Bd. 10 (1931) S. 161.
64. Burkhardt, A.: Metallwirtsch. Bd. 14 (1935) S. 448.
65. Greenwood, J. N.: Proc. Aus. J. M. M. (N. S.) Bd. 95 (1934) S. 79.
66. Russell, R. S.: Proc. Aus. J. M. M. (N. S). Bd. 95 (1934) S. 125.
67. Russell, R. S.: Proc. Aus. J. M. M. (N. S.) Bd. 101 (1936) S. 33.
68. Hiers: Trans. Amer. Inst. chem. Engrs. Bd. 20 (1927) S. 131.
69. Molnar, A.: C. R. Acad. Sci., Paris Bd. 190 (1930) S. 587.
70. McKeown, J.: Inst. Metals Lond. Bd. 60 (1937) S. 196.
71. Phillips, A. J.: Proc. Amer. Soc. Test. Mat. Bd. 36 II (1936) S. 170.
72. Betty, B. B.: Proc. Amer. Soc. Test. Mat. Bd. 32 II (1935) S. 193.
73. Greenwood, J. N.: Proc. Aus. J. M. M. (N. S.) Bd. 100 (1935) S. 477.
74. Greenwood, J. N., H. K. Worner: Proc. Aus. J. M. M. (N. S.) Bd. 104 (1936) S. 385.
75. Frhr. von Göler: Metallwirtsch. Bd. 17 (1938) S. 6.
76. Lead: Published by the Lead Industries Association New York, Nov. 1930, Juli 1931 and Nov. 1931.
77. Baker, John B., Bernard B. Betty, H. F. Moore: Trans. Amer. Inst. Min. Met. Engrs. T. P. 906.
78. Jones, Brinley: J. Inst. Met. Bd. 60 (1937) S. 187.

XIII. Fünfte Nebengruppe des periodischen Systems.

Die Elemente Arsen, Antimon, Wismut bilden die letzte Gruppe des periodischen Systems, die wir überhaupt noch als Metalle auffassen dürfen. Allerdings sind hier die Eigenschaften der echten Metalle schon bedeutend mehr zurückgedrängt als in der vorangehenden Gruppe. Dies zeigt sich am deutlichsten in der Kristallstruktur.

Man hat ja bei diesen Metallen nicht mehr mit einem richtigen Koordinationsgitter zu tun, die rhomboedrische Zelle ist nicht genau körperzentriert, was zur Folge hat, daß jedes Atom nicht 6, sondern 3 Nachbarn hat. Wahrscheinlich spielt also bei der Bindung der Atome die homöopolare Bindung der Atome untereinander eine große Rolle (*1*).

Wenn wir zur nächsten Gruppe des periodischen Systems gehen, tritt diese homöopolare Bindung so stark in den Vordergrund, daß bei den Elementen Selen und Tellur die metallischen Eigenschaften fast gänzlich fehlen.

Neben der normalen, stabilen, mehr oder weniger metallischen Form treten bei Arsen und bei Antimon andere allotrope Modifikationen auf, die sich in ihrem Verhalten mehr dem gelben Phosphor nähern.

Im folgenden werden wir uns hauptsächlich mit den metallischen Formen beschäftigen. Die physikalischen Eigenschaften dieser Körper sind sehr stark von der Richtung im Kristall abhängig; vielkristalline Drähte usw. zeigen also sehr stark verschiedenes Leitvermögen, verschiedene Ausdehnung usw., wenn die mittlere Orientierung der Kristalle verschieden ist; durch ungleichmäßige Ausdehnung können Verzerrungen eintreten, die wohl oft zu der Annahme von Allotropie geführt haben. Wirklich einwandfreie Werte für die verschiedenen physikalischen Größen können nur durch Messungen an Einkristallen erhalten werden. Die Methoden zur Herstellung dieser Einkristalle werden wir unter den einzelnen Metallen näher berücksichtigen.

65. Schwarzer Phosphor.

(Atomgewicht 31,02.)

Da es unter den vielen allotropen Modifikationen des Phosphors eine gibt, die deutlich Elektronenleitung zeigt und sich also den Metallen schon einigermaßen nähert, wollen wir diese, den schwarzen Phosphor hier kurz besprechen.

a) Herstellung.

BRIDGMAN (*2, 3*) hat die schwarze Form des Phosphors entdeckt und darstellen können, indem er den weißen Phosphor bei 200° C unter einem Druck von 12000—13000 kg/cm² zusammenpreßte. Er erhielt ein metallglänzendes, schwarzes Produkt, das sich wie Graphit in

Blättchen spalten ließ. Die Entflammbarkeit war nicht so groß wie die des Ausgangsproduktes, die Dichte war viel größer.

Diese irreversible Umwandlung war nahezu vollständig, es blieben nur Spuren von weißem Phosphor zurück, roter Phosphor wurde auch nur in kleinen Mengen gebildet.

Später (*4*) ist es BRIDGMAN durch Anwendung eines Druckes von etwa 35000 kg/cm bei Zimmertemperatur gelungen, den schwarzen Phosphor aus jener weißen Form des Phosphors herzustellen, die unterhalb —80° C beständig ist; die Umwandlung ist aber jetzt nicht so vollständig, die Dichte des Präparates betrug 2,59, gegenüber 2,69 beim obenerwähnten.

Wenn der schwarze Phosphor auf 575° C erhitzt wird, geht er in die violette Form über, oberhalb 575° C ist also die schwarze Form sicher instabil (*5*). Unterhalb 575° C ist der Dampfdruck nach BRIDGMAN (*3*) bei 357,1° und 445° niedriger als der der anderen Modifikationen: dies sollte also auf eine größere Stabilität des schwarzen Phosphors hinweisen.

Versuche von SMITS (*6*) zeigten aber, daß durch langes Erhitzen von schwarzem Phosphor mit 1% Jod im Vakuum, bei einigen konstanten Temperaturen unterhalb 575° C und nach Ausschütteln mit Schwefelkohlenstoff die violette Form gebildet wurde, daß als in Gegenwart von Jod (als Katalysator?) und bei Temperaturen, bei denen der Dampfdruck des violetten Phosphors den des schwarzen übertrifft, die schwarze Modifikation instabil sein sollte.

Die Frage der Stabilität unterhalb 575° C ist also noch nicht ganz geklärt, ebensowenig die der anderen Modifikationen; auch die Ergebnisse der Röntgenuntersuchungen sind sehr widersprechend (*8*).

b) Physikalische Eigenschaften.

Dichte. Die Daten der verschiedenen Autoren, meistens an Material gemessen, das von BRIDGMAN hergestellt wurde, stimmen untereinander gut überein.

Autoren	Dichte $d \cdot 02_4$
BRIDGMAN (*2*)	2,691
LINCK, JUNG (*7*)	2,699
MARCKWALD, HELMHOLTZ (*5*)	2,70
BRIDGMAN (*4*)	2,59

Die aus Röntgenmessungen berechnete Dichte beträgt 2,69.

Kristallstruktur. Nach LINCK und JUNG (*7*) hat der schwarze Phosphor eine rhomboedrische Struktur, wobei für die kleinste Elementarzelle angegeben wurde: $a = 5{,}96$ Å, $\alpha = 60° 47'$, $Z = 8$.

Nach HULTGREN, GINGRICH und WARREN (*8*) stimmt diese Koordination der Atome in der Zelle nicht mit dem Atomradius von 1,10 Å überein (ein Atom auf 2,46 Å und 6 auf einen Abstand von 3,01 Å). Ihre Messungen, die an demselben Material wie die von LINCK und JUNG ausgeführt wurden, zeigen ein sehr verschiedenes Röntgenogramm. Eine Erklärung für diese Differenz konnte nicht gegeben werden.

HULTGREN und Mitarbeiter geben für die Struktur eine ortho-rhombische, flächenzentrierte Zelle an, mit $a = 3{,}31$ Å, $b = 4{,}38$ Å, $c = 10{,}50$ Å; $Z = 8$. Daraus berechnet sich die Röntgendichte zu $d_R = 2{,}69$.

Diese Struktur zeigt eine deutliche Verwandtschaft mit denjenigen von As, Sb und Bi, sie ist wie jene ein deutliches Schichtengitter, in dem jedes Phosphoratom drei Nachbarn hat, wie man auch auf Grund der homöopolaren Valenzabsättigung erwarten muß.

Die Packung des schwarzen Phosphors ist dichter als die des metallischen Arsens, was seine Stabilität bei höheren Drucken sehr begünstigt.

Schmelzpunkt. Nach SMITS (*6*) ist der Schmelzpunkt abhängig von der Geschwindigkeit des Erhitzens. Bei langsamem Erhitzen findet er 588° C, bei schnellerem Erhitzen 598° C.

MARCKWALD und HELMHOLTZ (*5*) können diese Abhängigkeit nicht bestätigen. Sie finden einen Schmelzpunkt, der immer ein wenig niedriger ist als der des violetten Phosphors, und geben den Wert 591,5° an. Die Schmelzpunktsdifferenz von 1° gegenüber violettem Phosphor deuten sie so, daß sie vor dem Schmelzen schon eine Umwandlung in violetten Phosphor annehmen, während dessen etwas zu niedriger Schmelzpunkt auf geringfügige Verunreinigung zurückzuführen sein soll.

Spezifischer Widerstand. Die neuesten Messungen von BRIDGMAN (*9*) geben einen spezifischen Widerstand von 0,484 bei 30° an, ein Wert, der verhältnismäßig nur wenig kleiner ist als der an früheren Präparaten gemessene.

Der immer noch sehr hohe Widerstand und der positive Temperaturkoeffizient (*2*) der Leitfähigkeit $\alpha = 0{,}00456$ zeigen, daß die metallischen Eigenschaften des schwarzen Phosphors nur sehr schwach sind; zum Vergleich können wir z. B. den Widerstand des metallischen Arsens $\varrho = 35 \cdot 10^{-6}$ heranziehen.

Auch die Änderung des Widerstandes mit dem Druck ist später von BRIDGMAN untersucht worden (*3*); BRIDGMAN schließt aus dem Verlauf der Kurve auf ein Minimum des Widerstandes bei 23000 kg/cm², wie bei den Alkalimetallen und Barium. Er beträgt bei diesem Druck $3700 \cdot 10^{-6}$, also nur noch etwa 1% des Wertes bei Atmosphärendruck. Bei 12000 Atm. wird der Temperaturkoeffizient der Leitfähigkeit negativ.

Magnetische Eigenschaften. Schwarzer Phosphor ist diamagnetisch: für die Suszeptibilität fand BRIDGMAN (*2*) $\chi = -0{,}28 \cdot 10^{-6}$.

Literatur.

1. HUME ROTHERY, W.: Structure of Metals and Alloys, London (1936) S. 22.
2. BRIDGMAN, P. W.: J. Amer. chem. Soc. Bd. 36 (1914) S. 1344.
3. BRIDGMAN, P. W.: J. Amer. Soc. chem. Bd. 38 (1916) S. 609.

4. Bridgman, P. W.: Phys. Rev. (2) Bd. 45 (1934) S. 844.
5. Marckwald, W., K. Helmholtz: Z. anorg. allg. Chem. Bd. 124 (1922) S. 81.
6. Smits, A.: Proc. roy. Acad. Sci., Amst. Bd. 24 I (1915/16) S. 939.
7. Linck, G., H. Jung: Z. anorg. allg. Chem. Bd. 147 (1925) S. 288.
8. Hultgren, R., N. S. Gingrich, B. E. Warren: J. Chem. Phys. Bd. 3. (1935) S. 351.
9. Bridgman, P. W.: Proc. Amer. Acad. Arts. a. Sci. Bd. 70 (1934) S. 83.

66. Arsen.

(Atomgewicht 74,91.)

a) Herstellung.

Das Arsen läßt sich leicht durch Reduktion mit verschiedenen Reduktionsmitteln aus verschiedenen Verbindungen herstellen, z. B. mit Wasserstoff, Kohlenstoff, KCN usw.

Die Reinigung der Präparate geschieht am besten durch Sublimation, wie es ausführlich in allen Handbüchern der anorganischen Chemie beschrieben ist.

Von Antimon läßt es sich auf diese Weise nicht trennen; wünscht man ein antimonfreies Arsen, so hat man von einem antimonfreien Präparat auszugehen, daß z. B. durch fraktionierte Fällung von Magnesiumarsenat aus HCl-Lösung mit Ammoniak zu gewinnen ist. Da bei der Sublimation noch etwas Oxyd mitgeht, kann man auch die Sublimation im Wasserstoffstrom ausführen.

Vor kurzem hat Passilé (*1*) über die Reindarstellung des Arsens gearbeitet. Antimon wurde entfernt durch Umkristallisation des Ammoniumarsenats. Das gereinigte Ammoniumarsenat wird zu metallischem Arsen in Quarzröhren im Ammoniakstrom reduziert, wobei das Arsen sich in den kalten Teilen der Röhren absetzt. Durch Wiederholung dieses Vorganges gelang es, alles Oxyd zu entfernen.

Das Arsen wurde in großen Kristallen erhalten. Angeblich ist das erhaltene Produkt sehr rein. Die Spektralanalyse gibt keine Fremdelemente mehr an, Phosphor, Schwefel, Antimon, Eisen sind analytisch nicht nachweisbar.

Nach einem Patentverfahren (*2*) läßt sich kompaktes Arsen darstellen aus Arsenpulver durch Erhitzen im geschlossenen Raum; anscheinend steigt hier der Druck nicht zum Druck beim Tripelpunkt. Die beste Methode besteht wohl einfach im Schmelzen oberhalb des Tripelpunktes. So lassen sich auch Einkristalle herstellen; nach Bridgman (*3*) gelingt dies beim Schmelzen in Quarzröhren, wobei der Druck bis 36 Atm. steigt.

b) Physikalische Eigenschaften.

Kristallstruktur. Das Gitter ist rhomboedrisch: man findet in der Literatur verschiedene gleichwertige Basisbeschreibungen mit 8 und 2 Atomen je Elementarzelle; daneben kann natürlich auch eine

Beschreibung mit Hilfe von hexagonalen Achsen gegeben werden. Die Basiskoordinaten für die rhomboedrische Zelle mit 2 Atomen sind: (0 0 0) (*u u u*).

Die Eigenartigkeiten des Arsengitters zeigen sich am deutlichsten in der Darstellungsweise von HUME-ROTHERY (*4*), der die Struktur als ein Schichtengitter auffaßt, wobei jedes Atom drei Nachbarn hat, wie es auf Grund der homöopolaren Valenzbeteiligung des Arsenatoms zu erwarten ist.

Die Schichten sind in der Weise zusammengestellt, daß die Winkel zwischen den drei Valenzrichtungen ungefähr 90° einschließen. Dieselbe Struktur zeigen auch Antimon und Wismut; viele von den anderen Elementen abweichende Eigenschaften können mit dieser merkwürdigen Struktur in Zusammenhang gebracht werden.

Die Werte der Gitterkonstante sind in der nächsten Tabelle zusammengestellt:

	a	α	*n*	*d*	*u*
BRADLEY (*5*)	4,142	54° 7′	2	5,75	0,452
v. OLSHAUSEN (*6*)	4,151	53° 43′	2	5,776	0,465
WILLOT, EVANS (*7*)	4,135 ± 6	54° 7,5′	2	5,727	0,452
	5,590 ± 8	84° 36′	4		
HÄGG (*8*)	4,123	54° 10′	2		
	5,573	84° 62′	4		

In einer Zusammenstellung der Gitterkonstanten führt NEUBURGER (*9*) die von WILLOT und EVANS bestimmten als die zur Zeit besten Werte auf.

Neben dieser Modifikation, das sog. graue Arsen, werden noch verschiedene andere beschrieben. Beim Abkühlen des Dampfes erhält man eine gelbe Modifikation, die wohl mit der gelben Modifikation des Phosphors zu vergleichen ist. Sie löst sich z. B. auch in Schwefelkohlenstoff. Über die Kristallstruktur dieser Modifikation ist nichts bekannt, weil sie beim Belichten sofort in die stabilere Form übergeht.

Bei der Reduktion von wässerigen Lösungen von Arsensäure entsteht auch braunes Arsen. Nach JUNG (*10*) zeigt braunes Arsen breite Interferenzmaxima an den Stellen der stärksten Linien des grauen Arsens, ist also wohl als sehr feinkristallines graues Arsen aufzufassen; dasselbe gilt für das sog. schwarze Arsen, das durch Sublimation der grauen Form erhalten wird.

Nach MCCORNICK und DAVEY (*11*) ist in Wasserstoff unterhalb 250° kondensiertes Arsen amorph; diese Form ist vielleicht mit dem amorphen, explosiven Antimon zu vergleichen.

Die Eigenschaften, leicht in amorphem, glasartigem Zustand zu beharren, die wohl damit zusammenhängt, daß Arsen und Antimon nicht ein Koordinationsgitter bilden, finden wir weiter fast ausschließlich bei den nichtmetallischen Elementen.

Dichte. Die Ergebnisse der Dichtemessungen schwanken bei den verschiedenen Autoren sehr stark; dies ist ohne Zweifel wohl darauf zurückzuführen, daß Arsen, das sich bei gewöhnlichem Druck nicht zusammenschmelzen läßt, nur sehr schwierig in kompakter Form zu erhalten ist, und überdies wahrscheinlich oft As_2O_3 enthält.

Die pyknometrisch bestimmten Dichten sind im allgemeinen etwas niedriger als die Röntgendichten; am besten erscheint der Wert $d_{20} = 5{,}72_7$.

Für den *Ausdehnungskoeffizient* findet BRIDGMAN (*3*) eine sehr starke Abhängigkeit der kristallographischen Richtung. Aber auch Messungen an Einzelkristallen lieferten keine übereinstimmende Daten, wahrscheinlich weil die Kristalle beim Abkühlen stark deformiert wurden; am besten gelingt noch die Herstellung von Kristallen, die ihre Spaltflächen (111) parallel zur Rohrachse haben: bildet die Spaltfläche mit der Rohrachse einen größeren Winkel, so zerbricht der Kristall beim Abkühlen in kleine Stücke. In der Richtung senkrecht zur Hauptachse ist $\delta_\perp = 3—7 \cdot 10^{-6}$; für $\delta_\parallel$ extrapoliert BRIDGMAN $43 \cdot 10^{-6}$ also ein fast 10mal höheren Wert als für $\delta_\perp$.

Das Verhalten unter Druck ist sehr kompliziert und nicht reproduzierbar; wir wollen hier auf die Wiedergabe der einzelnen Daten verzichten, da z. B. für zwei Proben gleicher Orientierung die Anfangskompressibilitäten um einen Faktor 3 auseinanderliegen.

Dampfdruck. Dieser erreicht schon lange vor dem Schmelzen Atmosphärendruck; der Tripelpunkt liegt nach HORIBA (*12*) bei 817 bis 818° C unter 35,8 Atmosphären; die Temperatur stimmt sehr genau mit dem von GOUBEAU (*13*) und RASSOW (*14*) unter eigenem Druck gemessenen Schmelzpunkt überein.

Zur Aufstellung einer theoretischen Dampfdruckgleichung fehlen die notwendigen Daten für den Dampf, der zum größten Teil aus vieratomigen Molekülen besteht.

Unter Berücksichtigung der vorhandenen Dampfdruckmessungen gibt EUCKEN (*15*) die empirische Gleichung

$$\log p = -\frac{6160}{T} + 9{,}82,$$

zwischen 600 und 900° K an. Für den Sublimationspunkt berechnet sich 889° K.

Für die Sublimationswärme gibt HIROBA (*12*) 33,6 cal/g, für die Schmelzwärme 22,4 cal/m² an.

Spezifische Wärmen. TRAVIS ANDERSON (*16*) hat die spezifischen Wärmen zwischen 50 und 270° K gemessen.

Wir geben hier einen Auszug aus den Versuchsdaten:

T	57,2°	80,9°	98,6°	155,5°	202,7°	258,9°	290,0°
C_p	2,400	3,584	3,883	4,490	5,448	5,767	5,900

Die Kurve zeigt einen glatten Verlauf.

Elektrische Eigenschaften. Die Angaben über den spezifischen Widerstand sind sehr widersprechend. Dies hängt wohl wieder damit zusammen, daß der Widerstand sehr stark von der kristallographischen Richtung abhängig ist. Messungen der Leitfähigkeit als Funktion der kristallographischen Richtung hat nur BRIDGMAN (*3*) ausgeführt.

In der Richtung senkrecht zur trigonalen Achse findet BRIDGMAN $\varrho_{30} = 27{,}5 \cdot 10^{-6}$, für den Temperaturkoeffizienten $\alpha = 479{,}10^{-5}$.

In anderen Richtungen ist ϱ größer, α kleiner.

Die Widerstandsänderung unter Druck ist genau so kompliziert und unübersichtlich wie die Kompressibilität (*18*).

An einem Einkristall haben McLENNAN, NIVEN und WILHELM (*19*) einen Restwiderstand 0,0127 beobachtet; es handelt sich hier also wohl um ein ziemlich reines Metall. KAPITZA (*17*) hat die Änderung des Widerstandes im Magnetfeld gemessen.

Supraleitfähigkeit wurde bis jetzt nicht gefunden.

Magnetische Eigenschaften. Arsen ist diamagnetisch: für die Suszeptibilität gibt HONDA (*20*) $\chi = 0{,}3 \cdot 10^{-6}$ an.

Photoelektrischer Effekt. SCHULZE (*21*) hat die kurzwellige Grenze des photoelektrischen Effektes bestimmt. Aus diesem Wert $\lambda = 240$ mμ berechnet sich die Elektronenaustrittarbeit zu 5,12 eV.

Literatur.

1. PASSILÉ, A. DE: C. R. Acad. Sci., Paris Bd. 198 (1934) S. 178.
2. SCHÄRFE, W.: DRP. 527807.
3. BRIDGMAN, P. W.: Proc. Amer. Acad. Arts a. Sci. Bd. 68 (1932) S. 39.
4. HUME-ROTHERY, W.: Structure of Metals and Alloys. London (1936) S. 22—24.
5. BRADLEY, A. J.: Phil. Mag. Bd. 47 (1924) S. 657.
6. OLSHAUSEN, S. v.: Z. Kristallogr. Bd. 61 (1925) S. 463.
7. WILLOT, W. H., E. J. EVANS: Phil. Mag. (7) Bd. 18 (1934) S. 114.
8. HÄGG, G., A. J. HYBINETTE: Phil. Mag. (7) Bd. 20 (1935) S. 913.
9. NEUBURGER, M. C.: Z. Kristallogr. Bd. 93 (1936) S. 5.
10. JUNG, H.: Zbl. Min. u. Geol. (1926) S. 107.
11. McCORNICK, W. E.: W. P. DAVEY: Bull. Amer. phys. Soc. Bd. 9 (1934) S. 13.
12. HORIBA, S.: Z. phys. Chem. Bd. 106 (1923) S. 295.
13. GOUBEAU, R.: C. R. Acad. Sci., Paris Bd. 152 (1911) S. 1767.
14. RASSOW, H.: Z. anorg. Chem. Bd. 114 (1920) S. 131.
15. EUCKEN, A.: Metallwirtsch. Bd. 15 (1935) S. 27, 63.
16. TRAVIS ANDERSON, C.: J. Amer. chem. Soc. Bd. 52 (1931) S. 2296.
17. KAPITZA, P.: Proc. roy. Soc., Lond. Bd. 123 (1929) S. 292.
18. BRIDGMAN, P. W.: Proc. Amer. Acad. Arts. a. Sci. Bd. 68 (1932) S. 95.
19. McLENNAN, J. C., C. D. NIVEN, J. O. WILHELM: Phil. Mag. (7) Bd. 6 (1928) S. 666.
20. HONDA, K.: Sci. Rep. Tôhoku Univ. (1) Bd. 4 (1915) S. 215.
21. SCHULZE, R.: Z. Phys. Bd. 92 (1934) S. 212.

67. Antimon.

(Atomgewicht 121,76.)

a) Herstellung.

Auch dieses Element läßt sich wie Arsen sehr leicht aus dem Oxyd mit Hilfe von verschiedenen Reduktionsmitteln darstellen. Die Reindarstellung des Antimons ist ausführlich von GROSCHUFF (*1*) beschrieben worden.

Nach ihm ist das Antimon am besten von anderen Metallen zu befreien durch Destillation des Antimontrichlorids und Kristallisieren der Chlorantimonsäure; zum Metall kommt man dann durch Reduktion der Oxyde mit KCN; eine weitere Reinigung des Metalls kann dann noch erreicht werden durch fraktionierte Kristallisation des geschmolzenen Metalls. Diese Methode soll den elektrolytischen Methoden weitgehend überlegen sein.

Das so erhaltene Antimon zeigt analytisch keine Verunreinigungen mehr; der Reinheitsgrad ist IV, d. h. das Metall enthält weniger als 0,01% an Gesamtverunreinigungen.

Nach ISGARISCHEW und PLETENEW (*2*) läßt sich aber auch die elektrolytische Abscheidung sehr gut anwenden, das so erhaltene Metall ist aber nicht so rein, wie das von GROSCHUFF erhaltene. Das Verfahren soll aber als erste Reinigung, auch von stark arsenhaltigem Material sehr brauchbar sein.

Das Bad bestand aus Sb_2S_3 in etwa 10% Natronlauge; zur Verhinderung der Bildung von Polysulfiden wurde KCN zugesetzt; diese Bildung läßt sich aber auch vermeiden durch Arbeiten mit einem Diaphragma, das die Anode umgibt.

Allotropie. Antimon kommt außer im metallischen Zustand auch in einer nichtmetallischen Modifikation vor, die entsteht, wenn Antimondampf plötzlich abgekühlt wird (*3*). Diese Form entspricht der gelben Form des Arsens, während die normale, metallische Form mit dem grauen Arsen isomorph ist. Als dritte Form ist weiter noch das explosive Antimon sichergestellt. Neben diesen drei gut gesicherten Allotropien, die wohl im Verhältnis der Monotropie zueinander stehen, findet man in der Literatur noch andere Übergänge, z. B. bei etwa 100° C, erwähnt, deren Existenz aber von anderen Autoren bestritten wird. Auch beim Wismut liegt die Sache ganz ähnlich. Nun ist besonders nach Versuchen von SCHULZE wohl sicher anzunehmen, daß es sich hier nicht um allotrope Übergänge handelt, denn an gut getemperten Proben und an Einkristallen findet man einen glatten, reproduzierbaren Verlauf der Wärmeausdehnung (*5*) und des spezifischen Widerstandes (*4*), während dieselben Größen, an polykristallinen Aggregaten gemessen, Änderungen mit der Zeit zeigen. Auch die Kristallstruktur ändert sich bis 185° C nicht (*40, 44*).

Die Erklärung für diese pseudoallotropen Umwandlungen liegt wohl darin, daß die Ausdehnung der Kristallite in verschiedenen Richtungen sehr verschieden ist, so daß durch bloße Erwärmung von polykristallinen Drähten schon Spannungen auftreten können, unter deren Einfluß im Verlauf der Zeit kleine Volumänderungen eintreten, die auch den elektrischen Widerstand beeinflussen können.

b) Physikalische Eigenschaften.

Kristallstruktur. Bei normaler Temperatur und Druck ist Antimon rhomboedrisch. Für die Elementarzelle wird in der Literatur, wie bei Arsen und Wismut eine Zelle mit 2 oder 8 Atomen angegeben: daneben findet man noch eine Elementarzelle mit 6 Atomen, wobei die Struktur auf hexagonale Achsen bezogen wird.

Die Werte, die von verschiedenen Autoren angegeben werden, schwanken nur wenig. Wir geben hier nur die genauen Messungen von JETTE und FOOTE (*6*) an, die auch von NEUBURGER (*7*) als die besten Werte betrachtet werden.

Hexagonale Achsen ($n = 6$):

$$a = 4{,}299_{5\pm 2}\,\text{Å}; \qquad c = 11{,}251_{6\pm 4}\,\text{Å}; \qquad d_{25} = 6{,}688\,.$$

Rhomboedrische Achsen ($n = 2$):

$$a = 4{,}497_{6\pm 2}\,\text{Å}; \qquad \alpha = 57°6'5; \qquad u = 0{,}463\,.$$

Von der Wiedergabe der anderen Meßergebnisse sehen wir ab, weil praktisch alle Autoren mit reinem Metall (Kahlbaum) gearbeitet haben und die Schwankungen uns also nichts weiter über die Reinheit oder die Art der Verunreinigungen aussagen können.

Die Struktur des gelben Antimons ist nicht bekannt; dagegen ist das sog. explosive Antimon nach Untersuchungen von STEINWEHR und SCHULZE (*8*), KERSTEN (*9*), COFFIN (*10*), TAMMANN und MÜLLER (*11*) und PRINS (*12*) wohl als amorphes Antimon oder als unterkühlte Flüssigkeit aufzufassen. Der unterkühlte Zustand wird durch Gegenwart von Antimontrichlorid, nach TAMMANN (*11*) auch von Sb_2S_3 stabilisiert. In welcher Form diese Lösungsbestandteile vorhanden sind, ist nicht bekannt.

Neuere pyknometrische Messungen der Dichte sind mit den Ergebnissen der Röntgenmessung zum Teil gut in Einklang. So findet z. B. HIDNERT (*13*) an polykristallinem Antimon 6,69, an Einkristallen 6,684 und 6,670.

Der **Ausdehnungskoeffizient** ist von HIDNERT (*13*) und BRIDGMAN (*14*) und SCHULZE (*16*) untersucht worden. Er beträgt nach BRIDGMAN

$$\delta_\perp = 7{,}96 \cdot 10^{-6}; \qquad \delta_\parallel = 15{,}56 \cdot 10^{-6} \qquad (20 \text{ bis } 30°\,\text{C})$$

und nach HIDNERT

$$\delta_\perp = 8{,}4 \cdot 10^{-6}; \qquad \delta_\parallel = 11{,}6 \cdot 10^{-6} \qquad (0 \text{ bis } 560°\,\text{C})\,.$$

Andeutungen einer Polymorphie wurden von HIDNERT nicht gefunden. Für den mittleren räumlichen Ausdehnungskoeffizient berechnet man nach BRIDGMAN $31,48 \cdot 10^{-6}$, nach HIDNERT $28,4 \cdot 10^{-6}$; FIZEAU (*15*) fand bei 40°

$$\delta_{\perp} = 8,82 \cdot 10^{-6}; \quad \delta_{\parallel} = 16,92 \cdot 10^{-6}; \quad \gamma = 34,54 \cdot 10^{-6}.$$

Die Werte liegen also ziemlich stark auseinander: eine bestimmte Ursache läßt sich nicht angeben. HIDNERT findet keine Andeutungen einer Allotropie, ebensowenig wie SCHULZE (*16*), der die Ausdehnung bis über 600° C untersucht hat.

Die **Kompressibilität**, die an Polykristallen gemessen sehr schwankende Werte lieferte, wurde von BRIDGMAN auch an Einkristallen bestimmt (*14*). Er gibt folgende Daten an:

$$-\left(\frac{\Delta l}{l_0}\right)_{\parallel} = 1,648 \cdot 10^{-6} p - 20,5 \cdot 10^{-12} p^2 \qquad \text{(bei } 30^\circ \text{ C)}$$
$$= 1,637 \cdot 10^{-6} p - 18,0 \cdot 10^{-12} p^2 \qquad \text{(bei } 75^\circ \text{ C)}$$
$$-\left(\frac{\Delta l}{l_0}\right)_{\perp} = 0,5256 \cdot 10^{-6} p - 4,56 \cdot 10^{-12} p^2 \qquad \text{(bei } 30^\circ \text{ C)}$$
$$= 0,5091 \cdot 10^{-6} p - 3,04 \cdot 10^{-12} p^2 \qquad \text{(bei } 75^\circ \text{ C)}$$

Auffallend ist die Abnahme der Kompressibilität in beiden Richtungen mit zunehmender Temperatur.

Der **Schmelzpunkt** liegt nach verschiedenen Messungen bei 630°. Nach Messungen des Bureau of Standards wird 630,50° als der wahrscheinliche Wert angenommen (*17*).

Die **spezifische Wärme** ist bekannt durch Messungen von TRAVIS ANDERSON (*18*) im Gebiet 50 bis 293° K und von POPPEMA und JAEGER (*19*) bis nahe am Schmelzpunkt. Wir geben hier aus beiden Messungsreihen einen Auszug. TRAVIS ANDERSON findet:

$T =$	66°	71,71° *	75,7°	81,4° *	104,6°	139,7°	193,0°	240,6°	293,2°K
$C_p =$	3,917	3,93	4,337	4,22	4,982	5,431	5,789	5,943	6,073

Die mit * angegebenen Werte sind von SIMON und RUHEMANN (*20*) gemessen worden.

POPPEMA und JAEGER finden keine Andeutungen einer Allotropie: es werden lediglich etwas verschiedene Resultate erhalten, je nachdem ein kompakter Block Antimon oder kleinere Stücken gemessen wurden; die Unterschiede betragen ungefähr 4%.

Obwohl die Autoren angeben, daß die Ergebnisse vollkommen reproduzierbar sind, ist es doch sehr wahrscheinlich, daß es sich hier um Versuchsfehler handelt; daß die innere „Struktur" von größeren Blöcken und erbsengroßen Stücken verschieden sein sollte, scheint doch allzu unwahrscheinlich.

T	A	B	T	A	B
100° C	5,94	6,13	400° C	6,68	6,84
200	6,12	6,27	500	7,08	7,27
300	6,36	6,50	600	7,55	7,80

Unter *A* sind die Wert eangegeben, die an den kleineren Stücken, unter *B* diejenigen, die am kompakten Block gemessen wurden.

Die Werte unter *B* schließen sich am besten an die Messungen von TRAVIS ANDERSON an. Bei tieferen Temperaturen stimmen die Werte ungefähr mit den von UMINO (*22*) gefundenen überein, bei höheren Temperaturen sind die von POPPEMA und JAEGER gefundenen etwa 15% höher. Für weitere Messungen vgl. (*21*).

Für die Schmelzwärme wurde 24 bis 40 cal/g gefunden. Eine neuere Bestimmung von UMINO ergab 40,75 cal (*22*). Es ist interessant, diesen Wert mit der Umwandlungswärme des explosiven Antimons zu vergleichen; wenn man das explosive Antimon als unterkühle Flüssigkeit auffaßt, sollten beide Werte, abgesehen von einer wohl nicht sehr großen Korrektur für die Differenz der spezifischen Wärmen einander gleich sein; dies stimmt aber nicht, denn COHEN und STRENGERS (*23*) fanden für die Explosionswärme im Mittel ~20 cal/g; die spezifische Wärme des explosiven Antimons ist eher größer als kleiner als die des rhomboedrischen [s. hier weitere Daten bei MELLOR (*45*)].

Dampfdruck und Siedepunkt. EUCKEN (*24*) bemerkt, daß die vorhandenen Dampfdruckmessungen (*27*, *28*) wegen der starken Assoziation zu Sb_4-Molekeln sich nicht in einer theoretischen Dampfdruckgleichung zusammenfassen lassen.

Für den Siedepunkt findet LEITGEBEL (*25*) 1635,8° C, KOHLMEYER (*26*) 1645° C. Der Dampfdruck erreicht bei 1000° K 1 mm.

Die **Wärmeleitfähigkeit** ist öfters gemessen worden: die Ergebnisse sind aber nicht miteinander in Übereinstimmung. Nach EUCKEN und NEUMANN (*29*) ist die Wärmeleitfähigkeit sehr stark von der Korngröße abhängig: einwandfreie Werte sind wohl nur an Einkristallen zu erhalten, da die Wärmeleitfähigkeit auch von der kristallographischen Richtung abhängig ist (*30*).

Elektrische Eigenschaften. Die Messungen des Widerstandes zeigen untereinander ziemlich große Unterschiede, die wohl nicht von Verunreinigungen allein herrühren, aber wahrscheinlich auch wohl damit zusammenhängen, daß der Widerstand stark von der kristallographischen Richtung abhängt. Vollkommen reproduzierbare Ergebnisse kann man nur bei Messungen an Einkristallen erwarten.

Die Schwierigkeit ist aber, daß Einkristalle, bei denen die Spaltflächen senkrecht zur Drahtachse liegen, sehr schwierig herzustellen sind, und sehr leicht kleine Risse zeigen, die das Resultat fälschen.

Für den Widerstand senkrecht zur trigonalen Achse findet BRIDGMAN (*31*) $38{,}6 \cdot 10^{-6}$ und parallel dazu, durch eine wohl etwas unsichere Extrapolation $31{,}8 \cdot 10^{-6}$. Entgegen der Erwartung ist also der Widerstand senkrecht zur Spaltebene ein Minimum. Für den mittleren Widerstand eines vollkommen ungeordneten Kristallaggregates berechnet man aus diesen Zahlen $33{,}8 \cdot 10^{-6}$; dieser Wert ist also bedeutend niedriger als die meisten früheren. Würde man für $\varrho_{\parallel}$ eine andere Extrapolierung annehmen, so würde eher ein noch niedrigerer Wert das Resultat sein.

Auch die Temperaturkoeffizienten der Leitfähigkeit sind für beide Richtungen verschieden.

Während für $\alpha_{\perp} = 510 \cdot 10^{-5}$ gefunden wurde, wird durch Extrapolierung $\alpha_{\parallel}$ zu $595 \cdot 10^{-5}$ bestimmt. Für den Temperaturkoeffizienten eines ungeordneten Kristallaggregats berechnet BRIDGMAN $\bar{\alpha} = 510 \cdot 10^{-5}$.

Da der Ausdehnungskoeffizient für verschiedene kristallographische Richtungen sehr verschieden ist, können beim bloßen Erwärmen in polykristallinen Aggregaten schon Spannungen auftreten, die zur Bildung von Rissen führen können. So wird es verständlich, daß der Widerstand eines derartigen Gebildes sehr stark von der thermischen Behandlung abhängig sein kann; die eintretenden irreversiblen Änderungen des Widerstandes brauchen aber keineswegs mit Allotropien in Zusammenhang gebracht zu werden. SCHULZE (*4*) hat gezeigt, daß diese ,,Umwandlungen" um so weniger deutlich ausgeprägt sind, je länger das Antimon getempert war, und bei Einkristallen vollkommen fehlen.

Bei 0° C nimmt unter allseitigem Druck der Widerstand zunächst zu, und zwar wächst der Widerstand parallel zur trigonalen Achse schneller als der Widerstand senkrecht dazu, so daß bei etwa 12 Atm. beide einander gleich geworden sind. Bei höheren Temperaturen wird dieser Zustand schon bei kleineren Drucken erreicht: bei 95° nimmt der Widerstand senkrecht zur trigonalen Achse unter Druck ab [BRIDGMAN (*32*)].

Später sind diese Untersuchungen fortgesetzt worden bei tiefen Temperaturen (*33*) und bis zu Drucken von 30000 kg/cm². Der Widerstand nimmt zunächst unter Druck zu und erreicht dann ein Maximum.

Der Einfluß der Spannung auf den Widerstand eines Antimonkristalles wurde von ALLEN (*34*) gemessen. Der Restwiderstand des reinsten Antimon ,,Kahlbaum" ist nach MEISSNER und VOIGT (*35*) 0,019. Dieser Wert scheint nicht auf besonders hohe Reinheit hinzuweisen: MCLENNAN, NIVEN und WILHELM (*36*) fanden 0,07, und zwar praktisch gleiche Werte für Einkristalle und Vielkristalle; über die Herkunft des Metalls wird nichts angegeben.

DE HAAS und V. ALPHEN (*37*) haben den Einfluß eines Magnetfeldes auf den spezifischen Widerstand gemessen; dabei wurde nichts gefunden, daß den merkwürdigen Erscheinungen, die beim Wismut unter diesen Umständen auftreten, analog war.

Die elektrische Leitfähigkeit des explosiven Antimons ist nach STEINWEHR und SCHULZE (*8*) ungefähr 10^5-mal kleiner als die des grauen Antimons. Damit in Übereinstimmung gibt COFFIN (*10*) für verschiedene Präparate als Widerstand 2,3 bis 7,6, je nach der Art der Darstellung und dem $SbCl_3$-Gehalt an. Mit zunehmender Temperatur fällt der Widerstand exponential ab; das explosive Antimon verhält sich also ähnlich wie die Halbleiter Bor und Silicium.

Der elektrische Widerstand von dünnen, bei tiefer Temperatur niedergeschlagenen Schichten Antimon zeigt ähnliche Erscheinungen (*38*). Durch Belichtung nimmt der Widerstand nach KRAMER ab (*39*).

PRINS und TEUNISSEN (*40*) haben aber amorphe Antimonpräparate in den Händen gehabt, deren Widerstand nur etwa 5mal größer war als bei kristallinen Präparaten. Sie glauben, daß der hohe Widerstand nur von Oxydschichten herrührt.

Magnetische Eigenschaften. Nach Messungen von DE HAAS und V. ALPHEN (*37*), SHOENBERG und UDDIN (*41*), McLENNAN und Frl. COHEN (*42*) ist die magnetische Suszeptibilität stark von der kristallographischen Richtung abhängig.

SHOENBERG und UDDIN (*41*) finden für die Suszeptibilität in der Richtung der hexagonalen Achse den temperaturunabhängigen Wert $\chi = -0{,}55 \cdot 10^{-6}$.

Die Suszeptibilität senkrecht zu dieser Achse ist $-1{,}42 \cdot 10^{-6}$ bei 290° K und $-1{,}72 \cdot 10^{-6}$ bei 90° K.

Nach TEUNISSEN und PRINS (*40*) zeigt amorphes Antimon $\chi = -0{,}38 \cdot 10^{-6}$.

Photoelektrischer Effekt. Für die Grenzwellenlänge des photoelektrischen Effektes findet HUNTER (*43*) 299,6 mμ, daraus also für die Austrittsarbeit der Elektronen 4,12 eV.

Literatur.

1. GROSCHUFF, E.: Z. anorg. allg. Chem. Bd. 103 (1918) S. 164.
2. ISGARISCHEW, N. A. u. S. A. PLETENEW: Z. Elektrochem. Bd. 37 (1931) S. 363.
3. STOCK, A. u. O. GUTTMANN: Ber. dtsch. chem. Ges. Bd. 37 (1904) S. 898.
4. SCHULZE, A.: Z. phys. Chem. Abt. A. Bd. 165 (1933) S. 188.
5. SCHULZE, A. u. L. GRAF: Metallwirtsch. Bd. 12 (1933) S. 19.
6. JETTE, E. R., F. FOOTE: J. Chem. Phys. Bd. 3 (1935) S. 605.
7. NEUBURGER, M. C.: Z. Kristallogr. Bd. 93 (1936) S. 1.
8. STEINWEHR, H. v. u. A. SCHULZE: Z. Phys. Bd. 63 (1930) S. 815.
9. KERSTEN, H.: Physics Bd. 2 (1932) S. 276.
10. COFFIN, C. C.: Proc. roy. Soc. Lond., Bd. 152 (1935) S. 47.
11. TAMMANN, G. u. W. MÜLLER: Z. anorg. Chem. Bd. 221 (1934) S. 109.
12. PRINS, J. A.: Nature Lond. Bd. 136 (1935) S. 299.
13. HIDNERT, P.: J. Res. Nat. Bur. Stand. Bd. 14 (1935) S. 523.
14. BRIDGMAN, P. W.: Proc. Am. Acad. Arts. a. Sci. Bd. 60 (1925) S. 360, 366.
15. FIZEAU, H.: C. R. Acad. Sci., Paris Bd. 68 (1869) S. 1125.
16. SCHULZE, A.: Z. Metallkde. Bd. 27 (1935) S. 286.
17. ROESER, W. F., F. H. SCHOFIELD u. H. A. MOSER: J. Res. Nat. Bur. Stand. Bd. 11 (1933) S. 1.
18. TRAVIS ANDERSON, C.: J. Amer. chem. Soc. Bd. 52 (1930) S. 2712.
19. POPPEMA, T. J., F. M. JAEGER: Proc. roy. Soc., Amst. Bd. 38 (1935) S. 822. — Rec. Trav. chim. Pays-Bas Bd. 55 (1936) S. 492.
20. SIMON, F. u. O. RUHEMANN: Z. phys. Chem. Abt. A. Bd. 129 (1927) S. 337.
21. SWIETOSLAWSKI, W., J. SALCEWICZ, J. USAKIEWICZ, A. ZONACZYNSKI, J. ZLOTOWSKI: Roczniki Chim. Bd. 15 (1935) S. 12.
22. UMINO, S.: Techn. Rep. Tôhoku Univ. (1) Bd. 8 (1929) S. 331.
23. COHEN, E., TH. STRENGERS: Z. phys. Chem. Bd. 102 (1905) S. 129.

24. EUCKEN, A.: Metallwirtsch. Bd. 15 (1936) S. 67.
25. LEITGEBEL, W.: Z. anorg. allg. Chem. Bd. 202 (1931) S. 314.
26. KOHLMEYER, E. J.: Metall u. Erz Bd. 29 (1932) S. 105.
27. JELLINEK, K. u. H. A. WANNOW: Z. Elektrochem. Bd. 41 (1935) S. 346.
28. RUFF, O. u. B. BERGDAHL: Z. anorg. Chem. Bd. 105 (1919) S. 76.
29. EUCKEN, A., O. NEUMANN: Z. phys. Chem. Bd. 111 (1924) S. 431.
30. BRIDGMAN, P. W.: Proc. Amer. Acad. Arts a. Sci. Bd. 57 (1922) S. 77.
31. BRIDGMAN, P. W.: Proc. Amer. Acad. Arts a. Sci. Bd. 60 (1925) S. 358.
32. BRIDGMAN, P. W.: Proc. Amer. Acad. Arts a. Sci. Bd. 68 (1933) S. 95.
33. BRIDGMAN, P. W.: Proc. Amer. Acad. Arts a. Sci. Bd. 72 (1938) S. 195.
34. ALLEN, M.: Phys. Rev. (2) Bd. 43 (1933) S. 569.
35. MEISSNER, N. u. B. VOIGT: Ann. Phys., Lpz. (5) Bd. 7 (1930) S. 761.
36. MCLENNAN, C., C. D. NIVEN, J. O. WILHELM: Phil. Mag. (7) Bd. 6 (1928) S. 666.
37. HAAS DE, W. J., P. M. V. ALPHEN: Proc. roy. Soc. Amst. Bd. 36 (1933) S. 263.
38. SUHRMANN, R. u. W. BERNDT: Phys. Z. Bd. 37 (1936) S. 146.
39. KRAMER, J.: Ann. Phys. (5) Bd. 19 (1934) S. 37.
40. TEUNISSEN, P., J. A. PRINS: Physica Bd. 3 (1936) S. 1164.
41. SHOENBERG, D., M. ZAKI UDDIN: Proc. Cambr. phil. Soc. Bd. 32 (1936) S. 499.
42. MCLENNAN, J. C. ELISABETH COHEN: Trans. roy. Soc. Canada Bd. 23 (1929) S. 159.
43. HUNTER, J. S.: Proc. roy. Soc. Edinburgh Bd. 54 (1933/34) S. 102.
44. DORN, J. E., G. GLOCKLER: J. phys. Chem. Bd. 41 (1937) S. 499.
45. Allgemein: MELLOR, J. W.: Treatise on Inorganic and Theoretical chemistry, Bd. IX (1929) S. 339.

68. Wismut.

(Atomgewicht 209,00.)

a) Herstellung.

Wie bei den vorangehenden Elementen Arsen und Antimon macht es keine Schwierigkeiten, zu chemisch reinem Wismut zu kommen; auf verschiedene Weisen erhält man leicht Wismut von 99,9% Metallgehalt. Es hat sich aber in den letzten Jahren gezeigt, daß die physikalischen Eigenschaften des Wismuts von Verunreinigungen weit unterhalb 0,01% noch sehr stark beeinflußt werden. Vielleicht mehr als bei irgendeinem anderen Metall ist hier also das ultrareine Metall von größtem Interesse.

Auf die Frage, woran es liegt, daß gerade beim Wismut der Einfluß von Spuren anderer Metalle so ungeheuer groß ist, wollen wir bei der Besprechung der physikalischen Eigenschaften näher eingehen.

Für die Darstellung des Wismuts vom Reinheitsgrad 99,9%, das als „Bismuthum purissimum" in den Handel gebracht wird, sei auf die Literatur verwiesen (*1*).

Zur weiteren Reinigung wird Wismutnitrat (*2*) aus Salpetersäurelösung umkristallisiert; durch Glühen wird das Nitrat in Oxyd übergeführt, das durch Schmelzen im Wasserstoffstrom, oder durch Schmelzen mit KCN in Metall übergeführt wird. Eine weitere Reinigung ist dann noch möglich durch fraktionierte Kristallisation des geschmolzenen Metalls; auf diesem Wege ist auch die weitgehende Reinigung des Metalls, das für Messung der physikalischen Eigenschaften diente, gelungen (*3*).

Die meisten Schwierigkeiten bildet hierbei das Antimon, weil dieses mit Wismut Mischkristalle bildet.

Von Groenewegen [zit. (*3*)] wird als bequemstes Reinigungsverfahren die fraktionierte Destillation des Wismutbromids empfohlen. Durch Hochvakuumdestillation des Metalls wurden weniger gute Resultate erzielt (*4*).

Man würde nun erwarten, daß bei einem Metall, das so leicht in reiner Form darstellbar ist, die physikalischen Eigenschaften nun auch wohl genau bekannt sein würden. Dies ist aber keineswegs der Fall.

Da viele Eigenschaften (Ausdehnung, Leitvermögen usw.) sehr stark von der kristallographischen Richtung abhängen, zeigen Kristallaggregate je nach der Größe und Orientierung der einzelnen Kristallite sehr verschiedene Eigenschaften; nur an Einkristallen sind einwandfreie reproduzierbare Werte zu erhalten.

Bei den Messungen an polykristallinen Metallproben hat man wiederholt Anomalien gefunden, die zu der Annahme von allotropen Umwandlungen geführt haben; insbesondere hat man derartige Allotropien gefunden im Gebiet von 75 bis 100° C und weiter in der Nähe des Schmelzpunktes. Wir werden die Anomalien, die bei 75 bis 100° C auftreten unter den Abschnitten Ausdehnung und elektrische Eigenschaften näher besprechen.

Die Anomalien, die wenige Grad unterhalb des Schmelzpunktes auftreten, können zum Teil einfach erklärt werden durch Verunreinigungen, die ein vorzeitiges Schmelzen verursachen: da aber auch an Einkristalle von einigen Autoren Anomalien aufgefunden wurden, wollen wir auf diese Erscheinungen noch näher eingehen.

Es zeigt sich, daß auch die Eigenschaften dieser Einkristalle noch äußerst empfindlich sind für sehr kleine Mengen von Verunreinigungen und auch für minimale mechanische Deformationen.

Nach der modernen Metalltheorie (s. Kap. 1, S. 10) ist es jetzt verständlich, daß gerade beim Wismut sehr kleine Zusätze die physikalischen Eigenschaften weitgehend ändern können und daß dieser Einfluß beim Wismut ganz anders ist als bei den meisten anderen Metallen; so gehorcht z. B. Wismut der Regel von Matthiessen, die für die meisten anderen Metalle angenähert gültig ist, überhaupt nicht mehr (*5*).

Gewöhnlich wird angenommen, daß ein Kristall, der sich durch langsames Abkühlen aus der Schmelze bildet, frei von mechanischen Verformungen ist: dabei wird übersehen, daß sich der Kristall beim Schmelzpunkt abscheidet, also bei einer Temperatur, bei der der Kristall sehr weich ist und sehr leicht deformiert wird.

SCHUBNIKOW und DE HAAS (*6*) bemerken, daß es notwendig ist, die Impfkristalle, die in der Schmelze angebracht werden, zu unterstützen, da sie sonst unter ihrem eigenen Gewicht deformiert werden. Man kann also mechanische Verformungen in Einkristalle a priori überhaupt nicht ausschließen.

Nach GOETZ und HERGENROTHER (*7*) zeigt ein Kristall, der in einem starken Magnetfeld auskristallisiert, ein abweichendes Verhalten. Die Dichte soll etwas verschieden (*8*) und abhängig von dem Winkel zwischen Magnetfeld und kristallographischer Orientierung sein. Dagegen findet man röntgenographisch ein normales Gitter (*9*). Um diese einander widersprechenden Befunde miteinander in Einklang zu bringen, nimmt GOETZ (*10*) an, daß ein Wismutkristall nicht ein kontinuierliches Kristallgitter besitzt, sondern aus Gitterblocken von der Größenordnung 1 mμ aufgebaut ist, etwa wie sich ZWICKY (*11*) den Bau der Kristalle im allgemeinen denkt.

Unter verschiedenen Bedingungen z. B. im Magnetfeld sollte dann die Makrostruktur geändert werden. Die Beschaffenheit der einzelnen Blöcke sollte unter allen Umständen dieselbe bleiben.

Diese Hypothese und die Experimente, die von verschiedenen Seiten ausgeführt wurden (entweder als Stütze, oder als Bekämpfung der Mosaikstrukturhypothese), haben zu fast endlosen Diskussionen unter dem Titel „Ideal- und Realkristall" Anlaß gegeben (*12*).

Wir wollen uns hier auf den Teil beschränken, der direkt mit Wismut zusammenhängt; besonders wichtig sind dabei die von GOETZ gemachten Bemerkungen:

"Finally it may be mentioned that the effects observed were magnified so much with the amount of impurity dissolved in the crystal, (between 0,1 and 0,01%) that it may even be probable that the effect as such disappears completely in ideally pure Bi and the phenomenon may thus be caused by a different arrangement of the impurities in the boundaries of the space lattice. That such phenomena are probable is indicated by the observations of GOETZ and FOCKE (*13*) on crystal diamagnetism."

Und weiter:

"Concerning the difference between the microscopic and lattice expansion on Bi crystals it has been proved in recent work conducted by BUCHTA, the author (*14*) and JACOBS, that the discrepancy between both coefficients, though being reproducable, tends to disappear with crystals of extreme purity except for the neighborhood of the melting point, thus suggesting that the effect is caused by the way in which these last traces of foreign atoms determine the degree and the rate of decrystallisation of the crystal lattice."

Es ist wichtig, hier noch eine Beobachtung von GOETZ zu erwähnen. GOETZ teilt mit, daß ein bleihaltiges Wismut schon bei 125° (*15*) flüssiges Blei-Wismut ausscheiden kann. Wenn man dann noch bedenkt, daß es sehr oft vorkommt, daß sich Verunreinigungen im Kristall in Schichten in Entfernungen von $\sim 1\ \mu$ abscheiden (*16*), so wird klar:

1. daß kleine Mengen Verunreinigungen eine Blockstruktur vortäuschen können,

2. daß diese Schichten weit unterhalb des Schmelzpunktes durch vorzeitiges Schmelzen allerhand Anomalien in den physikalischen Eigenschaften vortäuschen können,

3. daß dadurch auch die von KAPITZA (*17*) erwähnten Spalten in der Nähe des Schmelzpunktes erklärt werden können,

4. daß gerade die Röntgenmessungen normale Gitterabmessungen anzeigen. Auf Grund der oben zitierten Diskussion kann wohl kaum ein anderer Schluß gezogen werden, als der, daß die Versuche von GOETZ und Mitarbeitern nicht die Annahme einer ZWICKYschen Mosaikstruktur oder einer mit der Temperatur fortschreitenden Amorphisierung berechtigen und daß weder aus diesen Versuchen, noch aus denen von anderen Forschern abgeleitet werden darf, daß irgendeine physikalische Eigenschaft, wenige Grade unterhalb des Schmelzpunktes an *wirklich reinem* Wismut gemessen eine Anomalie aufweist.

Herstellung von Einkristallen. Die für die Messung der physikalischen Eigenschaften dienenden Einkristalle sollen frei sein von allen Spannungen, frei von Hohlräumen und frei von Oxydeinschlüssen, in vielen Fällen wird man aber überdies noch verlangen, daß die Hauptachse im Kristall in ganz bestimmter Lage vorliegt.

Da die Methoden von OBREIMOW und SCHUBNIKOW (*18*) und BRIDGMAN (*19*), bei denen geschmolzenes Wismut in Glasröhren erstarrt, niemals Kristalle ergaben, bei denen die trigonale Achse der Rohrachse parallel lief, ebensowenig wie die bekannte CZOCHRALSKIsche Methode (*20*), weil hier nach TSUBOI (*126*) ein Wachstum senkrecht zur Hauptachse bevorzugt wird, ging KAPITZA (*21*) dazu über, die geschmolzenen Metalle mit einem Kristallsplitter bekannter Orientierung zu Impfen.

Ein auf einer Kupferplatte liegender Wismutstab wird vorsichtig geschmolzen, so daß er, weil die Oxydhaut erhalten bleibt, seine Form beibehält; durch Impfung mit einem kleinen Kristallstück und langsamer Abkühlung können Kristalle jeder Orientierung erhalten werden. SCHUBNIKOW (*22*) änderte diese Methode nur insoweit ab, daß er dafür Sorge trug, daß der Temperaturgradient senkrecht zur Hauptrichtung des Präparates stand, so daß sich eventuell Verunreinigungen an einer Seite des Kristalls anhäuften.

Auch hier ist es nötig, den Impfkristall zu unterstützen, da der Kristall beim Schmelzpunkt durch die Schwerkraft allein schon leicht deformiert wird.

GOETZ (*23*) arbeitet nach einer Methode, bei der der wachsende Kristall allmählich durch einen Ofen gezogen wird; durch Impfung wird eine bestimmte Orientierung erzeugt; durch Überleiten von Wasserstoff wird gleichzeitig reduziert, nie aber so weit, daß der Oxydfilm ganz verschwindet.

Es besteht hierbei die Möglichkeit, einen Teil des Kristalls in einem Magnetfeld wachsen zu lassen. Eine derartige Methode wird von HASLER (*24*) beschrieben.

TAMMANN und MORITZ (*127*) geben Methoden zur Herstellung von Wismutdrähten, die darauf beruhen, daß dünne flüssige Metallstrahlen zum Erstarren gebracht werden. Oft enthalten die Drähte Einkristalle von mehreren Zentimeter Länge.

b) Physikalische Eigenschaften.

Kristallstruktur, Dichte, Ausdehnungskoeffizient. Die Kristallstruktur ist der des Arsens (s. dort) und Antimons gleich. Die Gitterkonstanten sind in der nächsten Tabelle zusammengestellt:

	a	c	α	d
OGG (*25*)	6,52	11,76	87° 34′	10,00
JAMES (*26*)	6,56	11,84	87° 34′	9,80
HASSEL, MARK (*27*)	6,57	11,80	87° 34′	9,75
NEUBURGER (*28*) . .	$6{,}577_9 \pm 8$	$11{,}838_1 \pm 8$	87° 32,4′	9,798
				$u = 0{,}474$

Der Winkel ist bei den drei ersten Messungen gleich, so daß wohl anzunehmen ist, daß bei den Röntgenmessungen der kristallographisch bestimmte Winkel (*29*) benutzt wurde.

Es ist hier eine Zelle mit 8 Atomen gewählt: wesentlich übersichtlicher wird die Struktur, wenn man als Elementarzelle eine Zelle mit 2 Atomen annimmt; diese haben dann die Basiskoordinaten (000) und (u, u, u).

Man kann die Struktur auch noch auf hexagonale Achsen beziehen; wir geben hier die Daten von JETTE und FOOTE (*30*):

Rhomboedrisch

$$a = 4{,}736_4 \pm 3 \qquad \alpha = 57°14'13'' \pm 23'' \qquad n = 2$$

Hexagonal

$$a = 4{,}5372 \pm 0{,}0002 \qquad c = 11{,}8381 \pm 0{,}0008 \qquad n = 6.$$

Allotrope Modifikationen sind bei Normaldruck nicht bekannt: auch Wismut in dünnen aufgedampften Schichten (*33, 34*), und wohl auch kolloides Wismut hat die gleiche Struktur wie gewöhnliches Wismut.

Auch die Struktur des flüssigen Wismuts ist untersucht worden von DANILOW und RADTSCHENKO (*31*) und ausführlicher von RANDALL und ROOKSBY (*32*). Die Struktur ist dichtestgepackt: beim Schmelzen klappt also das Gitter zusammen, und damit verschwinden alle Anomalien in dem Leitvermögen, den magnetischen Eigenschaften usw., die für das feste Wismut charakteristisch sind. Im geschmolzenen Wismut beträgt der mittlere kleinste Atomabstand 2,95 ÅE.

Man sollte eigentlich erwarten, daß bei einem Metall, das so rein als Handelspräparat erhältlich ist, die Dichte in festem und flüssigem Zustande und die Ausdehnungskoeffizienten genau bekannt sein sollten. Tatsächlich ist dies nicht der Fall: die Dichteangaben schwanken, auch wenn die Messungen an reinem Metall ausgeführt sind, zwischen 9,78 und 10,05.

Die Röntgendichte, die JETTE und FOOTE (*30*) zu $d_{25} = 9 \cdot 798$ angeben, ist vermutlich sehr genau, wir schauen diesen Wert als den zur Zeit besten an. Die Werte $d = 10$ sind wohl unrichtig.

Auch aus den Messungen an flüssigem Metall können wir die Dichte des festen Wismuts mit Hilfe der gutbekannten Werte der Volumänderung beim Schmelzen und des Ausdehnungskoeffizienten berechnen.

Für die Dichte des flüssigen Metalls beim Schmelzpunkt wird angegeben:

$$d_{271} = 10{,}06\ (35) \qquad 10{,}05\ (36) \qquad 10{,}07\ (37).$$

Überdies können wir aus Daten von BORNEMANN und SIEBE (*38*) und von ARPI (*39*) noch zwei Werte, 10,02 bzw. 10,00 durch eine kleine Extrapolierung gewinnen. Hierbei ist ein um 2% abweichender Wert fortgelassen. Wir finden im Mittel $d_{271} = 10{,}04 \pm 0{,}03$.

Für die Änderung des Volums beim Schmelzen finden wir, wenn wir alle Daten in Prozent des flüssigen Metalls ausdrücken: 3,39 (*35*), 3,37 (*40*), 3,42 (*41*); also im Mittel 3,4%, wenn wir dabei einen um 30% abweichenden Wert fortlassen.

Für die Dichte des festen Metalls folgt also:

$$d_{271}\,(\text{fest}) = 9{,}70 \pm 0{,}03$$

und daraus mit Hilfe von $\gamma = 45 \pm 5 \cdot 10^{-6}$

$$d_0 = 9{,}84 \pm 0{,}04.$$

Für den Ausdehnungskoeffizienten gibt es auch wieder einige sehr gut stimmende Werte neben anderen, die stark abweichen.

Autor	t	$\delta_{\parallel} \cdot 10^6$	$\delta_{\perp} \cdot 10^6$	$\gamma \cdot 10^6$
	Einkristallmessungen.			
ROBERTS (*42*) . . .	20 bis 240°	16,2	12,0	40,2
FIZEAU (*43*)	40°	16,21	12,08	40,4
BRIDGMAN (*44*) . .	20°	13,96	10,36	34,6
	Messungen an vielkristallinem Material.			
GRÜNEISEN (*45*) . .	18,6 bis 101°	—	—	40,35
	—183 bis 14,8°	—	—	38,94
LUSSANA (*46*) . . .	8 bis 180°	—	—	47,7
BILTZ u. a. (*47*) . .	—195 bis 16°	—	—	40

GRÜNEISEN hat die lineäre Ausdehnung gemessen; zwischen 0 und 100° C scheint wohl $\gamma = 40{,}3 \cdot 10^{-6}$ der richtige Wert zu sein: auch das

Mittel aus allen übrigen Messungen, die nur kleinere Temperaturbereiche umfassen, ergibt diesen Wert.

Nach Röntgenmessungen von GOETZ und HERGENROTHER (*48*) ist zwischen 0 und 260°, $\delta_{\|} = 14{,}4\{1 + 1{,}76 \cdot 10^{-5}(t - 25°)\} \cdot 10^{-6}$, ohne Diskontinuität, während aus den Daten von JAY (*49*) folgt:

$$\delta_{\|} = (12 \pm 0{,}2)\,10^{-6} \quad \text{zwischen} \quad 0 \text{ und } 250°.$$

Der Ausdehnungskoeffizient für flüssiges (technisches) Wismut folgt aus folgender Meßreihe [BORNEMANN, SIEBE (*38*)].

$t =$ 300°	400°	500°	600°	700°	800°
$V =$ 0,1001	0,1013	0,1026	0,1038	0,1052	0,1064

$$\gamma = 12{,}6 \cdot 10^{-6}$$

in guter Übereinstimmung mit HOGNES (*37*), der $12{,}5 \cdot 10^{-6}$ angibt, oder mit ARPI (*39*), der in dem kleineren Temperaturgebiet von 300 bis 500° $11 \cdot 10^{-6}$ findet. Die übrigen Werte schwanken zwischen $5 \cdot 10^{-6}$ und $30 \cdot 10^{-6}$.

Auch in den letzten Jahren war die Ausdehnung des Wismuts Gegenstand eingehender Untersuchungen, weil man wiederholt aus Anomalien bei bestimmten Temperaturen auf allotrope Umwandlungen geschlossen hat.

ROBERTS (*42*) fand einen gleichmäßigen Verlauf der Ausdehnungskurve bis etwa 20° unter dem Schmelzpunkt: bei 250° treten Abweichungen ein.

GOETZ und HERGENROTHER (*48*) finden nun aber mit Hilfe von Röntgenmessungen wie schon gesagt für die lineare Ausdehnung eine glatte Temperaturfunktion, bis zum Schmelzpunkt.

Auch in einer neuen Arbeit von GOETZ und JACOBS (*86*) wird daran festgehalten, daß der Ausdehnungskoeffizient bis zum Schmelzpunkt normal bleibt. Nur im Gebiet — 15 bis 75° wird eine Anomalie gefunden.

Bei makroskopischen Messungen treten aber starke Abweichungen ein und zwar bei etwa 75°, in dem Gebiet also, wo von COHEN und MOESVELD (*50*) ebenfalls Andeutungen einer Allotropie gefunden wurden, die aber auf Grund der Röntgenmessungen abzulehnen ist: die von ROBERTS bemerkten Abnahme bei 250° wird ebenfalls nur bei makroskopischen Messungen wiedergefunden.

JAY (*49*) dagegen kommt aber gerade auf Grund von Röntgenmessungen zu dem Schluß, daß bei 70 bis 80° eine Diskontinuität besteht; es handelt sich hier aber nur um einen Meßpunkt, der 0,3 XE zu niedrig liegt, während an mehreren Stellen Versuchsfehler von etwa 0,1 XE eintreten.

Oberhalb 250° tritt ein Abfall ein: die Meßpunkte liegen hier ziemlich unregelmäßig; es ist aber nicht gut einzusehen, wie z. B. durch vorzeitiges Schmelzen, woran immer zu denken ist, die Gitterkonstante beeinflußt werden kann. Andererseits ist aber wieder nicht zu verstehen, daß eine Diskontinuität in den Gitterkonstanten sich nicht auch in allen übrigen Eigenschaften äußern würde. Nach WEBSTER (*51*) aber tritt der anomale Diamagnetismus des Metalls (s. dort) schon 0,3° unterhalb des Schmelzpunktes ein; innerhalb der Versuchsfehler ist also auch hier weder von einer Allotropie noch von einem anderen anomalen Verhalten etwas zu bemerken.

WEBSTER wendet sich in dieser Arbeit hauptsächlich gegen die Hypothese von KAPITZA (*52*), die wenige Grade unterhalb des Schmelzpunktes eine Umwandlung in eine reguläre Form annahm, um zu erklären, daß bei dieser Temperatur Einkristalle oft Risse bilden. WEBSTER glaubt, diese Rißbildung an unregelmäßig verteilten Verunreinigungen im Kristall zurückführen zu können.

Zusammenfassend können wir sagen, daß allotrope Umwandlungen bei normalem Druck nicht eintreten: für die Diskontinuität bei etwa 250° sprechen nur die Messungen von JAY (*49*).

Die Frage, ob es sich hier um eine Eigenschaft des reinen Wismuts handelt, wollen wir bei der Besprechung der elektrischen Eigenschaften wieder aufwerfen. Die Frage wird in zwei neueren Veröffentlichungen (*53*) und (*54*) aufs neue diskutiert; auch hier wird gefolgert, daß eine Allotropie bei 75° nicht eintritt. Die von JAY (*49*) gemessenen Anomalien könnten vielleicht auf folgende Weise erklärt werden: es wäre möglich, daß in der Nähe des Schmelzpunktes bei nicht ganz reinem Wismut ein teilweises Schmelzen eintritt, es wird sich dann die Konzentration der noch nicht geschmolzenen Teile etwas ändern, wodurch kleine Änderungen in den Gitterkonstanten eintreten können.

Bei höheren Drucken findet BRIDGMAN (*55*) nicht weniger als drei neue allotrope Formen. Bei gewöhnlicher Temperatur betragen die Drucke bei denen der Übergang stattfindet ~26000 bis 28000 und 44000 Atm.

Der Schmelzpunkt des Wismuts sinkt bei zunehmendem Druck ungefähr linear: die Schmelzkurve von Bi II geht nahezu horizontal; bei Bi III steigt der Schmelzpunkt mit zunehmendem Druck. Die Umwandlungskurven Bi I in Bi II und Bi II in Bi III schneiden einander etwas unter —100° C. Von der Kurve Bi III in Bi IV ist nur ein Stück bei tieferen Temperaturen bekannt.

Kompressibilität. Die Kompressibilität von gegossenem und gezogenem Wismut ist sehr verschieden: das zuletzt genannte zeigt einen um 50% höheren Wert [BRIDGMAN (*56*)]. Die Ursache ist wahrscheinlich darin zu suchen, daß das gegossene Metall aus sehr großen Kristallen bestand. Für Einkristalle findet BRIDGMAN (*57*) folgende Werte:

$$\text{bei } 30^\circ\text{ C} \quad -\left(\frac{\Delta l}{l_0}\right)_\perp = 0{,}6624 \cdot 10^{-6} p - 4{,}39 \cdot 10^{-12} p^2$$

$$-\left(\frac{\Delta l}{l_0}\right)_\parallel = 1{,}592 \cdot 10^{-6} p - 11{,}1 \cdot 10^{-12} p^2$$

$$\text{bei } 75^\circ\text{ C} \quad -\left(\frac{\Delta l}{l_0}\right)_\perp = 0{,}7044 \cdot 10^{-6} p - 8{,}40 \cdot 10^{-12} p^2$$

$$-\left(\frac{\Delta l}{l_0}\right)_\parallel = 1{,}580 \cdot 10^{-6} p - 11{,}6 \cdot 10^{-12} p^2.$$

Schmelzpunkt. Für den Schmelzpunkt kann 271 ± 0,15° C angenommen werden (*2*).

Schmelzwärme. Aus BRIDGMANs Messungen der Schmelzkurve (*58*) findet man für die Schmelzwärme 12,84 cal/g in guter Übereinstimmung mit direkten kalorimetrischen Messungen, die im Mittel 12,5 cal/g ergeben haben. ITHAKA (*59*) findet den etwas höheren Wert 14,1 cal/g.

Dampfdruck und Siedepunkt. Zur Aufstellung der theoretischen Dampfdruckgleichung verwendet EUCKEN (*60*) einerseits den von LEITGEBEL (*61*) bestimmten Siedepunkt 1560° C ± 5, andererseits die Dampfdruckmessungen von RUFF und BERGDAHL (*62*) und von RUFF und MUGDAN (*63*). Die Molekülbildung wird dabei vernachlässigt; dies ist wahrscheinlich gestattet, da nach VON WARTENBERG (*64*) das Molekulargewicht bei 2170° gleich 224 ist.

Spezifische Wärme. Eine große Anzahl vereinzelter Daten über die spezifische Wärme finden sich in der Literatur: systematische Untersuchungen bei tiefen Temperaturen (unterhalb 20° K) hat V. D. ENDE (*65*) ausgeführt. Eine Zusammenstellung der Literatur findet sich bei KELLEY (*66*) und MAIER (*67*).

Wärmeleitung. Die Messungen der Wärmeleitfähigkeit zeigen untereinander sehr große Abweichungen.

Bei 18° gibt es zwei untereinander gut stimmende Messungen: GIEBE findet 0,0192 (*68*), JÄGER und DIESSELHORST geben 0,0194 an (*69*); diese Werte stimmen sehr gut mit dem Mittel 0,0195 aus Messungen von KAY und ROBERTS (*70*), die an einem Einkristall parallel zur Hauptachse 0,0159 und senkrecht zur Hauptachse 0,0221 gemessen haben, überein.

Bei anderen Temperaturen wurden noch gefunden:

	$t =$	—190°	—186°	—79°	—77°	0°	18°	100° C
(*68*)	$10^4 \cdot W =$	—	558	252	—	—	192	—
(*69*)	$10^4 \cdot W =$	—	—	—	—	—	194	161
(*71*)	$10^4 \cdot W =$	623	—	—	257	244	—	—

W in cal/cm²/grad/sec.

Die Werte von GEHLHOFF und NEUMEIER (*71*) stimmen bei tieferen Temperaturen ziemlich gut mit den von GIEBE gefundenen überein. KONNO (*72*), dessen Messungen am festen Wismut sehr schlecht mit den übrigen stimmen, findet am flüssigen Metall Werte, die von $418 \cdot 10^{-4}$, direkt oberhalb des Schmelzpunktes, bis $369 \cdot 10^{-4}$ bei 584° abnehmen.

DE HAAS und CAPEL (*73*) haben die Wärmeleitfähigkeit an einem sehr reinen Kristall bei tiefer Temperatur untersucht. Die Wärmeleitfähigkeit parallel zur Hauptachse nimmt noch bis 16,5° K zu; senkrecht zur Hauptachse zeigt sie aber ein Minimum bei 18,5° K.

Im Magnetfeld zeigt die Wärmeleitfähigkeit ähnliche Anomalien wie die elektrische Leitfähigkeit (s. d.). Für nähere Einzelheiten sei auf die Originalabhandlungen von KAYE und HIGGINS (*74*), REDDEMANN (*75*) und besonders GRÜNEISEN und GIELLESSEN verwiesen (*76*).

Unter Druck nimmt die Wärmeleitfähigkeit ab (*77*); für den Druckkoeffizient wird bei 30° gefunden: $-3{,}1 \cdot 10^{-5}$. Es handelt sich hier um einen gepreßten Draht aus nicht sehr reinem Wismut.

Elektrische Leitfähigkeit. Die elektrischen Eigenschaften sprechen beim Bi noch viel empfindlicher auf kleine Mengen Fremdatome an, wie dies bei anderen Metallen der Fall ist. Auch der Einfluß des magnetischen Feldes auf den Widerstand ist in hohem Maße davon abhängig.

Um die komplizierten Erscheinungen bei tiefen Temperaturen zu entwirren, haben SCHUBNIKOW und DE HAAS (*78*, *22*) sich als erste Aufgabe gestellt, Wismut so weit zu reinigen, daß eine weitere Reinigung die Eigenschaften des Materials nicht mehr änderte; am besten gelang dies durch fraktionierte Kristallisation der Schmelze des schon von GROENEWEGEN durch Destillation des Bromids weitgehend gereinigten Metalls.

Da es sich darum handelte, die Leitfähigkeit und dessen Beeinflussung durch ein Magnetfeld in verschiedenen Richtungen im Kristall zu messen, wurde nach einer Methode, die sich eng an Vorschriften von KAPITZA (*21*) und GOETZ (*23*) anschließt, Einzelkristalle hergestellt. Die Methode besteht darin, daß geschmolzenes Wismut in einem rechteckigen, durch Quarzblöcke, die auf einer Kupferplatte durch Impfung mit einem Kristallsplitter liegen, gebildeten Raum zur Kristallisation gebracht wird.

Man kann nun die Versuche so einrichten, daß beim Erstarren der Temperaturgradient in der Längsrichtung der Kuvette liegt, oder von unten nach oben gerichtet ist. Die Kristalle waren in beiden Fällen sehr verschieden; durch Auskristallisieren in einem Hochvakuum änderte sich hieran nichts: der Effekt wird also nicht durch Oxydation verursacht; auch Temperatur und kleine plastische Deformationen hatten nur einen sehr geringen Einfluß.

Weitere Untersuchungen zeigten, daß der Kristall am reinsten ist in der Nähe des Impfkristalls; die Verunreinigungen bleiben anfangs in der Schmelze und werden erst allmählich von dem Kristall aufgenommen.

Wächst nun der Kristall von oben nach unten, so ist die obere Seite unrein: wächst er dagegen in der Längsrichtung, so ist das eine Ende unreiner; im ersten Fall sind die unreineren, also weniger gutleitenden Kristallteile bei der Messung des Widerstands parallel geschaltet, und stören daher weniger, als wenn der Kristall an einem Ende unrein ist. Den niedrigsten Widerstand zeigen also die Kristalle, bei denen Wachstum von oben nach unten stattfand.

Durch wiederholte Kristallisation gelang es schließlich das Verhältnis $R_{0^\circ C}/R_{-250^\circ C}$ von 0,150 auf 0,050 d. h. auf $^1/_{12}$ des Widerstands eines Kahlbaumpräparates herabzusetzen. Der Restwiderstand der beiden Proben kommt dann auf 0,0027; ein so niedriger Wert weist auf einen Reinheitsgrad, wie er nur von wenigen Metallen übertroffen wird.

Der Einfluß von kleinen Mengen anderer Metalle auf den Widerstand ist ausführlich von THOMPSON (*79*) untersucht worden; der Widerstand senkrecht zur Kristallachse ist weniger empfindlich als derjenige parallel dazu. Das Gesetz von MATTHIESSEN ist nicht erfüllt; Pb, Sn und Ge verursachen ein Maximum des Widerstands zwischen 14° und 300° K, dagegen wird der Widerstand durch Se und Fe verkleinert. Zu ähnlichen Resultaten kommen auch FOCKE und HILL (*80*).

Ausgehend von der besonderen Kristallstruktur des Wismuts lassen sich diese Erscheinungen zum Teil theoretisch erklären (*85*).

Es ist unter diesen Umständen sehr gewagt, aus Anomalien der Widerstandskurven auf Umwandlungen im Metall zu schließen, wenn die Reinheit des Materials nicht einwandfrei bewiesen ist.

So finden PIETENPOL und MILEY (*81*), daß die Widerstandskurve gleichmäßig bis etwa 240° verläuft und dann plötzlich stark abnimmt; sie glauben daraus ableiten zu dürfen, daß das Gitter bei dieser Temperatur allmählich zusammenbricht.

Dagegen findet aber SCHULZE (*82*), daß der Widerstand normal bis 264° C ansteigt und bis zum Schmelzpunkt stetig zunimmt. Das Verhältnis der Widerstände flüssig/fest beim Schmelzpunkt ist 0,489, also viel größer als von PIETENPOL und MILEY gefunden war. Sehr wahrscheinlich sind die Messungen von PIETENPOL und MILEY durch vorzeitiges Schmelzen von verunreinigten Teilen der Probe gefälscht.

Für den Widerstand und dessen Temperaturkoeffizienten wurde von SCHULZE gefunden: $\varrho_{20} = 120{,}1 \cdot 10^{-6}$, $\alpha_{0^\circ - 100^\circ\,C} = 437 \cdot 10^{-5}$, daraus $\varrho_0 = 111{,}4 \cdot 10^{-6}$; α ist also bedeutend höher als der von PIETENPOL und MILEY angegebene Wert:

$$\alpha_{0^\circ - 100^\circ\,C} = 401 \cdot 10^{-5};$$

dagegen finden aber PIETENPOL und MILEY nahezu den gleichen Widerstand:

$$\varrho_0 = 110{,}3 \cdot 10^{-6}.$$

Andeutungen einer Anomalie bei 75° sind weder bei SCHULZE, noch bei PIETENPOL und MILEY zu finden.

In der älteren Literatur finden sich noch weitere Angaben über ϱ_0 und α. Sie weichen meisten von den hier angegebenen Werten mehr oder weniger ab; die Beschaffenheit der Stäbe, z. B. die Größe und die zufällige Orientierung der Kristalle kann das Resultat merklich beeinflussen. Sehr gut übereinstimmende Werte kann man nur erwarten bei Messungen an Einkristallen.

Die Messungen von LOWNDS (*84*) können wir übergehen: das Maximum des Widerstandes bei —80° weist auf starke Verunreinigung hin. BRIDGMAN (*57*) gibt bei 20° C an:

$$\varrho_{\parallel} = 138 \cdot 10^{-6} \quad \varrho_{\perp} = 109 \cdot 10^{-6}.$$

Diese Werte sind in Einklang mit dem von anderen Autoren angegebenen Mittelwert an gepreßten Stäben. Einen nur wenig höheren Wert geben BORELIUS und LINDH (*133*) an, $\varrho_{\perp} = 116 \cdot 10^{-6}$ bei 20°.

Der Temperaturkoeffizient ist nach BRIDGMAN $444 \cdot 10^{-6}$, unabhängig von der Richtung im Kristall (*57*). Durch Deformation nimmt der Widerstand stark zu: nach BORELIUS und LINDH (*133*) zeigt ein in der Richtung der Hauptachse gepreßter Kristall $\varrho_{\perp} = 151 \cdot 10^{-6}$.

Nach PIETENPOL und MILEY (*81*) hat ein hart gezogener Draht einen Widerstand, der etwa 1% höher ist als derjenige eines weichen Drahtes.

In deformierten Polykristalldrähten können durch unregelmäßige Ausdehnung und Rekristallisation leicht Störungen eintreten. Die von DRUCKER (*83*) aufgefundenen Unstetigkeiten beim elektrischen Widerstand, können nach SCHULZE (*82*) einfach durch mechanische Deformationen erklärt werden: SCHULZE zeigt, daß die Unstetigkeiten in den Kurven, die er auch beim deformierten Antimon wieder findet, durch Tempern zum größten Teil beseitigt werden können und bei Einzelkristallen vollkommen verschwunden sind.

Nach SCHROEDER (*106*) tritt die Widerstandsänderung beim Schmelzen in einem Temperaturintervall von 0,3° ein, er schließt also daraus, daß für die Annahme des Fortbestehens der Kristallstruktur im flüssigen Zustand kein Grund vorhanden ist.

Die Widerstandsänderung unter elastischem Zug ist von MILDRED ALLEN (*87*) gemessen. BRIDGMAN hat aus diesen Messungen die Tensorkoeffizienten berechnet (*88*). Dagegen findet TRAPEZNIKOWA (*89*) keinerlei Anomalien, wie sie von M. ALLEN gefunden waren. Über den Einfluß von Zug auf polykristallinen Drähte siehe ROLNICK (*90*).

Unter allseitigem Druck nimmt der Widerstand ab [BRIDGMAN (*91*)], auch bei tiefen Temperaturen (*92*). Die Widerstandsänderung im Magnetfeld hängt in überaus komplizierter Weise von der Temperatur der magnetischen Feldstärke und dem Winkel, den Kristallachse und Richtung von Strom und Magnetfeld miteinander einschließen, ab. Überdies spielen noch kleine Mengen von Verunreinigungen eine bedeutende Rolle.

Die Widerstandsänderung kann enorme Werte annehmen; bei einem Versuch war der Widerstand bei 4° K in einem Felde von 25 KGauß 10^5-mal größer als ohne Feld.

Erst durch die Messungen von SCHUBNIKOW und DE HAAS (*93*) und DE HAAS, SCHUBNIKOW und BLOM (*94*) an sehr reinen Einzelkristallen genau bekannter Orientierung ist das Verhalten des Widerstandes unter Einfluß des Magnetfeldes zum Teil geklärt worden. An weiteren Untersuchungen sind noch zu erwähnen die Arbeiten von GRÜNEISEN und GIELESSEN (*95*) und von STIERSTADT (*96*).

Auch bei 0,05° K wird Wismut nicht supraleitend (*97*).

Über einen Versuch, an sehr dünnen Wismutdrähten durch Messung der Leitfähigkeit die freie Weglänge der Elektronen zu bestimmen siehe EUCKEN und FÖRSTER (*118*). Drähte von 1,9 μ Dicke zeigten merklich veränderte elektrische Eigenschaften.

Magnetische Eigenschaften. Wismut ist stark diamagnetisch: für χ_{20} kann etwa $-1{,}4 \cdot 10^{-6}$ je g angenommen werden; die Suszeptibilität nimmt nach HONDA (*98*) bis zum Schmelzpunkt linear ab, fällt dort diskontinuierlich ab, und ist für flüssiges Wismut von der Temperatur unabhängig.

Auch hier sind wieder die Messungen an sehr reinen Einkristallen von großer Bedeutung. Sowohl McLENNAN und Frl. COHEN (*99*) als auch FOCKE (*100*) finden, daß die Suszeptibilität von der Richtung im Kristall abhängt. Die Werte, die FOCKE bei Zimmertemperatur findet:

$$\chi_{\parallel} = -1{,}487 \cdot 10^{-6}$$
$$\chi_{\perp} = -1{,}046 \cdot 10^{-6}$$

wurden von DE HAAS und VAN ALPHEN (*101*) bestätigt; die Suszeptibilität ist von der Feldstärke unabhängig.

SHOENBERG und ZAKI UDDIN (*104*) finden eine sehr starke Beeinflussung durch Te, Sn, Pb und Sb.

Die Magnetisierung in der Richtung senkrecht zur Hauptachse ist bei tieferer Temperatur eine periodische Funktion der Feldstärke, die der Leitfähigkeit parallel geht.

Kristalle, die in einem Magnetfeld entstanden sind, zeigen nach WELO (*102*) eine normale Suszeptibilität; die Abweichung könnte höchstens 0,3% sein. Durch Kaltbearbeitung wird die Suszeptibilität geändert (*119*), und zwar in der Richtung, daß das Metall weniger diamagnetisch wird. Der Effekt wird aber der Ausscheidung einer ferromagnetischen Phase zugeschrieben. Von GOETZ und FOCKE ist der Einfluß von Legierungsbestandteilen auf die Suszeptibilität untersucht worden (*103*).

Thermokraft. Während viele Autoren angeben, daß etwa 20° unterhalb des Schmelzpunktes das Kristallgitter schon gestört wird, eine Behauptung, die von anderen Seiten, wie wir schon gesehen haben, aber wieder bestritten wird, behauptet SAROOS (*105*), auf Grund thermoelektrischer Messungen, daß das Gitter noch etwa 10° oberhalb des Schmelzpunktes zum Teil bestehen bleibt. Diese Behauptung scheint aber schon widerlegt durch die Tatsachen, daß sowohl die Dichte, der Widerstand (*106*), als auch der Diamagnetismus (*51*) gleich oberhalb des Schmelzpunktes sich ganz normal verhalten. Irgendwelche Diskontinuitäten konnten hier nicht aufgefunden werden; auch die Röntgenanalyse des flüssigen Wismuts spricht nicht zugunsten eines Fortbestehens der typischen Metallstruktur oberhalb des Schmelzpunktes.

Über die Änderung der Thermokraft unter Einfluß von Temperatur und Magnetfeld sind Arbeiten von GRÜNEISEN und GIELESSEN (*107*) und LOWANCE und WOODBRIDGE (*108*) zu erwähnen.

Kristallwachstum im Magnetfelde. Nach GOETZ und Mitarbeitern soll sich ein Wismutkristall, der sich in einem starken Magnetfeld gebildet hat, in vielen Hinsichten anders verhalten als ein normal gewachsener Kristall.

Diese Erscheinung, die von vielen Seiten, wie wir schon hervorgehoben haben, bestritten wird, wird nach GOETZ (*109*) dadurch verursacht, daß beim Fehlen einer bevorzugten Wachstumsrichtung, also ohne Impfkristall, das Magnetfeld das Wachstum so beeinflußt, daß die Richtung der kleinsten magnetischen Suszeptibilität in der Feldrichtung liegt.

Von den Arbeiten, die sich mit *besonderen Effekten* (HALL-, ETTINGHAUSEN-Effekt usw.) beschäftigen, wollen wir nur die neuesten nennen. Messungen der Magnetostriktion findet man bei KAPITZA (*110*), SHOENBERG (*111*) und auch an legierten Wismutkristallen bei WOLF und GOETZ (*112*). Über den HALL-Effekt arbeiteten FEDELE (*113*), VERLEGER (*114*), SHOENBERG (*115*). Weitere Daten siehe unter (*1*).

Photoelektrischer Effekt. Nach HUNTER (*116*) liegt die langwellige Grenze des photoelektrischen Effektes bei 3075 Å. Daraus folgt für die Austrittarbeit: $\varphi = 4{,}00$ eV.

Einen merkwürdigen Lichteffekt erwähnt BERGMANN (*117*). Eine Spule in dessen Achse sich ein Wismutstab befindet, gibt bei Beleuchtung Stromstöße, die der Frequenz der Belichtung parallel gehen.

Optische Eigenschaften. Über die optischen Eigenschaften gibt die Zusammenstellung in (*1*) Auskunft. Sie sind für poliertes Metall und Einkristalle nicht sehr verschieden.

Wir geben hier folgende Daten: [nach MEIER (*131*)]:

λ (in Å)	n	k	R
2573	0,991	0,998	20,1
3255	0,981	1,486	36,0
4413	1,376	2,262	48,9
6680	1,961	3,091	57,2

Für flüssiges Wismut sind sie verschieden (*132*):

λ (in $m\mu$)	n	k	R
404	1,80	3,23	60,6
546	2,35	3,84	63,8
579	2,48	3,97	64,4

Hier ist R Reflexionsvermögen, n Brechungsindex, k Absorptionsindex.

Mechanische Eigenschaften. Von den mechanischen Eigenschaften wird angegeben für den Elastizitätsmodul: 3200 bis 3400, für den Torsionsmodul: 1240 bis 1370 kg/mm².

Die Elastizitätskonstanten gibt BRIDGMAN (*44*) an:

$$\sigma_{33} = 2{,}87 \cdot 10^{12},$$
$$\sigma_{11} = 2{,}69 \cdot 10^{12}.$$

Die Zahlen für die POISSON-Konstante schwanken von 0,33 bis 0,39 (*1*).

Plastizität. Der Schiebungsmechanismus des Wismut ist von POLANYI und SCHMID (*120*) und von HAASE und SCHMID (*121*) untersucht. Dort finden sich auch Angaben über Schubverfestigung und Erholung. Über die plastische Dehnung liegt eine Arbeit von GEORGIEFF und SCHMID (*122*) und von WASSERMANN (*123*) vor.

Über das Verhalten bei Torsionswechselbeanspruchung vgl. GOUGH und COX (*124*). Messungen des Ausflußdruckes wurden ausgeführt von SCHISCHOKIN (*125*).

Die **Härte** des Wismuts schwankt (*1*) etwas mit der Herstellungsweise: sie wird bei feinerem Korn wohl größer sein als bei Einkristallen und überdies von der kristallographischen Richtung abhängen.

Die **Oberflächenspannung** des flüssigen Wismuts ist wiederholt gemessen worden, sie hängt etwas von der Methode und von dem Gase, worin gemessen wird, ab. Die Zahlen liegen zwischen 300 dyn/cm in Vakuum bei 365° und 420 dyn/cm in CO_2 bei 346° (*1*).

Für die **Viskosität** als Funktion der Temperatur wird angegeben:

t = 280°	339°	426°	528°	nach ARPI (*128*)
$\eta \cdot 10^2$ = 1,46	1,27	1,21	1,14	
t = 283°	330°	364°		nach PLÜSS (*129*)
$\eta \cdot 10^2$ = 1,62	1,52	1,46		

Sehr gut stimmen die Messungsreihen, wie man sieht, nicht überein.

c) Legierungen.

Wir haben im vorangehenden schon hingewiesen auf den großen Einfluß, den kleine Mengen von Fremdmetallen auf die Eigenschaften des Wismuts haben. Auf besondere Legierungen wollen wir hier nicht weiter eingehen und nur erwähnen, daß BERG (*130*) gefunden hat, daß Wismut große Mengen Gase aufnehmen kann, so z. B. $6 \cdot 10^{-4}$ mol/N_2. Diese Mengen können die Eigenschaften des Wismuts schon deutlich ändern. Daß auch Sauerstoff aufgenommen wird, ist wohl wahrscheinlich, es ist diese Gasaufnahme immer nur in Rechnung zu ziehen bei den Messungen in der Nähe des Schmelzpunktes, wo eventuell okkludierte Gase die Erscheinung hervorrufen, die viele Autoren mit „Mosaikstruktur" und „Fortbestehen in der Schmelze" in Zusammenhang gebracht haben.

Literatur.

1. Gmelins Handbuch der anorganischen Chemie, Bd. 19, Wismut, S. 19. Berlin 1927.
2. MYLIUS, F., E. GROSCHUF: Z. anorg. allg. Chem. Bd. 96 (1916) S. 245.
3. SCHUBNIKOW, L.: Proc. roy. Soc., Amst. Bd. 33 (1930) S. 327.
4. GOETZ, A., O. STIERSTADT, A. B. FOCKE: Z. Phys. Bd. 98 (1935) S. 118.
5. THOMPSON, N.: Proc. roy. Soc., Lond. A Bd. 155 (1936) S. 111.
6. SCHUBNIKOW, L., W. J. DE HAAS: Comm. Leiden Nr. 207 (1930). — Proc. roy. Soc., Amst. Bd. 33 (1930) S. 130.
7. GOETZ, A., R. C. HERGENROTHER: Phys. Rev. (2) Bd. 38 (1931) S. 20.
8. GOETZ, A., A. B. FOCKE: Phys. Rev. (2) Bd. 37 (1931) S. 1044.
9. GOETZ, A., R. C. HERGENROTHER: Phys. Rev. (2) Bd. 40 (1932) S. 137.

10. GOETZ, A.: Proc. nat. Acad. Sci., Wash. Bd. 16 (1930) S. 99.
11. ZWICKY, F.: Helv. chim. Acta Bd. 3 (1930) S. 269; Bd. 6 (1936) S. 210.
12. Diskussion, Z. Kristallogr. Bd. 93 (1936) S. 161.
13. GOETZ, A., A. B. FOCKE: Phys. Rev. (2) Bd. 45 (1934) S. 136.
14. BUCHTA, J. W., A. GOETZ: Phys. Rev. (2) Bd. 46 (1934) S. 1092.
15. GOETZ, A., J. W. BUCHTA, T. L. HO: Phys. Rev. (2) Bd. 46 (1934) S. 538.
16. BUERGER, M. J.: Z. Kristallogr. Bd. 93 (1936) S. 170.
17. KAPITZA, P.: Proc. roy. Soc. Lond. A Bd. 119 (1928) S. 358.
18. OBREIMOW, I., L. SCHUBNIKOW: Z. Phys. Bd. 25 (1924) S. 31.
19. BRIDGMAN, P. W.: Proc. Amer. Acad. Arts a. Sci. Bd. 60 (1925) S. 307.
20. CZOCHRALSKI, J.: Z. phys. Chem. Bd. 92 (1918) S. 290.
21. KAPITZA, P.: Proc. roy. Soc., Lond. A Bd. 119 (1928) S. 358.
22. SCHUBNIKOW, L.: Proc. roy. Soc., Amst. Bd. 33 (1930) S. 327.
23. GOETZ, A.: Phys. Rev. (2) Bd. 35 (1930) S. 193.
24. HASLER, M. F.: Rev. Sci. Instrum. Bd. 4 (1933) S. 656.
25. OGG, A.: Phil. Mag. (6) Bd. 42 (1921) S. 195.
26. JAMES, R. W.: Phil. Mag. (6) Bd. 42 (1921) S. 195.
27. HASSEL, O., H. MARK: Z. Phys. Bd. 23 (1924) S. 269.
28. NEUBURGER, M. C.: Z. Kristallogr. Bd. 93 (1936) S. 1.
29. GROTH, P.: Chemische Kristallographie. Leipzig (1906) Teil I S. 23.
30. JETTE, E. R., F. Foote: J. Chem. Phys. Bd. 3 (1935) S. 605.
31. DANILOW, W., I. RADTSCHENKO: Phys. Z. Sowjet. Bd. 10 (1936) S. 260.
32. RANDALL, J. F., H. P. ROOKSBY: Trans. Faraday Soc. Bd. 33 (1937) 109.
33. LANE, C. T.: Phys. Rev. (2) Bd. 48 (1935) S. 193.
34. BÜSSUM, W., F. GROSZ, K. HERMANN: Z. Phys. Bd. 64 (1930) S. 537.
35. VICENTINI, G.: Atti Linc (4) Bd. 6 II (1890) S. 152.
36. ROBERTS-AUSTIN, W. C., T. WRIGHTSON: Phil. Mag. (5) Bd. 11 (1881) S. 297.
37. HOGNESS, T. R.: J. Amer. chem. Soc. Bd. 43 (1921) S. 1624.
38. BORNEMANN, K., P. SIEBE: Z. Metallkde. Bd. 14 (1922) S. 332.
39. ARPI, C. B. R.: Z. Metallogr. Bd. 5 (1914) S. 163.
40. TOEPLER, M.: Wiedemanns Ann. Bd. 53 (1894) S. 376.
41. ENDO, H.: J. Inst. Met. Bd. 30 (1923) S. 130. — Sci. Rep. Tôhoku Imp. Univ. (1) Bd. 13 (1925) S. 208.
42. ROBERTS, J. K.: Proc. roy. Soc. Lond. A Bd. 106 (1924) S. 385.
43. FIZEAU, H.: C. R. Acad. Sci., Paris Bd. 66 (1868) S. 1013; Bd. 68 (1869) S. 1131.
44. BRIDGMAN, P. W.: Proc. nat. Acad. Wash. Bd. 10 (1924) S. 413.
45. GRÜNEISEN, E.: Ann. Phys. (4) Bd. 33 (1910) S. 51.
46. LUSSANA, S.: Nuovo Cim. (5) Bd. 19 (1910) S. 188.
47. BILTZ, W., E. WÜNNENBERG, W. FISCHER, A. SAPPER: Z. phys. Chem. Abt. A Bd. 151 (1930) S. 7.
48. GOETZ, A., R. C. HERGENROTHER: Phys. Rev. (2) Bd. 40 (1936) S. 2643.
49. JAY, A. H.: Proc. roy. Soc., Lond. A Bd. 143 (1934) S. 465.
50. COHEN, E. J., A. L. T. MOESVELD: Chem. Weekbl. Bd. 10 (1913) S. 656. — Z. phys. Chem. Bd. 85 (1930) S. 419.
51. WEBSTER, W. L.: Proc. roy. Soc., Lond. A Bd. 133 (1931) S. 162.
52. KAPITZA, P.: Proc. roy. Soc. Lond. A Bd. 119 (1928) S. 383.
53. KOCH, W.: Metallwirtsch. Bd. 13 (1934) S. 671.
54. AOYAMA, S., G. MONNA: Sc. Rep. Tôhoku Univ. (1) Bd. 23 (1934) S. 52.
55. BRIDGMAN, P. W.: Phys. Rev. (2) Bd. 45 (1934) S. 844.
56. BRIDGMAN, P. W.: Proc. Amer. Acad. Arts a. Sci. Bd. 58 (1923) S. 211.
57. BRIDGMAN, P. W.: Proc. Amer. Acad. Arts a. Sci. Bd. 60 (1925) S. 357.
58. BRIDGMAN, P. W.: Phys. Rev. (2) Bd. 6 (1915) S. 24.

59. IITHAKA, I.: Sci. Rep. Tôhoku Univ. (1) Bd. 8 (1919) S. 113.
60. EUCKEN, A.: Metallwirtsch. Bd. 15 (1936) S. 27, 63.
61. LEITGEBEL, W.: Z. anorg. allg. Chem. Bd. 202 (1931) S. 313.
62. RUFF, O., G. BERGDAHL: Z. anorg. allg. Chem. Bd. 106 (1919) S. 76.
63. RUFF, O., S. MUGDAN: Z. anorg. allg. Chem. Bd. 117 (1921) S. 147.
64. WARTENBERG, H. VON: Z. anorg. allg. Chem. Bd. 56 (1907) S. 335.
65. ENDE, J. N. V. D.: Metallwirtsch. Bd. 10 (1931) S. 676.
66. KELLEY, K. K.: U. S. Dep. Comm. Bur. Mines Bull. (1934) S. 371.
67. MAIER, CH. J.: U. S. Bur. Stand. Mines Dep. Int. Rep. Invest. Bd. 3262 (1934).
68. GIEBE, E.: Diss. Berlin 1903. — Verh. dtsch. phys. Ges. Bd. 5 (1903) S. 65.
69. JÄGER, W., H. DIESSELHORST: Ber. Berlin. Akad. (1899) S. 726.
70. KAY, G. W. C., J. K. ROBERTS: Proc. roy. Soc. London A Bd. 104 (1923) S. 98.
71. GEHLOFF, G., F. NEUMEIER: Verh. dtsch. phys. Ges. Bd. 15 (1913) S. 1882.
72. KONNO, S.: Sci. Rep. Tôhoku Univ. (1) Bd. 8 (1919) S. 177. — Phil. Mag. (6) Bd. 40 (1920) S. 548.
73. DE HAAS, W. J., W. H. CAPEL: Physica, Haag Bd. 1 (1934) S. 725, 929.
74. KAYE, G. W. C., W. F. HIGGINS: Phil. Mag. (7) Bd. 8 (1929) S. 1056.
75. REDDEMANN, H.: Ann. Phys. (5) Bd. 20 (1934) S. 441.
76. GRÜNEISEN, E., J. GIELESSEN: Ann. Phys. Leipz. (5) Bd. 29 (1937) S. 25.
77. BRIDGMAN, P. W.: Proc. Amer. Acad. Arts a. Sci. Bd. 57 (1921) S. 21, 114.
78. SCHUBNIKOW, L., W. J. DE HAAS: Proc. roy. Acad. Amst. Bd. 33 (1930) S. 350.
79. THOMPSON, N.: Proc. roy. Soc., Lond. A Bd. 155 (1936) S. 111.
80. FOCKE, A. B., J. R. HILL: Phys. Rev. (2) Bd. 50 (1936) S. 179.
81. PIETENPOL, W. B., H. A. MILEY: Phys. Rev. (2) Bd. 34 (1929) S. 1588.
82. SCHULZE, A.: Z. techn. Phys. Bd. 10 (1930) S. 16. — Z. Metallkde. Bd. 22 (1930) S. 194, 208. — Z. phys. Chem. Abt. A Bd. 165 (1933) S. 188.
83. DRUCKER, C.: Z. phys. Chem. Abt. A Bd. 162 (1932) S. 305.
84. LOWNDS, L.: Ann. Phys. (4) Bd. 9 (1902) S. 681. — Phil. Mag. (6) Bd. 5 (1903) S. 146.
85. JONES, H.: Proc. roy. Soc., Lond. A Bd. 147 (1934) S. 396.
86. JACOBS, R. B., A. GOETZ: Phys. Rev. (2) Bd. 51 (1937) S. 159.
87. ALLEN, MILDRED: Phys. Rev. (2) Bd. 42 (1932) S. 843.
88. BRIDGMAN, P. W.: Phys. Rev. (2) Bd. 42 (1932) S. 838.
89. TRAPEZNIKOWA, O.: Proc. roy. Acad. Sci., Amst. Bd. 34 (1931) S. 840.
90. ROLNICK, H.: Phys. Rev. (2) Bd. 36 (1930) S. 506.
91. BRIDGMAN, P. W.: Proc. Amer. Acad. Arts a. Sci. Bd. 64 (1930) S. 64.
92. BRIDGMAN, P. W.: Proc. Amer. Acad. Arts a. Sci. Bd. 68 (1933) S. 395.
93. SCHUBNIKOW, L., W. J. DE HAAS: Proc. roy. Acad. Sci., Amst. Bd. 33 (1930) S. 418, 433.
94. DE HAAS, W. J., J. W. BLOM, L. SCHUBNIKOW: Physica, Haag II (1935), S. 907.
95. GRÜNEISEN, E., J. GIELESSEN: Ann. Phys., Lpz. (5) Bd. 26 (1936) S. 449.
96. STIERSTADT, O.: Z. Phys. Bd. 83 (1933) S. 310, 697.
97. KÜRTI, N., F. SIMON: Nature, Lond. Bd. 135 (1935) S. 31.
98. HONDA, K.: Sci. Rep. Tôhoku Univ. (1) Bd. 1 (1912) S. 1.
99. MCLENNAN, J. C., ELIZ. COHEN: Trans. roy. Soc. Canada (3) Bd. 23 Sekt. IV, S. 159.
100. FOCKE, A. B.: Phys. Rev. (2) Bd. 36 (1930) S. 319.
101. DE HAAS, J. W., P. M. VAN ALPHEN: Proc. roy. Acad. Sci., Amst. Bd. 33 (1932) S. 454.
102. WELO, L. A.: Phys. Rev. (2) Bd. 34 (1930) S. 296.
103. GOETZ, A., A. B. FOCKE: Phys. Rev. (2) Bd. 45 (1934) S. 136.

104. SHOENBERG, D., M. ZAKI UDDIN: Proc. roy. Soc., Lond. Bd. 156 (1936) S. 687, 701.
105. SOROOS, A.: Phys. Rev. (2) Bd. 41 (1932) S. 516.
106. SCHROEDER, J. H.: Trans. Illinois State Acad. Sci. Bd. 29 (1936) S. 220.
107. GRÜNEISEN, E., J. GIELESSEN: Ann. Phys. (5) Bd. 27 (1936) S. 243.
108. LOWANCE, F. E., F. WOODBRIDGE: Phys. Rev. (2) Bd. 48 (1935) S. 257.
109. GOETZ, A.: Phys. Rev. (2) Bd. 35 (1930) S. 193.
110. KAPITZA, P.: Proc. roy. Soc., Lond. A Bd. 135 (1932) S. 568.
111. SHOENBERG, D.: Proc. roy. Soc. Lond. A Bd. 150 (1935) S. 619.
112. WOLF, A., A. GOETZ: Phys. Rev. (2) Bd. 46 (1934) S. 1095.
113. FEDELE, R.: Atti R. Accad. Linc. (Roma) (6) Bd. 10 (1929) S. 83.
114. VERLEGER, H.: Z. Phys. Bd. 76 (1932) S. 760.
115. SHOENBERG, D.: Proc. Cambridge philos. Soc. Bd. 31 (1935) S. 271
116. HUNTER, J. S.: Proc. roy. Soc. Edinb. Bd. 54 (1934) S. 102.
117. BERGMANN, L.: Phys. Z. Bd. 32 (1931) S. 584.
118. EUCKEN, A., F. FÖRSTER: Nachr. Ges. Wiss. Göttingen, Math. Kl., Fachgr. II Bd. 1 (1934) S. 43.
119. KUSSMANN, A., H. J. SEEMANN: Z. Phys. Bd. 77 (1932) S. 567.
120. POLANYI, M., E. SCHMID: Z. Phys. Bd. 32 (1925) S. 684.
121. HAASE, O., E. SCHMID: Z. Phys. Bd. 33 (1925) S. 413.
122. GEORGIEFF, M., E. SCHMID: Z. Phys. Bd. 36 (1926) S. 759.
123. WASSERMANN, G.: Z. Kristallogr. Bd. 75 (1931) S. 369.
124. GOUGH, H. J., H. L. COX: J. Inst. Met. Bd. 48 (1932) S. 227.
125. SCHISCHOKIN, W. P.: Z. anorg. allg. Chem. Bd. 189 (1930) S. 263.
126. SHOGO TSUBOI: Mem. Coll. Sci. Kyoto Imp. Univ. A Bd. 12 (1930) S. 223.
127. TAMMANN, G., G. MORITZ: Z. Metallkde. Bd. 27 (1935) S. 114.
128. ARPI, C. B. R.: Z. Metallkde. Bd. 5 (1914) S. 153.
129. PLÜSS, M.: Z. anorg. allg. Chem. Bd. 93 (1915) S. 21.
130. BERG, W. F.: Nature, Lond. Bd. 133 (1934) S. 831.
131. MEIER, W.: Ann. Phys., Lpz. (4) Bd. 31 (1910) S. 1028.
132. KENT, C. V.: Phys. Rev., Lpz. (2) Bd. 14 (1919) S. 471.

XIV. Sechste Nebengruppe des periodischen Systems.

69. Selen, Tellur, Polonium.

Bei den Elementen der sechsten Nebenreihe des periodischen Systems fehlen die metallischen Eigenschaften fast vollkommen, nur beim Tellur finden wir sie andeutungsweise. Vielleicht sind die metallischen Eigenschaften des Poloniums noch etwas deutlicher: von diesem äußerst seltenen Element ist aber außer der Kristallstruktur nichts bekannt.

Bei **Selen** und **Tellur** findet man (*1, 2*) ein gleiches hexagonales Kristallgitter mit den Basiskoordinaten; $(u\,o\,o)$, $\left(o\,u\,\frac{1}{3}\right)$, $\left(\bar{u}\,\bar{u}\,\frac{2}{3}\right)$.

Die Atome sind in Spiralen angeordnet, in der Weise, daß jedes zwei Nachbarn hat in Übereinstimmung mit der Zweiwertigkeit dieser Elemente. Die Gitterabmessungen betragen bei

Selen: $a = 4{,}33_{7\pm 5}$, $c = 4{,}94_{4\pm 5}$, $c/a = 1{,}140$, $u = 0{,}217$.
Tellur: $a = 4{,}44_5$, $c = 5{,}91_2$, $c/a = 1{,}330$, $u = 0{,}269$.

Bei Selen wurden noch weitere allotrope Formen beschrieben (*3*, *4*). Tellur kommt vielleicht auch amorph vor.

Merkwürdig ist, daß beim Tellur in der Richtung der hexagonalen Achse die Wärmeausdehnung negativ und die Kompressibilität positiv ist, d. h. daß sich beim Erwärmen das Kristall in der Richtung der Hauptachse zusammenzieht und beim allseitigen Druck in dieser Richtung ausdehnt (*18*, *19*).

Messungen der spezifischen Wärme der beiden Elementen sind von TRAVIS ANDERSON (*16*) ausgeführt worden.

Selen ist praktisch ein Isolator: dagegen zeigt Tellur ein Leitvermögen, das schon an dasjenige der Metalle erinnert (*8*).

GUNTZ und BRONIEWSKI (*8*) geben für den Widerstand an:

$$\varrho_0 = 0{,}102 \cdot \Omega/\mathrm{cm}.$$

An Tellureinkristallen finden SCHMID und STAFFELBACH (*10*):

$$\varrho_{\parallel} = 0{,}0283\ \Omega/\mathrm{cm}\,, \qquad \varrho_{\perp} = 0{,}061\ \Omega/\mathrm{cm}$$

also bedeutend kleinere Widerstände als GUNTZ und BRONIEWSKI.

Der Widerstand sollte nach GUNTZ und BRONIEWSKI bei 50° C ein scharfes Maximum zeigen. FORTSCH (*9*) findet aber zwischen —78° und 280° C eine regelmäßige Abnahme des Widerstandes mit der Temperatur.

Die Daten sind also noch sehr widerspruchsvoll. MEISSNER und VOIGT (*13*) finden keine Supraleitfähigkeit. Der Widerstand nimmt nach tieferen Temperaturen zu: das Verhältnis ϱ/ϱ_0 ist 0,387 bei 77,8° K und beträgt 0,54 bei 1° K.

BECKMANN (*6*) findet für den spezifischen Widerstand mit abnehmender Temperatur zunächst eine Abnahme bis 69,5° K und dann wieder einen Anstieg bis 14,5° K.

COLLOT (*5*), BECKMANN (*6*) und BRIDGMAN (*7*) geben an, daß unter Druck der Widerstand abnimmt. Die Änderung ist verschieden bei verschiedener Orientierung, so daß bei hohen Drucken das Verhältnis kleiner wird.

Bei 30000 Atm. ist der Widerstand auf einige Zehntelprozente des Anfangswertes herabgesunken. Der Widerstand wird hier also von der Größenordnung $50 \cdot 10^{-6}$.

In Gegensatz zu Selen ist der Widerstand des Tellurs nur wenig empfindlich für Belichtung (*11*, *14*); bei tieferen Temperaturen aber wird nach BARTLETT (*12*) der Einfluß stärker, bei —180° C wurde eine Herabsetzung um 70% beobachtet.

Daten für die *Wärmeleitfähigkeit* und die WIEDEMANN-FRANZ-Zahl findet man bei CARTWRIGHT (*17*).

Von einer weiteren Besprechung soll abgesehen werden.

Polonium. Von Polonium ist nur die Kristallstruktur bekannt (*15*).

Das Gitter ist monoklin: es kann aufgefaßt werden als ein stark deformiertes Quecksilbergitter; die Gitterkonstanten sind:

$$a = 7{,}42 \pm 0{,}07;\quad b = 4{,}29 \pm 0{,}04;\quad c = 14{,}10;\quad \beta = 92^\circ.$$

In der Elementarzelle sind 12 Atome enthalten.

Literatur.

1. Parravano, N., V. Caglioti: Gazz. chim. ital. Bd. 60 (1930) S. 923.
2. Bradley, A. J.: Phil. Mag. Bd. 48 (1924) S. 477.
3. Klug, H. P.: Z. Kristallogr. Bd. 88 (1934) S. 128.
4. Halla, F., F. X. Bosch, E. Mehl: Z. phys. Chem. Abt. B Bd. 11 (1931) S. 455.
5. Collot, Mme.: C. R. Acad. Sci. Paris Bd. 156 (1913) S. 943; Bd. 158 (1914) S. 1994.
6. Beckmann, B.: Ann. Phys., Lpz. (4) Bd. 46 (1915) S. 477, 931.
7. Bridgman, P. W.: Proc. Amer. Acad. Arts a. Sci. Bd. 70 (1935) S. 71; Bd. 72 (1938) S. 220.
8. Guntz, A., W. Broniewski: C. R. Acad. Sci., Paris Bd. 147 (1908) S. 1474.
9. Fortsch, A. R.: Proc. Iowa Acad. Sci. Bd. 26 (1919) S. 523.
10. Schmid, E., F. Staffelbach: Ann. Phys., Lpz. (5) Bd. 29 (1937) S. 273.
11. Coblentz, W. W., W. B. Emmerson: J. Wash. Acad. Sci. Bd. 7 (1917) S. 525.
12. Bartlett, R. S.: Phys. Rev. (2) Bd. 26 (1925) S. 247.
13. Meissner, W., B. Voigt: Ann. Phys., Lpz. (5) Bd. 7 (1930) S. 761.
14. Adams, W. G.: Proc. roy. Soc., Lond. Bd. 24 (1876) S. 163.
15. Rollier, M. A.: J. Chem. Physics Bd. 4 (1936) S. 648.
16. Travis Anderson, C.: J. Amer. chem. Soc. Bd. 59 (1937) S. 1036.
17. Hawley Cartwright, C.: Ann. Phys., Lpz. (5) Bd. 18 (1933) S. 656.
18. Bridgman, P. W : Proc. Amer. Acad. a. Sci. Bd. 60 (1925) S. 305.
19. Bridgman, P. W.: Proc. Amer. Acad. a. Sci. Bd. 60 (1925) S. 370.

Zusammenfassung der physikalischen Eigenschaften.

Alle physikalischen Größen der Metalle stellen wir noch einmal in einer Tabelle zusammen; an Hand dieser Tabelle kann dann ein zusammenfassendes Urteil über unsere heutige Kenntnisse der Eigenschaften der Metalle gegeben werden.

Es sind hierbei noch folgende Bemerkungen zu machen:

Mit dieser Tabelle wird zunächst versucht, einen Eindruck der bisher erreichten Genauigkeit zu geben. Eine durchstrichene Ziffer bedeutet, daß diese Zahl noch mehrere Einheiten falsch sein kann; die letzte normal gedruckte Ziffer ist aber wahrscheinlich nicht mehr als eine Einheit falsch. Mehrere durchstrichene Ziffern in einer Zahl geben an, daß die angegebene Zahl zwar einige Wahrscheinlichkeit besitzt, aber dennoch um mehrere Stellen falsch sein kann. Wenn z. B. der Siedepunkt von Kupfer mit 25~~6~~~~0~~° C angegeben ist, so bedeutet das in diesem Fall, daß EUCKEN nach gründlicher Sichtung allen vorhandenen Materials diese Zahl als wahrscheinlich angibt, daß aber das Ergebnis strittig ist mit anderen Beobachtungen, die nicht ohne weiteres als falsch angesehen werden können.

In allen Spalten sind im allgemeinen nur die Daten von der bei Normaltemperatur stabilen Form angegeben worden. Wenn dies nicht der Fall ist, sondern auch Daten von anderen Modifikationen angegeben werden, dann sind die Typen untereinander gestellt. In diesem Fall steht in der Schmelzpunkttabelle der Übergangspunkt der betreffenden Modifikation mit $\times$ angedeutet.

In manchen Fällen sind bei den nichtregulären Formen die Eigenschaften senkrecht und parallel zur Hauptachse angegeben worden. Wenn bei diesen nichtregulären Kristallformen nur eine Zahl angegeben ist, so ist ein Mittelwert, meistens an polykristallinem Material bestimmt, gemeint.

Allotropie. In der zweiten Spalte sind die Kristalltypen erwähnt. A_1 bedeutet kubisch flächenzentriert, A_2 ist kubisch raumzentriert, A_3 ist hexagonal dichteste Kugelpackung. Von links nach rechts bedeuten mehrere Typenangaben, daß mit zunehmender Temperatur in dieser Reihenfolge mehrere enantiotrope Formen aufeinanderfolgen. Doppelt eingeklammert sind weiter noch die allotropen Formen, die zu den übrigen im Verhältnis der Monotropie stehen: es besteht der Verdacht, daß es sich hier nicht um allotrope Modifikationen handelt, sondern um durch Beimengungen stabilisierte Gittertypen; so sind A_3 und A_{12} beim Chrom nur stabil, wenn das Metall Wasserstoff enthält.

× = Übergangspunkt, * = bei 0° C, ⊖ = relative Volum-

Metall	Typus	a_{20} (in Å)	c/a_{20}	d_{20}	Atomvolumen bei 20° C	I eV	$\delta \cdot 10^6$	$K_{30} \cdot 10^6$	$K_{75} \cdot 10^6$	Schmpt. °C	Siedept. °C
Li	A_2	3,50	—	0,535	13,0	5,37	58	8,6⊖	—	180,1	1330
Na	A_2	4,276	—	0,971	23,7	5,1	71,6	14,2⊖	—	97,8	880
K	A_2	5,318	—	0,8621	45,35	4,3	84,0	23,2⊖	—	63,65	760
Rb	A_2	5,70	—	1,532	55,80	4,16	90,0	32,8⊖	—	38,9	707
Cs	A_2	6,16	—	1,883	70,58	3,88	97	36,4⊖	—	29,7	700
Be	A_3	2,27	1,58	1,86	4,85	9,5	14	0,284	0,282	1300	2970
			—	—	—	—	11,1	0,220	0,230	—	—
Mg	A_3	3,2026	1,623	1,737	14,00	7,61	24,3	0,984	0,966	650	1104
		5,1995	—	—	—	—	27	0,984	1,015	—	—
Ca	A_1 (A_x, A_3)	5,560	—	1,537	26,07	6,08	22	1,832	1,750	850	1700
Sr	A_1 (A_3?)	6,075	—	2,577 !	34,00	5,67	—	2,707	2,737	770	1360
Ba	A_2 (A_x)	5,015	—	3,590 !	38,26	5,19	19	3,397	3,543	710	1500
B	?	—	—	2	5	8,3	8,3	0,184	—	—	2300
Al	A_1	4,04094	—	2,696 !	10,004	5,9	23,13	0,434	0,458	659,8	2500
Sc	—	—	—	3,1	14,5	6,7	—	—	—	1400	—
Yt	A_3	3,663	1,588	4,34 !	20,5	6,5	—	—	—	1475	—
La	A_3 (A_1)	3,754	1,613	6,194	22,43	—	—	1,71	1,167	885	—
Ce	A_3 (A_1)	3,65	1,63	6,78	20,67	6,91	—	1,521	1,501	815	—
Pr	A_3 (A_1)	3,657	1,62	6,777	20,80	5,76	—	1,127	1,153	932	—
Ti	A_3 (A_2)	2,953	1,60	4,43 !	10,8	6,8	—	0,299	0,289	1727	—
Zr	A_3 (A_2)	3,228	1,59	6,49 !	14,05	6,9	14,3	0,366	0,369	2130	—
		—	—	—	—	—	2,5			—	—
Hf	A_3 (A_2)	3,186	1,58	13,30	13,43	—	—	0,300	0,294	2230	—
Th	A_1	5,076	—	11,70	19,84	—	11,1	0,606	0,615	1827	3530
V	A_2	3,025	—	6,07	8,39	6,8	—	0,203	0,204	1700	—
Nb	A_2	3,2941	—	8,569	10,83	—	7,06	0,190	0,193	2500	—
Ta	A_2	3,2959	—	16,654	10,861	—	6,58	0,160	0,164	3030	—
Cr	A_2((A_3,A_{12}))	2,8787	—	7,188	7,235	6,7	6,7	0,202?	0,184?	1920	2330
Mo	A_2	3,1409	—	10,218 !	9,390	7,3	5,1	0,116	0,116	2600	5000
W	A_2 ((A_{15}))	3,1583	—	19,262 !	9,548	—	4,45	0,098	0,0983	3380	6000
U	Monoklin ?	—	—	19,0	12,4	—	—	0,322	0,318	1689	—
Mn	A_{12}	8,894	—	7,464	7,359	7,4	—	(0,267)	(0,269)	742 ×	—
	A_{13}	6,300	—	7,24	7,59	—	—	—	—	1191 ×	—
	A_6	3,775	0,935	7,21	7,62	—	—	—	—	1244	2070
		3,530	—	—	—	—	—	—	—	—	—
Re	A_3	2,7553	1,616	20,996	8,8731	7,85	4	—	—	3170	—
		4,4493	—	—	—	—	12	—	—	—	—
Fe	A_2 (A_1, A_2)	2,8603	—	7,869 !	7,19	7,8	11,5	0,196	0,198	1535	2735
Ru	A_3 (A ? A ?)	2,699	1,583	12,43	8,18	—	5,9	0,114	0,115	1950	—
		4,273	—	—	—	—	8,8			—	—
Os	A_3	2,730	1,578	22,70	8,38	—	4,0	—	—	2500	—
		4,310	—	—	—	—	5,8	—	—	—	—
Co	A_3	2,517	1,64	8,70	6,77	8,5	11	0,180	0,182	490 ×	—
		3,556	—	—	—	—	14			—	—
	A_1	3,559	—	8,65	6,81	—	14	—	—	1478	—
Rh	A_1 (A ?)	3,796	—	12,42	8,29	7,7	7,63	0,120	0,123	1966	—
Ir	A_1 (A_3)	3,831	—	22,64	8,53	—	6,58	0,089	0,094	2554	—
Ni	A_1	3,5166	—	8,902	6,592	7,6	12,5	0,176	0,178	1455	3080
Pd	A_1	3,882	—	12,03	8,87	8,3	10,64	0,173	0,170	1554,5	—
Pt	A_1	3,9158	—	21,45	9,10	8,9	8,94	0,120	0,121	1773,5	4130
Cu	A_1	3,6075	—	8,927	7,21	7,69	16,45	0,240	0,245	1084	2560
Ag	A_1 (A ?)	5,0775	—	10,497	10,277	7,54	18,72	0,329	0,335	960,5	2170
Au	A_1	4,0701	—	19,291	10,223	9,2	14,2	0,192	0,190	1063	2950
Zn	A_3	2,6593	1,856	7,133 !	9,169	9,35	14,1	0,157	—	419,47	906
		4,9353	—	—	—	—	63,9	0,350	—	—	—

änderung bei 5000 Atm. $= \frac{1}{V}\left(\frac{\Delta V}{p}\right)$, † = Tripelpunkt, △ = Sublimationspunkt.

$W_0 \cdot 10^3$	$\varrho_0 \cdot 10^6$	$\alpha \cdot 10^5$	$\frac{1}{\varrho} \cdot \left(\frac{\delta \varrho}{\delta p}\right)_T \cdot 10^6$ bei 30° C	$\frac{1}{\varrho} \cdot \left(\frac{\delta \varrho}{\delta p}\right)_T \cdot 10^6$ bei 75° C	$X \cdot 10^6$	φ eV	$E \cdot 10^{-6}$ kg/cm²	$T \cdot 10^{-6}$ kg/cm²	H
170	8,55	490	—3,9*	—	3,47	2,36	—	—	—
323	4,34	546	71,5*	—	14,0	2,29	—	0,0192	0,07
234	6,38	542	187*	—	21,0	1,74	—	0,0068	0,037
—	11,0	530	196*	—	18,0	1,52	—	—	0,022
—	19,0	503	213*	—	32,0	1,37	—	—	0,015
{232	{6,6	{667	{1,39	{1,66	{—8,75	3,5	—	—	{60
						—	—	—	
{400	4,18	441	{5,75*	—	{—25,3	—	{0,29	—	{30
	3,51	413		—		—		—	
—	4	417	—8,7*	—	44	—	0,23	—	13
—	30,7	383	—47,5*	—	(—17)	—	—	—	—
—	—	—	13,2	17,2	20	—	—	—	42
—	$1 \cdot 10^{12}$	—	—	—	—7,7	—	—	—	—
534	2,41	430	4,73	—	16	3,5	0,765	0,276	16
—	—	—	—	—	—	—	—	—	—
—	—	—	—	—	—	—	—	—	—
—	—	—	2,37	2,98	145	—	—	—	36
—	78	—	—2,90	—1,27	2400	—	—	—	21
—	88	—	1,44	1,98	4400	—	—	—	25
—	43,5	425	—	—	57	3,86	—	—	160
—	{41,0	{440	{0,797	{0,970	{91	{4,1	—	—	{80
—							—	—	
—	30	440	—	—	—	3,53	-	—	—
—	12,0	396	1,30	—	18	3,36	—	—	40
—	19,0	350	3,49	3,58	76	3,79	—	—	260
—	13,1	395	1,40	1,44	212	4,01	—	—	250
130	12,4	364	1,58	—	150	4,10	1,91	0,63	30
—	18,9	—	0,75 ?*	—	160	4,6	—	—	70
343	5,03	473	1,45*	—	53,3	4,40	—	1,7	160
399	4,91	482	—	—	40	4,54	3,9	1,45	250
—	30,6	210	4,36 ?	—	620	3,4	—	—	470 ?
12	710	17	7,28	—	530	—	—	—	—
—	91	136	—	—	480	—	—	—	—
—	{23	{530	—	—	—	—	—	—	—
—			—	—	—	—	—	—	—
—	{19,8	{311	—	—	6,9	5,1	—	—	250
—			—	—	—	—	—	—	—
180	8,71	650	2,61	2,57	F	4,72	2,12	0,82	45
—	{7,64	—	—	—	{43,4	—	—	—	{220
—		—	—	—		—	—	—	
—	{9,66	{420	—	—	{10,0	—	—	—	—
—			—	—		—	—	—	—
—	{5,06	{658	{1,12	—	F	4,3	1,8	0,78	{125
—				—	—	—	1,9	—	
—	4,7	—	—	—	—	—	—	—	—
—	4,35	436	1,86	—	111	—	2,80	—	110
—	4,58	—	1,44	—	25,7	—	5,25	—	—
924	6,05	692	2,06	—	F	5,02	2,04	0,76	70
100	10,88	368	2,15	—	550	—	1,15	0,49	50
696	9,8	392	2,09	—	195	4,97	1,71	—	50
980	1,55	433	2,25	—	—5,4	4,4	1,25	0,45	50
999	1,49	—	3,91	—	—22	4,6	0,805	0,270	20
732	2,04	392	3,31	—	—27,3	—	0,806	0,285	—
260	4,8	410	6,65	—	{— 9,7	3,68	{1,31	{0,35	{35
245	5,05	410	10,9	—		—			

Fortsetzung

Metall	Typus	a_{20} (in Å)	c/a_{20}	d_{20}	Atomvolumen bei 20° C	I eV	$\delta \cdot 10^6$	$K_{30} \cdot 10^6$	$K_{75} \cdot 10^6$	Schmpt. °C	Siedept. °C
Cd	A_3	2,9728	1,885	8,641!	13,01	8,95	21,4	—	—	302,9	767
		5,6055	—	—	—	—	52,6	—	—	—	—
Hg	A_{10}	—	—	—	—	10,39	—	—	—	−38,87	356,8
Ga	A_{11}	—	—	5,927	11,76	6,0	18	1,32	—	29,78	2344
In	A_6	4,583	1,074	7,293!	15,74	5,76	56	0,85	—	156,4	>1450
		4,941	—	—	—	—	13		—	—	—
Tl	$A_3(A_1)$	3,450	1,600	11,84	17,26	6,07	9	1,13	1,223	303,5	1457
		5,520	—	—	—	—	72		—	—	—
Si	A_4	5,420	—	2,325	12,07	8,1	~7	0,137	—	1440	2630
Ge	A_4	—	—	5,32	13,7	8,1	6	0,470	0,480	—	—
Sn	A_4	6,46	—	5,81 !	20,4	7,4	12,8	—	—	13,2×	—
	A_5	5,8188	0,545	7,284!	16,30	—	24	0,602	0,164	232	2400
		3,1743	—	—	—	—	46	0,672	0,696	—	—
Pb	A_1	4,9389	—	11,341	41,96	7,4	27	0,791	0,811	327,4	1752
P	A_{17}	—	—	2,69	14,8	10,3	—	—	—	590	—
As	A_7	3,763	2,805	5,727	13,1	—	5	—	—	818†	626△
		10,555	—	—	—	—	40	—	—	—	—
Sb	A_7	4,2994	2,616	6,689	18,20	8,48	8,4	0,526	0,509	630,5	1640
		11,2508	—	—	—	—	15	1,648	1,637	—	—
Bi	A_7	4,5370	2,608	9,800!	21,33	8,0	12,1	0,662	0,704	271,0	1560
		11,837	—	—	—	—	16,2	1,592	1,580	—	—
Te	A_8	4,445	1,330	6,235	20,4	—	27,2	2,748	2,77	452	1390
		5,912	—	—	—	—	−1,6	−0,414	−0,513	—	—

In den Spalten sind folgende Größen zu finden:

Typus = Typenbezeichnung nach „Strukturberichte".
a_{20} = Gitterkonstante bei 20° C in ÅE.
Bei den zweiachsigen Kristallen bedeutet die darunter stehende Zahl die Abmessung in der Richtung der Hauptachse.
c/a_{20} = Achsenverhältnis bei 20° C.
d_{20} = Dichte bei 20° C.
Atomvolumen bei 20° C.
I = Ionisierungsspannung in eV.
δ = Ausdehnungskoeffizient.
K_{30} = Kompressibilität bei 30° C $= -\frac{1}{V}\left(\frac{\delta V}{\delta p}\right)$.
K_{75} = Kompressibilität bei 75° C.
Schmpt. = Schmelzpunkt in ° C.
Siedept. = Siedepunkt in ° C.

Merkwürdig ist, daß von den drei Haupttypen A_1, A_2 und A_3 der A_1-Typus immer als Hochtemperaturform A_3 begleitet. Dagegen kommt A_2 oft als Hochtemperaturbegleiter der beiden anderen vor. Es macht den Eindruck, als ob mit zunehmender Temperatur die Reihenfolge $A_3 — A_1 — A_2$ entsteht. Nur Eisen bildet mit: $A_2 — A_1 — A_3$ eine Ausnahme.

Gitterkonstanten. Diese sind fast immer auf drei Stellen genau bekannt, in einigen Fällen stimmen aber die Beobachtungen von verschiedenen Autoren bis auf die sechste Stelle, z. B. beim Aluminium.

der Tabelle.

$W_0 \cdot 10^3$	$\varrho_0 \cdot 10^6$	$\alpha \cdot 10^5$	$\frac{1}{\varrho} \cdot \left(\frac{\delta \varrho}{\delta p}\right)_T \cdot 10^6$ bei 30° C	$\frac{1}{\varrho} \cdot \left(\frac{\delta \varrho}{\delta p}\right)_T \cdot 10^6$ bei 75 C°	$X \cdot 10^6$	φ eV	$E \cdot 10^{-6}$ kg/cm²	$T \cdot 10^{-6}$ kg/cm²	H
26~~1~~	6,2~~9~~	—	8,7	—	—19	4,~~1~~	0,509	0,22~~6~~	35
20~~9~~	7,6~~6~~	—	13,1	—		—			
—	—	—	—	—	—	—	—	—	—
—	39,~~5~~	39~~6~~	3,8	6,9	—17	4,~~1~~	—	—	—
—	8,~~2~~	490,~~4~~	13,1	—	—12,6	—	—	—	1
—				—	—	—	—	—	
505	15,~~0~~	518	14,0	—	—33,8	3,6~~3~~	—	—	3
				—	—83,5	—	—	—	
—	10^5	—	—	—	— 3,6	—	1,15	—	—
—	8~~9~~ · 10^3	140	—	12	— 8,7	—	—	—	—
—	—	—	—	—	—35,0	—	0,55	0,066	4
17~~2~~	9,3	466	10,3	—	23,4	—	—	—	—
	10,6	46~~1~~	11,0	—	20,8	—	—	—	—
84,~~2~~	18,8	40~~0~~	15,2	—	—24,7	—	0,20~~4~~	0,075	3
—	48 · 10^4	—45~~6~~	—	—	— 8,7	—	—	—	—
—	2~~4~~	4~~79~~	—	—	—~~22~~	—	—	—	—
—	>2~~4~~	<4~~79~~	—	—	—	—	—	—	—
—	38,~~6~~	510	— 1,05	—	—177	4,~~12~~	0,80	0,20	30
—	31,~~8~~	595	—17,2	—	—67	—			
22,~~8~~	10~~1~~	44~~0~~	— 7,5	—	—218,~~6~~	4,00	0,32~~5~~	0,1~~22~~	9
16,~~6~~	13~~0~~	44~~0~~	—24,5	—	—310,~~8~~	—			
2,~~4~~	6~~1~~ · 10^3	—	+	—	—40	—	0,42	0,16	—
	283 · 10^3	—	+	—		—			—

W_0 = Wärmeleitfähigkeit bei o° C, in cal/cm/Grad/sec.
ϱ_0 = spezifischer Widerstand bei o° C in Ohm/cm.
α_0 = Temperaturkoeffizient der Leitfähigkeit je Grad.
$\frac{1}{\varrho}\left(\frac{\delta \varrho}{\delta p}\right)_{30^\circ}$ = Änderung des Widerstandes mit dem Druck bei 30° C.
$\frac{1}{\varrho}\left(\frac{\delta \varrho}{\delta p}\right)_{75^\circ}$ = Änderung des Widerstandes mit dem Druck bei 75° C.
X = Magnetische Suszeptibilität bei Zimmertemperatur (+ = Paramagnetismus).
φ = Austrittsarbeit in eV.
E = Elastizitätsmodul in kg/cm².
T = Torsionsmodul in kg/cm².
H = Brinell-Härte.

Dagegen kommen bei Beryllium schon Abweichungen in der dritten Stelle vor.

Dichte. Aus den Röntgendaten ist die Dichte berechnet worden: dabei sind so viel Stellen angegeben als die Genauigkeit der Gitterkonstanten zuläßt. Also: $d = 19{,}2$~~62~~ für Wolfram bedeutet, daß nach den Röntgenergebnissen wahrscheinlich $d_{20} = 19{,}262$ ist. Daß die letzte Ziffer durchstrichen ist, bedeutet, daß die pyknometrischen Messungen an den reinsten undeformierten Metallen schon in diesen Stellen um mehrere Einheiten von den Röntgendichten abweichen. Hier zeigt sich aber die überraschende Tatsache, daß viele pyknometrisch bestimmten

Dichten bedeutend höher sind als die röntgenographischen. Diese Fälle sind mit ! angegeben worden. Da alle Fehlerquellen hier einen zu niedrigen Wert liefern, könnte man die Abweichungen nur noch Verunreinigungen oder falschen Atomgewichten zuschreiben. Nun ist es aber gerade beim Wolfram so, daß aus dem Restwiderstand folgt, daß Verunreinigungen als Mischkristall nur in sehr kleinen Mengen vorhanden sein können. Oxydeinschlüsse, obwohl an sich wohl schon sehr unwahrscheinlich, würden die Dichte ebenfalls erniedrigen. Der Fehler ist also wahrscheinlich wohl zu suchen in den fundamentalen Größen, die bei der Berechnung der Röntgendichten verwendet wurden, also die absolute Wellenlänge der Röntgenstrahlen und die Zahl der Atome/Grammatom. Wenn man für die Zahl von AVOGADRO $0{,}603 \cdot 10^{24}$ an Stelle des üblichen Wertes $0{,}606 \cdot 10^{24}$ annehmen würde, verschwindet der Unterschied, wenn man zu gleicher Zeit für die Wellenlänge der Röntgenstrahlen die alten Werte der Wellenlänge beibehält. Wir wollen hier diese Frage, die zu tief auf die Wahl der fundamentalen Naturkonstanten eingeht, nicht weiter behandeln.

Insbesondere soll noch erwähnt werden, daß Verformung diese zu hohe Dichte nicht vortäuschen kann: ausnahmslos nimmt die Dichte eines kompakten Metalls durch Verformung ab.

Atomvolumen. Aus den Röntgendaten ist das Atomvolumen berechnet worden, das in der sechsten Spalte angegeben ist. Daneben befinden sich auch die Daten für die Ionisierungsspannungen. Bei größerem Atomvolumen nimmt im allgemeinen bei den Hauptgruppen die Ionisierungsspannung ab, und zwar so, daß das Produkt von Ionenradius und Ionisierungsspannung in einer Gruppe etwa konstant ist. In der Nebengruppe kommt es vor, daß mit steigendem Radius die Ionisierungsspannung zunimmt.

Ausdehnungskoeffizient. Wenn möglich, ist der Ausdehnungskoeffizient bei 0° C angegeben; wo dieser nicht bekannt war, ist der mittlere Ausdehnungskoeffizient im Gebiet von 0 bis 100° C oder sogar über ein noch größeres Temperaturgebiet genommen worden. Durch Durchstreichungen ist in allen Fällen die wahrscheinlichste Genauigkeit angegeben.

Aus der Tabelle geht hervor, daß in den verschiedenen Gruppen Atomvolumen, Ausdehnung, Kompressibilität einander parallel gehen; die Schmelzpunkte und Siedepunkte gehen aber in umgekehrter Richtung.

Es fällt auf, daß bei dem hexagonal- dichtestgepackten Gitter das Achsenverhältnis nicht genau mit dem Wert einer ideal dichtesten Packung, der 1,6330 ist, übereinstimmt. Nun würde man sich denken können, daß bei tieferer Temperatur das Achsenverhältnis diesen Idealwert erreicht. Dann sollte, falls das gemessene Achsenverhältnis zu niedrig ist, der Ausdehnungskoeffizient senkrecht zur Hauptachse der kleinste sein. Bei größerem Achsenverhältnis sollte aber die Ausdehnung in der Richtung der hexagonalen Achse am kleinsten sein. Ein zu großes

Achsenverhältnis findet man bei Zink und Cadmium. Hier wird tatsächlich das Achsenverhältnis nach tieferen Temperaturen etwas kleiner. Bei allen anderen Metallen ist das Achsenverhältnis zu groß: bei Magnesium, Ruthenium, Osmium, Thallium und Rhenium wird nach tieferen Temperaturen die Abweichung noch stärker. Nur beim Beryllium nähert sich das Achsenverhältnis etwas dem Idealwert, der aber noch lange nicht erreicht wird. Der Unterschied zwischen den Ausdehnungskoeffizienten ist im allgemeinen zu klein, um nach tieferen Temperaturen eine Änderung des Achsenverhältnis um mehr als einige Promille hervorzurufen.

Kompressibilität. Für die Kompressibilität sind die Daten von BRIDGMAN angegeben worden. Durchstreichungen deuten an, daß noch Daten von anderen Autoren vorliegen, die in den durchstrichenen Zahlen nicht mit BRIDGMANs Daten übereinstimmen.

Elektrische Eigenschaften. Angegeben sind der spezifische Widerstand und der Temperaturkoeffizient bei 0° C und der Druckkoeffizient der Leitfähigkeit bei 30° (manchmal bei 0° C, mit einem * angegeben) und 75° C.

Es fällt zunächst der abnorm hohe Wert des spezifischen Widerstandes und der kleine Wert des Temperaturkoeffizienten auf, den Uran und Strontium zeigen, was vielleicht noch darauf hindeutet, daß diese Metalle noch in unreinem Zustande gemessen wurden.

Bei den Druckkoeffizienten fallen besonders die Werte für Lithium, Calcium und Strontium, die negativ sind, auf. Es fragt sich, ob dies nicht auch mit Unreinheit des Präparates zusammenhängt.

Austrittsarbeit. Die Daten sind im allgemeinen noch sehr ungenau. Meistens gehen die Bestimmungen mit Hilfe der RICHARDSONschen Formel und derjenigen, die aus der Grenzwellenlänge berechnet sind noch ziemlich weit auseinander.

Härte. In der Tabelle sind angegeben die niedrigsten Werte, die sich in der Literatur für die Metalle finden. Auch diese Werte sind zum Teil noch recht unsicher.

I. Allgemeines Sachverzeichnis.

(Siehe auch II. Spezielles Sachverzeichnis [Metalle] S. 559.)

II. Spezielles Sachverzeichnis.

Metalle in alphabetischer Reihenfolge.

(Siehe auch I. Allgemeines Sachverzeichnis [Eigenschaftstabelle] S. 556.)

Das technische Eisen. Konstitution und Eigenschaften. Von Professor Dr.-Ing. **Paul Oberhoffer†**, Aachen. Dritte, verbesserte und vermehrte Auflage von Professor Dr.-Ing. e. h. **W. Eilender** und Professor Dr.-Ing. habil. Dr. mont. **H. Esser**, Aachen. Mit 762 Textabbildungen, 25 Tabellen und einem Titelbild. X, 642 Seiten. 1936.
Gebunden RM 57.—

Einführung in die Sonderstahlkunde. Von Dr.-Ing. **Ed. Houdremont**, Betriebsdirektor der Fried. Krupp A.-G., Essen. Mit 577 Textabbildungen und 138 Zahlentafeln. XII, 566 Seiten. 1935.
Gebunden RM 52.50

Die Edelstähle. Von Dr.-Ing. **Franz Rapatz**, Düsseldorf. Zweite, gänzlich umgearbeitete Auflage. Mit 163 Abbildungen und 112 Zahlentafeln. VIII, 386 Seiten. 1934. Gebunden RM 22.80

Kristallplastizität mit besonderer Berücksichtigung der Metalle. Von Professor Dr. **E. Schmid**, Freiburg/Schweiz, und Dr.-Ing. **W. Boas**, Freiburg/Schweiz. (Struktur und Eigenschaften der Materie, Band XVII.) Mit 222 Abbildungen. X, 373 Seiten. 1935.
RM 32.—; gebunden RM 33.80

C. J. Smithells, Beimengungen und Verunreinigungen in Metallen. Ihr Einfluß auf Gefüge und Eigenschaften. Erweiterte deutsche Bearbeitung von Dr.-Ing. **W. Hessenbruch**, Heraeus Vakuumschmelze A.-G., Hanau/M. Mit 248 Textabbildungen. VII, 246 Seiten. 1931. Gebunden RM 29.—

Technische Oberflächenkunde. Feingestalt und Eigenschaften von Grenzflächen technischer Körper, insbesondere der Maschinenteile. Von Professor Dr.-Ing. Dr. med. h. c. **Gustav Schmaltz**, Inhaber der Maschinenfabrik Gebr. Schmaltz, Offenbach a. M. Mit 395 Abbildungen im Text und auf 32 Tafeln, einem Stereoskopbild und einer Ausschlagtafel. XVI, 286 Seiten. 1936. RM 43.50; gebunden RM 45.60

Praktische Metallkunde. Schmelzen und Gießen, spanlose Formung, Wärmebehandlung. Von Professor Dr.-Ing. **G. Sachs**, Frankfurt a. M.

Erster Teil: Schmelzen und Gießen. Mit 323 Textabbildungen und 5 Tafeln. VIII, 272 Seiten. 1933. Gebunden RM 22.50

Zweiter Teil: Spanlose Formung. Mit 275 Textabbildungen. VIII, 238 Seiten. 1934. Gebunden RM 18.50

Dritter Teil: Wärmebehandlung. Mit einem Anhang: „Magnetische Eigenschaften" von Reg.-Rat Dr. A. Kussmann, Mit 217 Textabbildungen. V, 203 Seiten. 1935. Gebunden RM 17.—

Fachwörterbuch der Metallurgie. (Eisen- und Metallhüttenkunde.) Von **Henry Freeman.**

Erster Teil: Deutsch-Englisch. 327 Seiten. 1933.
Zweiter Teil: Englisch-Deutsch. 347 Seiten. 1934.
Jeder Teil gebunden RM 25.—

GPSR Compliance

The European Union's (EU) General Product Safety Regulation (GPSR) is a set of rules that requires consumer products to be safe and our obligations to ensure this.

If you have any concerns about our products, you can contact us on ProductSafety@springernature.com

In case Publisher is established outside the EU, the EU authorized representative is:

Springer Nature Customer Service Center GmbH
Europaplatz 3
69115 Heidelberg, Germany

Batch number: 10682323

Printed by Printforce, the Netherlands